书中案例效果图

彩图1　第2章Unity集成开发环境

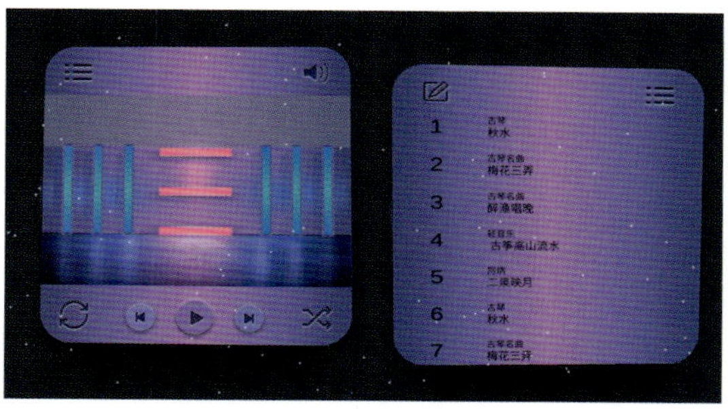

彩图2　第4章音乐播放器案例

彩图3　第3章Unity脚本程序开发

彩图4　第5章NGUI官方案例

彩图5　第6章粒子系统演示案例

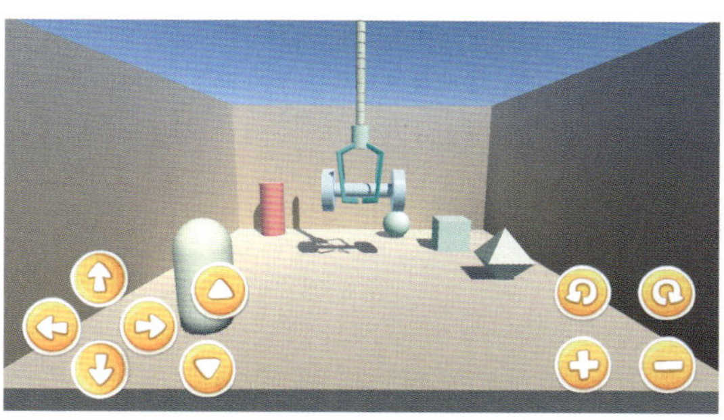

彩图6　第6章机械手案例

彩图7　第6章交通工具案例

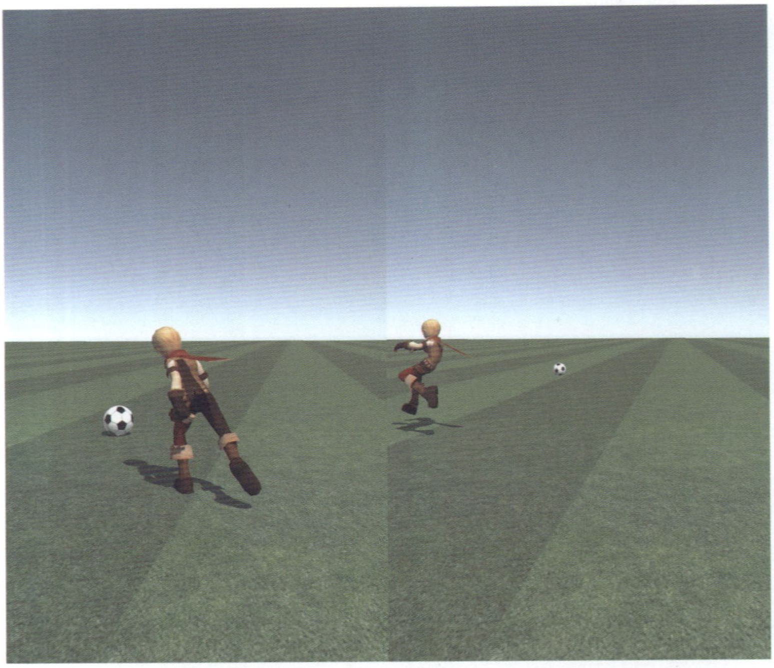

彩图8　第6章物理引擎在动画系统中的使用案例

彩图9　第7章体积雾案例

彩图10　第8章视频贴图案例

彩图11　第8章水特效案例

彩图12　第9章法线贴图

彩图13　第9章镜像特效

彩图14　第9章着色器真实水面倒影案例

彩图15　第9章反射探头案例

彩图16　第9章镜头光晕效果

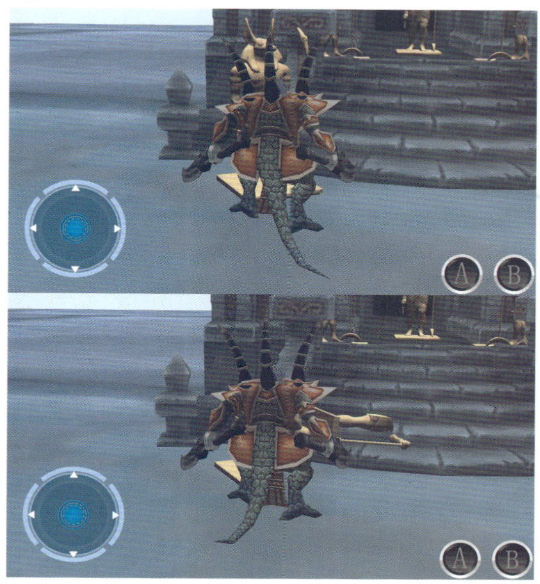

彩图17　第10章模型动态切割案例

彩图18　第11章刹车痕迹演示案例

彩图19　第11章导航网络自定义路线

彩图20　第16章指尖足球大案例

Unity 5.X 3D 游戏开发技术详解与典型案例

吴亚峰 索依娜 编著
百纳科技 审校

人 民 邮 电 出 版 社
北 京

图书在版编目（CIP）数据

Unity 5.X 3D游戏开发技术详解与典型案例 / 吴亚峰，索依娜编著. -- 北京 : 人民邮电出版社，2016.2
ISBN 978-7-115-41273-7

Ⅰ. ①U… Ⅱ. ①吴… ②索… Ⅲ. ①游戏程序－程序设计 Ⅳ. ①TP311.5

中国版本图书馆CIP数据核字(2015)第315942号

内 容 提 要

本书对 Unity 3D 集成开发环境界面、脚本的编写和众多高级特效的实现进行了详细介绍，内容深入浅出，是一本适合不同需求、不同开发水平读者的技术宝典。

全书共分 16 章。第 1 章主要介绍了 Unity 3D 的诞生、特点、开发环境的搭建及运行机制；第 2 章对 Unity 3D 集成开发环境进行了详细介绍；第 3 章介绍了 Unity 3D 中脚本的编写；第 4 章主要对 Unity 3D 开发过程中经常使用的组件及对象进行了详细介绍；第 5 章介绍了 Unity 游戏开发中非常流行的第三方 UI 界面开发组件库——NGUI 的基础知识；第 6 章介绍了 Unity 开发平台的完整的物理引擎体系；第 7 章介绍了 Unity 3D 中的着色器和着色器语言——ShaderLab；第 8 章介绍了天空盒、虚拟按钮与摇杆、声音、水特效、3D 拾取、重力加速度传感器及雾特效等开发常用的技术；第 9 章介绍了 Unity 中经常使用的光影效果，主要包括各种光源、光照烘焙、法线贴图、镜面特效、波动水面真实效果等技术；第 10 章介绍了 Unity 中模型的网格概念及新旧动画系统；第 11 章介绍了 Unity 自带的地形引擎、拖尾渲染及导航网格和寻路系统等知识；第 12 章介绍了 AssetBundle 更新资源包的使用；第 13 章介绍了 Unity 中的多线程技术与网络开发；第 14 章介绍了 Unity 2D 游戏开发工具；第 15 章介绍了 Unity 3D 提供的 Profiler 工具的使用方法，及断点调试的两种方式；第 16 章介绍了完整的大型 3D 游戏案例——指间足球。

为了便于读者学习，本书还附赠光盘，包含了书中所有案例的完整源代码，能够最大限度地帮助读者快速掌握开发技术。

◆ 编　　著　吴亚峰　索依娜
审　　校　百纳科技
责任编辑　张　涛
责任印制　张佳莹　焦志炜

◆ 人民邮电出版社出版发行　　北京市丰台区成寿寺路 11 号
邮编　100164　　电子邮件　315@ptpress.com.cn
网址　http://www.ptpress.com.cn
固安县铭成印刷有限公司印刷

◆ 开本：787×1092　1/16　　彩插：2
印张：40　　2016 年 2 月第 1 版
字数：1059 千字　　2024 年 7 月河北第 12 次印刷

定价：89.00 元（附光盘）

读者服务热线：(010)81055410　印装质量热线：(010)81055316
反盗版热线：(010)81055315
广告经营许可证：京东市监广登字20170147号

前　言

为什么要写这样的一本书

Unity 3D 是由 Unity Technologies 开发的、能够轻松创建三维视频游戏、实时三维动画等类型的多平台的综合开发工具，也是一个很受欢迎的专业游戏引擎。

本书通过对 Unity 3D 集成开发环境的搭建，详细介绍了集成开发环境的各个界面，细致讲解了脚本的编写以及开发过程中经常应用的技术和对象，最后还提供了综合案例，给读者以由浅入深、循序渐进的学习过程，相信每一位读者都能通过本书得到意想不到的收获。

由于最近几年 Unity 3D 的迅猛发展，该游戏引擎通过不断地优化与改进已经升级到 5.X 版本。在 Unity 5.X 中增加了许多新的特性，如实现了实时全局光照，加入了对 WebGL 的支持，实现了完全的多线程等。本书也随着该游戏引擎的升级加入了许多新的内容，以满足开发者的需求。

本书特点

1. 内容丰富，由浅入深

本书在组织上本着“起点低，终点高”的原则，从学习 Unity 3D 必知必会的基础知识开始，到基于着色器语言所实现的高级特效，最后以一个完整的大型 3D 游戏开发案例作为结束。这样的内容组织完全能够使一个初学者一步一步地成长为 3D 游戏开发的达人，适合绝大部分想学习 3D 游戏开发的人员，以及正在学习 3D 游戏开发人员的需求。

2. 结构清晰，讲解到位

本书中配合每个需要讲解的知识点都给出了丰富的插图与完整的案例，使初学者易于上手。书中所有的案例均是根据笔者多年的开发心得设计的，结构清晰明朗，便于读者进行学习与参考。同时书中还给出了很多笔者多年来积累的编程技巧以及心得，具有很高的参考价值。

3. 实用的光盘内容

为了便于读者的学习，本书附赠的光盘中包含了书中所有案例的完整源代码，能够最大限度地帮助读者快速掌握开发技术。

内容导读

本书总共分为 16 章，内容按照必知必会的基础知识、基于 Unity 集成开发环境及真实大型游戏案例的顺序进行了详细讲解。

本 书 结 构	主 要 内 容
Unity 基础以及开发环境的搭建	简要介绍 Unity 的特点、开发环境的搭建以及运行机制
Unity 集成开发环境详解	主要对 Unity 集成开发环境中各个界面进行详细介绍
Unity 脚本程序开发	介绍 Unity 中脚本的编写方法，主要讲解的是特定于 Unity 的 C#脚本编写的语法和技巧

续表

章　　名	主 要 内 容
Unity 3D 图形用户界面基础	主要对 Unity 开发过程中经常使用的图形用户界面控件及对象进行详细介绍
Unity 3D 第三方 2D 组件库——NGUI	主要介绍 Unity 游戏开发中非常流行的第三方 UI 界面开发组件库——NGUI 的知识及具体使用
物理引擎	介绍 Unity 开发平台下完整的物理引擎体系，包括刚体、碰撞器、粒子系统、关节、交通工具以及布料等
着色器——Shader	介绍 Unity 中着色器的开发和着色器语言——ShaderLab，为各种高级特效的开发打下良好的基础
3D 游戏开发的常用技术	介绍天空盒、虚拟按钮与摇杆、声音、水特效、3D 拾取、重力加速度传感器及雾特效等开发常用的技术
光影效果的使用	介绍 Unity 中经常使用的光影效果，主要包括各种光源、光照烘焙、法线贴图、镜面特效、波动水面真实效果等技术
模型与动画	介绍 Unity 中模型网格的概念及新旧动画系统，其中着重介绍了最新的 Mecanim 动画系统
地形与寻路技术	详细介绍 Unity 自带的地形引擎、拖尾渲染及导航网格和寻路系统等方面的知识
游戏资源更新	介绍 AssetBundle 更新资源包的使用
多线程技术与网络开发	介绍 Unity 中多线程技术的使用及网络功能的开发
Unity 2D 游戏开发	介绍 Unity 新加入的 2D 游戏开发工具
常用性能优化技术	介绍 Unity 3D 提供的 Profiler 工具的使用方法，以及断点调试的两种方式，并讲解了实际开发过程中非常实用的两种优化技术
综合案例——指间足球	详细介绍完整游戏案例项目——指间足球的开发过程及用到的各种相关技术

本书内容丰富，从基本知识到高级特效，从简单的应用程序到完整的 3D 游戏案例，适合不同需求、不同水平层次的各类读者。

- 初学 Unity 3D 应用开发的读者

本书内容由浅入深，配有详细的案例。非常适合初学者循序渐进地学习，最终成为 3D 游戏应用开发的达人。

- 有一定 3D 开发基础读者，可以进一步深入学习 Unity 3D 高级开发技术

本书不仅包含了 Unity 3D 开发的基础知识，同时也包含基于着色器语言、高级光影效果、动画等技术所实现的高级特效，以及对 Unity 3D 强大的物理引擎的讲解与完整的游戏案例，有利于有一定基础的开发人员进一步提高开发水平。

- 各个平台的 3D 开发人员

由于 Unity 3D 是可以进行跨平台发布的，可以开发基于多个平台的项目，因此适合各种平台的 3D 开发人员学习与使用。

特别说明

本书中所有的案例项目及源代码都在附带的光盘中，在正文中提到第几章下面的某个项目目录时，实际指的是光盘中此章目录下同名的 zip 压缩包。实际使用时，读者需要将所需的压缩包复制到自己的计算机上解压缩。

本书作者

吴亚峰，毕业于北京邮电大学，后留学澳大利亚卧龙岗大学取得硕士学位，1998 年开始从事

Java 应用的开发，有 10 多年的 Java 开发与培训经验。主要的研究方向为 OpenGL ES、手机游戏、Java EE 以及搜索引擎。作为手机游戏、Java EE 独立软件开发工程师，他同时兼任了百纳科技 Java 培训中心首席培训师，近 10 年来为多家著名企业培养了上千名高级软件开发人员，曾编写过《Unity 3D 游戏开发技术详解与典型案例》《Unity 4 3D 开发实战详解》《Unity 游戏案例开发大全》《Android 应用案例开发大全》（第一版、第二版及第三版）、《Android 游戏开发大全》（第一版、第二版及第三版）、《OpenGL ES 2.0 游戏开发（上下卷）》等多本畅销技术图书。2008 年年初开始关注 Android 平台下的 3D 应用开发，并开发出一系列优秀的 Android 应用程序与 3D 游戏。

索依娜，毕业于燕山大学，从业于计算机软件领域 10 余年，在软件开发与计算机教学方面有着丰富的经验，工作期间曾参与省级科研项目 2 项，发表论文多篇并参与编写技术图书多部，从 2008 年起开始关注 Android 平台下的应用开发，参与了多款手机娱乐应用的开发。

本书在编写过程中得到了唐山百纳科技有限公司 Java 培训中心的大力支持，同时倪文帅、汪博文、陈泽鑫、王步国、张靖豪、刘建雄、王淳鹤、罗星辰、吴晖以及作者的家人为本书的编写提供了很多帮助，在此表示衷心的感谢！

由于编者的水平和学识有限，且书中涉及的知识较多，难免有错误疏漏之处，敬请广大读者批评指正，本书答疑 QQ 群为 277435906。编辑联系邮箱为 zhangtao@ptpress. com.cn。

编　者

目　录

第1章 Unity基础以及开发环境的搭建

本章主要向读者介绍 Unity 的基础知识及 Unity 集成开发环境的安装，使读者对 Unity 有一个大致的了解。通过将本书附带光盘中的各个项目案例导入到自己的计算机上并运行，读者可以在 Unity 中进行效果预览和其他操作。

1.1 Unity 基础知识概览

本节主要向读者介绍 Unity 的发展历史及其别具一格的特点，主要内容包括 Unity 的简介、Unity 的诞生及发展、Unity 广阔的市场前景和 Unity 的特点等。通过本节的学习，读者将对 Unity 有一个基本的认识。

1.1.1 初识 Unity

Unity 是由 Unity Technologies 开发的一个能够轻松创建三维视频游戏、建筑可视化及实时三维动画等互动内容的、多平台的综合型开发工具，也是一个全面整合的专业游戏引擎。通过 Unity 简单的用户界面，用户可以完成几乎所有工作。

Unity 类似于 Director、Blender Game Engine、Virtools 和 Torque Game Builder 等利用交互的图形化开发环境为首要方式的 3D 游戏引擎软件。

其编辑器运行在 Windows 和 Mac OS X 下，可发布游戏至 Windows、Mac、Wii、iPhone 和 Android 平台，也可以利用 Unity Web Player 插件发布网页游戏，支持 Mac 和 Windows 的网页浏览。Unity 的网页播放器也被 Mac Widgets 所支持。

1.1.2 Unity 的诞生及发展

Unity 现在已经是移动游戏领域较为优秀的游戏引擎，能从诞生到现在不到 10 年的时间取得如此成绩，Unity 可谓是生逢其时。本节为了让读者对 Unity 有更进一步的了解，将为读者介绍 Unity 的发展史。

- 2005 年 6 月，Unity 1.0 发布。Unity 1.0 是一个轻量级、可扩展的依赖注入容器，有助于创建松散耦合的系统。它支持构建子注入（Constructor Injection）、属性/设值方法注入（Property/Setter Injection）和方法调用注入（Method Call Injection）。
- 2009 年 3 月，Unity 2.5 加入了对 Windows 的支持。Unity 2.5 完全支持 Windows Vista 与 Windows XP 的全部功能和互操作性，而且 Mac OS X 中的 Unity 编辑器也已经重建，在外观和功能上都形成了统一。Unity 2.5 的优点就是 Unity 几乎可以在所有平台上建立任何游戏，实现了真正的跨平台。
- 2009 年 10 月，Unity 2.6 独立版开始免费。Unity 2.6 支持了许多的外部版本控制系统，如 Subversion、Perforce、Bazaar 以及其他的 VCS 系统等。除此之外，Unity 2.6 与 Visual Studio

完整的一体化也增加了 Unity 自动同步 Visual Studio 项目的源代码，实现了所有脚本的解决方案和智能配置。

- 2010 年 9 月，支持多平台的 Unity 3.0 发布。其新增加的功能有：方便编辑桌面左侧的快速启动栏、增加支持 Ubuntu 12.04、更改桌面主题和在 dash 中隐藏"可下载的软件"类别等。
- 2012 年 2 月，Unity Technologies 发布了 Unity 3.5。Unity 3.5 提供了大量的新增功能和改进功能。所有使用 Unity3.0 或更高版本的用户均可免费升级到 Unity 3.5。
- 2012 年 11 月，Unity Technologies 公司正式推出 Unity 4.0，新加入对 DirectX 11 的支持和全新的 Mecanim 动画工具，支持移动平台的动态阴影，减少了移动平台 Mesh 内存消耗，支持动态字体渲染，并为用户提供了 Linux 及 Adobe Flash Player 的部署预览功能。
- 2013 年 11 月，Unity 4.3 发布。同时 Unity 正式发布 2D 工具，这标志着 Unity 不再是单一的 3D 工具，而是真正地实现了同时支持二维和三维内容的开发和发布。发布 2D 工具的预告已经让 Unity 开发者兴奋不已，这也正是开发者长久以来所期待的。
- 2014 年 11 月，Unity 4.6 发布，加入了新的 UI 系统，Unity 开发者可以使用基于 UI 框架和视觉工具的 Unity 强大的新组件来设计游戏或应用程序。
- 2015 年 3 月，Unity Technologies 在 GDC2015 上正式发布了 Unity 5.0，Unity 首席执行官 John Riccitiello 表示，Unity 5.0 是 Unity 发展史上的重要里程碑。Unity 5.0 实现了实时全局光照，加入了对 WebGL 的支持，实现了完全的多线程。
- 2015 年 6 月，Unity 5.1 发布，加入了为 VR 和 AR 设备优化的渲染管道，可直接插入 Oculus Rift 开发机进行测试。头部追踪和景深 FOV 都会自动地应用到摄像头。

1.1.3　Unity 广阔的市场前景

近几年来，Android 平台游戏、iPhone 平台游戏以及 Web 的网页游戏发展迅猛，已然成为带动游戏业发展的新生力量。遗憾的是，目前除了少数的作品获得成功外，大部分的游戏都属于宣传攻势大于内容品质的平庸之作。

面对这种局面，3D 游戏成为独辟蹊径的一种选择。而为 3D 游戏研发提供强大技术支持的 Unity 引擎，对 DirectX 和 OpenGL 拥有高度优化的图形渲染管道，以其创造高质量的 3D 游戏和真实视觉效果的核心技术，为开发 3D 游戏提供了强大的源动力。

> **提示**　Unity 游戏引擎后来居上，在近两年发行的几款风靡一时的 iOS 和 Android 平台上的游戏，如《时空之刃》《炉石传说》《我叫 MT 2》等都选择了这款游戏引擎。

Unity 不仅在游戏领域里有广阔的应用，其还可以用于 3D 虚拟仿真、大型产品 3D 展示、3D 虚拟展会、3D 场景导航以及一些精密仪器使用方法的演示等，应用领域非常广泛。

Unity 游戏引擎技术研讨会最早于 2011 年 5 月在韩国举行。据悉，现在 10 种以上的新引擎开发，都是采用了 Unity 游戏引擎技术。已有部分开发商利用 China Joy 展会的契机，展示了其所开发的新引擎的运行效果，目前已有不少厂商与开发商签订了提前预定引擎的协议。

> **提示**　Unity 引擎可以帮助开发人员制作出炫丽的 3D 效果，并实时生成查看，目前已推出了对应 iPhone、iPad、Android、Android TV、Tizen、PC、Mac、Flash Player、WebGL、Wii U、PS3、PS4、PS Vita、XBox360、XBox One、Oculus Rift、Gear VR、Hololens 等平台的版本，促进了游戏跨平台的应用。读者要做的只是在编辑器中选择使用哪一个平台来预览游戏作品。

未来几年将会是 Unity 大行其道的时代：因其开发群体的迅速扩大，Wed Player 装机率的快速上升，使 Unity 迅速爆发的时机已经到了。在此引用业内知名人士的一句话："不要再对所谓的 Flash 3D 抱有什么希望，也不要再去花心思学习那些杂七杂八的 Flash3 D 插件，赶紧学习 Unity 才是正道"。

1.1.4 独具特色的 Unity

通过前面的学习，相信读者已经对 Unity 了一个基本的认识。Unity 在游戏开发领域用其独特而强大的技术理念征服了全球众多的业界公司及游戏开发者。在本节中，将为读者介绍 Unity 的特点，帮助读者进一步学习 Unity。

1. Unity 本身所具有的特点

❑ 综合编辑

Unity 用户界面是简单的、层级式的综合开发环境，具备视觉化编辑、详细的属性编辑器和动态的游戏预览特性。由于其强大的综合编辑特性，Unity 也被用来快速制作游戏或者开发游戏原型。效果如图 1-1 所示。

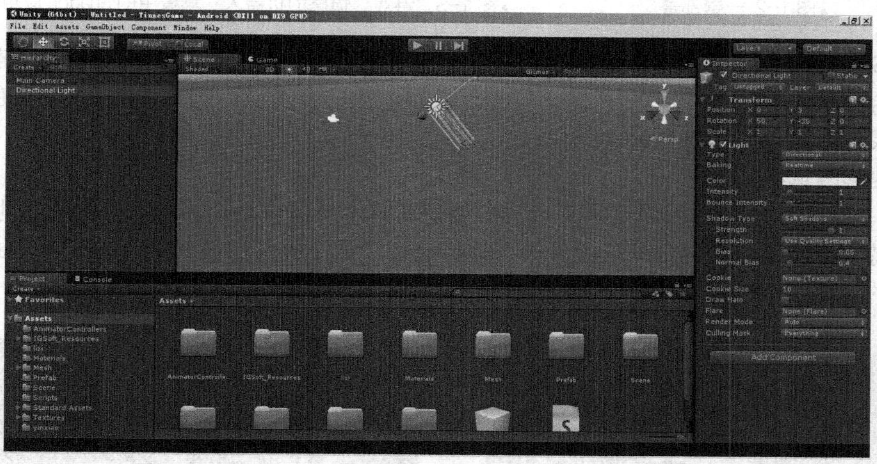

▲图 1-1 综合编辑

❑ 图形引擎

Unity 的图形引擎使用的是 Direct3D（Windows）、OpenGL（Mac，Windows）和自有的 APIs（Wii）。可以支持 Bump Mapping、Reflection Mapping、Parallax Mapping、Screen Space Ambient Occlusion、动态阴影所使用的 Shadow Map 技术与 Render-to-texutre 和全屏 Post Processing 效果。

❑ 资源导入

项目中的资源会被自动导入，并根据资源的改动自动更新。虽然很多主流的三维建模软件为 Unity 所支持，不过对于 3ds Max、Maya、Blender、Cinema 4D 和 Cheetah3D 的支持效果比较好，并支持一些其他的三维格式。

❑ 一键部署

Unity 可开发微软 Microsoft Windows 和 Mac OS X 的可执行文件，在线内容通过 Unity Web Player 插件支持 Internet Explorer、Mozilla、Netscape、Opera 和 Camino、Mac OS X 的 Dashboard 工具，但是 Wii 程序和 iPhone 应用程序的开发需要用户购买额外的授权，在价格上有所不同，如图 1-2 所示。

❑ 着色器（Shader）

着色语言编写使用 ShaderLab 语言，同时支持自有工作流中的编程方式或 Cg、GLSL 语言编写的着色文件。Shader 对游戏画面的控制力就好比在 Photoshop 中编辑数码照片，在资深者手中可以营造出各种惊人的画面效果。图 1-3 所示为 Unity 经典游戏“愤怒的机器人”场景中的 Shader 应用效果。

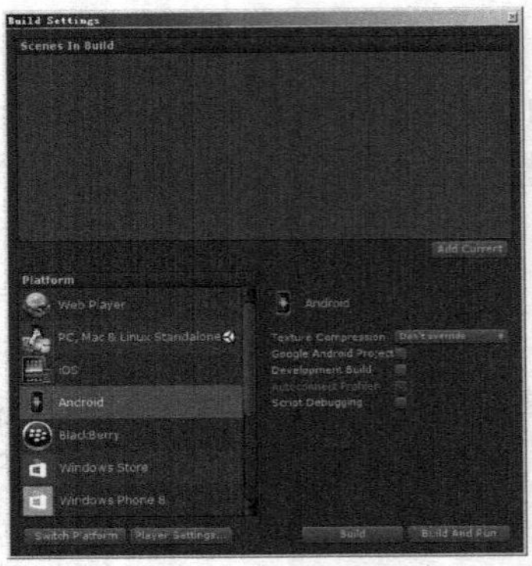

▲图 1-2 一键部署

▲图 1-3 游戏“愤怒的机器人”场景中的 Shader 应用效果

一个 Shader 可以包含众多变量及一个参数接口，允许 Unity 去判定参数是否为当前所支持并适配最适合参数，并选择相应的 shader 类型以获得广大的兼容性。因此，Unity 的着色器系统具有易用、灵活和高性能的特性。

❑ 地形编辑器

Unity 内建强大的地形编辑器，支持地形创建和树木与植被贴片，还支持自动的地形 LOD，而且还支持水面特效，尤其是低端硬件亦可流畅运行广阔茂盛的植被景观，还可用 Tree Create 来编辑树木的各部位细节。如图 1-4 和图 1-5 所示。

▲图 1-4 地形 1

▲图 1-5 地形 2

❑ 联网

现在大部分的游戏都是联网的。令人惊喜的是，Unity 内置了强大的多人联网游戏引擎，具有 Unity 自带的客户端和服务器端，省去了并发、多任务等一系列烦琐而困难的操作，可以简单地完成所需的任务。其多人网络连线采用 Raknet，可以从单人游戏到全实时多人游戏。

❑ 物理特效

物理引擎是模拟牛顿力学模型的一个计算机程序，使用质量、速度、摩擦力和空气阻力等变量。来预测各种不同情况下的效果。Unity 内置 NVIDIA 强大的 PhysX 物理引擎，可以方便、准确地开发出所需要的物理特效。

PhysX 可以由 CPU 计算，但其程序本身在设计上还可以调用独立的浮点处理器（如 GPU 和 PPU）来计算，也正因为如此，它可以轻松地完成像流体力学模拟那样的大计算量的物理模拟计算。并且 PhysX 物理引擎还可以在包括 Windows、Linux、Xbox360、Mac、Android 等在内的全平台上运行。

❑ 音频和视频

音效系统基于 OpenAL 程式库，可以播放 Ogg Vorbis 的压缩音效。视频播放采用 Theora 编码，并支持实时三维图形混合音频流和视频流。

OpenAL 主要的功能是在来源物体、音效缓冲和收听者中编码。来源物体包含一个指向缓冲区的指标、声音的速度、位置和方向，以及声音强度。收听者物体包含收听者的速度、位置和方向，以及全部声音的整体增益。缓冲里包含 8 或 16 位元、单声道或立体声 PCM 格式的音效资料，引擎进行所有必要的计算，如距离衰减、多普勒效应等。

□ 脚本

游戏脚本为基于 Mono 的 Mono 脚本，是一个基于.NET Framework 的开源语言，因此，程序员可用 JavaScript 、C#加以编写。如图 1-6 所示。

提示 由于 JavaScript 和 C#脚本语言是目前 Unity 开发中比较流行的语言，同时，考虑到脚本语言的通用性，因此，本书采用 JavaScript 和 C#两种脚本语言编写脚本，给读者带来更多的便利。

□ Unity 资源服务器

Unity 资源服务器具有一个支持各种游戏和脚本版本的控制方案，使用 PostgreSql 作为后端。其可以保证在开发过程中的多人并行开发，使不同的开发人员在使用不同版本的开发工具时所编写的脚本能够顺利的集成。

□ 真实的光影效果

Unity 提供了具有柔和阴影与 lightmaps 的高度完善的光影渲染系统。光照图（lightmap）是包含了视频游戏中面的光照信息的一种三维引擎的光强数据。光照图是预先计算好的，而且要用在静态目标上。

Unity 5 融入了 Geomerics 行业领先的实时全局光照技术 Enlighten。Enlighten 是目前仅有的，为实现 PC、主机和移动游戏中的完全动态光照效果而进行了优化的实时全局光照技术。Enlighten 的实时技术也极大地改善了工作流程，使美工和设计师能够直接在 Unity 5 编辑器中为所有游戏风格创建引人入胜的逼真视觉效果。Enlighten 实时全局光照效果如图 1-7 所示。

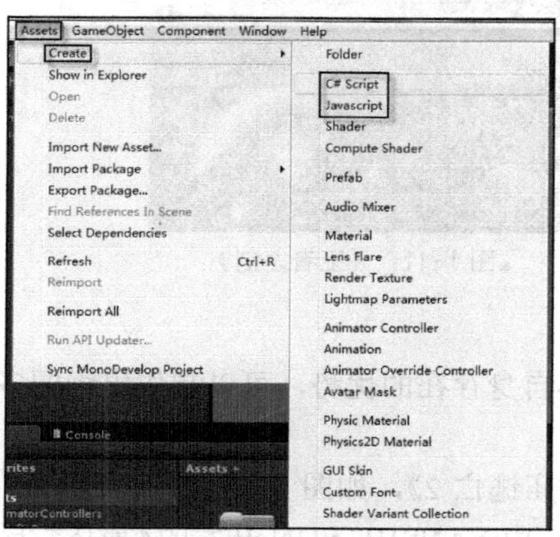

▲图 1-6 脚本

▲图 1-7 Enlighten 实时全局光照效果图

说明 静态目标（static objects）在三维引擎里是区别于动态目标（dynamic object）的一种分类。

□ 集成 2D 游戏开发工具

2D 游戏在当今的游戏市场仍然占据着很大的市场份额，尤其是对于移动设备（如手机、平板电脑等），2D 游戏仍然是一种主要的开发方式。针对这种情况，Unity 在 4.3 版本以后正式加入了

Unity 2D 游戏开发工具集。

使用 Unity 2D 游戏开发工具集可以非常方便地开发 2D 游戏，利用工具集中的 2D 游戏换帧动画图片的制作工具可以快速地制作 2D 游戏换帧动画。Unity 为 2D 游戏开发集成了 Box2D 物理引擎并提供的一系列 2D 物理组件，通过这些组件可以非常简单地在 2D 游戏中实现物理特性。

2. Unity 的跨平台特性

Unity 类似于 Director、Blender Game Engine、Virtools 或 Torque Game Builder 等利用交互的图形化开发环境为首要方式的软件。其编辑器运行在 Windows 和 Mac OS X 下，可发布游戏至 Windows、Mac、Wii、iPhone 和 Android 平台，也可以利用 Unity Web Player 插件发布网页游戏，支持 Mac 和 Windows 的网页浏览。

现在市面上已经推出了很多由 Unity 开发的基于 Android 平台、iPhone 平台的游戏和大型的 3D 网页游戏，这些游戏都得到了很高评价。接下来将分别为读者介绍这 3 类游戏。

- 基于 Android 平台的游戏

Unity 可以基于 Android 平台进行游戏开发。由于 Unity 自身存在的优势，因此，通过它开发的游戏也总是能让人赏心悦目并赞不绝口。

例如，《捣蛋猪》是 Rovio Entertainment 继《愤怒的小鸟》之后的又一款力作，如图 1-8 所示；由天美艺游工作室开发的《天天飞车》，如图 1-9 所示；由 GluMobile 开发的《血之荣耀》，如图 1-10 所示；由蓝港在线开发的《王者之剑》，如图 1-11 所示。

▲图 1-8　《捣蛋猪》

▲图 1-9　《天天飞车》

▲图 1-10　《血之荣耀》

▲图 1-11　《王者之剑》

- 基于 iPhone 平台的游戏

Unity 也可以基于 iPhone 平台进行游戏开发，由于其自身存在的优势，可以制作出绚丽多彩的 iPhone 平台游戏。

例如，由 Imangi Studios 开发的跑酷类视频游戏《神庙逃亡 2》，如图 1-12 所示；由 Defiant Development Pty.Ltd 开发的《滑雪大冒险》，如图 1-13 所示；由 YANSHU SUN 开发的《崩坏学园》，如图 1-14 所示；由 Crescent Moon Games LLC 开发的 Slingshot Racing，如图 1-15 所示。

▲图 1-12　《神庙逃亡 2》

▲图 1-13　《滑雪大冒险》

▲图 1-14 《崩坏学园》

▲图 1-15 《Slingshot Racing》

❑ 基于 Web 的大型 3D 网页游戏

同样，Unity 也可以开发基于 Web 的大型 3D 网页游戏。网页类游戏不用下载客户端，也是近几年比较流行的一种游戏类型，市面上已经推出了很多这样的 3D 网页游戏。

例如，《新仙剑奇侠传 online》是骏梦游戏的最新力作，如图 1-16 所示；由上海友齐开发的《坦克英雄》，如图 1-17 所示；《绝代双骄》是由开发商昆仑在线开发的一款全新网页游戏，如图 1-18 所示；《蒸汽之城》是厦门梦加网络科技有限公司开发的一款 3D 网页 MMORPG，如图 1-19 所示。

▲图 1-16 《新仙剑奇侠传 online》

▲图 1-17 《坦克英雄》

▲图 1-18 《绝代双骄》

▲图 1-19 《蒸汽之城》

Unity 基础知识到这里介绍完毕，接下来将详细介绍 Unity 中开发环境的搭建，这是进行 Unity 开发的第一步。通过讲解 Unity 集成开发环境的安装和将目标平台的 SDK 集成到 Unity，使读者可以顺利地进入 Unity 集成开发环境。

1.2 Unity 开发环境的搭建

本节将介绍 Unity 集成开发环境的搭建。开发环境的搭建分为两个步骤：Unity 集成开发环境的安装和目标平台的 SDK 与 Unity 的集成（其中，包括在 Windows 平台下安装 Android SDK 和在 Mac OS 平台下安装 SDK）。

1.2.1 Windows 平台下 Unity 的下载及安装

本节将主要讲述如何在 Windows 平台下搭建 Unity 的集成开发环境，包括如何从 Unity 官网下载 Windows 平台下使用的 Unity 游戏开发引擎，以及如何安装下载好的 Unity 安装程序。具体的操作步骤如下。

（1）首先登录到 Unity 官方网站 http://unity3d.com 下载 Unity 的安装程序。将 Unity 官方网站

首页拖至最底部，如图 1-20 所示，在“下载”栏中单击“Unity”超链接，网页跳转到新版 Unity 的版本比较页面，该页面展示了专业版和个人版的功能区别。再将网页拖至底部，在“资源”栏中单击“Unity 旧版本”超链接，如图 1-21 所示。

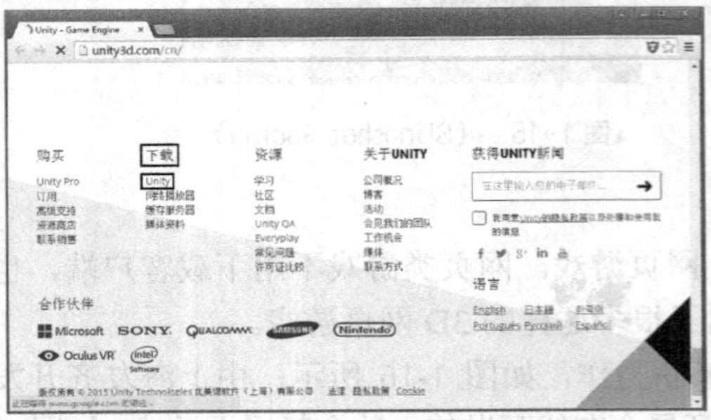

▲图 1-20　Unity 官方网站首页

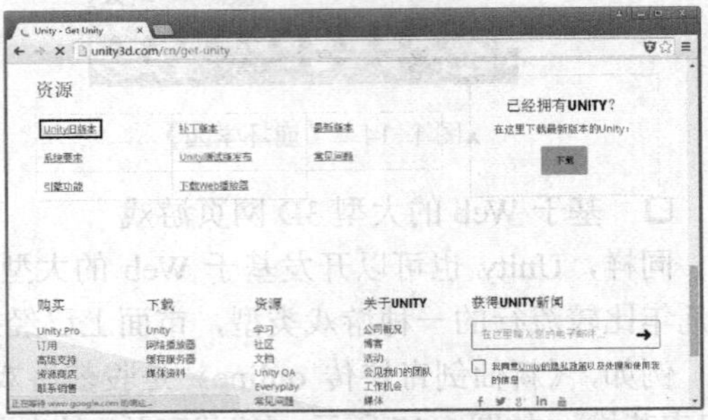

▲图 1-21　新版 Unity 的版本比较页面

提示　由于 Unity 官网的默认语言为英语，所以打开页面后内容全部为英文。语言选项在网页最底部的右下角处，读者可根据个人需要选择合适的语言。

（2）单击“Unity 旧版本”超链接后，网页跳转到 Unity 的下载存档页面，在该页面下可以下载最新版本和以前版本的 Unity。这里选择 5.1.1 版本的 Unity，如图 1-22 所示；单击右侧的“下载（Win）”会出现下拉菜单，如图 1-23 所示，笔者在这里选择第二项。

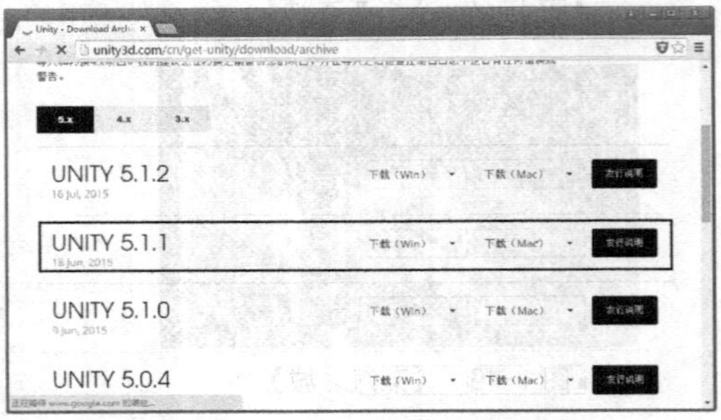

▲图 1-22　Unity 的下载存档

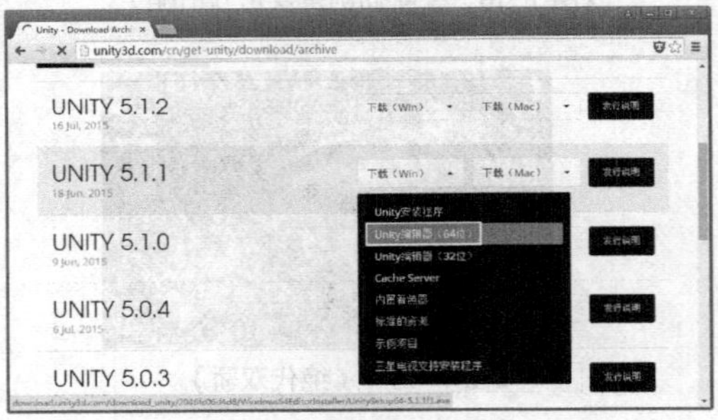

▲图 1-23　Unity 下载选项

（3）双击下载好的 Unity 安装程序 UnitySetup64.exe，会打开 Welcome to the Unity 5.1.1f1（64-bit）Setup 窗口，如图 1-24 所示。单击 Next 按钮进入 License Agreement 窗口，如图 1-25 所示。

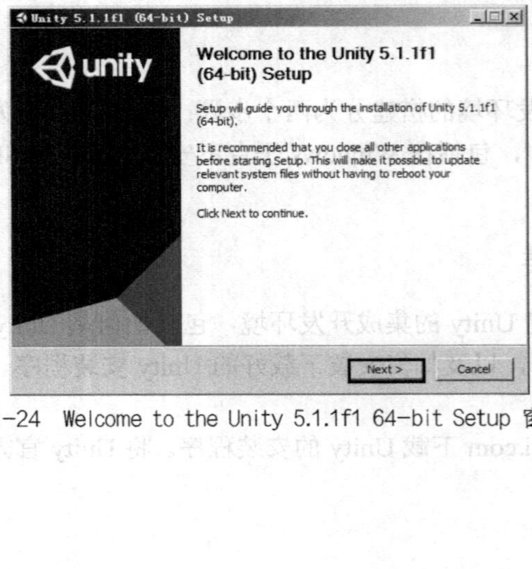

▲图 1-24　Welcome to the Unity 5.1.1f1 64-bit Setup 窗口

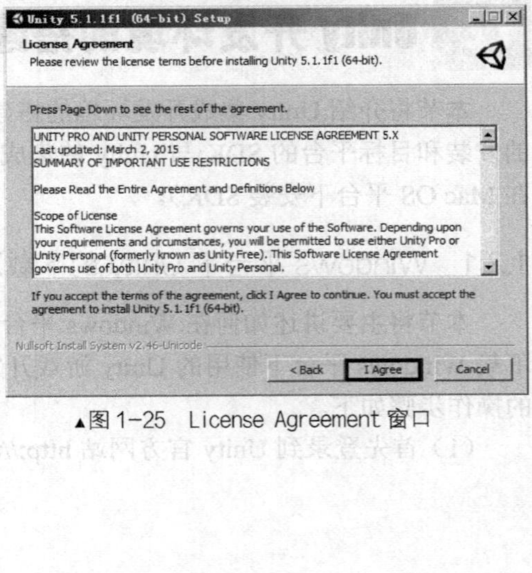

▲图 1-25　License Agreement 窗口

（4）在 License Agreement 窗口，单击 I Agree 按钮进入 Choose Components 窗口，如图 1-26 所示。然后在 Choose Components 窗口，将可选项全部选中并单击 Next 按钮进入 Choose Install Location 窗口，如图 1-27 所示。

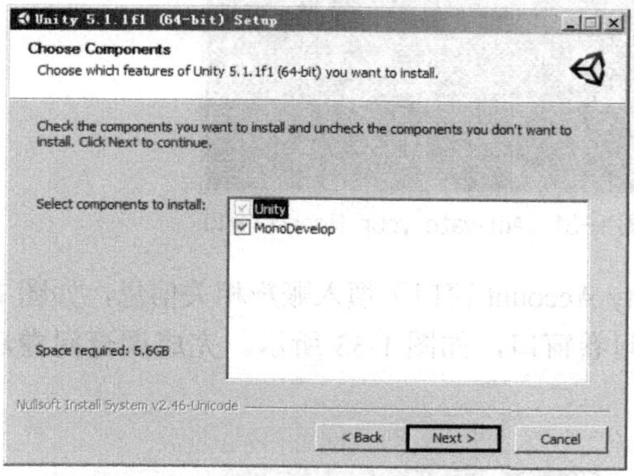

▲图 1-26 Choose Components 窗口

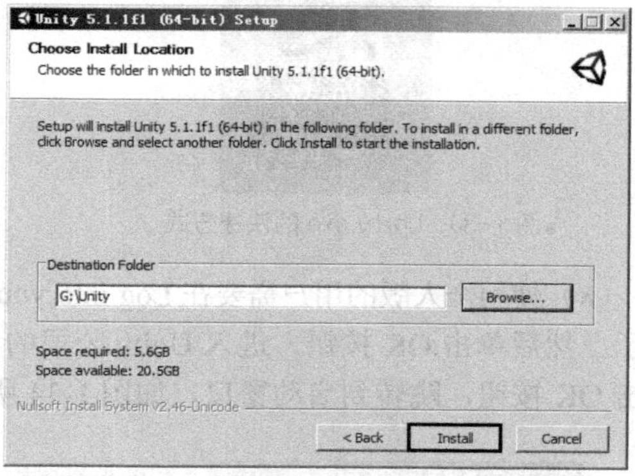

▲图 1-27 Choose Install Location 窗口

（5）在 Choose Install Location 窗口，选择好安装路径（本书以默认路径为例），单击 Install 按钮进行安装，将进入 Installing 窗口，如图 1-28 所示。进入 Installing 窗口后（这是 Unity 的安装过程）会需要一定的时间，请耐心等待。

（6）安装结束，会跳转到 Finsh 窗口（见图 1-29），单击 Finsh 按钮即可（如果选中 Run Unity 5.1.1f1 选项，则单击 Finsh 按钮就会跳转到 Activate your license 窗口），此时桌面上会出现一个 Unity.exe 的快捷方式，如图 1-30 所示。

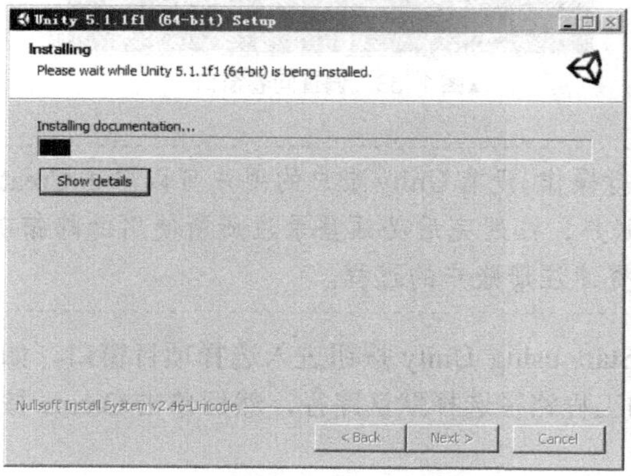

▲图 1-28 Installing 窗口

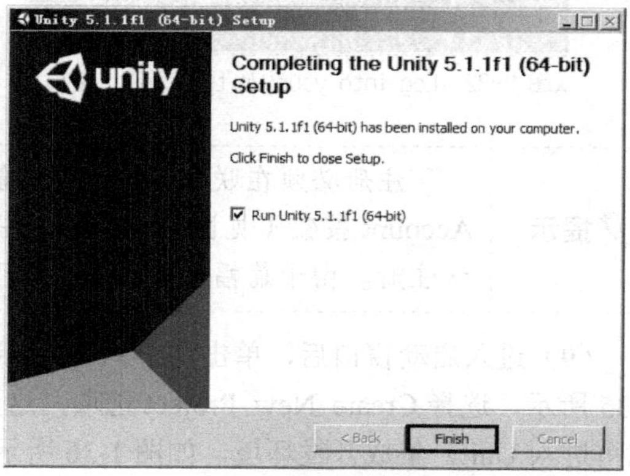

▲图 1-29 Finsh 窗口

（7）如果没有选中 Run Unity 5.1.1f1 选项，则双击桌面上 Unity.exe 的快捷方式，也将会跳转到 Activate your license 窗口，如图 1-31 所示。此时，勾选 Unity 5 Professional Edtion 即选择使用专业版，勾选“Unity 5 Personal Edtion”则为选择使用个人版。在选择版本后，单击 OK 按钮进行下一步。

提示	选择使用专业版需要序列号，有序列号的用户可以选择该项然后输入序列号，没有序列号的用户可以到官方网站购买。选择使用个人版的用户，需要在官方网站注册一个账户，通过账户激活 Unity。个人版有诸多限制，许多功能都不能够在该版本中使用，不建议选择该版本。

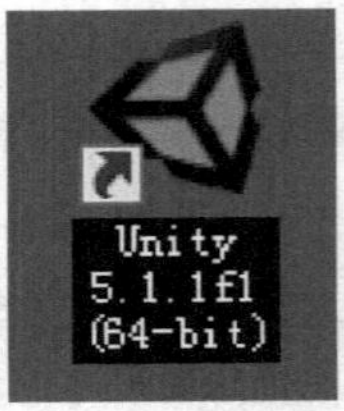

▲图 1-30　Unity.exe 的快捷方式

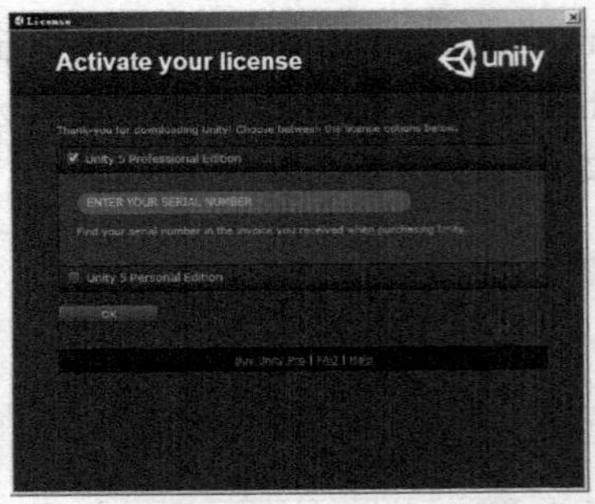

▲图 1-31　Activate your license 窗口

（8）使用个人版的用户需要在 Log into your Unity Account 窗口下填入账户相关信息，如图 1-32 所示。然后单击 OK 按钮，进入 Unity 公司的调查问卷窗口，如图 1-33 所示。完成调查问卷后，单击 OK 按钮，跳转到启动窗口，如图 1-34 所示。

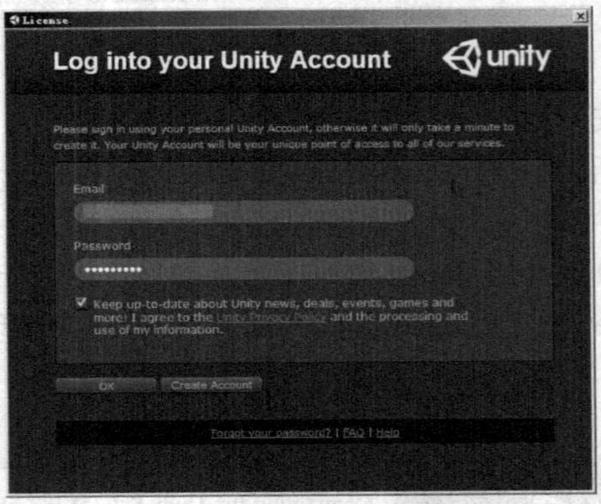

▲图 1-32　Log into your Unity Account 窗口

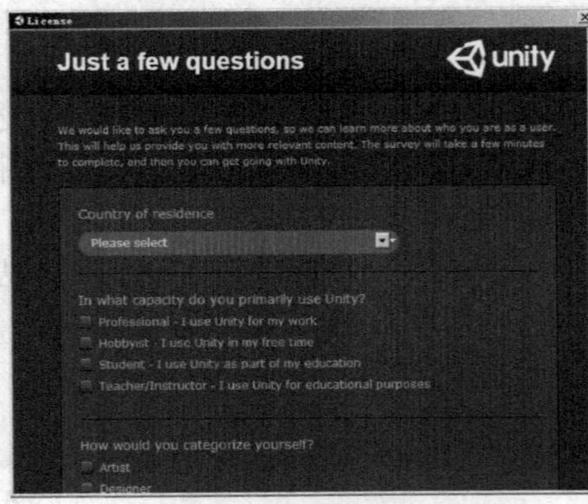

▲图 1-33　调查问卷窗口

> **提示**　注册必须在联网的前提下才能进行操作。没有 Unity 账户的用户可以单击 Create Account 按钮（见图 1-32）注册一个账户，注册完后必须登录注册所使用的邮箱确认注册。由于篇幅的限制，这里不再赘述注册账户的过程。

（9）进入启动窗口后，单击图 1-34 中所示的 Start using Unity 按钮进入选择项目窗口，如图 1-35 所示。选择 Create New Project 选项，这里的工程路径选择默认路径，然后单击 Create 按钮就可进入 Unity 集成开发环境，如图 1-36 所示。

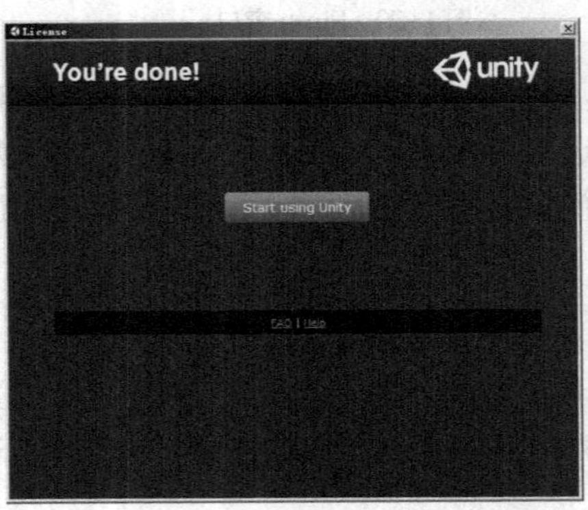

▲图 1-34　Unity 启动窗口

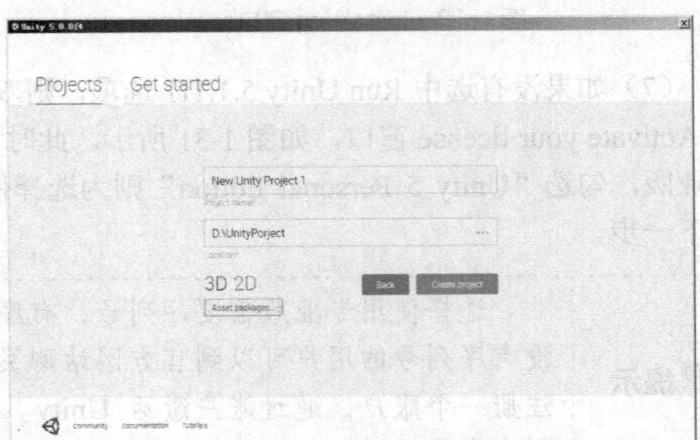

▲图 1-35　项目选择窗口

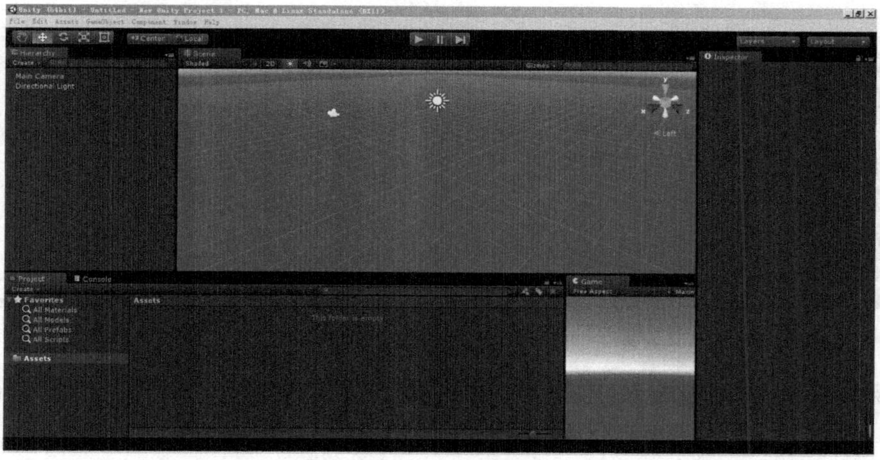

▲图 1-36　Unity 集成开发环境

> **提示**　Unity 的安装要求操作系统为 Windows XP SP2 以上、Windows 7 SP1 以上、Windows8，不支持 Windows Vista；GPU 要求有 DX9（着色器模型 2.0）功能的显卡，2004 年以后的产品都可以。对于整体要求，现在所使用的计算机以上两点都满足。

1.2.2　Mac OS 平台下 Unity 的下载及安装

上一节介绍了如何在 Windows 平台下搭建 Unity 的集成开发环境，本节将具体介绍如何在 Mac OS 平台下下载 Mac 版的 Unity 游戏开发引擎安装程序，以及如何安装下载好的 Mac 版 Unity 安装程序。具体的操作步骤如下。

（1）Mac OS 平台下 Unity 的下载与 Windows 大致相同，故省略前面的打开网页步骤，直接从下载存档页面开始介绍这里选择 5.0.1 版本的 Unity，如图 1-37 所示。单击右侧的“下载（Mac）”会出现下拉菜单，如图 1-38 所示。下拉菜单的前两项分别为下载 Unity 下载助手、下载 Unity 安装程序。读者可根据个人情况选择下载，笔者在这里选择第二项。

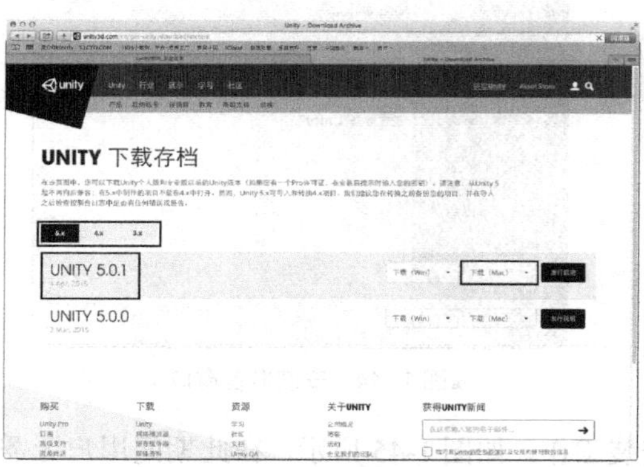

▲图 1-37　Unity 的下载存档

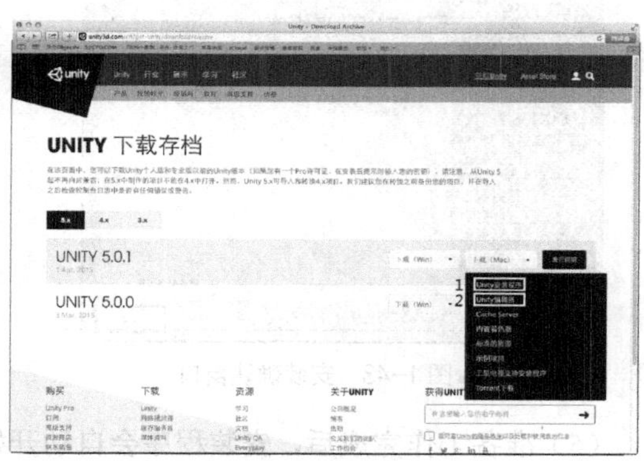

▲图 1-38　Unity 下载选项

（2）完成下载后，开始安装 Unity。首先双击下载好的 Unity 安装文件 Unity.pkg，会弹出 Unity 的安装窗口，如图 1-39 所示。单击继续按钮，会弹出软件许可协议窗口，如图 1-40 所示。

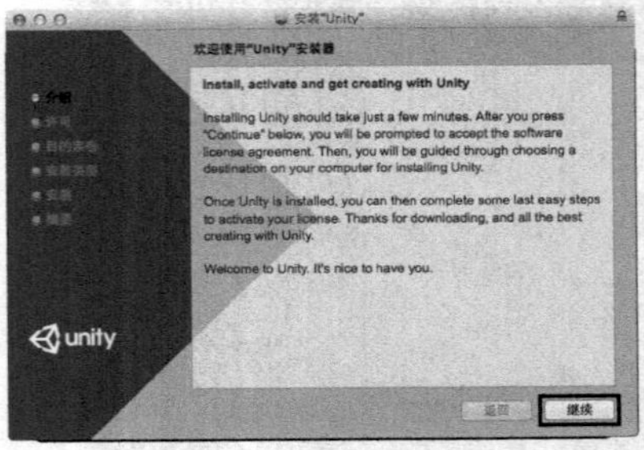

▲图 1-39　Unity 安装窗口

▲图 1-40　软件许可协议窗口

（3）阅读完 Unity 的安装许可协议后，单击继续按钮，会弹出小窗口提示用户是否同意软件许可协议，如图 1-41 所示，单击同意按钮来继续安装。在目的宗卷窗口下，选择要安装 Unity 的磁盘，单击继续按钮，如图 1-42 所示。

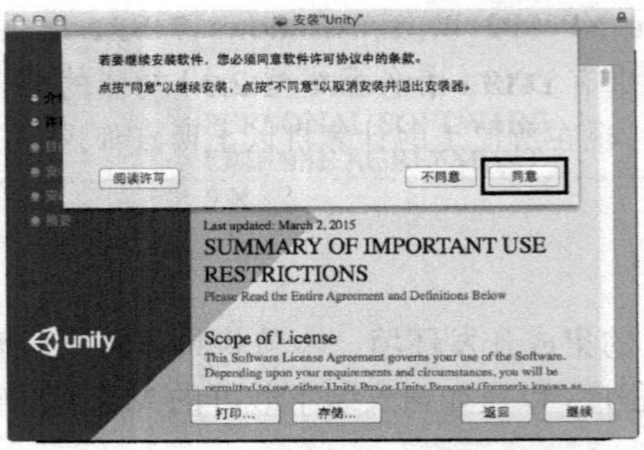

▲图 1-41　软件许可协议确认窗口

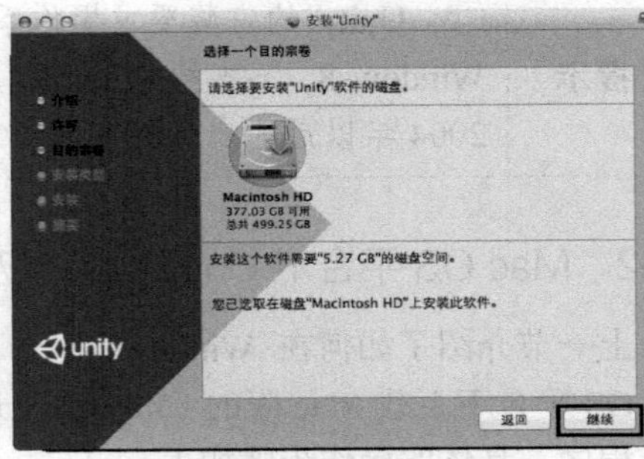

▲图 1-42　目的宗卷窗口

（4）在安装确认窗口上，显示了 Unity 将占用计算机上 5.27GB 的存储空间，如图 1-43 所示。如不需要更改安装位置，则单击安装按钮开始进行安装，此时会弹出安装准备窗口，如图 1-44 所示。

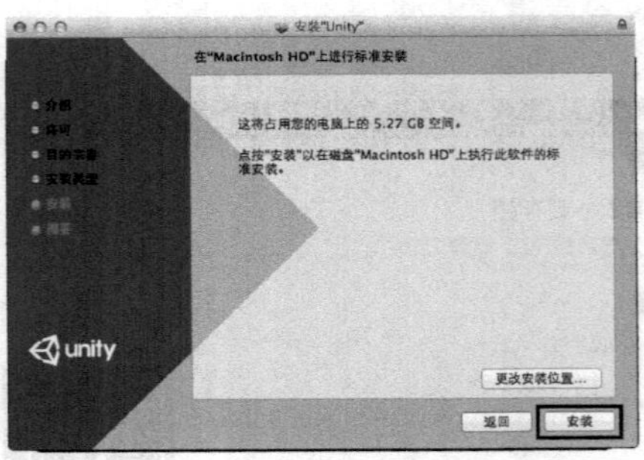

▲图 1-43　安装确认窗口

▲图 1-44　安装准备窗口

（5）准备工作完成后，安装程序会自动开始安装工作，如图 1-45 所示。在此期间用户无需进行其他操作，只需要耐心等待即可。当安装工作完成后，会弹出安装成功窗口，如图 1-46 所示。单击关闭按钮，完成安装。

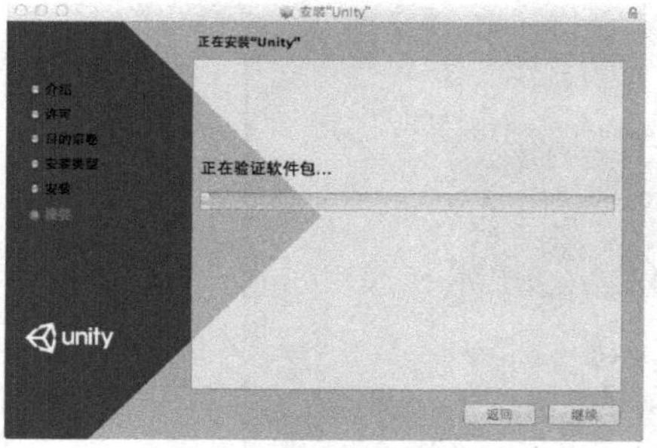

▲图 1-45　安装进行窗口

▲图 1-46　"安装成功"窗口

（6）完成安装后，在已安装的应用中找到 Unity，单击图标，打开程序。首次打开 Unity 需要进行激活，具体激活方式与 Windows 下的方式相同，由于篇幅的限制，这里不再赘述具体过程，读者可参考前面的介绍。激活窗口如图 1-47 和图 1-48 所示。

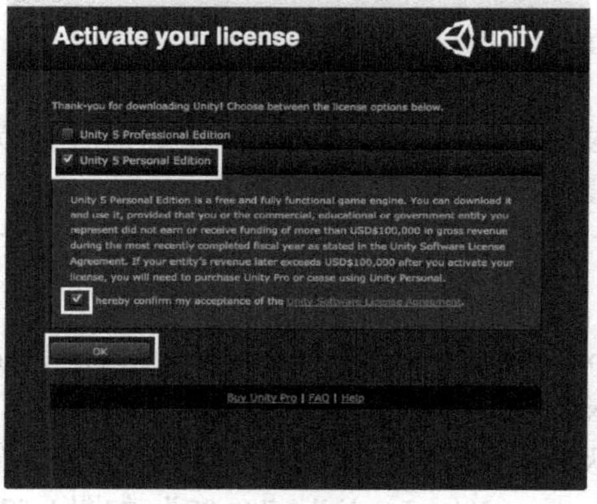

▲图 1-47　许可证激活窗口

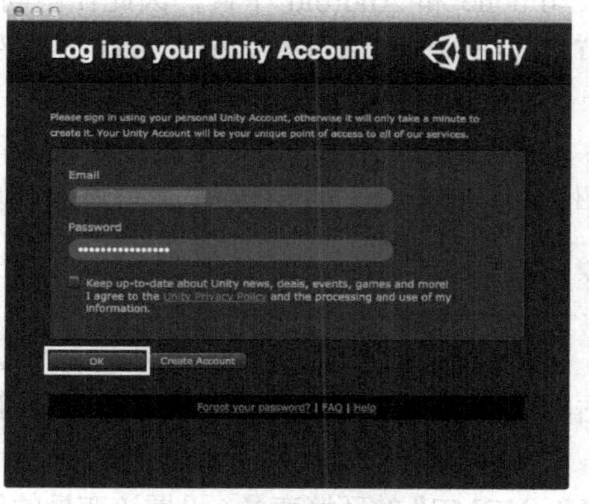

▲图 1-48　登录账户窗口

（7）完成激活后，会弹出启动窗口，如图 1-49 所示。单击 Start using Unity 按钮进入选择项目窗口，如图 1-50 所示。新建项目时，重命名项目名称，这里的工程路径选择默认路径，然后单击 Create 按钮进入 Unity 开发环境，如图 1-51 所示。

▲图 1-49　Unity 启动窗口

▲图 1-50　选择项目窗口

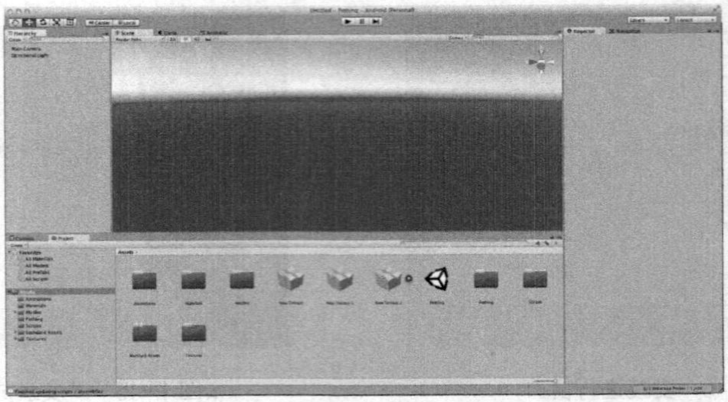

▲图 1-51　Unity 开发环境

1.2.3 目标平台的 SDK 与 Unity 集成

前面已经对 Unity 这个游戏引擎进行了简单的介绍，由于它可发布游戏至 Window、Mac、Wii、iPhone 和 Android 平台，因此在不同的平台下，需要下载、安装与集成目标平台的 SDK。本节将详细地为读者介绍如何把目标平台的 SDK 集成到 Unity。

1. Android 的 SDK 下载安装与集成

前面已经对 Unity 3D 这个游戏引擎的下载和安装进行了详细的介绍，从本节开始，将为大家介绍 Android 平台下的 SDK 安装与集成，具体的步骤如下。

> **说明**　由于 Android 是基于 Java 的，所以要先安装 JDK。

（1）登录到 ORACLE 官方网站 http://www.oracle.com/technetwork/java/index.html 下载最新的 JDK。双击刚刚下载的 JDK 安装程序 jdk-7u25-windows-x64.exe，根据提示将 JDK 安装到默认目录下。

（2）右键单击我的电脑，依次选择属性/高级/环境变量，在系统变量中新建一个名为"JAVA_HOME"的环境变量，设置该变量的值为"C:\Program Files\Java\jdk1.7.0_07"，如图 1-52 所示。再打开 Path 环境变量，在最后加上"C:\Program Files\Java\jdk1.7.0_07\bin;"，单击确定按钮即可。

（3）到 http://developer.android.com 页面下载 Android 的 SDK，本书使用的版本是 5.0，其他版本的安装与配置方法基本相同。将下载好的 SDK 压缩包解压到任意盘的根目录下，笔者将 SDK 放在了 F 盘根目录下，如图 1-53 所示。

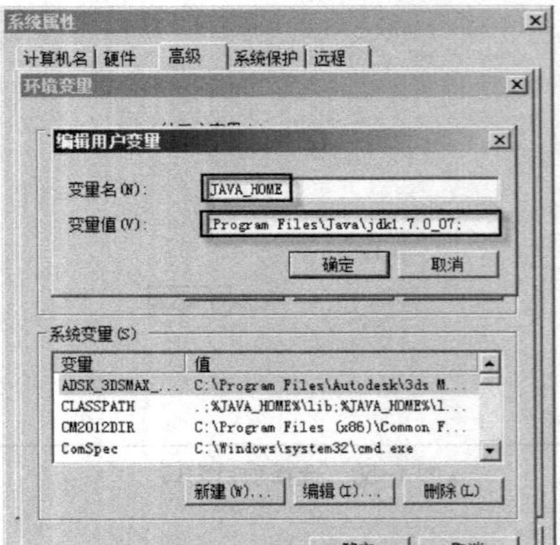

▲图 1-52　JDK 环境变量配置

▲图 1-53　SDK 的安装目录图

（4）右键单击我的电脑，依次选择属性/高级/环境变量，打开 Path 系统环境变量，在最后加上 SDK 的解压目录中的 tools 目录“F:\sdk\tools”，然后单击确定按钮完成配置。如图 1-54 所示。

（5）进入 Unity 集成开发环境，依次单击菜单栏命令“Edit→Preferences”，如图 1-55 所示，在弹出的新对话框 Unity Preferences 中选择 External Tools 选项，选择正确的 Android SDK 路径，如图 1-56 所示。

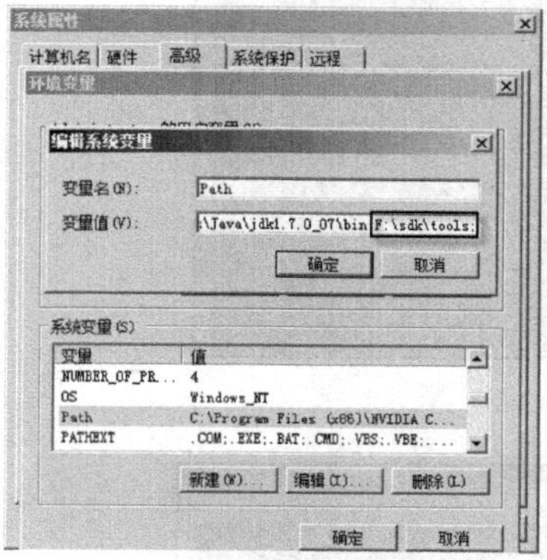

▲图 1-54　SDK 环境变量配置

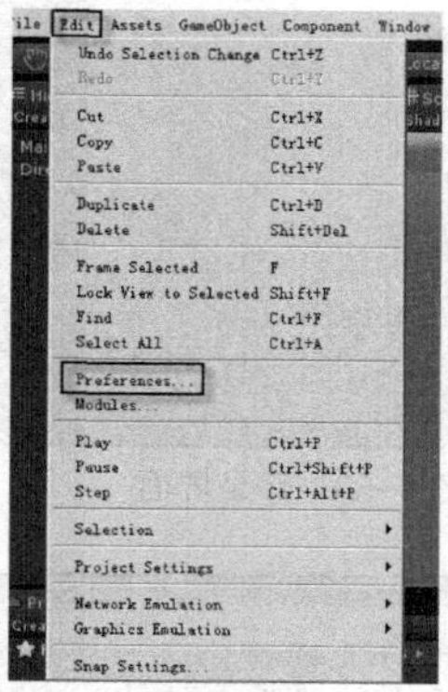

▲图 1-55　Edit

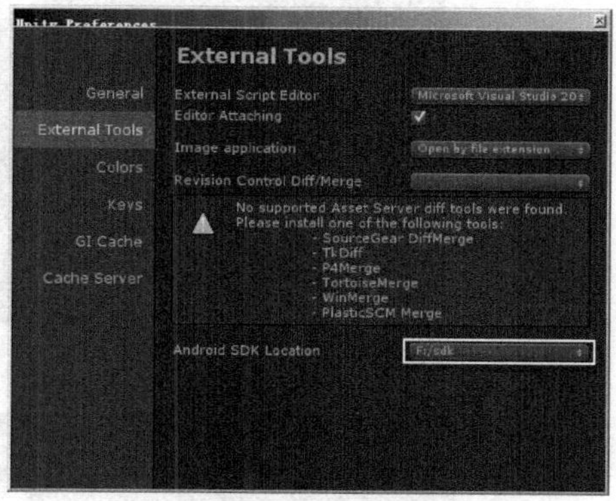

▲图 1-56　Unity Preferences 对话框

2. iPhone SDK 的下载安装与集成

由于 Unity 是跨平台的，所以对于 Unity 而言，在 iPhone 平台下同样能够正常运行。iPhone 的 SDK 下载、安装和集成与 Android 的 SDK 下载、安装和集成大体相同。

（1）登录 Apple Developer Connection 的网站 http://developer.apple.com/iphone 下载 SDK。网站如图 1-57 所示。

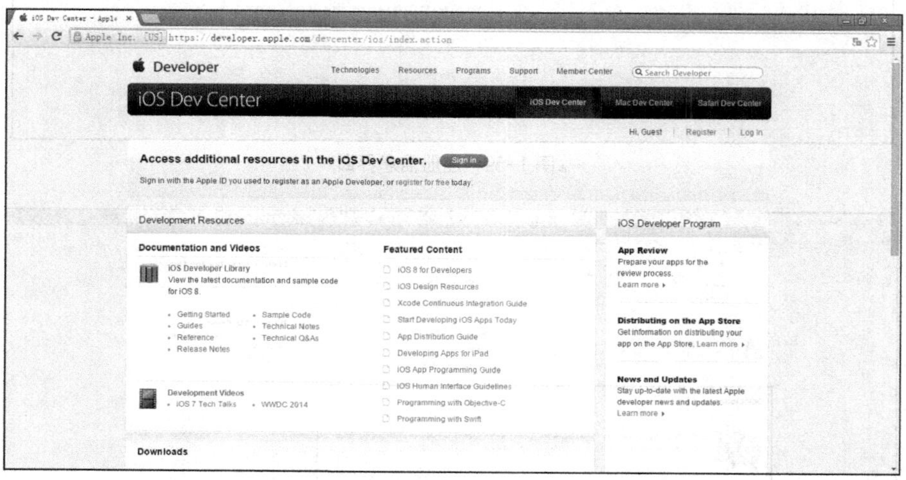

▲图 1-57　Apple Develper Connection 网站

（2）如果已经有 Apple ID 了，则只需填写好账号和密码，单击 Sign In 按钮登录。登录界面如图 1-58 所示。

（3）若还没有 Apple ID，则需先创建一个，创建账号是免费的。在注册信息界面，所有必需填写的信息都要填写正确，最好用英文。注册信息界面如图 1-59 所示。

（4）注册结束并成功登录后，下载 iPhone SDK。整个发布包约 2GB 大小，因此最好通过高速 Internet 连接来下载，这样可以提高下载速度。SDK 是以磁盘镜像文件的形式提供的，默认保存在 Downloads 文件夹下。如图 1-60 所示。

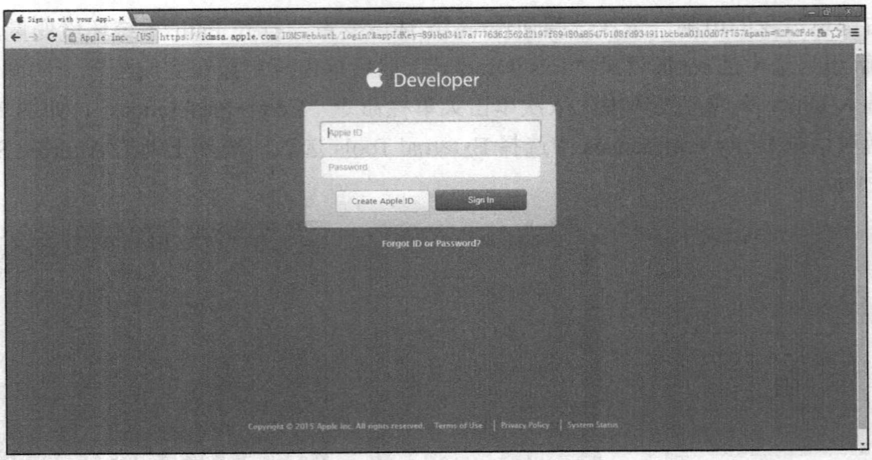

▲图 1-58　登录界面

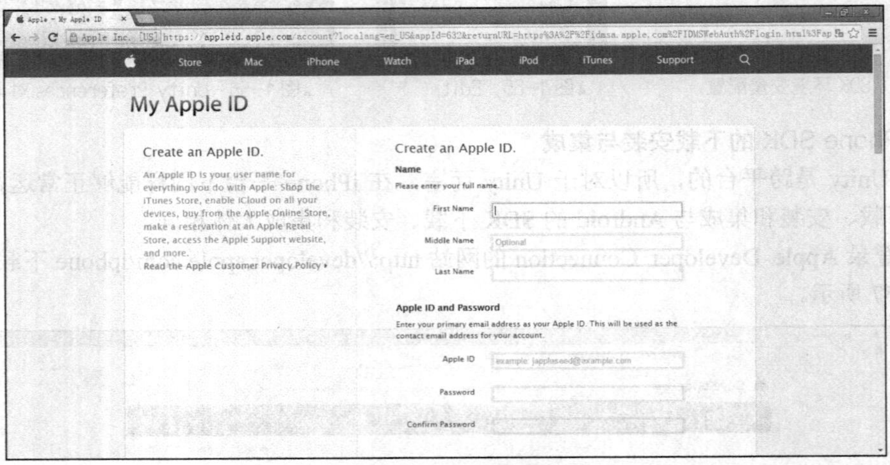

▲图 1-59　注册信息界面

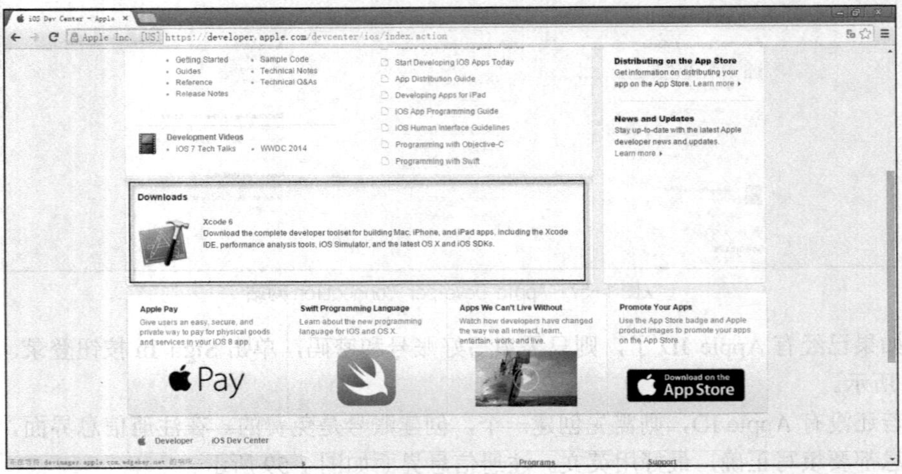

▲图 1-60　注册结束，下载 iPhone SDK

（5）双击此磁盘镜像文件即可进行加载。加载后就会看到一个名为“iPhone SDK”的卷。打开这个卷会出现一个显示该卷内容的窗口。在此窗口中，能看到一个名为“iPhone SDK”的包。

双击此包即可开始安装过程。同意了若干许可条款后，安装就可结束。

提示　确保选择了 iPhone SDK 这一项，然后单击 Continue 按钮。安装程序会将 Xcode 和 iPhone SDK 安装到计算机桌面的/Developer 目录下。

1.3 第一个 Unity 程序

本节将详细地介绍如何在 Unity 集成开发环境中创建第一个 Unity 案例，将其运行并体验实际效果。此案例的主要内容为：制作一个具有弹性的球体，并使其能够在篮球场上弹跳。读者可参照以下的具体操作步骤进行操作。

（1）首先启动 Unity，如图 1-61 所示。单击 New project 来创建一个新工程，将其重命名为“BallSample”，选择 3D 选项，即建立的工程是 3D 的，如图 1-62 所示。最后单击 Creat project 按钮，完成创建并进入 Unity 集成开发环境。

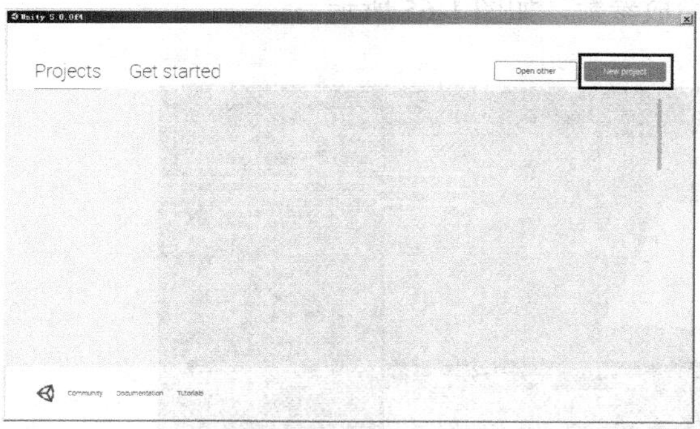

▲图 1-61　打开项目窗口

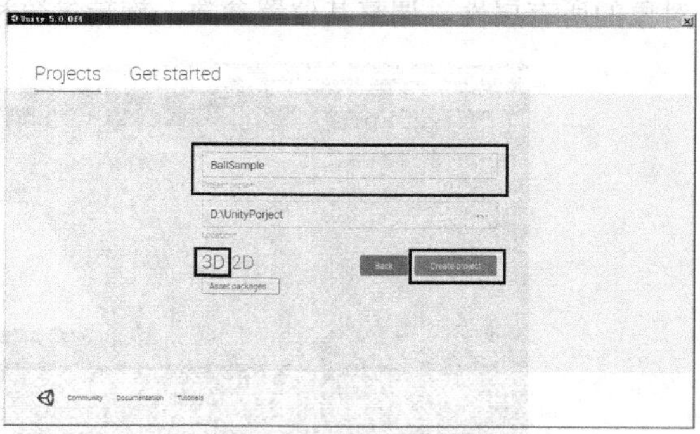

▲图 1-62　新建工程窗口

（2）进入 Unity 集成开发环境后，单击菜单栏中 GameObject 菜单，执行“3D Object→Cube”命令，创建一个 Cube（立方体）。如图 1-63 所示。

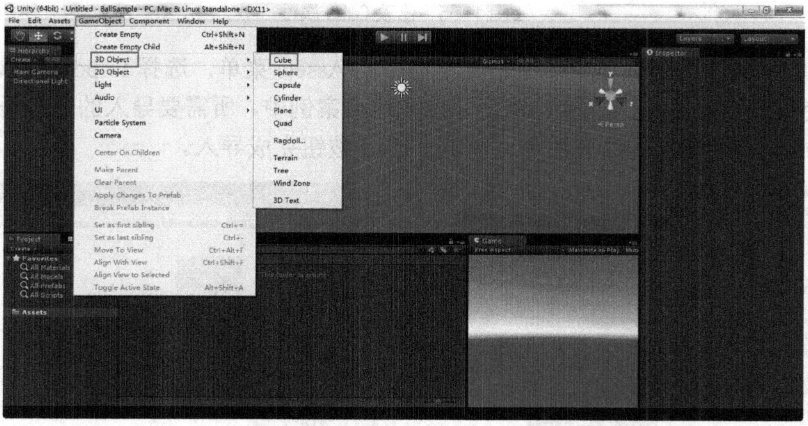

▲图 1-63　创建一个 Cube（立方体）

（3）在 Unity 集成开发环境中的 Hierarchy 视口里双击刚刚创建的 Cube 对象，在 Scene 窗口的中心就会出现该 Cube 对象。如图 1-64 所示。

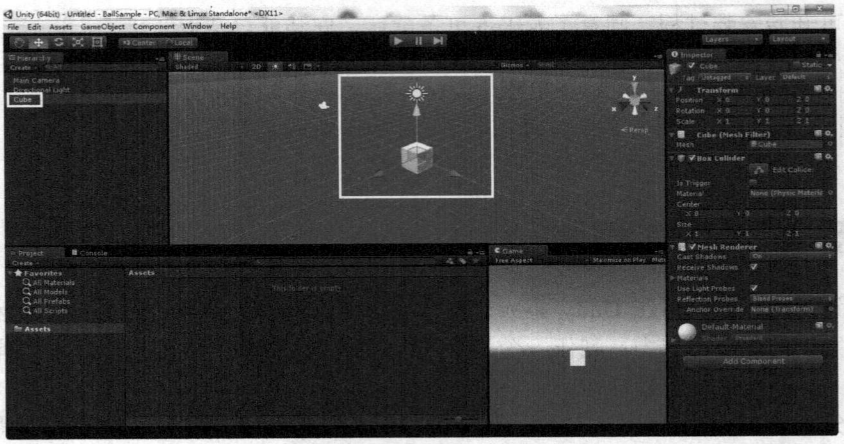

▲图 1-64 Scene 视口中的 Cube

（4）在 Hierarchy 视口里单击刚刚创建的 Cube 对象，右侧的 Inspector 视口会立即显示 Cube 对象的所有属性。调整其位置参数、旋转参数和缩放参数，如图 1-65 所示。

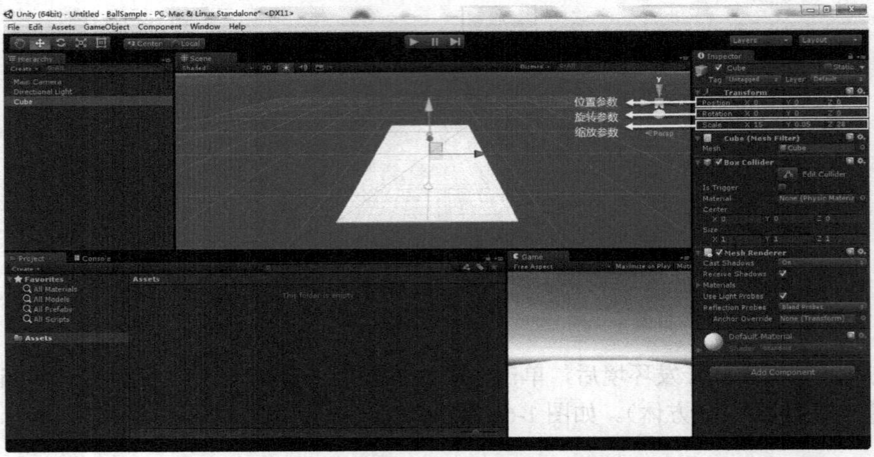

▲图 1-65 修改 Cube 属性

（5）在 Unity 集成开发环境中，单击菜单栏中的 Assets 菜单，选择 Import New Asset 命令，导入所需要使用的资源文件，如图 1-66 所示。在这个案例中，所需要导入的资源是纹理图片（见图 1-67），选中所需要导入的纹理图片，单击 Import 按钮完成导入。

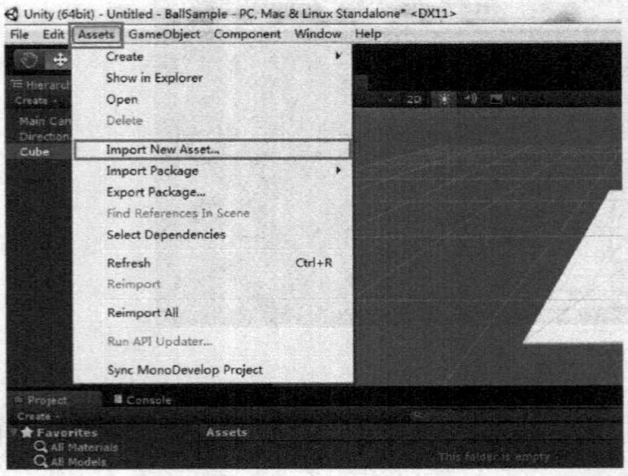

▲图 1-66 导入资源

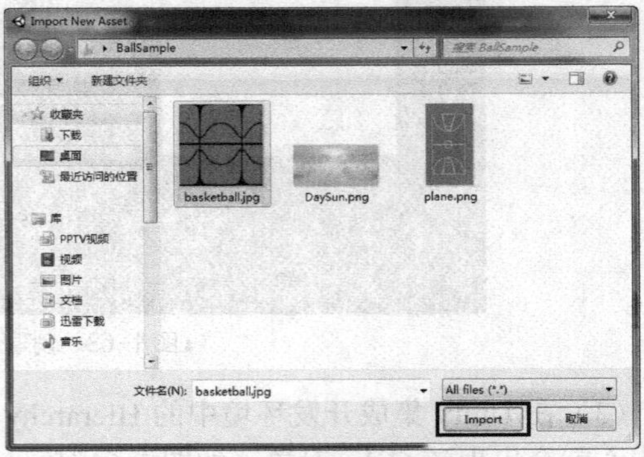

▲图 1-67 选择所需要的资源

提示 为了方便快速地导入这些比较小的资源文件，可以通过直接将其拖曳进 Unity 集成开发环境中来实现。

（6）为所创建的 Cube 对象添加合适的纹理贴图，就需要创建一个材质对象，执行“Assets→Create→Material”命令，此时资源列表中会生成一个 New Material.mat 文件，如图 1-68 所示。将其重命名为“plane.mat”，在其属性栏中单击 Albedo 前的“⊙”符号会弹出一个 Select Texture 对话框，如图 1-69 所示，选择合适的纹理贴图，之后关闭对话框。

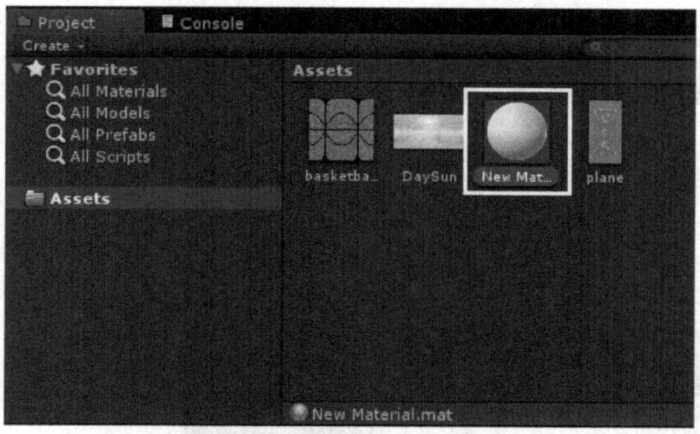

▲图 1-68 新建 Material（材质）

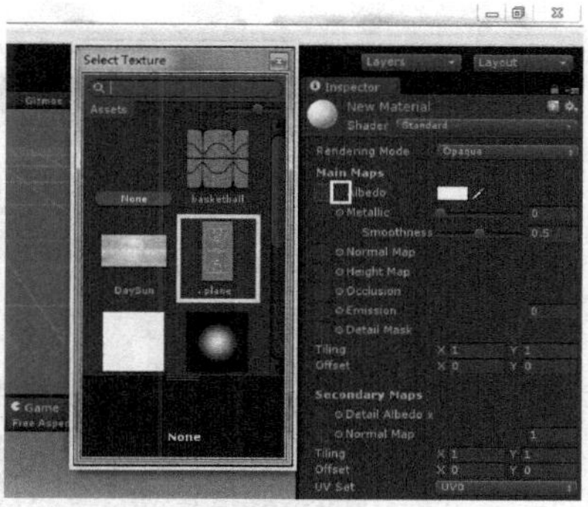

▲图 1-69 选择贴图

提示 给对象添加纹理最快捷的方法是直接将合适的纹理图片拖曳到 Sence 视口或 Hierarchy 视口对应的对象上，此时资源列表中会自动生成一个名为“Materials”的文件夹，里面包含了刚刚生成的“plane.mat”文件。

（7）接下来，需要创建一个 Sphere（球体）对象，具体步骤为“GameObject→3D Object→Sphere”。为其添加纹理 basketball.mat，效果如图 1-70 所示。之后设置其 Transform 组件中的参数，如图 1-71 所示。

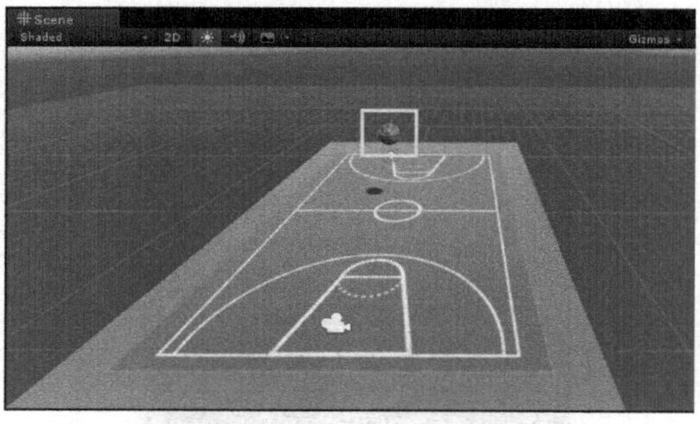

▲图 1-70 添加球体的效果

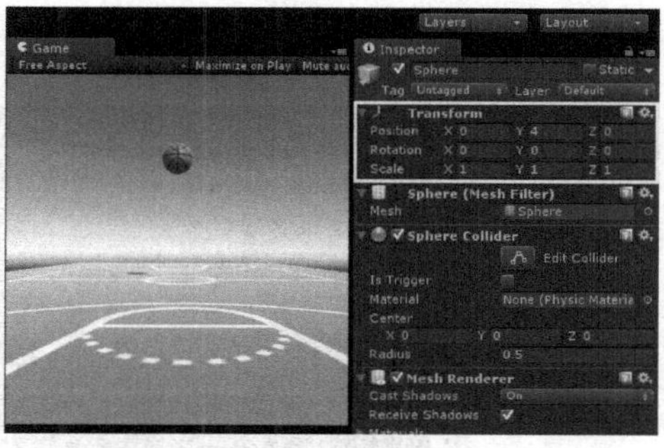

▲图 1-71 Transform 参数

（8）接下来，需要为场景添加一个光源，这里创建的为平行光光源，具体步骤为“GameObject→Light→Directional Light”。光源在 Scene 视口中的效果如图 1-72 所示。在右侧属性查看器中调整其位置、姿态、缩放比例、光照颜色、光照强度、阴影类型等参数，如图 1-73 所示。

（9）在 Unity 集成开发环境中的 Hierarchy 视口里单击 Main Camera（主摄像机），在右侧属性查看器中调整主摄像机的参数，包括位置、姿态、大小、背景颜色、投影方式、视角大小等。如图 1-74 所示。

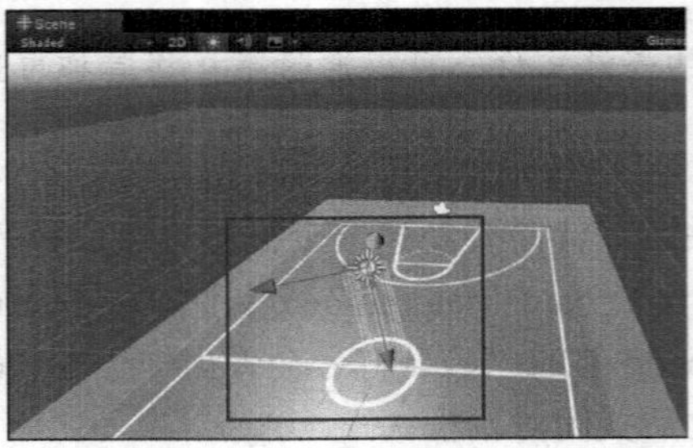

▲图 1-72　添加光源的效果

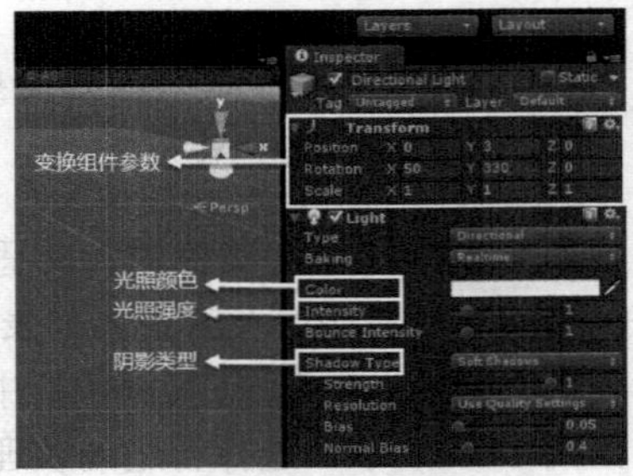

▲图 1-73　光源参数设置

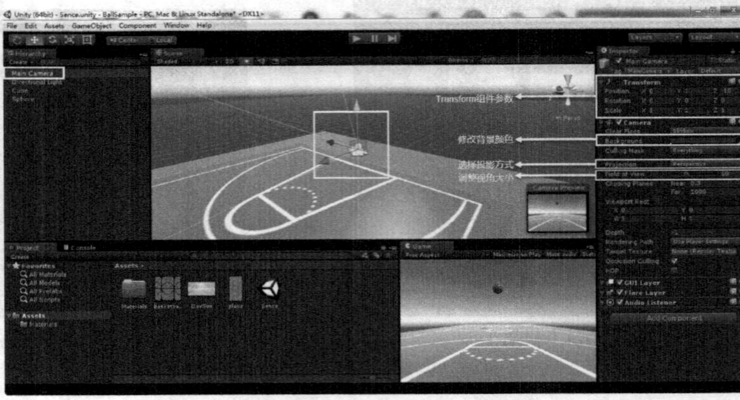

▲图 1-74　修改 Main Camera 属性

提示　每一个新创建的场景中，都会自带一个主摄像机以及一个平行光光源，用户可以直接使用。

（10）接下来为 Sphere 对象添加 Rigibody（刚体）组件。首先在 Hierarchy 视口中选中 Sphere，之后单击属性框底部的 Add Component 按钮，如图 1-75 所示；选择“Physics→Rigibody”，并调整其属性，如图 1-76 所示。

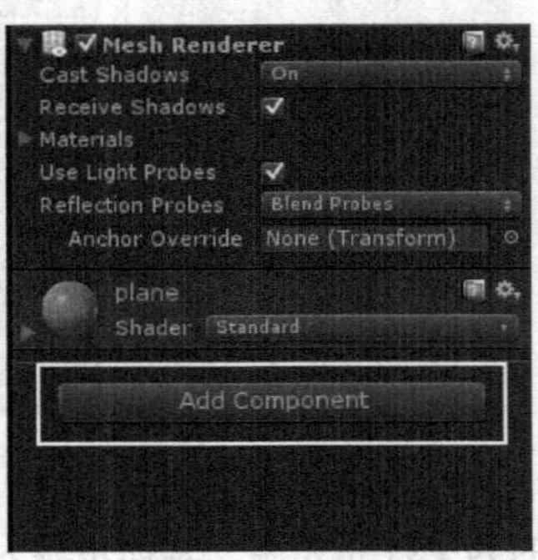

▲图 1-75　添加组件操作

▲图 1-76　刚体组件属性

（11）如果想要球体具有弹性，需要为球体对象添加物理材质，具体步骤为“Assets→Create→Physic Material”，如图 1-77 所示。为其设置合适的 Bounciness 参数，如图 1-78 所示。

（12）一切准备完成后，即可单击运行按钮，所制作的 Unity 程序的运行效果就会在 Game 视口里展现出来。如图 1-79 所示。

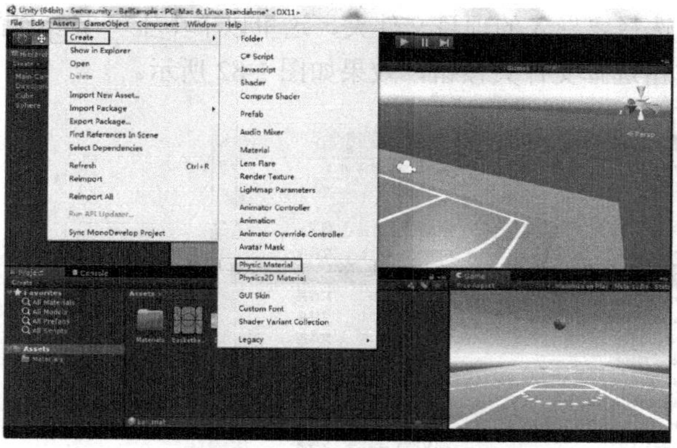

▲图 1-77 添加物理材质

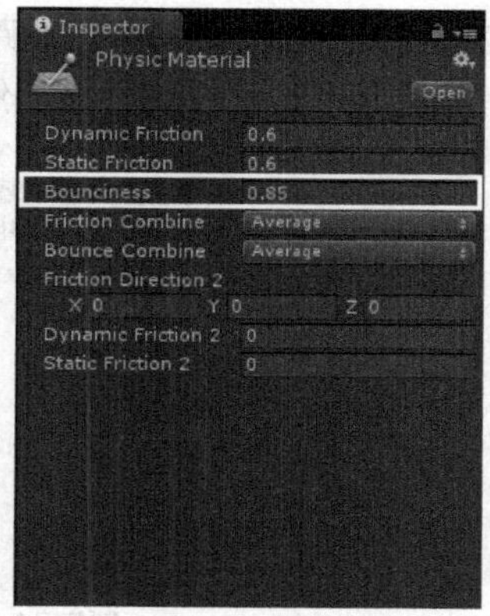

▲图 1-78 物理材质属性

▲图 1-79 程序的运行及效果

1.4 本书案例的导入及运行

本节将以随书光盘中上一节制作的案例为例，详细地介绍如何导入并运行已完成的项目。读者可参照以下的操作步骤将随书光盘中的各个项目案例导入到自己计算机上的 Unity 进行效果预览和其他操作。具体的导入操作步骤如下。

（1）启动 Unity，然后在菜单栏中选择执行“File→Open Project…”命令以打开一个项目，如图 1-80 所示。进入项目向导 Recent Project 界面，然后单击 Open other 按钮找到要导入的项目，如图 1-81 所示。

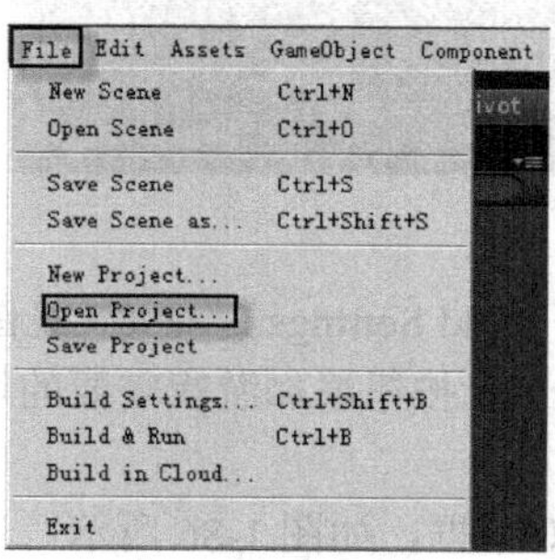

▲图 1-80 打开项目

▲图 1-81 Project Wizard 界面

（2）找到项目文件夹存放的路径，选择要导入的项目文件夹，这里以书中上一节制作的案例为例。选择 BallSample 文件夹，然后单击选择文件夹按钮，效果如图 1-82 所示。

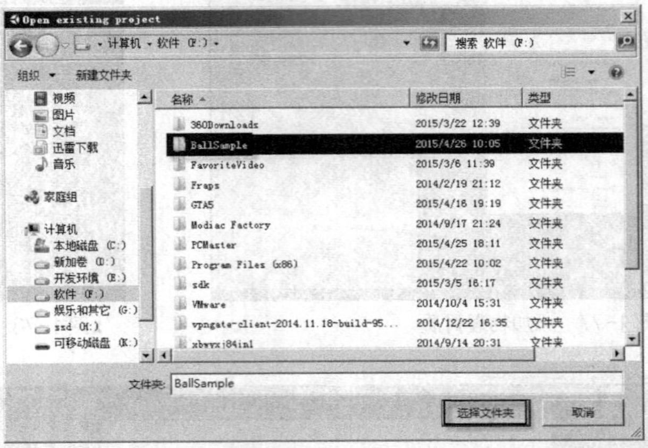

▲图 1-82　选择项目文件夹

提示　读者在进行这步之前必须把光盘中对应的案例项目文件夹复制到计算机的某个路径下（路径不能出现中文），这里把 BallSample 项目文件夹存放在 F 盘根目录下。

（3）操作到这里 Unity 会重新启动，进入到 Unity 后在 Project 视图中的 Assets/Scene 文件夹下找 scene1.unity 文件，然后双击该文件就能在 Scene 场景中看到图 1-83 所示的效果了。读者还可以自己运行导入的案例。

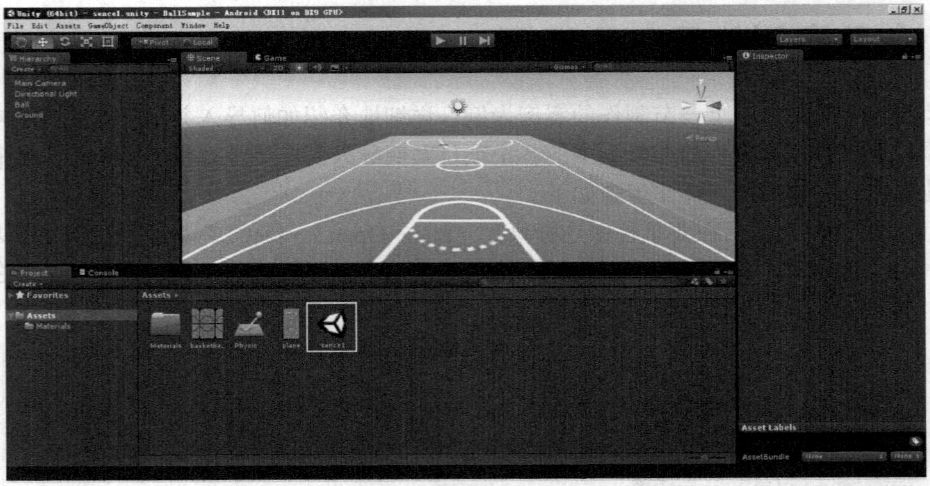

▲图 1-83　项目预览界面

（4）将项目导入 Android 手机。在菜单栏中选择执行“File→Build Settings...”命令（见图 1-84），进入 Build Settings 界面，如图 1-85 所示。然后单击 Add Current 按钮添加游戏需要的场景，在 Platform 中选择 Android 选项。

（5）单击 Build And Run 按钮，弹出选择 apk 包存放路径对话框，如图 1-86 所示。选择一个路径用于存放生成的游戏 apk 包，在文件名处输入生成 apk 包的名字，然后单击保存按钮开始将游戏导入手机，此时会弹出导入进度条 Building Player，如图 1-87 所示。

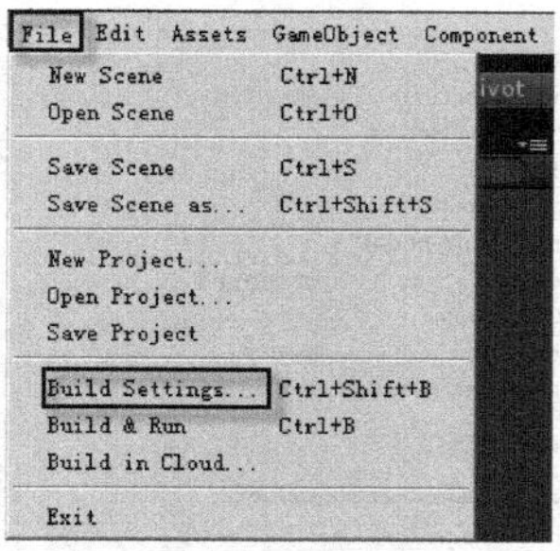

▲图 1-84　打开 Build Settings

▲图 1-85　Build Settings 界面

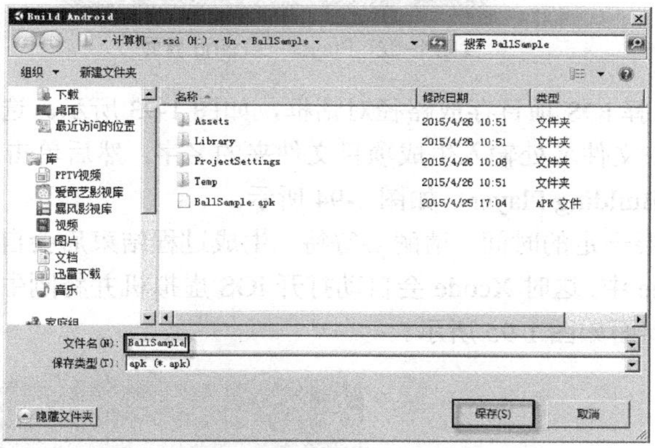

▲图 1-86　存放路径选择

▲图 1-87　Building Player

（6）进入 Building Player 界面后会需要一定的时间，请耐心等待。生成过程结束后手机就会自动进入游戏界面并且会在手机上显示一个游戏图标，如图 1-88、图 1-89 所示。在原来选择的路径下出现此游戏的 apk 包，如图 1-90 所示。

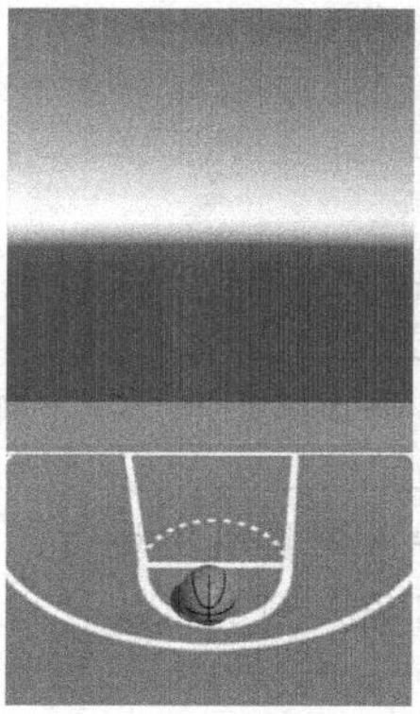

▲图 1-88　项目运行界面

▲图 1-89　导入手机的游戏图标

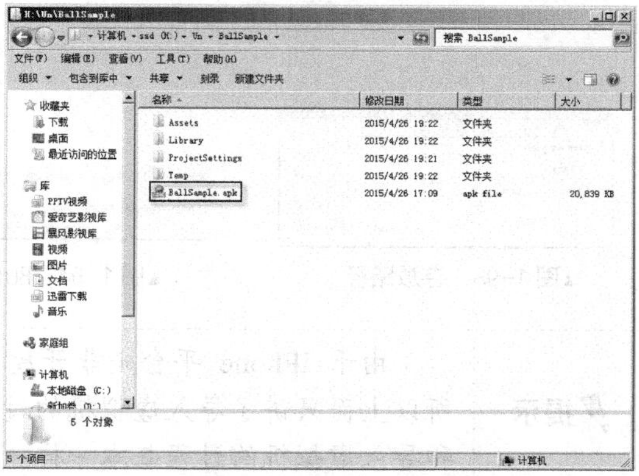

▲图 1-90　生成的 apk 包

（7）如果在 Build Settings 界面仅仅单击 Build 按钮，只会生成 apk 包而不会将游戏自动导入手机，所以使用这种方法生成游戏 apk 包时不用连接手机。

（8）导出 iOS 项目。进入 Build Settings 界面在 Platform 中选择 iOS 选项，如图 1-91 所示。单击 Player Setting 按钮打开 Player Setting 界面，设置 SDK Version 参数为“Simulator SDK”以便导出项目能在 iOS 虚拟机上运行，如图 1-92 所示。

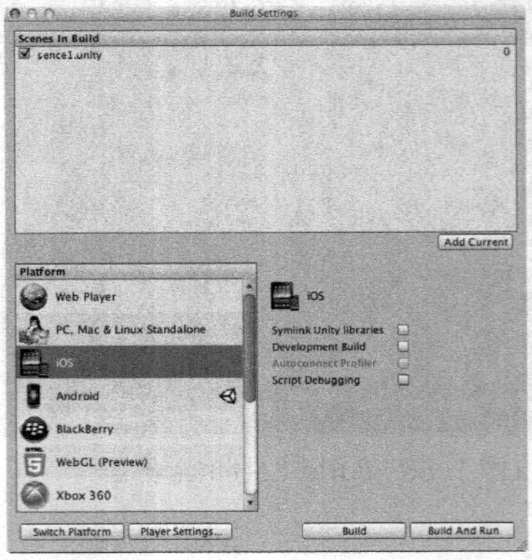

▲图 1-91　Build Settings 界面

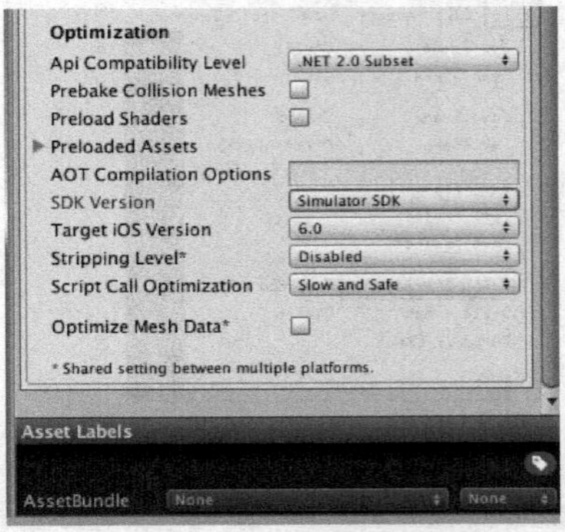

▲图 1-92　Player Setting 界面

（9）单击 Build And Run 按钮，弹出选择 iOS 项目存放路径对话框，如图 1-93 所示。选择一个路径用于存放生成的 iOS 项目文件夹，在文件名处输入生成项目文件夹的名字，然后单击 Save 按钮开始生成 iOS 项目，弹出导入进度条 Building Player，如图 1-94 所示。

（10）进入 Building Player 界面后会需要一定的时间，请耐心等待。生成过程结束后会自动打开 Xcode 并将生成的 iOS 项目导入到 Xcode 中，这时 Xcode 会自动打开 iOS 虚拟机并将刚生成的项目导入到虚拟机中自动运行。项目运行界面如图 1-95 所示。

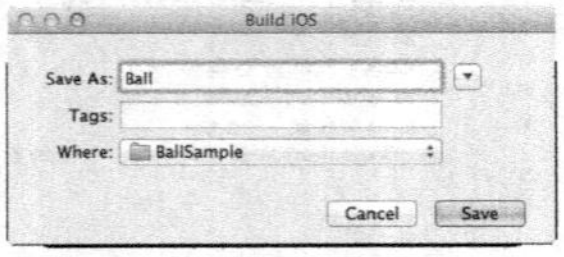

▲图 1-93　存放路径

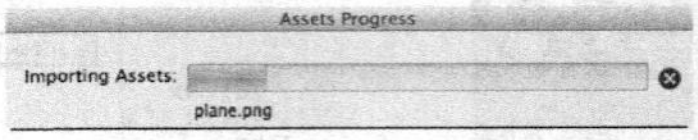

▲图 1-94　Building Player

▲图 1-95　项目在 iOS 虚拟机中的运行界面

> **提示**　由于 iPhone 平台是非开放平台，需要许可证才能将项目导入到真机中运行，所以上面只讲了导入虚拟机的过程。如果拥有许可证，则将项目导入到真机的过程和导入虚拟机的过程基本一样。

1.5 本章小结

本章首先介绍了Unity 3D的发展历史以及其别具一格的特点，内容主要包括Unity 3D的简介、Unity 3D的发展和Unity 3D的特点等。相信读者对Unity 3D已经有了初步的了解。对于Unity 3D的发展历史这部分读者只需大致了解，不需深究。

其次，本章通过讲解Unity集成开发环境的安装和将目标平台的SDK集成到Unity的具体步骤，使读者可以顺利地进入Unity集成开发环境。

最后，通过本书案例的导入及运行，可以使读者方便地将光盘中的各个项目案例导入到自己计算机上的Unity进行效果预览和其他操作。

第2章　Unity 集成开发环境详解

Unity 是一个强大的集成游戏引擎和编辑器，其让开发者可以迅速高效地创建对象、导入外部资源，并且用代码把它们连接在一起。Unity 编辑器是可视化的，其围绕这样的原则而构建，即开发者可以使用一个简单的拖放动作来完成任何任务，甚至可以连接脚本，自己编写程序实现特定的功能。

本章将对 Unity 的集成开发环境做系统化详解，分别对 Unity 集成开发环境的整体布局、标题栏、菜单栏、工具栏、各个面板，以及对菜单栏中的每个菜单做详细的介绍和说明，使读者系统化地理解和使用 Unity 集成开发环境。

2.1 Unity 集成开发环境的整体布局

本节将对 Unity 集成开发环境的整体布局做详细的介绍与说明，主要包括标题栏、菜单栏、工具栏、场景设计面板、游戏预览面板、属性查看器等，使读者理解各个布局的作用，对 Unity 集成开发环境有一个整体的了解。

2.1.1 Unity 集成开发环境的整体布局

Unity 集成开发环境的默认布局分割为一系列不同的面板和带有标签的窗口。每个窗口都显示了编辑器某一方面的细节，并允许开发者在开发游戏时使用不同的功能。如果读者曾经使用过一款三维建模程序或是其他的游戏编辑器，会发现它们有些相似。

双击 Unity 的快捷方式，进入 Unity 集成开发环境，可以看到其整体布局为标题栏、菜单栏、工具栏、场景设计面板、游戏预览面板、游戏组成对象列表、项目资源列表、属性查看器、提示栏和控制器台，如图 2-1 所示。

▲图 2-1　Unity 集成开发环境的整体布局

> **说明**　读者可以根据自己的爱好和实际需要来创建自己的布局。可以在每个面板或者窗口的标签处按住鼠标左键，把面板或者窗口拖到适当的位置后松开鼠标左键。布局完成后可以执行“Window→Layouts→Save Layout”命令以保存自己的布局。如果布局被不小心弄乱了，可以通过执行“Window→Layouts”命令找到自己保存的布局来恢复。

所有带标签的窗口都带有一个名为 Windows Options（窗口选项）的下拉框，可以用来最大化所选中的视图窗口，或是关闭当前显示的标签视图，或是在这个窗口中添加另一个带标签的视图。单击该图标可以弹出可用的选项，如图 2-2 所示。

2.1.2　菜单栏

菜单栏中包括 File、Edit、Assets、GameObject、Component、Window 和 Help 等菜单，如图 2-3 所示。每个菜单下都有多种命令，读者可以根据需要选择不同的命令，实现所需要的功能。

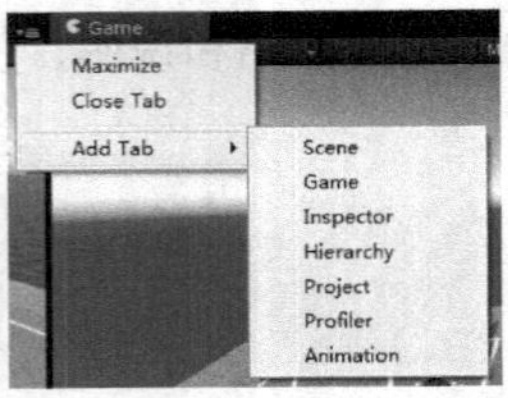

▲图 2-2　Windows Options 的下拉框

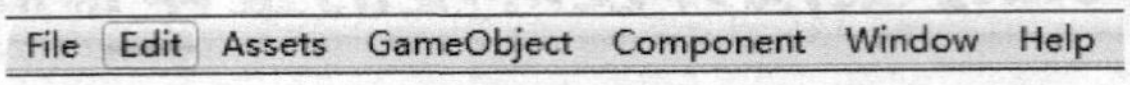

▲图 2-3　菜单栏

- File（文件）菜单：打开和保存场景、项目，以及创建游戏。
- Edit（编辑）菜单：普通的复制和粘贴功能，以及选择与其相应的设置。
- Assets（资源）菜单：与资源创建、导入、导出及同步相关的所有功能。
- GameObject（游戏对象）菜单：创建、显示游戏对象，以及为其创建父子关系。
- Component（组件）菜单：为游戏对象创建新的组件或属性。
- Window（窗口）菜单：显示特定视图（例如，项目资源列表或游戏组成对象列表）。
- Help（帮助）菜单：包含到手册、社区论坛及激活许可证的链接。

> **提示**　现在读者只需要了解每个菜单中所包含的常见功能，稍后用到时，将会对各个功能给出更为详细的介绍。

2.1.3　工具栏

工具栏位于菜单栏的下方，主要有变换工具、变换 Gizmo 切换、播放控件、分层下拉列表和布局下拉列表，这些工具用于控制场景设计面板和游戏预览面板中的显示方式以及变换场景中游戏对象的位置和方向等。如图 2-4 所示。

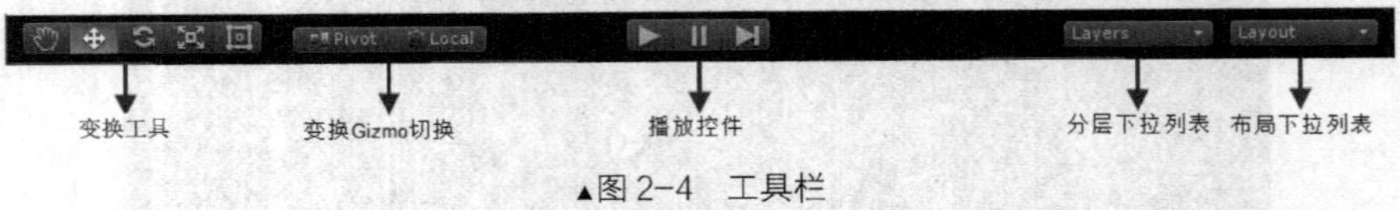

▲图 2-4　工具栏

- Transform（变换）工具：在场景设计面板中用来控制和操控对象。按照从左到右的次序，它们分别是 Hand（移动）工具、Translate（平移）工具、Rotate（旋转）工具和 Scale（缩放）工具。

- ❑ Transform Gizmo（变换 Gizmo）切换：改变场景设计面板中 Translate 工具的工作方式。
- ❑ Play（播放）控件：用来在编辑器内开始或暂停游戏的测试。
- ❑ Layers（分层）下拉列表：控制任何给定时刻在场景设计面板中显示哪些特定的对象。
- ❑ Layout（布局）下拉列表：改变窗口和视图的布局，并且可以保存所创建的任意自定义布局。

> **提示** 控制工具也是按照功能分类的，它们主要用来辅助读者在场景设计面板和游戏预览面板中进行编辑和移动，在后面的章节将进行更为完整的介绍。

2.1.4 场景设计面板

场景设计面板是编辑器中最重要的面板之一，其是游戏世界或是关卡的一个可视化表示，如图 2-5 所示。在这里可以对游戏组成对象列表中的所有物体进行移动、操纵和放置，创建供玩家进行探险和交互的物理空间。

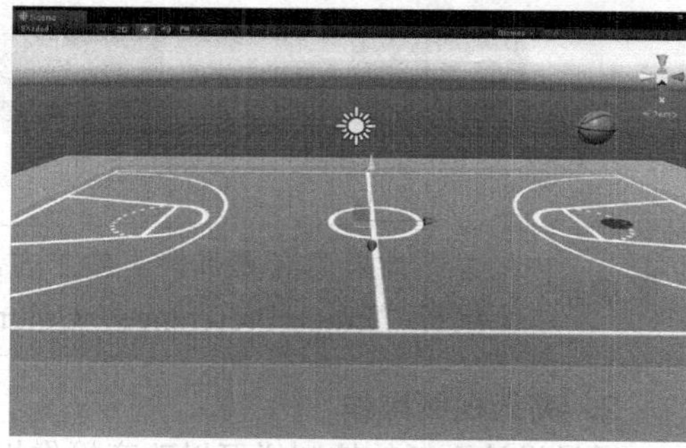

▲图 2-5 场景设计面板

正如读者所看到的，在游戏组成对象列表中列出的对象都会在场景设计面板中显示出来。可以在游戏组成对象列表中单击对象的名字来选中游戏对象，或是在场景设计面板中手动单击它来选中。在场景设计面板或是游戏组成对象列表中单击不同的对象，或是在属性查看器中显示该对象所对应的数据。

> **说明** 如果读者在游戏组成对象列表中可以看到对象列表，但是场景设计面板看上去空空如也，可能是读者的场景设计面板缩得太小，以至于无法看到各个资源。要修正这个问题，可以在游戏组成对象列表中选中某个对象，移动鼠标指针并让它悬停在场景设计面板上，随后按 F 键来放大显示。

1. 摄像机导航

学会怎样在场景设计面板中迅速移动，是使用编辑器时需要掌握的最重要的技能之一（如果读者会使用 Autodesk 3ds Max，就可能会熟悉这些控制方法）。

可以把场景设计面板想象成为一个虚拟摄像机的输出或焦点。为了在场景中进行移动，读者需要移动摄像机的视野，就好像读者在看着不同的对象。

- ❑ Tumble（旋转，Alt+鼠标左键）：摄像机会以任意轴为中心进行旋转，从而旋转视图。
- ❑ Track（移动，Alt+鼠标中键）：在场景中把摄像机向左、向右、向上和向下移动。
- ❑ Zoom（缩放，Alt+鼠标右键或是鼠标滑轮）：在场景中缩小或放大摄像机视角。
- ❑ Flythrough（穿越）模式（鼠标右键+WASD 键）：摄像机会进入“第一人称”模式，使得读者可以在场景中迅速地移动和缩放。
- ❑ Center（居中，选择游戏对象并按 F 键）：摄像机会放大并把选中的对象居中显示在视野中。鼠标光标必须位于场景设计面板中，而不是在游戏组成对象列表中的对象上方。
- ❑ Full Screen（全屏）模式（空格键）：按下空格键可以使得当前激活的视图占据编辑器所有可用的显示空间，再次按下它可以返回之前的布局。当前激活的视图就是鼠标光标所悬停的视图。

场景设计面板还包含一个名为“Persp”的特殊工具，如图 2-6 所示。这一特殊工具可以使读者能够迅速地切换观察场景的角度。

单击 Persp 上的每个箭头都会改变观察场景的角度，使其沿着一个不同的正交或是二维方向变换，如图 2-7 所示。单击这一工具中的居中立方体图标，可以把场景设计面板恢复到默认的透视（Perspective）视图。

▲图 2-6 Persp 工具

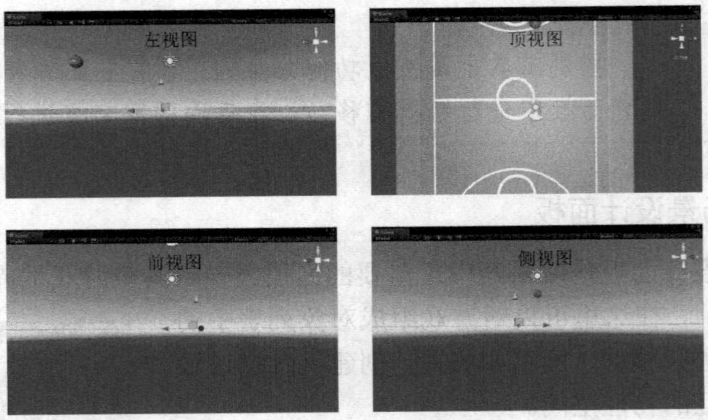

▲图 2-7 各个主要方向的视图

> **提示** 如果读者更习惯于使用与默认颜色不同的颜色来表示游戏世界的坐标轴，可以执行“Edit→Preference→Colors”命令，然后将其修改为读者喜欢的任何颜色。

2. **高级视图操作**

场景设计面板的控制栏可以改变摄像机查看场景的方式，如图 2-8 所示。其默认设置可以使读者对于场景在游戏中渲染后的样子有一个很好的认识，它还会显示一个网格以帮助读者定位和移动对象。通过改变这些设置可以以多种模式查看场景。

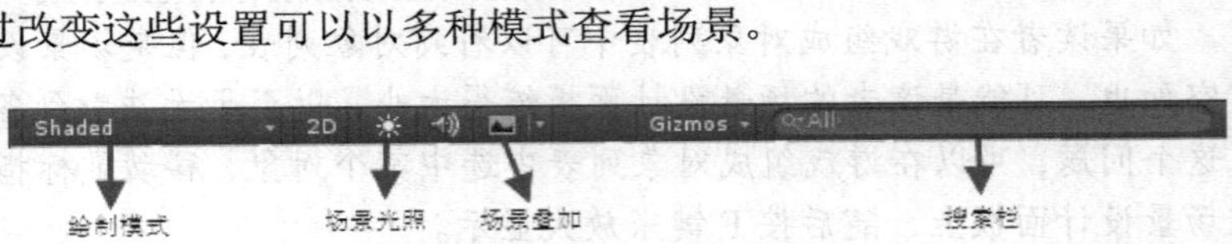

▲图 2-8 场景设计面板的控制栏

- ❑ 第一个下拉列表（绘制模式）可以控制在游戏场景中如何绘制对象。默认值为 Shaded（带有材质的）——即对象会使用读者为其指定的材质进行绘制；单击这个菜单把绘制模式修改为 Wireframe（线框）会显示对象的物理网格，而不带有任何贴图。

> **提示** 这些选择中的任何一个都不会改变游戏的显示方式，它只会改变你在场景设计面板中查看这些对象的方式。

- ❑ Shaded Wireframe（带有材质的线框）会把对象的贴图和它们的线框叠加在一起显示。Miscellaneous（杂项）下拉列表对开发者游戏场景中的对象进行微调，进而优化是非常有用的；Global Illumination（全局光照模式设置）下拉列表可以对全局光照模式进行设置。
- ❑ Scene Lighting（场景光照）按钮可以在场景设计面板中是使用默认的内置光照还是使用读者自己实现的光照之间来回切换。如果读者没有在场景中放入任何光源，使用内置光照设置可以由系统为场景自动添加一个光照。
- ❑ Scene Overlay（场景叠加）可以对摄像机显示的场景进行更新，使得场景的显示方式就像在游戏中一样——网格隐藏了，其他的效果（例如雾化效果、GUI 元素以及天空盒）也会渲染。

3. 操作对象

除了把摄像机视角四处移动以外，还需要在场景中重新定位和移动对象。这些操作称为对象变换（Object Transform），它们可以处理任意选中对象的位置、旋转和大小（相对尺寸）。对象变换方式有以下两种方式，可以在属性查看器中为这些变换输入新的值，也可以通过变换工具手动地移动和操作这些对象。

- 在游戏组成对象列表或者场景设计面板中单击 Camera 对象，使其信息显示在属性查看器中，如图 2-9 所示。每个对象列出的第一个属性就是变换，它保存了该对象当前的位置、旋转和缩放。单击这些输入框中的任意一个进行输入，以修改里面的数字。

> **提示** 也可以通过 Transform（变换）工具来对游戏对象进行变换。读者可以手动地在工具栏中选择一个工具，也可以使用下一节介绍的热键在工具之间快速切换（强烈推荐）。

- 图 2-10 所示的 Translate 工具可以在场景中移动选中的对象的位置，可以沿着 3 条坐标轴中的某一条移动，也可以在整个空间自由移动。在游戏组成对象列表中单击 Sphere 对象并且按 W 键来激活移动工具。抓住其中的一个手柄，可以把对象沿着该坐标轴在游戏世界中移动。

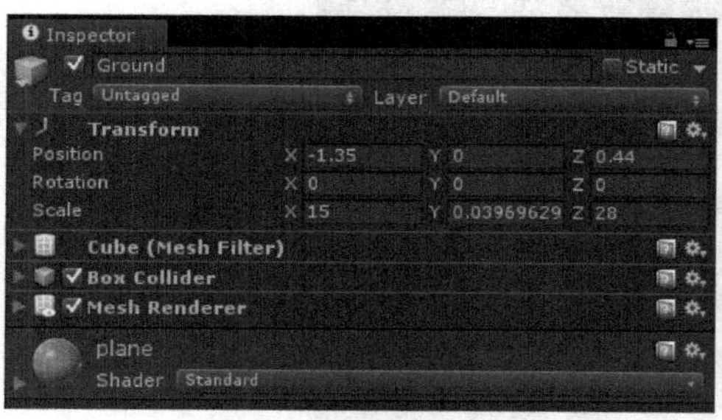

▲图 2-9 属性查看器

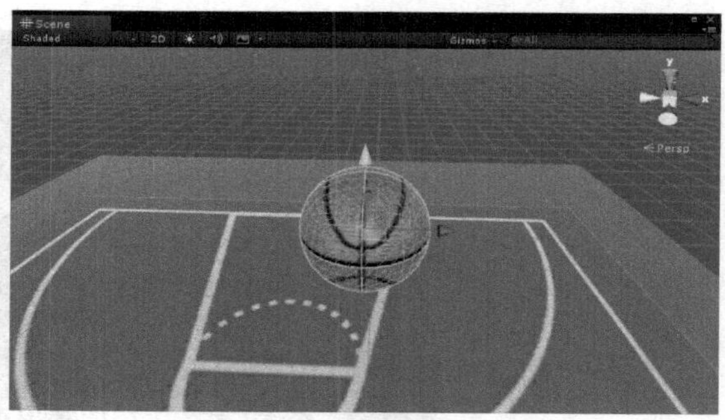

▲图 2-10 移动游戏对象

- 也可以通过单击该工具的中心（或是这个对象自身）在场景中拖动，以将这个对象沿着所有 3 条坐标系自由地移动。然而，这通常不是最好的方法，因为这样并不能精细地控制放置的位置。你会发现，在不同的正交视图中切换，对于精确地放置对象有很大的帮助。

> **提示** 属性查看器中的值会根据读者的修改而进行更新，并实时在 Scene 面板中显示修改后的效果。

- 图 2-11 所示的 Rotate 工具可以把对象按照任何给定的坐标轴进行旋转。可以通过单击 Sphere 对象并按 E 键来激活这一工具。
- 这个工具的手柄就好像 3 个带有颜色的环包着一个球体。拖动这些手柄或者直接拖动鼠标就可以旋转对象。

> **注意** 这些环的颜色指明了这个对象会按照那哪轴来旋转。例如，如果拖动蓝色的手柄，这个球体就会沿着 z 轴旋转。这一工具还有一个简单的黄色环围绕在另外 3 个环的外侧。可以单击并拖动这个黄色的环来让对象按照所有的 3 条坐标轴进行旋转。

- 最后一个变换工具是 Scale 工具，可以在键盘上按 R 键来激活它，如图 2-12 所示，这个工具和 Translate 工具的用法很相似——可以拖着一个手柄，把这个对象在这条坐标轴上缩放，或者使用中间的黄色方块来把对象在所有 3 条坐标轴上一致地缩放。

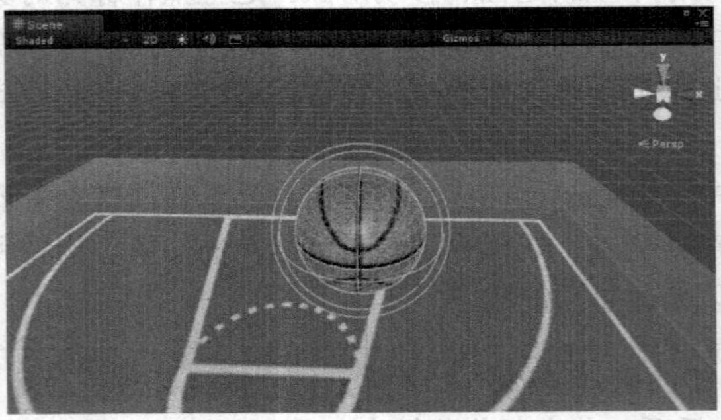

▲图 2-11　旋转游戏对象

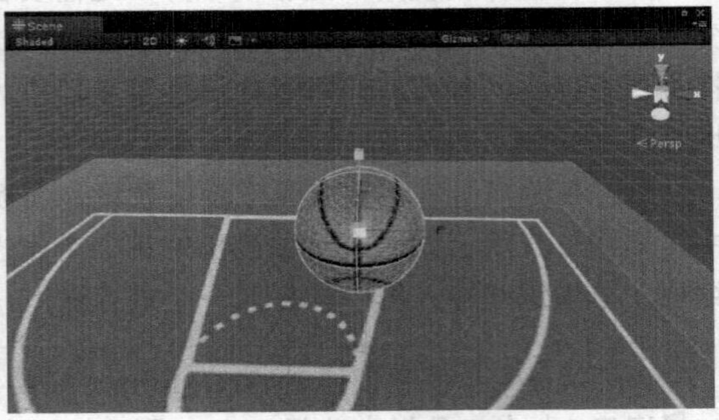

▲图 2-12　缩放游戏对象

2.1.5　游戏预览面板

默认的 Tall 布局中，游戏预览面板位于“Scene”标签旁边的标签上。在这里，游戏会如同最后创建并发布时一样进行渲染。可以在任何时候使用这个视图在编辑器内测试或试玩游戏，而不需要停下来构建任何东西。如图 2-13 所示。

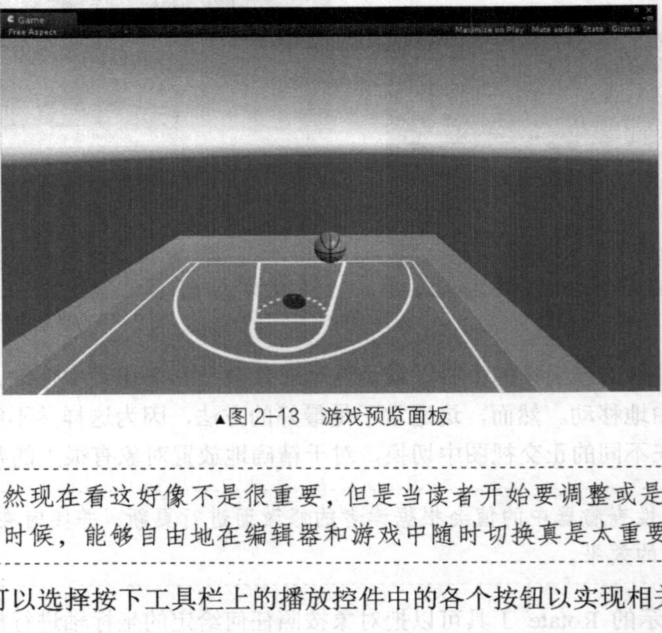

▲图 2-13　游戏预览面板

提示　虽然现在看这好像不是很重要，但是当读者开始要调整或是平衡成千上万个小细节的时候，能够自由地在编辑器和游戏中随时切换真是太重要了。

要测试游戏，可以选择按下工具栏上的播放控件中的各个按钮以实现相关的操作，如图 2-14 所示。

- 单击播放控件中第一个右箭头的按钮，即运行按钮，编辑器会激活游戏预览面板，并且让所有的用户界面变得稍微暗一些，然后开始游戏。
- 中间的按钮为暂停按钮，用于暂停游戏。按下暂停按钮游戏就会暂停，再次按下暂停按钮可以从暂停的地方继续游戏。
- 最后一个按钮是单帧播放按钮，游戏在编辑器里运行时按下这个按钮游戏会暂停，以后每按一次按钮游戏就会运行一帧。当开发者需要调试某个特定的、有问题的代码，或是需要看看某些东西在哪里出现错误时，这个按钮就非常有用了。

游戏预览面板和场景设计面板一样，也具有控制栏。控制栏上有一些功能菜单，主要包括 Aspect 下拉列表、Maximize on Play 按钮、Stats 按钮以及 Gizmos 按钮，如图 2-15 所示。

▲图 2-14 播放控件

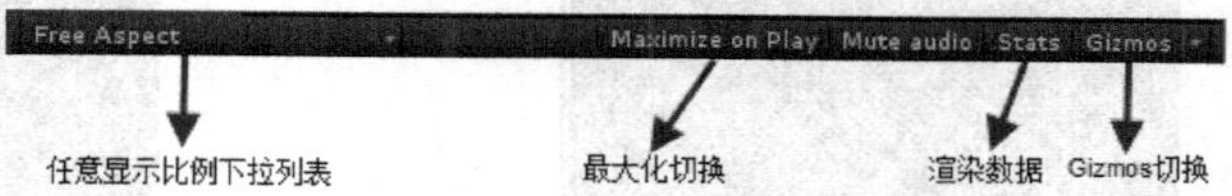

▲图 2-15 游戏预览面板控制栏

Aspect 下拉列表可以实时改变游戏预览面板的显示比例，即使游戏正在运行。其中，Free Aspect 选项允许游戏预览面板填满当前窗口中所有可用的空间，而其他的选项会模拟最常见的显示器的分辨率和比例。当需要为不同大小的屏幕制作 GUI 时，这会非常方便。

单击 Maximize on Play 按钮，可以使游戏运行时把游戏预览面板扩大到编辑器视图的整个区域。单击 Gizmos（工具）按钮，可以切换游戏中绘制和渲染的所有工具。单击 Stats 按钮可以显示 Statistics 页面，该页面用于显示游戏绘制的数据，如图 2-16 所示。

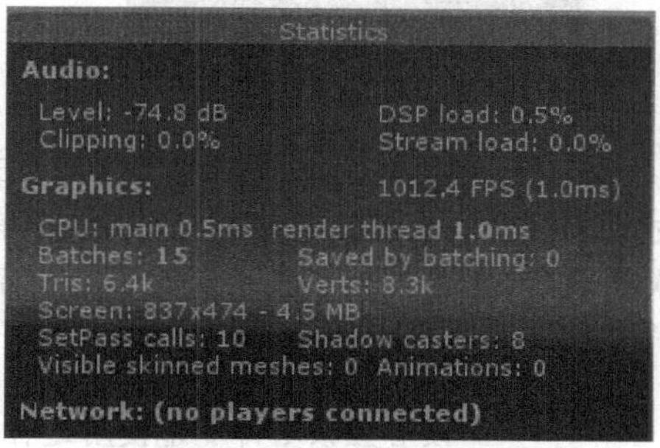

▲图 2-16 Statistics 页面

- FPS：每一秒游戏渲染的帧数。这个数值越大，说明游戏运行越流畅。
- Batches：最初单独描绘调用被添加到批处理的数量。批处理是引擎试图结合多个物体渲染进行一次描绘调用，以降低 CPU 开销。为了确保良好的批处理,你应该尽可能多地在不同物体之间共享材质。
- Tris：绘制三角形的数目。在游戏开发中应尽量减少三角形数量。
- Screen：屏幕的分辨率，和连同其抗锯齿级别和内存的使用量。
- Visible Skinned Meshes：渲染蒙皮网格的数量。
- Animations：正在播放动画的数量。

2.1.6 游戏组成对象列表

游戏组成对象列表列出了游戏场景中所有的游戏对象。场景中的这些对象是简单地按照字母顺序排列的，随着开发者在游戏中添加或者删除对象，游戏组成对象列表会随着每次修改而进行更新。图 2-17 所示显示了当前场景设计面板中的内容。

在游戏组成对象列表中选择一个对象并按 Delete 键（或是单击鼠标右键并选择“Delete”），可以从游戏的当前场景中删除这个对象。一个资源的每个实例都会独立地列出来，这使得良好的命名规范变得尤为重要。命名的规范也就是达到见名知意的目的。

游戏组成对象列表中可以为对象建立父子关系，这将使得开发者对游戏的编辑修改更为简单。为对象建立父子关系，基本上就是将一组相似的对象收集到一起并进行分组，使它们位于一个单一的对象（父对象）之下。在该父对象下的所有其他对象，都称为子对象，如图 2-18 所示。

> **说明** 在图 2-18 所示的这个例子中，一个名为“GameObject”的游戏对象就是父对象，其下有 3 个子对象分别为 Sphere、Plane 和 Cube。单击 GameObject 旁边的箭头可以展开或是收起这一分组，这就好像 Project 视图中的文件夹一样。

建立父子关系除了会提供一种快捷的方式来把有相似功能的对象组织在一起以外，还带来了另一个重要的好处，即对父对象进行移动或是操作时，也会依次地对其下所有的子对象进行同样的操作，也就是说，子对象继承了父对象的基本变换数据。

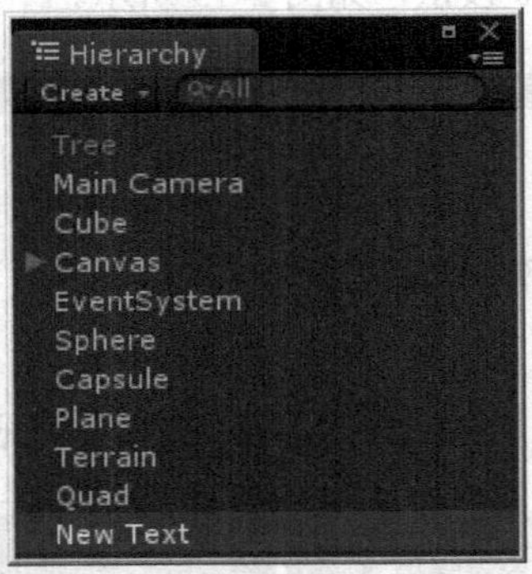

▲图 2-17　游戏组成对象列表

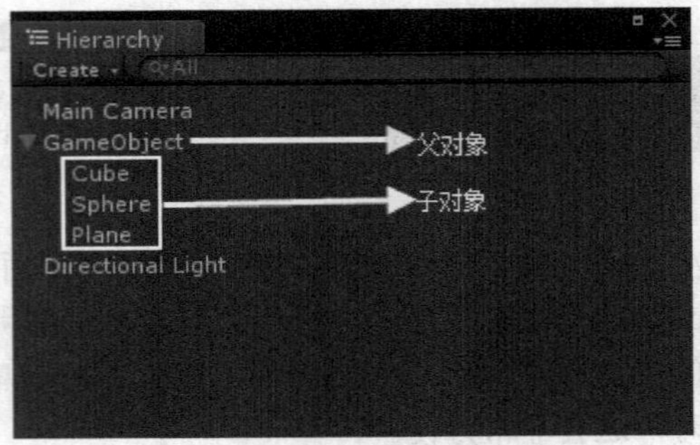

▲图 2-18　游戏组成对象列表中的父子关系

如果读者仍然无法确切地理解父子关系，可以想象一下一个普通人的身体。手臂以身体为父对象，手则以手臂的末端为父对象。向前移动身体（父对象）也会让手臂随着它移动，这也会依次移动手（手臂和手是两个子对象）。然而，也可以对手进行移动和旋转而不需要移动身体和手臂。

> **提示**　为对象建立父子关系，可以使得对大量对象的移动变得更为方便和精确，因此，读者应该尽可能地使用这种方法。后面将会介绍建立父子关系的一些更为高级的概念。

2.1.7　项目资源列表

项目资源列表中列出了项目中的所有文件，包括脚本、贴图、模型、场景等文件，并且这些文件都组织到一个 Assets（资源）文件夹中。Assets 文件夹包含读者创建或导入的所有文件资源。如图 2-19 所示，项目资源列表显示了 Assets 文件夹下的所有文件资源。

▲图 2-19　项目资源列表

项目资源列表显示了这个项目所包含的全部资源，并且这些资源在项目中的组织方式与计算机资源管理器中的组织方式完全一致。文件夹旁边的箭头表示这是一个嵌套层，单击这个箭头就会展开该文件夹里的内容。在项目资源列表中简单地拖曳，就可以在不同文件夹中移动和组织文件。

> **提示**　在 Unity 编辑器外部移动资源文件时要非常小心，实际上，应该不惜一切代价避免这样做。如果需要重新组织或移动某个资源，读者应该在项目资源列表内部进行。否则的话，可能会损坏或是删除和这个资源相关联的源数据或是链接，甚至可能在此过程中损坏项目。

可以在项目资源列表中直接打开文件并进行编辑。如果发现需要对任何文件的内容（如脚本文件）进行调整或是修改，只须双击这个文件就就可以在默认编辑器中打开它。正常保存这个文件，Unity 编辑器就会自动地把这个文件更新到项目中。

如果项目中包含了成千上万个文件，开发者可能会发现通过眼睛自己去找到某个文件非常不方便，甚至是完全不可能的。因此，项目资源列表中提供了搜索栏，可以在搜索栏中输入文件名的任何部分，在项目各个层次的子目录中进行查找。

> **说明**　要重命名一个文件或者文件夹，可以缓慢地单击这个文件两次，或是选择想要重命名的文件并按下 F2 键。当完成重命名后，可以按 Enter 键确认修改。

项目资源列表中单击鼠标右键，就会弹出一个高级选项菜单，包含导入资源和外部项目控制器同步以及对资源的操作，如图 2-20 所示。后面会详细介绍这些内容。

2.1.8　属性查看器

属性查看器显示了游戏中每个游戏对象所包含的所有组件的详细属性。单击 Plane 对象，其所有组件的详细属性就会显示在属性查看器中，如图 2-21 所示。这些组件都按照添加的先后顺序进行排列，读者可以根据需要手动改变它们的位置。

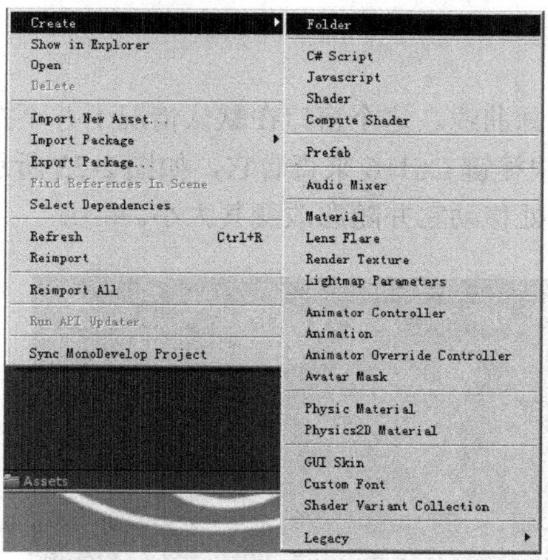

▲图 2-20　高级选项菜单

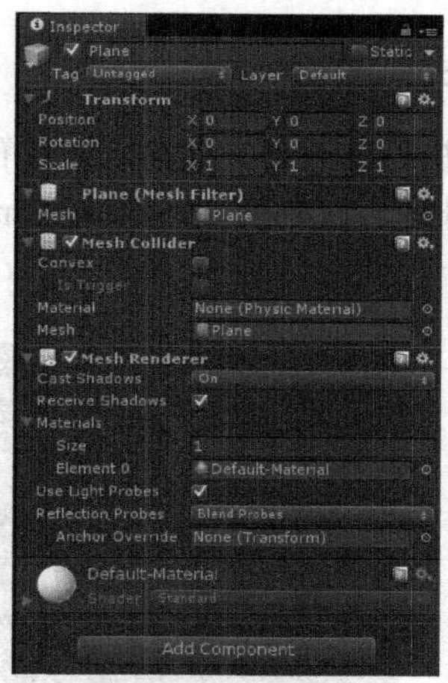

▲图 2-21　属性查看器

属性查看器中一般包含很多属性信息，这些属性乍看上去让人无所适从，其实，每个对象对应的所有属性查看器都遵循一些基本原则。在属性查看器的顶端是这个对象的名称，然后是该对象的各个方面的一个列表，如 Transform（变换）组件和 Mesh Collider（网格碰撞体）组件。

> **提示**　这些不同种类的属性中的每一个都会在稍后给出更为详细的介绍，但是在这里，只需要知道通过它可以任意修改对象所拥有的属性信息。

属性查看器中的每个属性都有与其对应的帮助按钮和上下文菜单。单击帮助按钮会显示参考手册中和这个属性相关的帮助文档。单击上下文菜单会显示仅仅与该属性相关的选项，也可以在此把这个属性重置为其他默认值。

2.1.9　状态栏与控制台

状态栏和控制台是 Unity 集成开发环境中两个很有用的调试工具，如图 2-22 所示。状态栏总是出现在编辑器的底部。可以通过菜单执行“Window→Console”命令或按快捷键 Ctrl+Shit+C 打开控制台，也可以单击状态栏来打开控制台。

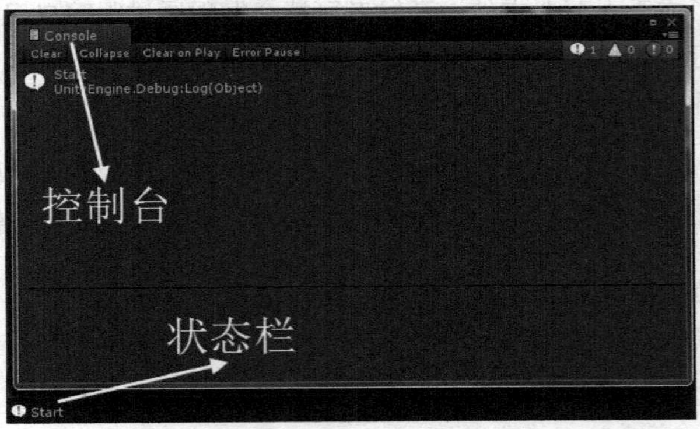

▲图 2-22　状态栏与控制台

当按下“播放”按钮开始测试项目或是导出运行项目时，在状态栏和控制台都会显示出相关的提示信息，也可以在脚本中让项目向控制台和状态栏输出一些信息，这有助于调试和修复错误。项目遇到的任何错误、消息或者警告，以及和这个特定错误相关的任何细节，都会显示在这里。

2.1.10　动画视图

动画视图使读者可以在这里查看或是调整动画曲线。这个窗口在默认情况下并不打开，但是可以通过执行“Window→Animation”命令或按快捷键 Ctrl+6 来查看它，如图 2-23 所示。动画视图会作为一个单独的浮动窗口弹出，读者可以四处移动它并随意改变其大小。

▲图 2-23　动画视图

> **提示**　在稍后的讲解中，读者会看到如何使用这个视图来查看动画剪辑或是在 3D 动画应用程序之外更新数据。

2.1.11　动画控制器编辑视图

动画控制器编辑视图用于编辑动画控制器。这个窗口在默认情况下也并不打开，读者可以通过执行“Window→Animator”命令或在项目资源列表中双击一个动画控制器文件来打开它，如图 2-24 所示。在动画控制器编辑视图中可以添加和删除动画。

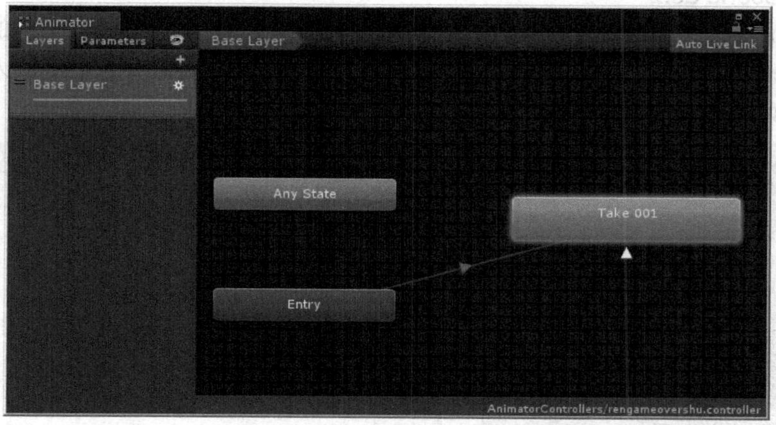

▲图 2-24　动画控制器编辑视图

2.2 菜单栏

本节将对菜单栏中的各个菜单及其下属的子菜单进行详细讲解，使读者通过对菜单栏的学习对 Unity 各项功能有一个系统、全面的认识与了解，在今后的开发过程中能够熟练地运用各个菜单，以满足开发的需求。

2.2.1 文件（File）

本节将对菜单栏中的“文件（File）”菜单进行详细讲解，并对其下的每一个命令都进行细致的介绍，使读者能够清楚地理解“File”菜单的功能和作用，以及其下各个命令的功能与用途，并在开发过程中进行熟练的操作。

在 Unity 集成环境中，单击“File”菜单，会弹出一个下拉菜单，其中包括的各命令及其对应的快捷键如图 2-25 所示。

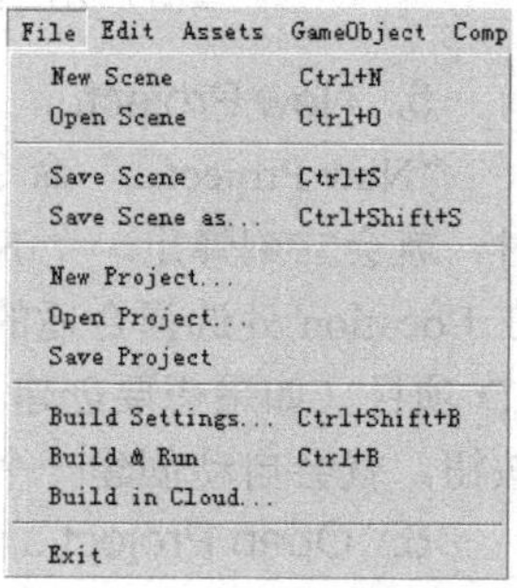

▲图 2-25　File 菜单

1. New Scene

“New Scene” 命令功能为新建场景，即新建一个游戏场景。每一个新创建的游戏场景包含了一个 Main Camera（主摄像机）和一个 Directional Light（平行光光源），可以根据需要在场景中添加相应的 GameObject（游戏对象）。如图 2-26 所示。

2. Open Scene

“Open Scene” 命令功能为打开场景，即打开以前所保存的场景。单击 Open Scene 后会弹出一个“Load Scene”对话框，选择所要打开的场景文件（后缀名为“.unity”的文件），单击“打开”按钮即可打开场景文件。如图 2-27 所示。

3. Save Scene

“Save Scene” 命令功能为保存场景，即保存当前所搭建的场景。如果是第一次保存当前场景，单击命令 Save Scene 就会弹出一个 Save Scene 对话框，在文件名处输入文件名称，单击“保存”按钮，就会生成一个场景文件，如图 2-28 所示。如果之前保存过该场景，单击命令 Save Scene

后，之前保存的场景文件就会被当前的场景覆盖，不会弹出 Save Scene 对话框。

4. Save Scene as...

“Save Scene as...”命令功能为场景另存为…，即把当前的场景另存为一个新的场景文件。单击命令 Save Scene as...时，就会立刻弹出一个 Save Scene 对话框，在文件名处输入文件名称，单击保存按钮，就会生成一个新的场景文件。如图 2-29 所示。

▲图 2–26　新建场景

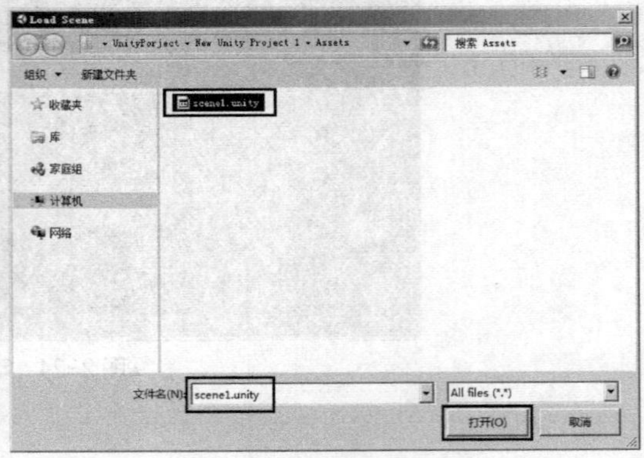

▲图 2–27　打开场景

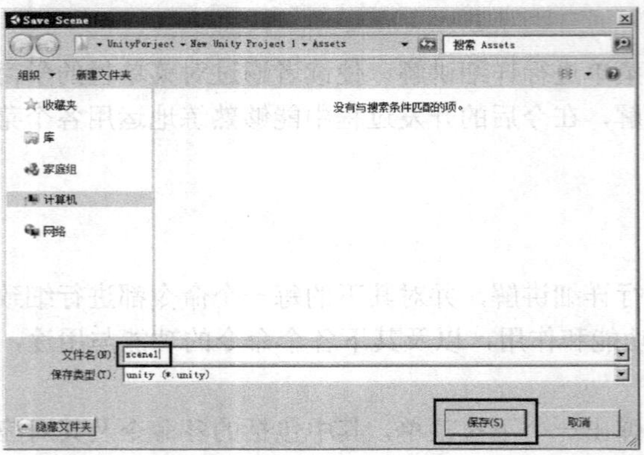

▲图 2–28　保存场景

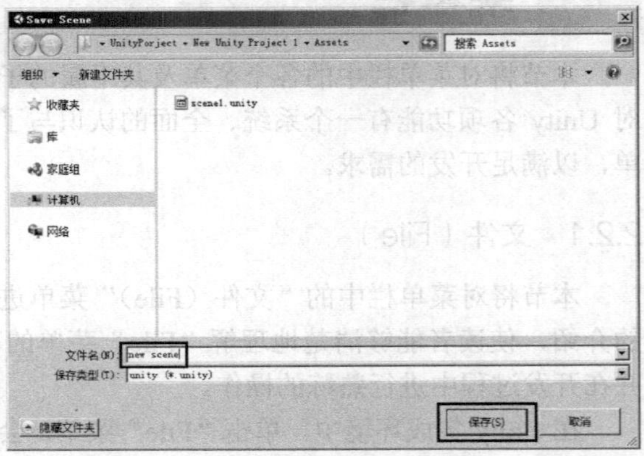

▲图 2–29　场景另存为

5. New Project...

“New Project...”命令功能为新建项目工程，即创建一个新的项目工程。单击命令 New Project...时，就会立刻弹出一个 New Project 对话框，如图 2-30 所示。在 Project name 处输入项目名称，在 Location 处选择合适的路径，在 Asset packages...处选择所需要导入的资源包，新建项目默认为 3D 项目（如果想要创建 2D 项目，则需要选中“2D”字样的选项），最后单击“Create project”按钮，就会自动创建一个项目并打开 Unity 开发环境。

6. Open Project...

“Open Project...” 命令功能为打开项目工程，即打开以前所创建的项目。单击命令 Open Project..时，就会立刻弹出一个 Recent projects 对话框，以前创建的项目都会显示在列表中，如图 2-31 所示，单击项目名称即可打开项目。如果想要打开列表中没有的项目，则需要单击 Open other...按钮，找到所要打开的项目，单击选择文件夹按钮以打开选定项目，如图 2-32 所示。

7. Save Project

“Save Project” 命令功能为保存项目工程。单击命令 Save Project...时，会保存当前正在进行编辑的项目。

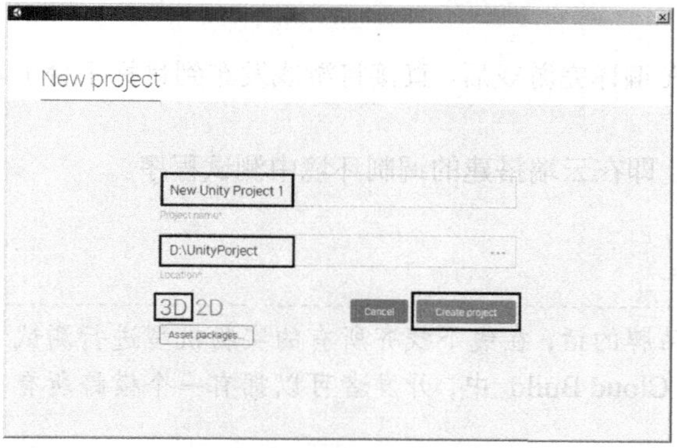

▲图 2-30　新建项目工程

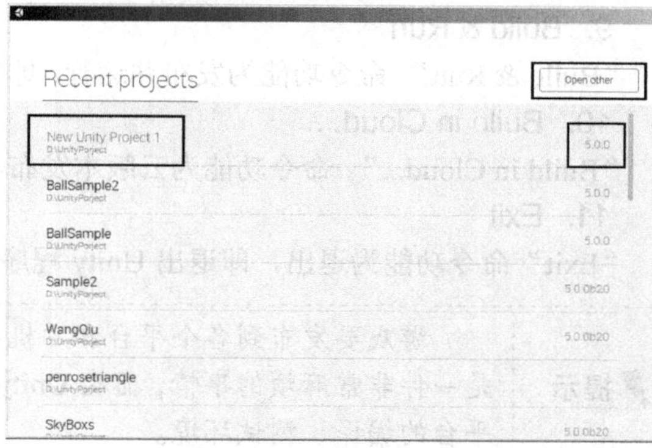

▲图 2-31　打开项目工程

8. Build Settings...

“Build Settings...” 命令功能为发布设置，即在发布游戏前对一些准备工作的设置单击命令 Build Settings...时，就会立刻弹出 Build Settings 对话框，如图 2-33 所示。在 Platform 下选择该项目发布后所要运行的平台，同时可以单击 Player Setting...按钮，在 Inspector 视图中针对要发布的平台做相应的参数设置，如图 2-34 所示。完成设置后，单击“Build”按钮，为生成的安装文件添加文件名，然后单击保存按钮，开始生成安装文件，如图 2-35 所示。

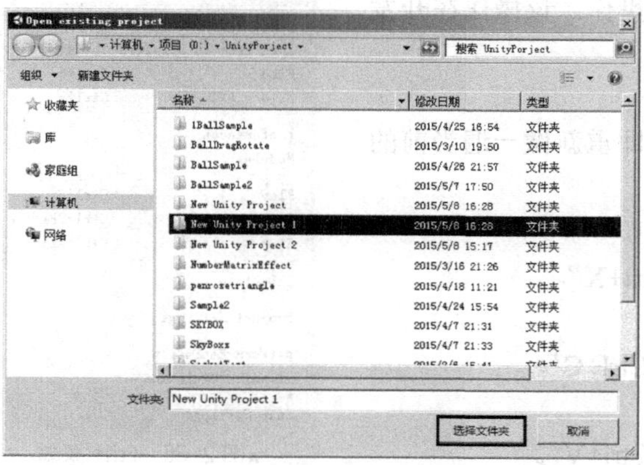

▲图 2-32　打开其他工程

▲图 2-33　发布设置

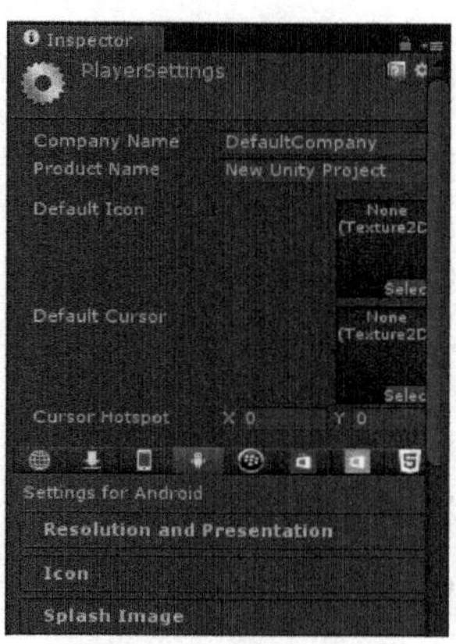

▲图 2-34　玩家设置

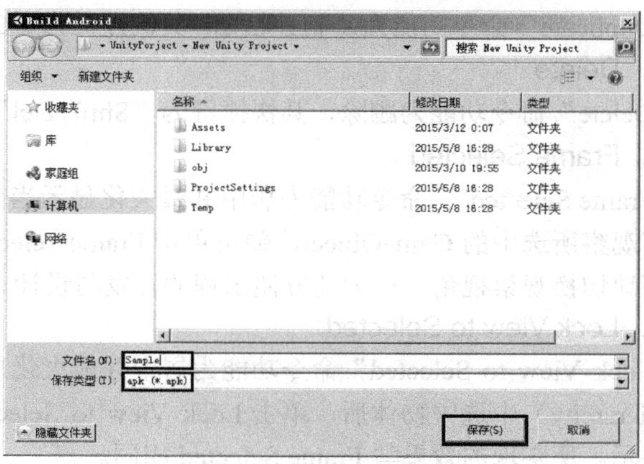

▲图 2-35　生成安装文件

9. Build & Run

“Build & Run” 命令功能为发布并运行，即在编译完游戏后，直接将游戏发布到目标平台上。

10. Build in Cloud...

“Build in Cloud...” 命令功能为云版本发布，即在云端搭建的调制环境中测试程序。

11. Exit

“Exit”命令功能为退出，即退出 Unity 程序。

> **提示** 游戏要发布到各个平台和手机品牌的话，在线下找齐所有的实物机型进行测试是一件非常麻烦的事情，而在 Unity Cloud Build 中，开发者可以拥有一个横跨所有平台的编译、测试环境。

2.2.2 编辑（Edit）

本节将对菜单栏中的编辑（Edit）菜单进行详细讲解，并对其下的每一个命令都进行细致的介绍，使读者能够清楚地理解 Edit 菜单的功能和作用，以及其下各个命令的功能与用途，并在开发过程中进行熟练的操作。

在 Unity 集成环境中，单击 Edit 菜单，会弹出一个下拉菜单，其中包括的各命令及其对应的快捷键如图 2-36 所示。

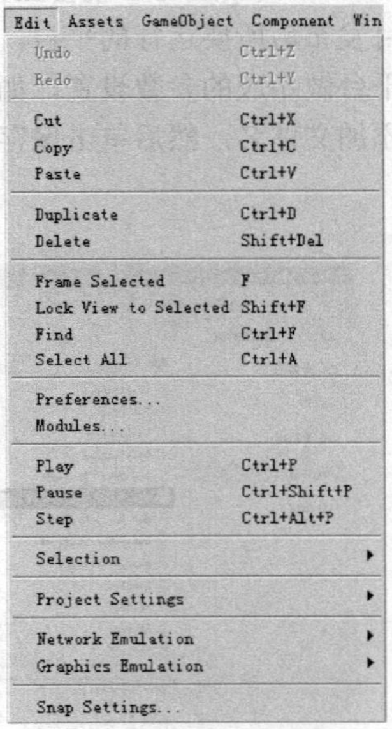

▲图 2-36 Edit 菜单

1. Undo

“Undo”命令功能为撤销，即取消当前的操作。该操作在开发中使用较多，其快捷键为“Ctrl+Z”。

2. Redo

“Redo”命令功能为 Undo 的反向操作，即重新做一遍当前的操作，其快捷键为“Ctrl+Y”。

3. Cut

“Cut”命令功能为剪切，其快捷键为“Ctrl+X”。

4. Copy

“Copy”命令功能为复制，其快捷键为“Ctrl+C”。

5. Paste

“Paste”命令功能为粘贴，其快捷键为“Ctrl+V”。

6. Duplicate

“Duplicate”命令功能为复制并粘贴，其快捷键为“Ctrl+D”。

7. Delete

“Delete”命令功能为删除，其快捷键为“Shift+Del”。

8. Frame Selected

“Frame Selected” 命令功能为居中并最大化显示当前选中的物体，即若要在场景设计面板中近距离观察所选中的 GameObject，便可单击 Frame selected 命令，快捷键为“F”，通过本功能可以方便地切换观察视角，极大地方便工程的开发与设计。

9. Lock View to Selected

“Lock View to Selected”命令功能为居中并最大化显示层级视图中选中的物体，即在层级视图（Hierarchy）中选中物体后，单击 Lock View to Selected 命令，该物体就会在场景中居中并最大化显示。所实现的效果与 Frame Selected 相同。

10. Find

“Find”命令功能为查找，即查找场景中的对象，其快捷键为“Ctrl+F”。

11. Select All

“Select All”命令功能为选择全部，快捷键为“Ctrl+A”。

12. Preferences...

“Preferences...”命令功能为偏好设置，即对 Unity 集成开发环境的相应参数进行设置。单击 Preferences... 命令后，会立刻弹出一个 Unity Preferences 对话框，里面有 6 项设置，分别为“General”“External Tools”“Colors”“Keys”“GI Cache”和“Cache Server”。“Preferences...”命令下属选项及其具体含义如表 2-1 所示。

表 2-1　Preferences...命令下属选项及其具体含义

选　项	含　义	选　项	含　义
General	综合设置	Keys	键值
External Tools	外部工具	GI Cache	实时光照缓存
Colors	颜色	Cache Server	缓存服务器

（1）单击 General（综合设置）选项，会进入综合设置界面，如图 2-37 所示。该界面下是在整体上对 Unity 集成开发环境进行的一些相关设置，分别是“Auto Refresh”“Load Previous Project on Startup”“Compress Assets on Import”“Disable Editor Analytics（Pro Only）”“Show Asset Store search hits”“Verify Saving Assets”“Editor Skin”和“Enable Alpha Numeric Sorting”。General 选项下属子项及其具体含义如表 2-2 所示。

表 2-2　General 选项下属子项及其具体含义

子　项	含　义
Auto Refresh	自动更新
Compress Assets on Import	导入时压缩资源
Show Asset Store search hits	显示资源商店中资源的数量
Editor Skin	界面
Load Previous Project on Startup	启动时加载以前的项目
Disable Editor Analytics（Pro Only）	自动将分析报告发送给 Unity（专业版专有）
Verify Saving Assets	退出时验证所要保存的资源
Enable Alpha Numeric Sorting	允许 Hierarchy 视窗中的对象按字母排序

（2）单击 External Tools（外部工具）选项，会进入外部工具设置界面，如图 2-38 所示。该界面下可以对与 Unity 相关的一些外部编辑工具进行设置，分别是“External Script Editor”“External Script Editor Args”“Editor Attaching”“Image Application”“Revision Control Diff/Merge”和“Android SDK Location。External Tools 选项下属子项及其具体含义如表 2-3 所示。

表 2-3　External Tools 选项下属子项及其具体含义

子　项	含　义	子　项	含　义
External Script Editor	外部脚本编辑器	External Script Editor Args	外部脚本编辑器参数
Editor Attaching	编辑器附加操作	Image Application	打开图像文件的工具
Revision Control Diff/Merge	文件比较/合并工具	Android SDK Location	安卓 SDK 路径

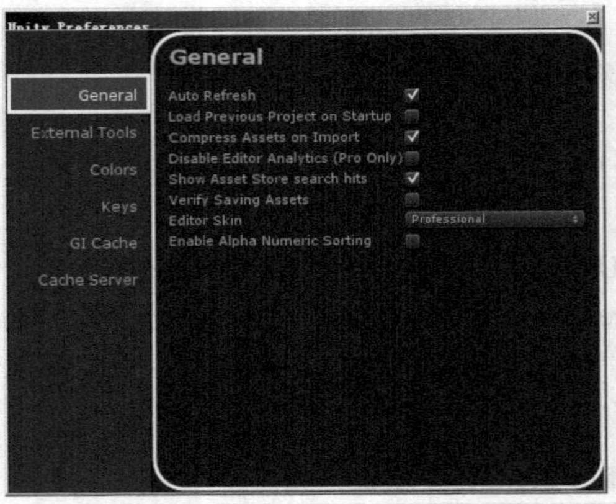

▲图 2-37　综合设置界面

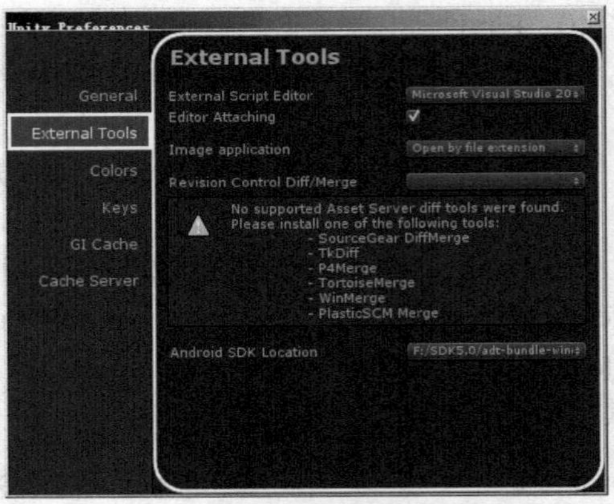

▲图 2-38　外部工具设置界面

（3）单击 Colors（颜色）选项，会进入颜色设置界面，如图 2-39 所示。该界面下可以对各个窗口、工具的背景颜色、显示颜色进行设置。开发人员可根据自己的使用习惯对颜色进行选择设置，对 Unity 集成开发环境进行自我装饰。

（4）单击 Keys（键值）选项，会进入键值设置界面，如图 2-40 所示。该界面下可以对 Unity 集成开发环境中需要改变的键值进行设置，一般情况下使用默认的设置即可，也可根据个人使用习惯进行修改。

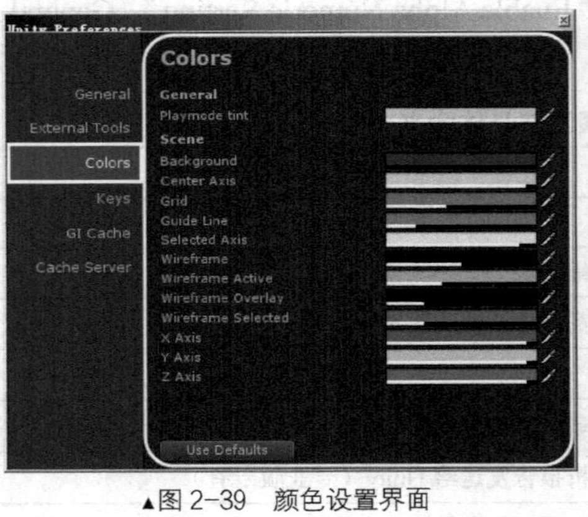

▲图 2-39　颜色设置界面

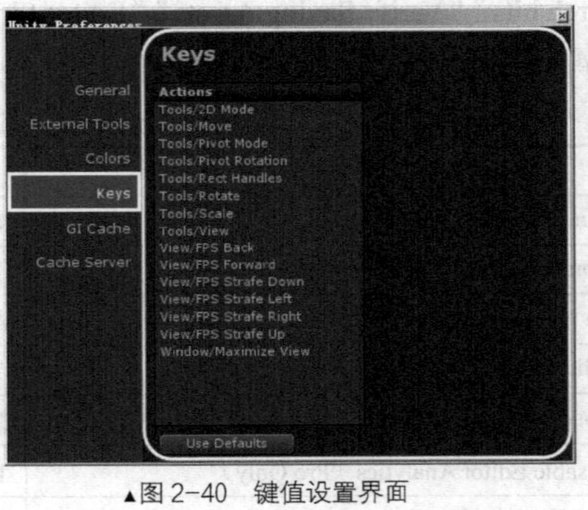

▲图 2-40　键值设置界面

（5）单击 GI Cache（实时光照缓存设置）选项，会进入实时光照缓存设置界面，如图 2-41 所示。该界面下可以对与 Unity 实时光照缓存进行设置，分别是“Maximum Cache Size (Gb)”“Custom Cache Location”“Cache compression”“Clean Cache”“Cache Size”和“Cache Location。GI Cache 选项下属子项及其具体含义如表 2-4 所示。

表 2-4　　GI Cache 选项下属子项及其具体含义

子　项	含　义	子　项	含　义
Maximum Cache Size (Gb)	最大缓存设置	Custom Cache Location	是否自定义缓存位置
Cache compression	缓存压缩	Clean Cache	清除缓存
Cache Size	当前缓存尺寸	Cache Location	当前缓存位置

（6）单击 Cache Server（缓存服务器）选项，会进入缓存服务器设置界面，如图 2-42 所示。该界面下可以对缓存服务器进行设置。当启动缓存服务器，即勾选 Use Cache Server 的复选框，

就需要在 IP Addess（IP 地址）栏中填入正确的 IP 地址，否则不要启用。

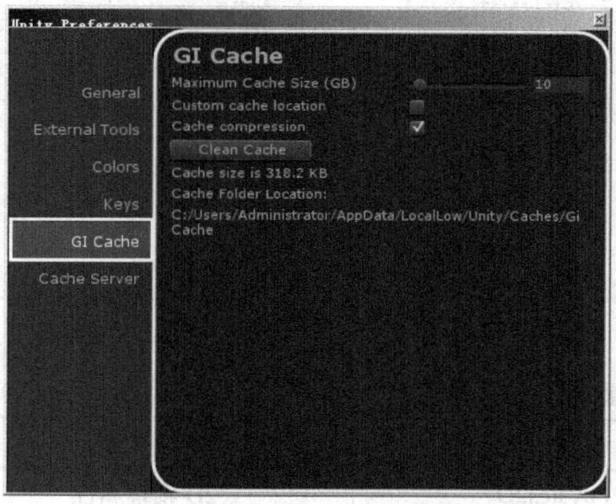

▲图 2-41　实时光照缓存设置界面

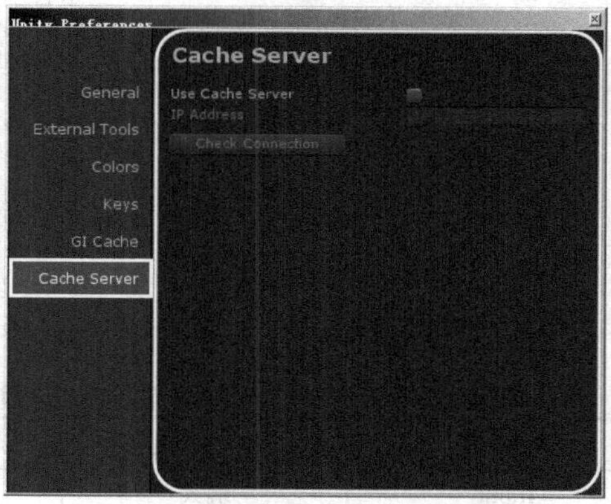

▲图 2-42　缓存服务器设置界面

13. Modules...

"Modules..." 命令功能为模块管理，即模块管理器，展示了针对各个平台的回放引擎，以及拓展的性能优化工具。如图 2-43 所示。

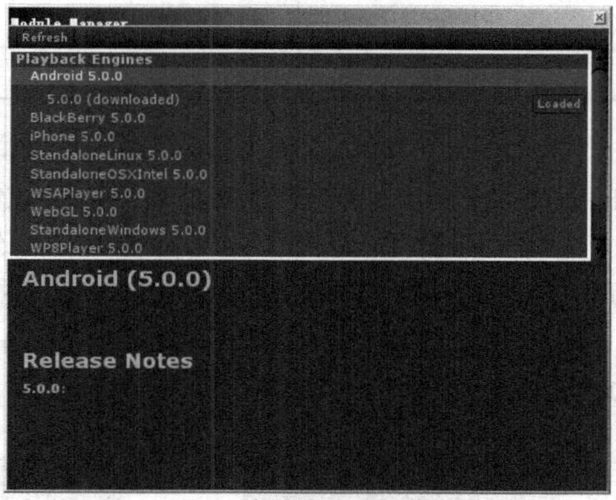

▲图 2-43　回放引擎

14. Play

"Play" 命令功能为播放/运行，即播放当前场景动画，其快捷键为 "Ctrl+P"，相当于单击工具栏中的播放按钮，如图 2-44 所示。场景动画效果将在游戏预览面板中显示。

15. Pause

"Pause" 命令功能为暂停/中断，即暂停当前场景动画，其快捷键为 "Ctrl+Shift+P"，相当于单击工具栏中的 "暂停" 按钮，如图 2-45 所示。场景动画效果将在游戏预览面板中显示。

16. Step

"Step" 命令功能为单帧，即播放当前场景动画的下一帧，其快捷键为 "Ctrl+Alt+P"，相当于单击工具栏中的 "下一帧" 按钮，如图 2-46 所示。场景动画效果将在游戏预览面板中显示。

▲图 2-44　播放

▲图 2-45　暂停

▲图 2-46　单帧

17. Selection

"Selection" 命令功能为选择，即选择所要载入/存储的游戏对象的编号。选择命令中的加载选项可载入以前所保存的游戏对象，选择所要载入相应游戏对象的编号，即可载入相应的游戏对象，如图 2-47 所示；选择命令中的存储选项，即可保存当前场景设计面板中所选中的游戏对象，并赋予相应的编号，如图 2-48 所示。

18. Project Settings

"Project Settings" 命令功能为工程设置，即对工程进行相应的设置。选中命令 Project Settings，就会弹出其选项，如图 2-49 所示。其中的各个选项是对工程的具体设置选项，具体含义如表 2-5 所示。

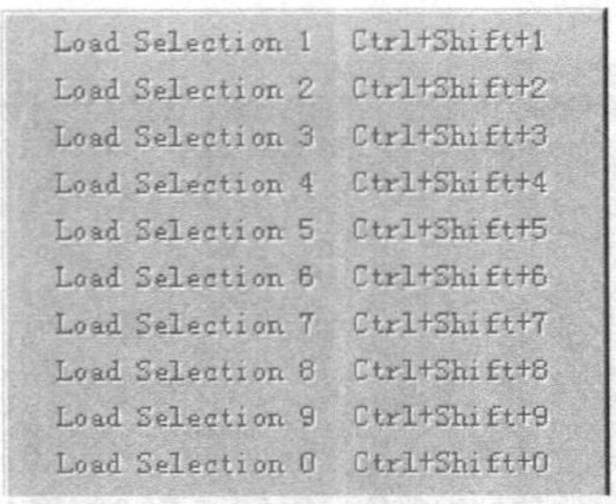

▲图 2-47　加载选项

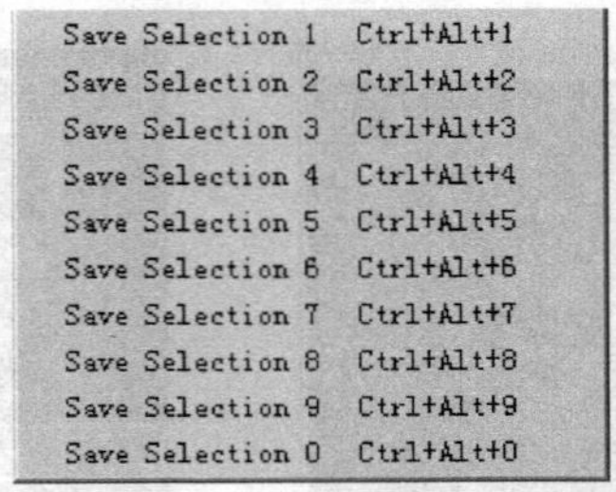

▲图 2-48　存储选项

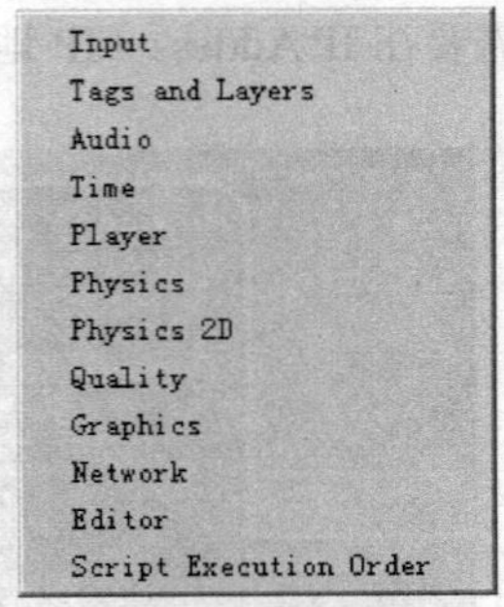

▲图 2-49　工程设置

表 2-5　Project Settings 命令下属选项及其具体含义

选　项	含　义	选　项	含　义
Input	输入	Physics2D	2D 物理属性
Tags&Layers	标签和层	Quality	质量
Audio	音频	Graphics	图形
Time	时间	Network	网络
Player	播放	Editor	编辑
Physics	物理属性	Script Execution Order	脚本执行顺序

（1）单击 Input（输入）选项，在 Unity 集成开发环境的 Inspector 视窗中就会出现 Input 选项的具体设置，可以根据需要对其中的参数做具体的调整，如图 2-50 所示。

（2）单击 Tags&Layers（标签和层）选项，在 Unity 集成开发环境的 Inspector 视窗中就会出现 Tags&Layers 选项的具体设置，可以根据需要对其中的参数做具体的调整，如图 2-51 所示。

（3）单击 Audio（音频）选项，在 Unity 集成开发环境的 Inspector 视窗中就会出现 Audio 选项的具体设置，可以根据需要对其中的参数做具体的调整，如图 2-52 所示。

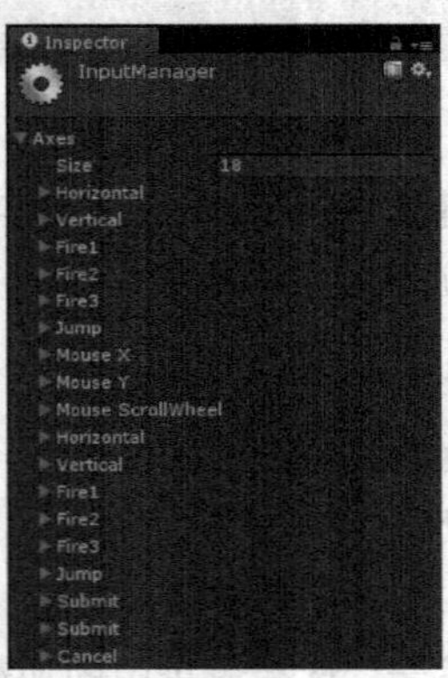

▲图 2-50　Input 选项的具体设置

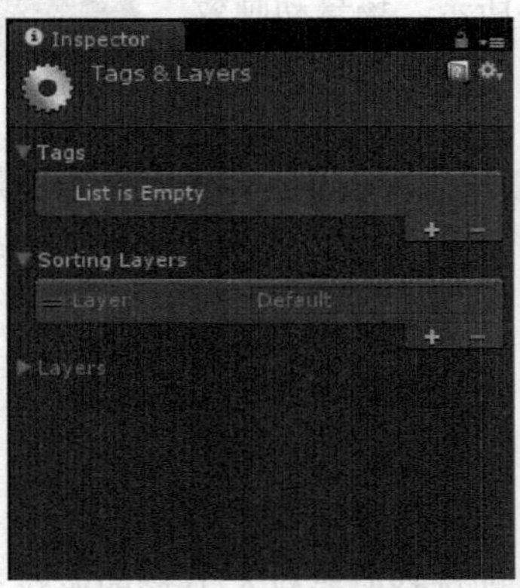

▲图 2-51　Tags&Layers 选项的具体设置

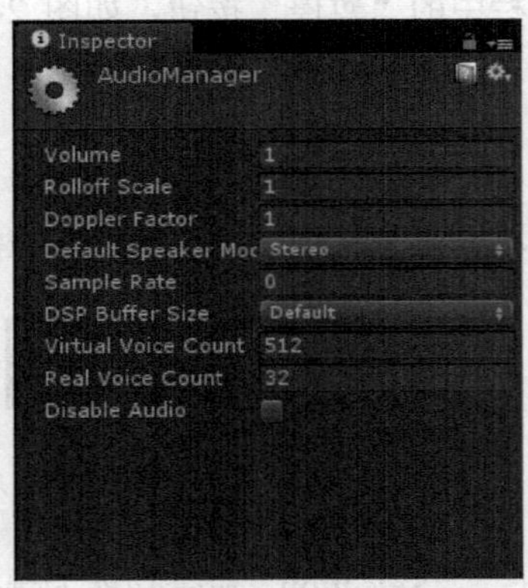

▲图 2-52　Audio 选项的具体设置

（4）单击 Time（时间）选项，在 Unity 集成开发环境的 Inspector 视窗中就会出现 Time 选项的具体设置，可以根据需要对其中的参数做具体的调整，如图 2-53 所示。

（5）单击 Player（播放）选项，在 Unity 集成开发环境的 Inspector 视窗中就会出现 Player 选项的具体设置，可以根据需要对其中的参数做具体的调整，如图 2-54 所示。

（6）单击 Physics（物理属性）选项，在 Unity 集成开发环境的 Inspector 视窗中就会出现 Physics 选项的具体设置，可以根据需要对其中的参数做具体的调整，如图 2-55 所示。

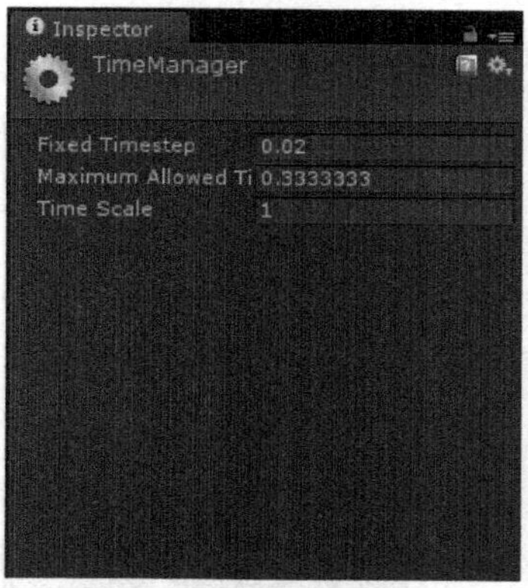

▲图 2-53 Time 选项的具体设置

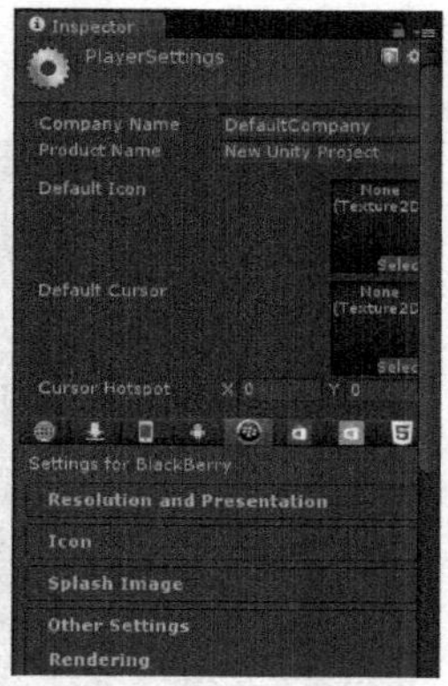

▲图 2-54 Player 选项的具体设置

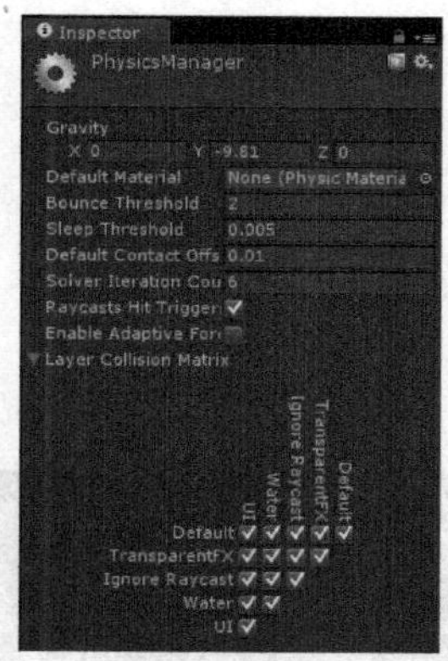

▲图 2-55 Physics 选项的具体设置

（7）单击 Physics2D（2D 物理属性）选项，在 Unity 集成开发环境的 Inspector 视窗中就会出现 Physics2D 选项的具体设置，可以根据需要对其中的参数做具体的调整，如图 2-56 所示。

（8）单击 Quality（质量）选项，在 Unity 集成开发环境的 Inspector 视窗中就会出现 Quality 选项的具体设置，可以根据需要对其中的参数做具体的调整，如图 2-57 所示。

（9）单击 Graphics（图形）选项，在 Unity 集成开发环境的 Inspector 视窗中就会出现 Graphics 选项的具体设置，可以根据需要对其中的参数做具体的调整，如图 2-58 所示。

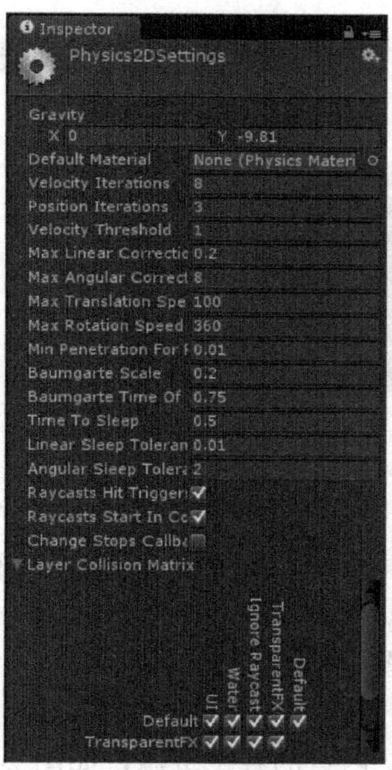

▲图 2-56 Physics2D 选项的具体设置

▲图 2-57 Quality 选项的具体设置

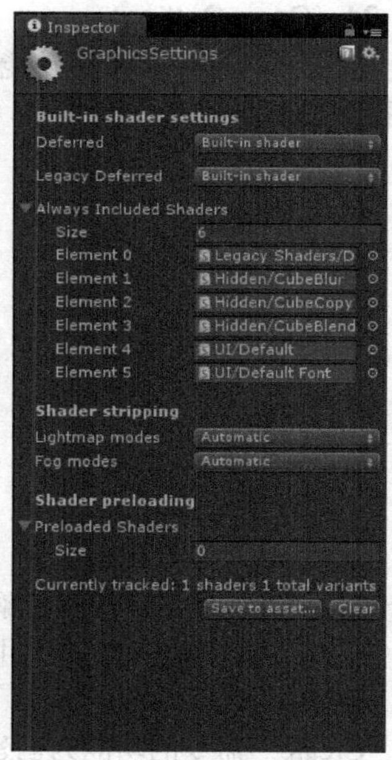

▲图 2-58 Graphics 选项的具体设置

（10）单击 Network（网络）选项，在 Unity 集成开发环境的 Inspector 视窗中就会出现 Network 选项的具体设置，可以根据需要对其中的参数做具体的调整，如图 2-59 所示。

（11）单击 Editor（编辑）选项，在 Unity 集成开发环境的 Inspector 视窗中就会出现 Editor 选项的具体设置，可以根据需要对其中的参数做具体的调整，如图 2-60 所示。

（12）单击 Script Execution Order（脚本执行顺序）选项，在 Unity 集成开发环境的 Inspector 视窗中就会出现 Script Execution Order 选项的具体设置，可以根据需要对其中的参数做具体的调整，如图 2-61 所示。

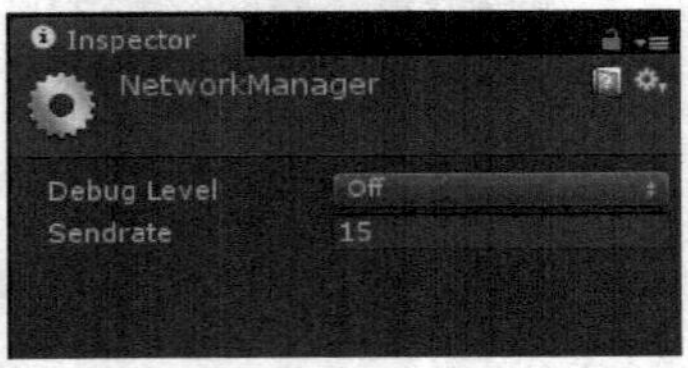

▲图 2-59　Network 选项的具体设置

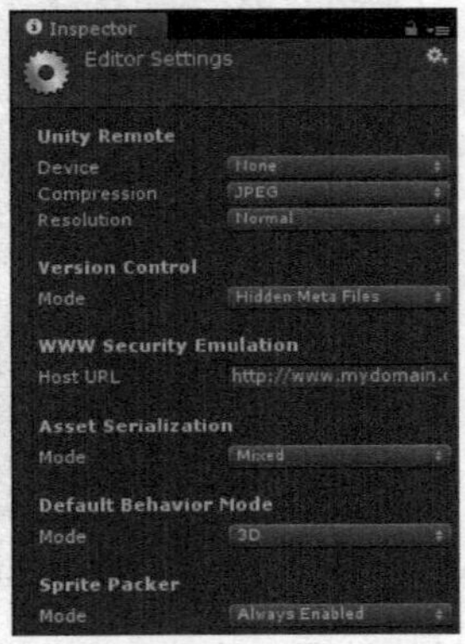

▲图 2-60　Editor 选项的具体设置

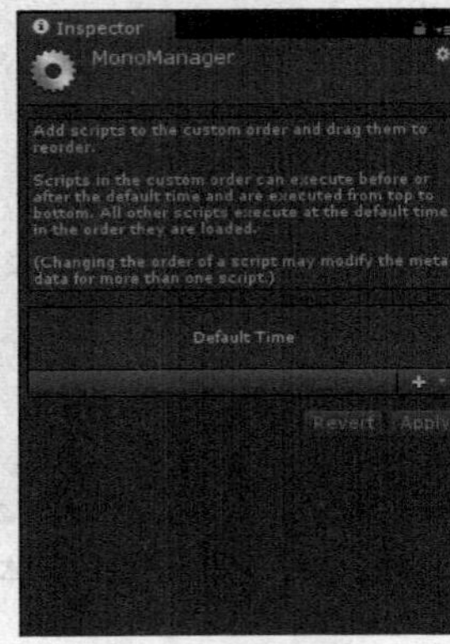

▲图 2-61　Script Execution Order 选项的具体设置

19. Network Emulation

“Network Emulation”命令功能为网络模拟，即选择适当的网络传输方式，如图 2-62 所示。

20. Graphics Emulation

“Graphics Emulation”命令功能为图形模拟，即选择所需要的着色器模型。如图 2-63 所示。

21. Snap Settings...

“Snap Settings...”命令功能为对齐设置，即适当的对齐方式，可以根据需要修改适当的参数。如图 2-64 所示。

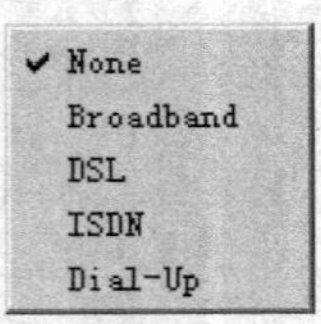

▲图 2-62　网络模拟

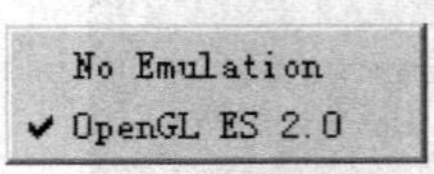

▲图 2-63　图形模拟

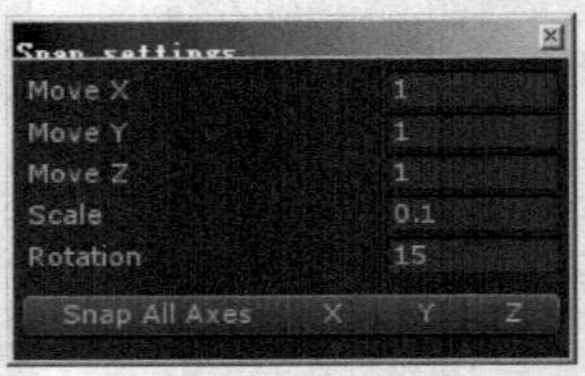

▲图 2-64　对齐设置

2.2.3　资源（Assets）

本节将对菜单栏中的资源（Assets）菜单进行详细讲解，并对其下的每一个命令都进行细致的介绍，使读者能够清楚地理解 Assets 菜单的功能和作用。在 Unity 集成环境中，单击 Assets 菜单，会弹出一个下拉菜单，其中包括的各命令及其对应的快捷键如图 2-65 所示。

Create

“Create”命令的功能为创建 Unity 内置的资源，其选项为 Unity 内置的各个资源，如图 2-66 所示。所创建的任何资源都会出现在项目资源列表中，可分别对创建的各个资源根据需要进行相应的编辑，进而方便简单地实现具体的功能。

（1）单击 Create 的选项 Folder，就会在项目资源列表中创建一个项目文件夹，可以根据需要修改文件夹。单击 C# Script 菜单，就会在项目资源列表中创建一个 C#脚本，可以根据需要修改脚本名称，在脚本中用 C#编写代码，实现具体的功能。

（2）单击 Javascript 选项，就会在项目资源列表中创建一个 Javascript 脚本，可以根据需要修改脚本名称，在脚本中用 Javascript 编写代码，实现具体的功能。单击 Shader 选项，就会在项目资源列表中创建一个着色器脚本，在脚本中用 ShaderLab 语言或者 Cg.GLSL 语言编写着色器。

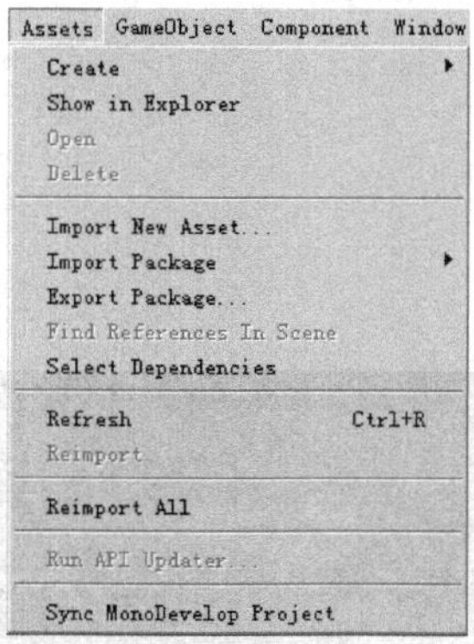

▲图 2-65 Assets 菜单

▲图 2-66 Create 命令下的选项

（3）单击 Compute Shader 选项，就会在项目资源列表中创建一个计算着色器脚本，可以根据需要修改脚本名称，在脚步中编写 Compute Shader，实现具体的功能。单击 Prefab 选项，就会在项目资源列表中创建一个预制件，其作用是通过代码批量地创建相同的游戏对象。

（4）单击 Audio Mixer 选项，就会创建一个音频混合器，如图 2-67 所示；可以根据需要混合不同的声音源来达到需要的效果。单击 Animator Override Controller 选项，就会创建一个动画重新控制器，如图 2-68 所示，用来重写给定 avatar 的控制器的某些动画剪辑。

（5）单击 Avatar Mask 选项，就会创建一个身体遮罩资源，如图 2-69 所示。通过身体遮罩可以对动画里面特定的身体部位进行激活或禁止。身体遮罩在模型导入检视面板中的动画选项卡中和 Animation Layersd（动画图层）中被应用。

▲图 2-67 音频混合器

▲图 2-68 动画重新控制器

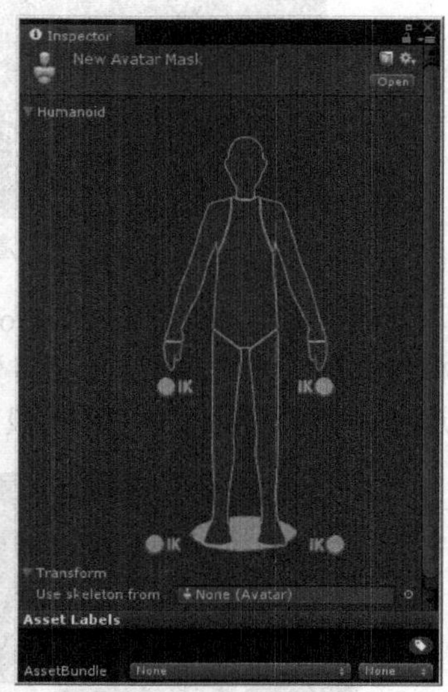

▲图 2-69 身体遮罩

（6）单击 Material 选项，就会在项目资源列表中创建一个材质资源，如图 2-70 所示；可以根据需要在属性查看器中选择材质的颜色、渲染管线以及材质的渲染方式。单击 Lens Flare 选项，就会在项目资源列表中创建一个光晕资源，如图 2-71 所示；可以选择适当的光晕 2D 纹理贴图。

（7）单击 Render Texture 选项，就会创建一个渲染纹理资源，如图 2-72 所示；可以对创建的渲染纹理资源进行具体的设置，开发者可以根据实际的需要进行相应的设置。单击 Lightmap Parameters 选项，就会创建一个光照贴图参数资源，如图 2-73 所示。

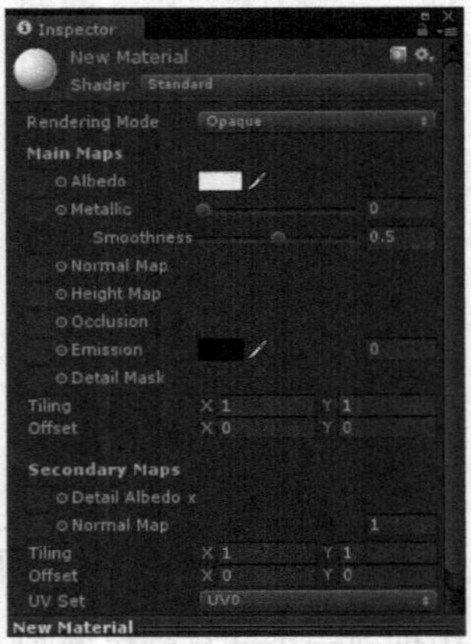

▲图 2-70　材质

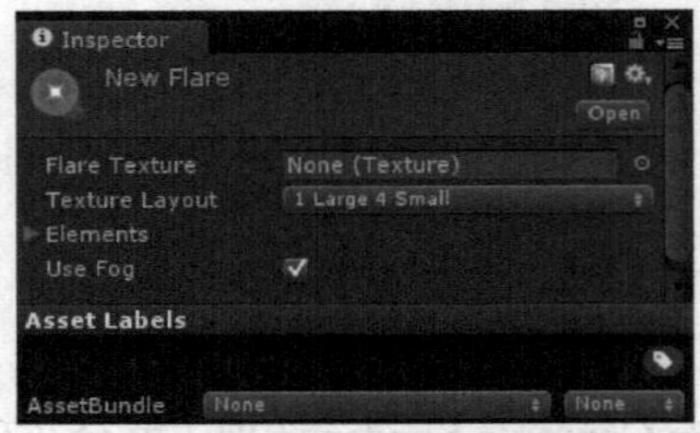

▲图 2-71　光晕

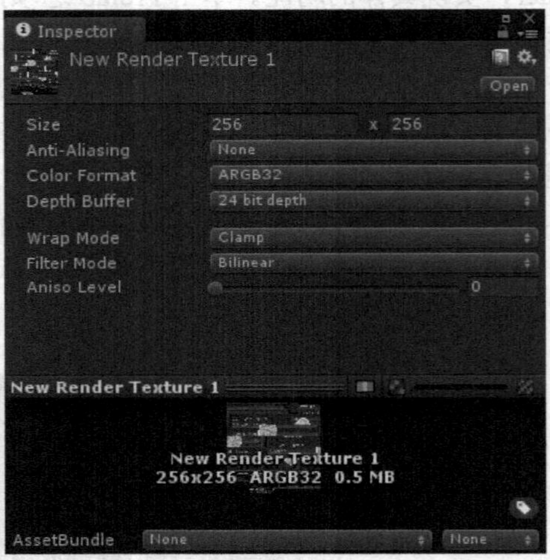

▲图 2-72　渲染纹理

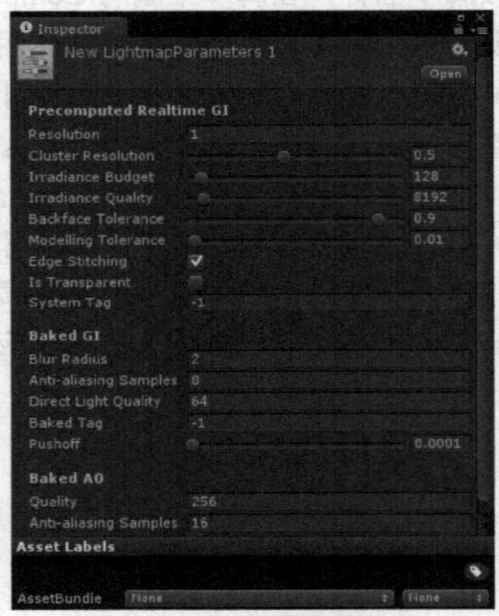

▲图 2-73　光照贴图参数

（8）单击 Animator Controller 选项，就会创建一个动画控制器，如图 2-74 所示；开发者可以根据实际的开发需求，在项目资源中双击打开进行设置，以达到开发的实际需求。单击 Animation 选项，就会创建一个动画片段资源，如图 2-75 所示。

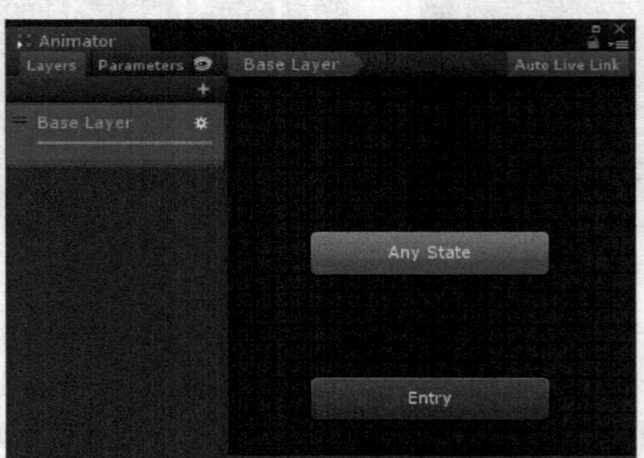

▲图 2-74　动画控制器

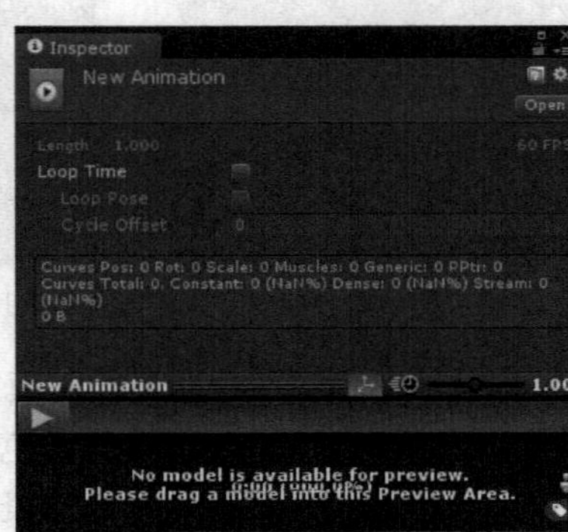

▲图 2-75　动画片段

（9）单击 Physic Material 选项，就会创建一个物理材质，如图 2-76 所示；开发者可以根据实际的开发需要，在属性查看器中设置相应的参数。单击 Physics2D Material 选项，就会创建一个 2D 物理材质，如图 2-77 所示。

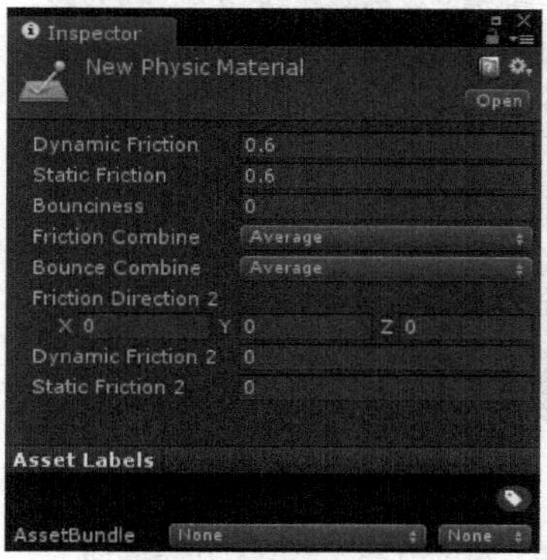

▲图 2-76　物理材质

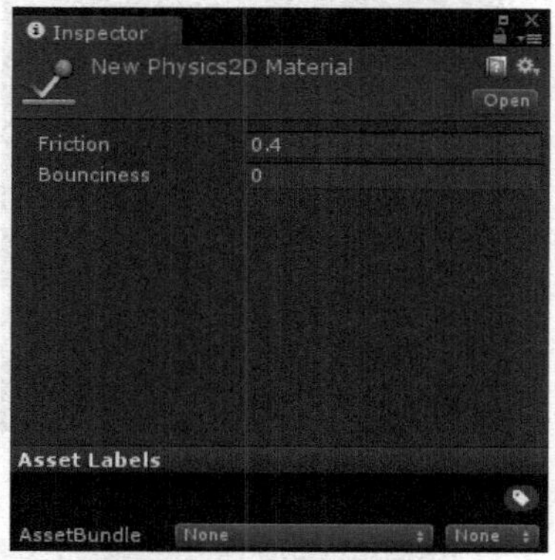

▲图 2-77　2D 物理材质

（10）单击 GUI Skin 选项，就会创建一个绘制样式资源，如图 2-78 所示。对 2D 界面中的图形绘制进行具体的设置，开发者可以根据实际的开发需求，在属性查看器中对具体的参数进行设置。单击 Custom Font 选项，就会创建一个文本样式资源，如图 2-79 所示。

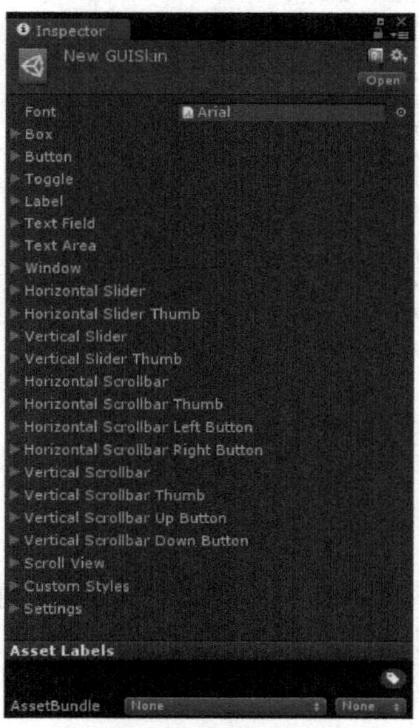

▲图 2-78　绘制样式

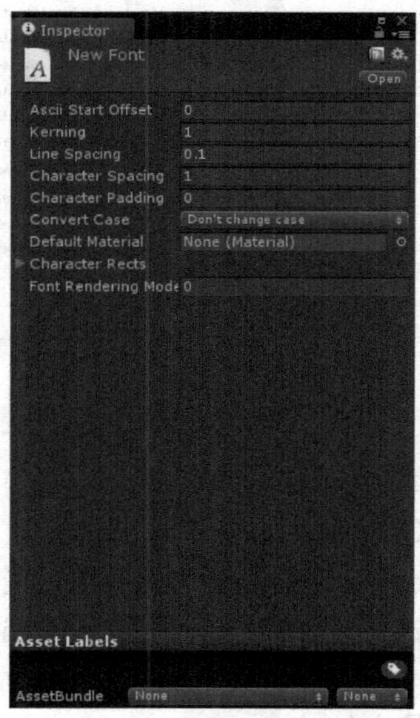

▲图 2-79　文本样式

（11）单击 Shader Variant Collection 选项，就会创建一个着色器列表资源，如图 2-80 所示；可以根据需要从列表中添加或删除着色器。单击 Legacy 选项下的子项 Cubemap，就会创建一个立方体纹理映射资源，如图 2-81 所示；可以分别对立方体的 6 个面进行纹理设置。

1. Show in Explorer

“Show in Explorer”命令的功能为在资源管理器中显示资源文件。单击 Show in Explorer 命令，就会将当前选中的资源在资源管理器中显示出来。在资源管理器中将显示此项目所有的资源，如图 2-82 所示。

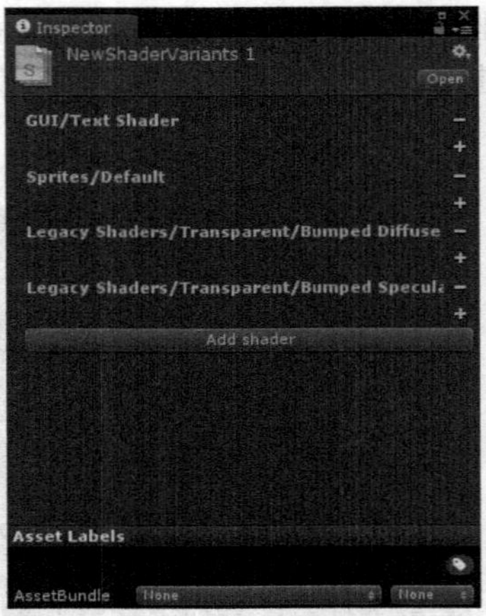

▲图 2-80　着色器列表

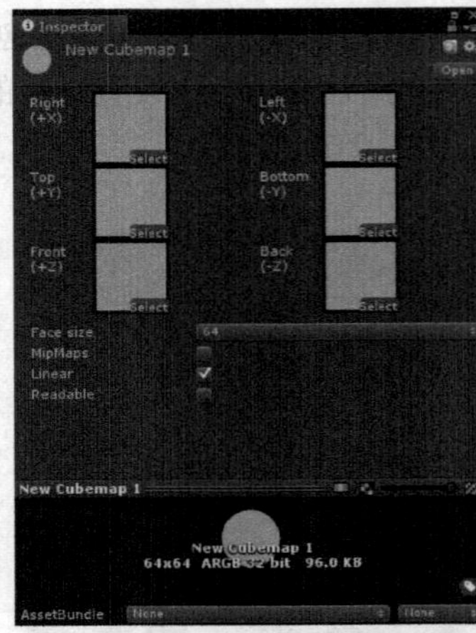

▲图 2-81　立方体纹理映射

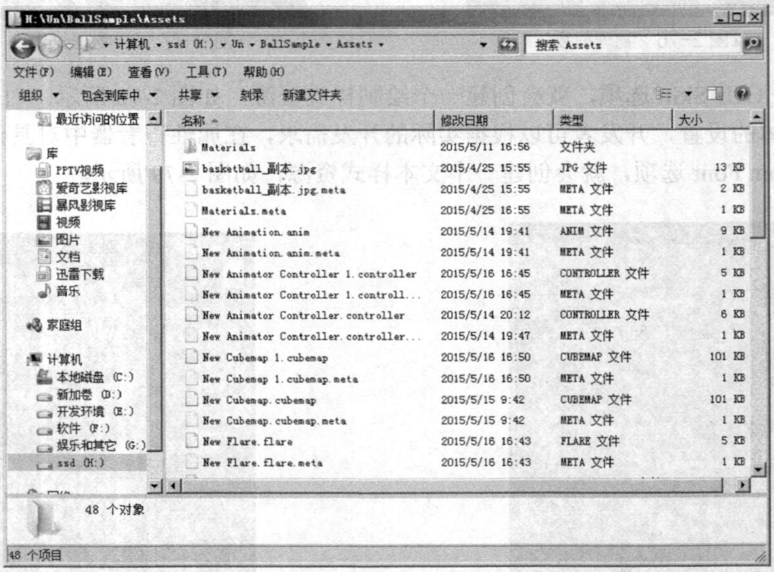

▲图 2-82　显示资源文件

2. Open

"Open"命令的功能为打开项目资源列表中的资源文件。选中一个资源，然后单击 Open 命令，或者双击这个资源就会使用默认的编辑器打开这个资源文件，此时就可以对这个资源文件进行编辑。

3. Delete

"Delete"命令的功能为删除项目资源列表中的资源文件。选中一个资源文件，然后单击 Delete 命令，或是按下 Delete 键就会弹出是否删除资源文件的确认对话框，如图 2-83 所示。然后单击 Delete 按钮就会删除这个资源文件。

4. Import New Asset...

"Import New Asset..."命令的功能为导入工程所需要的资源。单击 Import New Asset...命令，就会立刻弹出一个 Import New Asset 对话框，如图 2-84 所示。查找需要导入的资源文件，选中并单击 Import 按钮即可成功导入。

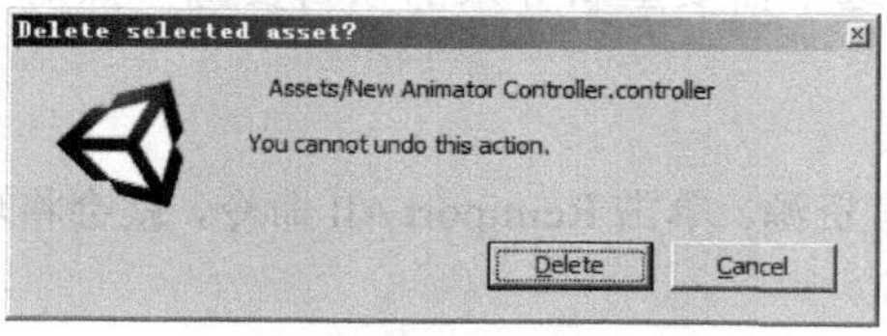

▲图 2-83 确认删除对话框

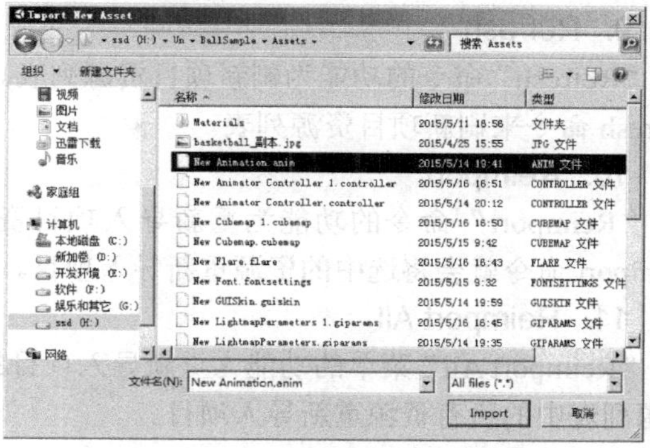

▲图 2-84 Import New Asset 对话框

提示 为了方便起见，导入较小的资源时没必要进行这些烦琐的操作，直接选中要导入的资源并将其拖曳进 Unity 集成开发环境的项目资源列表，即可成功导入。

5. Import Package

“Import Package”命令的功能为导入工程所需要的 Unity 资源包。单击 Import Package 命令下属的“Custom Package”选项就会弹出“Import Package”对话框，如图 2-85 所示。查找需要导入的资源包，选中并单击打开按钮就会弹出导入进度框。

6. Export Package...

“Export Package...”命令的功能为将所需要的资源导出资源包。选中需要导出的资源文件后单击 Export Package...命令，就会立即弹出一个 Export Package 对话框，如图 2-86 所示。单击 Export...按钮即可导出资源包。

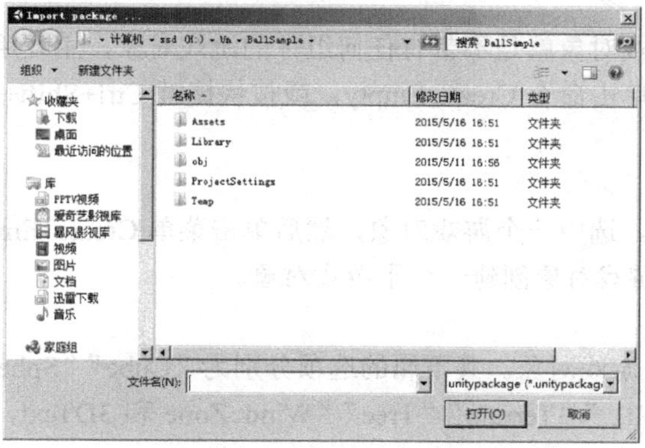

▲图 2-85 Import Package 对话框

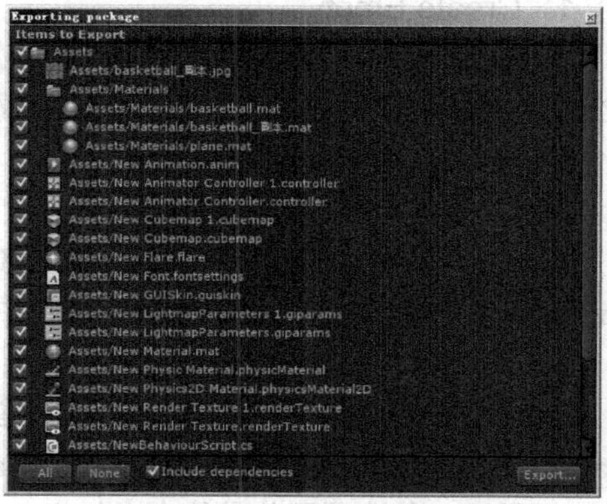

▲图 2-86 Export Package 对话框

7. Find References In Scene

“Find References In Scene”命令的功能为在场景中找出使用选中的资源的游戏对象。在项目资源列表中选中一个资源，单击 Find References In Scene 命令，就会在游戏组成对象列表中显示使用该资源的游戏对象。

8. Select Dependencies

“Select Dependencies”命令的功能为选择游戏对象的依赖资源。在游戏组成对象列表中选中需要找出依赖资源的游戏对象，然后单击 Select Dependencies 命令，就会在项目资源列表中显示出游戏对象的依赖资源。

9. Refresh

“Refresh”命令的功能为刷新项目资源列表。在 Unity 编辑器外部改动项目资源后，需要单击 Refresh 命令来刷新项目资源列表。

10. Reimport

“Reimport”命令的功能为重新导入项目资源。选中需要重新导入的项目资源，然后单击 Reimport 命令就会将选中的资源重新导入项目。

11. Reimport All

“Reimport All”菜单的功能为重新导入项目的所有资源。单击 Reimport All 命令，就会将项目资源列表中的所有资源重新导入项目。

12. Run API Updater...

“Run API Updater...”命令的功能为将脚本中已经过时的 API 自动更新为最新的 API。选中旧版项目中含有过时的 API 的脚本，单击 Run API Updater...命令就会自动将其更新为最新的 API。脚本中不是所有过时的 API 都能自动更新为最新的 API，有些需要手动修改代码。

13. Sync MonoDevelop Project

“Sync MonoDevelop Project”命令的功能为将 Unity 项目脚本同步到 MonoDevelop 项目中。单击 Sync MonoDevelop Project 命令，就会将 Unity 项目脚本同步到 MonoDevelop 项目中并且在 MonoDevelop 中打开该项目。

2.2.4　游戏对象（GameObject）

本节将对菜单栏中的游戏对象（GameObject）菜单进行详细讲解，并对其下的每一个命令都进行细致的介绍，使读者能够清楚地理解 GameObject 菜单的功能和作用。单击 GameObject 菜单，会弹出一个下拉菜单，其中包含的各命令及其对应的快捷键如图 2-87 所示。

1. Create Empty

“Create Empty”为创建空游戏对象。空游戏对象就是不带有任何组件的游戏对象，主要用途是当其他游戏对象进行分组时做为其父对象。单击命令 Create Empty，或按快捷键 Ctrl+Shift+N，就会在场景中创建一个空游戏对象。

2. Create Empty Child

“Create Empty Child”为创建子游戏对象。选中一个游戏对象，然后单击菜单 Create Empty Child，或按快捷键 Alt+Shift+N 就会为选中的游戏对象创建一个子游戏对象。

3. 3D Object

“3D Object”下属的选项的功能是创建 3D 游戏对象。其下属的选项分别为“Cube”“Sphere”“Capsule”“Cylinder”“Plane”“Quad”“Ragdoll...”“Terrain”“Tree”“Wind Zone 和 3DText，如图 2-88 所示。各选项及其具体含义如表 2-6 所示。

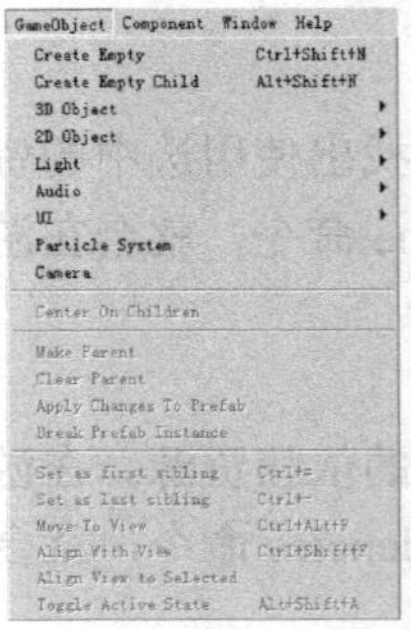

▲图 2-87　GameObject 菜单

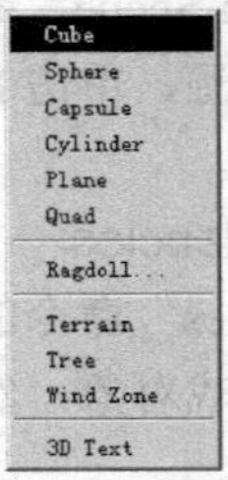

▲图 2-88　3D Object 命令下的选项

表 2-6　　3D Object 命令下属选项及其具体含义

选　项	含　义	选　项	含　义
Cube	立方体	Sphere	球体
Capsule	胶囊	Cylinder	圆柱体
Plane	平面	Quad	四边形
Ragdoll...	布偶系统	Terrain	地形
Tree	树	Wind Zone	风区
3DText	3D 文本		

4. 2D Object

“2D Object”下属的选项的功能是创建 2D 游戏对象。该命令主要用于开发 2D 游戏。其下属的选项只有一个游戏对象，该对象为开发 2D 游戏必须使用的 Sprite 对象，如图 2-89 所示。

5. Light

“Ligth”下属的选项的功能是创建光源对象。其下属的选项分别为“Directional Ligth”“Point Ligth”“Spotligth”“Area Light”“Reflection Probe”和“Light Probe Group”，如图 2-90 所示。各选项及其具体含义如表 2-7 所示。

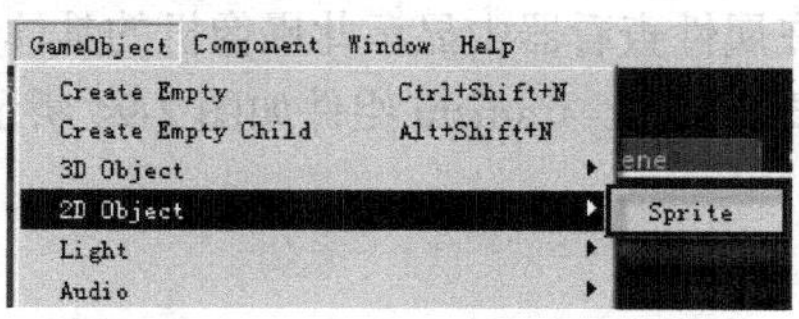

▲图 2-89　2D Object 命令下的选项

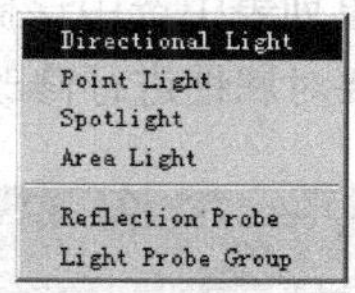

▲图 2-90　Light 菜单

表 2-7　　“Ligth”命令下属选项及其具体含义

选　项	含　义	选　项	含　义
Directional Light	平行光	Point Light	点光源
Spotlight	聚光灯	Area Light	区域光
Reflection Probe	反射探头	Light Probe Group	灯光探测器组

6. Audio

“Audio”下属的选项的功能是创建与声音有关的游戏对象。其下属的选项分别为“Audio Source”和“Audio Reverb Zone”，如图 2-91 所示。Audio Source 选项的功能为创建声音源，Audio Reverb Zone 选项的功能为创建音频混响区对象。

7. UI

“UI”下属的选项的功能是创建与搭建 UI 界面有关的游戏对象。其下属的命令分别为“Panel”“Button”“Text”“Image”“Raw Image”“Slider”“Scrollbar”“Toggle”“Input Field”“Canvas”和“Event System”，如图 2-92 所示。各选项及其具体含义如表 2-8 所示。

▲图 2-91　Audio 命令下的选项

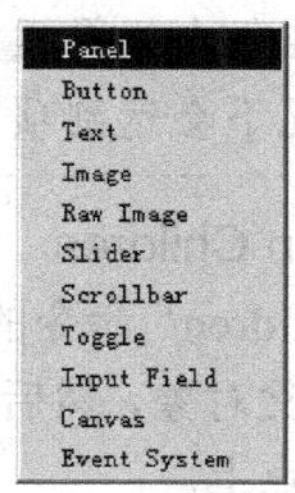

▲图 2-92　UI 命令下的选项

表 2-8　　UI 命令下属选项及其具体含义

选　项	含　义	选　项	含　义
Panel	面板	Button	按钮控件
Text	文本控件	Image	图片控件
Raw Image	原始图片控件	Slider	拖动条控件
Scrollbar	拖动块控件	Toggle	选项控件
Input Field	输入框控件	Canvas	画布
Event System	事件监听系统		

8. Particle System

"Particle System"的功能为创建粒子系统对象。单击 Particle System 命令，就会在场景中出现一个粒子系统对象。在游戏组成对象列表中选中该粒子对象就会在属性查看器中显示此粒子系统对象的具体属性信息，开发者可以根据需要对属性进行修改，以达到具体需要的效果。Particle System 组件如图 2-93 所示。

9. Camera

"Camera"的功能为创建摄像机对象。单击"Camera"命令，就会在场景中创建一个摄像机对象。在游戏组成对象列表中选中该摄像机对象，就会在属性查看器中显示此摄像机的具体属性信息，开发者可以根据需要对属性进行修改，以达到具体需要的效果。Camera 组件如图 2-94 所示。

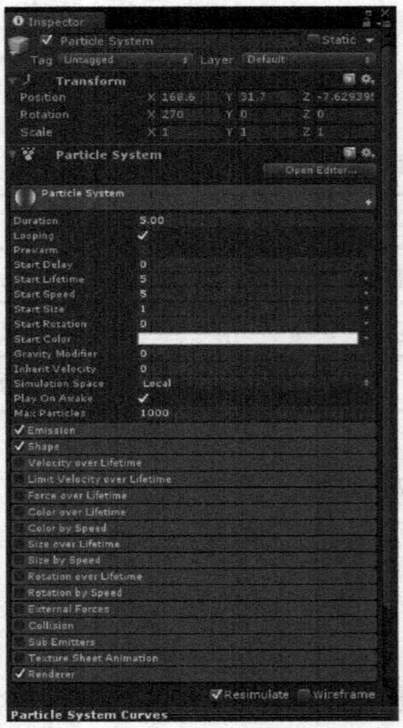

▲图 2-93　Particle System 组件

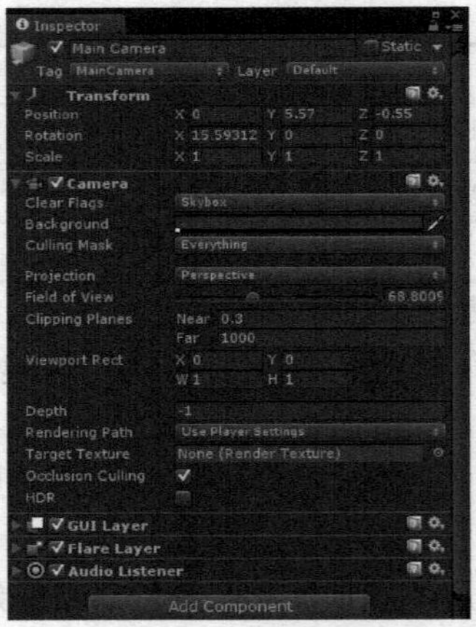

▲图 2-94　Camera 组件

提示　在每个场景里系统会默认自动创建一个摄像机，并取名为"Main Camera"，一般情况下会达到项目要求。

10. Center On Children

"Center On Children"命令的功能为将父对象的位置设置到子对象的中心点上。在游戏组成对象列表中选中一个父对象，然后单击 Center On Children 命令，就会将该父对象的位置移动到所有子对象的平均中心点上。

11. Make Parent

“Make Parent”命令的功能为将多个游戏对象创建父子关系。在游戏组成对象列表中选中多个游戏对象，然后单击 Make Parent 命令，就会将除选中的最上面的对象外的其他所有游戏对象设置为最上面的对象的子对象。

12. Clear Parent

“Clear Parent”命令的功能为解除子对象与父对象的父子关系。在游戏组成对象列表中选中多个游戏子对象，然后单击 Clear Parent 命令，就会解除选中的多个游戏子对象与父对象的父子关系，使其成为独立对象。

13. Apply Changes To Prefab

“Apply Changes To Prefab”命令的功能为将使用预制件实例化的游戏对象的改变应有到预制件上。在游戏组成对象列表中选中使用预制件实例化的游戏对象，然后单击 Apply Changes To Prefab 命令，就会将游戏对象的改变应有到预制件上。

14. Set as first sibling

“Set as first sibling”命令的功能为在游戏组成对象列表中将子对象移动到其父对象下属的所有子对象的最上面。选中需要移动的子对象，然后单击 Set as first sibling 命令或者按快捷键 Ctrl+=，就会将选中的子对象移动到其父对象下属的所有子对象的最上面。

15. Set as last sibling

“Set as last sibling”命令的功能为在游戏组成对象列表中将子对象移动到其父对象下属的所有子对象的最下面。选中需要移动的子对象，然后单击 Set as last sibling 命令，或者按快捷键 Ctrl+-，就会将选中的子对象移动到其父对象下属的所有子对象的最下面。

16. Move To View

“Move To View”命令的功能为移动游戏对象与视窗的中心位置。在游戏组成对象列表中选中一个游戏对象，然后单击 Move To View 命令，就会将选中的游戏对象移动到场景设计面板的居中位置，使其在场景设计面板中全部显示。

17. Align With View

“Align With View”命令的功能为移动游戏对象与视窗对齐。在游戏组成对象列表中选中一个游戏对象，然后单击 Align With View 命令，就会将选中的游戏对象对齐到视窗。

18. Align View to Selected

“Align View to Selected”命令的功能为移动视窗与游戏对象。在游戏组成对象列表中选中一个游戏对象，然后单击 Align With View 命令，就会将场景设计面板的中心位置移动到选中对象的中心点，但是所选中的游戏对象的位置不变。

19. Toggle Active State

“Toggle Active State”命令的功能为控制游戏对象的激活状态。选中游戏对象，如果游戏对象处于激活状态，单击 Toggle Active State 命令或者按快捷键 Alt+Shift+A，该游戏对象就会变为未激活状态，在游戏组成队形列表中该游戏对象就会变暗，反之亦然。

2.2.5 组件（Component）

本节将对菜单栏中的组件（Component）菜单进行详细讲解，并对其下的每一个命令都进行细致的介绍，使读者能够清楚地理解 Component 菜单的功能和作用。在 Unity 集成环境中，单击 Component 菜单，会弹出一个下拉菜单，其中包含的各命令及其对应的快捷键如图 2-95 所示。

1. Add...

“Add...”命令的功能是为场景中的游戏对象添加组件。单击这个命令按钮或是按下

Ctrl+Shift+A 快捷键时，就会在属性查看器的下方的 Add Component 弹出下拉列表菜单，如图 2-96 所示。然后可根据需要添加组件。

2. Mesh

“Mesh”下属选项的功能是为游戏对象添加与网格相关的组件。其下属的选项分别为“Mesh Filter”“Text Mesh”“Mesh Renderer”和“Skinned Mesh Renderer”，如图 2-97 所示。各选项及其具体含义如表 2-9 所示。

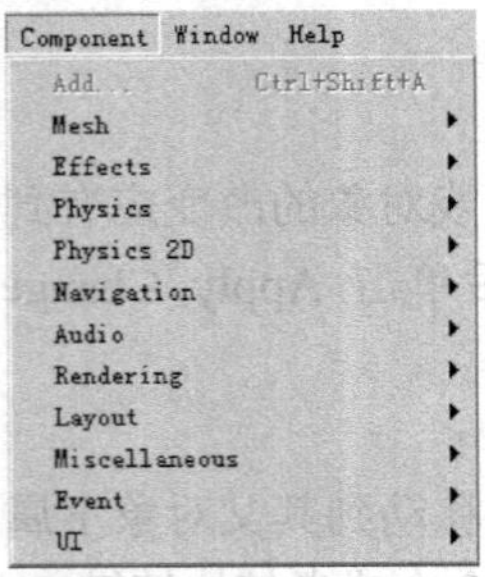

▲图 2-95　Component 菜单

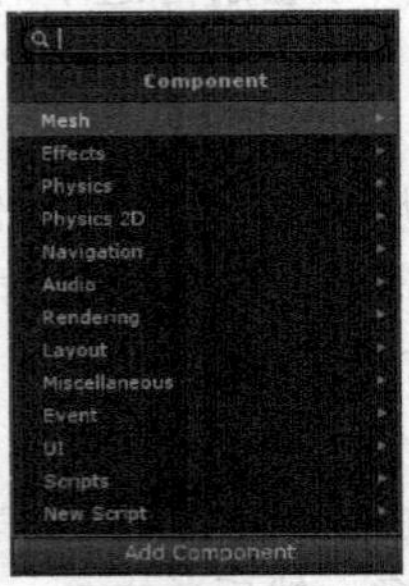

▲图 2-96　Add Component 下拉列表

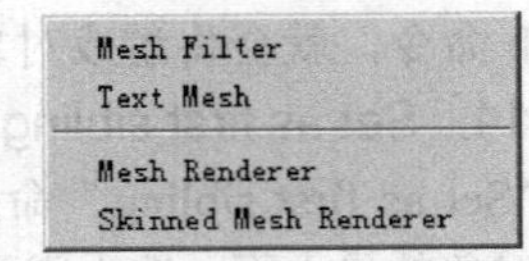

▲图 2-97　Mesh 命令下的选项

表 2-9　Mesh 命令下属选项及其具体含义

选　项	含　义	选　项	含　义
Mesh Filter	网格过滤器	Text Mesh	文本网格
Mesh Renderer	网格渲染器	Skinned Mesh Renderer	带骨骼动画的网格渲染器

3. Effects

“Effects”下属选项的功能是为游戏对象添加 Unity 集成开发环境自带的特殊显示效果的相关组件。其下属的选项如图 2-98 所示，分别是“Particle System”“Trail Renderer”“Line Renderer”“Lens Flare”“Halo”“Projector”和“Legacy Particles”。

其中 Legacy Particles 还有子选项，如图 2-99 所示，分别为“Ellipsoid Particle Emitter”“Mesh Particle Emitter”“Particle Animator”“World Particle Collider”和“Particle Renderer”。读者根据实际的开发需求，在场景中可以添加适当的特效。各选项及其具体含义如表 2-10 所示。

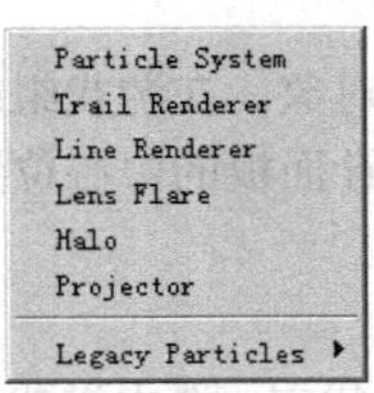

▲图 2-98　Effects 命令下的选项

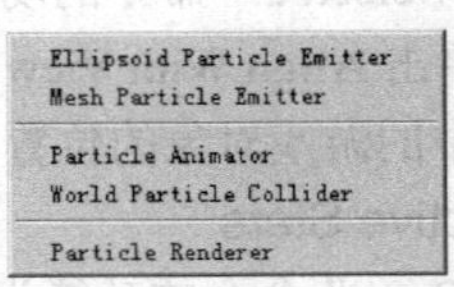

▲图 2-99　Legacy Particles 选项下的子选项

表 2-10　Effects 命令下属选项及其具体含义

选　项	含　义	选　项	含　义
Particle System	粒子系统	Trail Renderer	拖尾渲染器
Line Renderer	线性渲染器	Lens Flare	镜头光晕
Halo	光晕	Projector	投影器
Legacy Particles	旧版粒子系统	Ellipsoid Particle Emitter	椭球粒子发射器
Mesh Particle Emitter	网格粒子发射器	Particle Animator	粒子动画
World Particle Collider	世界粒子发射器	Particle Renderer	粒子渲染器

4. Physics

“Physics”下属选项的功能是为游戏对象添加物理属性组件。其下属选项如图 2-100 所示，分别为刚体、控制器、碰撞器、关节、力等几部分，具体如表 2-11 所示。读者可以根据实际的开发需求，为场景的游戏对象添加适当的物理特效。

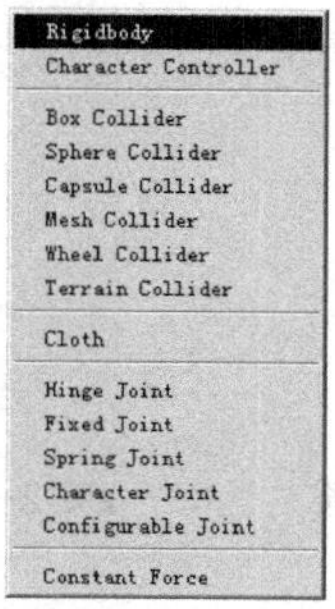

▲图 2-100　Physics 命令下的选项

表 2-11　　Physics 命令下属选项及其具体含义

选　项	含　义	选　项	含　义
Rigidbody	刚体	Character Controller	角色控制器
Box Collider	盒子碰撞器	Sphere Collider	球体碰撞器
Capsule Collider	胶囊碰撞器	Mesh Collider	网格碰撞器
Wheel Collider	轮体碰撞器	Terrain Collider	地形碰撞器
Cloth	布料	Hinge Joint	铰链关节
Fixed Joint	固定关节	Spring Joint	弹性关节
Character Joint	角色关节	Configurable Joint	可配置关节
Constant Force	恒力		

5. Physics 2D

“Physics 2D”下属选项的功能是为 2D 游戏对象添加物理属性组件。其下属选项如图 2-101 所示，分别为 2D 刚体、2D 碰撞器、2D 关节等几部分，具体如表 2-12 所示。读者可以根据实际的开发需求，为场景的 2D 游戏对象添加适当的 2D 物理特效。

表 2-12　　Physics 2D 命令下属选项及其具体含义

选　项	含　义	选　项	含　义
Rigidbody 2D	2D 刚体	Circle Collider 2D	圆圈碰撞器
Box Collider 2D	盒子碰撞器	Edge Collider 2D	边缘碰撞器
Polygon Collider 2D	多边形碰撞器	Spring Joint 2D	弹簧关节
Distance Joint 2D	距离关节	Hinge Joint 2D	铰链关节
Slider Joint 2D	滑动关节	Wheel Joint 2D	滚轮关节
Constant Force 2D	恒力	Area Effector 2D	区域效应器
Point Effector 2D	点效应器	Platform Effector 2D	平台效应器
Surface Effector 2D	表面效应器		

6. Navigation

“Navigation”下属选项的功能是为游戏对象添加导航组件。其下属的选项分别为“Nav Mesh

Agent”“Off Mesh Link”和“Nav Mesh Obstacle”，如图 2-102 所示。这些组件的具体用法将在后面进行具体介绍。

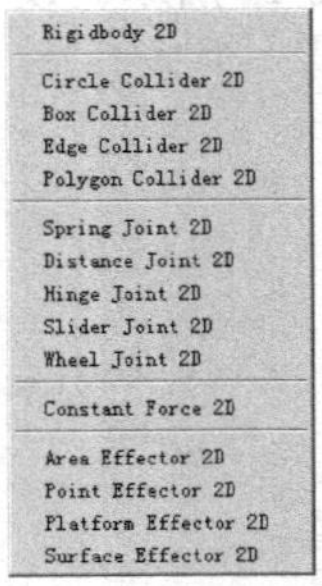

▲图 2-101　Physics 2D 命令下的选项

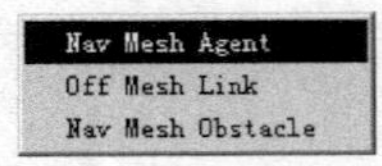

▲图 2-102　Navigation 命令下的选项

7. Audio

“Audio”下属选项的功能是为场景添加音效组件。其下属选项如图 2-103 所示，分别为“Audio Listener”“Audio Source”“Audio Reverb Zone”“Audio Low Pass Filter”“Audio High PassFilter”“Audio Echo Filter”“Audio Distortion Filter”“Audio Reverb Filter”和“Audio Chorus Filter”。各选项及其具体含义如表 2-13 所示。

表 2-13　　Audio 命令下属选项及其具体含义

选　项	含　义	选　项	含　义
Audio Listener	声音监听器	Audio Source	声音源
Audio Reverb Zone	音频混响区	Audio Low Pass Filter	音频低通滤波器
Audio High Pass Filter	音频高通滤波器	Audio Echo Filter	音频回音滤波器
Audio Distortion Filter	音频失真滤波器	Audio Reverb Filter	音频混响滤波器
Audio Chorus Filter	音频合唱滤波器		

8. Rendering

“Rendering”下属选项的功能是添加对场景的效果进行渲染工作的相关组件。其下属选项如图 2-104 所示，分别为“Camera”“Skybox”“Flare Layer”“GUI Layer”“Light”“Light Probe Group”“Reflection Probe”“Occlusion Area”“Occlusion Portal”“LOD Group”“Sprite Renderer”“Canvas Renderer”“GUI Texture”和“GUI Text”。各选项及其具体含义如表 2-14 所示。

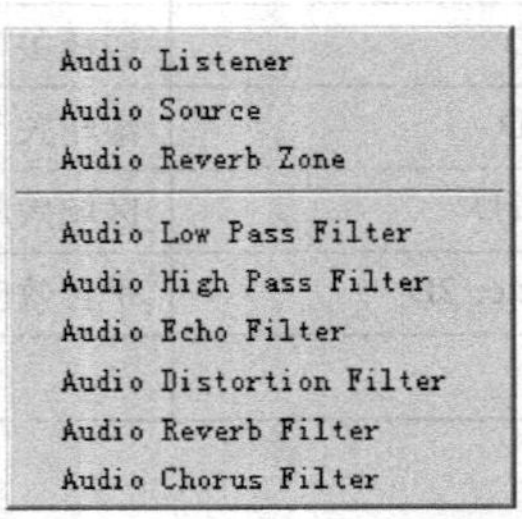

▲图 2-103　Audio 命令下的选项

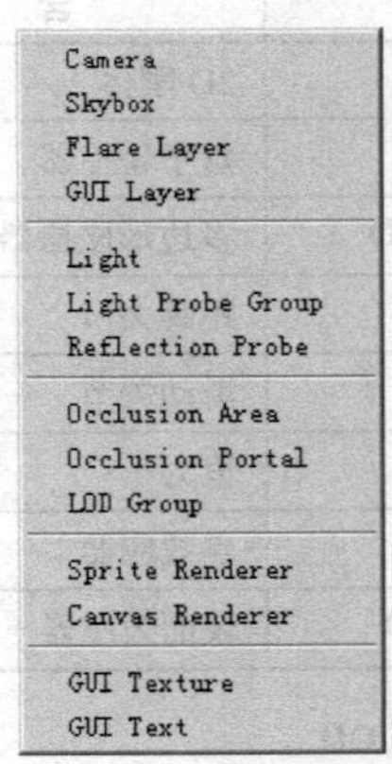

▲图 2-104　Rendering 命令下的选项

表 2-14　　Rendering 命令下属选项及其具体含义

选　项	含　义	选　项	含　义
Camera	摄像机	Occlusion Area	闭塞区域
Skybox	天空盒	Occlusion Portal	闭塞入口
Flare Layer	光晕层	LOD Group	层次级别分组
GUI Layer	UI 层	Sprite Renderer	精灵渲染器
Light	光照	Canvas Renderer	标签渲染器
Light Probe Group	光探针组	GUI Texture	UI 图片
Reflection Probe	反射探头	GUI Text	UI 文本

9. Layout

“Layout” 下属选项的功能是添加与 UI 界面布局相关的组件。其下属选项如图 2-105 所示，分别为“Rect Transform”“Canvas”“Canvas Group”“Canvas Scaler”“Layout Element”“Content Size Fitter”“Aspect Ratio”“Horizontal Layout Group”“Vertical Layout Group”和“Grid Layout Group”。各选项及其具体含义如表 2-15 所示。

表 2-15　　“Layout” 命令下属选项及其具体含义

选　项	含　义	选　项	含　义
Rect Transform	矩阵变换	Canvas	标签
Canvas Group	标签组	Canvas Scaler	UI 屏幕自适应
Layout Element	布局元素	Content Size Fitter	内容大小适配器
Aspect Ratio Fitter	屏幕长宽比适配器	Horizontal Layout Group	水平布局
Vertical Layout Group	垂直布局	Grid Layout Group	网格布局

10. Miscellaneous

“Miscellaneous”下属选项的功能是添加组件菜单里面一些单独的组件。其下属选项如图 2-106 所示，分别为“Animator”“Animation”“Network View”“Wind Zone”“Terrain”和“Billboard Renderer”“Cloud Service Handler Behaviour”。各选项及其具体含义如表 2-16 所示。

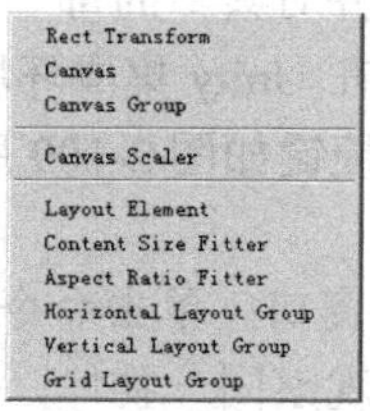

▲图 2-105　Layout 命令下的选项

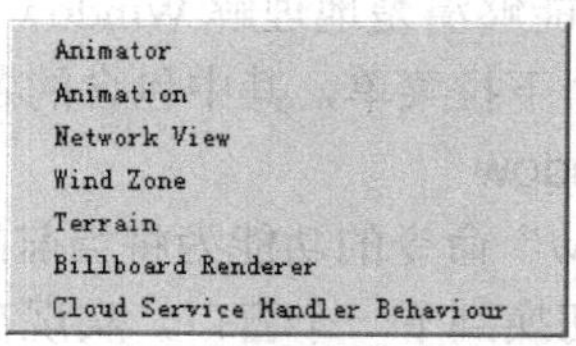

▲图 2-106　Miscellaneous 命令下的选项

表 2-16　　Miscellaneous 命令下属各选项及其具体含义

选　项	含　义	选　项	含　义
Animator	动画控制器	Animation	动画播放器
Network View	网格视图	Wind Zone	风
Terrain	地形	Billboard Renderer	标志板渲染器

11. Event

“Event” 下属选项的功能是添加与事件监听相关的组件。其下属选项如图 2-107 所示，分别为“Event System”“Event Trigger”“Physics 2D Raycaster”“Physics Raycaster”“Standalone Input Module”“Touch Input Module”和“Graphic Raycaster”，这些组件的具体用法将在后面进行具体介绍。

12. UI

“UI”下属选项的功能是添加与搭建 UI 界面相关的组件。其下属选项如图 2-108 所示，分别为“Effects”“Image”“Text”“Raw Image”“Mask”“Button”“Input Field”“Scrollbar”“Scroll Rect”“Slider”“Toggle”“Toggle Group”和“Selectable”。各选项及其具体含义如表 2-17 所示。

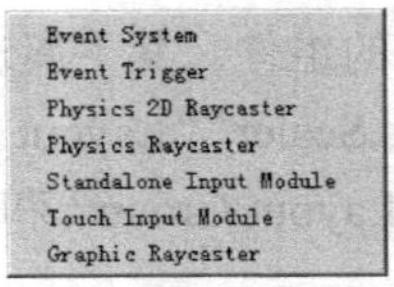

▲图 2-107 Event 命令下的选项

▲图 2-108 UI 命令下的选项

表 2-17 UI 命令下属选项及其具体含义

选 项	含 义	选 项	含 义
Effects	特效组件	Image	图片组件
Text	文本组件	Raw Image	原始图片组件
Mask	遮挡组件	Button	按钮组件
Input Field	输入框组件	Scrollbar	滑动块组件
Scroll Rect	滚动条组件	Slider	滑动条组件
Toggle	选项组件	Toggle Group	选项组组件
Selectable	可选择组件		

2.2.6 窗口（Window）

本节将对菜单栏中的窗口（Window）菜单进行详细讲解，并对其下的每一个子菜单都进行细致的介绍，使读者能够清楚地理解 Window 菜单的功能和作用。在 Unity 集成环境中，单击 Window 菜单，会弹出一个下拉菜单，其中包含的各命令及其对应的快捷键如图 2-109 所示。

1. Next Window

“Next Window”命令的功能为将当前的视图转换到下一个窗口。单击命令 Next Window，当前的视图会自动切换到下一个窗口，实现在不同的窗口视角下观察同一物体，可以更加真实地观察场景的搭建效果以及游戏中的真实效果，有助于修改。

2. Previous Window

“Previous Window”命令的功能为将当前正在操作的窗口。单击命令 Previous Window，会将当前操作的窗口自动编辑为当前窗口，以方便开发者的开发。

3. Layouts

“Layouts”命令的功能为设置整个 Unity 集成开发环境的整体布局，其包含多个选项，如图 2-110 所示，分别为布局菜单、保存布局菜单、删除布局菜单和恢复出厂设置菜单。单击 2 by 3 选项，Unity 集成开发环境会展现第一种布局。

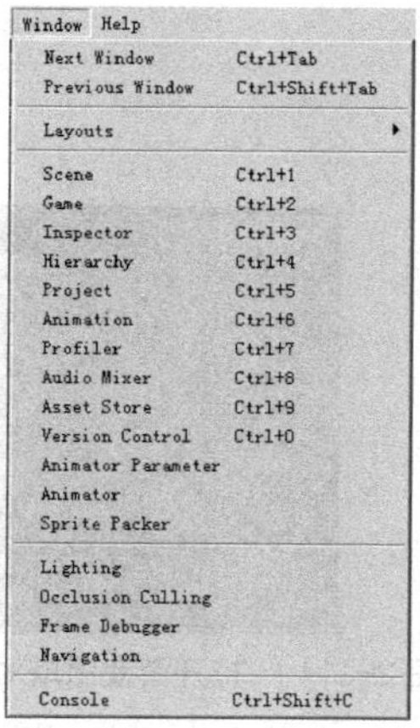

▲图 2-109 Window 菜单

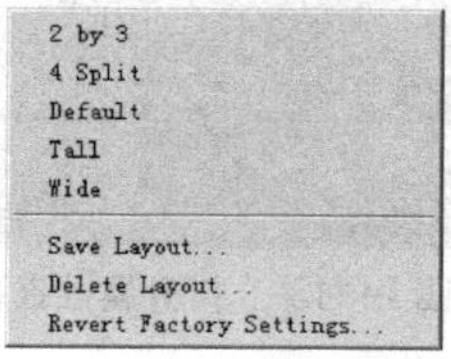

▲图 2-110 Layouts 下拉菜单

4. Scene

“Scene”命令的功能为打开场景设计面板。单击命令 Scene 或按快捷键 Ctrl+1，即可打开场景设计面板。如图 2-111 所示。

5. Game

“Game”命令的功能为打开游戏预览面板。单击命令 Game 或是按快捷键 Ctrl+2，即可打开游戏预览面板。如图 2-112 所示。

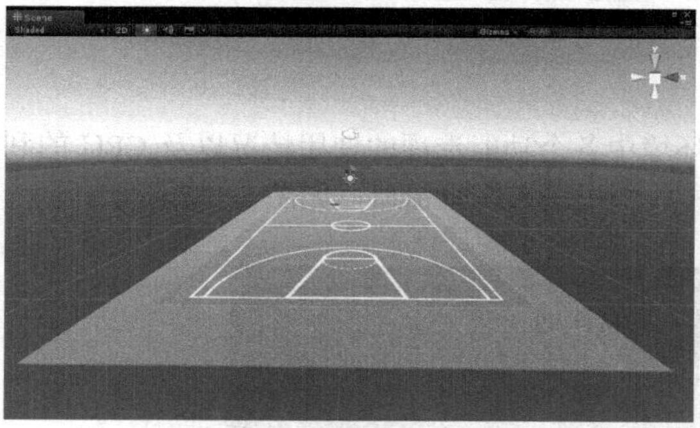

▲图 2-111 打开场景设计面板

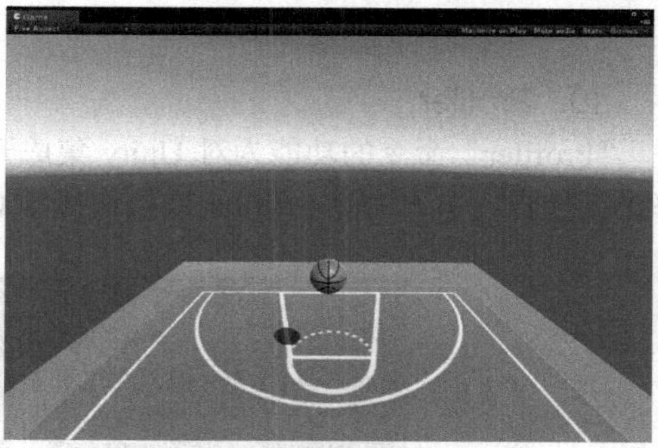

▲图 2-112 打开游戏预览面板

6. Inspector

“Inspector”命令的功能为打开属性查看器。单击命令 Inspector 或是按快捷键 Ctrl+3，即可打开属性查看器，如图 2-113 所示。

7. Hierarchy

“Hierarchy”命令的功能为打开游戏组成对象窗口。单击命令 Hierarchy 或按快捷键 Ctrl+4，即可切换到游戏组成对象列表，如图 2-114 所示。

8. Project

“Project”命令的功能为打开项目资源列表。单击命令 Project 或按快捷键 Ctrl+5，即可打开项目资源列表，如图 2-115 所示。

9. Animation

“Animation”命令的功能为打开动画设计面板。单击命令 Animation 或是按快捷键 Ctrl+6，即可打开动画设计面板，如图 2-116 所示。后面将对动现的具体设计做详细的讲解。

▲图 2–113　打开属性查看器

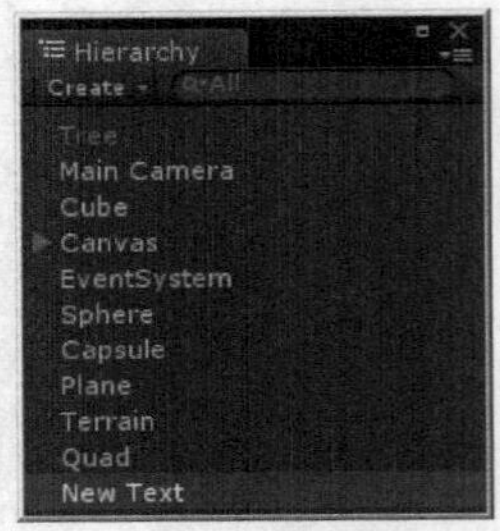

▲图 2–114　打开游戏组成对象窗口

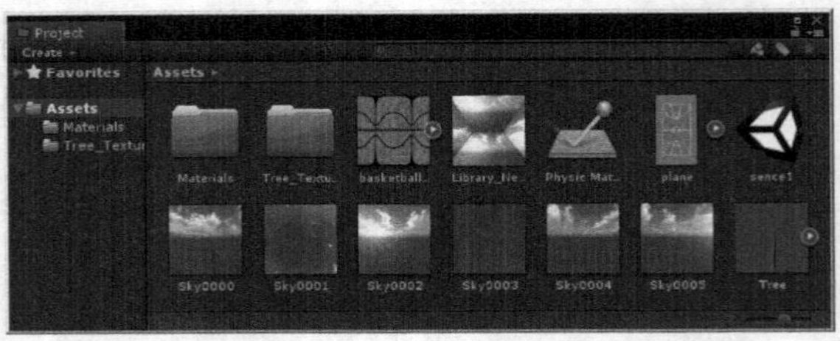

▲图 2–115　打开项目资源列表

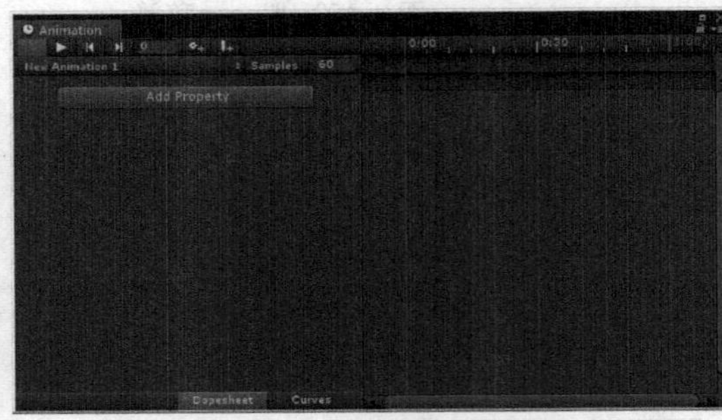

▲图 2–116　打开动画设计面板

10. Profiler

“Profiler”命令的功能为对 Unity 集成开发环境中各个功能选项的使用情况以及 CPU 的利用率进行检查。单击命令 Profiler 或按快捷键 Ctrl+7，即可进入探查窗口，如图 2-117 所示。

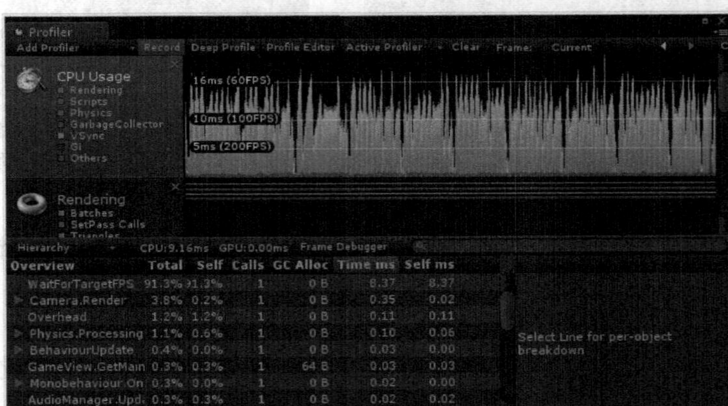

▲图 2–117　进入探查窗口

11. Audio Mixer

“Audio Mixer”命令的功能为打开音频混合器编辑界面。单击 Audio Mixer 命令，或者双击需要编辑的音频混合器资源，就会显示出音频混合器编辑界面，如图 2-118 所示。在该界面中可以对音频混合器资源进行编辑，以达到项目需要的效果。

12. Asset Store

“Asset Store”命令的功能为打开资源商店。单击命令 Asset Store 或是按快捷键 Ctrl+9，即可进入资源商店，如图 2-119 所示，在里面可以搜索购买资源。

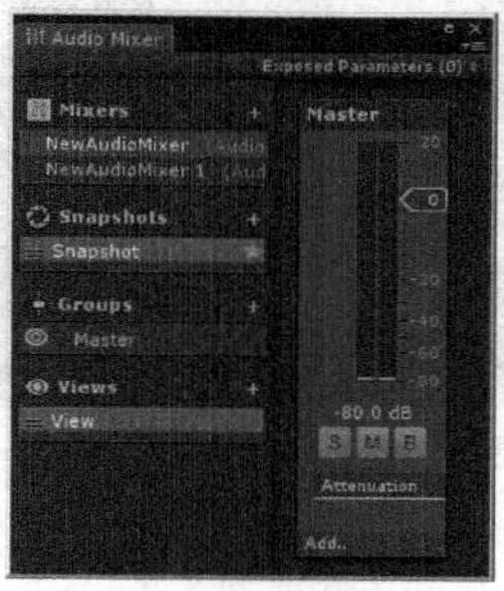

▲图 2-118　音频混合器编辑界面

▲图 2-119　资源商店

13. Version Centrol

“Version Centrol”命令的功能为“版本控制”。单击命令 Version Centrol，就会立刻弹出版本控制面板，如图 2-120 所示。单击面板中的 Settings 按钮，Inspector 视窗中就会显示版本控制的模式，可供开发人员选择。

14. Animator Parameter

“Animator Parameter”命令的功能为打开动画控制器参数设置面板。单击 Animator Parameter 命令，就会打开动画控制器参数设置面板，如图 2-121 所示。在该面板可以设置用于控制动画播放的参数，这些参数可以在动画播放控制面板中使用。

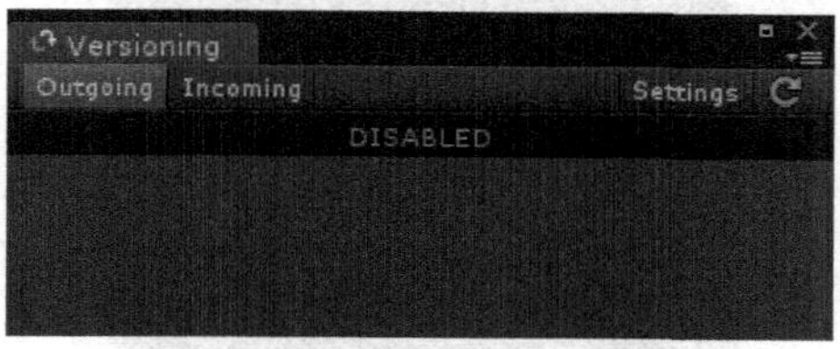

▲图 2-120　版本控制窗口

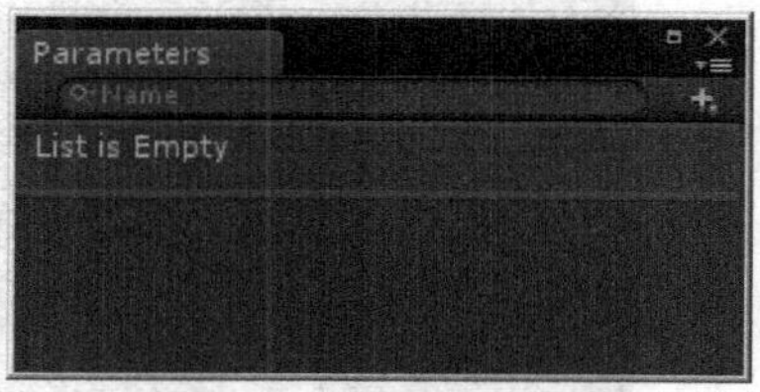

▲图 2-121　动画控制器参数设置面板

15. Animator

“Animator”命令的功能为打开动画控制编辑器。单击命令 Animator，即可打开动画控制编辑器界面，如图 2-122 所示。

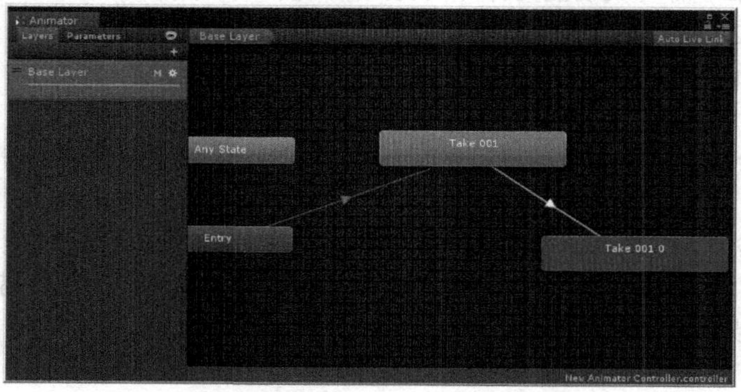

▲图 2-122　动画控制编辑器

16. Sprite Packer

“Sprite Packer”命令的功能为打开精灵打包器面板。单击命令 Sprite Packer，就会立刻打开精灵打包器面板，如图 2-123 所示。可以在该面板下将具有同一标识的精灵打包成同一图集。

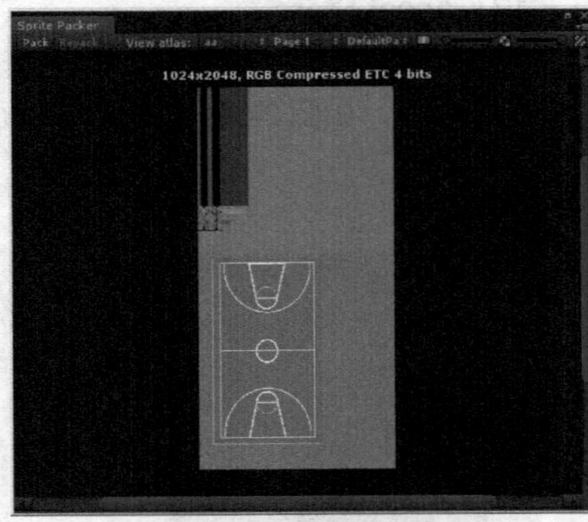

▲图 2-123　精灵打包器面板

17. Lighting

“Lighting”命令的功能为打开光照设置面板。单击 Lighting，即可打开光照设置面板，如图 2-124 所示。在该面板中可以对与光照有关的进行设置。

18. Occlusion Culling

“Occlusion Culling”命令的功能为打开遮挡剔除面板。单击命令 Occlusion Culling，即可打开遮挡剔除面板，如图 2-125 所示。在该面板可以进行场景的遮挡剔除。

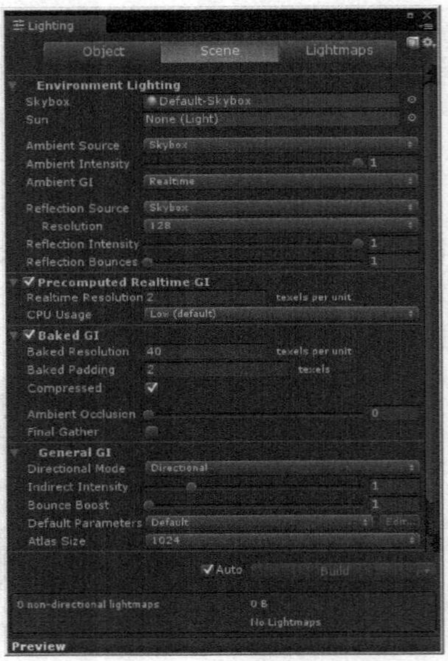

▲图 2-124　光照设计面板

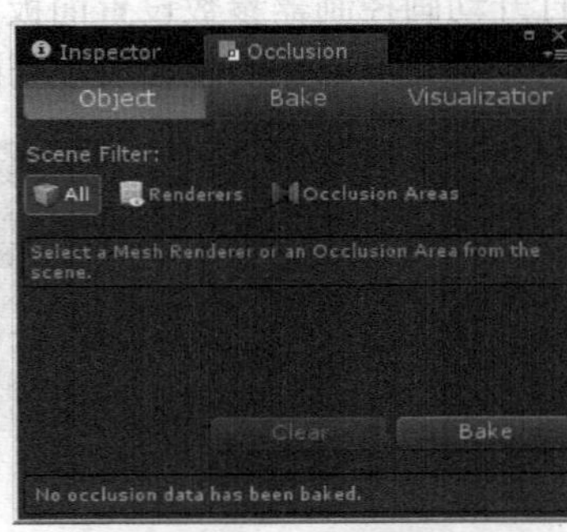

▲图 2-125　遮挡剔除面板

19. Frame Debugger

“Frame Debugger”命令的功能为打开帧调试器面板。单击命令 Frame Debugger，即可打开帧调试器面板，如图 2-126 所示。在该面板可以详细查看场景绘制的每一步骤。

20. Navigation

“Profiler”命令的功能为打开导航网格设置面板。导航网格设置面板如图 2-127 所示。单击命令 Navigation，就会立刻打开导航网格设置面板，并在 Scene 视图中显示烘焙过的区域。

21. Console

“Console”命令的功能为打开控制台面板。单击命令 Console 或是按快捷键 Ctrl+Shift+C，即可进入控制台面板，如图 2-128 所示。控制台里面将会显示游戏遇到的任何错误、消息或者警告，以及和这个特定错误相关的任何细节，便于读者发现这些问题并解决。

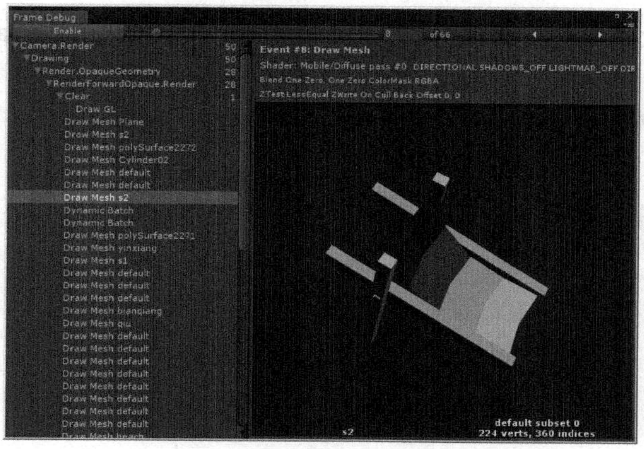

▲图 2-126 帧调试器面板

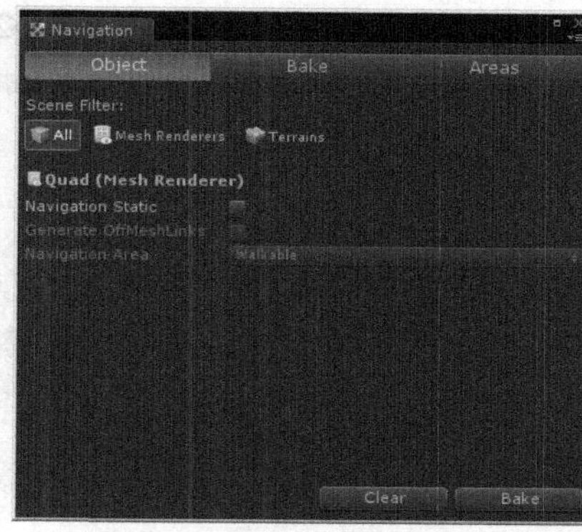

▲图 2-127 导航网格设置面板

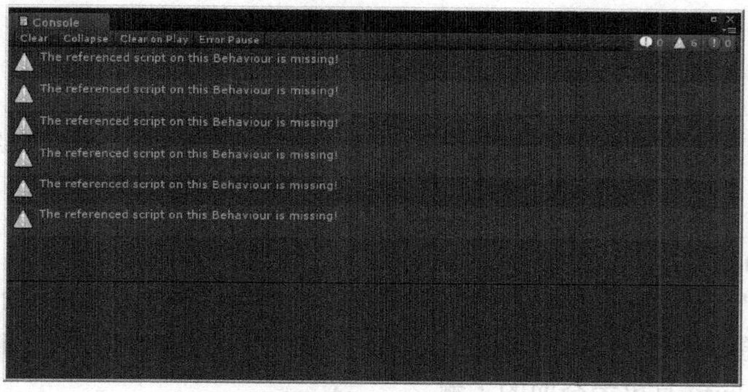

▲图 2-128 控制台面板

2.2.7 帮助（Help）

本节将对菜单栏中的帮助（Help）菜单进行详细讲解，并对其下的每一个子菜单都进行细致的介绍，使读者能够清楚地理解 Help 菜单的功能和作用。在 Unity 集成环境中，单击 Help 菜单，会弹出一个下拉菜单，其中包含的各命令及其对应的快捷键如图 2-129 所示。

1. About Unity

“About Unity”命令的功能为对此 Unity 集成开发环境的说明。单击命令 About Unity，就会弹出 About Unity 界面，如图 2-130 所示。

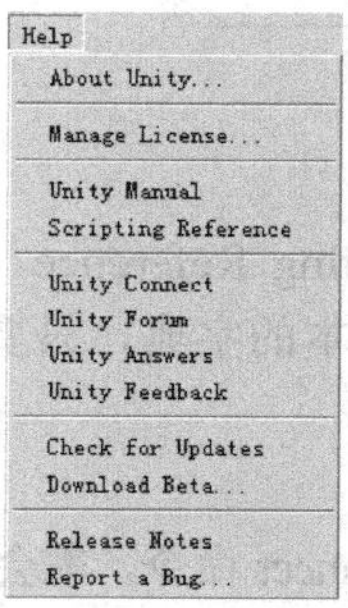

▲图 2-129 Help 菜单

▲图 2-130 “About Unity”界面

2. Manage License

“Manage License”命令的功能为对此 Unity 集成开发环境进行激活操作。单击命令 Manage License，会立刻弹出一个窗口，如图 2-131 所示。可在此选择需要的服务。

▲图 2-131　License Management 界面

> **提示**　在第 1 章讲解集成开发环境搭建时对激活进行了详细的介绍，如果你的 Unity 还没有激活，现在可以进行此操作。详细步骤见第 1 章。

3. Unity Manual

“Unity Manual”命令的功能为打开 Unity 手册。单击命令 Unity Manual，就会自动打开默认网页浏览器并在浏览器中打开 Unity 手册，如图 2-132 所示。初学者可以阅读此手册，通过对此手册的阅读，将对 Unity 有更为全面的了解。

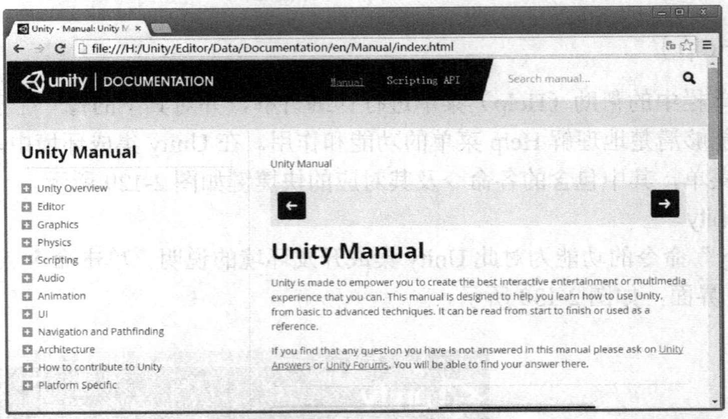

▲图 2-132　Unity Manual 界面

4. Scripting Reference

“Scripting Reference”命令的功能为打开脚本手册。单击命令 Scripting Reference，就会在网页浏览器中打开脚本手册网页，如图 2-133 所示。这里相当于 Unity 脚本的字典，只要需要即可查找，无论对于初学者还是有经验的开发者，都需要参考本脚本手册。

5. Unity Connect

“Unity Connect”命令的功能为打开 Unity 云服务页面，单击 Unity Connect 命令，就会打开 Unity 云服务页面，如图 2-134 所示。在该页面可以查看 Unity 云服务的详细介绍以及使用 Unity 云服务。

▲图 2-133　Scripting Reference 界面

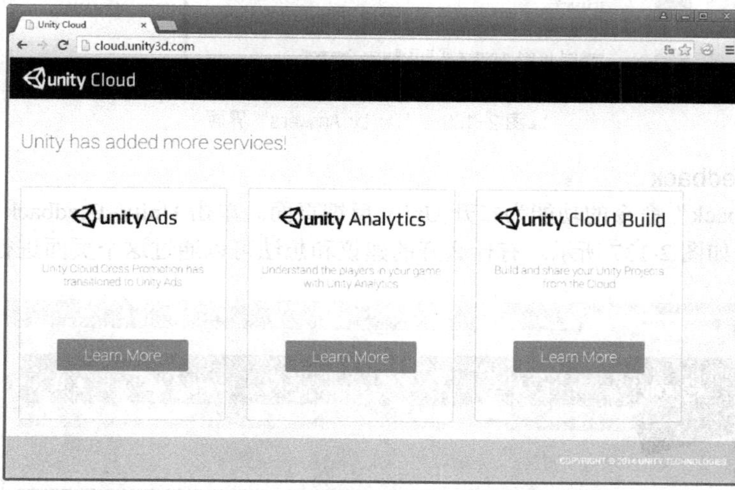

▲图 2-134　Unity Connect 界面

6. Unity Forum

“Unity Forum”命令的功能为打开 Unity 官方论坛。单击 Unity Forum 命令，就会打开 Unity 官网论坛网页，如图 2-135 所示。

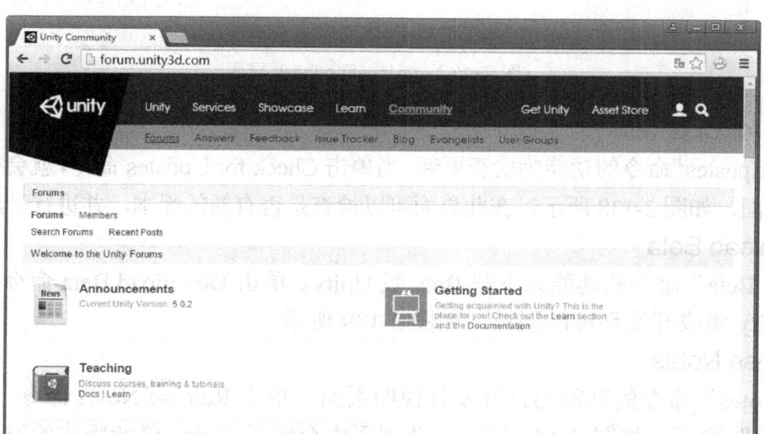

▲图 2-135　“Unity Forum”界面

7. Unity Answers

"Unity Answers"命令的功能为打开 Unity 问答页面。单击 Unity Answers 命令，就会打开 Unity 问答网页，如图 2-136 所示。在该页面可以提交 Unity 的问题或是查阅其他人的问答内容。

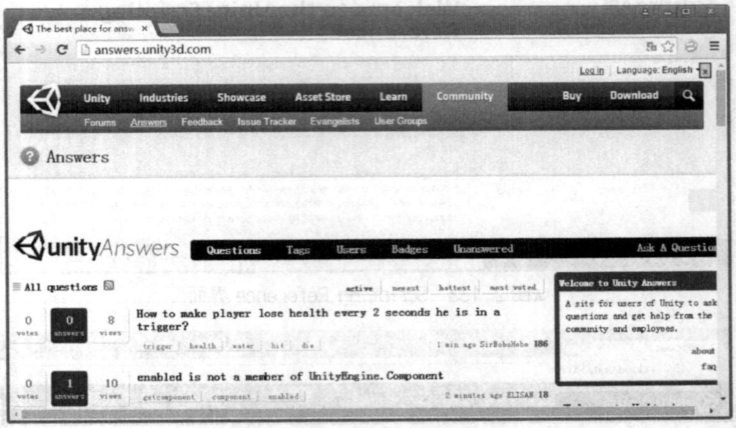

▲图 2-136　"Unity Answers" 界面

8. Unity Feedback

"Unity Feedback"命令的功能为打开 Unity 反馈页面。单击 Unity Feedback 命令，就会打开 Unity 反馈网页，如图 2-137 所示。有什么好的建议和想法可以通过这个页面进行登记和提交。

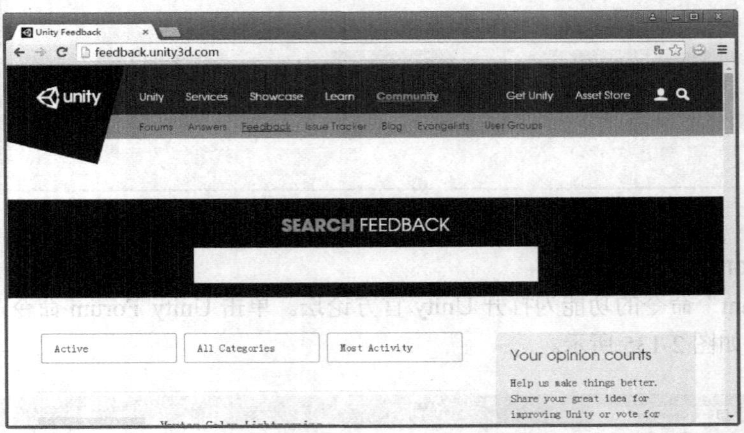

▲图 2-137　Unity Feedback 界面

9. Check for Updates

"Check for Updates"命令的功能为检查更新。当单击 Check for Updates 命令，就会打开 Unity Editor Update Check 界面，如图 2-138 所示。在此界面可以检查是否有新的版本，并进行升级更新。

10. Download Beta

"Download Beta"命令的功能为下载 Beta 版 Unity。单击 Download Beta 命令，就会打开下载 Beta 测试版 Unity 集成开发环境的网页，如图 2-139 所示。

11. Release Notes

"Release Notes"命令的功能为打开发行说明页面。单击 Release Notes 命令，就会打开 Unity 官网上的发行说明网页，如图 2-140 所示。该网页中介绍了 Unity 最新版本的发行说明，包括升级内容和修复的问题。

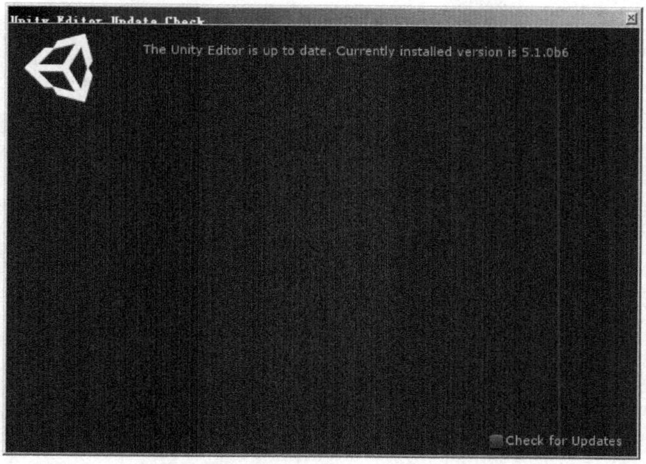

▲图 2-138　Unity Editor Update Check 界面

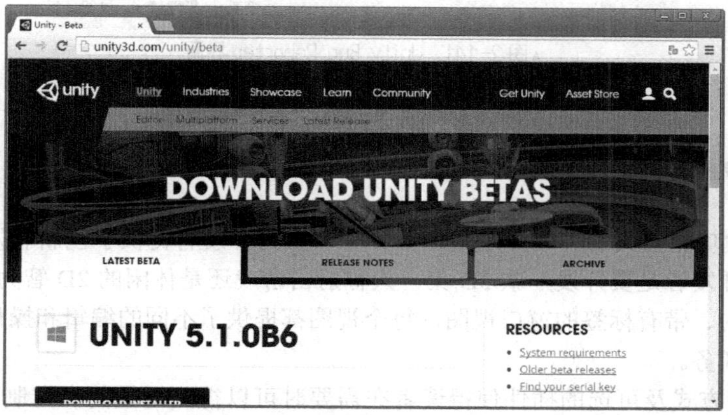

▲图 2-139　Download Beta 界面

▲图 2-140　“Release Notes” 界面

12. Report a Bug

“Report a Bug”命令的功能为报告错误。单击 Report a Bug 命令，就会弹出 Unity Bug Reporter 界面，如图 2-141 所示。在该界面中可以报告使用 Unity 集成开发环境中出现的错误。

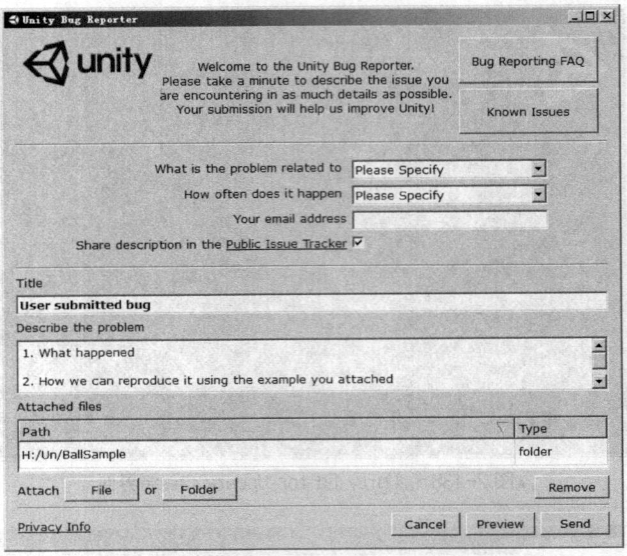

▲图 2-141　Unity Bug Reporter 界面

2.3 本章小结

Unity 是一款功能强大的集成开发编辑器和引擎，为开发者提供了创新和发布一款游戏所必需的工具，无论开发者是要开发一款 3D 第一人称射击游戏还是休闲的 2D 智力游戏。Unity 所有的功能都有不同的、带有标签的窗口视图，每个视图都提供了不同的编辑和操作功能，以帮助开发者完成手边的任务。

Unity 的许可方式及可选的插件使得读者在需要时可以得到适量的和定制的功能。这款编辑器完全是以资源为中心的，它会为所有不同类型的对象创建物理链接和引用，即便是像代码这些的对象。它所具备的灵活性使得它既可供一个独立的开发者使用，又可供一个大型的开发团队使用。

第 3 章　Unity 脚本程序开发

通过前面的学习，读者应该已经了解了 Unity 中一些基本物体的创建方法，接下来将介绍 Unity 中脚本程序的开发。Unity 支持多种语言作为脚本语言，因为现在在 Unity 开发中 C#语言使用得最为广泛，所以本章介绍 C#语言在 Unity 中的使用。

> **提示**　由于本书是针对 Unity 开发的，故本章并没有致力于详细介绍 C#语言的基本语法等基础知识，而是侧重于 C#语言在 Unity 中的运用。若对 C#语言不太熟悉的读者，请先参考其他书籍或资料来了解 C#语言的基础知识。

3.1　Unity 脚本概述

与其他常用的平台有所不同，Unity 中的脚本程序如果要起作用，主要途径为将脚本附加到特定的游戏对象上。这样，脚本中不同的方法在特定的情况下会被回调，实现特定的功能。下面给出几个最常用的回调方法。

- Start 方法：这个方法在游戏场景加载时被调用，在该方法内可以写一些游戏场景初始化之类的代码。
- Update 方法：这个方法会在每一帧渲染之前被调用，大部分游戏代码在这里执行，除了物理部分的代码。
- FixedUpdate 方法：这个方法会在固定的物理时间步调调用一次。这里也是基本物理行为代码执行的地方。

除了以上几个常用的回调方法，Unity 还提供了其他很多回调方法，后面会陆续介绍一些。同时，还有一种可以称为方法外部代码的源代码，其在物理加载时运行，还可以用于初始化脚本状态，有点类似于 C#里面的成员变量声明。

同时，开发人员在有需要的情况下，还可以重写一些处理特定事件的回调方法，这类方法一般以 On 前缀开头，如 OnCollisionEnter 方法（此方法在系统检测到碰撞开始时被回调）等。

> **提示**　其实上述的方法与代码在开发中一般都是位于 MonoBehaviour 类的子类中的，也就是说开发脚本代码时，主要是继承 MonoBehaviour 类并重写其中特定的方法。

3.2　Unity 中 C#脚本的注意事项

Unity 中 C#脚本的运行环境使用了 Mono 技术（Mono 是指由 Novell 公司领导的，一个致力于.NET 开源的工程），可以在 Unity 脚本中使用.NET 所有的相关类。但 Unity 中 C#的使用和传统的 C#有一些不同，下面将介绍 Unity 中 C#脚本的注意事项。

3.2.1　继承自 MonoBehaviour 类

Unity 中所有挂载到游戏对象上的脚本中的类必须继承 MonoBehaviour 类(直接的或间接的)。MonoBehaviour 类中定义了各种回调方法，如 Start、Update 和 FixedUpdate 等回调方法。如果读者通过执行“Asset→Create→C# Script”命令创建脚本，系统模版已经包含了必要的定义。

```
public class NewBehaviourScript : MonoBehaviour {...}    //继承 MonoBehaviour 类
```

3.2.2　类名字必须匹配文件名

C#脚本中类名需要手动编写，而且类名还必须和文件名相同，否则当脚本挂载到游戏对象时，在控制台会报错。

3.2.3　使用 Awake 或 Start 方法初始化

用于初始化脚本的代码必须置于 Awake 或 Start 方法中。两者的不同之处在于，Awake 方法是在加载场景时运行；Start 方法是在第一次调用 Update 或 FixedUpdate 方法之前被调用；Awake 方法运行在所有 Start 方法之前。

3.2.4　Unity 脚本中协同程序有不同的语法规则

Unity 脚本中协同程序（Coroutines）必须是 IEnumerator 返回类型，并且 yield 被 yield return 替代。具体操作时可以使用如下的 C#代码片段来实现。

```
using UnityEngine;
using System.Collections;                                  //导入系统包
public class NewBehaviourScript : MonoBehaviour {          //声明类
  IEnumerator SomeCoroutine(){                             //C#协同程序
    yield return 0;                                        //等待 1 帧
    yield return new WaitForSeconds(2);                    //等待 2s
  }}
```

3.2.5　只有满足特定情况变量才能显示在属性查看器中

只有序列化的成员变量才能显示在属性查看器中，而 private 和 protected 类型的成员变量只能在专家模式中显示，而且，其属性不被序列化或显示在属性查看器中。如果属性想在属性查看器中显示，其必须是 public 类型的。

3.2.6　尽量避免使用构造函数

不要在构造函数中初始化任何变量，要用 Awake 或 Start 方法来实现。即便是在编辑模式，Unity 仍会自动调用构造函数，这通常是在一个脚本编译之后，因为需要调用脚本的构造函数来取回脚本的默认值。无法预计何时调用构造函数，它或许会被预制件或未激活的游戏对象所调用。

而在单一模式下使用构造函数可能会导致严重后果，会带来类似随机的空引用异常。因此，如果想实现单一模式就不要用构造函数，要用 Awake 或 Start 方法。事实上，没必要在继承自 MonoBehaviour 类的构造函数中写任何代码。

3.2.7　调试

Unity 中 C#代码的调试与传统的 C#的调试有所不同。Unity 自带了完善的调试功能，在 Unity 中的控制台（Console）中包含了当前的全部错误，每一个错误信息都明确指明了代码出错的位置和原因。若这个错误是脚本错误，当双击这个错误时，可以自动跳转到默认的脚本编辑器中，然后光标会在错误所对应行的行首跳动。

Unity 的控制台中也收集了有效的警告信息，用黄色叹号表示。这些警告信息反馈了哪些变量声明了却没使用，或者自定义的方法可能返回默认值等。尽量修改代码，使其不再产生警告信息，这是一个很好的编程习惯。

> **提示** Unity 将调试的信息显示在控制台（Console）中，无需开发人员去编写关于显示调试信息的代码，这为代码的调试提供了方便。

在 Unity 中，可以使用 print()和 Debug.Log()打印调试信息。但是 print()只能在 Mono 的类中使用，所有一般情况下最好使用 Debug.Log()，它和 print()效果一样，但是它可以在各处使用。同时也可以使用 Debug.Log.Warning()和 Debug.LogError()收集警告和错误信息。

Unity 中通过 Debug.Break()设置断点。如果想查看特定情况发生时对象属性的变化时，用断点可以快速地完成。

3.3 Unity 脚本的基础语法

通过前面两节的介绍，读者应该对 Unity 脚本的基础知识和在 Unity 中使用 C#脚本的注意事项有了一些简单的了解。下面就以 C#脚本为例对 Unity 脚本的基本语法进行介绍说明，主要包括对游戏对象的常用操作、访问游戏对象和一些重要类的介绍等基础知识。

3.3.1 常用操作

Unity 中很多对游戏对象的操作都是通过在脚本中修改对象的 Transform（变换属性）与 Rigidbody（刚体属性）参数来实现的。上述属性的参数可以非常方便地通过脚本编程实现修改，例如，让物体绕 x 轴顺时针旋转 20°，则可以使用如下的 C#代码片段来实现。

```
using UnityEngine;
using System.Collections;                                  //引入系统包
public class NewBehaviourScript : MonoBehaviour {          //声明类
  void Update(){                                           //重写 Update 方法
    this.transform.Rotate(20,0,0);                         //绕 x 轴旋转 20°
}}
```

脚本开发完成后，将这个脚本挂载到需要旋转的游戏对象上，在项目运行时即可实现所需功能。如果希望游戏对象沿 z 轴正方向移动，则可以使用如下的 C#代码片段来实现。该代码运行时可以实现游戏对象 GameOBject 每帧向前移动 1 个单位。

```
using UnityEngine;
using System.Collections;                      //引入系统包
public class NewBehaviourScript : MonoBehaviour {//声明类
  void Update(){                               //重写 Update 方法
    this.transform.Translate(0,0,1);           //实现物体每帧向前移动 1 个单位长度
}}
```

> **提示** 一般情况下，在 Unity 中，x 轴为红色的轴表示左右，y 轴为绿色的轴表示上下，z 轴为蓝色的轴表示前后。

用于旋转的 Rotate 方法和用于移动的 Translate 方法都有 4 个参数的重载形式。第四个参数为 Space 枚举类型，如果设置为“Space.Self”，变换被应用相对于自身轴；如果设置为“Space.World”，变换被应用相对于世界坐标系统。如果不设置第四个参数，则默认设置为“Space.Self”。C#代码

片段如下。

```
this.transform.Rotate(5,0,0,Space.World);            //相对于世界坐标系统进行旋转
this.transform.Translate(5,0,0,Space.Self);          //相对于自身轴进行旋转
```

3.3.2　记录时间

在 Unity 中记录时间需要用到 Time 类。Time 类中比较重要的变量为 deltaTime（只读），它指的是从最近一次调用 Update 或者 FixedUpdate 方法到现在的时间。如果想均匀地旋转一个物体，不考虑帧速率的情况下，可以乘以 Time. deltaTime。具体操作时可以使用如下的 C#代码片段来实现。

```
using UnityEngine;
using System.Collections;                                //引入系统包
public class NewBehaviourScript : MonoBehaviour {        //声明类
  void Update(){                                          //重写 Update 方法
    this.transform.Rotate(10*Time. deltaTime,0,0);       //绕 x 轴均匀旋转
}}
```

> **提示**　系统在绘制每一帧时，都会回调一次 Update 方法。因此，如果想在系统绘制每一帧时都做同样的工作，可以把对应的代码写在 Update 方法中。

同样地，也可以使用类似的方法来移动物体。具体操作时可以使用如下的 C#代码片段来实现。

```
using UnityEngine;
using System.Collections;                                  //引入系统包
public class NewBehaviourScript : MonoBehaviour {          //声明类
  void Update(){                                            //重写 Update 方法
    this.transform.Translate (0, 0, 1*Time. deltaTime);    //绕 z 轴均匀平移
}}
```

如果想每秒增加或者减少一个值，需要乘以 Time.deltaTime，同时也要明确在游戏中是需要每秒 1 个单位还是每帧 1 个单位的效果。如果是乘以 Time.deltaTime，那么，游戏对象就会按固定的节奏运动而不是依赖游戏的帧速率，因此，游戏对象的运动变得更容易控制。

例如，想让游戏对象（GameObject）沿 y 轴正方向每秒上升 5 个单位，具体操作时可以使用如下的 C#代码片段来实现。

```
using UnityEngine;
using System.Collections;                                  //引入系统包
public class NewBehaviourScript : MonoBehaviour {          //声明类
  public GameObject gameObject;                            //声明一个游戏对象
  void Update(){                                            //重写 Update 方法
    Vector3 te = gameObject.transform.position;            //获取游戏对象的位置坐标
    te.y += 5 * Time.deltaTime;                            //沿 y 轴每秒上升 5 个单位
    gameObject.transform.position = te;                    //设置游戏对象的位置坐标
}}
```

如果涉及刚体时，可以写在 FixedUpdate 方法里面。在 FixedUpdate 方法里面，如果想每秒增加或者减少一个值，需要乘以 Time.fixedDeltaTime。例如，想让刚体沿 y 轴正方向每秒上升 5 个单位，具体操作时可以使用如下的 C#代码片段来实现。

```
using UnityEngine;
using System.Collections;                               //引入系统包
public class NewBehaviourScript : MonoBehaviour {       //声明类
  public GameObject gameObject;                         //声明游戏对象
  void FixedUpdate(){                                    //重写 FixedUpdate 方法
    Vector3 te = gameObject.GetComponent<Rigidbody>().transform.position;
                                                        //获取刚体的位置坐标
    te.y += 5 * Time.fixedDeltaTime;                    //刚体沿 y 轴每秒上升 5 个单位
    gameObject.GetComponent<Rigidbody>().transform.position = te;//设置刚体的位置坐标
}}
```

提示 FixedUpdate 方法是按固定的物理时间被系统回调执行的，其中代码的执行和游戏的帧速率无关。

3.3.3 访问游戏对象组件

组件属于游戏对象，比如把一个 Renderer（渲染器）组件附加到游戏对象上，可以使游戏对象显示到游戏场景中；把 Camera（摄像机）组件附加到游戏对象上可以使该对象具有摄像机的所有属性。由于所有的脚本都是组件，因此一般的脚本都可以附加到游戏对象上。

常用的组件可以通过简单的成员变量取得。下面介绍了一些常见的成员变量，如表 3-1 所示。

表 3-1 常见的成员变量

组 件 名 称	变 量 名 称	组 件 名 称	变 量 名 称
Transform	transform	Rigidbody	rigidbody
Renderer	renderer	Camera	camera（只在摄像机对象有效）
Light	light（只在光源对象有效）	Animation	animation
Collider	collider		

提示 这里的组件体现在属性查看器上，而变量是在脚本中体现的。一个游戏对象的所有组件及其所带的属性参数都能够在属性查看器中查看。如果想通过挂载在游戏对象上的脚本代码来实现获得该游戏对象上的对应组件及其属性，可以通过变量名来获得。

如果想查看所有的预定义成员变量，可以查看关于 Component、Behaviour 和 MonoBehaviour 类的文档，本书不再一一介绍。如果游戏对象中没有想要取得的值，那么上面的变量将为 null。

在 Unity 中，附加到游戏对象上的组件可以通过 GetComponent 方法获得，具体操作时可以使用如下的 C#代码片段来实现。代码中第 4 行和第 5 行代码功能是一样的，都是使游戏对象沿 x 轴正方向移动，而第 5 行代码通过获取 Transform 组件来使游戏对象移动。

```
1  using UnityEngine;
2  using System.Collections;                                   //引入系统包
3  public class NewBehaviourScript : MonoBehaviour {           //声明类
4    void Update(){                                            //重写 Update 方法
5      transform.Translate(1, 0, 0);                           //沿 x 轴移动一个单位
6      GetComponent<Transform>().Translate(1, 0, 0);           //沿 x 轴移动一个单位
7  }}
```

提示 注意 transform 和 Transform 之间大小写的区别，前者是变量（小写），后者是类或脚本（大写）。大小写不同使开发人员能够从类和脚本名中区分变量。

同样地，也可以通过 GetComponent 方法获取其他的脚本。比如有一个 HelloWorld 的脚本，里面有一个 sayHello 方法。HelloWorld 脚本要与调用它的脚本附加在同一游戏对象上，具体操作时可以使用如下的 C#代码片段来实现。

```
using UnityEngine;
using System.Collections;                                   //引入系统包
public class NewBehaviourScript : MonoBehaviour {           //声明类
  void Update(){                                            //重写 Update 方法
    HelloWorld helloWorld = GetComponent<HelloWorld>();//获取“HelloWorld”脚本组件
    helloWorld.sayHello();                                  //执行 sayHello 方法
}}
```

> **提示** 在 C#代码中只有 public 类型的变量和方法才能在所有其他类中使用，private 类型的变量和方法只能在自身类中使用，protected 类型的变量和方法只能在子类和同命名空间下的类中使用，而不写类型的变量和方法只能在同命名空间下的类中使用。

3.3.4 访问其他游戏对象

大部分脚本不单单控制其附加到的游戏对象。Unity 脚本中有很多方法访问其他的游戏对象和游戏组件，可以通过属性查看器指定参数的方法来获取游戏对象，也可以通过 Find()方法来获取游戏对象。下面将对这几种方法进行详细介绍。

1. 通过属性查看器指定参数

代码中声明 public 类型的游戏对象引用，在属性查看器中就会显示这个游戏对象参数，然后就可以将需要获取的游戏对象拖曳到属性查看器的相关参数位置，具体操作时可以使用如下的 C#代码片段来实现。代码获取游戏对象上的“Test”脚本组件，然后执行 doSomething 方法。

```
using UnityEngine;
using System.Collections;                                  //引入系统包
public class NewBehaviourScript : MonoBehaviour {          //声明类
  public GameObject otherObject;                           //游戏对象引用
  void Update(){                                           //重写 Update 方法
    Test test = otherObject.GetComponent<Test>();          //获取"Test"脚本组件
    test.doSomething();                                    //执行 doSomething 方法
}}
```

2. 确定对象的层次关系

游戏对象在游戏组成对象列表中存在父子关系，在代码中可以通过获取 Transform 组件来找到子对象或者父对象。具体操作时可以使用如下的 C#代码片段来获取游戏对象的子对象和父对象。

```
using UnityEngine;
using System.Collections;                                  //引入系统包
public class NewBehaviourScript : MonoBehaviour {          //声明类
  void Update(){                                           //重写 Update 方法
      transform.Find("hand").Translate(0, 0, 1);           //找到"hand"子对象，并将
    //其沿 z 轴每帧移动 1 个单位
      transform.parent.Translate(0, 0, 1);                 //找到父对象，并将其沿 z 轴
    //每帧移动 1 个单位
}}
```

一旦读者成功获取到“hand”子对象，就可以通过 GetComponent 方法获取“hand”对象的其他组件。例如，有一个 Test 脚本挂载在子对象“hand”上，具体操作时可以使用如下的 C#代码片段来实现。

```
using UnityEngine;
using System.Collections;                                  //引入系统包
public class NewBehaviourScript : MonoBehaviour {          //声明类
  void Update(){                                           //重写 Update 方法
    transform.Find("hand").GetComponent<Test>().a=2;
    //找到子对象 “hand”，同时设置 “Test” 脚本中的变量 a 为 2
    transform.Find("hand").GetComponent<Test>().doSomething();//执行doSomething 方法
    transform.Find("hand").GetComponent<Rigidbody>().
    AddForce(0, 0, 2);     //为 “hand” 子对象的刚体属性上加一个沿 z 轴的大小为 2 的力
}}
```

也可以使用脚本来循环获取到所有的子对象，然后对子对象做某种操作，如平移、旋转等。具体操作时可以使用如下的 C#代码片段来实现。

```
using UnityEngine;
using System.Collections;                                    //引入系统包
public class NewBehaviourScript : MonoBehaviour{             //声明类
  void Update(){                                             //重写 Update 方法
    foreach (Transform child in transform){                  //循环获取所有的子对象
      child.Translate(0, 5, 0);                              //沿 y 轴每帧移动 5 个单位
  }}}
```

3. 通过名字或标签获取游戏对象

Unity 脚本中可以使用 FindWithTag 方法和 Find 方法来获取游戏对象，FindWithTag 方法获取指定标签的游戏对象，Find 方法获取指定名字的游戏对象。具体操作时可以使用如下的 C#代码片段来实现。

```
using UnityEngine;
using System.Collections;                                    //引入系统包
public class NewBehaviourScript : MonoBehaviour {            //声明类
  void Start(){                                              //重写 Start 方法
    GameObject name = GameObject.Find("somename");//获取名称为“somename”的游戏对象
    name.transform.Translate(0, 0, 1);                       //沿 z 轴平移
    GameObject tag = GameObject.FindWithTag("sometag");//获取标签为“sometag”的游戏对象
    tag.transform.Translate(0, 0, 1);                        //沿 z 轴平移
}}
```

这样，通过 GetComponent 方法就能得到指定游戏对象上的任意脚本或组件。具体操作时可以使用如下的 C#代码片段来实现。

```
using UnityEngine;
using System.Collections;                                    //引入系统包
public class NewBehaviourScript : MonoBehaviour {            //声明类
  void Start (){                                             //重写 Start 方法
    GameObject name = GameObject.Find("somename");//获取名称为“somename”的游戏对象
    name.GetComponent<Test>().doSomething();
                                         //调用 Test 脚本中的 doSomething 方法
    GameObject tag = GameObject.FindWithTag("sometag");
                                         //获取标签为“sometag”的游戏对象
    tag.GetComponent<Test>().doSomething();//调用 Test 脚本中的 doSomething 方法
}}
```

4. 通过传递参数来获取游戏对象

一些事件回调方法的参数中包含了特殊的游戏对象或组件信息，例如触发碰撞事件的 Collider 组件。在 OnTiggerStay 方法的参数中有一个碰撞体参数，通过这个参数能得到碰撞的刚体。具体操作时可以使用如下的 C#代码片段来实现。

```
using UnityEngine;
using System.Collections;                                    //引入系统包
public class NewBehaviourScript : MonoBehaviour {            //声明类
  void OnTriggerStay(Collider other){                        //重写 OnTriggerStay 方法
    if (other.GetComponent<Rigidbody>()){               //如果该游戏对象上有刚体组件
      other.GetComponent<Rigidbody>().AddForce(0, 0, 2);   //给刚体施加一个力
}}}
```

或者通过 Collider 组件得到这个游戏对象上挂载的“Test”脚本。具体操作时可以使用如下的 C#代码片段来实现。

```
using UnityEngine;
using System.Collections;                               //引入系统包
public class NewBehaviourScript : MonoBehaviour { //声明类
  void OnTriggerStay(Collider other){                   //重写 OnTriggerStay 方法
    if (other.GetComponent<Test>()){                    //如果该游戏对象上有“Test”脚本组件
```

```
        other.GetComponent<Test>().doSomething();//调用“Test”脚本的 doSomething 方法
    }}}
```

5. 通过组件名称获取游戏对象

Unity 脚本中可以通过 FindObjectsOfType 方法和 FindObjectOfType 方法来找到挂载特定类型组件的游戏对象。FindObjectsOfType 方法可以获取所有挂载指定类型组件的游戏对象，而 FindObjectOfType 方法获取挂载指定类型组件的第一个游戏对象。具体操作时可以使用如下的 C# 代码来实现。

```
using UnityEngine;
using System.Collections;                                   //引入系统包
public class NewBehaviourScript : MonoBehaviour {           //声明类
  void Start(){                                             //重写 Start 方法
    Test test = FindObjectOfType<Test>();                   //获取第一个找到的“Test”组件
    Debug.Log(test.gameObject.name);         //打印挂载“Test”组件的第一个游戏对象的名称
    Test[] tests = FindObjectsOfType<Test>();               //获取所有的“Test”组件
    foreach (Test te in tests){
      Debug.Log(te.gameObject.name);           //打印挂载“Test”组件所有的游戏对象的名称
  }}}
```

3.3.5 向量

3D 游戏开发中经常需要用到向量和向量的运算，Unity 中提供了完整的向量以及向量操纵方法，分别为表示二维向量的 Vector2 类和表示三维向量的 Vector3 类。因为二维向量和三维向量的使用方法相同，下面将以三维向量为例详细介绍 Unity 中向量的使用方法。

Vector3 类可以在实例化时进行赋值，也可以实例化后给 *x*、*y*、*z* 分别进行赋值。具体操作时可以使用如下的 C#代码片段来实现。

```
using UnityEngine;
using System.Collections;                                      //引入系统包
public class NewBehaviourScript : MonoBehaviour {              //声明类
  public Vector3 position1 = new Vector3();                    //实例化 Vector3
  public Vector3 position2 = new Vector3(1, 2, 2);             //实例化 Vector3 并赋值
  void Start(){                                                //重写 Start 方法
    position1.x = 1;                                           //为 x 赋值
    position1.y = 2;                                           //为 y 赋值
    position1.z = 2;                                           //为 z 赋值
  }}
```

Vector3 类中也定义了一些常量，例如 Vector.up 等同于 Vector(0,1,0)，这样可以简化代码。这些常量对应的值如表 3-2 所示。

表 3-2　　Vector3 类中常量对应的值

常　量	值	常　量	值
Vector3.zero	Vector(0,0,0)	Vector3.one	Vector(1,1,1)
Vector3.forward	Vector(0,0,1)	Vector3.up	Vector(0,1,0)
Vector3.rigth	Vector(1,0,0)		

Vector3 类中有很多对向量进行操纵的方法，例如想要获得两点之间的距离时，可以使用 Distance 方法来完成。这些方法的具体作用如表 3-3 所示。

表 3-3　　Vector3 类中操纵向量的方法的作用

方　法	作　用
Lerp	两个向量之间的线性插值
Slerp	在两个向量之间进行球形插值

续表

方　法	作　用
OrthoNormalize	使向量规范化并且彼此相互垂直
MoveTowards	从当前的位置移向目标
RotateTowards	当前的向量转向目标
SmoothDamp	随着时间的推移，逐渐改变一个向量朝向预期的目标
Scale	两个矢量组件对应相乘
Cross	两个向量的交叉乘积
Reflect	沿着法线反射向量
Dot	两个向量的点乘积
Project	投影一个向量到另一个向量
Angle	返回两个向量的夹角
Distance	返回两点之间的距离
ClampMagnitude	返回向量的长度，最大不超过 maxLength 所指示的长度
Min	返回两个向量中长度较小的向量
Max	返回两个向量中长度较大的向量
operator +	两个向量相加
operator -	两个向量相减
operator *	两个向量相乘
operator /	两个向量相除
operator ==	两个向量是否相等
operator !=	两个向量是否不相等

3.3.6 成员变量和静态成员变量

一般情况下，定义在方法体外的变量是成员变量，如果这个变量为 public 类型的，就可以在属性查看器看到，若在属性查看器对它的值进行修改，它的值就会随着项目一起自动保存。C#脚本如下。

```
public int a = 1;
```

可以在属性查看器中看到这个变量，名字为“*a*”，它默认显示的值为“1”，读者可以随时在属性查看器中修改它的值。

如果声明的是一个组件类型的变量（类似 GameObject、Transform、Rigidbody 等），需要在属性查看器中拖曳游戏对象到变量处并确定它的值。具体操作时可以使用如下的 C#代码片段来实现。

```
using UnityEngine;
using System.Collections;                                  //引入系统包
public class NewBehaviourScript : MonoBehaviour {          //声明类
  public Transform ren;                                    //声明一个 Transform 组件
  void Update(){                                           //重写 Update 方法
    if (Vector3.Distance(ren.position, transform.position) < 10){
      //如果 ren 和 transform 的距离小于 10
      Debug.Log(ren.position);                             //打印 ren 的位置
}}}
```

可以通过 private 关键字创建私有变量，此时在属性查看器中就不会显示该变量，避免其被错误地修改。具体操作时可以使用如下的 C#代码片段来实现。

```
using UnityEngine;
using System.Collections;                                       //引入系统包
public class NewBehaviourScript : MonoBehaviour {              //声明类
  private Collider collider;                                    //声明私有的 Collider 组件
  void OnCollisionEnter(Collision collisionInfo){               //重写 OnCollisionEnter 方法
    collider = collisionInfo.collider;                          //获取 Collider 组件
}}
```

在 C#脚本中可以通过 static 关键字来创建全局变量，这样就可以在不同脚本间调用这个变量。具体操作时可以使用如下的 C#代码片段来实现。

```
public static int test;
```

如果想从另外一个脚本中调用变量“Test”，读者可以通过“脚本名.变量名”的方法来调用。具体操作时可以使用如下的 C#代码片段来实现。

```
using UnityEngine;
using System.Collections;                       //引入系统包
public class HelloWorld: MonoBehaviour {        //声明类
  void Start(){                                 //重写 Start 方法
    Test.test = 1;                              //为 Test 脚本中的“test”变量赋值
}}
```

3.3.7 实例化游戏对象

Unity 中如果想创建游戏对象，可以通过创建游戏对象菜单在场景中创建游戏对象（这些游戏对象在场景加载的时候被创建出来），也可以在脚本中动态地创建游戏对象。在游戏运行的过程中，根据需要在脚本中实例化游戏对象的这些方法更加灵活。

Unity 中如果想创建很多相同的物体（如射击出去的子弹、保龄球瓶等）时，可以通过实例化（Instantiate）快速实现，而且实例化出来的游戏对象包含了这个对象所有的属性，就能保证原封不动地创建所需的对象。实例化在 Unity 中有很多用途，充分地使用它非常必要。

例如，创建一个脚本“Hit.cs”，该脚本的功能为当一个碰撞体撞击到一个物体时，销毁这个物体，并在原来的位置实例化一个损坏的物体。该脚本的代码如下所示。

```
using UnityEngine;
using System.Collections;                                   //引入系统包
public class NewBehaviourScript : MonoBehaviour{           //声明类
  public GameObject explosion;                              //声明游戏对象引用
  void OnCollisionEnter(){                                  //重写 OnCollisionEnter 方法
    Destroy(gameObject, 1);                                 //撞击发生 1s 后销毁对象
    GameObject theClonedExplosion = Instantiate(explosion, transform.position,
     transform.rotation) as GameObject;
                                               //在物体原来的位置实例化一个损坏的物体
}}
```

> **说明** Destroy(gameObject,n)方法是在 *n*s 后销毁物体。如果想立刻销毁物体可以使用 DestroyImmediate(gameObject,boolean)，如果参数的布尔值为 true，就会立刻销毁物体。

3.3.8 协同程序和中断

协同程序，即在主程序运行时同时开启另一段逻辑处理，来协同当前程序的执行。但它与多线程程序不同，所有的协同程序都是在主线程中运行的，它还是一个单线程程序。在 Unity 中可以通过 StartCoroutine 方法来启动一个协同程序。

StartCoroutine 方法为 MonoBehaviour 类中的一个方法，也就是说该方法必须在 MonoBehaviour 或继承于 MonoBehaviour 的类中调用。StartCoroutine 方法可以使用返回值作为 IEnumerator 类型

方法的参数。具体操作时可以使用如下的 C#代码片段来实现。

```
using UnityEngine;
using System.Collections;                                    //引入系统包
public class NewBehaviourScript : MonoBehaviour{             //声明类
  void Start(){                                              //重写 Start 方法
    StartCoroutine(doThing());                               //开启协同程序
  }
  IEnumerator doThing(){                                     //声明 doThing 方法
    Debug.Log("dothing");                                    //打印提示信息
    yield return null;
}}
```

协同程序中可以使用 yield 关键字来中断协同程序，也可以使用 WaitForSeconds 类的实例化对象让协同程序休眠。具体操作时可以使用如下的 C#代码片段来实现。

```
using UnityEngine;
using System.Collections;                                    //引入系统包
public class NewBehaviourScript : MonoBehaviour{             //声明类
  void Start(){                                              //重写 Start 方法
    StartCoroutine(doThing());                               //开启协同程序
  }
  IEnumerator doThing(){                                     //声明 doThing 方法
    yield return new WaitForSeconds(2);                      //协同程序休眠 2s
    Debug.Log("dothing");                                    //打印提示信息
}}
```

可以将多个协同程序进行连接，创建一个脚本，该脚本功能为在 Start 方法开启 doThing1 协同程序，在 doThing1 协同程序中开启并等待执行 doThing2 协同程序，doThing2 协同程序休眠 2s 然后打印“doThing2”提示信息，doThing2 协同程序执行完后返回 doThing1 协同程序然后打印“doThing1”提示信息。具体代码如下。

```
using UnityEngine;
using System.Collections;                               //引入系统包
public class NewBehaviourScript : MonoBehaviour{        //声明类
  void Start(){                                         //重写 Start 方法
    StartCoroutine(doThing1());                         //开启 doThing1 协同程序
  }
  IEnumerator doThing1(){                               //声明 doThing1 方法
    yield return StartCoroutine(doThing2());            //开启 doThing2 协同程序
    Debug.Log("dothing1");                              //打印提示信息
  }
  IEnumerator doThing2(){                               //声明 doThing2 方法
    yield return new WaitForSeconds(2);                 //协同程序休眠 2s
    Debug.Log("dothing2");                              //打印提示信息
}}
```

3.3.9 一些重要的类

本节将向读者介绍 Unity 脚本中的一些重要的类，由于篇幅的限制，所以只对这些类中比较常用的变量和方法进行简单的介绍说明，其他具体的信息可以参考官方脚本参考手册。

1. MonoBehaviour 类

MonoBehaviour 类是每个脚本的基类，其继承自 Behaviour 类。在 C#脚本中，必须直接或间接地继承 MonoBehaviour 类。MonoBehaviour 类中的一些方法可以重写，这些方法会被系统在固定的时间回调。常用的可以重写的方法如表 3-4 所示。

表 3-4　　MonoBehaviour 类中常用的可重写的方法

方　法	说　明
Update	当脚本启用后，该方法在每一帧被调用
FixedUpdate	当脚本启用后，这个方法会在固定的物理时间步调调用一次

续表

方　法	说　明
Awake	当一个脚本实例被载入时该方法被调用
Start	该方法仅在 Update 方法第一次被调用前调用
OnCollisionEnter	当刚体撞击碰撞体或碰撞体撞击刚体时该方法被调用
OnEnable	当对象变为可用或激活状态时该方法被调用
OnDisable	当对象变为不可用或非激活状态时该方法被调用
OnDestroy	当对象被销毁时该方法被调用
OnGUI	渲染和处理 GUI 事件时调用

MonoBehaviour 类中有许多可以被子类继承的成员变量，这些成员变量可以在脚本中直接使用。常用的可继承的成员变量如表 3-5 所示。

表 3-5　　MonoBehaviour 类中常用的可继承的成员变量

成 员 变 量	说　明
enabled	启用行为被更新，禁用行为不更新
transform	附加到游戏物体的 Transform 组件（如无附加则为空）
rigidbody	附加到游戏物体的 Rigidbody 组件（如无附加则为空）
camera	附加到游戏物体的 Camera 组件（如无附加则为空）
light	附加到游戏物体的 Light 组件（如无附加则为空）
animation	附加到游戏物体的 Animation 组件（如无附加则为空）
constantForce	附加到游戏物体的 ConstantForce 组件（如无附加则为空）
renderer	附加到游戏物体的 Renderer 组件（如无附加则为空）
audio Source	附加到游戏物体的 AudioSource 组件（如无附加则为空）
guiText	附加到游戏物体的 GUIText 组件（如无附加则为空）
collider	附加到游戏物体的 Collider 组件（如无附加则为空）
particleEmitter	附加到游戏物体的 ParticleEmitter 组件（如无附加则为空）
gameObject	组件附加的游戏物体。一个组件总是被附加到一个游戏物体
tag	游戏物体的标签

MonoBehaviour 类中有许多可以被子类继承的成员方法，这些成员方法可以直接在子类中使用。常用的可继承的成员方法如表 3-6 所示。

表 3-6　　MonoBehaviour 类中常用的可继承的成员方法

成 员 方 法	说　明
GetComponent	返回游戏物体上指定名称的组件
GetComponentInChildren	返回游戏对象及其子对象上指定类型的第一个找到的组件
GetComponents	返回游戏物体上指定名称的全部组件
SendMessage	在游戏物体每一个脚本上调用指定名称的方法
Instantiate	实例化游戏对象
Destroy	删除一个游戏物体、组件或资源
DestroyImmediate	立即销毁物体

续表

成员方法	说明
FindObjectsOfType	返回指定类型的所有激活的加载的物体列表
FindObjectOfType	返回指定类型第一个激活的加载的物体

2. Transform 类

场景中的每一个物体都有一个“Transform”组件，它就是 Transform 类实例化的对象，用于储存并操控物体的位置、旋转和缩放。每一个 Transform 可以有一个父级，允许分层次应用位置、旋转和缩放。可以在“Hierarchy”面板查看层次关系。Transform 类中包含了很多的成员变量，常用的成员变量如表 3-7 所示。

表 3-7　　Transform 类中常用的成员变量

成员变量	说明
position	在世界空间坐标中游戏对象的位置
localPosition	相对于父级的变换的位置
eulerAngles	物体旋转的欧拉角
localEulerAngles	相对于父级旋转的欧拉角
right	在世界空间坐标变换的红色轴。也就是 x 轴
up	在世界空间坐标变换的绿色轴。也就是 y 轴
forward	在世界空间坐标变换的蓝色轴。也就是 z 轴
rotation	在世界空间坐标物体变换的旋转角度
localRotation	物体变换的旋转角度相对于父级的物体变换的旋转角度
localScale	相对于父级物体变换的缩放
parent	物体变换的父级
worldToLocalMatrix	从世界坐标转为自身坐标的矩阵变换（只读）
localToWorldMatrix	从自身坐标转为世界坐标的矩阵变换（只读）
childCount	变换的子物体数量
lossyScale	物体的全局缩放（只读）

Transform 类中也包含了很多的成员方法。常用的成员方法如表 3-8 所示。

表 3-8　　Transform 类中常用的成员方法

成员方法	说明
Translate	移动游戏对象的方向和距离
Rotate	应用一个欧拉角的旋转角度
RotateAround	按照指定角度通过在世界坐标轴旋转物体
LookAt	旋转物体，这样指向目标的当前位置
TransformDirection	从自身坐标到世界坐标变换方向
InverseTransformDirection	变换方向从世界坐标到自身坐标
TransformPoint	变换位置从自身坐标到世界坐标
InverseTransformPoint	变换位置从世界坐标到自身坐标
DetachChildren	所有子物体解除父子关系
IsChildOf	这个变换是否是父级的子物体

3. Rigidbody 类

“Rigidbody”组件可以模拟物体在物理效果下的状态，它就是 Rigidbody 类实例化的对象。它可以让物体接受力和扭矩，让物体相对真实地移动。如果一个物体想被重力所约束，其必须含有 Rigidbody 组件。Rigidbody 类中包含了很多的成员变量，常用的成员变量如表 3-9 所示。

表 3-9 Rigidbody 类中常用的成员变量

成员变量	说明
velocity	刚体的速度向量
angularVelocity	刚体的角速度向量
drag	物体的阻力
angularDrag	物体的角阻力
mass	刚体的质量
useGravity	控制重力是否影响整个刚体
isKinematic	控制物理是够影响这个刚体
freezeRotation	控制物理是否改变物体的旋转
collisionDetectionMode	刚体的碰撞检测模式
centerOfMass	相对于变换原点的重心
worldCenterOfMass	在世界坐标空间的刚体的重心（只读）
inertiaTensorRotation	惯性张量的旋转
inertiaTensor	相对于重心的质量的惯性张量对角线
detectCollisions	碰撞检测应否启用（默认总是启用的）
useConeFriction	用于该刚体的锥形摩擦力
position	该刚体的位置
rotation	该刚体的旋转
interpolation	插值允许你以固定的帧率平滑物理运行效果
solverIterationCount	允许覆盖每个刚体的求解迭代次数
sleepVelocity	线性速度，低于该值的物体将开始休眠
sleepAngularVelocity	角速度，低于该值的物体将开始休眠
maxAngularVelocity	刚体的最大角速度

Rigidbody 类中也包含了很多的成员方法，常用的成员方法如表 3-10 所示。

表 3-10 Rigidbody 类中常用的成员方法

成员方法	说明
SetDensity	基于附加的碰撞器假设一个固定的密度设置质量
AddForce	施加一个力到刚体
AddRelativeForce	施加一个力到刚体，相对于自身的系统坐标
AddTorque	施加一个力矩到刚体
AddRelativeTorque	施加一个力矩到刚体，相对于自身的系统坐标
AddForceAtPosition	在指定位置施加一个力
AddExplosionForce	施加一个力到刚体来模拟爆炸效果。爆炸力将随着到刚体的距离线性衰减
ClosestPointOnBounds	到附加的碰撞器包围盒上的最近点

续表

成员方法	说明
GetRelativePointVelocity	相对于刚体在指定点的速度
GetPointVelocity	刚体在世界坐标空间中指定点的速度
MovePosition	移动刚体到指定位置
MoveRotation	旋转刚体到指定角度
Sleep	强制一个刚体休眠至少一帧
IsSleeping	判断刚体是否在休眠
WakeUp	强制唤醒在休眠状态中的刚体

4. CharacterController 类

角色控制器是 CharacterController 类的实例化对象，用于第三人称或第一人称游戏角色控制。它可以根据碰撞检测判断是否能够移动，而不必添加刚体和碰撞器。而且角色控制器不会受到力的影响。CharacterController 类包含了很多的成员变量，常用的成员变量如表 3-11 所示。

表 3-11　　CharacterController 类中常用的成员变量

成员变量	说明
isGrounded	角色控制器是否触碰地面
velocity	角色控制器当前的相对速度
collisionFlags	在最近一次角色控制器移动方法调用时，角色控制器的哪个部分与周围环境相碰撞
radius	角色控制器的半径
height	角色控制器的高度
center	角色控制器的中心位置
slopeLimit	角色控制器的坡度度数限制
stepOffset	角色控制器的台阶偏移量（台阶高度）
detectCollisions	其他的刚体和角色控制器是否能够与本角色控制器相碰撞

CharacterController 类中也包含了很多的成员方法，常用的成员方法如表 3-12 所示。

表 3-12　　CharacterController 类中常用的成员方法

成员方法	说明
SimpleMove	以一定的速度移动角色
Move	一个更加复杂的移动函数，每次都绝对移动

3.3.10 性能优化

Unity 本身已经针对各个平台在功能上进行了大量的优化，保证了程序的顺利运行。但在使用 Unity 开发软件的过程中，培养良好的开发习惯，积累编程技巧，对开发人员是至关重要的。良好的开发习惯不仅能帮助开发人员编写健康的程序，还能达到事半功倍的效果。下面将介绍一些针对 Unity 开发的优化措施。

1. 缓存组件查询

当通过 GetComponent 获取一个组件时，Unity 必须从游戏物体里查找目标组件，如果是在 Update 方法中进行查找，就会影响运行速度。可以设置一个私有变量去储存这个组件，这样，Unity 无需在每一帧中去查询组件。实现方法可以参考如下代码片段。

```
public class NewBehaviourScript : MonoBehaviour {
    private Transform m_transform;                          //声明静态变量
    void Start () {
        m_transform = this.transform;
    }
    void Update () {
        m_transform.Translate(new Vector3(0,0,1));          //沿 z 轴每帧移动 1m
}}
```

2. 使用内建数组

虽然 ArrayList 和 Array 使用起来容易并且方便，但是相比较内建数组而言，前者和后者的速度还是有很大的差异。内建数组直接嵌入 struct 数据类型存入第一缓冲区里，不需要其他类型信息或者其他资源，因此用作缓存遍历更加快捷。实现方法可以参考如下代码片段。

```
private Vector3[] positions;                                //声明静态向量
void Start() {
    positions = new Vector3[100];                           //创建向量数组
    for (int i = 0; i < positions.Length; i++) {            //遍历数组
        positions[i] = Vector3.zero;                        //为每个向量赋值
}}
```

3. 尽量少调用函数

最简单和最有效的优化就是干最少的工作。Unity 中 Update 函数每一帧都在运行，所以减少 Update 函数里面的工作量，可以大幅度提高运行效率。读者通过协调程序或者加入标志位就能实现。

注意　在实际开发中，一般把标志位检查放在函数外面，这样就无需每一帧都检查标志位，减少了设备性能的消耗。

3.3.11　脚本编译

作为一名 Unity 开发者，熟悉 Unity 脚本的编译步骤是很有必要的。这样可以让我们更加高效地编写自己的代码，如果代码出现了问题，还能有效地改正错误。由于脚本的编译顺序会涉及特殊文件夹，所以脚本的放置位置就非常重要了。

根据官方的解释，脚本的具体编译需要以下 4 步。

（1）所有在 Standard Assets、Pro Standard Assets 和 Plugins 中的脚本将被首先编译。在这些文件夹之内的脚本不能直接访问这些文件夹以外的脚本，不能直接引用类或它的变量，但是可以使用 GameObject.SendMessage 与它们通信。

（2）所有在 Standard Assets/Editor、Pro Standard Assets/Editor 和 Plugins/Editor 中的脚本接着被编译。如果想要使用 UnityEditor 命名空间，必须将你的脚本放置到这些文件夹中。

（3）然后所有在 Assets/Editor 外面的，并且不在(1)、(2)中的脚本文件被编译。

（4）所有在 Assets/Editor 中的脚本，最后被编译。

3.4　综合案例

在前面的几节中，对 Unity 的基本语法进行了系统化的介绍，如果读者还是不太了解，这里将用一个简单的控制飞机飞行的案例来进行说明。该案例的初衷就是运用基本的方法完成对飞机运动状态的控制，以及摄像机对目标物体的跟随。

本案例基本上包含了 Start 方法和 Update 方法的使用、向量的应用、标签功能的应用、对 Android 设备各个键的监听、整体场景的搭建，以及灯光的控制，正是通过这些应用的相互配合，才能使项目得以顺利运行。最终的运行效果如图 3-1、图 3-2 所示。

▲图 3-1　最终运行效果图 1

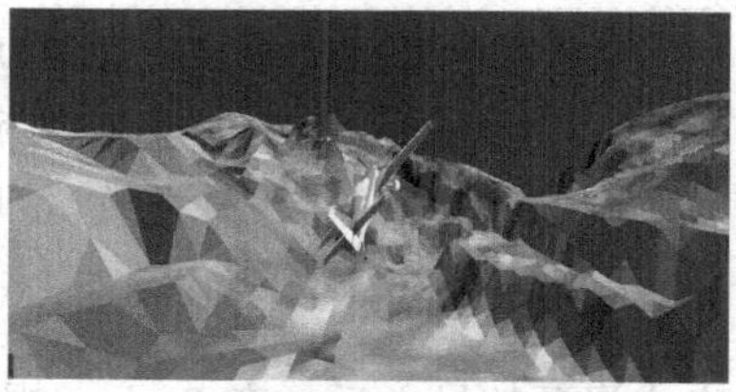

▲图 3-2　最终运行效果图 2

3.4.1　案例策划及准备工作

制作该案例的目的，是使读者通过利用本章所介绍的基本知识，实现对飞机的飞行状态的控制（主要包含了飞机的前进、转向等功能）。在项目开发前，首先要对项目开发所需要使用的资源进行收集和归类。需要的主要资源如表 3-13、表 3-14 所示。

表 3-13　图片资源列表

图　片　名	大小/KB	像　素	用　途
plane_texture.jpg	1024	2048×2048	飞机机身贴图
plane_glass.jpg	7.59	64×64	飞机挡风玻璃贴图

表 3-14　模型资源列表

图　片　名	大小/KB	格　式	用　途
airplane.FBX	146	FBX	2D 物理属性

3.4.2　创建项目及场景搭建

上一节介绍了项目开发前的策划和准备工作，在本节中，将介绍项目的创建以及游戏场景搭建的具体过程，主要包括了新建 Unity 项目、将已经准备好的地形资源包导入、将飞机模型导入、光源的设置等。

（1）首先单击桌面上的 Unity 快捷方式，进入 Unity 集成开发环境。Unity 会自动创建一个场景，里面包含一个 Main Camera（主摄像机）和 Directional Light（平行光光源）。

（2）导入飞机模型包。执行“Assets→Import Package→Custom Package”命令，会立刻弹出 Import package...对话框，如图 3-3 所示。在该对话框内浏览所要导入的包并选中，单击打开按钮，就会弹出图 3-4 所示的显示了资源包内的文件列表的对话框。勾选所需要导入的资源文件，单击 Import 按钮，开始导入资源。地形资源包的导入方法与飞机模型包的导入步骤相同。

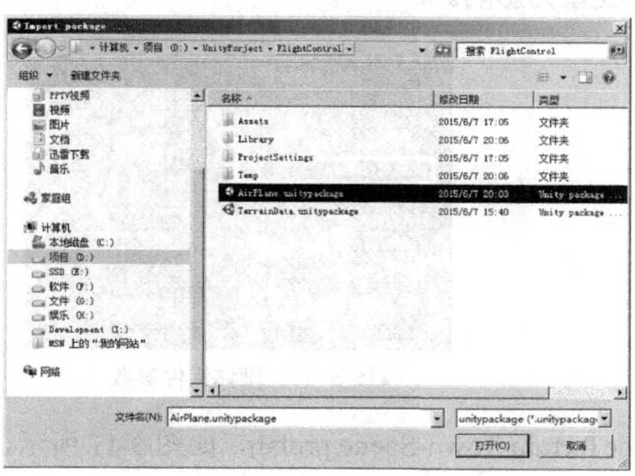

▲图 3-3　Import package...对话框

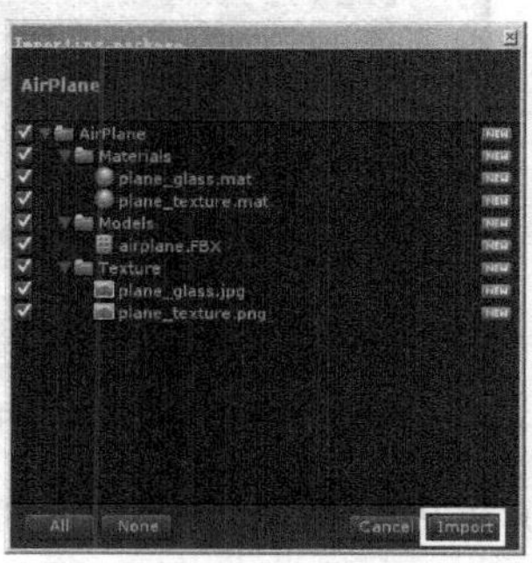

▲图 3-4　文件列表对话框

> **注意**　该项目中所使用的资源包已经由笔者放入了该项目文件夹中，读者可在随书光盘中复制后，导入到自己的项目中。需要注意的是，资源包所在的路径不允许包含中文，否则会导入失败。飞机和地形资源包在随书光盘中第 3 章目录下的 FlightControl 文件夹内。

（3）完成资源的导入后，在 Project 视窗中选中飞机模型 airpanle.FBX，如图 3-5 所示。将其拖曳到场景中，如图 3-6 所示。

▲图 3-5　飞机模型位置

▲图 3-6　场景中的飞机模型

（4）在 Project 视窗中分别选中纹理贴图 plane_texture.jpg 和 plane_glass.jpg，如图 3-7 所示。将选中的纹理贴图拖曳到飞机模型身上即可为模型添加纹理，最终效果如图 3-8 所示。

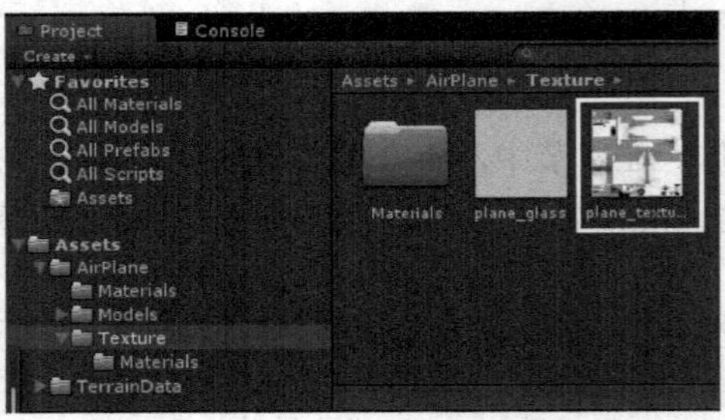

▲图 3-7　选中纹理贴图

▲图 3-8　带贴图的飞机模型

（5）接下来为飞机模型添加刚体组件。首先选中模型，在 Inspector 视窗中，单击 Add Component 按钮，如图 3-9 所示，选择“Physcis→Rigibody”。添加完成后，设置刚体组件的参数，如图 3-10 所示，取消勾选 Use Gravity 选项，使物体不受重力影响。

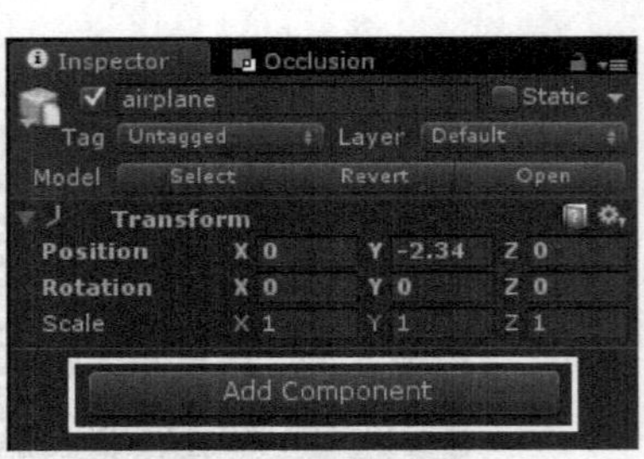

▲图 3-9　添加刚体组件

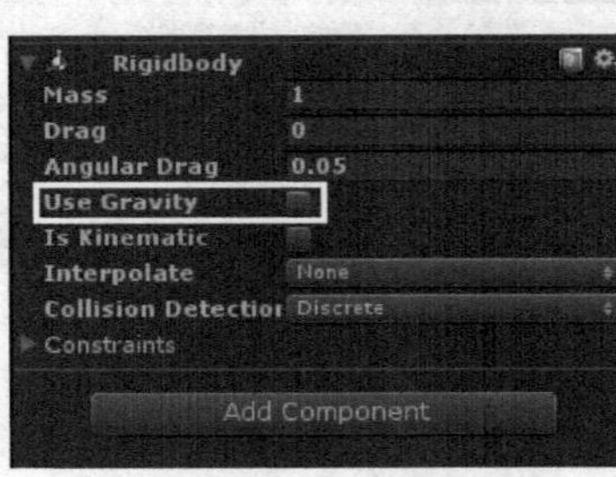

▲图 3-10　刚体组件参数

（6）在 Project 视窗中选中地形文件 SceneTerrain-Town-Scene.prefab，如图 3-11 所示，将其拖曳到场景中，并调整位置，如图 3-12 所示。

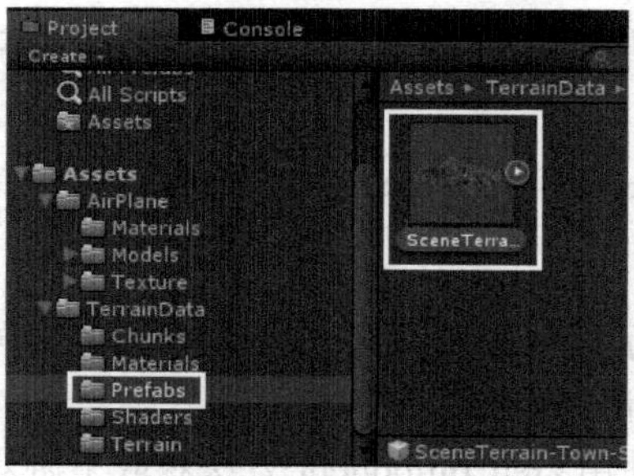

▲图 3-11　地形模型位置

▲图 3-12　场景中的地形

> **注意**　本案例所使用地形和预制件的知识将在后面具体介绍，这里读者只需要能够按照步骤将地形拖入场景中即可。

3.4.3　飞机控制脚本实现

上一节介绍了项目的创建以及游戏场景搭建的具体过程，本节将详细介绍控制飞机飞行的脚本的编写。为了便于初学者能够清楚理解脚本的内容，这里笔者将按照脚本的编写顺序，分步介绍每一个功能的开发过程。

（1）首先创建一个名字为“AirControl.cs”的脚本（步骤为“Assets→Create→C# Script”），将此脚本挂载到飞机模型上。双击脚本文件，打开编辑器开始编写脚本。下面介绍脚本中声明的全局变量。具体代码如下。

代码位置：见随书光盘中源代码/第 3 章目录下的 FlightControl/Assets/Scripts/ AirControl.cs。

```
1    using UnityEngine;
2    using System.Collections;
3
4    public class AirControl : MonoBehaviour {
5        private Transform m_transform;                       //保存 Transform 实例
6        public float speed = 600f;                           //飞机的飞行速度
7        private float rotationz = 0.0f;                      //绕 Z 轴的旋转量
8        public float rotateSpeed_AxisZ = 45f;                //绕 Z 轴的旋转速度
9        public float rotateSpeed_AxisY = 20f;                //绕 Y 轴的旋转速度
10       private Vector2 touchPosition;                       //触摸点坐标
11       private float screenWeight;                          //屏幕宽度
12        void Start () {}
13        void Update () {}
14   }
```

- 第 1-2 行为导入系统包。
- 第 4 行为 Mono 继承自 MonoBehaviour 类，只有继承自 MonoBehaviour 的类才可以作为 Unity 脚本组件被使用。
- 第 5 行声明了一个 Transform 实例，用于后面存放 Transform 组件的调用。
- 第 6 行为飞机飞行的速度，该变量为 public 型，可在 Unity 中直接更改它的值。
- 第 7 行为飞机绕 z 轴的旋转量，用于保存飞机实时的姿态。
- 第 8-9 行为飞机绕 z 轴的旋转速度和绕 y 轴的旋转速度。
- 第 10 行为手指触摸到移动设备屏幕上的坐标。
- 第 11 行为移动设备屏幕的宽度。

（2）接下来重写 Start 函数。Start 函数是在第一次调用 Update 或 FixedUpdate 函数之前被调用，这里一般用于编写在脚本开启后先执行且执行一次的代码，例如一些初始化操作。具体代码如下。

代码位置：见随书光盘中源代码/第 3 章目录下的 FlightControl/Assets/Scripts/ AirControl.cs。

```
1      void Start() {
2          m_transform = this.transform;
3          this.gameObject.GetComponent<Rigidbody>().useGravity = false;  //关闭重力影响
4        screenWeight = Screen.width;                                     //获取屏幕宽度
5      }
```

- 第 2 行用于保存 this.transform 的调用，避免了后面在 Update 方法中多次调用游戏对象身上的 Transform 组件。这样写可以减少外部代码的调用，提高运行效率。
- 第 3 行用于关闭游戏对象的受重力的影响。使用 GetComponent 方法获取了游戏对象身上的 Rigidbody 组件后，为其 useGravity 变量赋值"false"。
- 第 4 行用于获取设备屏幕的宽度。

（3）接下来让飞机开始动起来。首先是飞机可以向前飞行以及飞机的螺旋桨可以转动。此时需要重写 Update 方法，具体代码如下。

代码位置：见随书光盘中源代码/第 3 章目录下的 FlightControl/Assets/Scripts/ AirControl.cs。

```
1      void Update () {
2          m_transform.Translate(new Vector3(0, 0, speed * Time.deltaTime));//向前移动
3          GameObject.Find("propeller").transform.Rotate(new   Vector3(0,   1000f  *
           Time.deltaTime, 0));
4          //寻找到名称为 "propeller" 的对象并使其绕 Y 轴旋转
5      }
```

- 第 2 行用于使飞机朝 z 轴方向移动，Vector3 是一个三维向量，用于在 Unity 传递 3D 位置和方向，3 个参数分别代表 x、y、z 轴上的分量。Time.deltaTime 为完成最后一帧的时间，在每帧中发生增减变化的数值就需要与"Time.deltaTime"相乘。
- 第 3 行用于查找到 propeller 对象，并使其旋转。通过 Find 方法，查找飞机身上的名称为"propeller"的游戏对象。propeller 对象的位置如图 3-13 所示。通过 Rotate 方法使其发生旋转，这里仍是使用到了 Vector3，因为螺旋桨是围绕 y 轴旋转的，所以第二个参数有值，为旋转的速度。

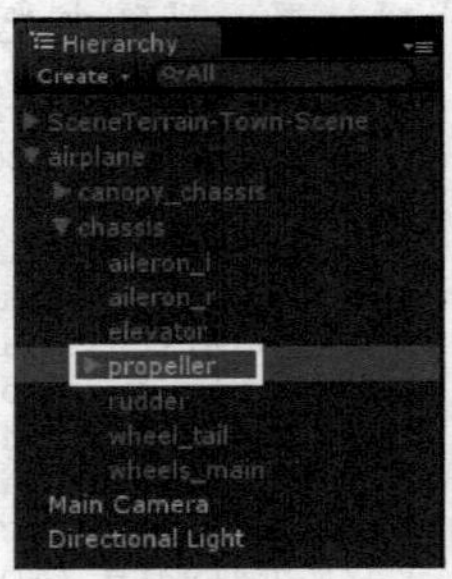

▲图 3-13　propeller 对象的位置

（4）接下来是控制飞机左右转向的代码。控制飞机转向是通过触摸屏幕来实现的，当玩家触摸屏幕的左半侧时飞机左转，触摸屏幕的右半侧时飞机右转，当没有触摸事件发生时恢复平衡状态。具体代码如下。

代码位置：见随书光盘中源代码/第 3 章目录下的 FlightControl/Assets/Scripts/ AirControl.cs。

```
void Update (){
      m_transform.Translate(new Vector3(0, 0, speed * Time.deltaTime));//向前移动
      // 寻找到名称为 "propeller" 的对象并使其绕 y 轴旋转
      GameObject.Find("propeller").transform.Rotate(new Vector3(0, 1000f*Time.deltaTime, 0));
      // 获取飞机对象绕 z 轴的旋转量
      rotationz = this.transform.eulerAngles.z;
      if (Input.touchCount > 0){                                       //当触摸的数量大于 0
            for (int i = 0; i < Input.touchCount; i++) {
               Touch touch = Input.touches[i];                 //实例化当前触摸点
               // 手指在屏幕上没有移动或发生滑动时触发的事件
               if (touch.phase == TouchPhase.Stationary || touch.phase == TouchPhase.Moved) {
                  //获取当前触摸点坐标
                     touchPosition = touch.position;
                     // 触摸点在屏幕左半侧
                     if (touchPosition.x < screenWeight / 2) {
                          // 飞机左转
                          m_transform.Rotate(new Vector3(0, -Time.deltaTime * 30, 0), Space.World);
```

```
18                }
19                // 触摸点在屏幕右半侧
20                else if (touchPosition.x >= screenWeight / 2) {
21                    // 飞机右转
22                    m_transform.Rotate(new Vector3(0, Time.deltaTime * 30, 0), Space.World);
23                }}
24                // 手指离开屏幕时触发的事件
25                else if (touch.phase == TouchPhase.Ended) {
26                    BackToBlance();                              //调用恢复平衡状态方法
27        }}}
28        if (Input.touchCount == 0) {                             //当没有手指触摸屏幕时
29            BackToBlance();                                      //调用恢复平衡状态方法
30        }}
```

- 第 5-6 行为获取飞机对象绕 z 轴的旋转量。
- 第 7-8 行用于判断触摸事件是否发生了。
- 第 9 行用于实例化当前触摸点，用于后面判断触摸事件的类型和获取触摸点坐标。
- 第 11 行用于判断触摸事件。通过 phase 的值来判断，当其等于 TouchPhase.Stationary 时，代表手指在屏幕上但没有移动；当其等于 TouchPhase. Moved 时，手指在屏幕上并发生了滑动。
- 第 14-18 行用于判断飞机左转。如果触摸点在屏幕左半侧，就以一定的速度向左发生旋转。因为是左转，所以旋转的速度取负值。
- 第 19-22 行用于判断飞机右转。与左转类似，故不再赘述。
- 第 24-27 行用于判断当手指离开屏幕时触发的事件，所调用的 BackToBlance 方法在后面介绍。
- 第 28-30 行为没有手指触摸屏幕时。触发的事件，同样是调用 BackToBlance 方法。

（5）为了使飞机的转向更加真实，需要在飞机转向时让飞机的机身倾斜（例如，飞机左转时，机身应该同时向左稍微倾斜），所以需要改进上面的代码。将上面的第 15-18 行代码改为如下代码。

代码位置：见随书光盘中源代码/第 3 章目录下的 FlightControl/Assets/Scripts/ AirControl.cs。

```
1   if (touchPosition.x < screenWeight / 2) {                    //触摸点在屏幕左半侧
2       if ((rotationz <= 45 || rotationz >= 315)) {
3       //飞机向左倾斜
4       m_transform.Rotate(new Vector3(0, 0, (Time.deltaTime * rotateSpeed_AxisZ)), Space.Self);
5       }
6       //飞机左转
7       m_transform.Rotate(new Vector3(0, -Time.deltaTime * 30, 0), Space.World);
8   }
```

- 第 2 行为判断飞机发生倾斜的阈值。
- 第 3-4 行用于使飞机发生向左倾斜，同样是使用了 Rotate 方法，此时是通过使飞机绕自身的 z 轴旋转，来实现倾斜的效果。因为是要绕自身坐标旋转，所以要使用 Space.Self 参数。

注意　向右倾斜功能的代码与向左倾斜类似。读者可参照随书光盘中的源代码。

（6）下面介绍上面所调用的 BackToBlance 方法。该方法用于在没有发生转向时，使飞机恢复到平衡状态。具体代码如下。

代码位置：见随书光盘中源代码/第 3 章目录下的 FlightControl/Assets/Scripts/ AirControl.cs。

```
void BackToBlance() {                                        //恢复平衡方法
    if ((rotationz <= 180)) {                                //判断如果飞机为右倾状态
        if (rotationz - 0 <= 2) {                            //在阈值内轻微晃动
            m_transform.Rotate(0, 0, Time.deltaTime * -1);
        }else {                                              //快速恢复平衡状态
            m_transform.Rotate(0, 0, Time.deltaTime * -40);
```

```
7          }}
8          if ((rotationz > 180)) {                          //判断如果飞机为左倾状态
9               if (360 - rotationz <= 2) {                  //在阈值内轻微晃动
10                   m_transform.Rotate(0, 0, Time.deltaTime * 1);
11          }else {                                          //快速恢复平衡状态
12                   m_transform.Rotate(0, 0, Time.deltaTime * 40);
13     }}}
```

❑　第 2-7 行用于使飞机从右倾状态恢复到平衡状态。当 rotationz≤180 时，可判断飞机为右倾状态，这时以 Time.deltaTime×-40 的速度恢复平衡；但当 rotationz 接近 0 值时，飞机会发生明显地晃动，所以需要设定一个阈值，当 rotationz 小于此阈值时，恢复速度减小为 Time.deltaTime ×-1，这样晃动就不明显了。

❑　第 8-13 行用于使飞机从左倾状态恢复到平衡状态。具体实现与上述类似，故不在赘述。

（7）最后在 Update 方法中给 Android 设备的按键添加控制方法。具体代码如下。

代码位置：见随书光盘中源代码/第 3 章目录下的 FlightControl/Assets/Scripts/ AirControl.cs。

```
1     //判断当前运行平台为 Android 平台
2     if (Application.platform == RuntimePlatform.Android) {   //判断运行平台是否为 Android 平台
3          if (Input.GetKeyDown(KeyCode.Home)) {               //判断当前的输入是否为 Home 键
4               Application.Quit();                            //退出程序
5          }
6          if (Input.GetKeyDown(KeyCode.Escape)) {             //判断当前的输入是否为 Escape 键
7               Application.Quit();                            //退出程序
8     }}
```

❑　第 2 行用于判断当前运行的平台是否为 Android 平台。

❑　第 3-4 行用于添加对设备 Home 键的控制，按下 Home 键时程序退出。如果没有添加 Home 键控制，按下 Home 键后设备将返回主界面，程序切换到后台运行。

❑　第 6-7 行用于添加对设备 Escape 键的控制，按下返回键时程序退出。

3.4.4　摄像机跟随脚本实现

上一节介绍了飞机控制脚本的编写步骤，本节将介绍摄像机跟随脚本的编写。该脚本用于让主摄像机在场景中实时跟随着飞机游戏对象，使飞机一直出现在屏幕上，在飞机对象发生转向时，使摄像机能够平滑地转向。该脚本挂载在 Main Camera（主摄像机）身上。

该脚本是 Unity 标准资源包中的自带脚本，为了能够介绍 Tag(标签)的相关知识，笔者对该脚本进行了简单的修改，所以下面只对修改的部分进行介绍。其他代码与本章所要介绍的内容无关，但笔者也添加了注释，有兴趣的读者可自行学习。

（1）首先创建新的标签，步骤为“Edit→Project Settings→Tags and Layers”。在 Inspector 视窗中单击添加按钮，如图 3-14 所示。将新标签命名为“AirPlane”，如图 3-15 所示。更改飞机对象的标签，如图 3-16 所示。

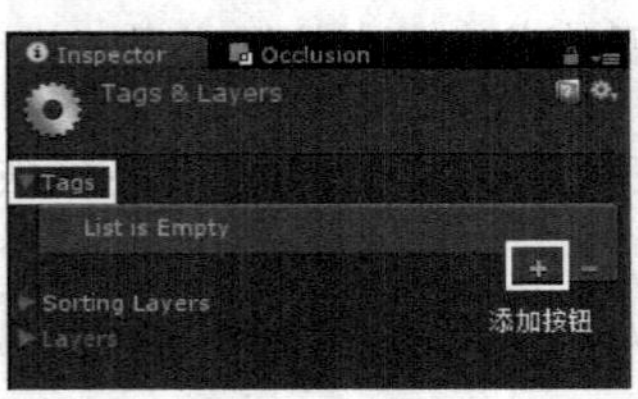

▲图 3-14　添加标签

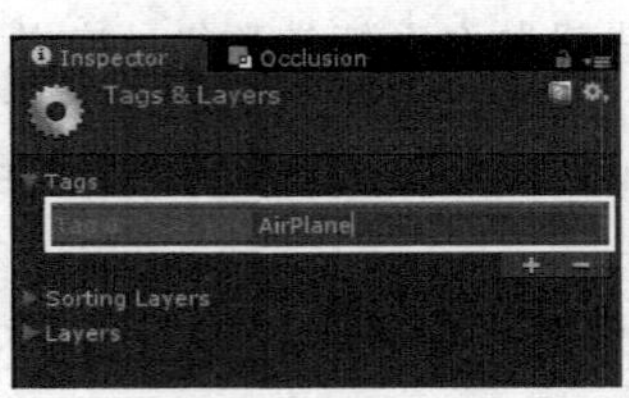

▲图 3-15　新标签命名

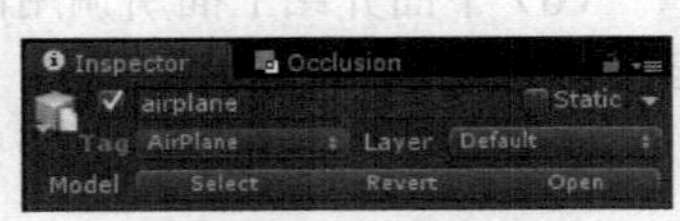

▲图 3-16　更改飞机对象的标签

（2）下面介绍如何根据游戏对象的标签属性在场景中查找游戏对象。在该脚本中，笔者在重写的 Start 方法中实现此功能。具体代码如下。

代码位置：见随书光盘中源代码/第 3 章目录下的 FlightControl/Assets/Scripts/SmoothFollow.cs。

```
1    void Start(){
2        //寻找标签为“AirPlane”的游戏对象并设置为要跟随的目标对象
3        target = GameObject.FindWithTag("AirPlane");
4    }
```

- 第 1 行为重写 Start 方法。因为查找游戏对象的操作只需要在脚本开始时执行一次，所以只需要写在 Start 方法中。
- 第 3 行为查找游戏对象。通过 FindWithTag 方法，查找场景中标签为“AirPlane”的游戏对象，将其赋值给已经声明的变量“target”。

3.5 本章小结

本章简要介绍了 Unity 中控制游戏对象运动的相关脚本，重点介绍了 Unity 中 C#脚本的基本应用。通过本章的学习，读者应该对 Unity 的脚本有了一定的了解，并能初步编写一些脚本，为以后模拟复杂的、真实的物体控制打下坚实的基础。

最后，通过一个简单的案例对前面讲解的一些基础知识进行了实践。希望通过案例的编写与开发，能够使读者顺利地掌握和使用这些基本语法，以便于后面的学习。

第 4 章　Unity 3D 图形用户界面基础

使用 Unity 3D 游戏开发引擎进行游戏开发的过程中，经常需要搭建一些图形用户界面；同时，在进行人机交互界面的开发过程中，经常需要获取用户的输入情况，包括触控屏幕的相关参数、按键的情况等，这时就需要使用到很多功能控件。

从 4.6 版本开始，Unity 新增加了 UI 界面系统"UGUI"。新系统对原本的 UI 控件进行了升级，使其在外观和使用方面更加适合游戏的制作，并且该系统为官方支持，所以对其的学习变得尤为重要。本章将主要对 Unity 3D 中的界面系统进行详细介绍。

4.1 GUI 图形用户界面系统

开发过程中，经常会用到图形用户界面组件，因为，在一个项目中一般少不了按钮、文本框、图片的插入，以及滑杆等控件的应用。通过合理的设计可以搭建出优美的图形用户界面，一般的游戏设置界面和帮助界面都是通过对图形用户界面组件中的各个控件的合理使用而搭建成的。

首先要声明，图形用户界面组件的绘制位置是通过坐标定位的。读者在开发的过程中要注意，这里以屏幕左上角为坐标位置（0，0），屏幕右下角为坐标位置（Screen.Width，Screen.height），并且是以像素为坐标的单位开发的。

4.1.1　图形用户界面组件的变量

Unity 提供了丰富的图形用户界面组件变量，通过这些变量，可以在整体上对图形用户变量组件做出相应的设置，从而实现特定的开发需求。下面将对图形用户界面的部分组件的常用变量进行详细的介绍，具体的变量信息如表 4-1 所示。

表 4-1　图形用户界面组件的变量

变 量 名	含 义	变 量 名	含 义
skin	总体上使用的皮肤风格	backgroundColor	总体上图形用户界面组件的背景颜色
color	总体上图形用户界面组件的颜色	contentColor	对图形用户界面组件中的文本进行着色
tooltip	提示框	enabled	控制图形用户界面组件是否被启用
changed	检测输入数据是否发生改变，如改变则返回 true	depth	按当前深度排序执行当前图形用户界面组件的行为

1. skin 变量

变量 skin 是对总体使用的皮肤风格的设置，在使用该变量时，应当先新建一个 GUI Skin 资源，或者从网络上下载喜欢的皮肤资源。创建步骤为：在 Project 面板中单击鼠标右键，执行"Create→GUI Skin"命令，然后单击新建的"New GUISkin"，在"Inspector"面板中就会罗列出各个控件选项，在这里就可以对各个控件分别进行设置。具体使用方法如下面的代码片段所示。

代码位置：见随书光盘中源代码/第 4 章目录下的 GUI\Assert\C#\GUISkin.cs。

```
using UnityEngine;
using System.Collections;
public class Skin : MonoBehaviour {
  public GUISkin[] gskin;                                              // GUISkin 资源引用
  public int skin_Index=0;                                             //使用皮肤的索引
  void Update () {
    if (Input.GetKeyDown(KeyCode.Space)){                              //按下空格键
      skin_Index++;                                                    //索引+1
      if (skin_Index >= gskin.Length){                                 //索引大于 gskin 数组长度
        skin_Index = 0;                                                //重置索引
  }}}
  void OnGUI(){
    GUI.skin = gskin[skin_Index];                                      //设置皮肤
    if (GUI.Button(new Rect(0, 0, Screen.width / 10, Screen.height / 10),"a button")){
    //创建按钮
      Debug.Log("Button has been pressed");                            //打印点击信息
    }
    GUI.Label(new Rect(0,Screen.height*3/10,Screen.width/10,Screen.height/10),"a lable");
    //创建标签
}}
```

> **说明**　在本案例中创建了两个 GUISkin 资源，按下“空格键可以切换效果。需要注意的是，控件的样式发生改变时创建该控件的代码没有任何变化，仅仅是使用的皮肤发生改变。

将该脚本挂载到摄像机上后，为其 gskin 变量挂载两个或两个以上的 GUISkin 资源，运行后就可以通过敲击空格键切换预定的皮肤。如图 4-1 和图 4-2 所示。

▲图 4-1　皮肤样式演示 1

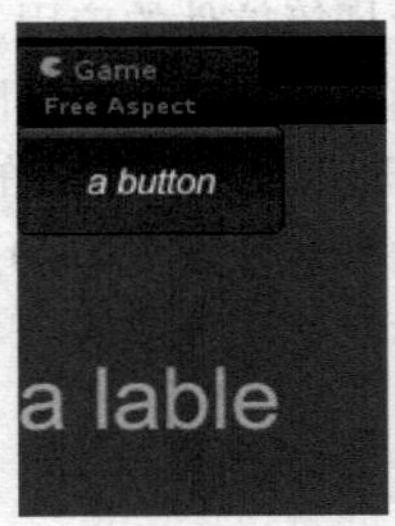

▲图 4-2　皮肤样式演示 2

> **说明**　在旧版的 UI 系统中，通常可以使用 skin 来设置不同控件的响应方式。在创建的 GUISkin 资源中可以设置各个控件在不同事件下的样式，如按钮的点击状态、选中状态、鼠标指向状态等都可以独立地进行设置，熟练的运用该属性可以使控件更加活灵活现。

2. color 变量

变量 color 用于控制总体上图形用户界面组件的颜色，在开发过程中可以通过设置 color 的值来改变图形用户界面组件的背景及文本颜色，进而实现开发的具体需要。具体使用方法如下面代码片段所示。

代码位置：见随书光盘中源代码/第 4 章目录下 GUI\Assert\C#\Test1.cs。

```
using UnityEngine;
using System.Collections;                                       //导入系统类
public class Test : MonoBehaviour {
  void OnGUI(){                                                  //声明 OnGUI 方法
    GUI.color = Color.yellow;                                    //将颜色设置为黄色
    GUI.Label (new Rect (Screen.width / 10, Screen.height / 10,  //画一个标签
```

```
        Screen.width / 5,Screen.height / 10), "Hellow World!");
      GUI.Box (new Rect(Screen.width / 10, Screen.height / 5,          //画一个盒子
        Screen.width / 5,Screen.height / 5),"A Box");
      GUI.Button (new Rect(Screen.width / 10 ,Screen.height / 2,       //画一个按钮
        Screen.width / 5,Screen.height / 10),"A Button");
  }}
```

说明

在本案例中创建了一个 Label、一个 Box 和一个 Button，文本颜色均设置成了黄色。需要注意的是，color 变量是对全局 GUI 进行染色，背景和文本颜色都会改变。

将编写好的脚本挂载到摄像机上，单击 Unity 集成开发环境的运行按钮，在游戏预览面板中就会显示出对颜色变量的设置效果。如图 4-3 所示。

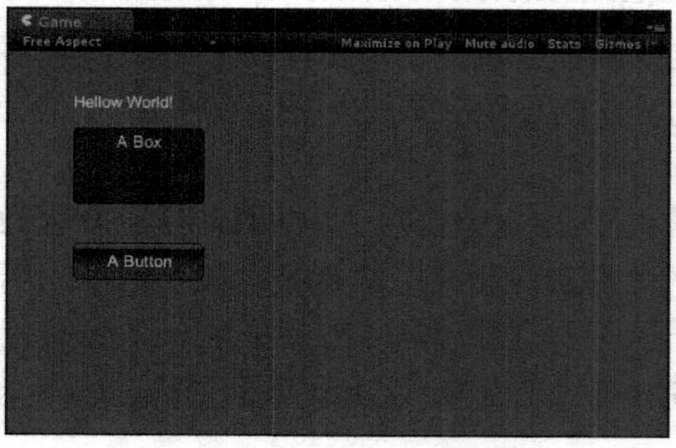

▲图 4-3　颜色变量的设置结果

3. backgroundColor 变量

变量 backgroundColor 用于设置总体上图形用户界面组件的背景颜色，在开发过程中可以通过设置 backgroundColor 的值改变图形用户界面组件的颜色，进而实现开发的具体要求。具体使用方法如下面的代码片段所示。

代码位置：见随书光盘中源代码/第 4 章目录下的 GUI\Assert\C#\Test2.cs。

```
using UnityEngine;
using System.Collections;                                    //导入系统类
public class Test2 : MonoBehaviour {
  void OnGUI(){                                              //声明 OnGUI 方法
    GUI.backgroundColor = Color.yellow;                      //将背景颜色设置为黄色
    GUI.Button (new Rect(Screen.width/10,Screen.height/10,   //画一个按钮
      Screen.width/5,Screen.height/10),"A Button");
  }}
```

说明

在本案例中创建了一个 Button，背景颜色设置为黄色。需要注意的是，backgroundColor 变量是由 GUI 渲染的所有背景元素对全局 GUI 染色。

将编写好的脚本挂载到摄像机上，单击 Unity 集成开发环境的运行按钮，在游戏预览面板中就会显示出对背景颜色变量的设置效果。如图 4-4 所示。

▲图 4-4　背景颜色变量设置结果

4. contentColor 变量

变量 contentColor 是对图形用户界面组件中的文本进行着色，在开发过程中可以通过设置 contentColor 的值来改变图形用户界面组件中文本的颜色，进而实现开发的具体需求。具体使用方法如下面的代码片段所示。

代码位置：见随书光盘中源代码/第 4 章目录下的 GUI\Assert\C#\Test3.cs。

```
using UnityEngine;
using System.Collections;                                    //导入系统类
public class Test3 : MonoBehaviour {
  void OnGUI() {                                             //声明 OnGUI 方法
    GUI.contentColor = Color.yellow;                         //将文本颜色设置为黄色
    GUI.Button(new Rect(Screen.width/10,Screen.height/10,  //画一个按钮
    Screen.width/5,Screen.height/10),"A Button");
}}
```

> **说明**　在本案例中创建了一个 Button，文本颜色设置为黄色。contentColor 变量跟上述两种变量一样，也是由 GUI 渲染的所有文本对全局进行染色。

将编写好的脚本挂载到摄像机上，单击 Unity 集成开发环境的运行按钮，在游戏预览面板中就会显示出对文本颜色变量的设置效果。如图 4-5 所示。

5. changed 变量

变量 changed 可以检测任何控件输入数据的值是否发生改变，若改变则返回 true。在开发过程中通过调用 changed 变量来检测某些数据是否发生改变，若改变则返回 true，并根据需要执行相应的操作或是打印一些提示信息。具体使用方法如下面的代码片段所示。

代码位置：见随书光盘中源代码/第 4 章目录下的 GUI\Assert\C#\Test4.cs。

```
using UnityEngine;
using System.Collections;                                  //导入系统类
public class Test4 : MonoBehaviour {
  public string stringToEdit="Modify me.";//声明一个字符串stringToEdit,内容为"Modify me."
  void OnGUI() {                                           //声明 OnGUI 方法
    //绘制一个单行文本编辑框，并将输入的数据赋给变量 stringToEdit
    stringToEdit = GUI.TextField(new Rect(Screen.width/10,
    Screen.height/10,Screen.width/4,Screen.height/10),stringToEdit,25);
    if (GUI.changed)                            //调用 changed 变量，检测输入数据是否发生改变
      Debug.Log("Text field has changed.");//若检测到输入数据发生改变，则打印提示信息
}}
```

> **说明**　本案例中创建了一个文本编辑框，若改变文本输入框内的内容时，在状态栏内就会显示出“Text field has changed”的提示信息。

将编写好的脚本挂载到摄像机上，单击 Unity 集成开发环境的运行按钮，在游戏预览面板中会显示出调用 changed 变量的效果。如图 4-6 所示。

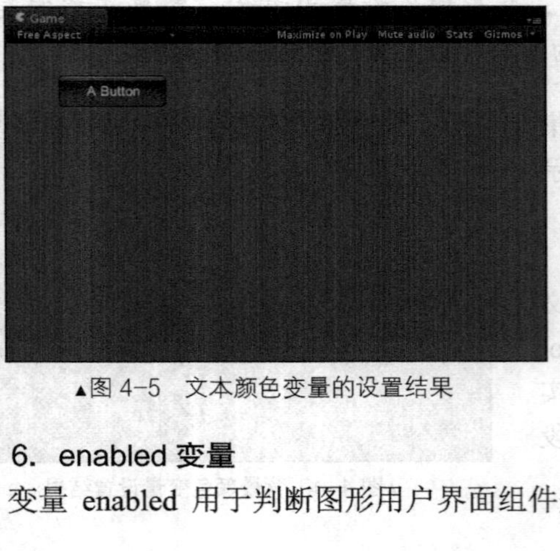

▲图 4-5　文本颜色变量的设置结果

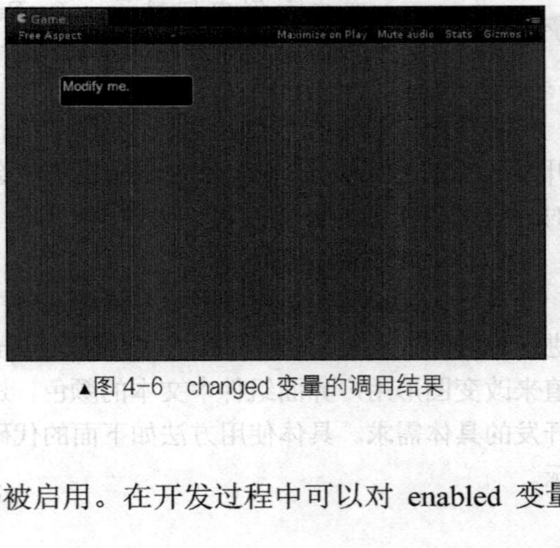

▲图 4-6　changed 变量的调用结果

6. enabled 变量

变量 enabled 用于判断图形用户界面组件是否被启用。在开发过程中可以对 enabled 变量的

boolean 值进行设置，控制图形用户界面组件的启用情况。具体实现方法如下面的代码片段所示。

代码位置：见随书光盘中源代码/第 4 章目录下的 GUI\Assert\C#\Test5.cs。

```
using UnityEngine;
using System.Collections;                  //导入系统类
public class Test5 : MonoBehaviour {
  public bool allOptions = true;           //声明一个初始值为 true 的布尔型变量 allOptions
  public bool extended1 = true;            //声明一个初始值为 true 的布尔型变量 extended1
  public bool extended2 = true;            //声明一个初始值为 true 的布尔型变量 extended2
  void OnGUI(){                            //声明 OnGUI 方法
    //在自定义区域内绘制一个名为 Edit All Options 的开关，其初始状态为 allOptions
    allOptions = GUI.Toggle(new Rect(0,0,Screen.width/5,
    Screen.height/10),allOptions,"Edit All Options");
    GUI.enabled = allOptions;                      //将 allOptions 的值赋给 enabled 组件
    //分别在各个自定义的区域内绘制两个开关
    extended1 = GUI.Toggle(new Rect(Screen.width/10,Screen.height/10,
      Screen.width/5,Screen.height/10),extended1,"Extended Option1");
    extended2 = GUI.Toggle(new Rect(Screen.width / 10, Screen.height / 5,
      Screen.width / 5, Screen.height / 10), extended1, "Extended Option2");
    GUI.enabled = true;                          //将 enabled 组件的值设置为 true
    //在自定义的区域绘制一个名为 ok 的按钮，并判断是否被按下
    if (GUI.Button(new Rect(0, Screen.height * 3 / 10, Screen.width / 5, Screen.height / 10), "ok"))
      print("user clicked ok");
}}
```

说明　在本案例中创建了 3 个开关，单击开关时相应组件的 enabled 变量设置为 false 而禁用。Eabled 变量设置为 false 时禁用所用 GUI 互动，所有控件将被绘制半透明，并且将不响应用户输入。

将编写好的脚本挂载到摄像机上，单击 Unity 集成开发环境的运行按钮，在游戏预览面板中就会显示出使用 enabled 变量的效果。如图 4-7 和图 4-8 所示。

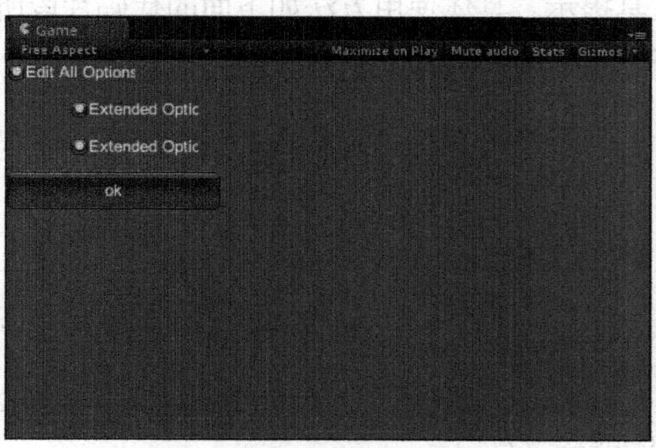

▲图 4-7　组件在启用状态的效果图

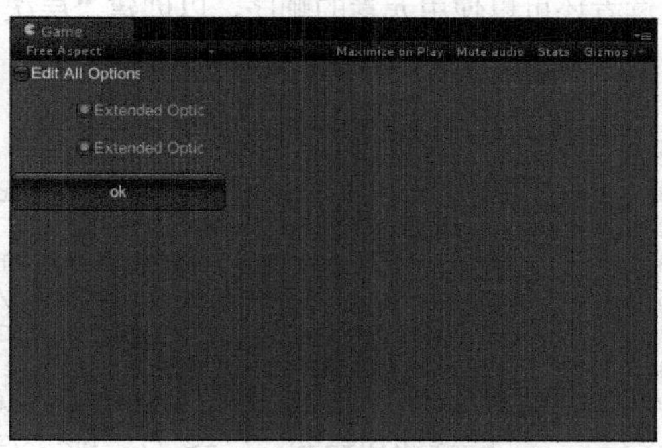

▲图 4-8　组件在禁用状态的效果图

7. tooltip 变量

变量 tooltip 是提示框变量，在创建 GUI 控件的时候，可以传递一个工具作为提示信息。这就意味着可以通过改变内容参数去自定义 GUIContent 物体，而不是仅仅传递一个字符串。这里可以根据开发的实际需求，来实现不同的提示效果。下面将用一个简单例子说明 tooltip 变量的具体应用，具体实现方法如下面的代码片段所示。

代码位置：见随书光盘中源代码/第 4 章目录下的 GUI\Assert\C#\Test6.cs。

```
using UnityEngine;
using System.Collections;                          //导入系统类
```

```
public class Test6 : MonoBehaviour {
  void OnGUI() {                                          //声明 OnGUI 方法
    //绘制一个名为 Click me 的按钮，并设置提示信息 This is the tooltip
    GUI.Button(new Rect(Screen.width / 10, Screen.height / 10, Screen.width / 5,
      Screen.height / 10), new GUIContent("Click me", "This is the tooltip"));
    //绘制一个标签，并将提示信息赋给标签
    GUI.Label(new Rect(Screen.width / 10, Screen.height / 5,
      Screen.width / 5, Screen.height / 10), GUI.tooltip);
}}
```

说明 在本案例中，鼠标位于按钮上方或单击按钮时就会显示 tooltip 变量的提示信息。需要注意的是当鼠标通过有提示信息的控件时，它设置全局 GUI.tooltip 的值到你传递的提示信息。如果鼠标没有通过任何控件时，这个值设置到有键盘焦点的控件。在 OnGUI 代码的最后你可以创建一个标签来显示 GUI.tooltip 的值。

将编写好的脚本挂载到摄像机上，单击 Unity 集成开发环境的运行按钮，在游戏预览面板中就会显示出使用 tooltip 变量的效果。如图 4-9 和图 4-10 所示。

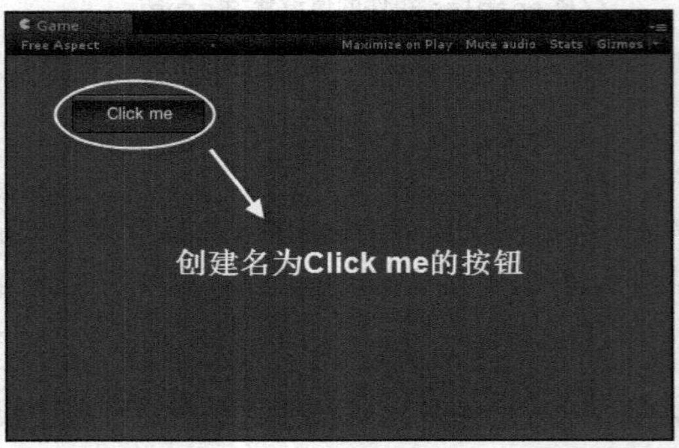

▲图 4-9　显示按钮

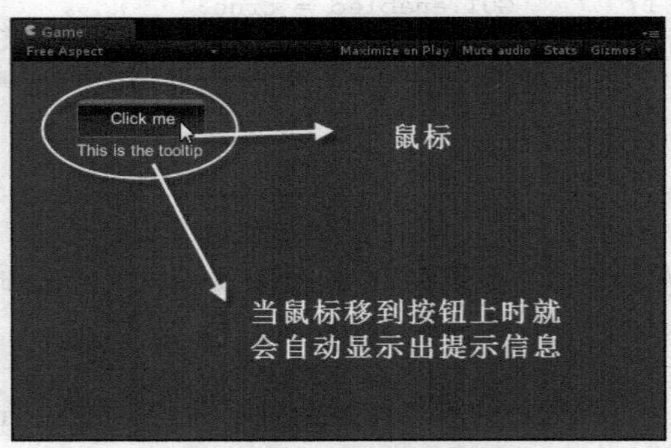

▲图 4-10　鼠标触发提示信息

读者还可以使用元素的顺序，以创建“层次”工具提示。具体使用方法如下面的代码片段所示。代码位置：见随书光盘中源代码/第 4 章目录下的 GUI\Assert\C#\Test7.cs。

```
using UnityEngine;
using System.Collections;                                  //导入系统类
public class Test7 : MonoBehaviour {
  void OnGUI(){                                            //声明 OnGUI 方法
    //在自定义区域绘制一个 Box，Box 中的内容为 Box，且提示信息为 this box has a tooltip
    GUI.Box(new Rect(Screen.width / 20, Screen.height / 10, Screen.width * 3 / 5,
      Screen.height * 3 / 5), new GUIContent("Box", "this box has a tooltip"));
    //在自定义区域绘制一个名为 No tooltip here 的按钮
    GUI.Button(new Rect(Screen.width/10, Screen.height / 3, Screen.width / 2,
      Screen.height / 10 ), "No tooltip here");
    //在自定义区域绘制一个内容为 I have a tooltip 的按钮，提示信息为 The button overrides the box
    GUI.Button(new Rect(Screen.width / 10, Screen.height  / 2, Screen.width / 2,
      Screen.height / 10), new GUIContent("I have a tooltip", "The button overrides the box"));
    //在自定义区域绘制一个标签，标签显示的内容为 GUI.tooltip 提供的信息
    GUI.Label(new Rect(Screen.width / 10, Screen.height  / 5, Screen.width * 2 / 5,
      Screen.height / 10), GUI.tooltip);
}}
```

说明 在本案例中，不同的按钮会显示不同的 tooltip 变量的提示信息。当你创建 GUI 控件的时候，你可以传递一个提示信息给它们。这就意味着可以通过改变内容参数去自定义 GUIContent 物体，而不是仅仅传递一个字符串。

将编写好的脚本挂载到摄像机上，单击 Unity 集成运行开发环境的运行按钮，在游戏预览面板中就会显示出使用 tooltip 变量的效果。如图 4-11 和图 4-12 所示。

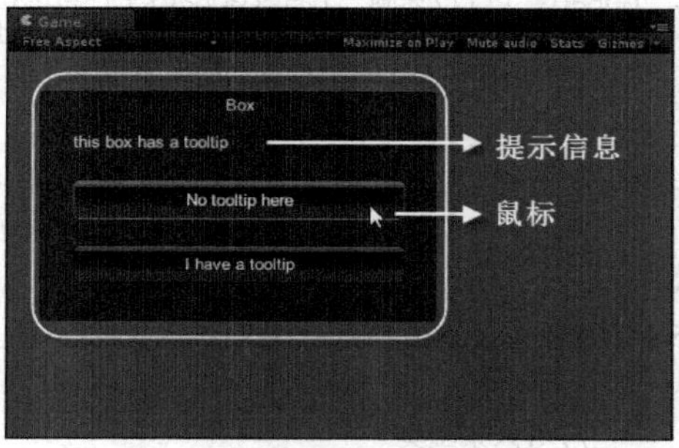

▲图 4-11　按钮一的提示信息

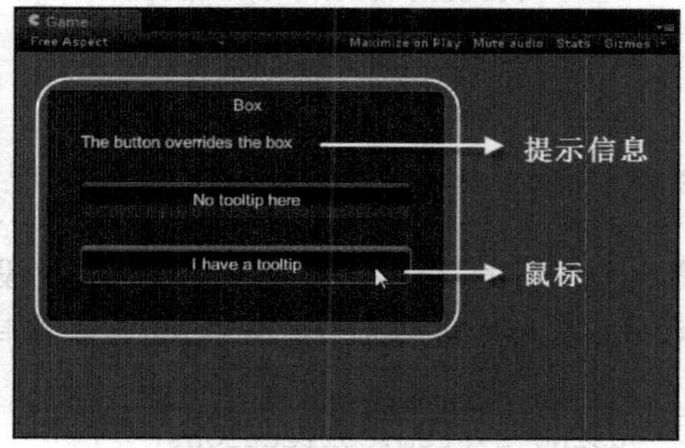

▲图 4-12　按钮二的提示信息

作为工具提示框变量，tooltip 变量还可以用来实现一个 OnMouseOver/OnMouseOut 邮件系统，具体使用方法如下面的代码片段所示。

代码位置：见随书光盘中源代码/第 4 章目录下的 GUI\Assert\C#\Test8.cs。

```
using UnityEngine;
using System.Collections;                                  //导入系统类
public class Test8 : MonoBehaviour {
  public string lastTooltip = " ";                          //声明一个名为 lastTooltip 的空字符串
  void OnGUI(){                                             //声明 OnGUI 方法
    GUILayout.Button(new GUIContent("Play Game", "Button1"));
                                              //通过 GUI 的布局管理器绘制一个按钮 Button1
    GUILayout.Button(new GUIContent("Quit", "Button2"));
                                              //通过 GUI 的布局管理器绘制一个按钮 Button2
    if (Event.current.type == EventType.Repaint && GUI.tooltip != lastTooltip){
                                                            //对当前事件进行判定
    if (lastTooltip != "")                                  //若 lastTooltip 不为空，则发送消息
    SendMessage(lastTooltip + "OnMouseOut", SendMessageOptions.DontRequireReceiver);
    if (GUI.tooltip != "")                                  //若 lastTooltip 为空，则发送消息
    SendMessage(GUI.tooltip + "OnMouseOver", SendMessageOptions.DontRequireReceiver);
    lastTooltip = GUI.tooltip;                              //将 lastTooltip 的值置为 GUI.tooltip
    }}
    void Button1OnMouseOver(){                              //声明 Button1MouseOver 方法
      Debug.Log("Play game got focus");                     //打印提示信息
    }
    void Button2OnMouseOut(){                               //声明 Button2MouseOver 方法
      Debug.Log("Quit lost focus");                         //打印提示信息
}}
```

说明　在本案例中，采用 tooltip 变量实现了 OnMouseOver / OnMouseOut 消息系统。

将编写好的脚本挂载到摄像机上，单击 Unity 集成开发环境的运行按钮，在游戏预览面板中就会显示出使用 tooltip 变量实现的邮件系统的效果。如图 4-13 所示。

8. depth 变量

变量 depth 是按照深度对当前执行的图形用户界面控件进行排序的行为，因此在搭建图形用户界面时，如果有不同的脚本同时运行，则可通过设置这个值来确定排序（一般情况下在最上面的先执行）。下面将搭建两个按钮，第一个按钮的具体实现如下面的代码片段所示。

代码位置：见随书光盘中源代码/第 4 章目录下的 GUI\Assert\C#\Test9.cs。

```
using UnityEngine;
using System.Collections;                         //导入系统类
public class Test9 : MonoBehaviour {              //声明一个类 Test9，并继承类 MonoBehaviour
```

```
    public static int guiDepth = 0;          //声明一个初始值为 0 的静态整型变量 guiDepth
    void OnGUI(){                            //声明 OnGUI 方法
      GUI.depth = guiDepth;                  //将 GUI.depth 设置为 guiDepth
      if (GUI.RepeatButton(new Rect(Screen.width / 10, Screen.height / 10,
        Screen.width / 5, Screen.height / 5), "GoBack")){//绘制一个名为 GoBack 的 RepeatButton
        guiDepth = 1;                        //若持续按下按钮 GoBack,guiDepth 变量置为 1
        Test10.guiDepth = 0;                 //将 Test10.guiDepth 的值置为 0
  }}}
```

说明　本案例创建了两个类来实现两个按钮的功能，注意文件名需要和脚本名一致。

第二个按钮的具体实现如下面的代码片段所示。

代码位置：见随书光盘中源代码/第 4 章目录下的 GUI\Assert\C#\Test10.cs。

```
  using UnityEngine;
  using System.Collections;                  //导入系统类
  public class Test10 : MonoBehaviour {      //声明一个类 Test10,并继承类 MonoBehaviour
    public static int guiDepth = 1;          //声明一个初始值为 1 的静态整型变量 guiDepth
    void OnGUI(){                            //声明 OnGUI 方法
      GUI.depth = guiDepth;                  //将 GUI.depth 设置为 guiDepth
      if (GUI.RepeatButton(new Rect(Screen.width / 5, Screen.height / 5,
        Screen.width / 5, Screen.height / 5), "GoBack")){
                                             //绘制一个名为 GoBack 的 RepeatButton
      guiDepth = 1;                          //若持续按下按钮 GoBack,guiDepth 变量置为 1
      Test9.guiDepth = 0;                    //Test9.gui Depth 的值置为 0
  }}}
```

说明　变量 depth 是对当前执行的 GUI 行为的深度排序。当你有不同的脚本同时运行时，可以通过设置这个值来确定排序。

将编写好的脚本挂载到摄像机上，单击 Unity 集成开发环境的运行按钮，在游戏预览面板中就会显示出使用 depth 变量的效果。本案例中创建了两个部分重叠的按钮，单击任一按钮时该按钮会置于另一按钮上方，如图 4-14 所示。

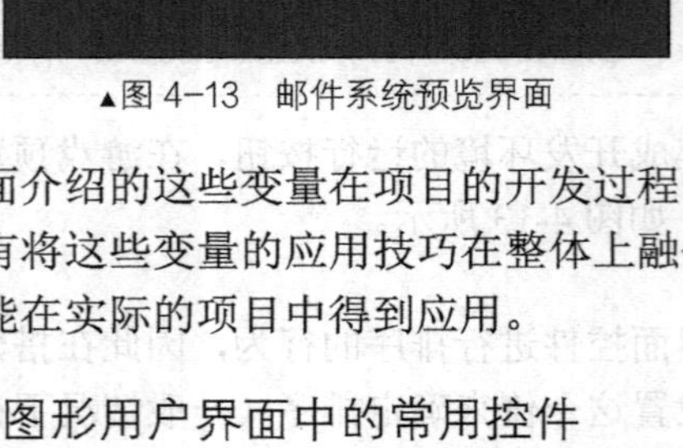

▲图 4-13　邮件系统预览界面

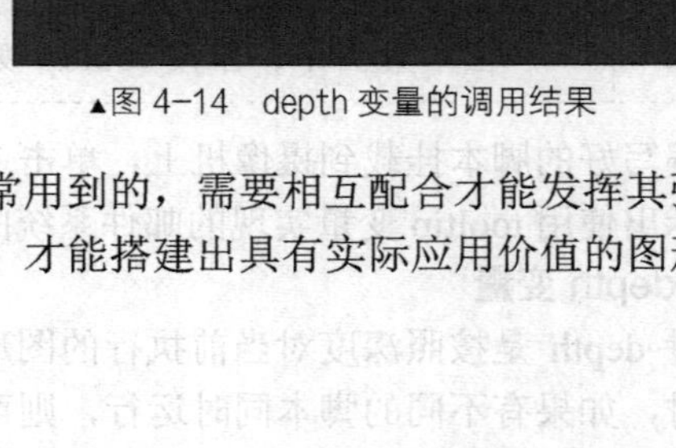

▲图 4-14　depth 变量的调用结果

上面介绍的这些变量在项目的开发过程中是经常用到的，需要相互配合才能发挥其强大的功能。只有将这些变量的应用技巧在整体上融会贯通，才能搭建出具有实际应用价值的图形用户界面，才能在实际的项目中得到应用。

4.1.2　图形用户界面中的常用控件

Unity 提供了丰富的图形用户界面控件，通过系统所提供的 GUI 工具类，就可以调用 GUI 类下的静态方法来帮助我们在界面内绘制我们所需要的控件，通过不同控件的搭配来实现我们所需的界面效果。具体的控件信息如表 4-2 所示。

表 4-2　　　　图形用户界面中的控件

控 件 名	描 述	控 件 名	描 述
Label	文本或者纹理标签控件	Box	图形盒子控件
DrawTexture	纹理图片控件	FocusControl	焦点控件
Toggle	开关控件	Toolbar	工具栏控件
Window	窗口控件	Bring WindowToFront	使窗口到前面
Drag Window	可拖动的窗口控件	Bring WondowToBack	使窗口到后面
SelectionGrid	网格按钮控件	ScrollTo	将内容滚动到制定位置
BeginScrollView	滚动视图控件	EndScrollView	结束滚动视图
DrawTextureWithTexCoords	纹理图片控件	Button	按钮控件
RepeatButton	按钮控件	TextField	单行文本编辑控件
PasswordField	密码输入框控件	TextArea	多行文本编辑控件
SetNextControlName	设置下一个控件名字	GetNameOfFocusedControl	获取有焦点被命名控件的名字
Focus Window	焦点窗口控件	Unfocus Window	失焦窗口
BeginGroup	开始组控件，必须与 EndGroup 配对出现	EndGroup	结束组控件，必须与 BeginGroup 配对出现
HorizontalSlider	水平的滑杆控件，并且可以自己设置阈值	VerticalSlider	垂直滑杆控件，并且可以自己设置阈值
HorizontalScrollbar	水平的滚动条控件，并且可以自己设置阈值	VerticalScrollbar	垂直滚动条控件，并且可以自己设置阈值

下面将对以上的各个控件进行详细介绍，包括创建控件所需的静态方法、具体参数和代码实现演示，使读者能够更加理解各个控件的功能和具体实现的步骤。

1. Label 控件

Label 控件用于在屏幕上绘制一个文本或者纹理标签，一般情况下创建此控件对象所采用是静态的方法，具体如下所列。

```
static void Label(Rect rect,string s)
static void Label(Rect rect,Texture img)
static void Label(Rect rect,GUIContent content)
static void Label(Rect rect,string s,GUIStyle myStyle)
static void Label(Rect rect,Texture img,GUIStyle myStyle)
static void Label(Rect rect,GUIContent content,GUIStyle myStyle)
```

说明　上述声明方法包含了许多不同的参数，“rect”参数表示标签在屏幕上矩形的位置；“s”参数表示标签显示的文本；“img”参数表示标签上显示的纹理；“content”参数表示标签上显示的文本、图片和信息提示；“myStyle”参数表示使用样式。

用下面的代码来创建 Label 控件，分别在屏幕上绘制一个中文标签和一个纹理标签，具体实现方法如下面的代码片段所示。

代码位置：见随书光盘中源代码/第 4 章目录下的 GUI\Assert\C#\GUILabel.cs。

```
using UnityEngine;
using System.Collections;
public class GUILabel : MonoBehaviour{
  public Texture2D textureToDisplay;                          //声明一个纹理图片
  void OnGUI(){                                               //声明 OnGUI 方法
    GUI.Label(new Rect(Screen.width / 10,Screen.height / 10,  //绘制一个文本表情
      Screen.width / 5,Screen.height / 10), "Hello World!");
```

```
        GUI.Label(new Rect(Screen.width / 10,Screen.height / 3,    //绘制一个纹理图片
          textureToDisplay.width, textureToDisplay.height), textureToDisplay);
    }}
```

> **说明** Label 控件没有用户交互，不捕捉鼠标点击，并总是被渲染为普通样式。如果你想创建响应用户输入的可视化控件，使用 Box 控件。

将编写好的脚本挂载到摄像机上，单击 Unity 集成开发环境的运行按钮，在游戏预览面板中就会显示出 Label 控件的创建效果。本案例中创建了一个文本标签和一幅纹理图，如图 4-15 所示。

2. DrawTexture 控件

DrawTexture 控件用于绘制一幅指定的纹理图，一般情况下创建此控件对象所采用的静态的方法如下。

```
    static  void  DrawTexture(Rect  rect,Texture  img,  ScaleMode.StretchToFill,bool
b,float f)
```

> **说明** 此方法绘制了一幅纹理图，并且设置了纹理图片的位置、显示纹理、图片的缩放模式、图片的混合模式和源图片的长宽比。

创建 DrawTexture 控件并在屏幕上绘制一幅纹理图的具体实现方法如下面的代码片段所示。

代码位置：见随书光盘中源代码/第 4 章目录下的 GUI\Assert\C#\GUIDrawTexture.cs。

```
    using UnityEngine;
    using System.Collections;
    public class GUIDrawTexture : MonoBehaviour {
      public Texture aTexture;                                   //声明一个纹理图片
      void OnGUI() {                                             //声明 OnGUI 方法
        GUI.DrawTexture(new Rect(Screen.width / 10,Screen.height / 10,Screen.width / 5,
        Screen.height / 5),aTexture,ScaleMode.ScaleToFit,true,0.0f); //绘制一个纹理图片
      }}
```

用编写好的代码来创建 DrawTexture 控件，单击 Unity 集成开发环境的运行按钮，在游戏预览面板中就会显示出 DrawTexture 控件的创建效果。本案例中创建了一幅固定坐标范围的纹理图，如图 4-16 所示。

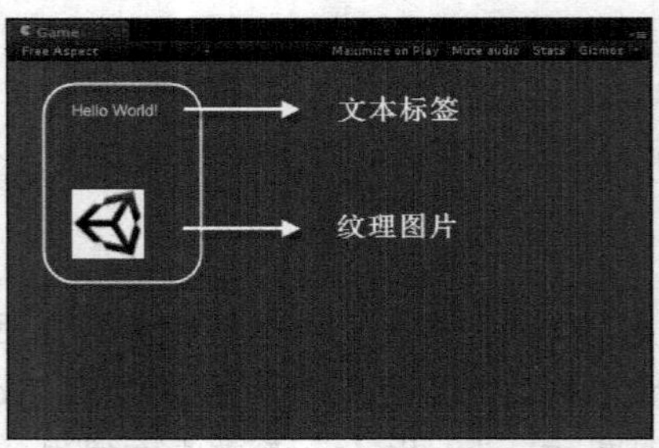

▲图 4-15　Label 控件的创建效果

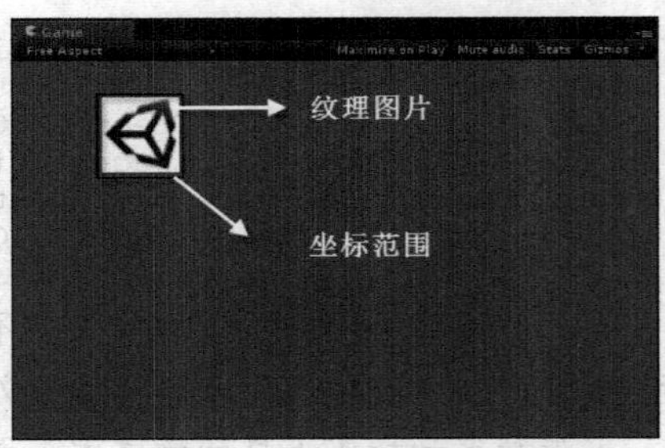

▲图 4-16　DrawTexture 控件的创建效果

3. DrawTextureWithTexCoords 控件

DrawTextureWithTexCoords 控件用于在给定的坐标系内绘制一幅纹理图，一般情况下创建此控件对象所采用的静态方法如下。

```
    static void DrawTextureWithTexCoords(Rect rect,Texture img,Rect texRect,bool b)
```

> **说明** 此方法绘制了一幅纹理图，并设置了屏幕坐标的具体位置、显示的纹理图片、图片伸缩比，以及是否启用默认的 alpha 渲染管线。

4. Box 控件

Box 控件用于在自定义的区域内绘制一个图形化的盒子，一般情况下创建此控件对象所采用的静态方法如下所列。

```
static void Box(Rect rect,string s)
static void Box(Rect rect,Texture img)
static void Box(Rect rect,GUIContent content)
static void Box(Rect rect,string s,GUIStyle myStyle)
static void Box(Rect rect,Texture img,GUIStyle myStyle)
static void Box(Rect rect,GUIContent content,GUIStyle mySytle)
```

说明 上述声明方法包含许多不同的参数，"rect"参数表示盒子在屏幕上的矩形位置；"s"参数表示在盒子上显示的文本；"img"参数表示显示在盒子上的纹理图片；"content"参数表示盒子的文本、图片和提示信息；"myStyle"参数表示盒子的使用样式。

创建 Box 控件并在屏幕上绘制一个图形化的盒子的具体实现方法如下面的代码片段所示。

代码位置：见随书光盘中源代码/第 4 章目录下的 GUI\Assert\C#\GUIBox.cs。

```
using UnityEngine;
using System.Collections;                                    //导入系统类
public class GUIBox : MonoBehaviour {
 void OnGUI(){                                               //声明 OnGUI 方法
   //在屏幕的自定义范围内绘制一个内容为 This is a title 的 Box 控件
   GUI.Box(new Rect(Screen.width / 5, Screen.height / 5,
     Screen.width / 2, Screen.height / 2), "This is a title");
}}
```

使用编写好的代码创建 Box 控件，单击 Unity 集成开发环境的运行按钮，在游戏预览面板中就会显示出 Box 控件的创建效果。本案例中创建了一个名为"This is a title"的图形化的盒子，如图 4-17 所示。

5. Button 控件

Button 控件用于绘制一个单次按下按钮，当用户单击按钮时立即触发（会有事件发生）。一般情况下创建此控件对象所采用的静态方法如下所列。

```
static bool Button(Rect rect,string s)
static bool Button(Rect rect,Texture img)
static bool Button(Rect rect,GUIContent content)
static bool Button(Rect rect,string s,GUIStyle myStyle)
static bool Button(Rect rect,Texture img,GUIStyle myStyle)
static bool Button(Rect rect,GUIContent content,GUIStyle myStyle)
```

说明 上述声明方法包含许多不同的参数，"rect"参数表示按钮在屏幕上的矩形位置；"s"参数表示在按钮上显示的文本；"img"参数表示在按钮上显示的纹理图片；"content"参数表示按钮的文本、图片和提示信息；"myStyle"参数表示按钮的使用样式。

创建 Button 控件并在屏幕上绘制一个纹理图片的按钮和文本按钮，具体实现方法如下面的代码片段所示。

代码位置：见随书光盘中源代码/第 4 章目录下的 GUI\Assert\C#\GUIButton.cs

```
using UnityEngine;
using System.Collections;
public class GUIButton : MonoBehaviour{
  public Texture btnTexture;                                 //声明一个 2D 纹理图片
  void OnGUI(){                                              //声明 OnGUI 方法
   if (!btnTexture){                                         //判断是否存在纹理图片
     Debug.LogError("Please assign a texture on the inspector");//若不存在，打印提示消息
     return;
```

```
        }
        if (GUI.Button(new Rect(Screen.width / 10,Screen.height / 10,Screen.width / 10,
          Screen.width / 10), btnTexture))//创建一个纹理按钮，并进行是否执行按钮操作的判定
        Debug.Log("Clicked the button with an image");    //若单击按钮，则打印提示信息
        if (GUI.Button(new Rect(Screen.width / 10,Screen.height / 3, Screen.width / 5,
          Screen.height / 10), "Click")) //创建一个文本按钮，并进行是否执行按钮操作的判定
        Debug.Log("Clicked the button with text");         //若单击按钮，则打印提示信息
    }}
```

说明　本案例中创建了一个纹理按钮和一个文本按钮，单击按钮时会在控制台界面打印相应的提示信息。注意，按钮是只能单次按下的，并且用户单击按时钮事件立即触发。

用编写好的代码来创建 Button 控件，单击 Unity 集成开发环境的运行按钮，在游戏预览面板中就会显示出 Button 控件的创建效果。如图 4-18 所示。

▲图 4-17　Box 控件的创建效果

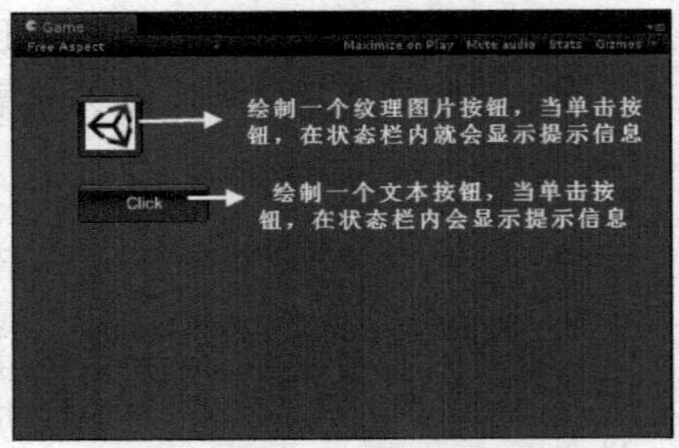

▲图 4-18　Button 控件的创建效果

6. RepeatButton 控件

RepeatButton 控件用于创建一个按钮，这个按钮只有在用户持续按下时才会被激活，并且从按下按钮到释放按钮的时间内将连续不断的发送 OnClick 事件。一般情况下创建此控件对象所采用的静态方法如下所列。

```
static bool RepeatButton(Rect rect,string s)
static bool RepeatButton(Rect rect,Texture img)
static bool RepeatButton(Rect rect,GUIContent content)
static bool RepeatButton(Rect rect,string s,GUIStyle mySytle)
static bool RepeatButton(Rect rect,Texture img,GUIStyle myStyle)
static bool RepeatButton(Rect rect,GUIContent content,GUIStyle mySyle)
```

说明　上述声明方法包含许多不同的参数，"rect"参数表示按钮在屏幕上的矩形位置；"s"参数表示在按钮上显示的文本；"img" 参数表示在按钮上显示的纹理图片；"content"参数表示按钮的文本、图片和提示信息；"myStyle" 参数表示按钮的使用样式。

创建 RepeatButton 控件并在屏幕上绘制一个纹理图片的按钮和文本按钮，具体实现方法如下面的代码片段所示。

代码位置：见随书光盘中源代码/第 4 章目录下的 GUI\Assert\C#\GUIReButton.cs。

```
using UnityEngine;
using System.Collections;
public class GUIReButton : MonoBehaviour {
  public Texture btnTexture;                                    //声明一个纹理图片
  void OnGUI(){                                                 //声明 OnGUI 方法
    if (!btnTexture){                                           //判断是否存在纹理图片
      Debug.LogError("Please assign a texture on the inspector");//若不存在，则打印提示信息
      return;
    }
```

```
      if (GUI.RepeatButton(new Rect(Screen.width / 10, Screen.height / 10,
        Screen.width / 10, Screen.width / 10), btnTexture))  //绘制一个纹理图片 RepeatButton
        Debug.Log("Clicked the button with an image");  //若持续按下按钮，则打印提示信息
      if (GUI.RepeatButton(new Rect(Screen.width / 10,Screen.height / 3,
        Screen.width / 5,Screen.height / 10), "Click")) //绘制一个文本 RepeatButton
        Debug.Log("Clicked the button with text");       //若持续按下按钮，则打印提示信息
}}
```

说明 需要注意的是 RepeatButton 控件和 Button 控件是不同的。前者只要用户按着不放就将一直被激活，是一种从按下按钮到释放按钮的时间内重复引发其 Click 事件的控件，也就是说它将连续不停地发送点击事件。

将编写好的脚本挂载到摄像机上，单击 Untiy 集成开发环境的运行按钮，在游戏预览面板中就会显示出 RepeatButton 控件的创建效果。本案例中创建了一个纹理按钮和一个文本按钮，持续按下按钮会在控制台界面打印相应的提示信息，如图 4-19 所示。

7. TextField 控件

TextField 控件用于绘制一个单行文本编辑框，可以在里面编辑一个字符串。一般情况下创建此控件对象所采用的静态方法如下所列。

```
static string TextField(Rect rect,string s,)
static string TextField(Rect rect,string s,int i)
static string TextField(Rect rect,string s,GUIStyle myStyle)
static string TextField(Rect rect,string s,int i,GUIStyle myStyle)
```

说明 上述声明方法包含许多不同的参数，“rect”参数表示文本字段在屏幕上的矩形位置；“s”参数表示显示的编辑文本；“i”参数控制字符的最大长度；“myStyle”参数表示文本字段的使用样式。

创建 TextField 控件并在屏幕上绘制一个单行文本编辑框，具体实现方法如下面的代码片段所示。

代码位置：见随书光盘中源代码/第 4 章目录下的 GUI\Assert\C#\GUIReButton.cs。

```
using UnityEngine;
using System.Collections;
public class GUITxField : MonoBehaviour {
  public string stringToEdit = "Hello World";                    //声明一个字符串
  void OnGUI(){                                                   //声明 OnGUI 方法
    stringToEdit = GUI.TextField(new Rect(Screen .width /10, Screen.height /10,
      Screen.width / 3, Screen.height / 10), stringToEdit, 25);//绘制一个单行文本编辑框
}}
```

说明 本案例中创建了一个单行文本编辑框，单击文本内容可继续编辑。

将编写好的脚本挂载到摄像机上，单击 Untiy 集成开发环境的运行按钮，在游戏预览面板中就会显示出 TextField 控件的创建效果。如图 4-20 所示。

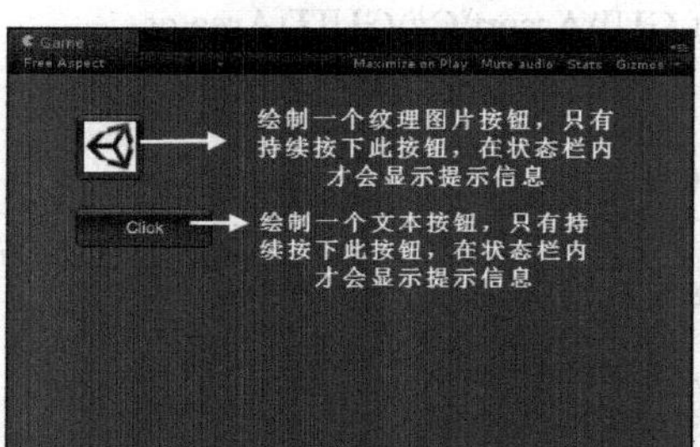

▲图 4-19 RepeatButton 控件的创建效果

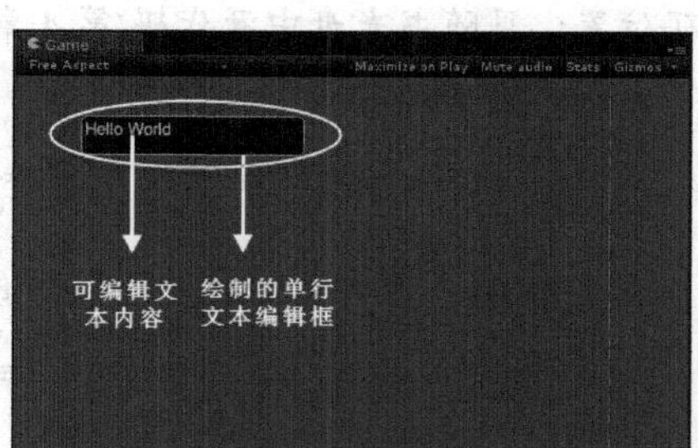

▲图 4-20 TextField 控件的创建效果

8. PasswordField 控件

PasswordField 控件用于绘制一个可编辑密码的文本输入框。一般情况下创建此控件对象所采用的静态方法如下所列。

```
static string PasswordField(Rect rect,string s,char c)
static string PasswordField(Rect rect,string s,char c,int i)
static string PasswordField(Rect rect,string s,char c,GUIStyle myStyle)
static string PasswordField(Rect rect,string s,char c,int i,GUIStyle myStyle)
```

说明 上述声明方法包含许多不同的参数，“rect”参数表示文本字段在屏幕上的矩形位置；“s”参数表示编辑的密码；“c”参数表示密码的字符遮罩；“i”参数表示字符串的最大长度；“myStyle”参数表示密码字段的使用样式。

创建 PasswordField 控件并在屏幕上绘制一个密码编辑框，具体实现方法如下面代码片段所示。

代码位置：见随书光盘中源代码/第 4 章目录下的 GUI\Assert\C#\GUIPwField.cs。

```
using UnityEngine;
using System.Collections;
public class GUIPwField : MonoBehaviour {
  public string passwordToEdit = "My Password";                    //声明一个字符串
  void OnGUI(){                                                     //声明 OnGUI 方法
    //绘制一个密码编辑框，并设置用*号来屏蔽密码，且设置密码编辑框的最大长度为 25
    passwordToEdit = GUI.PasswordField(new Rect(Screen.width / 10,Screen.height / 10,
      Screen.width / 2, Screen.height / 10), passwordToEdit, "*"[0], 25);
}}
```

说明 本案例中创建了一个密码输入框，可以在里面输入密码。

将编写好的脚本挂载到摄像机上，单击 Untiy 集成开发环境的运行按钮，在游戏预览面板中就会显示出 PasswordField 控件的创建效果。如图 4-21 所示。

9. TextArea 控件

TextArea 控件用于绘制一个多行文本编辑框，可以在里面编辑一段字符串。一般情况下创建此控件对象所采用的静态方法如下所列。

```
static string TextArea(Rect rect,string s)
static string TextArea(Rect rect,string s,int i)
static string TextArea(Rect rect,string s,GUIStyle myStyle)
static string TextArea(Rect rect,string s,int I,GUIStyle myStyle)
```

说明 上述声明方法包含许多不同的参数，“rect”参数表示文本区域在屏幕上的矩形位置；“s”参数表示显示的编辑文本；“i”参数表示字符串的最大长度；“myStyle”参数表示文本区域的使用样式。

创建 TextArea 控件并在屏幕上绘制一个多行文本编辑框，具体实现方法如下面的代码片段所示。

代码位置：见随书光盘中源代码/第 4 章目录下的 GUI\Assert\C#\GUITtArea.cs。

```
using UnityEngine;
using System.Collections;
public class GUITtArea : MonoBehaviour {
  public string stringToEdit = "Hello World\nI've got 2 lines...";//声明一段字符串
  void OnGUI(){                                                     //声明 OnGUI 方法
    //绘制一个多行文本编辑框，将已声明的字符串赋给它，并设置最大长度为 200
    stringToEdit = GUI.TextArea(new Rect(Screen.width / 10,Screen.height / 10,
      Screen.width / 2,Screen.height /2), stringToEdit, 200);
}}
```

说明 本案例中创建了一个多行文本编辑框，可进行文本编辑，最大长度为 200。

将编写好的脚本挂载到摄像机上，单击 Untiy 集成开发环境的运行按钮，在游戏预览面板中就会显示出 TextArea 控件的创建效果。如图 4-22 所示。

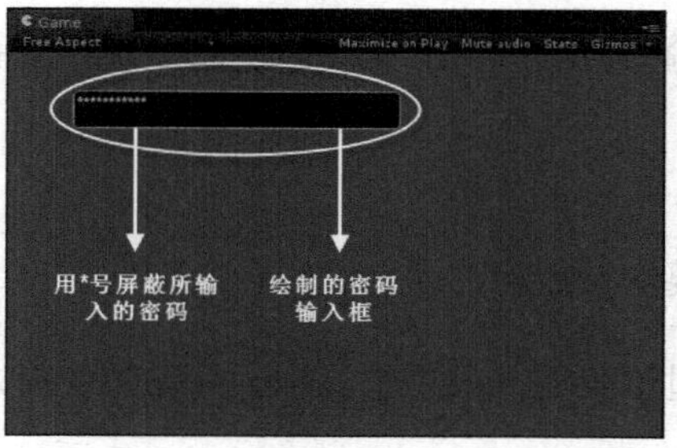

▲图 4-21　PasswordField 控件的创建效果

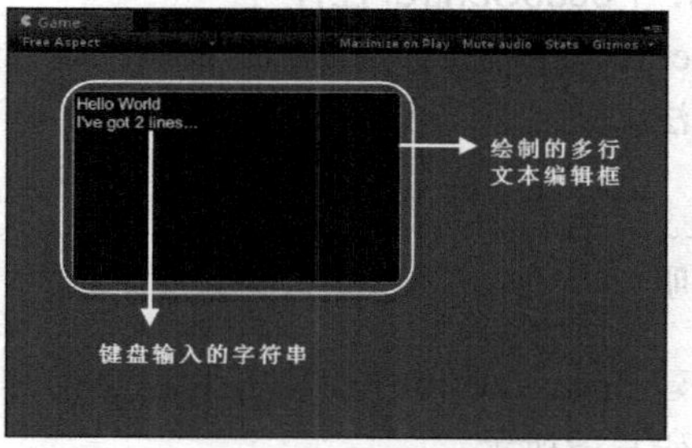

▲图 4-22　TextArea 控件的创建效果

10. SetNextControlName 控件和 GetNameOfFousedControl

SetNextControlName 控件用于给下一步控制设置事件名字。一般情况下创建此控件对象所采用的静态方法如下。

```
static void SetNextControlName(string s)
```

说明　此方法的参数"s"表示设置的时间名字。

GetNameOfFocusedControl 控件用于得到当前控制焦点的名字，其声明一般采用静态的方法。具体的声明方法如下。

```
static string GetNameOfFocusedControl()
```

说明　此方法无参数，用于得到当前控制的焦点名字，返回值为 string 型。

创建 SetNextControlName 控件和 GetNameOfFocusedControl 控件，可以通过得到当前控制焦点的名字来执行下一步的事件。具体实现方法如下面的代码片段所示。

代码位置：见随书光盘中源代码/第 4 章目录下的 GUI\Assert\C#\GUISName.cs。

```
using UnityEngine;
using System.Collections;
public class GUISName : MonoBehaviour {
  public string login = "username";           //声明一个内容为 username 的字符串 login
  public string login2 = "no action here";   //声明一个内容为 no action here 的字符串 login2
  void OnGUI(){                               //声明 OnGUI 方法
    GUI.SetNextControlName("user");           //设置下一步控制事件的名字为 user
    login = GUI.TextField(new Rect(Screen.width / 10,Screen.height / 10, Screen.width / 3,
      Screen.height / 10), login);            //绘制一个单行文本编辑框
    login2 = GUI.TextField(new Rect(Screen.width / 10, Screen.height / 3, Screen.width / 3,
       Screen.height / 10), login2);          //绘制一个单行文本编辑框
    if (Event.current.Equals(Event.KeyboardEvent("return")) &&//判断当前事件是否为键盘事件 return
      GUI.GetNameOfFocusedControl() == "user")//判断得到的当前事件名字是否为 user
      Debug.Log("Login");                     //打印提示信息 Login
    if (GUI.Button(new Rect(Screen.width / 2,Screen.height / 10, Screen.width / 5,
    Screen.height / 10), "Login"))            //在自定义的矩形区域绘制一个按钮
      Debug.Log("Login");                     //打印提示信息
}}
```

说明　SetNextControlName 控件是给接下来被注册的控件一个名字。

将编写好的脚本挂载到摄像机上，单击 Untiy 集成开发环境的运行按钮，在游戏预览面板中

就会显示出 SetNextControlName 控件和 GetNameOfFocusedControl 控件的创建效果。本案例中创建了两个单行文本编辑框和一个按钮，如图 4-23 所示。

11. FocusControl 控件

FocusControl 控件用于在当前焦点处通过键盘输入值。一般情况下创建此控件对象所采用的静态方法如下。

```
static void FocusControl(string s)
```

说明　此方法中的参数“s”表示焦点所要移动到的控件的名称。

创建 FocusControl 控件，可以在当前焦点处通过键盘输入值用来显示。具体的使用方法如下面的代码片段所示。

代码位置：见随书光盘中源代码/第 4 章目录下的 GUI\Assert\C#\GUIFControl.cs。

```
using UnityEngine;
using System.Collections;
public class GUIFControl : MonoBehaviour {
  public string username = "username";     //声明一个内容为 username 的字符串 username
  public string pwd = "a pwd";                  //声明一个内容为 a pwd 的字符串 pwd
  void OnGUI(){                                 //声明 OnGUI 方法
    GUI.SetNextControlName("MyTextField");    //给下一步控制事件命名 MyTextField
    //绘制一个单行文本编辑框，并将字符串 username 的内容赋给它
    username = GUI.TextField(new Rect(Screen.width / 10,Screen.height/ 10,
      Screen.width /3,Screen.height/ 10), username);
    //绘制一个单行文本编辑框，并将字符串 pwd 的内容赋给它
    pwd = GUI.TextField(new Rect(Screen.width / 10,Screen.height / 4,
      Screen.width /3, Screen.height/ 10), pwd);
    //绘制一个名字为 Move Focus 的按钮，并判定按钮是否被按下
    if (GUI.Button(new Rect(Screen.width/ 10,Screen.height *2/ 5,
      Screen.width /6, Screen.height /10), "Move Focus"))
      GUI.FocusControl("MyTextField");
}}
```

说明　在本案例中创建了两个单行文本框（分别用来输入用户名和密码）以及一个按钮。

将编写好的脚本挂载到摄像机上，单击 Untiy 集成开发环境的运行按钮，在游戏预览面板中就会显示出 FocusControl 控件的创建效果。如图 4-24 所示。

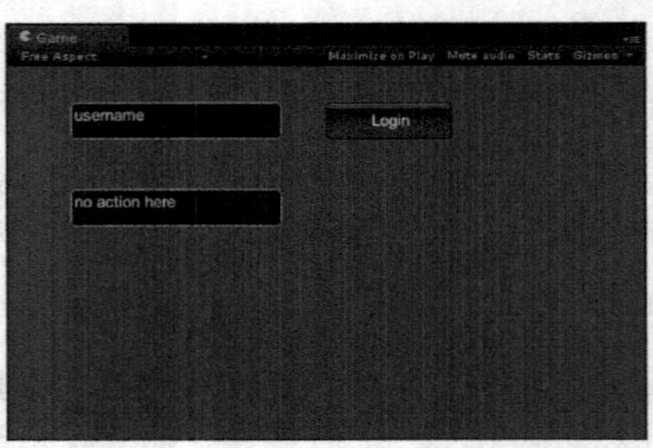

▲图 4-23　SetNextControlName 控件和 GetNameOfFocusedControl 控件的创建效果

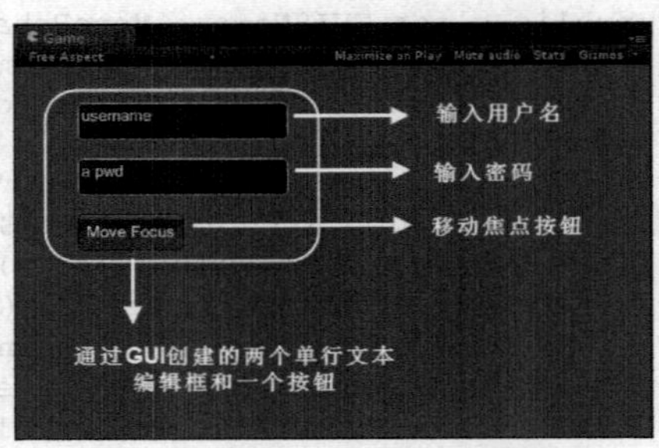

▲图 4-24　FocusControl 控件的创建效果

12. Toggle 控件

Toggle 控件用于绘制一个开关，通过控制开关的闭合来执行一些具体的操作。一般情况下创建此控件对象所采用的静态方法如下。

```
static bool Toggle(Rect rect,bool b,string s)
static bool Toggle(Rect rect,bool b,Texture img)
static bool Toggle(Rect rect,bool b,GUIContent content)
```

```
static bool Toggle(Rect rect,bool b,string s,GUIStyle myStyle)
static bool Toggle(Rect rect,bool b,Texture img,GUIStyle myStyle)
static bool Toggle(Rect rect,bool b,Texture img,GUIContent content,GUIStyle myStyle)
```

说明 上述声明方法包含许多不同的参数，“rect”参数表示开关按钮在屏幕上的矩形位置；“b”参数表示开关按钮的初始开关状态；“s”参数表示按钮上显示的文本；“img”参数表示按钮显示的纹理图片；“content”参数表示按钮的文本、图片和提示信息；“myStyle”参数表示开关按钮的使用样式。

创建 Toggle 控件的具体实现方法如下面的代码片段所示。

代码位置：见随书光盘中源代码/第 4 章目录下的 GUI\Assert\C#\GUIToggle.cs。

```
using UnityEngine;
using System.Collections;
public class GUIToggle : MonoBehaviour {
  public Texture aTexture;                 //声明一个纹理图片
  private bool toggleTxt = false;          //声明一个初始值为 false 的 bool 变量 toggleTxt
  private bool toggleImg = false;          //声明一个初始值为 false 的 bool 变量 toggleImg
  void OnGUI(){                            //声明 OnGUI 方法
    if (!aTexture){                        //判定是否存在纹理图片
      Debug.LogError("Please assign a texture in the inspector.");//若没有则打印提示信息
      return;
    }
    //绘制一个名为 A Toggle text 且初始状态为 toggleTxt 的开关
    toggleTxt = GUI.Toggle(new Rect(Screen.width/ 10,Screen.height/ 10,
      Screen.width/ 3,Screen.height / 10), toggleTxt, "A Toggle text");
    //绘制一个纹理图片为 aTexture 且初始状态为 toggleImg 的开关
    toggleImg = GUI.Toggle(new Rect(Screen.width/ 10,Screen.height/ 4,
      Screen.width / 10,Screen.height / 10), toggleImg, aTexture);
}}
```

说明 Toogle 控件用于创建 on/off 开关按钮，也就是通常说的单选按钮。

将编写好的脚本挂载到摄像机上，单击 Untiy 集成开发环境的运行按钮，在游戏预览面板中就会显示出 Toggle 控件的创建效果。本案例中创建了一个文本开关和一个纹理图片开关，默认均为 false，如图 4-25 所示。

13. Toolbar 控件

Toolbar 控件用于绘制一个工具条，在里面可以置入一些工具按钮。一般情况下创建此控件对象所采用的静态方法如下所列。

```
static int Toolbar(Rect rect,int i,string[] str)
static int Toolbar(Rect rect,int i,Texture[] imgs)
static int Toolbar(Rect rect,int i,GUIContent[] contents)
static int Toolbar(Rect rect,int i,string[] str,GUIStyle myStyle)
static int Toolbar(Rect rect,int i,Texture[] imgs,GUIStyle myStyle)
static int Toolbar(Rect rect,int i,GUIContent[] contents,GUIStyle myStyle)
```

说明 上述声明方法包含许多不同的参数，“rect”参数表示工具栏在屏幕上的矩形位置；“i”参数表示被选择按钮的索引号；“str”参数表示显示在工具栏按钮上的字符串数组；“imgs”参数表示显示在工具栏按钮上的纹理图片数组；“content”参数表示工具栏的文本、图片和提示信息；“myStyle”参数表示工具栏的使用样式。

创建 Toolbar 控件的具体实现方法如下面的代码片段所示。

代码位置：见随书光盘中源代码/第 4 章目录下的 GUI\Assert\C#\GUIToolbar.cs。

```
using UnityEngine;
using System.Collections;
```

```
public class GUIToolbar : MonoBehaviour {
  public int toolbarInt = 0;                       //声明一个初始值为 0 的整型变量 toolbarInt
  public string[] toolbarStrings = new string[] { "Toolbar1", "Toolbar2", "Toolbar3" };
                                                   //声明一个具有内容的字符型数组
  void OnGUI(){                                    //声明 OnGUI 方法
    //绘制一个内容为 toolbarStrings 且当前焦点在第 toolbarInt 上的工具条
    toolbarInt = GUI.Toolbar(new Rect(Screen.width /10,Screen.height /10, Screen.width /2,
      Screen.height /10), toolbarInt, toolbarStrings);
}}
```

说明　Toolbar 控件返回的是 int 类型的被选择按钮的索引号。

将编写好的脚本挂载到摄像机上，单击 Untiy 集成开发环境的运行按钮，在游戏预览面板中就会显示出 Toolbar 控件的创建效果。在本案例中绘制了三个内容分别为“Toolbar1”“Toolbar2”和“Toolbar3”的工具栏，如图 4-26 所示。

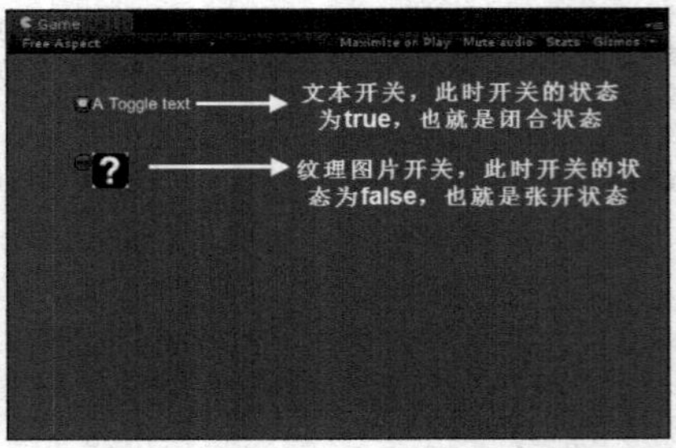

▲图 4-25　Toggle 控件的创建效果

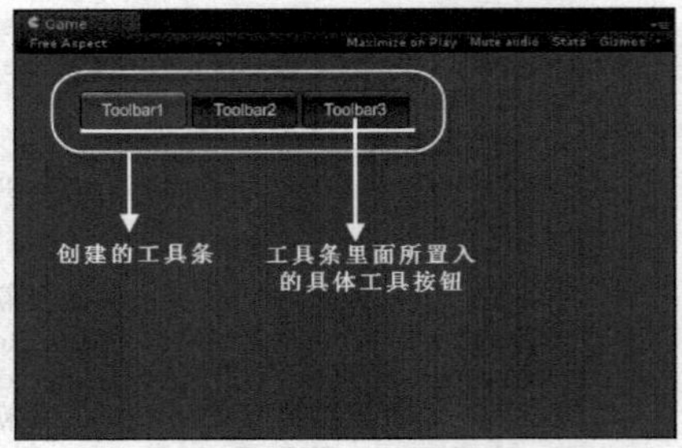

▲图 4-26　Toolbar 控件的创建效果

14. SelectionGrid 控件

SelectionGrid 控件用于绘制一个网格按钮，可以在自定义的网格内置入具体功能按钮。一般情况下创建此控件对象所采用的静态方法如下所列。

```
static int SelectionGrid(Rect rect,int i,string[] str,int xCount)
static int SelectionGrid(Rect rect,int i,Texture[] imgs,int xCount)
static int SelectionGrid(Rect rect,int i,string[] str,int xCount)
static int SelectionGrid(Rect rect,int i,string[] str,int xCount)
static int SelectionGrid(Rect rect,int i,Texture[] imgs,int xCount,GUIStyle myStyle)
static int SelectionGrid(Rect rect,int i,GUIContent[] contents,int xCount,GUIStyle myStyle)
```

说明　上述声明方法包含许多不同的参数，“rect”参数表示网格在屏幕上的矩形位置；“i”参数表示被选择表格按钮的索引号；“str”参数表示显示在网格按钮上的字符串数组；“imgs”参数表示显示在网格按钮上的纹理图片数组；“content”参数表示网格按钮的文本、图片和提示信息；“xCount”参数表示水平方向上元素个数；“myStyle”参数表示网格按钮的使用样式。

创建 SelectionGrid 控件的具体实现方法如下面的代码片段所示。

代码位置：见随书光盘中源代码/第 4 章目录下的 GUI\Assert\C#\GUISeGrid.cs。

```
using UnityEngine;
using System.Collections;
public class GUISeGrid : MonoBehaviour {
  public int selGridInt = 0;                       //声明一个初始值为 0 的整型变量 selGridInt
  public string[] selStrings = new string[] { "Grid 1", "Grid 2", "Grid 3", "Grid 4" };
                                                   //声明一个具有内容的字符型数组
  void OnGUI(){//声明 OnGUI 方法
```

```
      //绘制一个内容为 selStrings 且当前焦点在第 selGridInt 上的网格按钮控件
      selGridInt = GUI.SelectionGrid(new Rect(Screen.width /10,Screen.height /10,
        Screen.width /2, Screen.height /3), selGridInt, selStrings, 2);
    }}
```

说明 SelectionGrid 控件返回的是 int 类型的被选择按钮的索引号。

将编写好的脚本挂载到摄像机上，单击 Untiy 集成开发环境的运行按钮，在游戏预览面板中就会显示出 SelectionGrid 控件的创建效果。本案例中创建了一个 2×2 的网格按钮，分别为“Grid 1”“Grid2”“Grid 3”和“Grid 4”，如图 4-27 所示。

15. HorizontalSlider 控件

HorizontalSlider 控件用于绘制一个水平的滑杆，并且可以自己设置阈值。一般情况下创建此控件对象所采用的静态方法如下。

```
    static float HorizontalSlider(Rect rect,float f,float leftValue,float rightValue)
    static  float  HorizontalSlider(Rect  rect,float  f,float  leftValue,float
rightValue,GUIStyle slider,GUIStyle thumb)
```

说明 上述声明方法包含许多不同的参数“rect”参数表示滑动条在屏幕上的矩形位置；“f”参数表示滑动条的值，它确定了可拖动滑块的位置；“leftValue”参数表示滑动条最左边的值；“rightValue”参数表示滑动条最右边的值；“slider”参数表示用于显示可拖动区域 GUI 样式；“thumb”参数表示用于显示可拖动滑块的 GUI 样式。

创建 HorizontalSlider 控件的具体实现方法如下面的代码片段所示。

代码位置：见随书光盘中源代码/第 4 章目录下的 GUI\Assert\C#\GUIHorSlider.cs。

```
using UnityEngine;
using System.Collections;
public class GUIHorSlider : MonoBehaviour {
  public float hSliderValue = 0.0F;                //声明一个浮点型变量 hSliderValue
  void OnGUI(){                                    //声明 OnGUI 方法
    //绘制一个初始值为 hSliderValue 的水平滚动条
    hSliderValue = GUI.HorizontalSlider(new Rect(Screen.width /10,
      Screen.height/10, Screen.width/3, Screen.height /10), hSliderValue, 0.0F, 10.0F);
  }}
```

说明 HorizontalSlider 控件返回值为 float 类型，并且其所创建的水平滑动条，用户也只能在最小值和最大值之间拖动。

将编写好的脚本挂载到摄像机上，单击 Untiy 集成开发环境的运行按钮，在游戏预览面板中就会显示出 HorizontalSlider 控件的创建效果。本案例中创建了一个水平滚动条，可以用鼠标滑动滑杆调节控件的值。如图 4-28 所示。

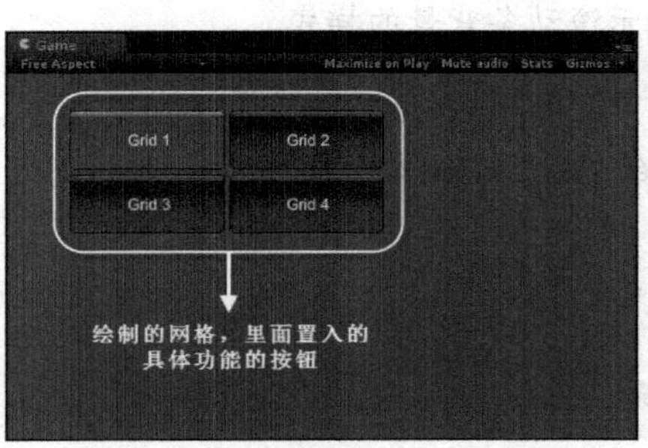

▲图 4-27 SelectionGrid 控件的创建效果

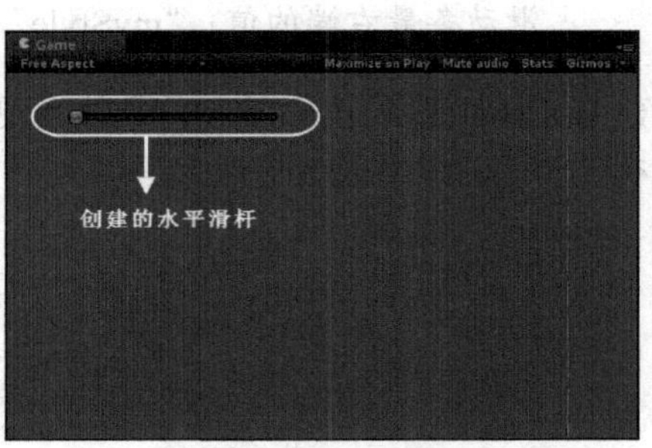

▲图 4-28 HorizontalSlider 控件的创建效果

16. VerticalSlider 控件

VerticalSlider 控件用于绘制一个垂直的滑杆，并且可以自己设置阈值。一般情况下创建此控件对象所采用的静态方法如下。

```
static float VerticalSlider(Rect rect,float f,float topValue,float bottomValue)
static float VerticalSlider(Rect rect,float f,float topValue,float
bottomValue,GUIStyle slider,GUIStyle thumb)
```

说明　上述声明方法包含许多不同的参数，"rect"参数表示滑动条在屏幕上的矩形位置；"f"参数表示滑动条的值，它确定了可拖动滑块的位置；"topValue"参数表示滑动条最顶部的值；"bottomValue"参数表示滑动条最底部的值；"slider"参数表示用于显示可拖动区域 GUI 样式；"thumb"参数表示用于显示可拖动滑块的 GUI 样式。

创建 VerticalSlider 控件的具体实现方法如下面的代码片段所示。

代码位置：见随书光盘中源代码/第 4 章目录下的 GUI\Assert\C#\GUIVerSlider.cs。

```
using UnityEngine;
using System.Collections;
public class GUIVerSlider : MonoBehaviour {
 public float vSliderValue = 0.0F;  //声明一个初始值为 0.0 的浮点型变量 vSliderValue
 void OnGUI(){                      //声明 OnGUI 方法
   //绘制一个初始值为 vSliderValue 的竖直滑杆
   vSliderValue = GUI.VerticalSlider(new Rect(Screen.width/10,Screen.height/10,
     Screen.width/10, Screen.height/3), vSliderValue, 10.0F, 0.0F);
 }}
```

说明　VerticalSlider 控件返回值为 float 类型，并且其所创建的竖直滑动条，用户也只能在最小值和最大值之间拖动。

将编写好的脚本挂载到摄像机上，单击 Untiy 集成开发环境的运行按钮，在游戏预览面板中就会显示出 VerticalSlider 控件的创建效果。本案例中创建了一个竖直滚动条，可以用鼠标滑动滑杆调节控件的值。如图 4-29 所示。

17. HorizontalScrollbar 控件

HorizontalScrollbar 控件用于绘制一个水平的滚动条，并且可以自己设置阈值。一般情况下创建此控件对象所采用的静态方法如下所列。

```
static float HorizontalScrollbar(Rect rect,float f,float size, float
leftValue,float rightValue)
static float HorizontalScrollbar(Rect rect,float f,float size, float leftValue,
float rightValue,GUIStyle myStyle)
```

说明　上述声明方法包含许多不同的参数，"rect"参数表示滑动条在屏幕上的矩形位置；"f"参数表示滑动条的值，它确定了可拖动滑块的位置；"size"参数表示我们所能看到的大小；"leftValue"参数表示滑动条最左端的值；"rightValue"参数表示滑动条最右端的值；"myStyle"参数表示滚动条背景的样式。

创建 HorizontalScrollbar 控件的具体实现方法如下面的代码片段所示。

代码位置：见随书光盘中源代码/第 4 章目录下的 GUI\Assert\C#\GUIHScrollbar.cs。

```
using UnityEngine;
using System.Collections;
public class GUIHScrollbar : MonoBehaviour {
 public float hSbarValue;                     //声明一个浮点型变量 hSbarValue
 void OnGUI(){                                //声明 OnGUI 方法
   //绘制一个初始值为 hSbarValue 的水平滚动条
   hSbarValue = GUI.HorizontalScrollbar(new Rect(Screen.width/10, Screen.height/10,
     Screen.width/3,Screen.height/10), hSbarValue, 1.0F, 0.0F, 10.0F);
 }}
```

> **说明** HorizontalScrollbar 控件返回值为 float 类型，并且能通过用户拖动滚动条，或单击滚动条上的箭头来改变值。能通过滚动条的滚动来浏览文档，大多数情况下可以使用 scrollView 代替。

将编写好的脚本挂载到摄像机上，单击 Untiy 集成开发环境的运行按钮，在游戏预览面板中就会显示出 HorizontalScrollbar 控件的创建效果。本案例中创建了一个水平滚动条，可以用鼠标滑动滚动条调节控件的值。如图 4-30 所示。

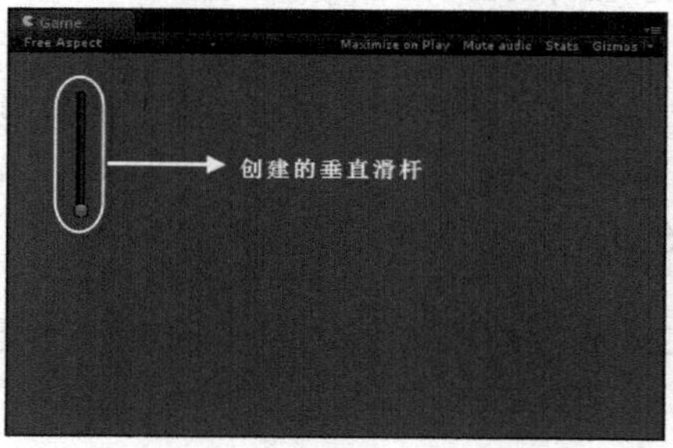

▲图 4-29 VerticalSlider 控件的创建效果

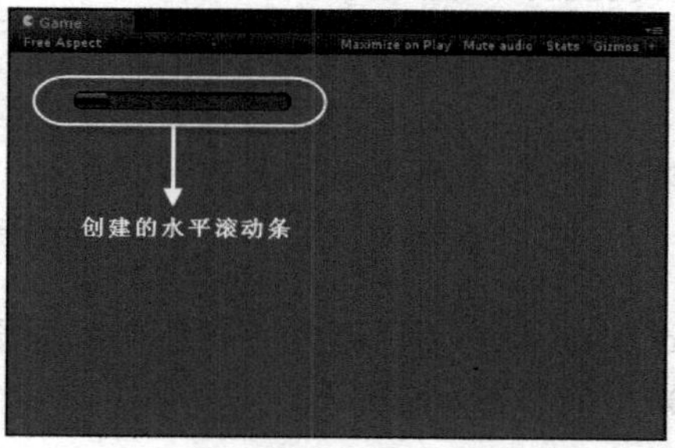

▲图 4-30 HorizontalScrollbar 控件的创建效果

18. VerticalScrollbar 控件

VerticalScrollbar 控件用于绘制一个垂直的滚动条，并且可以自己设置阈值。一般情况下创建此控件对象所采用的静态方法如下。

```
static float VerticalScrollbar(Rect rect,float f,float size,float topValue,float
bottomValue,GUIStyle myStyle)
```

> **说明** 上述声明方法包含许多不同的参数，“rect”参数表示滑动条在屏幕上的矩形位置；“f”参数表示滑动条的值，它确定了可拖动滑块的位置；“size”参数表示我们所能看到的大小；“topValue”参数表示滑动条最顶部的值；“bottomValue”参数表示滑动条最底部的值；“myStyle”参数表示滚动条背景的样式。

创建 VerticalScrollbar 控件的具体实现方法如下面的代码片段所示。

代码位置：见随书光盘中源代码/第 4 章目录下的 GUI\Assert\C#\GUIVScrollbar.cs

```
using UnityEngine;
using System.Collections;
public class GUIVScrollbar : MonoBehaviour {
  public float vSbarValue;                              //声明一个浮点型变量 hSbarValue
  void OnGUI(){                                         //声明 OnGUI 方法
    //绘制一个初始值为 hSbarValue 的竖直滚动条
    vSbarValue = GUI.VerticalScrollbar(new Rect(Screen.width/10, Screen.height/10,
      Screen.width/10, Screen.height/3), vSbarValue, 1.0F, 10.0F, 0.0F);
}}
```

> **说明** VerticalScrollbar 控件返回值为 float 类型，并且能通过用户拖动滚动条，或单击滚动条上的箭头来改变值。和水平滚动条一样能通过滚动来浏览文档，大多数情况下可以使用 scrollView 代替。

将编写好的脚本挂载到摄像机上，单击 Untiy 集成开发环境的运行按钮，在游戏预览面板中就会显示出 VerticalScrollbar 控件的创建效果。本案例中创建了一个竖直滚动条，可以用鼠标滑动滚动条调节控件的值。如图 4-31 所示。

19. BeginGroup 控件和 EndGroup 控件

BeginGroup 控件用于开始一个组，但必须配套 EndGroup 控件来结束一个组。一般情况下创建此控件对象所采用的静态方法如下。

```
static void BeginGroup(Rect rect)
static void BeginGroup(Rect rect,string s)
static void BeginGroup(Rect rect,Texture img)
static void BeginGroup(Rect rect,GUIContent)
static void BeginGroup(Rect rect,GUIStyle myStyle)
static void BeginGroup(Rect rect,string s,GUIStyle myStyle)
static void BeginGroup(Rect rect,Texture img,GUIStyle myStyle)
static void BeginGroup(Rect rect,GUIContent content,GUIStyle myStyle)
```

说明 上述声明方法包含许多不同的参数，“rect”参数表示组在屏幕上的矩形位置；“s”参数表示组上显示的文本；“img”参数表示在组上显示的纹理图片；“content”参数表示组的文本、图片和提示；“myStyle”参数表示组的背景的样式。

EndGroup 控件用于结束一个组，必须跟 BeginGroup 控件配对出现。一般情况下创建此控件对象所采用的静态方法如下。

```
static void EndGroup()
```

说明 此方法无参数，用于结束一个组。

创建 BeginGroup 控件和 EndGroup 控件的具体实现方法如下面的代码片段所示。

代码位置：见随书光盘中源代码/第 4 章目录下的 GUI\Assert\C#\GUIBgEdGroup.cs。

```
using UnityEngine;
using System.Collections;
public class GUIBgEdGroup : MonoBehaviour {
  void OnGUI(){                                    //声明 OnGUI 方法
    GUI.BeginGroup(new Rect(Screen.width / 2 - 200,//在屏幕自定义区域内创建一个组
      Screen.height / 2 - 100, 400, 200));
    GUI.Box(new Rect(0, 0, 400, 200),              //在自定义区域内创建一个 Box 控件
      "This box is now centered! - here you would put your main menu");
                                                   //Box 控件用于显示的内容
    GUI.EndGroup();                                //结束这个组
  }}
```

说明 当你开始创建一个组时，里面的 GUI 控件的坐标系统相对于组的左上角设置为（0,0），所有的控件被限制到该组。组可以嵌套，子组将依附于父组。并且当你需要在屏幕上移动一批 GUI 元素的时候，使用组将非常有用。

将编写好的脚本挂载到摄像机上，单击 Untiy 集成开发环境的运行按钮，在游戏预览面板中就会显示出 BeginGroup 控件和 EndGroup 控件的创建效果。本案例中开始了一个组并创建了一个 Box 控件，然后结束了这个组。如图 4-32 所示。

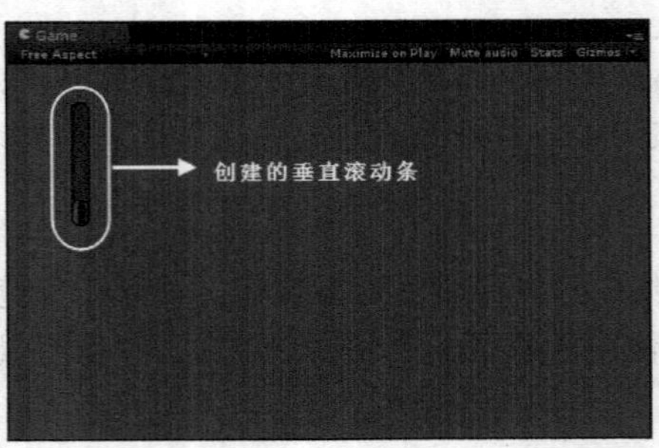

▲图 4-31　VerticalScrollbar 控件的创建效果

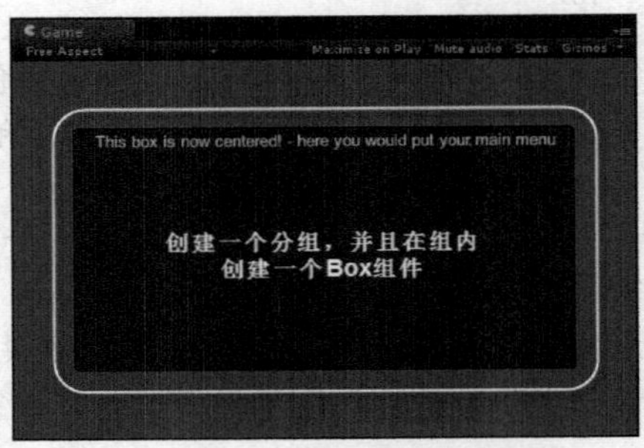

▲图 4-32　BeginGroup 控件和 EndGroup 控件的创建效果

20. BeginScrollView 控件和 EndScrollView 控件

BeginScrollView 控件用于在图形用户界面中创建一个滚动视图。一般情况下创建此控件对象所采用的静态方法如下。

```
static Vector2 BeginScrollView(Rect rect,Vector2 vec,Rect viewRect)
static Vector2 BeginScrollView(Rect rect,Vector2 vec,Rect viewRect,bool bHor,bool bVer)
static Vector2 BeginScrollView(Rect rect,Vector2 vec,Rect viewRect, GUIStyle
hor,GUIStyle ver)
static Vector2 BeginScrollView(Rect rect,Vector2 vec,Rect viewRect, bool bHor,bool bVer,
GUIStyle hor,GUIStyle ver)
```

说明 上述声明方法包含许多不同的参数，"rect" 参数表示组在屏幕上的矩形位置；"vec"参数表示显示滚动位置；"viewRect"参数表示滚动视图内使用的矩形；"bHor" 参数表示是否显示水平滚动条；"bVer" 参数表示是否显示垂直滚动条；"hor "参数表示水平滚动条的可选 GUIStyle "ver "参数表示竖直滚动条的可选 GUIStyle。

EndScrollView 控件用于在图形用户界面中撤销一个滚动视图。一般情况下创建此控件对象所采用的静态方法如下。

```
static void EndScrollView()
```

说明 此方法无参数，用于结束被开始的滚动视图。

创建 BeginScrollView 控件和 EndScrollView 控件的具体实现方法如下面的代码片段所示。

代码位置：见随书光盘中源代码/第 4 章目录下的 GUI\Assert\C#\GUIBgEdView.cs。

```
using UnityEngine;
using System.Collections;
public class GUIBgEdView : MonoBehaviour {
  public Vector2 scrollPosition = Vector2.zero;
                                    //声明一个初始值为（0，0）的坐标 scrollPosition
  void OnGUI(){                     //声明 OnGUI 方法
    //在屏幕的自定义区域内创建一个滚动视图
    scrollPosition = GUI.BeginScrollView(
      new Rect(Screen.width/10,Screen.height/10, Screen.width/4, Screen.height/3),
      scrollPosition, new Rect(0, 0,Screen.width /2, Screen.height/2));
    //在屏幕自定义区域内分别创建 4 个按钮
    GUI.Button(new Rect(0, 0, 100, 20), "Top-left");
    GUI.Button(new Rect(120, 0, 100, 20), "Top-right");
    GUI.Button(new Rect(0, 120, 100, 20), "Bottom-left");
    GUI.Button(new Rect(120, 120, 100, 20), "Bottom-right");
    GUI.EndScrollView();                        //撤销这个滚动视图
}}
```

说明 结束组必须和开始组 BeginGroup 成对使用。

将编写好的脚本挂载到摄像机上，单击 Untiy 集成开发环境的运行按钮，在游戏预览面板中就会显示出 BeginScrollView 控件和 EndScrollView 控件的创建效果。本案例中创建了一个滚动视图并在其区域中创建了 4 个按钮。如图 4-33 所示。

21. ScrollTo 控件

ScrollTo 控件用于给定一个坐标把内容滚动到指定的位置。一般情况下创建此控件对象所采用的静态方法如下。

```
static void ScrollTo(Rect rect)
```

说明 "rect "参数表示在屏幕上滚动到的位置。

创建 ScrollTo 控件的具体实现方法如下面的代码片段所示。

代码位置：见随书光盘中源代码/第 4 章目录下的 GUI\Assert\C#\GUIScrollTo.cs。

```
using UnityEngine;
using System.Collections;
public class GUIScrollTo : MonoBehaviour {
  public Vector2 scrollPos = Vector2.zero;   //声明一个初始值为(0,0)的坐标 scrollPos
  void OnGUI(){                              //声明 OnGUI 方法
    scrollPos = GUI.BeginScrollView(         //在屏幕指定区域内创建一个自定义滚动区域
      new Rect(Screen.width/10,Screen.height/ 10, Screen.width/5, Screen.height/4),
        scrollPos, new Rect(0, 0, Screen.width/2,Screen.height/ 10));
    //创建一个名字为 GoRight 按钮，并判断按钮是否被按下
    if (GUI.Button(new Rect(0,0,Screen.width/5, Screen.height/10), "Go Right"))
      GUI.ScrollTo(new Rect(Screen.width / 4, 0, Screen.width / 4, Screen.height / 10));
                                             //是当前焦点即可跳到指定的区域
    //创建一个名字为 GoLeft 按钮，并判断按钮是否被按下
    if (GUI.Button(new Rect(Screen.width/4, 0, Screen.width/5, Screen.height/10), "Go Left"))
      GUI.ScrollTo(new Rect(0, 0, Screen.width/5, Screen.height/10));
                                             //使当前焦点立即跳到指定的区域
    GUI.EndScrollView();                     //撤销滚动视图
}}
```

说明 ScrollTo 控件 scrollviews（滚动）到 position（指定的位置），通俗来说就是把内容滚动到指定的坐标。

将编写好的脚本挂载到摄像机上，单击 Untiy 集成开发环境的运行按钮，在游戏预览面板中就会显示出 ScrollTo 控件的创建效果。本案例中创建了一个滚动视图，然后在其中创建了两个可滚动焦点的按钮。如图 4-34 所示。

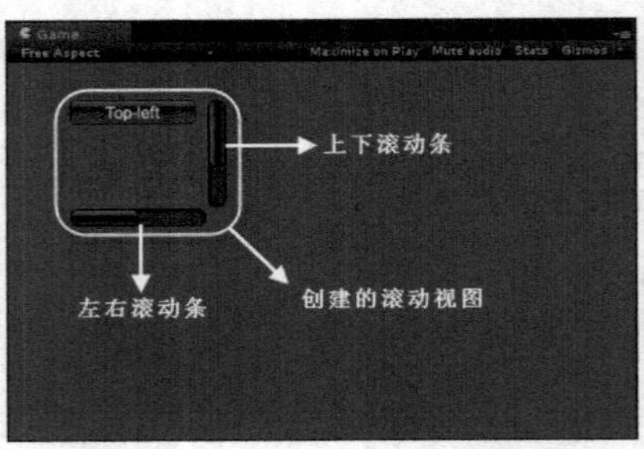

▲图 4-33 BeginScrollView 控件和 EndScrollView 控件的创建效果

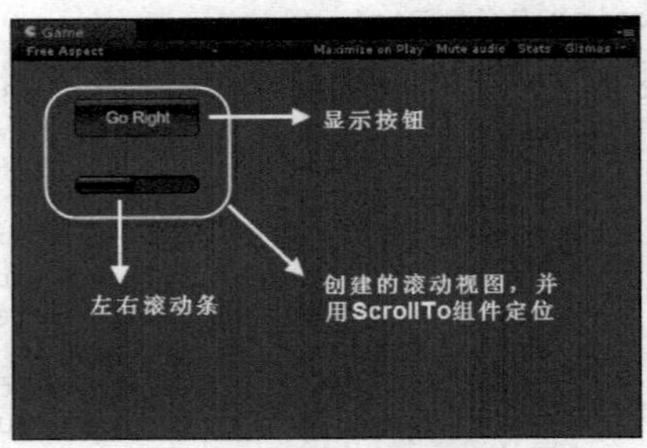

▲图 4-34 ScrollTo 控件的创建效果

22. Window 控件

Window 控件用于创建一个弹出窗口，窗口浮动在普通 GUI 控件之上。一般情况下创建此控件对象所采用的静态方法如下。

```
static Rect Window(int id,Rect rect,function windowFunction,string s)
static Rect Window(int id,Rect rect,function windowFunction,Texture img)
static Rect Window(int id,Rect rect,function windowFunction,GUIContent content)
static Rect Window(int id,Rect rect,function windowFunction,GUIStyle myStyle)
static Rect Window(int id,Rect rect,function windowFunction,Texture img,GUIStyle myStyle)
static Rect Window(int id,Rect rect,function windowFunction,GUIContent content,GUIStyle myStyle)
```

说明 上述声明方法包含许多不同的参数，“id”参数表示每个窗口的唯一 ID；“rect”参数表示窗口组在屏幕上的矩形位置；“windowFunction”参数表示在窗口中创建 GUI 的函数；“s”参数表示窗口的标题文本显示；“content”参数用于窗口的文本、图片和提示；“myStyle”参数表示用户窗口的可选样式。

创建 Window 控件的具体实现方法如下面的代码片段所示。

代码位置：见随书光盘中源代码/第 4 章目录下的 GUI\Assert\C#\GUIWindow1.cs。

```
using UnityEngine;
using System.Collections;
public class GUIWindow1 : MonoBehaviour {
  public Rect windowRect = new Rect(20, 20, 120, 50);//声明窗口的矩形区域 windowRect
  void OnGUI(){                                      //声明 OnGUI 方法
    //在 windowRect 矩形区域内绘制一个名为 My Window 的窗口
    windowRect = GUI.Window(0, windowRect, DoMyWindow, "My Window");
  }
  void DoMyWindow(int windowID){           //声明 DoMyWindow 函数，用于创建一个按钮
    if (GUI.Button(new Rect(10, 20, 100, 20), "Hello World"))
                                           //创建一个按钮，并判定按钮是否被按下
      print("Got a click");                //若按钮被按下，则打印提示信息
}}
```

说明　窗口浮动在普通 GUI 控件之上，点选焦点和能被终端用户随意拖动的特点，不像其他的控件，你需要为 GUI 控件传递它们一个单独的函数放进窗口。注意，如果你使用 GUILayout 在窗口中放你的组件，需要使用 GUILayout.Window。

将编写好的脚本挂载到摄像机上，单击 Untiy 集成开发环境的运行按钮，在游戏预览面板中就会显示出 Window 控件的创建效果。在本案例中创建了一个窗口，并在其中创建了一个按钮。如图 4-35 所示。

Window 控件可以使用一样的函数来创建多个窗口，但是要确定每一个窗口有自己的 ID。具体实现方法如下面的代码片段所示。

代码位置：见随书光盘中源代码/第 4 章目录下的 GUI\Assert\C#\GUIWindow2.cs

```
using UnityEngine;
using System.Collections;
public class GUIWindow2 : MonoBehaviour {
  public Rect windowRect0 = new Rect(20, 20, 120, 50);//声明窗口的矩形区域 windowRect0
  public Rect windowRect1 = new Rect(20, 100, 120, 50);//声明窗口的矩形区域 windowRect1
  void OnGUI(){                                        //声明 OnGUI 方法
    //分别在 windowRect0 和 windowRect1 两个矩形区域内绘制两个窗口
    windowRect0 = GUI.Window(0, windowRect0, DoMyWindow, "My Window");
    windowRect1 = GUI.Window(1, windowRect1, DoMyWindow, "My Window");
  }
  //声明 DoMyWindow 函数，用于创建一个按钮
  void DoMyWindow(int windowID){
    if (GUI.Button(new Rect(10, 20, 100, 20), "Hello World"))//绘制一个按钮，并判定是否被按下
      print("Got a click in window " + windowID);//若按钮被按下，打印相关提示信息
      GUI.DragWindow(new Rect(0, 0, 10000, 10000));//在自定义的矩形区域绘制一个可拖动窗口
}}
```

说明　Window 控件返回 Rect 类型，即窗口所在的矩形。

将编写好的脚本挂载到摄像机上，单击 Untiy 集成开发环境的运行按钮，在游戏预览面板中就会显示出 Window 控件的创建效果。在本案例中创建了两个不同 ID 的窗口，并在其中创建了一个按钮，如图 4-36 所示。

如果想要停止显示一个窗口，只需停止调用 OnGUI 方法，这样就会取消 Window 组件的绘制，也就取消了窗口的显示。具体实现方法如下面的代码片段所示。

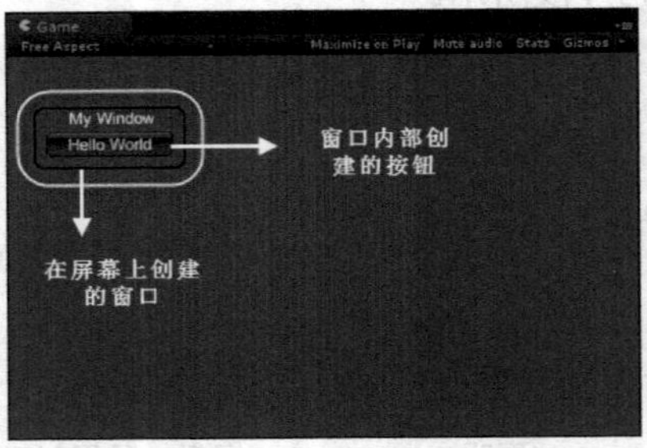

▲图 4-35　Window 控件的创建效果

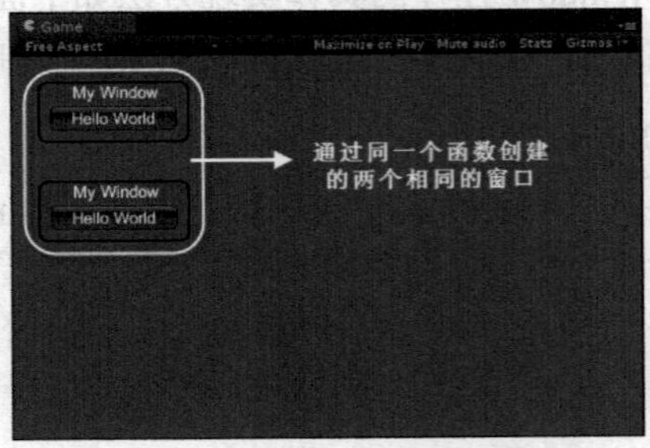

▲图 4-36　通过 Window 函数创建多个窗口

代码位置：见随书光盘中源代码/第 4 章目录下的 GUI\Assert\C#\GUIWindow3.cs。

```
using UnityEngine;
using System.Collections;
public class GUIWindow3 : MonoBehaviour {
  public bool doWindow0 = true;          //设置一个初始值为 true 的 bool 型变量 doWindow0
  void DoWindow0(int windowID){          //声明 DoWindow0 函数，用于绘制一个按钮
    GUI.Button(new Rect(10, 30, 80, 20), "Click Me!");//绘制一个名为 Click Me! 的按钮
  }
  void OnGUI(){                                               //声明 OnGUI 方法
    //绘制一个开关，并将 doWindow0 的值赋给开关
    doWindow0 = GUI.Toggle(new Rect(10, 10, 100, 20), doWindow0, "Window 0");
    //对 doWindow0 变量进行判定，判断是否绘制窗口
    if (doWindow0)
      GUI.Window(0, new Rect(110, 10, 200, 60), DoWindow0, "Basic Window");
                                                              //绘制指定的窗口
}}
```

说明　窗口需要从后向前绘制。在其他窗口上面的窗口需要比它们下面的窗口晚绘制。你不能指望在你的 Dowindow 函数中调用任意特定排序。为了使整个工作无缝，当你创建窗口时下面的值被储存（使用窗口函数），并且当你的 DoWindow 被 GUI.skin、GUI.enabled、GUI.color、GUI.backgroundColor、GUI.contentColor 及 GUI.matrix 调用时重新取回。

将编写好的脚本挂载到摄像机上，单击 Untiy 集成开发环境的运行按钮，在游戏预览面板中就会显示出 Window 控件的创建效果。在本案例中创建了用于控制窗口绘制的按钮，打开开关，窗口显示；关闭开关，窗口消失。如图 4-37 和图 4-38 所示。

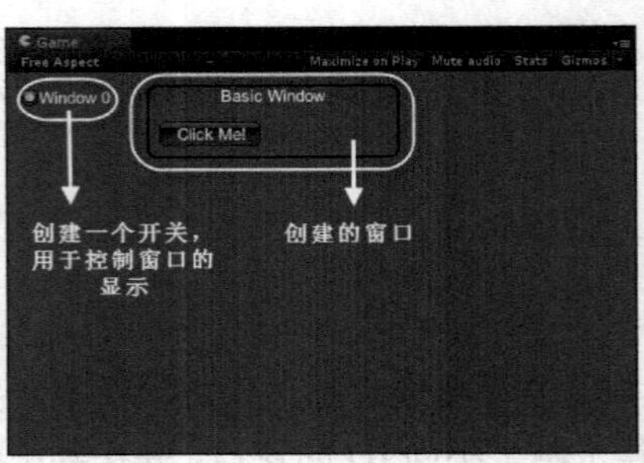

▲图 4-37　打开开关，显示窗口

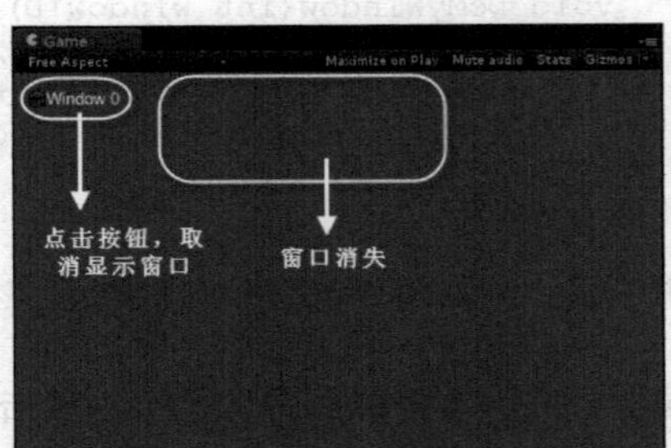

▲图 4-38　关闭开关，窗口消失

可以通过改变 Window 控件的变量来改变图形用户界面，创建出各种各样独具特色的窗口，下面就通过设置一些变量来创建不同的窗口。具体实现方法如下面的代码片段所示。

代码位置：见随书光盘中源代码/第 4 章目录下的 GUI\Assert\C#\GUIWindow4.cs。

```
using UnityEngine;
using System.Collections;
public class GUIWindow4 : MonoBehaviour {
  public Rect windowRect0 = new Rect(20, 20, 120, 50);//声明窗口的矩形区域 windowRect0
  public Rect windowRect1 = new Rect(20, 100, 120, 50);//声明窗口的矩形区域 windowRect1
  void OnGUI(){//声明 OnGUI 方法
    //设置 GUI 的 color 变量为红色，并在 windowRect0 区域内绘制一个窗口
    GUI.color = Color.red;
    windowRect0 = GUI.Window(0, windowRect0, DoMyWindow, "Red Window");
    //设置 GUI 的 color 变量为绿色，并在 windowRect1 区域内绘制一个窗口
    GUI.color = Color.green;
    windowRect1 = GUI.Window(1, windowRect1, DoMyWindow, "Green Window");
  }
  //声明 DoMyWindow 函数，用于创建一个可拖动窗口
  void DoMyWindow(int windowID){
    if (GUI.Button(new Rect(10, 20, 100, 20), "Hello World"))//声明一个按钮，并判断是否被按下
      print("Got a click in window with color " + GUI.color); //打印提示信息
    //在自定义处于内绘制一个可拖动窗口
    GUI.DragWindow(new Rect(0, 0, 10000, 10000));
}}
```

说明 为了实现更好的效果，你可以使用 GUI.color 的组件通道来淡入淡出窗口。

将编写好的脚本挂载到摄像机上，单击 Untiy 集成开发环境的运行按钮，在游戏预览面板中就会显示出 Window 控件的创建效果。在本案例中创建了一个红色背景的窗口和一个绿色背景的窗口。如图 4-39 所示。

23. DragWindow 控件

DragWindow 控件用于绘制一个可拖动的窗口，可以设置在可拖动的区域。一般情况下创建此控件对象所采用的静态方法如下。

```
static void DragWindow(Rect rect)
```

说明 “rect”参数表示能拖动窗口部分的位置。

创建 DragWindow 控件的具体实现方法如下面的代码片段所示。

代码位置：见随书光盘中源代码/第 4 章目录下的 GUI\Assert\C#\GUIDgWindow.cs。

```
using UnityEngine;
using System.Collections;
public class GUIDgWindow : MonoBehaviour {
  public Rect windowRect = new Rect(20,20,120,50);//声明窗口的矩形区域 windowRect
  void OnGUI(){                                   //声明 OnGUI 方法
    //在 windowRect 矩形区域中绘制一个内容为 My Window 的窗口
    windowRect = GUI.Window(0, windowRect, DoMyWindow, "My Window");
  }
  void DoMyWindow(int windowID){  //声明 DoMyWindow 函数，用于创建一个可拖动窗口
    GUI.DragWindow(new Rect(0, 0, 10000, 20));   //在自定义区域绘制一个可拖动窗口
}}
```

说明 DragWindow 控件使用时需要在你的窗口插入代码，调用到这个函数，来创建一个可拖动窗口。如果你想将完整的窗口背景作为拖动区域，使用 DragWindow 不带参数的版本，放在窗口函数的末尾。这将意味着，任何其他控件将会得到优先，拖动将仅在没有别的鼠标焦点时被激活。

将编写好的脚本挂载到摄像机上，单击 Untiy 集成开发环境的运行按钮，在游戏预览面板中就会显示出 DragWindow 控件的创建效果。在本案例中创建了一个可拖动的窗口，并设置了一个可拖曳区域来说明 DragWindow 控件的具体方法。如图 4-40 所示。

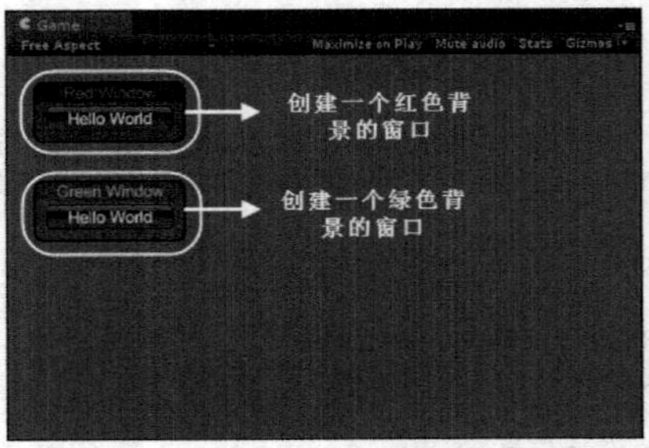

▲图 4-39 创建不同颜色背景的窗口

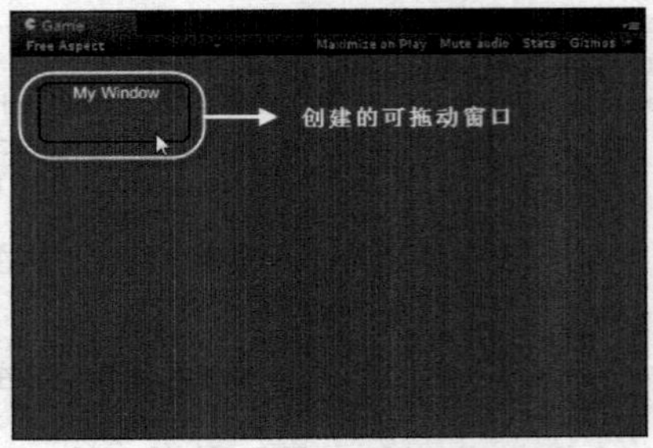

▲图 4-40 创建的可拖动窗口

24. BringWindowToFront 控件

BringWindowToFront 控件用于将当前窗口显示至最上面，即将当前窗口设置为所创建的所有窗口的最上面。一般情况下创建此控件对象所采用的静态方法如下。

```
static void BringWindowToFront(int windowID)
```

说明 "windowID"参数表示在窗口调用时创建窗口使用的标识符。

创建 BringWindowToFront 控件的具体实现方法如下面的代码片段所示。

代码位置：见随书光盘中源代码/第 4 章目录下的 GUI\Assert\C#\GUIBwtFront.cs。

```
using UnityEngine;
using System.Collections;
public class GUIBwtFront : MonoBehaviour{
  private Rect windowRect = new Rect(20, 20, 120, 50); //声明窗口的矩形区域windowRect
  private Rect windowRect2 = new Rect(80, 20, 120, 50); //声明窗口的矩形区域windowRect2
  void OnGUI(){                                          //声明 OnGUI 方法
    windowRect = GUI.Window(0, windowRect, DoMyFirstWindow, "First");//绘制第一个窗口
    windowRect2 = GUI.Window(1, windowRect2, DoMySecondWindow, "Second");
                                                         //绘制第二个窗口
  }
  void DoMyFirstWindow(int windowID){                    //声明 DoMyFirstWindow 函数
    if (GUI.Button(new Rect(10, 20, 100, 20), "Bring to front"))
                                                         //绘制一个按钮,并判断是否被按下
      GUI.BringWindowToFront(1);
      //调用 BringWondowToFront 方法，并将 ID 为 1 的窗口置于最上方
      GUI.DragWindow(new Rect(0, 0, 10000, 20));         //绘制一个可拖动窗口
  }
  void DoMySecondWindow(int windowID){                   //声明 DoMySecondWindow 函数
    if (GUI.Button(new Rect(10, 20, 100, 20), "Bring to front"))
                                                         //绘制一个按钮,并判断是否被按下
      GUI.BringWindowToFront(0);
      //调用 BringWindowToFront 方法，将 ID 为 0 的窗口置于最上方
      GUI.DragWindow(new Rect(0, 0, 10000, 20));
}}
```

说明 在本案例中创建了两个部分重叠的窗口，单击窗口的按钮会将另一窗口置于最上方。

将编写好的脚本挂载到摄像机上，单击 Untiy 集成开发环境的运行按钮，在游戏预览面板中就会显示出 BringWindowToFront 控件的创建效果。如图 4-41 所示。

25. BringWindowToBack 控件

BringWindowToBack 控件用于将当前窗口移至最下面，即将当前窗口设置为所创建的所有窗口的最下方，一般情况下创建此控件对象所采用的静态方法如下。

```
static void BringWindowToBack(int windowID)
```

说明 "windowID"参数表示在窗口调用时创建窗口使用的标识符。

创建 BringWindowToBack 控件的具体实现方法如下面的代码片段所示。

代码位置：见随书光盘中源代码/第 4 章目录下的 GUI\Assert\C#\GUIBwtBack.cs。

```
using UnityEngine;
using System.Collections;
public class GUIBwtBack : MonoBehaviour {
  private Rect windowRect = new Rect(20, 20, 120, 50);   //声明窗口的矩形区域windowRect
  private Rect windowRect2 = new Rect(80, 20, 120, 50);  //声明窗口的矩形区域windowRect2
  void OnGUI(){                                           //声明 OnGUI 方法
    windowRect = GUI.Window(0, windowRect, DoMyFirstWindow, "First");
                                                          //绘制第一个窗口
    windowRect2 = GUI.Window(1, windowRect2, DoMySecondWindow, "Second");
                                                          //绘制第二个窗口
  }
  void DoMyFirstWindow(int windowID){                     //声明 DoMyFirstWindow 函数
    if (GUI.Button(new Rect(10, 20, 100, 20), "Put Back"))
                                                          //绘制一个按钮，并判断是否被按下
      GUI.BringWindowToBack(0); //调用 BringWindowToBack 函数，将 ID 为 0 的窗口置于最后
    GUI.DragWindow(new Rect(0, 0, 10000, 20));            //绘制一个可拖动窗口
  }
  void DoMySecondWindow(int windowID){                    //声明 DoMySecondWindow 函数
    if (GUI.Button(new Rect(10, 20, 100, 20), "Put Back"))
                                                          //绘制一个按钮，并判断是否被按下
      GUI.BringWindowToBack(1); //调用 BringWindowToBack 函数，将 ID 为 1 的窗口置于最后
      GUI.DragWindow(new Rect(0, 0, 10000, 20))           //绘制一个可拖动窗口
}}
```

说明 在本案例中创建了两个部分重叠的窗口，单击窗口的按钮会将其置于最下方。

将编写好的脚本挂载到摄像机上，单击 Untiy 集成开发环境的运行按钮，在游戏预览面板中就会显示出 BringWindowToFront 控件的创建效果。如图 4-42 所示。

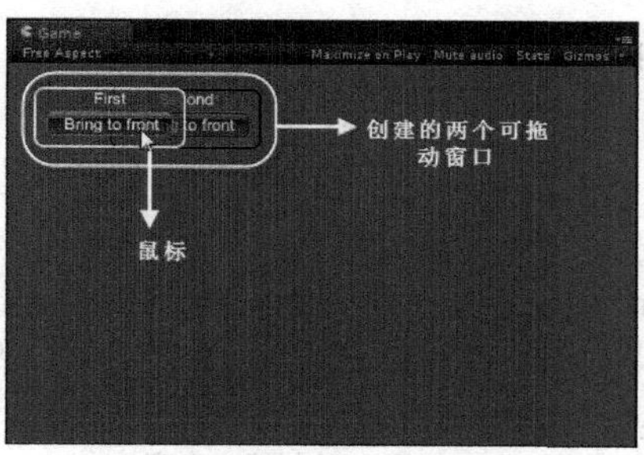

▲图 4-41 BringWindowToFront 控件的创建效果

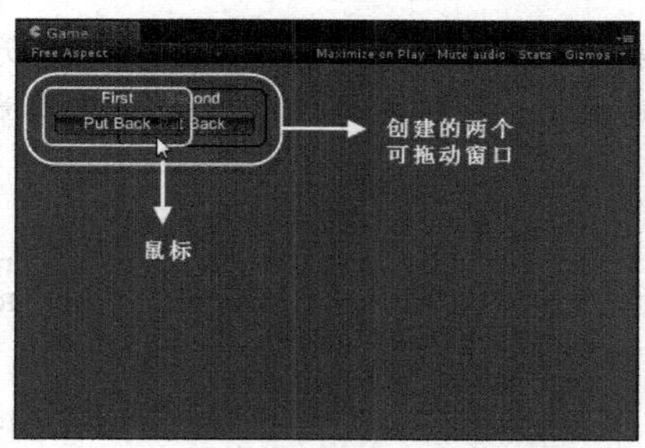

▲图 4-42 BringWindowToBack 控件的创建效果

26. FocusWindow 控件

FocusWindow 控件用于设置一个窗口为当前焦点窗口，通过调用窗口的 ID 即可完成设置。一般情况下创建此控件对象所采用的静态方法如下。

```
static void FocusWindow(int windowID)
```

说明 "windowID"参数表示在窗口调用时创建窗口使用的标识符。

创建 FocusWindow 控件的具体实现方法如下面的代码片段所示。

代码位置：见随书光盘中源代码/第 4 章目录下的 GUI\Assert\C#\GUIFcWindow.cs。

```
using UnityEngine;
using System.Collections;
public class GUIFcWindow : MonoBehaviour {
  private Rect windowRect = new Rect(20, 20, 120, 50);   //声明窗口的矩形区域windowRect
  private Rect windowRect2 = new Rect(20, 80, 120, 50);  //声明窗口的矩形区域windowRect2
  void OnGUI(){                                           //声明 OnGUI 方法
```

```
    windowRect = GUI.Window(0, windowRect, DoMyFirstWindow, "First");
                                                        //绘制第一个窗口
    windowRect2 = GUI.Window(1, windowRect2, DoMySecondWindow, "Second");
                                                        //绘制第二个窗口
  }
  void DoMyFirstWindow(int windowID){                   //声明 DoMyFirstWindow 函数
   if (GUI.Button(new Rect(10, 20, 100, 20), "Focus other"))
                                                        //绘制一个按钮,并判断是否被按下
     GUI.FocusWindow(1);          //调用 FocusWindow 函数,并将 ID 为 1 的窗口设置为焦点窗口
  }
  void DoMySecondWindow(int windowID){                  //声明 DoMySecondWindow 函数
   if (GUI.Button(new Rect(10, 20, 100, 20), "Focus other"))
                                                        //绘制一个按钮,并判断是否被按下
     GUI.FocusWindow(0);  //调用 FoucsWindow 函数，并将 ID 为 0 的窗口设置为焦点窗口
}}
```

说明 FocusWindow 控件可以使一个窗口成为活动窗口。在本案例中创建了两个窗口，单击窗口的按钮会将另一窗口设置为焦点窗口。

将编写好的脚本挂载到摄像机上，单击 Untiy 集成开发环境的运行按钮，在游戏预览面板中就会显示出 FocusWindow 控件的创建效果。如图 4-43 所示。

27. UnfocusWindow 控件

UnfocusWindow 控件用于将当前的焦点窗口从所有的窗口中移除，通过调用窗口的 ID 即可完成设置。一般情况下创建此控件对象所采用的静态方法如下。

```
static void UnfocusWindow()
```

说明 "windowID "参数表示在窗口调用时创建窗口使用的标识符。

创建 UnfocusWindow 控件的具体实现方法如下面的代码片段所示。

代码位置：见随书光盘中源代码/第 4 章目录下的 GUI\Assert\C#\GUIDgWindow.cs。

```
using UnityEngine;
using System.Collections;
public class GUIUfcWindow : MonoBehaviour {
  private Rect windowRect = new Rect(20, 20, 120, 50);   //声明窗口的矩形区域windowRect
 private Rect windowRect2 = new Rect(20, 80, 120, 50);   //声明窗口的矩形区域windowRect2
  void OnGUI(){                                          //声明 OnGUI 方法
   windowRect = GUI.Window(0, windowRect, DoMyFirstWindow, "First");
                                                         //绘制第一个窗口
   windowRect2 = GUI.Window(1, windowRect2, DoMySecondWindow, "Second");
                                                         //绘制第二个窗口
  }
  void DoMyFirstWindow(int windowID){                    //声明 DoMyFirstWindow 函数
    if (GUI.Button(new Rect(10, 20, 100, 20), "UnFocus"))//绘制一个按钮，并判断按钮是否被按下
      GUI.UnfocusWindow();                               //若被按下,则移除当前窗口的焦点
  }
  void DoMySecondWindow(int windowID){                   //声明 DoMyFirstWindow 函数
    if (GUI.Button(new Rect(10, 20, 100, 20), "UnFocus"))//绘制一个按钮，并判断按钮是否被按下
      GUI.UnfocusWindow();                               //若被按下,则移除当前窗口的焦点
}}
```

说明 UnfocusWindow 控件用于从所有窗口移除焦点,也就是说使所有窗口处于不激活状态。

将编写好的脚本挂载到摄像机上，单击 Untiy 集成开发环境的运行按钮，在游戏预览面板中就会显示出 UnfocusWindow 控件的创建效果。在本案例中创建了两个窗口，单击窗口的按钮会移

除当前窗口的焦点。如图 4-44 所示。

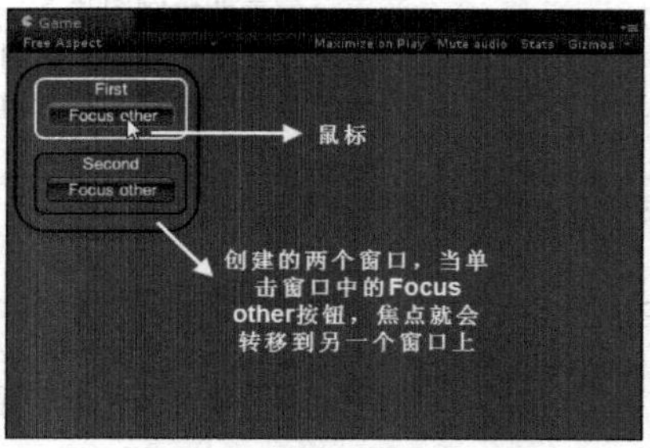

▲图 4-43 FocusWindow 控件的创建效果

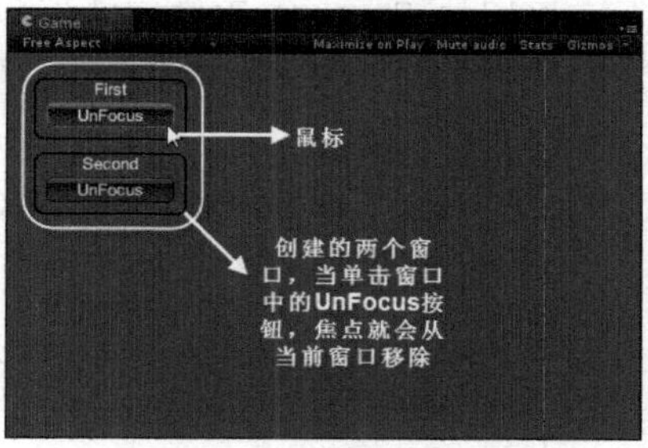

▲图 4-44 UnfocusWindow 控件的创建效果

4.1.3 图形用户界面控件综合案例

在实际的开发过程中，图形用户界面控件会得到大量的应用。例如，在开发游戏时，游戏设置界面和帮助界面的搭建会应用到图形用户界面搭建的相关知识，正确合理地应用这些图形用户界面控件，就可以搭建绚丽漂亮的界面。

下面就用单纯的图形用户界面控件搭建一个相册的界面。在本案例中，绘制了一些按钮、纹理图片和窗口，通过对这些控件的合理搭配，进而搭建出了一个较为绚丽的相册界面。下面就对这个相册的制作过程进行详细介绍，具体的制作步骤如下。

（1）相册所需的资源的收集。既然要搭建一个相册界面，就避免不了收集照片、相册中一些必须的按钮纹理贴图，以及相册标题贴图。这些资源的具体信息如表 4-3 所示。

表 4-3　　相册所需资源的具体信息

图 片 名	大小/KB	像素/（w×h）	用 途
1.jpg	170	512×512	用于显示示例图片 1
2.jpg	170	512×512	用于显示示例图片 2
3.jpg	170	512×512	用于显示示例图片 3
4.jpg	170	512×512	用于显示示例图片 4
5.jpg	170	512×512	用于显示示例图片 5
album.png	85	256×128	相册标题纹理贴图
ok.png	85	256×128	确定按钮纹理贴图
return.png	85	256×128	返回按钮纹理贴图
bg.jpg	341	1024×512	背景图片

（2）将所收集的资源导入 Unity 集成开发环境。双击桌面上的 Unity 图标进入 Unity 集成开发环境，在开发环境中执行"File→New Scene"命令新建一个场景，然后执行"Assets→Import New Asset..."命令，会立刻弹出一个 Import New Asset 对话框，选择需要导入的资源。

（3）编写脚本，实现具体的图形用户界面的搭建。执行"Assets→Create→C# Script"命令，在项目资源列表中就创建了一个 C# Script 脚本，在此将脚本的名字改为"AlbumScript"，双击这个脚本即可进入默认的脚本编辑器，在脚本编辑器中编写此相册的脚本。具体实现方法如下面的代码片段所示。

代码位置：见随书光盘中源代码/第 4 章目录下的 GUI\Assert\C#\AlbumScript.cs。

```
using UnityEngine;
using System.Collections;
```

```
3    public class AlbumScript : MonoBehaviour {
4      public Texture BackgroundTex;                               //声明背景纹理图片
5      public Texture Texture1;                                    //声明示例图片 1
6      public Texture[] Scene;                                     //声明示例图片数组
7      int i = 1;                                                  //声明示例图片数组索引
8      public GUIStyle MyStyle;                                    //声明 GUIStyle
9      ...//此处省略一些变量声明的代码，有兴趣的读者可以自行翻看光盘中的源代码
10     void Update() {//声明 Update 方法
11       if (Application.platform == RuntimePlatform.Android) {//判断运行平台是否为 Android 平台
12         if (Input.GetKeyUp(KeyCode.Home)) {        //判断按键是否为 Android 设备的 Home 键
13           Application.Quit();                                   //若是 Home 键，项目退出
14       }
15     if (Input.GetKeyUp(KeyCode.Escape)) {          //判断按键是否为 Android 设备的返回键
16       Application.Quit();                                       //若是返回键，项目退出
17     }}}
18     void OnGUI(){                                               //声明 OnGUI 方法
19       float ratioScaleTempH = Screen.height / 960.0f;//声明屏幕自适应的纵向缩放比变量
20       float ratioScaleTempW = Screen.width / 540.0f;//声明屏幕自适应的横向缩放比变量
21       Rect windowRect =new Rect(20*ratioScaleTempW,//声明自定义矩形窗口，实现屏幕自适应
22         250*ratioScaleTempH,500*ratioScaleTempW,550*ratioScaleTempH);
23       GUI.DrawTexture(new Rect(0,0,540*ratioScaleTempW,//绘制背景纹理图片，并实现屏幕自适应
24         960*ratioScaleTempW),BackgroundTex,ScaleMode.ScaleToFit,true,540.0f/960.0f);
25       GUI.DrawTexture(new Rect(170*ratioScaleTempW,//绘制相册标题纹理图片，并实现屏幕自适应
26         20*ratioScaleTempH,200*ratioScaleTempW,100*ratioScaleTempH),
27           AlbumTex,ScaleMode.ScaleToFit,true,200.0f/100.0f);
28       //绘制左箭头按钮纹理图片，并实现屏幕自适应，以及对按钮是否被按下进行判定
29       if (GUI.Button(new Rect(20 * ratioScaleTempW, 145 * ratioScaleTempH,
30       50 * ratioScaleTempW, 50 * ratioScaleTempH),LeftTexture,MyStyle)){
31         i--;                                                    //示例图片数组索引自减
32        if (i < 0) {                                             //若示例图片数组索引小于 0
33          i= 4;                                                  //将索引值设为 4
34       }}
35       //绘制示例图片 1 按钮纹理图片，并实现屏幕自适应，以及对按钮是否被按下进行判定
36       if (GUI.Button(new Rect(70 * ratioScaleTempW, 130 * ratioScaleTempH,
37         80 * ratioScaleTempW, 80 * ratioScaleTempH),Texture1, MyStyle)) {
38         i = 0;                                                  //设置示例图片数组的索引值为 0
39       }
40       ...//此处省略一些按钮绘制的代码，有兴趣的读者可以自行翻看光盘中的源代码
41       windowRect = GUI.Window(0,windowRect,DoMyWindow,"");  //绘制一个窗口
42       //绘制示确定按钮纹理图片，并实现屏幕自适应，以及对按钮是否被按下进行判定
43       if (GUI.Button(new Rect(70 * ratioScaleTempW, 830 * ratioScaleTempH,
44         100 * ratioScaleTempW, 50 * ratioScaleTempH),okTexture, MyStyle)) {
45         Debug.Log("显示的风景图片");                            //若被按下则打印提示信息
46       }
47       ...//此处省略一些按钮绘制的代码，有兴趣的读者可以自行翻看光盘中的源代码
48       }}
49       void DoMyWindow(int windowID){//声明 DoMyWindow 函数
50         float ratioScaleTempH = Screen.height / 960.0f;//声明屏幕自适应的纵向缩放比变量
51         float ratioScaleTempW = Screen.width / 540.0f; //声明屏幕自适应的横向缩放比变量
52         //在刚绘制的窗口内，自定义一个区域并绘制一个与示例图片数组索引项对应的示例图片
53         GUI.DrawTexture(new Rect(10 * ratioScaleTempW, 30 * ratioScaleTempH,
54         480 * ratioScaleTempW, 480 * ratioScaleTempH),Scene[i],
55           ScaleMode.ScaleToFit, true, 500.0f / 500.0f);
56     }}
```

- 第 1-8 行的主要功能是声明变量。主要声明了背景纹理图片、示例图片、示例图片数组、图片数组的索引以及相册的显示样式等。在开发环境下的属性查看器中可以为各个参数指定资源或者取值。

- 第 10-17 行实现了 Update 方法的重写。该方法在脚本加载时执行，主要功能是判断是否为 Android 平台，并且对手机 Home 键和返回键进行了监听，分别实现了 Home 键按下退出的功能和返回键按下返回的功能。
- 第 19-22 行对 OnGUI 方法进行了重写。该方法声明了屏幕自适应的横纵缩放比并且自定义了矩形窗口，使相册能够进一步实现屏幕自适应。
- 第 23-27 行绘制了相册的背景纹理图片和标题纹理图片，并且分别实现了屏幕自适应。
- 第 28-39 行绘制了左箭头按钮纹理图片和示例图片 1 按钮的纹理图片，分别实现了其屏幕自适应，并且还对各个按钮的按下进行判断，分别实现了相应的功能：按下左箭头按钮，跳转到前一幅图片；按下示例图片 1 按钮，跳转到第一幅图片。
- 第 41-48 行绘制了一个窗口和确定按钮的纹理图片，实现了其自适应，并且对确定按钮的按下进行了判定，实现该按钮的功能，按下确定按钮会打印当前图片的提示信息。
- 第 49-56 行声明了 DoMyWindow 函数，在此函数中声明了屏幕的横向和纵向的缩放比，然后在刚绘制的窗口内自定义了一个区域，并且绘制了一幅与示例图片数组索引相对应的示例图。

（4）脚本的挂载和脚本中声明的资源与项目中资源的连接。编写完脚本后即可将脚本挂载到场景中的摄像机上，此时摄像机就会多了一个 AlbumScript.cs 的脚本属性，在这个属性中需要将里面需要的资源与项目中的资源相连接，即将项目中的资源选中然后拖到脚本声明中相应资源的位置。完成连接后，项目就能正常运行，如图 4-45 所示。

▲图 4-45　脚本中资源声明与项目中的资源的连接

4.2 UGUI 图形用户界面系统

上一节中介绍了旧版的 GUI 界面系统的使用，以及重要参数的功能。在本节中，将要介绍的是 Unity 3D 从 4.6 版本开始新增的图形用户界面系统 UGUI。旧版的 GUI 系统在使用时有很多不便，而且没有可视性，以至于在实际的游戏开发时一般都选用其他方式代替它。新版的 UGUI 相比 GUI 系统有了很大的提升，使用起来思路更加清晰、外观更加美观，而且它还是一个开源的系统。下面将详细的进行介绍。

4.2.1　创建 UGUI 控件

开始介绍 UGUI 系统前，首先要了解如何去创建一个 UGUI 控件。按步骤在菜单栏中单击“GameObject→UI”就会出现所有的 UGUI 控件，如图 4-46 所示。选中一个想要的控件（如 Button

控件），单击它就可以完成创建，如图 4-47 所示。

创建好一个 Button 控件后就会在 Hierarchy 面板中看到图 4-48 所示的结构。其中，Canvas 是画布，在该界面中创建的所有控件都会自动变为 Canvas 游戏对象的子对象。若是场景中没有 Canvas 对象，在创建控件时该对象会被自动创建。

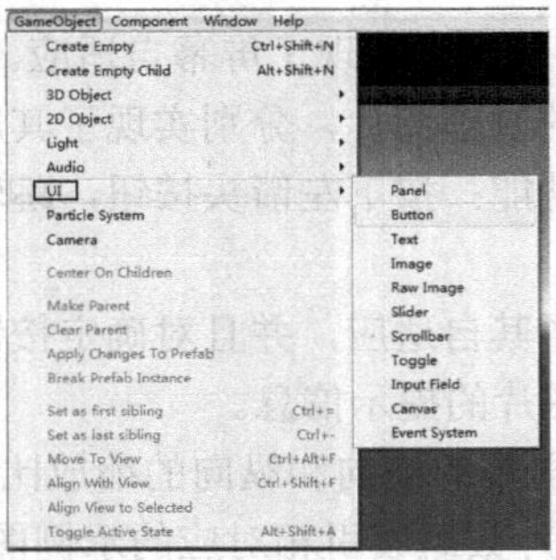

▲图 4-46　创建控件流程

▲图 4-47　创建一个 Button 控件

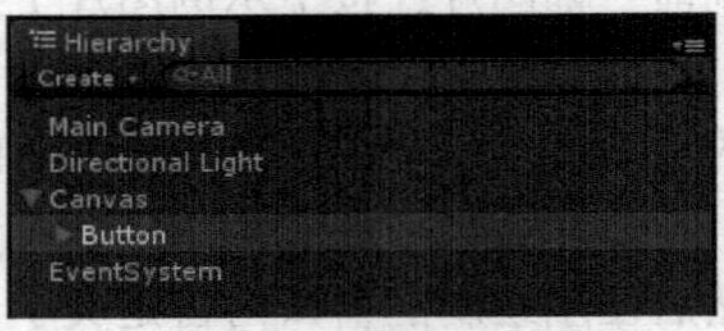

▲图 4-48　Hierarchy 面板中的结构

> **说明**　创建第一个 UGUI 控件时，若场景中没有已经存在的 Canvas（画布）游戏对象，系统就会自动创建一个，并将 UGUI 控件设置为 Canvas 的子对象，同时会自动创建一个名为“EventSystem”的游戏对象，上面挂载了若干事件监听相关的组件可供设置。这些内容将在下面详细介绍。

4.2.2　Canvas 画布

在本节中将介绍 UGUI 中一个重要的组成部分，即 Canvas（画布）。Canvas 是一个游戏对象，自带一个“Canvas”游戏组件，所有的 UI 元素都必须为一个 Canvas 的子对象。若场景中没有一个 Canvas，那么当创建一个新的 UI 元素时会自动生成一个 Canvas 游戏对象。对于 Canvas 需要了解的内容如下。

1. UI 元素的绘制顺序

UI 元素在 Canvas 里的绘制顺序和它们在 Hierarchy 面板中的排序是一致的，即第一个子对象最先绘制，然后是第二个子对象，以此类推。如果两个 UI 元素有重叠部分，那么之后绘制的元素会挡在先绘制的元素上面。可以参考图 4-49 和图 4-50 来帮助理解。

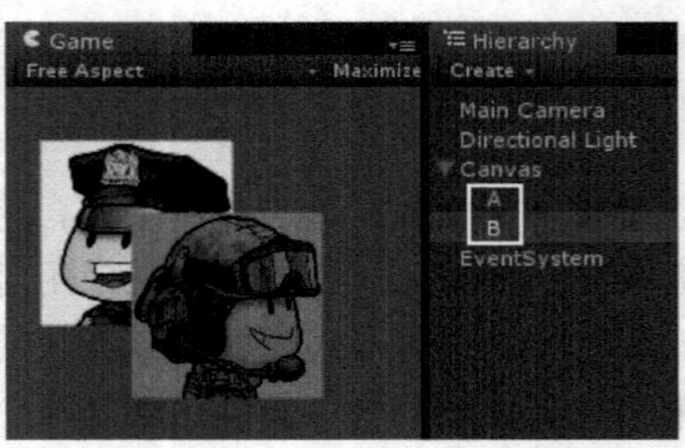

▲图 4-49　UI 的绘制顺序图解 1

▲图 4-50　UI 的绘制顺序图解 2

> **说明**　在图 4-49 和图 4-50 中 A、B 两个对象是两个 Image 控件（用于显示图片）。当 A 在 B 上方时，A 被后渲染的 B 挡住。当 B 在 A 上方时，A 把先渲染的 B 挡住。这样在 Hierarchy 面板中简单的拖曳顺序就可以改变出现在最上层的 UI 元素或控件。

2. Render Modes 渲染模式

在 Canvas 中还可以通过设置渲染模式来确定 UI 元素是渲染在 Screen Space 上还是 World Space 上。在 Unity 3D 中支持的渲染模式有三种：Screen Space-Overlay、Screen Space-Camera、World Space。更改位置如图 4-51 所示。下面将详细介绍。

- Screen Space-Overlay

该渲染模式是默认的渲染模式。在该模式下会将所有的 UI 元素都渲染在场景中的最上层（类似于计算机屏幕上的贴膜，所有的 UI 元素都在这层贴膜上）。如果屏幕尺寸或者分辨率发生变化，Canvas 也会自动去和变化后的尺寸相适应。

- Screen Space-Camera

这个渲染模式和 Screen Space-Overlay 比较类似。在该模式下 Canvas 游戏对象放置在一个预先设置好的摄像机的特定距离外，UI 元素通过该摄像机进行渲染。所以使用该模式时应该创建一个摄像机并将其指定给 Canvas 组件下的 Render Camera。改变该摄像机的设置时，UI 元素的显示效果也会跟着改变。

- World Space

在这种渲染方式下，Canvas 类似于一个游戏对象，可以手动改变其 RectTransform 组件的更改其大小与旋转。在渲染时，UI 元素会根据它们在 3D 场景中的位置被渲染在其他游戏对象之前或之后，使其成为游戏视图中的一个成分。在做动态效果较多的界面时使用该模式比较方便。效果如图 4-52 所示。

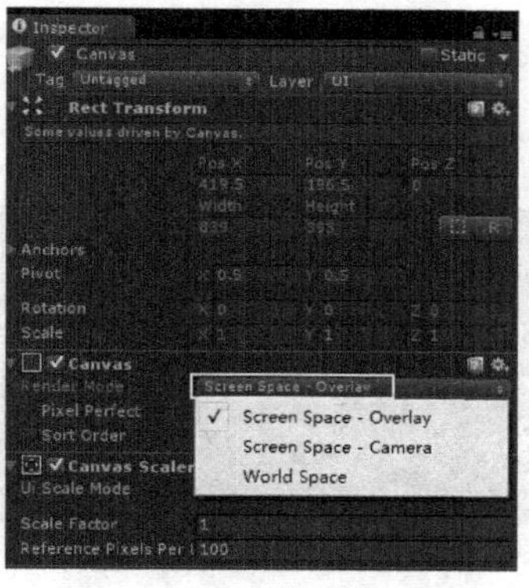

▲图 4-51　渲染模式的设置

▲图 4-52　World Space 模式下的 UI 界面

> **说明**　在 Screen Space 的两种渲染模式下 UI 界面独立于游戏场景，不会和场景中的其他对象进行遮挡，始终保持在最上层。而在 World Space 渲染模式下 UI 元素会和场景中的 3D 游戏物体进行遮挡，并且画布可被旋转缩放等，适合制作一些非常酷炫的 UI 界面效果。

3. Graphic Raycaster

每个 Canvas 都有一个 Graphic Raycaster 组件，用于获取用户选中的 UGUI 控件，多个 Canvas 之间的事件响应顺序由其显示顺序决定，即在“Hierarchy”面板中越靠上的 Canvas 越后响应。当 Canvas 使用 World Space 或 Camera Space 渲染模式时，Graphic Raycaster 的“Block”选项可以用来设置遮挡目标。

4.2.3　EventSystem

创建一个 UGUI 元素后，Unity 会同时创建一个游戏对象，其名为“EventSystem”，上面挂载了一系列组件用于控制各类事件，如图 4-53 所示。其自带的两个 Input Module 组件一个用于响应标准输入，一个用于响应触摸输入。在各个 Input Module 中封装了对 Input 模块的调用，根据用户操作触发对应的 Event Trigger。

EventSystem 组件统一管理多个 Input Module 和各种 Raycaster。该组件每帧调用多个 Input Module 处理用户的操作，同时还负责调用多个 Raycaster 用于获取用户点击到的 UGUI 控件或 2D、3D 物体。

说明　EventSystem 是 Unity 中的事件管理系统。对于 UGUI 中的控件点击监听等方法的实现将在下面进行对应的介绍，在本部分中读者只需要了解到 EventSystem 是一种将基于输入的事件发送到应用程序的对象，包括键盘、鼠标或自定义输入。

4.2.4　RectTransform 组件

UGUI 中每个控件包括 Canvas 都会带一个 RectTransform 组件，如图 4-54 所示。该组件继承自 Transform，用于控制 UI 元素的 Transform 信息。当读者向一个 Empty Object（空对象）添加一个 UI Component 组件时，Transform 组件会自动变为 RectTransform。其参数介绍如表 4-4 所示。

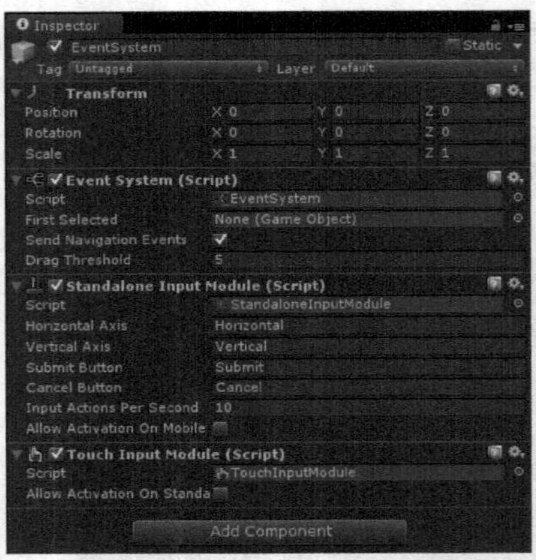

▲图 4-53　EventSystem 游戏对象上挂载的组件

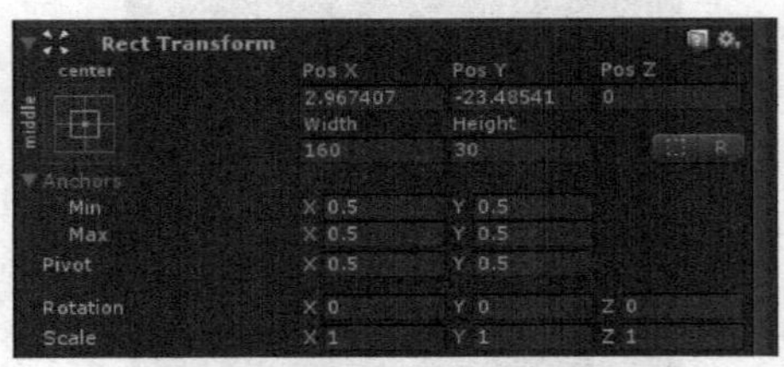

▲图 4-54　RectTransform 组件

表 4-4　RectTransform 组件中的参数介绍

参　数　名	含　　义	参　数　名	含　　义
PosX、PosY、PosZ	UI 元素的位置	Width、Height	UI 元素的宽度和高度
Anchors	相对于父对象的锚点	Pivot	UI 元素的中心
Rotation	按轴旋转	Scale	按轴缩放

说明　单击 RectTransform 组件中左上角的准星图标，可以在弹出的 Anchor Presets 面板中进行快速设置。按住 Shift 键时能同时设置 pivot，这时能发现控件虽然不动但 position 已经在改变。如果按住 Alt 键，则能够在设置 anchor 的同时设置 position。如果同时按住 Shift 键和 Alt 键，那么就能同时设置 anchor、pivot 和 position。

4.2.5　Panel 控件

执行“GameObject→UI→Panel”命令，就会在 Canvas 游戏对象下创建一个 Panel 控件。该控件是一个覆盖屏幕的平面，一般可以用来显示 UI 界面的背景，如图 4-55 所示。在其 Image 控件中，Source Image 用于放置需要显示的 Sprite，Color 属性可以更改其颜色以及透明度，读者也可以自行调配材质然后拖拉到 Material 属性中。

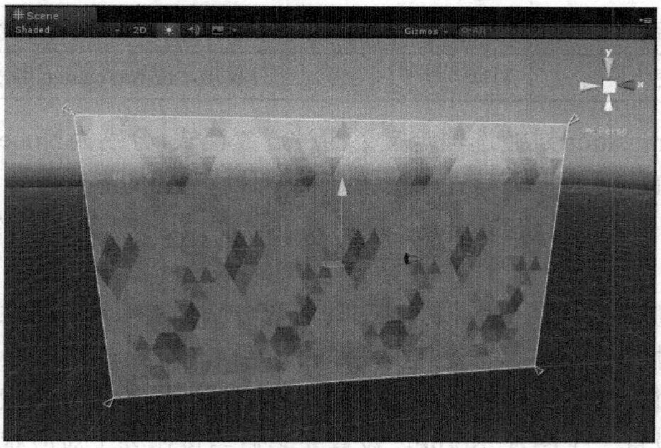

▲图 4-55 Panel 控件

> ✎说明　Panel 控件在默认情况下会自动根据屏幕的大小来调整自身的大小，所以不用担心其屏幕自适应问题。对于其上挂载的 Image 组件将在后面的 Image 控件一节中详细介绍。

4.2.6 Button 控件

按钮是每个界面的重要组成元素之一。在 UGUI 中执行"GameObject→UI→Button 命令，就可以创建一个按钮控件，如图 4-56 所示。创建出来的 Button 控件中包含了一个 Text 子对象（用于控制 Button 上显示的字样），若是读者不需要按钮上显示字样也可以将该子对象删除。

1. 组件介绍

接下来介绍 Button 控件挂载的组件。每个按钮上都挂载有 Button 组件和 Image 组件，其中 Image 组件管理按钮的显示图片，Button 组件管理单击按钮后的变化以及监听。具体内容如下。

❑ Image 组件

Button 控件上的 Image 组件和之前介绍的 Panel 控件上的 Image 组件没有任何区别，在 Source Image 中可以放上合适的 Sprite 图片精灵，通过 Color 和 Material 可以设置图片的颜色和材质。如图 4-57 所示。

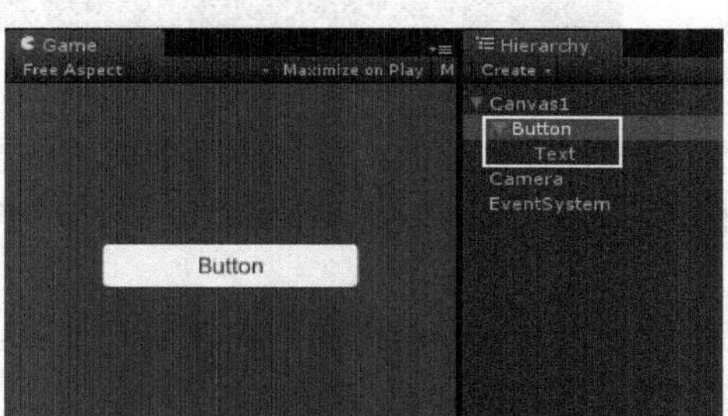

▲图 4-56　按钮的创建

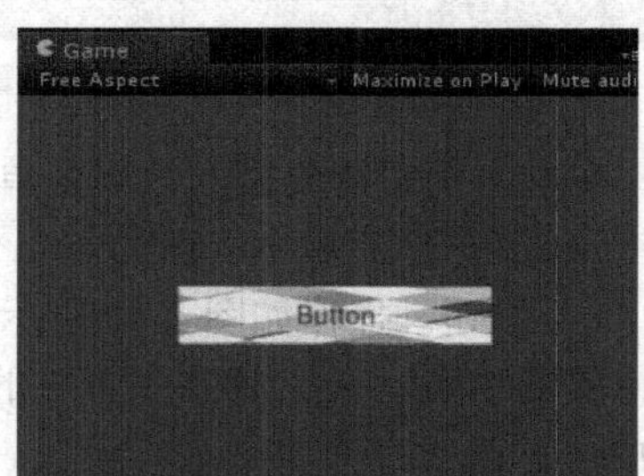

▲图 4-57　使用自定义图片的 Button 控件

❑ Button 组件

每个按钮上挂载的 Button 组件实现了按钮的全部功能，包括单击后的特效和点击的事件监听方法挂载。组件中各个参数的含义以及作用如表 4-5 所示。

表 4-5　　　　　　　　　　Button 组件的参数含义

参 数 名	含 义	参 数 名	含 义
Interactable	该按钮是否启用	Navigation	导航，使用键盘方向键切换选中按钮时的切换顺序
Transition	按钮状态变化模式	Visualize	可视化，使 Navigation 顺序在 Scene 窗口中可视化

Button 组件中的 Transition 过渡选项定义了四种过渡模式，分别为 None、Color Tint、Sprite Swap 和 Animation。在除了 None 的每个模式中按钮都有 4 种状态：Normal（正常状态）、Highlight（突出显示）、Pressed（按下状态）和 Disable（禁用），用户可以对每个状态的按钮过渡进行自定义。具体区别如下。

（1）Color Tint 过渡模式。当使用该模式时，可以分别通过 Color 属性对按钮的 4 个状态进行设置，按钮的颜色在对应的状态下就会变成设置的颜色，与正常状态产生区别。

（2）Sprite Swap 过渡模式。该过渡模式为精灵换图，同样的有 4 个状态可以设置，用户可以为每个状态下的按钮设置一个图片 Sprite，设置完毕后当按钮处于对应状态下时就会显示出对应的图片。注意在设置各个状态图片的时候，图片也应当是一个 Sprite，设置步骤可以参考 Button 控件 Image 组件部分中的说明。

（3）Animation 过渡模式。这个过渡模式是 UGUI 的特色，可以使 UGUI 界面系统和 Unity 中的动画系统进行完美的结合，使用动画状态机可以对不同状态下的按钮的位置、大小、旋转、图片等大量参数进行设置，功能非常全面。接下来将介绍一个使用 Animation 过渡模式的例子。

- 首先按步骤"GameObject→UI→Button"创建一个按钮，将其 Button 组件中的 Transition 选为"Animation"。然后单击下方的 Auto Generate Animation 按钮，在弹出的对话框中找到合适的目录创建一个动画控制器。如图 4-58 所示。
- 创建好动画控制器后，按步骤"Window→Animation"打开动画编辑器窗口，然后单击 Hierarchy 面板中的上一步创建的 Button 控件，在 Animation 窗口中单击左上角的下拉框就可以选择想要编辑的按钮状态。如图 4-59 所示。

▲图 4-58　Animaon 过渡模式的设置

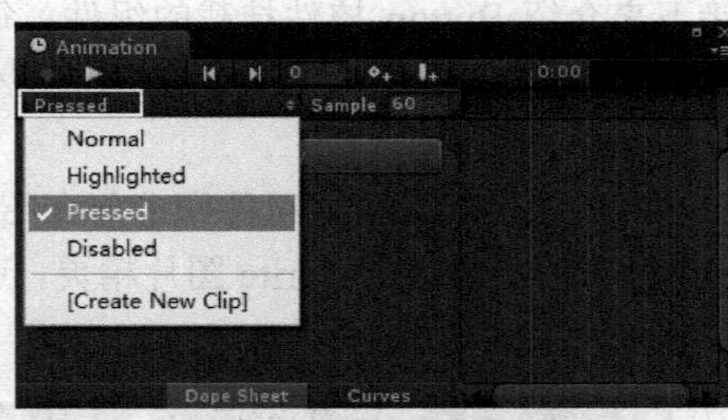

▲图 4-59　选择需要编辑的按钮状态

- 在本案例中需要做的效果是单击按钮后按钮进行弹性缩放，所以将当前编辑的按钮状态选为"Pressed"，然后单击下面的 Add Property 按钮。在展开的 Rect Transform 面板中单击 Scale 右边的"+"按钮。操作如图 4-60 所示。
- 单击 Animation 窗口中下方的 Curves 按钮进入曲线编辑模式，在该模式下可以对按钮 Scale 中的 x、y、z 三个参数进行设置。本案例的动画曲线如图 4-61 所示。
- 到此动画设置结束。关闭 Animation 窗口，运行场景，当玩家单击按钮时，按钮会进行弹性缩放。本案例使用到的 Animation 相关知识较少，读者可以通过学习 Animation 的对应知识来实现更加酷炫的 UI 动画效果。

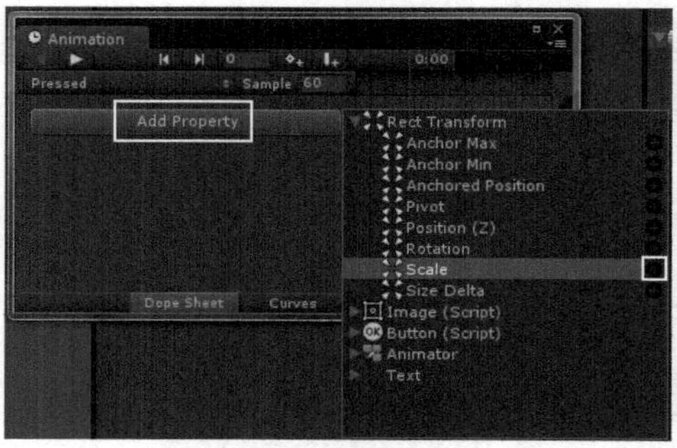

▲图 4-60 设置动画参数

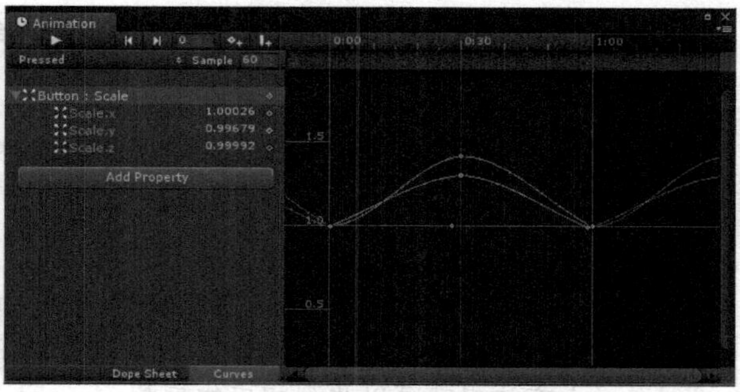

▲图 4-61 按钮动画曲线

2. 按钮点击监听挂载

以下将主要介绍如何给创建好的按钮挂载点击监听。当然，为按钮挂载点击监听的方法有很多，读者可以根据需要进行自主的选择，在本书中将要介绍的是通过 Button 组件中的“On Click ()”事件参数添加按钮点击监听。具体步骤如下。

（1）首先在“Project”面板中单击鼠标右键，执行“Create→C# Script”命令的创建一个 C#脚本，将其命名为“UGUIOnClick.cs”后挂载到 Canvas 游戏对象上，双击打开即可开始编辑脚本。本脚本的功能相当简单，声明一个返回类型为空的方法，里面加上打印信息即可，脚本代码如下。

代码位置：见随书光盘中源代码/第 4 章目录下的 UI/Assets/UGUIScript/UGUIOnClick.cs。

```
using UnityEngine;
using System.Collections;
public class UGUIOnClick : MonoBehaviour {
  public void Onbt1Click(){                        //监听方法
    Debug.Log("This is bt1");                      //打印
}}
```

说明 Onbt1Click 方法就是场景中的按钮的点击事件监听方法。在 Unity 中将该方法添加到按钮的点击事件列表中后，点击按钮就会自动回调该方法。

（2）单击 Button 组件 On Click()下方的“+”按钮，给监听列表添加一个事件，如图 4-62 所示。将挂载有 UGUIOnClick.cs 脚本的游戏对象 Canvas 拖到图 4-63 所示的选框中，展开有 No Function 字样的下拉框，选择 UGUIOnClick/ Onbt1Click 即可。

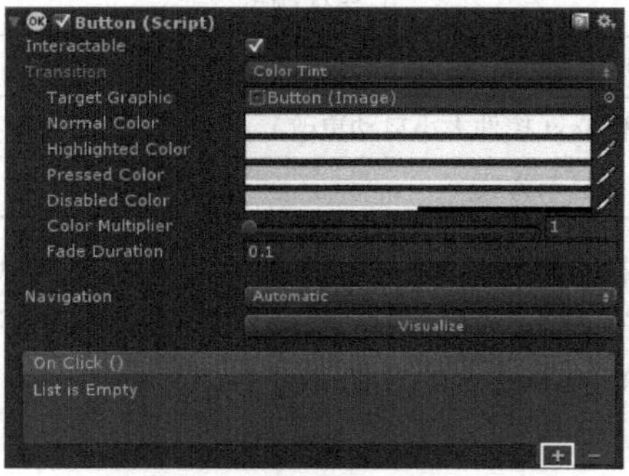

▲图 4-62 添加事件监听

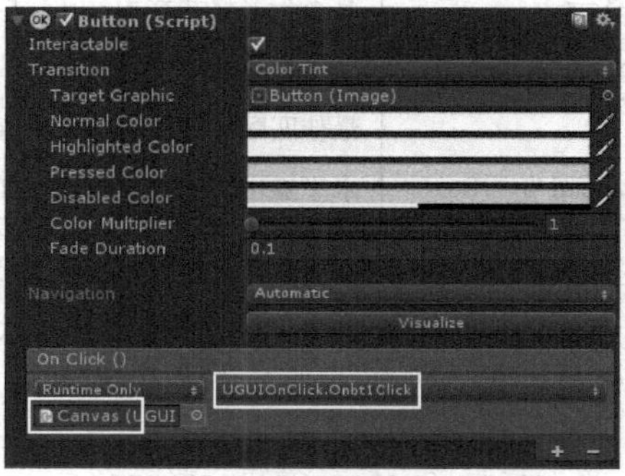

▲图 4-63 指定事件监听方法

（3）运行场景，单击按钮后就会在“Console”面板中看到打印的“This is bt1”字样。在指定监听方法时还可以进行传参。将上述代码进行修改，给 Onbt1Click 方法添加一个 int 类型的参数，然后保存。代码如下。

代码位置：见随书光盘中源代码/第 4 章目录下的 UI/Assets/UGUIScript/UGUIOnClick.cs。

```
using UnityEngine;
using System.Collections;
public class UGUIOnClick : MonoBehaviour {
  public void Onbt1Click(int index){                    //声明方法
    Debug.Log("This is bt"+index);                      //打印信息
}}
```

说明　在 Unity 中按钮的事件列表中为 Onbt1Click 设置参数后，单击该按钮，就会调用该方法，并且传入设置好的参数。在本案例中传入的参数类型是 int 型，这样在方法中就可以收到相应的参数。

（4）重新在 Button 组件中的 OnClick()列表中指定方法后，下方会多出一个输入框。在其中输入对应的 int 类型参数即可，如图 4-64 所示。设置完毕后运行游戏场景，单击按钮后就可以看到打印信息“This is bt5”。

▲图 4-64　带参数的按钮点击监听方法设置

4.2.7　Text 控件

Unity 的控件中有一个名为“Text”的控件，其主要功能为在对应的区域显示相应的文本。虽然在游戏中大部分文本为了美观需要使用 Image 来代替，但是 Text 控件依旧可以在开发中省却很多步骤。该控件中包含的参数如表 4-6 所示。

表 4-6　Text 控件中的参数

参 数 名	含 义	参 数 名	含 义
Text	显示的文本	Font Style	字体样式 包括加粗、斜体
Font	需要选用的字体	Font Size	字体大小
Line Spacing	行间距	Alignment	对齐方式
Rich Text	是否为多格式文本	Color	字体颜色
Material	字体材质	Vertical Overflow	竖直溢出方式
Best Fit	最佳匹配方式（字体大小会根据内容多少和 Text 控件大小自动更改）		
Horizontal Overflow	水平溢出方式（文本超出 Text 控件长度时的显示方式）		

接下来给出一段代码，该代码用于更改 Text 控件中的显示内容及字体颜色，可以将该代码挂载到 Canvas 游戏对象上，并将新建的 Text 控件指定给该脚本中对应的变量。具体代码如下。

代码位置：见随书光盘中源代码/第 4 章目录下的 UI/Assets/UGUIScript/ UGUIText.cs。

```
using UnityEngine;
using System.Collections;
using UnityEngine.UI;
public class UGUIText : MonoBehaviour {
  public Text tt;
  void Start () {
    tt.color = Color.red;                          //设置 Text 的颜色
    tt.text = "this is text";                      //设置显示文本
}}
```

注意

在 Unity 中支持导入外带的字体包。TTF 格式的字体一般都可以使用，具体导入方法是将下载好的 TTF 文件放在项目目录下的 Assets/Font 目录下（没有请自己创建），在字体的 Font 参数中就可以找到导入的字体了。图 4-65 所示的是使用 Unity 自带的字体及方正卡通字体的 Text 控件的显示效果。

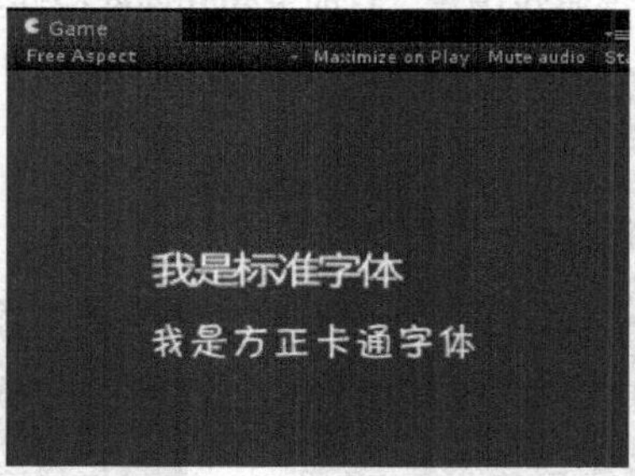

▲图 4-65　在 Text 控件中使用自定义字体

4.2.8　Image 控件

Image 控件即为图片控件。该控件用于显示一个非交互式的图片精灵“Sprite”。作为游戏中最常用的控件之一，Image 控件可以用于装饰界面、图标等。Image 控件中所包含的 Image 组件中具有的参数如表 4-7 所示。

表 4-7　Image 控件的参数

参数名	含义	参数名	含义
Source Image	用于显示的图片素材	Color	图片的色调
Material	图片的材质	Image Type	图片模式
Preserve Aspect	是否保持图片长宽比		

说明

在 Image 组件中，Source Image 用于显示 Sprite，所以当读者需要使用自己的图片时需要将其设置为 Sprite 格式。具体步骤为单击图片，在 Inspector 面板中将 Texture Type 选为“Sprite（2D and UI）”，然后单击 Apply 确定。

4.2.9　Raw Image 控件

Raw Image 控件用于显示一个非交互式的图像，在这点上非常类似于 Image。但是，Image 组件只能显示 Sprite（图片精灵），而 Raw Image 控件可以显示任何纹理。Raw Image 控件中具有的参数如表 4-8 所示。

表 4-8　Raw Image 控件中的参数

参数名	含义	参数名	含义
Texture	用于显示的图片纹理	Color	图片的色调
Material	Raw Image 所使用的材质	UV Rect	图片在控件矩形中显示的偏移和大小

由于 Raw Image 控件不需要一个精灵纹理“Sprite”，所以其可以用于显示在游戏中使用 WWW 类从某个 URL 下载的图像或渲染纹理，也可以使用场景中某个摄像机的渲染图在 UI 界面中呈现出该摄像机拍摄到的画面。下面将介绍如何使用 Raw Image 控件呈现出场景中的摄像机“Camera1”拍摄的画面。

（1）在 Project 面板中单击鼠标右键，执行“Create→RenderTexture”命令创建出一个渲染图片，并将其命名为“Camera1RT”。在场景中创建一个名为“Camera1”的摄像机，并将其 Camera 组件中的 Target Texture 设置为“Camera1RT”。如图 4-66 所示。

（2）在 RawImage 控件上的 RawImage 组件中将 Texture 设置为“Camera1RT”，如图 4-67 所示。设置完毕后单击运行按钮运行该游戏场景。这时 RawImage 控件显示的就是 Camera1 拍摄到的画面。

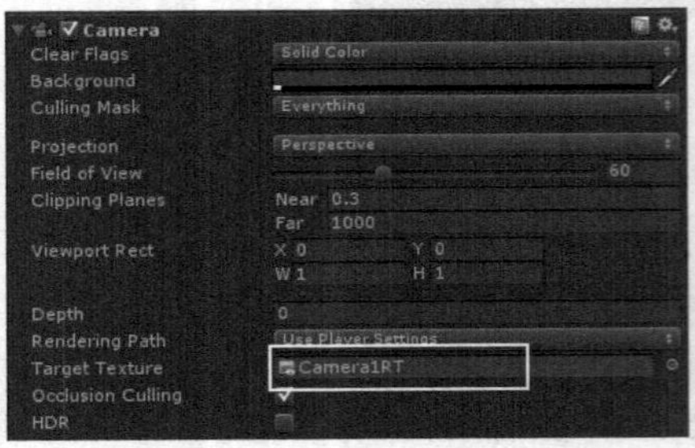

▲图 4-66　摄像机的设置

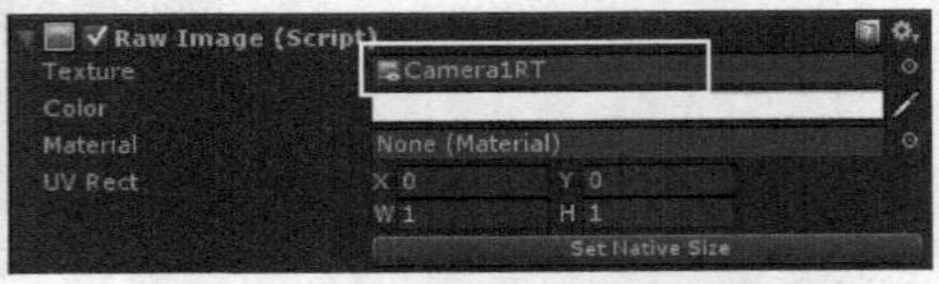

▲图 4-67　Raw Image 组件中的设置

4.2.10　Slider 控件

执行“GameObject→UI→Slider”命令，就可以创建一个 Slider 控件（滑块控件），如图 4-68 所示。其子对象结构如图 4-69 所示。该控件可由玩家滑动以操控其值的大小，可以用来制作游戏中音量大小滑块等。

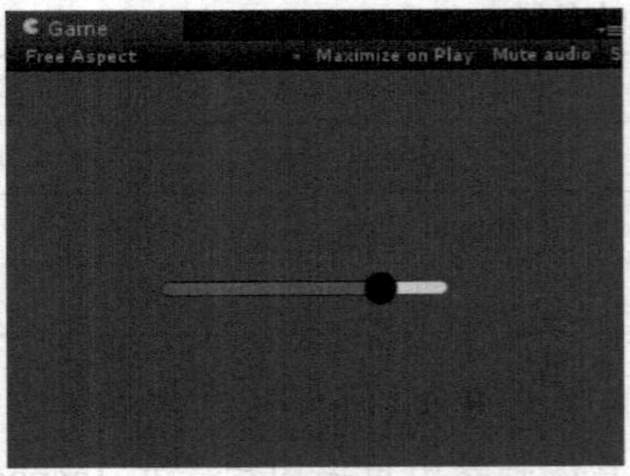

▲图 4-68　滑块控件示意

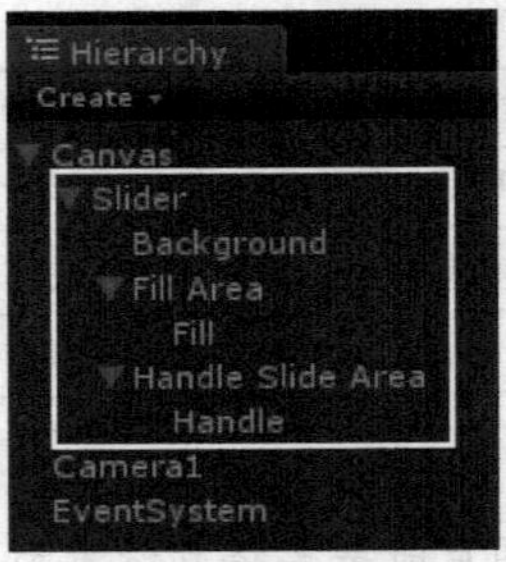

▲图 4-69　滑块控件的子对象

Slider 控件的子对象中，Background 是滑块主题背景，本身为一个 Image 控件；Fill Area 下的子对象 Fill 代表已经被选中的部分，类似图 4-68 中浅灰色的部分，会随着滑块的左右滑动改变其长度；Handle 子对象是玩家点击的滑块按钮，即图 4-68 中黑色的部分。接下来介绍 Slider 控件中的参数含义，具体如表 4-9 所示。

表 4-9　Slider 控件的参数

参 数 名	含 义	参 数 名	含 义
Interactable	是否启用该控件	Transition	过渡模式
Navigation	导航，使用键盘方向键切换选中按钮时的切换顺序	Visualize	可视化，使 Navigation 顺序在 Scene 窗口中可视化
FillRect	Fill 子对象的 RectTransform 组件的引用	HandleRect	Handle 子对象的 RectTransform 组件的引用
Direction	滑块的方向，默认是从左到右	Min Value	滑块的最小值
Max Value	滑块的最大值	Whole Number	滑块的值是否只能是整数
Value	滑块当前的值		

在 Slider 控件最下方的 OnValueChange（Single）中还可以为其绑定事件监听方法，该控件发出的事件为“值发生改变”，所以绑定的监听方法就会在每次滑块值发生变化时回调。具体设置步骤如下。

（1）创建一个脚本，命名为“UGUISlider.cs”，并将其挂载到 Canvas 游戏对象上，将其 sd 参数指定为“Slider”。脚本代码如下。

代码位置：见随书光盘中源代码/第 4 章目录下的 UI/Assets/UGUIScript/ UGUISlider.cs。

```
using UnityEngine;
using System.Collections;
using UnityEngine.UI;
public class UGUISlider : MonoBehaviour {
  public Slider sd;
  public void OnsdValueChange(){                    //发生值改变后回调的方法
    Debug.Log (sd.value);                           //打印变化后的值
}}
```

说明 该脚本较为简单，里面仅有一个 OnsdValueChange 方法。在 Unity 中将该脚本中的监听方法挂载给对应的滑块后，当滑块的值发生改变时，系统就会自动回调 OnsdValueChange 方法。

（2）单击 OnValueChange（Single）下方的“+”按钮添加一个事件监听，将挂载有脚本“UGUISlider.cs”的游戏对象 Canvas 拖曳到 Runtime 下的 GameObject 选框中。在右边选择其监听方法为“UGUISlider.OnsdValueChange”，如图 4-70 所示。这时运行场景，当滑块的值变化时，就会打印出变化后的滑块值。

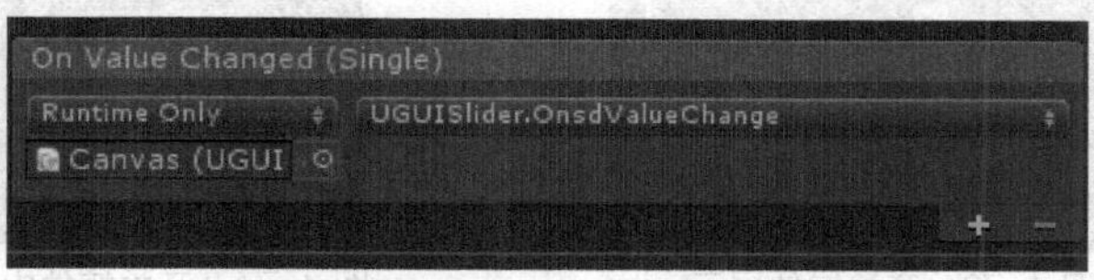

▲图 4-70 添加滑块值变化事件回调方法

4.2.11 Scrollbar 控件

Scrollbar 控件也就是滚动条控件，执行“GameObject→UI→Scrollbar”命令就可以创建出一个滚动条控件，如图 4-71 所示。其子对象结构如图 4-72 所示。Scrollbar 控件和 Slider 控件功能为相似，其具体参数如表 4-10 所示。

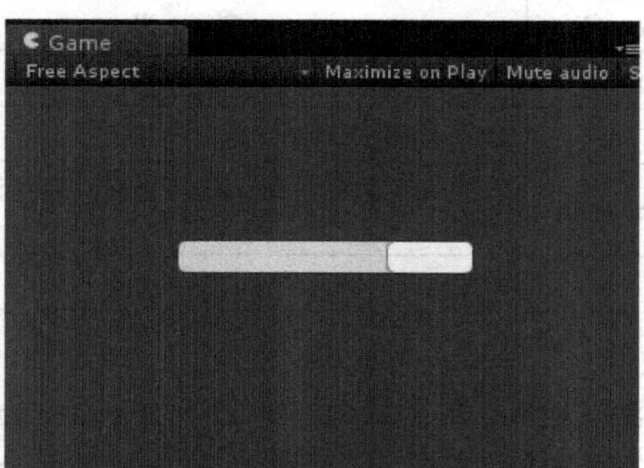

▲图 4-71 Scrollbar 控件演示

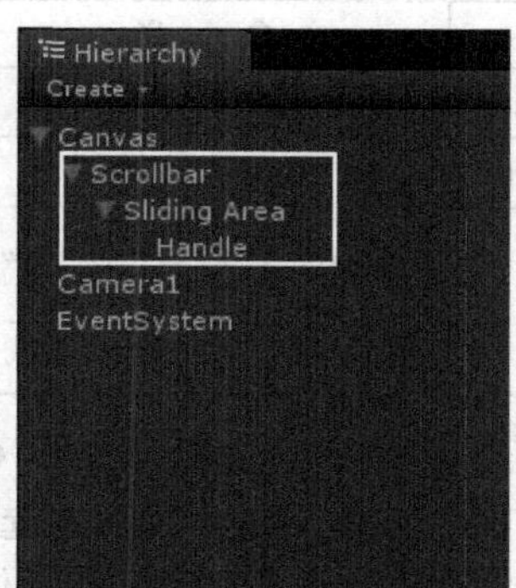

▲图 4-72 Scrollbar 控件子对象结构

表 4-10　　　　　　　　　　　　Scrollbar 控件参数

参 数 名	含 义	参 数 名	含 义
Interactable	是否启用控件	Transition	过渡模式
Handle Rect	Handle 子对象的 Rext Transform 组件	Direction	Scrollbar 的方向，默认从左到右
Value	Scrollbar 的值	Size	滑块的大小
Number of Steps	进行分段，滚动条的显示分段		

说明　对于 Scrollbar 控件的事件监听添加方法和 Slider 控件中的添加方法完全相同，在这里不再赘述。在 4.2.17 节 Scroll View 中将给出一个案例，介绍如何组合使用 Scrollbar 控件和其他组件来制作一个滚动视图。

4.2.12　Toggle 控件

游戏的设置界面中经常能见到各种开关，在 UGUI 中开关控件 Toggle 就实现了开关的功能。执行“Game Object→UI→Toggle”命令就可以创建一个开关，如图 4-73 所示。其内部结构如图 4-74 所示。

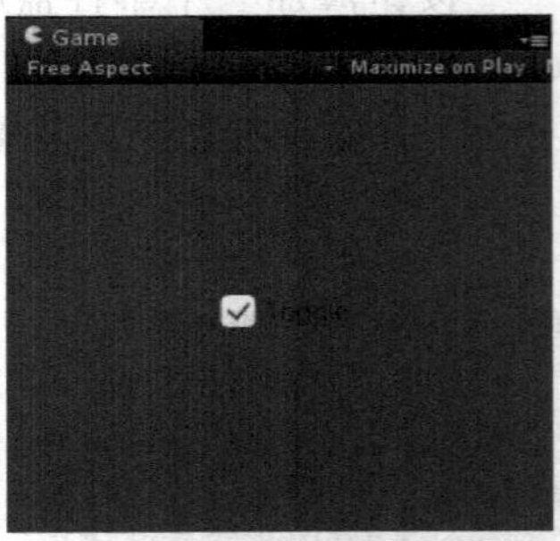

▲图 4-73　开关控件展示

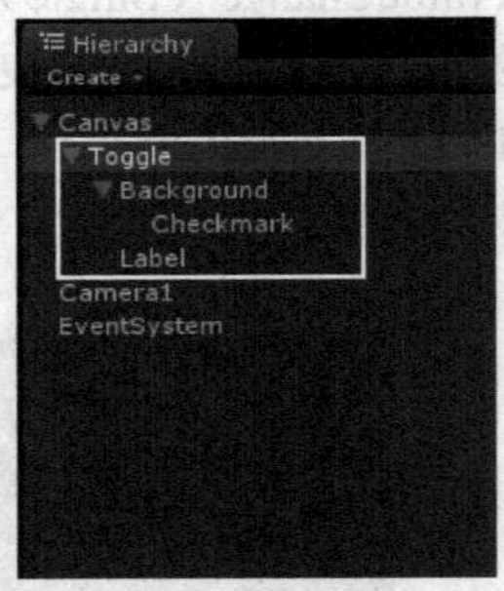

▲图 4-74　开关控件内部结构

Toggle 控件的子对象中包含：Background，即为一个 Image 控件，作为开关的背景；Checkmark，也是一个 Image 控件，用于显示选中后显示的图案，如图 4-73 中的对勾图样；Lable 是一个 Text 控件，可以用来显示开关的信息，如图 4-73 中的 Toggle 字样。在游戏中若是用不到 Lable 可以将其删除。Toggle 控件的参数及含义如表 4-11 所示。

表 4-11　　　　　　　　　　　　Toggle 控件的参数及含义

参数名	含 义	参 数 名	含 义
Interactable	是否启用该控件	Transition	过渡模式
Navigation	导航，确认控件的顺序	Visualize	使导航顺序在 Scene 窗口中可视化
Is On	开关的状态（“开”或“关”）	Toggle Transition	开关的消隐模式，有 none 和 Fade（褪色消隐）两种模式
Graphic	Checkmark 子对象的引用	Group	成组（将一组开关变成多选一开关）

接下来将介绍如何使用开关的 Group 参数。

（1）首先在 Hierarchy 窗口中选中 Canvas 游戏对象，单击鼠标右键选择“Create Empty”命令创建一个空对象以方便管理。然后依次创建 3 个 Toggle 控件，将其设置为 GameObject（刚才创建的空对象）的子对象，如图 4-75 所示。在这里需要将创建的 3 个 Toggle 控件中的 Is On 设置为关闭状态。

（2）选中上一步中创建的空对象 GameObject，执行“Component→UI→Toggle Group”添加一个 Toggle Group 组件，如图 4-76 所示。其中的“Allow Swich Off”参数决定是否可以把打开的开关取消选中。

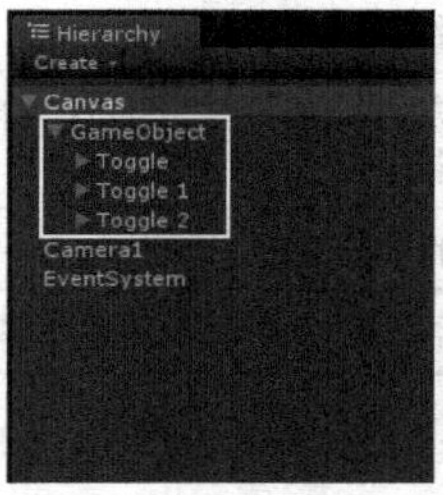

▲图 4-75　创建 Toggle 组

▲图 4-76　Toggle Grop 组件

（3）依次选中第一步创建的 3 个 Toggle 控件，将其中的 Group 参数选为挂载有 Toggle Group 组件的 GameObject 游戏对象。这样 3 个 Toggle 控件就成组了，最多只能同时选中其中的一个。

4.2.13 Input Field 控件

Input Field 控件是 UGUI 中的输入框控件。在移动设备上使用时，当用户点击到该控件时，就会弹出用于输入的键盘，常见于各个游戏中给游戏人物取名等地方。在输入框中没有用户输入的内容时，会显示默认的提示文本，如图 4-77 所示。其内部结构如图 4-78 所示。

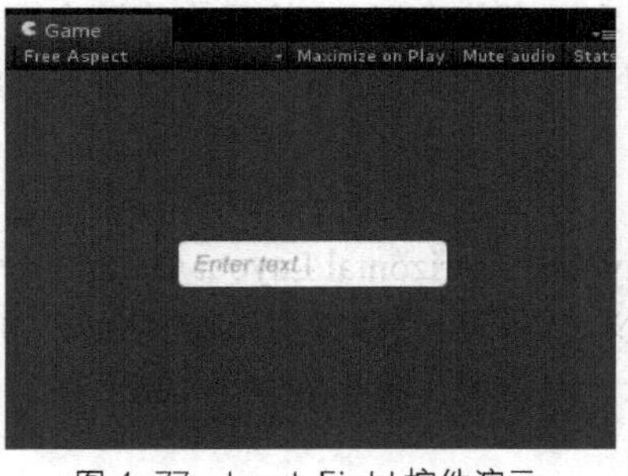

▲图 4-77　Input Field 控件演示

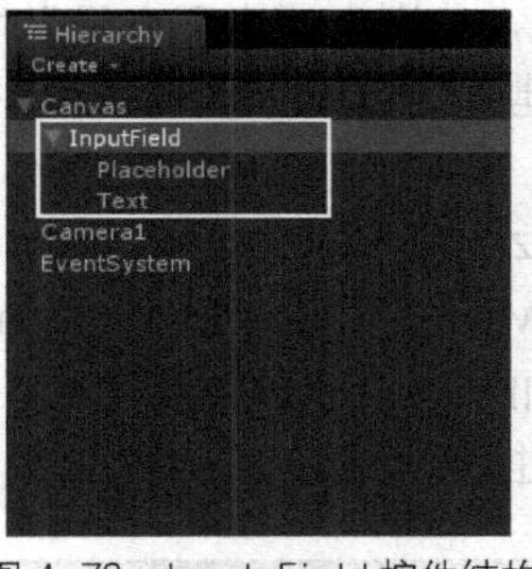

▲图 4-78　Input Field 控件结构

在 Input Field 控件的子对象里，Placeholder 是用于显示默认提示信息的文本框，如图 4-77 中的“Enter text...”字样；Text 则用于显示用户输入的文本。若是读者想改变默认提示文本，直接改变 Placeholder 的“Text”属性即可。Input Field 控件的参数如表 4-12 所示。

表 4-12　　Input Field 控件的参数

参 数 名	含 义	参 数 名	含 义
Interactable	是否启用该控件	Transition	过渡模式
Navigation	导航	Text Component	用于用户输入的文本框的引用
Text	用户输入的文本框中的内容	Character Limit	可以输入到输入框中的最大文字数
Content Type	指定输入框的类型	Standard	可以输入任何类型的字符
Autocorrected	自动校正未知字符，显示更合适的替代字符	Integer Number	只能输入整数
Decimal Number	只能输入带有一个小数点的小数	Alphanumeric	只能输入字母和数字

续表

参　数　名	含　义	参　数　名	含　义
Name	自动大写首字母	Email Address	允许输入 Email 地址格式的字串（带有一个@）
Password	用*号自动隐藏用户输入的内容，可以输入符号	Pin	用*号自动隐藏用户输入内容，只能输入数字
Custom	允许自定输入类型	Line Type	换行方式，包括单行显示、自动换行、自定义换行
Placeholder	提示文本框的引用	Caret Blink Rate	光标的闪烁速度
Selection Color	选中输入框中文本时选中框的颜色	Hide Mobile Input	在移动设备上输入时是否隐藏

Input Field 控件可以发出两个事件：OnValueChange 和 End Edit，分别是当值发生改变时发出和结束编辑时发出。用户可以自行单击事件下方的“+”按钮添加事件监听方法，两个事件监听的添加方法完全相同，具体方式在前面已有详细介绍，在这里不再赘述。

4.2.14　UGUI 布局管理的使用及相关组件介绍

前面的几节中介绍了 UGUI 中的控件的相关知识，在介绍完控件知识后，接下来将讲解如何去管理、排布多个控件。这部分知识的运用常见于游戏中的奖励窗口，由于预先不知道获得奖励的数量，但是依旧需要让获得的奖励道具按照一定的布局整齐地出现在界面中，这时就需要用到布局的知识了。

Unity 中自带的布局模式分为“Horizontal Layout Group”“Vertical Layout Group”和“Grid Layout Group”三种，分别为“水平布局”“垂直布局”和“网格布局”。接下来将逐个介绍其功能和用法。首先创建 5 个 Image 控件，并将其放在一个空对象“UIMain”下成为其子对象。如图 4-79 所示。

1. Horizontal Layout Group 水平布局

选中 UIMain 空对象，执行“Component→Layout→Horizontal Layout Group”命令，即可为该游戏对象添加一个水平布局管理器组件。顾名思义，在该组件的作用下，UIMain 的子对象将按照一定的要求进行水平排列。该组件如图 4-80 所示。组件的内参数如表 4-13 所示。

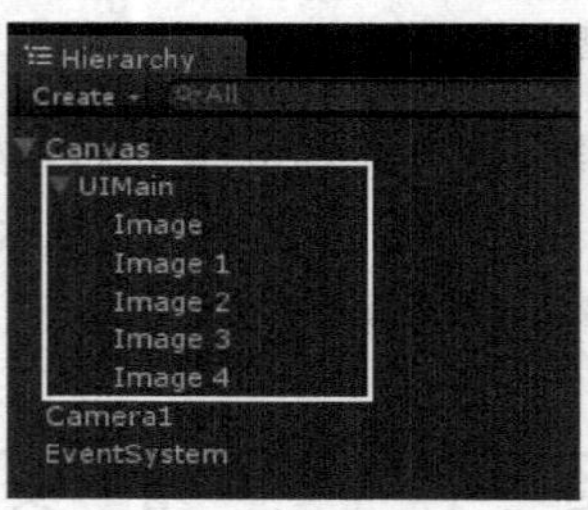

▲图 4-79　使用布局前的 UI 搭建

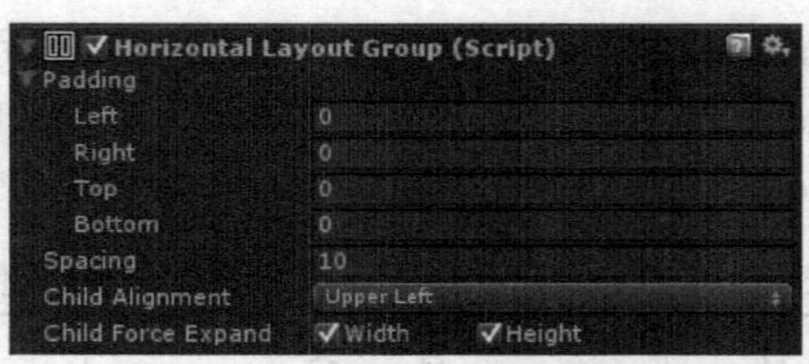

▲图 4-80　水平布局管理器组件

表 4-13　　Horizontal Layout Group 组件参数

参　数　名	含　义	参　数　名	含　义
Padding	布局的边缘填充（即偏移）	Spacing	布局内的元素间距
Child Alignment	对齐方式	Child Force Expand	自适应宽和高

为 UIMain 添加 Horizontal Layout Group 组件后，其所有 UI 元素子对象都会根据对 Horizontal Layout Group 组件的设置进行水平的自动排列。如图 4-81 所示。

▲图 4-81 应用水平布局

2. Vertical Layout Group（垂直布局）

选中 UIMain 游戏对象，执行“Component→Layout→Vertical Layout Group”，就可以给该游戏对象添加一个垂直布局管理器。如图 4-82 和图 4-83 所示，垂直布局管理器的功能为将 UI 元素按照一定的规则进行整齐的垂直排列。其内部参数和 Horizontal Layout Group 的参数完全一样，所以不再赘述。

▲图 4-82 垂直布局管理器示例

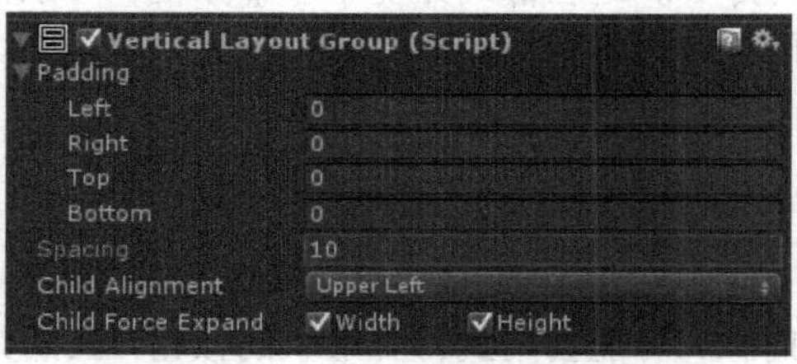

▲图 4-83 垂直布局管理器组件

3. Grid Layout Group（网格布局）

Grid Layout Group 是网格布局管理器组件，这个组件会自动地将其管理下的 UI 元素进行网格状排列，如图 4-84 和图 4-85 所示。其实现了自动换行等功能，常见于各个游戏中的背包，内部的储物格成网格状排列。组件的内部参数如表 4-14 所示。

▲图 4-84 网格布局管理器示例

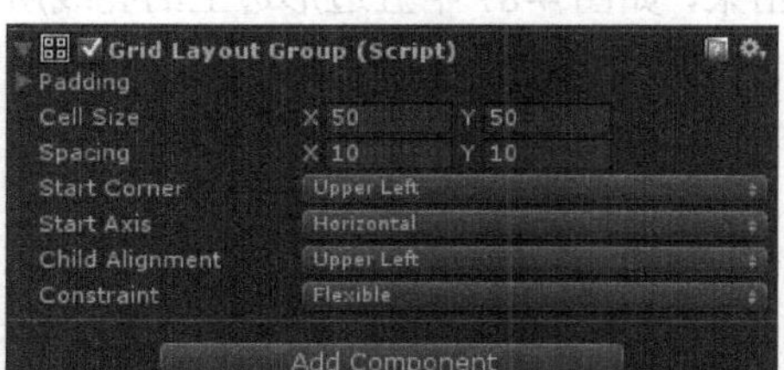

▲图 4-85 Grid Layout Group 组件

表 4-14 Grid Layout Group 组件参数

参 数 名	含 义	参 数 名	含 义
Padding	偏移	CellSize	内部元素的大小
Spacing	每个元素间的水平间距和垂直间距	Start Corner	第一个元素的位置
Start Axis	元素的主轴线	Horizontal	在填满一行后启用一个新行
Vertical	在填满一列后启用一个新列	Child Alignment	对齐方式
Constraint	指定网格布局的行或列		

说明 以上即为 Unity 中自带的 3 种布局管理模式，在大部分情况下可以满足开发的需要。在游戏运行时随时将新实例化的 UI 控件或者游戏对象设置为挂载有 Layout Group 组件（3 种任意一个皆可）的游戏对象的子对象，Layout Group 组件便会对其进行自动布局排列。如下面代码所示。

代码位置：见随书光盘中源代码/第 4 章目录下的 UI/Assets/UGUIScript/ UGUILayout.cs。

```
using UnityEngine;
using System.Collections;
public class UGUILayout : MonoBehaviour {
    public GameObject UIMain;                              //挂载有 Layout group 组件的游戏对象
    public GameObject items;                               //需要实例化的 UI 控件或者游戏对象的预制件
    void Start () {
        GameObject item = (GameObject)Instantiate(items);  //实例化 items
        item.transform.parent = UIMain.transform;//将实例化的游戏对象设置为 UIMain 的子对象
}}
```

说明 在 Start 方法中新实例化出了一个 items 预制件，将其设置为挂载有布局管理器组件的 UIMain 的子对象，然后观察场景，就会发现新实例化的预制件已经被自动排列好了。这在游戏开发中非常方便，可以随时实例化 UI 元素而不用再三考虑排布问题。

4.2.15 UGUI 中不规则形状的按钮的碰撞检测

UGUI 中自带的按钮是标准的矩形，虽然可以由玩家任意换图，但是其碰撞检测区域始终是矩形的。在有些时候，可能会用到特殊形状的按钮，当然其碰撞检测区域也要是符合按钮形状的。在本节中，就将使用 UGUI 中的知识来创建一个不规则形状的按钮。具体步骤如下。

（1）首先创建一个 Button 控件，命名为“bt1”，由于这里不需要它的 Text 子对象，所以可以将其删除。选中 bt1 后执行“Component→Physics2D→Polygon Colloder 2D”命令，为 bt1 添加一个多边形碰撞器组件。如图 4-86 所示。

（2）单击 Polygon Colloder 2D 组件中的 Edit Collider 按钮，在 Scene 界面中将想要的碰撞检测区域勾选出来，如图 4-87 中五边形边上的亮线所示。勾选出来的五边形即为该按钮的碰撞检测区域。

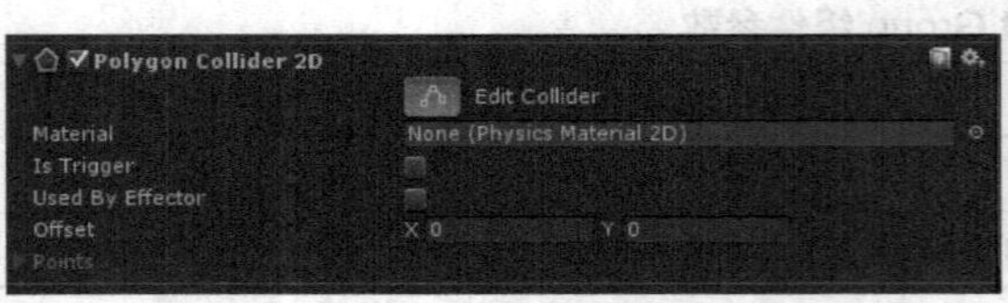

▲图 4-86　2D 多边形碰撞器组件

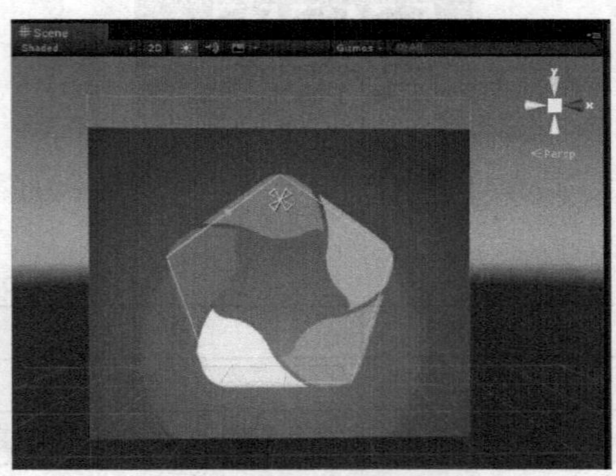

▲图 4-87　设置好的多边形区域

（3）接下来要实现将按钮的碰撞区域和 Polygon Colloder 2D 组件勾选区域的挂钩，这一步要重写 Image 类。新建一个 C#脚本，将其命名为“UGUIImagePlus.cs”。该脚本需要引用 UnityEngine.UI

名空间，并继承 Image 类。脚本代码如下。

代码位置：见随书光盘中源代码/第 4 章目录下的 UI/Assets/UGUIScript/ UGUIImagePlus.cs。

```
using UnityEngine;
using System.Collections;
using UnityEngine.UI;
public class UGUIImagePlus : Image {
    PolygonCollider2D collider;                          //多边形碰撞器组件
    void Awake(){
       collider = GetComponent<PolygonCollider2D>(); //获取 2D 多边形碰撞器组件
    }
    public override bool IsRaycastLocationValid(Vector2 screenPoint, Camera eventCamera){
       bool inside = collider.OverlapPoint(screenPoint);//判断触摸是否在圈出的多边形区域内
       return inside;                                    //返回是否在多边形内
}}
```

说明 本脚本继承自 UnityEngine.UI .Image 类，并重写了该类的 IsRaycastLocationValid 方法。这个方法用于返回触摸点（screenPoint）是否在图片范围内。在该方法中使用 Collider2D.OverlapPoint 方法判断点是否在多边形区域内。

（4）接下来将 bt1 上面挂载的 Image 组件移除，单击 Inspector 面板中的 Image 组件右边的设置按钮，选择 Remove Component，如图 4-88 所示。将 UGUIImagePlus.cs 类拖拉到 bt1 上形成 UGUIImagePlus 组件以代替。

（5）挂载好 UGUIImagePlus 组件后，重新为该组件指定好纹理图，如图 4-89 所示。这样，图片已经可以检测到由 Polygon Colloder 2D 组件勾选出来的区域内的触摸了。

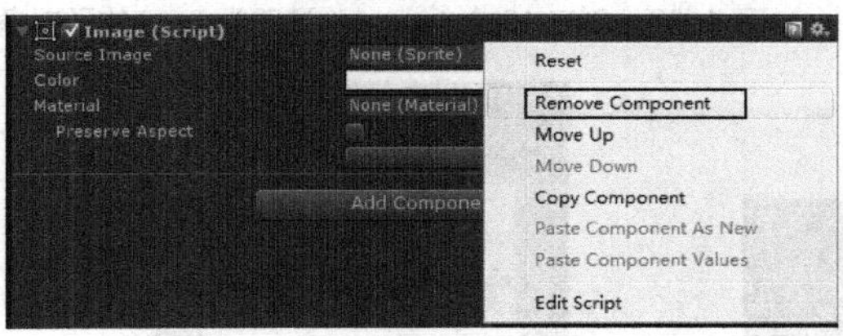

▲图 4-88　移除 Image 组件

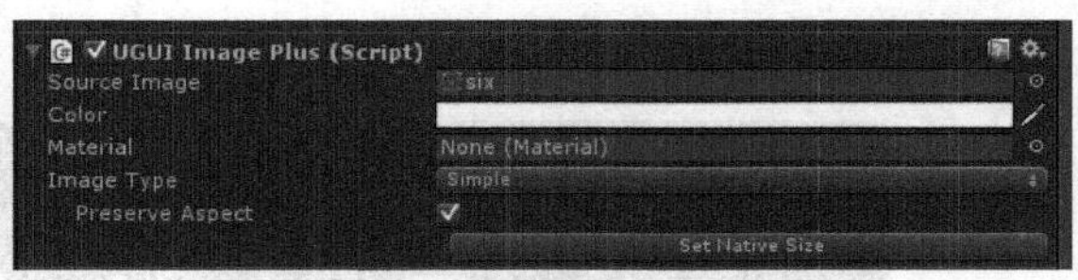

▲图 4-89　新挂载 UGUIImagePlus 组件

（6）接下来为 bt1 上面的 Button 组件挂载点击事件监听。具体添加方法在 4.2.6 节中已经有过介绍，在这里挂载的监听方法依旧是 UGUIOnClick.cs/Onbt1Click()，按钮的点击监听写在 Onbt1Click()方法中即可，如图 4-90 所示。这时不规则按钮的创建就完成了。

▲图 4-90　添加按钮点击监听

4.2.16　Scroll View 的制作

所谓 Scroll View 就是滚动视图，在游戏中非常常见，比如游戏中的背包内容太多而无法一次显示完毕时就需要一个滚动视图，让玩家可以上下拖动以显示更多内容。UGUI 也可以通过各个组件与控件的配合实现这一功能。在本节中将介绍如何制作一个 Scroll View。

（1）在 Hierarchy 面板中单击鼠标右键，执行“UI→Panel”命令创建一个 Panel 控件，并将其命名为“ScrollView”。更改其锚点值为“middle/center”并调整其大小为 Width=280，Height=200。

如图 4-91 所示。

（2）接下来选中 ScrollView 游戏对象，在 Hierarchy 面板中单击鼠标右键，选择“Create Empty”命令创建一个空对象，并将其命名为“Grid”，将其大小设置为 280×370，如图 4-92 所示。选中该空对象后，创建 12 个 Image 组件，并将其设置为 Grid 的子对象，如图 4-93 所示。

（3）为游戏对象 Grid 添加 Grid Layout Group 组件。组件内部参数设置如图 4-94 所示。这时，其内部的 12 个 Image 子对象会自动根据布局管理器的设置进行摆放，调整 Grid 的高度即可得到图 4-95 所示的效果。

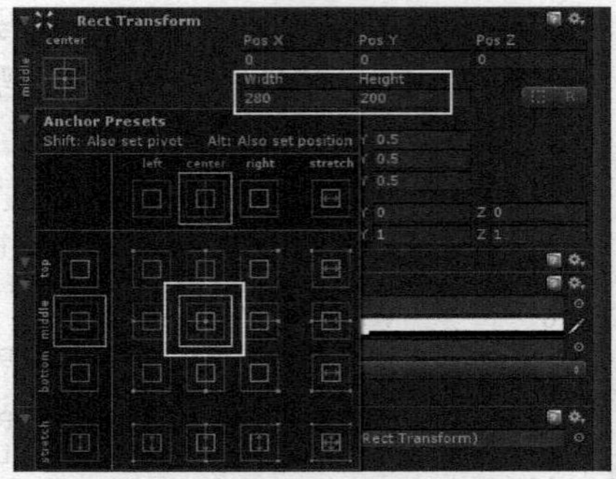

▲图 4-91　设置 ScrollView 的 RectTransform 组件

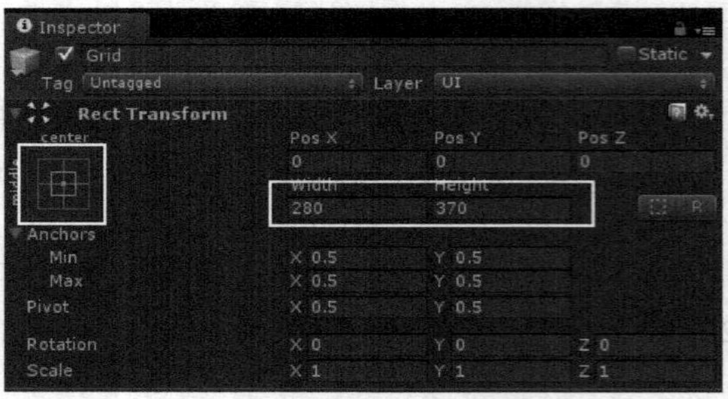

▲图 4-92　Grid 游戏对象的 RectTransform 设置

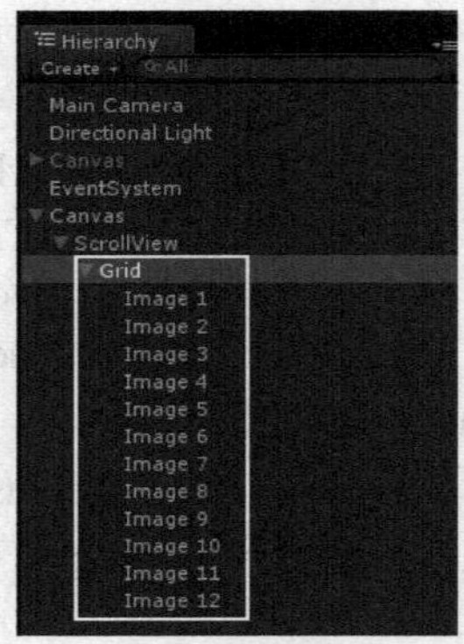

▲图 4-93　创建 12 个 Image 并设置为 Grid 的子对象

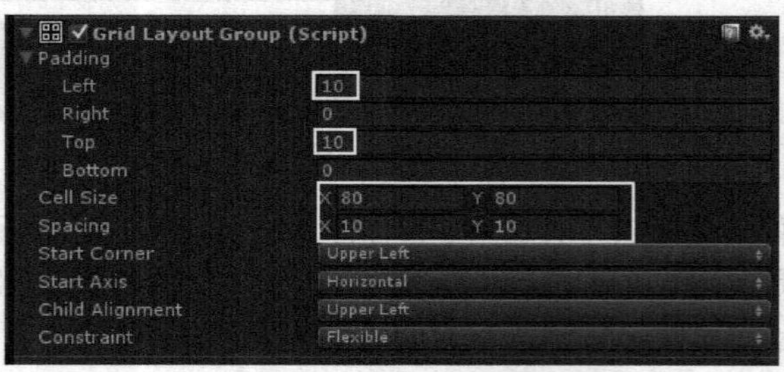

▲图 4-94　网格布局管理器参数设置

▲图 4-95　添加布局管理器后的效果

（4）经过上一步的设置后，可以看到 12 个 Image 组件已经超出了 ScrollView 的大小。接下来，为 ScrollView 添加 Mask 组件，如图 4-96 所示。这时，超出 ScrollView 大小范围的 Image 已经不进行显示了。如图 4-97 所示。

▲图 4-96　为 ScrollView 添加 Mask 组件

▲图 4-97　添加 Mask 组件后的显示样式

（5）接下来需要让 ScrollView 中的 Image 控件组可以被拖动。选中 ScrollView 游戏对象，添加 Scroll Rect 组件，并将游戏对象 Grid 拖到 Scroll Rect 组件中的“Content”选框中。如图 4-98 所示。

（6）经过步骤 5，ScrollView 中的控件组已经可以被拖动了。为了直观，可以在滚动视图右边创建一个 Scrollbar 控件，将其选择为垂直拖动模式。如图 4-99 和 4-100 所示。

（7）下面将滚动视图 ScrollView 和滚动条挂接。将 ScrollView 游戏对象上的 Scroll Rect 组件中的 Vertical Scrollbar 选为上一步创建的“Scrollbar”，至此，滚动视图创建完毕，为 Image 组件赋予贴图后，运行场景，效果如图 4-101 所示。

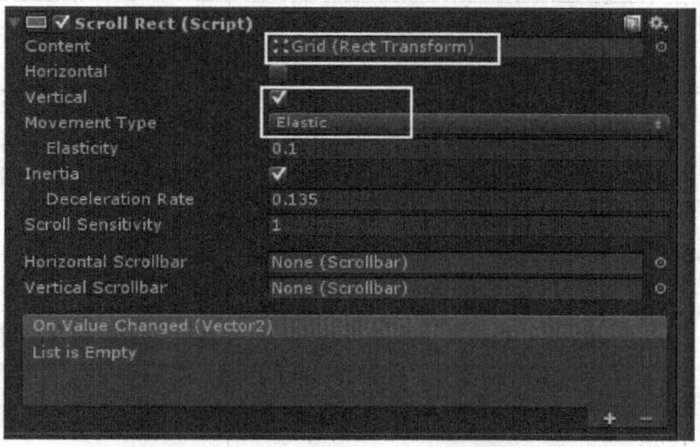

▲图 4-98　“Scroll Rect”组件的参数设置

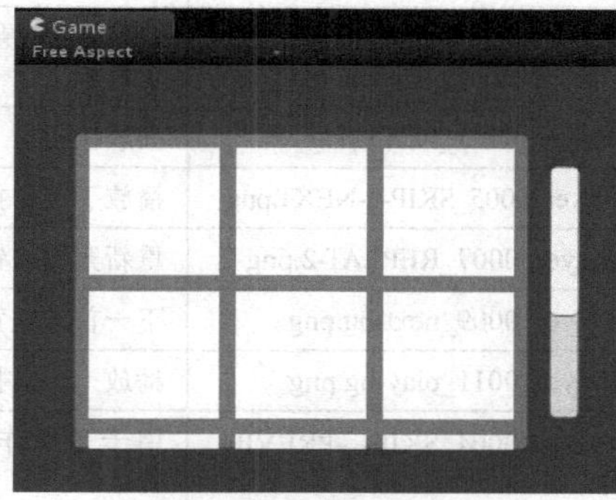

▲图 4-99　创建一个 Scrollbar 控件

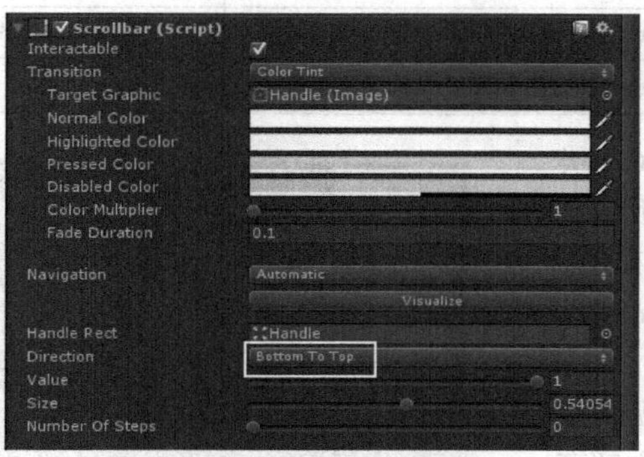

▲图 4-100　Scrollbar 组件的设置

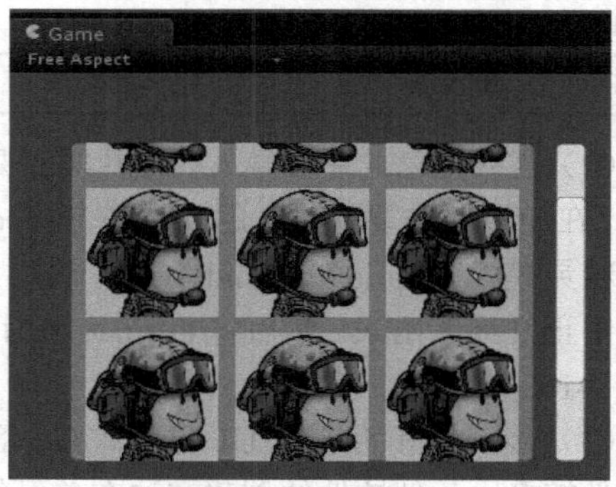

▲图 4-101　滚动视图 ScrollView

4.2.17　UGUI 综合案例——音乐播放器的 UI 搭建

经过前面几节的介绍，相信读者已经对 UGUI 系统的基本控件的创建和使用有了一个基本的了解，所以在本节中将给出一个由 UGUI 系统搭建音乐播放器的 UI 界面的综合案例。希望通过对此综合案例的学习，可以让读者对 UGUI 系统的使用更加得心应手。播放器界面如图 4-102 所示。

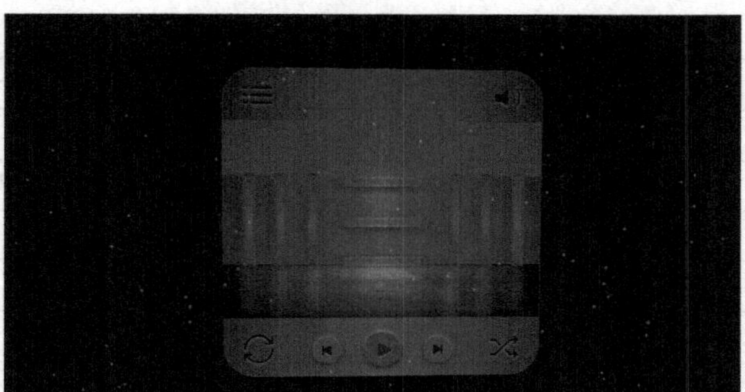

▲图 4-102　播放器界面演示

（1）首先导入本案例需要用到的图片资源，这些资源都放在源项目文件中的 Assets/UGUIDemo/MusicPlayerPIC 中。图片列表以及图片用途如表 4-15 所示。

表 4-15 案例中使用到的图片资源及其用途

图 片 名	用 途	图 片 名	用 途
delete.png	删除按钮图标	Edit.png	编辑按钮图标
musicPlayer_0000_ListBG.png	音乐列表按钮背景图	musicPlayer_0001_BGMask.png	音乐列表界面背景
musicPlayer_0001_titleBG.png	音乐列表界面标题背景	musicPlayer_0002_soundbutton.png	音量按钮
musicPlayer_0003_PLAY.png	播放按钮	musicPlayer_0015_BG1.png	播放按钮背景
musicPlayer_0005_SKIP-_-NEXT.png	播放下一首按钮	musicPlayer_0006_LIST-2.png	显示音乐列表界面按钮
musicPlayer_0007_REPEAT-2.png	重新开始按钮	musicPlayer_0008_SHUFFLE.png	随机播放按钮
musicPlayer_0009_next-bg.png	下一首按钮背景	musicPlayer_0010_back-bg.png	上一首按钮背景
musicPlayer_0011_play-bg.png	播放上一首按钮	musicPlayer_0012_you-3.png	修饰播放器的图片
musicPlayer_0004_SKIP-_-PREVIOUS.png	用于显示作者的背景	musicPlayer_0016_BG-2.png	用于显示当前音乐名称的底版背景
musicPlayer_0017_LIGHT1.png	光晕 1	musicPlayer_0018_LIGHT2.png	光晕 2
musicPlayer_0019_LIGHT3.png	光晕 3	musicPlayer_0020_bg.png	播放器主界面背景图
musicPlayer_0021_BG.png	场景背景图	musicPlayer_0000s_0002_base.png	滑块 handle 图

（2）需要注意的是，导入的图片类型是“.PNG”类型的，在使用前需要将导入的图片在 Inspector 面板中设置为精灵模式“Sprite(2D and UI)”，这样才能在 Image 控件中正常显示出来。然后将 Format 选为“Truecolor”。如图 4-103 所示。

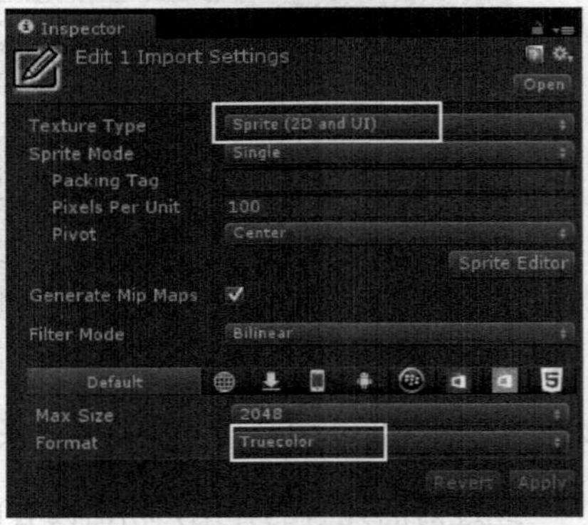

▲图 4-103 图片格式的设置

（3）接下来开始搭建 UI 界面。在本部分中所使用的控件较多，各种控件的创建方法在前面的介绍中都有所讲解，所以在本部分中不再赘述。接下来将用表格的形式将场景中 Canvas（画布）下的游戏对象 MusicPlayer 及其子对象进行介绍，读者可以按照表 4-16 所法中的内容及层级关系依次进行创建。

表 4-16 “MusicPlayer”中的 UI 元素介绍

UI 元素名	控件类型	介 绍
MusicPlayer	Image	音乐播放器主界面
MusicName	Image	用于显示当前音乐的背景
MakerName	Image	用于显示作者的背景
PlayBT	Button	播放按钮
BTImage	Image	播放按钮图标
BackBT	Button	上一首按钮
BTImage	Image	上一首按钮图标

续表

UI 元素名	控件类型	介　　绍
NextBT	Button	下一首按钮
BTImage	Image	下一首按钮图标
ShuffleBT	Button	随机播放按钮
RePeatBT	Button	重新播放按钮
Light	GameObject	用于存放光晕图片的父对象
Center	Image	中部光晕
Top	Image	顶部光晕
Light	Image	灯图片
ListBT	Image	显示音乐列表按钮
SoundBT	Button	调节音量按钮
BackGroundMask	Image	覆盖整个界面的一张背景图
Slider	Slider	调节音量滑块

说明　上面表格中的 UI 元素列通过层级缩进的形式表示了子对象的层次，越靠前的 UI 元素所处的层级越高，方便读者对照源项目 UI 结构进行创建。

（4）按照上面的表格内容创建 MusicPlayer 游戏对象及其子对象。为每个控件赋予相应的贴图后，在 Game 窗口中应该可以看到图 4-104 所示的 UI 界面。其子对象结构如图 4-105 所示。下面将对部分特殊控件的设置进行介绍。

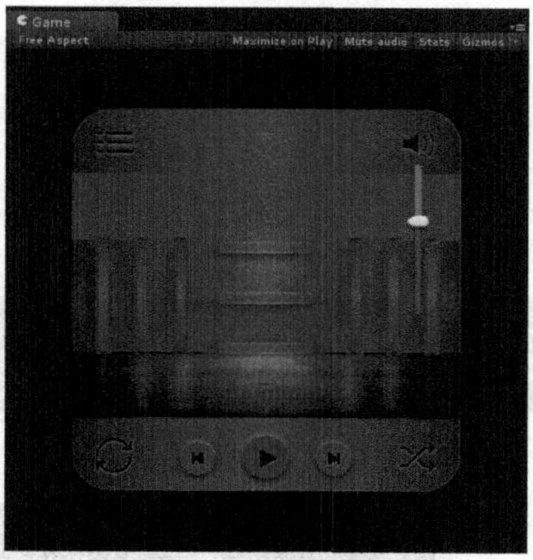

▲图 4-104　MusicPlayer 显示效果

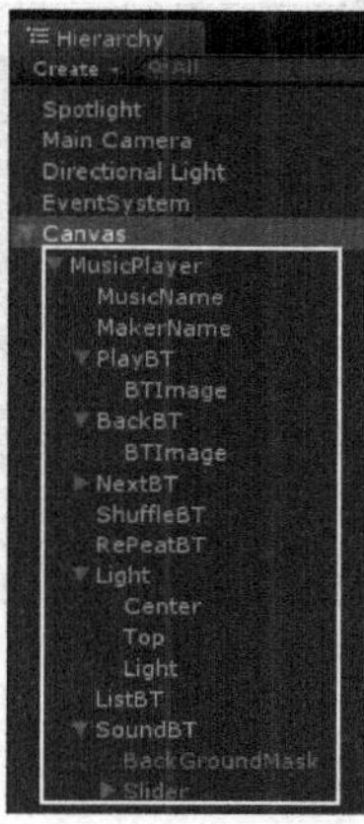

▲图 4-105　MusicPlayer 子对象结构

说明　在搭建 MusicPlayer 时，其每个子对象中若有 Image 组件则需要赋予贴图，每个控件对应的贴图读者可以自行查表 4-15 进行一一对应。当然读者也可以查看光盘中源项目的设置（场景目录：见随书光盘中源代码/第 4 章目录下的 UI/Assets/UGUIDemo）。

（5）首先将图 4-105 中所示的 Canvas 组件中的 Render Mode 设置为“World Space”，如图 4-106 所示。这样，该画布就可以在 3D 场景中进行旋转等变换了。然后将 SoundBT 下的子对象 BackGroundMask 中的 Image 组件的颜色设置为黑色，透明度设置为半透明。如图 4-107 所示。

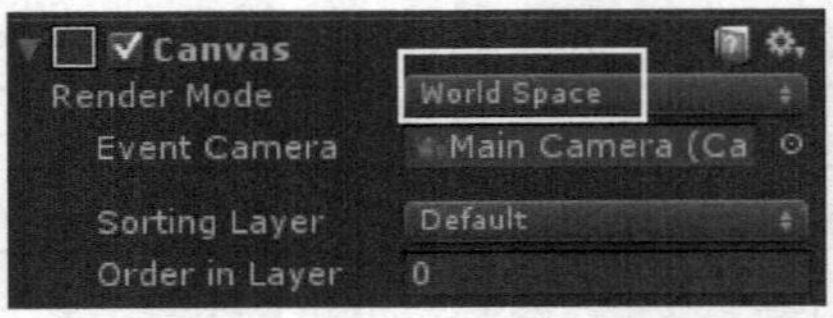

▲图 4-106　Canvas 游戏对象的设置

▲图 4-107　BackGroundMask 游戏对象的设置

（6）将子对象 BackGroundMask 的 Color 设置完后，将其位置和大小设置为和 MusicPlayer 游戏对象重合，这样做是为了当 BackGroundMask 游戏对象被激活后使整个 UI 界面变暗，突出 Slider 控件的效果。

（7）接下来对 Slider 控件进行设置。该滑块用于调节音量，其位置放在音量按钮的正下方。将 Slider 组件中的 Direction 参数设置为“Bottom to top”，这样该滑块就是一个垂直的滑块了。如图 4-108 所示。

（8）将 Slider 的子对象中的 Handle 的贴图设置为“musicPlayer_0000s_0002_base.png”，将滑块中的 Fill 游戏对象 Image 组件中的 Color 设置为淡紫色以符合整个 UI 界面的配色方案。全部设置完毕后，将 Slider 游戏对象和 BackGroundMask 游戏对象关闭。如图 4-109 和图 4-110 所示。

（9）上面介绍了该音乐播放器的主界面的搭建，接下来将要介绍的是音乐播放器的歌曲列表界面“MusicList”的搭建。在本案例的设计中，在主界面单击“ListBT”可以跳转到歌曲列表界面（用于显示当前音乐播放器中包含的音乐），其运行效果如图 4-111 所示。MusicList 中的 UI 元素如表 4-17 所示。

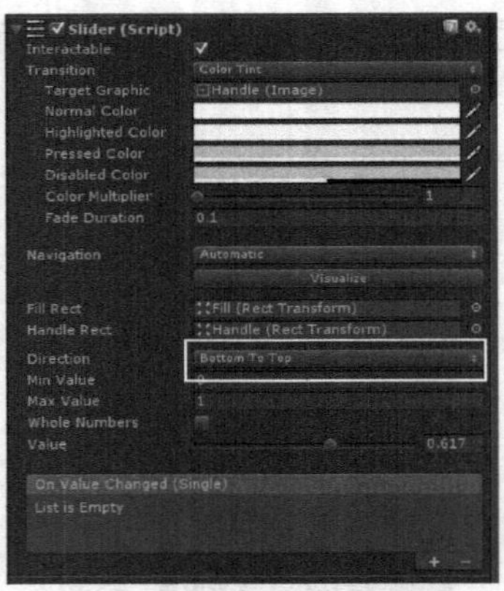

▲图 4-108　Slider 滑块的设置

▲图 4-109　关闭 Slider 游戏对象

▲图 4-110　关闭 BackGroundMask 游戏对象

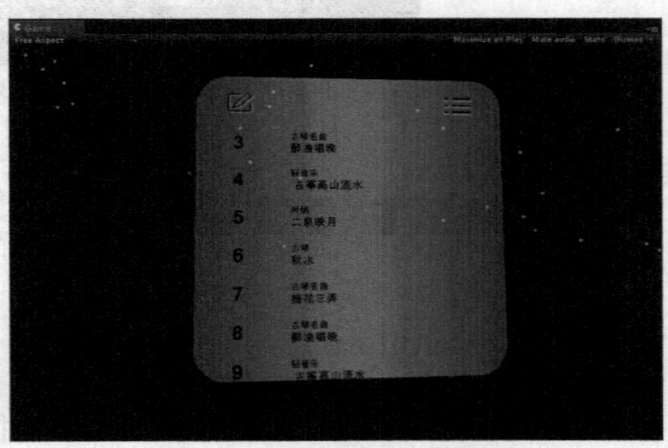

▲图 4-111　音乐列表界面

表 4-17 MusicList 中的 UI 元素

UI 元素名	控 件 类 型	介　绍
MusicList	Image	音乐列表界面背景
List	GameObject	用于存放歌曲 Button 的空对象
Title	Image	音乐列表标题背景
BackMenuBT	Button	返回主界面按钮
EditBT	Button	编辑列表按钮

说明 上面表格中的 UI 元素列通过层级缩进的形式表示了子对象的层次，越靠前的 UI 元素所处的层级越高，方便读者对照源项目 UI 结构进行创建。

（10）根据表 4-17 创建好游戏对象后，MusicList 的子对象结构应该如图 4-112 所示。接下来对其特殊子对象的设置进行讲解。首先选中“List”游戏对象，为其添加 Grid Layout Group 组件，并对其内部参数进行设置。设置后如图 4-113 所示。

▲图 4-112　MusicList 的子对象结构

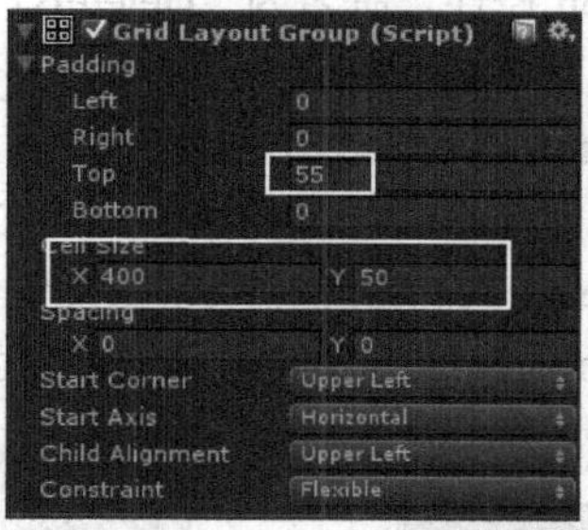

▲图 4-113　Grid Layout Group 组件的设置

（11）选中 MusicList 游戏对象，为其添加 Scroll Rect 组件及 Mask 组件，并将 Scroll Rect 组件的 Content 参数设置为“List”游戏对象。组件设置如图 4-114 所示。添加了这两个组件后，MusicList 就变成了一个滚动视图，可以上下拖动鼠标以查看超出的内容。

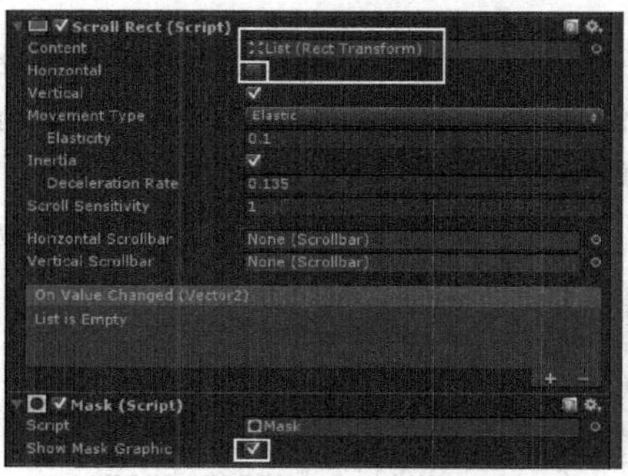

▲图 4-114　Scroll Rect 组件及 Mask 组件的参数设置

（12）设置完毕后，选中 MusicList 游戏对象并将其关闭，如图 4-115 所示。这是因为在案例运行后“MusicList”界面是看不到的，只有当玩家单击 ListBT 按钮后该游戏对象才会被激活。

（13）接下来制作用于显示每个歌曲列表中元素的按钮的预制件。首先创建一个 Button 控件，命名为“ListButton”，将其长宽分别设置为 400 和 50。如图 4-116 所示。接下来将该按钮下的子对象 Text 命名为“Count”，用于显示当前歌曲的编号，最后将其摆放到合适的位置。

▲图 4-115　关闭 MusicList 游戏对象

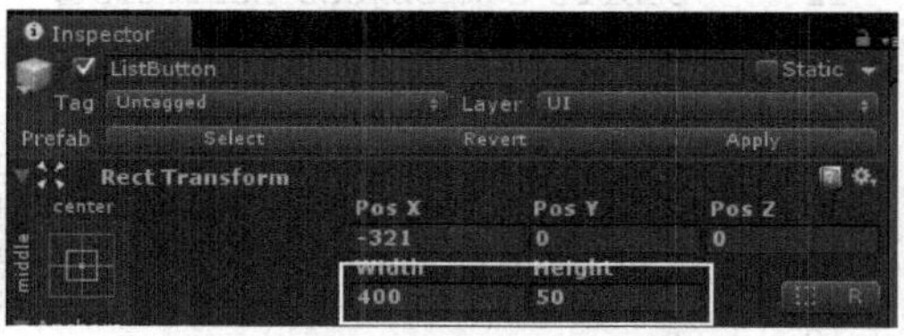

▲图 4-116　ListButton 的长宽设置

（14）接下来在 ListButton 游戏对象下再创建一个 Text 控件并将其命名为“MusicInformation”，用于显示音乐的信息（音乐名以及歌手）。调整大小后将其摆放的合适的位置。Count 和 MusicInformation 游戏对象中的 Text 组件设置如图 4-117 和图 4-118 所示。

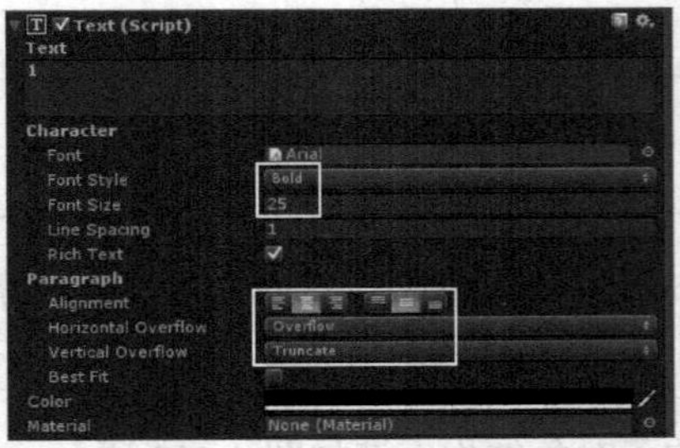

▲图 4-117　Count 游戏对象的 Text 组件设置

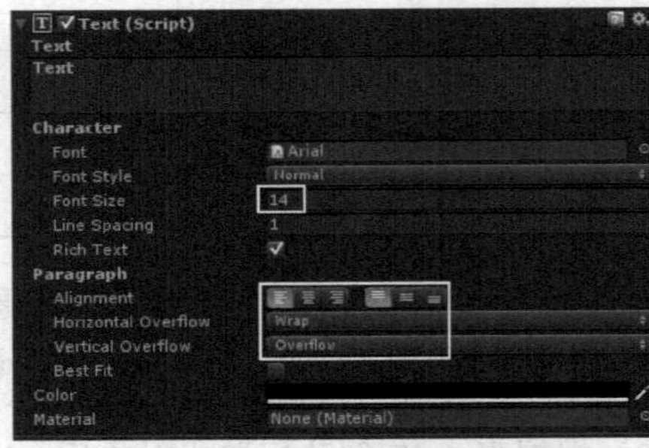

▲图 4-118　MusicInformation 游戏对象的 Text 组件设置

（15）将两个 Text 控件设置完毕后，开始创建删除按钮“DeleteBT”，在 ListButton 子对象中创建一个 Button 控件，命名为“DeleteBT”，删除其下的 Text 控件，并创建一个 Image 控件代替。其中 DeleteBT 对应的贴图为 musicPlayer_0011_play-bg.png，Image 对应的贴图为 delete.png。设置完毕后 ListButton 子对象的结构应该如图 4-119 所示，效果应该如图 4-120 所示。

（16）将 ListBotton 创建完毕后，将 DeleteBT 子对象关闭，然后在 Project 面板中单击鼠标右键，执行“Create→Prefab”命令，创建一个预制件并将其命名为“ListButton”，然后将游戏场景中的 ListButton 拖曳给该预制件以完成设置。如图 4-121 所示。

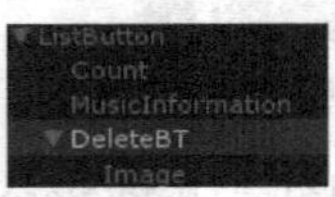

▲图 4-119　ListBotton 子对象结构

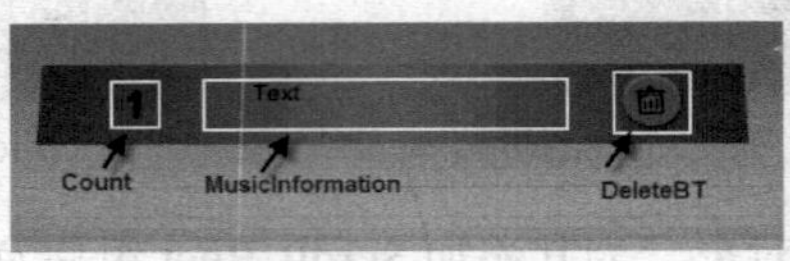

▲图 4-120　创建好的 ListBotton

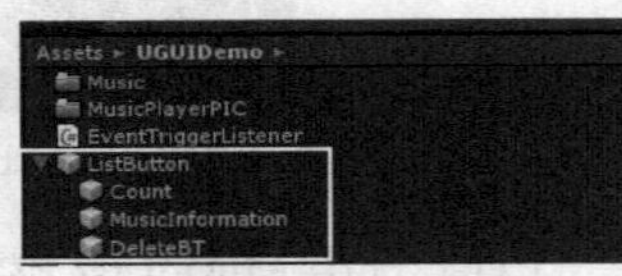

▲图 4-121　预制件的创建

（17）到这一步，场景的搭建已经基本结束，下面将介绍本案例中脚本的开发以及使用。首先创建一个 C#脚本并命名为“MusicBtnListener.cs”，该脚本的主要功能为监听主界面中所有按钮的触控事件。脚本代码如下。

代码位置：见随书光盘中源代码/第 4 章目录下的 UI/Assets/UGUIDemo/ MusicBtnListener.cs。

```
using UnityEngine;
using System.Collections;
using UnityEngine.UI;
public class MusicBtnListener : MonoBehaviour {
  public Button bplay;                                    //播放按钮
  public Button bnext;                                    //下一首按钮
  public Button blist;                                    //显示列表按钮
  public Button bsound;                                   //声音按钮
  public Button bbackMenu;                                //返回主界面按钮
  public GameObject MusicPlayer;                          //播放器主界面
  public GameObject MusicList;                            //音乐列表
  private bool setSound = false;                          //是否正在设置声音
  private bool showList = false;                          //是否显示列表
  void Start () {
    blist.onClick.AddListener(OnListBtnClick);            //给显示列表按钮添加点击监听
    bplay.onClick.AddListener(OnPlayBtnClick);            //给播放按钮添加点击监听
    bsound.onClick.AddListener(OnSoundBtnClick);          //给声音按钮添加监听
    bbackMenu.onClick.AddListener(OnListBtnClick);        //返回主菜单按钮添加监听
  }
  void OnListBtnClick(){                          //显示列表与返回主菜单按钮监听方法
```

```
21      showList = !showList;                                   //更改是否显示列表标志位
22      MusicList.SetActive(showList);                          //设置主菜单界面是否显示
23    }
24    void OnPlayBtnClick(){                                    //播放按钮监听
25      Debug.Log("play");                                      //打印点击
26    }
27    void OnSoundBtnClick(){                                   //音量按钮点击监听
28      setSound = !setSound;                                   //更改标志位是否为设置状态
29      bsound.transform.GetChild(0).gameObject.SetActive(setSound);
                                                                //开启/关闭 背景遮罩
30      bsound.transform.GetChild(1).gameObject.SetActive(setSound);
                                                                //开启/关闭 音量滑块
31  }}
```

说明

创建好脚本后，将该脚本挂载在 Canvas 游戏对象上，并将其中按钮分别拖曳到脚本上，如图 4-122 所示。该脚本的内容较为简单，在 Start 方法中将每个按钮的监听方法设置好，然后对应每个方法实现相应的点击功能即可，如 20-31 行即为定义的 3 个按钮的点击监听方法。

▲图 4-122　挂载好脚本后的参数设置

（18）通过上一步，在主菜单界面中的按钮就都有点击监听了。接下来创建脚本“MusicListBtnListener.cs”，该脚本挂载在 Canvas 游戏对象上，用于初始化音乐列表，并包含了对音乐列表界面中的每个按钮的监听。脚本代码如下。

代码位置：见随书光盘中源代码/第 4 章目录下的 UI/Assets/UGUIDemo/ MusicListBtnListener.cs。

```
using UnityEngine;
using System.Collections;
using UnityEngine.UI;
public class MusicListBtnListener : MonoBehaviour {
  public AudioClip[] ac;                                    //音乐资源数组
  public GameObject List;                                   //列表游戏对象
  public GameObject musicBT;                                //制作好的 ListButton 预制件
  public Button bEdit;                                      //编辑按钮
  private ArrayList alb=new ArrayList();                    //动态数组 储存在列表中的歌曲
  private bool isEdit=false;                                //当前是否为编辑模式标志位
  void Start () {
  for (int i = 0; i < ac.Length; i++){                      //生成按照音乐资源按钮
    GameObject bt = Instantiate(musicBT);                   //实例化预制件
    bt.GetComponent<RectTransform>().
      SetParent(List.GetComponent<RectTransform>());        //设置父对象
    bt.GetComponent<RectTransform>().localScale = Vector3.one;     //调整大小
    bt.GetComponent<RectTransform>().localPosition = Vector3.zero; //调整位置
    string[] musicInfomation = ac[i].name.Split('-');//按照 '-' 符号拆分音乐名
    bt.transform.FindChild("Count").GetComponent<Text>().text = ""+(i+1);
                                                            //设置编号
    bt.transform.FindChild("MusicInformation").GetComponent<Text>().text =
     string.Format("<size=12>{0}</size>" + "\n<size=15>{1}</size>",
     musicInfomation[0], musicInfomation[1]);               //设置 MusicInformation 的显示
    bt.GetComponent<Button>().onClick.AddListener(          //给实例化的按钮添加监听
      delegate(){                                           //委托
        this.onListElementBtnClick(bt);     //添加一个带有“GameObject”参数类型的监听
    });
    Button bdelete = bt.transform.FindChild("DeleteBT").GetComponent<Button>();
//获取删除按钮
```

```
28  bdelete.onClick.AddListener(                          //给删除按钮添加监听
29    delegate(){                                         //委托
30      this.OnDeleteBthClick(bt);                        //添加一个带参数的监听方法
31    }});
32    List.GetComponent<RectTransform>().sizeDelta =
33      new Vector2(400, ac.Length * 50 + (ac.Length - 1) * 5);
                                                          //根据内容设置列表的大小
34    bEdit.onClick.AddListener(OnEditBtnListener);       //编辑
35    for (int i = 0; i < List.transform.childCount; i++){   //添加到动态数组
36      alb.Add(List.transform.GetChild(i));              //将 List 的子对象添加到动态列表
37  }}
38  public void onListElementBtnClick(GameObject bt){     //每个 UI 列表中的按钮点击监听
39      Debug.Log("this is bt"+bt.name);                  //打印按钮信息
40    }
41  void OnEditBtnListener(){
42    isEdit = !isEdit;                                   //设置当前是否为编辑模式
43    foreach(Transform go in alb){                       //遍历动态列表
44      go.transform.FindChild("DeleteBT").gameObject.SetActive(isEdit);
                                                          //将删除按钮开始/关闭
45  }}
46  void OnDeleteBthClick( GameObject bt){                //删除按钮监听
47      alb.Remove(bt.transform);                         //从动态列表中移除 bt
48      Destroy(bt);                                      //删除 bt 游戏对象
49      UpdateMusicArrayListButtonText();                 //更新列表
50  }
51  void UpdateMusicArrayListButtonText(){                //更新列表方法
52    foreach(Transform go in alb){                       //遍历动态数组
53      go.transform.FindChild("Count").GetComponent<Text>().text =
54        "" + (alb.IndexOf(go.transform) + 1);           //重新设置编号
55    }
56    List.GetComponent<RectTransform>().sizeDelta =
57      new Vector2(400, (alb.Count+1) * 50);             //重新设置列表的长度
58  }}
```

❑ 第 1-10 行代码的主要功能为名空间的引用以及变量的声明。由于本脚本使用了 UI 方面的 api，所以需要 Using UnityEngine.UI 名空间。在变量声明阶段声明了在下面代码中需要使用的变量，如各个按钮的引用、储存列表中按钮的动态数组、列表游戏对象等。

❑ 第 11-26 行是在 Start 方法中初始化每个音乐资源对应的按钮，首先获取音乐资源数组 ac，将其每个元素都实例化一个对应的 ListButton 预制件，调整其大小、位置以及内部两个 Text 控件的显示字样后将其设置为 List 的子对象。最后为每个 ListButton 对象都指定同一个点击监听方法 onListElementBtnClick。

❑ 第 27-37 行代码首先为每个实例化出的 ListButton 对象中的 DeleteBT 子对象指定点击监听方法“OnDeleteBthClick”，然后将列表根据其子对象的数目调整大小。为编辑按钮添加监听方法后，将每个 List 的子对象都添加到动态数组 alb 中。

❑ 第 38-45 行代码是两个按钮的监听方法，点击音乐按钮会打印点击按钮的信息。由于本案例是一个 UI 案例，所以对于音乐播放的逻辑代码没有进行编写，有能力和兴趣的读者可以自行完善。OnEditBtnListener 方法是编辑模式按钮，点击后每个 List 子对象后都会出现一个删除按钮。

❑ 第 46-50 行代码为 OnDeleteBthClick 方法，该方法是删除方法，点击后会将该按钮从 alb 中移除并删除对象。删除后回调 UpdateMusicArrayListButtonText 方法，重置按钮编号以及 List 的控件大小。

❑ 第 51-58 行代码为 UpdateMusicArrayListButtonText 方法，每当动态数组内元素发生变化后要回调该方法，重新设置每个 ListButton 子对象中 Count 控件显示的编号，然后按照 alb 中还有的元素数目重新设置 List 控件的大小。

（19）到这一步，本案例的开发已经基本结束，读者可以添加粒子系统、PanWithMouse.cs 脚本来让 UI 界面更加美观。注意 PanWithMouse.cs 脚本为一个动态动画脚本，挂载到 Canvas 上后该对象会根据鼠标的位置进行动态的变换，可以让界面动态性更强。最后案例的运行效果如

图 4-123 和图 4-124 所示。

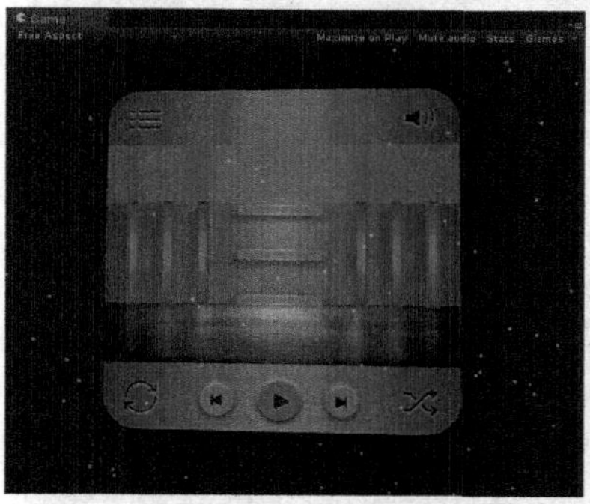

▲图 4-123 主菜单界面演示

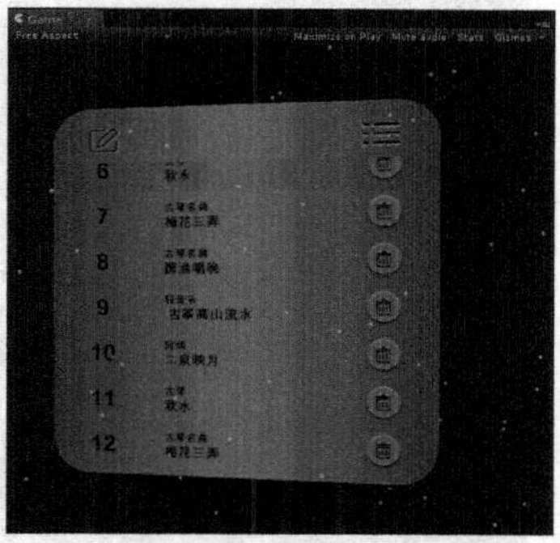

▲图 4-124 音乐列表界面演示

说明　PanWithMouse.cs 脚本可以同时挂载在 Canvas 和摄像机上来组合使用，这样能够达到更佳的动态效果。当挂载在 Canvas 上时，需要确保 Canvas 组件中的 Render Mode 为 "World Space"，这样脚本才会起作用。

4.3 预制件（prefab）资源的应用

在一个项目的开发过程中经常会应用到预制件（prefab）资源。在场景的开发中会同时创建多个完全相同的游戏对象，如果一一创建会耗费大量的时间，并且也会耗费游戏资源，在管理上也会有一定的难度。这时就需要实例化预制件（prefab）来实现。

4.3.1 预制件（prefab）资源的创建

在前面已经讲解了 Assets 菜单中各个命令的用途和功能，在 Create 命令的选项中选择创建 perfab，就会在资源项目列表中创建一个预制件（perfab）资源。此时的预制件（perfab）只是一个空壳，还需添加一些具体的游戏对象。具体操作步骤如下。

（1）通过 Unity 集成开发环境中的菜单创建一个 prefab。执行 "Asserts→Create→Prefab" 命令，即可在项目资源列表中创建一个 prefab，然后将其名字改为 "BallPrefab"。

（2）在场景中创建一个球体。执行 Createt→3D Object→Sphere 命令，即可在游戏组成列表中创建一个 Sphere，然后将其改名为 "Ball"。

（3）向项目中导入一个球面纹理图片资源。执行 "Assets→Import New Asset…" 命令，会立刻弹出一个 Import New Assets 对话框，在对话框中选中需要的球面纹理图片，单击 "Import" 按钮完成导入。

（4）为创建的 Ball 添加刚体属性和球体碰撞者属性，即先选中 Ball，再执行 "Component→Physics→Rigidbody" 命令，即可为 Ball 添加刚体属性。再执行 "Component→Physics→Sphere Collider" 命令，即可为 Ball 添加球体碰撞属性。

（5）将导入的球面纹理图片资源添加到创建的 Ball 上面。选中纹理图片然后将其拖动到创建的 Ball 上面即可。添加的各个属性都将在属性查看器中显示出来，如图 4-125 所示。

（6）为刚创建的 BallPrefab 添加真实的游戏对象。这个操作跟（5）中一样，只要选中刚刚创建的 Ball 对象，然后将其拖到 Assets 面板中已经创建好的 BallPrefab 上即可，此时这个空的 BallPrefab 就具有了与 Ball 对象完全相同的属性。如图 4-126 所示。

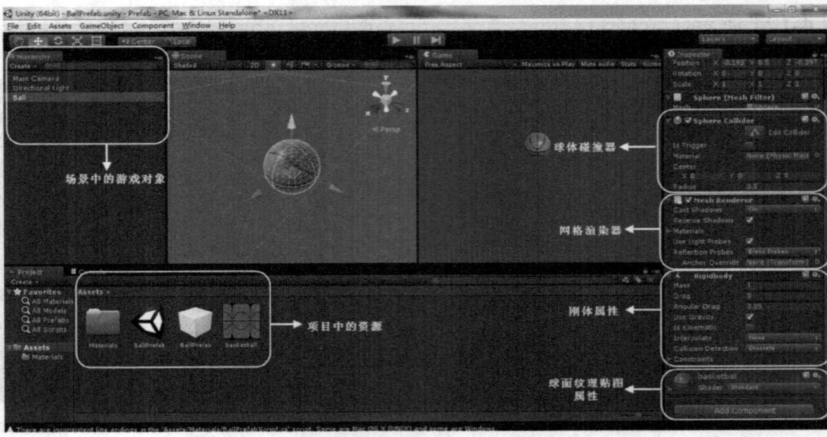

▲图 4-125　添加的各个属性

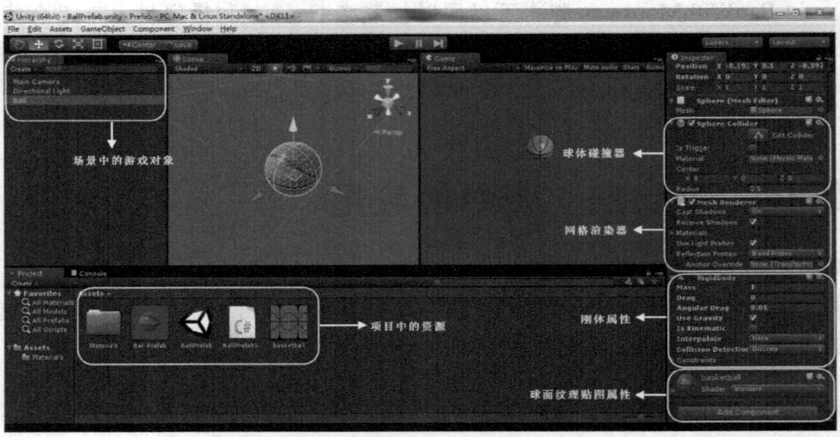

▲图 4-126　成功创建的 BallPrefab

4.3.2　通过 prefab 资源进而实例化对象

在实际的开发过程中，若要创建大量的重复化的资源，就需要使用到 prefab 资源。通过脚本编写程序实例化这些游戏对象，这样可以省去创建过程的时间，以及为各个游戏对象添加相同属性的烦琐操作，并且还会节省大量的游戏资源，提高项目的运行效率。

下面将通过一个实例化篮球的小案例来讲解 prefab 实例化的具体操作过程。

（1）以上面的 BallPrefab 为例，在此有关 prefab 的具体创建过程就不再进行讲解。

（2）编写脚本，实例化篮球。执行“Assers→Create→C# Script”命令，在项目中创建一个 C# Script 脚本，在此将脚本的名字改为“BallPrefabScript”，然后双击脚本进入脚本编辑器。对脚本进行编辑。具体实现方法如下面的代码片段所示。

代码位置：见随书光盘中源代码/第 4 章目录下的 Prefab\Assets\BallPrefabScript.cs

```
using UnityEngine;
using System.Collections;
public class BallPrefabScript : MonoBehaviour {
  public int i = 5;                                        //声明整型变量 i
  public int j = 0;                                        //声明整型变量 j
  public Rigidbody BallPrefab;                             //声明刚体 BallPrefab
  public float x = 0.0f;                                   //初始化 x, y, z 的坐标
  public float y = 4.0f;
  public float z = 0.0f;
```

```
10      public float k = 2.0f;                                //声明实例化球的行数
11      public int n = 4;
12      int count = 0;                                        //声明一个计数器
13      public Rigidbody[] BP;                                //声明刚体数组
14      void Start(){                                         //声明 Start 方法
15        BP = new Rigidbody[10];                             //初始化刚体组数
16        count = 0;                                          //计数器置 0
17        for (i = 0; i <= n; i++)                            //对变量 i 进行循环
18          for (j = 0; j < i; j++)                           //对变量 j 进行循环
19            //在自定义坐标位置实例化 10 球
20            BP[count++] =(Rigidbody )Instantiate(BallPrefab,
21              new Vector3(x-2.0f*k*i+4.0f*j*k,2.0f,z-2.0f*1.75f*k*i),BallPrefab.rotation);
22    }}
```

❑ 第 1-13 行的主要功能是声明变量，主要声明了整型变量 *i*、*j*，刚体 BallPrefab，*x*、*y*、*z* 的坐标，刚体的行数及计数器，并且对相关的参数进行了赋值。在开发环境下的属性查看器中可以为各个参数指定资源或者取值。

❑ 第 14-22 行的主要功能是对 Start 方法进行了重写，初始化了刚体组数，然后先对 *i* 进行循环，再在 *i* 的循环中将 *j* 进行循环，最后在自定义坐标位置通过实例化刚体数组创建了 10 个球体，并且对 10 个球的位置按照一定的规律进行了排列。

（3）将编写完的脚本挂载到摄像机上，然后对摄像机脚本属性中的各个变量参数进行设置。设置完毕后单击 Unity 集成开发环境的运行按钮，在游戏场景中会显示出实例化的效果。本案例中创建了 10 个 BalllPrefab，如图 4-127 所示。

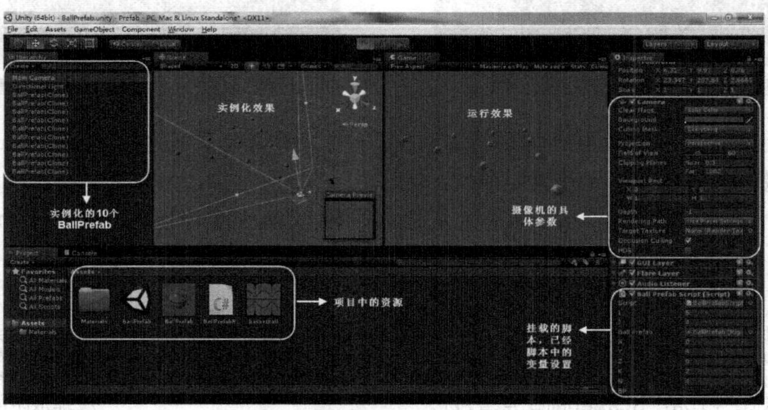

▲图 4-127　实例化效果图

4.4 常用的输入对象

在游戏的开发过程中，时常需要获取用户的输入情况，类似与手机或平板中的触控行为，计算机端的键盘鼠标操作行为等。在其他的开发平台中，要获取这些操控参数往往需要通过开发人员编写不少代码来实现，而 Unity 3D 引擎在设计时就封装好了这些常用的方法与参数。

针对用户的输入，引擎专门为开发人员提供了两个输入对象——Touch 与 Input。开发人员通过 Touch 与 Input 输入对象中的方法以及参数可以非常方便地获取用户输入的各种参数，包括触控的位置、相位、手指按下位移，以及用户鼠标键盘的输入等。下面将一一介绍。

4.4.1 Touch 输入对象

Touch 输入对象中提供了非常详细的参数以及方法，通过使用该对象可以获取如 Android、iOS

等移动平台中的详细的触摸操控信息。读者可以将分析 Touch 的代码写在对应的脚本中，然后挂载到对应的游戏对象上，就可以轻松地获取到 Touch 的信息了。Touch 事件变量如表 4-18 所示。

表 4-18　　Touch 输入对象的变量

变　量　名	含　　义	变　量　名	含　　义
fingerID	手指的索引	position	手指的位置
deltaPosition	距离上次改变的距离增量	deltaTime	自上次改变的时间增量
tapCount	点击次数	phase	触摸相位

Touch 触摸输入对象的各个参数在开发的过程中一般都是相互配合使用的，只有这样才能符合开发的需要。接下来将给出一个解析玩家手势操控的案例，希望读者可以通过该案例与学习的内容进行相互印证以加深理解。

（1）首先搭建所需的游戏场景。新建一个场景并将其命名为“TouchTest”，在其中创建一个平行光 Direction Light，然后执行“GameObject→3D Object→Sphere”命令，创建一个小球并赋予其纹理图。调整小球的大小与位置，如图 4-128 所示。调整摄像机的位置，如图 4-129 所示。

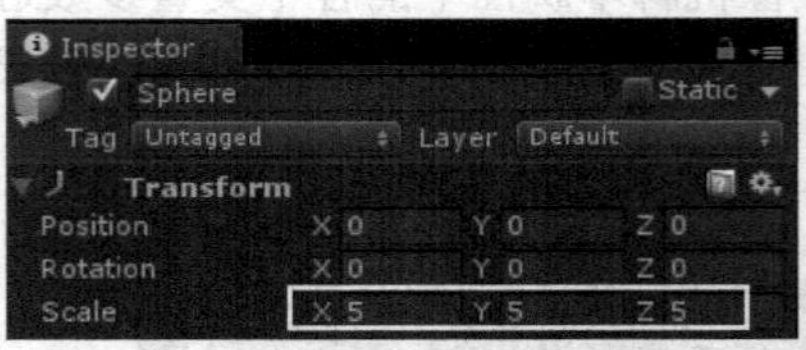

▲图 4-128　球的位置与缩放设置

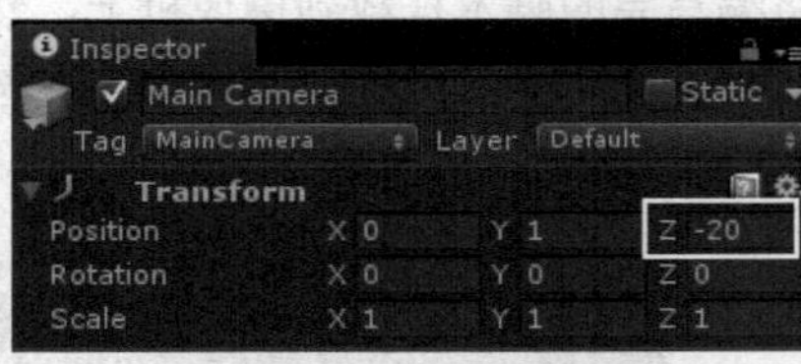

▲图 4-129　摄像机的位置设置

（2）简单地搭建好场景后接下来进行脚本的开发。新建一个名为“TouchTest.cs”的 C#脚本，将其挂载到主摄像机 MainCamera 上。脚本代码如下。

代码位置：见随书光盘中源代码/第 4 章目录下的 UI/Assets/OtherScript/ TouchTest.cs。

```
using UnityEngine;
using System.Collections;
public class TouchTest : MonoBehaviour {
  public GameObject ball;                                           //Sphere 游戏对象的引用
  private float lastDis=0;                                          //上一次两个手指的距离
  private float cameraDis = -20;                                    //摄像机距离球的距离
  public float ScaleDump = 0.1f;                                    //缩放阻尼
  void Update() {
    if (Input.touchCount ==1) {                                     //触控
      Touch t = Input.GetTouch(0);                                  //获取触控
      if (t.phase == TouchPhase.Moved){                             //手指移动中
        ball.transform.Rotate(Vector3.right, Input.GetAxis("Mouse Y"), Space.World);
                                                                    //竖直旋转
        ball.transform.Rotate(Vector3.up, -1 * Input.GetAxis("Mouse X"), Space.World);
                                                                    //水平旋转
    }}
    else if (Input.touchCount > 1) {
      Touch t1 = Input.GetTouch(0);                                 //获取触控
      Touch t2 = Input.GetTouch(1);                                 //获取触控
      if (t2.phase == TouchPhase.Began){                            //开始触摸
        lastDis = Vector2.Distance(t1.position, t2.position); //初始化 lastDis
      }else
      if (t1.phase == TouchPhase.Moved && t2.phase == TouchPhase.Moved){
                                                                    //两个手指都在移动
        float dis = Vector2.Distance(t1.position, t2.position);//计算手指位置
          if (Mathf.Abs(dis - lastDis)>1)                           //若是手指距离>1
            cameraDis += (dis - lastDis)*ScaleDump;                 //设置摄像机到物体的距离
            cameraDis=Mathf.Clamp(cameraDis, -40, -5);              //限制摄像机到物体的距离
            lastDis = dis;                                          //备份本次触摸结果
```

```
27     }}}
28     void LateUpdate(){
29       this.transform.position = new Vector3(0,0,cameraDis); //调整摄像机的位置
30     }
31     void OnGUI(){                                           //打印信息与退出按钮
32       string s = string.Format("Input.touchCount={0}\ncameraDIS=\n{1}",
33       Input.touchCount,cameraDis);                         //打印字符串
34       GUI.TextArea(new Rect(0, 0, Screen.width / 10, Screen.height), s);
                                                              //用 Text 控件显示字符串
35       if (GUI.Button(new Rect(Screen.width * 9 / 10, 0,
36         Screen.width / 10, Screen.height / 10),"quit")){   //退出按钮
37             Debug.Log("quit");                             //打印点击信息
38             Application.Quit();                            //退出程序
39     }}}
```

- 第 1-7 行的主要功能为名空间的引用以及声明变量。在声明变量的部分中声明了场景中的 Sphere 游戏对象的引用 Ball，方便下面对其进行旋转等变换；同时还声明了一些数据全局变量，用途将在下面的讲解中进行介绍。
- 第 8-14 行代码是在 Update 方法中对单指操控行为进行解析。当发生触控并且用户的手指在移动状态，就可以通过 Input.GetAxis("Mouse X/Y")获取用户的手指位移，然后将其转换为旋转角对 ball 进行旋转。运行时就可以看到，当用户滑动手指时，场景中的小球根据滑动方向进行旋转。
- 第 15-27 行是解析用户多点操控的行为。当手指数目大于 1 时，计算两个手指间的距离，并与上一次计算出的距离进行比较，若是距离变大就将摄像机向近推产生放大的效果，反之摄像机向后推就可以得到缩小的效果。这里还在第 25 行对摄像机的位置进行了限制，使其不能无限放大或者缩小。最后备份下这一帧中手指间的距离用于下一帧中和新的距离进行比较。
- 第 28-30 行为对 LateUpdate 方法的重写，这个方法在 Update 方法回调完后进行回调。在这部分中根据上一步算出来的 cameraDis 对摄像机进行前推或者后拉，产生放大或者缩小的效果。
- 第 31-39 行代码与触控的检测没有什么关系，主要是使用 Text 控件对触控的信息进行打印，使其在真机上也可以看到，方便学习与调试。最后还设置了一个退出按钮，单击该按钮后程序结束运行。

> **说明** 在第 12、13 行中使用了 Input.GetAxis("Mouse X/Y")来获取用户手指的位移而没有使用 Touch. deltaPosition，这是因为手机屏幕的不同 Touch. deltaPosition 的返回值是不同的，所以使用起来比较不方便；而 Input.GetAxis("Mouse X/Y")也可以实现相应的效果，并且在 iOS 平台中也可以使用该方法。具体使用哪个，读者可以根据开发需要自行选择。

（3）将案例导入手机中运行，就可以看到小球根据玩家的手指滑动或两指放大收缩而发生旋转或缩放了。需要注意的是，与 Touch 有关的项目都需要在真机上进行测试。有兴趣的读者还可以开发出更多的手势检测来适应不同的游戏。

4.4.2 Input 输入对象

如果说 Touch 输入对象可以用于获取用户的触摸操作信息，那么 Input 对象就可以获取用户其他所有行为的输入，如鼠标、键盘、加速度、陀螺仪、按钮等，所以掌握 Input 输入对象就可以在外部输入信息和系统之间架立一座桥梁，因此显得其尤为重要。Input 对象的主要变量如表 4-19 所示。

表 4-19　　　　Input 对象的主要变量

变 量 名	含 义	变 量 名	含 义
mousePosition	当前鼠标的像素坐标	anyKey	当前是否有按键按住，若有返回 true
anyKeyDown	用户点击任何键或鼠标按钮，第一帧返回 true	inputString	返回键盘输入的字符串
acceleration	加速度传感器的值	touches	返回当前所有触摸（Touch）列表

1. mousePosition 变量

变量 mousePosition 是一个三维的坐标，用于获取当前鼠标的像素坐标。像素坐标是以屏幕左下角为（0,0），屏幕右上角坐标为（Screen.width,Screen.height）计算的。具体获取方式可以参看下面的代码片段。

```
void Update () {
  if (Input.GetButtonDown("Fire1")) {                //鼠标左键点下
    Debug.Log(Input.mousePosition);                  //打印鼠标位置
}}
```

2. anyKey 变量与 anyKeyDown 变量

变量 anyKey 用于显示当前是否有任何按键按下，若是有，就始终返回 True。将下面的代码添加到脚本中，将脚本挂载到摄像机上，当按下任何按键时就会不停地显示打印信息。

```
void Update () {
  if (Input.anyKey) {                                              //有按钮按下
    Debug.Log("A key or mouse click has been detected");          //打印信息
}}
```

变量 anyKeyDown 和变量 anyKey 有些许差别，前者只有按下按钮后的第一帧返回 True。将上面的代码片段稍做修改后运行场景即可发现，只要有按钮按下，就会打印一次信息；若是按钮持续处于按下状态，也仅仅打印第一次。

```
void Update () {

  if (Input. anyKeyDown) {                                         //按钮按下
    Debug.Log("A key or mouse click has been detected");          //打印信息
}}
```

3. inputString 变量

变量 inputString 返回键盘在这一帧中输入的字符串。注意，在返回的字符串中只包含 ASCII 码中的字符，若是本次没有输入字符串就会返回一个空串。如下面的代码片段所示。

```
void Update () {
  if (Input.inputString!=""){                        //若当前输入字符串不为空
    Debug.Log(Input.inputString);                    //打印输入字符串
}}
```

4.acceleration 变量

变量 acceleration 可以获取设备在当前三维空间中的线性加速度，常见于 3D 游戏中的重力感应操控模式。当用户倾斜设备时，若设备上有加速度传感器，就会回传一个代表设备倾斜加速度的三维向量，使用 Input.acceleration 变量就可以获取该参数。具体实现代码如下。

```
using UnityEngine;
using System.Collections;
public class example : MonoBehaviour {
  public float speed = 10.0F;                                  //移动速度
  void Update() {
    Vector3 dir = Vector3.zero;                                //新建一个三维向量
    dir.x = -Input.acceleration.y;                             //获取重力感应 y 轴参数
    dir.z = Input.acceleration.x;                              //获取重力感应 x 轴参数
    if (dir.sqrMagnitude > 1)                     //若是获取的三维向量不是标准向量
```

```
      dir.Normalize();                                         //规格化向量
    dir *= Time.deltaTime;                                     //将方向向量转换为速度
    transform.Translate(dir * speed);                          //平移物体
  }}
```

> **说明** 将该脚本挂载在一个游戏对象上，导入支持重力传感器的设备中运行后就可以看到，游戏对象会根据用户倾斜手机的方向进行相应方向的移动。当然，这段代码需要设备支持重力感应，否则就会一直返回 Vector3.Zero。

5. touches 变量

上一节中介绍过 Touch 输入对象，与之相对应地，通过 Input.touches 变量可以获取到当前在屏幕上的所有触控的引用（Touch[]类型），开发人员就可以根据索引轻易地获取各个触控点的信息。所以该变量也会经常被使用到。具体使用方法可以参考下面的代码片段。

```
void Update() {
  int fingerCount = 0;                                        //手指数目技术器
  foreach (Touch touch in Input.touches) {                    //遍历每个触控点
    if (touch.phase != TouchPhase.Ended &&                    //当前触控点不是结束状态
       touch.phase != TouchPhase.Canceled)                    //且当前触控不是取消状态
       fingerCount++;                                         //触摸技术器自加
  }
  if (fingerCount > 0)                                        //有触摸
   print("User has " + fingerCount + " finger(s) touching the screen");
                                                              //打印信息
}
```

> **说明** 该代码片段的作用为，每当触控发生时就通过 Input.touches 获取到每个触控的引用，然后遍历触控列表。若触控的相位不是结束状态或取消状态，就将手指数目计数器 fingerCount 加 1，最后打印出当前在屏幕上的有效触控手指的数目。

Input 输入对象中不仅包括了丰富的变量，而且还提供了大量的实用方法，下面将对 Input 输入对象中封装好的常用方法进行进行详细的介绍。具体方法如表 4-20 所列。

表 4-20　　　　Input 输入对象中的主要方法

方法名	含义	方法名	含义
GetAxis	返回被表示的虚拟轴的值	GetAxisRaw	返回没有经过平滑处理的虚拟轴的值
GetButton	若虚拟按钮被按下返回 true	GetButtonDown	虚拟按钮被按下的一帧返回 true
GetButtonUp	虚拟按钮抬起的一帧返回 true	GetKey	按下指定按钮时返回 true
GetKeyDown	按下指定按钮的一帧返回 true	GetKeyUp	抬起指定按钮的一帧返回 true
GetMouseButton	指定的鼠标按键按下时返回 true	GetMouseButtonDown	指定的鼠标按键按下的一帧返回 true
GetMouseButtonUp	指定鼠标按键抬起的一帧返回 true	GetTouch	根据索引返回当前触控（Touch 类型）

6. GetAxis 方法和 GetAxisRaw 方法

GetAxis 方法和 GetAxisRaw 方法都是获取虚拟轴的值的方法。在游戏的开发过程中，经常会在屏幕中添加一些 2D 的虚拟轴，可以通过触控或者鼠标事件改变虚拟轴的值来控制场景中的游戏对象。具体使用方法如下面的代码片段所示。

```
using UnityEngine;
using System.Collections;
public class InputTest : MonoBehaviour {
  private float speed = 0.1f;                                  //移动速度
```

```
void Update () {
  float moveX = Input. GetAxis ("Horizontal");                //获取水平轴的值
  float moveY = Input.GetAxis("Vertical");                   //获取垂直轴的值
  this.transform.Translate(new Vector3(moveX, moveY,0)*speed);//移动物体
}}
```

将上面的脚本挂载到场景中的游戏对象上，使用键盘的方向键就可以控制游戏对象的移动了。这时若是把 moveX 的值打印出来就会发现，当按下方向键时，其值是从-1～1 之间平滑过渡的。接下来运行下面的代码片段。

```
void Update () {
  float moveX = Input.GetAxisRaw("Horizontal");        //获取水平轴的值
  Debug.log(moveX);                                     //打印值
}
```

这段代码使用了 GetAxisRaw 方法，运行后按下方向键就会观察到 moveX 的值只会有-1、0、1 三种变化，没有中间的过渡值。这是因为 GetAxisRaw 方法没有使用平滑滤波器。在需要自定义差值的情况下可以使用 GetAxisRaw 方法。

7. GetButton 方法、GetButtonDown 方法与 GetButtonUp 方法

这 3 种方法用于监听虚拟按钮的按下状态，包括按钮按下时、按钮按下中、按钮抬起时 3 个状态。开发人员需要在 Update 方法中回调这些方法来判断按钮的状态。其中的区别可以参看下面的功能代码片段。

```
1   using UnityEngine;
2   using System.Collections;
3   public class InputTest : MonoBehaviour {
4    void Update () {
5     if (Input.GetButton("Fire1")){                //使用 GetButton 监听“Fire1”按键
6       Debug.Log("Fire  GetButton");               //打印信息
7     }
8     if (Input.GetButtonDown("Fire1")){            //使用 GetButtonDown 监听“Fire1”按键
9       Debug.Log("Fire  GetButtonDown");           //打印信息
10    }
11    if (Input.GetButtonUp("Fire1")){              //使用 GetButtonUp 监听“Fire1”按键
12      Debug.Log("Fire  GetButtonUp");             //打印信息
13  }}}
```

说明　将上述脚本挂载到主摄像机上，按住鼠标左键不放，就会发现第 6 行的打印始终在被回调，而第 8 行的打印代码仅在按下时回调了两次。当松开鼠标左键时，才会发现第 12 行代码被回调。通过这个简单的脚本，读者应该已经可以区分这 3 种方法的区别了。

8. GetKey 方法、GetKeyDown 方法与 GetKeyUp 方法

这 3 种方法用于监听键盘上的按键的状态，开发人员需要在 Update 方法中调用这些方法，并传入想要监听的键名或键码。每个按钮的状态也分为按下、抬起、按住 3 种，使用者可以根据需要进行选用。使用方法如下面的代码片段所示。

```
using UnityEngine;
using System.Collections;
public class InputTest : MonoBehaviour {
 void Update () {
  if (Input.GetKey("up")){                       //使用 GetKey 监听“↑”按键
    Debug.Log("up arrow GetKey");                //打印信息
  }
  if (Input.GetKeyDown(KeyCode.UpArrow)){        //使用 GetKeyDown 监听“↑”按键
    Debug.Log("up arrow GetKeyDown");            //打印信息
  }
  if (Input.GetKeyUp(KeyCode.UpArrow)){          //使用 GetKeyUp 监听“↑”按键
    Debug.Log("up arrow GetKeyUp");              //打印信息
}}}
```

> **说明** 第 5 行和第 8 行分别使用了键名和键码两种方式来监听方向上键，其效果是相同的。将上面的脚本挂载到摄像机上运行场景，点击“方向上键”就会看到相应的打印信息，可见 GetKey 是按住时始终回调的，GetKeyDown 和 GetKeyUp 分别只有按下和抬起时的一帧调用。

9. GetMouseButton 方法、GetMouseButtonDown 方法和 GetMouseButtonUp 方法

当开发计算机端的游戏时，肯定需要监听鼠标的操控。Input 输入对象中包含了 GetMouseButton、GetMouseButtonDown 和 GetMouseButtonUp 三种方法，用它们来监听鼠标按键。在使用时只要在 Update 方法中传入鼠标按键的索引，就可以对鼠标进行监听了。与前面介绍的方法类似，这 3 种方法也分别监听了鼠标按键的 3 个状态。使用方法见如下代码。

```
void Update () {
  if (Input.GetMouseButton(0)){                // GetMouseButton 监听鼠标左键
    Debug.Log("left mouseButton GetMouseButton");          //打印信息
  }
  if (Input.GetMouseButtonDown(0)){            // GetMouseButtonDown 监听鼠标左键
    Debug.Log("left mouseButton GetMouseButtonDown");      //打印信息
  }
  if (Input.GetMouseButtonUp(0)){              // GetMouseButtonUp 监听鼠标左键
    Debug.Log("left mouseButton GetMouseButtonUp");        //打印信息
}}
```

> **说明** 这三种方法的参数是一个 int 类型的索引。常用的鼠标按键索引为 0、1、2，分别监听了鼠标的左键、右键、中键。需要使用的时候传入相应的索引就可以监听对应的按键了。

10. GetTouch 方法

前面已经介绍过了 Touch 输入对象，使用其参数时需要获取一个 Touch 类型的变量。Input.GetTouch 方法就是用于获取 Touch 输入对象的引用，在使用时应传入一个索引值代表要获取的触控索引。使用方式见如下代码片段。

```
void Update () {
  if (Input.touchCount != 0){                          //当前发生触控
    Vector3 touchPOS=Input.GetTouch(0).position;       //记录下触控点的位置
}}
```

> **说明** 上面的代码片段获取了发生触控时的首个触控点，并将其位置记录了下来。注意这个方法只有在支持触摸的移动设备上运行才会生效。

4.5 与销毁相关的方法

在游戏的开发过程中，经常会遇到对象、组件、资源等在使用完毕后就失去了作用的情况，放任其不管的话轻则影响项目运行效率，重则可能影响到项目的正常运行。所以必须有一类方法来管理（删除）这些没有用的资源。在本节中将要介绍 Unity 中的各类删除方法。

Unity 中有很多 Destroy 方法，不同功能的 Destroy 方法用于销毁不同类型的资源，下面将主要讲解常用的各个类型的 Destroy 方法的区别以及使用。不同功能的 Destroy 方法如表 4-21 所示。

表 4-21 不同功能的 Destroy 方法

函 数	功 能	函 数	功 能
Object.Destroy	删除游戏对象、组件或资源	MonoBehavior.OnDestroy	脚本被销毁时调
NetWork.Destroy	销毁网络对象		

下面将对表 4-21 中所列的各个方法进行详细的介绍。

4.5.1 Object.Destroy 方法

Object.Destroy 方法可以将对象立即销毁，也可以设置时间后销毁。如果删除的对象是一个组件，则该组件会被移除。下面将通过一个具体的代码片段来说明 Object.Destroy 的使用方式，代码片段如下。

```
void Start () {
  Destroy(ball.GetComponent<Rigidbody>());
  Destroy(ball,5);
}
```

说明 在这个代码片段中，ball 是场景中的一个挂有 Rigidbody 组件的游戏对象。在 Start 方法中，首先删除掉 ball 上挂载的刚体组件，然后在 5s 后删除 ball 游戏对象。

4.5.2 NetWork.Destroy 方法

NetWork.Destroy 方法可以销毁网络对象，该方法包含了如下两种重载方式。

```
static function Destroy (viewID : NetworkViewID) : void
static function Destroy (gameObject : GameObject) : void
```

当使用第一种方法重载方式时，需要给出网络对象的 viewID，然后系统会删除所有和该 viewID 相关的物体。需要注意的是，本地的和远端的物体都会被销毁。使用方法见如下代码片段。

```
using UnityEngine;
using System.Collections;
public class example : MonoBehaviour {
  //通过网络销毁拥有该脚本的物体，必须具备 NetworkView 属性
  public float timer = 0;                                           //计时器
  void Awake() {
    timer = Time.time;                                              //记录下开始时间
  }
  void Update() {
   if (Time.time - timer > 2)                                       //2s 后
     Network.Destroy(GetComponent<NetworkView>().viewID); //删除具有 NetworkView 的物体
}}
```

NetWork.Destroy 方法还可以使用第二种重载方式来销毁网络上的游戏对象，下面将用一段代码片段来说明。

```
using UnityEngine;
using System.Collections;
public class example : MonoBehaviour {
  public float timer = 0;                                  //声明计时器
  void Awake() {
    timer = Time.time;                                     //记录下开始时间
  }
  void Update() {
   if (Time.time - timer > 2)                              //2s 后
     Network.Destroy(gameObject);                          //删除 gameObject
}}
```

说明 这段代码的主要功能就是自脚本唤醒后 2s 删除游戏对象“gameObjeck”，其中 Time.time 代表游戏开始后的真实时间。

4.5.3 MonoBehaviour.OnDestroy 方法

MonoBehaviour.OnDestroy 方法是 MonoBehaviour 中的销毁回调方法。类似于脚本中常见的 Update()、Start()方法，该方法也由系统自动回调。这个方法的回调条件是当该脚本被移除时系统回调。具体实现方法如下面代码片段所示。

```
1    using UnityEngine;
2    using System.Collections;
3    public class DestroyTest : MonoBehaviour {
4    void Start () {
5      Destroy(this.GetComponent<DestroyTest>(), 5);            //移除该脚本
6    }
7    void OnDestroy(){
8      Debug.Log("this script has been destroy");              //移除该脚本时回调
9    }}
```

说明 将该脚本挂载到摄像机上后运行场景，在这段代码中首先在第 5 行指定 5s 后从摄像机上删除这个脚本，所以等到 5s 后删除脚本时就会看到第 8 行的打印，这是因为 OnDestroy()方法在移除该脚本时被自动回调了。

4.6 本章小结

本章首先从整体上对图形用户界面组件下的各个控件进行了详细讲解，使读者可以熟练地应用图形用户界面的各个控件；其次对 Unity 3D 从 4.6 版本开始新增的图形用户界面系统 UGUI 进行了详细的讲解。新版的 UGUI 相比 GUI 系统有了很大的提升，使用起来思路更加清晰，而且外观更加美观。

再次，对预制件（prefab）资源的应用进行了详细的介绍，分别通过预制件（prefab）的创建和对象的实例化进行讲解。

最后，对开发过程中的常用输入对象以及销毁相关方法进行了讲解。

需要指出的是只有通过相关技术的相互配合和使用，才能开发出令用户满意的游戏或应用。

第 5 章　Unity 3D 第三方 2D 组件库——NGUI

本章主要向读者介绍 Unity 3D 的组件之一 NGUI 的相关知识。通过对本章内容的学习，读者会对 NGUI 有一个大体的了解，同时，能够掌握 NGUI 的基本操作。

5.1 初识 NGUI

本节主要向读者介绍 NGUI 的相关知识，主要包括 NGUI 的背景简介、NGUI 的导入和 UI 层的介绍等。通过本节的学习，读者将对 NGUI 有一个基本的认识。

5.1.1 NGUI 背景概述

在 Unity 3D 5.0 版本中，游戏开发人员可使用其自身携带的 GUI、UGUI 来实现图形界面的搭建。但是，使用这些组件来打造精美的游戏 UI 界面的过程十分烦琐，工作效率较低而且对开发人员的编程技巧有着不低的要求，在当下讲究高效率、低投入的工作方式中显得并不合适。

NGUI 严格遵循 KISS 原则，KISS 是英语“Keep It Simple，Stupid”的首字母缩略字，也有人称其为“懒人原则”。KISS 原则是指在设计当中应注意简约的原则。NGUI 插件官方自带的演示画面如图 5-1 和图 5-2 所示。下面将进行详细介绍。

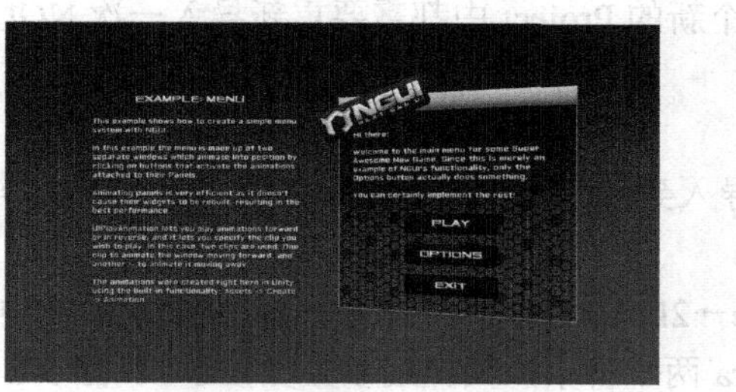

▲图 5-1　NGUI 演示界面 1

▲图 5-2　NGUI 演示界面 2

5.1.2 NGUI 的导入

通过前面的学习，相信读者已经对 NGUI 插件有了初步的认识。本节将主要讲述如何获得 NGUI 插件，以及如何将其导入 Unity 中。具体步骤如下。

（1）打开 Unity 3D 软件，在菜单栏中选择“Window→Asset Store”命令，跳转到 Unity 3D 的 Asset Store 界面，在右上方的搜索栏中输入“NGUI Next-Gen UI 3.8.2”进行搜索，搜索结束后单击购买按钮进行下载，如图 5-3 所示。Asset Store 中还有很多优质的插件及游戏资源，读者可以从中挑选。

（2）下载完成后，双击得到的 NGUI 插件包，在弹出的对话框中单击“Import”将 NGUI 插件导入到 Unity 中，如图 5-4 所示。由于本书使用的是 Unity 3D 5.0 正式版本，所以，虽然所下载的 NGUI 为最新的 3.8.2 版本，但导入完成后还需要在 Unity 中对其进行修改，如图 5-5 所示。

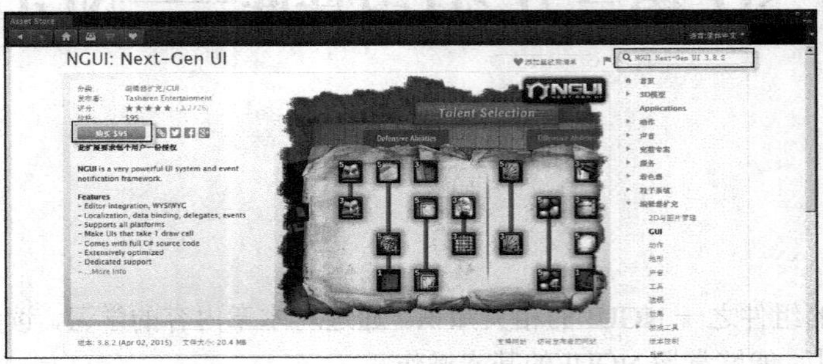

▲图 5-3　NGUI 下载

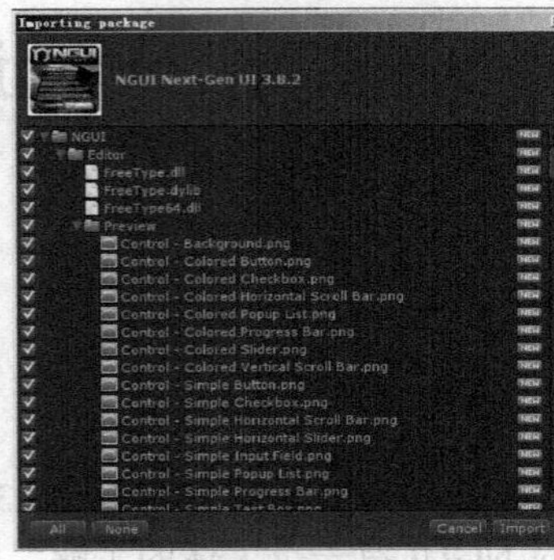

▲图 5-4　NGUI 导入

（3）导入后，在 Unity 菜单栏中便会出现 NGUI 菜单项（如未出现，请刷新界面或重启 Unity），并在 Project 面板的 Assets 下出现 NGUI 文件夹。如图 5-6 所示。

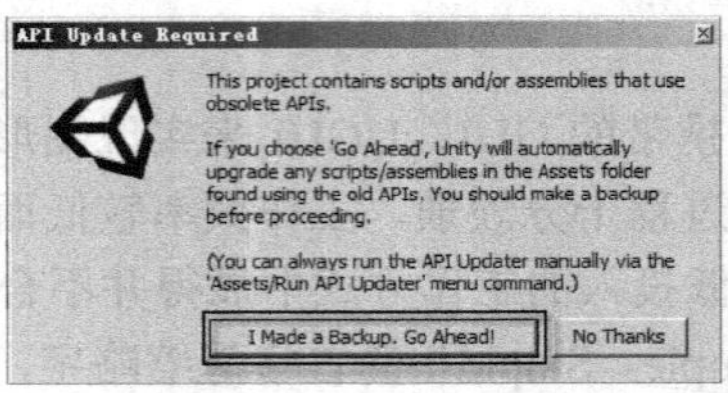

▲图 5-5　NGUI 的修改

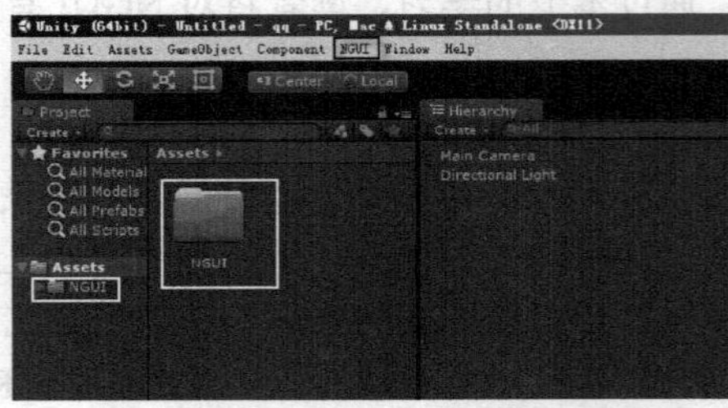

▲图 5-6　导入 NGUI 后的界面

通过上面的操作，NGUI 就成功地导入到了 Unity 中，开发人员可以根据需要使用 NGUI 来搭建炫酷的游戏 UI 界面。需要注意的是，每一个新的 Project 中都需要重新导入一次 NGUI。

5.1.3　UI 层简介

5.1.2 节讲解了读者如何获取 NGUI 并将其导入到 Unity 中，本节将对 UI 层及 UI 向导中的内容进行详细介绍。

在 Unity 菜单栏中选择执行“NGUI→Create→2D UI”命令，即可在 Hierarchy 面板中创建一个新的 UI。新建的 UI 中包括 UI Root 和 Camera 两个脚本，其详细参数如图 5-7、图 5-8 所示。接下来将为读者介绍 UI 组件所包括的内容。

UI Root 脚本参数如下。

- Scaling Style——选择比例模式，如果进行手机游戏的开发应使用当前参数（手机约束）。
- Content Width——设置设备屏幕的宽度。
- Content Height——设置设备屏幕的高度。
- Fit——优先适应，勾选 Content Height 后的 Fit 是优先适应高度；勾选 Content Width 后的 Fit 则是优先适应宽度。

Camera 脚本参数如下。

- Event Type——事件类型。事件类型用来决定在鼠标或触控事件下各个脚本是如何排序的，UI 模式下是根据各个控件的深度来排序，也可以看作根据绘制顺序；World 模式下是通过控件与摄像机间的距离来排序。

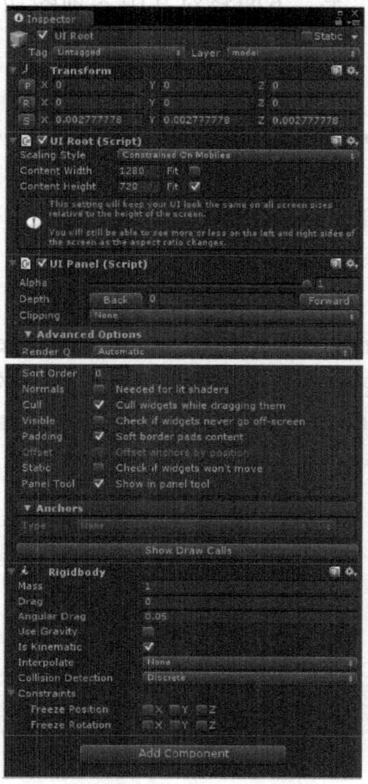

▲图 5-7　UI Root 参数

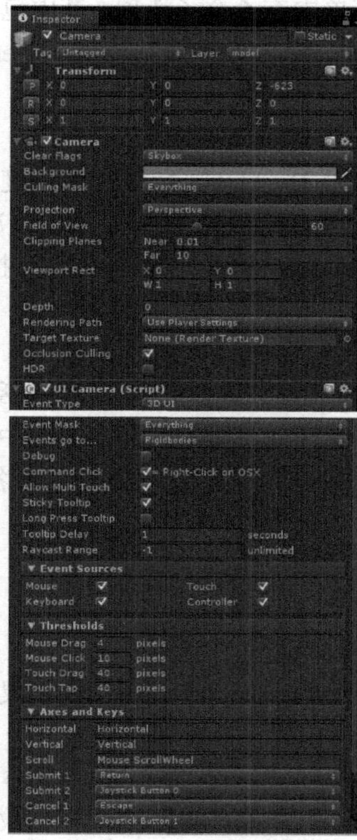

▲图 5-8　Camera 参数

- Event Mask——事件遮罩，用来决定哪些游戏对象层能够接受游戏事件。如果读者想将某一层屏蔽掉（不接受游戏事件），只需要将其取消勾选即可。
- Debug——可以显示当前鼠标位于哪个可接受触控事件的控件的上方。当读者不知道程序在特定位置时是哪个控件接收触控事件时可以打开它。
- Command Click——点击命令，用于确定是否在 OSX 系统上启用右击功能。
- Allow Multi Touch——是否支持多点触控。
- Sticky Tooltip——设置 Tooltip 的消失方式。勾选后，鼠标只要在特定范围内移动 Tooltip 就不会消失；取消勾选后，只要鼠标稍有移动 Tooltip 便会消失。关于 Tooltip 读者可以查看官方案例“Example-X”来加深理解。
- Long Press Tooltip——设置鼠标长按时是否显示 Tooltip。
- Tooltip Delay——设置 Tooltip 的显示延迟时间。该参数以秒为单位。
- Raycast Range——设置光线投射的长度。大部分情况下此参数默认即可。

5.2 NGUI 菜单介绍

本节将对 NGUI 菜单下的选项进行详细讲解，使读者对其有一个系统、全面的认识，能够在今后的开发中熟练地运用各项功能，以满足开发的需要。NGUI 菜单中包括“Selection”“Create”“Attach”“Tween”“Open”“Options”“Extras”和“Normalize Depth Hierarchy”等选项。

5.2.1 “Selection”菜单

“Selection”菜单中有 6 个子选项，其中包括“Bring to Font”“Push to Back”“Adjust Depth By +1”“Adjust Depth By -1”和“Make Pixel Perfect”等。下面将对其中各项的功能进行详细讲解。

- ❑ Bring to Font——将控件提到最上层。
- ❑ Push to Back——将控件推到最下层。
- ❑ Adjust Depth By +1——将控件的深度加 1。
- ❑ Adjust Depth By -1——将控件的深度减 1。
- ❑ Make Pixel Perfect——表示自动调整控件 Transform 的尺寸。

5.2.2 “Create”菜单

“Create”菜单下有 12 个子选项，其中包括“Sprite”“Label”“Texture”“Widget”“Plane”“Scroll View”和“Grid”等选项，用来创建 NGUI 中一些基本元素。游戏中 UI 界面的各种炫酷的控件效果，都是由它们创建而来。下面将对其中各项进行简单的介绍，具体使用将在后面进行详细讲解。

- ❑ Sprite——创建一个精灵。
- ❑ Label——创建一个标签。
- ❑ Texture——创建一个图片。
- ❑ Unity 2D Sprite——创建一个 2D 精灵。
- ❑ Widget——创建一个窗体控件。
- ❑ Anchor——创建带有“Anchor”脚本的对象，用于将控件固定到特定位置，读者可直接为控件添加“Anchor”脚本，可达到同样的效果。
- ❑ Pane——创建一个 Panel 容器。可将各个小控件放置其中，并通过创建多个 Panel 容器来达到整理、区分各组控件的目的。
- ❑ Scroll View——创建滚动视图。创建完成后，界面会出现一个粉色矩形框，这就是滚动视图的范围。任何滚动视图的子对象都只在其中被渲染，超出范围的部分将不被渲染。
- ❑ Grid——创建一个网格。对其子对象可以按照 Grid 中的排列参数来设置其排列方式。
- ❑ Table——创建一个表。同 Grid 一样对子对象具有排列功能，开发时也可使用 Grid 来代替。

5.2.3 “Attach”菜单

“Attach”菜单中有 14 个子选项，包括“Collider”“Button Script”“Toggle Script”“Play Tween Script”和“Play Sound Script”等。其中大多数都为脚本文件，这些脚本可实现按钮、复选框、播放动画等大多数的实用功能。下面将对其中各项进行简单的介绍。

（1）“Collider”用于为精灵等控件添加碰撞体。如果想要控件通过接受触控事件来实现其他功能，“Collider”必不可少，没有它，玩家点击控件时无论其上添加了何种功能都无法触发。

（2）“Button Script”用于在控件上添加按钮相关功能的脚本“UI Button”。例如，读者创建了一个 Sprite，当为其添加该脚本之后，它就成为了一个最简单的按钮，并且通过该脚本可以简单设置出一定的特效。“UI Button”脚本界面如图 5-9 所示，脚本相关变量如表 5-1 所示。

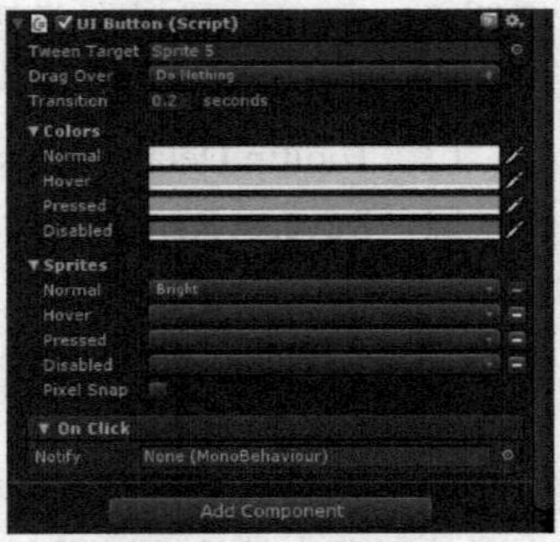

▲图 5-9　“UI Button”脚本

表 5-1　　　　　　　　　　　　　“UI Button”脚本相关变量

参数名称	含　义	参数名称	含　义
Tween Target	该脚本控制的 UI 控件	Drag Over	当有物体在按钮上通过时，触发事件选项
Transition	效果过渡时间	Colors→Hover	当鼠标悬停在精灵上时精灵的颜色
Colors→Normal	当前按钮的颜色	Sprites→Hover	当鼠标悬停在精灵上时精灵的类型
Colors→Pressed	当点击精灵时精灵的颜色	Sprites→Pressed	当点击精灵时精灵的类型
Colors→Disable	当精灵被禁用时的颜色	On Click	按钮被点击时，触发的事件分发
Sprites→Normal	当前精灵类型	Sprites→Disable	当精灵被禁用时的类型

（3）“Toggle Script”用于在控件上添加相关功能脚本“UI Toggle”。想要实现复选框、单选按钮、标签等类似的小控件，就需要添加这个脚本，并随着复选框状态的改变实现相应的功能。“UI Toggle”脚本界面如图 5-10 所示，脚本相关变量如表 5-2 所示。

表 5-2　　　　　　　　　　　　　“UI Toggle”脚本相关变量

参数名称	含　义	参数名称	含　义
Animator	需挂载的“Animator”组件	Group	当存在多个 Toggle 时可用其分组，且一组中一次只勾选一个
Starting State	初始状态是否为被选中	State of 'None'	存在分组时，是否为可以全部未选中或至少选中一个
Sprite	需要进行变换的精灵	Animation	需要挂载的“Animation”组件
Transition	变换类型	On Value Change	当状态发生改变时，触发的事件分发

（4）“Slider Script”是在控件上添加脚本“UI Slider”，以便实现简单的滑块或进度条功能，可以为进度条设置前景、背景、滑块，并且读者可根据当前滑块的位置编写脚本，来实现自己想要的功能。“UI Slider”脚本界面如图 5-11 所示，脚本相关变量如表 5-3 所示。

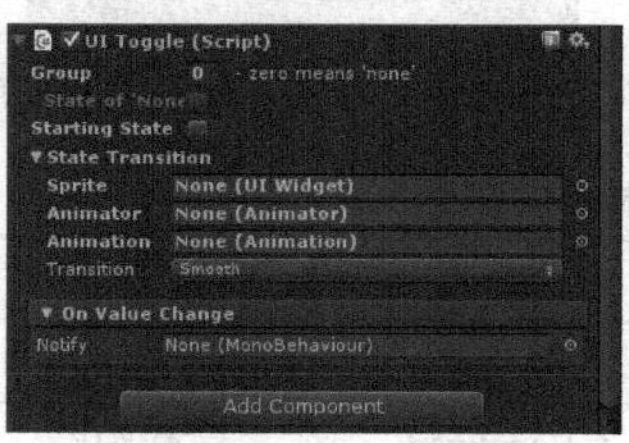

▲图 5-10　“UI Toggle”脚本

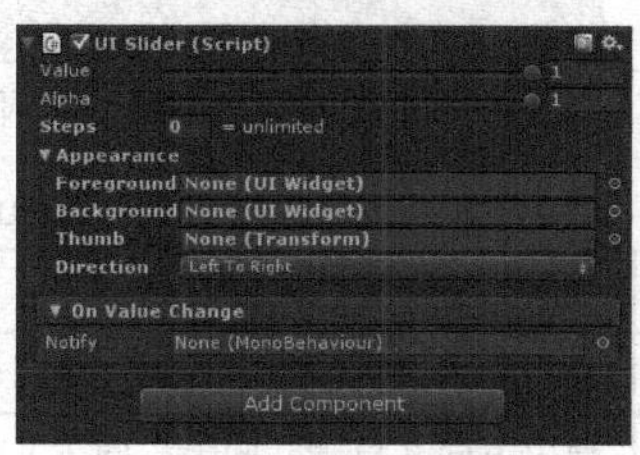

▲图 5-11　“UI Slider”脚本

表 5-3　　　　　　　　　　　　　“UI Slider”脚本相关变量

参数名称	含　义	参数名称	含　义
Alpha	Slider 的透明度	Value	当前滑块划过的距离（百分比）
Foreground	前景（UI 控件）	On Value Change	当状态发生改变时，触发的事件分发
Background	背景（UI 控件）	Direction	Slider 滑动方式（从左到右，从上到下等）
Thumb	滑块对象	Notify	指定功能函数的游戏对象

（5）“Scroll Bar Script”是在控件上添加脚本“UI Scroll Bar”，用于创建围绕在一定区域内移动的滑动条，可以为其设置前景、背景、滑块大小等参数，并且读者可根据当前滑块的位置编写脚本，来实现自己想要的功能。“UI Scroll Bar”脚本界面如图 5-12 所示，脚本相关变量如表 5-4 所示。

表 5-4　　　　　　　　　　“UI Scroll Bar”脚本相关变量

参数名称	含　义	参数名称	含　义
Value	当前滑动条的值	Steps	设置滑块移动多少次可滑过特定区域的全长
Size	滑块的大小	Background	背景（UI 控件）
Alpha	Scroll Bar 的透明度	Direction	Slider 滑动方式（从左到右，从上到下等）
Foreground	前景（UI 控件）	On Value Change	当状态发生改变时，触发的事件分发
Thumb	滑块对象	Notify	指定功能函数的游戏对象

（6）“Process Bar Script”。在控件上添加此脚本依旧是用于创建进度条的一种方法，它和“Scroll Bar Script”“Slider Script”作用基本相同，都是用于创建进度条。这 3 个脚本功能大致相同，只是以 3 种不同形式的视觉效果来实现。读者可参考 NGUI 官方的例子来加深理解。

（7）“Popup List Script”用于创建弹出列表菜单。当点击带有该脚本的按钮时会弹出一个列表供玩家选择，可以很轻松地设置字体、颜色、弹出方向及编辑选项。“UI Popup List”脚本界面如图 5-13 所示，脚本相关变量如表 5-5 所示。

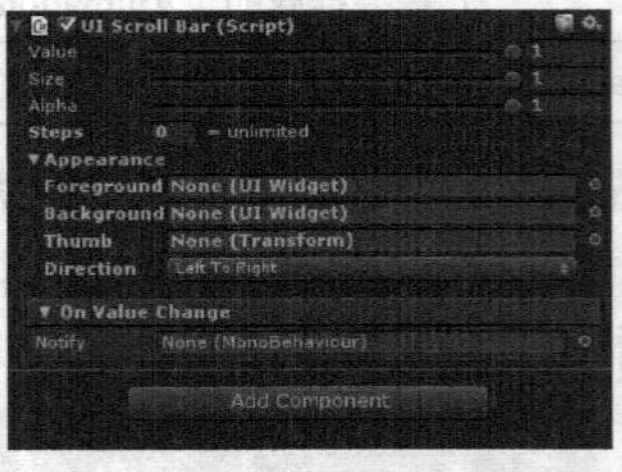

▲图 5-12　“UI Scroll Bar”脚本

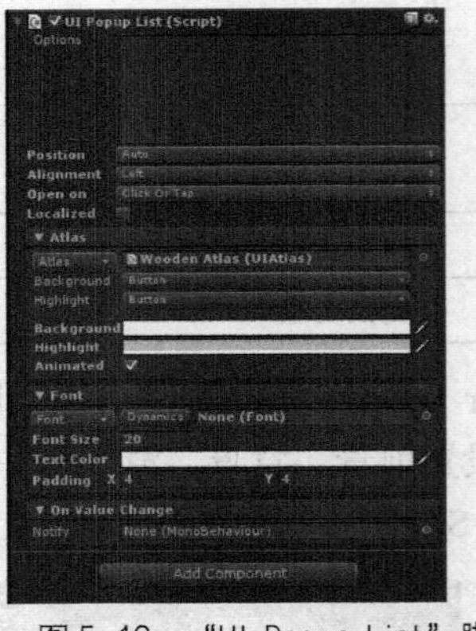

▲图 5-13　“UI Popup List”脚本

表 5-5　　　　　　　　　　“UI Popup List”脚本相关变量

参数名称	含　义	参数名称	含　义
Options	文本框中编辑弹出的列表文字（一行为一个）	Open on	打开方式（单击、右击、双击）
Position	弹出方向（自动、向上、向下）	Localized	本地化
Alignment	文字对齐方式（自动、左对齐、居中等）	Atlas	字体
Background	弹出菜单的背景精灵	Animated	是否播放变换效果
Highlight	每一个选项高亮时的背景精灵	Font	字体
Background	弹出菜单的背景精灵的颜色	Font Size	字体大小
Highlight	每一个选项高亮时的背景精灵的颜色	Text Color	字体颜色
On Value Change	当状态发生改变时，触发的事件分发	Padding	填充

（8）“Input Filed Script”用于制作文本框、文本区，供人们在其中添加文字以达到不同的功能。通过“UI Input”脚本可以很简单地修改文字在不同状态下的颜色、字体，设置输入内容的类型以及字数的限制，等等。“UI Input”脚本界面如图 5-14 所示，脚本相关变量如表 5-6 所示。

表 5-6　　　　“UI Input”脚本相关变量

参数名称	含　义	参数名称	含　义
Label	设置文本显示在哪个 Label 中	Validation	输入类型限制（整形、浮点型、字母数字等）
Value	初始时 Label 中的文字	Mobile Keyboard	移动设备下的键盘类型
Saved As	保存输入内容到 prafab 中	Hide Input	隐藏输入的文字
Active Text Color	激活文本框后文字的颜色	On Return Key	返回键的功能（默认、提交、换行）
Inactive Color	默认状态下的颜色	On Submit	当输入完成后的事件分发
Caret Color	光标的颜色	On Change	输入字符有变化时的事件分发
Selection Color	选中状态下字符的颜色	Input Type	输入类型（标准、自动修正、密码）
Character Limit	字数限制		

（9）“Key Binding Script”用于按键绑定。当玩家点击键盘上的某个按键时与该按键绑定的 UI 控件就会被触发。目前，随着智能移动终端的发展其实体键也越来越少，所以此脚本对于移动端的开发并没有太大的意义。“UI Key Binding”脚本界面如图 5-15 所示，脚本相关变量如表 5-7 所示。

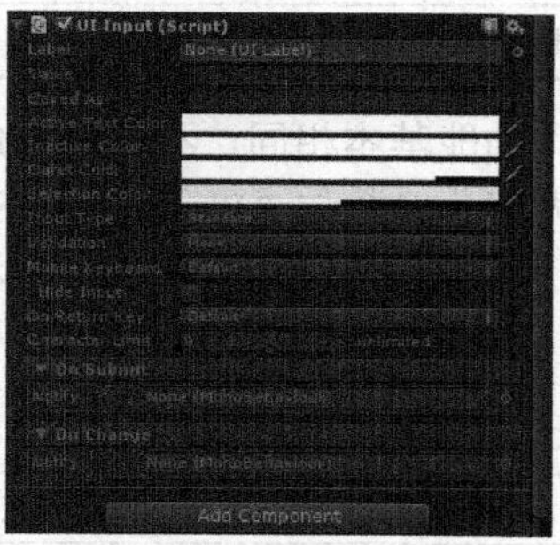

▲图 5-14　“UI Input”脚本

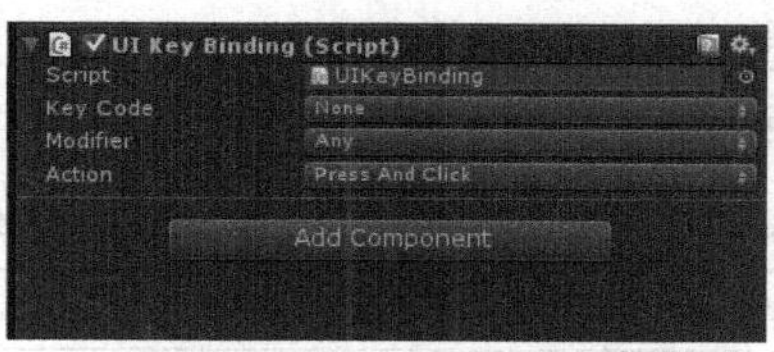

▲图 5-15　“UI Key Binding”脚本

表 5-7　　　　“UI Key Binding”脚本相关变量

参数名称	含　义	参数名称	含　义
Key Code	设置绑定的按键	Action	按下按键产生的动作
Modifier	定义组合键		

（10）“Key Navigation Script”可用于当你想用键盘上的方向键或控制器来控制 UI 的这种状况。例如，在有很多按钮的情况下，使用此脚本并设置好参数就可以使用方向键使得焦点能够在这些按钮中来回切换（每个按钮都需要挂载该脚本）。“UI Key Navigation”脚本界面如图 5-16 所示，脚本相关变量如表 5-8 所示。

表 5-8　　　　“UI Key Navigation”脚本相关变量

参数名称	含　义	参数名称	含　义
Starts Selected	开始时是否默认选中该控件	Left	点击左方向键将选中的游戏对象
Select on Click	点击该控件时，响应哪个控件	Right	点击右方向键将选中的游戏对象
Constraint	约束活动（纵向、横向、显式）	Up	点击上方向键将选中的游戏对象
Down	点击下方向键将选中的游戏对象		

（11）“Play Tween Script”脚本用于播放补间动画，可以很简单地创建控件的移动效果。该脚

本可以设置其触发方式、作用的控件、播放方式等，非常实用。“UI Play Tween”脚本界面如图 5-17 所示，脚本相关变量如表 5-9 所示。

▲图 5-16 “UI Key Navigation”脚本

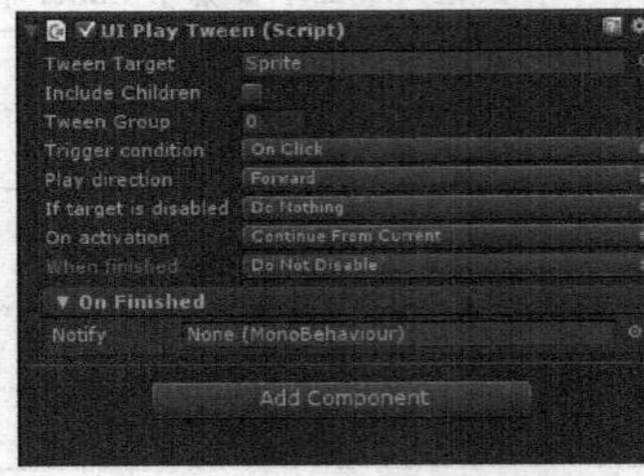

▲图 5-17 “UI Play Tween”脚本

表 5-9 “Play Tween”脚本相关变量

参数名称	含义	参数名称	含义
Tween Target	被控制的对象，默认是本身	Play direction	播放方式（切换、正向播放、逆向播放）
Include Children	是否带着子物体一起移动	If target is disbled	如果对象没有激活将如何处理
Tween Group	动画控制组	On activation	是否启用激活
Trigger condition	触发方式（单击、双击、长按等）	When finished	播放完后执行何种操作

（12）“Play Animation Script”和“Play Tween Script”功能基本相同，不同的是此脚本播放的是挂载在物体上的能够使物体进行复杂动作的动画。在大部分参数与“Play Tween Script”相同，不再赘述，只列出不同的部分。“UI Play Animation”脚本界面如图 5-18 所示，脚本相关变量如表 5-10 所示。

表 5-10 “UI Play Animation”脚本相关变量

参数名称	含义	参数名称	含义
Animator	动画控制器（用于复杂的人物动画）	State Name	要播放的状态机的名称
Animation	播放对象上挂载"“Animation”组件		

（13）“Play Sound Script”用于播放挂载的音频剪辑。例如，玩家点击按钮时会发“咔哒”的声音，就是用该脚本实现的。利用该脚本可以设置音乐的声音、播放方式及音高，十分方便。“UI Play Sound”脚本界面如图 5-19 所示，脚本相关变量如表 5-11 所示。

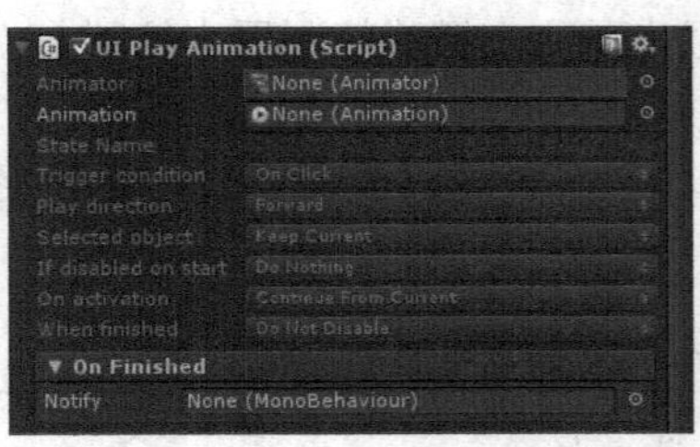

▲图 5-18 “UI Play Animation”脚本

▲图 5-19 “UI Play Sound”脚本

表 5-11 “UI Play Sound”脚本相关变量

参数名称	含义	参数名称	含义
Audio Clip	音频剪辑	Volume	音量大小
Trigger	触发方式（点击、禁用、启用等）	Pitch	音高大小

5.2.4 “Tween”菜单

“Tween”菜单下共有 11 个子选项，如图 5-20 所示。该菜单下是 NGUI 自带的一些补间动画脚本，在开发中非常实用，内容也较为全面（有位置、旋转、大小等），大大提升了开发的效率。该菜单下的脚本也可以和上一节中“Play Tween Script”配合使用。

由于该菜单下的脚本内容大致相同，不同的仅仅是变换的参数不同，所以这里只介绍其中一个，读者可在学习过程中尝试应用其他的脚本，下面介绍“Position”的变换脚本以及其他选项的功能。

“Tween Position”脚本界面如图 5-21 所示，其相关参数如表 5-12 所示。其他选项功能介绍如表 5-13 所示。

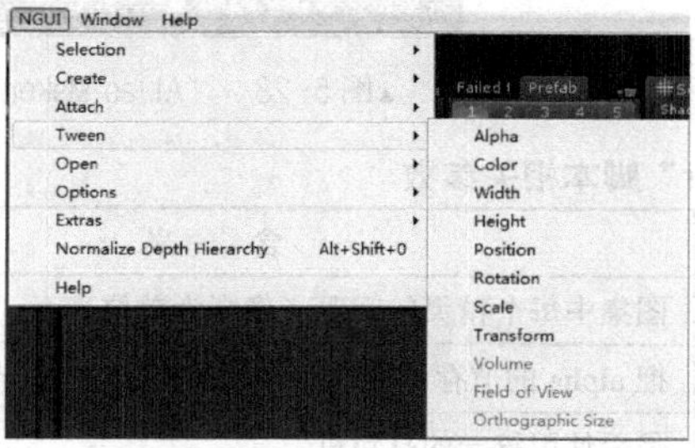

▲图 5-20 “Tween”菜单

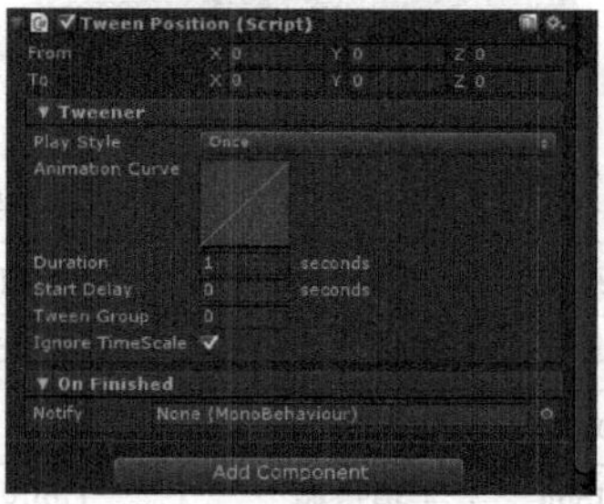

▲图 5-21 “Tween Position”脚本

表 5-12 “Tween Position”脚本相关参数

参数名称	含 义	参数名称	含 义
From	起始位置	Start Delay	开始延迟多少秒后开始播放
To	目标位置	Tween Group	补间动画组
Animation Curve	动画曲线	Ignore TimeScale	忽略时间尺度（当 TimeScale=0 时依旧可以播放）
Duration	播放时间长度		

表 5-13 “Tween”菜单各个选项功能

选项名称	功 能	选项名称	功 能
Alpha	Alpha 值变化		
Color	颜色的渐变	Scale	大小变化
Width	宽度变化	Tranform	物体“Tranform”组件的变化
Height	高度变化	Volume	音量变化
Position	位置变化	Field of View	摄像机视角大小变化（仅当摄像机投影模式为正交时有效）
Rotation	物体旋转	Othographic Size	摄像机视角大小变化（仅当摄像机投影模式为透视时有效）

5.2.5 “Open”菜单

“Open”菜单下的 7 个子选项，并不是通过直接在控件上添加脚本来丰富功能，而是通过打开各种功能窗口界面，在其中完成一些资源的创建以及状态监控，包括图集的制作、字体的制作、控件预制件、摄像机设置等。“Open”的选项如图 5-22 所示，接下来将一一介绍。

（1）“Atlas Maker。单击该选项可打开图集制作窗口，如图 5-23 所示。图集就是将美工给你的各种图片资源用 NGUI 的“Atlas Maker”工具合成一张图片，这样不仅可以节约资源空间，而且在使用中也会很方便。关于图集的制作将在后面详细介绍，这里只是简单的界面参数介绍。参数介绍如表 5-14 所示。

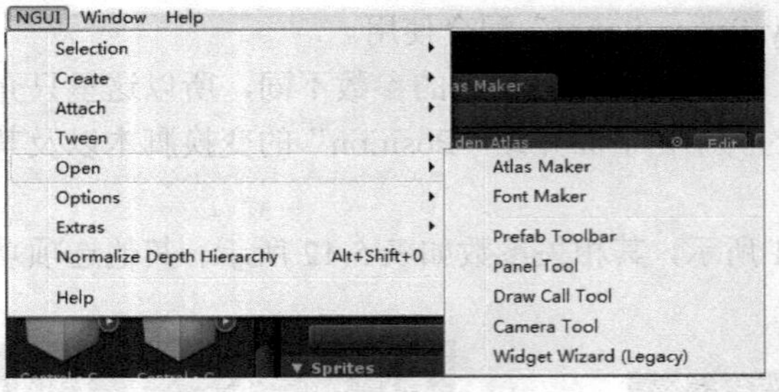

▲图 5-22　"Open" 菜单

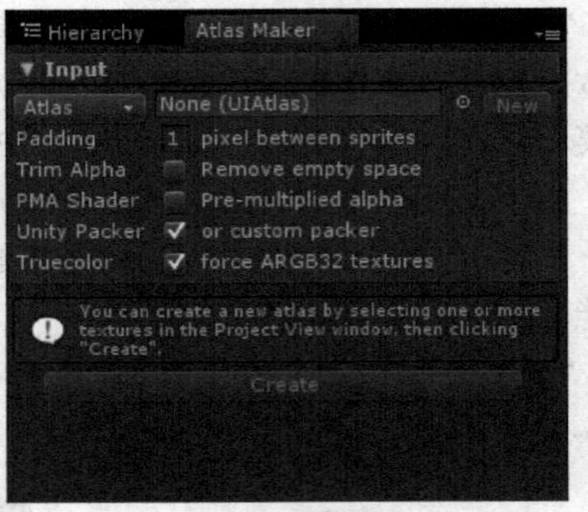

▲图 5-23　"Atlas Maker" 界面

表 5-14　"Atlas Maker" 脚本相关参数

参数名称	含义	参数名称	含义
Atlas	图集	Padding	图集中每个精灵的间距（像素为单位）
Truecolor	真彩模式	PMA Shader	把 alpha 的值存储在每个颜色的 RGB 中来节省存储空间
Trim Alpha	去掉透明	Unity Packer	是否使用统一的打包机

（2）"Font Maker"。单击该选项可打开字体制作窗口。Unity 中字体样式较少，但是在游戏开发中我们经常要用不同字体来丰富游戏画面，通过这个字体制作工具就可以导入我们需要的字体。"Font Maker" 界面如图 5-24 所示。关于字体的制作将在后面详细介绍，这里只是简单的界面参数介绍。参数介绍如表 5-15 所示。

表 5-15　"Font Maker" 脚本相关参数

参数名称	含义	参数名称	含义
Type	编码类型	Size	字体大小
Source	字体 ttf 文件		

（3）"Prefab Toolbar"。单击该选项可打开 NGUI 自带的已经制作完成的一些控件，其中包括带有音效和颜色切换的按钮、各种进度条、复选框及列表等，读者可以查看它们是如何制作的（这在后面将会进行详细介绍）。"Prefab Toolbar" 界面如图 5-25 所示。

▲图 5-24　"Font Maker" 界面

▲图 5-25　"Prefab Toolbar" 界面

（4）"Panel Tool"。单击该选项可打开 Panel 管理工具，可以看到场景中各个 Panel 的相关参数，包括是否激活、深度、Panel 名称、所属层、此 Panel 渲染了多少个控件、这个 Panel 会消耗多少 Draw Call、是否需要剪裁功能、此 Panel 下绘制了多少三角形，以及是否将 Panel 设置为静态。“Panel Tool”界面如图 5-26 所示。

（5）“Draw Call Tool”。单击该选项可打开 Draw Call 管理工具，在其中你可以查看任意 Panel 下所消耗的各个 Draw Call 的详细参数。“Draw Call Tool”界面如图 5-27 所示，界面相关参数如表 5-16 所示。

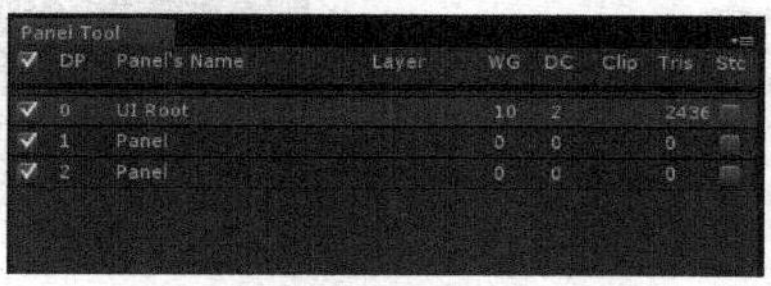

▲图 5-26 “Panel Tool”界面

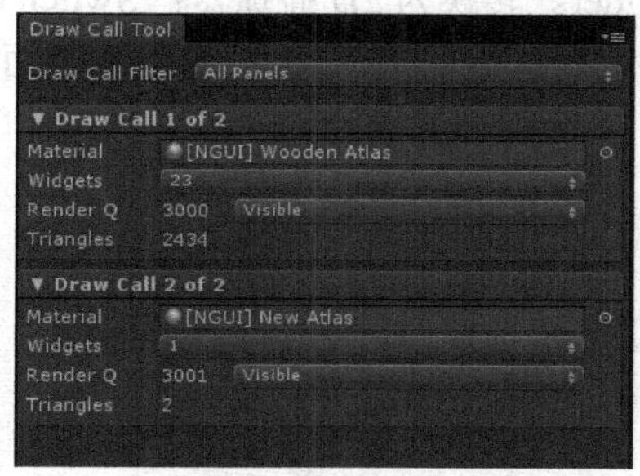

▲图 5-27 “Draw Call Tool”界面

表 5-16 “Draw Call Tool”界面相关参数

参 数 名 称	含　义	参 数 名 称	含　义
Draw Call Filter	过滤器（查看哪些 Panel）	Render Q	渲染队列
Material	材质	Triangle	渲染的三角形个数
Widgets	控件个数		

（6）“Camera Tool”。单击该选项可打开 Camera 管理工具，在其中你可以看到场景中各个摄像机的相关参数，并进行简单的设置（分别为是否激活摄像机、摄像机名称、所属层、是否启用 UICamera 脚本和遮罩层）。“Camera Tool”界面如图 5-28 所示。

（7）“Widget Wizard”。单击该选项可以打开 Widget 管理工具，在其中你可以设置空间的各个参数如字体、图集、控件种类以及不同空间下的各个参数并将其添加到场景中去。“Template”参数下面的参数会随着控件模板的不同而不同，这里不再介绍。“Widget Tool”界面如图 5-29 所示，界面相关参数如表 5-17 所示。

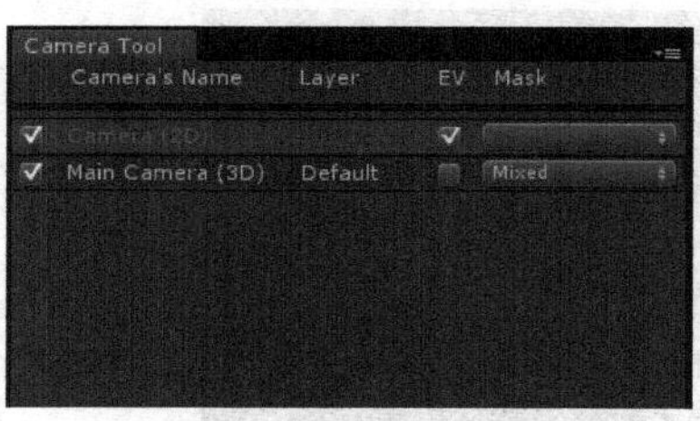

▲图 5-28 “Camera Tool”界面

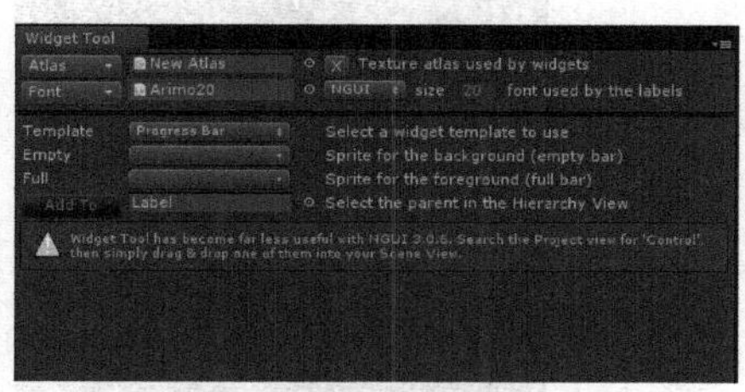

▲图 5-29 “Widget Tool”界面

表 5-17 “Widget Tool”界面相关参数

参 数 名 称	含　义	参 数 名 称	含　义
Atlas	图集	Template	要添加的控件模板
Font	字体	Add To	要添加到的位置

5.2.6 其他菜单

在 NGUI3.8.2 版本中除了上述 5 个菜单外还有 2 个菜单，分别为“Options”菜单和“Extras”

菜单，由于这 2 个菜单内容较少，且重要性远远不及前几个菜单，在一般开发过程中基本不需要修改它们所以在这里将粗略地介绍一下。

（1）“Options”菜单主要是 NGUI 插件整体的一些设置选项，大部分情况下不需要对其进行设置，采用默认参数就可以。其界面如图 5-30 所示。

（2）“Extras”菜单涉及碰撞组件在 2D 和 3D 模式间的转换以及编辑区域的视角转换：“Switch to 2D Colliders”转换为 2D 碰撞器；“Switch to 3D Colliders”转换为 3D 碰撞器；“Align Scene View to UI”将编辑区域的摄像机直视为 UI 平面，也可使用编辑窗口上的“2D”按钮来代替。其界面如图 5-31 所示。

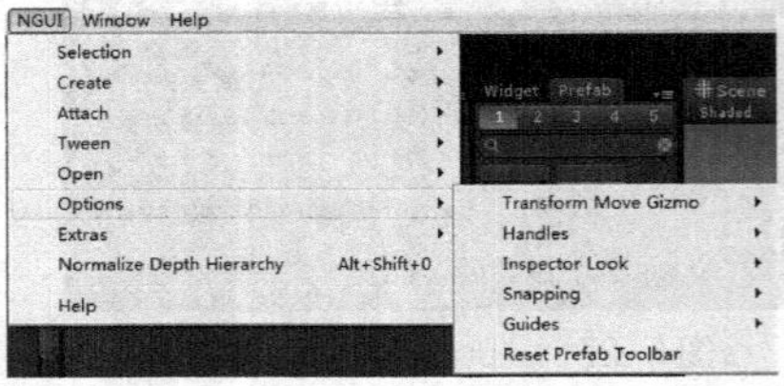

▲图 5-30 “Options”菜单

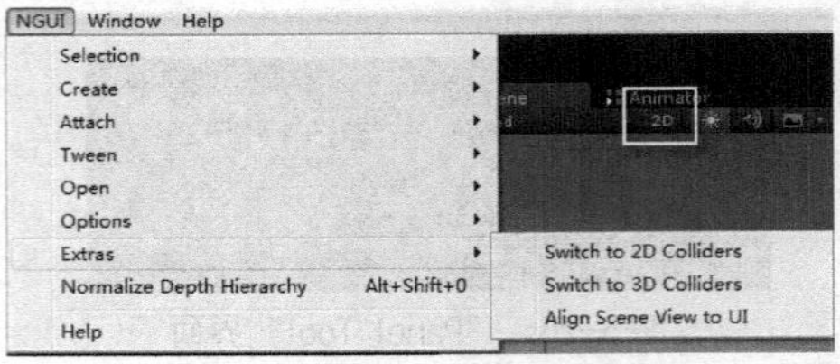

▲图 5-31 “Extras”菜单

5.3 控件工具的使用

本节将介绍 NGUI 组件中非常重要的控件工具，主要包括“Sprite”“Label”“Texture”“Widget”“Anchor”和“ScrollView”等，这些控件都可以在使用时随时创建，十分方便。NGUI 就是用这些大小控件来搭建绚丽的界面的，所以掌握这些控件的使用是十分重要的。

5.3.1 图片精灵——Sprite

NGUI 下的 Sprite（精灵）是用来绘制图集的控件。本节将对其内容进行详细讲解，使读者对 Sprite 有一个全面的认识，以满足开发的需求。Sprite 控件具有一些属性参数，其中包括 Transform 和 UI Sprite（挂载在 Sprite 上的脚本）参数。如图 5-32 所示。

（a）　　（b）

▲图 5-32 UI Sprite 参数

从图 5-32 中可以看出，与普通 Unity 游戏对象相同，开发人员可以通过在属性查看器中调整 Transform 各项数值来改变 Sprite 控件的大小和位置。而挂载到 Sprite 控件的 UI Sprite 脚本则包含了与此控件特有功能相关的所有参数，具体情况如表 5-18 所示。

表 5-18 UI Sprite 脚本参数

参数名称	含义	参数名称	含义
Atlas	当前 Sprite 所选的图集	Pivot	选择当前 Sprite 的坐标原点在场景中的位置
Sprite	当前 Sprite 所选的贴图	Depth	当前 Sprite 所在层级
Type	当前 Sprite 所选的类型	Size	当前 Sprite 的长和宽
Flip	当前 Sprite 的放置类型	Aspect	调整 Sprite 层面的大小
Color Tint	当前 Sprite 的颜色色彩	Anchors	选择当前 Sprite 所对应的锚点类型

前面已经具体介绍了 Sprite（精灵）的用途及其各项参数属性，下面将详细介绍其创建过程及使用 Sprite 控件的操作步骤。

（1）执行“NGUI→Create→Sprite”命令，或者直接利用快捷键 Alt+Shift+S 创建精灵。在该版本的 NGUI 中创建 Sprite 是十分方便的。如图 5-33 所示。

（2）单击“Atlas”按钮，选中插件自带的任一图集，在单击“Sprite”按钮之后，选中 NGUI 贴图（这里用到的无论是图集还是贴图都是插件自带的），并且选择“Type”为“Simple”，这样简单的精灵制作就完成了。读者可以利用自己制作的图集来创建 Sprite。

（3）选中 Sprite，在“Inspector”属性面板中可以看到其参数，调整“Transform”的数值，改变 Sprite 的大小和位置。在“Game”窗口单击运行按钮，运行游戏。在 Game 窗口中可以看到刚才创建的 Sprite，如图 5-34 所示。

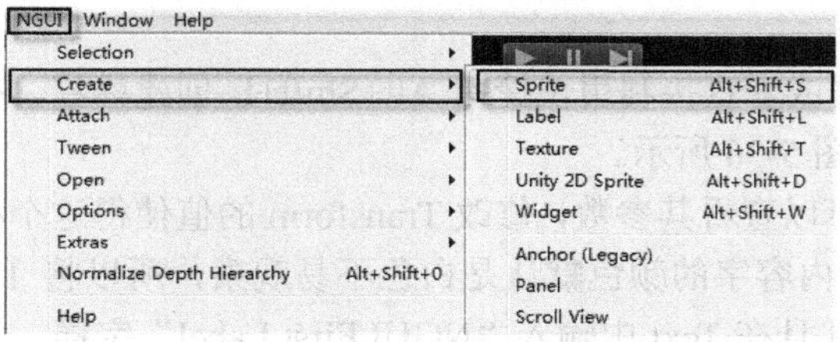

▲图 5-33 创建 Sprite

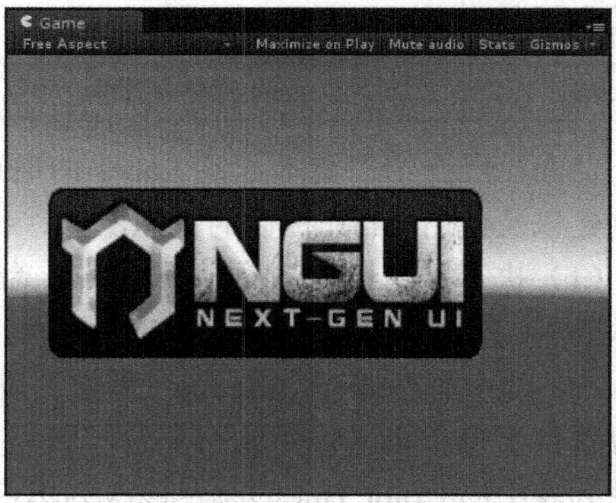

▲图 5-34 Sprite 效果

（4）读者可以尝试着添加更多的精灵控件，选择不同的 Sprite 类型来观看运行效果。比如将 Sprite 改为 Tiled 类型（一个 Sprite 缩放填充整个区域），或者改成 Filled 类型。可以通过调整“Fill Amount”值的大小来改变 Sprite 存在的面积大小（可以用来做 Sprite 的小特效）。

案例位置：见随书光盘第 5 章目录下的 NGUIWidget/Assets/Sprite.unity。

5.3.2 文本标签——Label

NGUI 下的 Label（文本标签）是用来绘制字体的标签控件，本节将对其内容进行详细讲解，使读者对 Label 有一个全面的认识。Label 控件具有一些属性参数，其中包括 Transform 和 UI Label（挂载在 Label 控件上的脚本，以实现 Label 的特定功能）参数。基本情况如图 5-35 所示。

从图 5-35 中可以看出，与普通 Unity 游戏对象相同，开发人员可以通过在属性查看器中调整 Transform 各项数值来改变 Label 控件的大小和位置。而挂载到 Label 控件的 UI Label 脚本则包含了与此控件特有功能相关的所有参数，具体情况如表 5-19 所示。

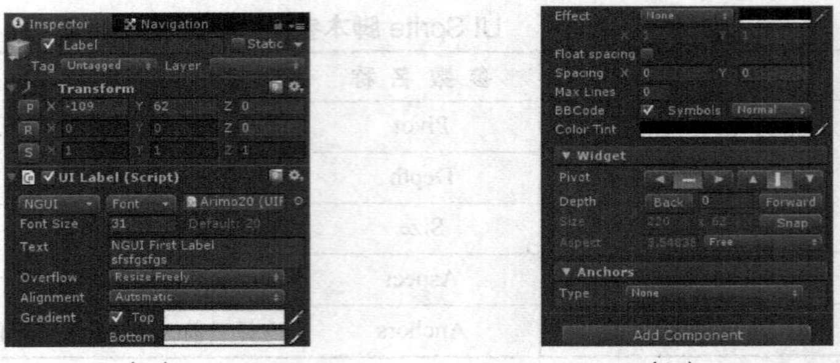

（a）　　　　　　　　　（b）

▲图 5-35　Label 参数

表 5-19　　　　　　　　UI Label 脚本参数

参 数 名 称	含　义	参 数 名 称	含　义
Depth	当前文本标签的层级	Font	用于当前的字体格式，可拖曳预设或按“Font”选择字体
Effect	选择字体的效果（阴影、轮廓）	Gradient	对文本中的字体进行梯度设置，对字体进行颜色调节
Font Size	当前标签字体的大小，默认 20	Text	在此输入要在界面上显示的文本内容
BBCode	是否采用 BBCode 编码格式	Overflow	选择文本内容溢出边框时的溢出类型
Color Tint	选择当前文本标签内文字的颜色	NGUI	选择用于当前标签的字体格式的位置
Alignment	挑选文本标签内容的对齐方式	Float Spacing	选中之后可以对文本字体间距进行调整
Max Lines	文本内容可达到的最大行数	Pivot	选择当前 Label 的坐标原点在场景中的位置
Anchors	选择当前 Label 所对应的锚点类型		

前面已经介绍了文本标签 Label 的用途及其各种参数属性，下面将通过一个简单例子详细讲解创建以及使用 Label 控件的操作步骤。

（1）执行“NGUI→Create→Label”命令，或者直接利用快捷键 Alt+Shift+L 创建标签，在该版本的 NGUI 中创建 Label 是十分方便的。如图 5-36 所示。

（2）选中 Label，在 Inspector 属性列表中可以查看其参数，修改 Transform 的值使得这个标签的位置位于摄像机区域内的左上角。因为文本内容字的颜色默认是白色不易观察，所以将 Label 属性列表中的 Color Tint 的颜色修改为黑色。并且在 Text 中输入“NGUI First Label”字样。

（3）重复步骤 1，再次创建一个标签，或者直接选中 Label 利用快捷键 Ctrl+C 复制一个属性和 Label 相同的文本标签，系统默认名称为“Label 1”，在其 Text 输入框中修改内容为“NGUI Second Label”，并且将字体颜色修改为浅蓝色（读者可以根据自己喜好任意修改字体的颜色）。

（4）为了实现使标签的字体有顺序地挨个显示的特效，我们可以为 Label 添加一个 NGUI 中自带的名为“TypewriterEffect.cs”的脚本。在 Project 资源列表下的搜索框中输入该名称就可以找到这个脚本，将其拖到 Label 的属性列表里，如图 5-37 所示。TypewriterEffect.cs 中的具体参数如表 5-20 所示。

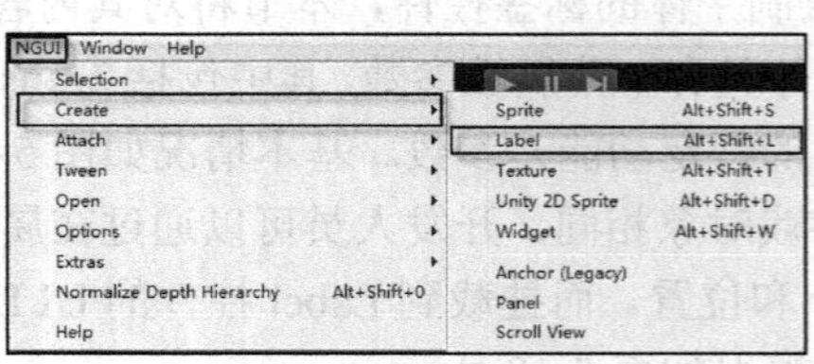

▲图 5-36　创建 Label

▲图 5-37　脚本参数

表 5-20　　TypewriterEffect（Script）脚本参数

参数名称	含　义	参数名称	含　义
Chars Per Second	每秒钟出现字符的个数	Delay On New Line	在文本内容切换到下一行时的延迟时间
Fade In Time	每个字符的淡入时间	Keep Full Dimension	文本内容在 Text 中是否保持完整的尺寸大小
Delay On Period	延迟启动期的时间	On Finished	在文本显示完成之后哪个控件执行什么方法
Scroll View	是否为其加上一个滚动视图		

（5）单击运行游戏按钮，在“Game”窗口中可以看到刚才创建的 Label。运行时和运行后的效果图分别如图 5-38 和图 5-39 所示。

▲图 5-38　Label 运行中

▲图 5-39　Label 运行结果

案例位置：见随书光盘第 5 章目录下的 NGUIWidget/Assets/Label.unity。

5.3.3　图片精灵——Texture

NGUI 下的 Texture（2D 纹理）是用来绘制界面背景的控件，本节将对其内容进行详细讲解，使读者对 Texture 有一个全面的认识。Texture 控件具有一些属性参数，其中包括 Transform 和 UI Texture（挂载在 Texture 上的脚本）参数。如图 5-40 所示。

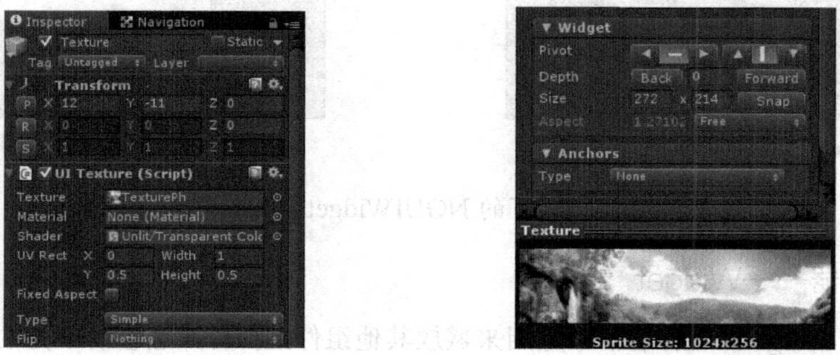

（a）　　（b）

▲图 5-40　Texture 参数

从图 5-40 中可以看出，与普通 Unity 游戏对象相同，开发人员可以通过在属性查看器中调整 Transform 各项数值来改变 Texture 控件的大小和位置。而挂载到 Texture 控件的 UI Texture 脚本则包含了与此控件特有功能相关的所有参数，具体情况如表 5-21 所示。

表 5-21　　UI Texture 脚本参数

参数名称	含　义	参数名称	含　义
Texture	纹理图片	UV Rect	控制当前 Texture 的哪一部分被绘制，起点为 *xy*
Material	当前的材质纹理	Color Tint	选择当前 Texture 的背景颜色
Shader	当前 Texture 的渲染器	Pivot	选择当前 Texture 的坐标原点在场景中的位置
Flip	当前 Texture 的放置类型	Depth	当前所选图片所在的层级
Fixed Aspect	是否启用固定层面	Size	当前所选图片的大小
Type	当前 Texture 所选的类型	Anchors	选择当前 Texture 所对应的锚点类型

值得一提的是，在 UI Texture 的脚本中，UV Rect 中 *xy* 控制 UVRect 的偏移量，Width 和 Height 是 UV Rect 的宽度和高度。介绍了 2D 纹理 Texture 的用途及各种参数属性，下面将通过一个简单例子详细讲解创建 Texture 的具体步骤。

（1）执行“NGUI→Create→Texture”命令，或者直接利用快捷键 Alt+Shift+T 创建 2D 纹理图。在该版本的 NGUI 中创建 Texture 是十分方便的。

（2）选中 Hierarchy 游戏组成对象列表中的 Texture，在 Inspector 属性列表中可以查看其参数。在 Project 资源列表中的输入框中输入“TexturePh”找到 NGUI 中的纹理图片，并且将其拖到 UI Texture 的 Texture 框中。

（3）选择 2D 纹理的呈现类型为 Simple。为将 UV Rect 的功能凸显出来，将为读者呈现两张运行结果图：当 UV Rect 的参数为（0,0，1,1）时，结果如图 5-41 所示，为原来的图；当把 UV Rect 的参数改为（0,0.5，1,0.5）时，显示的图是原来的一半，运行结果如图 5-42 所示。

▲图 5-41　整图运行结果

▲图 5-42　一半图运行结果

案例位置：见随书光盘第 5 章目录下的 NGUIWidget/Assets/Texture.unity。

5.3.4　组件容器——Widget

NGUI 下的 Widget（组件容器）是用来盛放其他组件的控件，它会有一定的面积但是在运行时是完全不可见的。本节将对其内容进行详细讲解。Widget 控件具有一些属性参数，其中包括 Transform 和 UI Widget（挂载在 Widget 上的脚本）参数，如图 5-43 所示。

从图 5-43 可以看出，与普通 Unity 游戏对象相同，开发人员可以通过在属性查看器中调整 Transform 各项数值来改变 Widget 控件的大小和位置。而挂载到 Widget 控件的 UI Widget 脚本则包含了与此控件特有功能相关的所有参数，具体情况如表 5-22 所示。

表 5-22　　　　　　　　　　　　UI Widget 脚本参数

参数名称	含　义	参数名称	含　义
Alpha	当前 Widget 的 alpha 值大小	Pivot	选择当前 Widget 的坐标原点在场景中的位置
Depth	当前容器所在的层级	Anchors	选择当前 Widget 所对应的锚点类型
Size	当前所选控件容器的大小		

因为 Widget 是一个盛放组件的控件，所以对于该控件是不能口述其功能的，需要利用其他控件的存在来证明该控件的价值。在下面这个案例中，笔者将为读者介绍如何实现通过点击按钮实现组件翻转的特效。在这里会用到 NGUI 中封装好的 Button，在后面将为读者详细介绍。具体步骤如下。

（1）执行“NGUI→Create→Widget”命令，或者直接利用快捷键 Alt+Shift+W 创建“Widget”组件，如图 5-44 所示。将其重命名为“WidgetCeshi”，按照上述步骤创建精灵图片使其成为 WidgetCeshi 的子对象，把精灵的图片换为系统的 NGUI 图片，如图 5-44 所示。

（2）执行“NGUI→Open→Prefab Toolbar”命令，会有一个 NGUI 自带的预制件窗口弹出，这里是系统封装好的一些组件。读者可自行尝试。我们可以随意拖曳一个 Button，例如 Control - Colored Button。调整该 Button 的 Transform 的值，使其位于 Scene 中的右下角。

▲图 5-43　Widget 参数

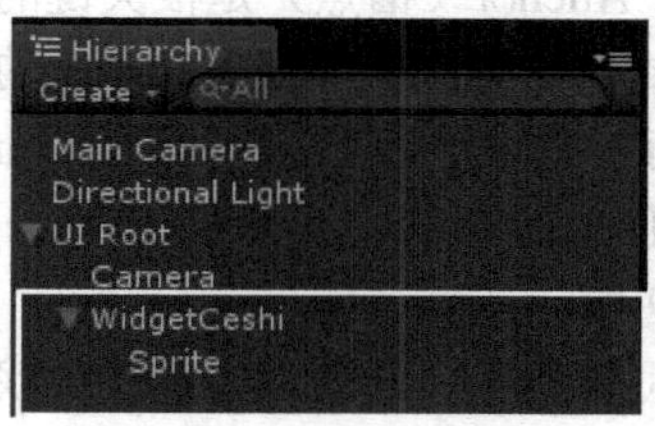

▲图 5-44　创建 Widget

（3）我们先来实现图片的翻转效果。调整图片和 Button 的位置，为其挂载脚本。在 Project 的搜索框中输入“Tween Rotation（Script）”，找到该脚本并将其拖曳到 WidgetCeshi 下的 Sprite。把 Tween Rotation 前面的对号勾掉，将 To 后面 Z 值改为 180。该脚本中还有其他参数，读者可自行测试。如图 5-45 所示。

（4）在 Project 的搜索框中输入“UI Play Tween（Script）”，找到该脚本并将其拖曳到 Button 的参数列表中，将 WidgetCeShi 整个游戏对象拖曳到该脚本中的 Tween Target 处，将该脚本其他的参数按照图 5-46 所示进行修改。

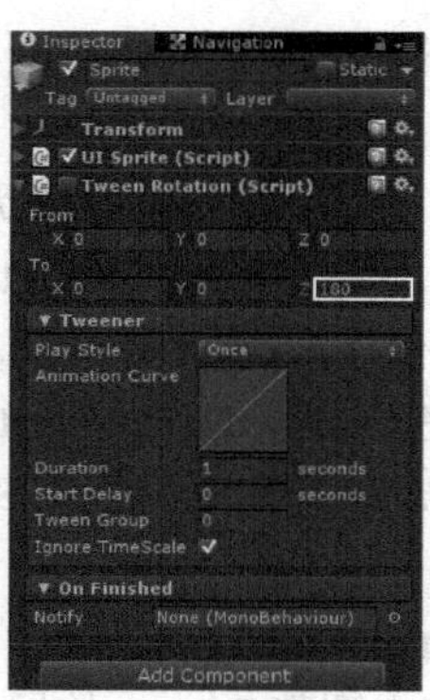

▲图 5-45　Tween 参数

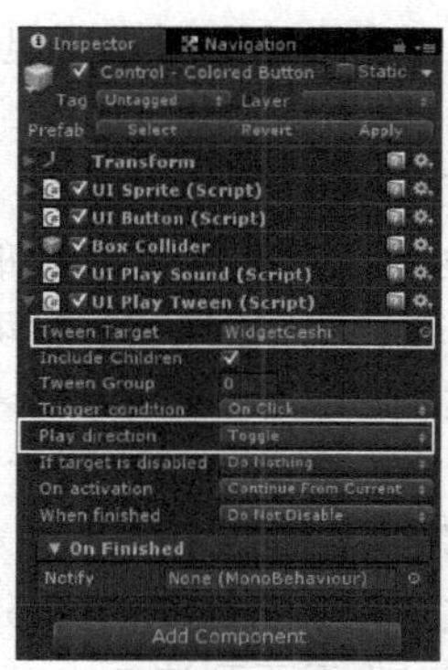

▲图 5-46　UI Play Tween 参数

（5）将上述步骤完成之后，再次调整 Sprite 和 Button 的 Transform 的值，使它们的相对位置如图 5-47 所示。单击游戏运行按钮运行游戏，然后点击 Button，Sprite 会进行翻转，运行结果如图 5-48 所示。

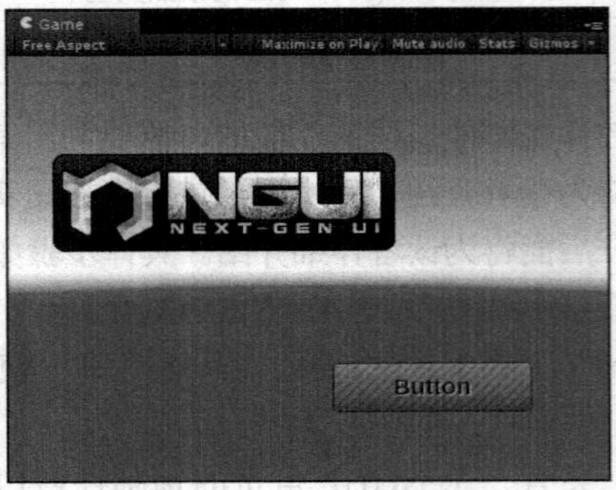

▲图 5-47　运行前

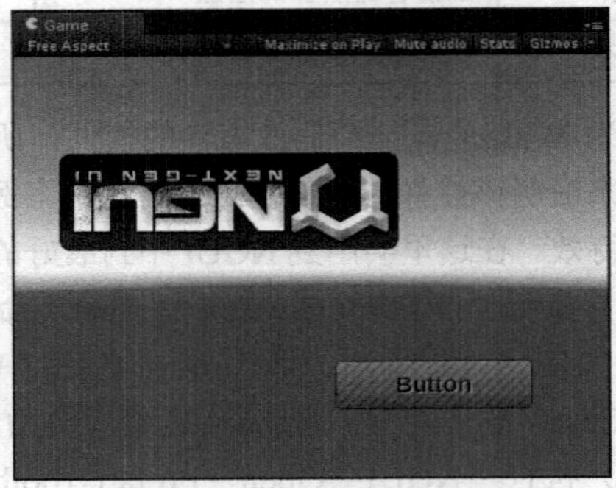

▲图 5-48　运行结果

案例位置：见随书光盘第 5 章目录下的 NGUIWidget/Assets/Widget.unity。

5.3.5　锚点——Anchor

NGUI 下的 Anchor（锚点）是很关键的一个控件，可以用来固定 Game Objects 在屏幕或者其他 Widgets 的某一边或者某一个角。Anchor 控件具有一些属性参数，其中包括 Transform 和 UI Anchor（挂载在 Anchor 控件上的脚本，以实现 Anchor 的特定功能）参数。基本情况如图 5-49 所示。

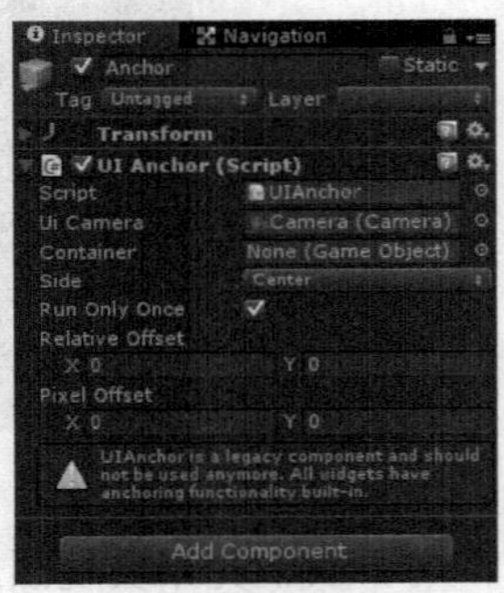

▲图 5-49　Anchor 参数

从图 5-49 可以看出，与普通 Unity 游戏对象相同，开发人员可以通过在属性查看器中调整 Transform 各项数值来改变 Anchor 控件的大小和位置。而挂载到 Anchor 控件的 UI Anchor 脚本则包含了与此控件特有功能相关的所有参数，具体情况如表 5-23 所示。

表 5-23　UI Anchor 脚本参数

参数名称	含　义	参数名称	含　义
UI Camera	渲染挂载 UI Anchor 对象的摄像机	Run Only Once	若想放在 Update 方法中则勾掉该选项
Side	设置锚点，4 个角，4 个边和中心点	Pixel Offset	以像素为单位调整 Anchor 的偏移
Container	挂载 UI Anchor 对象的依附的容器	Relative Offset	调整 Relative Offset 值来改变对象位置

Anchor（锚点）是一个相对重要但是又比较抽象的 NGUI 组件，下面将通过一个案例详细介绍 Anchor 的功能。具体步骤如下。

（1）执行“GameObject→Create Empty”命令，或者直接利用快捷键 Alt+Shift+N 创建 GameObject 游戏对象，然后在 Project 的搜索框中输入“UI Widget（Script）”，找到该脚本之后将其挂载到 GameObject 上，这样我们就可以为其添加组件了。UI Widget 的功能在上一节已介绍。

（2）利用创建 Sprite 的步骤创建一个精灵，并且使其成为 GameObject 的子对象。在 UISprite 脚本中的 Sprite 一栏中选中 NGUI 图片为该精灵。在 Transform 中调整该 Sprite 的大小，使其占摄像机范围的一大部分。

（3）接下来重点来了。拖曳 Prefab Tool 中的 Colored Button 到场景中去，这时因为对象层级的原因在 Game 窗口中看不到该 Button，所以需要我们去调整 Button 的层级。将 Button 的层级调整为 4 层（只要比 Sprite 层级高就好），该数值在 UI Sprite 中的 Depth 中调整。

（4）将 Button 展开，将里面的 Label 的 Depth 值调整为 6，Overlay 的 Depth 值调整为 5，然后就可以看到 Button 在 Sprite 表面上了。笔者也想通过这一步告诉读者在 NGUI 中层级的重要性。层级的数值越大，游戏对象越靠前。读者可以尝试去做一些 Sprite 来进一步了解层的用处。

（5）在将 Button 的层级调整完成之后，在 Project 的搜索框中输入“UI Anchor（Script）”，找到该脚本并将其拖曳到 Button 的属性列表中，将我们前面做好的 GameObject 拖到 UI Anchor 的 Container 中，并将 Side 类型改为“Top”，调整 Relative Offset 的值使 Button 位于 Sprite 的正上面。参数如图 5-50 所示。

（6）在将游戏对象的位置调整完成之后，就可以随意地调整 Sprite 的位置了，你会发现 Button 也会随着 Sprite 位置的改变而改变，并且相对位置不会发生变化。这就是 Anchor 的神奇之处。运行结果如图 5-51 所示。

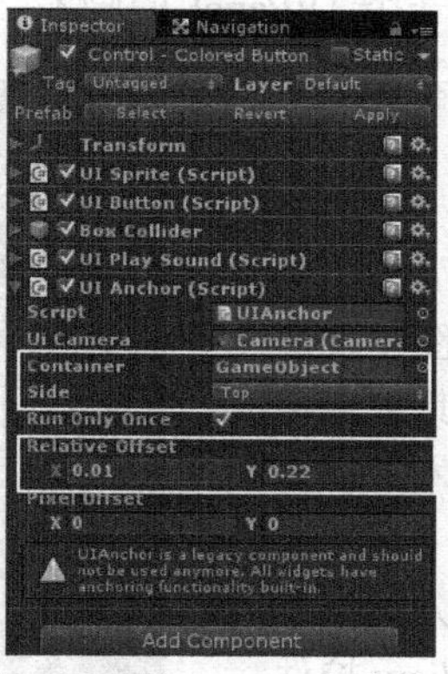

▲图 5-50　“UI Anchor”参数

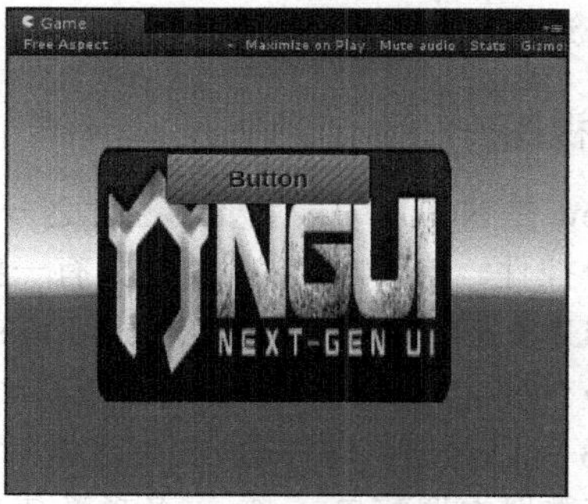

▲图 5-51　运行结果

案例位置：见随书光盘第 5 章目录下的 NGUIWidget/Assets/Anchor.unity。

5.3.6　面板——Panel

NGUI 下的 Panel（面板）也是很关键的一个控件，用来收集和管理它下面所有 Widget 的组件。本节将对其具体内容进行详细讲解。Panel 控件具有一些属性参数，其中包括 Transform 和 UI Panel（挂载在 Panel 控件上的脚本，以实现 Panel 的特定功能）参数，基本情况如图 5-52 所示。

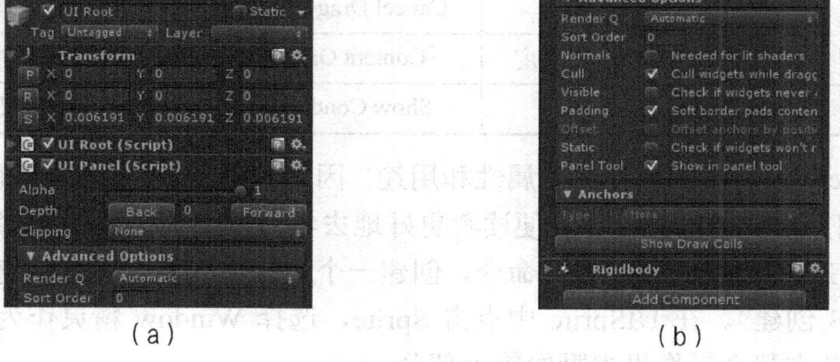

（a）　　（b）

▲图 5-52　Panel 参数

从图 5-52 可以看出，与普通 Unity 游戏对象相同，开发人员可以通过在属性查看器中调整“Transform”各项数值来改变 Panel 控件的大小和位置。而挂载到 Panel 控件的 UI Panel 脚本则包含了与此控件特有功能相关的所有参数，具体情况如表 5-24 所示。

表 5-24　　　　　　　　　　UIPanel 脚本参数

参数名称	含　义	参数名称	含　义
Alpha	当前 Panel 的 alpha 值大小	Clipping	Panel 对下面的 Widget 的剪裁类型
Depth	当前 Panel 所在的层级	Normals	如果 UI 需要被灯光所影响则勾上此选项
Visible	面板是否可见的选项	Cull	勾选此选项会可以减少三角形数目，但可能会降低性能
Render Q	渲染队列渲染类型	Static	勾选此选项告诉系统该 Panel 下面的 Widget 不会被移动
Sort Order	排列顺序	Panel Tool	是否选用面板工具
Padding	是否启用填充	Type	锚点的类型
Offset	是否启用偏移量		

细心的读者可以发现，在上面每个例子中的空间中都有一个 UIPanel 的脚本，所以笔者将不再举例子进行讲解。读者可以仔细阅读 UI Panel 的参数了解其功能，更彻底地学会这个控件。

5.3.7　滚动视图——Scroll View

Scroll View 是 NGUI 中最重要的控件之一，是可以让视图实现滚动功能的一个控件。Scroll View 控件具有一些属性参数，其中包括 Transform 和 UI Scroll View（挂载在 Scroll View 控件上的脚本，以实现 Scroll View 的特定功能）参数。基本情况如图 5-53 所示。

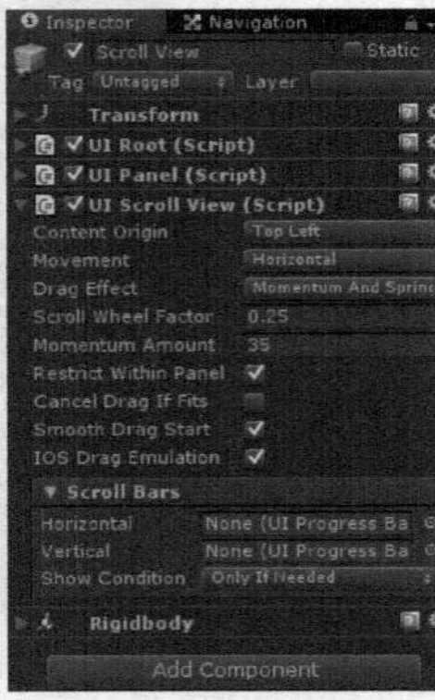

▲图 5-53　Scroll View 参数

从图 5-53 可以看出，与普通 Unity 游戏对象相同，开发人员可以通过在属性查看器中调整 Transform 各项数值来改变 Scroll View 控件的大小和位置。而挂载到 Scroll View 控件的 UI Scroll View 脚本则包含了与此控件特有功能相关的所有参数，具体情况如表 5-25 所示。

表 5-25　　　　　　　　　　UI Scroll View 脚本参数

参数名称	含　义	参数名称	含　义
Vertical	纵向垂直的滚动条	Drag Effect	拖动视对象时，视图的表现类型
Movement	选择滚动面板的滚动类型	Scroll Wheel Factor	通过滚动鼠标滑轮来滚动视图
Smooth Drag Start	是否启动平滑拖动	Restrict Within Panel	是否限制在面板选项，大多数选中
IOS Drag Emulation	是否启用 IOS 拖动仿真	Cancel Drag If Fits	超出视图区域将取消对象的拖动
Momentum Amount	拖动或者滚动视图的灵敏度	Content Origin	滚动视图中对象的内容起源位置
Horizontal	横向水平的滚动条	Show Condition	选择什么情况下出现滚动条

前面介绍了 Scroll View 的各种参数属性和用途。因为滚动视图在游戏的开发中十分重要，所以在此笔者将详细介绍一个案例，以方便读者更好地去学习该控件。具体步骤如下。

（1）执行“NGUI→Create→Sprite”命令，创建一个精灵作为整个案例的背景（或者直接利用快捷键 Shift+Alt+S 创建）。在 UISprite 中点击 Sprite，选择 Window 精灵作为整个背景，调整该 Sprite 的大小，使其占整个摄像机视野的绝大部分。

（2）选中 Sprite 游戏对象，然后在 Scene 窗口中单击鼠标右键，执行“Create→Scroll View”命令，为其添加滚动视图，在游戏资源组成对象列表中也会出现名称为“Scroll View”的游戏对象。如图 5-54 所示。

（3）在 Sprite 背景图上会出现一个紫红色的图框，调整其大小以适应 Sprite 的大小（读者也可任意调整），整个紫红色框的大小就是滚动视图的区域。如图 5-55 所示。

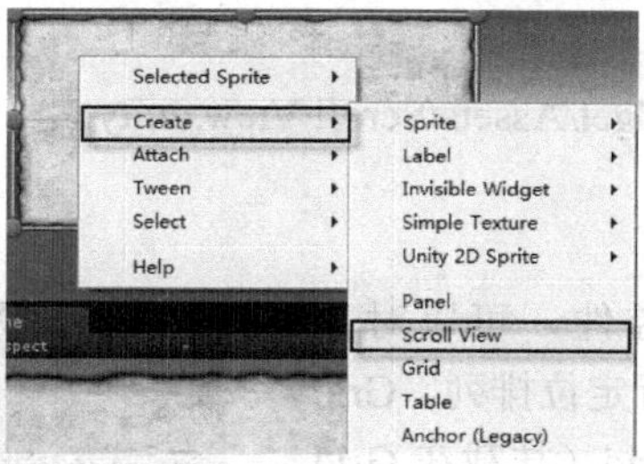

▲图 5-54　创建 Scroll View

▲图 5-55　调整滚动视图区域

（4）选中 Scroll View 对象，在 Scene 窗口单击鼠标右键并选择“Create→Sprite”，这样一来所创建的 Sprite 就直接成为了 Scroll View 的子对象，然后改变 Sprite 的 Depth 值，使其位于 Scroll View 的上面，也就是说 Sprite 的 Depth 的值比 Scroll View 的 Depth 值大。并且适当地改变 Sprite 的大小，将其改为 100×100。

（5）调整 Sprite 的位置，使其位于滚动视图的左边中间位置，然后在 UISprite 中点击 Atlas 一栏，选中 Wooden Atlas 类型的图集，并且在 Sprite 中选中 Button。要想实现 Sprite 的拖动和点击必须有 Box Collider，所以先选中 Sprite，在 Scene 窗口中单击鼠标右键，执行“Attach→Box Collider”命令。如图 5-56 所示。

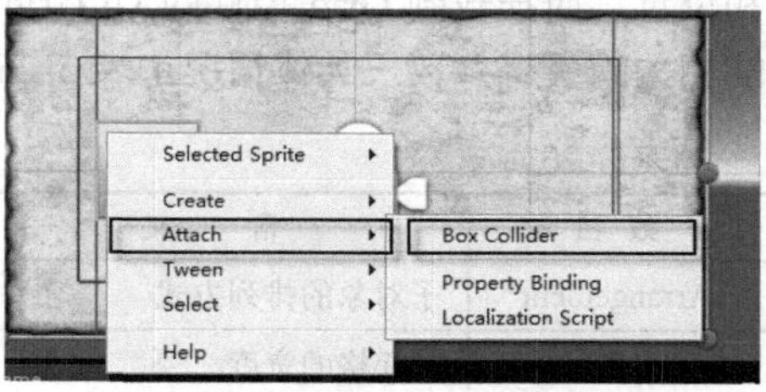

▲图 5-56　添加 Box Collider

（6）在为 Sprite 添加碰撞器之后，以相同的步骤为 Sprite 添加 UI Drag Scroll View 脚本，该脚本的作用是可以实现在滚动视图中拖动该 Sprite。然后重复步骤 4 和步骤 5，分别创建出 6 个 Sprite，精灵的图片可以随意选择。笔者只是随意选择了 6 个 Sprite。如图 5-57 所示。

（7）单击运行按钮，在 Game 窗口随意地拖曳任意一个 Sprite，可以看到 6 个 Sprite 会来回滚动。但是如何在整个滚动视图区任意的位置用鼠标拖动都可以实现 Sprite 的滚动呢？下面笔者将带领读者去完成这个功能。

（8）选中 Scroll View 对象，在 Scene 窗口中单击鼠标右键，执行“Create→Invisible Widget”命令，如图 5-58 所示。在 Scene 窗口中会出现一个方框，调整其大小。该控件在运行时是不可见的。将游戏组成对象列表中的 Container 挪到根目录下，使得 Container 和 Scroll View 处在同一个对象层级。

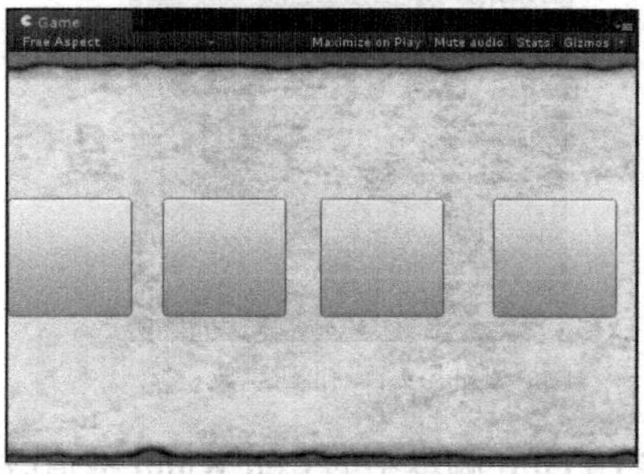

▲图 5-57　滚动视图

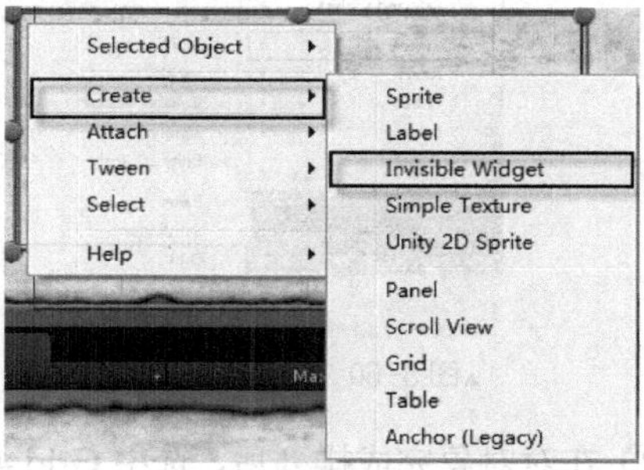

▲图 5-58　创建控件

（9）选中 Container 游戏对象，重复步骤 5 和步骤 6，为 Container 添加盒碰撞器以及 UI Drag Scroll View 脚本，单击运行按钮后可以发现，在 Scroll View 的任意位置拖动鼠标时整个滚动视图都会随其滚动，这样一来，在任意位置都可以滚动视图的功能就实现了。读者可以按照上述步骤亲自实现。

案例位置：见随书光盘第 5 章目录下的 NGUIWidget/Assets/Scroll View.unity。

5.3.8　网格——Grid

NGUI 下的 Grid（网格）也是很关键的一个控件，可以对子 Transform 的 List 进行排序，然后根据不同的规则进行定位排列。Grid 控件具有一些属性参数，其中包括 Transform 和 UI Grid（挂载在 Grid 控件上的脚本，以实现 Grid 的特定功能）参数。基本情况如图 5-59 所示。

▲图 5-59　UI Grid 参数

从图 5-59 可以看出，与普通 Unity 游戏对象相同，开发人员可以通过在属性查看器中调整 Transform 各项数值来改变 Grid 控件的大小和位置。而挂载到 Grid 控件的 UI Grid 脚本则包含了与此控件特有功能相关的所有参数，具体情况如表 5-26 所示。

表 5-26　　UI Grid 脚本参数

参 数 名 称	含　义	参 数 名 称	含　义
Arrangement	子对象的排列方式	Pivot	选择当前网格的坐标原点在场景中的位置
Cell Width	单元格的宽度	Column Limit	在 Grid 中每一行子对象限制的数目个数
Cell Height	单元格的高度	Hide Inactive	是否启用将不活动对象隐藏
Smooth Tween	是否启用平滑过渡	Constrain to Panel	是否将 Grid 对象限制到面板
Sorting	子对象的排序类型		

上面介绍了 Grid 的用途和参数属性，下面笔者将带领读者通过一个小案例去加深对 Grid 的印象。因为在上一节笔者制作了一个 Scroll View 的案例，所以可以在这个案例上继续拓展一下，在 Unity 中打开该项目，在这个项目里做一些改动。

（1）选中 Scroll View 对象，在 Scene 窗口中单击鼠标右键，执行“Create→Grid”命令创建网格，如图 5-60 所示。然后将 Scroll View 的 6 个 Sprite 全部选中并拖到 Grid 对象下，使它们成为 Grid 的子对象。如图 5-61 所示。

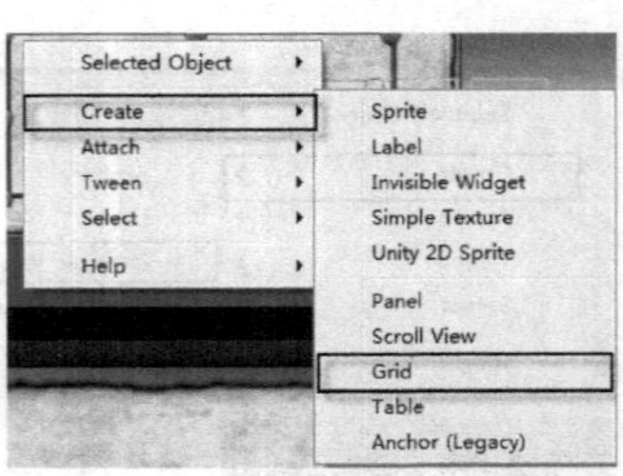

▲图 5-60　创建 Grid（网格）

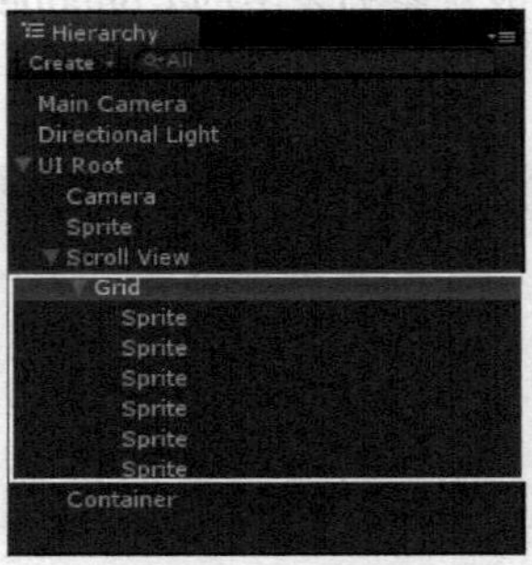

▲图 5-61　排列对象

（2）在对对象完成排列后，选中 Grid 游戏对象。将 UI Grid 脚本中的 Cell Width 数值改为 120，Cell Height 改为 100，然后你就会清晰地发现在 Grid 下的所有对象的间距都是一样的，十分整齐。

这就将 Grid 的作用体现得淋漓尽致。

案例位置：见随书光盘第 5 章目录下的 NGUIWidget/Assets/Grid.unity。

5.3.9 表格——Table

NGUI 下的 Table（表格）也是很关键的一个控件，可以对子 Transform 的 List 进行排序，然后根据不同的规则进行定位排列。Table 控件具有一些属性参数，其中包括 Transform 和 UI Table（挂载在 Table 控件上的脚本，以实现 Table 的特定功能）参数。基本情况如图 5-62 所示。

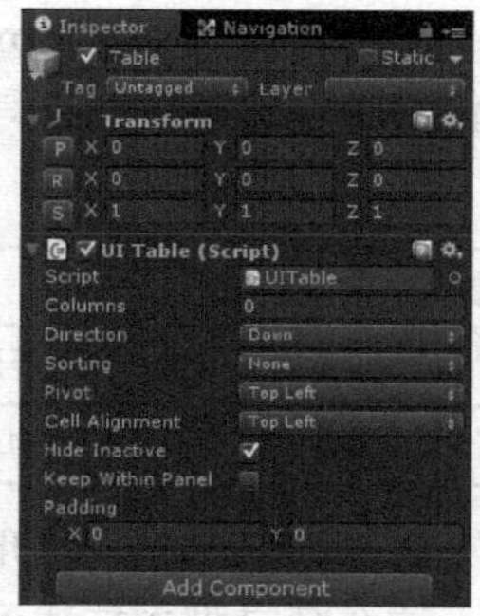

▲图 5-62 创建 Table

从图 5-62 可以看出，与普通 Unity 游戏对象相同，开发人员可以通过在属性查看器中调整 Transform 各项数值来改变 Table 控件的大小和位置。而挂载到 Table 控件的 UI Table 脚本则包含了与此控件特有功能相关的所有参数，具体情况如表 5-27 所示。

表 5-27 UI Table 脚本参数

参数名称	含义	参数名称	含义
Cell Alignment	单元格对齐的方式	Columns	在 Table 中每一行子对象限制的数目个数
Direction	Table 下子对象排列方向的	Pivot	选择当前网格的坐标原点在场景中的位置
Sorting	子对象的排序类型	Keep Within Panel	是否将 Table 对象限制到面板
Hide Inactive	是否启用将不活动对象隐藏	Padding	子对象填充的位置偏移量

因为 Grid 和 Table 的功能是类似的，UIGrid 只根据定义的 cellHeight 和 cellWidth 来计算子对象的位置，UITable 则是根据内容（UIWidget）来计算位置的。所以笔者在这里不再重复，读者可以将上一节中 Grid 改为 Table，其他的都是一样的。可以通过调整 Padding 的 x、y 值来改变子对象的位置。

案例位置：见随书光盘第 5 章目录下的 NGUIWidget/Assets/ Table.unity。

5.4 UI 库中默认组件的制作

本节将对 NGUI 中自带控件的制作过程和使用进行讲解。在 NGUI 中的“Open→Prefab Toolbar”命令下有许多封装好的控件，其中主要包括“Colored Button”“Colored CheckBox”“Colored Horizontal Scroll Bar”和“Colored Popup List”等，这些封装好的控件都可以随时使用，十分方便。

5.4.1 按钮——Colored Button

NGUI 下的 Button 是用来绘制按钮的控件，本节将对其内容进行详细讲解，以满足开发的需求。按钮控件包括两部分，分别是 Background（背景）和 Label（文本标签），如图 5-63 所示。Colored Button 控件具有一些属性参数，如图 5-64 所示。

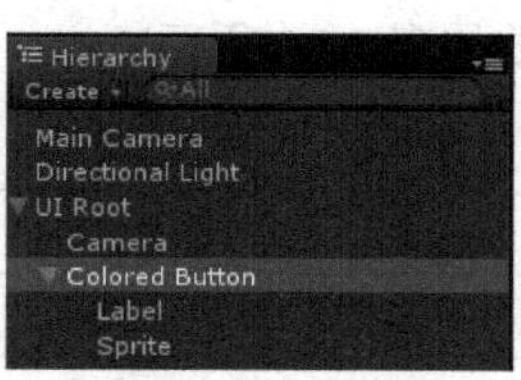

▲图 5-63 Button 包含组件

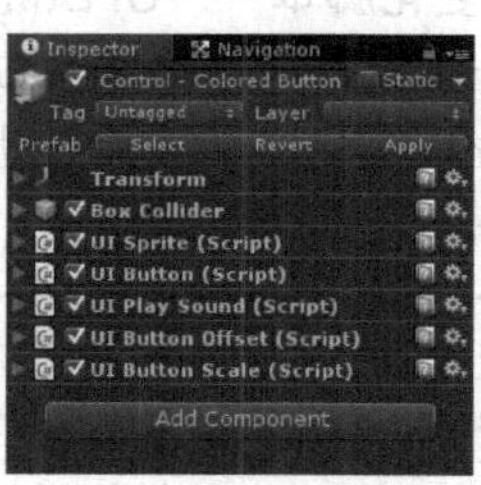

▲图 5-64 Button 参数

从图 5-64 中可以看出，与普通的 Unity 游戏对象相同，开发人员可以通过在属性查看器中调整 Transform 各项参数值来改变 Button 控件的大小和位置。而 Box Collider 及挂载到 Button 控件的脚本则包含了与此控件特有功能相关的所有参数。

1．碰撞器——Box Collider

Button 控件中的 Box Collider 表示碰撞器，其作用是使 Button 控件具有碰撞属性。NGUI 中事件的触发都需要对象具有碰撞属性，Box Collider 的具体参数如表 5-28 所示。

表 5-28　Box Collider 的参数

参数名称	含　义	参数名称	含　义
Is Trigger	碰撞器是否用于触发事件	Center	当前碰撞器在坐标中的位置
Material	引用何种物理材质	Size	对象在 x、y、z 三维方向上的碰撞尺寸

2．精灵脚本——UISprite（Script）

这个精灵脚本挂载到 Button 上，主要是为 Button 添加背景。关于这个脚本的参数笔者在之前已经讲过，在这里不在重复。

3．按钮脚本——UIButton（Script）

挂载到 Button 控件上的脚本“UI Button（Script）”控制的是当鼠标光标悬浮在按钮以及按下按钮时，按钮的颜色和精灵的变化以及变化时间的长短。具体参数如表 5-29 所示。

表 5-29　UI Button（Script）脚本参数

参数名称	含　义	参数名称	含　义
Tween Target	脚本的作用目标	Colors—Disabled	当按钮变为不可用时，按钮的颜色
Drag Over	当拖动时，Button 会发生什么动作	Sprite—Normal	没有动作发生在按钮上时正常的精灵
Transition	颜色或者精灵变化时间的长短	Sprite—Hover	当鼠标光标悬浮在按钮时，所展现的精灵
Colors—Normal	没有动作发生按钮的正常颜色	Sprite—Pressed	当鼠标按下按钮时，所展现的精灵
Colors—Hover	当光标悬浮在按钮时，按钮的颜色	Sprite—Disabled	当按钮变为不可用时，所展示的精灵
Colors—Pressed	当鼠标按下按钮时，按钮的颜色	Pixel Snap	是否启用像素捕捉选项

4．按钮声音控制脚本——UI Play Sound（Script）

挂载到 Button 上的脚本中，UI Play Sound（Script）控制的是当鼠标对按钮发生动作时发出的声音，以及触发声音的方式和大小。具体参数如表 5-30 所示。

表 5-30　UI Play Sound（Script）脚本参数

参数名称	含　义	参数名称	含　义
Audio Clip	选择发出的声音剪辑	Volume	声音的音量大小
Trigger	触发按钮发出声音的方式	Pitch	设置或者检索高音

5．按钮形态变化脚本——UI Button Offset（Script）

挂载到 Button 控件上的脚本中，UI Button Offset 控制的是当鼠标光标单击按钮时，按钮向右下的位移大小和位移变化，使其具有动态效果。具体参数如表 5-31 所示。

表 5-31　UI Button Offset（Script）脚本参数

参数名称	含　义
Tween Target	脚本的作用范围，不同的选项，脚本将作用在不同的部位
Hover	当鼠标悬浮在按钮上时，按钮在 xyz 方向上的大小变化

续表

参 数 名 称	含　义
Pressed	当按钮被鼠标按下时，按钮在 xyz 方向上的大小变化
Duration	按钮大小变化的持续时间

6．按钮整体形态变化

挂载到 Button 控件上的脚本中，UI Button Scale（Script）控制的是当鼠标悬浮在按钮上或者按下按钮时，按钮整个的形态所发生的变化，使按钮具有动态效果。具体参数如表 5-32 所示。

表 5-32　　UI Button Scale（Script）脚本参数

参 数 名 称	含　义
Tween Target	脚本的作用范围，不同的选项，脚本将作用在不同的部位
Hover	当鼠标悬浮在按钮上时，按钮在 xyz 方向上的大小变化
Pressed	当按钮被鼠标按下时，按钮在 xyz 方向上的大小变化
Duration	按钮大小变化的持续时间

前面介绍了按钮的用途以及各种脚本的参数属性，下面将详细讲解创建以及使用 Button 控件的操作步骤。

（1）执行“NGUI→Create→Sprite”命令，或者直接利用快捷键 Shift+Alt+S 创建精灵。将它的模样调整成按钮的样子，并使其位于 Scene 窗口的左上角。然后选中 Sprite，单击鼠标右键选择“Create→Label→Child”命令，创建其子对象标签，如图 5-65 所示。利用同样的步骤创建一个 Sprite，将其重命名为“ZiSprite”。

（2）单击 ZiSprite 的 UI Script 脚本中的 Sprite 选项，重新选择 Sprite，这次笔者选的是 Sprite 3，并且将 Type 的参数改为“Tiled”，调整其透明度和大小使其完全覆盖在父对象的 Sprite 上。读者在这里需要注意一下，Label 的层级是小于子对象的 Sprite 的。

（3）选中父对象 Sprite，单击鼠标右键选择“Attach→Box Collider”命令，并且在“Project”面板的搜索框中搜索 UI Button 脚本，然后将其挂载到 Sprite 上。在这个脚本的 Colors 参数中可以修改悬浮和按下时的颜色。搜索 UI Play Sound（Script），挂载到 Button 的身上。仍然在搜索框中搜索 Tap 拖入 Audio Clip 中。

（4）按照上述步骤分别将 UI Button Scale 和 UI Button Offset 挂载到 Button 身上，并且将 Sprite 拖入两个脚本的 Tween Target 中。按照上述步骤再制作另外一个 Button，将其 Label 改为 Second Button 并调整其位置和大小。单击运行按钮，运行结果如图 5-66 所示。

▲图 5-65　创建子对象

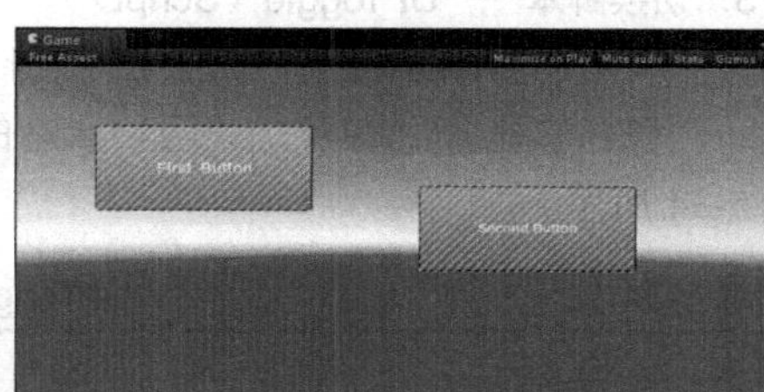

▲图 5-66　运行结果

案例位置：见随书光盘第 5 章目录下的 NGUIWidget/Assets/ Colored Button.unity。

5.4.2　复选框——Colored Checkbox

NGUI 下的 Checkbox 是用来绘制复选框的控件，本节将对其内容进行详细讲解。Checkbox

复选框包括 3 个部分，分别是 Background（背景）、Checkmark（复选标记）和 Label（文本标签），如图 5-67 所示。Checkbox 控件具有一些属性参数，如图 5-68 所示。

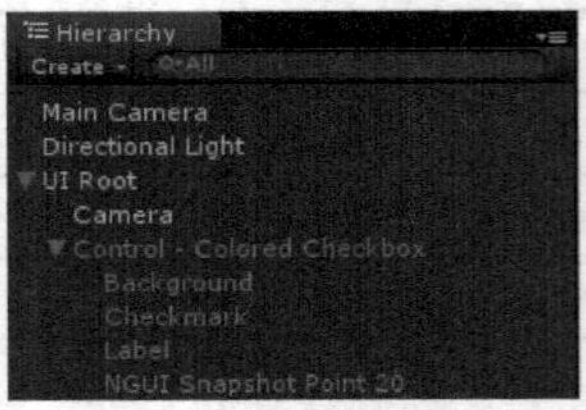

▲图 5-67 新建 Checkbox

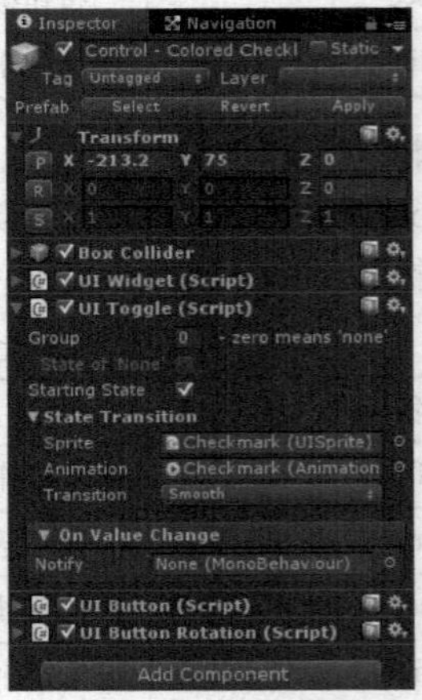

▲图 5-68 Checkbox 参数

从图 5-68 中可以看出，与普通的 Unity 游戏对象相同，开发人员可以通过在属性查看器中调整 Transform 各项参数值来改变 Checkbox 控件的大小和位置。而 Box Collider 及挂载到 Checkbox 空间的脚本则包含了与此控件特有功能相关的所有参数。

1．碰撞器——Box Collider

Checkbox 控件中的 Box Collider 表示碰撞器，其作用是使 Checkbox 控件具有碰撞属性。NGUI 中事件的触发都需要对象具有碰撞属性。Box Collider 的具体参数如表 5-33 所示。

表 5-33 Box Collider 参数

参数名称	含义	参数名称	含义
Is Trigger	碰撞器是否用于触发事件	Center	当前碰撞器在坐标中的位置
Material	引用何种物理材质	Size	对象在 x、y、z 三维方向上的碰撞尺寸

2．组件脚本——UI Widget（Script）

将这个组件容器脚本挂载到 Checkbox 上，主要是为了使得后面可以在其身上挂载其他的控件。关于这个脚本的参数笔者在之前已经讲过，在这里不再重复。

3．切换脚本——UI Toggle（Script）

与旧版本的 NGUI 不同，Checkbox 身上挂载的脚本不再有 Checkbox（Script）脚本，而是由 Toggle 代替，它是一个有开、关两种状态的组件，就是代表激活与未激活的两个状态。具体参数如表 5-34 所示。

表 5-34 UI Toggle（Script）脚本参数

参数名称	含义	参数名称	含义
Group	控件的组别个数	Animation	让 Checkbox 的变换更加的平滑
Starting state	按钮是否为默认选中状态	Transition	Checkbox 的过度类型
Sprite	复选标记的精灵 Sprite		

4．按钮脚本——UI Button（Script）

挂载到 Checkbox 控件上的脚本中，UI Button（Script）控制的是当鼠标光标悬浮在按钮以及按下按钮时，按钮的颜色和精灵的变化以及变化时间的长短。具体参数如表 5-35 所示。

表 5-35 UI Button（Script）脚本参数

参数名称	含　义	参数名称	含　义
Tween Target	脚本的作用对象	Colors—Disabled	当按钮变为不可用时，按钮的颜色
Drag Over	当拖动时，Button 会发生什么动作	Sprite—Normal	没有动作发生在按钮上时正常的精灵
Transition	颜色或者精灵变化时间的长短	Sprite—Hover	当光标悬浮在按钮时，所展现的精灵
Colors—Normal	没有动作发生时按钮的正常颜色	Sprite—Pressed	当鼠标按下按钮时，所展现的精灵
Colors—Hover	当鼠标光标悬浮在按钮时，按钮的颜色	Sprite—Disabled	当按钮变为不可用时，所展示的精灵
Colors—Pressed	当鼠标按下按钮时，按钮的颜色	Pixel Snap	是否启用像素捕捉选项

5. 旋转脚本——UI Button Rotation (Script)

挂载到 Checkbox 控件上的脚本中，UI Button Rotation（Script）控制的是当鼠标光标悬浮在按钮以及按下按钮时，按钮的旋转角度以及变化时间的长短。具体参数如表 5-36 所示。

表 5-36 UI Button Rotation（Script）脚本参数

参数名称	含　义
Tween Target	脚本的作用范围，不同的选项，脚本将作用在不同的部位
Hover	当鼠标悬浮在按钮上时，按钮在 *xyz* 方向上的大小变化
Pressed	当鼠标按下按钮上时，按钮在 *xyz* 方向上的大小变化
Duration	按钮大小变化的持续时间

关于在 Background、Label 身上挂载的脚本在 5.3 节已经有讲解，在这里笔者将不再重复。前面介绍了复选框的用途以及各种脚本的参数属性，下面将详细讲解创建以及使用复选框控件的操作步骤。

（1）执行“NGUI→Crate→Widget”命令，或者直接利用快捷键 Shift+Alt+W 创建组件容器。将 Container 重命名为 Control - Colored Checkbox，调整 Transform 中的值将其调整到屏幕的左上角的位置。

（2）在 Control - Colored Checkbox 的属性列表中，在搜索框中搜索 Box Collider 为其添加碰撞器，使其具有碰撞功能。如图 5-69 所示。

（3）选中 Colored Checkbox，利用快捷键 Alt+Shift+S 为其创建一个精灵子对象，重命名为“Background”。在 UI Sprite 的脚本中单击 Sprite 按钮，选择 Highlight-shadowed 作为复选框点击的按钮，将 Type 的类型改为 Sliced，调整 Depth 的值高于 Checkbox 的 Depth 的值，并调整它与 Widget 重合。

（4）创建名为“Checkmark”的精灵，Type 改为 Simple 类型。在 Transform 中调整其位置和大小，让它覆盖在 Background 上面。为了使 Checkmark 更加平滑地进行切换，为 Checkmark 添加 Animation，并且在 Project 的搜索框中搜索 Checkmark（系统自带）动画拖曳到 Animation 中。如图 5-70 所示。

（5）选中 Control - Colored Checkbox，利用快捷键 Alt+Shift+L 创建子对象 Label，在其 Text 中输入“Checkbox”，调整 Transform 的值使其位于 Background 右边，两个必须是平行的。调整其 Depth 的值高于 Checkmark 的 Depth 值。在这里可以添加 Typewriter Effect 脚本使 Label 的文本内容挨个显示。

（6）在将 Control - Colored Checkbox 的子对象创建完毕后，需要为其本身添加脚本进行实现其功能。选中 Control - Colored Checkbox，按照老方法为其添加 UI Toggle 脚本，在 Animation 中的一栏中将 Checkmark 拖入其中，并且将 Transition 类型改为 Smooth。

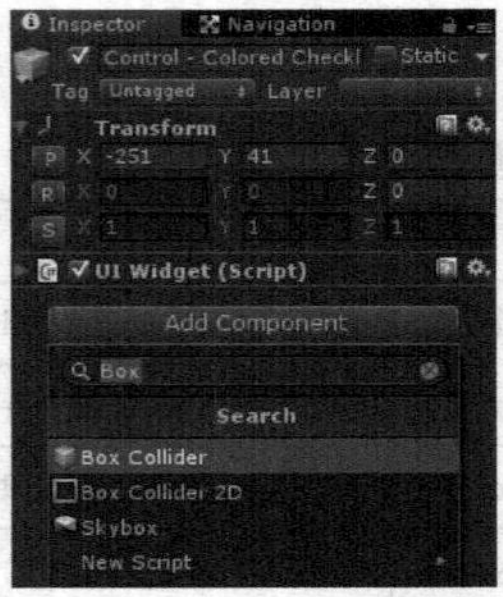

▲图 5-69　添加碰撞器

▲图 5-70　添加动画

（7）为 Control - Colored Checkbox 添加 UI Button（Script）脚本，将 Background 拖入 Tween Target。添加 UI Button Rotation（Script）脚本，将 Background 拖入到 Tween Target ，将 Hover 的 z 值改为 90。这样一来在鼠标悬浮在上面时，Background 的 Z 轴方向就会旋转 90°，按下之后重新恢复 0°。

（8）再次创建一个 Checkbox，或利用 Ctrl+D 的方法复制一个 Checkbox，调整其位置于右下角。单击运行按钮，点击第二个，结果如图 5-71 所示。在运行的 Background 和 Checkbox 的属性会出现一些脚本，和 UI Button Rotation（Script）和 UI Toggle（Script）有关，如图 5-72 所示。

▲图 5-71　运行结果

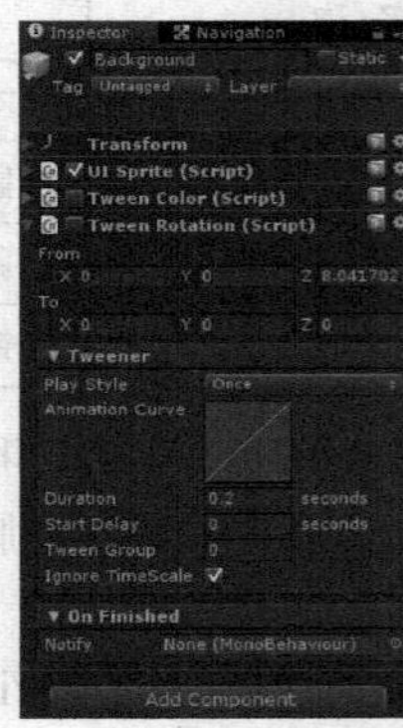

▲图 5-72　运行脚本

案例位置：见随书光盘第 5 章目录下的 NGUIWidget/Assets/ Colored Chexbox.unity。

5.4.3　水平滚动条——Colored Horizontal Scroll Bar

NGUI 下的 Scroll Bar 是用来绘制复选框的控件，本节将对其内容进行详细讲解，以满足开发的需求。Scroll Bar 复选框包括 2 个部分，分别是 Foreground 和 Thumb，如图 5-73 所示。Scroll Bar 控件具有一些属性参数，包括 Transform、Box Collider 和 UI Scroll Bar（Script）等。如图 5-74 所示。

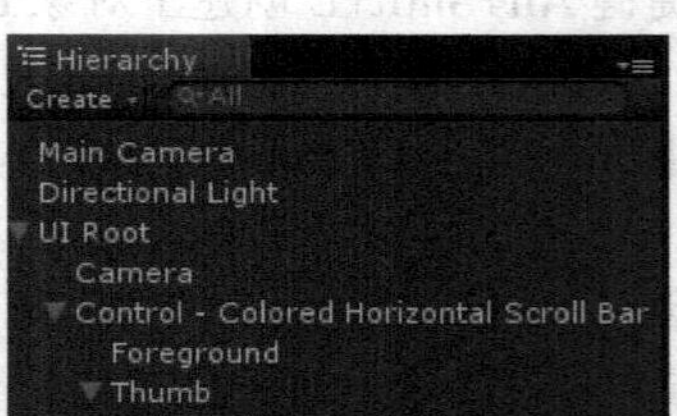

▲图 5-73　创建滚动条

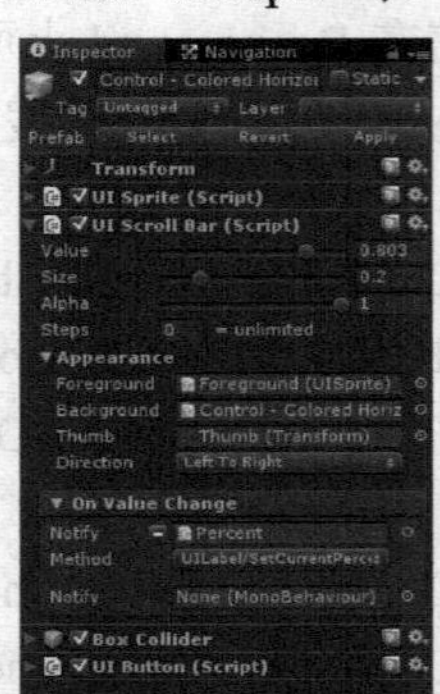

▲图 5-74　滚动条参数

从图 5-74 中可以看出，与普通的 Unity 游戏对象相同，开发人员可以通过在属性查看器中调整 Transform 各项参数值来改变 Scroll Bar 控件的大小和位置。而 Box Collider 及挂载到 Scroll Bar 空间的脚本则包含了与此控件特有功能相关的所有参数。

1. 碰撞器——Box Collider

Scroll Bar 控件中的 Box Collider 表示碰撞器，其作用是使 Scroll Bar 控件具有碰撞属性。NGUI 中事件的触发都需要对象具有碰撞属性，Box Collider 的具体参数如表 5-37 所示。

表 5-37　Box Collider 参数

参数名称	含　义	参数名称	含　义
Is Trigger	碰撞器是否用于触发事件	Center	当前碰撞器在坐标中的位置
Material	引用何种物理材质	Size	对象在 x、y、z 三维方向上的碰撞尺寸

2. 精灵脚本——UISprite（Script）

这个精灵脚本挂载到滚动条上，主要是为滚动条添加背景。关于这个脚本的参数笔者在之前已经讲过在这里不再重复。

3. 按钮脚本——UIButton（Script）

挂载到滚动条控件上的脚本中，UI Button（Script）控制的是当鼠标光标悬浮在按钮以及按下按钮时，按钮的颜色和精灵的变化以及变化时间的长短。具体参数如表 5-38 所示。

表 5-38　UIButton（Script）脚本参数

参数名称	含　义	参数名称	含　义
Tween Target	脚本的作用对象	Colors—Disabled	当按钮变为不可用时，按钮的颜色
Drag Over	当拖动时，Button 会发生什么动作	Sprite—Normal	没有动作发生在按钮上时正常的精灵
Transition	颜色或者精灵变化时间的长短	Sprite—Hover	当鼠标光标悬浮在按钮时，所展现的精灵
Colors—Normal	没有动作发生时按钮的正常颜色	Sprite—Pressed	当鼠标按下按钮时，所展现的精灵
Colors—Hover	当光标悬浮在按钮时，按钮的颜色	Sprite—Disabled	当按钮变为不可用时，所展示的精灵
Colors—Pressed	当鼠标按下按钮时，按钮的颜色	Pixel Snap	是否启用像素捕捉选项

4. 滚动条脚本——UI Scroll Bar（Script）

挂载到滚动条控件上的脚本中，UI Scroll Bar（Script）控制的是整个滚动条的核心脚本。具体参数如表 5-39 所示。

表 5-39　UI Scroll Bar（Script）脚本参数

参数名称	含　义	参数名称	含　义
Value	当前滚动条前景（Foreground）的值得大小	Background	滚动条的背景的游戏对象
Size	当前滚动条前景（Foreground）的尺寸的大小	Thumb	滚动条的文本游戏对象
Alpha	当前滚动条前景（Foreground）的透明度的值	Direction	当滑块的值从 0 到 1 时滑块移动方向
Steps	滚动条的增长步长	Notify	指定功能函数的游戏对象
Foreground	滚动条前景的游戏对象	Method	指定游戏对象的特定功能函数

关于在 Foreground、Thumb 身上挂载的脚本在上面已有讲解，在这里笔者将不再重复。前面介绍了复选框的用途以及各种脚本的参数属性，下面将详细讲解创建以及使用复选框控件的操作步骤。

（1）利用快捷键 Alt+Shift+S 创建一个 Sprite 精灵作为整个滚动条的背景，并将其重命名为“Colored Horizontal Scroll Bar”（以下简称为“Scroll Bar”），将它的 Sprite 对象选为 Button，Type

选为 Sliced。调整 Scroll Bar 的大小和位置，使其成为一个长方形的形状，将其透明度调为一半左右。Depth 值为 1。

（2）选中 Scroll Bar 创建一个精灵作为前景，重命名为“Foreground”。调整它的大小和位置，使其覆盖在 Scroll Bar 上面。利用快捷键 Alt+Shift+N 创建游戏对象，重命名为“Thumb”。在其下面利用快捷键 Alt+Shift+L 创建名为“Percent”的标签，Depth 值为 3，使其位于 Foreground 的正上方。

（3）在前两步骤中创建了 Scroll Bar 的大致模样，接下来就是为各个游戏对象挂载脚本。按照老方法，选中 Scroll Bar 单击鼠标右键，选择“Attach→Box Collider”命令，添加碰撞检测器。（在这里提醒读者，在游戏对象的 Inspector 属性列表中添加 Box Collider 时，需要调整 Box Collider 的尺寸大小）。

（4）在 Project 游戏资源列表中的搜索框中输入 UI BUtton（Script）脚本，并将其挂载到 Scroll Bar 游戏对象上。以同样的方法将 UI Scroll Bar（Script）脚本挂载到该游戏对象上。根据步骤 3 和步骤 4 为 Foreground 添加 Box Collider 碰撞检测器和 UI Button（Script）脚本。

（5）在把所有的脚本挂载完毕之后，重点来了。我们需要在 Scroll Bar 游戏对象中的 Scroll Bar（Script）大作文章。首先将 Scroll Bar 游戏对象拖曳进该脚本中的 Background 右框中，将 Foreground 拖曳进 Foreground 右框中，将 Thumb 拖拽进 Thumb 的右框中。

（6）在 On Value Change 的下表中，把 Percent 游戏对象拖曳到 Notify 的右框中。在 Method 中选择 UI Label 的 SetCurrentPercent 方法（设置当前的 Label 数值）。这时基本工作就完成了。利用 Ctrl+D 再次创建一个 Scroll Bar。调整两个 Scroll Bar 的 位置，一个位于左上一个位于右下角。

（7）在这里，读者可以调整 Scroll Bar 中的 Size 和 Value 的值的大小，观测 Foreground 的大小和位置。单击运行按钮运行游戏，可以通过拖动 Foreground 来观测 Label 中的数值大小也在跟着发生变化。运行结果如图 5-75 所示。

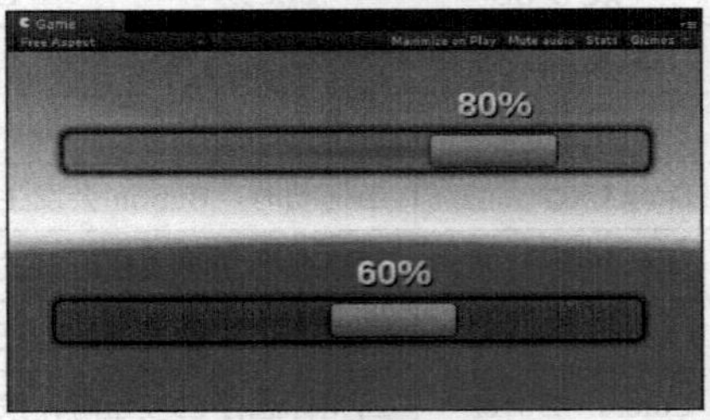

▲图 5-75 运行结果

案例位置：见随书光盘第 5 章目录下的 NGUIWidget/Assets/ Colored Horizontal Scroll Bar.unity。

5.4.4 滑块——Colored Slider

NGUI 下的 Colored Slider 是用来绘制滑块的控件。Colored Slider 滑块包括 3 个部分，分别是 Foreground、Thumb 和 Label，如图 5-76 所示。Colored Slider 控件具有一些属性参数，包括 Transform、Box Collider 和 UI Slider（Script）等，如图 5-77 所示。

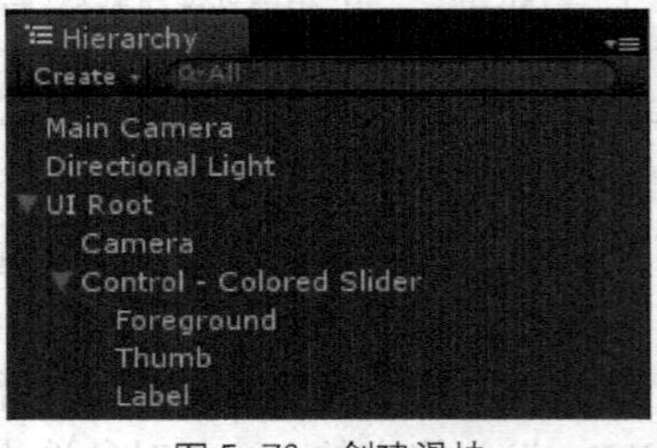

▲图 5-76 创建滑块

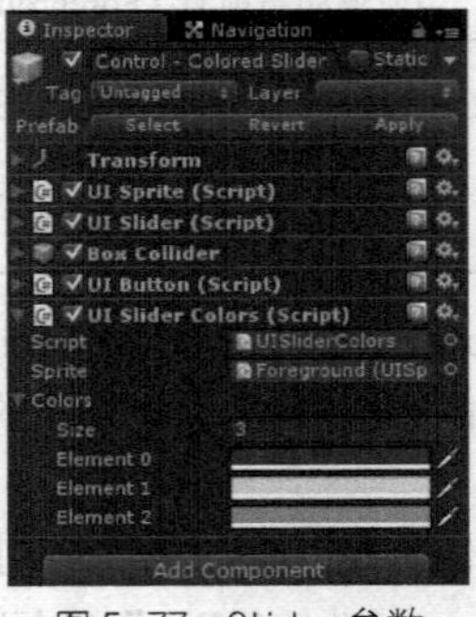

▲图 5-77 Slider 参数

从图 5-77 中可以看出，与普通的 Unity 游戏对象相同，开发人员可以通过在属性查看器中调整 Transform 各项参数值来改变 Colored Slider 控件的大小和位置。而 Box Collider 及挂载到 Colored Slider 控件的脚本则包含了与此控件特有功能相关的所有参数。

1. 碰撞器——Box Collider

Colored Slider 控件中的 Box Collider 表示碰撞器，其作用是使 Colored Slider 控件具有碰撞属性。NGUI 中事件的触发都需要对象具有碰撞属性。Box Collider 的具体参数如表 5-40 所示。

表 5-40　Box Collider 的具体参数

参数名称	含　义	参数名称	含　义
Is Trigger	碰撞器是否用于触发事件，并且被物理引擎忽略	Center	当前碰撞器在坐标中的位置
Size	对象在 x、y、z 三维方向上的碰撞尺寸	Material	引用何种物理材质

2. 精灵脚本——UI Sprite（Script）

这个精灵脚本挂载到 Button 上，主要是为滚动条添加背景。关于这个脚本的参数笔者在之前已经讲过，在这里不再重复。

3. 按钮脚本——UI Button（Script）

挂载到滑块控件上的脚本中，UI Button（Script）控制的是当鼠标光标悬浮在按钮以及按下按钮时，按钮的颜色和精灵的变化以及变化时间的长短。具体参数如表 5-41 所示。

表 5-41　UI Button（Script）脚本参数

参数名称	含　义	参数名称	含　义
Tween Target	脚本的作用范围不同选项不同的部位	Colors—Disabled	当按钮变为不可用时，按钮的颜色
Drag Over	当拖动时，Button 会发生什么动作	Sprite—Normal	没有动作发生在按钮上正常的精灵
Transition	颜色或者精灵变化时间的长短	Sprite—Hover	鼠标光标悬浮在按钮时展现的精灵
Colors—Normal	没有动作发生在按钮上按钮的正常颜色	Sprite—Pressed	当鼠标按下按钮时，所展现的精灵
Colors—Hover	当鼠标光标悬浮在按钮时，按钮的颜色	Sprite—Disabled	当按钮变为不可用时，所展示的精灵
Colors—Pressed	当鼠标按下按钮时，按钮的颜色	Pixel Snap	是否启用像素捕捉选项

4. 滑块脚本——UI Slider（Script）

挂载到滑块控件上的脚本中，UI Slider（Script）是核心的脚本函数，用于控制滑动动作的产生与进行。具体参数如表 5-42 所示。

表 5-42　UI Slider（Script）脚本参数

参数名称	含　义	参数名称	含　义
Value	当前滚动条前景（Foreground）的值得大小	Steps	滑块的增长步长
Alpha	当前滚动条前景（Foreground）的透明度的值	Foreground	滚动条前景的游戏对象
Direction	当滑块的 Value 值从 0 到 1 时，滑块的移动方向	Background	滚动条的背景的游戏对象
Notify	指定功能函数的游戏对象	Thumb	滚动条的文本游戏对象

5. 滑块颜色脚本——UI Slider Colors（Script）

挂载到滑块控件上的脚本中，UI Slider（Script）是控制滑块不同程度显示不同颜色的脚本函数，以及滑动动作的产生与进行时颜色的变化。具体参数如表 5-43 所示。

表 5-43　　UI Slider Colors（Script）脚本参数

参 数 名 称	含 义
Sprite	当前滑块的前景的游戏对象
Size	颜色个数的多少
Element N	第 *N* 个颜色的颜色值

关于在 Foreground、Thumb 以及 Label 身上挂载的脚本在前面已有讲解，在这里笔者将不再重复。前面介绍了滑块的用途以及各种脚本的参数属性，下面将详细讲解创建以及使用滑块控件的操作步骤。

（1）利用快捷键 Alt+Shift+S 创建一个精灵作为滑块的背景，重命名为“Control - Colored Slider”（以下简称“Slider”），将 UI Sprite 脚本中的 Sprite 改为 Button 图，把 Type 改为 Sliced。调整 Sprite 的大小和位置，使其变为一个半透明的长方形。

（2）选中 Slider，单击鼠标右键选择“Attach→Box Collider”命令，添加碰撞检测器（在这里提醒读者，在游戏对象的 Inspector 属性列表中添加 Box Collider 时，需要调整 Box Collider 的尺寸大小）。

（3）选中 Slider，利用快捷键创建 Sprite，重命名为“Foreground”，调整其大小和位置，使其完全覆盖在 Slider 上。调整颜色的值。调整 Anchors（锚点）类型为“Unified”，Target 的游戏对象是 Slider。

（4）选中 Slider，利用快捷键创建 Sprite，重命名为“Thumb”，调整其大小和位置，使其变为一个小的长方形。调整 Anchors（锚点）类型为“Advanced”，Left 和 Right 的游戏对象为空。利用快捷键 Alt+Shift+L 创建 Label，调整其位置和大小，使其位于滑块的最右边与其齐平，并在 Text 中输入 100%。

（5）在将所有的游戏对象创建完毕之后，之后就是挂载脚本了。在游戏资源列表中的搜索框中输搜索 UI Button（Script），并且将其拖曳到 Slider 身上。以同样的方法搜索 UI Slider（Script）和 UI Slider Colors（Script），将 Foreground 拖入到 UI Slider Colors（Script）中的 Sprite 右框中。

（6）设置 UI Slider（Script）中的参数，将 Foreground 拖入到 Foreground 的右框中，将 Control -Colored Slider 拖入到 Background 的右框中，将 Thumb 拖入到 Thumb 的右框中。在 On Value Change 的属性列表中，把 Label 游戏对象拖入到 Notify，方法选择 UI Label 的 SetCurrentPercent 方法。

（7）在这里，读者可以调整 Scroll View 中的 Size 的值的大小，观测 Foreground 的大小。单击运行按钮运行游戏，可以通过拖动 Foreground 来观测 Label 中的数值大小和 Foreground 的颜色变化。运行结果如图 5-78 和图 5-79 所示。

▲图 5-78　运行结果 1

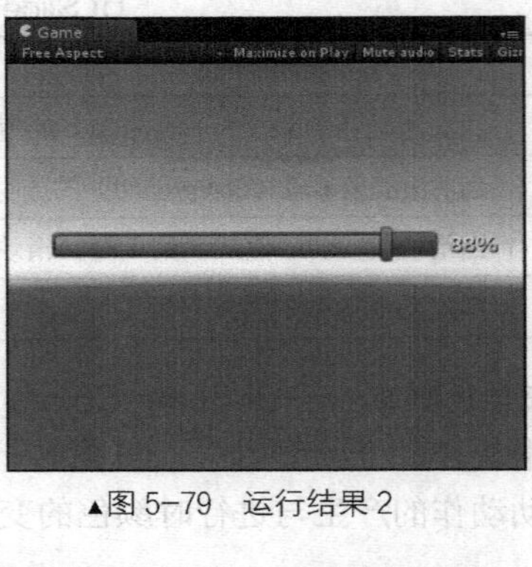

▲图 5-79　运行结果 2

案例位置：见随书光盘第 5 章目录下的 NGUIWidget/Assets/ Colored Slider.unity。

5.4.5 弹出列表——Colored Popup List

NGUI 下的 Popup List 是用来绘制弹出列表的控件。Popup List 弹出列表包括 3 个部分，分别是 NGVI Snapchot Point 30、Label 和 Symbol，如图 5-80 所示。Popup List 控件具有一些属性参数，包括 Transform、Box Collider、UI Popup List（Script）等，如图 5-81 所示。

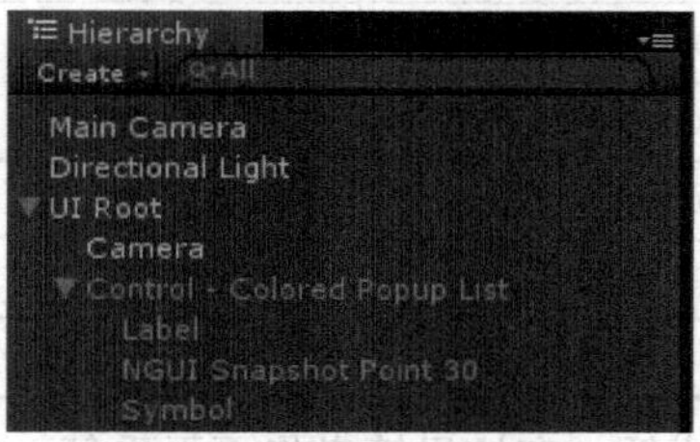

▲图 5-80 Popup List 界面

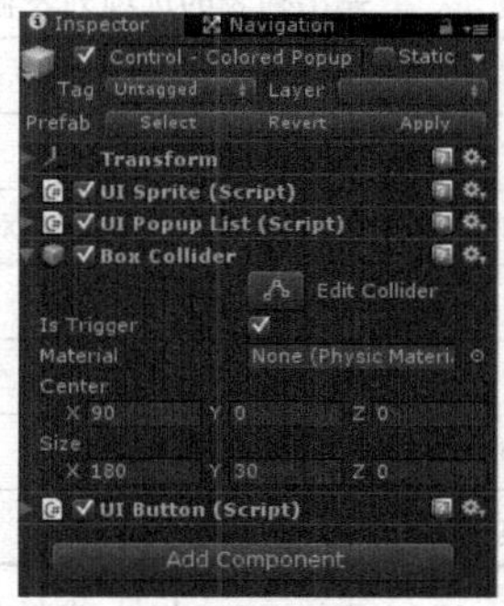

▲图 5-81 Popup List 参数

从图 5-81 中可以看出，与普通的 Unity 游戏对象相同，开发人员可以通过在属性查看器中调整 Transform 各项参数值来改变 Popup List 控件的大小和位置。而 Box Collider 及挂载到 Popup List 控件的脚本则包含了与此控件特有功能相关的所有参数。

1. 碰撞器——Box Collider

Popup List 控件中的 Box Collider 表示碰撞器，其作用是使 Popup List 控件具有碰撞属性。NGUI 中事件的触发都需要对象具有碰撞属性，Box Collider 的具体参数如表 5-44 所示。

表 5-44 Box Collider 参数

参数名称	含义	参数名称	含义
Is Trigger	碰撞器是否用于触发事件，并且被物理引擎忽略	Center	当前碰撞器在坐标中的位置
Size	对象在 *x*、*y*、*z* 三维方向上的碰撞尺寸	Material	引用何种物理材质

2. 精灵脚本——UI Sprite（Script）

这个精灵脚本挂载到 Popup List 上，主要是为弹出列表添加背景。关于这个脚本的参数笔者在之前已经讲过，在这里不再重复。

3. 按钮脚本——UI Button（Script）

挂载到弹出列表控件上的脚本中，UI Button（Script）控制的是当鼠标光标悬浮在按钮以及按下按钮时，按钮的颜色和精灵的变化以及变化时间的长短。具体参数如表 5-45 所示。

表 5-45 UI Button（Script）脚本参数

参数名称	含义	参数名称	含义
Tween Target	脚本的作用范围，不同选项作用不同部位	Colors-Disabled	当按钮变为不可用时，按钮的颜色
Drag Over	当拖动时，Button 会发生什么动作	Sprite-Normal	没有动作发生在按钮上时正常的精灵
Transition	颜色或者精灵变化时间的长短	Sprite-Hover	当鼠标光标悬浮在按钮时的精灵
Colors-Normal	没有动作发生在按钮上时按钮的正常颜色	Sprite-Pressed	当鼠标按下按钮时，所展现的精灵
Colors-Hover	当鼠标光标悬浮在按钮时，按钮的颜色	Sprite-Disabled	当按钮变为不可用时，所展示的精灵
Colors-Pressed	当鼠标按下按钮时，按钮的颜色	Pixel Snap	是否启用像素捕捉选项

4. 弹出列表脚本——UI Popup List（Script）

挂载到弹出列表控件上的脚本中，UI Popup List（Script）是核心的脚本，所有有关弹出列表的核心设置都在这个脚本中。具体参数如表 5-46 所示。

表 5-46　　　　　UI Popup List（Script）脚本参数

参 数 名 称	含　义	参 数 名 称	含　义
Options	弹出列表的选项列表输入框	Atlas-Background	列表中图集的背景颜色
Default	默认选中列表中的哪一个	Atlas-Highlight	列表中图集的高亮的颜色
Position	列表弹出时的方向	Atlas-Animated	是否启用弹出列表时的动画
Alignment	弹出列表中的文本的对齐方式	Font-Font size	字体的大小
Open On	列表弹出的打开方式	Font-Text Color	字体文本的颜色
Localized	是否使用本地化系统	Font-Padding	字体的文本填充大小
Atlas-Background	列表中图集的背景图	Notify	指定功能函数的游戏对象
Atlas-Highlight	列表中图集的高亮图	Method	指定游戏对象的特定功能函数

关于在 Lable、Symple 上挂载的脚本在上面已有讲解，在这里笔者将不再重复。前面介绍了弹出列表的用途以及各种脚本的参数属性，下面将详细讲解创建以及使用弹出列表控件的操作步骤。

（1）利用快捷键 Alt+Shift+S 创建精灵，重命名为“Control - Colored Popup List”（以下简称“Popup List”），调整其位置和大小。利用老办法修改 Sprite 的类型和颜色，使其变为一个在左上角的灰色的长方形。单击鼠标右键执行“Attach→Box Collider”命令，添加碰撞检测器。

（2）利用快捷键 Alt+Shift+L 创建两个 Label，将其中一个重命名为“Symbol”，另一个不变。将名称为“Label”的文本标签的 Text 中输入“Popup List”，将其置于 Popup List 的左边，名为“Symbol”的文本标签输入“V”，并将其置于 Popup List 的右边。具体效果如图 5-82 所示。

（3）在将游戏对象的布局基本完成之后，就开始为 Popup List 游戏对象添加脚本。在“Project”资源列表的搜索框中搜索 UI Button（Script），为 Popup List 添加该脚本，目的是实现在鼠标悬浮或者按下是会有明显的动态变化。

（4）根据步骤 3，利用同样的方法为 Popup List 添加 UI Popup List（Script）脚本，这个是弹出列表的核心脚本，许多设置将在这里完成。UI Popup List（Script）脚本的参数如图 5-83 所示。在该脚本的 Options 的列表中分别输入“First Option”“Second Option”和“Third Option”。

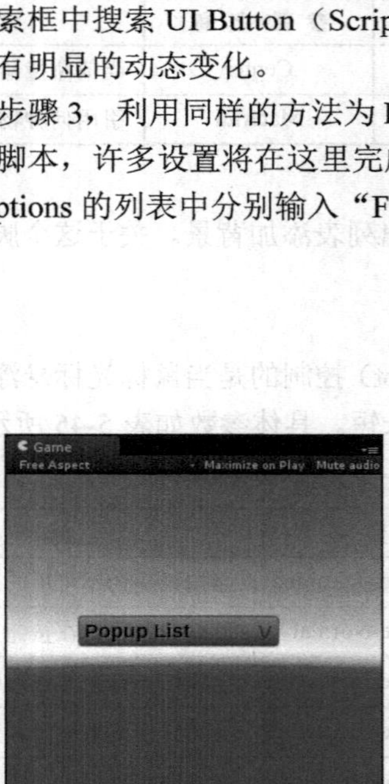

▲图 5-82　游戏对象布局

▲图 5-83　UI Popup List 参数

（5）在 On Value Change 的属性栏中，将名为“Label”的游戏对象拖入 Notify，在 Method 一栏中选择 UI Label 的 SetCurrentPercent 方法（设置当前的 Label 数值）。完成全部设置之后利用 Ctrl+D 再次创建一个 Popup List 作为对照。单击运行按钮运行项目，结果如图 5-84 所示。

案例位置：见随书光盘第 5 章目录下的 NGUIWidget/Assets/Colored Popup List.unity。

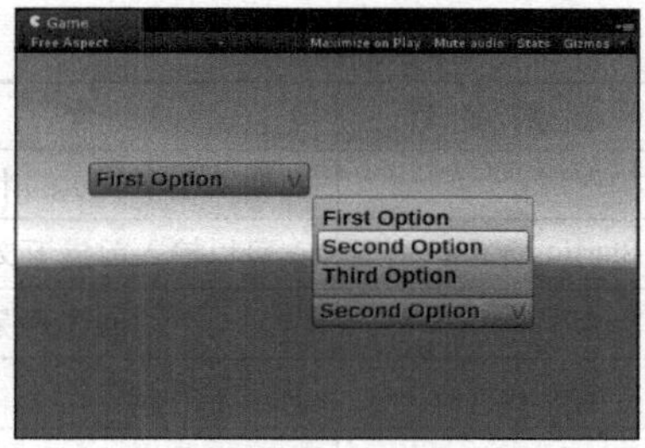

▲图 5-84　运行结果

5.4.6　输入框——Control-Simple Input Field

NGUI 下的 Input Field 是用来绘制输入框的控件。Input Field 输入框包括 2 个部分，分别是 NGUI Snapshot Point 30 和 Label，如图 5-85 所示。Input Field 控件具有一些属性参数，包括 Transform、Box Collider、UI Input（Script）等。如图 5-86 所示。

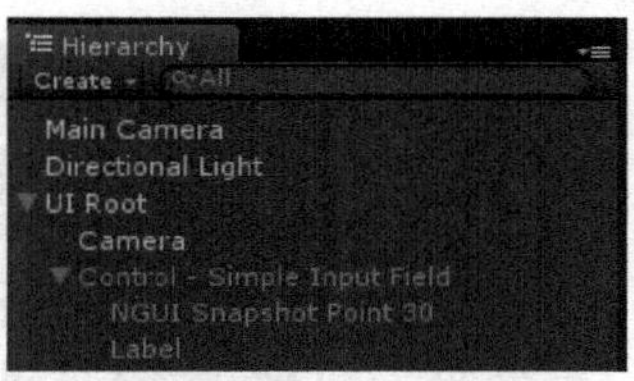

▲图 5-85　Input Field 界面

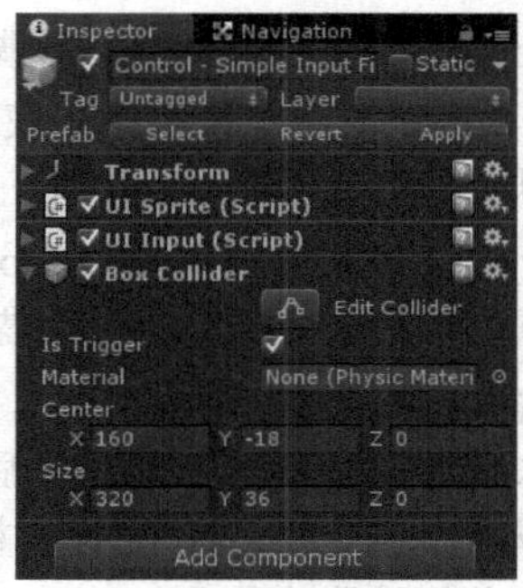

▲图 5-86　Input Field 参数

从图 5-86 中可以看出，与普通的 Unity 游戏对象相同，开发人员可以通过在属性查看器中调整 Transform 各项参数值来改变 Input Field 控件的大小和位置。而 Box Collider 及挂载到 Input Field 控件的脚本则包含了与此控件特有功能相关的所有参数。

1. 碰撞器——Box Collider

Input Field 控件中的 Box Collider 表示碰撞器，其作用是使 Input Field 控件具有碰撞属性。NGUI 中事件的触发都需要对象具有碰撞属性。Box Collider 的具体参数如表 5-47 所示。

表 5-47　　Box Collider

参数名称	含　义	参数名称	含　义
Is Trigger	碰撞器是否用于触发事件，并且被物理引擎忽略	Center	当前碰撞器在坐标中的位置
Size	对象在 x、y、z 三维方向上的碰撞尺寸	Material	引用何种物理材质

2. 精灵脚本——UISprite（Script）

这个精灵脚本挂载到 Input Field 上，主要是为输入框添加背景。关于这个脚本的参数笔者在之前已经讲过，在这里不再重复。

3. 输入框脚本——UI Input（Script）

Input Field 控件中有 UI Input 脚本参数，好多的输入框设置是在这里完成的。它的具体参数如表 5-48 所示。

表 5-48　　　　UI Input（Script）脚本参数

参数名称	含　义	参数名称	含　义
Label	在输入框中显示的半透明文本	Input Type	可以选择输入框的类型
Starting Value	在可以输入前提下文本中的起始值	Validation	可以在输入框中有一些基本验证
Saved as	给它一个键值作为保存的数据	Mobile Keyboard	移动端键盘类型
Active Text Color	活跃字体的颜色	Hide Input	是否隐藏输入内容
Inactive Color	不活跃字体的颜色	On Return Key	返回时的转换类型
Caret Color	这里是指的光标的颜色	Character Limit	字符数限制
Selection Color	当选中文本字体时的颜色	Notify	指定功能函数的游戏对象

关于在 Lable 上挂载的脚本在上面已有讲解，在这里笔者将不再重复。前面介绍了输入框的用途以及各种脚本的参数属性，下面将详细讲解创建以及使用输入框控件的操作步骤。

（1）利用快捷键 Alt+Shift+S 创建一个精灵作为输入框，重命名为“Control - Simple Input Field”（以下简称“Input Field）。将 UI Sprite 脚本中的 Sprite 改为“Highlight-Shadowed”，把 Type 改为“Sliced”。调整 Sprite 的大小和位置，使其变为一个半透明的长方形作为输入框。

（2）利用快捷键 Alt+Shift+L 创建一个 Label。在名称为“Label”的文本标签的 Text 中输入“Press here to type”，将其位置调整到 Input Field 的左边，与其部分重合。调整 Anchors（锚点）类型为“Unified”，Target 改为 Input Field。

（3）在将大致的游戏对象创建完成后，就需要为游戏对象挂载脚本。在 Project 的搜索框中搜索 UI Input（Script），并把该脚本拖到 Input Field 上面。这个脚本是输入框的核心脚本。到这里，就完成了输入框的基本设置。

（4）设置完成后单击运行按钮以运行项目，结果如图 5-87 所示。

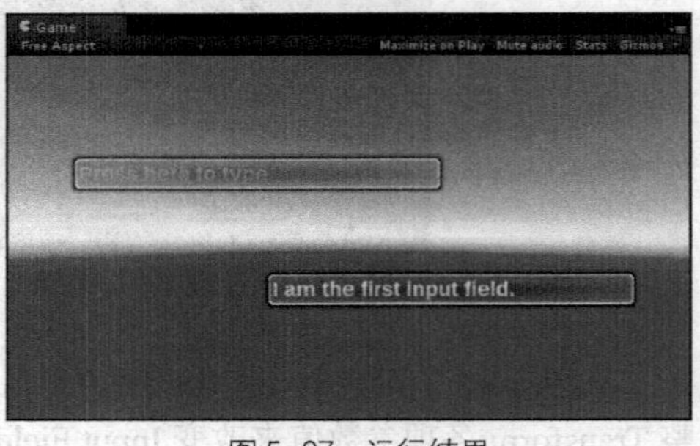

▲图 5-87　运行结果

案例位置：见随书光盘第 5 章目录下的 NGUIWidget/Assets/ Control - Simple Input Field.unity。

5.5 杂项

在 NGUI 中，有非常多的方便且酷炫的应用方法。本节将介绍 NGUI 在实际开发中一些非常实用的功能，供读者参考。

5.5.1 Atlas 图集制作

“Atlas Maker”是 NGUI 的图集制作工具，在前面章节已经介绍了它的界面参数。现在将使用它来制作 Atlas。Atlas 就是图集，在开发中读者需要将重复度较高的图片制成图集来节约资源，并且通过与“Sprite Animation”脚本配合实现帧动画的制作，接下来将详细介绍，具体步骤如下。

（1）打开 Unity 并导入 NGUI 插件，在“Project”面板中下新建一个文件夹“Atlas Demo”，并将需要制作的一组图片拖入其中。如图 5-88 所示。

（2）执行“NGUI→Open→Atlas Maker”命令，打开 NGUI 的 Atlas Maker 制作工具，如图 5-89 所示。在打开的界面中单击 Atlas 后面的圆圈，并在打开的窗口中选择“none”使其为空（如果打开时就已经为空可跳过此步骤），如图 5-90 所示。

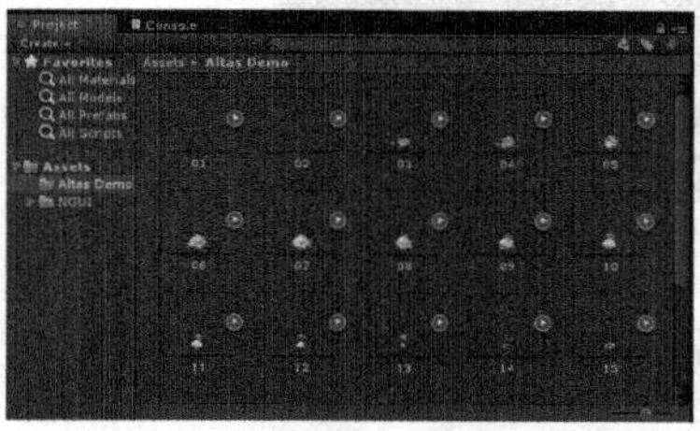

▲图 5-88 “Altas Demo”文件夹

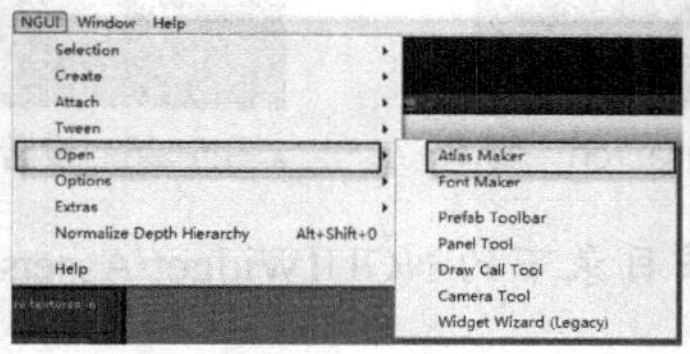

▲图 5-89 打开 Atlas Maker

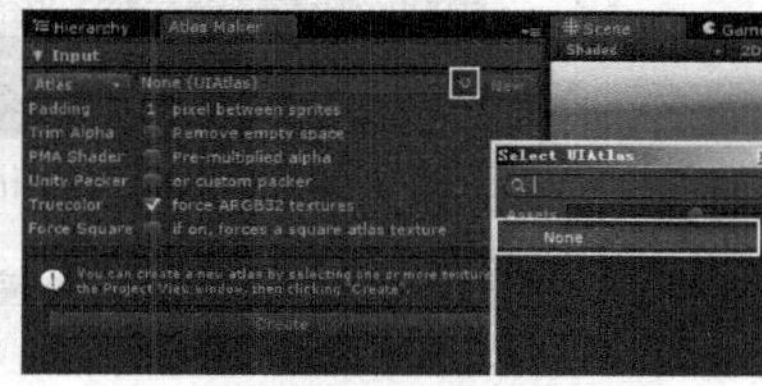

▲图 5-90 设置 Atlas

（3）上一步完成后，打开“Atlas Demo”文件夹，单击第一张图片，然后按住 Shift 键单击最后一张图片将图片全部选中。读者会发现在“Atlas Maker”窗口中，图片已经出现在了下面的图片列表中，如图 5-91 所示；然后单击“Create”按钮，并在弹出的窗口中重命名文件为“Demo”，如图 5-92 所示。

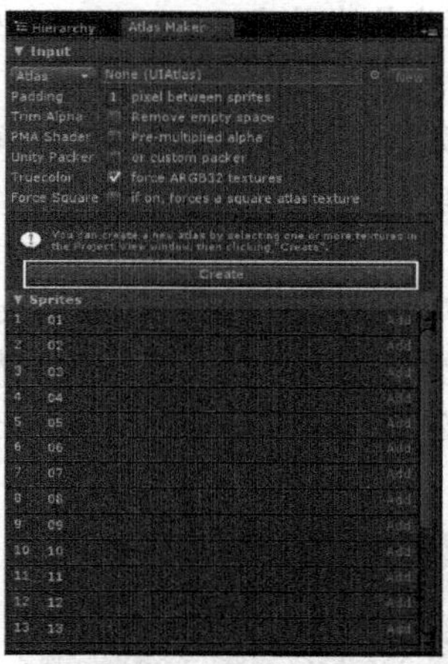

▲图 5-91 创建 Atlas

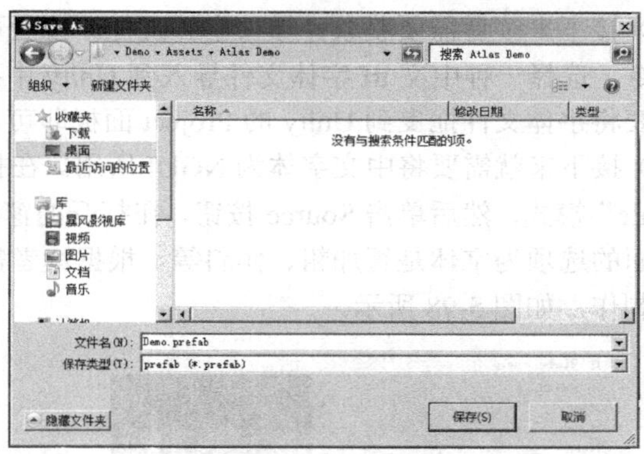

▲图 5-92 重命名

（4）完成上一步便已经将图集创建完毕。然后执行“NGUI→Create→Sprite”命令，在 Hierarchy 中创建一个 Sprite，如图 5-93 所示。将生成的 Atlas 拖曳到“UI Sprite”脚本上的“Atlas”处，此时精灵显示的图像就是图集中的一个精灵，如图 5-94 所示。

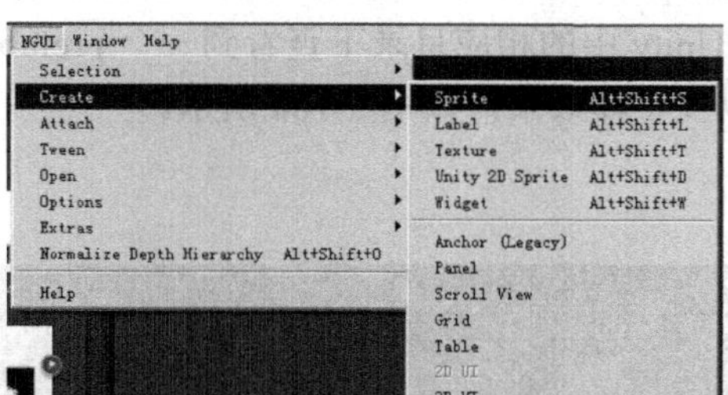

▲图 5-93 创建 Sprite

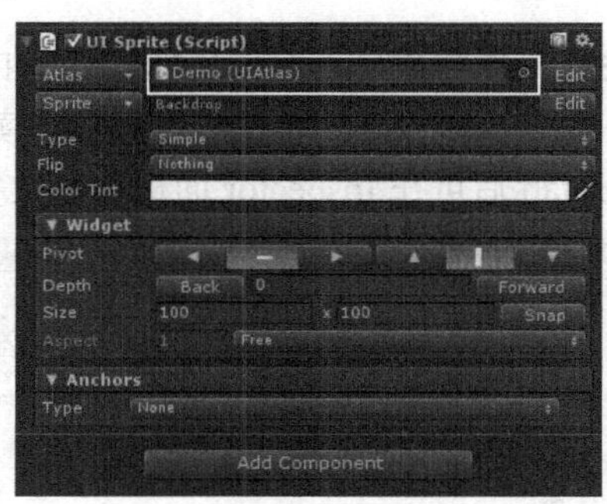

▲图 5-94 添加 Atlas

（5）完成以上步骤后为 Sprite 添加“Sprite Animation”脚本来实现帧动画。单击下方的“Add Component”，在搜索栏处输入“Sprite Animation”然后点击脚本，如图 5-95 所示。添加脚本后，将“Framerate”（帧速率）参数修改为 15，如图 5-96 所示。此时就可单击播放按钮查看效果了。

▲图 5-95　添加 “Sprite Animation” 脚本

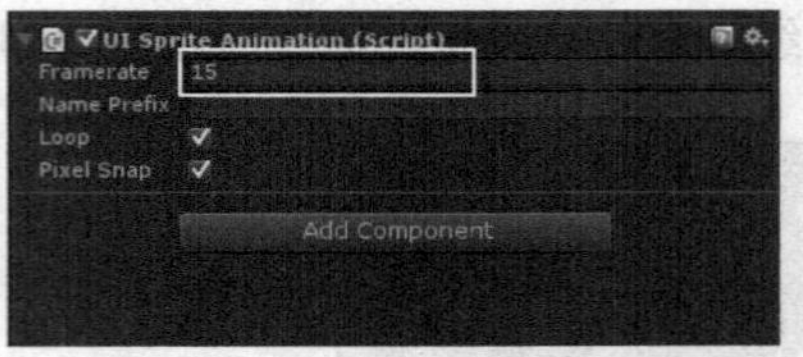

▲图 5-96　设置 “Sprite Animation” 脚本

案例位置：见随书光盘第 5 章目录下的 NGUIWidget/Assets/ Atlas Maker.unity。

5.5.2　中文字体制作

在 NGUI 的 Labol 及 Input 组件中我们往往需要输入中文字体，但是 NGUI 本身并没有中文字体文件也就无法输入。本节将引领读者进行中文字体的制作，使其能够在 NGUI 中使用，具体步骤如下。

（1）打开 Unity 软件，进入 Unity 集成开发环境，在其中导入 NGUI 插件。这在前面已经讲解完毕，这里不再赘述。

（2）打开 NGUI 的 Font Maker 字体制作工具。操作步骤为依次单击“NGUI→Open→Font Maker”，如图 5-97 所示。使用它读者就可以成功地向 NGUI 导入字体文件。

（3）接下来读者需要获取并导入字体文件。读者可以在计算机中执行“开始→控制面板→字体”命令，选择一种中文 ttf 字体文件导入到 Unity 中；也可以自己制作需要的字体文件。导入字体只需要将字体文件拖曳到 Unity 的 Project 面板即可。

（4）接下来就需要将中文字体为 NGUI 所用。在打开的“Font Maker”窗口中将 Type 设置为“Dynamic”模式，然后单击 Source 按钮，在打开的窗口中选择要导入的字体文件。Size 为字体大小，后面的选项为字体是否加粗、倾斜等，根据读者需要自行选择。单击“Create the Font”按钮以完成制作，如图 5-98 所示。

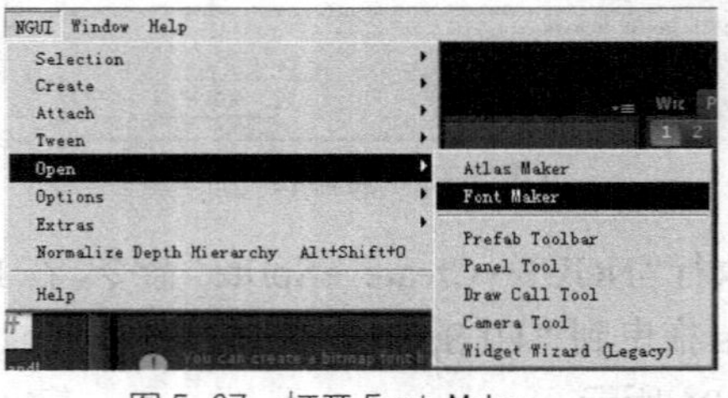

▲图 5-97　打开 Font Maker

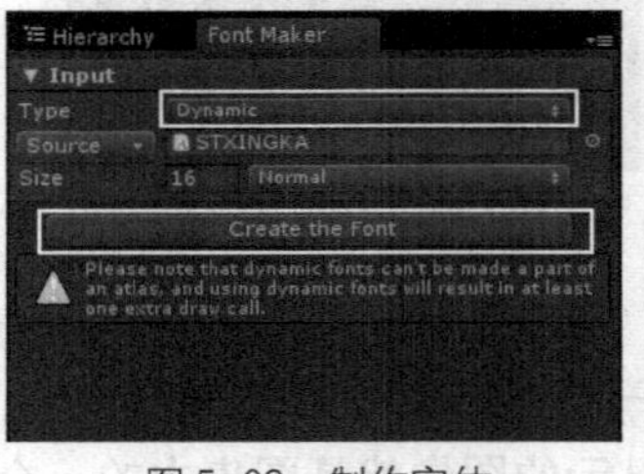

▲图 5-98　制作字体

（5）制作完成后，在弹出的保存窗口修改生成的 prefab 文件名，读者可根据自己的需要来重命名，如图 5-99 所示。单击保存按钮，读者就会在 Unity 中的相应目录下查看到一个 prefab 文件，单击 prefab 后可在 Inspector 面板处修改字体大小以及字体效果，如图 5-100 所示。

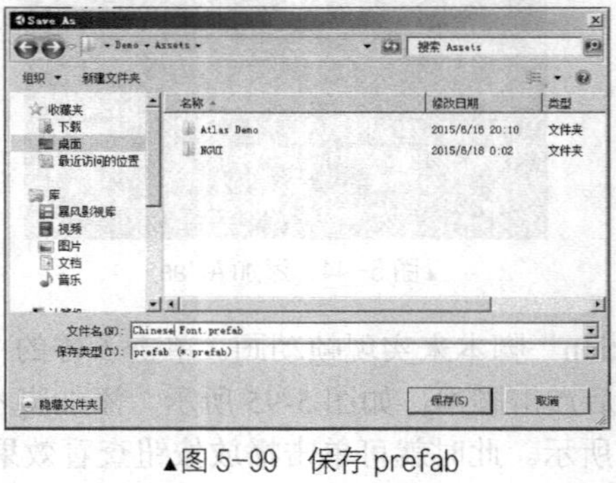

▲图 5-99　保存 prefab

▲图 5-100　生成的 prefab 文件

案例位置：见随书光盘第 5 章目录下的 NGUIWidget/Assets/ Fond Maker.unity。

5.5.3 动画曲线编辑

动画，顾名思义，就是物体的运动。在 Unity 中读者可以很方便地自己制作简单的物体运动，并由此制作出各种动态效果，如灯光的闪烁、物体的旋转、按钮的放大缩小、控件的旋转，等等。在本节中，将讲解一个制作灯光移动的例子，其他效果读者可效仿该过程来完成。具体步骤如下。

（1）打开 Unity 软件，进入 Unity 集成开发环境，在其中导入 NGUI 插件。这在前面已经讲解完毕，这里不再赘述。

（2）在场景中创建一个精灵。操作步骤为依次单击“NGUI→Create→Sprite”，如图 5-101 所示。完成后单击 Sprite，在“Inspector”面板处将 UI Sprite 脚本中的 Atlas 设置为“Refractive Atlas”，Sprite 设置为“NGUI”，并将“UI Panel”脚本中的“Normals”勾选，如图 5-102 所示。

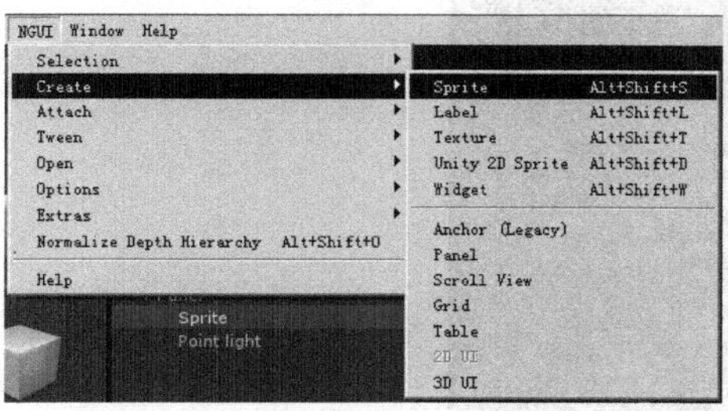

▲图 5-101　创建 Sprite

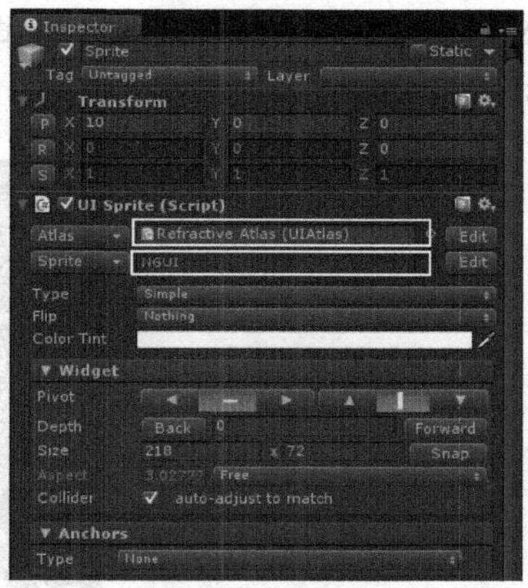

▲图 5-102　设置 Sprite

（3）完成后创建一个点光源，调节好亮度、范围并将其放在适当的位置上，同时适当降低场景中环境光的亮度，如图 5-103 所示。完成后单击 Sprite，打开 Animation 窗口并单击 Add Property 按钮，在弹出的窗口中重命名文件并单击保存，如图 5-104 所示。

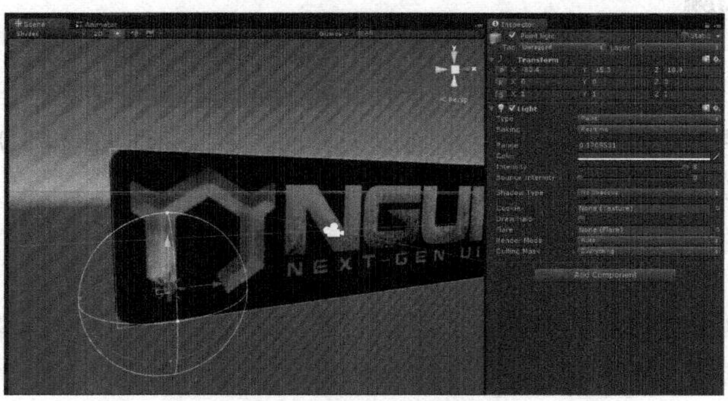

▲图 5-103　摆放光源

▲图 5-104　添加“Animation”

（4）完成上述工作后，在 Animation 界面会弹出一个列表。找到并单击“Transform”，在展开的列表中单击“Position”后面的“+”完成添加，这表明读者将要控制物体位置的变化。其中还有其他选项如“Rotate”旋转、“Scale”尺寸等，读者可根据需要自行添加，如图 5-105 所示。

（5）完成后读者需要拖动红线，如果需要在 0.1s 后使光源到达一个指定位置，就将红线拖动到 0.1 处，然后在“Scene”窗口通过移动工具将灯光拖到指定位置，这时读者会看到红线上出现菱形方块，这表示在相应的轴上物体发生了移动，读者可单击左上角的播放按钮查看效果。如图 5-106 所示。

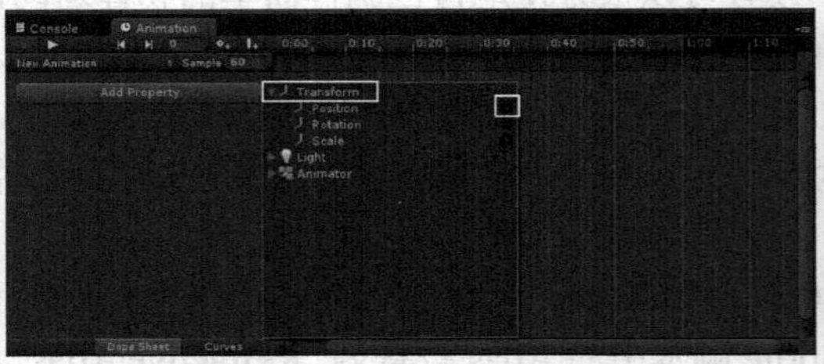

▲图 5-105 选择需要控制的参数

▲图 5-106 制作 Animation

（6）选中生成的 Anim 文件并将其拖到物体的 Inspector 面板上，即可添加 Animator 组件。接下来对 Sprite 添加 UI Play Animation 脚本，并将 Point Light 拖到脚本的 Animator 处。然后，为 Sprite 添加 Collider，运行时单击 Sprite 就可触发光源的移动了，如图 5-107 所示。

▲图 5-107 制作动画控制脚本

案例位置：见随书光盘第 5 章目录下的 NGUIWidget/Assets/ Animation.unity。

5.6 一个 NGUI 的综合案例

本节将结合前面讲解的知识来制作一个界面，该案例由 3 个分界面组成，其中包括文字出现时会模拟的打字效果、按钮点击特效、界面间的切换效果、滑动选关界面，以及 2D UI 和 3D 模型混合界面搭建的选人界面，并配有人物介绍提示窗。下面将介绍具体制作过程。

5.6.1 界面一制作

本节将详细介绍第一个界面的搭建制作过程，包括窗口、游戏背景文字介绍、帧动画以及界面切换特效的创建。具体步骤如下。

（1）单击桌面上的 Unity 快捷方式，进入到 Unity 集成开发环境中，双击下载好的 NGUI 插件将其导入到 Unity 中。

（2）执行“NGUI→Create→Panel”命令，创建一个面板并重命名为“Panel1”。第一个场景的各个元素都将在其中完成搭建，使其便于管理.

（3）单击 Panel1，然后执行“NGUI→Create→Sprite”命令，创建一个精灵并重命名为“Back

Ground”，用来制作界面背景。单击 Back Ground 在“Inspector”面板处将图集设置为“Fantasy Atlas”，精灵设置为“Window”，如图 5-108 所示。调节其大小使其充满屏幕，最终效果如图 5-109 所示。

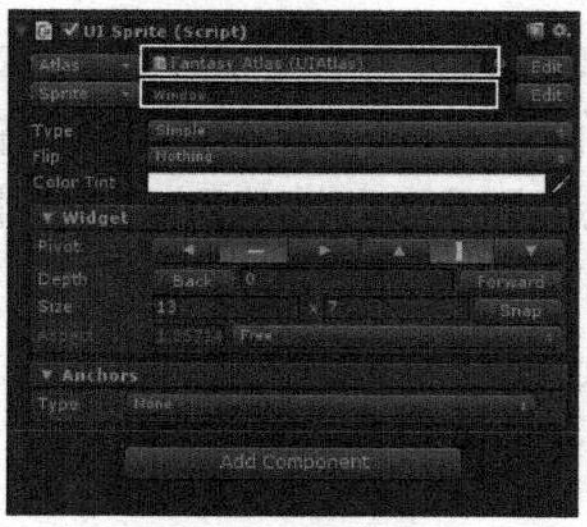

▲图 5-108　设置背景

▲图 5-109　界面演示

（4）添加帧动画。将帧序列图片导入到 Unity 中，打开“Atlas Maker”窗口，全选需要制作成图集的图片，单击 Create 并保存，制作完成后生成的文件如图 5-110 所示。在 Panel1 下创建一个精灵并重命名为“Frame Animation”，将其图集选择为制作好的图集，并添加 Sprite Animation 脚本，如图 5-111 所示。

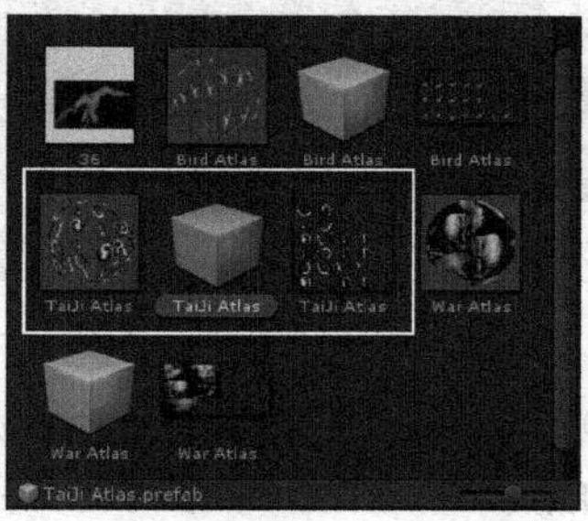

▲图 5-110　制作完成后生成的文件

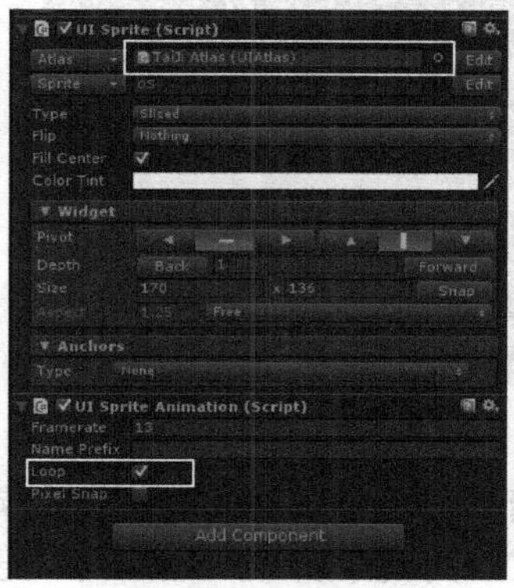

▲图 5-111　脚本设置

（5）添加游戏背景文字。执行“NGUI→Create→Label”命令创建一个标签，将其摆放到合适的位置，在 Inspector 面板处的 UI Label 脚本中使用读者自己制作的中文字体文件，并在其中输入需要的文字段落，如图 5-112 所示。然后为其添加 Typewriter Effect 脚本，如图 5-113 所示。

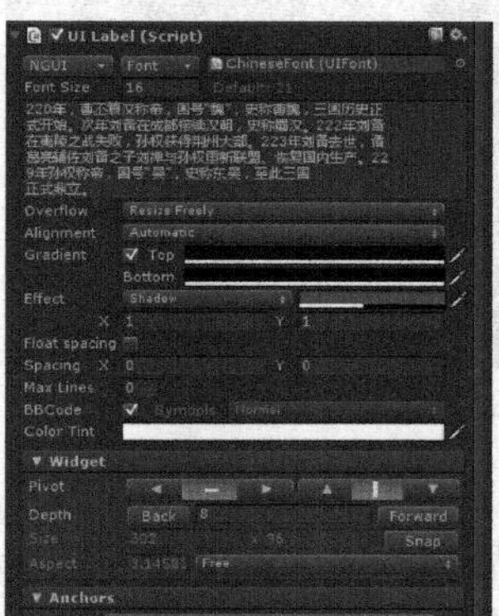

▲图 5-112　设置 Label

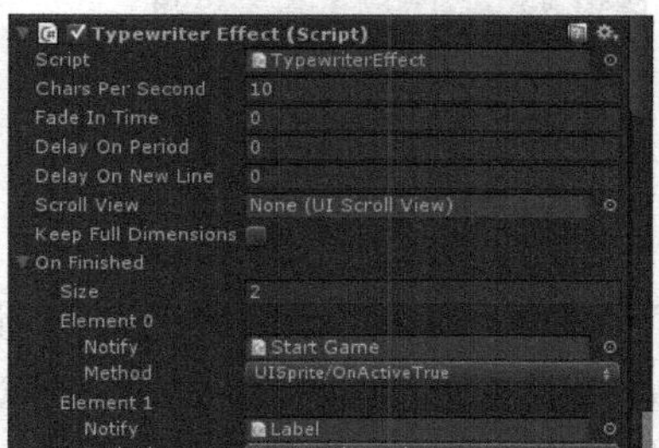

▲图 5-113　添加打字特效脚本

（6）然后，我们还需要为其添加打字声效。将需要的音频导入到 Unity 中，为 Label 添加 Audio Source 组件，并将音频添加其中，在 Inspector 面板处勾选 Play On Awake 和 Loop，这样在开始时打字运行声音就会循环播放。如图 5-114 所示。

（7）文字全部出现后，需要关闭打字音效。接下来将对控制音效脚本的编写进行详细介绍。在 assets 下单击鼠标右键，执行“Create→C# Script”命令创建脚本，然后双击脚本，进入 MonoDevelop 编辑器中，开始 Key_Sound.cs 脚本的编写，完成后把它挂载到 Label 上。脚本代码如下。

代码位置：见随书光盘中源代码/第 5 章目录下的 Demo/Assets/c#/ Key_Sound.cs。

```
1    public class Key_Sound : MonoBehaviour {
2      public void StopPlay(){
3        this.transform.GetComponent<AudioSource>().Stop();    //关闭游戏音效
4    }}
```

❑ 第 2-3 行通过获取 Label 上的 AudioSource 组件来停止游戏音效的播放。

（8）在 Label 的 Inspector 面板下的“Typewriter Effect”脚本中单击 On Finished，其用来进行脚本工作完成后的事件分发。将我们编写的脚本挂载上去，并选择其中的方法，如图 5-115 所示。

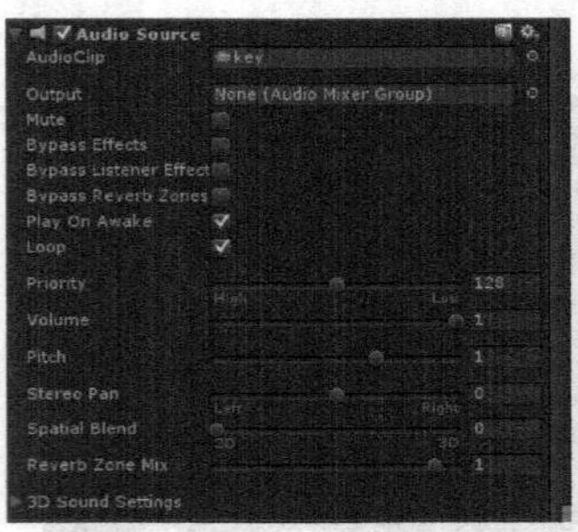

▲图 5-114 设置打字音效

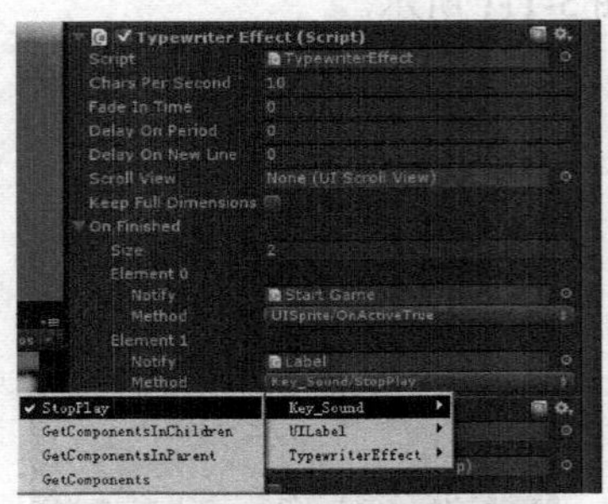

▲图 5-115 控制打字音效的停止

（9）接下来创建一个按钮（用来切换到下一个界面）。在 Panel1 下创建一个精灵并重命名为“Start Game”，为其添加 UI Button 和 Collider 使其初步成为一个按钮，如图 5-116 所示。然后在 Start Game 下创建一个 Label 用于添加“开始游戏”文字，如图 5-117 所示。

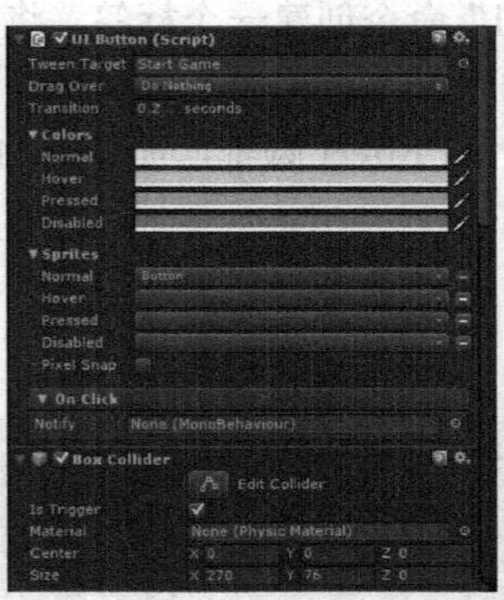

▲图 5-116 制作 Button

▲图 5-117 添加文字

（10）接下来将为 Panel1 添加切换效果，该效果由单击“开始游戏”按钮触发。单击 Panel1 并打开 Animation 窗口编辑，读者可实现各种效果。完成后 Panel1 上会出现 Animator 组件，如图 5-118 所示。为按钮添加 Play Animation 脚本，将 Panel1 拖曳到 Animator 处，如图 5-119 所示。

（11）由于单击开始游戏按钮后不仅要使 Panel1 消失，还要将第二个界面显示出来，所以在

Start Game 按钮上会有两个 UI Play Animation 脚本。另一个脚本用于控制第二个界面的切换动画，其制作过程与第一个完全一致。至此本案例中的第一个界面搭建完毕，读者可播放观察效果并进行微调。

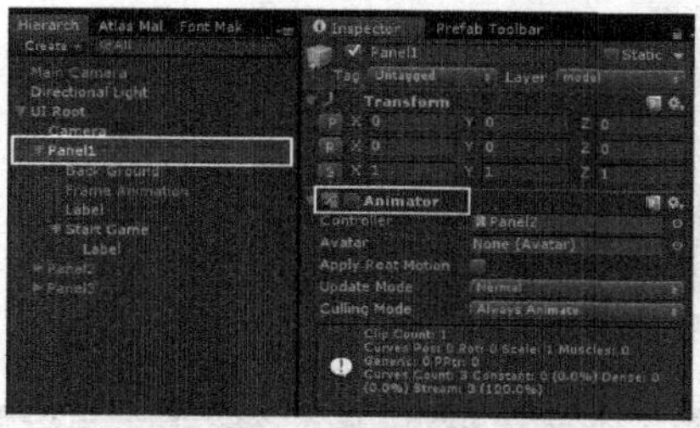

▲图 5-118　制作 Panel1 动画

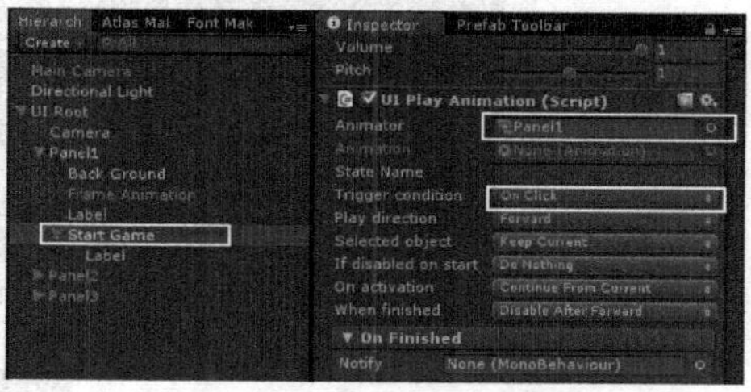

▲图 5-119　按钮控制动画播放

5.6.2　界面二制作

本节将详细介绍第二个界面的搭建制作过程，包括窗口、游戏人物对话、帧动画、界面切换特效以及滑动选关功能的创建。具体步骤如下。

（1）执行“NGUI→Create→Panel”命令，创建一个面板并重命名为“Panel2”。第二个场景的各个元素都将在其中完成搭建，使其便于管理。

（2）单击 Panel 2，然后执行“NGUI→Create→Sprite”命令，创建一个精灵并重命名为“Back Ground”，用来制作界面背景。单击 Back Ground，在 Inspector 面板处将图集设置为“Fantasy Atlas”，精灵设置为“Window”，调节其大小使其充满屏幕。最终效果如图 5-120 所示。

（3）添加帧动画。将帧序列图片导入到 Unity 中，打开“Atlas Maker”窗口，全选需要制作成图集的图片，单击“Create”并保存，在 Panel2 下创建一个精灵并重命名为“Bird Animation”，将其图集选择为制作好的图集，并添加 Sprite Animation 脚本。如图 5-121 所示。

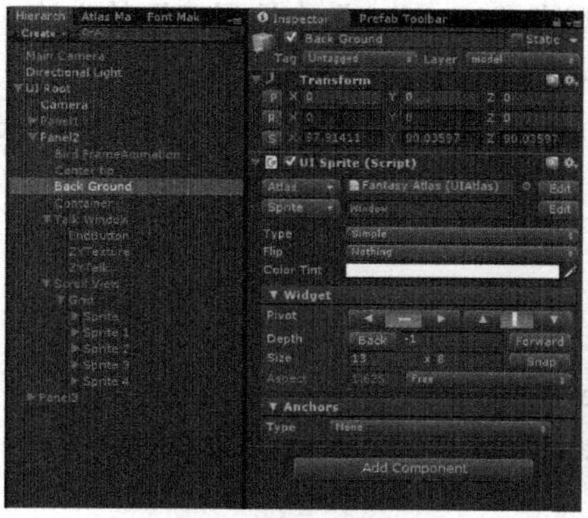

▲图 5-120　制作背景

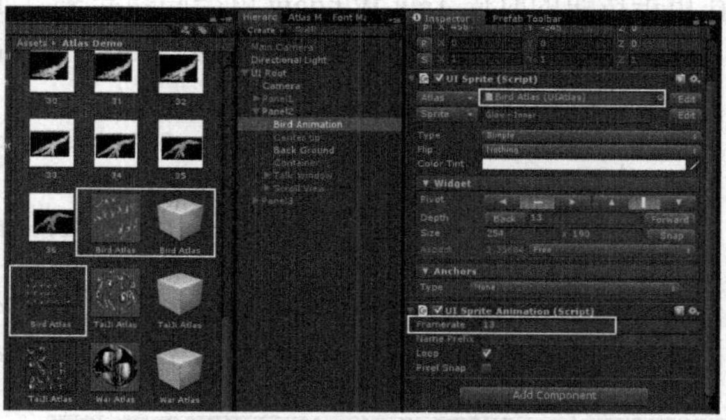

▲图 5-121　帧动画制作

（4）接下来制作开始时的人物对话界面。单击 Panel2，执行“NGUI→Create→Panel”命令，创建一个面板并重命名为“Talk Window”，然后在其 Inspector 面板处将图集设置为“Fantasy Atlas”，精灵设置为“Bright”，如图 5-122 所示。然后调整大小，摆放在合适的位置。

（5）执行“NGUI→Create→Texture”命令，创建一个图片并重命名为“ZYTexture”。在 Inspector 面板中的“UI Texture”脚本中的“Texture”处设置需要的图片，如图 5-123 所示。然后在 Talk Window 下创建一个 Label 输出需要的文字段落，并添加 Typewriter Effect 脚本，如图 5-124 所示。

▲图 5-122　设置对话窗背景

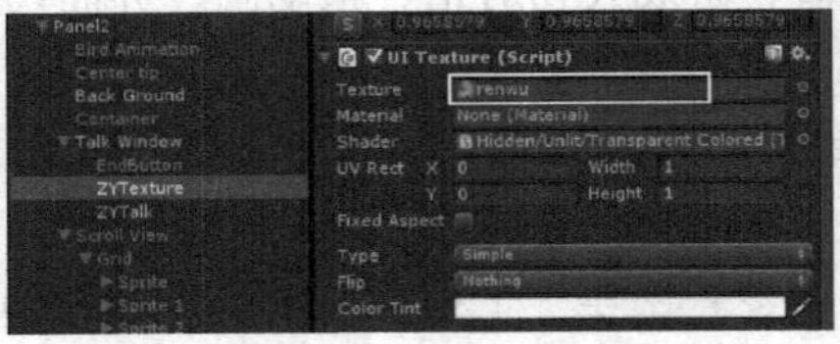

▲图 5-123　设置图片

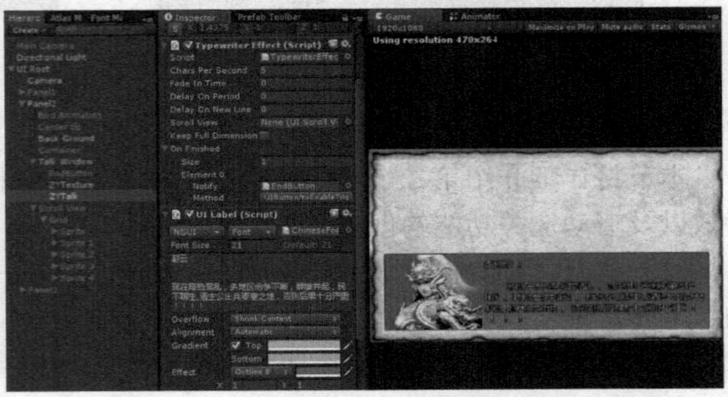

▲图 5-124　设置对话文字

（6）接下来创建一个全屏的按钮，当玩家点击屏幕时能够关闭对话界面。按照前文的方式，在 Talk Window 下创建一个按钮并重名为“EndButton”，将其精灵设置为 Dark 并设置为红色，然后调整大小使其覆盖整个屏幕。如图 5-125 所示。

（7）设置该按钮的功能，使其能够让 Talk Window 隐藏。为了今后使用方便，在 UISprite 脚本中编写了控制对象激活的方法。在按钮的 Inspector 面板的“On Click”中选择编写的方法，这样在单击按钮的时候 Talk Window 就会隐藏起来，如图 5-126 所示。

代码位置：见随书光盘中源代码/第 5 章目录下的 Demo/Assets/NGUI/ Scripts/UI/UI Sprite.cs。

```
1  public void OnActiveTrue(){
2    this.transform.gameObject.SetActive(true);        //激活游戏对象
3  }
4  public void OnActiveFalse(){
5    this.transform.gameObject.SetActive(false);       //取消激活
6  }
```

- 第 1-3 行通过获取当前对象，并调用其 SetActive 方法来激活游戏对象。
- 第 4-6 行通过获取当前对象，并调用其 SetActive 方法来取消游戏对象的激活状态。

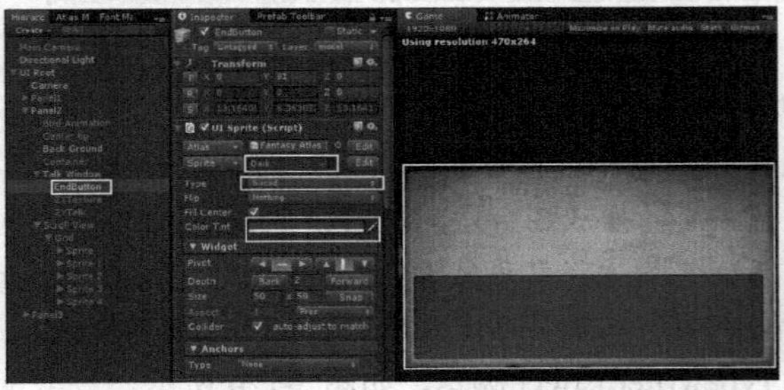

▲图 5-125　设置结束按钮

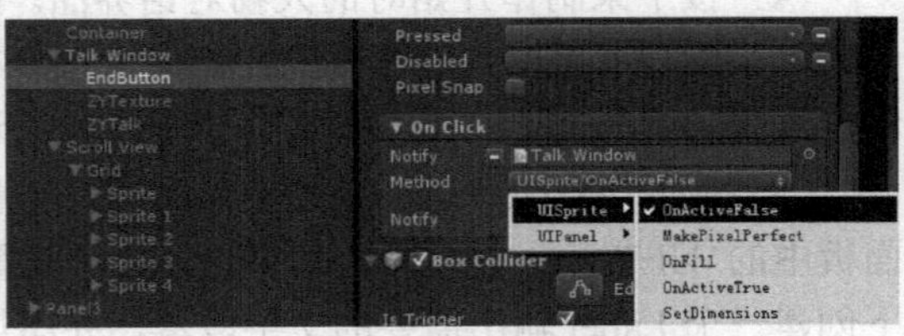

▲图 5-126　设置点击的事件分发

（8）接下来制作滑动选关的特效。单击 Panel2，然后执行“NGUI→Create→Scroll View”命令，完成后会看到一个粉色的矩形区域，通过拖曳调整其大小。其自物体会被 Scroll View 进行边缘剪辑，即自物体只能在其区域内被渲染。如图 5-127 所示。

（9）在 Scroll View 下创建一个空对象并重命名为“Grid”，并为其添加 UI Grid 脚本和 UI Center On Child 脚本。UI Grid 会对其自物体进行自动排序，调节 Cell Width 可以改变各个子物体间的间距；UI Center On Child 会使自物体在中部附近时自动位于中间。如图 5-128 所示。

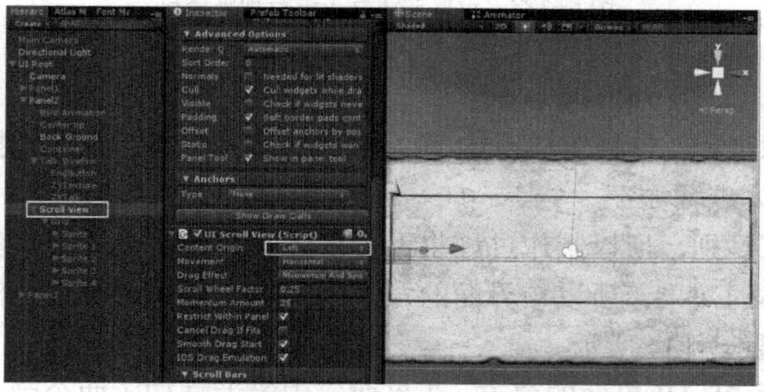

▲图 5-127　设置 Scroll View 大小

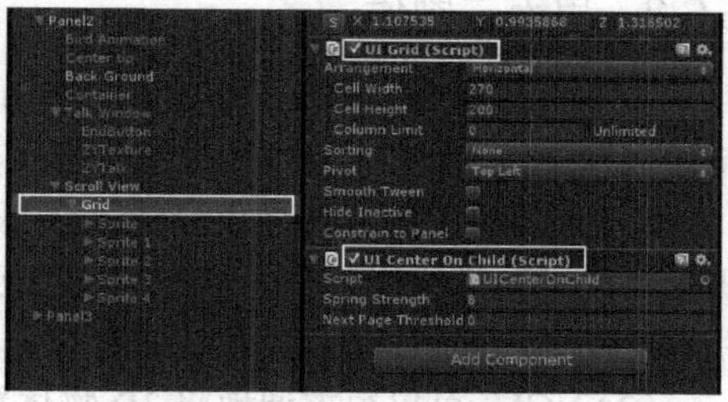

▲图 5-128　添加 Grid 脚本

（10）在 Grid 下创建 5 个精灵，作为 5 个关卡。收集 5 个图片，并通过上文的方法制作成图集，为 5 个精灵分别赋予不同的图片。并在其下创建 Label 键入关卡的名字，并将其置于关卡图片的下方，如图 5-129 所示。可通过 UI Label 来设置简单的文字特效如颜色、阴影，如图 5-130 所示。

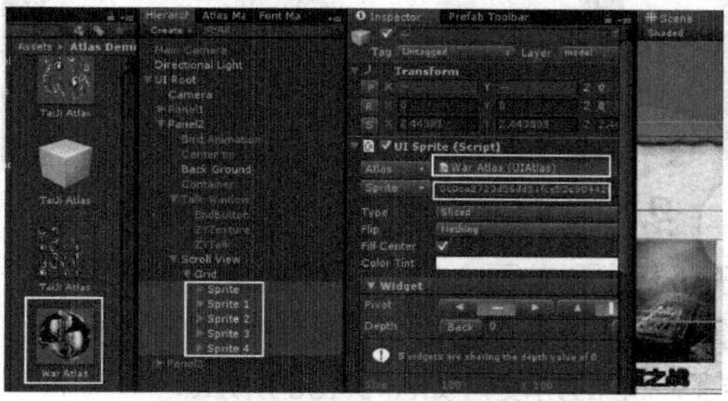

▲图 5-129　添加 5 个关卡精灵

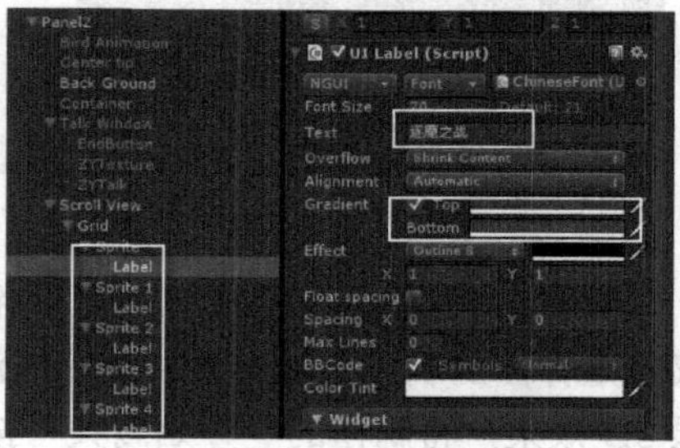

▲图 5-130　设置文字特效

（11）接下来分别为 5 个精灵添加 UI Drag Scroll View 脚本，在其 Scroll View 处拖入我们创建的 Scroll View，这样就可以通过滑动屏幕使图片移动。如图 5-131 所示。

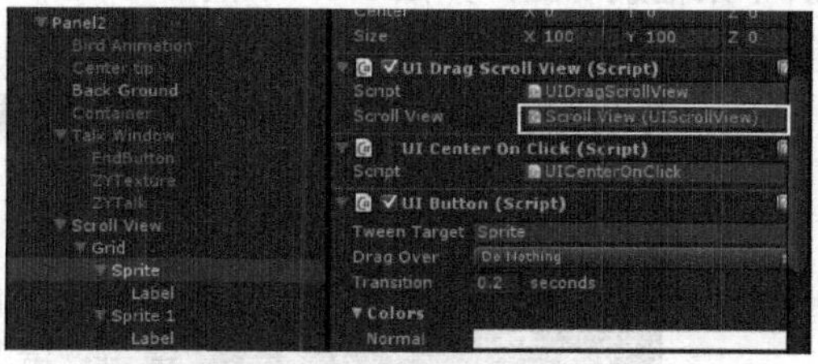

▲图 5-131　添加“UI Drag Scroll View”脚本

（12）接下来将为 Panel2 添加切换效果由单击“关卡”按钮触发。单击 Panel2 并打开“Animation”窗口编辑，读者可实现各种效果。完成后 Panel2 上会出现 Animator 组件，如图 5-132 所示。为关卡按钮添加 Play Animation 脚本，将 Panel2 拖曳到 Animator 处，如图 5-133 所示。

（13）由于单击关卡按钮后不仅要使 Panel2 消失，还要将第三个界面显示出来，所以在关卡按钮上会有两个 UI Play Animation 脚本。另一个脚本用于控制第三个界面的切换动画，其制作过程与之前完全一致。至此本案例中的第二个界面搭建完毕，读者可播放观察效果并进行微调。

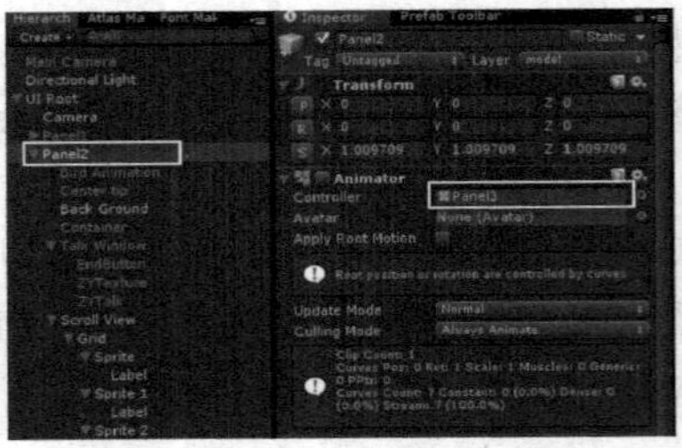

▲图 5-132 制作 Panel2 动画

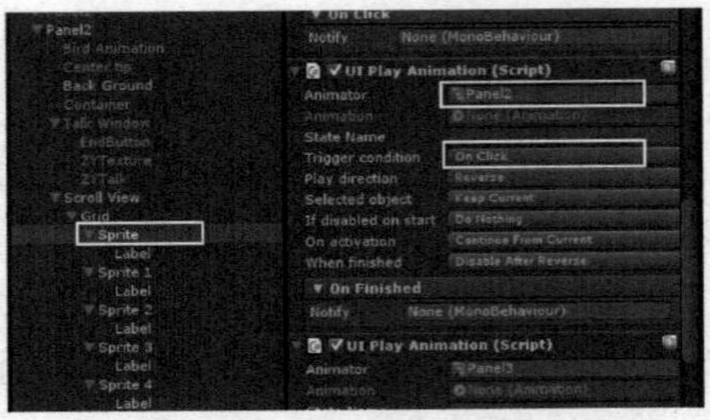

▲图 5-133 设置按钮点击进行动画播放

5.6.3 界面三制作

本节将详细介绍第三个界面的搭建制作过程，包括窗口、3D 游戏人物、按钮动画，界面切换特效以及立体 UI 界面视觉效果的创建。具体步骤如下。

（1）该界面的背景和前两个界面并没有区别，所以制作过程将不再赘述。由于该案例中摄像机采用的是正交投影，即能够产生近大远小的效果，所以该界面的背景图片应适当向后移动并做稍许的倾斜，即可产生适当的 3D 效果。如图 5-134 所示。

（2）NGUI 可以很方便地将 3D 物体置于 2D UI 界面的前方，在界面三中笔者添加了两个带有动画效果的人物模型，在运行时会播放人物走动的动画，该界面模拟的是游戏时的选人过程。由于模型的加载以及动画的播放的讲解不在本章的范畴之内，这里不再讲解。效果如图 5-135 所示。

▲图 5-134 设置背景精灵

▲图 5-135 人物模型摆放

（3）接下来将制作“开始闯关”按钮。按钮的制作和前面介绍的过程完全一致，但由于本案例仅仅是界面的制作而没有开发相应的游戏场景，所以该界面的按钮并没有实质性的作用。为了凸显 3D 效果，将制作的“开始闯关”按钮旋转了一定的角度，如图 5-136 所示。

（4）点击人物时该人物会放大，表明该人物被选中。首先为人物添加碰撞器，这样才能接收到触控信息；然后为其添加 Tween Scale 脚本，设置其中 From 和 To 的参数；最后添加 UI Play Tween 脚本来播放动画，如图 5-137 所示。Tween Scale 的参数前文已经介绍过，读者可自行查看。

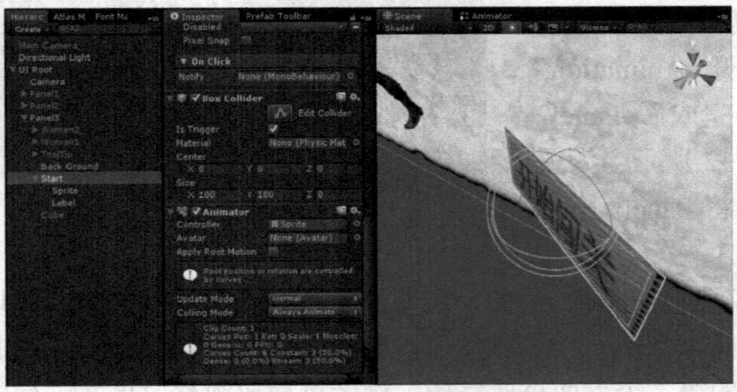

▲图 5-136 按钮的摆放

▲图 5-137 添加补间动画脚本

（5）之后我们点击另一个人物时，其他人物会恢复原始大小，这需要通过简单的脚本来控制动画的播放。在“assets”下单击鼠标右键，执行“Create→C# Script”命令创建脚本，然后双击脚本进入 MonoDevelop 编辑器，开始 click.cs 脚本的编写，并把它挂载到两个人物上。脚本代码如下。

代码位置：见随书光盘中源代码/第 5 章目录下的 Demo/Assets/c#/ click.cs。

```
1  using UnityEngine;
2  using System.Collections;
3  public class click : MonoBehaviour{
4    private static GameObject current_Obj;                  //当前被点中的人物对象
5    void OnClick(){
6      Change(this.transform.gameObject);          //当点击该脚本所在的游戏对象时调用
7    }
8    void Change(GameObject obj){
9      if (current_Obj == null){                         //如果还没有人物被点中
10       obj.GetComponent<UIPlayTween>().Play(true); //获取组件正向播放动画
11       current_Obj = obj;                              //将点击的人物赋予当前人物对象
12     }
13     if (current_Obj != obj){                          //如果之前有被点中的人物
14       current_Obj.GetComponent<UIPlayTween>().Play(false);      //之前的人物倒放动画
15       obj.GetComponent<UIPlayTween>().Play(true); //点中的人物正向播放动画
16       current_Obj = obj;                              //将点击的人物赋予当前人物对象
17  }}}}
```

- 第 1-2 行引用相应的头文件。
- 第 4 行定义一个游戏对象变量用于储存当前点击的人物对象。
- 第 5-7 行重写 OnClick 方法。该方法在被点击时调用，调用 Change 方法并传递当前被点中的对象。
- 第 9-12 行判断是否点击过人物对象，如果没有就播放当前对象上的动画。
- 第 13-17 行判断是否点击过人物对象，如果点击过就将之前的人物对象缩小，当前对象放大。

（6）在点击人物后会有一个有关人物介绍的窗体弹出，并且可以用鼠标拖动窗体上方而达到拖动整个窗体的目的。因为两个人物介绍的弹窗制作过程是一样的，在这里我们只介绍一个。

（7）首先实现点击人物会有窗体弹出的功能。利用快捷键 Alt+Shift+N 创建一个空游戏对象，重命名为“Windows”。在 Project 的搜索框中输入“Tween Position（Script）”，并且将其脚本挂载到 Windows 游戏对象上。

（8）选中名为“Women1”的游戏对象，在 Project 的搜索框中输入“UI Play Tween（Script）”，并且将其挂载到该游戏对象上。修改该脚本的一些参数，将 Windows 拖入 Tween Target 的右框中，选中 Include Children，将 Paly direction 的类型改为“Toggle”。如图 5-138 所示。

（9）到这里只要修改 Windows 对象身上 Tween Position（Script）脚本的 From 和 To 的值，就可以实现窗体的动画效果，还可以修改 Tweener 下的值以达到更好的动态效果。如图 5-139 所示。到这一步就完成了窗体的动态效果。

▲图 5-138　Play Tween 脚本参数

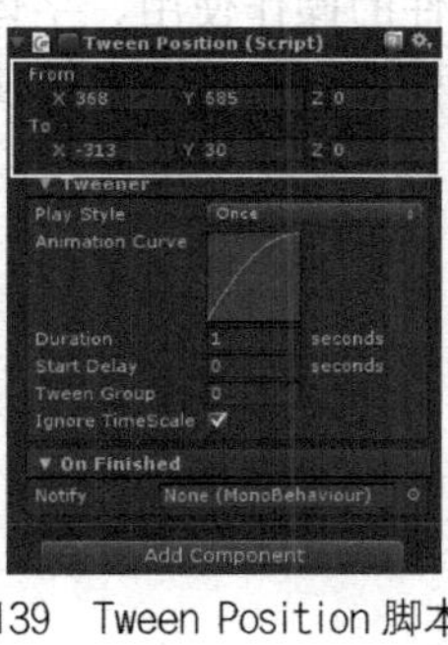

▲图 5-139　Tween Position 脚本参数

（10）下面就是实现窗体的拖动功能了，选中 Windows 游戏对象，创建一空游戏对象并重命名为“LagPosition”，在搜索框中输入“Lag Position（Script）”，找到该脚本并且挂到 LagPosition 对象上。选中 LagPosition 并创建名为“Yaw”的游戏对象，将 WindowAutoYaw（Script）脚本挂到 Yaw 上。

（11）将 WindowAutoYaw（Script）脚本中的 Update Order 参数修改为“2”。以同样的步骤创建名为“DragTilt”的游戏对象，将 WindowDragTilt（Script）脚本挂到它身上。接下来就是重头戏了，创建整个弹窗的“容貌”。整个结构如图 5-140 所示。

（12）在选中 DragTilt 对象的情况下创建一个 Panel，在 Panel 下创建 Sprite 和 Label。选中 Panel 游戏对象，利用快捷键 Ctrl+Shift+S 创建一个 Sprite，在 UI Sprite（Script）脚本中修改 Sprite 为“Light”，调整其大小和位置。再次创建一个 Sprite1，将其颜色调整为黄色。

（13）调整 Sprite1 的大小和位置，使其位于 Sprite 的顶上面，在 Project 的搜索框中输入“UI GragObject（Script）”脚本，将其挂载到 Sprite1 上面，并将 Windows 游戏对象拖到 Tween Target 右框中。利用 Alt+Shift+L 创建 Label 标签，在 Text 中输入文本。整体效果如图 5-141 所示。

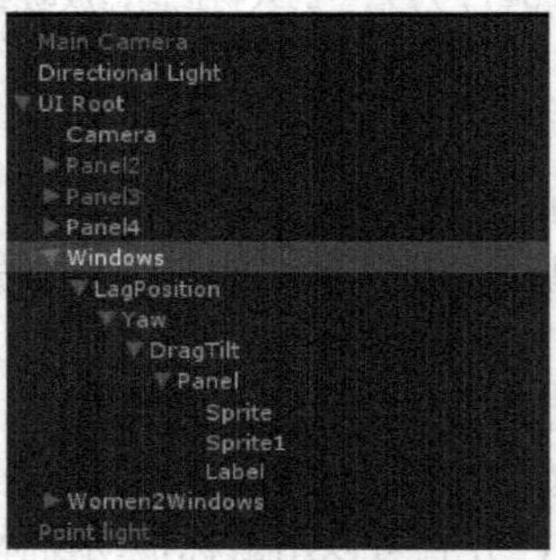

▲图 5-140 对象结构

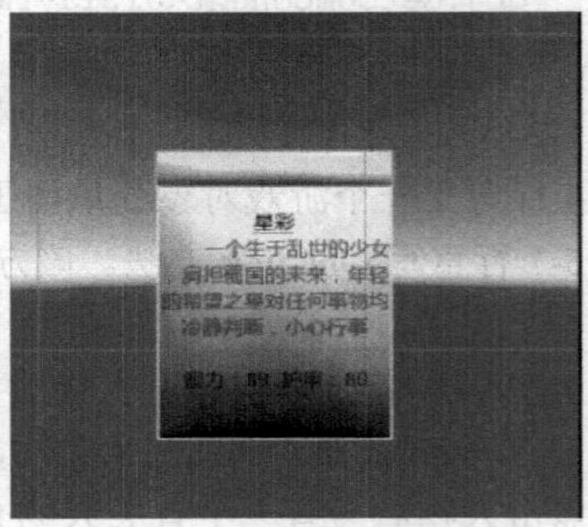

▲图 5-141 整体效果

（14）到这一步整个弹窗就完成了。我们可以通过修改 Windows 身上 Tween Position（Script）脚本的 From 和 To 的值来实现动态效果。根据上述步骤再次为 Women2 创建一个弹窗。需要注意的是，在 Windows 身上的 Tween Position（Script）脚本前的对号要勾掉，否则一运行游戏就会执行一次。

案例位置：见随书光盘第 5 章目录下的 Demo/Assets/ NGUI Demo.unity。

5.7 本章小结

本章介绍了 Unity 3D 开发过程中经常使用的 NGUI 插件的基础知识，包括 NGUI 的导入、控件的创建、常用控件的操作使用、字体图集的制作以及动画的应用等。通过本章的学习，相信读者在以后的开发过程中会对 NGUI 的使用更加得心应手，达到所需要的效果。

第6章　物理引擎

对于一个优秀的游戏开发平台来说，除了友好的开发环境，还必须拥有一个完备的物理引擎系统。现实生活中的所有事物都遵循自然界的物理定律，要想达到模拟现实世界的物理效果，就必须使用同自然物理法则相对应的物理引擎作辅助。

Unity 3D 游戏引擎内置了由 NVIDIA 出品的 PhysX 物理仿真引擎。该引擎是世界三大引擎之一，具有高效低耗的特点，且仿真程度极高。物理引擎通过为刚性物体赋予真实的物理属性的方式来计算它们的运动、旋转和碰撞反应。在开发过程中只需要简单地操作就可以使物体按照物理运动规律进行运动。

6.1　刚体

6.1.1　刚体特性

介绍 Unity 3D 的物理引擎时，首先要进行讲解的是刚体（Rigidbody）的概念。刚体是在使用物理引擎的过程中经常用到的一个组件。任何一个非角色对象，如果希望能够受作用力及扭矩进行仿真运动，都需要挂载一个刚体组件。刚体设置了许多属性、变量和相关方法，下面将分别进行介绍。

1．刚体属性

为了便于开发人员控制物理系统，Unity 3D 提供了多个属性接口，开发人员可以通过更改这些参数来实现对物体物理状态的控制。在实际的开发过程中，这些参数都被详细地罗列在属性面板中，开发人员可以很方便地对这些属性进行修改。接下来将对这些属性进行详细讲解。

（1）质量（Mass）。质量属性表示刚体的质量，其数据类型是 float，默认值为 1。一般来说，大部分的物体的 Mass 属性值应该设置为接近 0.1 且不超过 10.0 才符合日常生活中的感官感受。刚体的质量并没有单位，在开发过程中读者要通过保持物体与物体之间的质量之比来提高其物理仿真度。

（2）阻力（Drag）。这里的阻力指的是物体的移动阻力，物体进行任意方向的移动都会受到 Drag 的影响。该属性的数据类型是 float，默认值为 0。Drag 的方向与物体运动的方向相反，对物体的移动起阻碍作用。通过对 Drag 设置不同的值，可以分别模拟出羽毛和石头掉落的情景。

（3）旋转阻力（Angular Drag）。Angular Drag 与 Drag 类似，也是阻碍物体运动的一个力。该属性的数据类型是 float，默认值是 0.05。如果读者将该属性设置为 0，则物体在因受瞬时力而旋转后，将不会停止旋转运动。此属性值越高，物体的角速度衰减就会越严重。

（4）使用重力（Use Gravity）。Use Gravity 这个属性是以布尔值的形式存在的，其初始值为 true，这一属性设为 false 时，物体将不受重力的作用，但其他非重力则正常进行计算，可以模拟出物体在外太空等特殊场合的无重力状态，对于某些特殊的场景的物理模拟是非常有用的。

（5）是否遵循运动学（Is Kinematic）。这个属性表示的是该游戏对象是否遵循牛顿运动学物理定律，其数据类型是 bool，初始值为 false。值得注意的是，该属性值为 true 时表示该对象的运动只受脚本和动画的影响，作用力、关节和碰撞都不会对其产生任何作用。只有将该属性值设置为 false 时，才能正常调用物理计算。

另外，虽然当该属性值为 true 时物体不受物理定律的约束，但是该物体还是会影响其他物体，改变其他物体的运动状态。在游戏开发中此属性经常会被使用到。想像一下，在第一人称射击类游戏中，敌人被击杀后会倒地不动，就是因为这个敌人对象中 Rigidbody 组件上的 Is Kinematic 属性被赋为 true。

（6）插值方式（Interpolate）。该属性表示的是该物体运动的插值模式。默认情况下，Interpolate 属性值是空（None），此时物体的物理计算不进行插值，所需的值取最近计算的值。开发人员可以选择内插值（Interpolate）或外插值（Extrapolate）两种模式进行插值。由于篇幅有限，内插值和外插值的概念在此不进行过多阐述。

由于在 Unity 3D 中物理模拟和画面渲染并不同步，如果不进行插值处理，所计算得到的物理数据会是上一个物理模拟时间点的数据，而插值是获取近似当前渲染时间点数据的一种手段。然而，插值得到的值并非真实值，会产生轻微抖动的现象，建议在开发过程中只对主要游戏对象进行插值处理。

（7）碰撞检测模式（Collision Detection）。假设一个高速运动的物体，其两个相邻物理模拟时间点所进行的位移大于被碰撞物体的厚度，且本身厚度足够小，则该物体将有可能直接穿过被碰撞物体，这种现象称为碰撞检测的穿透。为防止这种现象的出现，Unity 3D 提供了三种不同的碰撞检测模式，用于应对不同情况下的碰撞检测。

本属性默认使用占用资源较少的离散模式（Discrete），对于静止或运动速度较慢的物体建议使用该模式，而对于高速运动或体积较小的物体建议使用连续模式（Continuous）；被使用了连续检测模式的物体所撞击的物体，则应该使用动态连续模式（Continuous Dynamic）。

（8）约束条件（Constraints）。该属性表示的是该物体的位移或旋转是否受到物理定律的约束。默认状态下，物体的任意方向的位移和任意轴的旋转都是受物理定律的约束的，开发人员通过设置指定方向的位移和指定轴的旋转，可以灵活地设置物体的状态，达到自己想要的效果。

以上属性在属性面板中的位置如图 6-1 所示。读者在实际开发过程中，除了可以在代码中对这些属性进行修改，还可以在属性面板中直接对其进行修改，以提高开发效率。

▲图 6-1　刚体属性面板

2. 刚体变量

为了获取和更改物体的运动状态，Unity 3D 还预留了多个变量接口，这些接口简化了对物体运动的处理，使得开发人员能够轻易地对物体的运动状态进行干预。接下来将具体地介绍这些变量。

（1）角速度（angularVelocity）。此变量表示刚体的角速度向量，其数据类型为 Vector3；该向量的方向即为刚体旋转轴的方向，旋转方向遵循左手定则；该角速度的大小为向量的模，单位为 rad/s。非必要情况下，不建议对此变量进行过多的干预，直接修改该值会造成一定的模拟失真。

下面的代码可以实现一个静止物体的旋转，具体代码如下。

```
void Start () {
  GetComponent<Rigidbody>().angularVelocity = Vector3.up;//使物体以 y 轴为旋转轴进行旋转
}
```

（2）位移速度（velocity）。此变量表示物体的位移速度值，在 Unity 3D 中单位 1 表示现实生活中的 1m。在开发过程中，直接修改此变量的值并不是一种明智的做法，因为 Unity 3D 中物体的运动要经过非常复杂的计算才能使得物体的运动自然平滑，如果有外加干预，会使得物体的运动模拟失真。

下面的代码可以实现一个物体的速度骤增，以实现瞬移效果。具体代码如下。

```
void Start () {
  GetComponent<Rigidbody>().velocity = Vector3.up;            //给物体赋以向上的速度
}
```

（3）重心（centerOfMass）。通过调低物体的重心，可以使物体不易因其他物体的碰撞或作用力而倒下。若不对重心进行设置，Unity 3D 会对重心位置自动进行计算，其计算基础为物体所挂载的碰撞器。值得注意的是，物体的重心的坐标以模型坐标系为准，而不是世界坐标系。

下面的代码可以实现修改一个物体的重心，具体代码如下。

```
void Start () {
  GetComponent<Rigidbody>().centerOfMass = Vector3.up;      //修改物体的重心位置
}
```

（4）碰撞检测开关（detectCollisions）。这个变量是一个非常有用的变量，该变量默认是 true，在必要的时候可以关闭。在实际开发过程中，有一些物体并不是时刻都需要进行碰撞检测的，此时，通过设置本属性而不是移除刚体组件进行实现，对提高程序的运行效率有明显的作用。

下面的代码演示了如何关闭物体碰撞检测，具体代码如下。

```
void Start () {
  GetComponent<Rigidbody>().detectCollisions = false;           //关闭碰撞检测
}
```

（5）惯性张量（inertiaTensor）。该变量用来描述物体的转动惯量，其数据类型为 Vector3。如果不对该值进行设置和干预，它将通过挂载在物体对象上的碰撞器组件自动进行计算。

下面的代码可以实现给物体赋一个自定义的惯性张量，具体代码如下。

```
void Start () {
  GetComponent<Rigidbody>().inertiaTensor = Vector3.one;         //修改惯性张量
}
```

（6）惯性张量旋转（inertiaTensorRotation）。该变量指物体惯性张量的旋转值，其数据类型为 Quaternion，即四元数。如果不对该值进行设置和干预，它将通过挂载在物体对象上的碰撞器组件自动进行计算。

```
void Start () {
  GetComponent<Rigidbody>().inertiaTensorRotation = Quaternion.identity;
  //修改惯性张量旋转
}
```

下面的代码可以实现给物体赋一个原始惯性张量旋转值，具体代码如下：

（7）最大角速度（maxAngularVelocity）。该变量用于设置物体的最大角速度，其数据类型为 float，单位为 rad/s，只能为非负数，且数值可无限大，默认为 7。最大角速度用来限制物体的旋转速度，使物体的旋转速度不至于过大。当物体的旋转向量的模大于该值时，则使物体旋转速度等于该值。该值在一些指定的情况下会特别有用。

下面的代码可以实现对物体最大角速度的修改，具体代码如下。

```
void Start () {
  GetComponent<Rigidbody>(). maxAngularVelocity = 1.9f;         //修改最大角速度
}
```

（8）最大穿透速度（maxDepenetrationVeloctiy）。当一个物体穿透其他碰撞器时，物体的速度会变得非常不稳定，此时通过设置本变量可以限制物体的速度，从而使得物体的运动变得平滑。该值的数据类型为 float，只能为非负数，且数值可无限大，默认情况下为无限大，

下面的代码可以实现对物体最大穿透速度的修改，具体代码如下。

```
void Start () {
  GetComponent<Rigidbody>(). maxDepenetrationVeloctiy = 1.9f; //修改最大穿透速度
}
```

（9）坐标（position）。该变量表示的是刚体在世界坐标系中的坐标，数据类型为 Vector3。该变量与 transform.position 具有完全不同的意义（切不可混淆乱用），前者代表物理模拟中的坐标，而后者指绘制场景中的坐标。两者的数值会尽量保持一致，但在高速运动的过程中，这两个变量的数值会有细微的差别。

下面的代码用于打印物体的刚体坐标位置值，具体代码如下。

```
void Start () {
  Debug.log(GetComponent<Rigidbody>().position);          //打印刚体位置
}
```

（10）旋转（rotation）。该变量表示的是刚体在世界坐标系中的旋转，数据类型为 Quaternion。该变量与 transform.rotation 也具有完全不同的意义，前者代表物理模拟中的旋转值，而后者指绘制场景中的旋转值。两者的数值会尽量保持一致，但在高速旋转的过程中，这两个变量的数值会有细微的差别。

下面的代码用于打印物体的刚体旋转值，具体代码如下。

```
void Start () {
  Debug.log(GetComponent<Rigidbody>().rotation);          //打印刚体旋转
}
```

（11）是否使用锥形摩擦（useConeFriction）。该变量表示是否使用锥形摩擦，数据类型为 bool，默认情况下为 false。由于该变量对资源的消耗很大，所以除非特殊情况，否则一般都不会使用该变量。

下面的代码用于开启锥形摩擦，具体代码如下。

```
void Start () {
  GetComponent<Rigidbody>(). useConeFriction = true;       //开启锥形摩擦
}
```

3. 刚体常用方法

在讲解了刚体的属性与变量之后，有必要讲解一下 Unity 提供的相关方法。

（1）给刚体施加力（AddForce）。此方法的方法签名为“public void AddForce(Vector3 force, ForceMode mode)”。此方法被调用时，将会向刚体施加一个沿着 force 方向的力，该力的类型为 mode。ForceMode 的类型包括计算重力的连续力、忽略重力的连续加速力、计算重力的瞬时力、忽略重力的瞬时力四种。

下面的代码实现了对物体施加竖直向上的力，具体代码如下。

```
void Start () {
  GetComponent<Rigidbody>().AddForce(Vector3.up);          //缺省情况下，默认为 Force
}
```

（2）移动刚体（MovePosition）。此方法的方法签名为“public void MovePosition(Vector3 position)”。此方法被调用时，系统会根据指定的参数，将刚体移动到相对应的位置，其效果是物体的位置会因为刚体的移动而随之移动。该方法经常用于 FixedUpdate 方法中。

下面的代码实现了对物体的匀速平移操作，具体代码如下。

```
void FixedUpdate () {
  GetComponent<Rigidbody>().MovePosition(transform.position
```

```
    + Vector3.right * Time.deltaTime);                          //平移刚体
}
```

(3)旋转刚体(MoveRotation)。此方法的方法签名为"public void MoveRotation(Quaternion rot)"。此方法被调用时，系统会根据指定的参数，将刚体旋转到相对应的角度，其效果是物体的角度会因为刚体的旋转而随之变化。该方法经常用于 FixedUpdate 方法。

下面的代码实现了对物体的匀速旋转操作，具体代码如下。

```
void FixedUpdate () {
  GetComponent<Rigidbody>().MoveRotation(transform.rotation * Quaternion.Euler
  (new Vector3(0, 100, 0) * Time.deltaTime));                    //旋转刚体
}
```

(4)添加爆炸力(AddExplosionForce)。此方法的方法签名为"public void AddExplosionForce (float explosionForce, Vector3 explosionPosition, float explosionRadius, float upwardsModifier, ForceMode mode)"。其将在"explosionPosition"处产生模式为"mode"，大小为"explosionForce"的爆炸力，半径为"explosionRadius"，并在物体下方 upwardsModifier 向上施力。

下面的代码实现了产生一个爆炸力的操作，具体代码如下。

```
void Start () {
  GetComponent<Rigidbody>().AddExplosionForce(19.0f, transform.position, 10,
  1.5f, ForceMode.Force);                               //添加爆炸力
}
```

说明 如果将爆炸力的值设置为负数，则该方法可以模拟出引力的效果，使在半径之内的物体因爆炸力的作用，向中心点靠拢。

(5)在指定点施加力(AddForceAtPosition)。此方法的方法签名为"public void AddForceAtPosition(Vector3 force, Vector3 position, ForceMode mode)"。该方法被调用时，将在"position"处添加一个"mode"模式、"force"大小的力。这里的 position 是基于世界体系的坐标，读者应使 position 在物体之内，否则将会很难进行控制。

下面的代码实现了向物体施加一个力的操作，具体代码如下。

```
void FixedUpdate () {
  GetComponent<Rigidbody>().AddForceAtPosition(Vector3.up,
  transform.position, ForceMode.Force);                          //施加作用力
}
```

(6)施加相对力(AddRelativeForce)。此方法的方法签名为"public void AddRelativeForce (Vector3 force, ForceMode mode)"，调用此方法时，将向刚体施加一个沿着"force"方向的力，该力的模式为"mode"。在本方法中，force 基于物体的模型坐标，与基于世界坐标的 AddForce 方法略有不同。

下面的代码实现了向刚体施加一个相对力的操作，具体代码如下。

```
void Start () {
  GetComponent<Rigidbody>().AddRelativeForce(Vector3.up, ForceMode.Force);  //施加相对力
}
```

(7)施加力矩(AddTorque)。此方法的方法签名为"public void AddTorque(Vector3 torque, ForceMode mode)"。该方法被调用时，将向刚体施加一个"torque"的力矩，其力模式为"mode"。通过此方法可以使物体受力矩的作用而进行运动。

下面的代码实现了向刚体施加一个力矩的操作，具体代码如下。

```
void Start () {
  GetComponent<Rigidbody>().AddTorque(Vector3.up, ForceMode.Force);
```

```
   //施加力矩
}
```

（8）施加相对力矩（AddRelativeTorque）。此方法的方法签名为“public void AddRelativeTorque (Vector3 torque, ForceMode mode)”，调用此方法时，将向刚体施加一个沿着“torque”方向的力矩，该力的模式为“mode”。在本方法中，torque 基于物体的模型坐标，与基于世界坐标的 AddTorque 方法略有不同。

下面的代码实现了向刚体施加一个相对力矩的操作，具体代码如下。

```
void Start () {
  GetComponent<Rigidbody>().AddRelativeTorque(Vector3.up, ForceMode.Force);
//施加相对力矩
}
```

（9）计算相对刚体的最近点（ClosestPointOnBounds）。

此方法的方法签名为“public Vector3 ClosestPointOnBounds(Vector3 position)”。调用此方法可以计算出在刚体所包含的三维空间内，与“position”距离最短的点的坐标。通过计算与刚体的最近点，可以在一些特殊场合实现所需效果。

下面的代码实现了打印相对刚体最近点的操作，具体代码如下。

```
void Update () {
  Debug.Log(GetComponent<Rigidbody>().ClosestPointOnBounds(Vector3.zero));
//打印最近点
}
```

（10）获取基于点坐标系的速度（GetPointVelocity）。此方法的方法签名为“public Vector3 GetPointVelocity(Vector3 worldPoint)”。给定一个基于世界坐标的点“worldPoint”，调用此方法可以计算出刚体在以“wroldPoint”为原点的坐标系中的速度。

下面的代码实现了打印基于点坐标系的速度的操作，具体代码如下。

```
void Update () {
  Debug.Log(GetComponent<Rigidbody>().GetPointVelocity(Vector3.up));
//打印速度
}
```

（11）获取基于相对点坐标系的速度（GetRelativePointVelocity）。此方法的方法签名为“public Vector3 GetRelativePointVelocity(Vector3 relativePoint)”。给定一个基于刚体模型坐标系的点“relativePoint”，调用此方法可以计算出刚体在以“relativePoint”为原点的坐标系中的速度。

下面的代码实现了打印基于相对点坐标系的速度的操作，具体代码如下。

```
void Update () {
  Debug.Log(GetComponent<Rigidbody>(). GetRelativePointVelocity (Vector3.up));
//打印速度
}
```

（12）确定是否处理休眠（IsSleeping）。此方法的方法签名为“public bool IsSleeping()”，调用此方法将返回一个 bool 类型的值，表示该刚体是否处于休眠状态。

下面的代码实现了打印休眠状态的操作，具体代码如下。

```
void Update () {
  Debug.Log(GetComponent<Rigidbody>().IsSleeping);          //打印休眠状态
}
```

（13）设置密度（SetDensity）。此方法的方法签名为“public void SetDensity(float density)”，调用此方法将给刚体设置一个密度值，该密度值基于碰撞器的体积，而不是物体的体积。

下面的代码实现了设置刚体密度的操作，具体代码如下。

```
void Start () {
  GetComponent<Rigidbody>().SetDensity(1.9f);          //设置刚体密度
}
```

（14）强制休眠（Sleep）。

此方法的方法签名为“public void Sleep()”。调用此方法可将对应刚体强制进行休眠，不参与物理模拟计算。通过将不重要的物体进行强制休眠，可以节约大量的资源，以提高程序的运行效率。

下面的代码实现了将刚体进行强制休眠，具体代码如下。

```
void Start () {
  GetComponent<Rigidbody>().Sleep();                    //将刚体强制休眠
}
```

（15）唤醒（WakeUp）。此方法的方法签名为“public void WakeUp()”。调用此方法可将处于休眠状态的刚体进行唤醒，使其重新加入物理模拟计算。

下面的代码实现了使刚体不被休眠，具体代码如下。

```
void Update () {
  if (GetComponent<Rigidbody>().IsSleeping()) {
    GetComponent<Rigidbody>().WakeUp();                //将休眠的刚体进行唤醒
}}
```

（16）扫描检测（SweepTest）。此方法的方法签名为“public bool SweepTest(Vector3 direction, out RaycastHit hitInfo, float maxDistance)”。调用该方法时，将沿着 direction 的方向产生一条长度为“maxDistance”的射线“hitInfo”，若该射线碰撞到其他刚体，则返回 true，否则返回 false。第一个被检测到的刚体信息储存在“hitInfo”上。

下面的代码实现了扫描检测的功能，具体代码如下。

```
RaycastHit rh = new RaycastHit();
void Update () {
  Debug.Log(GetComponent<Rigidbody>().SweepTest(Vector3.forward, out rh, 10.0f));
//扫描结果
}
```

（17）扫描检测所有（SweepTestAll）。此方法的方法签名为“public RaycastHit[] SweepTestAll致(Vector3 direction, float maxDistance)”。该方法与 SweepTest 类似，不同的是将会返回 RaycastHit 类型的数组，其中储存了“direction”方向所有检测到的刚体的信息。该数组的最大长度不超过 128。

下面的代码实现了扫描所有刚体的功能，具体代码如下。

```
RaycastHit rh = new RaycastHit();
void Update () {
  Debug.Log(GetComponent<Rigidbody>().SweepTestAll(Vector3.forward,
10.0f).Length);//扫描个数
}
```

说明 SweepTest 和 SweepTestAll 方法都只能扫描到简单类型的碰撞器(sphere、cube、capsule)，而网格碰撞器则不适用使用本方法。关闭碰撞器的知识将在后面进行详细讲解。

6.1.2 物理管理器

前面简单介绍了刚体的属性、变量和方法，接下来这一部分将讲解一下物理管理器（Physics Manager）的相关内容。

Unity 3D 作为一个优秀的游戏开发平台，其出色的管理模式是令人称赞的。在 Unity 3D 中，不仅可以对单个分组进行属性设置，还可以对场景全局进行设置。这一部分的内容将会向读者详细讲解 Unity 3D 中场景的全局物理参数是如何设置的。

1. 物理管理器预览

（1）打开 Unity 3D 开发平台，在菜单栏中选择“Edit”选项，会弹出图 6-2 所示的编辑列表。在编辑列表中，选择“Project Settings”选项，将弹出图 6-3 所示的全局设置列表。在全局设置列表中选择“Physics”，即可进入物理管理器界面。

（2）按照步骤 1 进行操作后，会在属性查看器中呈现出物理管理器的面板，如图 6-4 所示。读者可以在该面板中对当前项目的全局物理参数进行设置。

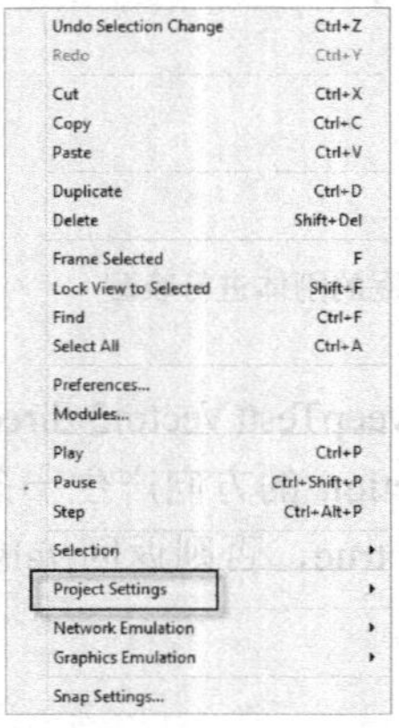

▲图 6-2　选择“Project Settings”

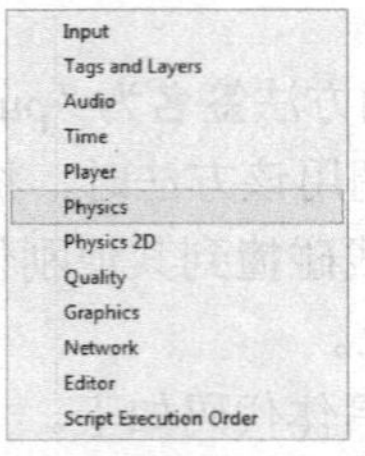

▲图 6-3　选择 Physics

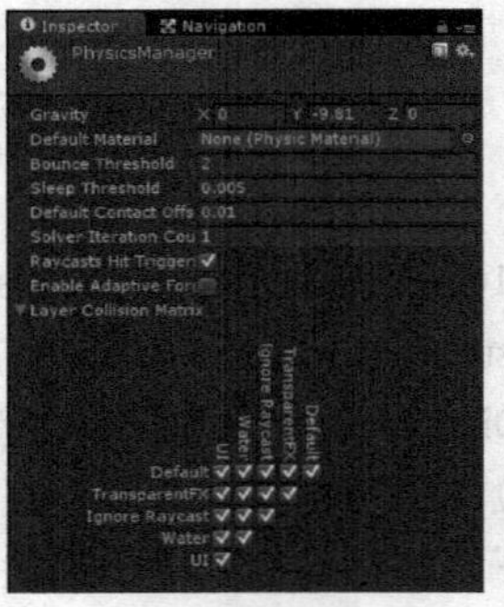

▲图 6-4　物理管理器面板

2. 物理管理器参数

在前面的内容中，讲解了物理管理器的打开操作，读者应该能够熟练地调出物理管理器面板。接下来介绍的是物理管理器中的相关参数的含义和用法。

（1）重力（Gravity）。该属性表示的是当前项目中的重力加速度，该参数将被应用于所有刚体。该属性 3 个数值分别指在 x、y、z 方向上的重力加速度，一般重力加速度是竖直向下的，所以只有 y 轴上有一个负值。默认情况下，y 轴上的值大小为-9.81，x 轴和 z 轴方向的值为 0。

（2）默认材质（Default Material）。该属性表示当物体没有被指定物理材质的时候，该物体的默认材质。默认状态下该属性是没有指定值的，也就是说在默认状态下创建的物体都是没有指定材质的，这是因为在 Unity 3D 中，每个物体的物理材质可能会有很大的不同，有时候指定默认材质并没有太大的意义。

（3）反弹阈值（Bounce Threshold）。该属性表示的是项目中的反弹阈值，该参数被应用于所有刚体。如果两个相互碰撞的物体的相对速度低于反弹阈值，则将不会进行反弹计算。通过合理设计该属性可以有效减少物理模拟过程中的抖动。这里所有的相对速度是指以其中一个刚体为参照物，另外一个刚体的速度值。

（4）休眠阈值（Sleep Threshold）。该属性用来代替之前版本中的 SleepVelocity、SleepAngularVelocity 等值，实为刚体的能量值，其大小受刚体的平移速度和旋转速度所影响。设刚体能量为 E，平移速度大小为 V，角速度大小为 A，则刚体的能量计算公式为 $E=(\sqrt{V}+\sqrt{A})\times 0.5$。当刚体能量低于该阈值时，则进行休眠操作。

（5）默认接触偏差（Default Contact Offset）。当两个刚体的表面距离低于该值时，则认为两个刚体已经接触，并对其进行物理模拟计算。该属性只能为正数，不可为负数或 0。在实际的物理模拟计算中，很难使两个刚体刚好无缝贴合，如果想对其进行碰撞检测，就必须有一个容差值，使两个刚体能够进行物理模拟计算。

(6)求解迭代次数(Solver Iteration Count)。该属性表示的是项目中的关节和连接计算过程中的迭代次数。该属性值决定了关节和连接的计算精度。求解迭代次数越高,其计算精度越高,但是过高的迭代次数会浪费过多的资源,不利于项目的流畅运行,一般来说此属性值设置为 7 就可以适用于大多数情况。

(7)射线检测命中触发器(Raycasts Hit Triggers)。在 Unity 3D 中,有碰撞器和触发器之分,Unity 3D 通过射线实现拾取。若一个物体上附加的是碰撞器,则碰撞拾取功能可一直正常使用;若一个物体上挂载的是触发器,则其碰撞拾取功能受本属性的限制,只有本属性值为 true 时,其拾取功能才能正常运行。

(8)允许自适应力(Enable Adaptive Force)。自适应力是 PhysX 所使用的一项特殊技术,它主要用于修正 PhysX 在模拟动态状况时不可避免的数值偏差。Unity 3D 在 5.0 版本之后采用了 PhysXSDK3 版本的物理引擎,其在经典 PhysXSDK 2.x 的基础上进行了重新设计。并将 PhysX 的自适应力设置为可切换的,而且在默认状态下是关闭状态。

(9)层碰撞矩阵(Layer Collision Maxtrix)。将碰撞检测进行分层是一个非常有用的功能。同一个物理层内的所有刚体可以相互进行碰撞检测,同时,开发人员可以指定不同的层与层之间进行碰撞检测,以适应不同的开发需求。而对于物理层的设置,则是通过层碰撞矩阵实现的。两个层交叉处便是设置这两个层是否可碰撞的标志位。

6.2 碰撞器

在上一节中讲解了刚体的主要特性,本节将对碰撞器(Collider)进行详细的介绍。碰撞器在 Unity 内置物理引擎中起着很重要的作用。理解碰撞器的原理和概念并掌握碰撞器的使用技巧对于 Unity 的学习是很重要的。

Unity 中内置的碰撞器包括 6 种,具体情况如下所述。

(1)盒子碰撞器(Box Collider)。盒子碰撞器是一种基本的方形碰撞器原型,可以调整成不同大小的长方体,能够很好地应用于门、墙、平台和木箱等,同时也能够用于角色的躯干或者交通工具的外壳。

一般情况下,盒子碰撞器应用于比较规则的物体上,能够恰到好处地将作用对象的主要部分包裹起来。因此,适当地使用该碰撞器可以在一定程度上减少物理计算,提高性能。

(2)球体碰撞器(Sphere Collider)。球体碰撞器是一种基本的球形碰撞器原型,在三维上可以均等调节大小,但是不能只改变某一维。该碰撞器适用于石头、篮球、弹珠等。

(3)胶囊碰撞器(Capsule Collider)。胶囊碰撞器是一种胶囊状碰撞器原型,由一个圆柱体上下表面个连接一个半球体组成。胶囊碰撞器的半径和高度均可以单独调节。该碰撞器可以应用于角色控制器上或者与其他碰撞器结合应用于形状不规则的物体上。

(4)网格碰撞器(Mesh Collider)。网格碰撞器是一种在物体的网格资源上构建的碰撞器。对于复杂的网状模型上的碰撞检测,该碰撞器要比上述几个原型碰撞器精确很多。该碰撞器的大小和位置与挂载物体对象上的 Transform 属性相同。

(5)车轮碰撞器(Wheel Collider)。车轮碰撞器是一种特殊的车辆碰撞器。该碰撞器自带碰撞检测、车轮物理引擎和基于滑动的轮胎摩擦模型,专门为车辆的轮胎设计,同时也可应用于其他对象。车轮碰撞器的碰撞检测是通过车轮中心向外发射一条 *Y* 轴方向的射线来实现。

车轮碰撞器将在后面的交通工具章节中更加详细的介绍,在这里不再赘述。

（6）地形碰撞器（Terrian Collider）。地形碰撞器是一种主要作用于地形上的碰撞器，用于检测地形和地形上物体对象的碰撞检测，防止地形上加有刚体属性的对象无限制的下落。

> **说明**　在实际的开发中，经常会将多种碰撞器组合使用，以保证碰撞的真实性。

6.2.1　碰撞器的添加

在 Unity 开发平台下，开发者想要对游戏对象进行碰撞处理是一件很简单的事情，对于某一个游戏对象，只需要对其附加上碰撞器即可实现。在 Unity 中，碰撞器作为游戏对象的一种组件，可以随意地添加或者删除。接下来将对碰撞器的添加方式进行介绍。

1. 碰撞器的基本添加方法

在这里仅仅对基本碰撞器的使用方法进行介绍。对于某个物体，如果仅要求其起到简单的碰撞效果，那么只需对其附加碰撞器即可。具体步骤如下。

（1）首先创建一个立方体对象(Cube)。按照 GameObject→3D Object→Cube 顺序完成创建，如图 6-5 所示。

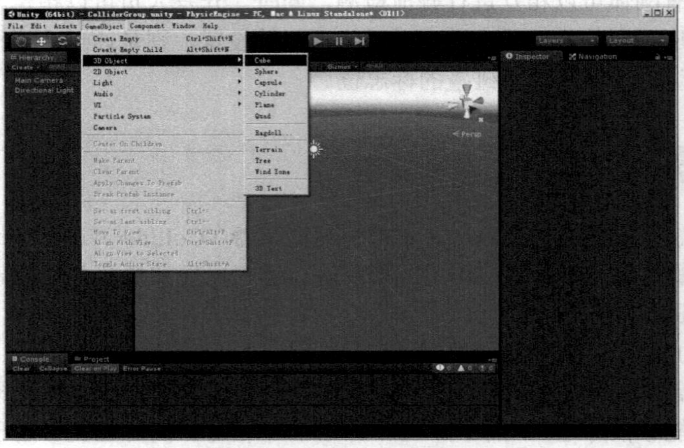

▲图 6-5　创建 Cube 游戏对象

（2）在游戏对象列表（Hierarchy）中，找到步骤 1 步创建的立方体对象，选中此对象后可以在属性查看器（Inspector）中看到此游戏对象的所有属性。其中名为“Box Collider”的组件就是碰撞器，如图 6-6 所示。

（3）在“BoxCollider”处单击鼠标右键或者单击该组件的设置按钮，在弹出的列表中选择“Remove Component”选项，可以移除已经附加在游戏对象上的碰撞器组件。如图 6-7 所示。

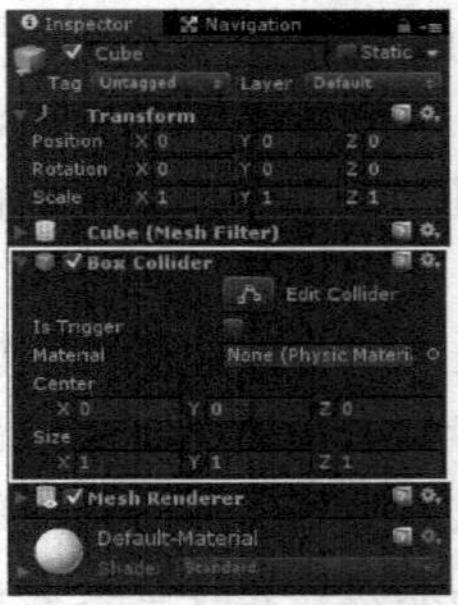

▲图 6-6　碰撞器组件

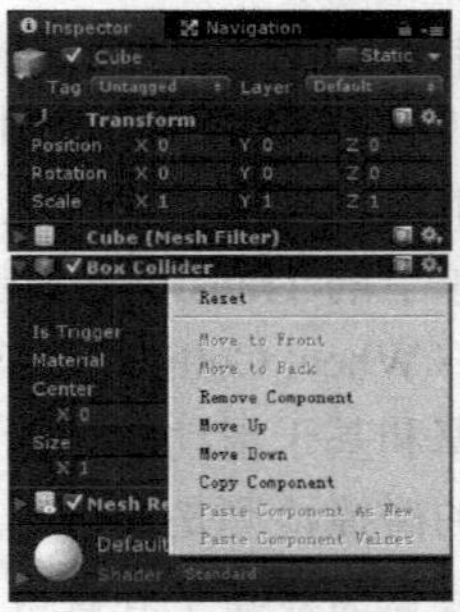

▲图 6-7　移除碰撞器

（4）在立方体对象被选中的状态下，按照 Component→Physics→BoxCollider 顺序可以为当前立方体对象添加碰撞器组件。如图 6-8 所示。

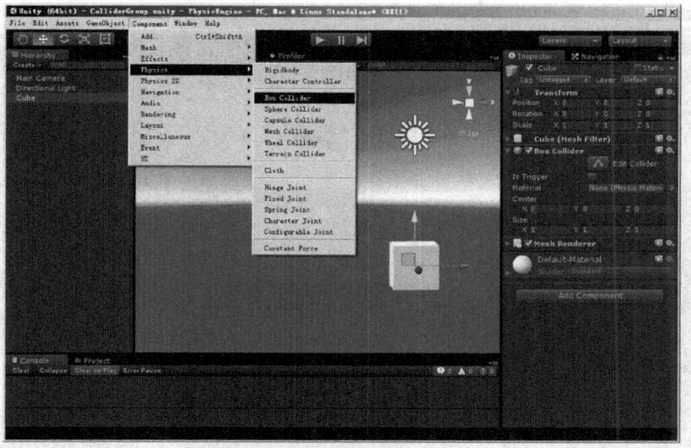

▲图 6-8 添加碰撞器组件

说明 同一个对象可以指定多个相同种类的碰撞器，在数量上不作限制。

2. 碰撞器的组合使用

在项目的开发过程中，单个碰撞器的使用方法是很简单的，前面已经进行了详细的介绍。但是在某些情况下，由于 Unity 内置的碰撞器都是规则的形状类型，并不能满足非规则形状物体的碰撞事件处理。针对这种情况，下面将介绍一种适合的解决方案，具体步骤如下。

（1）执行“GameObject→3D Object→Plane”命令，创建一个平面作为地板，并为其指定纹理（将纹理图片直接拖曳到地板对象上即可）。如图 6-9 所示。

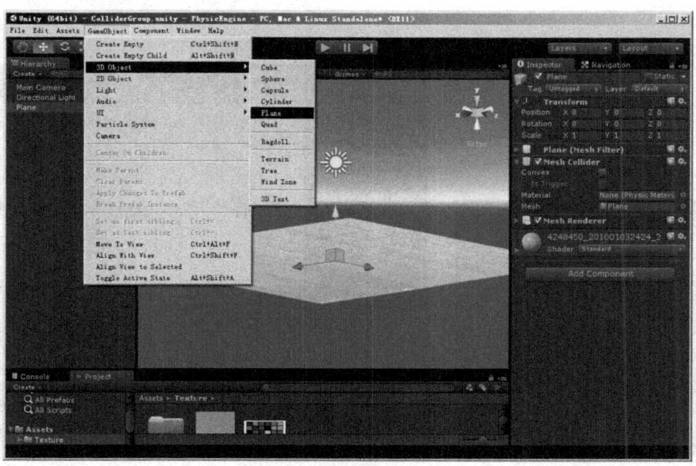

▲图 6-9 新建平面

（2）按步骤 GameObject→3D Object→Capsule 创建一个胶囊（Capsule），为其指定纹理后将其放置到步骤 1 中创建好的地板的上方、摄像机的正前方，调整好位置后将此对象自带的胶囊碰撞器移除。该胶囊作为碰撞器组合体的主体，如图 6-10 所示。

（3）在胶囊对象被选中的状态下分别按步骤 Component→Physics→BoxCollider 和 Component→Physics→SphereCollider 对胶囊对象添加一个盒子碰撞器和球体碰撞器。调整两个碰撞器与胶囊对象的相对位置和各自的大小，直至球体碰撞器将胶囊的上半球完全遮盖和盒子碰撞器将胶囊的圆柱体和下半球完全遮盖。如图 6-11、图 6-12、图 6-13 所示。

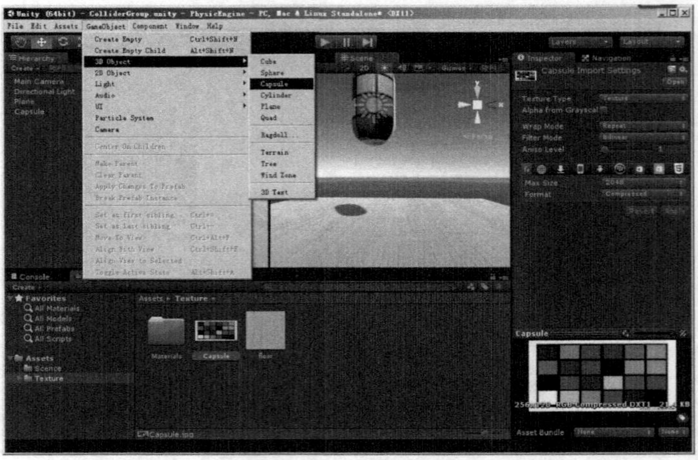

▲图 6–10　新建胶囊

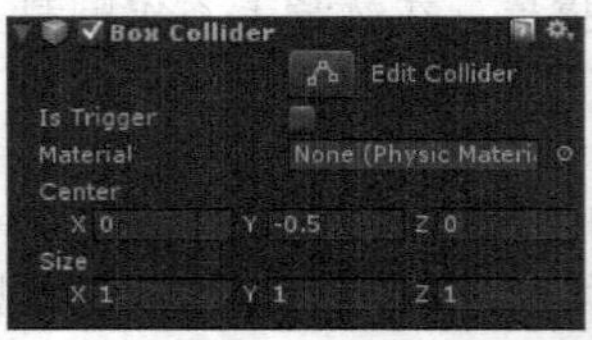

▲图 6–11　调整盒子碰撞器大小和中心点

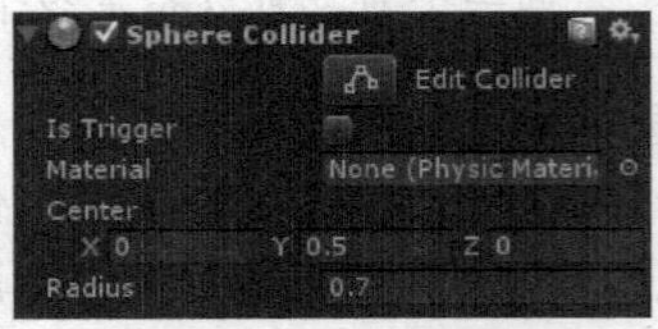

▲图 6–12　调整球体碰撞器的直径和中心点

（4）仍然使胶囊处于被选中的状态，按步骤 Component→Physics→Rigidbody 为其添加刚体。添加完毕后单击项目预览的开始按钮，观看项目的效果。如图 6-14 所示。

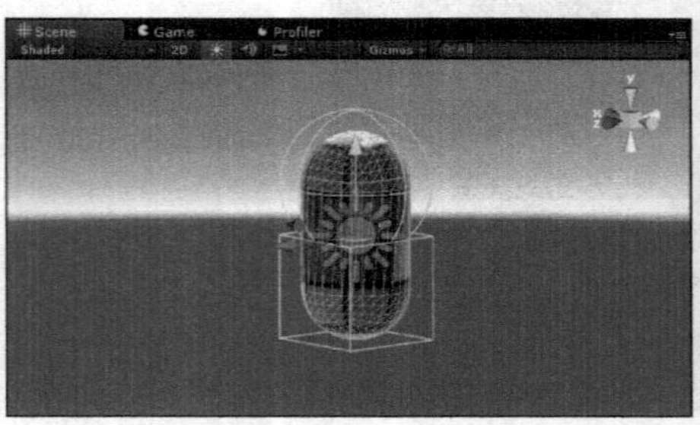

▲图 6–13　效果图

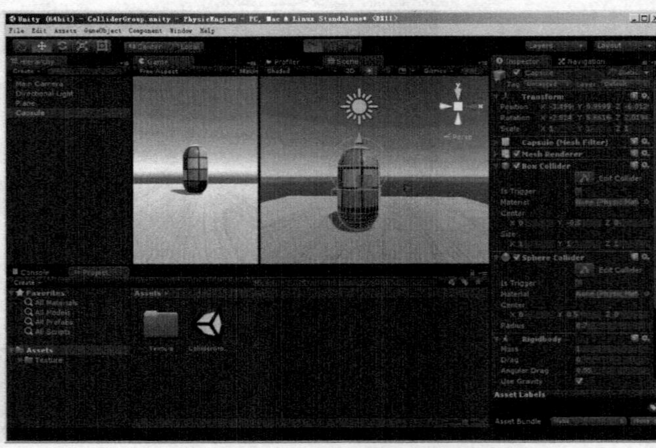

▲图 6–14　碰撞器组合最终效果图

> **说明**　本案例的场景文件位于随书光盘中的源代码/第 6 章目录下的 PhysX/Assets/Scenes 中。为了简化操作使读者易于了解操作步骤，本案例中使用胶囊作为不规则物体的替代物，读者可以举一反三，对一些复杂的模型进行碰撞器组合拼接，达到预期效果。

6.2.2 碰撞过滤

在 Unity 的开发过程中，对于某些游戏对象来说，如果两者之间不需要检测碰撞效果或者两者之间的碰撞不符合现实，那么就要规避这种碰撞。在 Unity 的开发平台下可以使用碰撞过滤功能来解决这一问题。

碰撞过滤就是对某些对象不进行碰撞检测。可以是两个对象之间也可以是层与层之间，开发者可以灵活运用这一点来解决问题。

1. 通过代码实现两者之间不进行碰撞检测

在 Unity 中，项目中的物理环境不仅能够在开发环境的菜单项中进行设置，也可以通过编写脚本中的代码来进行设置。使两个对象之间不进行碰撞检测的原理是当脚本激活的时候，使当前对象的“不检测碰撞体”为指定的另一个对象。

接下来以实现当前对象与另外两个对象进行碰撞检测为例具体说明。代码如下所示。

```
1     public Transform ballA;
2     public Transform ballB;
3     public Transform ballC;                              //3 个小球的引用
4     void Start () {                                      //开始方法在对象被激活时开始执行
5
Physics.IgnoreCollision(ballA.GetComponent<Collider>(),ballC.GetComponent<Collider>());
6       Physics.IgnoreCollision(ballB.GetComponent<Collider>(),
ballC.GetComponent<Collider>());
                                                           //控制 ballC 对象不和 ballA 和 ballB
发生碰撞
7     }
```

- ❑ 第 1-3 行的作用是获取对象的引用。需要在开发环境下的属性查看器中分别指定对象。
- ❑ 第 4-7 行的作用是设置 ballC 对象不和 ballA 和 ballB 对象发生碰撞。

2. 层与层之间的碰撞过滤

上面的内容介绍了用代码控制碰撞过滤的方法，接下来将通过一个案例讲解层与层之间实现碰撞过滤的方法。具体的步骤如下所示。

（1）导入纹理图片资源，在资源列表（Project）中的 Texture 文件夹下单击鼠标右键或者单击菜单栏中的 Assets 选项，在弹出的列表中选择 Import New Asset，在弹出的窗口中选择要导入的纹理图片文件，单击 Import 按钮导入图片。如图 6-15、图 6-16 所示。

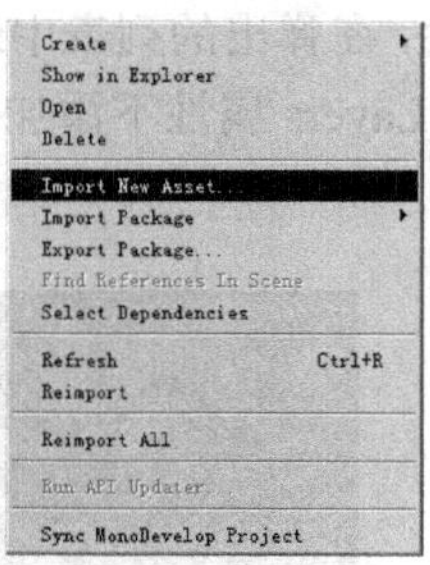

▲图 6-15　导入资源 1

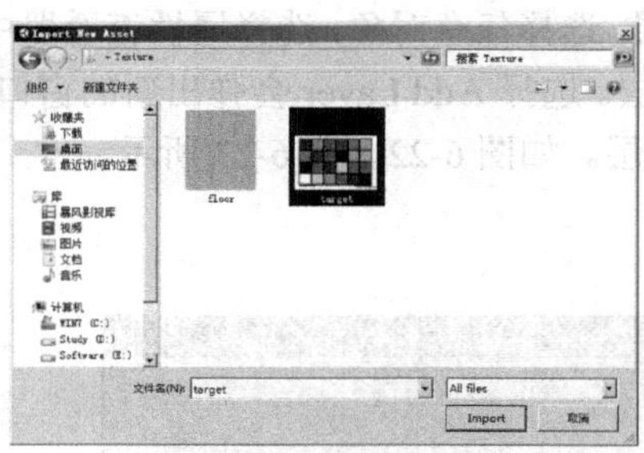

▲图 6-16　导入资源 2

（2）按步骤 GameObject→3D Object→Plane 创建一个平面作为地板。将上步导入的纹理图拖曳到创建好的平面上。

（3）按步骤 GameObject→3D Object→Sphere 创建一个球体作为案例中检测碰撞的小球，创建完毕后将其命名为“red 0”。

（4）为球体添加刚体。在球体对象被选中的状态下按步骤 Component→Physics→RigidBody 添加。

（5）在资源列表中单击鼠标右键或者在菜单栏中单击 Assets 选项，在弹出的列表中选择 Create →Material 创建一个材质球，创建完毕后将其命名为“RedBall”，在材质球属性界面中的 Albedo 组件中为其指定纹理和颜色（颜色为红色）。如图 617、图 6-18、图 6-19 和图 6-20 所示。

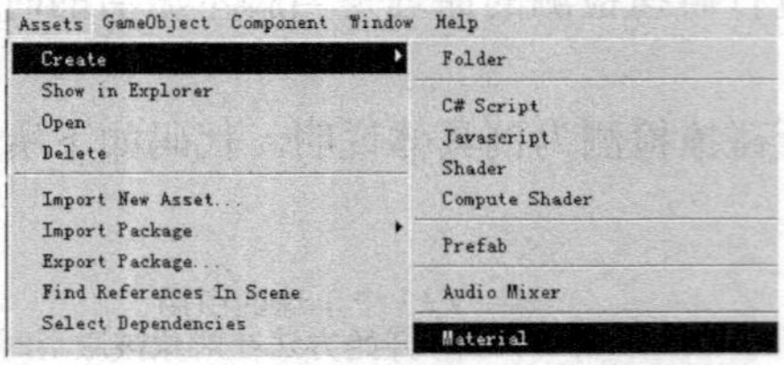

▲图 6-17　创建材质球

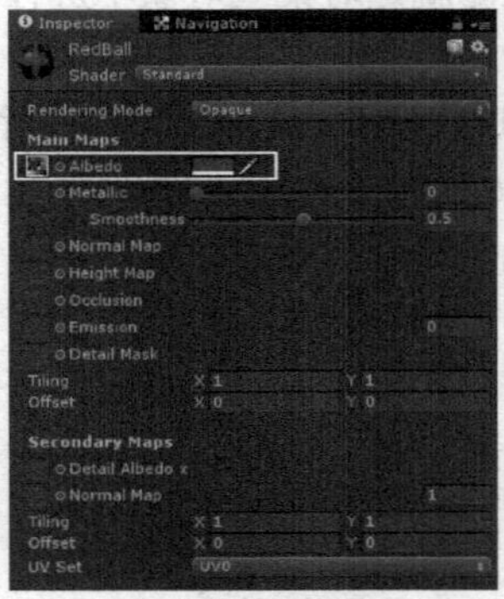

▲图 6-18　材质球属性界面

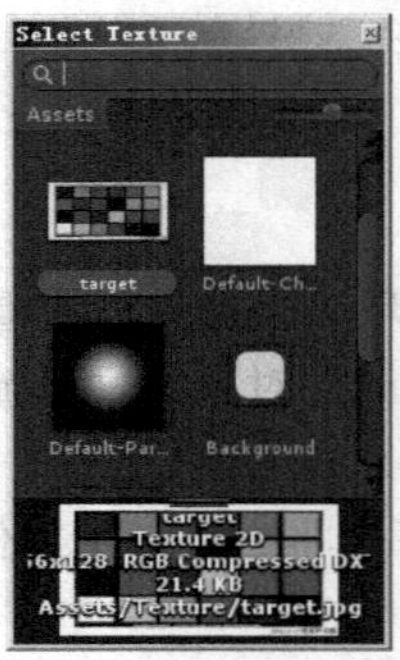

▲图 6-19　纹理选择框

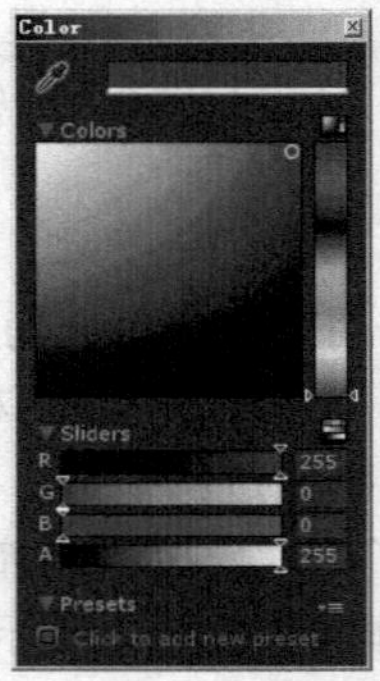

▲图 6-20　颜色选择框

（6）为球体指定材质。将创建好的材质球 RedBall”拖曳到游戏对象列表中创建好的球体 red 0 处，拖曳完成后可以看到小球变成了红色并贴有纹理图。如图 6-21 所示。

（7）添加层。选择任意对象，选择属性查看器中的 Layer 属性，在弹出的列表中选择 Add Layer 选项添加新的层。选择 Add Layer 会弹出新的窗口，在窗口中的 Layers 属性下添加“green”“blue”和“red”三个层。如图 6-22、图 6-23 所示。

▲图 6-21　球体指定材质后效果图

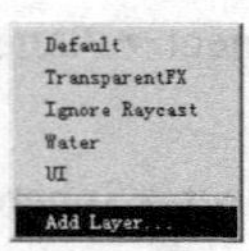

▲图 6-22　添加层 1

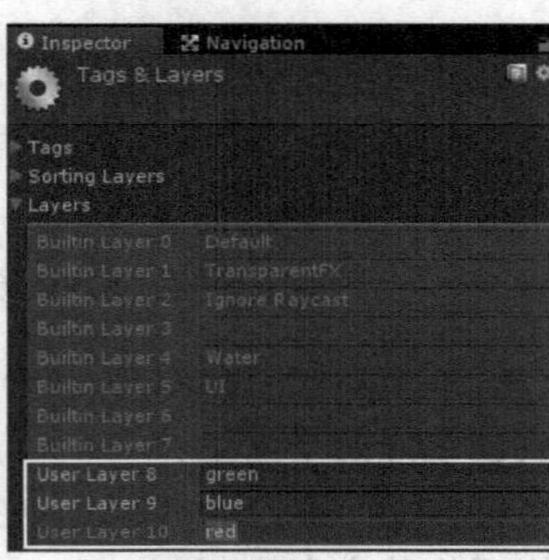

▲图 6-23　添加层 2

（8）重复步骤 3～4，创建出 5 个红色球、5 个蓝色球和 5 个绿色球，分别将其命名为“red 0”～“red 4”“blue 0”～“blue 4”和“green 0”～“green 4”后添加刚体并按照案例调整相对位置。

（9）重复步骤 5 创建出 3 个材质球，依次将其命名为“RedBall”“BlueBall”和“GreenBall”，分别为其指定纹理图并调整成对应的颜色。

（10）给前面创建好的不同颜色的小球指定对应的材质球和层，指定层的方式为在对象被选中的状态下在属性查看器中“Layer”属性下拉列表中选择对应层的选项。如图 6-24 所示。

（11）设置物理管理器。按步骤 Edit→Project Settings→Physics 打开物理管理器，如图 6-25 所示。

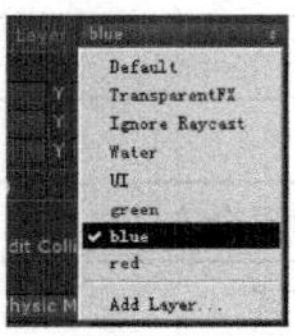

▲图 6-24　指定层

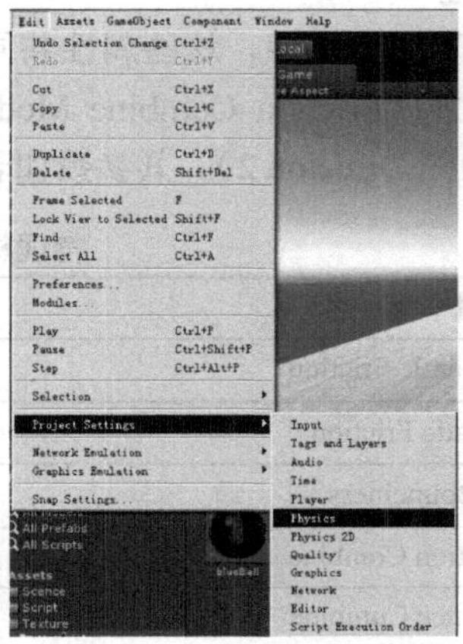

▲图 6-25　打开物理管理器

（12）在同一个层的对象之间设置碰撞过滤。在物理管理器中的“Layer Collision Matrix”属性中去掉 red 行与 red 列的对勾、blue 行与 blue 列的对勾和 green 行与 green 列的对勾。这里的 red、blue 和 green 就是之前创建的层，取消对勾后同一个层之间将进行碰撞过滤。如图 6-26 所示。

（13）完成上述操作后，单击游戏预览开始按钮，查看运行效果。如图 6-27 所示。

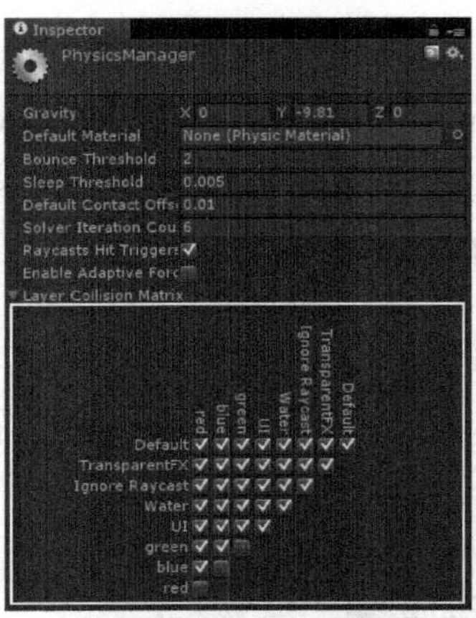

▲图 6-26　修改层之间的碰撞关系

▲图 6-27　运行效果

说明

本案例的场景文件位于随书光盘中的源代码/第 6 章目录下的 PhysX/Assets/Scene 中。在运行时会发现场景中颜色相同的小球会叠加到一起，颜色不同的小球会发生碰撞，这就是设置层与层之间的碰撞过滤和碰撞检测所达到的效果。

6.2.3　物理材质

在 Unity 的开发过程中，开发者往往会需要一些特殊的碰撞效果，比如篮球在地面上的弹起效果，铅球坠落到沙地的效果，等等。实现这些碰撞效果就需要使用 Unity 中的“物理材质”这一概念。

物理材质，顾名思义就是指定了物理特性的一种材质。它的特性包括物体的弹性和摩擦因数等。在实际的开发过程中，开发者可以调整其各个属性，以得到令开发者满意的物理材质。

1. 物理材质属性

物理材质有多个可调节属性，这些属性共同决定物体材质的弹性和摩擦因数，同时包括碰撞体间的摩擦力混合模式（Friction Combine Mode）和物体在不同轴向可以设置摩擦力大小不同的各向异性方向（Friction Direcion 2）。其参数如表 6-1 所示。

表 6-1　物理材质属性

属　性　名	含　义
Dynamic Friction	滑动摩擦力
Static Friction	静摩擦力
Bounciness	表面弹性
Friction Combine	碰撞体的摩擦力混合方式
Bounce Combine	表面弹性混合方式
Friction Direction 2	各向异向的方向
Dynamic Friction 2	作用于 Friction Direction 2 方向的滑动摩擦力
Static Friction 2	作用于 Friction Direction 2 方向的静摩擦力

2. 物理材质的创建

作为影响物体碰撞反应的又一重要因素，物理材质的不同能够在很大程度上影响物体运动的表现形式。物理材质的创建方式有如下两种。

方式一：按步骤 Assests→Create→Physics Material 即可，如图 6-28 所示。

方式二：在资源列表面板下单击鼠标右键，在弹出的列表窗口中依次选择 Create→Physics Material 完成创建。创建好的材质在被选中的状态下可以在属性查看器中查看各个属性，如图 6-29 所示。

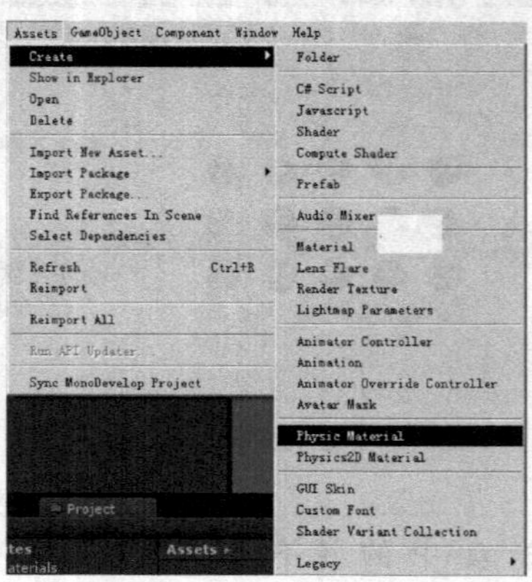

▲图 6-28　物理材质创建方式 1

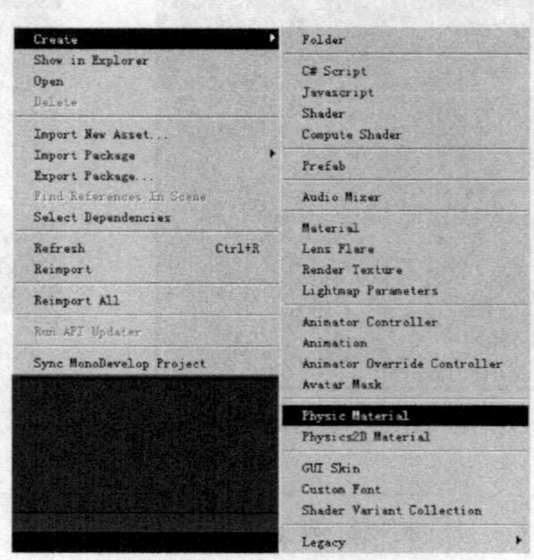

▲图 6-29　物理材质创建方式 2

3. 物理材质的设置

在 Unity 项目的开发过程中，物理材质是模拟现实的重要因素之一，物理材质这一组件也方便了开发者调节物体的物理特性。为物理材质的各个属性设置合理的取值是成功使用物理材质的关键，而开发者要掌握取值的技巧则需要一定的经验。下面将介绍一些小技巧，希望对读者有所启发。

一般情况下物理材质只需要修改 4 个属性即可，如图 6-30 所示。

（1）滑动摩擦因子和静摩擦因子的设定。滑动摩擦因子或静摩擦因子的取值范围是 0～1。当滑动摩擦因子或静摩擦因子的值为 0 时，被此材质控制的对象将会类似于冰面的效果，物体与其摩擦时流畅感很强。当值为 1 时，受控对象就会类似于橡胶面的效果，物体与其摩擦时会不流畅。一般情况下设置为 0.6 即可。

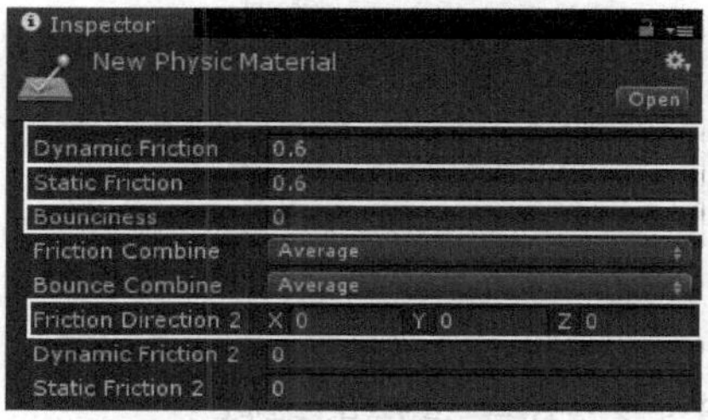

▲图 6-30　设置物理材质

（2）弹性因子的设定。弹性因子的取值范围是 0～1。当弹性因子的值为 0 时，受控物体将不再拥有弹性，类似于橡皮泥的效果，与其碰撞的物体将会完全陷入此物体。当值为 1 时，受控物体会类似于钢珠的效果，与其碰撞物体将会发生完全弹性碰撞，没有能量损耗。

（3）各向异性方向设定。Unity 中的这一概念使开发者可以实现这样一种情景：当受控物体向某一特定方向运动时，运动十分流畅，而向其他方向运动时会很缓慢。

6.3 粒子系统

在一些游戏中，会有很绚丽的特效，比如爆炸、水花、火焰等。这些特效如果要通过编程实现，将会是一个很复杂和烦琐的工作。为了简化这些特效的开发步骤，Unity 为开发者提供了粒子系统这一工具，以便开发者对特效进行开发。

粒子系统不是一种简单的静态系统，其中的粒子会随着时间不断地变形和运动，同时自动生成新的粒子，销毁旧的粒子。基于这一原理就可以表现出类似于烟、雨、水、雾、火焰和流星等现象的特效，这些特效能够极大地提高游戏的可观赏性。

6.3.1　粒子系统的简介

粒子系统在 Unity 开发平台下可以很方便的使用，很多绚丽的特效都可以通过调整粒子系统的各个参数来实现。接下来将对粒子系统的创建和使用方法进行介绍。

1．基础粒子系统

在菜单栏中单击 GameObject 选项，此时会弹出创建游戏对象列表，选择 Particle System 选项即可完成粒子系统的创建，如图 6-31 所示。

2．组件粒子系统

粒子系统在 Unity 中不仅可以作为一种游戏对象，还可以充当一种组件（Component）附加在其他游戏对象上。读者可以参考一下燃烧的火堆，这种效果就可以通过在火堆模型上附加一个粒子系统来实现。接下来将讲解粒子系统作为一种组件的创建方法。

（1）导入树桩模型“Wood.Fbx”和纹理图文件“Wood.png”和“dimian.png”，导入完毕后给树桩模型添加纹理图。如图 6-32 所示。

（2）选中树桩模型对象，按步骤 Component→Effects→Particle System 给火堆模型添加粒子系统组件。如图 6-33 所示。

说明　本案例的场景文件位于随书光盘中源代码/第 6 章目录下的 PhysX/Assets/Scenes/FireParticle。

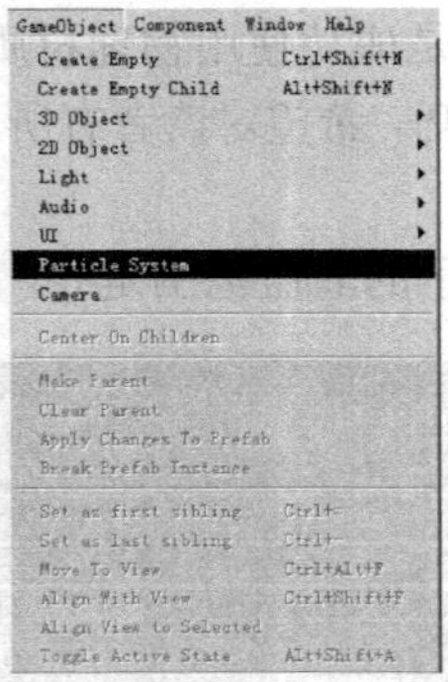

▲图 6-31　粒子系统的创建

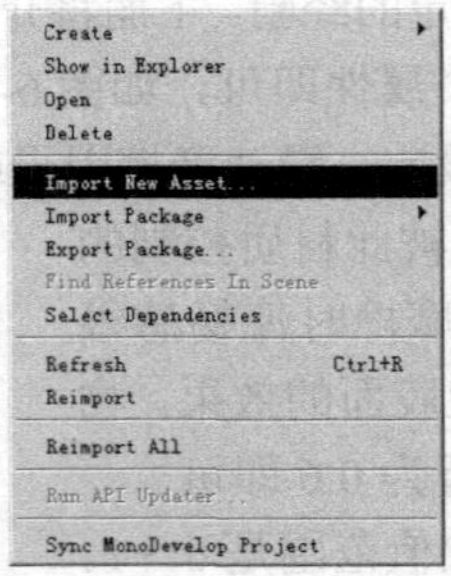

▲图 6-32　导入资源

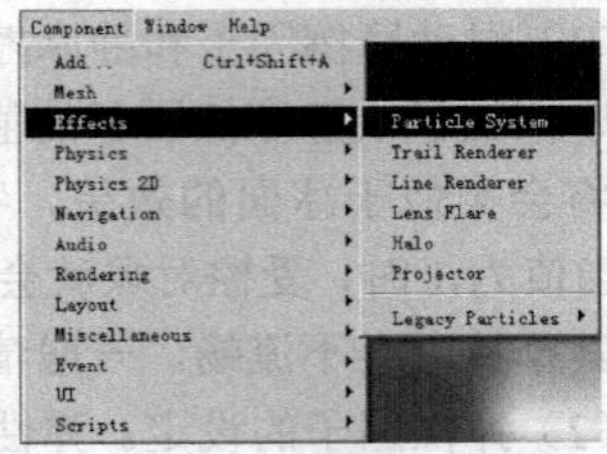

▲图 6-33　为对象添加粒子系统

6.3.2　粒子系统的特性

粒子系统是一种相对较为复杂的游戏对象，其包含了众多的属性和参数。一般情况下，只需调节粒子系统中 4 个默认勾选的属性即可，分别是粒子系统总体（Particle System 或者附加粒子系统的对象的名称）、喷射（Emission）、形态（Emission）和渲染器（Render）。接下来将对粒子系统的各个属性进行详细的介绍。

1. 粒子系统主体

在对象列表中（Hierarchy）选中粒子系统对象或者附加有粒子系统的游戏对象，会发现粒子系统开始动了起来，在属性查看器面板中会出现粒子系统的各个参数设置面板。粒子系统参数的第 1 部分的名称是 Particle System 或者附加粒子系统的对象的名称，这部分内容中包含了粒子系统的主要属性。其包含的参数和属性面板如表 6-2 和图 6-34 所示。

表 6-2　　　　粒子系统主要参数

属　性　名	含　义
Duration	粒子的喷射周期
Looping	是否循环喷射
Prewarm	预热（Looping 状态下预产生下一周期粒子）
Start Delay	粒子喷射延迟（Prewarm 状态下无法延迟）
Start Lifetime	粒子的生命周期
Start Speed	粒子的喷射速度
Start Size	粒子的大小
Start Rotation	粒子的旋转角
Start Color	粒子颜色
Gravity Modifier	相对于物理管理器中重力加速度的重力密度（缩放比）
Inherit Velocity	新生粒子的继承速度
Simulation Space	粒子系统的模拟空间
Play On Awake	创建时自动播放
Max Particles	一个周期内发射的粒子数，多于此数目停止发射

2. 喷射（Emission）

喷射中包含频率（Rate）和爆发（Bursts）两个主要属性，这两个属性决定了粒子系统的喷射特性，其属性面板如图 6-35 所示。

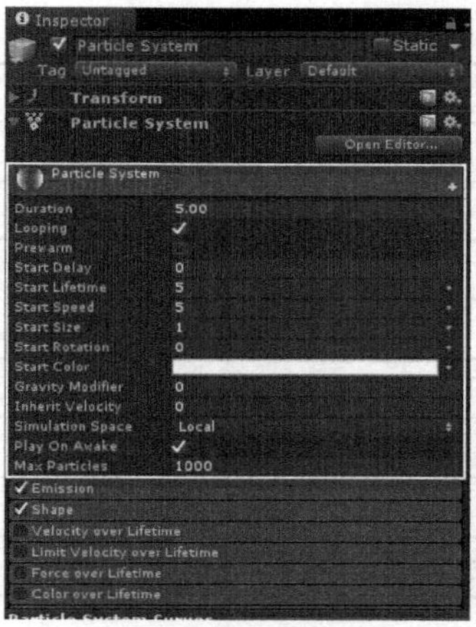

▲图 6-34　粒子系统属性面板

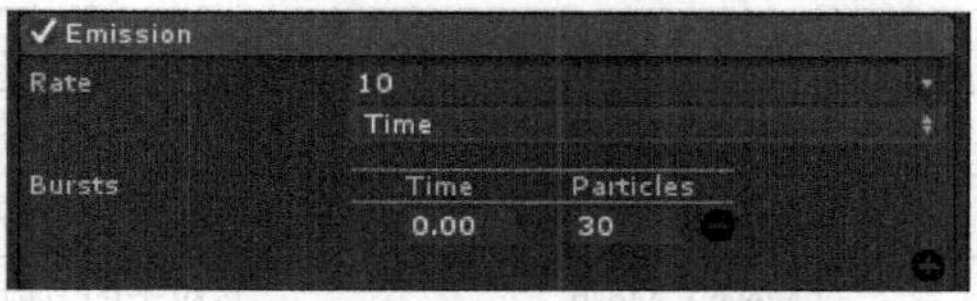

▲图 6-35　喷射（Emission）属性面板

频率属性（Rate）就是粒子系统的喷射频率。其中有两个参数，第 1 个参数是喷射次数或个数，第 2 个参数可以选择以时间为标准定义每秒的喷射次数，也可以选择以距离为标准定义每个单位长度里喷射的粒子个数。

爆发属性（Bursts）就是在某个特定时间内喷射一定数量的粒子，使用这个属性可以轻松地实现爆炸特效。单击该属性右下角的"+"可以添加一个预设参数，其中的 Time 参数为粒子的喷射时间，"Particles"参数为瞬间喷射的粒子数目。

说明　Bursts 属性只有在频率（Rate）属性以时间为基准时才有效。

3. 形态（Shape）

形态属性决定了粒子系统的喷射形式，如图 6-36 所示。粒子系统的形态既可以是系统自带的球体状、立方体或者半球体，也可以由开发者自行设定。这样就给了开发者一个灵活的开发环境。

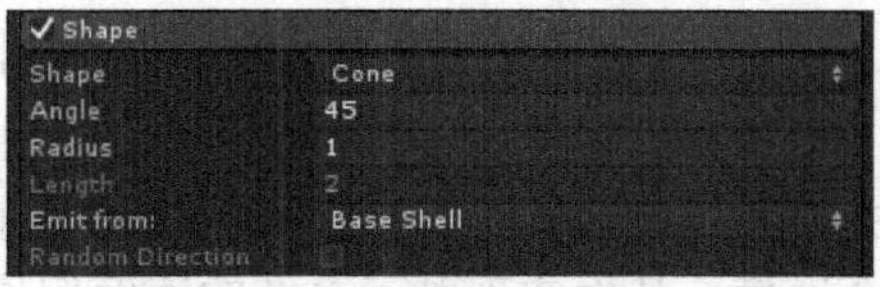

▲图 6-36　形态（Shape）属性

形态属性决定了粒子系统喷射的范围。可供选择的形式有球体（Sphere）、半球体（HemiSphere）、圆锥体（Cone）、盒子（Box）、网格（Mesh）、环形（Circle）和边线（Edge）。每种属性中都包含有各自的参数。相关参数如表 6-3 所示。

表 6-3　喷射相关属性

（喷射类型）属性名	含　义
（Sphere）Radius	球体半径
（Sphere）Emit from Shell	是否从球体表面发射粒子
（Sphere）Random Direction	粒子发射方向是否随机
（HemiSphere）Radius	半球的半径
（HemiSphere）Emit from Shell	是否从半球体表面发射粒子
（HemiSphere）Random Direction	粒子发射方向是否随机
（Cone）Angle	圆锥体斜面倾斜角度
（Cone）Radius	圆锥体下表面半径
（Cone）Length	圆锥体高度（当 Emit from 为 Volume Shell 或 Volume 时可用）
（Cone）Emit from	发射方式（详见说明）

续表

（喷射类型）属性名	含　义
（Cone）Random Direction	粒子发射方向是否随机
（Box）Box x	立方体 X 轴长度
（Box）Box y	立方体 Y 轴长度
（Box）Box z	立方体 Z 轴长度
（Box）Random Direction	粒子发射方向是否随机
（Mesh）Vertex	粒子从网格顶点发射
（Mesh）Edge	粒子从网格边线发射
（Mesh）Triangle	粒子从网格三角面发射
（Mesh）Mesh	粒子的发射网格
（Circle）Radius	环形半径
（Circle）Arc	环形弧度
（Circle）Emit from Edge	是否从环形边线发射粒子
（Circle）Random Direction	粒子发射方向是否随机
（Edge）Radius	边线长度
（Edge）Random Direction	粒子发射方向是否随机

说明　Cone 属性中的 Emit from 中包含有 4 个参数“Base”“BaseShell”“Volume”和“VolumeShell”。“Base”含义是粒子从圆锥体底面发射，“BaseShell”含义是粒子从圆锥体底面边线发射，“Volume”含义为粒子从圆锥体内部空间发射，“VolumeShell”含义为粒子从圆锥体内部表面上发射（不含底面）。

4. 生命周期内的速度偏移（Velocity over Lifetime）

生命周期速度偏移决定了粒子在生命周期内的速度偏移量，如图 6-37 所示。通过应用此属性并对其中参数进行修改，可以使粒子在粒子系统自身或者世界坐标轴的 x 轴、y 轴和 z 轴拥有一个速度，从而实现粒子系统的速度偏移。

- ❑ x、y、z 三个参数分别为粒子系统在 x 轴、y 轴和 z 轴方向的速度。
- ❑ Space 属性中有两个可供选择参数，为 Local 和 World。其中 Local 为粒子系统自身坐标轴，World 为世界坐标轴。

5. 生命周期内的限制速度（Limit Velocity over Lifetime）

生命周期内限制速度的作用是对粒子系统发射的粒子进行限速，速度超过给定的最大上限时粒子的速度就会逐渐减小到给定的上限速度。如图 6-38 所示。

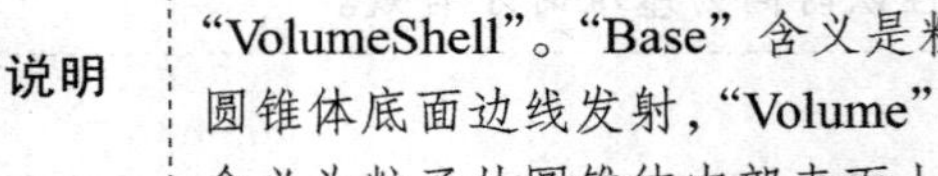

▲图 6-37　生命周期速度属性

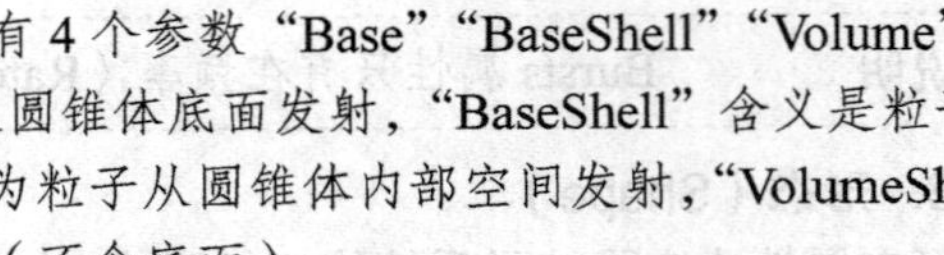

▲图 6-38　生命周期内的限制速度属性（勾选分离轴时）

- ❑ 分离轴（Separate Axis）的含义是限制速度是否区分不同轴向。当勾选此属性时，可以在下行的 x、y、z 轴设置各自的轴向限制速度；不勾选时将会出现上限速度（Speed）属性将 x、y、z 轴向和空间坐标系(Space)属性替代。如图 6-39 所示。

❑ 空间坐标系（Space）的含义是当勾选分离轴时，在此处选择轴向。有两个可供选项，分别为自身轴（Local）和世界轴（World）。

❑ 上限速度（Speed）的含义是当取消勾选分离轴时用来设置整体限制速度。

❑ 阻尼（Dampen）的含义是当粒子速度超过上限时对粒子的减速程度，取值在 0～1 之间。

6. 生命周期内的受力偏移（Force over Lifetime）

生命周期内的受力偏移的含义是粒子系统在生命周期内因受力而产生偏移。比如一个烟雾粒子系统受到风或地心引力的作用力而产生偏移。

此属性中包含 *x*、*y*、*z* 轴向的设置参数，空间坐标系（Space）选择和随机数生成器（Randomize）。如图 6-40 所示。

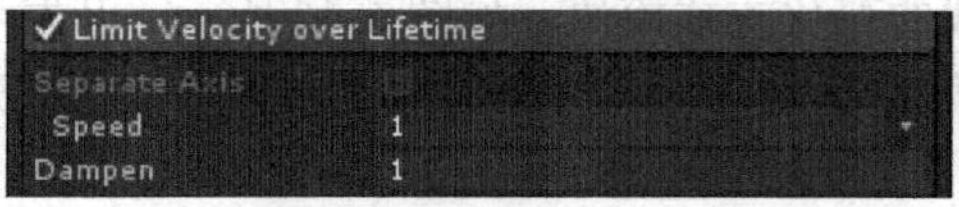

▲图 6-39 生命周期内的限制速度属性（不勾选分离轴时）

▲图 6-40 生命周期内的受力偏移属性

❑ *x*、*y*、*z* 参数分别为粒子系统在不同轴向的受力大小。

❑ 空间坐标系（Space）为粒子受力应用的坐标轴。有两个可供选项，分别为自身轴（Local）和世界轴（World）。

❑ 随机数生成器（Randomize）的含义是当勾选此选项时，粒子将收到随机产生的力的影响，包括力的大小和方向。

7. 生命周期内的颜色（Color over Lifetime）

生命周期内的颜色决定了粒子在生命周期内的颜色变化。当勾选此选项时，此处设置的颜色与粒子系统主体中的 Start Color 处设置的颜色重叠，读者可以尝试分别设置观看效果，也可以两者综合使用。如要分别查看效果时，将另一处设置成白色即可单独设置进行观察。如图 6-41 所示。

可以单击颜色（Color）右侧的倒三角，在下拉列表中可以选择颜色梯度变化（Gradient）或者两个梯度变化之间随机颜色（Random Between Two Gradients），如图 6-42 所示。

▲图 6-41 生命周期内的颜色属性

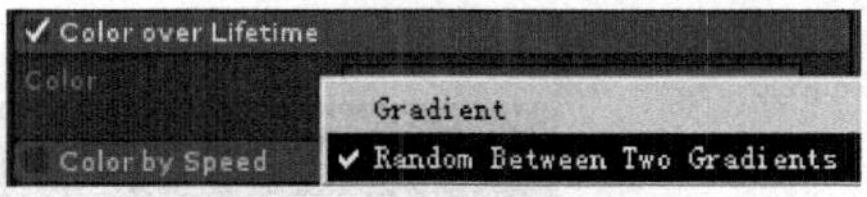

▲图 6-42 颜色梯度方式

8. 颜色随速度变化（Color by Speed）

颜色随速度变化可以使粒子的颜色随着粒子的速度发生变化。此处设置的颜色与粒子系统主体中的 Start Color 处的颜色和生命周期内的颜色（Color over Lifetime）重叠。设置观察方法前文已有讲解，这里不再赘述。如图 6-43 所示。

可以单击颜色右侧倒三角，设置颜色梯度变化，变化方式有两种（同生命周期内的颜色）。

❑ 速度范围（Speed Range）是决定发生颜色变化的速度范围，取值范围为 0～1。

9. 生命周期内的大小（Size over Lifetime）

生命周期内的大小决定了粒子在生命周期内的大小变化。此处粒子的大小是粒子系统主体的 Start Size 处设置的大小的倍数，取值范围为 0～1。如图 6-44 所示。

▲图 6-43 颜色随速度变化属性

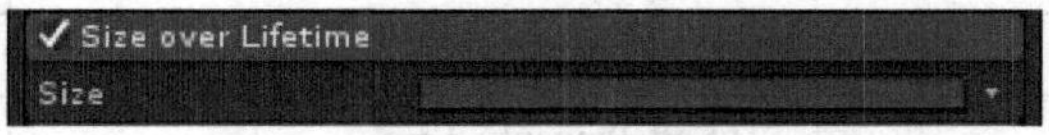

▲图 6-44 生命周期内的大小属性

粒子大小（Size）控制粒子大小的参数，默认给出的大小变化方式是曲线（Curve）变化方式，此外还有两常量间随机（Random Between two Constants）变化方式和两曲线间随机（Random Between Two Curves）变化方式。如图 6-45 所示。

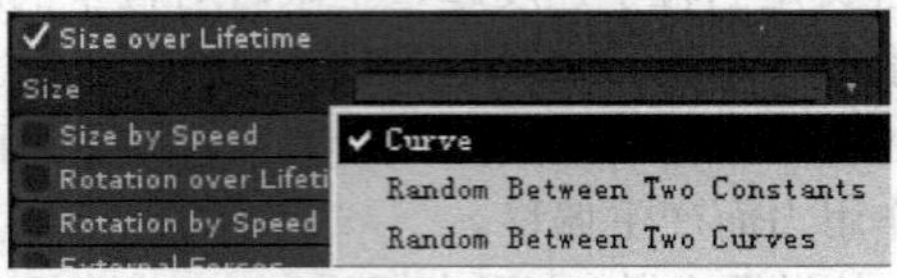

▲图 6-45　生命周期内的大小变化方式

当选择生命周期内大小的曲线变化方式时，在粒子系统属性查看器的底端可以看见粒子系统的曲线设置界面，在这里 Unity 默认提供了一些曲线的变化方式模块，如图 6-46 所示。开发者可以选择默认提供的变化方式也可以单击此界面左下角的设置按钮（见图 6-46 中红框内），打开添加变化模式界面自行添加变化曲线，如图 6-47 所示。

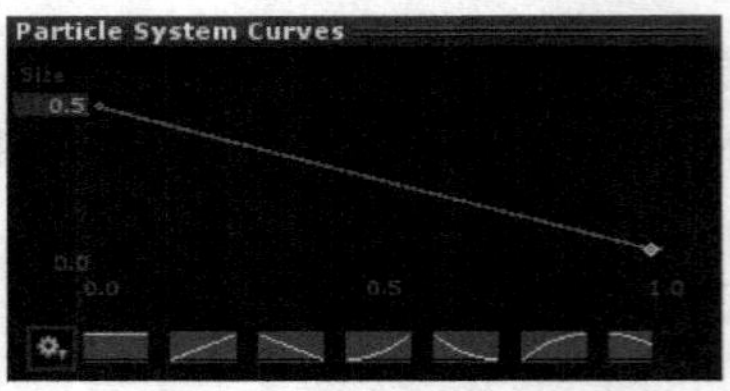

▲图 6-46　曲线变化方式模块

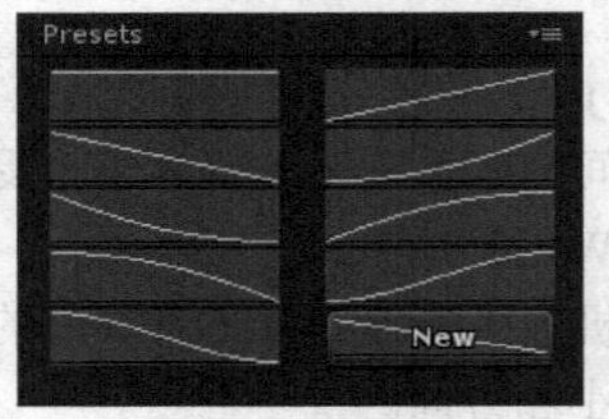

▲图 6-47　添加曲线变化方式模块

在曲线中，横轴代表粒子的发射时间，其中的数值代表粒子生命周期（Start Lifetime）的比值；纵轴为粒子大小，其中数值代表与粒子设定的大小（Start Size）的比值。可以通过在曲线中单击鼠标右键添加点，如图 6-48 所示。

选中曲线中的任意点按住鼠标拖动可以调整曲线中点的位置，从而实现对曲线的调整，同时选中点时单击鼠标右键会弹出点的属性列表。属性列表如图 6-49 所示，各个属性的含义如表 6-4 所示。

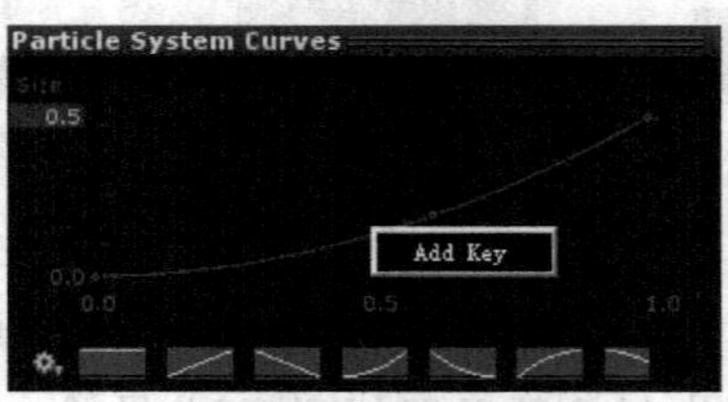

▲图 6-48　在曲线上添加点

▲图 6-49　曲线上点的属性

表 6-4　　粒子大小曲线上点的相关属性

属 性 名	含　义
Delete Key	删除点
Auto	自动调整（包括切线和圆滑程度）
Free Smooth	自由圆滑（可调整该点单向切线）
Flat	使切线平直（Free Smooth 下可用）
Broken	断开切线（点的左右两侧切线均可调整）
（Left Tangent）Free	左侧切线自由调整

续表

属 性 名	含 义
(Left Tangent) Linear	线性化左侧切线（勾选时左侧切线不可调整）
(Left Tangent) Constant	点化左侧切线（勾选时点左侧与起始点 y 轴相同）
(Right Tangent) Free	右侧切线自由调整
(Right Tangent) Linear	线性化右侧切线（勾选时右侧切线不可调整）
(Right Tangent) Constant	点化右侧切线（勾选时点右侧与终止点 y 轴相同）
(Both Tangent) Free	两侧切线自由调整
(Both Tangent) Linear	线性化两侧切线
(Both Tangent) Constant	点化两侧切线

当选择两常量间随机的变化方式时，之前选择曲线处会出现输入粒子大小值的选项，输入的值是与粒子设定的大小（Start Size）的比值，粒子的大小会在这两个值之间随机取值。如图 6-50 所示。

当选择两曲线间随机的变化方式时，在粒子系统属性查看器底端会出现两曲线的设置界面，在设置界面中可以调整任一曲线，调整方法同粒子的曲线变化方式，在这里不再赘述。调整完毕后粒子大小会在两曲线的纵轴间随机取值，并随横轴变化粒子大小的取值范围。如图 6-51 所示。

▲图 6-50　粒子的两常量间随机变化方式

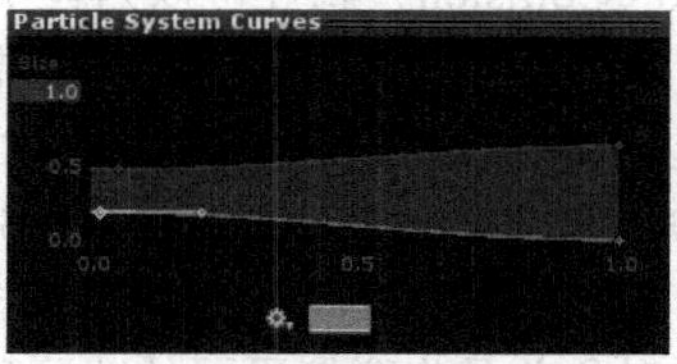

▲图 6-51　粒子的两曲线间随机变化方式

10. 大小随速度变化（Size by Speed）

大小随速度变化属性根据粒子的速度重新定义了粒子的大小，包含粒子的大小（Size）和速度范围（Speed Range）两个属性。如图 6-52 所示。

- ❑ 粒子的大小（Size）包含 3 种变化方式，分别是曲线（Curve）变化方式、两常量间随机（Random Between two Constants）变化方式和两曲线间随机（Random Between Two Curves）变化方式，这 3 种变化方式在前面已有介绍，在这里不再赘述。

粒子的速度范围（Speed Range）中包含两个参数，左侧参数为最小速度，右侧为最大速度。参数值是粒子设定速度（Start Speed）的倍数，最小速度不得大于最大速度。

11. 生命周期内的转速（Rotation over Lifetime）

生命周期内的转速属性使粒子在自身的生命周期内发生旋转，在此属性中可以调整粒子旋转时的角速度（Angular Velocity）。如图 6-53 所示。

▲图 6-52　粒子大小随速度变化属性

▲图 6-53　生命周期内的转速属性

- ❑ 角速度（Angular Velocity）包含 4 种选择方式，包括固定值（Constant）、曲线变化（Curve）、两固定值间随机变化（Random Between two Constants）和两曲线间随机变化（Random Between Two Curves）。

❑ 当选择固定值（Constant）时，在参数中输入一个数值，粒子会按照这个数值在生命周期内旋转。其他 3 种方式前文已有介绍，在这里不再赘述。

12. 角速度随速度变化（Rotation by Speed）

角速度随速度变化属性根据速度重新定义了粒子的角速度，包含角速度（Angular Velocity）和速度范围（Speed Range）两个属性。如图 6-54 所示。

❑ 角速度（Angular Velocity）包含 4 种选择方式，包括固定值（Constant）、曲线变化（Curve）、两固定值间随机变化（Random Between two Constants）和两曲线间随机变化（Random Between Two Curves）。4 种方式前文已有介绍，这里不再赘述。

❑ 速度范围（Speed Range）同前文中介绍，这里不再赘述。

13. 外部作用力（External Forces）

外部作用力属性重新定义了粒子系统的风域属性，其中的倍增（Multipler）参数为风域的倍增系数，如图 6-55 所示。

▲图 6-54　角速度随速度变化属性

▲图 6-55　外部作用力属性

14. 碰撞（Collision）

碰撞（Collision）属性可以为粒子系统中的每一个粒子添加碰撞效果，这种碰撞检测的效率非常高。有两种碰撞形式可供选择，指定平面碰撞（Planes）和世界范围（World）碰撞。

当选择指定平面碰撞（Planes）时，开发者可以指定一个或者多个物体与粒子系统发生碰撞，指定的物体可以是任意对象。如图 6-56 所示。

❑ 碰撞平面（Planes）可以指定与粒子系统发生碰撞的物体。单击右侧白色“+”号可以创建一个空对象并且将碰撞平面挂载到碰撞平面属性中，白色“+”号下方的黑色“+”号可以增加碰撞平面对象，使用此项功能可以指定多个平面与粒子系统发生碰撞检测。

❑ 显示方式（Visualization）是一个可展开列表，其中包含网格显示方式（Grid）和立体显示方式（Solid）。

❑ 显示平面大小比例（Scale Plane）决定可视化平面的大小尺寸，参数是与粒子系统范围的比值。

❑ 阻尼系数（Dampen）决定粒子经过一次碰撞后的速度损失比例，取值范围是 0～1。

❑ 弹跳系数（Bounce）决定粒子经过一次碰撞后再次弹起时的速度比例，取值范围 0～2。

❑ 生命周期损失（Lifetime Loss）决定粒子经过碰撞后生命周期的损失比例，取值范围 0～1。

❑ 最小清除速度（Min Kill Speed）的含义是当粒子的速度减小为此速度或者小于此速度时将此粒子清除。取值越大粒子消失的越快，读者可以尝试自己揣摩一下。

❑ 粒子系统半径（Particle Radius）的含义是粒子系统与碰撞平面发生碰撞后的有效距离，主要是为了避免粒子系统与碰撞平面的剪裁问题。

❑ 发送碰撞信息（Send Collision Messenger）的含义是当勾选此选项时，粒子系统与碰撞平面发生的碰撞检测可以被脚本中的 OnParticleCollision 方法检测到。

当选择世界范围（World）碰撞时，不需要开发者指定与粒子系统发生碰撞的物体，粒子会与场景中所有的游戏对象发生碰撞。如图 6-57 所示。

❑ 其中阻尼系数（Dampen）、弹跳系数（Bounce）、生命周期损失（Lifetime Loss）、最小清除速度（Min Kill Speed）和发送碰撞信息（Send Collision Messenger）与指定平面碰撞（Planes）时的含义相同，在这里不再赘述。

❑ 可碰撞物体（Collides With）决定可以与粒子系统发生碰撞的层，在可展开列表中选择需要与粒子系统发生碰撞的层。

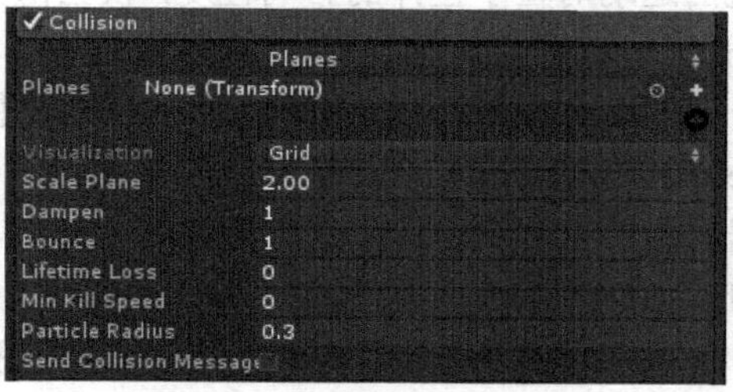

▲图 6-56 平面碰撞属性界面

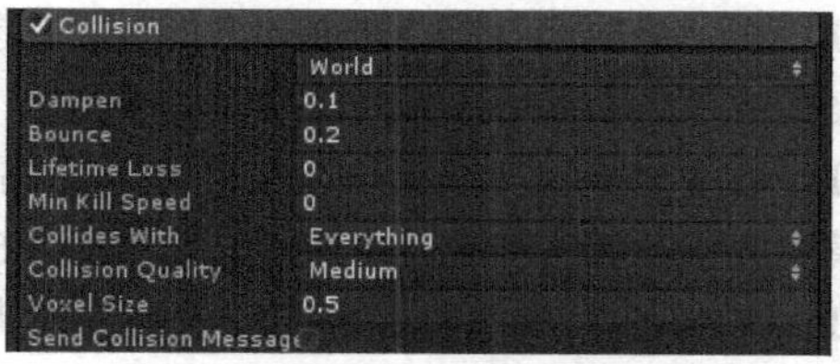

▲图 6-57 世界范围碰撞属性界面

❑ 碰撞检测质量（Collision Quality）决定物体与粒子系统发生碰撞的概率大小，在可展开列表中包括高质量（High）、中等质量（Medium）和低质量（Low）。质量越高则发生碰撞的概率越大。

❑ 立体像素尺寸（Voxel Size）的含义是碰撞检测中立体像素的大小，只有当碰撞检测质量（Collision Quality）为中等质量（Medium）和低质量（Low）时可用。

15. 子发射系统（Sub Emitters）

子发射系统（Sub Emitters）属性可以在粒子系统生成粒子（Birth）、粒子发生碰撞（Collision）和粒子消失（Death）时调用其他粒子系统。如图 6-58 所示。

16. 纹理层动画（Texture Sheet Animation）

纹理层动画（Texture Sheet Animation）可以将粒子在生命周期内的纹理图动态化。如图 6-59 所示。

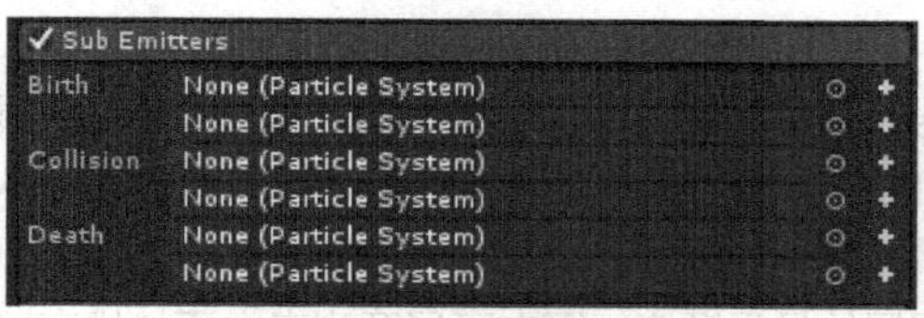

▲图 6-58 子发射系统属性

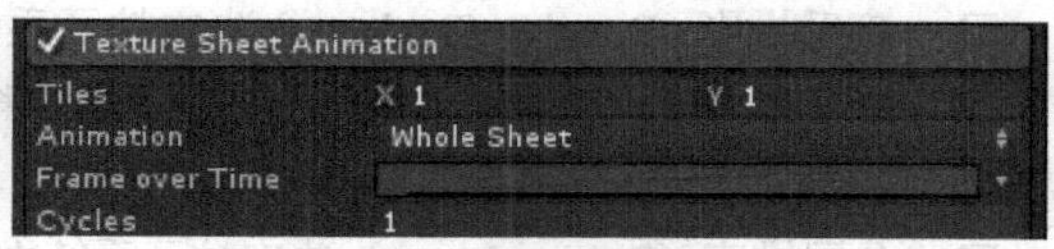

▲图 6-59 纹理层动画属性

❑ 平铺尺寸（Tiles）定义纹理图的平铺，分为 x 和 y 两个平铺参数。

❑ 动画（Animation）为纹理图指定动画类型，可展开列表中包含整个网格（Whole Sheet）和单行（Single Row）两种方式。

❑ 随机行（Random Row）的含义是当勾选时第一行随机，仅动画（Animation）选择单行（Single Row）方式时可用。

❑ 时间帧（Frame over Time）决定动画的变化方式，在可展开列表中包括 4 种选择方式，包括固定值（Constant）、曲线变化（Curve）、两固定值间随机变化（Random Between two Constants）和两曲线间随机变化（Random Between Two Curves）。

❑ 周期（Cycles）决定动画的播放周期，周期越小速度越快。

17. 渲染器（Renderer）

渲染器（Renderer）属性定义了粒子系统中粒子的渲染特性，灵活运用此属性可以更加灵活地使用粒子系统。如图 6-60 所示。

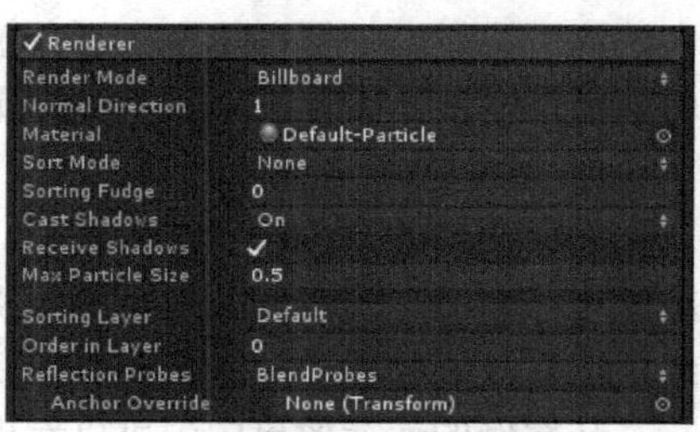

▲图 6-60 渲染器属性

❑ 渲染模式（Render Mode）决定粒子渲染的方式。可展开列表中包含 5 种渲染方式，分别为面板渲染（Billboard）、拉伸面板渲染（Stretched Billboard）、水平面板渲染（Horizontal Billboard）、垂直面板渲染（Vertical Billboard）和网格渲染（Mesh）。

- ❑ 摄像机缩放比（Camera Scale）决定摄像机的运动对粒子拉伸的影响程度，仅当渲染模式（Render Mode）为拉伸面板渲染（Stretched Billboard）时可用。
- ❑ 速度缩放比（Speed Scale）的含义是根据粒子运动的速度决定粒子长度的缩放比例，仅当渲染模式（Render Mode）为拉伸面板渲染（Stretched Billboard）时可用。
- ❑ 长度缩放比（Length Scale）的含义是根据粒子的长度决定粒子的宽度的缩放比例，仅当渲染模式（Render Mode）为拉伸面板渲染（Stretched Billboard）时可用。
- ❑ 网格类型（Mesh）决定粒子的网格类型，可供选择的类型包括 Unity 中内置的几种基础的物体类型，如球体（Sphere）和胶囊（Capsule）以及开发者自行添加的带有网格渲染模式的游戏对象等。仅当渲染模式（Render Mode）为网格渲染（Mesh）时可用。
- ❑ 法线方向（Normal Direction）决定粒子光照贴图法线的方向，取值范围为 0～1。当取值为 0 时朝向屏幕中心，当取值为 1 时朝向摄像机，当渲染模式为网格渲染（Mesh）时不可用。
- ❑ 材质（Material）属性决定粒子的材质。
- ❑ 排序模式（Sort Mode）的含义是粒子产生不同优先级的依据。可展开列表中包括 4 种方式，包括空（none）、依照距离（By Distance）、最新生置首（Youngest Frist）和生成时间最久置首（Oldest Frist）。
- ❑ 矫正排序系数（Sorting Fudge）决定粒子的排序偏差，较低的系数值会增加粒子系统的渲染覆盖其他游戏对象的相对概率。
- ❑ 投射阴影（Cast Shadows）决定粒子系统对其他不透明材质投射阴影的方式（只能是不透明的材质）。可展开列表中包括 4 种可选方式，包括关闭（Off）、打开（On）、两侧阴影（Two Sided）和仅投影（Shadows Only）。
- ❑ 接受投影（Receive Shadows）决定粒子系统是否接受投影，只有不透明的材质才能投射阴影。
- ❑ 最大粒子尺寸（Max Particle Size）决定粒子的最大尺寸（不用考虑其他位置设置的大小），即视口中的最大尺寸。
- ❑ 分层排序（Sorting Layer）决定粒子系统中不同层的显示顺序，可在可展开列表中添加排序层。
- ❑ 层顺序（Order in Layer）决定每个排序层的渲染顺序。
- ❑ 反射（Reflection Probes）决定粒子的反射形式。可展开列表中包括 4 种方式，分别是关闭（Off）、混合探测（Blend Probes）、混合探测和天空盒（Blend Probes And Sky box）和简单形式（Simple）。
- ❑ 锚点覆盖（Anchor Override）重新定义了粒子反射探测的锚点，可用其他游戏对象的锚点替代。仅当反射探测打开时可用。

6.3.3 粒子系统的综合使用

在生活中会有这样的情况，某些物体从高处坠入水中或者在水面移动时会在水面上激起水花和波纹。比如，一艘赛艇在水面上游动，赛艇在移动时会在水面上激起水花并且留下波纹。本节将会通过案例“用粒子系统实现真实水花”向读者介绍这一效果的开发过程。

1. 案例效果与基本原理

介绍案例的具体开发过程之前，首先需要了解本案例所要达到的效果以及效果能够达成的基本原理。本节中的案例效果是使赛艇在水面上移动或者旋转时能够激起水花并且在水面上留下波纹，运行效果如图 6-61、图 6-62 所示。

从案例的运行效果图中可以看出，在水面上有一艘赛艇在向前游动，游动的过程中激起了水花同时在水面上留下了一些波纹。案例中的自然场景是使用前面介绍的天空盒技术和地形的创建技术实现的，在这里不再赘述，而水花和波纹效果是通过粒子系统技术实现的。

▲图 6-61　运行效果图 1

▲图 6-62　运行效果图 2

粒子系统不是一个简单的静态系统，其原理是在系统中粒子会随着时间的推移不断变形和运动，而且系统会自动产生新的粒子，销毁旧的粒子。这样就能够表现出和案例中的水花和波纹等现象极其相似的效果，极大地提高游戏的可观赏性。

2. 场景搭建及开发步骤

了解到案例所要达到的运行效果和基本原理后，下面将对案例的场景搭建和开发步骤进行详细介绍。具体内容如下。

（1）创建项目。新建一个文件夹，将其命名为“PhysX”。打开 Unity，生成项目。在项目中新建场景，将其命名为“Rowing”，在项目中新建三个文件夹，将创建好的三个文件夹分别命名为“Models”“Texture”和“Map”。

（2）导入模型及其对应贴图。将准备好的赛艇模型 Rowing.fbx 和人物模型 Hero.fbx 导入前面创建的文件夹 Models 中，然后将对应的贴图 Rowing.png 和 Hero.jpg 导入到文件夹“Texture 中，最后将地形所需的资源导入到文件夹 Map 中。

（3）搭建场景。完成场景搭建的相关工作，包括模型位置的摆放、灯光的创建以及地形的设定等，这些步骤前面已有详细介绍，这里不再赘述。至此基本场景开发完成，下面开始水花特效和相关脚本开发的介绍。

（4）创建一个粒子系统，将其命名为“WaterBottom”，将其拖曳到赛艇的子对象 Rowing 中作为其子对象。将粒子系统“WaterBottom”调整到合适的位置，作为水面上赛艇底端生成的波纹粒子特效。如图 6-63、图 6-64 所示。

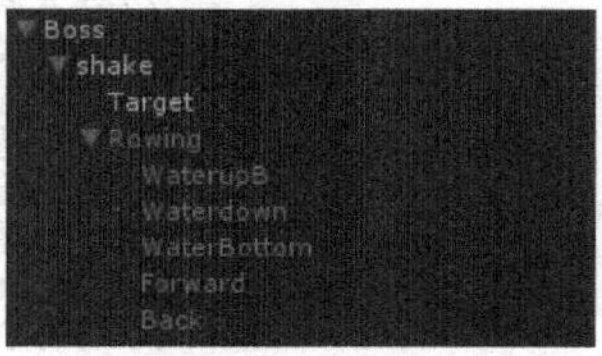

▲图 6-63　子对象列表

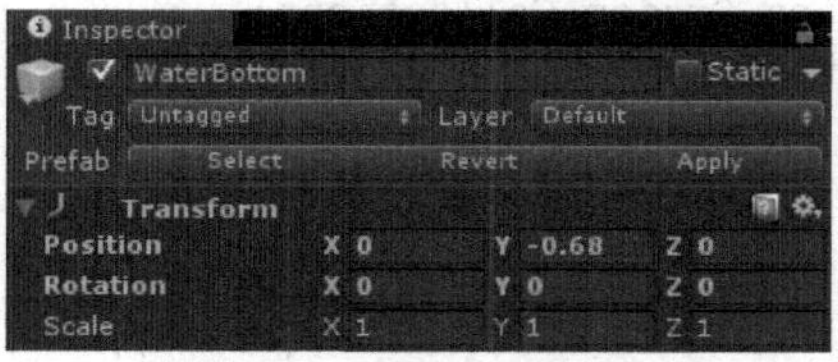

▲图 6-64　“WaterBottom”相对位置

（5）创建两个粒子系统，将其分别命名为“Waterdown”和“WaterupB”，并分别作为赛艇尾部底端生成的波纹和尾部生成的水花。将两个粒子系统分别拖曳到赛艇的子对象 Rowing 中作为其子对象，并调整到合适位置。如图 6-65、图 6-66 所示。

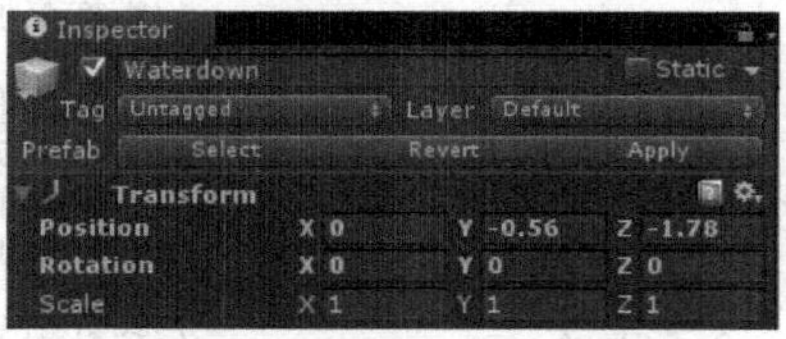

▲图 6-65　“Waterdown”相对位置

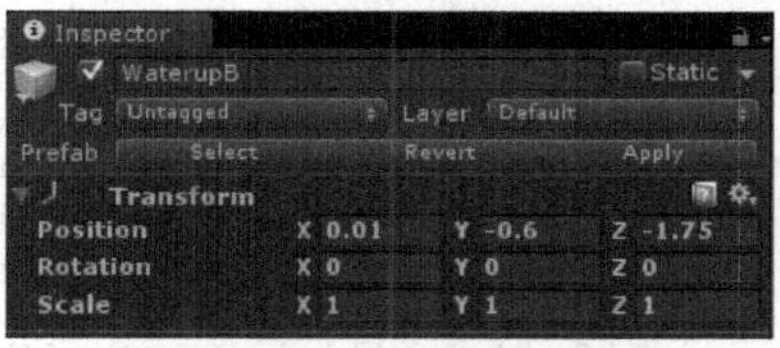

▲图 6-66　“WaterupB”相对位置

（6）更换粒子系统的材质。创建两个 material，将其分别命名为“WaterMat1”和“WaterMat2”。

属性界面中的 Shader 选项选择“Particles/Addictive”，Particle Texture 选项选择 Texture 文件夹下的图片“foam.tga”，作为底部波纹和尾部水花的材质。完成更换后组件界面如图 6-67、图 6-68 所示。

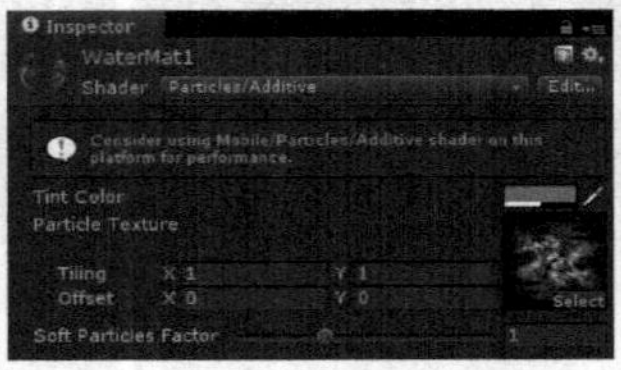

▲图 6-67　“WaterMat1”组件界面

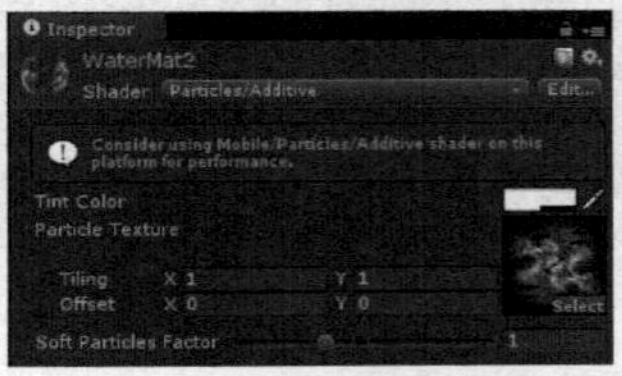

▲图 6-68　“WaterMat2”组件界面

（7）调整粒子系统的参数。上面已经完成了粒子系统的基本创建，下面开始调整粒子系统的各个参数，以模拟水花和波纹特效。参考前面各个参数细节对照表依次调整水花和两个波纹粒子系统，调整后的结果如图 6-69、图 6-70 所示（这里只附录了“WaterupB”的参数和材质图）。

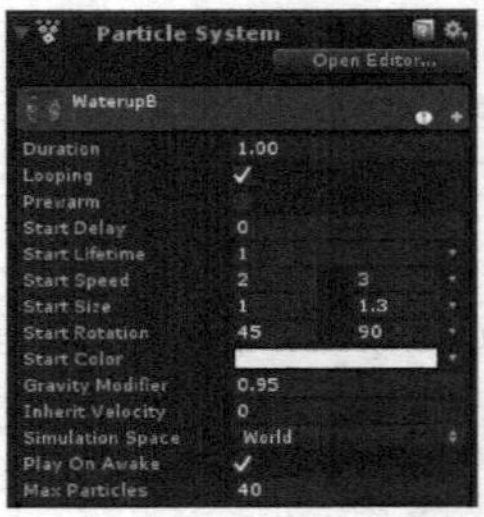

▲图 6-69　“WaterupB”参数设置

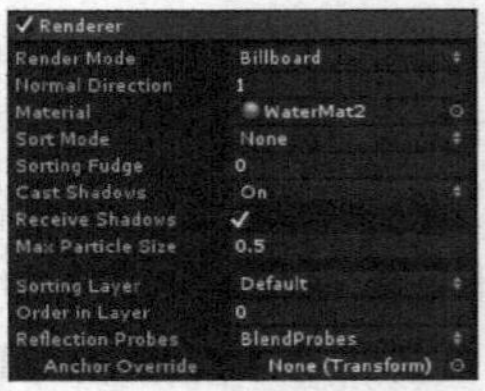

▲图 6-70　“WaterupB”材质设置

（8）搭建好粒子系统后水花和波纹特效已经完成。但是，单纯在同一位置生成的波纹和水花并不能真实地模拟现实生活中的情况，下面介绍案例中赛艇控制脚本的开发。新建一个脚本，将其命名为“Move.cs”，双击打开脚本后开始编写。脚本代码如下。

代码位置：见随书光盘中源代码/第 6 章目录下的 PhysX/Assets/Scripts / Move.cs。

```
using UnityEngine;
using System.Collections;                                    //导入系统包
public class Move : MonoBehaviour{                           //声明类名
   public EasyJoystick MyJoystick;                           //声明摇杆
   float MoveSpeed = 0.05f;                                  //声明移动速度
   float RotSpeed = 0.5f;                                    //声明旋转速度
   public GameObject WaterB;                                 //声明尾部水花
   void Start() {                                            //Start 方法
      WaterB.SetActive(false);                               //尾部水花不可见
   }
   void Update(){                                            //Update 方法
      if (MyJoystick.JoystickTouch.x > 0.5f) {               //摇杆到右半部分
         transform.Rotate(0, RotSpeed, 0);                   //赛艇向右旋转
         Circle.addSpeed = true;                             //螺旋桨加速
      }
      if (MyJoystick.JoystickTouch.x < -0.5f){               //摇杆到左半部分
         transform.Rotate(0, -RotSpeed, 0);                  //赛艇向左旋转
         Circle.addSpeed = true;                             //螺旋桨加速
      }
      if (MyJoystick.JoystickTouch.y > 0.5f){                //摇杆到上半部分
         WaterB.SetActive(true);                             //尾部水花可见
         transform.Translate(0, 0, MoveSpeed);               //赛艇向前移动
         Circle.addSpeed = true;                             //螺旋桨加速
      }
      if (MyJoystick.JoystickTouch.y < -0.5f) {              //摇杆到下半部分
         transform.Translate(0, 0, -MoveSpeed);              //赛艇向后移动
         Circle.addSpeed = true;                             //螺旋桨加速
      }
```

```
29          if (MyJoystick.JoystickTouch.x == 0 && MyJoystick.JoystickTouch.y==0){//摇杆未移动
30              WaterB.SetActive(false);                                    //尾部水花不可见
31              Circle.minusSpeed = true;                                   //螺旋桨减速
32          }}}
```

❑ 第 1-10 行的功能主要是导入系统包、声明类名和声明脚本中用到的变量。在初始状态中，如果赛艇在静止状态下则不应激起尾部水花，所以在脚本的 Start 方法中将前面声明的对象“WaterB”设置为不可见，使其只在需要的时候出现。

❑ 第 11-32 行的功能主要是使用脚本的 Update 方法来实现通过检测摇杆的位置来控制赛艇的功能。当检测到摇杆不同位置的位移后，使赛艇向对应的方向执行加速或者减速功能，同时控制尾部水花的可见与不可见。

（9）脚本创建完毕后，将“Move.cs”挂载到案例中的对象“Boss”，将其子对象“WaterupB”拽曳到脚本的组件界面中的“WaterupB”选项中，同时导入插件“Easytouch”，将插件中的“NewJoystick”对象挂载到脚本组件界面中的“MyJoystick”选项中。脚本组件界面如图 6-71 所示。

▲图 6-71 “Move.cs”组件界面

（10）前面介绍了脚本“Move.cs”的开发，下面新建脚本，并将脚本命名为“Shake.cs”。该脚本主要用于实现赛艇在水面上的随水流而产生的波动。编写完成后将脚本拖曳到对象“Boss”的子对象“Shake”上。脚本的具体代码如下。

代码位置：见随书光盘中源代码/第 6 章目录下的 PhysX/Assets/Scripts/Shake.cs。

```
1     using UnityEngine;
2     using System.Collections;                               //导入系统包
3     public class Shake : MonoBehaviour {                    //声明类名
4         float RotSpeedX=0.04f;                              //声明 x 轴旋转速度
5         float RotSpeedZ=0.06f;                              //声明 y 轴旋转速度
6         float ShakeFactor = 4;                              //声明旋转中心面
7         void Update () {                                    //Update 方法
8             if (transform.eulerAngles.x >= ShakeFactor &&
9               transform.eulerAngles.x <= 180) {             //x 轴旋转最大限度
10                RotSpeedX = -0.04f;                         //定义旋转速度
11            }
12            if (transform.eulerAngles.x <= 360 - ShakeFactor &&
13              transform.eulerAngles.x > 180){               //x 轴旋转最小限度
14                RotSpeedX = 0.04f;                          //定义旋转速度
15            }
16            if (transform.eulerAngles.z >= ShakeFactor &&
17              transform.eulerAngles.z <= 180) {             //z 轴旋转最大限度
18                RotSpeedZ = -0.06f;                         //定义旋转速度
19            }
20            if (transform.eulerAngles.z <= 360 - ShakeFactor &&
21              transform.eulerAngles.z > 180) {              //z 轴旋转最小速度
22                RotSpeedZ = 0.06f;                          //定义旋转速度
23            }
24            transform.Rotate(RotSpeedX, 0, RotSpeedZ);      //旋转
25        }}
```

❑ 第 1-6 行的功能主要是导入系统包、声明类名和声明脚本中用到的变量。此脚本的主要功能是实现案例中的赛艇模拟在水面上随水流摆动的功能，在这里定义了 x 轴的旋转速度、z 轴的旋转速度和旋转围绕的平面 3 个变量。

❑ 第 7-25 行的功能主要是使用脚本的 Update 方法来实现脚本所要实现的功能。此脚本中赛艇绕摆动平面的 x 轴旋转速度和 z 轴旋转速度不同，这样可以使赛艇在摆动过程中的规律性不太明显，使摆动的效果更加真实。

（11）前面介绍了脚本“Shake.cs”的开发，下面新建脚本，并将脚本命名为“Circle.cs”。该

脚本主要用于实现赛艇尾部螺旋桨加速转动、减速转动和匀速转动功能。编写完成后将脚本拖曳到对象“Shake”的子对象“Back”上。脚本的具体代码如下。

代码位置：见随书光盘中源代码/第 6 章目录下的 PhysX/Assets/Scripts/Shake.cs。

```
1   using UnityEngine;                                           //导入系统包
2   using System.Collections;                                    //声明类名
3   public class Circle : MonoBehaviour {                        //声明旋转速度
4       float CirSpeed;                                          //声明最小速度
5       float minSpeed = -1;                                     //声明最大速度
6       float maxSpeed = -10;                                    //加速标志位
7       public static bool addSpeed;                             //减速标志位
8       public static bool minusSpeed;                           //加速计时标志位
9       bool Add = true;                                         //减速计时标志位
10      bool Minus = true;                                       //加速时间
11      float TimeA;                                             //减速时间
12      float TimeM;
13      void Update () {                                         //Update 方法
14          transform.Rotate(CirSpeed, 0, 0);                    //旋转螺旋桨
15          if (addSpeed) {                                      //加速
16              if (Add){                                        //加速计时
17                  TimeA = Time.time;                           //计时
18                  Add = false;                                 //停止计时
19              }
20              CirSpeed = Mathf.Lerp(minSpeed, maxSpeed, Time.time - TimeA);//定义速度
21              if (CirSpeed == maxSpeed) {                      //到最大速度
22                  addSpeed = false;                            //停止加速
23              }}
24              else{
25                  Add = true;                                  //开始计时
26          }
27          if (minusSpeed) {                                    //减速
28              if (Minus){                                      //减速计时
29                  TimeM = Time.time;                           //计时
30                  Minus = false;                               //停止计时
31              }
32              CirSpeed = Mathf.Lerp(maxSpeed, minSpeed, Time.time - TimeM);
                                                                 //定义速度
33              if (CirSpeed == minSpeed) {                      //到最小速度
34                  minusSpeed = false;                          //停止减速
35              }}
36              else {
37                  Minus = true;                                //开始计时
38          }}}
```

- 第 1-12 行的功能主要是导入系统包、声明类名和声明脚本中用到的变量。此脚本的主要功能是实现案例中的赛艇尾部螺旋桨的加速和减速功能，脚本中使用了记录一个时间点来实现加速和减速效果。
- 第 13-38 行的功能主要是使用脚本的 Update 方法来实现脚本所要实现的功能。脚本中使用了插值的方式来时间速度渐变效果，同时通过记录按钮按下的时间点来控制赛艇尾部的螺旋桨的加速和减速时间。

（12）至此，案例中的脚本开发完毕，下面导入摄像机跟随脚本。导入过程为选择“Assets”文件夹，单击鼠标右键选择“Import Package →Scripts“后，在弹出的“Importing package”对话框中选择“SmoothFollow.js”脚本文件导入。如图 6-72 所示。

（13）将导入的摄像机跟随脚本 SmoothFollow.js 挂载到场景中的主摄像机 Main Camera 上，单击主摄像机打开主摄像机的组件界面，然后将对象列表中的 Boss 对象的子对象 Target 拖曳到组件 SmoothFollow.js 中的 Target 选项中。调整参数如图 6-73 所示。

（14）给赛艇添加刚体和碰撞体，选中对象 Boss，执行 Component→physics→Rigidbody”命令，去掉重力，勾选 Freeze Position 中的 Y 选项和 Freeze Rotation 的 X 选项和 Z 选项。设置后的

结果如图 6-74 所示。

▲图 6-72　导入摄像机跟随脚本

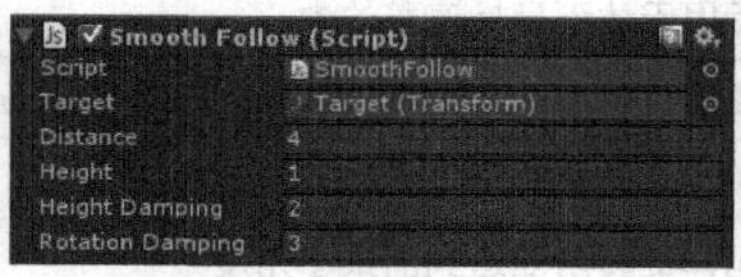

▲图 6-73　摄像机跟随脚本组件界面

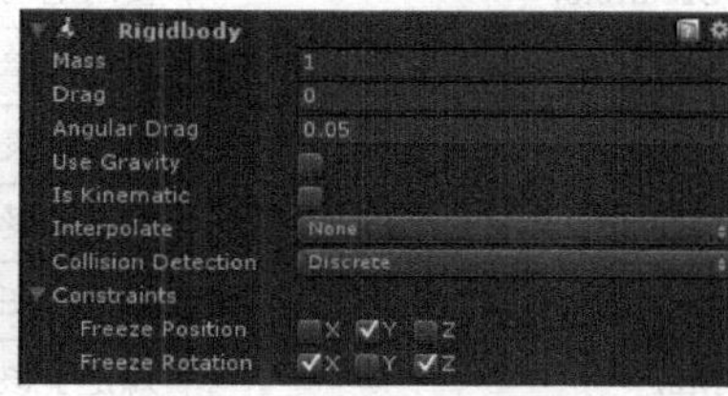

▲图 6-74　刚体组件界面

（15）添加天空盒。选中主摄像机 Main Camera，执行“Component→Rendering→Sky box 命令，导入系统天空盒资源。选择“Sunny1 Skybox”，将属性界面的 Shader 由“Mobile”更改为“Skybox”，将更改后的材质拖曳到主摄像机的 Skybox 组件的 Custom Skybox 中，至此案例完成。

本案例的场景文件位于随书光盘中源代码/第 6 章目录下的 PhysX/Assets/Scenes。读者可以举一反三，将此种方案加以推广，可以将多个粒子系统加以组合达到更加细致精确的效果。

6.4 关节

在现实生活中，大部分的运动物体并不是单独的一个简单基本体，对象要和其他对象进行交互，必须在其所谓的内存联系。例如枪械对象的设计，因为枪械对象的刚体组件并不是由简单的一个基本刚体组成的，需要多个子对象刚体组件的拼接来组成。这就需要关节中的固定关节来解决。

在 Unity3D 中，关节包括铰链关节（Hinge Joint）、固定关节（Fixed Joint）、弹簧关节（Spring Joint）、角色关节（Character Joint）及可配置关节（Configurable Joint）五种。通过关节组装可以轻松地实现人体、机车等游戏模型的模拟。下面将对各种关节逐一进行介绍。

6.4.1 铰链关节的特性

在 Unity 3D 基本关节中，铰链关节是用途很广的一个，利用铰链关节不仅可以做门、风车的模型，甚至可以做机动车的模型。铰链关节的功能是将两个刚体束缚在一起，在两者之间产生一个铰链的效果。它的具体属性如表 6-5 所示。

表 6-5　　铰链关节属性

属　性	含　义
Connected Body	连接目标，指与主体构成铰链组合的目标刚体
Anchor	本体的锚点，连接目标旋转时围绕的中心点
Connected Anchor	连接目标的锚点，本体旋转时围绕的中心点
Axis	锚点和目标锚点的方向，即指定了本体和连接目标的旋转方向
Auto Configure Connected Anchor	当勾选该属性值时，仅给出锚点的坐标，系统将自动计算出目标锚点的坐标
Use Spring	关节组件中是否使用弹簧，只该属性被勾选时，弹簧（Spring）属性才会有效
Spring	弹簧力，表示维持对象移动到一定位置的力

续表

属　　性	含　　义
Damper	阻尼，指物体运动所受到的阻碍的大小，此值越大，对象移动越缓慢
Target Position	目标位置，表示的是弹簧旋转的目标角度，弹簧负责将对象拉到这个目标角度
Use Motor	使用电动机，规定了在关节组件中是否需要使用电动机
Target Velocity	目标速率，表示对象试图达到的速度，其将会以此速度为目标进行加速或减速
Force	此属性表示用于达到目标速率的力
Free Spin	规定了受控对象的旋转是否会被破坏，若启用，马达将永远不会破坏旋转，只会加速
Use Limits	规定了在关节下的旋转是否受限
Min	规定了该刚体旋转所能达到的最小角度
Max	规定了该刚体旋转所能达到的最大角度
Min Bounce	规定了刚体达到最小限值时的弹跳值
Max Bounce	规定了刚体达到最大限值时的弹跳值
Break Force	给出一个力的限值，当关节受到的力超过此值时关节会损坏
Break Torque	给出一个力矩的限值，当关节受到的力矩超过此值关节会损坏

6.4.2　铰链关节的创建

上一节介绍了铰链关节的特性，这一节将介绍铰链关节的创建。在介绍其创建之前，请读者首先理解一点，关节是依附在刚体上的，也就是说一个对象必须先挂载一个刚体组件，然后才能够添加铰链关节组件。铰链关节的创建步骤如下。

（1）依次单击“GameObject→3D Object→Cylinder”创建一个圆柱体，再依次单击“GameObject→3D Object→Cube”创建一个立方体，如图 6-75 所示。然后，设置这两个对象的 Position 为（0，0，0），使其重合在原点处，如图 6-76 所示。

▲图 6-75　创建圆柱体和立方体

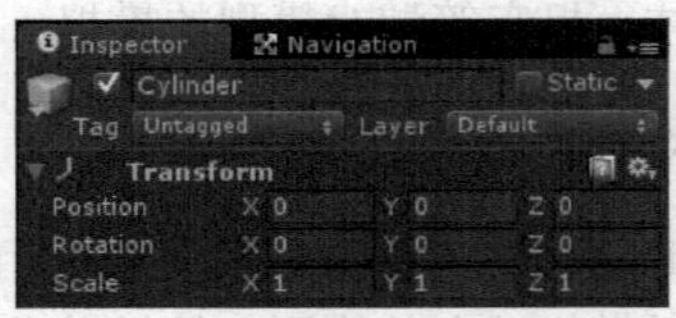

▲图 6-76　设置坐标

（2）分别调整 Cylinder 和 Cube 对象的大小和位置，以模拟出门和门轴的模型的大小，如图 6-77 所示。然后分别选中这两个对象，依次单击“Component→Physics→Rigidbody”分别为其添加刚体组件，如图 6-78 所示。

▲图 6-77　调整大小和位置

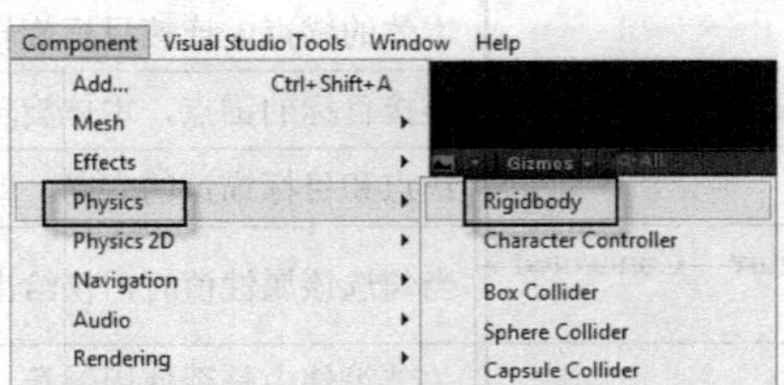

▲图 6-78　添加刚体关节

（3）接下来为圆柱体添加一个铰链关节组件。先选中 Cylinder 对象，依次点击“Component→Physics→Hinge Joint”为圆柱体添加一个铰链关节，如图 6-79 所示。并在“Inspector”面板中修改其参数，如图 6-80 所示。读者可以参照随书光盘中的案例进行设置。

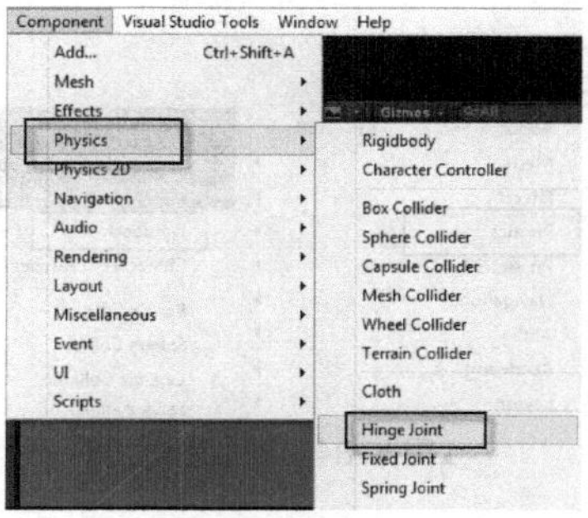
▲图 6-79 添加铰链关节

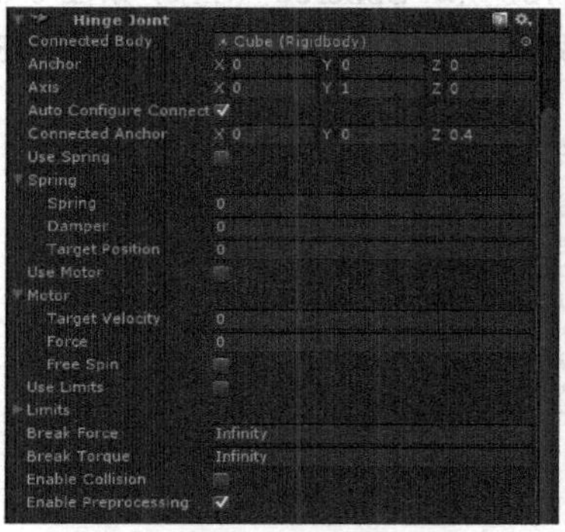
▲图 6-80 铰链关节参数

（4）选中圆柱体对象，在属性查看面板中修改属性。在 Rigidbody 组件中，把 Constraints 内的所有坐标轴都选中，以冻结圆柱体的运动，如图 6-81 所示。这样就只有充当门的立方体可以转动，以此可以制作一个以圆柱体为中心轴的门模型，如图 6-82 所示。

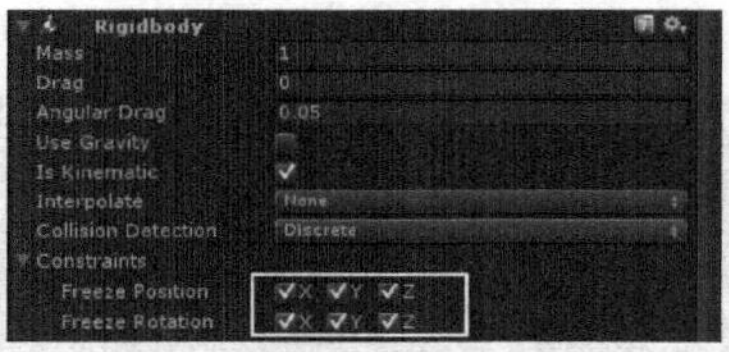
▲图 6-81 冻结圆柱体对象

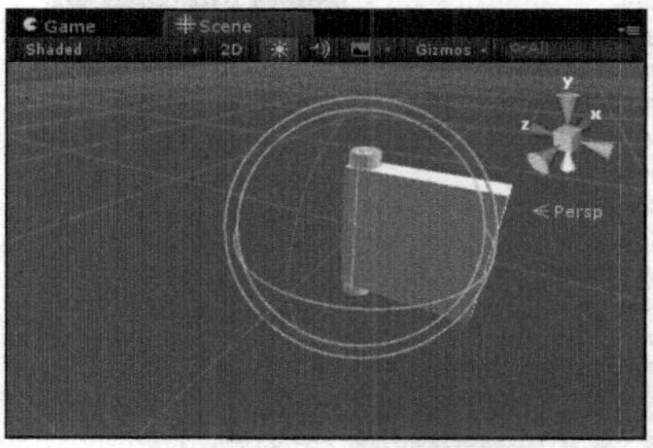
▲图 6-82 案例结果

6.4.3 固定关节的特性

在 Unity 3D 基本关节中，固定关节起到的往往是组装的功能，利用固定关节可以拼接刚体。固定关节将两个刚体束缚在一起，使两者之间的相对位置保持不变，永远不会变化，在很多开发情况是非常有用的一个关节。它的具体属性如表 6-6 所示。

表 6-6 固定关节属性

属 性	含 义
Connected Body	连接目标刚体对象
Break Force	给出一个力的限值，当关节受到的力超过此限值时关节就会损坏
Break Torque	给出一个力矩的限值，当关节受到的力矩超过此限值时关节就会损坏
Enable Collision	允许碰撞检测
Enable Preprocessing	允许进行预处理

6.4.4 固定关节的创建

上一节介绍了固定关节的特性，这一节将介绍固定关节的创建。在介绍其创建之前，请读者首先理解一点，固定关节是用于连接刚体的，也就是说，游戏对象只有在挂载了刚体组件之后才能使用固定关节。固定关节的创建步骤如下。

（1）创建两个球体对象。具体操作方法为依次单击“GameObject→3D Object→Sphere”，分别创建“Sphere1”和“Sphere2”对象，如图 6-83 所示。再依次单击“Component→Physics→Rigidbody”分别为这两个对象添加刚体组件，如图 6-84 所示。

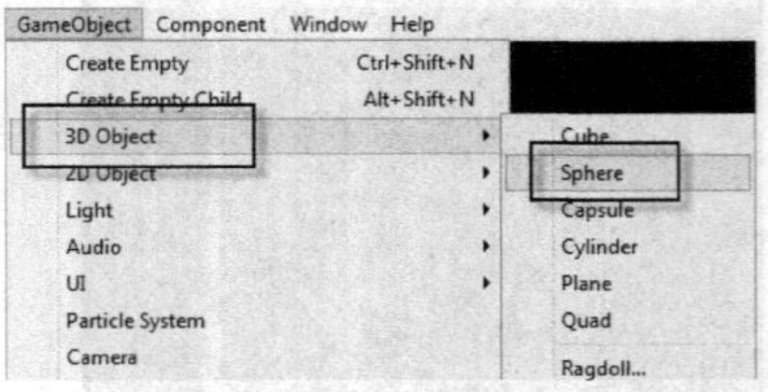

▲图 6-83 创建球体

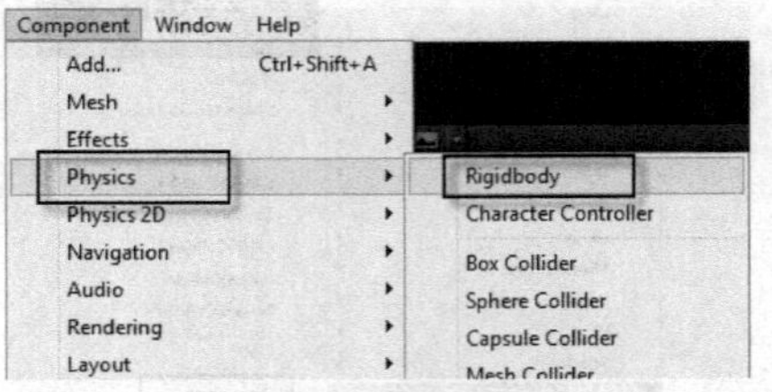

▲图 6-84 添加刚体组件

（2）选中“Sphere1”对象，依次单击“Component→Physics→Fixed Joint”为其添加一个固定关节，如图 6-85 所示。然后在属性查看面板中修改其属性，使其与图 6-86 所示的属性相符。至此，固定关节的创建就完成了。

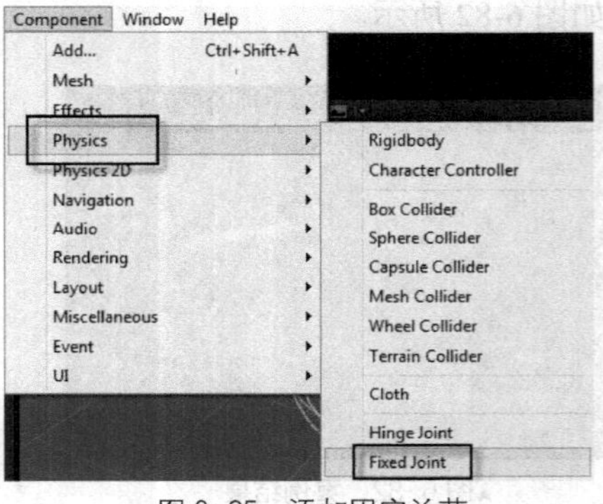

▲图 6-85 添加固定关节

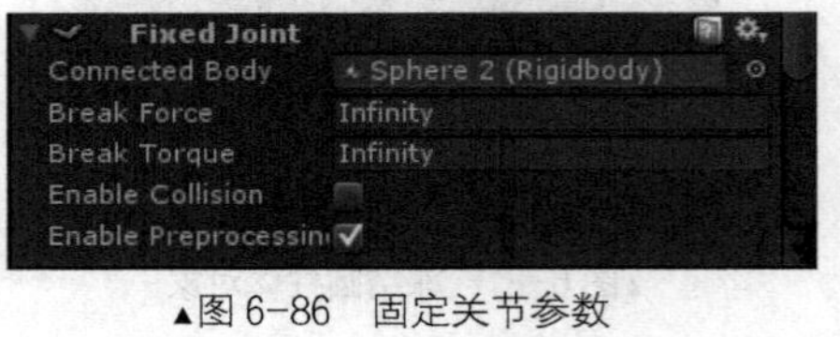

▲图 6-86 固定关节参数

6.4.5 弹簧关节的特性

在 Unity 3D 基本关节中，弹簧关节的效果极佳，其模拟效果非常真实。利用弹簧关节可以模拟多种物理模型。弹簧关节将两个刚体束缚在一起，使两者之间好像有一个弹簧连接一样。它的具体属性如表 6-7 所示。

表 6-7 弹簧关节属性

属　性	含　义
Connected Body	连接目标刚体，是关节所依赖的可靠刚体参考对象，缺省时关节将连接至世界空间
Anchor	锚点，基于本体的模型坐标系，表示弹簧的一端
Connected Anchor	目标锚点，基于连接目标的模型坐标系，表示弹簧的另一端
Auto Configure Connected Anchor	仅给出本体锚点，便自动计算目标锚点
Spring	表示弹簧的劲度系数，此值越高，弹簧的弹性效果越强
Damper	阻尼，此值越高，弹簧减速效果越明显
Min Distance	弹簧两端的最小距离
Max Distance	弹簧两端的最大距离

续表

属　　性	含　　义
Break Force	破坏弹簧所需的最小力
Break Torque	破坏弹簧所需的最小力矩
Enable Collision	允许碰撞检测
Enable Preprocessing	允许进行预处理

6.4.6　弹簧关节的创建

上一节介绍了弹簧关节的特性，这一节将介绍弹簧关节的创建。在介绍其创建之前，请读者首先理解一点，弹簧关节是用于连接刚体的，也就是说，游戏对象只有在挂载了刚体组件之后才能使用弹簧关节。弹簧关节的创建步骤如下。

（1）创建两个球体对象。具体操作方法为依次单击“GameObject→3D Object→Sphere”，分别创建“Sphere1”和“Sphere2”对象，如图 6-87 所示。再依次单击“Component→Physics→Rigidbody”分别为这两个对象添加刚体组件，如图 6-88 所示。

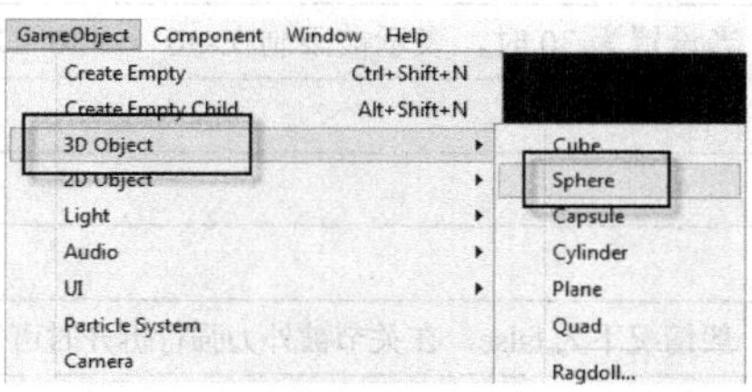

▲图 6-87　创建球体

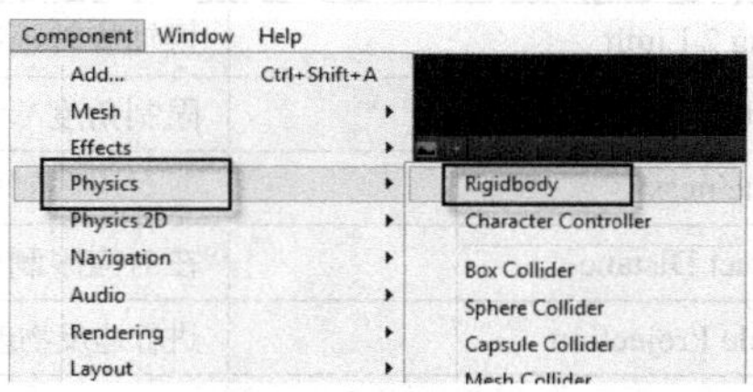

▲图 6-88　添加刚体组件

（2）选中“Sphere1”对象，依次单击“Component”→Physics→Spring Joint”为其添加一个弹簧关节，如图 6-89 所示。然后在属性查看面板中修改其属性，使其与图 6-90 所示的属性相符。至此，弹簧关节的创建就完成了。

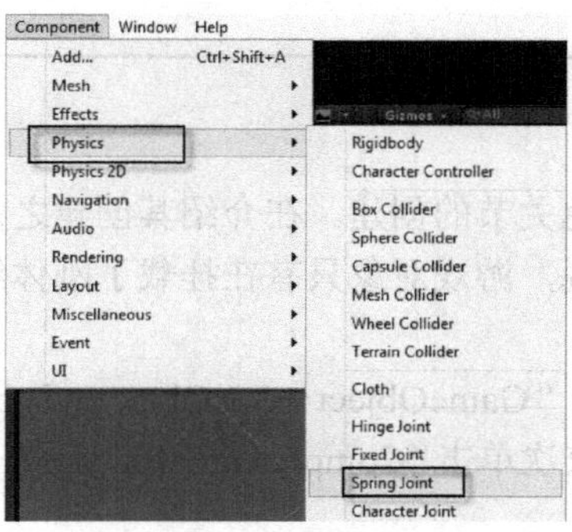

▲图 6-89　添加弹簧关节

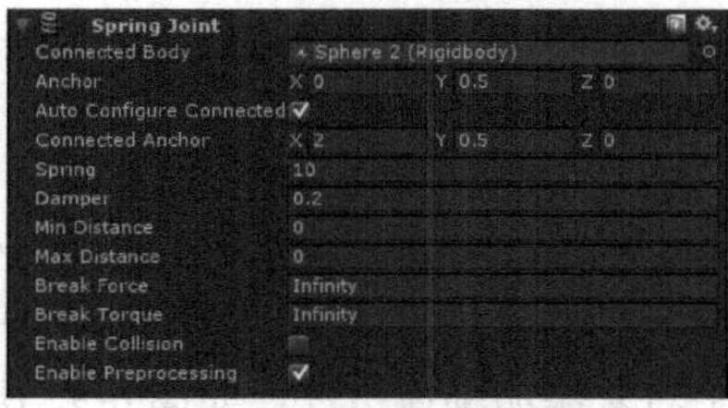

▲图 6-90　弹簧关节参数

6.4.7　角色关节的特性

在 Unity 基本关节中，角色关节是应用较广的一个基本关节。角色关节一般配合 Ragdoll 使用，是一个扩展的球窝状关节，允许开发者在每个轴上限制关节利用角色关节可以模拟人体模型。它的具体属性如表 6-8 所示。

表 6-8　角色关节属性

属　性	含　义
Connected Body	连接目标刚体，是关节所依赖的可选刚体参考对象
Anchor	基于本体的模型坐标系的锚点
Axis	指关节的扭轴，以橙色的 gizmo 圆锥表示
Auto Configure Connected Anchor	是否自动计算目标锚点
Connected Anchor	目标锚点，基于目标钉嵌体的模型坐标系的锚点
Swing Axis	摆轴，指角色对象上某两个部分的摆所绕的轴，用绿色的 gizmo 圆锥表示
Twist Limit Spring	扭轴弹簧限制，为关节指定了弹簧限制
Spring	弹簧限制的弹簧系数
Damper	弹簧限制的弹簧阻尼
Low Twist Limit	扭轴下限，为关节扭轴指定了下限，关节扭曲的角度不可低于此下限
High Twist Limit	扭轴上限，为关节扭轴指定了上限，关节扭曲的角度不可高于此上限
Swing 1 Limit	摆轴旋转限制 1，用绿轴表示，当设置为 30 时，表示被限制在-30° ～30° 之间
Swing 2 Limit	摆轴旋转限制 2，用橙轴表示，当设置为 30 时，表示被限制在-30° ～30° 之间
Limit	限制角度
Bounciness	在对应限制中的反弹系数
Contact Distance	在对应限制中的接触距离
Enable Projection	进行违反物理定律的关节投射，一般情况下为 false，在关节被外力强行拆开时可使用
Projection Distance	关节投射的距离
Projection Angle	关节投射的角度
Break Force	破坏关节所需的力
Break Torque	破坏关节所需的力矩
Enable Collision	允许碰撞检测
Enable Preporcessing	允许进行预处理

6.4.8　角色关节的创建

上一节介绍了弹簧关节的特性，这一节将介绍角色关节的创建。在介绍其创建之前，请读者首先理解一点，角色关节是用于连接刚体的，也就是说，游戏对象只有在挂载了刚体组件之后才能使用弹簧关节。角色关节的创建步骤如下。

（1）创建两个球体对象。具体操作方法为依次单击“GameObject→3D Object→Sphere”，分别创建“Sphere1”和“Sphere2”对象，如图 6-91 所示。再依次单击“Component→Physics→Rigidbody”分别为这两个对象添加刚体组件，如图 6-92 所示。

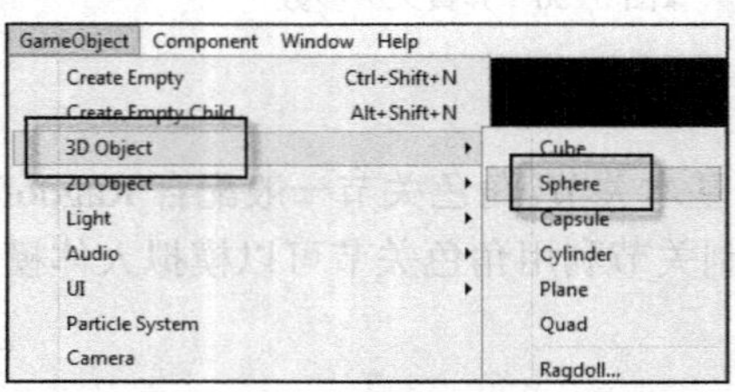

▲图 6-91　创建球体

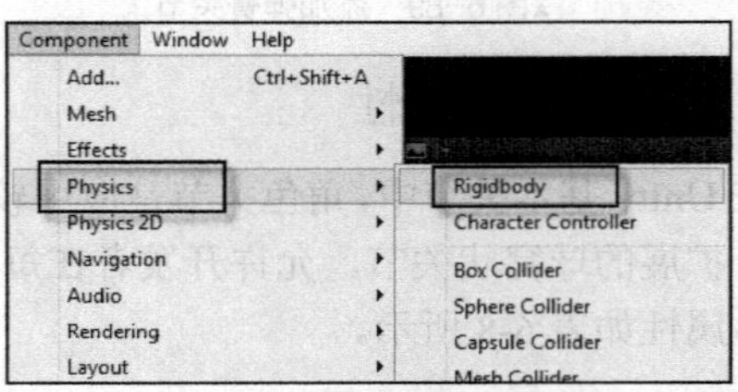

▲图 6-92　添加刚体组件

（2）选中“Sphere1”对象，依次单击“Component→Physics→Character Joint”为其添加一个角色关节，如图6-93所示。然后在属性查看面板中修改其属性，使其与图6-94所示的属性相符。至此，角色关节的创建就完成了。

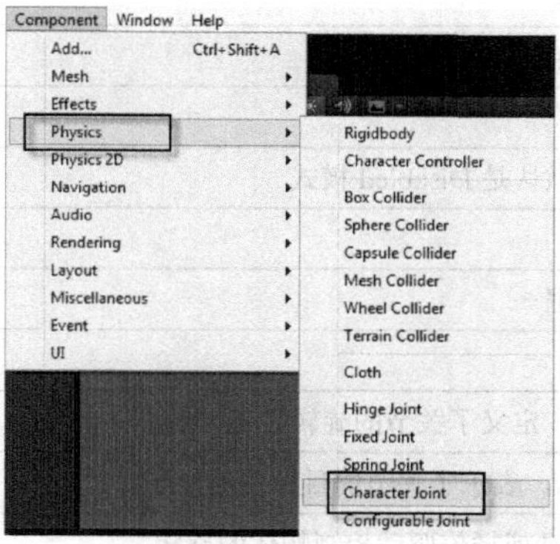

▲图6-93　添加角色

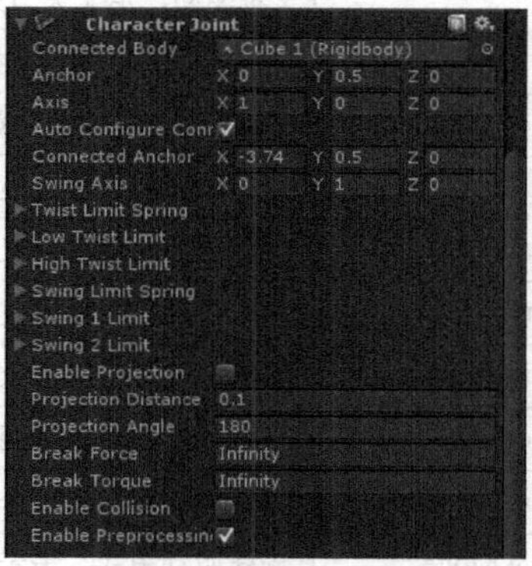

▲图6-94　角色关节参数

6.4.9　可配置关节的特性

可配置关节是可定制的。可配置关节将PhysX引擎中所有与关节相关的属性都设置为可配置的，因此可以用此组件创造出与其他关节类型行为相似的关节。正是由于其强大的灵活性，也造成了其复杂性。可配置关节的主要属性如表6-9所示。

表6-9　可配置关节属性

属　　性	含　义
Anchor	关节的中心点，所有的物理模拟都用此点为中心进行计算
Axis	主轴，即局部旋转轴，定义了物理模拟下物体的自然旋转
Secondary Axis	副轴，与主轴共同定义了关节的局部坐体系
Xmotion	限定物体沿 x 轴的平移模式
Ymotion	限定物体沿 y 轴的平移模式
Zmotion	限定物体沿 z 轴的平移模式
Angular XMotion	限定物体沿 x 轴的旋转模式
Angular YMotion	限定物体沿 y 轴的旋转模式
Angular ZMotion	限定物体沿 z 轴的旋转模式
Linear Limit	以与关节原点距离的形式定义物体的平移限制
Low Angular XLimit	以与关节原点距离的形式定义物体 x 轴的旋转下限
High Angular XLimit	以与关节原点距离的形式定义物体 x 轴的旋转上限
Angular YLimit	以与关节原点距离的形式定义物体 y 轴的旋转上限
Angular ZLimit	以与关节原点距离的形式定义物体 z 轴的旋转上限
Limit	限制值
Bouncyness	反弹系数，当物体达到限制值给予的反弹值
Spring	进行反弹的弹簧系数
Damper	弹簧阻尼
Target Position	目标位置，指关节应该到达的位置

续表

属　性	含　义
Target Velocity	目标速度，指关节应该达到的速度
XDrive	x 轴驱动，定义关节如何沿 x 轴运动
YDrive	y 轴驱动，定义关节如何沿 y 轴运动
ZDrive	z 轴驱动，定义关节如何沿 z 轴运动
Mode	目标位置或目标速度或两者都有，默认是 Disabled 模式
Position Spring	位置弹力，朝着定义方向的弹力
Position Damper	位置阻尼，朝着定义方向的弹力阻尼
Maximum Force	朝着定义方向的最大力
Target Rotation	目标角度，用一个四元数进行表示，定义了关节的旋转目标
Target Angular Velocity	目标角速度，用一个 Vector3 值表示，表示了关节的目标角速度
Rotation Drive Mode	旋转驱动模式，表示用 x 和 yz 角驱动或插值驱动控制物体的旋转
Angular XDrive	x 轴角驱动，定义了关节如何绕 x 轴旋转，只有当旋转驱动模式为 $x\&yz$ 角驱动时才有效
Angular YZDrive	y 轴角驱动，定义了关节如何绕 y 轴旋转，只有当旋转驱动模式为 $x\&yz$ 角驱动时才有效
Slerp Drive	插值驱动，定义了关节如何绕所有局部旋转轴旋转，只有当旋转驱动模式为插值时才有效
Projection Mode	投影模式，表示当物体离开它受限的位置太远时让它迅速回到受限的位置
Projection Distance	投影距离，当物体与连接体的距离差异超过投影距离时，才会迅速回到受限的位置
Projection Angle	投影角度，当物体与连接体的角度差异超过投影角度时，才会迅速回到受限的位置
Congfigure in World Space	若启动此项，所有与目标相关的计算都会在世界坐标系中进行
Break Force	当受力超过该值时，关节结构将会被破坏
Break Torque	当力矩超过该值时，关节结构将会被破坏

6.4.10　可配置关节的创建

上一节介绍了可配置关节的特性，这一节将详细介绍可配置关节的创建。在介绍其创建之前，请读者首先理解一点，可配置关节是依附在刚体上的，也就是说必须挂载有刚体的物体才能够添加可配置关节。可配置关节的创建步骤如下。

（1）创建一个球体对象和一个立方体对象。具体操作方法为依次单击“GameObject→3D Object→Sphere”和“GameObject→3D Object→Cube”，分别创建 Sphere 和 Cube 对象，然后将这两个对象摆放到合适位置。如图 6-95 所示。

（2）依次单击“Component→Physics→Rigidbody”，分别为 Sphere 和 Cube 对象添加刚体对象，如图 6-96 所示。只有挂载了刚体组件的对象才能使用关节。

▲图 6-95　新建两个对象

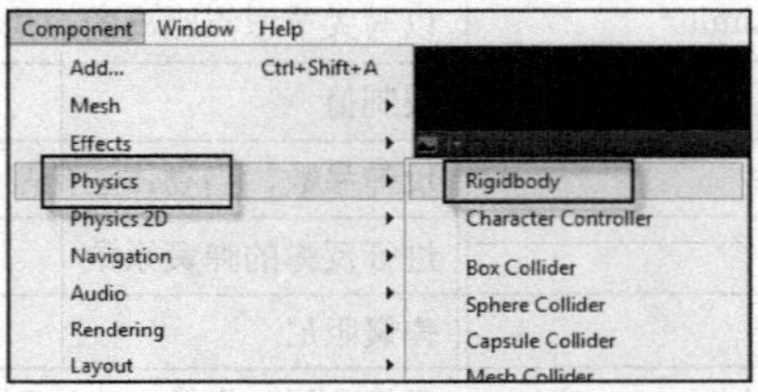

▲图 6-96　添加刚体组件

（3）选中 Cube 对象，依次单击“Component→Physics→Configurable Joint”为其添加一个可配置关节，如图 6-97 所示。然后在属性查看面板中修改其属性，使其与图 6-98 所示的属性相符。将“X Motion”“Y Motion”和“Z Motion”参数都修改为“Locked”。

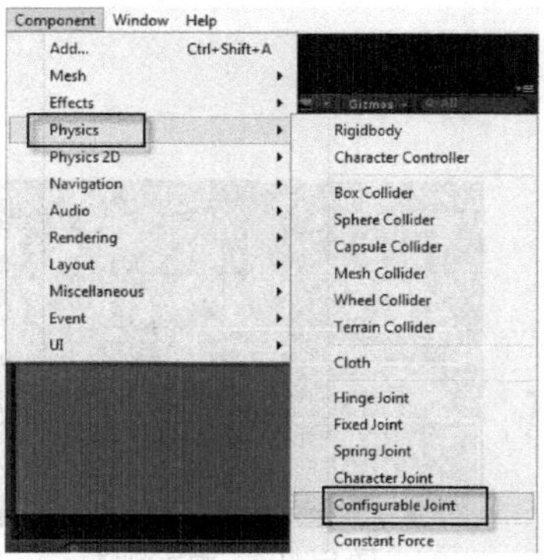

▲图 6-97　添加可配置关节

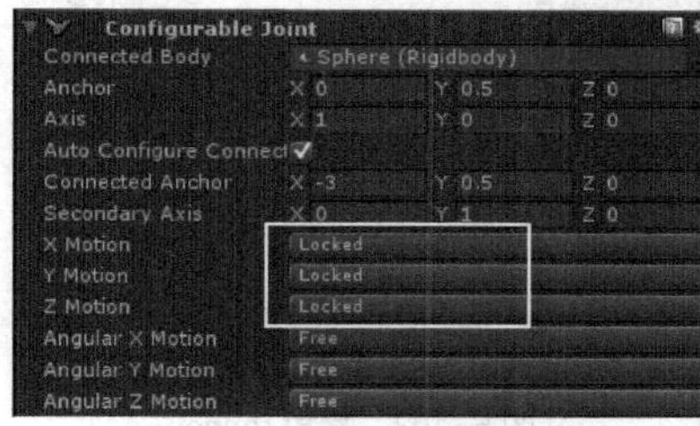

▲图 6-98　可配置关节属性

（4）选中 Cube 对象，修改其刚体组件中的参数使其固定在原点，如图 6-99 所示。单击运行按钮，此时的 Sphere 将会在 Cube 对象下面左右摆动，其运行效果如图 6-100 所示。不仅如此，可配置关节还可以模拟出许多其他有趣的效果，由于篇幅有限，在此就不再赘述。

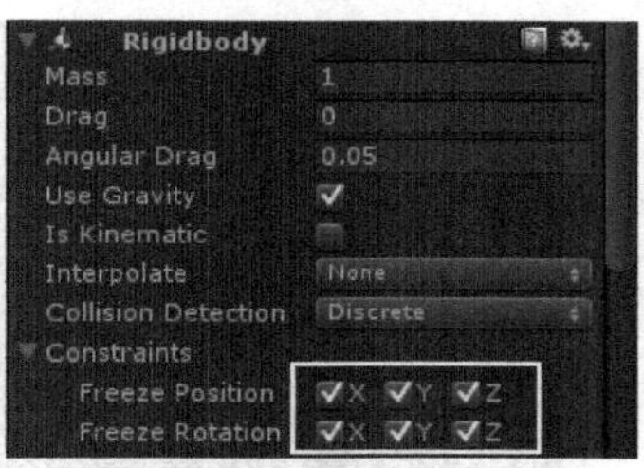

▲图 6-99　刚体参数

▲图 6-100　运行效果

6.4.11　关节综合案例——机械手

在前面的内容中，笔者向读者详细地介绍了关节的相关基础知识。为了加深读者的理解，熟悉开发中关节的用法，将在此部分介绍一个机械手的开发过程。在该案例中运用到了一些关节的知识，读者可以将前面所学到的知识在本案例中进行运用。该案例的具体开发步骤如下。

（1）依次单击“File→New Scene”新建一个场景，如图 6-101 所示。然后依次单击“File→Save Scene”进行场景的保存，将其命名为“Catcher”并保存在“Assets\Scenes”目录下，如图 6-102 所示。读者可在随书光盘中/第 6 章目录下找到本案例的项目资源文件。

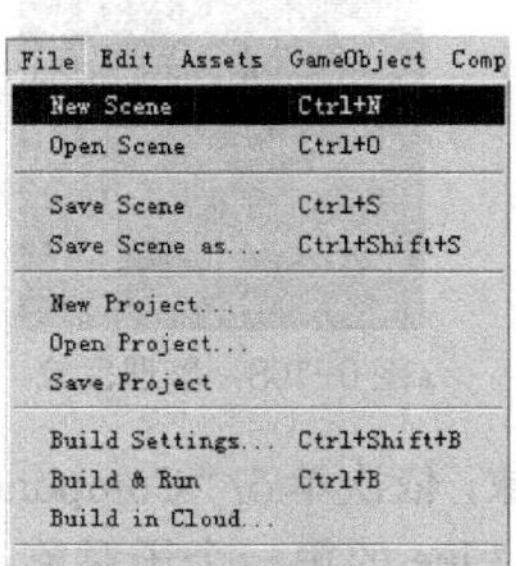

▲图 6-101　新建场景

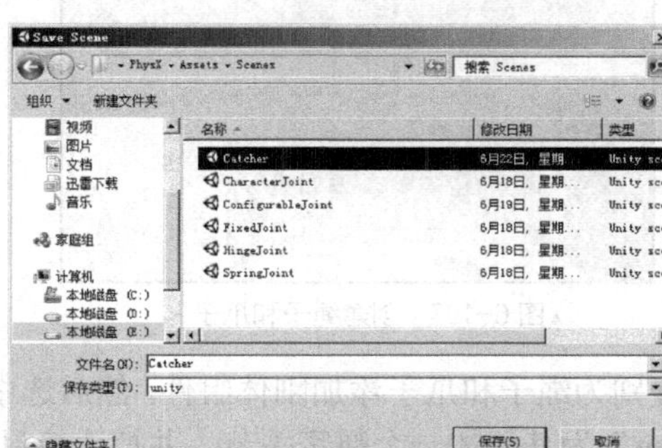

▲图 6-102　保存场景

（2）依次单击“GameObject→3D Object→Plane”创建 5 个 Plane 对象，然后将其摆列到图 6-103 所示的状态。选中这五个 Plane 对象，依次单击“Component→Physics→Rigidbody”为其添加刚体，然后将其进行锁定，如图 6-104 所示。

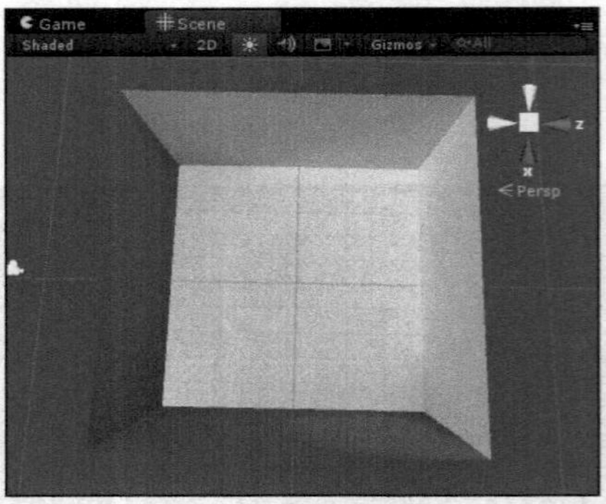

▲图 6-103　摆放 Plane

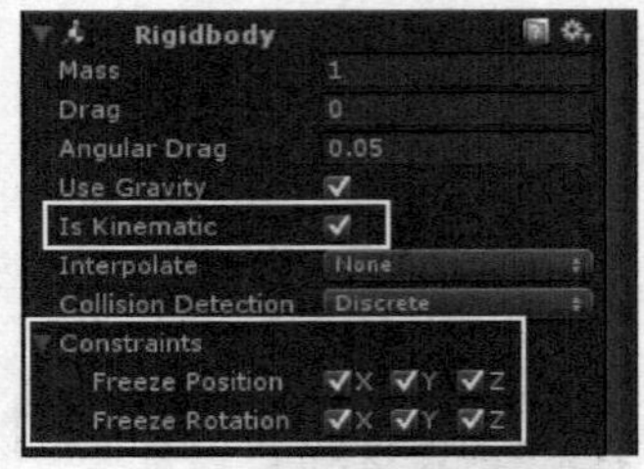

▲图 6-104　锁定刚体

（3）接下来创建一些物体用于充当机械手夹取的对象，并为其添加适当的纹理图片，如图 6-105 所示。其中有一些较为复杂的几何体模型文件位于随书光盘中/第 6 章/Assets/Models 目录下，如图 6-106 所示，读者若有需要可自行提取使用。

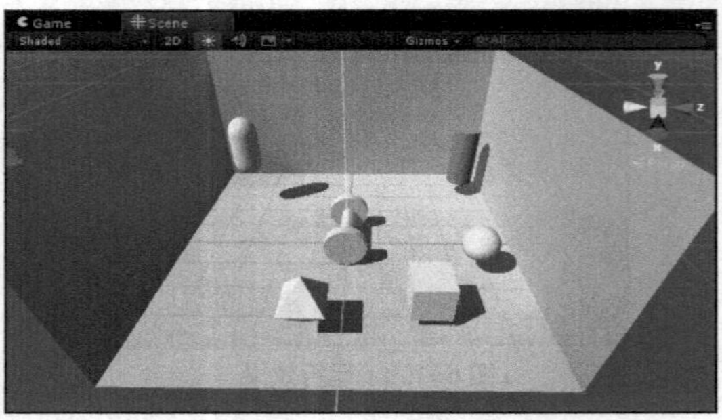

▲图 6-105　添加几何体

▲图 6-106　Models 目录

（4）将“Models”文件夹中的“Catcher”文件拖曳到场景中，并给予适当的贴图，如图 6-107 所示。将 Catcher 对象进行重新整理，使其分为“Line”和“MainCatcher”两部分，分别充当绳子和爪子，如图 6-108 所示。读者可适当参考随书光盘中的项目进行整理。

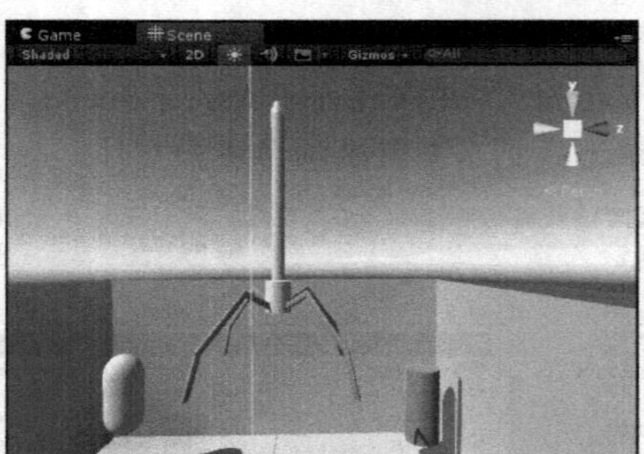

▲图 6-107　创建绳子和爪子

▲图 6-108　整理目录

（5）先分别为绳子和爪子添加刚体组件，然后选中 Line 对象，依次单击“Component→Physics→Spring Joint”为其添加一个弹簧关节，并把连接目标设置为 Line 的第一个子对象，如图 6-109 所示。为 Line 的所有子对象添加固定关节，并把连接目标设置为下一个子对象，如图 6-110 所示。

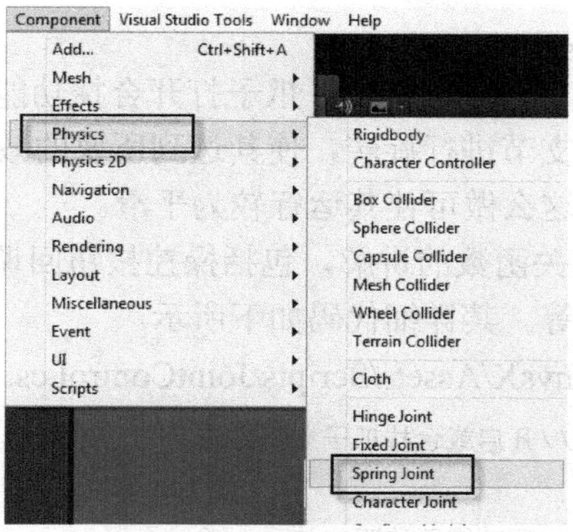

▲图 6-109　添加弹簧关节

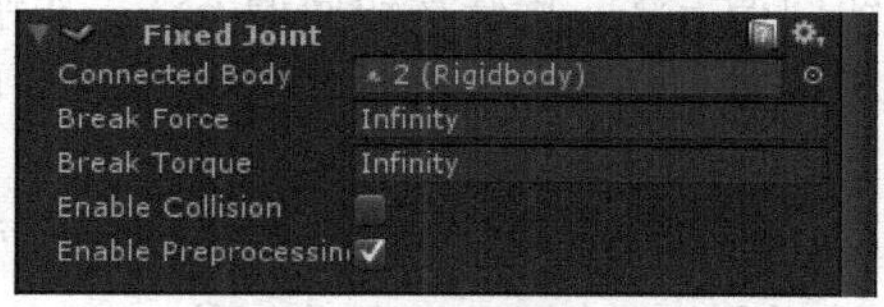

▲图 6-110　添加固定关节

（6）在资源列表中单击鼠标右键，在弹出的菜单中选择“Create”，继而在弹出的菜单中选择“Folder”创建一个文件夹，并将其命名为“Scripts”。然后再单击鼠标右键，在弹出的菜单中选择“Create→C# Script”创建C#脚本，并将其命名为“JointControl.cs”。该脚本的具体代码如下。

代码位置：见随书光盘中源代码/第 6 章目录下的 PhysX/Assets/Scripts/JointControl.cs。

```
1    using UnityEngine;
2    using System.Collections;
3    using UnityEngine.UI;
4    using UnityEngine.EventSystems;
5    public class JointControl : MonoBehaviour {
6      public Transform[] claws0;          //爪子一级支节
7      public Transform[] claws1;          //爪子二级支节
8      public Transform[] claws2;          //爪子三级支节
9      private float angle;                //爪子打开或合拢的角度
10     private float offset;               //角度步长
11     public Transform Line;              //绳子对象
12     private Vector3 offsetPosition;     //绳子移动步长
13     private Vector3 rotateAxis;         //绳子旋转轴
14     private bool isMove;                //绳子移动标志位
15     private bool isRota;                //绳子旋转标志位
16     void Start () {
17       InitUI();                         //初始化 UI，进行屏幕自适应
18       angle = 0;                        //默认爪子为开启
19     }
20     void Update () {
21       if (angle + offset >= 0 && angle + offset < 20) {       //爪子可进行操作
22         for (int i = 0; i < 4; i++) {                         //进行开启或合拢
23           claws0[i].Rotate(Vector3.left, offset * 2.5f, Space.Self);
             //三级支节分别进行开启或合拢
24           claws1[i].Rotate(Vector3.left, offset * 0.2f, Space.Self);
25           claws2[i].Rotate(Vector3.left, offset * 1.8f, Space.Self);
26         }
27         angle += offset;                          //自加操作阈值
28       }
29       if (isMove) {                               //移动绳子
30        Line.position=Vector3.Lerp(Line.position,Line.position+offsetPosition*1.2f,Time.
          deltaTime*1.2f);
31       }
32       if (isRota) {                               //旋转绳子
33         Line.Rotate(rotateAxis, 5);               //按照给定的旋转轴进行旋转
34   }}}
```

- 第 1-15 行的主要功能是进行相应资源包的导入和相关参数的初始化。爪子拆解后存放于数组内，以便对其进行操纵。程序通过设定标志位，用于监听爪子的操作。
- 第 16-19 行的主要功能是实现 Start 方法的重写。主要进行程序界面 UI 按钮的初始化，使其能在不同分辨率屏幕下正常运行。同时设定“angle”的值：当“angle”的值为最小值时，爪

子为打开状态；当该值为最大值时，爪子则为合拢状态。

- 第 20-34 行的主要功能是进行 Update 方法的重写，分别实现了爪子打开合拢功能、移动绳子、旋转绳子的功能。当进行爪子的操作时，将各个支节进行旋转，使其达到所要的效果。当移动或旋转标志位被修改时，则对绳子对象进行操作，这么做可使其运行较为平滑。

（7）接下来进行 JointControl.cs 中与界面 UI 按钮相关函数的讲解，包括操控按钮回调方法、移动按钮回调方法、旋转按钮回调方法、按钮抬起按钮等。其详细代码如下所示。

代码位置：见随书光盘中源代码/第 6 章目录下的 PhysX/Assets/Scripts/JointControl.cs。

```
1    public void ControlCatcher(int i) {                 //开启或合拢爪子监听方法
2      offset = i == 1 ? -0.2f : 0.2f;
3    }
4    public void MoveCatcher(int i) {                    //移动绳子监听方法
5      Vector3[] poses = new Vector3[6] {Vector3.forward, Vector3.back, Vector3.left, Vector3.right,
6      Vector3.up, Vector3.down};                        //移动方向集合
7      offsetPosition = poses[i];                        //设定移动方向
8      isMove = true;                                    //进行移动操作
9    }
10   public void RotateCatcher(int i) {                  //旋转绳子监听方法
11     Vector3[] rotas = new Vector3[2] { Vector3.forward, Vector3.back };//旋转轴集合
12     rotateAxis = rotas[i];                            //设定旋转轴
13     isRota = true;                                    //进行旋转操作
14   }
15   public void MoveButtonUp() {                        //按钮抬起监听方法
16     isMove = false;                                   //停止移动操作
17     isRota = false;                                   //停止旋转操作
18   }
```

- 第 1-3 行的主要功能是实现操控爪子的监听方法。合拢或开启爪子会对参数 i 赋予不同的值，程序根据 i 的值设定爪子的变化角度 offset 的值，该值为正时爪子进行合拢操作，否则为打开操作。爪子的合拢和开启功能在 Update 方法中进行实现。
- 第 4-18 行的主要功能进行移动和旋转绳子的监听方法。笔者将关键参数储存在数组中，不同的操作将传入不同的索引下标，在获得了某个索引下标之后，便进行相对应的操作。旋转和移动操作的功能在 Update 方法中进行实现。当按钮抬起时，将标志位置反，以结束这些操作。

> **说明**　在本脚本中调用了 InitUI 方法，该方法主要用于调整 UI 控件的大小和位置使其能够在不同分辨率的设备上正常运行，并已经在图形界面一章中进行了详细的介绍。由于篇幅有限，在此便不再赘述，有兴趣的读者可以参考随书光盘进行学习。

（8）依次单击“GameObject→UI→Button”分别创建“Close”“Open”“Forward”“Back”“Left”“Right”“TurnL”“TurnR”“Up”和“Down”等按钮，并删除其 Text 子对象，如图 6-111 所示。为这几个按钮添加对应的纹理图片，并将其摆放合理，如图 6-112 所示。

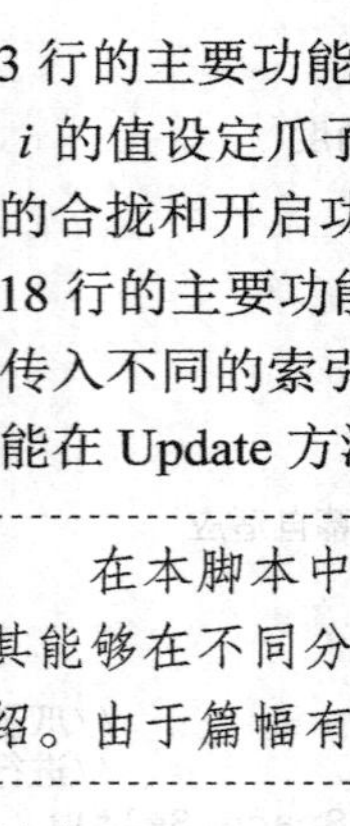

▲图 6-111　创建按钮

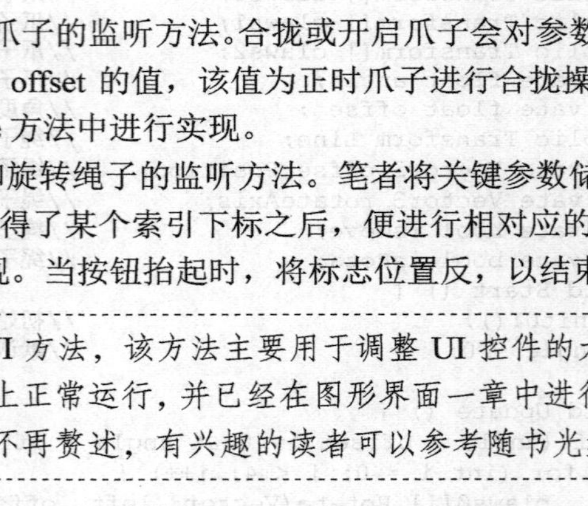

▲图 6-112　摆放按钮

（9）选中前面创建好的按钮，在属性面板中 Button 组件处单击鼠标右键，从弹出的菜单中选择“Remove Component”将其删除，如图 6-113 所示。然后将随书光盘中源代码/第 6 章/PhysX/Assets/Scripts 目录下的“MyButton.cs”脚本拖曳给这几个按钮，如图 6-114 所示。

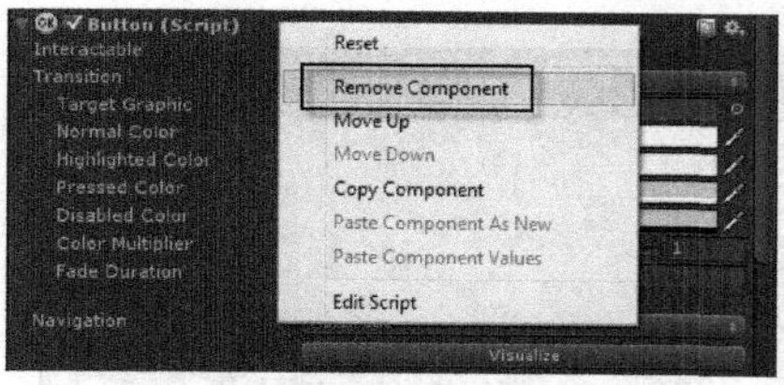

▲图 6-113　删除按钮组件

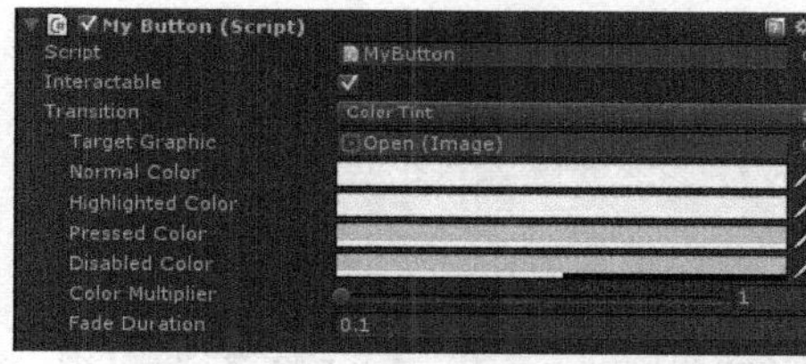

▲图 6-114　挂载自定义按钮组件

> **说明**　由于在 Unity 3D 提供的 UI 系统中，Button 按钮只有点击回调方法，没有按下和抬起回调方法，为此，笔者开发了一个具备多种回调方法的自定义按钮组件，以配合本案例的开发。由于该组件所涉及的知识超出了本章的内容，在此便不再赘述，感兴趣的读者可以参考随书光盘进行学习。

（10）选中“Forward”“Back”“Left”“Right”“Up”和“Down”按钮，为其添加 JointControl 脚本中的 MoveCatcher 方法作为按下回调方法，如图 6-115 所示。选中“TurnL”和“TurnR”按钮，为其添加 JointControl 脚本中的 RotateCather 方法作为按下回调方法，如图 6-116 所示。

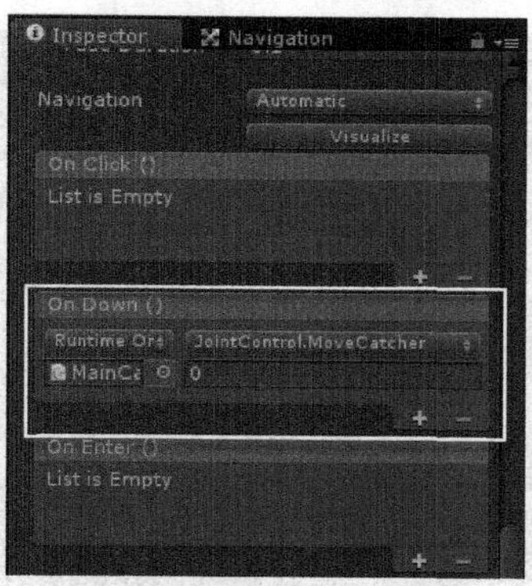

▲图 6-115　移动回调方法

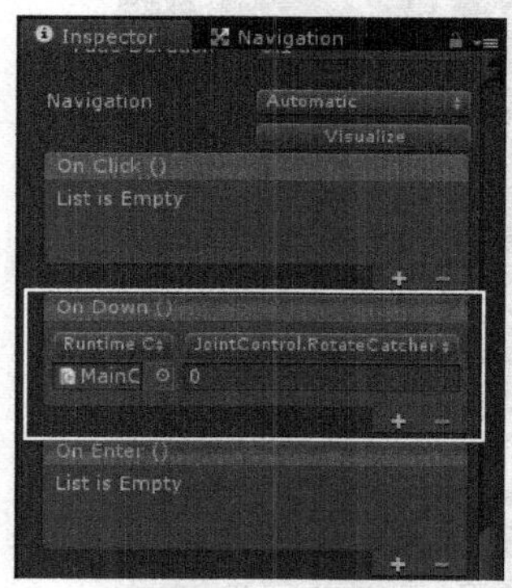

▲图 6-116　旋转回调方法

（11）分别选中“Open”和“Close”按钮，为其添加 JointControl 脚本中的 ControlCatcher 方法作为抬起回调方法，如图 6-117 所示。选中除“Open”和“Close”以外的所有按钮，为其添加 JointControl 脚本中的 MoveButtonUp 方法作为抬起回调方法，如图 6-118 所示。

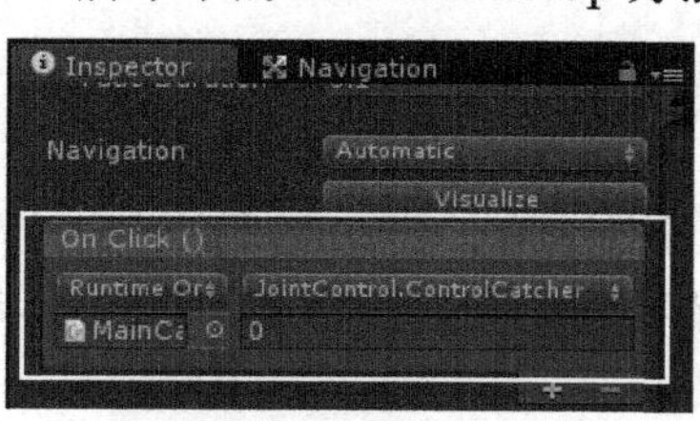

▲图 6-117　操纵爪子回调方法

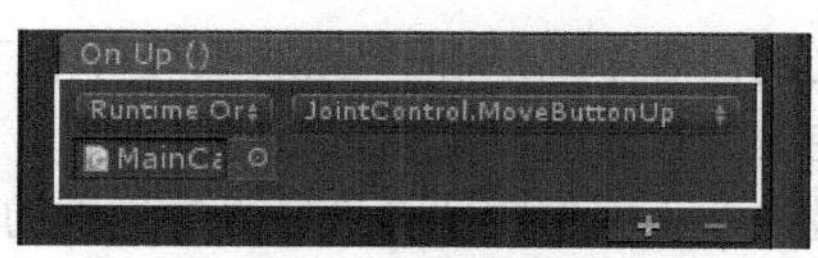

▲图 6-118　按钮抬起回调方法

> **说明**　部分在按钮上挂载的方法保留了一个 int 类型的参数，该值的实际意义为关键参数数组的索引下标，该值的大小可参照按钮意义和 JointControl 内相关数组的值进行设置。

（12）到现在为止，案例已开发完毕，运行案例查看运行效果。点击前后左右按钮可以调整机械手的位置，点击上下按钮可以调整机械手的高度，如图 6-119 所示。该机械手可以进行物体的夹取，并携带着被夹取对象移动，其效果如图 6-120 所示。

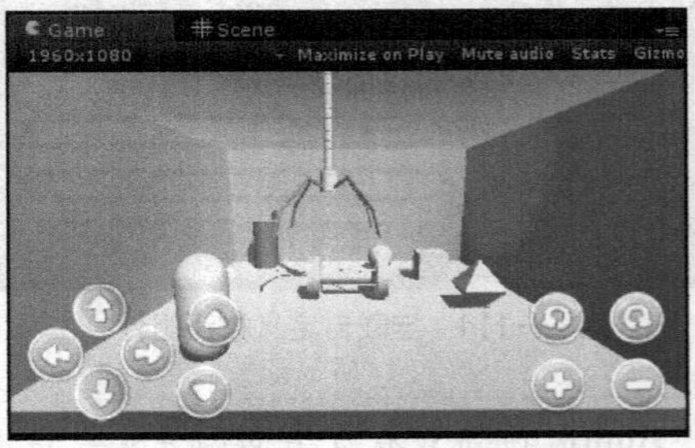

▲图 6-119　运行效果

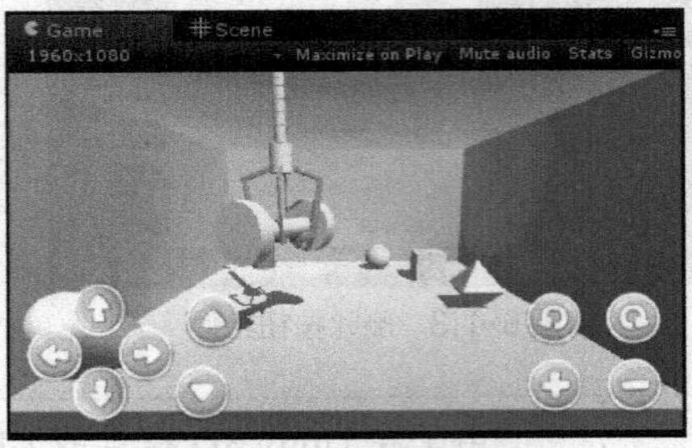

▲图 6-120　夹取物体移动

（13）本案例可导出 apk 安装包在安卓手机端运行。依次单击“File→Build Settings”弹出打包菜单，单击“Player Settings”修改“PlayerSetting.budleIdentifler”为自定义参数，如图 6-121 所示。在手机与计算机正确连接之后，读者可单击“Build And Run”将其导出并安装在手机终端中，如图 6-122 所示。

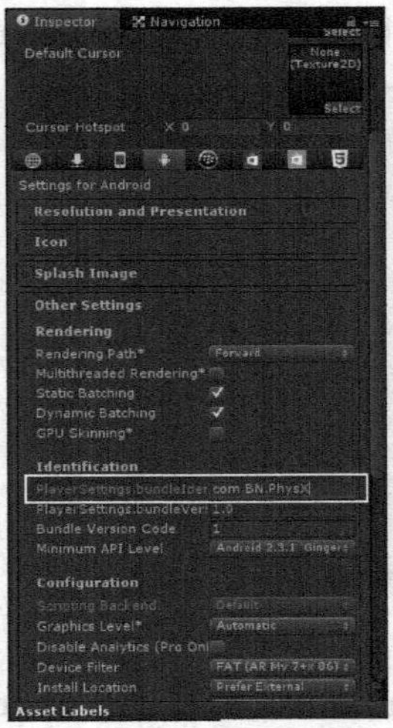

▲图 6-121　修改配置参数

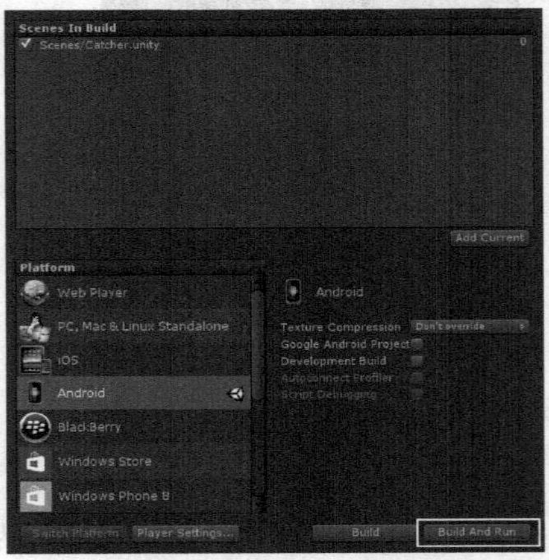

▲图 6-122　导出并安装案例

6.5 交通工具

前文的内容中，介绍了 Unity 开发平台下部分物理引擎的内容，Unity 内置的完善度较高的物理引擎使得开发者模拟现实变得更加简单。这一节将介绍物理引擎中的交通工具类的运动，同时将会通过一个小案例向读者进行更加详细的介绍。

想必读者对汽车的行驶原理有一定的了解，在 Unity 中是通过车轮碰撞器（WheelCollider）这一概念来控制车轮运动，由此带动汽车行驶的。

6.5.1 车轮碰撞器添加

车轮碰撞器的添加方法与其他碰撞器的添加方法有所区别，车轮碰撞器一般不直接添加到车轮游戏对象上，而是添加到交通工具游戏对象的子对象目录中新建的空对象上，然后将此空对象的位置调整到与车轮位置相同。

添加方法为：选中为车轮创建的空对象，按照步骤 Component→Physics→Wheel Collider 添加车轮碰撞器，添加完毕后可以在该对象的属性界面中查看车轮碰撞器的属性界面。如图 6-123、图 6-124 所示。

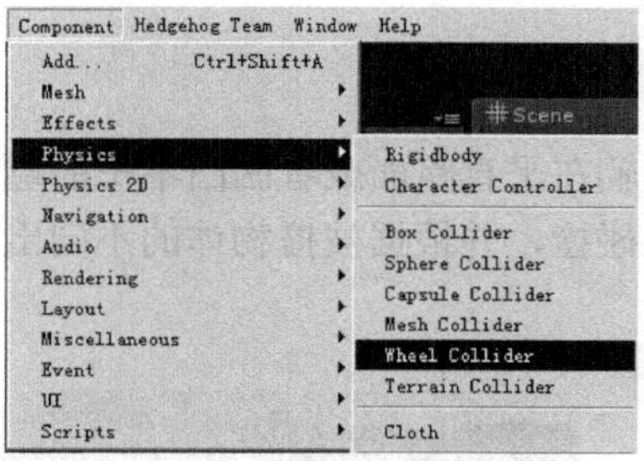

▲图 6-123 车轮碰撞器的添加

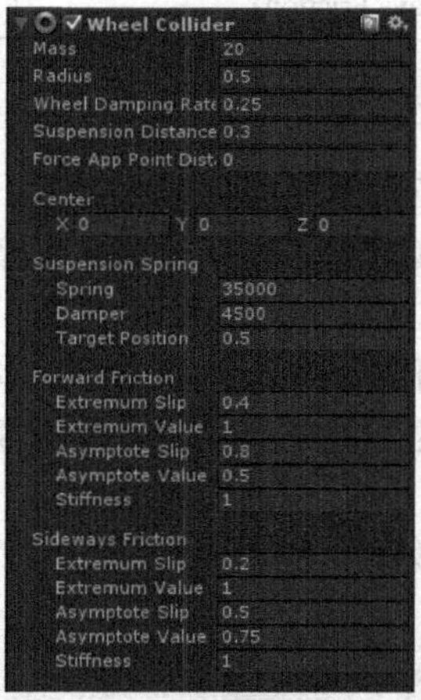

▲图 6-124 车轮碰撞器属性界面

6.5.2 车轮碰撞器的特性

车轮碰撞器是一种针对车轮的特殊的碰撞器，在车轮碰撞器的属性界面中可以看到其具有多个可调属性。合理的调整这些属性可以使车轮碰撞器控制的交通工具成功模拟现实中的交通工具，同时调整这些交通工具的自身性能。车轮碰撞器各个属性的含义如表 6-10 所示。

表 6-10 车轮碰撞器属性

属 性 名	含 义
Mass	车轮的重力
Radius	车轮的半径
Wheel Damping Rate	车轮旋转阻尼
Suspension Distance	悬挂高度，可提高车辆稳定性，不小于 0 且方向垂直向下
Force App Point Distance	悬挂力应用点
Center	基于模型坐标系的车轮碰撞器的中心点
Spring(Suspension Spring)	达到目标中心的弹力，值越大到达中心越快(悬挂弹簧参数)
Damper(Suspension Spring)	悬浮速度的阻尼，值越大车轮归位所消耗的时间越长
Target Position(Suspension Spring)	悬挂中心
Extremum Slip(Forward Friction)	前向摩擦曲线滑动极值（车轮前向摩擦力）
Extremum Point(Forward Friction)	前向摩擦曲线的极值点
Asymptote Slip(Forward Friction)	前向渐近线的滑动值
Asymptote Point(Forward Friction)	前向曲线的渐近线点
Stiffness(Forward Friction)	刚度，控制前向摩擦曲线的倍数
Extremum Slip(Sideways Friction)	侧向摩擦曲线滑动极值（车轮侧向摩擦力）

续表

属 性 名	含 义
Extremum Point(Sideways Friction)	侧向摩擦曲线的极值点
Asymptote Slip(Sideways Friction)	侧向渐近线的滑动值
Asymptote Point(Sideways Friction)	侧向曲线的渐近线点
Stiffness(Sideways Friction)	刚度，控制侧向摩擦曲线的倍数

6.5.3　车轮碰撞器的应用

前面介绍了车轮碰撞器（Wheel Collider）的各个属性，接下来将通过一个模拟现实中车辆行驶的案例向读者进一步介绍车轮碰撞器以及它的使用方法。

1. 案例效果与基本原理

在案例开发之前，先介绍一下本案例的效果和基本原理。

本案例的效果是能够使用虚拟摇杆按钮控制车辆在平直路面或者凹凸不平的道路上前行、后退、转弯等，同时车辆能够与路面上的障碍物发生碰撞，并根据被撞物体的不同出现不同的碰撞效果。运行效果如图 6-125、图 6-126 所示。

▲图 6-125　运行效果图 1

▲图 6-126　运行效果图 2

从案例中可以看出，通过虚拟摇杆控制车辆行驶时，车辆会与场景中的木箱或者油桶发生碰撞，并且产生不同的碰撞效果。案例中天空和地形技术在这里不再介绍，车辆行驶通过添加车轮碰撞器，同时编写控制脚本完成车辆的控制和行驶功能。

2. 场景搭建及开发步骤

上面介绍了本案例的运行效果以及车辆行驶的基本原理，接下来将对本案例中场景的搭建过程和具体功能的开发步骤进行详细的介绍。

（1）新建项目并且保存场景。打开 Unity，在 Project name*处输入项目名称“Car”，在 location*处选择项目路径。项目创建完毕后，按照步骤 File→Save Scene 或者使用快捷键 Ctrl+S 保存场景，将场景命名为“CarDemo”。如图 6-127、图 6-128 所示。

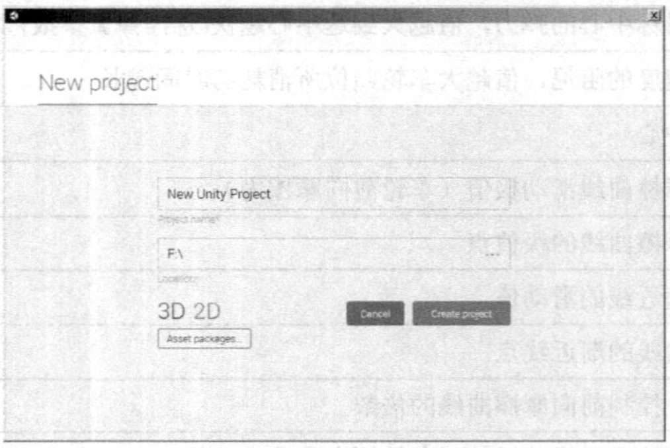

▲图 6-127　新建项目

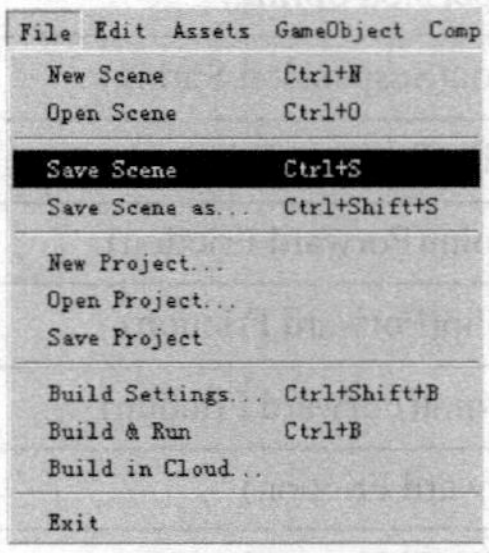

▲图 6-128　保存场景

（2）导入资源。将准备好的赛车模型“F1.Fbx”和油桶模型“OilTank.Fbx”及其对应的贴图文件导入到项目文件夹中（游戏对象列表中的木箱游戏对象是 Unity 内置的 Cube 立方体对象），同时将准备好的 EasyTouch 插件资源导入到项目文件夹中。如图 6-129、图 6-130 所示。

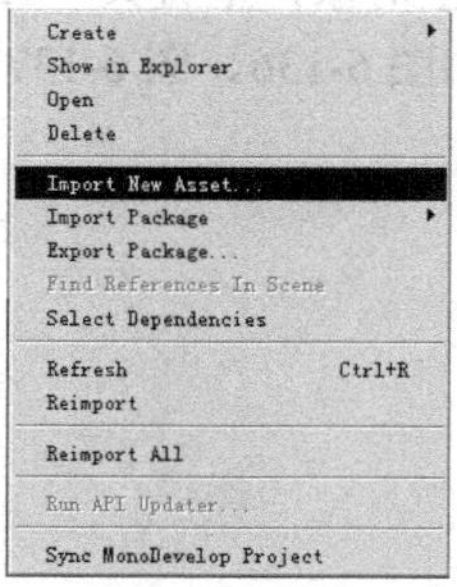

▲图 6-129　导入资源

▲图 6-130　导入 EasyTouch 插件

（3）搭建场景。完成场景搭建的相关工作，包括模型位置的摆放、灯光的创建以及地形的设定等。这些步骤前面已有详细介绍，这里不再赘述。

（4）对赛车模型进行相关操作。首先选中赛车模型对象，按步骤 Component→Physics→Rigibody 给赛车添加刚体。在赛车游戏对象 F1 的子对象目录下创建一个空对象，重置该空对象的“Transform”属性，将其命名为“Wheel”后将赛车模型的四个车轮对象添加到 Wheel 子对象目录下。如图 6-131、图 6-132 所示。

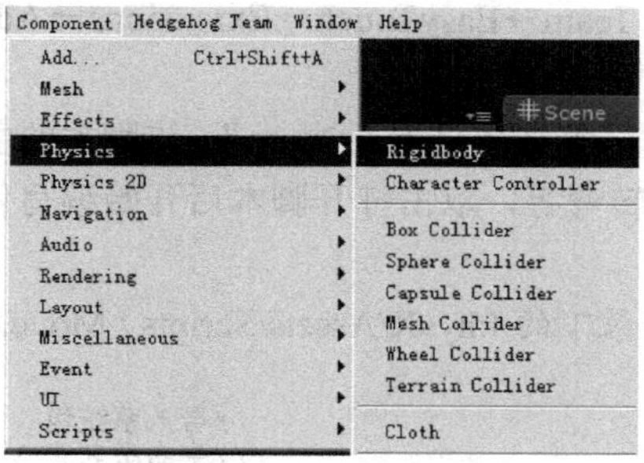

▲图 6-131　添加刚体

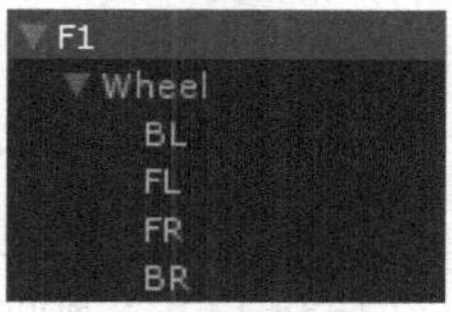

▲图 6-132　F1 子目录 1

（5）按照同样的步骤在 F1 下创建一个名为“WheelCollider”的子对象，WheelCollider 子对象目录下包含“BLCollider”“BRCollider”“FLCollider”和“FRCollider 四个空对象，给这四个空对象添加车轮碰撞器，添加步骤为 Component→Physics→Wheel Collider。如图 6-133、图 6-134 所示。

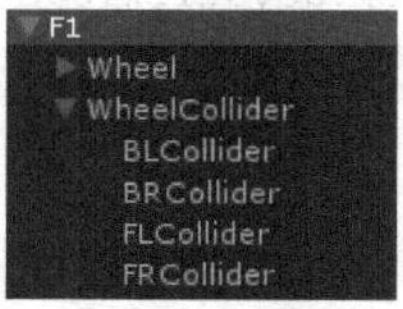

▲图 6-133　F1 子目录 2

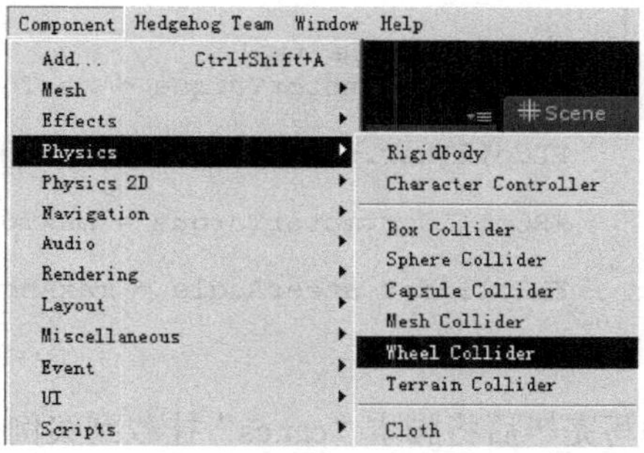

▲图 6-134　添加车轮碰撞器

（6）调整车轮碰撞器。调整车轮碰撞器的位置时只要调整车轮碰撞器挂载的空对象即可，将这四个车轮碰撞器调整到和赛车模型中对应车轮的位置相同，同时调整各个车轮碰撞器的属性，使赛车模型不再发生颤抖。如图 6-135 所示。

（7）给赛车的车身添加碰撞器。本案例中车身的碰撞器是使用盒子碰撞器的组合使用来实现的，具体步骤为在赛车游对象中添加名为“BodyCollider”的空对象，重置其“Transform”属性，在其子对象目录中添加六个空对象并依次添加盒子碰撞器。如图 6-136、图 6-137 所示。

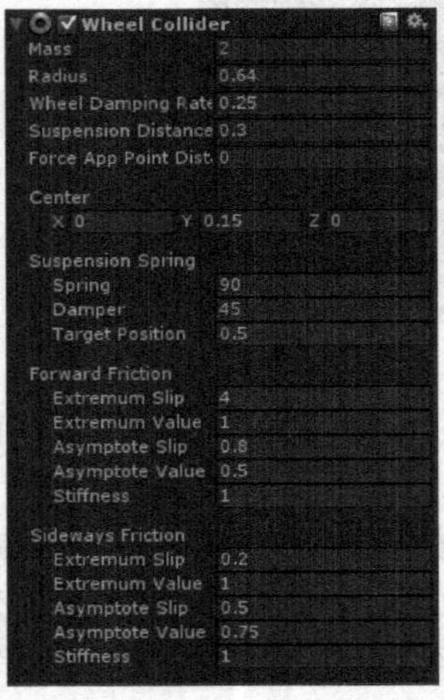

▲图 6-135　车轮碰撞器属性

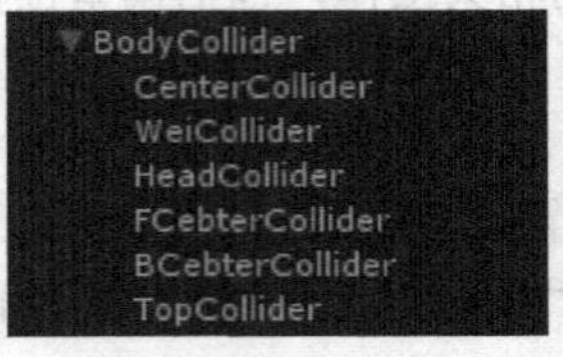

▲图 6-136　车身碰撞体

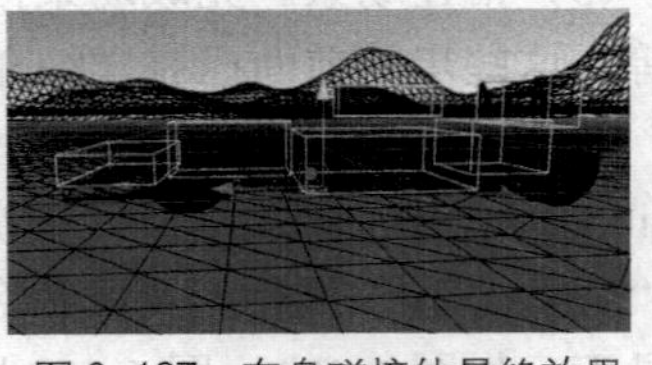
▲图 6-137　车身碰撞体最终效果

（8）添加虚拟摇杆按钮。按步骤 Hedgehog Team→EasyTouch→Extensions→Adding joystick 向游戏对象目录中添加虚拟摇杆按钮。

（9）创建赛车控制脚本。创建一个 C#脚本，将其命名为“Car.cs”，该脚本的主要作用是使用虚拟摇杆控制赛车的行驶，包括前行、后退和转弯等，双击打开脚本后开始编写代码。脚本代码如下。

代码位置：见随书光盘中源代码/第 6 章目录下的 PhysX/Assets/Scripts / Move.cs。

```
using UnityEngine;
using System.Collections                                   //导入系统包
public class Car : MonoBehaviour {                         //生命类名
    public WheelCollider FLCollider;                       //生命车前左侧车轮碰撞器
    public WheelCollider FRCollider;                       //声明车前右侧车轮碰撞器
    public EasyJoystick myJoystick;                        //声明虚拟摇杆
    public float maxTorque = 500;                          //初始化最大力矩
    public float maxAngle = 20;                            //初始化最大旋转角
    void Start () {
        GetComponent<Rigidbody>().centerOfMass = new Vector3(0, -0.8f, 0);
                                                           //赛车刚体重心
    }
    void FixedUpdate () {
        FLCollider.motorTorque = maxTorque * myJoystick.JoystickTouch.y;
                                                           //控制力矩
        FLCollider.steerAngle = maxAngle * myJoystick.JoystickTouch.x;
                                                           //控制旋转角
        FRCollider.motorTorque = maxTorque * myJoystick.JoystickTouch.y;
                                                           //控制力矩
        FRCollider.steerAngle = maxAngle * myJoystick.JoystickTouch.x;
                                                           //控制旋转角
    }}
```

（10）编写完毕后将脚本“car.cs”挂载到案例中的赛车对象 F1 上，挂载完毕后将对应的游戏对象拖曳到脚本组件界面中。完成操作后的脚本组件界面如图 6-138 所示。

（11）创建赛车车轮旋转控制脚本。创建一个 C#脚本，将其命名为“Wheel.cs”，该脚本的主要作用是根据车轮碰撞器在行驶过程中和转弯过程中发生的旋转，使车轮游戏对象与车轮碰撞器同步。双击打开脚本后开始编写代码，脚本代码如下。

代码位置：见随书光盘中源代码/第 6 章目录下的 PhysX/Assets/Scripts / Move.cs。

```
using UnityEngine;
using System.Collections;                                   //导入系统包
public class Wheel : MonoBehaviour {                        //声明类名
    public WheelCollider CPCollider;                        //声明对应的车轮碰撞器
    public float CirValue=0;                                //声明车轮滚动角
    void Update () {
        transform.rotation = CPCollider.transform.rotation*
            Quaternion.Euler(CirValue,CPCollider.steerAngle,0);    //旋转车轮
        CirValue += CPCollider.rpm * 360 / 60 * Time.deltaTime;    //计算车轮滚动角
}}
```

（12）编写完毕后将脚本“Wheel.cs”依次挂载到案例中赛车对象 F1 子对象目录中的 FL、FR、BL、BR 上，挂载完毕后将对应的游戏对象拖曳到脚本组件界面中。由于对该赛车对象采用的是前驱运动，为了防止前轮打滑现象，在案例中使赛车前轮跟随后轮的车轮碰撞器进行滑动。如图 6-139 所示。

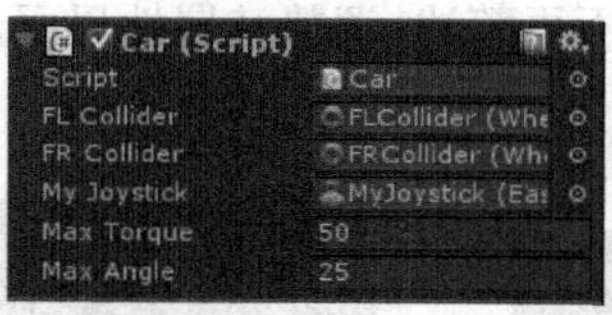

▲图 6-138　Car.cs 组件界面

▲图 6-139　Wheel.cs 组件界面

（13）添加摄像机跟随脚本。创建一个 C#脚本，将其命名为“SmoothFollow.cs”，该脚本的主要作用是使摄像机按照一定的距离和高度跟随 F1 赛车同步运动。双击打开脚本开始编写代码，脚本代码如下。

代码位置：见随书光盘中源代码/第 6 章目录下的 PhysX/Assets/Scripts /SmoothFollow.cs。

```
using UnityEngine;
using System.Collections;                                   //导入系统包
public class SmoothFollow : MonoBehaviour {                 //声明类名
    public float distance = 10.0f;                          //声明跟随距离
    public float height = 5.0f;                             //声明跟随高度
    public float heightDamping = 2.0f;                      //声明高度阻尼
    public float rotationDamping = 3.0f;                    //声明角度阻尼
    public float offsetHeight = 1.0f;                       //声明高度偏移量
    Transform selfTransform;
    public Transform Target;                                //声明对象
    [AddComponentMenu("Camera-Control/Smooth Follow")]      //在功能列表中添加功能选项
      void Start () {
        selfTransform = GetComponent<Transform>();          //初始化游戏对象
      }
      void LateUpdate () {
        if (!Target)                                        //跟随对象
            return;
        float wantedRotationAngle =Target.eulerAngles.y;    //预设角度
        float wantedHeight = Target.position.y + height;    //预设高度
        float currentRotationAngle = selfTransform.eulerAngles.y;   //当前角度
        float currentHeight = selfTransform.position.y;             //当前高度
        currentRotationAngle = Mathf.LerpAngle(currentRotationAngle,
            wantedRotationAngle, rotationDamping * Time.deltaTime);
                                                            //角度渐变至预设角度
        currentHeight = Mathf.Lerp(currentHeight, wantedHeight,
```

```
25          heightDamping * Time.deltaTime);        //高度渐变至预设高度
26      Quaternion currentRotation = Quaternion.Euler(0, currentRotationAngle, 0);
27      selfTransform.position = Target.position;        //位置调整
28      selfTransform.position -= currentRotation * Vector3.forward * distance;
29      Vector3 currentPosition = transform.position;
30      currentPosition.y = currentHeight;               //设置摄像机高度
31      selfTransform.position = currentPosition;        //设置当前位置
32      selfTransform.LookAt(Target.position
33          + new Vector3(0, offsetHeight, 0));          //设置摄像机正对中心
34    }}
```

- 第 1-10 行的主要功能是导入系统包、声明类名和声明脚本中用到的变量。第 10 行可以实现在场景的布局中的“Component”选项下的列表中添加快捷键功能，用户可以在列表中通过单击“Component”中添加的快捷键给对象添加此脚本。
- 第 11-33 行的主要功能是重写脚本中的 Start 和 Update 方法。通过重写这两个方法设置摄像机的跟随对象，同时利用声明的共有变量调节摄像机与跟随物体的高度、角度、旋转阻尼、位移阻尼以及摄像机的位置，使摄像机能够按设置跟随物体。

（14）编写完毕后将该脚本挂载到主摄像机游戏对象上，在该脚本的属性界面中将各个属性调整到合适值，同时将 F1 赛车游戏对象拖曳到“Target”属性中。修改后的属性界面如图 6-140 所示。

（15）创建两个物理材质，依次将其命名为“Wood”和“Metal”并分别作为木箱游戏对象和油桶游戏对象的物理材质。创建步骤前文已有讲述，在这里不再赘述。调整其属性界面，如图 6-141、图 6-142 所示。

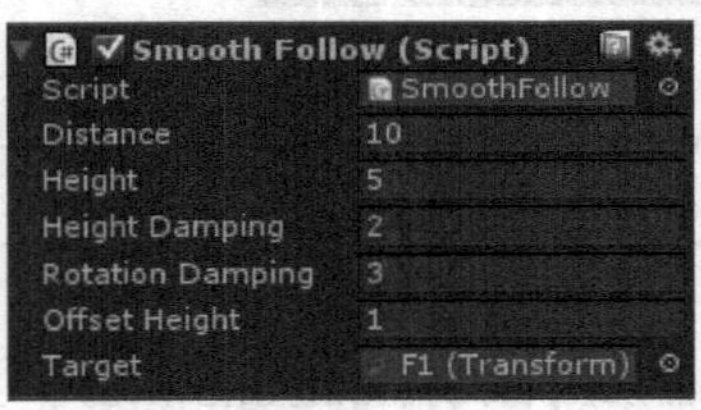

▲图 6-140　脚本 SmoothFollow.cs 属性界面

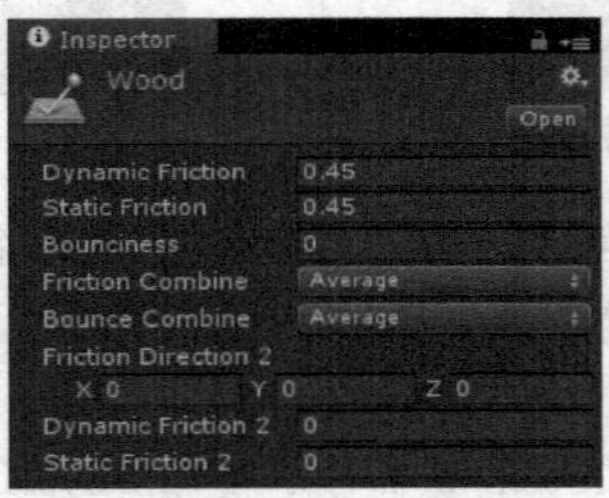

▲图 6-141　Wood 物理材质属性界面

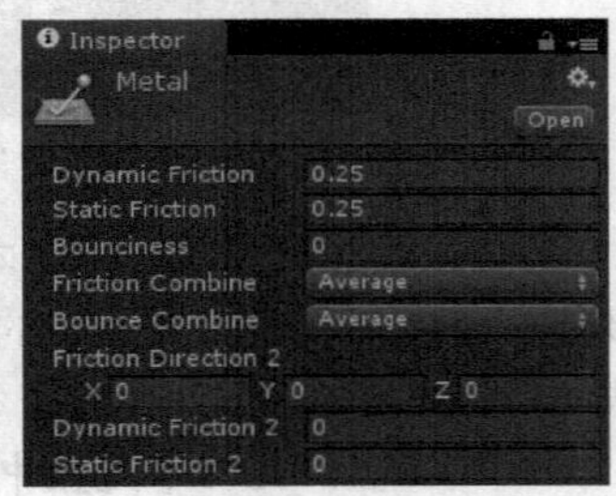

▲图 6-142　Metal 物理材质属性界面

（16）物理材质创建完毕后，将这两个物理材质分别附加给木箱和两个油桶游戏对象上，同时为其添加刚体，达到真实的碰撞效果。如图 6-143、图 6-144 所示。

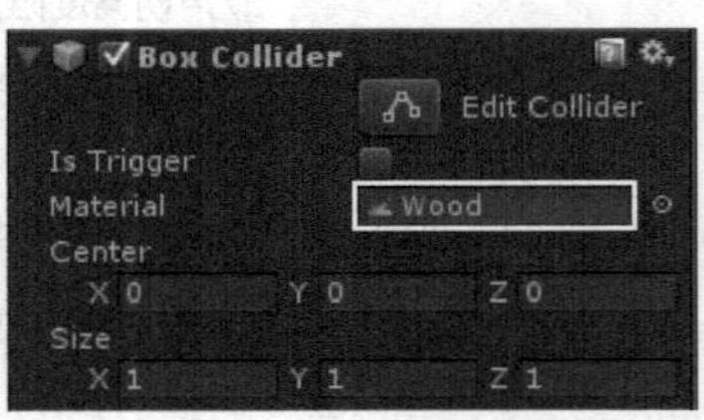

▲图 6-143　木箱附加 Wood 物理材质

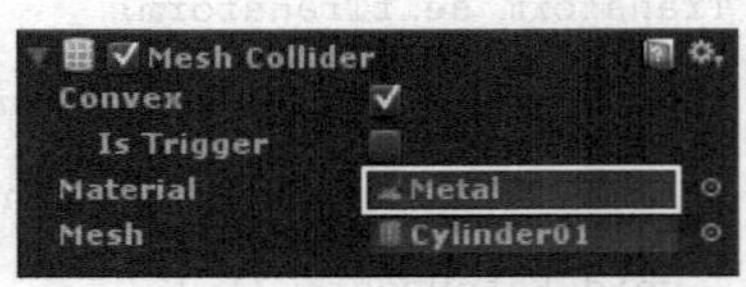

▲图 6-144　油桶附加 metal 物理材质

6.6 布料

本节主要向读者介绍布料的相关知识。在 5.0 及之后的版本中，为提高布料的物理模拟效率，Unity 3D 废弃了之前版本中的 Interactive Cloth 和 Cloth Renderer 组件，转而使用 Cloth 和 Skinned Mesh Renderer 组件代替，以实现布料功能，其所有参数属性也随之发生了变化。

6.6.1 蒙皮网格

在进行布料组件的讲解前，很有必要介绍一下蒙皮网格的特性。该组件的属性如表6-11所示。蒙皮网格可以模拟出非常柔软的网格体，不但在布料中充当了非常重要的角色，同时还支撑了人形角色的蒙皮功能，通过运用该组件，可以模拟出许多与皮肤类似的效果。

表6-11　Skinned Mesh Renderer组件属性列表

属　性	含　义
Cast Shadows	投影方式，包括关（Off）、单向（On）、双向（Two Sided）、仅阴影（Shadows Only）
Receive Shadows	是否接受其他对象对自身进行投射阴影
Materials	为该对象指定的材质
Use Light Probes	是否使用使用灯光探头
Reflection Probes	反射探头模式，包括混合（Blend Probes）、混合及天空盒（Blend Probes And Skybox）、单一（Simple），灯光探头和反射探头的相关知识将在后面进行讲解
Anchor Override	网格锚点，网格对象将跟随锚点移动并进行物理模拟
Lightmap Parameters	光照烘焙参数，指定所使用的光照烘焙配置文件
Quality	影响任意一个顶点的骨头数量，包括自动（Auto）、一/二/三个（1/2/3 Bones）
Update When Offscreen	在屏幕之外的部分是否随帧进行物理模拟计算
Mesh	该渲染器所指定的网络对象，通过修改该对象可以设置不同形状的网格
Root Bone	根骨头
Bounds(Center)	包围盒的中心点坐标，该坐标值基于网格的模型体系，且不可修改
Bounds(Extents)	包围盒3个方向的长度，不可修改，当网格在屏幕之外时，使用包围盒进行计算

6.6.2 布料特性

Unity 3D将布料封装为一个组件，任何一个物体，只要挂载了蒙皮网格和布料组件，就拥有了布料的所有功能，即能够模拟出布料的效果。布料Cloth组件的属性如表6-12所示。在该表格中显示了布料组件在属性面板中的所有属性的含义及使用方法。

表6-12　Cloth组件属性列表

属　性	含　义
Stretching Stiffness	布料的韧度，其值在区间(0，1]之内，表示布料的可拉伸程度
Bending Stiffness	布料的硬度，其值在区间(0，1]之内，表示布料的可弯曲程度
Use Tethers	是否对布料进行约束，以防止其出现过度不合理的偏移
Use Gravity	是否使用重力
Damping	该布料的运动阻尼系数
External Acceleration	外部加速度，相当于对布料施加一个常量力，可以模拟随和风扬起的旗帜
Random Acceleration	随机加速度，相当于对布料施加一个变量力，可以模拟随强风鼓动的旗帜
World Velocity Scale	世界坐标系下的速度缩放比例，原速度经过缩放后成为实际速度
World Acceleration Scale	世界坐标系下的加速度缩放比例，原加速度经过缩放后成为实际加速度
Friction	布料相对于角色的摩擦力
Collision Mass Scale	粒子碰撞时的质量增量
Use Continuous Collision	是否使用连续碰撞模式，连续碰撞模式的知识请参考刚体相关内容

续表

属 性	含 义
Use Virtual Particles	为每一个三角形赋加一个虚拟粒子，以提高其碰撞稳定性
Solver Frequency	计算频率，即每秒的计算次数，应权衡性能和精度对该值进行设置
Sleep Threshold	休眠阈值，有关休眠阈值的知识请参考刚体相关内容
Capsule Colliders(Size)	可与布料产生碰撞的胶囊碰撞器个数，并在下方进行指定
Sphere Colliders(Size)	可与布料产生碰撞球碰撞器的个数
First/Second	First 和 Second 两个球碰撞器相互连接组成胶囊碰撞器，适当的设置可调整成锥形胶囊体

6.6.3 布料的简单案例

通过前面的学习，相信读者已经对布料有了一个简单的认识。下面将通过一个简单的案例，主要向读者讲述如何在 Unity 3D 中创建以及使用布料的知识。该案例的开发步骤如下。

（1）新建一个 Scene 场景，并将其命名为“Cloth”，并保存在“Assets/Scenes”目录下，如图 6-145 所示。然后创建一个 Plane 对象，命名为“Plane”，用来充当地板对象，然后再创建两个 Sphere 对象，命名为“Sphere0”和“Sphere1”，用来充当布料的碰撞体，如图 6-146 所示。

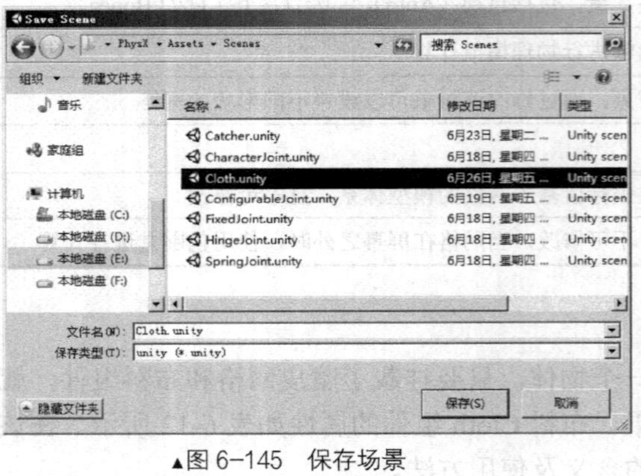

▲图 6-145 保存场景

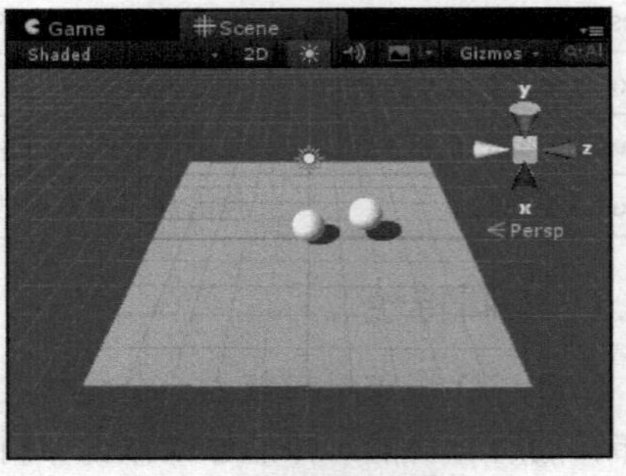

▲图 6-146 新建对象

（2）依次单击“GameObject→Create Empty”创建一个空对象，并将其命名为“Cloth”，如图 6-147 所示。然后依次单击“Component→Physics→Cloth”为其添加一个 Cloth 组件，此时 Unity 3D 将同时向该对象挂载 Skinned Mesh Renderer 和 Cloth 组件，如图 6-148 所示。

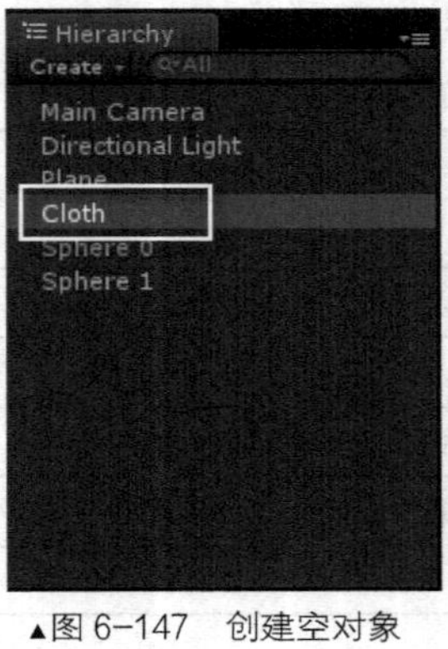

▲图 6-147 创建空对象

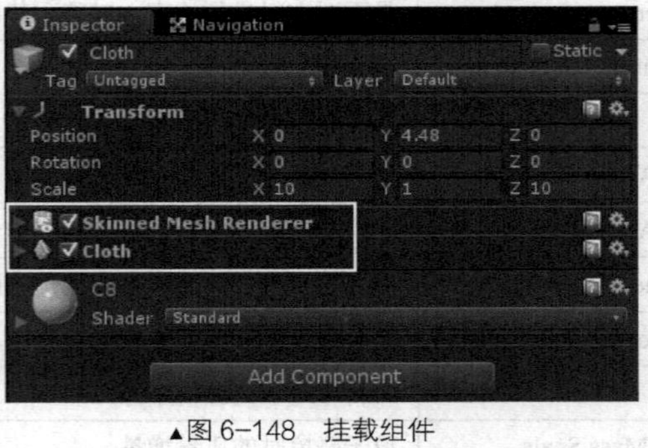

▲图 6-148 挂载组件

（3）设置 Cloth 对象上的 Skinned Mesh Renderer 组件上的参数，使其如图 6-149 所示。主要

指定了该组件的网格类型为“Plane”和设置根结点为自身。网格类型可设置为系统自带的网格类型，也可以设置为导入模型的网格样式，从而创建出任意形状的布料。

（4）设置 Cloth 对象上的 Cloth 组件上的参数，使其如图 6-150 所示。为使效果明显，将摩擦力调为最大值 1。然后将 Sphere0 和 Sphere1 添加成为该布料的碰撞对象，并连接成胶囊体。

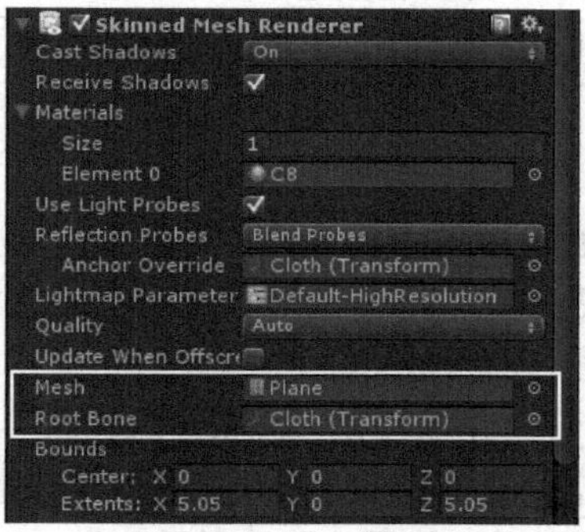

▲图 6-149　蒙皮网络组件

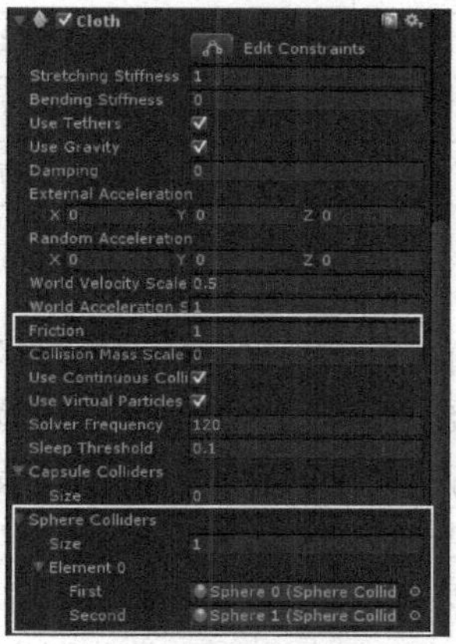

▲图 6-150　布料组件

（5）单击运行按钮，如图 6-151 所示，Cloth 对象将向下做自由落体运动，挂在平面上的两个球对象上。读者不难发现，在短暂的停留之后，布料将直接滑落而不是停留在 Plane 对象上，这是因为在 Cloth 组件上仅指定了两个球体作为其碰撞体，而未指定的 Plane 对象则不与之进行碰撞处理。

▲图 6-151　运行效果

6.7 力场

在实际的开发过程中，有时候需要给物体施加一个恒定的力或力矩，在过去的版本中，会给其挂载一个用于施力的脚本。而 5.0 版本以后的 Unity 3D 提供了一个更为简便的方法以实现该功能，即通过封装一个组件，在物体周围产生一个恒定的力场，并通过物理模拟使物体平移或旋转。

6.7.1 力场组件特性

在 Unity 3D 中，通过对一个刚体挂载一个力场组件 Constant Force，从而对该刚体施加指定方向及大小的力或力矩（也可同时施加力和力矩）。在力或力矩的作用下，物体将会进行匀加速平移或旋转运动。表 6-13 展示了力场组件 Constant Force 各个属性的含义。

表 6-13　　Constant Force 属性列表

属　性	含　义
Force	恒定力，基于世界坐标系，通过一个 Vector3 类型的数值进行表示
Relative Force	相对恒定力，基于物体自身坐标系，通过一个 Vector3 类型的数值进行表示
Torque	恒定力矩，基于世界体系，通过一个 Vector3 类型的数值进行表示，可使物体进行匀速旋转
Relative Torque	相对恒定力矩，基于物体自身体系，通过一个 Vector3 类型的数值进行表示

6.7.2　力场综合案例

笔者在前面已经详细介绍了力场的基础知识，通过使用力场组件，可以模拟出类似磁场这种没有物体间接触的作用力。为了加深读者的理解，熟悉在实际开发过程中力场的用法，将在此部分介绍一个有关力场的案例的开发过程。其具体开发步骤如下。

（1）新建一个场景，将其命名为“Constant.unity”，并保存在“Assets/Scenes”目录下，如图 6-152 所示。然后分别创建一个 Sphere 和 Plane 对象，调整其“Position”参数使其摆放合理，Sphere 对象完全在 Plane 对象之上，并分别为其添加合适的材质，如图 6-153 所示。

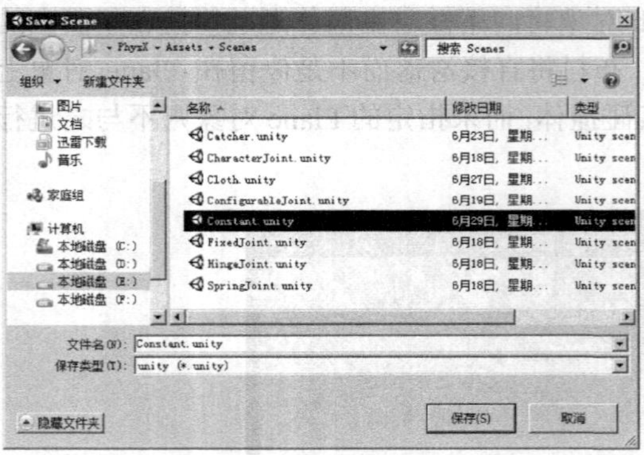

▲图 6-152　新建场景

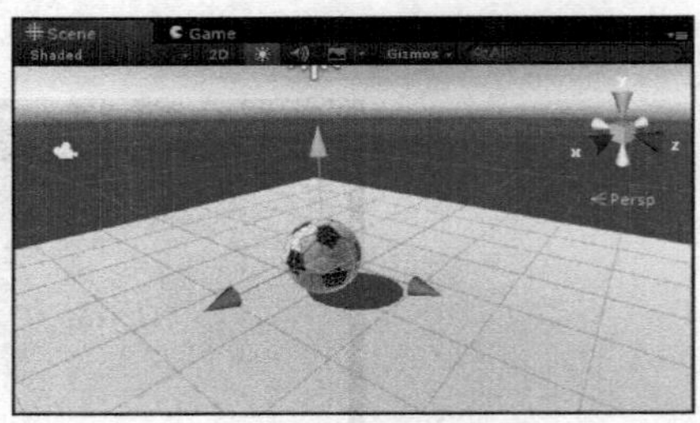

▲图 6-153　创建对象

（2）选中 Sphere 对象，为其添加刚体组件，然后依次单击“Component→Physics→Constant Force”为 Sphere 对象添加一个力场组件，如图 6-154 所示。接着在力场设置面板中，为该对象添加一个相对力和一个相对力矩，使 Sphere 对象受到相对力和相对力矩的作用，如图 6-155 所示。

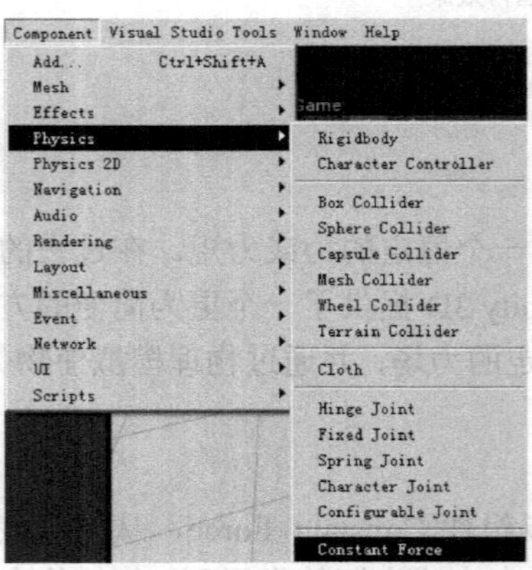

▲图 6-154　添加组件

▲图 6-155　添加力和力矩

（3）单击上方的运行按钮，其运行效果如图 6-156 所示。球体受到相对力和相对力矩的作用，在进行小范围的绕围滚动之后进行原地打转，且不会掉落到 Plane 之外。这是由于球体添加的是相对力和相对力矩，当球体向前滚动半圈之后，其相对力和相对力矩方向刚好与运动方向相反，使其往反方向运动。

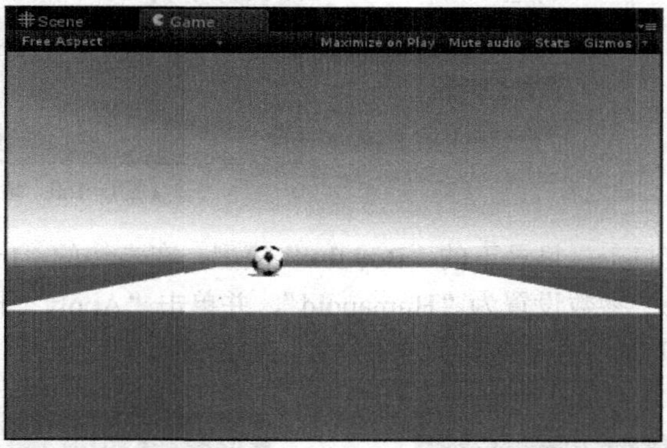

▲图 6-156 运行效果

6.8 物理引擎在动画系统中的使用

在进行格斗类游戏、运 动类游戏的开发过程中，经常会使用到 Unity 3D 中的 Mecanim 角色动画系统，同时还需要在使用动画系统的基础上，通过物理引擎进行物理模拟计算。在本节中将通过一个简单的案例，向读者介绍如何在 Mecanim 角色动画系统中使用物理引擎进行开发。

6.8.1 场景的搭建

（1）依次单击“File→New Scene”新建一个 Scene 场景，将其命名为“Animation”，并将其保存在“Assets/Scene”目录下，如图 6-157 所示。该场景用于承载本案例的开发。

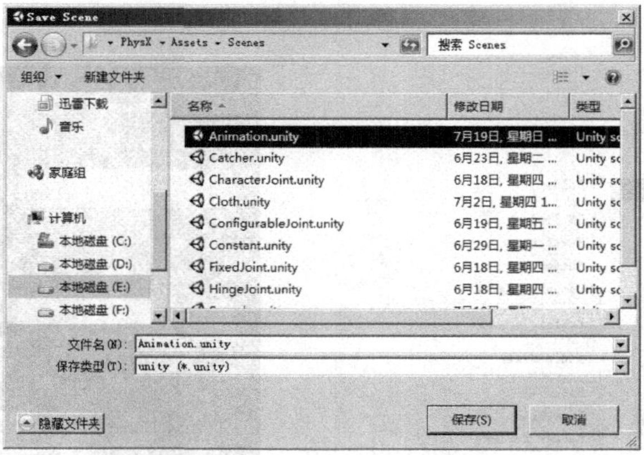

▲图 6-157 新建场景

（2）依次单击“GameObject→3D Object→Terrain”创建一个地形，如图 6-158 所示。为该地形添加一个纹理图片，其效果如图 6-159 所示。该图片保存在“Assets/Texs”目录下，本案例中使用到的所有资源读者都可在随书光盘中获得。

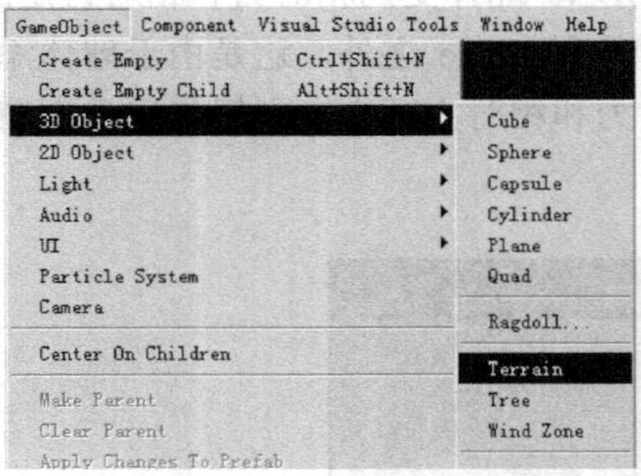

▲图 6-158　创建地形

▲图 6-159　地形效果

（3）选中“Assets/Models”目录下的“Boy.fbx”模型，在右边的“Inspector”面板中，将 Rig 项下的“Animation Type”参数设置为“Humanoid”，并单击“Apply”按钮，如图 6-160 所示。然后将该模型拖曳到场景中，并调整其朝向和位置，如图 6-161 所示。

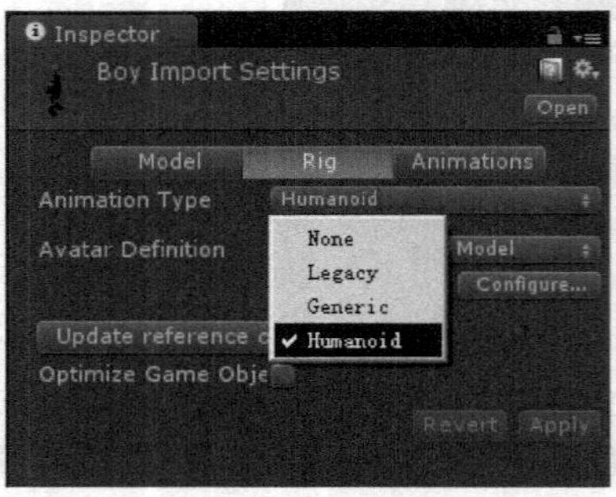

▲图 6-160　修改参数

▲图 6-161　场景效果

（4）在 Assets 目录下单击鼠标右键，依次单击“Create→Animator Controller”创建一个动画控制器，并将其命名为“BoyAni”，如图 6-162 所示。双击该动画控制器进入其编辑窗口，并在“Project”窗口中将“Boy”模型根目录下的“Take 001”动画拖曳进去成为“Idle”动画块，如图 6-163 所示。

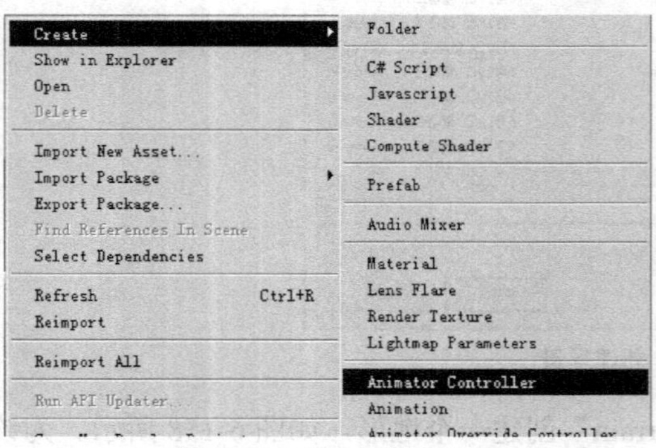

▲图 6-162　创建动画控制器

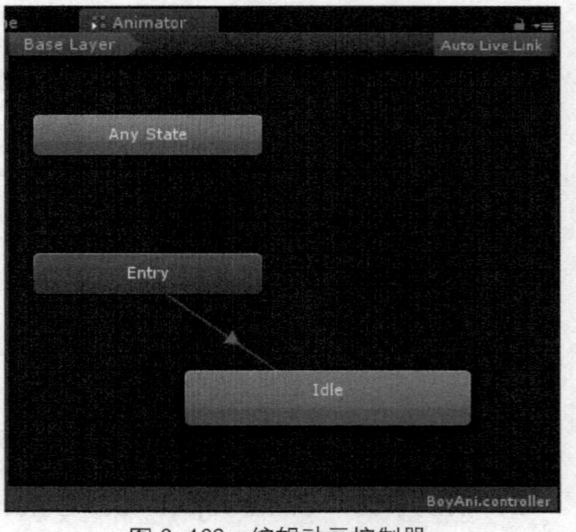

▲图 6-163　编辑动画控制器

（5）选中“Assets/Models”目录下的“Boy@Soccer.fbx”模型，同样将其“Animation Type”

参数设置为“Humanoid”，如图 6-164 所示。然后把位于其子目录下的“Soccer”动画拖曳到动画编辑窗口中，如图 6-165 所示，并为“Idle”和“Soccer”动画之间建立连接。

▲图 6-164　设置动画参数

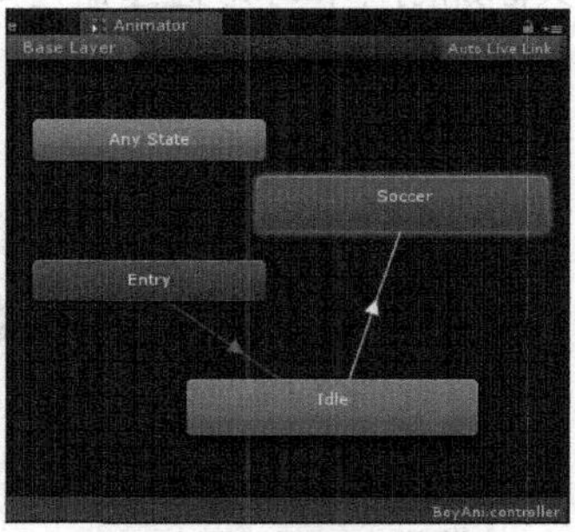

▲图 6-165　添加动画

（6）然后将“BoyAni”动画控制器拖曳到场景中 Boy 对象上的 Animator 组件中的“Controller”框内，如图 6-166 所示。单击运行按钮，Boy 对象将会播放踢球动画，其运行效果如图 6-167 所示。

▲图 6-166　设置参数

▲图 6-167　播放动画

（7）分别选中相对应的骨头对象，依次单击“Component→Physics→Box Collider”为其添加盒子碰撞器，再依次单击“Component→Physics→Rigidbody”为其添加刚体，如图 6-168 所示。调整其大小，使多个盒子碰撞器能够刚好包住角色，其最终结果如图 6-169 所示。

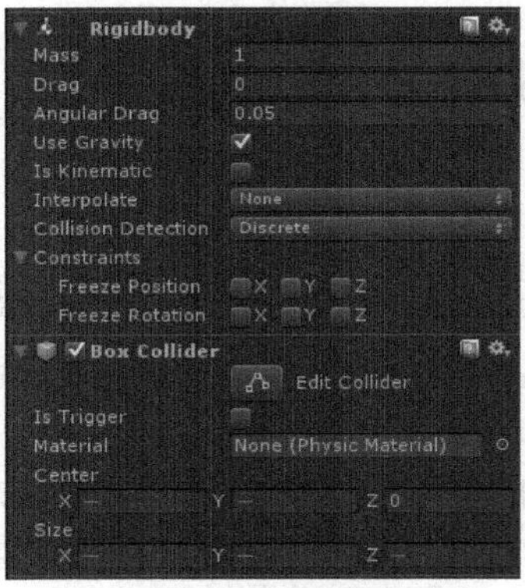

▲图 6-168　添加刚体和碰撞器

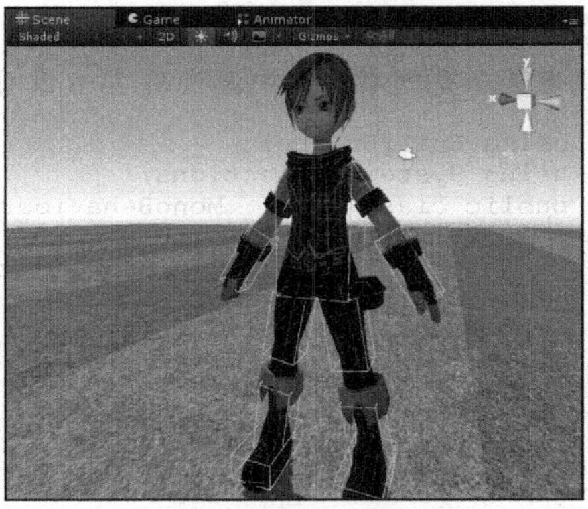

▲图 6-169　设置效果

（8）依次单击“GameObject→3D Object→Sphere”创建一个球体对象，并将其命名为“Ball”，用于充当足球对象，并将其摆放到适当的位置，使 Boy 刚好能够踢中它，如图 6-170 所示。然后再分别为其添加刚体和球形碰撞器，如图 6-171 所示。

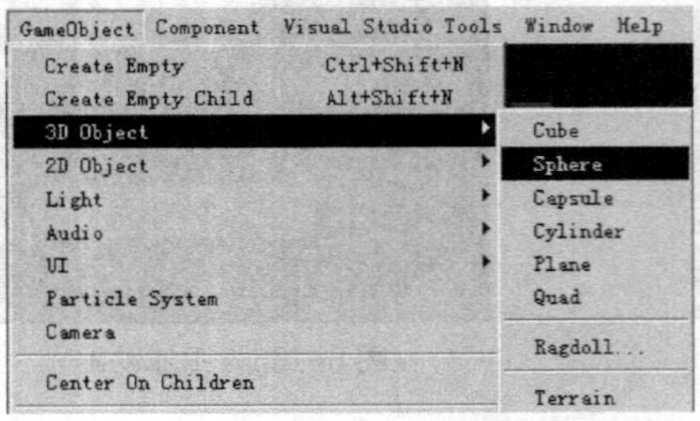

▲图 6-170　新建球体

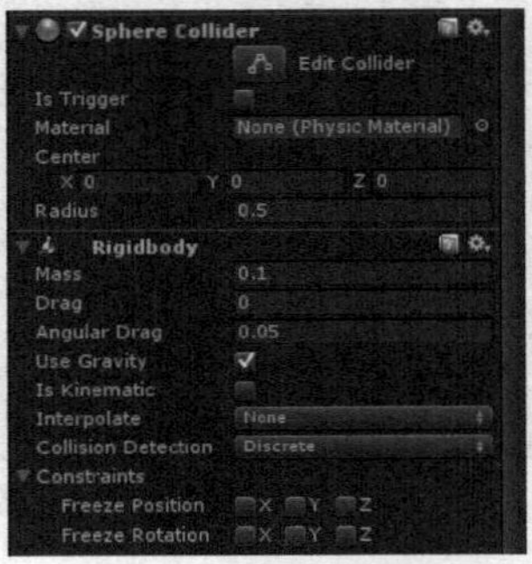

▲图 6-171　刚体和碰撞器

（9）在右边的“Inspector”面板中，单击“Tag”按钮，在弹出的菜单中单击“Add Tag...”项，如图 6-172 所示。则会弹出图 6-173 所示的窗口，在该窗口中添加一个“Player”标签。然后分别选中前面添加过碰撞体和刚体的对象，均为其指定“Player”标签。

▲图 6-172　点击 Tag

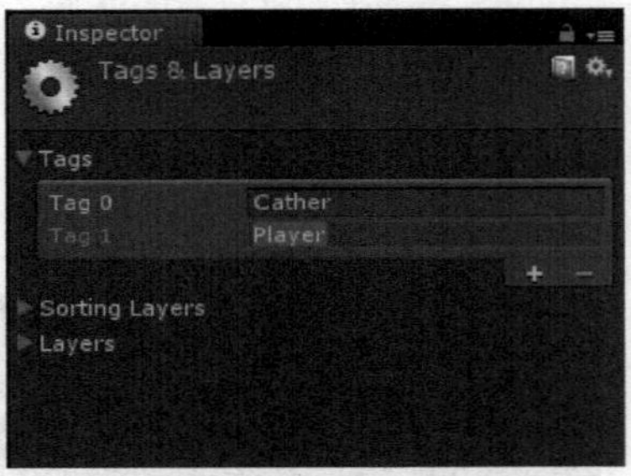

▲图 6-173　添加标签

6.8.2　脚本的开发

本案例使用了 C#作为其开发语言，代码功能主要包含了球与运动员间的碰撞检测，用于在运动员与球相互接触时，向球体施加一个瞬时力，使球产生被击飞的效果。由于在前面已经对相应的知识进行了详细的介绍，故在此将不再进行赘述，读者若有需要可翻阅前面的内容进行查看。

新建一个 C#脚本，并将其命名为“Ball.cs”，该脚本挂载在 Ball 对象上，用于进行球体的碰撞检测。其详细代码如下。

代码位置：见随书光盘中源代码/第 6 章目录下的 PhysX/Assets/Scripts/Ball.cs。

```
1    using UnityEngine;
2    using System.Collections;
3    public class Ball : MonoBehaviour {
4      void OnCollisionEnter(Collision collisionInfo) {          //碰撞检测
5        if (collisionInfo.gameObject.tag.Equals("Player")) {  //若与运动员产生碰撞
6          collisionInfo.gameObject.GetComponent<Rigidbody>()
7          .AddForce(collisionInfo.contacts[0].normal * 3000); //向足球施加一个瞬时力
8    }}}
```

❑ 第 1-8 行的主要功能是进行 OnCollisionEnter 方法的开发，该方法在球体被触碰之后执行并只执行一次。通过对碰撞对象的标签进行识别，若碰撞对象的标签与运动员的标签相同，即运动员与球体进行碰撞，则向球体施加一个力，从而产生球被运动员踢走的效果。

6.8.3 运行效果

单击运行按钮，场景中的Boy对象将会播放踢球动画，如图6-174所示。当Boy对象的脚踢中Ball对象时，球将会被击飞，从而产生图6-175所示的效果，球会被踢中并以弧线运动，最后落在草地上。

▲图6-174 播放动画

▲图6-175 击飞足球

6.9 物理引擎综合案例

前面已经对Unity 3D中物理引擎的基础知识进行了详细的讲解，同时，还通过一些小案例具体介绍了物理引擎的相关应用。在本节中，笔者将通过一个综合案例，使读者对Unity 3D中的物理引擎有一个更加深入的了解。在完成本案例的学习后，希望读者能够熟练地使用物理引擎进行实际开发。

6.9.1 场景的搭建

本节先讲解场景的搭建。在前面的学习中，读者跟随着笔者的讲解，进行了部分案例的开发，经过这些练习，读者应该对场景的搭建及对象的创建有了一定的了解，所以在这里对于这部分的知识将只进行简单的介绍，如有疑问可参考随书光盘中的内容。

（1）依次单击"File→New Scene"新建一个Scene场景，将其命名为"Sample"，并保存在"Assets/Scenes"目录下，如图6-176所示。然后依次单击"GameObject→3D Object→Plane"创建一个Plane对象，命名为"Plane"，用来充当地板对象，并为其指定合适的材质，如图6-177所示。

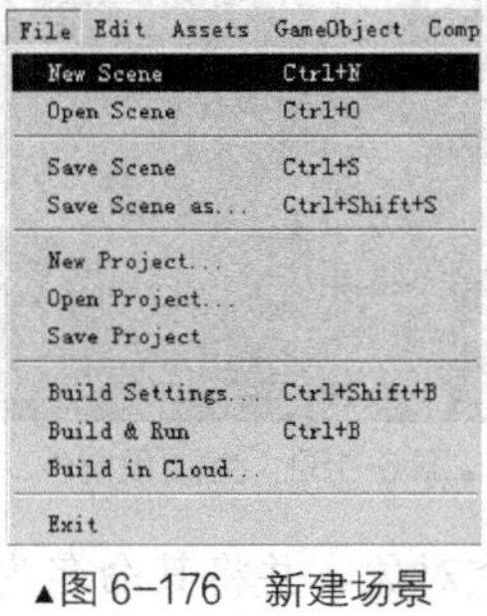

▲图6-176 新建场景

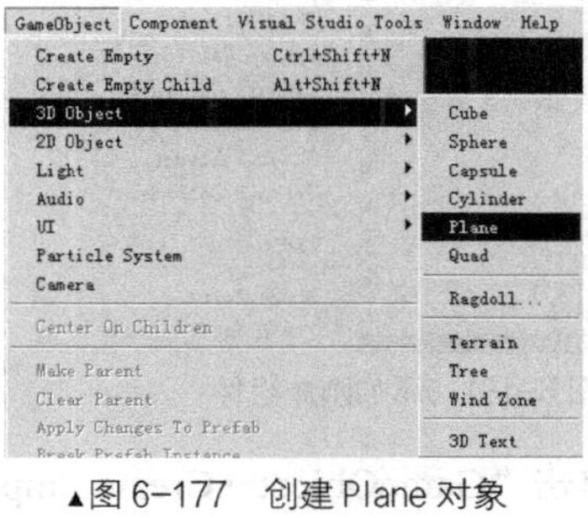

▲图6-177 创建Plane对象

（2）将“Assets/Models”目录下的 Gun 模型拖曳到场景中，如图 6-178 所示。可在“随书光盘中/第 6 章/Assets/Models”中找到该模型对象，读者可按照自身喜好为其添加材质。

▲图 6-178　Gun 对象

（3）如图 6-179 所示，依次单击“GameObject→3D Object→Sphere”创建一个球体对象，并将其命名为“Ball”，赋予材质并调整其位置，使球其刚好位于炮口处，以用于作为炮弹的克隆参照点。然后调整 Ball 对象的的目录，使其成为“Gun/Gun”的子对象，如图 6-180 所示。

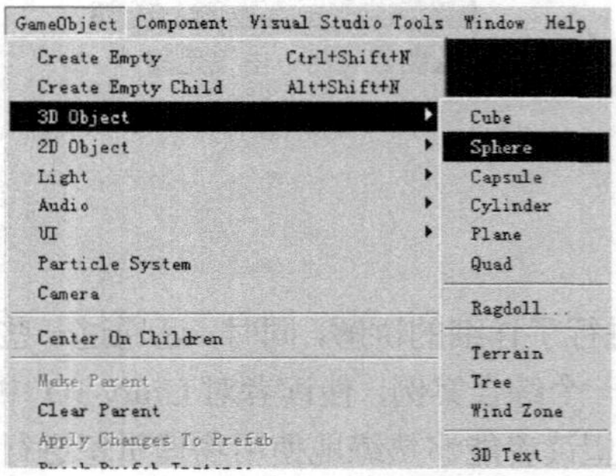

▲图 6-179　创建球体对象

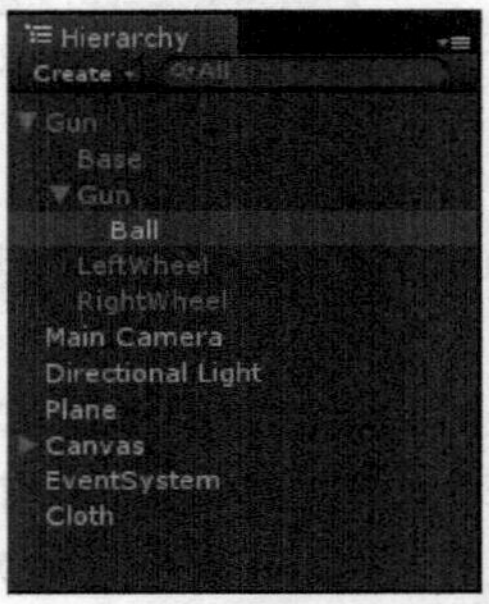

▲图 6-180　调整从属关系

（4）选中刚刚创建完成的 Ball 对象，依次单击“Component→Physics→Rigidbody”为其添加一个刚体组件，如图 6-181 所示。然后将 Ball 从“Hierarchy”面板中拖曳到“Assets/Models”目录下，使其成为一个预制件，如图 6-182 所示。

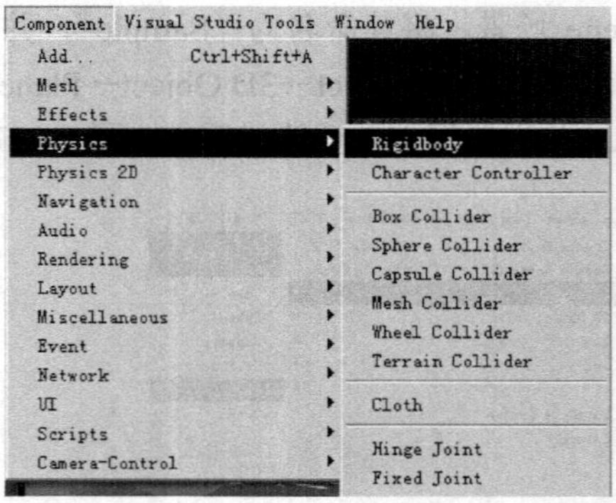

▲图 6-181　添加刚体组件

▲图 6-182　生成预制件

（5）依次单击“GameObject→Create Empty”创建一个空对象，并将其命名为“Cloth”，用于充当场景中的布料，如图 6-183 所示。选中 Cloth 对象，依次单击“Component→Physics→Cloth”为其添加一个布料组件，如图 6-184 所示。

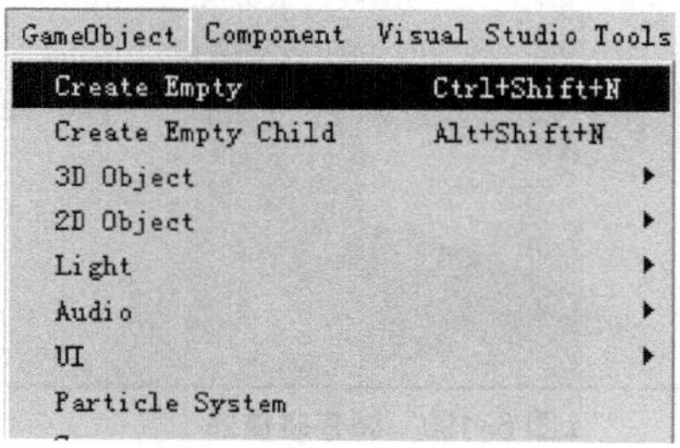

▲图 6-183 创建空对象

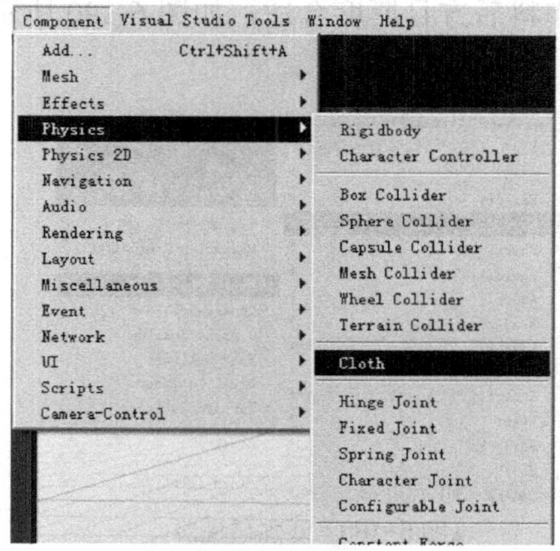

▲图 6-184 添加布料组件

（6）选中 Cloth 对象，在右侧的“Inspector”面板中，调整 Skinned Mesh Renderer 组件下的“Mesh”参数为“Plane”，如图 6-185 所示。调整 Skinned Mesh Renderer 组件的“Materials”下“Size”参数为 1 并添加合适的材质，效果如图 6-186 所示。

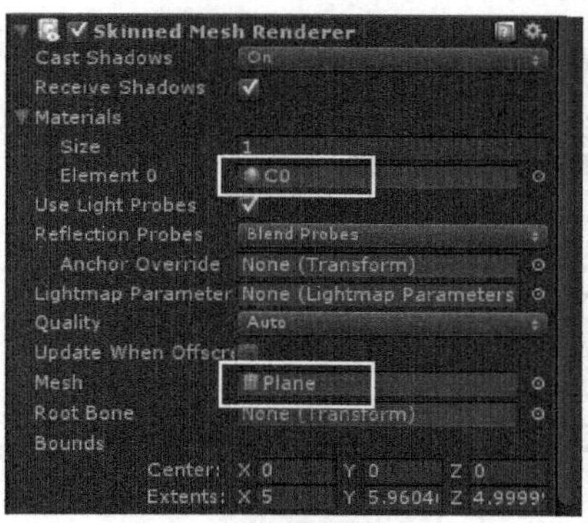

▲图 6-185 蒙皮网格参数

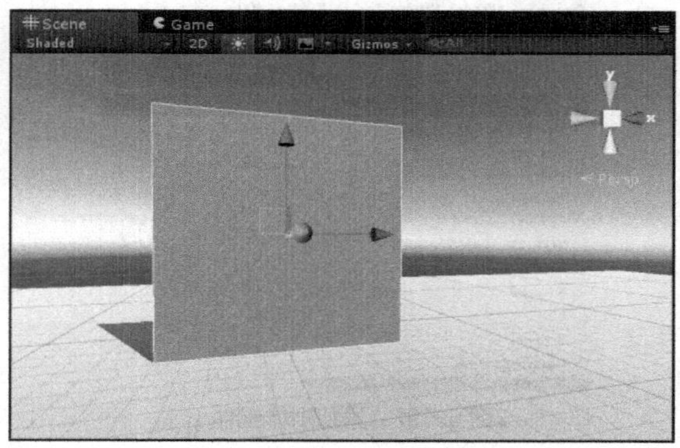

▲图 6-186 Cloth 对象

（7）选中 Cloth 对象，在右侧的“Inspector”面板中，调整 Cloth 组件下的“Random Acceleration”参数为（0，100，0），为布料添加一个指定方向大小为 10 的随机作用力，使布料产生一个随风飘动的效果，如图 6-187 所示。该布料物理模拟效果如图 6-188 所示。

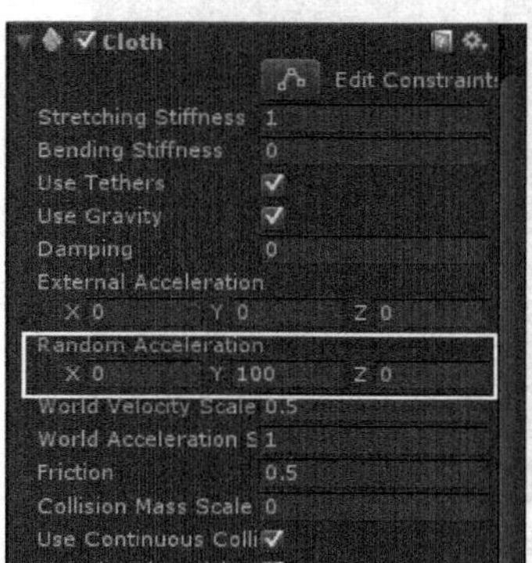

▲图 6-187 添加随机作用力

▲图 6-188 布料运行效果

（8）选中 Cloth 对象，依次单击“Component→Physics→Box Collider”为其添加一个盒子碰撞器，如图 6-189 所示。单击碰撞器组件中的调整按钮，以调整该碰撞器的大小及位置，使其刚好位于布料后方且厚度合适，如图 6-190 所示。

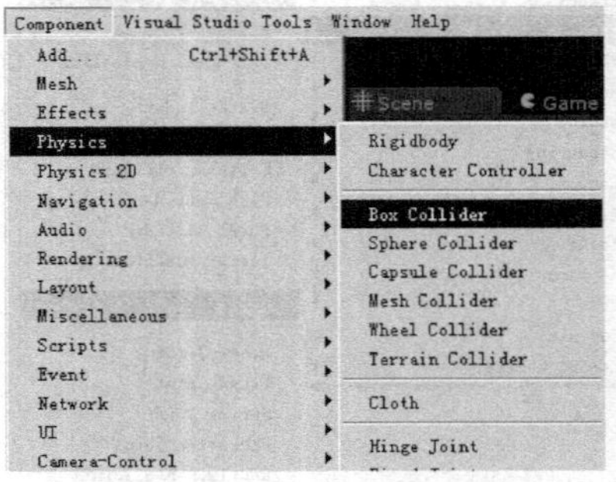

▲图 6-189　添加碰撞器

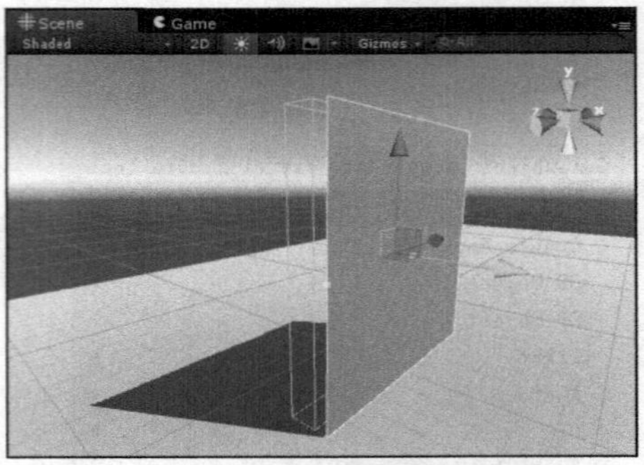

▲图 6-190　调整碰撞器

（9）分别选中 Gun 对象的子对象“Gun”和“Base”对象，依次单击“Component→Physics→Rigidbody”为其添加一个刚体组件，如图 6-191 所示。选中 Gun 对象，依次单击“Component→Physics→Hinge Joint”为其添加一个铰链关节组件，如图 6-192 所示。

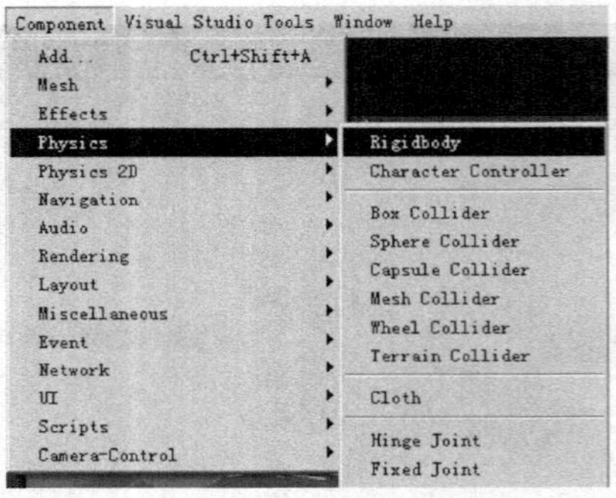

▲图 6-191　添加刚体组件

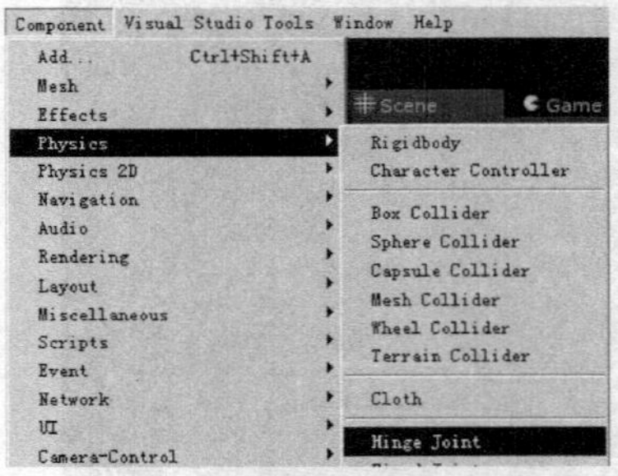

▲图 6-192　添加铰链关节

（10）选中 Gun 对象，调整其铰链关节组件参数，将“Connected Body”指定为“Base”对象，如图 6-193 所示。然后取消“Auto Configure Connected Anchor”的勾选，调整连接点的位置，使两个刚体的旋转轴重合并位于炮架中心，如图 6-194 所示。

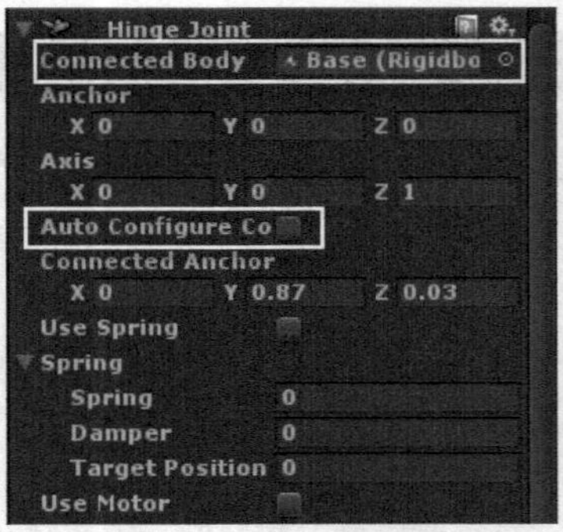

▲图 6-193　指定连接对象

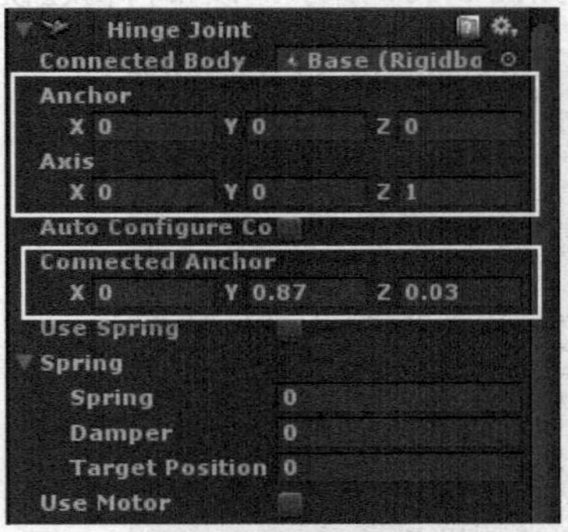

▲图 6-194　设置旋转轴

（11）依次单击“GameObject→Create Empty”分别创建两个空对象，并分别命名为“Emi”

和“FireFlare”，以分别用于实现爆炸和烟雾效果。然后依次单击“GameObject→Particle System”创建一个粒子系统对象，并将其命名为“Follow”，如图 6-195 所示。

（12）选中 Emi 对象，创建两个粒子系统对象作为其子对象，并分别命名为“EmiFire”和“EmiFlare”。然后选中 FireFlare 对象，创建两个粒子系统对象作为其子对象，并分别命名为“PousFlare”和“PousFire”，如图 6-196 所示。

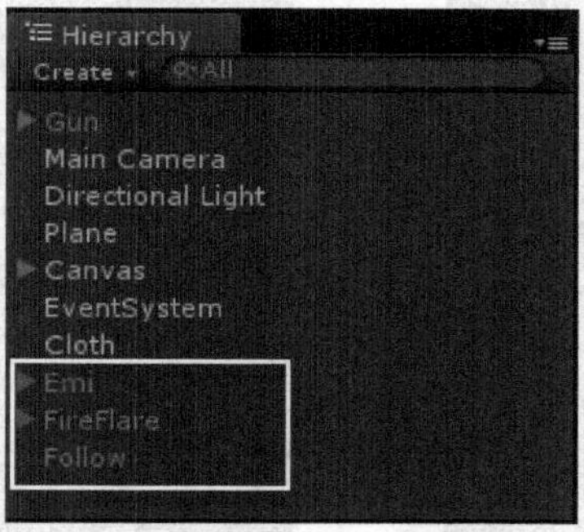

▲图 6-195　创建对象

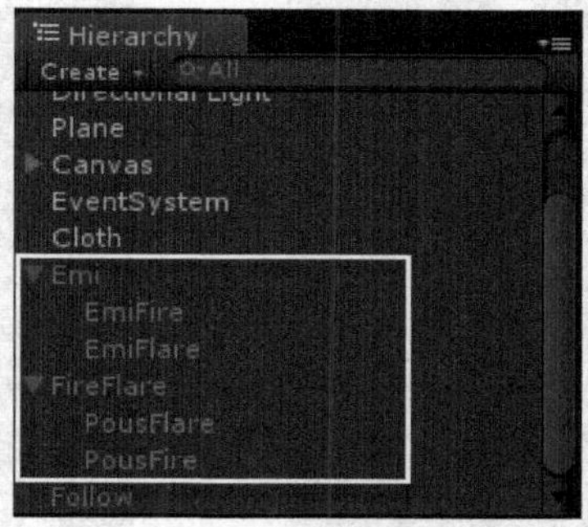

▲图 6-196　创建粒子系统

（13）选中 Emi 对象的子对象 EmiFire 和 EmiFlare，设置这两个粒子系统的参数至如图 6-197 和图 6-198 所示。这两个粒子系统分别用作炮弹爆炸时产生的焰火和烟雾。

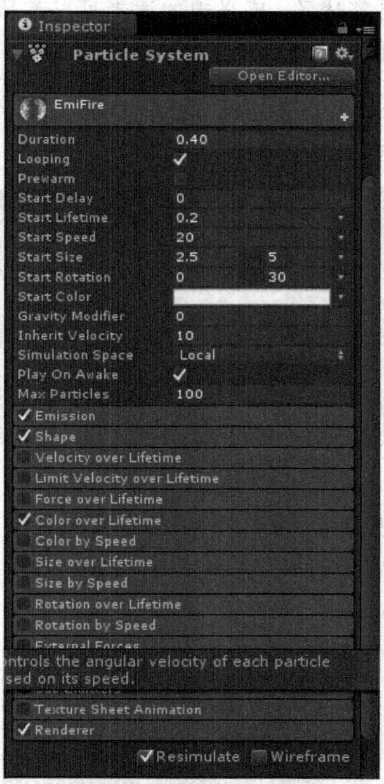

▲图 6-197　EmiFire 参数

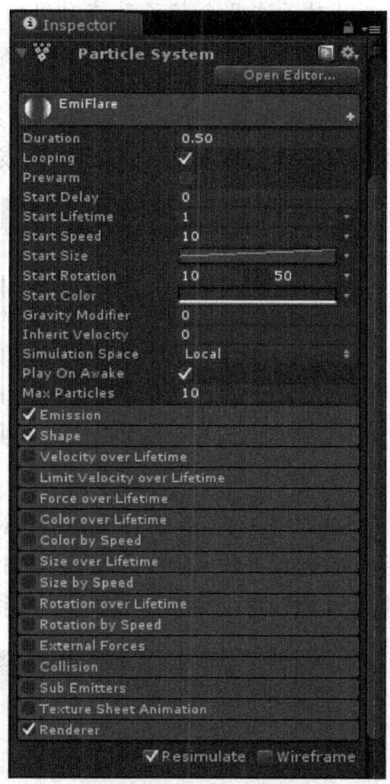

▲图 6-198　EmiFlare 参数

（14）选中 FireFlare 对象的子对象 PouseFlare 和 PouseFire，设置这两个粒子系统的参数至如图 6-199 和图 6-200 所示，这两个粒子系统分别充当炮弹发射时产生的焰火和烟雾。最后将 Follow 粒子系统的参数设置到如图 6-201 所示，该粒子系统用于充当追随在炮弹后面的烟雾。

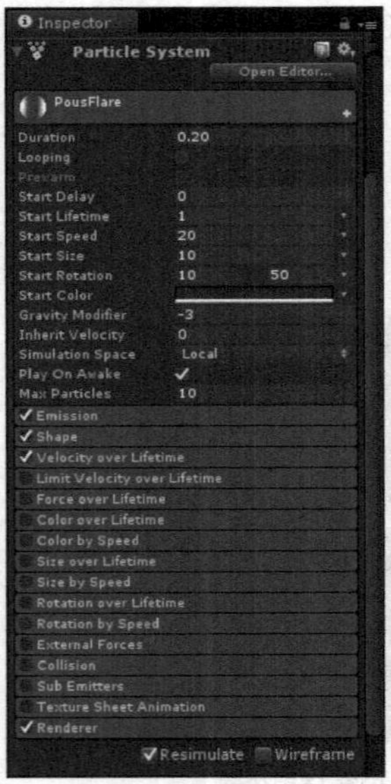

▲图 6-199 PouseFlare 参数

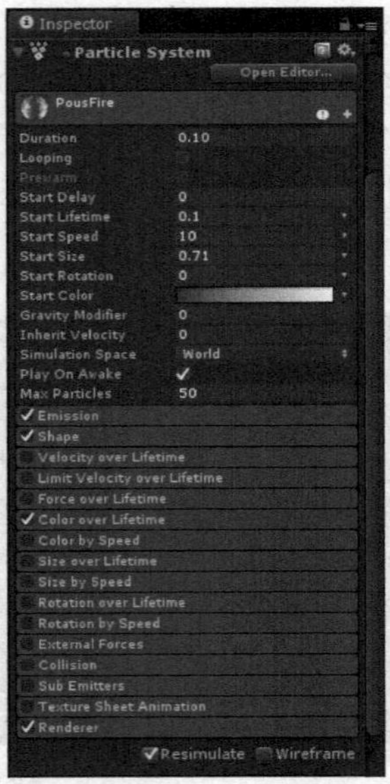

▲图 6-200 PousFire 参数

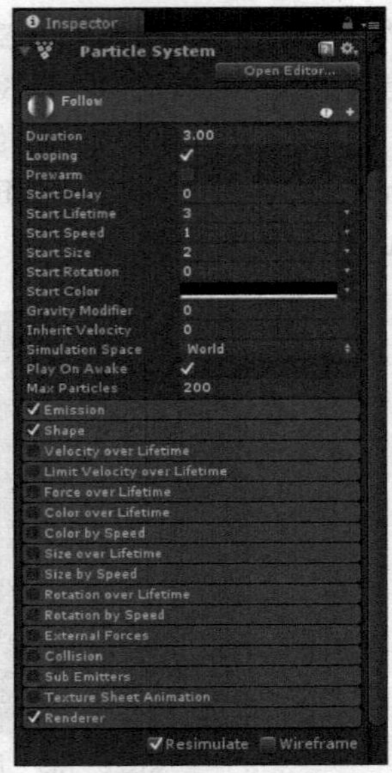

▲图 6-201 Follow 参数

说明 由于在前面已经对粒子系统的知识进行了详细的介绍，且本书的篇幅有限，所以对于这几个粒子系统对象的设置就不再赘述了。感兴趣的读者可以参照随书光盘中第 6 章/PhysX/Assets/Models 目录下的预制件进行设置。

（15）经过设置参数之后，这三个粒子系统的最终运行效果如图 6-202、图 6-203 和图 6-204 所示。读者可以根据自身爱好进行适当的发挥，不必与笔者完全一致。

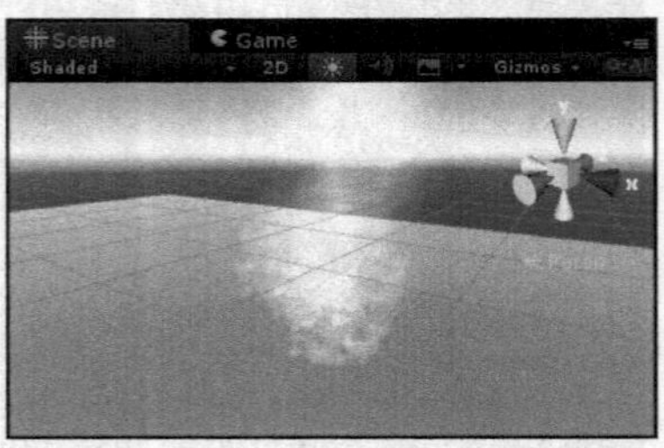

▲图 6-202 Emi 效果

▲图 6-203 FireFlare 效果

（16）将 Emi、FireFlare 和 Follow 等对象分别拖曳到“Assets/Models”目录下使其成为预制件，以供后面的脚本开发使用，如图 6-205 所示。最后将场景中的粒子系统对象删除，在后继的开发中将通过对预制件实例化来完成粒子系统的使用。

▲图 6-204 Follow 效果

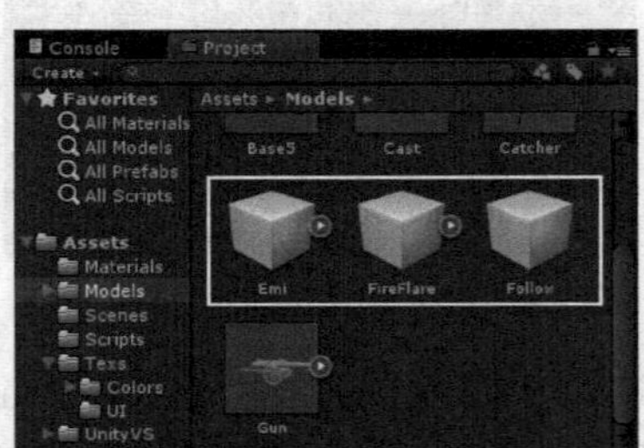

▲图 6-205 生成预制件

6.9.2 界面的搭建

接下来进行程序交互界面的开发。本程序所需的按钮较少，只需要炮管角度调整按钮和开火按钮即可。此处通过 UGUI 系统进行 UI 界面的开发，其所涉及的知识在前面已经进行了详细的讲解，在此处不再进行赘述，只进行纯粹的使用。

（1）依次单击“GameObject→UI→Button”分别创建三个按钮，如图 6-206 所示，然后将其分别命名为“ButtonFIRE”“ButtonUP”和“ButtonDOWN”。由于本程序只需要简单按钮，读者分别删除三个按钮各自的子对象“Text”，如图 6-207 所示。

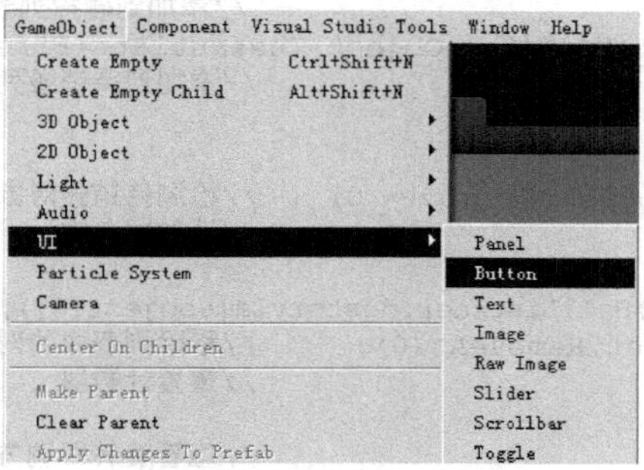

▲图 6-206　创建按钮

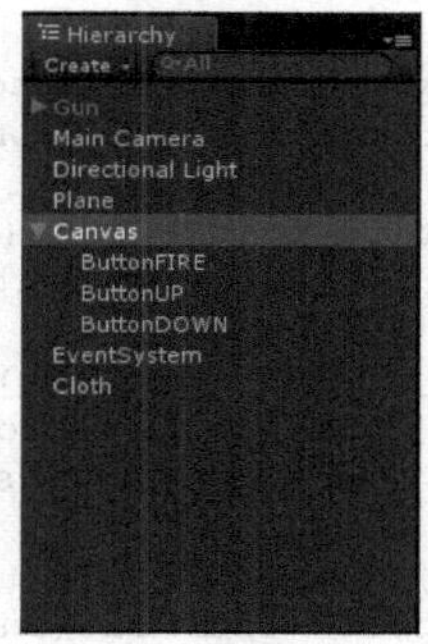

▲图 6-207　设置按钮对象

（2）分别选中前面创建完成的三个按钮，调整 Rect Transform 组件下的参数，单击左上角的方块，选择“left”和“bottom”，为屏幕自适应的开发作准备，如图 6-208 所示。通过设置 Image 组件下的“Source Image”参数，为其添加按钮图片，并调整至合适位置，如图 6-209 所示。

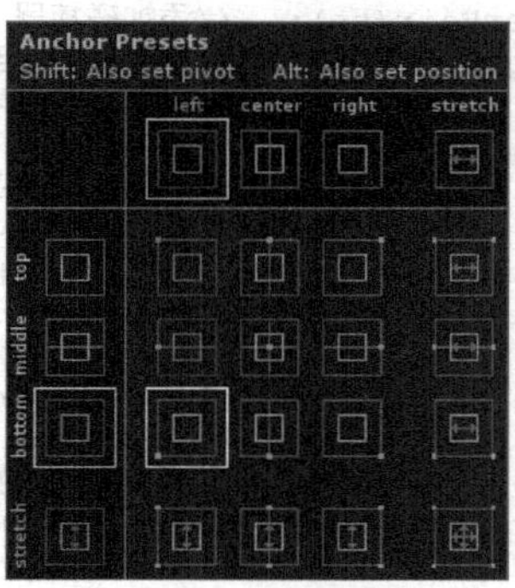

▲图 6-208　调整 UI 原点

▲图 6-209　调整按钮位置

6.9.3 脚本的开发

本案例使用 C#作为其开发语言，主要包含了炮弹监听和按钮监听两部分的开发，其中调用到了部分与物理引擎相关的函数，以及其他有关 GUI 的开发方法。由于在前面章节中已经对相应的知识进行了详细的介绍，故在此将不再进行赘述，读者若有需要可翻阅前面的内容进行查看。

（1）依次单击“Assets→Create→C# Script”创建一个 C#脚本，将其命名为“SampleListener.cs”。该脚本用于 UI 监听和部分逻辑的开发，其详细代码如下。

代码位置：见随书光盘中源代码/第 6 章目录下的 PhysX/Assets/Scripts/SampleListener.cs。

```
using UnityEngine;
using System.Collections;
public class SampleListener : MonoBehaviour {
```

```
4      public GameObject ballPre;                         //炮弹预制件
5      public Transform targetPos;                        //炮弹生成点
6      public Cloth cloth;                                //布料对象
7      private int icount;                                //计数器
8      public GameObject FireFlare;                       //发射烟雾
9      void Start () {
10       InitUI();                                        //屏幕自适应
11     }
12     public void Fire() {
13       Rigidbody ballRi = ((GameObject)(Instantiate(ballPre, targetPos.position,
14       targetPos.rotation))).GetComponent<Rigidbody>();          //实例化炮弹
15       ballRi.AddForce((targetPos.position - transform.position) * 500);//向炮弹施加一个力
16       addCollider(ref cloth, ballRi.gameObject.GetComponent<SphereCollider>());
                                                               //添加到碰撞列表
17       BallListener.destoryGameobject.Add((GameObject)Instantiate(FireFlare,
18       targetPos.position, targetPos.rotation));         //添加到待销毁列表
19     }
20     public void Update() {
21       if (BallListener.destoryGameobject.Count != 0) {  //检测待销毁对象列表是否为空
22         icount++;                                       //计数器自加
23         if (icount > 60) {
24         GameObject.Destroy((GameObject)BallListener.destoryGameobject[0]);//销毁列表头对象
25         BallListener.destoryGameobject.RemoveAt(0);     //移除列表中的对象
26         icount = 0;                                     //重置计数器
27     }}}
28     public void Roat(int i) {                           //炮管旋转回调方法
29       transform.Rotate(Vector3.forward, i * 5);         //炮管围绕自身坐标进行旋转
30     }
31     private void addCollider(ref Cloth c, SphereCollider sc) {
32       ClothSphereColliderPair[] cscp = new
33       ClothSphereColliderPair[c.sphereColliders.Length + 1];    //重新声明碰撞器数组
34         for (int i = 0; i < c.sphereColliders.Length; i++) {
35           cscp[i] = c.sphereColliders[i];                      //初始化碰撞器数组
36         }
37       cscp[cscp.Length - 1] = new ClothSphereColliderPair(sc);  //添加碰撞器
38       BallListener.clothColliders.Add(cscp[cscp.Length - 1]);   //储存碰撞器至列表
39       c.sphereColliders = cscp;                                 //设置碰撞列表
40     }
41     private void InitUI() {                                   //UI 按钮屏幕自适应方法
42     Vector2 editScreen = new Vector2(866, 477);               //设置编辑窗口大小
43     Transform canvas = GameObject.Find("Canvas").transform; //进行位置和大小的调整
44     Vector2 scaleExchange = new Vector2(Screen.width / editScreen.x, Screen.height / editScreen.y);
45     for (int i = 0; i < canvas.childCount; i++) {
46       RectTransform canvasChildRT = canvas.GetChild(i).GetComponent<RectTransform>();
47       canvasChildRT.position = new Vector3(scaleExchange.x * canvasChildRT.position.x,
48       scaleExchange.y * canvasChildRT.position.y, 0);           //调整控件位置
49       canvasChildRT.sizeDelta = new Vector3(scaleExchange.x * canvasChildRT.sizeDelta.x,
50       scaleExchange.y * canvasChildRT.sizeDelta.y, 1);          //调整控件大小
51   }}}
```

- 第 1-11 行的主要功能是进行相关参数和对象的声明，并调用 UI 初始化方法实现屏幕自适应。对于公共的对象，将在后面的开发过程中进行手动挂载。
- 第 12-30 行的主要进行了发射按钮回调方法、上下调整按钮回调方法以及 Update 方法的开发。程序通过给新生成的炮弹施加一个作用力使其被弹出。程序通过一个静态列表储存待销毁的对象，并在 Update 中每隔一段时间把列表头对象销毁。
- 第 31-51 行的主要功能是实现添加布料碰撞器和屏幕自适应方法的开发。将新生成的炮弹添加到布料碰撞器列表，使炮弹能与布料产生相互作用。程序通过将实际屏幕的尺寸与预定的屏幕尺寸做对比，重新设置 UI 控件的大小，使其能够在不同的屏幕上正常运行。

（2）将“SampleListener.cs”脚本挂载在“Gun/Gun”对象上，并将“Assets/Models”目录下的 Ball 和 FireFlare 预制件分别拖曳到“BallPre”和“FireFlare”框中，把场景中的 Ball 和 Cloth

对象分别拖曳到“Target Pos”和“Cloth”框中，如图 6-210 所示。

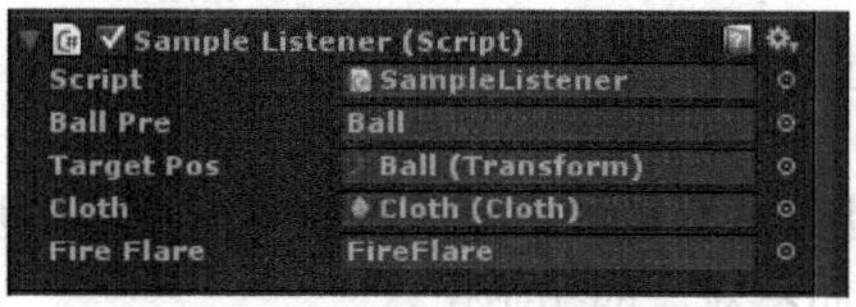

▲图 6-210　挂载脚本

（3）依次选中“ButtonFIRE”“ButtonUP”和“ButtonDOWN”，为其添加一个 On Click()回调方法，将 Gun 对象拖曳为其“Select Object”，将“Fire”指定为“ButtonFIRE”按钮的回调方法，将“Rota”指定为“ButtonUP”和“ButtonDOWN”按钮的回调方法，如图 6-211 和图 6-212 所示。

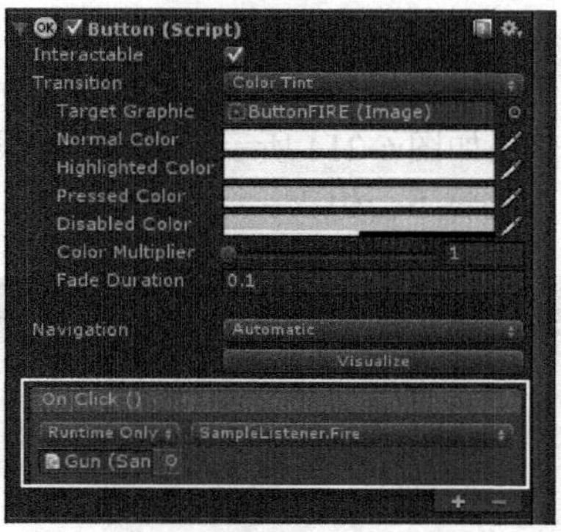

▲图 6-211　Fire 方法

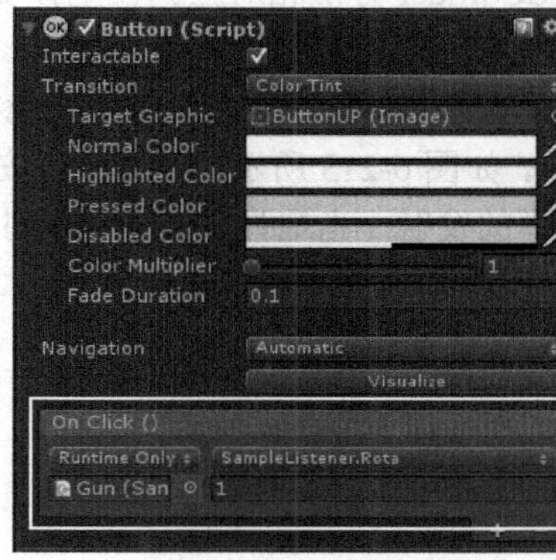

▲图 6-212　Rota 方法

（4）创建一个脚本，并将其命名为“BallListener.cs”。该脚本用于实现炮弹的监听，并在适当的时间点销毁炮弹对象，并产生对应的粒子系统。该脚本的详细代码如下。

代码位置：见随书光盘中源代码/第 6 章目录下的 PhysX/Assets/Scripts/BallListener.cs。

```
using UnityEngine;
using System.Collections;
public class BallListener : MonoBehaviour {
  public static ArrayList clothColliders = new ArrayList();
                                                  //列表中储存了能与布料发生碰撞的对象
  public static ArrayList destoryGameobject = new ArrayList();
  //列表中储存了将要进行销毁的对象
  public GameObject Emi;                          //爆炸粒子系统对象
  Cloth cloth;                                    //指定的布料对象
  void Start () {
    cloth = GameObject.Find("Cloth").GetComponent<Cloth>(); //初始化布料对象
  }
  void OnTriggerEnter(Collider target) {          //碰撞检测
    removeCollider();                             //移除碰撞列表中的对象
    Quaternion q = new Quaternion();              //声明一个临时四元数
    q.eulerAngles = new Vector3(270, 0, 0);       //设置该四元数朝向
    GameObject fire = (GameObject)Instantiate(Emi, transform.position, q);
                                                  //声明粒子系统对象
    if (!target.gameObject.name.Equals("Cloth")) {  //与非布料对象发生碰撞
      destoryGameobject.Add(fire);                //添加到销毁列表
    }
    Destroy(gameObject);                          //进行自我销毁
  }
  void removeCollider() {
                                                  //在碰撞列表中移除自身
   clothColliders.Remove(new ClothSphereColliderPair(GetComponent<SphereCollider>()));
                                                  //重新声明碰撞列表
```

```
25        ClothSphereColliderPair[] cscp = new ClothSphereColliderPair[clothColliders.Count];
26        for (int i = 0; i < cscp.Length; i++) {
27          cscp[i] = (ClothSphereColliderPair)clothColliders[i];    //初始化碰撞列表
28        }
29        cloth.sphereColliders = cscp;                             //设置碰撞列表
30    }}
```

❑ 第 1-10 行的主要功能是进行相关参数和对象的声明，并进行 Start 方法的开发。该方法在脚本运行时运行一次，用于布料对象的初始化。

❑ 第 11-20 行的主要功能是进行炮弹的碰撞检测。当炮弹与其他物体产生碰撞时，则产生一个火焰粒子系统对象，同时销毁该炮弹对象。若不是与布料对象碰撞，则将其加入待销毁列表，并在一定的时间之后将其销毁。

❑ 第 21-30 行的主要功能是实现移除碰撞体的函数的开发。该函数与“SampleListener.cs”脚本中的 addCollider 方法相对应。在炮弹要进行销毁之前，将其在布料碰撞器列表中的项删除，使其不再占用布料碰撞器列表中的位置。

（5）最后将“BallListener.cs”脚本挂载在 Ball 预制件上，并将 Emi 粒子系统的预制件挂载在“Eami”框中，如图 6-213 所示。单击运行按钮，其运行效果如图 6-214 所示。通过点击发射按钮，可以进行炮弹的发射。当炮弹打上布料上时，其产生的火焰将不会熄灭。

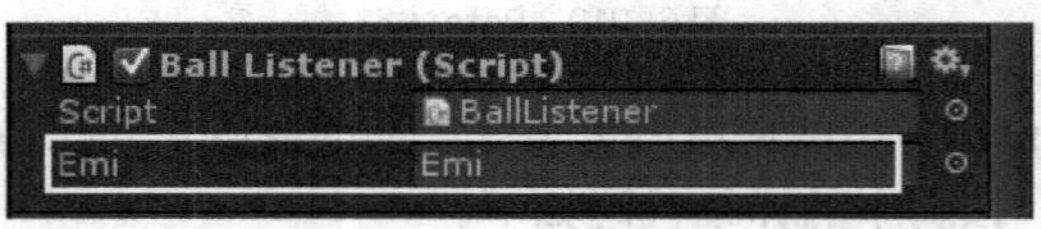

▲图 6-213　挂载脚本

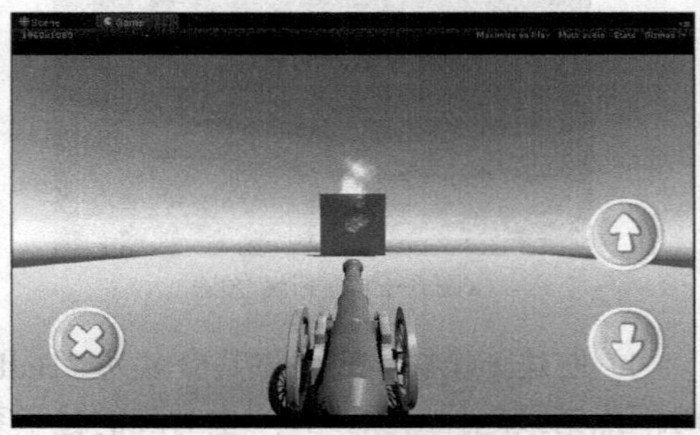

▲图 6-214　运行效果

6.9.4　案例开发总结

到此本案例的开发已经结束。细心的读者应该注意到了，在开发过程中有多处对参数的设置，这些修改都是凭借经验来进行的，没有经验的初学者可以在特定范围内进行尝试，以体验不同的取值带来的不同的视觉感受，这一阶段对于初学者是必不可少的。

在本案例的开发过程中，同时使用了刚体、粒子系统和交互布料。将多种技术用在同一个场景中在案例开发过程中是很常见的，初学者要提高综合运用能力，才能对各种技术的理解更加深入，才能使开发的思路更加开阔。

6.10 本章小结

Unity 3D 的便利之处在于，仅仅需要简单的几步操作，就可以使游戏中的物体严格按照物理法则运动。刚体和碰撞器特性模拟了物理的实体性，每个对象将不仅仅是呈现在屏幕上的虚假现象，它可以与游戏玩家发生仿真的交互。

本章的内容不仅涉及了物理引擎的刚体和碰撞器特性，也介绍了关节、粒子系统和力场的使用方法。在 Unity 3D 的学习过程中，最关键的是对对象的关键物理特性的理解，开发者应该时刻保持“仿真”的心态，以更加贴近现实为目标开发出最为真实的游戏场景。

第7章 着色器——Shader

本章将介绍Unity中的着色器和着色语言——ShaderLab。通过本章的学习，读者将会对Unity中的着色器及其开发产生一定的了解。接下来，将先对Unity中的着色器进行简要概述，帮助读者初步认识着色器。

7.1 初识着色器

实际游戏开发中的许多特效，如镜面反射和折射、动物毛发、卡通效果等，都是使用着色器来实现的。这些效果如果直接通过编程实现会比较困难，即使实现了，在程序运行的时候其计算量会比用着色器实现同样效果的计算量大很多，因而会影响游戏的整体运行。

7.1.1 着色器概述

着色器—Shader是一款运行在图形处理单元（Graphic Processor Unit，GPU）上的程序，其可以让开发人员对图形硬件的渲染功能进行设置。Unity 中大多数的渲染都是通过着色器来完成的。Unity中有大量内置着色器程序，开发人员可以直接使用，也可以根据需求开发自己的着色器程序。

目前这种面向GPU的编程有以下3种高级图像语言可供选择。

1. HLSL语言

Microsoft公司提供的HLSL（High Level Shading Language）语言，是通过Direct3D图形软件库来编写着色器程序，只能供Microsoft的Direct3D和XNA使用（Direct3D是Microsoft公司的DirectX Graphics的三维部件）。

2. Cg语言

NVIDIA公司和微软公司合作提供了Cg（C for Graphics）语言，Cg与C语言相似，不过有了自己的一套关键词和函数库。Cg是独立于三维编程接口的，完全和Direct3D或者OpenGL结合在一起。一个正确的Cg程序可以编写一次，之后工作在Direct3D或OpenGL上。这种灵活性意味着Cg提供了一种方法用来编写能够同时工作在主要的三维程序接口和任何操作系统上的程序。Cg的这种多厂商、跨API和多平台的特征使它成为可编程图形处理器编写程序的最好选择。

3. GLSL语言

OpenGL委员会提供了GLSL（OpenGL Shading Language）语言，它是用来在OpenGL中进行着色编程的语言，即开发人员写的短小的自定义程序。它们是在图形卡的GPU上执行的，代替了固定的渲染管线的一部分，使渲染管线中不同层次具有可编程型。

Unity引擎对着色语言的支持非常全面，但为了实现对跨平台性的支持，Unity对着色语言的重点支持为Cg语言。作为一款跨平台性最好的游戏开发引擎，对于要适应不同GPU的着色器来说，Unity使用自定义ShaderLab来组织着色器程序的内容，并将对不同的平台进行编译。

7.1.2 ShaderLab 语法基础

Unity 中的着色器程序使用的是 ShaderLab 着色语言，该语言具备了显示材质所需的一切信息，同时还支持使用 Cg、HLSL 或 GLSL 语言编写的着色器程序。ShaderLab 着色语言类似于微软公司的 FX 文件或 NVIDIA 的 CgFX，顶点和片段程序是用 Cg 或 HLSL 语言编写。下面将介绍 ShaderLab 的基本语法结构。

1. Shader

Shader 是一个着色器程序的根命令，每个着色器程序都必须定义唯一一个 Shader，其中定义了材质如何使用这个着色器渲染对象。Shader 命令的语法如下。

```
Shader "name" {
     [Properties]
     Subshaders{...}
     [Fallback]
}
```

- 上面的语句定义了一个名为"name"的 Shader。这些内容在材质属性查看器上列于"name"下。着色器程序通过"Properties"来可选地定义一个显示在材质设定界面的属性列表。后面紧跟"SubShaders"的列表，并可额外添加一个代码块用于应对"Fallback"的情况。
- 着色器程序拥有一个"Properties"的列表。任何定义在着色器程序中的属性都会显示在属性查看器中。典型的属性有颜色、纹理或是任何被着色器所使用的数值数据。
- 着色器程序还包含一个子着色器的列表，其中至少有一个子着色器。当加载一个着色器程序时，Unity 将遍历这个列表，获取第一个能被用户机器支持的子着色器。如果没有子着色器被支持，Unity 将尝试使用降级着色器，即 Fallback 操作。

> **说明** 关于 Properties、Subshader 和 Fallback，在后面的内容中会进行详细讲解。

2. Properties

着色器可以在属性块中定义一些属性参数，这些参数可以由开发人员在 Unity 的"Inspector"面板中编辑和调整，而不需要单独的编辑器，着色器程序中的 Properties 块就是用来定义这些参数的地方。Properties 的基本语法如下。

```
Properties { 属性块 }
```

它定义了属性块，其中可包含多个属性。其定义如表 7-1 所示。

表 7-1 Properties 类型

类 型	说 明
name ("display name", Range (min, max)) = num	定义浮点数范围属性，在属性查看器中可通过一个标注了最大值和最小值的滑动条来修改
name ("display name", Float) = num	定义浮点数属性
name ("display name", Int) = num	定义整型属性
name ("display name", Color) = (num, num, num, num)	定义颜色属性，num 取值范围 0～1
name ("display name", Vector) = (num, num, num, num)	定义四维向量属性
name ("display name", 2D) = " name " { options }	定义 2D 纹理属性，缺省值为："white""black""gray""bump"
name ("display name", Rect) = " name " { options }	定义矩形纹理（尺寸非 2 次方）属性，缺省值同 2D 纹理属性
name ("display name", Cube) = " name " { options }	定义立方贴图纹理属性，缺省值同 2D 纹理属性相同
name ("display name", 3D) = " name " { options }	定义 3D 纹理属性

- 包含在着色器程序中的每一个属性通过“name”索引（在 Unity 中，通常使用下划线来开始一个着色器属性的名字），属性值通过“name”来访问。属性会将“display name”显示在属性查看器中，还可以在等号后为每个属性提供缺省值。结构如图 7-1 所示。

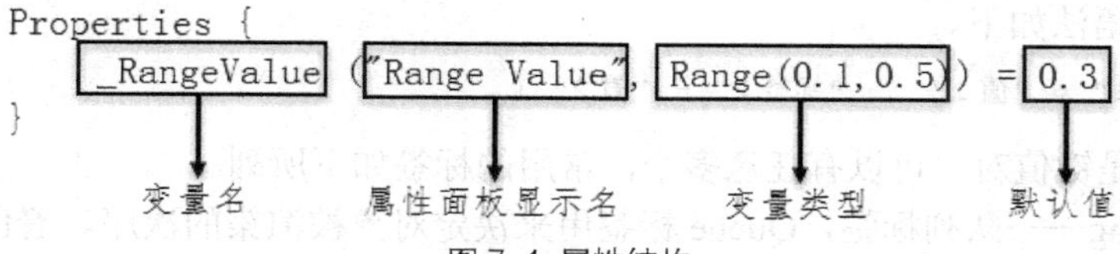

▲图 7-1 属性结构

- 包含在纹理属性的大括号中的“options”（选项）是可选的。可选的选项如表 7-2 所示。

表 7-2 纹理属性选项

选项名称	说明
TexGen	纹理生成模式，纹理自动生成纹理坐标时的模式。可以是 ObjectLinear、EyeLinear、SphereMap、CubeReflect 或 CubeNormal，这些模式和 OpenGL 纹理生成模式相对应。注意如果使用自定义顶点片元着色器，那么纹理生成将被忽略
LightmapMod	光照贴图模式，如果给出这个选项，纹理会被渲染器的光线贴图所影响，即纹理不能被应用在材质中，而是使用渲染器中的设定

下面的代码片段说明了 Properties 的定义方法。

```
Properties {
      _RangeValue ("Range Value", Range(0.1,0.5)) = 0.3   //定义一个浮点数范围属性
      _FloatValue ("Float Value", Float) = 1.5            //定义一个浮点数属性
      _Color ("Color", Color) = (1,1,1,1)                 //定义一个颜色属性
      _Vector ("Vector", Vector) = (1,1,1,1)              //定义一个四维向量属性
      _MainTex ("Albedo (RGB)", 2D) = "white" {TexGen EyeLinear}//定义 2D 纹理属性
      _Cube("CubeTex", Cube)="skybox"{ TexGen CubeReflect}//定义立方贴图纹理属性
}
```

3. Subshader

真正用于呈现渲染物体的是在 SubShader 中实现的，使用 SubShader 的目的在于能使开发者针对不同性能的显卡编写不同的着色器程序。Unity 中的每一个着色器都包含一个 SubShader 的列表，Unity 运行时会针对实际的运行环境，在列表中从上到下选出第一个被用户显卡支持的 SubShader 来呈现效果。

Subshader 的基本语法如下。

```
SubShader{ [Tags] [CommonState] Pass{} }
```

- 子着色器由可选标签（Tags）、通用状态（CommonState）和一个通道（Pass）列表构成。
- 子着色器定义了一个渲染通道列表，并可选是否为所有通道初始化所需要的通用状态。
- 当 Unity 3D 选择一个 Subshader 进行渲染的时候，将优先渲染一个被每个通道所定义的对象（这个对象很可能是由光线交互决定的）。由于渲染每一个物体是个十分昂贵的操作，有时在一些显卡上，所需要的效果不能通过单次通道来完成，就必须使用多次通道。
- 定义通道的类型有 RegularPass、UsePass 和 GrabPass。
- 在通道中定义的状态同时对整个子着色器块可见，这将使得所有通道共享状态。

下面的代码片段是一个简单的子着色器。

```
SubShader {
    Tags { "Queue" = "Transparent" }                 //渲染队列为透明队列
    Pass {
        Lighting Off                                  //关闭光照
```

```
    SetTexture [_MainTex] {}                                   //设置纹理
}}
```

4. Subshader Tags

子着色器使用标签（Tags）来告诉 Unity 渲染引擎或者其他用户如何认证这个 SubShader。

Tags 的基本语法如下。

```
Tags { "标签1" = "值1"    "标签2" = "值2" }
```

标签的标准是键值对，可以有任意多个，常用的标签如下所列。

- Queue tag——队列标签，Queue 标签用来决定对象被渲染的次序。着色器决定对象所归属的渲染队列，任何透明物体都可以通过这种方法确保自身在不透明物体渲染之后渲染。ShaderLab 中有 5 种预定义的可选值，分别是 Background（背景），对应值为 1000；Geometry （几何体，此为默认值），对应值为 2000； AlphaTest（Alpha 测试），对应值为 2450；Transparent（透明），对应值为 3000；Overlay（覆盖），对应值为 4000。每个标签的意义将在 7.4.2 渲染队列一节中详细介绍。

队列标签的使用如下。

```
Tags { "Queue" = "Transparent" }                     //设置渲染队列为“透明”
```

说明　透明渲染队列为了达到最优的性能，优化了对象绘制次序，其他渲染队列根据距离来排序对象，从最远的对象开始，由远至近渲染。

- 自定义队列标签，对于特殊的需要可以使用中间队列来满足。如上表所示，每一个队列都有自己的对应值。通过着色器可以自定义一个队列，例如下面的代码：

因为这些单词都可以对应成数字，所以可以将这些单词当作是整形变量来看，例如：

```
Tag { "Queue" = " Geometry +600" }                  //自定义渲染队列
```

上面的代码使对象的设置渲染队列为 Geometry+600，即 2600，在 AlphaTest 队列和 Transparent 队列之间渲染。

- RenderType tag——渲染类型标签，RenderType 标签将着色器分为若干个预定义组。例如，透明着色器还是采用 alpha 测试的着色器等。这个由着色器替换使用，有时用于生成相机的深度纹理。渲染类型标签的预定义值如表 7-3 所示。

表 7-3　渲染类型标签可选值

队 列 名 称	说　　明
Opaque	不透明，用于大多数着色器（法线着色器、自发光着色器、反射着色器以及地形着色器）
Transparent	透明，用于大多数半透明着色器（透明着色器、粒子着色器、字体着色器、地形额外通道着色器）
TransparentCutout	遮蔽的透明着色器（透明镂空着色器、两个通道植被着色器）
Background	天空盒着色器
Overlay	GUITexture、光晕着色器、闪光着色器
TreeOpaque	地形引擎树皮着色器
TreeTransparentCutout	地形引擎树叶
TreeBillboard	地形引擎布告板树
Grass	地形引擎草
GrassBillboard	地形引擎布告板草

❑ DisableBatching tag——禁用批处理标签。某些着色器（大部分是进行物体空间顶点变形的）在进行描绘调用批处理时会不起作用，使用 DisableBatching 标签可以用来指示这种情况。DisableBatching 标签有三个可选值，分别为“True”（这个着色器将一直禁用批处理）、“False”（不禁用批处理，此为默认值）和“LODFading”（当 LOD fading 被激活时禁用批处理）。

❑ ForceNoShadowCasting tag——强制不投射阴影标签。当给定 ForceNoShadowCasting 标记并且该标记有“true”时，使用该子着色器渲染的对象将永不投射阴影。当在透明对象上使用着色器替换，但不想从另一个子着色器获得阴影通道时，这会非常有用。

❑ IgnoreProjecttor——忽略投影标签，如果设置 IgnoreProjecttor 标签为“True”，那么使用这个着色器的对象将不会被投影器所影响。这对半透明的物体来说最有用，因为这样它就不会受到投影器的影响而产生阴影。

❑ CanUseSpriteAtlas tag——使用精灵图集标签，若该着色器用于精灵对象上，如果设置 CanUseSpriteAtlas 标签为“False”，当精灵被打包进图集后，着色器就不会起作用。

❑ PreviewType tag——预览类型标签，PreviewType 标签指示出材质检视器应该怎样展示材质文件。默认情况下，是以材质球的形式展示，但是 PreviewType 也可以设置为“Plane”（以 2D 形式展示）或者“Skybox”（作为天空盒展示）。

5. Pass

SubShader 包装了一个渲染方案，而这个方案是由一个个通道（Pass）来执行的。SubShader 可以包括多个 Pass 块，每个 Pass 都能使几何对象被渲染一次。

Pass 的基本语法如下。

```
Pass { [Name and Tags] [RenderSetup] [TextureSetup] }
```

基本的通道命令包含一个可选的渲染设置命令（RenderSetup）的列表和可选的纹理设置命令（TextureSetup）的列表。一个通道能定义它的 Name 和任意数量的 Tags（用于向渲染引擎传递通道的意图的名称/值的字符串）。

> **说明** Pass 块的 Name 一般用来引用此 Pass，这种引用意味着可以定义一个 Pass 块，然后在其他着色器程序的 Pass 块中多次引用它，可以减少重复操作。由于 Unity 的原因，命名时必须使用大写。

通道渲染设置命令可以设置显卡的各种状态，例如能打开 alpha 混合、能使用雾等。这些命令如表 7-4 所示。

表 7-4 通道渲染设置命令

命　令	含　义	说　明
Lighting	光照	开启或关闭顶点光照，开关状态的值为 On 或 Off
Material{材质块}	材质	定义一个使用顶点光照管线的材质
ColorMaterial	颜色集	当计算顶点光照时使用顶点颜色，颜色集可以是 AmbientAndDiffuse 或 Emission
SeparateSpecular	开关状态	开启或关闭顶点光照相关的镜面高光颜色，开关状态的值为 On 或 Off
Color	颜色	设置当顶点光照关闭时所使用的颜色
Fog{雾块}	雾	设置雾参数
AlphaTest	Alpha 测试	Less、Greater、LEqual、GEqual、Equal、NotEqual、Always（小于、大于、小于等于、大于等于、等于、不等于、一直），默认值为：LEqual
ZTest	深度测试模式	设置深度测试模式，有 Less、Greater、LEqual、GEqual、Equal、NotEqual、Always
ZWrite	深度写模式	开启或关闭深度写模式。开关状态的值为 On、Off

续表

命　令	含　义	说　明
Blend	混合模式	设置混合模式，混合模式有 SourceBlendMode、DestBlendMode、AlphaSourceBlendMode、AlphaDestBlendMode
ColorMask	颜色遮罩	设置颜色遮罩，颜色值可以是 RGB 或 A 或 0 或任何 R、G、B、A 的组合，设置为 0 将关闭所有颜色通道的渲染。
Offset	偏移因子	设置深度偏移，这个命令仅接收常数参数。

上文中讲到的通道为普通通道（RegularPass）。除此之外，还有两个特殊的通道能用于反复利用普通通道或是实现一些高级特效，如表 7-5 所示。

表 7-5　两个特殊通道

通道名称	语　法	说　明
UsePass	UsePass"Shader/Name"	插入所有来自给定着色器中的给定名字的通道。Shader 为着色器的名字，Name 为通道的名字
GrabPass	GrabPass{ ["纹理名"] }	捕获屏幕到一个纹理，该纹理通常使用在靠后的通道中。“纹理名”是可选项

在着色器中通过 UsePass 重用其他着色器中已存在的通道，提高了代码的重用率。为了让 UsePass 能正常工作，必须给希望使用的通道命名，通道的命名用 Name“通道名”命令。以下代码对此进行了说明。

```
UsePass "Specular/BASE"                    //插入镜面高光着色器中名为“BASE”的通道
Name "MyPassName"                          //通道命名为 MyPassName
```

GrabPass 是一种特殊的通道类型，它会捕获物体所在位置的屏幕的内容并写入一个纹理中，这个纹理能被用于后续的通道中完成一些高级图像特效。GrabPass 中同样可以使用 Name 和 Tags 命令。将 GrabPass 放入 SubShader 中有如下两种方式。

- GrabPass {}

捕获当前屏幕的内容到一个纹理中。纹理能在后续通道中通过 GrabTexture 进行访问。

> **说明**　该形式的捕获通道将在每一个使用该通道的对象渲染过程中执行极耗资源的屏幕捕获操作。

- GrabPass { "纹理名" }

捕获屏幕内容到一个纹理中，但只会在每帧中处理第一个使用该给定纹理名的纹理对象。该纹理在后续的通道中可以以通道给定的纹理名访问。当在一个场景中拥有多个使用 GrabPass 的对象时将提高游戏性能。

6. Fallback

降级（Fallback）定义在所有子着色器后。简单来说，它表示“如果没有任何子着色器能被运行到当前硬件上，请尝试使用降级着色器”。其常用语法如下。

- Fallback "着色器名"

退回到给定名称的着色器。

- Fallback Off

显示声明没有降级并且不会打印任何警告，甚至没有子着色器会被当前硬件运行。

7. CustomEditor

开发人员可以为着色器定义自定义编辑器（CustomEditor），执行此操作时，Unity 会查找以该名称拓展 MaterialEditor 的类。如果找到一个，则使用该着色器的所有材质都将使用这个材质检视器。其常用语法如下。

CustomEditor "name"

> **提示** CustomEditor 语句会影响使用该着色器程序的所有材质。

8. Category

分类（Category）是渲染命令的逻辑组，大多数情况下被用于继承渲染状态。例如，着色器可以有多个子着色器，它们都需要关闭雾效果、混合等。下面的代码片段说明了分类的使用。

```
Shader "example" {
Category {
    Fog { Mode Off }                                  //设置雾模式
    Blend One One                                     //设置混合模式
    SubShader {... }                                  //SubShader 块
    SubShader {... }                                  //SubShader 块
    ......//此处省略分类模块的其他内容
}}
```

分类块只影响着色器的解析，其与将分类 (Category) 中设定的任何状态“粘贴”到其下所有块中完全一样，根本不会影响着色器程序的执行速度。

7.1.3 着色器中涉及的各种空间概念

要绘制出屏幕上绚丽多彩的 3D 场景画面，就需要将每个物体从自己所属的物体空间依次经世界空间、摄像机空间、剪裁空间、标准设备空间进行变换，最终到达实际窗口空间。了解每一个空间概念，可以帮助开发人员认识每个顶点在不同空间之间是如何变换的。

1. 物体空间

物体空间比较容易理解，就是需要绘制的 3D 物体所在的原始坐标系代表的空间。在 3ds Max 等建模软件中，为了便于表示和导出，每一个物体都有一个以自身为原点的三维坐标空间，导出时将自身看作是一个整体。例如，导出的汽车模型中，四个车轮虽然与车身是分开的，但在建模时，将车轮放置在了汽车底部，并随车身移动，这就是在汽车模型的物体空间中完成的。物体空间中的物体如图 7-2 所示。

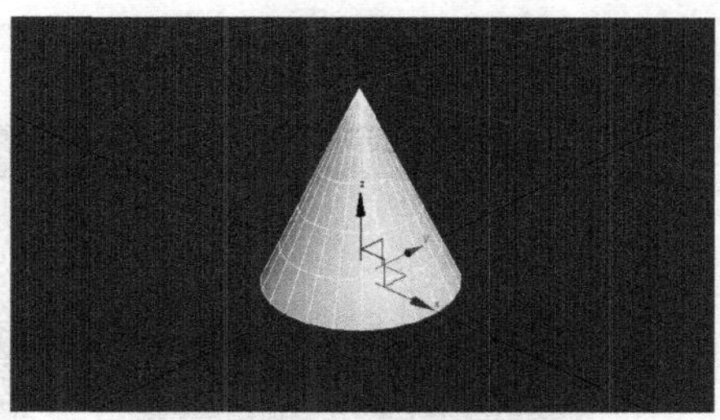

▲图 7-2 物体空间中的物体

在 Unity 脚本中，可以通过 transform.worldToLocalMatrix 矩阵的 MultiplyPoint、MultiplyPoint3x4 和 MultiplyVector 方法，将用世界坐标表达的矢量转换为该物体用物体空间表达的矢量。在着色器编程中，可以通过左乘_World2Object 矩阵来实现。

> **说明** 在进行设计时，一般以物体的几何中心为坐标系原点，人物模型一般是以双脚的中心点为物体坐标系原点。

2. 世界空间

世界空间就是物体在最终 3D 场景中的摆放位置对应的坐标所属的坐标系代表的空间。由于每个物体的模型空间都是处理自身内部的相对关系，无法处理自身以外与其他物体之间的关系，所以就需要一个统一的空间坐标来管理所有的物体，用于表达空间中各个模型的相对关系、大小、旋转姿态等。例如，要在[2,0,0]摆放一个立方体，在[1,0,2]摆放一个球体，这里[2,0,0]和[1,0,2]两组坐标系所属的坐标系代表的就是世界空间。如图 7-3、图 7-4 所示。

▲图 7-3　世界空间中的物体相对位置

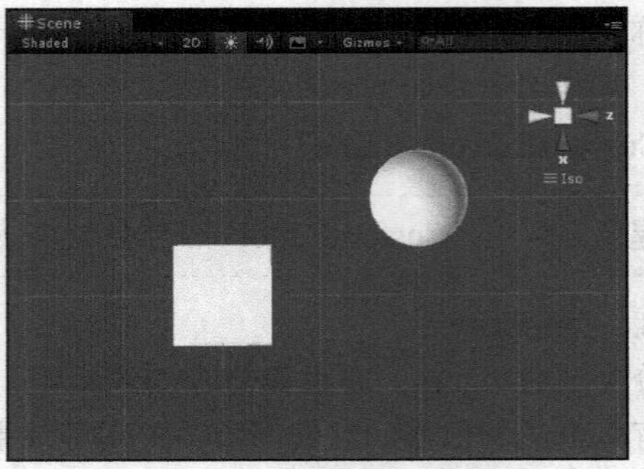

▲图 7-4　世界空间中的物体俯视图

在 Unity 脚本中，可以通过 transform.localToWorldMatrix 矩阵的 MultiplyPoint、MultiplyPoint3x4 和 MultiplyVector 方法，将用物体空间表达的矢量转换为用世界坐标表达的矢量。在着色器编程中，可以通过左乘_Object2World 矩阵来实现。

3. 摄像机空间

物体经摄像机观察后，进入摄像机空间。摄像机空间的理解稍复杂一些，其指的是以观察场景的摄像机为原点的一个特定坐标系代表的空间，在这个坐标系中，摄像机位于原点，视线沿 z 轴负方向，y 轴方向与摄像机的 UP 向量方向一致。

相对于世界坐标系，摄像机坐标系可能是歪的或斜的。也就是说，摄像机空间代表的是以摄像机本身为中心的一种坐标系，就像人眼观察世界时若将头歪过来，感觉是物体倾斜了，其实物体在世界坐标系中是正的，只是经过观察后进入了摄像机坐标系，在这个坐标系里是歪的。图 7-5 和图 7-6 所示为摄像机在不同位置观察到的物体，物体的位置没有发生变化，但在摄像机空间中相对位置完全相反。

在着色器编程中，可以通过 UNITY_MATRIX_MV 矩阵将物体从模型空间转换到摄像机空间。

▲图 7-5　摄像机观察到的物体 1

▲图 7-6　摄像机观察到的物体 2

4. 剪裁空间

首先需要引入“视景体”的概念（视景体也叫视锥体），对于平行投影来说，视景体是一个四边平行于投影方向的四棱柱，如图 7-7 所示；对于透视投影来说，是一个以近平面为上底、远平面为下底的棱台（当近平面为 0 时，则是一个以投影中心为顶点的四棱锥），如图 7-8 所示。

与人眼类似，尽管世界空间中的物体都是客观存在，但是人眼只会看到视力范围内的物体，渲染引擎同样不会将世界空间内的全部物体渲染出来，而只是渲染出现在视景体内的物体。

通过前面对视景体的介绍，读者应该了解到，只有在视景体里面的物体才能够最终被用户观察到，也就是说并不是摄像机空间中所有的物体都能最终被观察到，只有在摄像机空间中，并且位于视景体内的物体才能被观察到。因此，将摄像机空间内视景体内的部分独立出来经过处理后，就成为了剪裁空间。

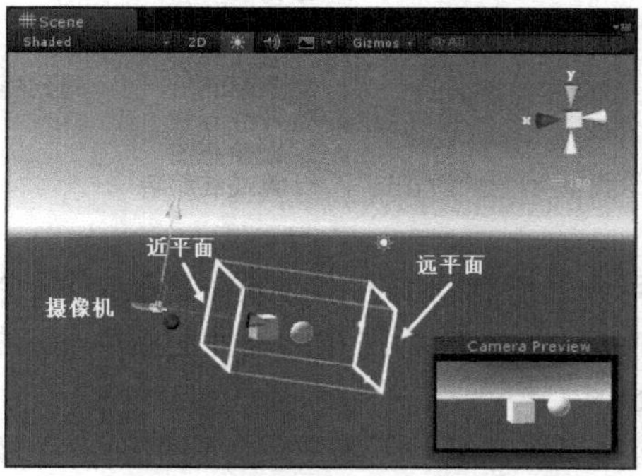

▲图 7-7 正交投影下的视景体

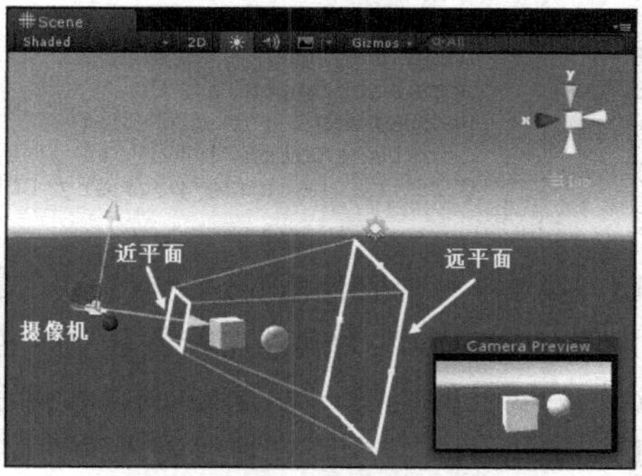

▲图 7-8 透视投影下的视景体

在着色器编程中，可以通过 UNITY_MATRIX_MVP 一次性完成物体从物体空间到摄像机空间再投射到屏幕上的变换。

5. 标准设备空间

标准设备空间就是对剪裁空间执行透视除法后得到的空间。例如，对于 OpenGL ES 而言，标准设备空间三个轴的坐标范围都是−1.0～1.0。所谓的透视除法，就是将齐次坐标[x,y,z,w]的 4 个分量都除以 w，结果为[$x/w,y/w,z/w$,1]，其本质上就是对齐次坐标进行了规范化。

6. 实际窗口空间

实际窗口空间一般代表的是设备屏幕上的一块矩形区域，其坐标以像素为单位。转换到该空间的主要工作是将执行透视除法后的 x、y 坐标分量转换为实际窗口的 xy 像素坐标，主要的思路是将标准设备空间的 xy 平面对应到视口上，将−1.0～1.0 内的 x、y 坐标折算为视口上的像素坐标。

7.2 着色器的 3 种形态

Unity 下的着色器可以使用 3 种不同的形态来编写，它们分别为固定管线着色器、顶点片元着色器和表面着色器。其中固定管线着色器是为了兼容老一代 GPU 而设计的，而表面着色器是 Unity 推荐使用的形态，因为它能更加方便地处理光照。

7.2.1 固定管线着色器

固定管线是在老一代 GPU 能力比较有限时，对着色器的约束性比较高的一种形态。为了市场占有率，新一代的显卡仍对其有所选择地进行支持，但是会在未来被逐步淘汰。下面将通过 Unity 官方文档中固定管线的基本形态来介绍固定管线着色器。

代码位置：见随书光盘中源代码/第 7 章目录下的 Shader/Assets/BaseForm1.shader。

```
Shader "Custom/BaseForm1" {
  Properties {                                                  //定义属性块
    _Color ("Main Color", Color) = (1,1,1,0.5)                  //定义主颜色数值
    _SpecColor("Sec Color",Color)=(1,1,1,1)                     //定义高光颜色数值
    _Emission("Emission Color",Color)=(0,0,0,0)                 //定义自发光颜色数值
    _Shininess("Shininess",Range(0.01,1))=0.7                   //定义高光系数数值
    _MainTex ("Base (RGB)", 2D) = "white" {}                    //定义纹理数值
  }
  SubShader {
    Pass{
      Material{                                                 //材质块
        Diffuse [_Color]                                        //漫反射
        Ambient [_Color]                                        //环境光
```

```
14          Shininess [_Shininess]                            //高光系数
15          Specular [_SpecColor]                             //高光
16          Emission [_Emission]                              //自发光
17        }
18        Lighting On                                         //开启光照
19        SeparateSpecular On                                 //允许高光使用一个不同于主颜色的颜色
20        SetTexture [_MainTex]{                              //处理纹理块
21        constantColor [_Color]                              //定义颜色值
22        Combine texture*primary DOUBLE,texture*constant //计算最终颜色
23     }}}}
```

- 第 2-8 行为着色器的定义属性块，着色器用到的所有的属性都必须在这里定义。以_Color 属性为例，“_Color”为属性在着色器中的名称，“Main Color”为在材质属性面板中显示的名称，“Color”为属性的类型，“(1,1,1,0.5)”为属性的初始值。
- 第 11-17 行为固定管线着色器的材质块。在固定管线着色器中材质块里面把在属性块中定义的数值映射到固定管线光照所有的属性上。除了使用在定义属性块定义的属性外，材质块中也可以直接使用数值，如 Specular(1,1,1,1)。
- 第 20-22 行为处理纹理块。首先 constantColor 定义了一个常量颜色值，除了使用在定义属性块定义的属性外，也可以直接使用数值，如 constantColor(1,1,1,0.5)。Combine 语句被逗号分开的两部分，前面是对颜色的计算，后面则是对 Alpha 的计算，其中“texture”是对方括号中的纹理贴图的引用，“primary”是上一步的顶点光照，“constant”是 constantColor 定义的颜色值。

7.2.2　顶点片元着色器

顶点片元着色器为可编程着色器，相对于固定管线着色器可以给开发人员更大的发挥空间，但它的缺点是不能直接和光照交互。着色器程序用 CG 或 HLSL 语言编写，嵌入在着色器的渲染通道块中。Cg 程序代码片段被编写在 CGPROGRAM 和 ENDCG 之间。

1. 编译指令

在代码片段编译指令的开头，可以使用 #pragma 指令来控制着色器代码的编译。常用编译指令如表 7-6 所示。

表 7-6　常用编译指令

编 译 指 令	说　明
#pragma vertex <name>	将名称为“name”的函数编译为顶点着色器
#pragma fragment <name>	将名称为“name”的函数编译为片元着色器
#pragma fragmentoption <optime>	添加“optime”到已编译的 OpenGL 片元程序
#pragma target <name>	要编译成哪个着色器目标

> **提示**　每个代码片段都必须包含一个顶点程序或一个片元程序或两者皆包含。因此，要求必须使用一个 #pragma vertex 指令或一个 #pragma fragment 指令或两者都使用。

2. 顶点数据结构体

顶点着色器中顶点数据必须以一个结构体的形式提交给 Cg/HLSL 顶点程序，几个常用的顶点结构定义在“UnityCG.cginc”文件中，大多数情况下只使用它们就足够了，如果不够用也可以自定义结构体。下面将介绍这几种常用的顶点结构。

- appdata_base。由顶点位置、法线和一个纹理坐标构成。其中，“vertex”为顶点坐标，“normal”为法线，“texcoord”为纹理坐标。
- appdata_tan。由顶点位置、切线、法线和一个纹理坐标构成。其中，“vertex”为顶点坐

标，“tangent”为切线，“normal”为法线，“texcoord”为纹理坐标。

- appdata_full。由顶点位置、切线、法线、两个纹理坐标以及颜色构成。其中，“vertex”为顶点坐标，“tangent”为切线，“normal”为法线，“texcoord”为第一个纹理坐标，“texcoord1”为第二个纹理坐标，“color”为颜色。

3. 内置变换矩阵

顶点着色器处理传入的顶点数据，处理完成后返回通过总变换矩阵变换的顶点位置。片元着色器处理从顶点着色器传出的经过光栅化的片元数据，处理完成后返回片元的最终颜色。在 Unity 着色器内置的常用的变换矩阵如表 7-7 所示。

表 7-7 常用的变换矩阵

变换矩阵	说明
UNITY_MATRIX_MVP	基本变化矩阵×摄像机矩阵×投影矩阵
UNITY_MATRIX_MV	基本变化矩阵×摄像机矩阵
UNITY_MATRIX_V	摄像机矩阵
UNITY_MATRIX_P	投影矩阵
UNITY_MATRIX_VP	摄像机矩阵×投影矩阵
UNITY_MATRIX_T_MV	（基本变化矩阵×摄像机矩阵）的转置矩阵
UNITY_MATRIX_IT_MV	（基本变化矩阵×摄像机矩阵）的逆转置矩阵
UNITY_MATRIX_TEXTURE0	纹理变换矩阵
_Object2World	从自身坐标转到世界坐标的矩阵
_World2Object	从世界坐标转到自身坐标的矩阵

4. 水波纹的制作

下面将通过一个制作水波纹的案例让读者加深对顶点片元着色器的理解。下面介绍案例的基本原理以及运行效果图。

真实场景里水波纹的产生是由于水受到机械波的作用，势能发生改变。在水表面上，不同的波源发出的机械波在某一点叠加，造成这一点的水面高度发生改变。而在 Unity 3D 中，同样是通过改变模型网格顶点的高度来实现水波纹。原理图如图 7-9 和图 7-10 所示。

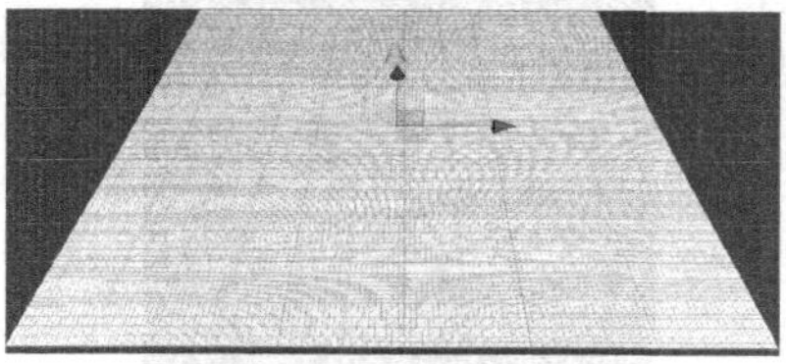

▲图 7-9 案例原理图 1

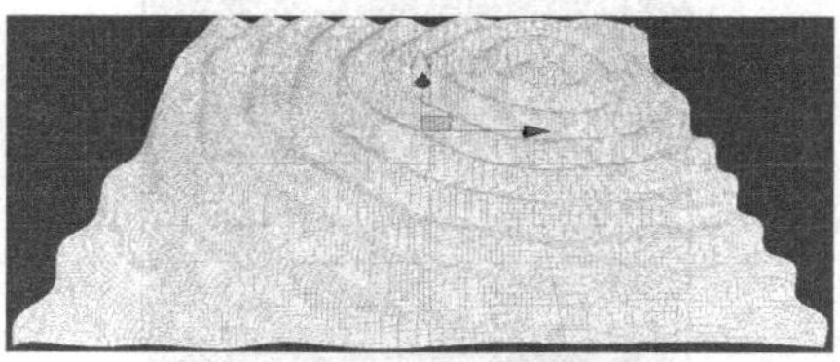

▲图 7-10 案例原理图 2

- 图 7-9 显示的是模型在 Unity 3D 场景里面的原始状态。在没有受到扰动的情况下，模型中的所有网格顶点均在同一个平面内整齐排列。

- 图 7-10 显示的是网格顶点坐标改变后的模型。可从图中看出，模型上的一点作为波源振动，产生的机械波向周围传播。每个顶点受到波的作用改变了高度。如果在模型上选择多个点作为波源，使其产生不同振幅不同频率的波，效果会更加真实。

了解了水波纹的实现原理后，为模型添加一张带有水面效果的贴图，适当调节摄像机的位置，就能获得会波动的水面了。案例的效果如图 7-11 和图 7-12 所示。

▲图 7-11 案例效果图 1

▲图 7-12 案例效果图 2

- 图 7-11 显示的是带有贴图的模型在 Unity 3D 场景里面的原始状态。犹如平静的水面，没有受到过任何的扰动。
- 图 7-12 显示的是网格顶点坐标改变后的模型。像是在向水中投掷一枚石子后，水面受到扰动，产生了水波纹。

前面介绍了水波纹制作的基本原理和案例效果，下面介绍水波纹制作的具体步骤。

（1）模型的导入。在 Unity 3D 中的“Assets”面板中单击鼠标右键选择“Import new Asset...”打开加载界面。在这里选择加载在本案例中所有需要用到的模型、贴图和声音文件等。具体需要加载的文件如表 7-8 所示。

表 7-8 模型资源列表

文 件 名	大小/KB	用 途
water_plane.FBX	4939	水面模型
water_surface.jpg	42.7	水面贴图
flow.mp3	264	水流音效

（2）将导入的“water_plane.FBX”模型拖到游戏场景中，并赋予模型贴图。在材质面板中的 Shader 卷展栏中选择“Custom→MyWater”。具体如图 7-13 所示。

（3）声音源的创建。在资源列表中单击鼠标右键，在弹出的菜单中选择“Audio→Audio Source”添加一个声音源。在属性面板中选择“Audio Clip”为导入的声音资源“flow.MP3”，并勾选上“Play On Awak”和“Loop”，这样声音就会在启动时播放，并且开启循环播放模式。具体如图 7-14 所示。

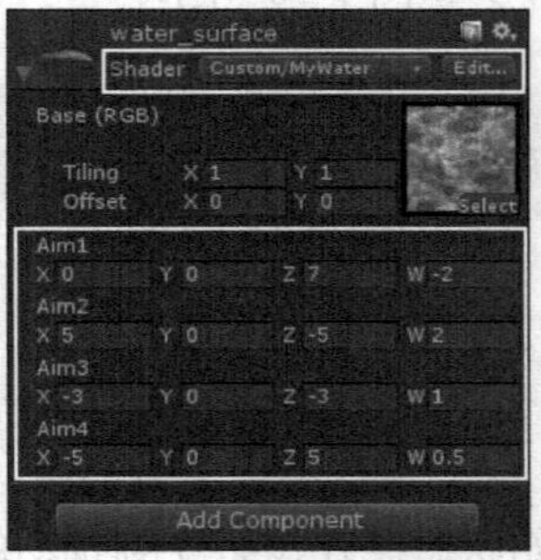

▲图 7-13 水面材质设置

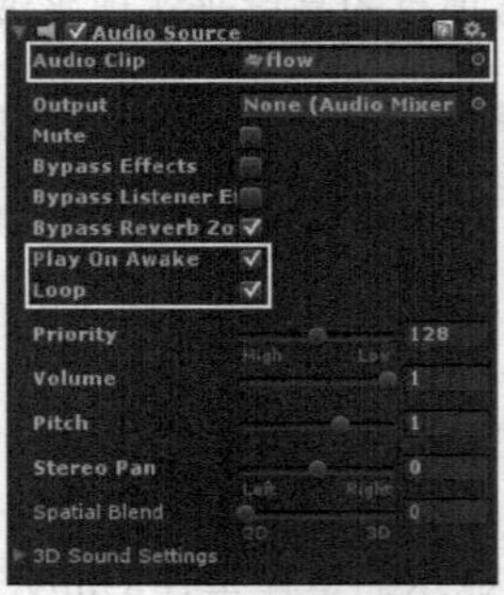

▲图 7-14 声音源的设置

（4）创建水波纹着色器。选中资源列表后单击鼠标右键，在弹出的菜单中选择“Create→Shader”创建一个着色器程序，并重命名为“MyWater”，将创建好的着色器拖到水面对象上。着色器代码如下。

代码位置：见随书光盘中源代码/第 7 章目录下的 WaterShader/Assets/Shader/MyWater.shader。

```
Shader "Custom/MyWater" {                          //定义了一个着色器，名称为 "MyWater"
    Properties {                                   //属性列表，用来指定这段代码将有哪些输入
```

```
3           _MainTex ("Base (RGB)", 2D) = "white" {}   //定义一个 2D 纹理属性，默认白色
4           _Aim1("Aim1",Vector) = ( 3, 0, 3, -2.5)    //波源位置 1
5           _Aim2("Aim2",Vector) = ( 5, 0, -5, 2.0)    //波源位置 2
6           _Aim3("Aim3",Vector) = (-3, 0, -3, 1.0)    //波源位置 3
7           _Aim4("Aim4",Vector) = (-5, 0, 5, 0.5)     //波源位置 4
8           _High("High",Float) = 1
9       }
10      SubShader {                                    //子着色器
11          Pass{                                      //通道
12              CGPROGRAM                              //开始标记
13              #pragma vertex verf                    //定义顶点着色器
14              #pragma fragment frag                  //定义片元着色器
15              #include "UnityCG.cginc"               //引用 Unity 自带的函数库
16              sampler2D _MainTex;                    //2D 纹理属性
17              float4 _Aim1; float4 _Aim2; float4 _Aim3;float4 _Aim4  //声明四维变量
18              float4 _MainTex_ST;
19              float _High;
20              struct v2f {                           //定点数据结构体
21                  float4 pos:SV_POSITION;            //声明顶点位置
22                  float2 uv:TEXCOORD0;               //声明纹理
23              }
24              v2f verf(appdata_base v)  {            //顶点着色器
25                  v2f o;                             //声明一个结构体对象
26                  //计算当前顶点与_Aim1、_Aim2、_Aim3、_Aim4 的距离
27                  float dis1 = distance(v.vertex.xyz,_Aim1.xyz);
28                  float dis2 = distance(v.vertex.xyz,_Aim2.xyz);
29                  float dis3 = distance(v.vertex.xyz,_Aim3.xyz);
30                  float dis4 = distance(v.vertex.xyz,_Aim4.xyz);
31                  //计算当前顶点的高度
32                  float H = sin(dis1*_Aim1.w+_Time.z *_High)/5;//计算正弦波的高度
33                  H += sin(dis2*_Aim2.w + _Time.z*_High)/10;//叠加正弦波的高度
34                  H += sin(dis3*_Aim3.w + _Time.z*_High)/15;//叠加正弦波的高度
35                  H += sin(dis4*_Aim4.w + _Time.z*_High)/10;//叠加正弦波的高度
36                  o.uv = TRANSFORM_TEX(v.texcoord,_MainTex);
37                  o.pos = mul(_Object2World,v.vertex);//将顶点转换到世界坐标的矩阵
38                  o.pos.y = H;                       //顶点的 Y 值赋为 H
39                  o.pos = mul(_World2Object,o.pos);//将顶点转换到自身坐标的矩阵
40                  o.pos = mul(UNITY_MATRIX_MVP,o.pos); //计算顶点位置
41                  return o;                          //返回顶点着色器对象
42              }
43              fixed4 frag(v2f_img i):COLOR {
44                  float4 texCol = tex2D(_MainTex,i.uv);//获取顶点对应 UV 的颜色
45
46                  return texCol;                     //返回顶点染色
47              }
48              ENDCG                                  //结束标志
49          } }
50      FallBack "Diffuse"                             //降级着色器（备用的着色器）
51  }
```

❑ 第 2-8 行为属性块列表，定义了材质的默认颜色为白色。在所定义的四维向量中，*xyz* 为波源的位置，*w* 为正弦函数的初相位。具体用途在代码的后半部分中体现。

❑ 第 12-19 行定义了顶点着色器，片元着色器，纹理贴图变量以及确定 4 个波源位置的四维向量。

❑ 第 24-43 行为顶点着色器的代码。首先计算当前顶点距离各个波源的距离，后通过距离与角速度的成绩来计算该点的正弦值。将 4 个波函数在此点的正弦值相加求和即为该点的高度。“_Time.z”为时间参量，根据时间来改变波函数的初相位，可实现正弦波整体的上下浮动。

❑ 第 43-47 行为片元着色器的实现。这里没有对片元进行更改，故只将顶点颜色返回即可。

❑ 第 50 行为备用的着色器。如果所有的 SubShader 都失败了，为了在用户的设备上呈现设定的机制，则会调用 FallBack 下的着色器。FallBack 是 Unity 自己预制的 Shader 实现，一般能够在所有显卡上运行。

（5）创建用于辅助观察案例中的效果的脚本。选中资源列表，单击鼠标右键并选择“Create→C# Script”创建一个 C#脚本并重命名为“GUIswift.cs”，并将其挂载到摄像机“Main Camera”上。该脚本的主要功能是通过点击屏幕上面的按钮，来控制是否为平面添加水波纹效果。脚本的代码如下。

代码位置：见随书光盘中源代码/第 7 章目录下的 WaterShader/Assets/Scripts/GUIswift.cs。

```
1   using UnityEngine;
2   using System.Collections;
3   public class GUIswift : MonoBehaviour {
4     public Material mat;                                         //材质变量
5     public AudioSource flow;
6       void Start () {
7         WaveOn();                                                  //初始化波源状态
8     }
9       void Update () {}                                            //Update 方法
10      void OnGUI() {
11        if (GUI.Button(new Rect(10, 10, 58, 30), "有波纹")) {
12          WaveOn();                                                //执行打开水波方法
13        }
14        if (GUI.Button(new Rect(10, 50, 58, 30), "无波纹")) {
15          WaveOff();                                               //执行关闭水波方法
16      }}
17      void WaveOn() {                                              //产生水波纹的方法
18        mat.SetVector("_Aim1", new Vector4(3, 0, 3, -2.5f));   //波源 1 的位置
19        mat.SetVector("_Aim2", new Vector4(5, 0, -5, 2f));     //波源 2 的位置
20        mat.SetVector("_Aim3", new Vector4(-3, 0, -3, 1f));    //波源 3 的位置
21        mat.SetVector("_Aim4", new Vector4(-5, 0, 5, 0.5f));   //波源 4 的位置
22        mat.SetFloat("_High", 1);
23        flow.Play();                                               //播放声音
24      }
25      void WaveOff() {                                             //关闭水波纹的方法
26        mat.SetVector("_Aim1", new Vector4(3, 0, 3, 0));       //波源 1 的位置
27        mat.SetVector("_Aim2", new Vector4(5, 0, -5, 0));      //波源 2 的位置
28        mat.SetVector("_Aim3", new Vector4(-3, 0, -3, 0));     //波源 3 的位置
29        mat.SetVector("_Aim4", new Vector4(-5, 0, 5, 0));      //波源 4 的位置
30        mat.SetFloat("_High", 0);
31        flow.Stop();                                               //停止播放
32    }}
```

- 第 4-5 行用于声明。声明的材质对象用于存放水面上的材质。声音源对象为带有流水音效的水面对象。
- 第 17-24 行为产生水波的方法。具体实现方法为改变着色器中的变量的值。使用 Material 下的 SetVector 方法为着色器中的“_Aim1”赋予一个四维向量。四维向量的前三个变量为波源的位置，第四个变量为波源所产生的波的角速度 ω，可通过改变此参数的值来改变波的频率。后面的“_Aim2”“_Aim3”和“_Aim4”的赋值方法上述相同。
- 第 25-32 行为关闭水波纹的方法，具体实现与产生波的方法大致相同。实现原理是将所有波函数的角速度置为零。

7.2.3　表面着色器

上一节介绍了顶点片元着色器，其最大的缺点是不能直接和光照交互。为了能够让开发人员更方便快捷地处理光照，Unity 提供了表面着色器。表面着色器代码也是使用 CG 或 HLSL 语言编写的。下面将通过在 Unity 中直接新建的着色器来介绍表面着色器的基本结构。

代码位置：见随书光盘中源代码/第 7 章目录下的 Shader/Assets/BaseForm2.shader。

```
Shader "Custom/BaseForm2" {
  Properties {                                                 //定义属性块
    _Color ("Color", Color) = (1,1,1,1)                        //定义主颜色数值
    _MainTex ("Albedo (RGB)", 2D) = "white" {}                 //定义纹理数值
```

```
5        _Glossiness ("Smoothness", Range(0,1)) = 0.5           //定义高光系数数值
6        _Metallic ("Metallic", Range(0,1)) = 0.0               //定义金属材质系数数值
7      }
8      SubShader {
9        Tags { "RenderType"="Opaque" }                          //标签
10       LOD 200                                                 //LOD 数值
11       CGPROGRAM
12       #pragma surface surf Standard fullforwardshadows        //表面着色器编译指令
13       #pragma target 3.0                                      //着色器编译目标
14       sampler2D _MainTex;                                     //2D 纹理属性
15       struct Input {                                          //定义输入参数结构体
16         float2 uv_MainTex;                                    //纹理 UV 坐标
17       };
18       half _Glossiness;                                       //定义高光系数属性
19       half _Metallic;                                         //定义金属材质系数属性
20       fixed4 _Color;                                          //定义主颜色属性
21       void surf (Input IN, inout SurfaceOutputStandard o) {   //表面着色器函数
22         fixed4 c = tex2D (_MainTex, IN.uv_MainTex) * _Color;  //根据uv坐标从纹理提取颜色
23         o.Albedo = c.rgb;                                     //设置颜色
24         o.Metallic = _Metallic;                               //设置金属材质系数
25         o.Smoothness = _Glossiness;                           //设置高光系数
26         o.Alpha = c.a;                                        //设置透明度
27       }
28       ENDCG
29     }
30     FallBack "Diffuse"                                        //降级着色器
31   }
```

- 第 2-7 行为着色器的定义属性块，着色器用到的所有的属性都必须在这里定义。以_Color 属性为例，“_Color”为属性在着色器中的名称，“Color”为在材质属性面板中显示的名称，“Color”为属性的类型，“(1,1,1,1)”为属性的初始值。
- 第 9-10 行为通道渲染指令。这里设置了标签和 LOD 数值，在标签中可以设置渲染队列、渲染类型等数值。Alpha 测试、混合操作、深度测试等指令都需要写在这里。
- 第 12-13 行为编译指令。“surface surf” 指令告诉编译器下面定义的 surf 函数为表面着色器函数，Standard 指令为使用 Standard 光照模型，target 3.0 指令为着色器编译目标为 3.0。
- 第 14-20 行的主要功能为定义属性和结构体，如果想在着色器中使用属性块中定义的属性必须在这里定义相对名称的属性。Input 结构体为表面着色器提供输入参数，这个结构体的名称必须为“Input”。
- 第 21-26 行为表面着色器函数，实现表面着色器的代码都写到这里。该函数主要实现了从纹理提取颜色为 Albedo 参数赋值。

表面着色器最终会被编译为一个复杂的顶点片元着色器，不过通过表面着色器开发人员可不需要关心如何处理光照、阴影以及不同的渲染路径，这些通常来说比较复杂的工作由 Unity 自动完成，由此极大地提高了开发效率。下一节将详细介绍表面着色器的基础知识。

7.3 表面着色器

上一节介绍了着色器的 3 种形态，其中表面着色器比固定管线着色器更加灵活，又可以比顶点片元着色器更加方便地处理光照，所以在游戏开发中最常用的是表面着色器。上一节中简单介绍了表面着色器基本结构，本节将详细介绍表面着色器的基础知识。

7.3.1　表面着色器基础知识

本节将详细介绍表面着色器的基础知识，主要包括表面着色器的编译指令、表面着色器函数输入和输出参数的结构体、自定义光照模型、顶点变换函数以及最终颜色修改函数。通过本节的学习，读者可以对表面着色器有一个深入的了解。

1. 编译指令

表面着色器与其他任何着色器一样放置于 CGPROGRAM....ENDCG 块中。区别是必须将其放置于子着色器块中，而不能放在通道中，表面着色器自身会编译为多个通道。它使用#pragma surface 指令来表明它是个表面着色器。

#pragma surface 指令：#pragma surface <surfaceFunction> <lightModel> [optionalparams]

❑ surfaceFunction”为表面着色器函数名称。通过该指令告诉编译器 cg 代码中 surfaceFunction 函数为表面着色器函数。

❑ lightModel”为光照模型。通过该指令告诉编译器这个表面着色器使用哪个光照模型。Unity 内置的光照模型为 Lambert（漫反射）和 BlinnPhong（高光），也可以自定义光照模型。

❑ optionalparams”为可选参数。可用的可选参数如表 7-9 所示。

表 7-9　　表面着色器编译指令可选参数

可 选 参 数	说　明
alpha	Alpha 混合模式。将该参数用于半透明着色器
alphatest:VariableName	Alpha 测试模式。将该参数用于透明镂空着色器。镂空值 (VariableName) 为浮点型德尔变量
vertex:VertexFunction	自定义名为“VertexFunction”的顶点函数
finalcolor:ColorFunction	自定义名为“ColorFunction”的最终颜色修改函数
exclude_path:prepass 或 exclude_path:forward	使用指定的渲染路径
addshadow	添加阴影投射器和集合通道
dualforward	将双重光照贴图用于正向渲染路径中
fullforwardshadows	在正向渲染路径中支持所有阴影类型
decal:add	附加印花着色器
decal:blend	附加半透明印花着色器
softvegetation	使表面着色器仅在 Soft Vegetation 开启时被渲染
noambient	不使用任何环境光照或者球面调和光照
novertexlights	在正向渲染中不使用球面调和光照或逐顶点光照
nolightmap	在这个着色器上禁用光照贴图
nodirlightmap	在这个着色器上禁用方向光照贴图
noforwardadd	禁用正向渲染添加通道。这会使这个着色器支持一个完整的方向光和所有逐顶点/SH 计算的光照
approxview	对于有需要的着色器，逐顶点而不是逐像素计算规范化视线方向。这种方法更快速，但当相机靠近表面时，视线方向不会完全正确
halfasview	将半方向向量（而非视线方向向量）传递到光照函数中。半方向向量将会被逐顶点计算和规范化。这种方法更快速，但不会完全正确

提示　此外，还可以在 CGPROGRAM 块中编写#pragma debug，然后表面编译器 (surface compiler) 将产生大量生成代码的注释。您可以在着色器检视器中使用开放的编译着色器 (Open Compiled Shader) 进行查看。

2. 输入输出参数结构体

表面着色器函数可以有两个参数，其中一个参数为 Input 结构体，用于为表面着色器函数输入所需的纹理坐标和其他的数据。另一个参数为 SurfaceOutput 结构体，需在表面着色器函数中写入相应的值，用于输出数据。

Input 结构体中的纹理坐标必须在纹理名称前面加上“*uv*”或“*uv2*”、带“*uv*”的纹理坐标为物体所带的第一个纹理坐标，如果物体带有第二个纹理坐标，则带“*uv2*”的纹理坐标为物体所带的第二个纹理坐标。其他可用的数据如表 7-10 所示。

表 7-10　　Input 结构体其他可用的数据

可用的数据	说　明
float3 viewDir	视图方向。为了计算视差、边缘光照等效果，Input 需要包含视图方向
float4 color	每个顶点颜色的插值
float4 screenPos	屏幕空间中的位置。为了获得反射效果，需要包含屏幕坐标
float3 worldPos	世界坐标空间位置
float3 worldRefl	世界空间中的反射向量。但必须表面着色器不写入 o.Normal 参数
float3 worldNormal	世界空间中的法线向量。但必须表面着色器不写入 o.Normal 参数
float3 worldRefl; INTERNAL_DATA	世界坐标反射向量，但必须表面着色器写入 o.Normal 参数。要基于逐像素法线贴图获得反射向量，请使用 WorldReflectionVector (IN, o.Normal)
float3 worldNormal; INTERNAL_DATA	世界坐标法线向量，但必须表面着色器写入 o.Normal 参数。要基于逐像素法线贴图获得法线向量，请使用 WorldNormalVector (IN, o.Normal)

Input 结构体不但可以包含上面所列的数据，也可以包含自定义的数据，用于从顶点函数传递数据给表面着色器函数。表面着色器的输出结构体 SurfaceOutput 是内置定义好的，只需在表面着色器函数中为需要的变量赋值即可。标准的表面着色器输出结构体如下。

```
struct SurfaceOutput {
    half3 Albedo;                        //漫反射的颜色值
    half3 Normal;                        //法线坐标
    half3 Emission;                      //自发光颜色
    half Specular;                       //镜面反射系数
    half Gloss;                          //光泽系数
    half Alpha;                          //透明度系数
};
```

也可以自定义表面着色器的输出结构体，但自定义的结构体必须包括 SurfaceOutput 结构体的所有变量，然后可以添加自己需要的变量用于从自定义光照模型函数传递数据给表面着色器函数。

3. 自定义光照模型

编写表面着色器就是描述一个表面的属性（如反射率、颜色、法线等），并由光照模型完成光照交互的计算。系统内置了 Lambert（漫反射光照）和 BlinnPhong（高光光照）两个光照模型。有时也需要开发自定义光照模型。

自定义的光照模型是由名称为“Lighting”开头的函数实现的。自定义光照模型函数的声明有以下几种形式，用于不同的需求。

- half4 Lighting<Name> (SurfaceOutput s, half3 lightDir, half atten)：其在正向渲染路径中用于非与视线方向相关的光照模型（例如，漫反射）。
- half4 Lighting<Name> (SurfaceOutput s, half3 lightDir, half3 viewDir, half atten)：其在正向渲染路径中用于与视线方向相关的光照模型。
- half4 Lighting<Name>_PrePass (SurfaceOutput s, half4 light)：其用于延时光照路径中的光

照模型。

其中，SurfaceOutput 结构体用于和表面着色器函数传输数据。这个结构体也可以自己定义，但必须与表面着色器函数的输出结构体相同。“lightDir”参数为点到光源的单位向量，“viewDir”参数为点到摄像机的单位向量，“atten”参数为光源的衰减系数。

光照模型函数的返回值为经过光照计算的颜色值。下面通过一个带自定义光照模型的表面着色器来详细介绍自定义光照模型。

代码位置：见随书光盘中源代码/第 7 章目录下的 Shader/Assets/BaseForm3.shader。

```
1    Shader "Custom/BaseForm3" {
2      Properties {
3        _Color ("Color", Color) = (1,1,1,1)                          //主颜色数值
4        _MainTex ("Albedo (RGB)", 2D) = "white" {}                   //2D 纹理数值
5        _Shininess ("Shininess ", Range(0,10)) = 10                  //镜面反射系数
6      }
7      SubShader {
8        CGPROGRAM
9        #pragma surface surf Phong                                   //表面着色器编译指令
10       sampler2D _MainTex;                                          //2D 纹理属性
11       fixed4 _Color;                                               //主颜色属性
12       float _Shininess;                                            //镜面反射系数属性
13       struct Input {
14         float2 uv_MainTex;                                         //uv 为纹理坐标
15       };
16       float4 LightingPhong(SurfaceOutput s, float3 lightDir,half3 viewDir, half
         atten){//光照模型函数
17         float4 c;
18         float diffuseF = max(0,dot(s.Normal,lightDir));            //计算漫反射强度
19         float specF;
20         float3 H = normalize(lightDir+viewDir);                    //计算视线与光线的半向量
21         float specBase = max(0,dot(s.Normal,H));                   //计算法线与半向量的点积
22         specF = pow(specBase, _Shininess);                         //计算镜面反射强度
23         c.rgb = s.Albedo * _LightColor0 * diffuseF *atten + _LightColor0*specF;
24         //结合漫反射光与镜面反射光计算最终光照颜色
25         c.a = s.Alpha;
26         return c;                                                  //返回最终光照颜色
27       }
28       void surf (Input IN, inout SurfaceOutput o) {                //表面着色器函数
29         fixed4 c = tex2D (_MainTex, IN.uv_MainTex) * _Color;       //根据 uv 坐标从纹理提取颜色
30         o.Albedo = c.rgb;                                          //设置颜色
31         o.Alpha = c.a;                                             //设置透明度
32       }
33       ENDCG
34     }
35     FallBack "Diffuse"                                             //降级着色器
36   }
```

- 第 2-6 行为着色器的定义属性块。其中定义了主颜色数值、2D 纹理数值以及镜面反射系数用于表面着色器。
- 第 9-15 行为表面着色器编译指令和定义属性。编译指令中的“Phong”告诉编译器表面着色器使用自定义名称为“Phong”的光照模型，并且名称为“LightingPhong”的函数为光照模型函数。
- 第 16-26 行为自定义光照模型函数。其中，通过法线和光线的点积求出漫反射强度，然后通过视线与光线的半向量与法线的点积求出镜面反射强度，最后结合漫反射光与镜面反射光计算最终光照颜色。
- 第 28-32 行为表面着色器函数。该函数主要实现了从纹理提取颜色为“Albedo”参数和“Alpha”参数赋值。
- 第 34-36 行为备用的着色器。如果所有的 SubShader 都失败了，为了在用户的设备上呈现设定的机制，则会调用 FallBack 下的着色器。

4. 顶点变换函数

顶点变化函数可以修改顶点着色器中的输入顶点数据以及为表面着色器函数传递顶点数据。这可用于程序性动画、沿法线的挤压等。使用表面着色器编译指令 vertex:<Name>，其中“Name”为顶点函数的名称。顶点函数的声明有以下几种形式，用于不同的需求。

- void <Name> (inout appdata_full v)。其用于只修改顶点着色器中的输入顶点数据。
- half4 <Name> (inout appdata_full v, out Input o)。其用于修改顶点着色器中的输入顶点数据以及为表面着色器函数传递数据。

其中 inout 类型的结构体使用了顶点数据结构体，用于给顶点函数输入顶点数据。out 类型的结构体为表面着色器中使用的输入结构体，用于顶点变换函数为表面着色器函数传递数据。下面通过顶点变换函数实现吹气膨胀效果的表面着色器来详细介绍顶点函数。

代码位置：见随书光盘中源代码/第 7 章目录下的 Shader/Assets/BaseForm4.shader。

```
1     Shader "Custom/BaseForm4" {
2       Properties {
3         _MainTex ("Texture", 2D) = "white" {}                    //2D 纹理数值
4         _Amount ("Extrusion Amount", Range(0,0.1)) = 0.05 //膨胀系数数值
5       }
6       SubShader {
7         CGPROGRAM
8         #pragma surface surf Lambert vertex:vert          //表面着色器编译指令
9         struct Input {                                     //Input 结构体
10          float2 uv_MainTex;                               //uv 纹理坐标
11        };
12        float _Amount;                                     //定义膨胀系数属性
13        sampler2D _MainTex;                                //定义 2D 纹理
14        void vert (inout appdata_base v) {                 //顶点变换函数
15          v.vertex.xyz += v.normal * _Amount;              //通过法线挤压实现充气的效果
16        }
17        void surf (Input IN, inout SurfaceOutput o) {      //表面着色器函数
18          o.Albedo=tex2D (_MainTex, IN.uv_MainTex).rgb;    //从纹理提取颜色为漫反射颜色赋值
19        }
20        ENDCG
21      }
22      Fallback "Diffuse"                                   //降级着色器
23    }
```

- 第 2-5 行为着色器的定义属性块。其中定义了 2D 纹理数值和膨胀系数数值用于表面着色器。
- 第 8-13 行为表面着色器编译指令和定义属性。编译指令中的“vertex:vert”告诉编译器表面着色器名称为“vert”的函数为顶点变换函数。
- 第 14-16 行为顶点变换函数。其中通过将顶点向法线方向移动来实现充气的效果。
- 第 17-19 行为表面着色器函数。该函数主要实现了从纹理提取颜色为“Albedo”参数赋值。
- 第 21-23 行为备用的着色器。如果所有的 SubShader 都失败了，为了在用户的设备上呈现设定的机制，则会调用 FallBack 下的着色器。

5. 最终颜色修改函数

最终颜色修改函数用于修改表面着色器的最终颜色。这可用于绘制物体表面的最终调色。使用表面着色器编译指令 finalcolor:<Name>，其中“Name”为最终颜色修改函数的名称。最终颜色修改函数的声明形式如下。

```
void <Name> (Input IN, SurfaceOutput o, inout fixed4 color)
```

其中，Input 结构体用于顶点变换函数为最终颜色修改函数传递数据，SurfaceOutput 结构体用于为最终颜色修改函数传输数据，inout 类型的“color”参数为最终颜色修改函数输出最终颜色。下面通过最终颜色修改函数实现调色的表面着色器来详细介绍最终颜色修改函数。

代码位置：见随书光盘中源代码/第 7 章目录下的 Shader/Assets/BaseForm5.shader。

```
1    Shader "Custom/BaseForm5" {
2      Properties {
3        _MainTex ("Texture", 2D) = "white" {}                //2D 纹理数值
4        _ColorTint ("Tint", Color) = (1.0, 0.6, 0.6, 1.0) //调色数值
5      }
6      SubShader {
7        Tags { "RenderType" = "Opaque" }                   //设置"RenderType 为"Opaque"
8        CGPROGRAM
9        #pragma surface surf Lambert finalcolor:mycolor  //表面着色器编译指令
10       struct Input {                                     //Input 结构体
11         float2 uv_MainTex;                               //uv 纹理坐标
12       };
13       fixed4 _ColorTint;                                 //调色数值属性
14       sampler2D _MainTex;                                // 2D 纹理属性
15       void mycolor(Input IN, SurfaceOutput o, inout fixed4 color){//最终颜色修改函数
16         color *= _ColorTint;                             //通过调色数值修改最终颜色
17       }
18       void surf (Input IN, inout SurfaceOutput o) {      //表面着色器函数
19         o.Albedo = tex2D (_MainTex, IN.uv_MainTex).rgb; //从纹理提取颜色为漫反射颜色赋值
20       }
21       ENDCG
22     }
23     Fallback "Diffuse"                                   //降级着色器
24   }
```

- 第 2-5 行为着色器的定义属性块。其中定义了 2D 纹理数值和调色数值用于表面着色器。
- 第 9-14 行为表面着色器编译指令和定义属性。编译指令中的“finalcolor:mycolor”告诉编译器表面着色器名称为“mycolor”的函数为最终颜色修改函数。
- 第 15-17 行为最终颜色修改函数。其中通过调色数值修改最终颜色。
- 第 18-20 行为表面着色器函数。该函数主要实现了从纹理提取颜色为“Albedo”参数赋值。
- 第 22-24 行为备用的着色器。如果所有的 SubShader 都失败了，为了在用户的设备上呈现设定的机制，则会调用 FallBack 下的着色器。

7.3.2　通过表面着色器实现体积雾

现实世界中的山中雾气往往是随风变化的，并不是在所有的位置都遵循完全一致的雾浓度因子计算公式，而简单雾特效也有一定的局限性。本节将介绍一种能更好地模拟山岚烟云效果的雾特效技术——体积雾，通过其可以开发出非常真实的山中烟雾缭绕的效果。

1. 基本原理

介绍具体的案例之前，首先需要了解一下实现体积雾的基本原理。体积雾实现的关键点在于计算出每个待绘制片元的雾浓度因子，然后根据雾浓度因子、雾的颜色及片元本身采样的纹理颜色计算出片元的最终颜色。

简单雾特效采用的也是这样的策略，但体积雾雾浓度因子的计算模型不像简单的雾特效那样是一个简单呆板的公式，具体的计算策略如图 7-15 所示。

从图 7-15 中可以看出，体积雾的具体计算策略如下（此计算由表面着色器完成）。

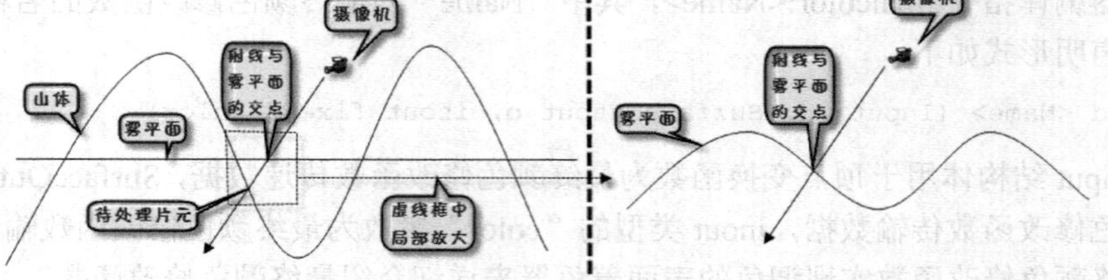

▲图 7-15　体积雾计算模型原理图

- ❑ 首先通过当前待处理片元的位置与摄像机的位置确定一条射线，通过雾平面的高度求出摄像机位置到射线与雾平面交点位置的距离与摄像机位置到片元位置的比值 t。
- ❑ 如果片元位置在雾平面以下，通过 t 值计算出射线与雾平面交点的坐标，然后求出交点到待处理片元位置的距离，最后根据此距离的大小求出雾浓度因子，距离越大雾越浓。

> **提示** 为了进一步增加真实感，实际案例中的雾平面并不是一个完全的平面，而是加入了正弦函数的高度扰动使得雾平面看起来有波动效果。如图 7-15 中右侧所示。

2 体积雾特效案例的开发

前面介绍了体积雾特效开发的基本原理，相信读者对体积雾特效的开发有了一定的了解。下面将通过一个案例来向读者详细介绍体积雾特效的开发。案例的设计目的是使用体积雾特效实现山中烟雾缭绕的效果。

（1）新建一个场景。在菜单栏中选择“File”，打开文件操作菜单。选择“New Scene”，创建一个场景。按下快捷键 Ctrl+S 保存该场景，命名为“text”。

（2）创建一个 Plane 对象。具体步骤为依次单击“GameObject→3D Object→Plane，如图 7-16 所示。设置 Plane 对象的位置和大小，具体参数如图 7-17 所示。

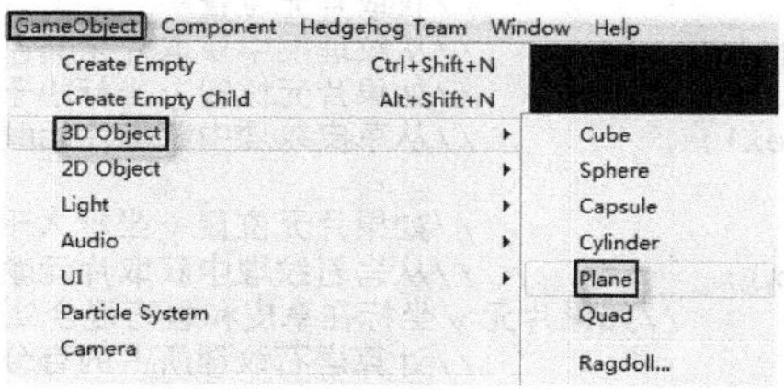

▲图 7-16 创建 Plane 对象

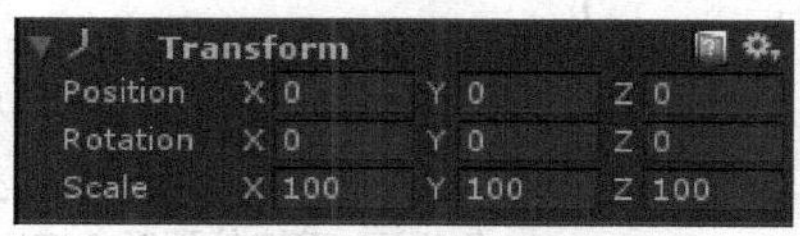

▲图 7-17 设置 Plane 对象的位置和大小

（3）导入山模型。将“Assets\Model”文件夹下的山模型文件导入到场景，具体导入模型的步骤可参考本书模型导入部分的内容。将山连续覆盖到 Plane 对象上，直到将 Plane 对象完全覆盖。创建一个空对象并命名为“shan”，将所有山对象拖曳到“shan”上，让其成为“shan”的子对象。

（4）添加光源。依次单击“GameObject→Create Other→Directional Light”后会自动创建一个定向光源。调整其位置和角度，使其能够照亮场景，具体参数如图 7-18 所示。

（5）开发体积雾特效的着色器。在“Shader”文件夹中，单击鼠标右键，在弹出的菜单中选择“Create→Shader”创建着色器，如图 7-19 所示。将着色器命名为“VolumeFog”，然后双击打开该着色器，开始“VolumeFog”着色器代码的编写。

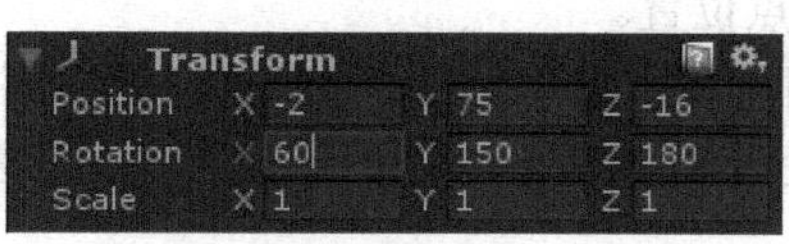

▲图 7-18 光源的位置和大小

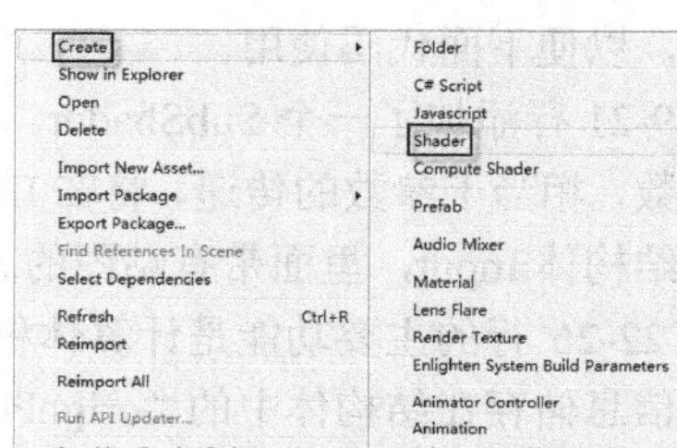

▲图 7-19 创建着色器

代码位置：见随书光盘中源代码/第 7 章目录下的 FogExampleB/Assets/Shader/VolumeFog.shader。

```
Shader "Custom/VolumeFog" {
  Properties {
```

```
3      _MainTex ("Pic", 2D) = "white" {}                              //岩石纹理
4      _MainTex1 ("Pic1", 2D) = "white" {}                            //草皮纹理
5      _CameraPosition("CameraPosition",Vector)=(0,0,0,1)             //摄像机位置
6      _StartAngel("startAngel",float)=0                              //扰动起始角
7      _FogColor("FogColor",Color)=(1,1,1,1)                          //雾颜色
8    }
9    SubShader {
10     Tags { "RenderType"="Geometry " }                              //要确保渲染顺序在透明之前
11     CGPROGRAM
12     #pragma surface surf Lambert vertex:myVertex
13     sampler2D _MainTex;                                            //岩石纹理
14     sampler2D _MainTex1;                                           //草皮纹理
15     float4 _CameraPosition;                                        //摄像机位置
16     float _StartAngel;                                             //扰动起始角
17     float4 _FogColor;                                              //雾颜色
18     struct Input{
19       float2 uv_MainTex;                                           //纹理坐标
20       float3 orignPosition;                                        //片元位置
21     }
22     ...//此处省略了用于计算体积雾浓度因子的方法，在下面将详细介绍
23     void myVertex(inout appdata_full v, out Input o){
24       UNITY_INITIALIZE_OUTPUT(Input,o);                          //初始化结构体
25       o.orignPosition=v.vertex.xyz;              //设置“orignPosition”参数为该顶点位置
26     }
27     void surf (Input IN, inout SurfaceOutput o) {
28       float3 pLocation=IN.orignPosition;                         //获取片元位置
29       half4 c = tex2D (_MainTex1, IN.uv_MainTex);                //从纹理图中获取片元颜色
30       if(pLocation.y<20){                                        //如果片元位置 y 坐标小于 20
31         c = tex2D (_MainTex1, IN.uv_MainTex);                    //从草皮纹理中获取片元颜色
32       }
33       else if(pLocation.y>=36){                                  //如果片元位置 y 坐标大于 36
34         c = tex2D (_MainTex, IN.uv_MainTex);                     //从岩石纹理中获取片元颜色
35       }else{                                            //如果片元 y 坐标在草皮和岩石混合处
36         float te=(pLocation.y-20)/16;                            //计算岩石纹理所占的百分比
37         //将岩石、草皮纹理颜色按比例混合
38         c=tex2D (_MainTex, IN.uv_MainTex)*(te)+tex2D (_MainTex1, IN.uv_MainTex)*(1-te);
39       }
40       o.Alpha =1.0;                                              //设置 Alpha 值
41       float fogFactor=tjFogCal(pLocation);                       //计算雾浓度因子
42         //根据雾浓度因子、雾的颜色及片元本身采集的纹理颜色计算出片元的最终颜色
43       o.Albedo=c.rgb*(fogFactor)+(1-fogFactor)*half3(_FogColor.rgb);
44     }
45     ENDCG
46   }
47   FallBack "Diffuse"
48 }
```

- 第 1-8 行的主要功能为着色器参数声明，在这部分中声明的参数会在着色器面板中看到相应的 UI。在这里声明了 2 种纹理图及其对应的色调，还有摄像机位置、扰动起始角和雾颜色等一系列参数，以便下面代码使用。
- 第 9-21 行添加了一个 SubShader。之后将 Properties 块中声明过的变量再声明一次作为着色器内部参数，相当于参数的传递，将在 Unity 中传递进的参数赋值给着色器中的参数以供使用。声明了一个结构体 Input，里面带有贴图的 *uv* 以及顶点位置。
- 第 22-26 行的主要功能是计算体积雾浓度因子和顶点着色器。在顶点着色器中的工作是将顶点位置信息储存在结构体中的“orignPosition”变量中。此处省略了用于计算体积雾浓度因子的方法，在下面将详细介绍。
- 第 27-44 行为表面着色器，在表面着色器中的工作是获取片元位置，并且通过判断片元位置 *y* 坐标来确定从哪个纹理图中采集纹理颜色。通过调用计算体积雾浓度因子的方法来计算雾浓度因子，根据雾浓度因子、雾的颜色及片元采集的纹理颜色计算出片元的最终颜色。

（6）上面介绍了“VolumeFog”着色器中的顶点着色器和表面着色器，下面将介绍用于计算体积雾浓度因子的“tjFogCal”方法。

代码位置：见随书光盘中源代码/第 7 章目录下的 FogExampleB/Assets/Shader/VolumeFog.shader。

```
1   float tjFogCal(float3 pLocation){
2     float startAngle=_StartAngel;                          //获取扰动起始角
3     float slabY=24.0;                                      //设置雾平面高度
4     float3 uCamaraLocation=_CameraPosition.xyz;            //获取摄像机位置
5     float fogFactor;
6     float xAngle=pLocation.x/30.0*3.1415926;               //计算出顶点 x 坐标折算出的角度
7     float zAngle=pLocation.z/30.0*3.1415926;               //计算出顶点 z 坐标折算出的角度
8     float slabYFactor=sin(xAngle+zAngle+startAngle)*1.5f;  //计算出角度和的正弦值
9     float t=(slabY+slabYFactor-uCamaraLocation.y)/(pLocation.y-
10    uCamaraLocation.y);          //求从摄像机到顶点射线参数方程 Pc+(Pp-Pc)t 中的 t 值
11    if(t>0.0&&t<1.0){                                      //有效的 t 的范围应该在 0～1 的范围内
12      float xJD=uCamaraLocation.x+(pLocation.x-
13      uCamaraLocation.x)*t;                                //求出射线与雾平面的交点 x 坐标
14      float zJD=uCamaraLocation.z+(pLocation.z-
15      uCamaraLocation.z)*t;                                //求出射线与雾平面的交点 z 坐标
16      float3 locationJD=float3(xJD,slabY,zJD);             //射线与雾平面的交点坐标
17      float L=distance(locationJD,pLocation.xyz);          //求出交点到顶点的距离
18      float L0=20.0;
19      fogFactor=(L0/(L+L0));                               //计算雾浓度因子
20    }else{
21      fogFactor=1.0;                          //若待处理片元不再雾平面以下，则此片元不受雾影响
22    }
23    return fogFactor;                                      //返回雾浓度因子
24  }
```

❑ 第 2-8 行的主要功能是声明一些变量。这些变量主要包括扰动起始角、雾平面高度、摄像机位置以及雾平面高度波动的正弦值。

❑ 第 9-19 行的主要功能是从摄像机到顶点射线参数方程 $Pc+(Pp-Pc)t$ 中的 t 值，如果 t 的范围应该在 0～1 的范围，则表示该片元在雾平面以下。通过 t 值计算出射线与雾平面的交点坐标，求出交点到顶点的距离，通过距离计算出雾浓度因子。

❑ 第 20-24 行的主要功能是如果 t 值不在 0～1 的范围内，表示待处理片元不再雾平面以下，则此片元不受雾影响。最好返回雾浓度因子。

（7）创建体积雾材质。在“Material”文件夹中，单击鼠标右键，在弹出的菜单中选择“Create→Material”创建材质，如图 7-20 所示。将该材质命名为“VolumeFog”，并将材质的“Shader”属性设置为“Custom/VolumeFog”，如图 7-21 所示。

（8）设置“VolumeFog”材质着色器的各个参数。参数中第一个纹理设置为“Assets\Texture”文件夹下的“Mountain”纹理图，第二个纹理设置为“Assets\Texture”文件夹下的“grass”纹理图，其他详细参数设置，如图 7-21 所示。

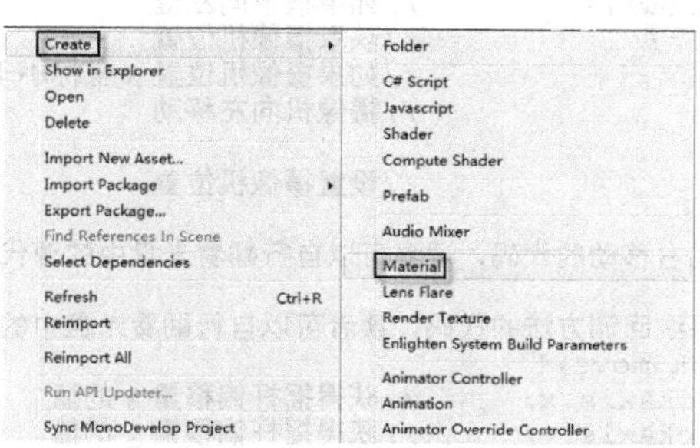

▲图 7-20　创建材质

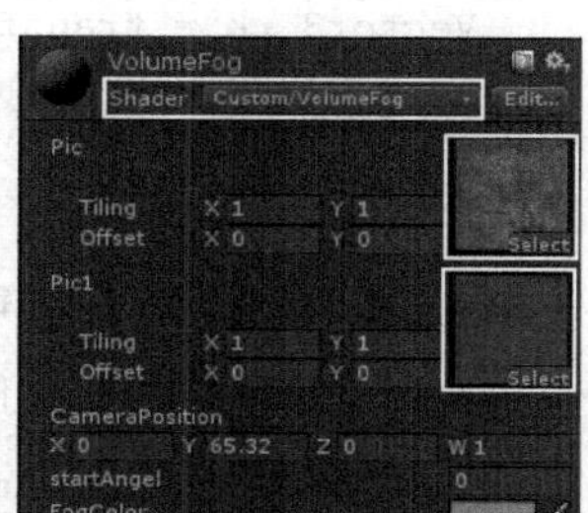

▲图 7-21　设置材质参数

（9）设置山物体的网格渲染器的材质。选中所有的山物体，将网格渲染器组件中“Material”参数设为上面创建的“VolumeFog”材质，如图 7-22 所示。

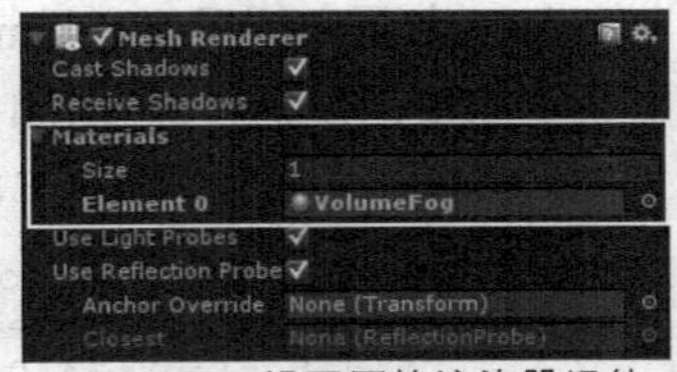

▲图 7-22　设置网格渲染器组件

（10）上面介绍了体积雾材质的创建。下面将在“Script”文件夹中创建脚本“VolumeCS.cs”，该脚本用于向体积雾着色器中传递参数。该脚本编写完毕以后，将其分别拖曳到所有的山对象上。脚本代码如下。

代码位置：见随书光盘中源代码/第 7 章目录下的 FogExampleB/Assets/Script/VolumeCS.cs。

```
using UnityEngine;
using System.Collections;
public class VolumeCS : MonoBehaviour {
  public GameObject CameraA;                              //主摄像机对象
  float StartAngel = 0;                                   //扰动起始角
  void Update () {
      StartAngel+=0.05f%360f;                             //不断改变扰动起始角
      GetComponent<Renderer>().material.SetVector("_CameraPosition",CameraA.
      transform.position);                                //将摄像机位置传递给着色器
      GetComponent<Renderer>().material.SetFloat("_StartAngel",
      StartAngel);                                        //将扰动起始角传递给着色器
}}
```

说明　该脚本重写了 Update 方法，物体每次被绘制时该方法被调用。其主要功能是不断改变扰动起始角，并将摄像机位置和扰动起始角传递给着色器。

（11）创建控制摄像机移动的虚拟摇杆。这些步骤在介绍虚拟摇杆的部分有详细的介绍，这里不再重复介绍。

（12）创建控制摄像机移动的脚本。在“Script”文件夹中创建脚本并命名为“KongZhi.cs”，该脚本的主要功能为用键盘和虚拟摇杆控制摄像机的移动。脚本编写完毕以后，将其拖曳到摄像机对象上。脚本代码如下。

代码位置：见随书光盘中源代码/第 7 章目录下的 FogExampleB/Assets/Script/KongZhi.cs。

```
using UnityEngine;
using System.Collections;
public class KongZhi : MonoBehaviour {
  void Update () {
    if ((Input.GetKey(KeyCode.UpArrow))){              //如果按下向上键
      Vector3 te = transform.position;                 //获取摄像机位置
      if (te.z > -224f){                               //如果摄像机位置 z 坐标大于-224
        te.z--;                                        //摄像机向前移动
      }
      transform.position = te;                         //设置摄像机位置
    }
    ...//此处省略了按下向下键控制摄像机向后移动的代码，读者可以自行翻看光盘中的源代码
    if (Input.GetKey(KeyCode.LeftArrow)){              //如果按下向左键
      Vector3 te = transform.position;                 //获取摄像机位置
      if (te.x < 300f){                                //如果摄像机位置 x 坐标小于 300
        te.x++;                                        //摄像机向左移动
      }
      transform.position = te;                         //设置摄像机位置
    }
    ...//此处省略了按下向右键控制摄像机向右移动的代码，读者可以自行翻看光盘中的源代码
  }
  ...//此处省略了脚本开启、停用和销毁时系统回调方法的代码，读者可以自行翻看光盘中的源代码
  void OnJoystickMove(MovingJoystick move){
    float joyPositonX = move.joystickAxis.x;          //获得摇杆偏移量 x 的值
    float joyPositonY = move.joystickAxis.y;          //获得摇杆偏移量 y 的值
    ...//此处省略了通过虚拟摇杆控制摄像机移动的代码，读者可以自行翻看光盘中的源代码
}}
```

- 第 5-12 行的主要功能是当按下向上或向下键时，通过改变摄像机位置 z 坐标使摄像机向前或向后移动。此处省略了摄像机向后移动的代码，读者可以自行翻看光盘中的源代码。
- 第 13-20 行的主要功能是当按下向左或向右键时，通过改变摄像机位置 x 坐标使摄像机向左或向右移动。此处省略了摄像机向右移动的代码，读者可以自行翻看光盘中的源代码。
- 第 23-27 行的主要功能是通过虚拟摇杆控制摄像机的移动。通过获得摇杆偏移量 x 和 y 的值来确定摄像机移动的方向。此处省略了通过虚拟摇杆控制摄像机移动的代码，读者可以自行翻看光盘中的源代码。

（13）单击游戏运行按钮，观察效果。在“Game”窗口中可以看到烟雾缭绕的山群。通过上下左右键可以控制摄像机移动。当然，还可以导入到 Andriod 设备上运行，通过虚拟摇杆控制摄像机的移动。Andriod 设备运行效果如图 7-23、图 7-24 所示。

▲图 7-23　Andriod 设备运行效果图 1

▲图 7-24　Andriod 设备运行效果图 2

> **说明**　本案例的源文件是位于随书光盘中源代码/第 7 章目录下的“FogExampleB”文件。如果读者想运行本案例，只需把“FogExampleB”文件复制到非中文路径下，然后双击“FogExampleB\Assets”目录下的“text.unity”文件就能够打开运行了。

7.4 渲染通道的通用指令

渲染通道可以通过一些通用指令来控制，在固定管线着色器、顶点片元着色器及表面着色器中都可以使用这些通用指令。通过这些通用指令可以制作一些游戏中非常常用的特效，例如半透明效果的制作。下面将详细介绍这些通用指令。

7.4.1　设置 LOD 数值

着色器中可以给 SubShader 设置一个 LOD 数值，使程序根据脚本中设置的可以使用的最大 LOD 数值来决定是否使用此 SubShader。如果 SubShader 中设置的 LOD 值小于或等于脚本中设置的最大 LOD 数值就可以使用此 SubShader。下面通过一个案例来让读者更加直观的理解 LOD 数值。

（1）新建场景。在“LOD”文件夹下创建一个场景命名为“test”，并在场景中创建一个小球对象。然后在“LOD”文件夹下创建一个材质资源并命名为“LODShader”，具体步骤为单击鼠标右键，在弹出的菜单中选择“Create→Material”。

（2）将创建的材质资源拖曳到小球对象的网格渲染器组件的材质属性栏中。在“LOD”文件夹下创建一个着色器并命名为“LODShader”，然后双击打开该着色器，开始“LODShader”着色器的编写。具体代码如下。

代码位置：见随书光盘中源代码/第 7 章目录下的 Shader/Assets/pass/LOD/ LODShader.shader。

```
Shader "Custom/LODShader" {
  SubShader {                                    //使物体渲染为红色的 SubShader
```

```
3      LOD 600                                              //设置 LOD 数值为 600
4      CGPROGRAM
5      #pragma surface surf Lambert                         //表面着色器编译指令
6      struct Input {                                       //Input 结构体
7        float2 uv_MainTex;
8      };
9      void surf (Input IN, inout SurfaceOutput o) {        //表面着色器函数
10       o.Albedo = float3(1,0,0);                          //设置颜色为红色
11     }
12     ENDCG
13   }
14   SubShader {                                            //使物体渲染为绿色的 SubShader
15     LOD 500                                              //设置 LOD 数值为 500
16     CGPROGRAM
17     #pragma surface surf Lambert                         //表面着色器编译指令
18     struct Input {                                       //Input 结构体
19       float2 uv_MainTex;
20     };
21     void surf (Input IN, inout SurfaceOutput o) {        //表面着色器函数
22       o.Albedo = float3(0,1,0);                          //设置颜色为绿色
23     }
24     ENDCG
25   }
26   SubShader {                                            //使物体渲染为蓝色的 SubShader
27     LOD 400                                              //设置 LOD 数值为 400
28     CGPROGRAM
29     #pragma surface surf Lambert                         //表面着色器编译指令
30     struct Input {                                       //Input 结构体
31       float2 uv_MainTex;
32     };
33     void surf (Input IN, inout SurfaceOutput o) {        //表面着色器函数
34       o.Albedo = float3(0,0,1);                          //设置颜色为蓝色
35     }
36     ENDCG
37 }}
```

- 第 1-2 行的主要功能为使物体渲染为红色的 SubShader 设置 LOD 数值为 600。
- 第 9-11 行的主要功能为在表面着色器函数设置物体表面颜色为红色。
- 第 14-15 行的主要功能为使物体渲染为绿色的 SubShader 设置 LOD 数值为 500。
- 第 21-23 行的主要功能为在表面着色器函数设置物体表面颜色为绿色。
- 第 26-27 行的主要功能为使物体渲染为蓝色的 SubShader 设置 LOD 数值为 400。
- 第 33-35 行的主要功能为在表面着色器函数设置物体表面颜色为蓝色。

（3）将创建的着色器拖曳到“LODShader”材质的着色器属性栏中，然后创建控制最大 LOD 数值的 C#脚本并将其命名为“SetShaderLOD.cs”。双击打开该脚本，开始“SetShaderLOD.cs”脚本的编写。具体代码如下。

代码位置：见随书光盘中源代码/第 7 章目录下的 Shader/Assets/pass/LOD/SetShaderLOD.cs。

```
1  using UnityEngine;
2  using System.Collections;
3  public class SetShaderLOD : MonoBehaviour {
4    public Shader myShader;                                  //着色器
5    private float val = 6;                                   //LOD 数值
6    void Update(){
7      myShader.maximumLOD = (int)val * 100;                  //设置最大 LOD 数值
8    }
9    void OnGUI(){
10     val = (int)GUI.HorizontalSlider(new Rect(250,125,300,30),val,3,6);
     //显示控制 LOD 数值的滑动控件
11     GUI.Label(new Rect(333,100,170,30),"Current LOD is:"+val*100);//显示当前的最大 LOD 数值
12 }}
```

- 第 4-8 行的主要功能为定义“LODShader”着色器引用以及 LOD 数值，在 Update 方法中

设置着色器最大 LOD 数值。

- 第 9-12 行的主要功能为在屏幕上显示控制 LOD 数值的滑动控件用来调节最大 LOD 数值，以及显示当前的最大 LOD 数值。

（4）将创建的“SetShaderLOD.cs”脚本拖曳到主摄像机上，然后将“LODShader”着色器拖曳到主摄像机的“SetShaderLOD.cs”脚本组件的“myShader”属性栏中。

（5）单击游戏运行按钮，观察效果。从右到左依次调节 LOD 数值为 600、500、400 和 300，观察小球的颜色变化为红、绿、蓝和小球消失。当 LOD 数值为 600 时，使物体渲染为红色的 SubShader 被使用，而下面的 SubShader 虽然符合要求，但不再被使用，说明在着色器里最多只能有一个 SubShader 被使用。当 LOD 数值为 300 时，找不到符合要求的 SubShader，物体就不会被渲染。

说明 本案例的源文件是位于随书光盘中源代码/第 7 章目录下的“Shader”文件。如果读者想运行本案例，只需把“Shader”文件复制到非中文路径下，然后双击“Shader\Assets\pass\LOD”目录下的“test.unity”文件就能够打开运行了。

除了针对某一特定着色器设置最大 LOD 数值外，也可在脚本中设置一个全局最大 LOD 数值。通过设置“Shader.globalMaximumLOD”属性的数值来设置全局最大 LOD 数值。Unity 内置的着色器都有 LOD 分级，内置着色器的 LOD 分级如表 7-11 所示。

表 7-11 LOD 分级

LOD 分级	对 应 值
VertexLit kind of shaders	100
Decal、Reflective VertexLit	150
Diffuse	200
Difuse Detail、Reflective Bumped Unlit、Reflective Bumped VertexLit	250
Bumped、Specular	300
Bumped Specular	400
Parallax	500
Parallax Specular	600

7.4.2 渲染队列

渲染队列数值决定了 Unity 在渲染场景物体时的先后顺序。渲染队列在制作特定场景特效时需要用到，例如半透明材质的制作。Unity 在渲染物体时，在关闭深度检测的情况下，总是后渲染的物体遮挡住先渲染的物体。下面通过一个案例来说明。

（1）新建场景。在 RenderQueue 文件夹下创建一个场景并命名为“test”，在场景中创建两个小球对象并分别命名为“Sphere100”和“Sphere200”，然后设置它们的位置使 Sphere200 对象比 Sphere100 对象距离摄像机更近。

（2）然后在 RenderQueue 文件夹下创建两个材质资源，并分别命名为“RenderQueue100”和“RenderQueue200”。将 RenderQueue100 材质设置为 Sphere100 对象的材质，并将 RenderQueue200 材质设置为 Sphere200 对象的材质。

（3）在 RenderQueue 文件夹下创建一个着色器，并命名为“RenderQueue100”。然后双击打开该着色器，开始 RenderQueue100 着色器的编写。

代码位置：见随书光盘中源代码/第 7 章目录下的 Shader/Assets/pass/RenderQueue/RenderQueue100.shader。

```
1   Shader "Custom/RenderQueue100" {
2     Properties {
3      _Color ("Main Color", Color) = (0,0,0,0)          //主颜色数值
4     }
5     SubShader {
6      Tags { "Queue"="Geometry+100" }                   //设置渲染队列数值
7      ZTest off                                         //关闭深度检测
8      CGPROGRAM
9      #pragma surface surf Lambert                      //表面着色器编译指令
10     fixed4 _Color;                                    //主颜色属性
11     struct Input {                                    //Input 结构体
12      float2 uv_MainTex;
13     };
14     void surf (Input IN, inout SurfaceOutput o) {     //表面着色器函数
15      o.Albedo = _Color;                               //设置物体表面颜色
16     }
17     ENDCG
18  }}
```

❑ 第 2-4 行为定义属性块。其中定义了主颜色数值用于表面着色器设置物体表面颜色。

❑ 第 6-7 行的主要功能为设置渲染队列数值为“Geometry+100”并且关闭深度检测。为了达到后渲染的物体遮挡住先渲染的物体的效果，需要关闭深度检测。

❑ 第 10-13 行的主要功能为定义主颜色属性以及 Input 结构体。其中主颜色属性用于在表面着色器函数中设置物体表面颜色。

❑ 第 14-16 行为表面着色器函数。其中使用主颜色数值设置物体表面颜色。

（4）将创建的着色器拖曳到 RenderQueue100 材质的着色器属性栏中。然后再创建一个着色器，命名为“RenderQueue200”，该着色器和 RenderQueue100 着色器基本相同，除了渲染队列数值为“Geometry+200”。将创建的着色器拖曳到 RenderQueue200 材质的着色器属性栏中。

（5）单击游戏运行按钮，观察效果。发现绿色小球遮挡住了红色小球，虽然在位置上红色小球在绿色小球的前面。因为绿色小球材质的渲染队列数值比红色小球的大，所以后渲染的绿色小球遮挡住了先渲染的红色小球。

（6）单击停止运行按钮。将 RenderQueue100 着色器拖曳到 RenderQueue200 材质的着色器属性栏中，RenderQueue200 着色器拖拽到 RenderQueue100 材质的着色器属性栏中。单击游戏运行按钮，观察效果。发现红色小球遮挡住了绿色小球。

说明　本案例的源文件是位于随书光盘中源代码/第 7 章目录下的“Shader”文件。如果读者想运行本案例，只需把“Shader”文件复制到非中文路径下，然后双击“Shader\Assets\pass\RenderQueue”目录下的“test.unity”文件就能够打开运行了。

Unity 中内置了 5 种默认的渲染队列的值，如表 7-12 所示。

表 7-12　　队列标签可选值

队 列 名 称	说　明
Background	背景，对应值为 1000，这个渲染队列在所有队列之前被渲染，通常用于渲染真正需要放在背景上的物体。例如：天空盒
Geometry (default)	几何体（默认值），对应值为 2000，这个队列是默认的渲染队列，被用于大多数对象。不透明的几何体使用这个队列
AlphaTest	Alpha 测试，对应值为 2450，alpha 测试的几何结构使用这种队列。它是一个独立于 Geometry 的队列，因为它可以在所有固体对象绘制后更有效地渲染采用 Alpha 测试的对象
Transparent	透明，对应值为 3000，这个渲染队列在 Geometry 队列之后被渲染，采用从后到前的次序。任何采用 alpha 混合的对象（不对深度缓冲产生写操作的着色器）在这里渲染。例如：玻璃、粒子效果
Overlay	覆盖，对应值为 4000，这个渲染队列被用于实现叠加效果。任何需要最后渲染的对象应该放置在此处。例如：镜头光晕

7.4.3 混合模式介绍

混合操作用于在所有的计算已经结束，已经决定将当前计算结果输出到帧缓冲中时，如何输出到帧缓冲中。混合操作有两个对象，即源和目标，因此也有两个对应的因子，即源因子和目标因子。混合模式常用来绘制透明和半透明的物体。混合操作常用指令如下。

- Blend Off：关闭混合。
- Blend 源因子,目标因子：配置并开启混合。计算产生的颜色和源因子相乘，然后两个颜色相加。
- Blend 源因子 目标因子,源因子 A 目标因子 A：源因子和目标因子用于混合颜色值，源因子 A 和目标因子 A 用于混合 alpha 值。
- BlendOp 操作命令：不是将加入的颜色混合在一起，而是对它们做其他一些操作。主要操作命令有 Min（取最小值）、Max（取最大值）、Sub（求差）和 RevSub（求反差）。

常用的混合因子（对源因子和目标因子都有效）如表 7-13 所示。

表 7-13　　混合因子

混 合 因 子	说　　明
One	值为 1。用它可使源颜色或目标颜色完全显示出来
Zero	值为 0。用它可删除源颜色值或者目标颜色值
SrcColor	这个阶段的值乘以源颜色值
SrcAlpha	这个阶段的值乘以源 Alpha 值
DstColor	这个阶段的值乘以帧缓存源颜色值
DstAlpha	这个阶段的值乘以帧缓存源 Alpha 值
OneMinusSrcColor	这个阶段的值乘以（1–源颜色之间的值）
OneMinusSrcAlpha	这个阶段的值乘以（1–源颜色 Alpha 之间的值）
OneMinusDstColor	这个阶段的值乘以（1–目标颜色之间的值）
OneMinusDstAlpha	这个阶段的值乘以（1–目标颜色 Alpha 之间的值）

下面通过一个制作带透明效果的球网的案例来详细说明混合操作。

（1）新建场景。在 Blend 文件夹下创建一个场景，命名为“test”，然后在场景中创建一个 Plane 对象和一个 Cube 对象。设置它们的位置，使 Plane 对象完全显示在屏幕中，Cube 对象在 Plane 对象后面（使 Plane 对象能够完全遮挡住 Cube 对象）。如图 7-25 所示。

（2）在 Blend 文件夹下创建一个材质资源，并命名为“Blend”。将 Blend 材质设置为 Plane 对象的材质，并将 Blend 文件夹下的 net 纹理图拖曳到 Plane 对象上。然后创建一个着色器，并命名为“Blend”。然后双击打开该着色器，开始 Blend 着色器的编写。

代码位置：见随书光盘中源代码/第 7 章目录下的 Shader/Assets/pass/Blend/Blend.shader。

```
Shader "Custom/Blend" {
  Properties {
    _Color ("Main Color", Color) = (1,1,1,1)            //主颜色数值
    _MainTex ("Albedo (RGB)", 2D) = "white" {}          //2D 纹理
  }
  SubShader {
    Tags { "Queue"="Transparent" }                      //设置渲染队列为 Transparent
    Pass{
      Material{
        Diffuse [_Color]                                //设置漫反射颜色
        Ambient [_Color]                                //设置环境光颜色
```

```
12        }
13        Blend SrcAlpha OneMinusSrcAlpha                    //开启混合
14        Lighting On                                        //开灯
15        SetTexture [_MainTex]{                             //设置纹理
16          constantColor [_Color]                           //定义颜色常量
17          Combine texture*primary DOUBLE,texture*constant    //计算最终颜色
18      }}}}
```

- 第 2-5 行为定义属性块。其中定义了主颜色数值和 2D 纹理。
- 第 6-7 行的主要功能为设置渲染队列数值为“Transparent”。这样做的目的是使该对象在场景中其他非透明物体被渲染后再渲染，因为有透明效果的物体需要在没有透明效果的物体渲染后再渲染，否则就不会显示出透明效果。
- 第 9-12 行为固定管线着色器的材质块。主要设置了漫反射颜色和环境光颜色。
- 第 13-14 行的主要功能为开启混合和打开光照。其中混合的源因子设置为“SrcAlpha”，目标因子设置为“OneMinusSrcAlpha”，这样做的目的是使该物体的颜色乘以它的 Alpha 值然后再与缓冲区目标颜色的值相混合达到透明的效果。
- 第 15-18 行为处理纹理块并计算最终颜色。该部分在讲固定管线着色器时已经详细介绍了，在这里不再赘述。

（3）将创建的着色器拖曳到 Blend 材质的着色器属性栏中，然后设置着色器属性栏中的“Main Color”属性为黑色，便于观察效果。单击游戏运行按钮，观察效果。发现通过球网上的透明小孔看到了在它后面的 Cube 对象。本案例的运行效果如图 7-26 所示。

▲图 7-25　场景对象位置布置

▲图 7-26　运行效果图

说明　本案例的源文件是位于随书光盘中源代码/第 7 章目录下的“Shader”文件。如果读者想运行本案例，只需把“Shader”文件复制到非中文路径下，然后双击“Shader\Assets\pass\Blend”目录下的“test.unity”文件就能够打开运行了。

7.4.4　Alpha 测试

Alpha 测试是阻止片元被写到屏幕的最后机会。在最终渲染出的颜色被计算出来之后，可通过将颜色的透明度值和一个固定值比较：如果 Alpha 值满足要求，则通过测试，绘制此片元；否则丢弃此片元，不进行绘制。Alpha 测试指令如下。

- AlphaTest　开关状态

开关状态为“Off（缺省）”时关闭 Alpha 测试并绘制所有片元，开关状态为“On”时开启 Alpha 测试。

- AlphaTest 比较模式　测试值

设置 Alpha 测试只渲染透明度值在某一确定范围内的片元。常用的比较模式如表 7-14 所示。

表 7-14　　Alpha 测试模式

Alpha 测试模式	说　明	Alpha 测试模式	说　明
Greater	大于	GEqual	大于等于
Less	小于	LEqual	小于等于
Equal	等于	NotEqual	不等于
Always	渲染所有片元，等于 AlphaTest Off	Never	不渲染任何片元

下面通过一个案例来让读者更加直观地理解 Alpha 测试。

（1）新建场景。在 AlphaTest 文件夹下创建一个场景，命名为“test”，然后在场景中创建一个 Plane 对象并设置它的位置，使其完全显示在屏幕中。然后在 AlphaTest 文件夹下创建一个材质资源，并命名为“AlphaTest”，将 AlphaTest 材质设置为 Plane 对象的材质。

（2）将 AlphaTest 文件夹下的 wenlitu 纹理图拖曳到 Plane 对象上。其中，wenlitu 纹理图的 Alpha 值从左到右依次递减，如图 7-27 所示。图中灰白相间的格子区域表示透明区域，格子越清楚 Alpha 值越小，这是一种约定俗称的表示方式。

（3）在 AlphaTest 文件夹下创建一个着色器，并命名为“AlphaTest”。将创建的着色器拖曳到 AlphaTest 材质的着色器属性栏中，然后双击打开该着色器，开始 AlphaTest 着色器的编写。

代码位置：见随书光盘中源代码/第 7 章目录下的 Shader/Assets/pass/AlphaTest/AlphaTest.shader。

```
1    Shader "Custom/AlphaTest" {
2      Properties {
3        _Color ("Main Color", Color) = (1,1,1,1)                  //主颜色数值
4        _MainTex ("Albedo (RGB)", 2D) = "white" {    }            //2D 纹理
5        _CutOff("Alpha cutoff",Range(0,9))=0.0                    //Alpha 范围数值
6      }
7      SubShader {
8        Tags { "Queue"="AlphaTest" }                              //设置渲染队列为 AlphaTest
9        Pass{
10         Material{
11           Diffuse [_Color]                                      //设置漫反射颜色
12           Ambient [_Color]                                      //设置环境光颜色
13         }
14         AlphaTest GEqual [_CutOff]                              //进行 Alpha 测试
15         Lighting On                                             //打开光照
16         SetTexture [_MainTex]{                                  //设置纹理
17           constantColor [_Color]                                //定义颜色常量
18           Combine texture*primary DOUBLE,texture*constant          //计算最终颜色
19   }}}}
```

- 第 2-6 行为定义属性块。其中定义了主颜色数值、2D 纹理和 Alpha 范围数值。
- 第 7-8 行的主要功能为设置渲染队列数值为“AlphaTest”，这样做的目的是使该对象在场景中其他普通物体被渲染后再渲染，因为带 Alpha 测试的物体需要在普通物体渲染后再渲染，否则就不会显示出 Alpha 测试的效果。
- 第 10-13 行为固定管线着色器的材质块。主要设置了漫反射颜色和环境光颜色。
- 第 14-15 行的主要功能为进行 Alpha 测试和打开光照。其中进行 Alpha 测试的比较模式设置为 GEqual，这样做的目的是只渲染 Alpha 值大于或等于_CutOff 数值的片元。
- 第 16-19 行为处理纹理块并计算最终颜色。该部分在讲固定管线着色器时已经详细介绍了，在这里不再赘述。

（4）单击游戏运行按钮，观察效果。发现黑色的 Plane 对象完整地显示在屏幕上，这是因为默认的_CutOff 数值为 0，Plane 对象的纹理图的所有 Alpha 值都大于或等于 0。在着色器属性栏中调节_CutOff 数值使它不断增大，发现 Plane 对象从右到左不断消失，这是因为 Plane 对象的纹理图的 Alpha 值从右到左不断增大。_CutOff 数值为 0.5 时的运行效果如图 7-28 所示。

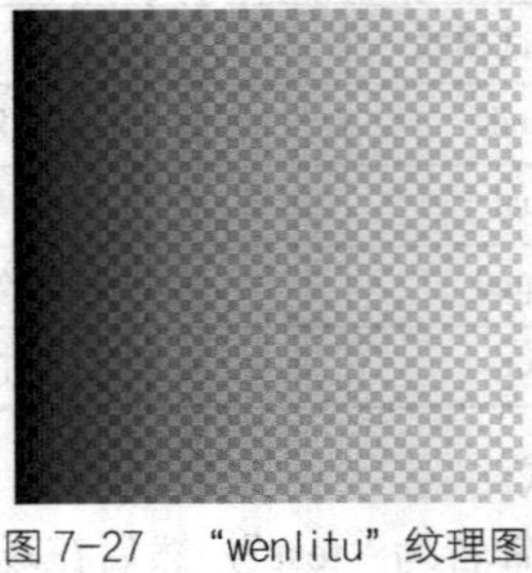

▲图 7-27　"wenlitu" 纹理图

▲图 7-28　运行效果图

> **说明**　本案例的源文件是位于随书光盘中源代码/第 7 章目录下的"Shader"文件。如果读者想运行本案例，只需把"Shader"文件复制到非中文路径下，然后双击"Shader\Assets\pass\AlphaTest"目录下的"test.unity"文件就能够打开运行了。

7.4.5　深度测试

深度测试是为了使距离摄像机近的物体遮挡住距离摄像机远的物体，确保场景看起来是正确的。当片元写入到帧缓冲前，需要将待写入的片元的深度值 z 与深度缓冲区对应的深度值进行比较测试，只有测试成功才会写入帧缓冲。深度测试指令如下。

- ZWrite 深度写开关

控制是否将来自对象的片元深度值 z 写入深度缓冲（默认开启）。如果绘制不透明物体，设置为"On"；绘制半透明物体时设为"Off"。

- ZTest 深度测试模式

设置深度测试如果执行。默认模式是 LEqual（使深度值 z 小于或等于深度缓冲区对应的深度值的片元写于帧缓冲，实现距离摄像机近的物体遮挡住距离摄像机远的物体）。深度测试模式如表 7-15 所示。

表 7-15　深度测试模式

深度测试模式	说　明	深度测试模式	说　明
Less	小于	Greater	大于
LEqual	小于等于	GEqual	大于等于
Equal	等于	NotEqual	不等于
Always	总是渲染，相等于关闭深度测试		

- Offset Factor , Units

允许使用两个参数（因子 factor 和单元 units）指定深度偏移，因子 Factor 衡量多边形 z 轴与 X 轴或 Y 轴的最大斜率，而单元 units 衡量可分解的最小深度缓存值。这样可以强制地将一个多边形绘制在另一个多边形上，即使它们实际上处于相同位置。例如：Offset 0,−1 忽略多边形的斜率，使其靠近相机；而 Offset −1, −1 使多边形从切线角看时更加靠近相机。

下面通过一个案例来让读者更加直观地理解深度测试。

（1）新建场景。在 ZTest 文件夹下创建一个场景，命名为"test"，在场景中创建 4 个 Plane 对象并设置它们的位置，使它们以不同的方向倾斜，如图 7-29 所示。然后将向左倾斜的 Plane 对象重命名为"Plane_Z"。

（2）在 ZTest 文件夹下创建 3 个材质资源，分别命名为“Material1”“Material2”和“Material3”，并将 Material1 材质设为红色、Material2 材质设为绿色、Material3 材质设为蓝色。将 3 个材质分别设置为 3 个 Plane 对象的材质。

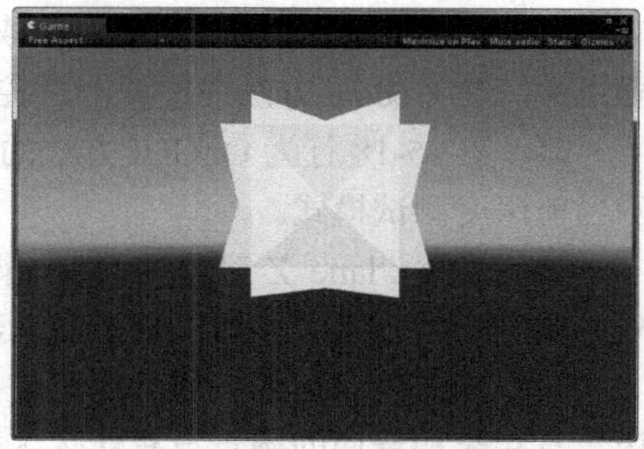

▲图 7-29　4 个 Plane 对象在场景中的位置

（3）然后在 ZTest 文件夹下创建一个文件夹，命名为“Shader”。在 Shader 文件夹下创建 7 个材质资源，分别命名为“Always”“Equal”“GEqual”“Greater”“LEqual”“Less”和“NotEqual”。然后再创建 7 个着色器，名字和 7 个材质资源一一对应。

（4）将 7 个着色器分别拖曳到对应名字的材质的着色器属性栏中。这 7 个着色器除了深度测试模式不同外其他部分都相同，而 7 个着色器的深度测试模式与其名字相同。下面以 LEqual 着色器为例来介绍。

代码位置：见随书光盘中源代码/第 7 章目录下的 Shader/Assets/pass/ZTest/Shader/AlphaTest.shader。

```
1    Shader "Custom/LEqual" {
2     SubShader {
3      ZTest LEqual                                    //深度测试
4      CGPROGRAM
5      #pragma surface surf Lambert                    //表面着色器编译指令
6      struct Input {                                  //Input 结构体
7       float2 uv_MainTex;                             //uv 纹理坐标
8      };
9      void surf (Input IN, inout SurfaceOutput o) {   //表面着色器函数
10      o.Albedo = float3(1,1,1);                      //设置漫反射颜色为白色
11     }
12     ENDCG
13   }}
```

❑ 第 2-3 行的主要功能为设置深度测试模式。这个着色器的深度测试模式为 LEqual，其他几个着色器的深度测试模式与着色器的名字相同。

❑ 第 4-13 行为一个非常简单的表面着色器，主要功能为将物体漫反射颜色设置为白色。

（5）创建用于改变 Plane_Z 对象材质资源的脚本。在 ZTest 文件夹下创建一个脚本，命名为“ZTest”，然后将其拖曳到 Plane_Z 对象上，然后双击打开该脚本，开始 ZTest 脚本的编写。

代码位置：见随书光盘中源代码/第 7 章目录下的 Shader/Assets/pass/ZTest/ZTest.cs。

```
1    using UnityEngine;
2    using System.Collections;
3    public class ZTest : MonoBehaviour {
4     public Renderer rd;                          //渲染器组件
5     public Material[] mats;                      //材质数组
6     public string[] labels;                      //用于显示当前深度测试模式
7     public Rect rect,tip;                        //滑动控件和显示控件的位置和大小
8     public int n;                                //渲染器当前使用材质的序列号
9     void Start () {
10     rd=this.GetComponent<MeshRenderer>();       //获取渲染器组件
11    }
12    void Update () {
13     rd.material = mats[n];                      //为渲染器设置材质
14    }
15    void OnGUI(){
16     n = (int)GUI.HorizontalSlider(rect, n, 0, 6);//显示滑动控件并获取滑动控件的值
17     GUI.Label(tip,"Current ZTest "+labels[n]);   //显示当前深度测试模式
18   }}
```

❑ 第 4-8 行的主要功能为定义变量。主要定义了渲染器组件、材质数组、用于显示当前深度测试模式以及渲染器当前使用材质的序列号等变量。

- 第 9-14 行的主要功能为获取渲染器组件并为渲染器设置材质。在 Start 方法内获取渲染器组件，在 Update 方法内根据滑动控件设置的值来为渲染器设置对应序列号的材质。
- 第 15-18 行为 OnGUI 方法的重写。主要功能为显示滑动控件并获取滑动控件的值以及显示当前深度测试模式。

（6）设置 Plane_Z 对象的 ZTest 脚本组件的相应参数，具体参数设置如图 7-30 所示。其中，Mats 数组数量设为 7。然后将上面创建的 7 个材质资源拖曳到相应位置。

（7）单击游戏运行按钮，观察效果。Plane_Z 对象使用的默认材质的深度测试模式为 LEqual，场景看起来和普通的场景没有什么区别，都是距离摄像机近的物体遮挡住距离摄像机远的物体。拖动滑动条切换深度测试模式，观察效果。深度测试模式为 LEqual 时的运行效果如图 7-31 所示。因为本书是黑白印刷，运行效果图可能表现不出应有效果，请读者运行光盘中的项目来观察效果。

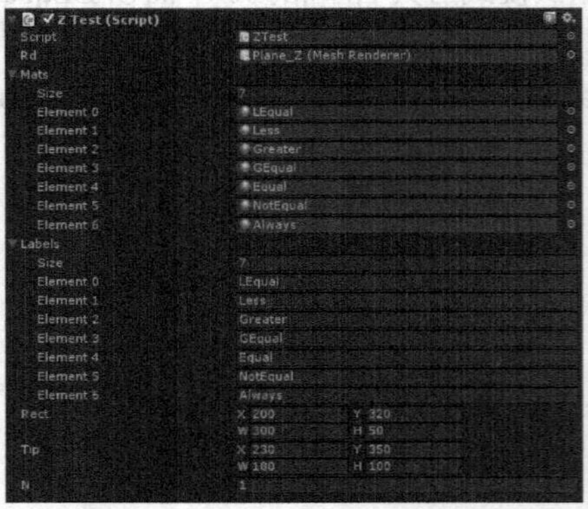

▲图 7-30 "ZTest"脚本组件的参数设置

▲图 7-31 运行效果图

> **说明** 本案例的源文件是位于随书光盘中源代码/第 7 章目录下的"Shader"文件。如果读者想运行本案例，只需把"Shader"文件复制到非中文路径下，然后双击"Shader\Assets\pass\ZTest"目录下的"test.unity"文件就能够打开运行了。

7.4.6 通道遮罩

通道遮罩可以让开发人员指定渲染结果的输出通道，而不是通常情况下的 RGBA 这四个通道皆会被写入。可选参数是 RGBA 的任意组合以及 0，如果参数为 0，这就意味着不会写入到任何通道，但会做一次深度测试并会写入深度缓冲。

下面通过一个案例来让读者更加直观地理解通道遮罩。

（1）新建场景。在 ColorMask 文件夹下创建一个场景，命名为"test"。然后在场景中创建两个 Plane 对象并设置它们的位置，使它们一前一后显示在屏幕上，后面的 Plane 对象要比前面的大，使前面的不能完全遮挡住后面的 Plane 对象。具体位置如图 7-32 所示。

（2）然后创建一个材质资源，命名为"Test"。将创建的材质资源设置为前面的 Plane 对象的材质，然后再创建一个着色器命名为"Test"，将创建着色器拖曳到 Test 材质的着色器属性栏中。然后双击打开该着色器，开始 Test 着色器的编写。

代码位置：见随书光盘中源代码/第 7 章目录下的 Shader/Assets/pass/ColorMask/Test.shader。

```
Shader "Custom/Test" {
  SubShader {
    Tags {"Queue"="Geometry+2"}                        //设置渲染队列
    Pass{
```

```
        Color(1,1,1,1)                              //设置物体表面颜色
    }}}
```

说明 这着色器的功能为设置渲染队列使该物体在场景中最后被渲染，并且渲染为白色。

（3）将 ColorMask 文件夹下的 wulitu 纹理图拖曳到后面的 Plane 对象上。然后在场景中创建一个小球，设置小球的位置使小球处于前面的 Plane 对象的前面。

（4）然后创建一个材质资源，命名为“ColorMask”。将创建的材质资源设置为小球对象的材质，然后再创建一个着色器命名为“ColorMask”，将创建着色器拖曳到 ColorMask 材质的着色器属性栏中。然后双击打开该着色器，开始 ColorMask 着色器的编写。

代码位置：见随书光盘中源代码/第 7 章目录下的 Shader/Assets/pass/ColorMask/ColorMask.shader。

```
Shader "Custom/ColorMask" {
  SubShader {
    Tags{"Queue"="Geometry+1"}                    //设置渲染队列
    Pass{
      ColorMask 0                                 //设置通道遮罩模式为 0
      Color(1,1,1,1)                              //设置物体表面颜色
}}}
```

说明 该着色器的功能为设置渲染队列使该物体在前面的 Plane 对象渲染前、后面的 Plane 对象渲染后被渲染，并且通道遮罩模式设置为 0，使物体的 RGBA 通道都不会被写入。

（5）单击游戏运行按钮，观察效果。发现在小球的位置会透过前面的 Plane 对象直接看到后面的 Plane 对象，这是因为场景中最先渲染后面的 Plane 对象，然后渲染小球。因为小球的 RGBA 通道都不写入，但深度值写入了深度缓冲，使最后渲染的前面的 Plane 对象的小球位置的片元深度测试失败。运行效果如图 7-33 所示。

▲图 7-32　两个 Plane 对象在场景中的位置

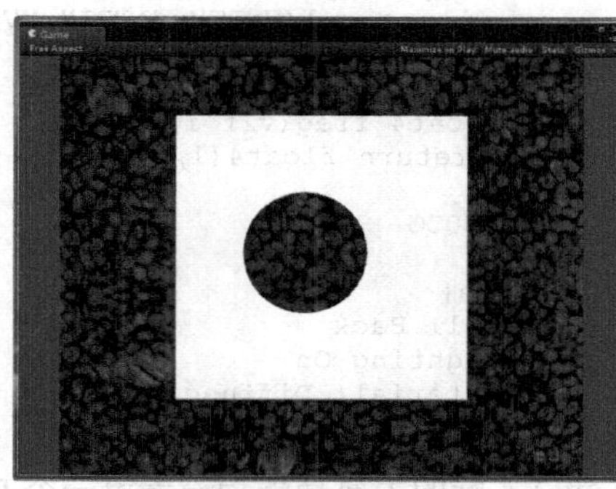

▲图 7-33　运行效果图

说明 本案例的源文件是位于随书光盘中源代码/第 7 章目录下的“Shader”文件。如果读者想运行本案例，只需把“Shader”文件复制到非中文路径下，然后双击“Shader\Assets\pass\ColorMask”目录下的“test.unity”文件就能够打开运行了。

7.4.7　面的剔除操作

面的剔除操作是一种通过不渲染背对摄像机的几何体面来提高性能的优化措施。所有的几何体都包含正面和反面。面的剔除操作是基于大多数对象都是封闭的事实，因此不需要绘制出背面。面的剔除操作有几种模式，如表 7-16 所示。

表 7-16　　面的剔除操作模式

面的剔除操作模式	说　明
Cull Back	不绘制背向摄像机的面（默认项）
Cull Front	不绘制面向摄像机的面
Cull Off	关闭面的剔除操作

下面将通过一个产生描边效果的案例来让读者更加直观地理解面的剔除操作。

（1）新建场景。在 Cull 文件夹下创建一个场景，命名为“test”。然后在场景中创建一个 Sphere 对象并设置它的位置，使它显示在屏幕中间位置。然后在 Cull 文件夹下创建一个材质资源，命名为“Cull”。将创建的材质资源设置为 Sphere 对象的资源。

（2）创建用于产生描边效果的着色器。在 Cull 文件夹下创建一个着色器，并命名为“Cull”。将创建的 Cull 着色器拖曳到 Cull 材质的着色器属性栏中。然后双击打开该着色器，开始 Cull 着色器的编写。

代码位置：见随书光盘中源代码/第 7 章目录下的 Shader/Assets/pass/Cull/Cull.shader。

```
1   Shader "Custom/Cull" {
2     SubShader {
3      pass{
4        Cull Front                                   //不绘制面向摄像机的面
5        CGPROGRAM
6        #pragma vertex vert                          //指定 vert 函数为顶点着色器函数
7        #pragma fragment frag                        //指定 frag 函数为片元着色器函数
8        #include "UnityCG.cginc"                     //引入 UnityCG.cginc 文件
9        struct v2f{                                  //片元着色器函数输入结构体
10         float4 pos:SV_POSITION;                    //顶点位置
11       };
12       v2f vert(appdata_base v){                    //顶点着色器函数
13         v2f o;
14         o.pos=v.vertex;                            //获取顶点位置
15         o.pos.xyz+=v.normal*0.03;                  //使顶点位置沿法线挤出一点点
16         o.pos=mul(UNITY_MATRIX_MVP,o.pos);         //计算变换后最终顶点位置
17         return o;                                  //返回顶点数据
18       }
19       float4 frag(v2f i):COLOR{                    //片元着色器函数
20         return float4(1,1,1,1);                    //返回片元颜色为白色
21       }
22       ENDCG
23     }
24     pass{
25       Cull Back                                    //不绘制背向摄像机的面
26       Lighting On                                  //打开光照
27       Material{ Diffuse(1,1,1,1) }                 //设置漫反射颜色
28  }}}
```

- 第 3-4 行的主要功能为设置第一个 Pass 的面的剔除操作模式为不绘制面向摄像机的面。第一个 Pass 用于渲染描边，不绘制面向摄像机的面是为了使其不能遮挡小球本体。
- 第 6-8 行的主要功能为指定 vert 函数为顶点着色器函数以及指定 frag 函数为片元着色器函数并且引入 UnityCG.cginc 文件。
- 第 9-18 行为定义片元着色器函数输入结构体以及顶点着色器函数。在顶点着色器函数中使顶点位置沿法线挤出一点点，使其出现描边轮廓。
- 第 19-22 行为片元着色器函数。主要功能为返回片元颜色为白色。
- 第 24-28 行为渲染小球本体的 pass。设置面的剔除操作模式为不绘制背向摄像机的面，然后打开光照设置漫反射颜色。

（3）单击游戏运行按钮，观察效果。发现小球的周围有一圈白边，这是因为该球的着色器包含两个 Pass，第一个 Pass 使用的是 Cull Back，并将球体沿法线挤出一点点，第二个 Pass 使用 Cull

Fornt 正常渲染，两个 Pass 结合，从而产生了描边效果。运行效果如图 7-34 所示。

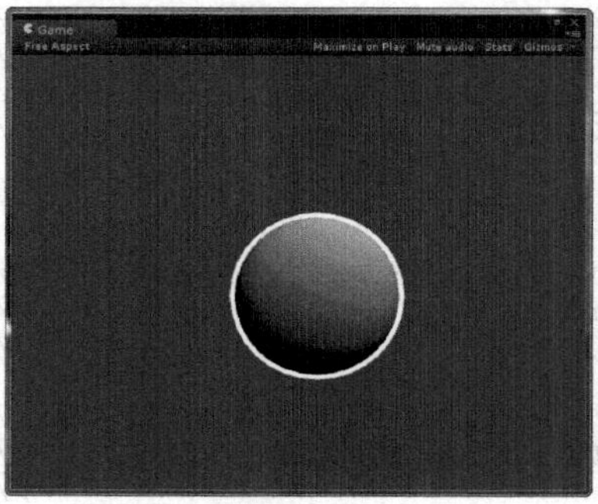

▲图 7-34　运行效果图

> **说明**　本案例的源文件是位于随书光盘中源代码/第 7 章目录下的“Shader”文件。如果读者想运行本案例，只需把“Shader”文件复制到非中文路径下，然后双击“Shader\Assets\pass\Cull”目录下的“test.unity”文件就能够打开运行了。

7.4.8 抓屏操作

GrabPass 是一种特殊的通道类型，它会捕获物体所在位置的屏幕的内容并写入到一个纹理中。这个纹理能被用于后续的通道中完成一些高级图像特效。总体来说 GrabPass 开销较大，不得不用 GrabPass 时才用 GrabPass。GrabPass 指令有两种形式如下。

- GrabPass{}

能捕获当前屏幕的内容到一个纹理中。纹理能在后续通道中通过 _GrabTexture 进行访问。

> **说明**　这种形式的捕获通道将在每一个使用该通道的对象渲染过程中执行昂贵的屏幕捕获操作。

- GrabPass{ "TextureName" }

能捕获屏幕内容到一个纹理中，但只会在每帧中处理第一个使用给定纹理名的纹理的对象的渲染过程中产生捕获操作。纹理在未来的通道中可以通过给定的纹理名访问。当在一个场景中拥有多个使用 GrabPass 的对象时将提高性能。

下面通过一个案例来让读者更加直观地理解抓屏操作。

（1）新建场景。在 GrabPass 文件夹下创建一个场景，命名为“test”。首先在场景中创建一个 Plane 对象作为地面，再创建两个 Capsule 对象放在 Plane 对象上面，最后再创建一个 Plane 对象并命名为“Grab”，用于显示抓屏信息。场景中游戏对象的位置排布如图 7-35 所示。

（2）然后创建一个材质资源，命名为“GrabPass”。将创建的材质资源设置为 Grab 对象的材质，然后再创建一个着色器命名为“GrabPass”，将该着色器拖曳到 GrabPass 材质的着色器属性栏中。然后双击打开该着色器，开始 GrabPass 着色器的编写。

代码位置：见随书光盘中源代码/第 7 章目录下的 Shader/Assets/pass/GrabPass/GrabPass.shader。

```
Shader "Custom/GrabPass" {
  SubShader {
    Tags {"Queue"="Overlay"}                    //设置渲染队列
    GrabPass {"_MyGrab"}                        //捕获屏幕的内容并写入到_MyGrab 纹理中
    pass{
      CGPROGRAM
```

```
7         #pragma vertex vert                              //指定 vert 函数为顶点着色器函数
8         #pragma fragment frag                            //指定 frag 函数为片元着色器函数
9         #include "UnityCG.cginc                          //引入 UnityCG.cginc 文件
10        sampler2D _MyGrab;                               //定义 MyGrab 纹理变量
11        struct v2f {                                     //片元着色器函数输入结构体
12          float4 pos:SV_POSITION;                        //顶点位置
13          float2 uv:TEXCOORD0;                           //uv 纹理坐标
14        };
15        v2f vert (appdata_full v) {                      //顶点着色器函数
16          v2f o;
17          o.pos=mul(UNITY_MATRIX_MVP,v.vertex);          //计算变换后最终顶点位置
18          o.uv=v.texcoord.xy;                            //设置 uv 坐标
19          return o;                                      //返回顶点数据
20        }
21        float4 frag(v2f i):COLOR{                        //片元着色器函数
22          float4 c=tex2D(_MyGrab,i.uv);                  //从捕获屏幕的内容的纹理中提取颜色
23          return c;                                      //返回片元颜色
24        }
25        ENDCG
26    }}}
```

- 第 3-4 行的主要功能为设置渲染队列为“Overlay”，捕获屏幕的内容并写入到_MyGrab 纹理中。因为要捕获场景中的所有物体，所以抓屏通道需要最后渲染。
- 第 7-9 行的主要功能为指定 vert 函数为顶点着色器函数以及指定 frag 函数为片元着色器函数并且引入 UnityCG.cginc 文件。
- 第 10-14 行的主要功能为定义_MyGrab 纹理变量以及片元着色器函数输入结构体。
- 第 15-20 行为顶点着色器函数。主要功能为计算变换后最终顶点位置并且设置 uv 纹理坐标，最后返回顶点数据。
- 第 19-22 行为片元着色器函数。主要功能为从捕获屏幕的内容的纹理中提取颜色，然后返回片元颜色。

（3）单击游戏运行按钮，观察效果。发现右上方的屏幕显示了 GrabPass 抓取的屏幕内容。程序运行效果如图 7-36 所示。

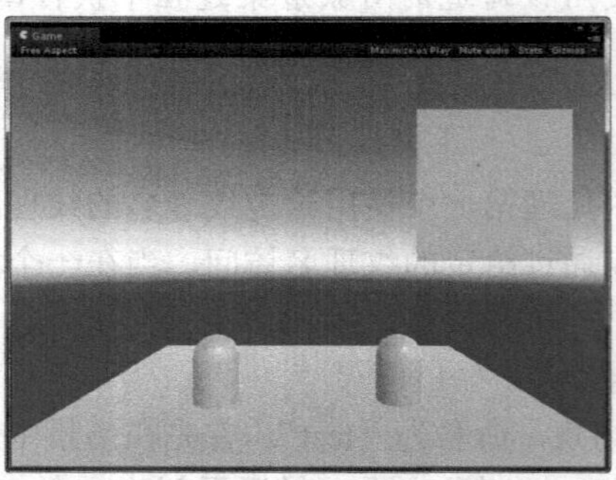

▲图 7-35　场景中游戏对象的位置排布

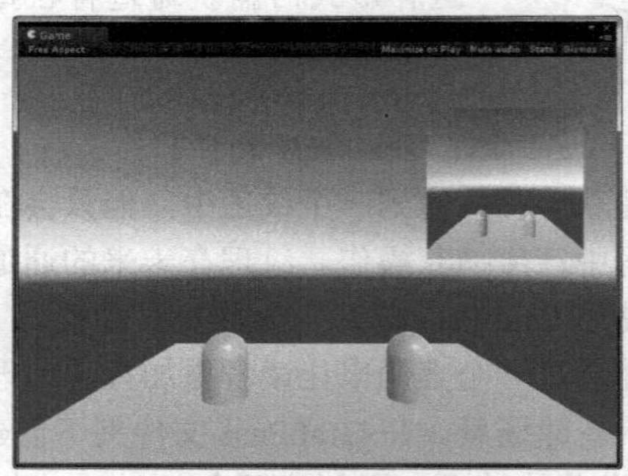

▲图 7-36　运行效果图

说明　本案例的源文件是位于随书光盘中源代码/第 7 章目录下的“Shader”文件。如果读者想运行本案例，只需把“Shader”文件复制到非中文路径下，然后双击“Shader\Assets\pass\GrabPass”目录下的“test.unity”文件就能够打开运行了。

7.5　着色器的组织和优化

通过对前面内容的学习，相信读者已经对着色器有了系统的认识，并学会了如何编写着色器

程序。本节将为读者介绍如何通过组织着色器程序、复用代码来提高着色器程序的运行效率，高效地开发着色器程序。此外还将介绍一些针对移动平台上的优化方法。

7.5.1 着色器的组织和复用

有效的组织和复用着色器程序代码，可以帮助开发人员有效地利用自己开发好的着色器程序代码或者函数库，从而减少不必要的重复操作，降低着色器程序代码的复杂度，以实现节省资源、提高着色器程序的运行效率的目的。

1. cginc 文件

Unity 含有大量用来引入预定义变量和帮助函数的文件，可由开发人员所编写的着色器程序调用。这是通过标准“#include”指令完成的。这些文件的拓展名为“.cginc”。在前面编写的着色器程序中也会经常见到如下格式的语句。

```
CGPROGRAM
……//此处省略与导入文件无关的代码
#include "UnityCG.cginc"                                    //导入"UnityCG.cginc"文件
ENDCG
```

如果想看帮助代码中具体完成了什么操作，可在 Unity 应用程序内找到这些文件。Windows 操作系统下文件的路径为“{安装路径}/Unity/Data/CGIncludes”；Mac 操作系统下文件的路径为“/Applications/Unity/Unity.app/Contents/CGIncludes/UnityCG.cginc”。常用的 cginc 文件如表 7-17 所示。

表 7-17　　常用内建文件

文件名称	说　明
HLSLSupport.cginc	（自动包含）用于声明多个预处理器宏来协助多平台着色器的开发
UnityShaderVariables.cginc	（自动包含）常用的全局变量
UnityCG.cginc	常用的帮助函数
AutoLight.cginc	光照和阴影功能。例如，表面着色器在内部使用此文件
Lighting.cginc	标准表面着色器光照模型。当您编写表面着色器时自动将其包含
TerrainEngine.cginc	用于地形（Terrain）和植被（Vegetation）着色器的帮助函数

上述内建文件中，UnityCG.cginc 文件使用得最为频繁，通常包含在 Unity 着色器中以引入多个帮助函数和定义。下面将为读者介绍 UnityCG.cginc 文件所包含的数据结构和帮助函数，方便读者以后查询和使用。

（1）UnityCG.cginc 中的数据结构。

- appdata_base：具有位置、法线和一个纹理坐标的顶点着色器输入。具体结构如下所示。

```
struct appdata_base {
    float4 vertex : POSITION;                  //位置变量
    float3 normal : NORMAL;                    //法线变量
    float4 texcoord : TEXCOORD0;               //纹理坐标变量
};
```

- appdata_tan：具有位置、切线、法线和一个纹理坐标的顶点着色器输入。具体结构如下所示。

```
struct appdata_tan {
    float4 vertex : POSITION;                  //位置变量
    float4 tangent : TANGENT;                  //切线变量
    float3 normal : NORMAL;                    //法线变量
    float4 texcoord : TEXCOORD0;               //纹理坐标变量
};
```

- appdata_full：具有位置、切线、法线、顶点颜色和纹理坐标的顶点着色器输入。具体结构如下所示。

```
struct appdata_full {
        float4 vertex : POSITION;                    //位置变量
        float4 tangent : TANGENT;                    //切线变量
        float3 normal : NORMAL;                      //法线变量
        float4 texcoord : TEXCOORD0;                 //纹理坐标变量
        float4 texcoord1 : TEXCOORD1;                //纹理坐标变量
        float4 texcoord2 : TEXCOORD2;                //纹理坐标变量
        float4 texcoord3 : TEXCOORD3;                //纹理坐标变量
#if defined(SHADER_API_XBOX360)
        half4 texcoord4 : TEXCOORD4;                 //纹理坐标变量
        half4 texcoord5 : TEXCOORD5;                 //纹理坐标变量
#endif
        fixed4 color : COLOR;                        //颜色变量
};
```

- appdata_img：具有位置和一个纹理坐标的顶点着色器输入。具体结构如下所示：

```
struct appdata_img {
        float4 vertex : POSITION;                    //位置变量
        half2 texcoord : TEXCOORD0;                  //纹理坐标变量
};
```

（2）UnityCG.cginc 中含有很多常用的函数，包括一些通用帮助函数、正向渲染帮助函数和顶点光照帮助函数。这些函数如表 7-18 所示。

表 7-18　UnityCG.cginc 中的内置函数

函 数 签 名	说　明
float3 WorldSpaceViewDir (float4 v)	返回从给定对象空间顶点位置朝向相机的世界坐标空间方向（未规范化）
float3 ObjSpaceViewDir (float4 v)	返回从给定对象空间顶点位置朝向相机的对象空间方向（未规范化）
float2 ParallaxOffset (half h, half height, half3 viewDir)	计算用于视差法线贴图 (normal mapping)的 UV 偏移量
fixed Luminance (fixed3 c)	将颜色转换为亮度（灰度）
fixed3 DecodeLightmap (fixed4 color)	从 Unity 光照贴图（视平台而定为 RGBM 或 dLDR）解码颜色
float4 EncodeFloatRGBA (float v)	将[0，1)范围内的浮点数编码为 RGBA 颜色，以存储于低精度渲染目标中
float DecodeFloatRGBA (float4 enc)	将 RGBA 颜色解码为一个浮点数
float2 EncodeFloatRG (float v)	使用两个颜色通道将[0，1)范围内的浮点数编码为 RGBA 颜色，以存储于低精度渲染目标中
float DecodeFloatRG (float2 enc)	使用两个颜色通道将 RGBA 颜色解码为一个浮点数
float2 EncodeViewNormalStereo (float3 n)	将视图空间法线编码为[0，1）范围内的两个数字
float3 DecodeViewNormalStereo (float4 enc4)	从 enc4.xy 解码视图空间法线
float3 WorldSpaceLightDir (float4 v)	在给定对象空间顶点位置的情况下，计算到光源的世界坐标空间方向（未规范化）
float3 ObjSpaceLightDir (float4 v)	在给定对象空间顶点位置的情况下，计算到光源的对象空间方向（未规范化）
float3 Shade4PointLights (...)	在光照数据被紧密打包进向量中的情况下，计算四个点光灯的照明。正向渲染使用这个函数来计算逐顶点光照
float3 ShadeVertexLights (float4 vertex, float3 normal)	在给定对象空间位置和法线的情况下，计算四个逐顶点光源和环境光的照明

说明　由于篇幅所限，关于帮助方法的内容不能够一一介绍，读者可根据前面提供的路径打开 UnityCG.cginc 文件，查看每个方法的具体结构。

除了使用Unity提供的cginc文件，开发人员还可以定义自己的cginc文件，然后通过"#include"指令来调用。在CGIncludes文件夹下创建一个自己的cginc文件，将其命名为"MyStructs.cginc"，打开文件后就可编写自己的结构体或者方法。例如下面的代码块。

```
#ifndef MY_CG_INCLUDE
#define MY_CG_INCLUDE
struct myappdata_base {
      float4 vertex : POSITION;                                  //位置变量
      float3 normal : NORMAL;                                    //法线变量
      float4 texcoord : TEXCOORD0;                               //纹理坐标变量
};
#endif
```

定义完成后，就可以在编写着色器程序的时候，使用自己定义的结构体或者方法了。具体方法如下代码所示。

```
Pass{
     CGPROGRAM
     #pragma vertex vert                          //指定vert函数为顶点着色器函数
     #pragma fragment frag                        //指定frag函数为片元着色器函数
     #include "UnityCG.cginc"                     //导入UnityCG.cginc文件
     #include "MyStructs.cginc"                   //导入自己定义的cginc文件
     sampler2D _MainTex;                          //2D纹理
     float4 _Color;                               //主颜色数值
     struct v2f {                                 //v2f结构体
          float4 pos :POSITION;                   //顶点位置
          float4 uv :TEXCOORD0;                   //uv纹理坐标
          float4 col :COLOR;                      //颜色值
     };
     v2f vert( myappdata_base v ) {               //使用自己的结构体来定义参数
          v2f o;                                  //定义v2f结构体变量
          o.pos = mul (UNITY_MATRIX_MVP, v.vertex);    //计算最终顶点位置
          o.uv = v.texcoord;                      //设置uv纹理坐标
          o.col.xyz = v.normal * 0.5 + 0.5;       //计算颜色值
          o.col.w = 1;                            //设置颜色值w为1
          return o;
     }
     ……//此处省略与导入自定义的cginc文件无关的代码
}
```

2. UsePass复用

在ShaderLab语法基础一节中，笔者在介绍Pass时，简单提到了通过UsePass重用其他着色器中已存在的通道，提高了代码的重用率。这是编写着色器程序中，使用较多的技巧。下面代码块展示了定义Pass的大致格式，在名为"MyPass"的着色器程序中定义了三个Pass，名称分别为"ONE""TWO""THREE"。因为Unity的要求，Pass的名字要为大写，读者在开发时需要注意。

```
Shader "Custom/MyPass" {
……//此处省略着色器程序内其他无关代码
     SubShader {
          ......//此处省略子着色器内其他无关代码
          Pass {                                       //定义自己的Pass
               Name "ONE"                              //名称为ONE
               ......//此处省略通道内容
          }
          Pass {                                       //定义自己的Pass
               Name "TWO"                              //名称为TWO
               ......//此处省略通道内容
          }
          Pass {                                       //定义自己的Pass
               Name "THREE"                            //名称为THREE
               ......//此处省略通道内容
     }}
}
```

定义了 Pass 后，就可以在其他的着色器程序中进行复用。复用的方法如下代码块所示。

```
Shader "Custom/NewShader" {
SubShader {
    ......//此处省略子着色器内其他无关代码
    UsePass "Custom/MyPass/ONE"                          //复用已定义的 Pass
}}
```

3. 使用 multi_compile 编译着色器的多个版本

Unity 所提供的 multi_compile 选项，是用来让 Unity 能够针对不同的定义条件或者关键字来编译多次，之后在运行时，通过在脚本中开启或者关闭相关的关键字，能够使着色器程序在不同条件下执行不同的代码。具体使用方法如下代码所示。

```
Shader "Custom/Multi_Compile" {
    SubShader {
        Pass {
        CGPROGRAM
        #pragma vertex vert                            //指定 vert 函数为顶点着色器函数
        #pragma fragment frag                          //指定 frag 函数为片元着色器函数
        #pragma multi_compile MY_multi_1 MY_multi_2 //告诉Unity 编译两个不同版本的Shader
        #include "UnityCG.cginc"                       //导入 UnityCG.cginc 文件
        struct vertOut {                               //vertOut 结构体
            float4 pos:SV_POSITION;                    //顶点位置
        };
        vertOut vert(appdata_base v) {                 //顶点着色器函数
            vertOut o;
            o.pos = mul(UNITY_MATRIX_MVP, v.vertex);  //计算最终顶点位置
            return o;//返回顶点数据
        }
        float4 frag(vertOut i):COLOR {                 //片元着色器函数
            float4 c = float4(0, 0, 0, 0);            //定义颜色变量
            #ifdef MY_multi_1                          //针对条件 MY_multi_1
            c = float4(1, 0, 0, 0);                   //输出红色
            #endif
            #ifdef MY_multi_2                          //针对条件 MY_multi_2
            c = float4(0, 1, 0, 0);                   //输出绿色
            #endif
            return c;                                  //返回最终颜色值
        }
        ENDCG
    }}
    FallBack "Diffuse"                                 //降级着色器
}
```

当使用 multi_complie 编译出多个版本的着色器后，就可以在自己编写的脚本中通过 Shader 的类函数来开启或者关闭相关的关键字，从而实现着色器的版本选择。具体使用方法如下代码所示。

```
using UnityEngine;
using System.Collections;
public class Multi_Compile : MonoBehaviour {
    public bool multi_1;                               //判断选择着色器版本的标识
    void Start () {
        if (multi_1) {                                 //选择 MY_multi_1 版本着色器
            Shader.EnableKeyword ("MY_multi_1");  //启用 MY_multi_1 版本的着色器
            Shader.DisableKeyword ("MY_multi_2");//关闭 MY_multi_2 版本的着色器
        } else {
            Shader.EnableKeyword ("MY_multi_2");  //启用 MY_multi_2 版本的着色器
            Shader.DisableKeyword ("MY_multi_1");//关闭 MY_multi_1 版本的着色器
}}}
```

7.5.2　移动平台上的优化

相比较 PC 平台而言，移动平台在各个方面的性能上都相差较大，主要原因是移动平台注重

的是便携性，考虑到机身的重量和外观等因素，所以限制了元件的尺寸，要求较高的制作工艺。此外，移动平台设备采用电池供电，使得机器的负荷有限，散热问题也是制约性能提高的因素（高功耗意味着高发热，一般的移动设备不会通过风扇散热，机身散热能力很有限）。

所以，除了提升硬件的制作工艺，开发人员所要考虑的是如何最大化地优化代码，来使其在现有条件下提高运行效率。

1. 着色计算的代码优化

编写着色器程序时，开发人员应特别注意，由于着色器代码的执行效率很高，所以应该尽量优化这部分代码，使其运算量和复杂度降到最低，这样会提高着色器的执行效率。具体需要开发者注意的有如下几点。

（1）编写着色器程序时常常会进行一些计算，要尽量通过代数方法简化计算，这样可以最大限度地提高运行速度。例如："p=sqrt(2*(X+1))"可以改写成"1.414*(X+1)"。

（2）编写着色器程序时经常会对向量进行操作，例如，将向量的归一化，求两个向量的点积、叉积等。对于这些操作，着色器提供了强大的支持，内置了很多内建方法以方便开发人员使用。例如，求点积运算的函数 dot 等。这些函数大部分都是硬件实现的，开发时可以直接利用，能够降低代码的复杂度、优化计算速度。

（3）编写着色器程序时，有时候需要进行一些简单的计算。对于这些重复性较低、而且计算的内容较为简单的操作，开发过程中不应该将这种计算封装成函数，直接用代码计算即可。这样能大大减少 GPU 函数调用与返回的消耗（这方面目前是 GPU 的弱项）。

2. 着色计算的位置优化

通过前面的学习读者应该了解到，与着色计算相关的任务有三个可能的执行位置：CPU、顶点着色器和片元着色器。从获得更高画面质量考虑，很多开发人员会把大量的着色计算相关代码放在片元着色器中。但在不影响画面质量或略微牺牲一点画面质量的情况下，可以考虑将相关代码的位置做一些改变，以换取性能的提升，主要包括以下两点。

（1）每当把计算任务安排到片元着色器中时，够应该考量一下：若将这个计算任务安排到顶点着色器中，画面质量会不会有影响，若有影响，在不在可接受的范围内。如果条件允许，则应该将相应的计算任务安排到顶点着色器中进行。因为顶点着色器的执行频率远低于片元着色器，这样做一般可以获得较为明显的性能提升。

（2）每当把计算任务安排到顶点着色器中时，要首先判断一下此计算任务是对于每个顶点单独计算、结果不同的，还是所有顶点共享一个相同的计算结果。如果是所有顶点共享一个相同计算结果的情况，则应该将此计算任务交由 CPU 执行，然后由主程序将计算结果作为一致变量传入顶点着色器供使用。

3. 几何复杂度的考量

顶点数量可以成为一个影响渲染效率的重要阈值。在 iOS 平台上，当前视口内的顶点总数最好不要超过 100K 个，因为这是 iOS 底层驱动默认的顶点数据缓冲区的大小，超过这个数字，就可能会导致底层驱动做一些 split 操作，耗费更多的资源。

4. 纹理图的优化

使用纹理图时，不能拿到一幅纹理图就直接使用，需要对纹理图做一些必要的处理后再使用，这样就能很好地避免资源的浪费。出于性能考虑，一般应该注意以下几点。

（1）贴图的大小要尽量是 2 的幂次方，因为所有的计算和存储最终都是要以 2 的幂次方为单位进行的。尽管 ShaderLab 提供了非 2 的幂次方的属性支持，但存储和查找的效率还是会受影响。

（2）在游戏或者可视化应用中，需要用到很多非常小的纹理，比较好的办法就是把这些纹理组合在一起，做成一张大的纹理。这样驱动程序在加载纹理的时候，仅仅需要加载一次。例如集成游戏的 UI 图标，人物角色的面部和身体等。

（3）对于大场景贴图而言，进行纹理采样时要尽量使用 mipmap。虽然这样相对而言会占用一些存储空间，但是这样会提高纹理采样的效率，同时一般会得到更好的画面效果。

（4）所有的贴图类型在导入 Unity 引擎中时，都会被处理为 Unity 所支持的格式；任何贴图文件的原始尺寸和类型与最终发布时的尺寸和类型完全无关。这对于开发人员或者美工人员来说，就意味着可以使用自己方便的格式和尺寸来制作贴图文件。

（5）ETC、DXT 和 PVRTC 都是硬件压缩格式，如果硬件不支持，而开发人员又使用了它们，那么将在贴图被加载时由 CPU 来解压缩。ETC 是在 Android 平台上被硬件所普遍支持的一种压缩格式，推荐在 Android 上使用 ETC 的压缩格式（但是，ETC 不支持 Alpha 通道。因此当贴图含有 Alpha 通道时，Unity 认为在贴图大小、质量以及渲染速度之间的平衡格式是 RGBA-16bit）。对于英伟达的硬件 Tegra，DXT5 更适合。如果目标平台是 iOS 系列，或者其他使用 PowerVR 的设备，最好选择 PVRTC 的贴图压缩格式。

5. 使用适当的数据类型

首先对比一下不同变量类型所占用的内存大小，以及通常使用的地方。具体如下所示。

- float。根据硬件不同，24～32 位单精度数据类型，是 3 种类型中运行最慢的，对应的坐标类型为 float2、float3 和 floa4。比较适合于三维空间的坐标表示，用作进行数学运算的标量。
- half。低精度的 16 位浮点数据类型，对应的坐标类型有 half2、half3 和 half4，适合存放 uv 值、颜色值。比 float 速度快很多。
- fixed。3 种类型中最小的数据类型，对应的坐标类型有 fixed2、fixed3 和 fixed4，被所有的 fragment profiles 所支持。可以用于光照计算、颜色和其他单位化的方向矢量。

在移动平台上，half 类型的运行效率是 float 类型的两倍，fixed 类型的运行效率是 half 类型的两倍。此外，应避免这 3 种数据类型之间的相互转换，这样会引起性能和精度的降低。但是，使用 Adreno 的设备对这类精度并不敏感，例如高通的骁龙系列。

> **说明** 向量最长不能超过 4 元，即可以声明 float1、float2、float3、float4 类型的数组变量，但是不能声明超过四元的向量，例如：float5 array。

6. 变量的使用

因为大多数 GPU 都会尽量减少从 vertex 函数传递到 fragment 函数的参数数量，所以通常会把变量包装起来，例如将两个 fixed2 打包成一个 fixed4。但 PowerVR 是除外的，PowerVR 对变量的数量是不敏感的，如果变量是用来读取贴图的 uv 变量，尽量使用独立的 uv 变量，不要使用一个四元数来包装两个二元数。在进入 fragment 函数前确定 uv，这样 PowerVR 就能提前读取贴图的值，从而避免在 fragment 函数中读取贴图操作。在移动平台上，tex2D 是一个消耗性能的操作。

7. 慎用透明效果

透明效果意味着 Unity 引擎要进行排序操作，在 GPU 中逐像素地渲染，所以要尽量避免使用透明效果。如果必须使用，要尽早进行一些可能会导致后续计算被取消的操作，例如尽早进行 clip 操作。除此之外，可以使用 Blend 混合来实现透明效果（即便如此，也要尽量避免透明物体的叠加，因为每一个透明物体的渲染都会迫使 Unity 引擎进行排序）。

7.6 综合案例

前面几节对 Unity 的着色器进行了系统化的介绍，如果读者还是不太了解，这里将用一个使用着色器的综合案例来进行说明。本案例的初衷就是使用着色器来实现点光源照明以及实现光的明暗逐渐变化的效果。

本案例基本上包含了利用顶点片元着色器实现自定义光照，利用表面着色器实现自定义光照以及顶点变换，半透明效果的制作以及使用 uv 变换实现换帧动画等的具体操作方法，通过这些技术使整个场景非常漂亮。最终的运行效果如图 7-37、图 7-38 所示。

▲图 7-37　最终运行效果图 1

▲图 7-38　最终运行效果图 2

7.6.1　案例策划及准备工作

本节将对本案例开发之前的准备工作加以介绍，并对相关的图片、模型等资源的选择与用途进行简单介绍。介绍内容包括资源的资源名、大小、像素（格式）和用途，以及各资源的存储位置并将其整理列表。具体如下。

（1）首先介绍的是本游戏中所用到的图片资源，将所有图片资源全部放在项目文件 Assets/Texture 文件夹下。其详细情况如表 7-19 所示。

表 7-19　图片资源列表

图　片　名	大小/KB	像　　素	用　　途
Water_01.png	8280	2048×2048	水面纹理
Vegetation01.png	710	1024×1024	蘑菇纹理
Tree01.png	912	1024×1024	树纹理
Stuff02.png	814	1024×1024	木桩纹理 2
Stuff01.png	259	512×512	木桩纹理 1
Rock01.png	254	512×512	石头纹理
Mushroom01.png	858	1024×1024	蘑菇房纹理
House_Wind_01.png	38.3	400×397	房屋窗户纹理
Ground-sand01.png	241	512×512	灰色山纹理
Ground-grass01.png	280	512×512	绿色山纹理
Castle01.png	1550	1024×1024	砖块房屋纹理
Back.jpg	369	1024×1024	天空盒后部图片
Down.jpg	23.5	256×256	天空盒下部图片
Front.jpg	413	1024×1024	天空盒前部图片
Left.jpg	420	1024×1024	天空盒左部图片
Right.jpg	384	1024×1024	天空盒右部图片
Up.jpg	496	1024×1024	天空盒上部图片
Wanfanshe.png	4.48	512×512	漫反射纹理图

（2）下面介绍的是本游戏中所用到的模型资源，将所有模型资源全部放在项目文件 Assets/Mesh 文件夹下。其详细情况如表 7-20 所示。

表 7-20　　　　模型资源列表

文 件 名	大小/KB	用 途
Bench01.FBX	26	木质凳子模型
Box01.FBX	21	木质箱子模型
House_01.FBX	43	房屋模型
Island01.FBX	78	小岛模型
Mount01.FBX	55	山模型 1
Mount02.FBX	47	山模型 2
Mount03.FBX	64	山模型 3
MushRoom_01.FBX	69	蘑菇房屋模型
Mushroom01.FBX	26	蘑菇模型 1
Mushroom03.FBX	26	蘑菇模型 3
Mushroom04.FBX	26	蘑菇模型 4
Table01.FBX	27	木质桌子模型
Teleport01.FBX	27	石墩模型
Tent01.FBX	29	帐篷模型
Tree01.FBX	30	树模型 1
Tree02.FBX	37	树模型 2
Tree03.FBX	26	树模型 3
Tree04.FBX	30	树模型 4
Well01.FBX	28	井模型
Woodpile.FBX	31	木头堆模型

7.6.2 创建项目及场景搭建

上一节介绍了项目开发前的策划和准备工作，在本节中，将介绍项目的创建以及游戏场景搭建的具体过程，主要包括了新建 Unity 项目、将场景中需要的对象放入场景中、发光小球的创建、天空盒的创建等。

（1）首先新建一个场景，步骤为“File→New Scene”，如图 7-39 所示。单击 File 选项中的“Save Scene”选项，在保存对话框中添加场景名为“test”。

（2）模型与图片资源已经在前面的介绍中提过，提前放在对应文件目录下。读者可参看本章 7.6.1 节的相关内容。

（3）调节场景中光源的强度和方向。设置场景中光源的位置和方向，具体参数如图 7-40 所示。设置光源的光照强度，具体参数如图 7-41 所示。

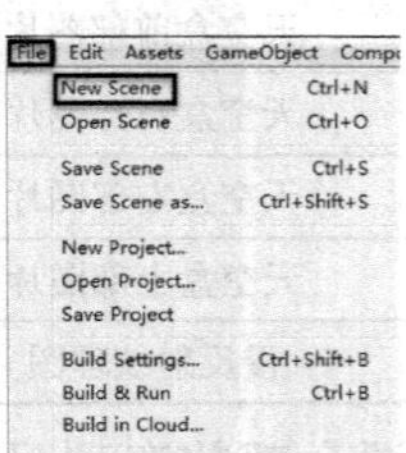

▲图 7-39　新建场景

▲图 7-40　光源的位置和方向

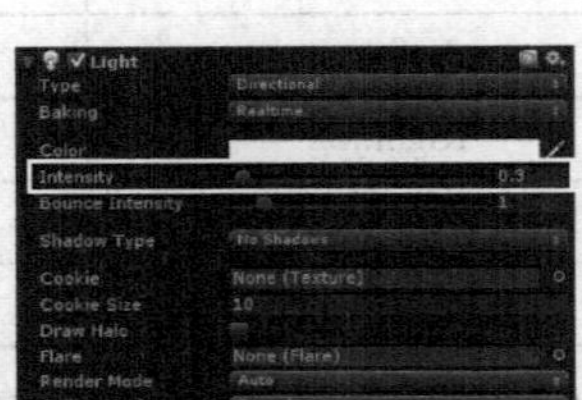

▲图 7-41　光源的光照强度

（4）在场景上摆放模型。场景中需要的对象（如小山、花草、房屋等）可以从文件夹下找到对应的模型并将之拖曳到场景中。具体对象的摆放位置参考本案例的源文件中的场景。为这些对象设置对应的纹理图。再创建一个空对象，将这些对象拖曳到空对象中。

（5）创建水。依次单击“GameObject→3D Object→Plane”，新建一个 Plane 对象，并重命名为“water”。设置它的位置和大小，使它覆盖整个池塘。具体参数如图 7-42 所示。

（6）创建发光小球。依次单击“GameObject→3D Object→Sphere”，新建一个 Sphere 对象，重命名为“qiu”并设置它的位置和大小。具体参数如图 7-43 所示。

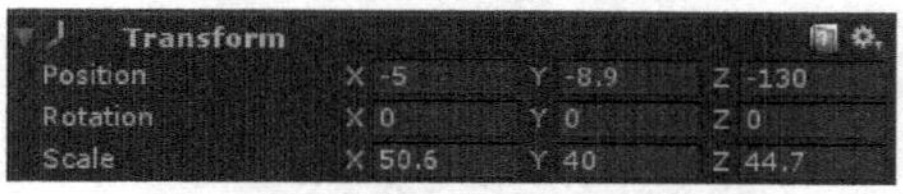

▲图 7-42 water 对象的位置和大小

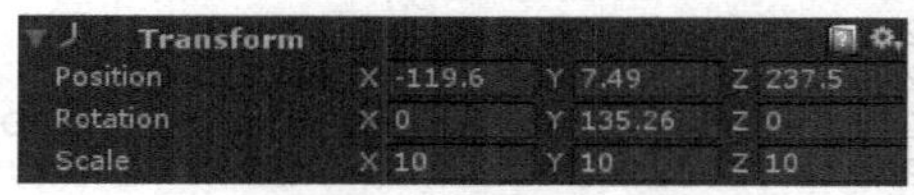

▲图 7-43 qiu 对象的位置和大小

（7）创建天空盒，在 Materials 文件夹下单击鼠标右键并选择“Creat→Material”命令，新建一个材质资源并重命名为“Skybox”。在属性查看器中设置该材质的着色器为“Mobile/skybox”。之后为该天空盒的前后、左右、上下各面添加纹理图片，如图 7-44 所示。

（8）设置天空盒。依次单击“Windows→Lighting”菜单，打开 Lighting 窗口。将上面创建的天空盒材质拖曳到 Skybox 属性栏中，如图 7-45 所示。

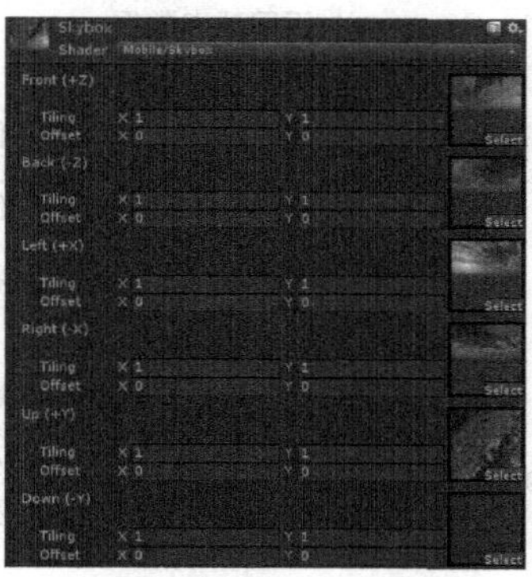

▲图 7-44 天空盒材质

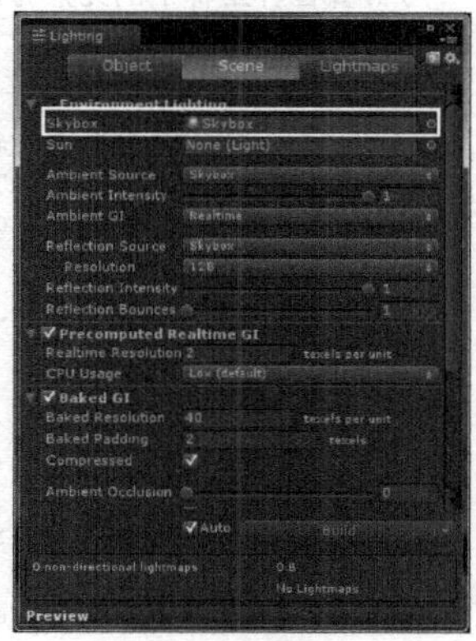

▲图 7-45 设置天空盒

7.6.3 着色器及相关脚本的开发

上面一节中介绍了创建项目及场景搭建，在本节中将要介绍本案例中的着色器的开发。着色器的开发是本案例最重要的部分，包含了利用顶点片元着色器实现自定义光照，利用表面着色器实现自定义光照以及顶点变换，半透明效果的制作以及使用 uv 变换实现换帧动画等知识。

（1）创建一个文件夹，并名为“Shader”。在 Shader 文件夹下创建一个着色器，命名为“Guang”，通过自定义光照实现场景中对象接受发光小球的光照的效果。然后双击打开该着色器，开始 Guang 着色器的编写。

代码位置：见随书光盘中源代码/第 7 章目录下的 ShaderTest/Assets/Shader/Guang.shader。

```
Shader "Custom/Guang" {
  Properties {
    _Color ("Color", Color) = (0.2,0.2,0.2,1)                    //主颜色数值
    _teColor ("teColor", Color) = (1,0.2,0.2,1)                  //接受发光小球光照颜色
    _MainTex ("Albedo (RGB)", 2D) = "white" {}                   //2D 纹理数值
    _Tex1 ("Tex1", 2D) = "white" {}                              //漫反射 2D 纹理数值
    _Length("Length",float)=6.0                                  //接受发光小球范围
```

```
8        _Range("Range",Range(0,1))=0.8                //接受发光小球光照强度
9      }
10     SubShader {
11       Tags { "RenderType"="Opaque" }                 //设置 RenderType 为 "Opaque"
12       Pass{
13         CGPROGRAM
14         #pragma vertex vert                          //指定 vert 函数为顶点着色器函数
15         #pragma fragment frag                        //指定 frag 函数为片元着色器函数
16         #include "UnityCG.cginc"                     //引入 UnityCG.cginc 文件
17         float4 _Position;                            //发光小球位置
18         ......//此处省略了 Properties 块中对应的属性定义，有兴趣的读者可以自行翻看光盘中的源代码
19         fixed4 _LightColor0;                         //场景中平行光颜色
20         struct v2f{                                  //v2f 结构体
21           float4 pos:SV_POSITION;                    //顶点位置
22           float2 uv:TEXCOORD0;                       //uv 纹理坐标
23           float4 vitPosition:TEXCOORD1;              //发光小球位置
24           float3 normal:TEXCOORD2;                   //世界坐标下的法线
25           float4 position:TEXCOORD3;                 //世界坐标下的顶点位置
26           float3 lightDir:TEXCOORD4;                 //世界坐标下的光照方向
27         };
28         v2f vert (appdata_full v) {                  //顶点着色器函数
29           v2f o;                                     //声明 v2f 结构体变量
30           o.pos=mul(UNITY_MATRIX_MVP,v.vertex);      //计算最终顶点位置
31           o.uv=v.texcoord.xy;                        //设置 uv 纹理坐标
32           o.normal=mul((float3x3)_Object2World, SCALED_NORMAL);//计算世界坐标下的法线
33           o.position=mul(_Object2World, v.vertex);   //计算世界坐标下的顶点位置
34           o.vitPosition=_Position;                   //获取发光小球位置
35           o.lightDir=mul((float3x3)_Object2World,ObjSpaceLightDir(v.vertex));
             //计算世界坐标下的光照方向
36           o.lightDir=normalize(o.lightDir);
37           return o;                                  //返回顶点数据
38         }
39         float4 frag(v2f i):COLOR{                    //片元着色器函数
40           float4 c=tex2D(_MainTex,i.uv)*_Color;      //从纹理图上获取颜色值
41           float3 te=i.vitPosition.xyz-i.position.xyz; //计算顶点到发光小球位置的向量
42           float l=length(te);                        //计算顶点到发光小球位置的距离
43           l=max(0,_Length-l);
44           float ll=l/_Length;                        //通过距离计算光照衰减系数
45           te=normalize(te);
46           i.normal=normalize(i.normal);              //标准化法线
47           float h=dot(i.normal,te);              //计算顶点到发光小球位置的向量与法线的点积
48           h=h*0.5+0.5;                               //将数值转换到 0~1 之间
49           float diff=max(0,dot(i.normal,i.lightDir)); //计算光照方向与法线的点积
50           diff=diff*0.5+0.5;                         //将数值转换到 0~1 之间
51           float3 ramp=tex2D(_Tex1,float2(diff-0.01,0.5));//从漫反射纹理图中获取颜色值
52           c.rgb=c.rgb*h*ll*_teColor.rgb*_Range+c.rgb*_LightColor0.rgb*ramp*ramp;
                                                        //计算最终颜色
53           return c;                                  //返回最终颜色
54         }
55         ENDCG
56     }}
57     FallBack "Diffuse"                               //降级着色器
58   }
```

- 第 2-9 行为着色器的定义属性块。主要定义了主颜色数值、接受发光小球光照颜色、2D 纹理数值、漫反射 2D 纹理数值、接受发光小球范围以及接受发光小球光照强度。
- 第 11-16 行的主要功能为设置 RenderType 为“Opaque”，指定 vert 函数为顶点着色器函数以及指定 frag 函数为片元着色器函数并且引入 UnityCG.cginc 文件。
- 第 17-19 行的主要功能为定义发光小球位置变量、场景中平行光颜色变量及 Properties 块中对应的属性定义。此处省略了 Properties 块中对应的属性定义，有兴趣的读者可以自行翻看光盘中的源代码。
- 第 20-27 行的主要功能为定义 v2f 结构体。v2f 结构体有顶点位置、uv 纹理坐标、发光小球位置、世界坐标下的法线、世界坐标下的顶点位置以及世界坐标下的光照方向等变量。

❑ 第 28-32 行的主要功能为在顶点着色器函数中声明 v2f 结构体变量，并且计算最终顶点位置和设置 uv 纹理坐标，最后计算世界坐标下的法线。其中计算世界坐标下的法线中使用的法线不能直接使用 appdata_full 结构体中的法线，而需要使用 Unity 内置的 SCALED_NORMAL。

❑ 第 33-37 行的主要功能为在顶点着色器函数中计算世界坐标下的顶点位置，获取发光小球位置以及计算世界坐标下的光照方向。

❑ 第 40-44 行的主要功能为在顶点着色器函数中从纹理图上获取颜色值，计算顶点到发光小球位置的向量和计算顶点到发光小球位置的距离，然后通过距离计算光照衰减系数。

❑ 第 47-53 行的主要功能为计算顶点到发光小球位置的向量与法线的点积，计算光照方向与法线的点积，然后从漫反射纹理图中获取颜色值，计算最终颜色。其中，最终颜色包含了从发光小球接受的光照和从场景中平行光接受的光照。

❑ 第 57-58 行为备用的着色器。如果所有的 SubShader 都失败了，为了在用户的设备上呈现设定的机制，则会调用 FallBack 下的着色器。

（2）将 GameObject 对象下的所有子对象的着色器设置为上面创建的着色器，然后设置其着色器属性栏中的属性值，如图 7-46 所示。再创建一个着色器，命名为“Qiu”，用于实现小球闪烁和半透明的效果。然后双击打开该着色器，开始 Qiu 着色器的编写。

代码位置：见随书光盘中源代码/第 7 章目录下的 ShaderTest/Assets/Shader/Qiu.shader。

```
1    Shader "Custom/Qiu" {
2      Properties {
3        _Color ("Color", Color) = (1,1,1,1)                    //主颜色数值
4        _Range("Range",Range(0,1))=0.8                         //发光小球光照强度
5      }
6      SubShader {
7        Tags { "Queue"="Transparent" }                         //设置 Queue 为 “Transparent”
8        CGPROGRAM
9        #pragma surface surf Phong vertex:vert alpha           //表面着色器编译指令
10       struct Input {                                         //Input 结构体
11         float2 uv_MainTex;                                   //uv 纹理坐标
12       };
13       float _Range;                                          //发光小球光照强度属性
14       half _Glossiness;                                      //高光系数属性
15       half _Metallic;                                        //金属光泽系数属性
16       fixed4 _Color;                                         //主颜色属性
17       float4 LightingPhong(SurfaceOutput s, float3 lightDir,half3 viewDir, half
         atten){                                                //自定义光照函数
18         float4 c;
19         float diffuseF = max(0,dot(s.Normal,viewDir));       //计算法线与视口方向点积
20         float3 col=float3(1,0.8,0.5);                        //设置发光小球颜色
21         col.g=col.g*diffuseF;                                //计算发光小球颜色 g 通道数值
22         col.b=col.b*diffuseF*diffuseF*diffuseF;              //计算发光小球颜色 b 通道数值
23         c.rgb = col*_Range;                                  //计算发光小球最终颜色
24         c.a = diffuseF*diffuseF*diffuseF;                    //计算 Alpha 数值
25         return c;
26       }
27       void vert (inout appdata_base v) {                     //顶点变换函数
28         float te=(_Range-0.5)/2+0.75;                        //根据发光小球光照强度计算缩放比
29         v.vertex.xyz = v.vertex.xyz * te;                    //计算顶点位置
30       }
31       void surf (Input IN, inout SurfaceOutput o) {          //表面着色器函数
32         fixed4 c = _Color;
33         o.Albedo = c.rgb;                                    //设置漫反射颜色
34         o.Alpha = c.a;                                       //设置 Alpha 数值
35       }
36       ENDCG
37     }
38     FallBack "Diffuse"                                       //降级着色器
39   }
```

❑ 第 2-5 行为着色器的定义属性块。主要定义了主颜色数值和发光小球光照强度。

- 第 7-9 行的主要功能为设置 Queue 为 Transparent 以及表面着色器编译指令。其中因为小球为半透明的所以渲染队列为 Transparent，表面着色器编译指令中 Alpha 指令表示该表面着色器为半透明着色器。
- 第 10-16 行的主要功能为定义发光小球光照强度属性，高光系数属性，金属光泽系数属性，主颜色属性以及 Input 结构体，在 Input 结构体中包含了 uv 纹理坐标。
- 第 17-26 行为自定义光照函数。在自定义光照函数中通过法线与视口方向点积来计算发光小球颜色以及 Alpha 数值。
- 第 27-30 行为顶点变换函数。在顶点变换函数中根据发光小球光照强度计算缩放比，通过缩放比来计算顶点位置。
- 第 31-35 行为表面着色器函数。在表面着色器函数中根据主颜色数值来设置小球表面的漫反射颜色和 Alpha 数值。
- 第 38-39 行为备用的着色器。如果所有的 SubShader 都失败了，为了在用户的设备上呈现设定的机制，则会调用 FallBack 下的着色器。

（3）创建小球材质。在 Materials 文件夹下新建一个材质资源，并命名为“qiu”。将创建的材质设置为 qiu 对象的材质。将上面创建的 qiu 着色器设置为 qiu 材质的着色器，然后设置其着色器属性栏中的属性值，如图 7-47 所示。

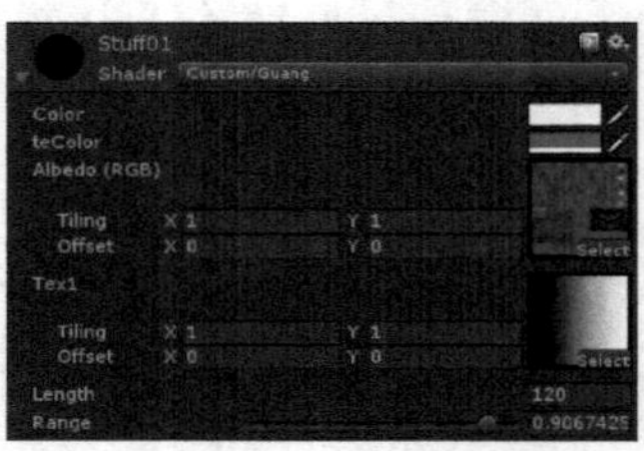

▲图 7-46　Guang 着色器属性设置

▲图 7-47　qiu 着色器属性设置

（4）创建水的着色器。在 Shader 文件夹下新建一个着色器，并命名为“Water”，用于接受发光小球的光照以及使用 uv 变换实现水纹波动的效果。其中接受发光小球的光照的代码与 Guang 着色器的代码相同。然后双击打开该着色器，开始 Water 着色器的编写。

代码位置：见随书光盘中源代码/第 7 章目录下的 ShaderTest/Assets/Shader/Water.shader。

```
Shader "Custom/Water" {
  Properties {
    ......//此处省略了与 Guang 着色器相同的代码，有兴趣的读者可以自行翻看光盘中的源代码
    _uv_x("uv_x",int)=0                                    //uv 纹理坐标 x 轴偏移量
    _uv_y("uv_y",int)=0                                    //uv 纹理坐标 y 轴偏移量
  }
  SubShader {
    Tags { "Queue"="Transparent" }                         //设置 Queue 为 "Transparent"
    Pass{
      blend SrcAlpha OneMinusSrcAlpha                      //设置混合模式
      CGPROGRAM
      #pragma vertex vert                                  //指定 vert 函数为顶点着色器函数
      #pragma fragment frag                                //指定 frag 函数为片元着色器函数
      #include "UnityCG.cginc"                             //引入 UnityCG.cginc 文件
      int _uv_x;                                           //uv 纹理坐标 x 轴偏移量
      int _uv_y;                                           //uv 纹理坐标 y 轴偏移量
      ......//此处省略了与 Guang 着色器相同的代码，有兴趣的读者可以自行翻看光盘中的源代码
      v2f vert (appdata_full v) {                          //顶点着色器函数
        ......//此处省略了与 Guang 着色器相同的代码，有兴趣的读者可以自行翻看光盘中的源代码
      }
      float4 frag(v2f i):COLOR{                            //片元着色器函数
        i.uv.x=i.uv.x/8+_uv_x*0.125f;                      //计算出 uv 纹理坐标的 x 轴数值
        i.uv.y=i.uv.y/8+_uv_y*0.125f;                      //计算出 uv 纹理坐标的 y 轴数值
```

```
24        ......//此处省略了与 Guang 着色器相同的代码，有兴趣的读者可以自行翻看光盘中的源代码
25      }
26      ENDCG
27  }}}
```

- 第 2-6 行为着色器的定义属性块。主要定义了 uv 纹理坐标 x 轴偏移量和 y 轴偏移量。此处省略了与 Guang 着色器相同的代码，有兴趣的读者可以自行翻看光盘中的源代码。
- 第 8-14 行的主要功能为设置 Queue 为“Transparent”，指定 vert 函数为顶点着色器函数以及指定 frag 函数为片元着色器函数并且引入 UnityCG.cginc 文件。
- 第 15-17 行的主要功能为定义 uv 纹理坐标 x 轴偏移量和 y 轴偏移量。此处省略了与 Guang 着色器相同的代码，有兴趣的读者可以自行翻看光盘中的源代码。
- 第 18-20 行为顶点着色器函数。顶点着色器函数与 Guang 着色器中顶点着色器函数相同，这里不再赘述，有兴趣的读者可以自行翻看光盘中的源代码。
- 第 21-25 行为片元着色器函数。在片元着色器函数中计算出 uv 纹理坐标的 x 轴数值和 y 轴数值。这里计算光照与 Guang 着色器中的相同，这里不再赘述，有兴趣的读者可以自行翻看光盘中的源代码。

（5）创建水的材质。在 Materials 文件夹下新建一个材质资源，并命名为“Water_01”。将创建的材质设置为 Water 对象的材质。将上面创建的 Water 着色器设置为 Water_01 材质的着色器，然后设置其着色器属性栏中的属性值，如图 7-48 所示。

（6）创建脚本。在 Script 文件夹下新建一个 C#脚本，并命名为“KongZhi”。该脚本用于向着色器传递参数，以及不断变换发光小球发光强度和控制 uv 纹理偏移量。双击打开该脚本，开始 KongZhi 脚本的编写。

代码位置：见随书光盘中源代码/第 7 章目录下的 ShaderTest/Assets/Script/KongZhi.cs。

```
using UnityEngine;
using System.Collections;
public class KongZhi : MonoBehaviour {
  public Material[] mat;                                    //使用 Guang 着色器的材质
  public Material qiuMat;                                   //使用 Qiu 着色器的材质
  public Material water;                                    //使用 Water 着色器的材质
  public GameObject qiu;                                    //发光小球
  public float range = 0.8f;                                //发光小球发光强度
  bool add;
  int x=0,y=7;                                              //uv 纹理偏移量
  float time;                                               //用于记录时间
  void Start () {
    for (int i = 0; i < mat.Length; i++){
      mat[i].SetVector("_Position", qiu.transform.position);//将小球位置传入着色器
      mat[i].SetFloat("_Range", range);                     //将发光强度传入着色器
    }
    qiuMat.SetFloat("_Range", range);                       //将发光强度传入着色器
  }
  void Update () {
    if (add){                                               //如果发光强度需要增加
      range = range + 0.5f * Time.deltaTime;                //不断增加发光强度
      if (range > 1f){                                      //如果发光强度大于 1
        add = false;                                        //发光强度需要减小
    }}else{
      range = range - 0.5f * Time.deltaTime;                //不断减小发光强度
      if (range < 0.5f){                                    //如果发光强度小于 0.5
        add = true;                                         //发光强度需要增加
    }}
    for (int i = 0; i < mat.Length; i++){
      mat[i].SetVector("_Position", qiu.transform.position);   //将小球位置传入着色器
      mat[i].SetFloat("_Range", range);                     //将发光强度传入着色器
    }
    time += Time.deltaTime;                                 //用于记录时间的变量不断增加
    if (time >= 0.0625){                                    //如果时间大于 0.0625
```

```
35         x++;                                        //uv 纹理偏移量 x 轴数值不断增加
36           if (x == 8){                              //如果 uv 纹理偏移量 x 轴数值为 8
37             x = 0;                                  //uv 纹理偏移量 x 轴数值设置为 0
38             y--;                                    //uv 纹理偏移量 y 轴数值不断减小
39             if (y <0){                              //如果 uv 纹理偏移量 y 轴数值小于 0
40               y = 7;                                //uv 纹理偏移量 y 轴数值设置 7
41           }}
42           time = 0;                                 //用于记录的时间归零
43         }
44         qiuMat.SetFloat("_Range", range);           //将发光强度传入着色器
45         water.SetVector("_Position", qiu.transform.position); //将小球位置传入着色器
46         water.SetFloat("_Range", range);            //将发光强度传入着色器
47         water.SetInt("_uv_x", x);                   //将 uv 纹理偏移量 x 轴数值传入着色器
48         water.SetInt("_uv_y", y);                   //将 uv 纹理偏移量 y 轴数值传入着色器
49     }}
```

❑ 第 4-11 行的主要功能为定义变量。主要定义了各种材质、发光小球、发光小球发光强度以及 uv 纹理偏移量等变量。

❑ 第 12-18 行为重写 Start 方法。该方法在场景加载时被系统调用。主要功能为将小球位置和发光强度传入 Guang 着色器，以及将发光强度传入 qiu 着色器。

❑ 第 20-28 行的主要功能为不断改变发光小球发光强度。如果发光强度需要增加，则不断增加发光强度。如果发光强度大于 1，则不断减小发光强度。

❑ 第 29-32 行的主要功能为将小球位置和发光强度传入 Guang 着色器。

❑ 第 33-43 行的主要功能为不断改变 uv 纹理偏移量。通过让用于记录时间的变量不断增加，如果时间大于 0.0625，则 uv 纹理偏移量 x 轴数值不断增加。如果 uv 纹理偏移量 x 轴数值为 8，则 uv 纹理偏移量 y 轴数值不断减小。

❑ 第 44-49 行的主要功能为传递数据给着色器。将发光强度传入 Guang 着色器和 Water 着色器。将小球位置传入 Guang 着色器。将 uv 纹理偏移量传入 Water 着色器。

（7）将创建的脚本拖曳到主摄像机对象上，然后设置对应属性。将使用 Guang 着色器的材质拖曳到 mat 属性框中，将使用 qiu 着色器的材质拖曳到 qiuMat 属性框中，将使用 Water 着色器的材质拖曳到 water 属性框中。具体设置如图 7-49 所示。

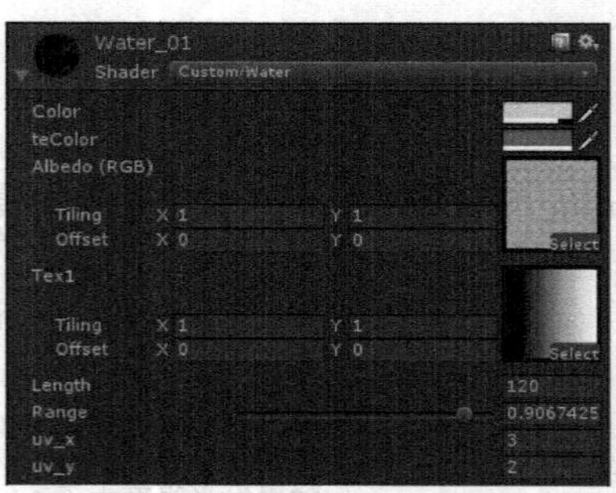

▲图 7-48　Water 着色器属性设置

▲图 7-49　KongZhi 脚本组件属性设置

7.6.4　结点对象的创建及相关脚本的开发

场景中，发光游戏对象的移动路径不是随机的，而是按照一条预置的路线移动的，这条路线由多个结点连起来组成。在本节中将详细介绍场景中结点对象的创建及相关脚本的开发。结点的具体制作步骤如下。

（1）在场景中新建结点对象。为了便于观察结点的位置，这里使用球体来标识结点的位置。首先创建一个空对象用于统一存放所有的结点，步骤为“GameObject→CreateEmpty”，此时

"Hierarchy"面板中会多出一个名为"GameObject"的空对象，将其重命名为"nodes"。

接下来创建结点对象，步骤为"GameObject→Sphere"，此时 Hierarchy 视图中会多出一个 Sphere 对象，将其挂到"nodes"下面，成为其子对象。重复上述创建操作，具体次数视所需要的结点数目而定，最终结构如图 7-50 所示。将每个结点按照顺序放置在场景中合适的位置，这些位置就是游戏对象要经过的点。

（2）结点创建完成后，将 FollowNode 脚本挂载到前面创建的 qiu 对象上，在 Inspector 面板中改变数组的长度，并将创建好的结点依次按照顺序添加到数组对象中。如图 7-51 所示。

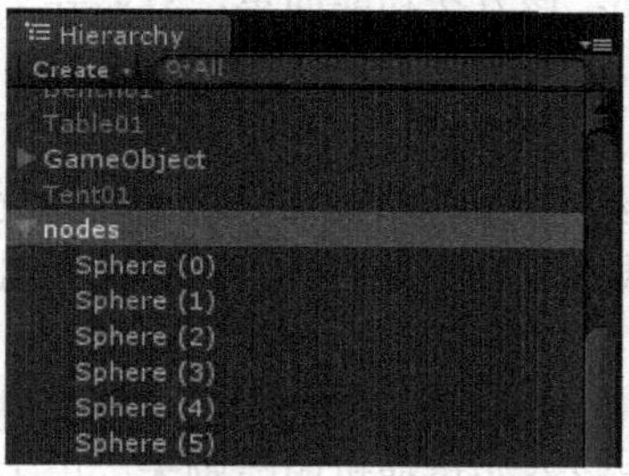

▲图 7-50　结点结构

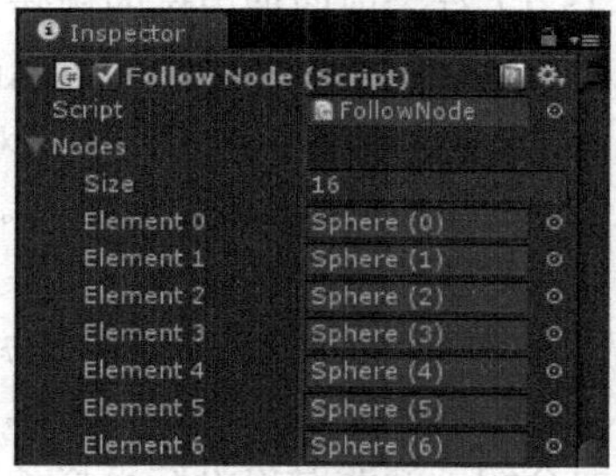

▲图 7-51　结点成员

（3）上面介绍了创建结点对象的具体步骤，下面将介绍相关脚本的开发。首先介绍前面使用过的 FollowNode 脚本，该脚本的功能是使游戏对象在游戏场景中能够沿着预设好的结点在场景中移动，脚本代码如下。

代码位置：见随书光盘中源代码/第 7 章目录下的 ShaderTest/Assets/Script/FollowNode.cs。

```
using UnityEngine;
using System.Collections;
public class FollowNode : MonoBehaviour {
    public GameObject[] nodes = new GameObject[16];            //存放结点数组
    public float m_speed = 2;                                  //移动速度
    private GameObject target_node;                            //目标结点
    public int index;                                          //当前目标结点序号
    void Start( ) {
        target_node = nodes[0];                      //默认 0 号结点为当前目标结点
    }
    void Update( ) {
        RotateTo( );                                           //转向下一个结点
        MoveTo( );                                             //朝向下一个结点移动
    }
    public void RotateTo( ) {                                  //旋转方法
        this.transform.LookAt(target_node.transform);
    }
    public void MoveTo( ) {                                    //移动方法
        Vector3 pos1 = this.transform.position;                //当前目标结点位置
        Vector3 pos2 = target_node.transform.position;         //小球自身位置
        float distance = Vector3.Distance(pos1, pos2);         //计算两者距离
        if (distance < 1.0f) {                                 //距离小于一定阈值
            index++;                                           //序号加 1
            if (index < nodes.Length) {                        //序号不超过数组长度
                if (nodes[index] != null) {                    //结点不为空
                    target_node = nodes[index];                //更新目标结点
            }}
            else {                                             //序号超过数组长度
                index = 0;
                target_node = nodes[index];          //重新将 0 号结点作为目标结点
        }}
        this.transform.Translate(new Vector3(0, 0, m_speed * Time.deltaTime));
                                                               //向目标结点移动
    }}
```

- 第 4-7 行用于声明变量。这里声明了一个用于存放所有结点的数组，修饰符应使用“public”，便于在 Unity 环境中改变数组的大小以及添加数组的每个成员。还声明了游戏对象的移动速度、目标结点的实例、当前时刻目标结点在数组中的序号。本脚本中主要是通过序号增加来改变目标结点。
- 第 8-10 行为重写 Start 方法。将结点数组中的 0 号成员作为程序开始运行时的目标结点。
- 第 11-14 行为重写 Update 方法。在这里实现了对象的转向下一个结点，以及朝向下一个结点移动。这两个功能分别被写成了两个方法，具体内容将在后面介绍。
- 第 15-17 行为前面调用过的旋转方法 RotateTo。该方法功能简单，只需要一直注视着下一结点，所以通过使用系统提供的 LookAt 方法来实现。
- 第 19-21 行为计算当前时刻游戏对象与目标结点的距离。
- 第 22-31 行为判断改变目标结点。当距离小于给定的阈值时，序号加 1，将数组中新序号所对应的结点对象赋给 target_node；如果序号超出了数组的长度，说明已经到达数组的最后一个结点对象，将序号置 0，从头开始遍历结点数组。
- 第 32-33 行朝向下一个结点移动，通过声明的“m_speed”变量来改变移动速度。

（4）上面介绍了游戏对象沿结点移动的脚本，下面将介绍摄像机跟随脚本，用于使主摄像机实时跟随游戏对象在场景中移动。该脚本可以在 Unity 自带的标准资源包中找到，可以直接使用，不过原脚本是由 JavaScript 语言编写，笔者将其改写成 C#脚本。脚本代码如下。

代码位置：见随书光盘中源代码/第 7 章目录下的 ShaderTest/Assets/Script/SmoothFollow.cs。

```
1    using UnityEngine;
2    using System.Collections;
3    public class SmoothFollow : MonoBehaviour{
4        public GameObject target;                          //所要跟随的目标对象
5        public float distance = 10.0f;                     //与目标对象的距离
6        public float height = 5.0f;                        //与目标对象的高度差
7        public float heightDamping = 2.0f;                 //高度变化中的阻尼参数
8        public float rotationDamping = 0.5f;               //绕 y 轴的旋转中的阻尼参数
9        void Start ( ) {}
10       void LateUpdate( ) {                               //如果目标对象不存在将跳出方法
11           if (!target){return;                           //如果对象不存在，则返回
12               //摄像机期望的的旋转角度及高度
13           float wantedRotationAngle = target.transform.eulerAngles.y;
14           float wantedHeight = target.transform.position.y + height;
15               //摄像机当前的旋转角度及高度
16           float currentRotationAngle = transform.eulerAngles.y;
17           float currentHeight = transform.position.y;
18               //计算摄像机绕 y 轴的旋转角度
19           currentRotationAngle = Mathf.LerpAngle(currentRotationAngle, wantedRotationAngle,
20             rotationDamping * Time.deltaTime);
21               //计算摄像机高度
22           currentHeight = Mathf.Lerp(currentHeight, wantedHeight, heightDamping *
             Time.deltaTime);
23               //转换成旋转角度
24           var currentRotation = Quaternion.Euler(0, currentRotationAngle, 0);
25               //摄像机距离目标背后的距离
26           transform.position = target.transform.position;
27           transform.position -= currentRotation * Vector3.forward * distance;
28               //设置摄像机的高度
29           transform.position = new Vector3(transform.position.x, currentHeight,
             transform.position.z);
30           transform.LookAt(target.transform);//摄像机一直注视目标
31   }}
```

- 第 4-8 行为声明变量。包括摄像机所要跟随的目标对象以及一些需要用来调节跟随效果的参数，主要有与目标对象的距离、与目标对象的高度差、高度变化中的阻尼参数、绕 y 轴的旋转中的阻尼参数。

- 第 10-11 行为判断目标对象是否存在。如果不存在，直接跳出。
- 第 12-14 行为获取摄像机期望的的旋转角度及高度。
- 第 15-17 行为获取摄像机当前的旋转角度及高度。
- 第 18-20 行为计算摄像机绕 y 轴的旋转中的阻尼。使用了 Mathf 函数库提供的 LerpAngle 方法进行差值计算，LerpAngle 方法的含义就是基于浮点数 rotationDamping×Time.deltaTime 返回 currentHeight 到 wantedHeight 之间的插值。
- 第 21-22 行为计算摄像机高度变化中的阻尼。使用了 Mathf 函数库提供的 Lerp 方法，原理同上。
- 第 23-24 行为将计算出的 currentRotationAngle 变量转换成来旋转角度保存在 currentRotation 变量中。
- 第 25-27 行为使摄像机与目标对象保持一定的距离。
- 第 28-29 行为设置摄像机的高度。因为是高度，所以只改变了 y 轴上的值。
- 第 30-31 行为让摄像机一直注视目标，保证目标一直出现在视野里。

> **说明** 本案例的源文件是位于随书光盘中源代码/第 7 章目录下的"ShaderTest"文件。如果读者想运行本案例，只需把"ShaderTest"文件复制到非中文路径下，然后双击"ShaderTest\Assets\"目录下的"test.unity"文件就能够打开运行了。

7.7 本章小结

本章简要介绍了 Unity 中开发高级特效的着色语言 ShaderLab 以及着色器编程，主要介绍了 ShaderLab 的基本语法、着色器的 3 种形态、表面着色器等。同时，对每个知识点都使用了一个或者多个案例进行进一步的讲解。

通过本章的学习，读者应该对着色器和 Unity 着色语言有了一定的了解，能够初步开发着色器，为以后开发复杂的、更加真实的 3D 场景打好基础。

第 8 章　3D 游戏开发的常用技术

3D 游戏开发过程中会经常使用一些开发技术，如天空盒、虚拟按钮与摇杆、声音、3D 拾取技术以及动态字体等，来加强游戏效果和操作体验，为移动端游戏的开发提供了便利的条件。本章将对这些技术进行详细介绍，希望读者能够熟练掌握。

8.1 天空盒的应用

天空盒（Skyboxes）技术的思路十分简单，具体来说就是将整个场景放在一个由 6 幅正方形的纹理图无缝拼接组成的立方体中，将摄像机放置在这个立方体中，在视野里看来就像是位于真实的自然界中一样。因此，天空盒对于搭建真实的自然场景是必不可少的。

Unity 的天空盒是一种特殊的渲染材质，在渲染设置中选择适当的天空盒材质即可。在 Unity 5.0 版本中去掉了其自带的强大的天空盒资源，因此需要读者从网上下载一些原有的天空盒资源包。除此之外，笔者在下面还会讲解在开发过程中如何自己制作实际需要的天空盒。

8.1.1 Unity 天空盒资源

Unity 中的天空盒的使用有两种方法，一种是在依次单击“Window→Lighting”后打开的“Lighting”窗口下的“Scene”选项卡，如图 8-1 所示，这种方法是为整个场景添加天空盒，切换摄像机后天空盒不会改变；而另外一种方法是为摄像机添加天空盒，切换摄像机后天空盒会发生变化，如图 8-2 所示。

▲图 8-1　Scene 天空盒

▲图 8-2　摄像机天空盒

（1）因为 Unity 集成开发环境中不再内置天空盒资源，笔者从网上下载了天空盒资源包（网上资源十分的丰富，将忽略下载过程）。依次单击“Assets→Import Package→Custom Package”，选择导入的路径，单击“Import”按钮导入天空盒资源。如图 8-3 所示。

（2）在导入完成后，在 Project 列表中会出现一个专门存放天空盒资源的文件夹，在 Source Images 文件夹中会有每个天空盒的材质球，而在 Sky1 文件夹下放有每个天空盒的图片。如图 8-4 所示。

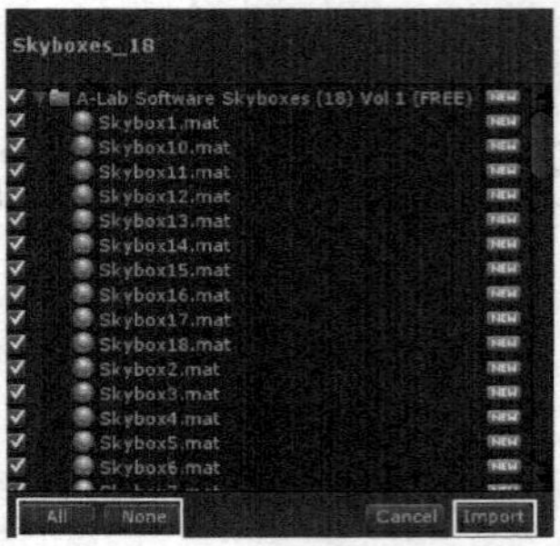

▲图 8-3　导入 Skyboxes 资源

▲图 8-4　天空盒资源列表

（3）通过上面的说明，读者知道了天空盒含有 6 幅纹理图的材质，若选中项目资源列表中的任意一个材质球时，在属性查看器中就会显示这个天空盒材质的具体属性材质，也可以更加详细地理解天空盒的组成。其具体属性如图 8-5 和图 8-6 所示。

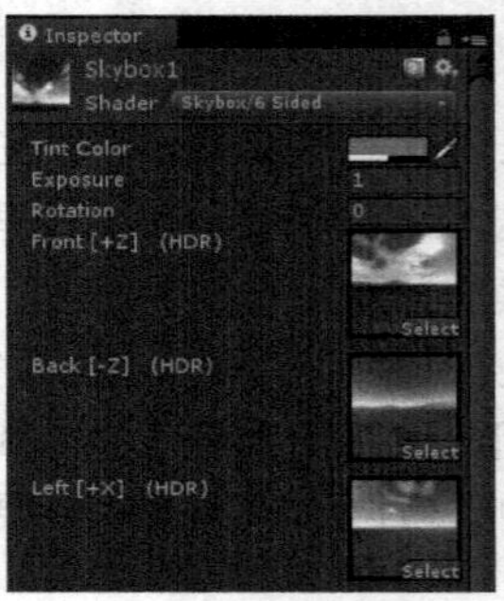

▲图 8-5　天空盒属性

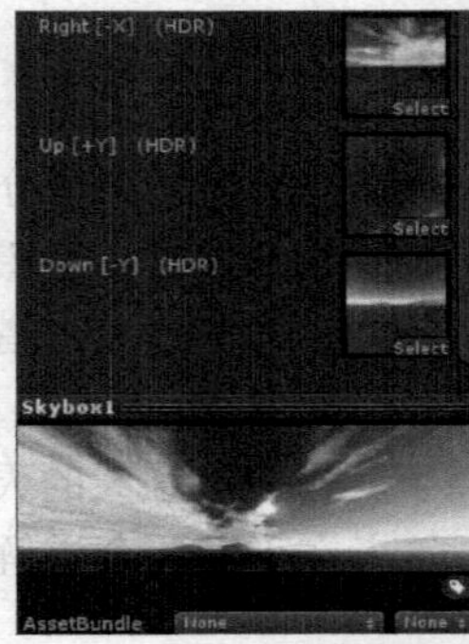

▲图 8-6　天空盒属性幅纹理图

（4）通过图 8-5 和图 8-6 所示画面读者可以看到附加在天空盒上面的 6 幅纹理图。这 6 幅图就是特殊制作的纹理图，虽然看起来是 6 幅图，但实际上是一幅整图。在此可以添加对应的纹理图并改变每幅图对应的具体参数，即完成对天空盒的设置。

（5）通过前面介绍，我们知道了 Unity 天空盒有两种使用方法，一种是 Scene，另一种是 Camera。Scene 天空盒的添加方法在上面已经介绍，这里主要介绍摄像机天空盒的添加方法。选中 Scene 中的一个摄像机，依次单击“Component→Rendering→Skybox”，如图 8-7 所示。

（6）在为摄像机添加 Skybox 组件之后，将任意一个天空盒材质拖曳到 Skybox 右框当中（也可以单击最右侧的按钮，会弹出选择材质球的窗口，选择任意一个材质球），单击运行按钮运行场景。效果如图 8-8 所示。

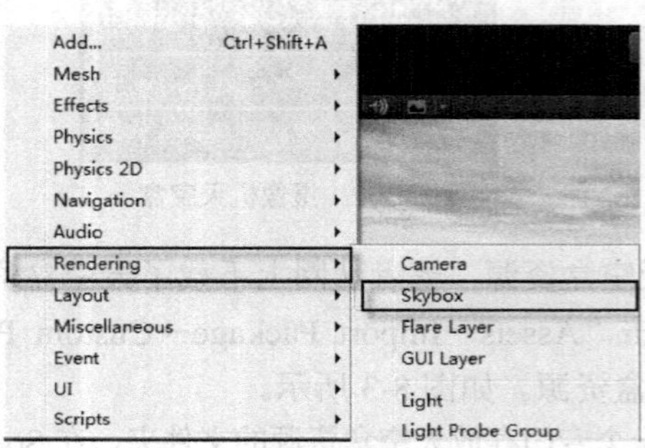

▲图 8-7　添加 Skybox

▲图 8-8　运行结果图

8.1.2 开发实际需要的天空盒

在上一节中，笔者介绍了现有的天空盒资源，但是在实际开发过程中需要自己制作满足开发要求的天空盒，所以本节将介绍如何开发实际需要的天空盒（主要就是将游戏对象材质渲染模式修改为天空盒的渲染模式）。制作过程如下。

（1）在 Project 属性列表中选中“Assets”，单击鼠标右键选择“Create→Material”，即可在项目中创建一个材质，重命名为“Skyboxtwo”。在项目资源列表中就会出现一个名为“Skyboxtwo”的材质。

（2）选中项目资源列表中的 Skyboxtwo 材质，在属性查看器中修改其渲染模式为 Skybox 模式，具体的修改步骤如图 8-9 所示。在修改完成后，属性查看器就会变得如图 8-10 所示。

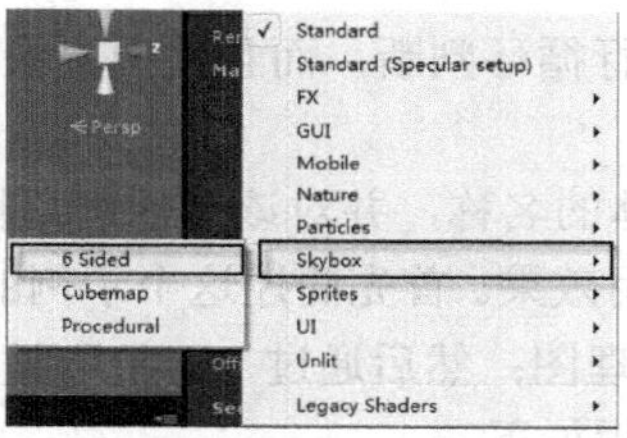

▲图 8-9 修改天空盒材质

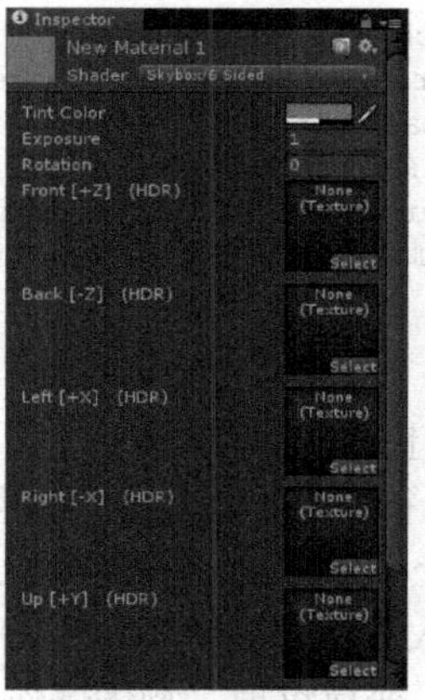

▲图 8-10 天空盒属性

（3）在开发环境中依次单击“Assets→Import New Asset”命令，会弹出一个“Import New Asset”对话框，选择需要导入的纹理图片。选中导入的图片资源将其 Wrap Mode 选项由 Repeat 修改为 Clamp 模式，这样能够防止天空盒出现黑色边缘线。单击“Apply”按钮应用。

（4）修好导入的纹理图片后，将每张图片拖入到 Skyboxtwo 材质的前后左右上下各面中，在拖入时需要注意的是每张纹理图的边沿搭配问题。到这一步，天空盒的搭建就完成了。读者可以亲自动手试一试，体验一下制作过程。

（5）制造好天空盒后，我们需要做的就是在 Unity 集成开发环境中对其进行相应的设置并将其显示出来。选中场景中的摄像机，依次单击“Component→Rendering→Skybox”为其添加天空盒，并选择刚做好的天空盒到 Skybox，效果图如图 8-11 所示。

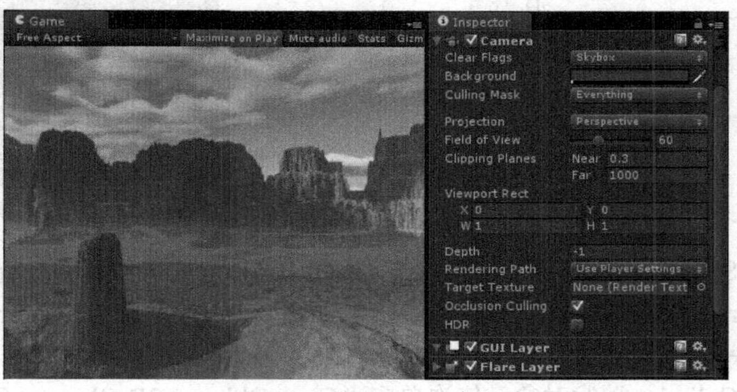

▲图 8-11 自制天空盒效果图

案例位置：见随书光盘第 8 章目录下的 3DUnityTechnology/Assets/Skybox.unity。

8.2 3D 拾取技术

在 3D 开发过程中，需要允许用户通过触摸屏幕对虚拟 3D 世界中的物体进行操作控制，这时就需要使用 3D 拾取技术，因此 3D 拾取技术是必知必会的技术之一。

3D 拾取技术的基本思想十分简单，即通过摄像机和屏幕上的触控点间确定一条射线，由此射线射向 3D 世界，最先和此射线碰撞的物体就是被选中的物体，然后对该物体编写与之对应的控制代码。Unity 底层对 3D 拾取技术进行了完美的封装，在应用时只需几句代码。具体的代码片段如下。

```
1   foreach (Touch touch in Input.touches) {                          //对当前触控进行循环
2     Ray ray = Camera.main.ScreenPointToRay(touch.position);//声明由触控点和摄像机组成的射线
3     RaycastHit hit;                                            //声明一个 RayCastHit 型变量 hit
4     if (Physics.Raycast(ray, out hit)){                        //判断此物理事件
5       touchname = hit.transform.name;                          //获得射线碰触到物体的名称
6       /*此处省略事件处理代码*/
7     }}
```

- 第 1-3 行判断是否为触摸事件并且对事件进行循环判断，而且将由摄像机和触发点组成的射线射向 3D 世界中的物体。
- 第 4-7 行判断物理事件，获得射线碰触到物体的名称，并对该事件进行相应的处理。

下面用一个简单的例子来说明 3D 拾取技术的应用效果。首先简述这个示例的整体设计思路，在 Scene 中放入几个不同的物体，并且赋予不同的纹理图；然后通过 3D 拾取技术，使物体分别实现变换位置、变换纹理、物体爆炸等效果。制作过程如下。

（1）创建一个新 Scene，保存命名为“3Dshiqu”。创建 Plane 作为地板，调整其大小和位置。再依次单击“GameObject→3D Object→Cube”，就可以在项目中创建一个 Cube 游戏对象。Cube 游戏对象的创建过程如图 8-12 所示，其具体的属性信息如图 8-13 所示。

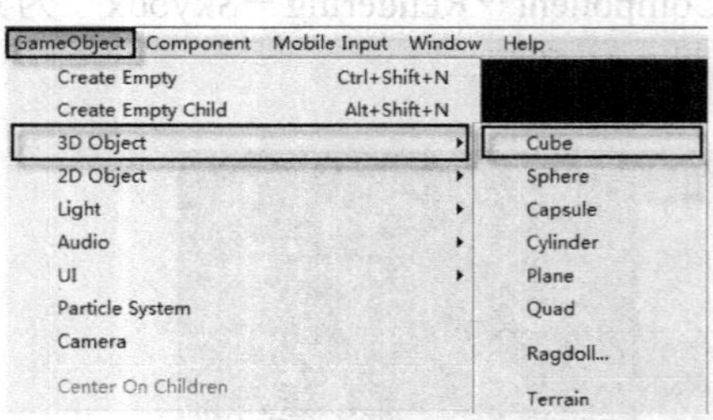

▲图 8-12　创建 Cube

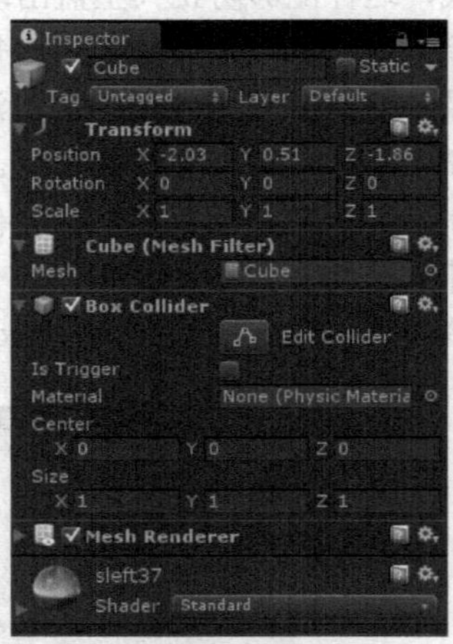

▲图 8-13　Cube 属性列表

（2）创建一个 Sphere 游戏对象。依次单击“GameObject→3D Object→Sphere”，就可以在项目中创建一个 Sphere 游戏对象，其具体的属性信息如图 8-14 所示。在 Transform 中调整它的位置，使其位于 Cube 的旁边。

（3）创建一个 Cylinder 游戏对象。依次单击“GameObject→3D Object→Cylinder”，就可以在

项目中创建一个 Cylinder 游戏对象，其具体的属性信息如图 8-15 所示。在 Transform 中调整它的位置，使其和其他两个游戏对象成为一行。

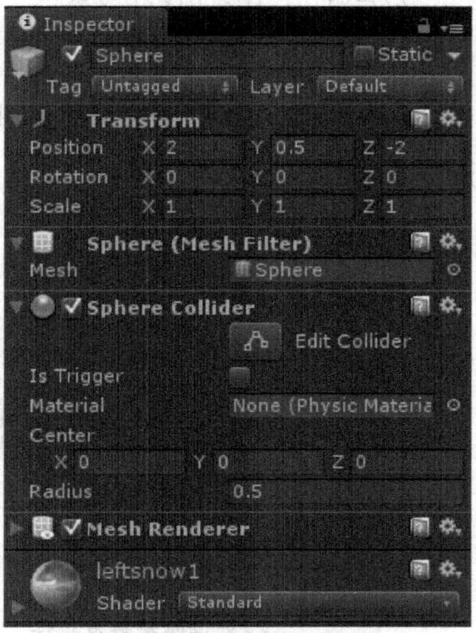

▲图 8-14　Sphere 属性列表

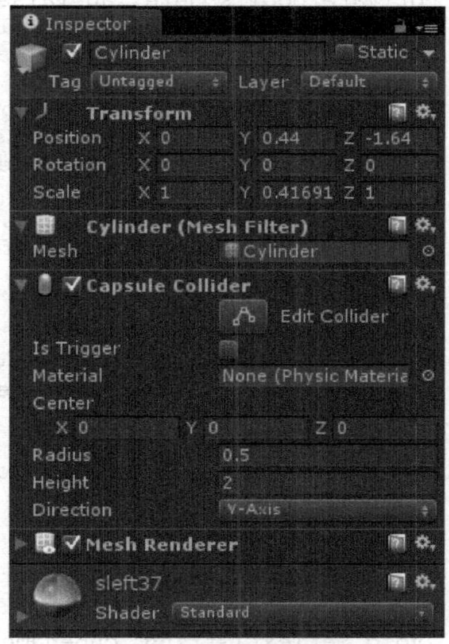

▲图 8-15　Cylinder 属性列表

（4）在项目资源列表有上一节中天空盒使用过的的纹理图，可以直接利用这些纹理图为 3D 物体赋纹理。选择不同却适当的纹理图分别拖曳到 3D 游戏对象上，为 Plane、Cube、Sphere 以及 Cylinder 对象贴上纹理图，使其具有较好的视觉效果。

（5）在新场景中系统会自带平行光光源，所以不需要再单独创建。调整摄像机的属性，使摄像机的视野中完美显示刚刚创建的游戏对象，具体参数如图 8-16 所示。在完成场景的搭建后，具体的效果如图 8-17 所示。

▲图 8-16　摄像机参数

▲图 8-17　效果图

（6）在项目资源列表中选中 Assets，单击鼠标右键选择“Create→Folder”创建一个新文件夹并重命名为“c#”。在 c#文件夹中同样单击鼠标右键选择“Create→c# Script”创建一个脚本并重命名为“Shiqu”，双击该脚本进入默认编译器编写代码。具体代码如下。

代码位置：见随书光盘中源代码/第 8 章目录下的 3DUnityTechnology /Assets/c#/ Shiqu.cs。

```
using UnityEngine;
using System.Collections;
public class Shiqu : MonoBehaviour {
 public  string touchname=null;                          //声明射线碰触到的物体名字变量
 private  GameObject gb;                                 //声明游戏组成对象变量
```

```
6     private  GameObject gbe;
7     private GameObject obj;
8     public  GameObject objj;
9     private bool cubeflag=false;                    //声明一个标志位用来判断事件的发生
10    private bool sphereflag=false;
11    private bool Cylinderflag=false;
12    public Texture2D texture;                       //声明一个 Texture2D 变量
13    void Update () {
14      foreach (Touch touch in Input.touches){       //对当前触控进行循环
15        if(touch.phase==TouchPhase.Began){          //判断事件是否有触摸触发
16          Ray ray = Camera.main.ScreenPointToRay(touch.position);//声明由触控点和摄像机连射线
17          RaycastHit hit;                           //声明一个 RayCastHit 型变量 hit
18          if (Physics.Raycast(ray, out hit)){       //判断此物理事件
19            touchname = hit.transform.name;         //获得射线碰触到物体的名称
20            SetText(touchname);                     //处理碰触触发事件
21      }}}
22      if(sphereflag){                               //如果 sphereflag 为真
23        gb.transform.Rotate(Time.deltaTime *100,0,0);   //开始旋转物体
24        gb.transform.position = new Vector3(-2.82f, -1.45f, 3.48f);//使物体位置发生移动
25      }
26      if(cubeflag){                                     //如果 cubeflag 为真
27        gbe.GetComponent<Renderer>().material.mainTexture = texture;//改变物体的纹理图
28      }
29      if(Cylinderflag){                                 //如果 Cylinderflag 为真
30        GameObject.Destroy(obj );                       //销毁该游戏对象
31        objj.SetActive(true);                           //显示另外一个游戏对象
32    }}
33    void SetText(string  cubename){                     //处理碰触触发事件
34      switch (cubename ){
35        case "Cube":                                    //如果碰触到的是 Cube
36          gbe  = GameObject.Find("Cube");               //找到 Scene 中的 Cube 物体
37          cubeflag = true;                              //切换标志位
38          break;
39        case "Sphere":                                  //如果碰触到的是 Sphere
40          gb = GameObject.Find("Sphere");               //找到 Scene 中的 Sphere 物体
41          sphereflag = true;                            //切换标志位
42          break;
43        case "Cylinder":                                //如果碰触到的是 Cylinder
44          obj   = GameObject.Find("Cylinder");          //找到 Scene 中的 Cylinder 物体
45          Cylinderflag = true;                          //切换标志位
46          break;
47    }}}
```

- 第 3-8 行主要声明了几个在脚本中需要用到的游戏组成对象变量名称，以及由摄像机和屏幕出发点组成的射线碰触到的物体名字变量。
- 第 9-12 行声明了几个在脚本中会利用到的判断事件发生的标志位以及一个 Texture2D 变量，用来对 3D 世界中的物体进行纹理图切换。
- 第 13-16 行判断是否为触摸事件并且对事件进行循环判断，而且将由摄像机和触发点组成的射线射向 3D 世界中的物体。
- 第 17-21 行获取射线在 3D 世界中碰触到的物体名称，并且对事件进行处理。
- 第 22-32 行分别对触发事件进行处理。第一种是对物体进行旋转并且使其的位置发生变化。第二种是改变物体的纹理图。第三种是实现物体的爆炸效果。
- 第 33-47 行是判断射线所触发的物体并且对事件发生标志位进行置反，以使得 Update 方法中的触发事件得以发生。

（7）因为在这个项目中会有单击一个游戏对象时发生爆炸的游戏效果，所以在这里就会用到粒子系统。Unity 开发环境中已经封装好部分粒子系统的效果，只需导入即可。依次单击“Assets→Import Package→ParticleSystems”导入粒子系统。

（8）在游戏资源列表中依次单击“Standard Assets→ParticleSystems→Prefabs”，将“Explosion”

拖曳到场景中，调整其位置使其正好与 Cylinder 重合，然后在属性列表中勾掉 Explosion 前面的选项，使其变为不可见。

（9）将脚本代码编写完成后，单击保存按钮保存脚本。在游戏组成对象列表中选中 Main Camera 游戏对象，将脚本拖曳到摄像机上，拖一个图片到 Shiqu 脚本中的 Texture 选项，把 Explosion 游戏对象拖曳到 Objj 选项中。

（10）将程序导入 Android 设备，将纹理图片压缩格式设置为 DXT（Tegra）。依次单击“File→Build Setting”，选择 Android 平台，在 Other Settings 中修改参数，随意修改即可，只要不是原来的就可以发布成 Android 设备上的 APK。如图 8-18 和图 8-19 所示。

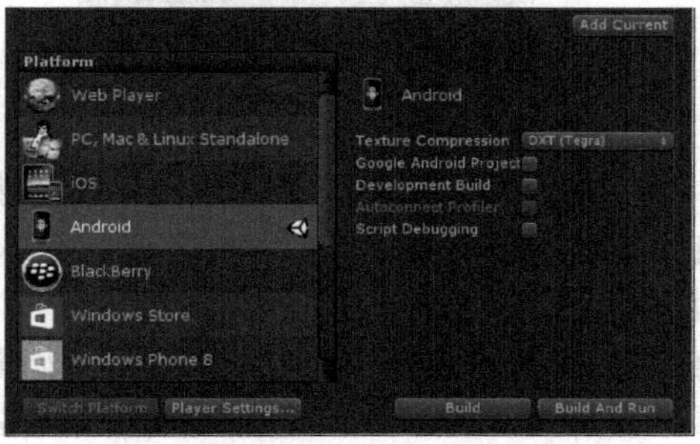

▲图 8-18　设置 DXT

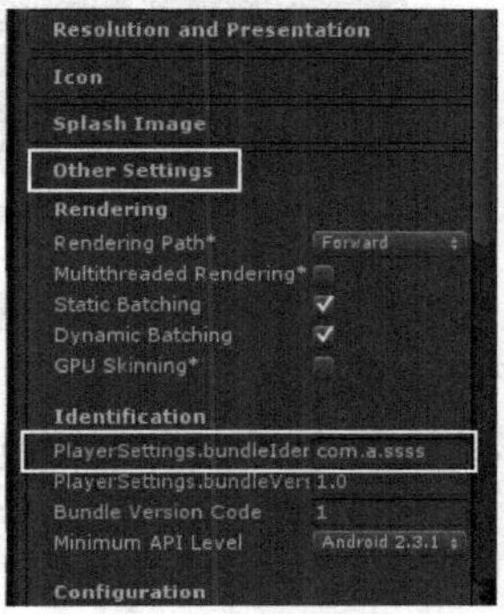

▲图 8-19　参数设置

（11）单击 Bulid 按钮生成游戏 APK，在手机上运行游戏可以观看游戏的运行效果。然后随意点击 3D 游戏世界中的游戏对象，发现 Cube 会切换纹理图，Sphere 会发生旋转和位置移动，单击圆柱会使圆柱消失并且产生爆炸特效。

案例位置：见随书光盘第 8 章目录下的 3DUnityTechnology/Assets/Shiqujishu.unity。

8.3 视频贴图

Unity 3D 中不仅可以进行普通的纹理贴图，也可以实现视频贴图，即是在 Unity 中播放视频。由于 Unity 中并不支持 MovieTexture，在开发中会给开发人员带来很大的不便。为了解决这个问题，本节将对视频贴图的知识进行详细讲解。

8.3.1 基础知识

视频贴图和普通贴图十分相似，因为视频贴图用到的 MovieTexture 方法属于 Texture 的子类。Unity 中播放视频的方式有两种，第一种是在游戏对象中播放，即创建一个游戏对象，将视频贴图挂到游戏对象上，然后将摄像机对准对象；第二种是在 GUI 层面上的播放，即将脚本直接挂载到摄像机上。

Unity 中支持的视频格式有.mov、.mpg、.mpeg、.avi 和.asf，只需要将对应的视频文件拖入到 Project 面板即可。但是需要读者注意的是，Unity 在移动设备上播放视频贴图时只可以用 PlayFullScreenMovie 方法来播放，即全屏播放。若想在游戏对象上播放我们需要另外一个插件来实现。

8.3.2 视频贴图案例

前面简单介绍了视频贴图的内容，相信读者已经对 Unity 中的视频贴图有了一定的了解。本节将通过一个案例来使读者对视频贴图有更加明确的认知。首先读者应先了解可以播放视频贴图的插件 Mobile Movie Texture，可以从网上下载并导入 Unity。导入后如图 8-20 所示。

在将插件导入完成后，会在 Project 面板中多出几个文件夹，如图 8-20 中所标出的文件夹所示。读者可以点开 MobileMovieTexture 文件中 Scene 下的例子查看并导入手机。在生成 APK 时会报错，这时只需要我们将 Plugins 目录下的 iOS、x86、theorawrapper.bundle 文件夹删除即可。如图 8-21 所示。

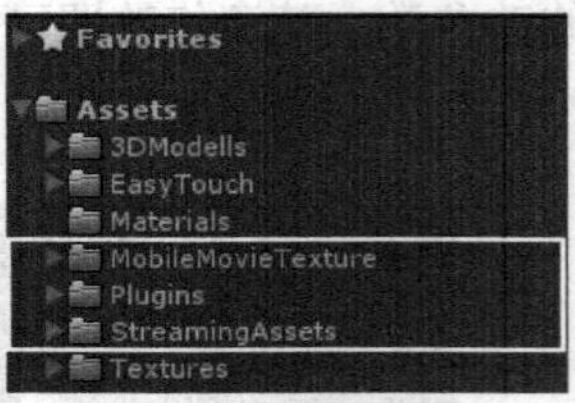

▲图 8-20　导入插件

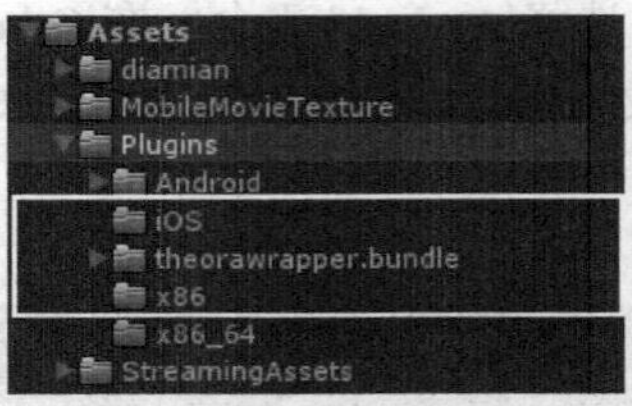

图 8-21　删除文件夹

由于这款插件只支持 ogg、ogv 格式的视频（一般这两种格式都被当作是音频文件，用播放器打开时看不到画面），所以我们需要将自己的视频转换为这两种格式，这就需要用到 TheoraConverter.Net 这个软件来转换。转换过程如下。

（1）双击 TheoraConverter.Net 打开该软件，界面如图 8-22 所示。单击 Add 按钮，选择需要的视频添加到软件中，在 Output Folder 下设置文件的输出路径。但是视频完成后的格式为 ogg 或 ogv 格式，读者需注意。一切就绪后单击 Start 开始转换格式。

（2）在单击 Start 按钮之后，读者需要静静地等待结果，因为转换过程比较烦琐，转换时间比较长。转换完成的视频普通播放器是打不开的，所以需要用到 VLC media player 来播放，方法和普通播放器无异（笔者亲自试过视频播放没问题）。转换过程如图 8-23 所示。

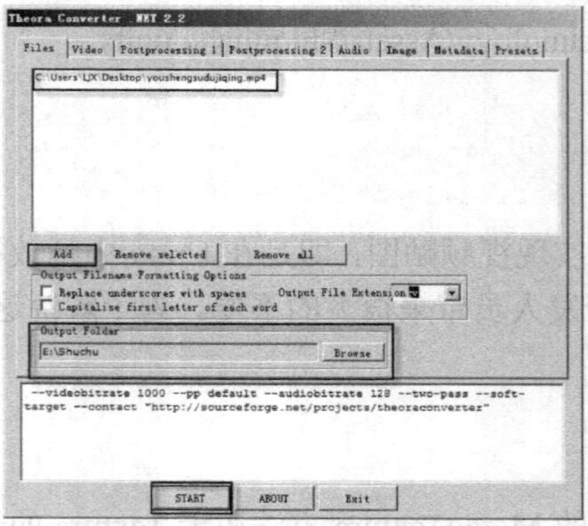

▲图 8-22　转换格式

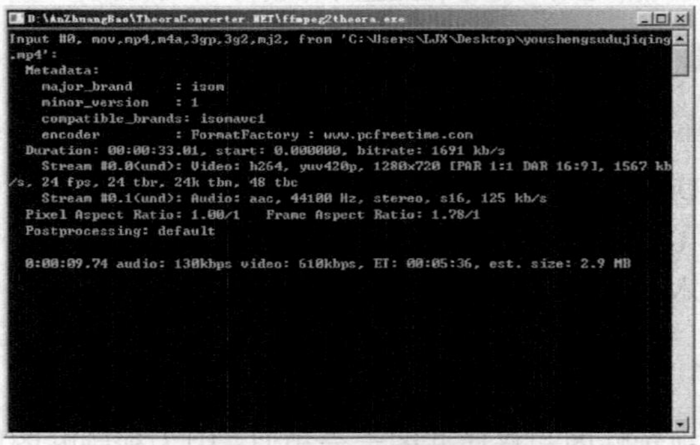

▲图 8-23　转换过程

遗憾的是 MobileMovieTexture 插件不支持音频，所以我们需要将影音分为视频和音频（利用格式工厂可以实现该功能，过程较简单笔者在这里略过）。视频和音频完成后就需要进行案例的具体实现了。实现案例的具体操作步骤如下。

（1）本案例将搭建一个豪华的私人影院，会用到较多的 3D 模型以及精美贴图。打开 Unity 集成开发环境，新建一个场景，在菜单栏中选择“File→New Scene”，创建一个场景，并且利用快捷键 Ctrl+S 保存该场景，命名为“Shipintietu”。

（2）导入资源。在 Project 面板单击鼠标右键，在弹出的菜单中选择“Import New Asset...”，选择所需要的模型、纹理图、视频以及所音频，单击“Import”导入资源。在这里 Unity 会提醒你需要安装 QuickTime Player，在网上搜索安装即可。

（3）对于该插件读者需要注意的是，视频我们只可以放进 Assets 目录下 StreamingAssets 文件夹中的 MovieSamples 文件夹中，因为在该插件的脚本中路径已经设定好了。创建 Audiosound 文件夹，将音频放进该文件夹中即可。

（4）分别创建 3DModells、Textures 文件夹，将场景中利用到的模型和纹理图导进对应的文件夹。为实现 3D 世界中物体表面的微微的凹凸效果，会利用到很多法线贴图（法线贴图比较大，在导入时比较慢）。图片的像素大小最好调成 2^n。

（5）将所有资源导入完毕之后，重头戏来了。开始搭建场景并且实现视频的完美播放。首先依次单击“GamaObject→3D Object→Plane”创建一个地板，将地毯的纹理贴图拖曳到该地板上制作成奢华的地毯效果。

（6）然后制作四个 Panel 分别设置成房间的四个墙壁，将墙壁贴图拖曳到 Plane 上，调整它们的大小和位置，再将四个墙壁挂画模型挂在墙壁上。将奢华的房顶模型拖到四个墙壁的顶部，调整其大小位置，创建一个 Plane 盖在房顶上即可。

（7）利用上述步骤再次将沙发、桌子、断臂维纳斯雕像、盆景等模型拖曳到场景中，贴上合适的纹理贴图和法线贴图。调整其位置与大小使其比例与整个房间的大小合适。去掉场景中的所有光源，创建一个点光源，改变其影响范围参数以及光照强度的参数，放置于吊灯的位置。效果如图 8-24 所示。

▲图 8-24 搭建效果图

（8）在将整个场景搭建完成后，就到了添加视频贴图的时候。因为前面提到 MobileMovieTexture 插件不支持音频，所以视频和音频需要分别添加。新建一个 Plane 重命名为“DianshiPing”，调整其位置和大小使其位于并且紧贴于电视屏幕的表面。

（9）选择 MobileMovieTexture 文件夹中的 Materials 中的 Movie 材质挂载到 DianshiPing 上，改变其 Shader。利用快捷键 Shift+Alt+N 创建一个空的游戏对象，重命名为“MobileMovieTexture”。这个是播放视频的核心游戏对象，因为它身上挂有核心脚本。

（10）在 Project 面板中搜索 MobileMovieTexture 和 TestMobileTexture 脚本并挂载到 MobileMovieTexture 游戏对象上。将 MovieSamples 文件夹下的视频挂载到 MobileMovieTexture 脚本下的 Movie 中，将 Movie 材质拖曳到 Movie Materials 下。如图 8-25 所示。

（11）将视频挂载完成后需要将音频也挂载上去。选中 MobileMovieTexture 游戏对象，依次单击“Component→Audio→AudioSource”为其添加声音源组件。将我们导入的音频挂载到 Audio Source 下的 Audio Clip 中，并且将下面的 Loop 勾上，表示循环播放。如图 8-26 所示。

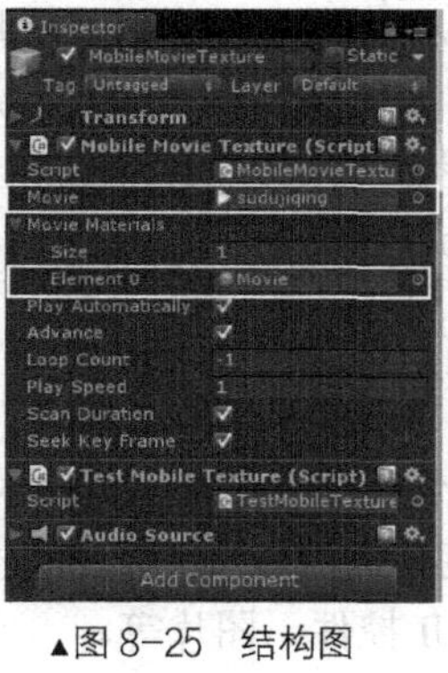

▲图 8-25 结构图

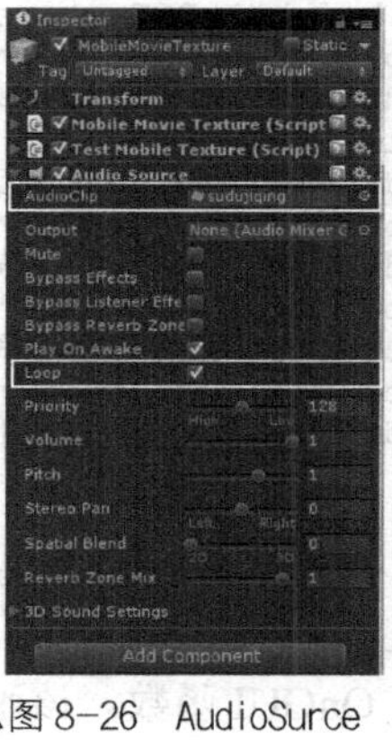

▲图 8-26 AudioSurce

（12）随后我们需要对视频和音频进行控制。在 TestMobileTexture 脚本中已经封装好对视频的控制，我们只需对音频进行控制即可。双击 TestMobileTexture 脚本进入编译器，对代码进行适当的修改。所添加的代码较少，读者可打开随书光盘观看 TestMobileTexture 脚本，笔者额外添加的以/**/标记。

（13）为了使摄像机可以来回移动以及旋转方向，在这里我们需要导入一款叫作“Easy-touch”的插件。导入完成后，对其进行设置。具体的操作步骤笔者在这里不进行讲述，读者可以参考其他资料进行操作。单击运行按钮运行游戏，运行效果如图 8-27 所示。

▲图 8-27 运行效果图

案例位置：见随书光盘第 8 章目录下的 3DUnityTechnology/Assets/ Shipintietu.unity。

8.4 动态字体

Unity 5.0 支持动态字体，并且很好地支持中文字体，例如楷体、隶书、宋体等，读者可以根据需要设置不同的字体类型，在开发中给开发人员带来很大的便利。本节将以一个简单的案例来介绍动态字体的应用，具体步骤如下。

（1）新建一个场景。在菜单栏中选择“File”打开文件操作菜单，然后选择“New Scene”命令创建一个场景。按下快捷键 Ctrl+S 保存该场景，命名为“font scene”。

（2）导入资源。在 Project 面板单击鼠标右键，在弹出的菜单中选择“Import New Asset”，然后选择需要的背景图片和字体，单击“Import”导入。

（3）在 Project 面板中单击鼠标右键，选择“Create→C# Script”新建一个脚本，重命名为“Font”。双击 Font 脚本，在脚本编辑器内编写代码，具体代码如下。

代码位置：见随书光盘中源代码/第 8 章目录下的 Unity_Demo/Assets/Font/Font.cs。

```
1   using UnityEngine;
2   using System.Collections;
3   public class Font : MonoBehaviour {
4    public GUIStyle MyStyle;                                   //定义 GUI 格式
5    public Texture BGTexture;                                  //定义背景图片
6    float width=Screen.width/540f;                             //定义宽度
7    float height=Screen.height/960f;                           //定义高度
8    void OnGUI(){
9     width=Screen.width/540f;                                  //实时计算宽度比
10    height=Screen.height/960f;                                //实时计算高度比
11    GUI.DrawTexture (new Rect(0,0,Screen.width,
12    Screen.height),BGTexture);                                //在给定坐标区域下绘制背景图片
13    GUI.Label (new Rect(160*width,100*height,
14    100*width,100*height),"静      夜      思",MyStyle);     //在给定坐标区域下绘制标签 Label
15   GUI.Label (new Rect(100*width,290*height,
16    100*width,100*height),"床 前 明 月 光",MyStyle);         //双引号内输入想要显示的文字内容
17    GUI.Label (new Rect(100*width,440*height,
18    100*width,100*height),"疑 是 地 上 霜",MyStyle);         //设置 GUI 格式可以使 GUI 更加美观
19    GUI.Label (new Rect(100*width,590*height,
20    100*width,100*height),"举 头 望 明 月",MyStyle);         //本例使用它来设置字体
21    GUI.Label (new Rect(100*width,740*height,
22    100*width,100*height),"低 头 思 故 乡",MyStyle);
23  }}
```

- 第 1-2 行导入系统包。在 Unity 开发中以上两个系统包是必不可少的。
- 第 4-7 行定义了 GUI 的格式和背景图片、宽度、高度，用于后面函数的绘制。
- 第 8 行重写 OnGUI 函数。该函数用来绘制 GUI 控件、图片等。

- 第 9-10 行通过计算屏幕宽高比例，用于绘制控件位置实现在不同分辨率的屏幕上达到自适应。
- 第 11-22 行绘制图片和标签，给定坐标，绘制内容和 GUI 格式。

（4）将 Font 脚本挂在摄像机上，然后选中摄像机对象，在属性查看器中查看 Font（Script）属性，选择 BGTexture 为导入的图片，如图 8-28 所示。然后打开 MyStyle 下的 Overflow，将 Font 设置为我们导入的字体，并适当调节字体大小，如图 8-29 所示。

（5）当全部工作完成后，单击游戏播放按钮，可以看到成功显示了的中文字体，并且字体类型为导入的字体类型（本案例选择的是华文行楷）。运行效果如图 8-30 所示。

▲图 8-28　设置背景图片

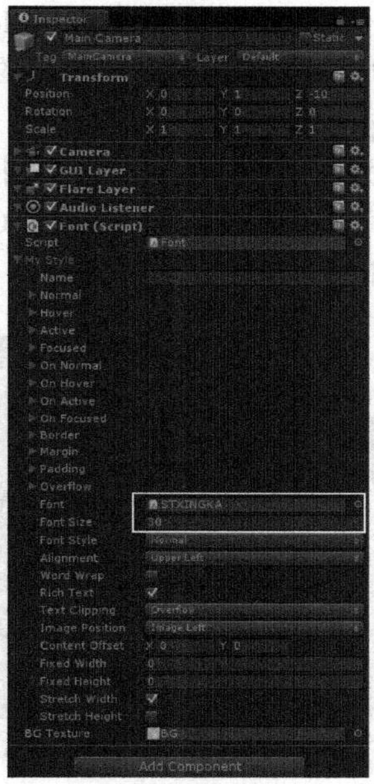

▲图 8-29　设置字体

▲图 8-30　运行效果

案例位置：见随书光盘第 8 章目录下的 Unity_Demo/Assets/Font/Font_Demo.unity。

8.5 重力加速度传感器

在移动端的游戏开发中，由于手机传感器的普及，通常会使得玩家能够通过操控移动设备来进一步影响游戏内容。例如赛车类游戏可以将移动设备的左右倾斜作为方向控制来模拟方向盘，这里就用到了重力加速度传感器。

线性加速度的三维向量 x、y、z 分别表示手机屏幕竖直方向、水平方向和垂直屏幕方向。通过手机重力传感器就能获取手机移动或旋转过程的 3 个分量数值，需要使用时只需在代码中调用 Input.acceleration 即可。具体代码如下。

```
float speed=10f;                              //声明速度变量
void Update () {                              //重写 Update 函数
  Vector3 dir = Vector3.zero;                 //声明三维向量且值为 0
  dir.x = -Input.acceleration.y;              //三维向量的 x 分量为线性加速度的 y 分量
  dir.z = Input.acceleration.x;               //三维向量的 z 分量为线性加速度的 x 分量
  if (dir.sqrMagnitude > 1) {                 //如果三维向量的分量大于 1
    dir.Normalize();                          //将分量置为 1
  }
  dir *= Time.deltaTime;                      //将三维向量和时间同步
```

```
10    transform.Translate (dir*speed);                  //根据获取的三维向量进行移动
11  }
```

- 第 3 行获取三维变量的零变量，即数值都为 0 的三维变量。
- 第 4-5 行获取线性加速度，根据游戏和手机的对应关系，获取不同的加速度分量。
- 第 6-8 行将数值大于 1 的线性加速度的分量限制为 1。
- 第 9-10 行根据获得的加速度的大小来控制物体的移动。

接下来将用一个简单的例子来演示线性加速度的应用效果，即在一个凹槽内放置一个小球，编写代码实现小球向手机倾斜的一侧滚动，并且同时能够检测物理碰撞。具体步骤如下。

（1）新建一个场景。在菜单栏中选择“File”打开文件操作按钮，然后选择“New Scene”命令创建一个场景。按下快捷键 Ctrl+S 保存该场景，命名为“MoveBall”。

（2）导入资源。在 Project 面板中单击鼠标右键，在弹出的菜单中选择“Import New Asset”，然后选择需要的图片资源，单击“Import”导入。

（3）在场景中创建 4 个 Cube 作为限制小球运动范围的围栏。创建方法为菜单栏处依次单击“GameObject→3D Object→Cube”，如图 8-31 所示。然后设置 Cube 的大小使之成为一个围栏，并将导入的图片拖曳到 Cube 上为其添加纹理，如图 8-32 所示。

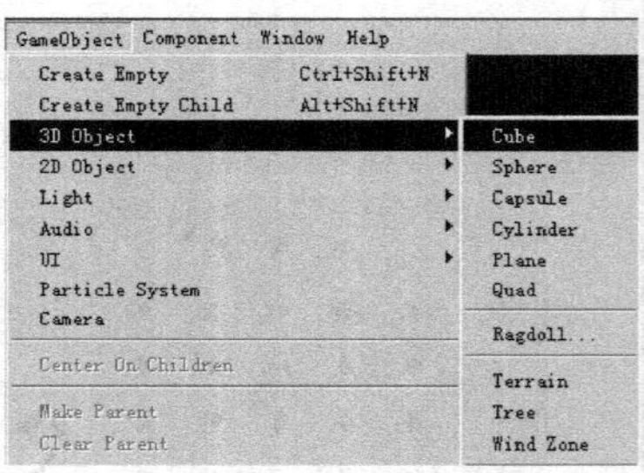

▲图 8-31　创建 Cube

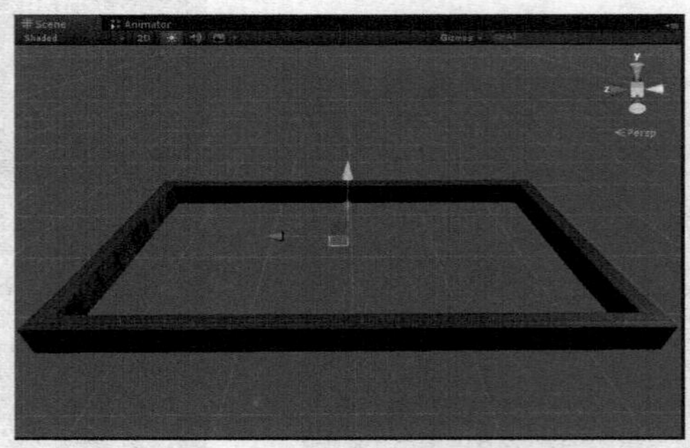

▲图 8-32　搭建围栏

（4）创建一个作为围栏的地板和一个需要被玩家操控的小球，其创建方法与添加纹理和 Cube 的方式完全相同，读者可参考上一节的内容。接下来需要为小球添加 Rigidbody，选中小球后依次单击菜单栏“Component→Physical→Rigidbody”，如图 8-33 所示。完成效果如图 8-34 所示。

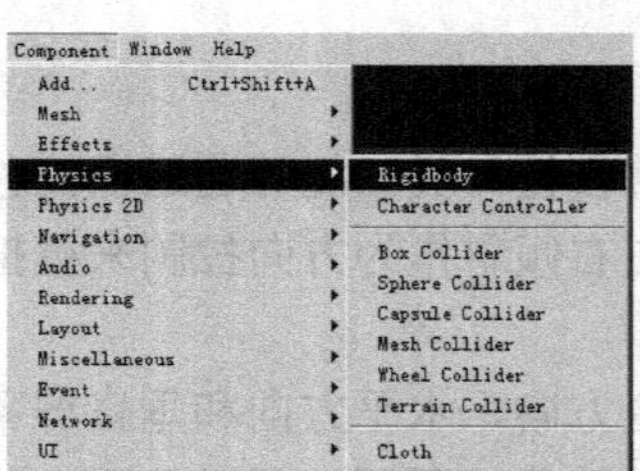

▲图 8-33　添加 Rigidbody

▲图 8-34　完成效果

（5）接下来需要编写脚本来通过手机的重力加速度传感器控制小球的移动。在 Project 面板单击鼠标右键，选择“Create→C# Script”新建一个脚本并重命名为“MoveBall”。双击 MoveBall 脚本，在脚本编辑器内编写代码。具体代码如下。

代码位置：见随书光盘中源代码/第 8 章目录下的 Unity_Demo/Assets/ Acceleration/MoveBall.cs。

```
using UnityEngine;
using System.Collections;
```

```
3     public class MoveBall : MonoBehaviour {
4       Vector3 dir = Vector3.zero;                     //定义三维向量为零向量
5       void Update(){                                  //重写 Update 方法
6         dir.z =-Input.acceleration.x;                 //三维向量的 z 分量为线性加速度的 x 方向
7         dir.x = Input.acceleration.y;                 //三维向量的 x 分量为线性加速的的 y 方向
8         this.transform.GetComponent
9         <Rigidbody> ().AddForce (dir*5);              //为游戏对象施加一个力
10    }}
```

- 第 1-2 行使用相应的命名空间。在 Unity 开发中以上两个是必不可少的。
- 第 4 行获取三维变量的零变量，即数值都为 0 的三维变量。
- 第 6-7 行获取线性加速度。根据游戏和手机的对应关系，获取不同的加速度分量。
- 第 8-9 行获取物体的 Rigidbody 组件调用其中的方法为物体施加一个力。

案例位置：见随书光盘第 8 章目录下的 Unity_Demo/Assets/Acceleration/MoveBall.unity。

8.6 PlayerPrefs 类

在一个项目的开发过程中经常会遇到一些信息的存储和提取，这样就可以方便信息在不同的脚本之间进行传递，以达到项目整体的统一。例如，在开发一个游戏的过程中，经常会有游戏分数的存储以及分数的提取并根据分数的多少来进行游戏，这就需要 PlayerPrefs 类。

使用 PlayerPrefs 类可以将 PlayerPrefs 代码写在相应的脚本中，把脚本挂载到相应的游戏对象上即可。下面将对 PlayerPrefs 类方法进行详细介绍，具体方法信息如表 8-1 所示。

表 8-1　PlayerPrefs 类方法

方法名	含　义	方法名	含　义
SetInt	将需要记录的整形信息用标识符记录下来	GetInt	根据标识符提取相应的整形数据
SetFloat	将需要记录的浮点型信息用标识符记录下来	GetFloat	根据标识符提取相应的浮点型数据
SetString	将需要记录的字符串信息用标识符记录下来	GetString	根据标识符提取相应的字符串数据
HasKey	判断其标识符是否存在，如果存在就返回 true	DeleteAll	删除所有存储的数据
DeleteKey	根据标识符删除相应数据	Save	保存数据

通过上面的介绍，读者对 PlayerPrefs 类中的函数有了大致的了解，接下来将通过一段代码来演示在开发过程中如何使用这些函数。在 Project 面板中单击鼠标右键，选择“Create→C# Script”新建一个脚本，重命名为“PlayerPrefsDemo”。双击 PlayerPrefsDemo 脚本，在脚本编辑器内编写代码。具体代码如下。

代码位置：见随书光盘中源代码/第 8 章目录下的 Unity_Demo/Assets/ PPDemo / PlayerPrefsDemo.cs。

```
using UnityEngine;
using System.Collections;
public class PlayerPrefs_Demo : MonoBehaviour {
  void Awake() {
    PlayerPrefs.SetInt ("First",666);                    //添加整形数据 666
    PlayerPrefs.SetFloat ("Second",1.024f);              //添加浮点型形数据 1.024
    PlayerPrefs.SetString ("Thired","Hellow World");     //添加字符串数据"Hellow World"
    PlayerPrefs.SetString ("Forth",WWW.
    EscapeURL("3D 开发实战详解"));                        //添加中文字符串
    Print ();                                            //调用输出数据方法
    PlayerPrefs.DeleteKey ("First");                     //根据标识符删除整形数据
    Check ();                                            //检测数据是否存在，存在输出 true
    PlayerPrefs.DeleteAll ();                            //删除所有数据
    Check ();                                            //检测数据是否存在，存在输出 true
  }
  void Print(){
```

```
17        Debug.Log ("============================");
18        Debug.Log ("First Value is "+
19        PlayerPrefs.GetInt("First"));                       //输出标识符为 First 的数据
20        Debug.Log ("Second Value is "+
21        PlayerPrefs.GetFloat("Second"));                    //输出标识符为 Secondt 的数据
22        Debug.Log ("Thired Value is "+
23        PlayerPrefs.GetString("Thired"));                   //输出标识符为 Thired 的数据
24        Debug.Log ("Forth Value is "+WWW.
25        UnEscapeURL(PlayerPrefs.GetString("Forth")));//输出标识符为 Forth 的数据
26        Debug.Log ("============================");
27      }
28      void Check(){
29        Debug.Log ("============================");
30        Debug.Log ("First is "+PlayerPrefs.HasKey("First"));   //检测是否存在 First
31        Debug.Log ("Secong is "+PlayerPrefs.HasKey("Second"));//检测是否存在 Second
32        Debug.Log ("Thired is "+PlayerPrefs.HasKey("Thired"));//检测是否存在 Thired
33        Debug.Log ("Forth is "+PlayerPrefs.HasKey("Forth"));   //检测是否存在 Forth
34        Debug.Log ("============================");
35    }}
```

- ❑ 第 4-7 行通过相应的 PlayerPrefs 类的方法存储数据。
- ❑ 第 8-9 行因为需要存入中文，直接存储在读取时会发生未知的错误，所以先用 EscapeURL 将中文字符串转码储存。
- ❑ 第 10 行调用 Print 函数用于输出数据。
- ❑ 第 11 行通过 DeleteKey 方法根据标识符删除相关数据。
- ❑ 第 12 行调用 Check 方法检测数据是否存在。
- ❑ 第 13 行通过 DeleteAll 方法将所有存储的数据删除。
- ❑ 第 17-23 行通过相应的 get 方法获取不同类型的数据并输出。
- ❑ 第 24-25 行获取中文字符串后需要通过 UnEscapeURL 方法将其转换成中文字符输出。
- ❑ 第 29-34 行通过 HasKey 方法检测对应的标识符是否存在，存在输出 true，反之输出 false。

将上面编写的脚本挂载到场景摄像机上（其他游戏物体上均可），之后单击播放按钮读者就可以在 Console 面板中看到输出的结果，来加深读者对该类的理解。运行结果如图 8-35 所示。

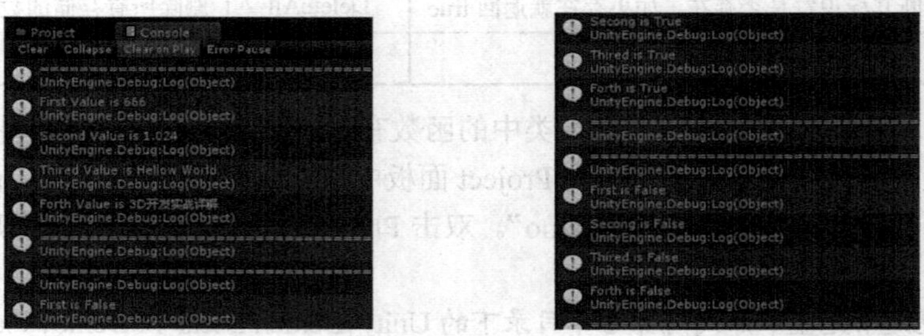

（a）　　　　（b）

图 8-35　运行结果

案例位置：见随书光盘第 8 章目录下的 Unity_Demo/Assets/PlayerPrefs/PlayerPrefs_Demo.unity。

8.7　虚拟按钮与摇杆的使用

在实际移动端的项目开发过程中，对于控制游戏对象的移动以及视角的转换有一种解决策略就是通过虚拟按钮和摇杆实现。虚拟按钮与摇杆的使用就是在屏幕上绘制按钮，通过玩家对其不同的操作方式来实现人物的不同行为。

8.7.1 下载并导入标准资源包

Unity 5.0 的标准资源包内包含了多种虚拟按钮与摇杆资源，只需要导入资源包并使用其制作完成的预制件就可以轻松实现功能。由于 Unity 5.0 安装程序本身并没有标准资源包，下面将对标准资源包的下载以及导入进行详细介绍。具体步骤如下。

（1）双击桌面上的 Unity 快捷方式，进入 Unity 集成开发环境，在其 Assets Store 中下载官方的标准资源包（免费）。依次单击菜单栏“Window→Assets Store”以打开 Unity 的资源商店，如图 8-36 所示。

（2）打开后，在 Assets Store 的搜索栏中输入“Standard Assets”搜索需要的标准资源包。如图 8-37 所示。

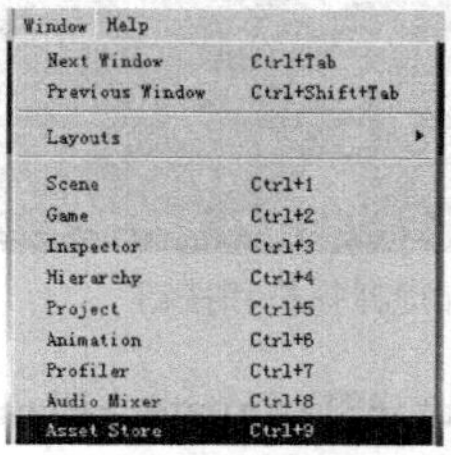

▲图 8-36　打开资源商店

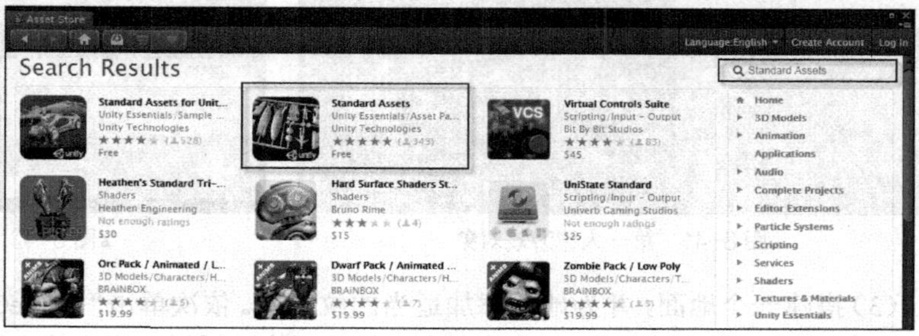

▲图 8-37　搜索资源包

（3）单击 Standard Assets 图标进入到下载页面，单击“DownLoad”进行下载（读者需要注册 Unity 账户），如图 8-38 所示。下载完成后双击下载好的资源包会立刻弹出 Importing packages 对话框，读者可根据需要选择相应的资源，然后单击 Import 按钮，即可导入 Unity 标准资源包，如图 8-39 所示。

（4）导入完成后，在 Project 面板就会多出 Editor 和 Standard Assets 两个文件夹，如图 8-40 所示。开发所需要的大部分资源都在 Standard Assets 文件夹中，资源都被分门别类地放好以方便读者查看，其中不仅有虚拟摇杆的资源，还有很多其他的实用资源，读者可自行查看使用。

▲图 8-38　下载资源包

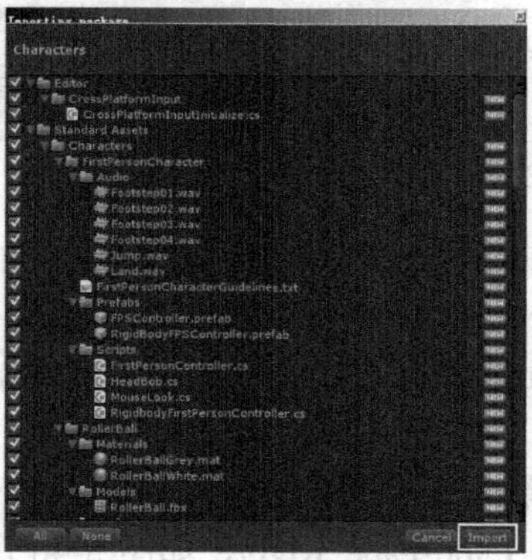

▲图 8-39　导入资源包

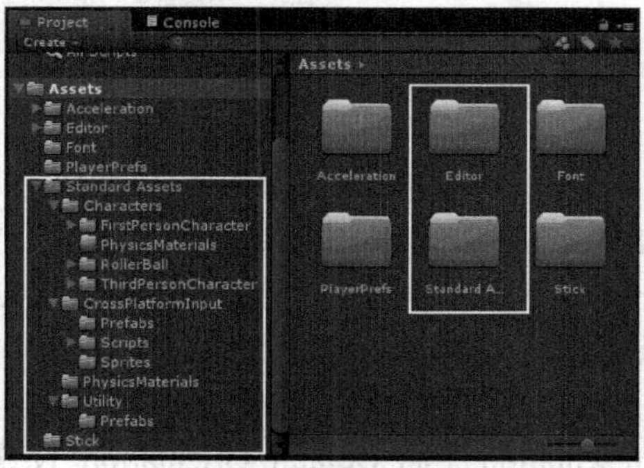

▲图 8-40　导入完成后

8.7.2 虚拟按钮和摇杆使用的案例

下面将使用一个简单的案例来讲解如何使用虚拟按钮与摇杆。本案例使用了虚拟按钮、摇杆，具体操作步骤如下。

（1）在 Unity 集成开发环境中导入虚拟按钮与摇杆的资源包。本案例采用第一人称视角，因此使用 FPSController 预制件，选择文件夹 Standard Assets→Characters→FirstPersonCharacter→Prefabs，将预制件拖曳到场景中创建一个第一人称的游戏对象，如图 8-41 所示。

（2）添加完成后我们还需要添加摇杆和按钮来控制游戏对象的移动以及跳跃，需要使用 MobileSingleStickControl 预制件。选择文件夹 Standard Assets→CrossPlatformInput→Prefabs，将预制件拖曳到场景中即可创建一个使用 UGUI 实现的摇杆和按钮，如图 8-42 所示。

▲图 8-41　第一人称游戏对象

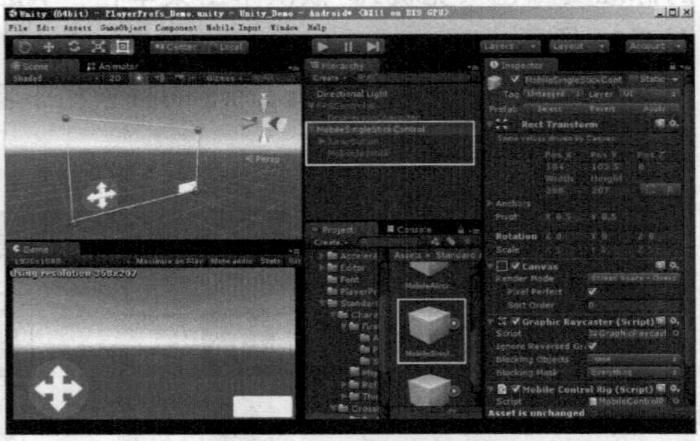

▲图 8-42　添加虚拟摇杆和按钮

（3）搭建一个地面，并为地面添加适当的纹理图。依次单击“GameObject→3D Create→Plane”，创建一个平面，然后创建多个 Cube 用来当作障碍物和围栏，依次单击“GameObject→3D Create→Cube”，创建多个正方体，并在属性查看器中设置具体参数。如图 8-43 所示。

▲图 8-43　搭建场景

（4）将程序导入安卓设备。依次单击“File→Build Settings”，在弹出的窗口中选择安卓平台，在 Texture Compression 选项下选择 DXT(Tegra)，如图 8-44 所示。然后单击 Player Settings，将 Inspector 面板 Other Setting 下的 Bundle Identifier 修改为“com.**.**”（*为自定义字符，默认设置无法编译），如图 8-45 所示。

（5）接下来将屏幕的显示设置为横屏。单击 Player Setting，在 Inspector 面板中 Resolution and Presentation 下将 Default Orientation*设置为 Landscape Right，如图 8-46 所示。设置完成后单击 Build，即可成功导出安卓 APK 文件。运行效果如图 8-47 所示。

（6）本案例使用的是官方资源中的摇杆，功能不是特别全面，对摇杆功能的修改也需要开发人员有着较高的编程能力的要求，不适合新手使用。读者也可以下载 Easy Touch 插件来使用，Easy Touch 简单易学，能够很容易的实现各种功能，适合新手。

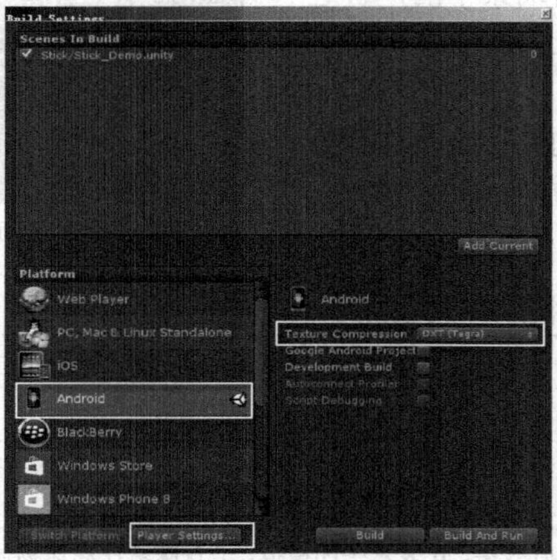

▲图 8-44　切换安卓平台

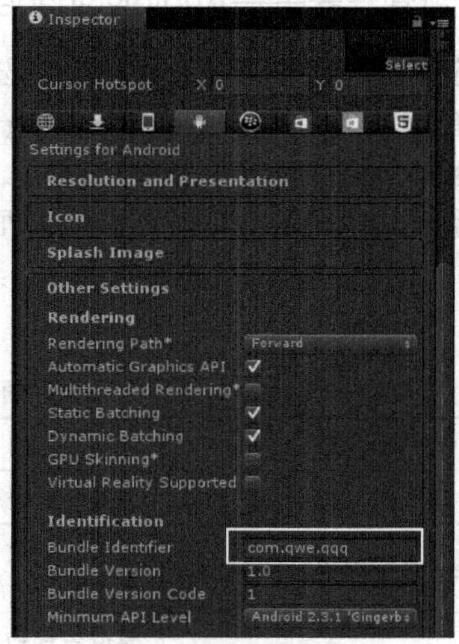

▲图 8-45　修改参数

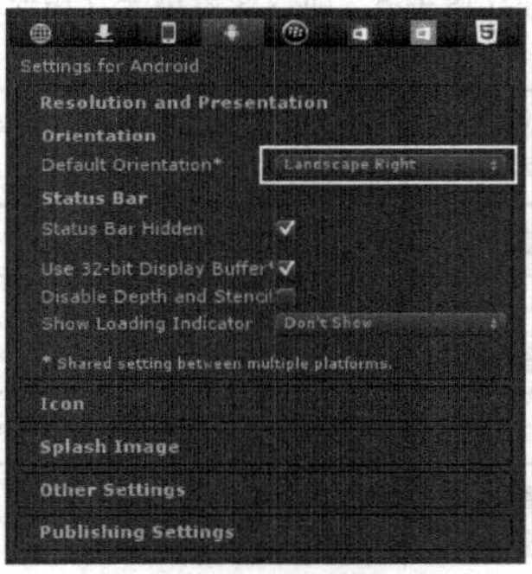

▲图 8-46　设置横屏

▲图 8-47　运行效果

案例位置：见随书光盘第 8 章目录下的 Unity_Demo/Assets/Stick/Stick_Demo.unity。

8.8 声音

游戏音频的播放在任何游戏中都占据着非常重要的地位。音频也可以分为两种类型，一种为游戏音乐，另一种为游戏音效。前者适用于较长的音乐，如游戏背景音乐。后者适合比较短的游戏音乐，如开枪打怪时的枪击声。下面将对 Unity 中声音相关的知识进行详细讲解。

8.8.1 声音类型

Unity 3D 游戏引擎一共支持 4 种音乐格式的文件，在实际游戏开发过程中读者可根据实际需要使用合适的音乐类型，具体的格式和一般在游戏中充当的角色介绍如下。

- .AIFF 格式。适用于较短的音乐文件，可用作游戏打斗的音效。
- .WAV 格式。适用于较短的音乐文件，可用作游戏打斗的音效。
- .MP3 格式。适用于较长的音乐文件，可用作游戏背景音乐。
- .OGG 格式。适用于较长的音乐文件，可用作游戏背景音乐。

8.8.2　音频管理器——AudioManager

音频管理器（AudioManager）是在宏观上对场景中的声音进行设置，通过单击“Edit→Project Setting→Audio”菜单即可打开音频管理器。音频管理器如图 8-48 所示。

在实际开发过程中，可以对音频管理器中的属性参数进行修改和设置，下面将对这些参数进行介绍，具体的参数信息如表 8-2 所示。

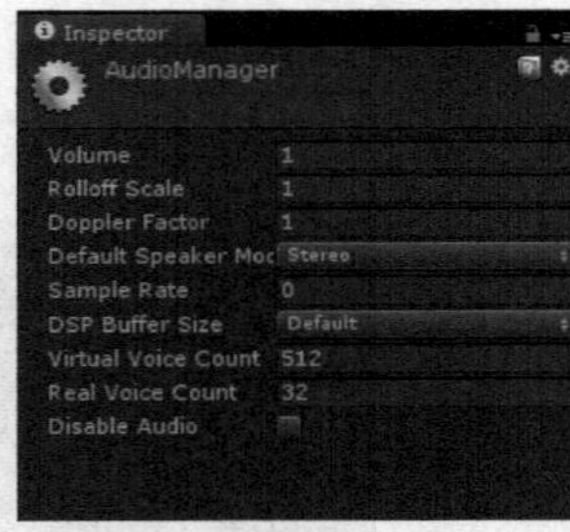

▲图 8-48　音频管理器

表 8-2　　音频管理器中的各个参数

参　数　名	含　义
Volume（音量）	全局声音播放的音量
Rolloff Scale（衰减因子）	设置按指数衰减音频源的全局衰减系数。该数值越高，音量的衰减速度越快，反之则越慢（数值为 1 则模拟真实世界的效果）
Doppler Factor（多普勒因子）	模拟多普勒效应的监听效果。0 表示关闭模拟，1 意味着在高速物体上多普勒效应会比较明显地被监听到
Default Speaker Mode（默认扬声器模式）	设置 Unity 项目中的默认扬声器模式，默认值为 2，即立体声模式（模式列表参见脚本 API 手册的 AudioSpeakerMode）
Sample Rate（输出采样率）	如果设置为 0,那么将使用系统默认的采样率。也请注意,这只是作为一个参考只有特定的平台允许改变这一点,比如 iOS 和 Android
DSPBuffer Size（DSP 缓冲区大小）	调整 DSP 缓冲区的大小来优化延迟和性能
Virtual Voice Count（虚拟声音计数）	即音频管理系统中虚拟声音的数量。这个数值应该总是大于游戏中已经播放过的音频数量，如果没有，警告将在打印在控制台上
Real Voice Count（真实声音计数）	即能够同时播放的真实声音的数量，每一帧都将会选取其中音量最大的声音
Disable Audio（禁用音频）	在单独构建中使音频系统停止工作。注意，它也将影响 MoveTexture 的音频。在编辑器中音频系统仍将支持预览音频剪辑,除了 AudioSource（音频源）

提示　若想在场景中模拟多普勒效应，可以把多普勒因子设为 1，然后调整音速和多普勒因子直到达到满意的效果为止。扬声器模式可以在程序运行时通过脚本来实时改变。

8.8.3　音频监听器——Audio Listener

音频监听器在 Unity 3D 中扮演着像话筒这样的设备。它接收任何在场景中输入的音频源（AudioSource），并通过计算机的扬声器播放声音。在大部分游戏开发过程中，经常会把音频监听器挂载到主摄像机上（Main Camera）。

如果一个音频监听器在混响区（Reverb Zone）内，混响会应用到在场景中所有能够听到的声音。此外音频特效（Audio Effects）也可以应用到音频监听器，这些特效也将被应用在场景中所有能够听到的声音中。音频监听器如图 8-49 所示，它并没有任何参数。

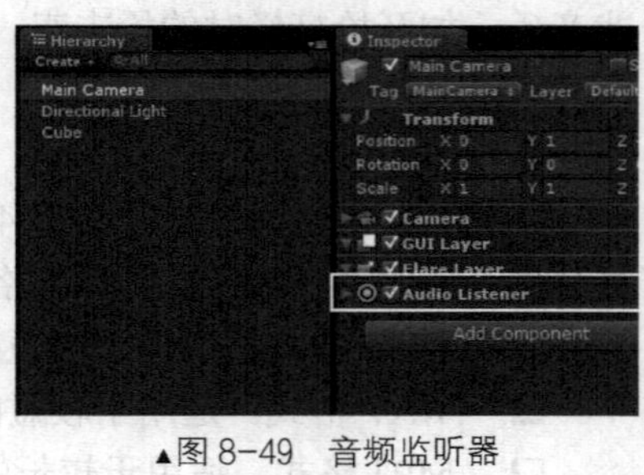

▲图 8-49　音频监听器

音频监听器配合音频源为游戏创建了听觉体验。当音频监听器挂载到场景中的一个游戏对象上，任何音频源，如果如果足够接近监听器都会被获取并输出到计算机的扬声器中，并且每个场景只能有一个音频监听器，否则会在控制台打印提示。

> **提示** 音频监听器没有属性，故其必须被添加才使用，并且其总是默认地添加到主摄像机上。

8.8.4 音频源——Audio Source

音频源在场景中播放音频剪辑（Audio Clip）。如果音频剪辑是一个 3D 音频剪辑，音频源就在一个给定的位置，并会随距离的远离而进行衰减播放。音频不仅可以在扬声器之间传播，而且还可以在 3D 和 2D 之间进行转换，并可以控制随距离变化的衰减曲线。

音频监听器如果在一个或多个混响区中，混响将被应用到音频源中。单独的音频滤波器可以应用到每个音频源，可以得到更加丰富的听觉体验。下面将对音频源的创建、音频源中的各个属性和衰减类型进行详细讲解。

1. 音频源的创建——Create Audio Sources

音频源就像是一个控制器，用来控制音频剪辑的播放和停止，并通过修改参数改变播放效果。没有分配音频剪辑的音频源不会播放任何声音。音频剪辑就是游戏中各种声音的音频文件（MP3、OGG 等）。下面将具体介绍音频源的创建方法。

（1）向 Unity 项目中导入想要使用的音频文件。依次单击“Asset→Import New Asset”命令，在弹出的对话框中选择需要的音频文件导入即可。单击菜单栏中的“GameObject→Create Empty”创建一个空对象，如图 8-50 所示。

（2）选中刚刚创建的游戏对象，依次单击“Component→Audio→Audio Source”为空游戏对象添加音频源（Audio Source）组件。如图 8-51 所示。

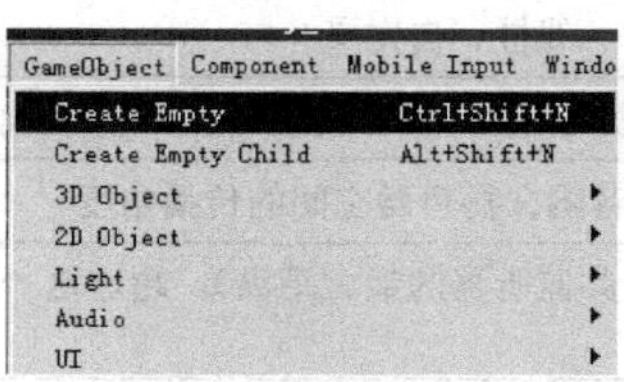

▲图 8-50 创建空对象

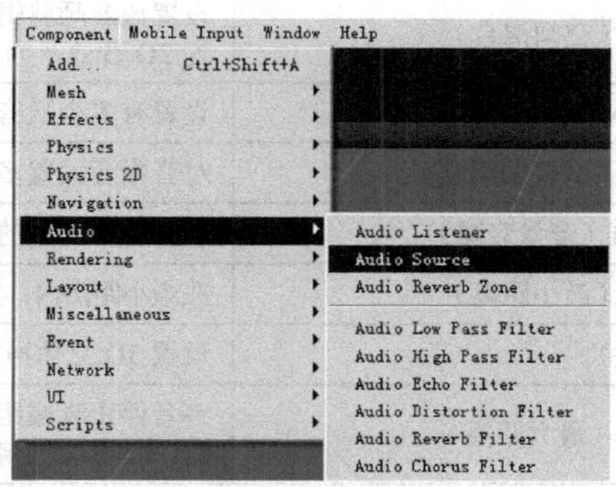

▲图 8-51 添加音频源组件

（3）在 Inspector 面板处将导入的音频剪辑添加到音频源（Audio Source）组件中，完成后读者就可以通过调节参数或编写脚本来控制播放该音频剪辑。如图 8-52 所示。

（a） （b）

图 8-52 音频源组件

2. 音频源中各种属性——Audio Sources Properties

在 Inspector 面板中，读者可以查看和设置音频源（Audio Source）中各个参数，从而达到不同的运行效果，这就必须了解其中每一个参数的含义所在。下面将对音频源组件（Audio Source）中各个参数进行详细介绍。具体参数含义如表 8-3 所示。

表 8-3　　　　音频源中的各个参数

参 数 名	含 义
AudioClip（音频剪辑）	将要被播放的音频剪辑文件
OutPut（输出）	音频剪辑通过音频混合器输出
Mute（静音）	如果勾选该参数，那么音频在播放时会没有声音
Bypass Effect（忽视效果）	应用到音频源的快速“直通”过滤效果，用来快速打开或关闭所有特效
Bypass Listener Effect（忽视监听器效果）	用来快速打开或关闭监听器特效
Bypass Reverb Zone（忽视混响区）	用来快速打开或关闭混响区
Play On Awake（唤醒时播放）	如果启用，则声音在场景启动时就会播放；如果禁用，那么就需要在脚本中使用 Play()命令来播放
Loop（循环）	如果启用，那么音频剪辑就会循环播放
Priority（优先权）	确定场景中所有并存的音频源之间的优先权（0 为最高，256 为最低），一般使用优先权为 0 的音频剪辑，避免偶尔的换出
Volume（音量）	音频监听器监听到的音量
Pitch（音调）	改变音调值，可以加速或减速播放音频剪辑，默认为 1 是正常速度播放
Stereo Pan（立体声道）	最小值为-1 即采用左声道播放，最大值为 1 即采用右声道播放
Spatial Blend（空间混合）	设置该音频剪辑能够被 3D 空间计算（衰减、多普勒等）影响多少，为 0 时为 2D 音效，为 1 时为全 3D 音效
Reverb Zone Mix（混响区混合）	设置有多少从音频源传过来的信号会被混合进与混响区相关联的总体混响
Doppler level（多普勒级别）	对音频源设置多普勒效应的级别（如果设置为 0，就是没有效果）
Volume Rollof（音量衰减）	设置音量衰减的模式（对数、线性、自定义）
Min Distance（最小距离）	在最小距离内，声音会保持最大音量。在最小距离之外，声音就会开始衰减
Spread（扩散）	设置 3D 立体声或者多声道音响在扬声器空间的传播角度
Max Distance（最大距离）	声音停止衰减距离（距离音频监听器的最大距离）。超过这一点，将保持音量，不再做任何衰减

3. 衰减模式——Types of Rolloff

衰减模式有 3 种：对数衰减模式、线性衰减模式和自定义衰减模式，自定义衰减模式可以自定义修改衰减曲线。下面将对这 3 种模式进行详细讲解。

- 对数衰减模式：指声音在 Min Distance（最小距离）之外按对数模式进行衰减。将 Inspector 面板中的 Volume Rolloff 选项设置为 Logarithmic Rolloff（对数衰减模式），在下面将会显示出对数衰减模式曲线图。如图 8-53 所示。
- 线性衰减模式：指声音在 Min Distance（最小距离）之外按自定义的模式进行衰减。将 Inspector 面板中的 Volume Rolloff 选项设置为 Custom Rolloff（自定义衰减模式），在下面将会显示出线性衰减模式曲线图。如图 8-54 所示。
- 自定义衰减模式：指声音在 Min Distance（最小距离）之外按线性模式进行衰减。将 Inspector 面板中的 Volume Rolloff 选项设置为 Linear Rolloff（线性衰减模式），在下面将会显示出自定义衰减模式曲线图。如图 8-55 所示。

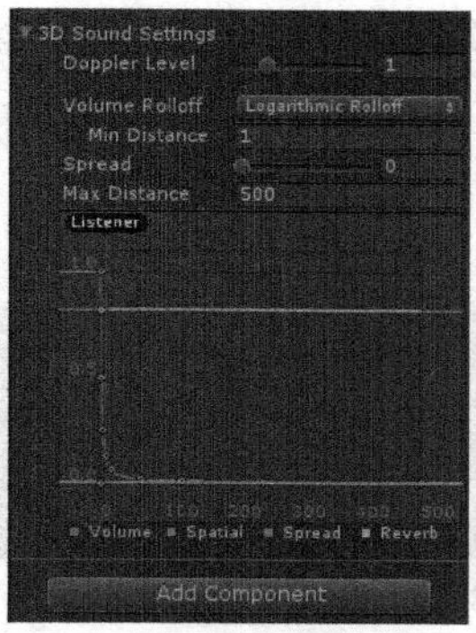

▲图 8-53　对数衰减模式

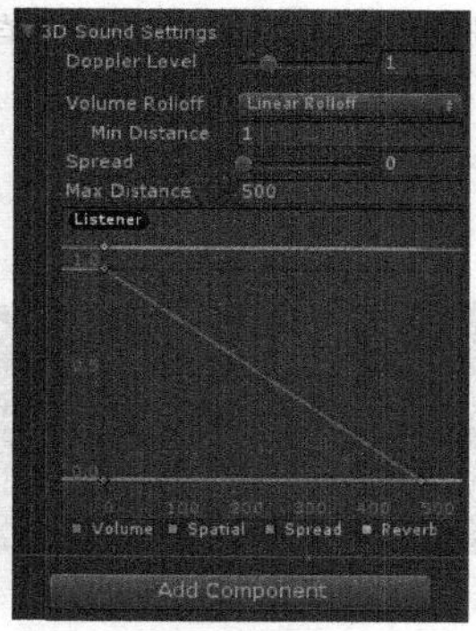

▲图 8-54　线性衰减模式

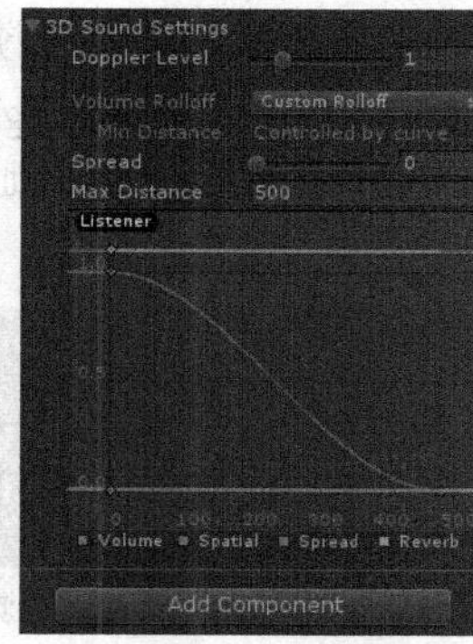

▲图 8-55　自定义衰减模式

8.8.5　音频效果——Audio Effects

音频滤波器组件可以应用到音频源和音频监听器上面，或是应用到带有音频源组件或是音频监听组件的游戏对象上面，以达到不同的音频效果。

音频滤波器分为很多种，在 Unity 中进行封装的滤波器有 6 种，分别是低通滤波器（Low Pass Filter）、高通滤波器（High Pass Filter）、回声滤波器（Echo Filter）、失真滤波器（Distortion Filter）、混响滤波器（Reverb Filter）和合声滤波器（Chorus Filter）。下面将对每个滤波器进行详细介绍。

1. 低通滤波器——Low Pass Filter

音频低通滤波器，通过低频率的音频源或所有能够到达音频监听器的声音，但是其声音频率比截止频率高的都将被消除。

音频低通滤波器有两个非常重要的属性，分别为截止频率（Cutoff Frequency）、低通共振品质（Lowpass Resonance Q）。其中，低通截止频率在 10.0～22000.0Hz，默认为 5000Hz；低通共振品质值在 1.0～10.0 之间，并且默认值为 1.0。

> **说明**　低通滤波器谐振品质被称为低通滤波器谐振品质因数，其决定了滤波器有多少自谐振被抑制，更高的低通滤波器共振质量表明较低的能量损失，这使得振荡消失得更慢。

若要为音频源添加一个音频低通滤波器，首先要选中带有音频源组件的游戏对象，然后依次单击“Component→Audio→Low Pass Filter”为其添加组件。读者可在该游戏对象的 Inspector 面板中查看该组件的相关参数，如图 8-56 所示。

> **提示**　声音的传播在不同的环境下是不一样的。例如，想要表达一个在紧闭的房门外发出的声音通过房门传递到屋内时，就需要在监听器上挂载低通音频滤波器，并且可以通过修改截止频率来模拟打开或关闭房门时的声音变化。

2. 高通滤波器——High Pass Filter

音频高通滤波器，通过高频率的音频源或所有能够到达音频监听器的声音，但是其声音频率比截止频率低的都将被消除。

音频高通滤波器有两个非常重要的属性，分别为截止频率（Cutoff Frequency）、高通共振品质（Highpass Resonance Q）。其中，高通截止频率在 10.0～22000.0Hz，默认为 5000Hz；高通共振品质值在 1.0～10.0 之间，并且默认值为 1.0。

> **提示**　高通共振品质被称为高通共振品质因数。

若要为音频源添加一个音频高通滤波器，首先要选中带有音频源组件的游戏对象，然后依次单击“Component→Audio→High Pass Filter”为其添加组件。读者可在该游戏对象的 Inspector 面板中查看该组件的相关参数，如图 8-57 所示。

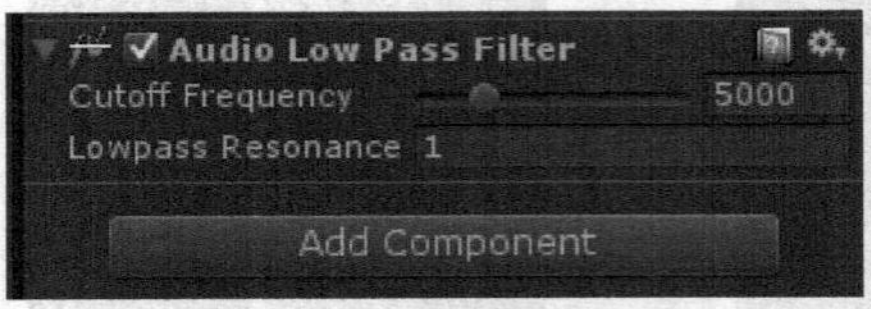

▲图 8-56　音频低通滤波器

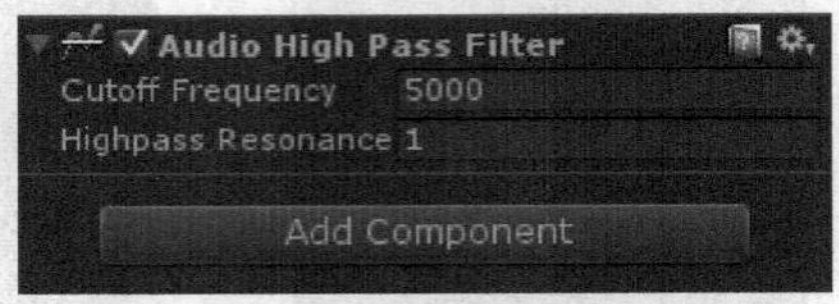

▲图 8-57　音频高通滤波器

3. 回声滤波器——Echo Filter

音频回声滤波器一般添加到一个给定延迟重复的音频源上，其衰减基于重复的衰变率。音频回声滤波器具有 4 个重要的参数，分别为延迟（Delay）、衰变率（Decay Ratio）、湿度混合（Wet Mix）和直达声混合（Dry Mix）。下面就要对各个参数进行说明，具体信息如表 8-4 所示。

表 8-4　　　　回声滤波器中的各个参数

参 数 名	含 义
Delay（延迟）	以 ms 为单位，回声延迟值在 10.0～5000.0，默认值为 500
Decay Ratio（衰变率）	回声每次延迟值在 0.0～1.0，1.0 表示不延迟，0.0 表示总延迟，默认值为 0.5
Wet Mix（湿度混合）	回声信号输出的音量值在 0.0～1.0，默认值为 1.0
Dry Mix（直达声混合）	原始信号输出的音量值在 0.0～1.0，默认值为 1.0

提示　湿度混合（Wet Mix）标识已加入效果的声音信号的振幅。直达声混响（Dry Mix）标识未加入效果的直达声信号的振幅。

若要为音频源添加一个音频回声滤波器，首先要选中带有音频源组件的游戏对象，然后依次单击“Component→Audio→Echo Filter”为其添加组件。读者可在该游戏对象的 Inspector 面板中查看该组件的相关参数，如图 8-58 所示。

4. 失真滤波器——Distortion Filter

音频失真滤波器对音频源（Audio Source）的声音或达到音频监听器的声音进行失真处理。音频失真滤波器的一个重要属性就是失真（Distortion），失真值在 0.0～1.0，默认值是 0.5。

若要为音频源添加一个音频失真滤波器，首先在游戏组成对象列表中选中带有音频源的对象，然后依次单击“Component→Audio→Audio Distortion Filter”命令，即可为游戏对象添加一个音频失真滤波器。在属性查看器中可以查看到刚刚添加的音频失真滤波器组件，如图 8-59 所示。

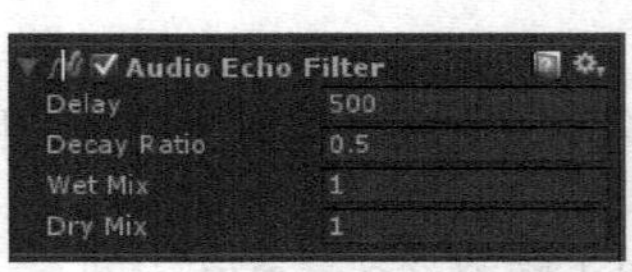

▲图 8-58　音频回声滤波器组件

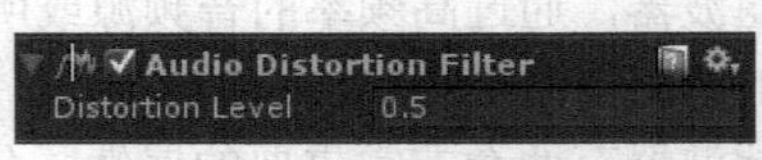

▲图 8-59　音频失真滤波器组件

5. 混响滤波器——Reverb Filter

音频混响滤波器采用一个失真的音频剪辑来创建个性化的混响效果。音频混响滤波器具有多个重要的属性，具体的参数信息如表 8-5 所示。

表 8-5 混响滤波器中的各个参数

参 数 名	含 义
Reverb Preset（混响预设）	自定义混响预置，选择用户创建自定义的混响
Dry Level（直达声等级）	直达声信号的混合等级，单位为MB。范围是-10000.0～0.0，默认值为0.0
Room（环境）	在低频时的环境效果等级，单位为MB。范围是-10000.0～0.0，默认值为0.0
Room HF（环境高频）	在高频时的环境效果等级，单位为MB。范围是-10000.0～0.0，默认值为0.0
Room LF（环境低频）	在低频时的环境效果等级，单位为MB。范围是-10000.0～0.0，默认值为0.0
Decay Time（衰减时间）	在低频时的混响衰减时间，以s为单位。范围为0.1～20.0，默认值为1.0
Decay HFRatio（衰减高频比率）	高频到低频的衰减时间比率，范围为0.1～2.0，默认值为0.5
Reflections Level（反射等级）	相对于环境效果，早期反射等级，范围为-10000.0～1000.0，默认值为-10000.0
Reflections Delay（反射延迟）	相对于首次反射，早期混响延迟时间，以s为单位。范围是0.0～0.1。默认值为0.0
Reverb Level（混响等级）	相对于环境效果，后期混响等级，单位为MB，范围为-10000.0～2000.0，默认值为0.0
Reverb Delay（混响延迟）	相对于首次反射，后期混响延迟时间，以s为单位。范围为0.0～0.1，默认值为0.04
HFReference（引用高频）	高频引用，单位为Hz。范围为20.0～20000.0，默认值为5000.0
LFRegerence（引用低频）	引用低频，单位为Hz。范围为20.0～1000.0，默认值为250.0
Diffusion（散射度）	混响散射度（回声密度）的百分比。范围为0.0～100.0，默认值为100
Density（密度）	混响密度（模态密度）的百分比。范围为0.0～100.0，默认值为100

提示 这些值只有在混响预置属性设置为用户（User）时才能被修改，否则这些值显示为灰色，所有的值都将会是默认值。

若要为音频源添加一个音频混响滤波器，首先要选中带有音频源组件的游戏对象，然后依次单击"“Component→Audio→Audio Reverb Filter”命令为其添加组件。读者可在该游戏对象的Inspector面板中查看该组件的相关参数，如图8-60所示。

6. 合声滤波器——Chorus Filter

音频合声滤波器采用一个音频剪辑并将其处理，创建一个合声效果。合声效果通过一个正弦低频振荡器（LFO）调节原始声音。输出声音像多个源发出略有变化的相同的声音—类似一个合唱团。音频合声滤波器具有多个重要的参数，具体的参数信息如表8-6所示。

表 8-6 音频合声滤波器中的各个参数

参 数 名	含 义
Dry Mix（直达声混合）	原始信号输出的音量。值为0.0～1.0，默认值为0.5
Wet Mix 1(效果声混合1)	第一个合声节拍的音量，值为0.0～1.0，默认值为0.5
Wet Mix 2(效果声混合2)	第二个合声节拍的音量，这个节拍是第一个节拍的相位90度输出，值为0.0～1.0，默认值为0.5
Wet Mix 3(效果声混合3)	第三个合声节拍的音量，这个节拍是第二个节拍的相位90度输出，值为0.0～1.0，默认值为0.5
Delay（延迟）	以ms为单位，低频振荡器（LFO）的延迟。值为0.1～100.0，默认值为40ms
Rate（比率）	以Hz为单位，低频振荡器（LFO）调节比率，值为0.0～20.0，默认值为0.8Hz
Depth（深度）	合声调节深度，值为0.0～1.0，默认值为0.03

若要为音频源添加一个音频合声滤波器，首先在游戏组成对象列表中选中带有音频源的对象，

然后依次单击“Component→Audio→Audio Chorus Filter”命令，即可为游戏对象添加一个音频合声滤波器。在属性查看器中可以查看到刚刚添加的音频合声滤波器组件，如图 8-61 所示。

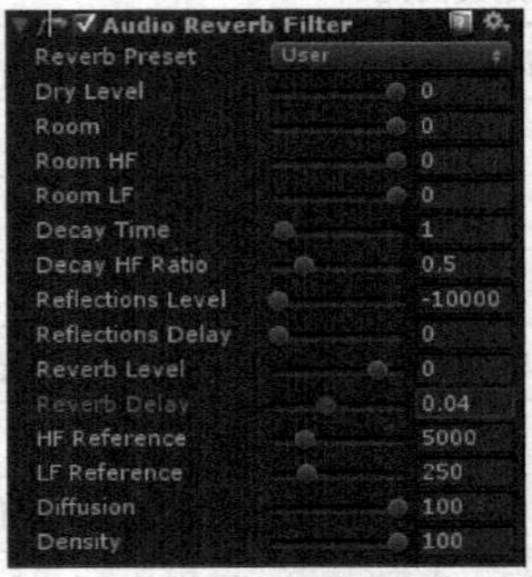

▲图 8-60　音频混响滤波器组件

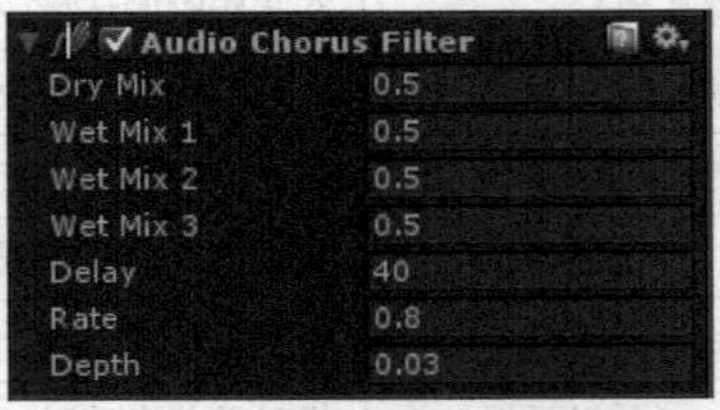

▲图 8-61　音频合声滤波器组件

8.8.6　音频混响区——Audio Reverb Zones

音频混响区通过获取音频剪辑并且根据音频监听器所在的混响区进行失真处理。当一个带有音频监听器的游戏对象从一个没有环境影响的点变化到有环境影响的地方时被使用。音频混响区具有 3 个重要的参数，下面对这 3 个参数进行说明。具体如表 8-7 所示。

表 8-7　　音频混响区的各个参数

参 数 名	含 义
Min Distance（最小距离）	表示 Gizmo 内圆的半径，这决定了一个渐变混响效果和完整混响效果的区域（全混响效果与渐变混线区域的分界线）
Max Distance（最大距离）	在 Gizmo 的外圆半径，这决定了没有混响效果和渐变混响效果的区域（没有混响效果区域和渐变混响区域的分界线）
Reverb Preset	确定混响区使用的混响效果（当选为 User 时才会有下列的参数）
Reverb Preset（混响预设）	自定义混响预置，选择用户创建自定义的混响
Dry Level（直达声等级）	直达声信号的混合等级，单位为 MB。范围是-10000.0～0.0，默认值为 0.0
Room（环境）	在低频时的环境效果等级，单位为 MB。范围是-10000.0～0.0，默认值为 0.0
Room HF（环境高频）	在高频时的环境效果等级，单位为 MB。范围是-10000.0～0.0，默认值为 0.0
Room LF（环境低频）	在低频时的环境效果等级，单位为 MB。范围是-10000.0～0.0，默认值为 0.0
Decay Time（衰减时间）	在低频时的混响衰减时间，以 s 为单位。范围为 0.1～20.0，默认值为 1.0
Decay HFRatio（衰减高频比率）	高频到低频的衰减时间比率，范围为 0.1～2.0，默认值为 0.5
Reflections Level（反射等级）	相对于环境效果，早期反射等级，范围为-10000.0～1000.0，默认值为-10000.0
Reflections Delay（反射延迟）	相对于首次反射，早期混响延迟时间，以 s 为单位。范围是 0.0～0.1。默认值为 0.0
Reverb Level（混响等级）	相对于环境效果，后期混响等级，单位为 MB，范围为-10000.0～2000.0，默认值为 0.0
Reverb Delay（混响延迟）	相对于首次反射，后期混响延迟时间，以 s 为单位。范围为 0.0～0.1，默认值为 0.04
HFReference（引用高频）	高频引用，单位为 Hz。范围为 20.0～20000.0，默认值为 5000.0
LFRegerence（引用低频）	引用低频，单位为 Hz。范围为 20.0～1000.0，默认值为 250.0
Diffusion（散射度）	混响散射度（回声密度）的百分比。范围为 0.0～100.0，默认值为 100
Density（密度）	混响密度（模态密度）的百分比。范围为 0.0～100.0，默认值为 100

若要为音频源添加一个音频混响区，首先在游戏组成对象列表中选中带有音频源的对象，然后依次单击“Component→Audio→Audio Reverb Zone”命令，即可为游戏对象添加一个音频混响

区。在属性查看器中可以查看到刚刚添加的音频混响区组件，如图 8-62 所示。

8.8.7 简单的声音控制案例

本节将通过使用 UGUI 搭建一个声音控制界面，并配合相应的声音组件以及脚本来实现对声音的控制。下面将对该案例进行详细介绍，具体步骤如下。

（1）打开 Unity 集成开发环境，将开发需要的音频文件导入到 Unity 中。具体步骤为 Assets→Import New Asset 命令，在弹出的对话框中将需要的音频文件选中并导入。

（2）选中场景中的主摄像机，依次单击“Component→Audio→Audio Source”命令，即可在主摄像机的 Inspector 面板中查看到音频源（Audio Source）组件。将需要播放的音频剪辑添加到音频源组件中，并设置具体参数，如图 8-63 所示。

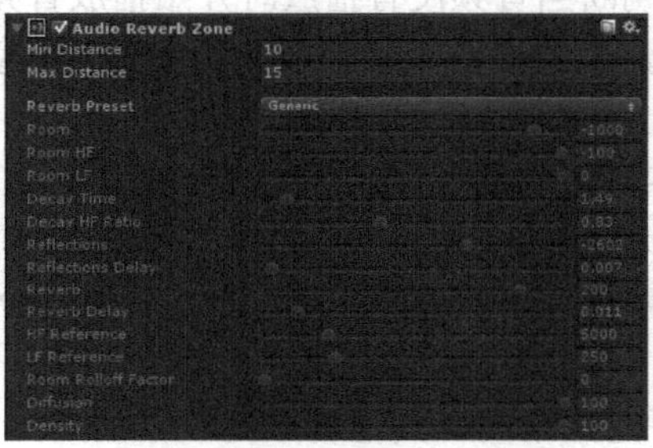

▲图 8-62　音频混响区参数

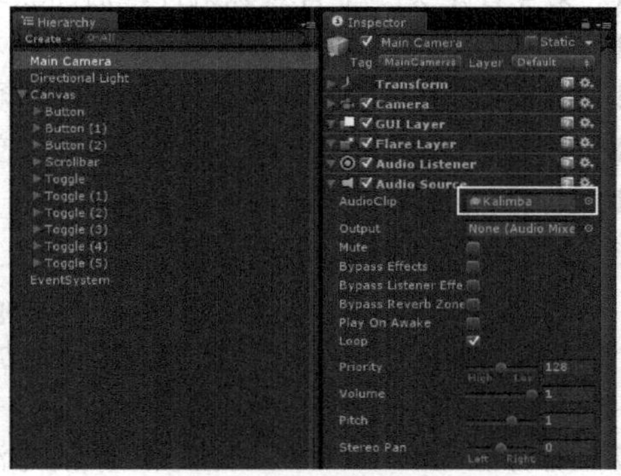

▲图 8-63　设置音频源组件

（3）完成后依次为主摄像机添加低通音频滤波器、高通音频滤波器、回声滤波器、失真滤波器、混响滤波器和合声滤波器组件。具体方法为：依次单击 Component→Audio”，从中选取需要的滤波器组件，如图 8-64 所示；添加完成后将所有滤波器组件设置为禁用模式，如图 8-65 所示。

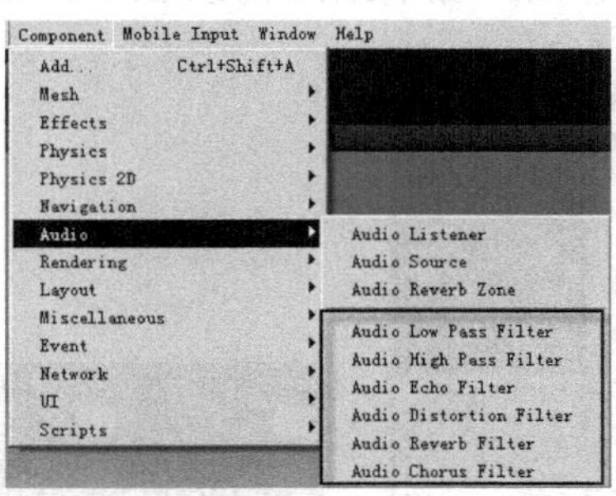

▲图 8-64　添加滤波器

▲图 8-65　设置参数

（4）完成后需要使用 UGUI 搭建控制界面。由于本案例主要是演示音频的控制。所以在这里关于 UGUI 的配置以及搭建将不再赘述，读者可参看本书 UGUI 相关内容学习了解。

（5）接下来开始编写音频源控制脚本以控制音频的播放、暂停与停止。在 Project 面板中单击鼠标右键，选择“Create→C# Script”新建一个脚本，重命名为“PlayMusic”。双击 PlayMusic 脚本，在脚本编辑器内编写代码。具体代码如下。

代码位置：见随书光盘中源代码/第 8 章目录下的 Unity_Demo/Assets/ Audio / PlayMusic.cs。

```
using UnityEngine;
using System.Collections;
```

```
3    public class PlayMusic : MonoBehaviour {
4      AudioSource music;                                    //定义声音源组件
5      public void Awake(){                                  //重写系统 Awake 函数
6        music = this.transform.GetComponent<AudioSource> (); //获取音频源组件
7      }
8      public void PressPlay(){                              //当 Play 按钮被按下时调用该函数
9        if (!music.isPlaying) {                             //如果音频没有播放
10         music.Play();                                     //播放音频文件
11     }}
12     public void PressPause(){                             //当 Pasue 按钮被按下时调用该函数
13       if (music.isPlaying) {                              //如果音频在播放
14         music.Pause();                                    //暂停音频的播放
15     }}
16     public void PressStop(){                              //当 Stop 按钮被按下时调用该函数
17       music.Stop ();                                      //停止音频的播放
18   }}
```

- 第 4 行定义一个音频源组件，后面获取的音频源组件将赋给 music。
- 第 5-7 行通过系统 Awake 函数，在脚本加载时获取音频源组件。
- 第 8-11 行编写 PressPlay 函数控制音频播放，判断当音频没有播放时开始播放音频。
- 第 12-15 行编写 PressPause 函数控制音频暂停，判断当音频处于播放状态时暂停播放。
- 第 16-18 行编写 PressStop 函数控制音频的停止。

（6）脚本编写完成后将其挂载到主摄像机上。接下来将介绍如何通过 UGUI 来调用脚本上的函数。单击创建的 Button 控件（Play），在 Inspector 面板中的 Button（Script）下会看到 On Click 选项，单击右下角的"+"符号，将主摄像机添加其中，并在列表中选择"PlayMusic→PressPlay()"，如图 8-66 所示。

（7）所有按钮（Button）的挂载函数的方法和上面完全相同。其他音频滤波器的启用可直接通过内置函数而无需手动编写。选中一个 Toggle 控件，在 Inspector 面板中 On Value Changed 选项里挂载主摄像机，并在列表中选择相应的组件然后选择 enabled（启用）即可。如图 8-67 所示。

（8）全部添加完成后，读者就可以运行程序了。通过单击相应的功能按钮来调节声音的播放、停止以及听觉效果。本案例中滤波器效果都是通过默认参数形成的，在实际开发过程中，读者可以很据需要调节滤波器参数以达到更加丰富的听觉体验。最终运行效果如图 8-68 所示。

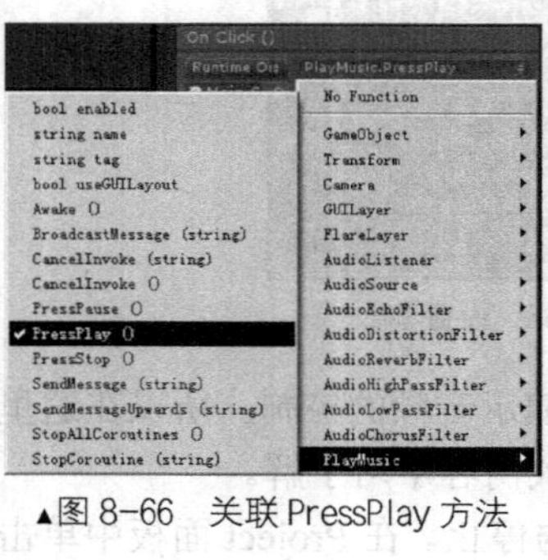

▲图 8-66　关联 PressPlay 方法

▲图 8-67　启用滤波器

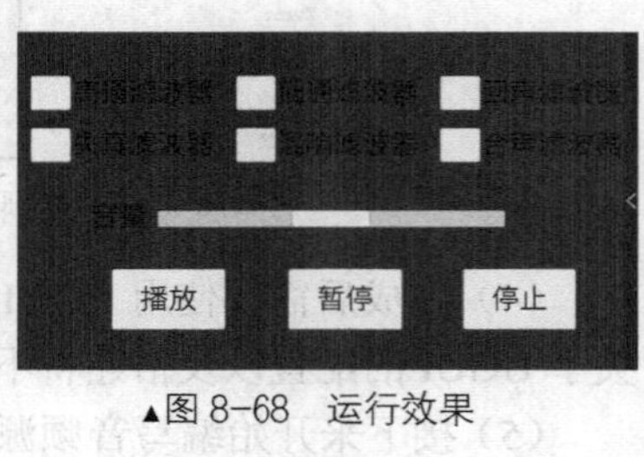

▲图 8-68　运行效果

案例位置：见随书光盘第 8 章目录下的 Unity_Demo/Assets/Audio/Audio_Play.unity。

8.8.8　混音器——AudioMixer

在现在游戏的开发过程中，除了强烈的视觉冲击能够很好烘托环境气氛以外，真实丰富的音效制作也成为了必不可少的游戏开发环节。在畅玩国外大作如使命召唤系列、寂静岭系列和生化危机系列时相信大多数玩家都能够非常专注地投入到游戏环境中去。

随着时代的发展，虚拟现实技术已日趋成熟。现今发展得如火如荼的游戏行业，对玩家游戏时的浸入式感官体验也越来越重视。Unity 显然已经意识到了这一点，对于 Unity 5.0 版本的升级除了 3D 呈现技术外，也引入了新的音频制作插件——混音器（AudioMixer）。接下来将对其进行介绍。

1. 初识混音器

混音器是一种能够被音频源引用的资源，并将从音频源生成的音频信号进行复杂的路由和混合操作。它是一类由用户资源构建的 AudioGroup（音频组）的层次结构的混合。混音器能够让开发人员对音频信号进行 DSP（数字信号处理）操作，来达到开发所需的音频效果。

混音器已经集成在 Unity 的开发环境中，读者不需要再去下载资源文件。依次单击“Window→Audio Mixer”命令，即可打开混音器窗口，如图 8-69 所示。对音频信号的处理都将在这个窗口内进行，后文将对混音器进行详细的讲解。

▲图 8-69　混音器界面

2. 混音器界面介绍

通过上文的介绍，读者应该对其有了一个大概的印象。下面将对前文说过的混音器界面进行进一步的介绍，让读者明白其中各个工作区都叫什么、大体的作用是什么，为后面的学习打好基础。

混音器的界面由七部分组成，分别为 Mixers、Snapshots、Groups、View 等。下面将对每一部分进行介绍。

（1）The Hierarchy view（层次结构视图）。它包含所有的在 AudioMixer 内的 AudioGroups 的混合结构，如图 8-70 所示。

（2）The Mixer Views（混合视图）。这是一个缓存混合器可视参数设置的列表。每一个视图都仅仅显示主混合器窗口的整体层次的一个子设置。如图 8-71 所示。

▲图 8-70　层次结构视图

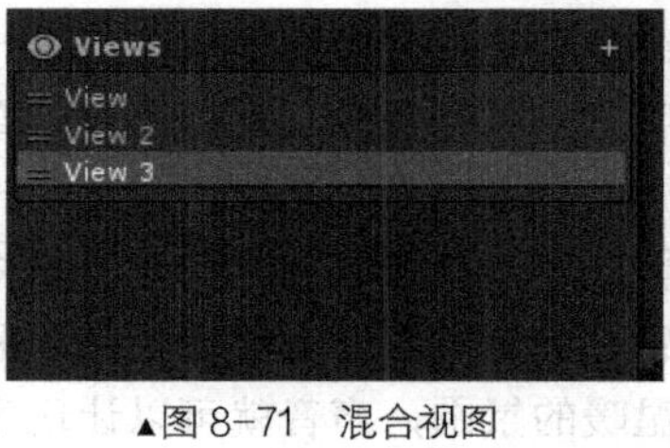

▲图 8-71　混合视图

（3）Snapshots（快照）。这是一个存放所有混音器资源的音频快照的列表。快照会捕获一个混音器内所有参数设置的状态，并且允许在程序运行时程序对不同的快照相互转换。如图 8-72 所示。

（4）Mixers（混合器）。在其中会有一个列表，来显示工程中所有的混合器资源文件。读者在开发游戏时，往往需要用到多个混合器来相互配合，方便开发人员使用。如图 8-73 所示。

▲图 8-72　快照

▲图 8-73　混合器

（5）AudioGroup Strip View（音频组带状视图）。这里显示了一个 AudioGroup 的概况，包括当前音频水平、衰减（音量）设置、静音、单独播放、效果忽略设置和 AudioGroup 的数字信号处理（DSP）效果的列表。如图 8-74 所示。

（6）Edit In Play Mode（运行模式下编辑）。该功能的开启或关闭将直接影响开发人员是否能在程序运行过程中来修改混音器的各个参数，默认状态下运行期间无法进行修改，它只有在程序运行时才会出现。如图 8-75 所示。

▲图 8-74　音频组带状视图

▲图 8-75　运行模式下编辑

（7）Exposed Parameters（暴露参数）。它将显示一个关于公开参数和相应字符串名称的列表。公开了的参数可以在程序运行时通过脚本获取并修改相应的参数值。如图 8-76 所示。

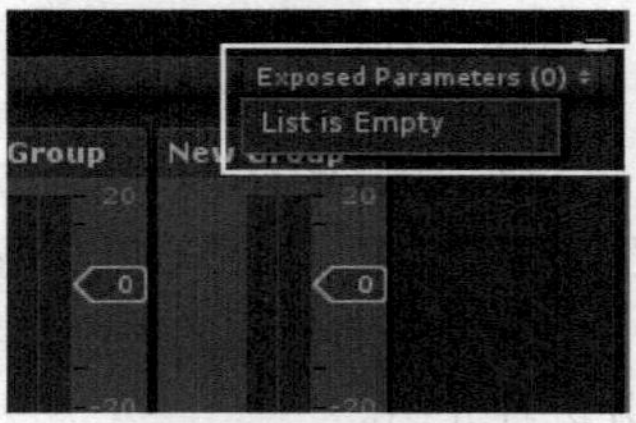

▲图 8-76　暴露参数

3. 路由与混合

这是主要向读者介绍路由与混合的概念，帮助读者初步了解它们，以便对后面知识的学习有所帮助。音频路由是一个获取大量音频输入信号到输出一个或多个音频输出信号的过程，这里信号是指可以分解成数字音频通道(立体声)的连续的数字音频流数据。

内部通常对这些信号做一些工作，如混合、应用效果、衰减等。AudioMixer 允许任意数量的 AudioGroup（音频组）的存在，对这些信号进行混合并最终进行精确的输出。在音频处理过程中，通常用来完成与场景图层次结构的正交操作。

4. 情绪和主题混合

混合和路由通常也可以被用来打造设计师们所追求的虚拟现实的沉浸式体验。例如，混响可以被应用到所有的游戏音效上，可通过对音频信号的衰减来创造身处洞穴中的感觉，从听觉上让玩家融入到游戏环境中，仿佛自己置身于一个幽深的洞穴中。

混音器能被用来打造游戏中的气氛。将场景中不同的混合器设置应用于快照，游戏便能够让玩家真实地感受到游戏环境中的情绪（紧张、恐怖）。比如游戏中房间外的世界让人恐惧，而屋内是一种静谧温暖的氛围，声音就可以让玩家的情绪在这两种环境下进行改变，这就是游戏虚拟现实的沉浸感的强大之处。

5. 屏幕快照

快照能够让你捕捉混音器的不同状态，通过代码来控制快照之间的切换。即在游戏中，随着游戏场景的切换、游戏剧情的推进来对音频信号进行不同的处理，从而改变游戏的气氛。快照在开发过程中已经将音频参数设置完毕，在大多数情况下开发人员只需要更改当前的快照即可。

快照捕获的 AudioMixer 内的参数值有以下几种。

- ❑ 音量。
- ❑ 音调。
- ❑ 发送水平。
- ❑ 湿度混合水平。
- ❑ 效果参数。

下面将介绍快照的使用，包含快照的创建以及默认快照的选择。单击 Snapshots 窗口右侧的“+”按钮，即可添加一个快照并可以为其重命名，如图 8-77 所示。设置默认的快照只需要用鼠标右键单击所需要的快照，然后选择“Set as start Snapshot”，如图 8-78 所示。

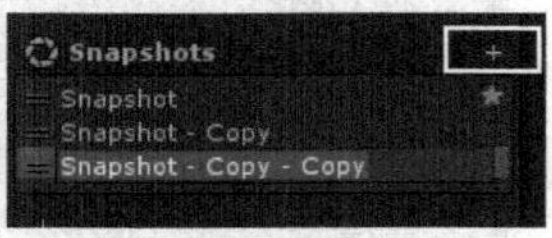

▲图 8-77　添加快照

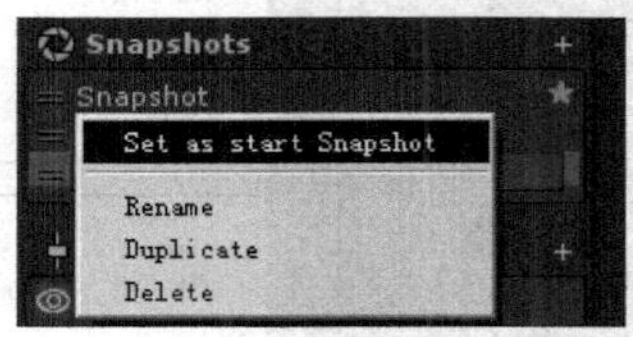

▲图 8-78　设置默认快照

6．音频组视图

音频组视图是对当前音频组的完美展示。它展示了一个混音台音频组的平面布局，这种布局是水平排列的。视频组在视图中表现为垂直的“条带”，这个条带的布局以及外观感觉和数字音频工作站等音频编辑器是相同的。下面将详细介绍视频组“条带”。

这个条带顶部是标题栏，是当前音频组的名称。紧接着就是表示当前音频水平的 UV 表。从 UV 表中可以看出当前音频的衰减值以及分贝水平，表下面的数值是表中分贝大小的直接体现。在 UV 表下部有三个按钮，其功能将在下面解释。音频组视图如图 8-79 所示。

▲图 8-79　音频组视图

（1）根据图 8-79，在这里将详细介绍 UV 表下的三个按钮。Solo（独奏），这个开关可以使你在混合音效与独奏之间进行切换。Mute（静音），这个开关可以使整个音频组播放时静音。ByPass（忽略），这个开关控制混音器忽略或者启用目前存在于音频组的效果。

（2）混音器这款插件，不仅仅可以用来建立混合层次结构，更令人惊讶的是每个 AudioGroup 都可以包含很多不同的 DSP 音频效果。这些 DSP 效果是通过音频组将效果逐个以信号的形式叠加到上面的。这使得开发人员可以对音频进行更丰富的处理。

（3）接下来介绍效果器的添加与删除。在想添加效果器的音频组的 UV 列表中单击鼠标右键，选择你想添加的位置以及什么样式的效果器，或者直接单击 Add 按钮添加。若想要删掉某个效果器则在该效果器上面单击鼠标右键选择“Remove”即可。

（4）细心的读者会发现在每个添加的效果器的左手边会有一个圆圈形状的标志，这个可以启用或者忽略某个独立的效果，读者可以通过点击该圆圈标志进行切换。添加某个效果器之后在音频组的 Inspector 面板中也可以看到该效果器，也可以在此面板中调节效果器的参数。

（5）在混音器中支持用颜色标记音频组。在每个音频组的 UV 列表中单击鼠标右键，选择所想标记的颜色后，会看到在标题栏下面也出现同样的颜色标记，并且在 Groups 列表下的眼睛图标的左侧也以同样的颜色标记。可以通过点击音频组名字的右边的眼睛图标进行该音频组的启用与禁用。如图 8-80 所示。

（6）可以通过单击鼠标右键效果器的名字并且选择“Allow Wet Mixing（使用湿度混合）”选项，这个效果器下面底部的颜色栏则变为可用的（即可以通过调整该颜色进度条改变湿度混合的湿度值），还可以在 Inspector 列表中调整其对应的音频组中的 Wet（湿度值）。如图 8-81 所示。

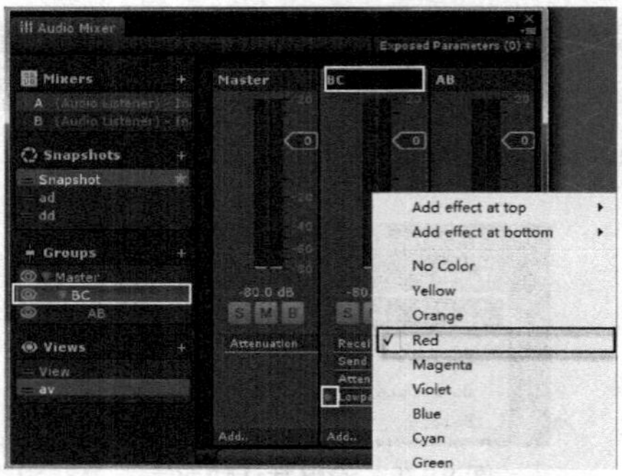

▲图 8-80　颜色标记

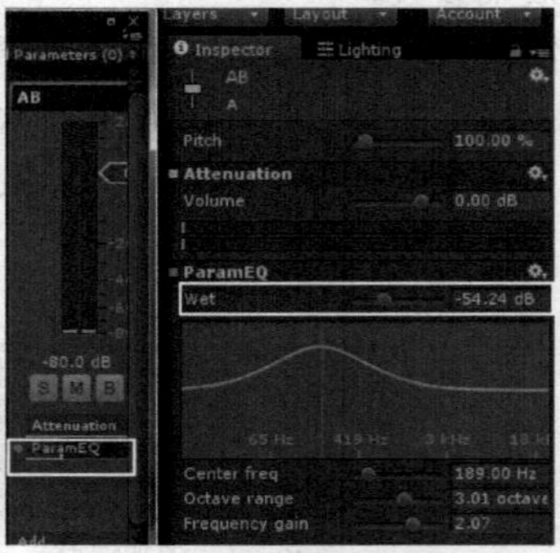

▲图 8-81　添加湿度混合

（7）下面介绍一下音频组的 Inspector 列表中的参数。Pitch（音量条块），在所有 AudioGroup 的 Inspector 面板的顶部会有一个滑块用来定义通过这个 AudioGroup 的回放的音调。开发人员可以通过滑动滑块或者在右边的文本区输入参数的方式来完成对音调的修改。

（8）列表中的 Attenuation Unit（衰减单元）。其功能是对音频信号进行衰减和增强，衰减能够到达-80dB 而增强能够到达+20dB。每一个衰减单元在 Inspector 面板上都有一个音量计（Volume），代表的是当前音频组音量的大小。

（9）在将音频组的结构介绍完成之后，下面将介绍几个效果器。Send Units（发送）效果器，允许去发送音频信号流到另一个效果单元。当发送（Effect）被添加到 AudioGroup 时，默认的发送水平设置为 80dB。

（10）Receive Units（接收）效果器是接收被发送信号的接收器。该接收器在获取发送给它们的音频信号后，将该信号与 AudioGroup 中当前信号进行混合。这个接收效果器与发送效果器一般是成对出现的，如图 8-82 所示。

（11）Duck Volume（音量闪避单元）。它允许你通过被发送的音频信号来创建侧链压缩器，Duck Volume 能够在混音器内控制音频信号的衰减。比如 NPC 正在说话，此时你想让背景音乐小点声，这个 Duck Volume 就发挥作用了。如图 8-83 所示。

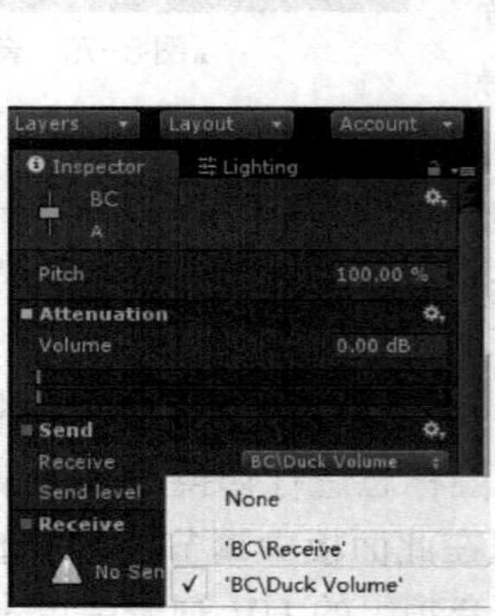

▲图 8-82　Receive Units 效果器

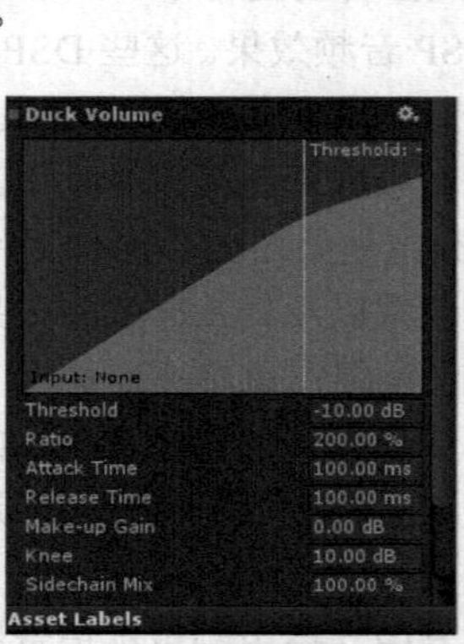

▲图 8-83　Duck Volume 效果器

8.9 水特效

水，无论是在现实世界中还是在 3D 游戏世界中都扮演着非常重要的角色。因此在游戏世界当中实现水的特效也是至关重要的，这不仅可以为游戏添加动态因素、增加动态效果，还可以使得游戏场景显得更加炫酷。在这一节，将为读者介绍水特效的开发。

8.9.1 基础知识

在 Unity 集成开发环境中系统已经封装好了部分水资源特效。下面笔者将以系统自带的水特效为例对水特效进行讲解，使读者进一步熟悉水的特效并可以在以后的开发中熟悉地利用资源进行水效果的开发，使得游戏视觉效果更加完美。

（1）读者在这里只需按照以下步骤进行导入就可以看到波光粼粼的水面了。按步骤 Assets→Import Package→Environment 导入环境的资源包，如图 8-84 所示。这时会弹出一个导入窗口，单击“Import”导入，如图 8-85 所示。

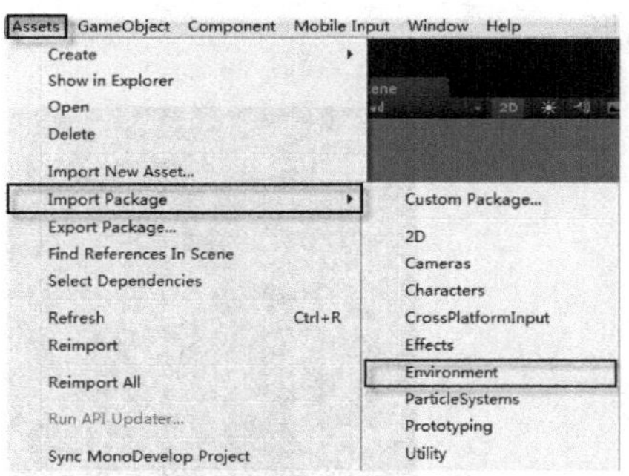

▲图 8-84　导入资源环境包

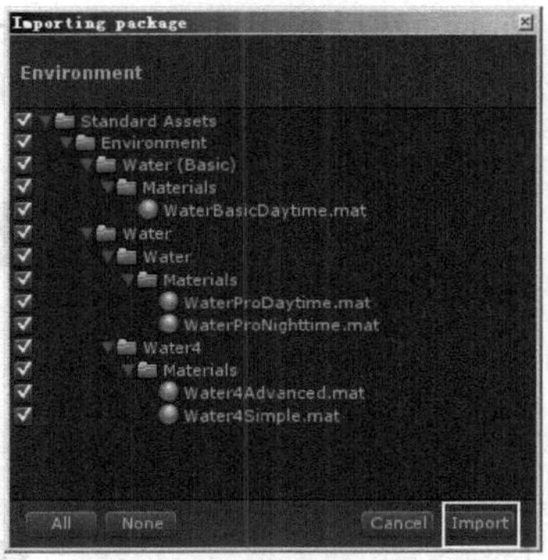

▲图 8-85　导入水资源包

（2）在将环境资源导入成功后，会发现在 Project 面板中多出了几个文件夹。点击 Standard Assets 文件夹会发现有“Water”和“Water（Basic）”两个文件夹。点开“Water”下的“Prefabs”文件夹会发现两个预制件，如图 8-86 所示。同样会发现“Water（Basic）”中也有预制件，如图 8-87 所示。

▲图 8-86　Water 预制件

▲图 8-87　Water（Basic）预制件

（3）由 Water 水中的预制件的名字可得，“WaterProDaytime”和“WaterProNighttime”分别表示白天高级水以及夜晚高级水。这两种水可以接收来自太空盒或者其他 3D 物体的反射和折射，效果十分真实，但是相对于基本水效果而言对系统资源的占用较高。

（4）而 Water（Basic）中的“WaterBasicDaytime”和“WaterBasicNighttime”分别表示白天的基本水和夜晚的基本水。这两种水不可以接收来自太空盒或者其他 3D 物体的反射和折射，但是相对于高级水效果而言对系统的资源占用较低。

（5）关于这四种水的效果以及参数列表，读者可以分别将它们拖曳到 Scene 中，单击运行按钮运行查看水特效效果，仔细查看每种水的属性列表，观察它们的不同（重点在着色器）。下面将通过一个案例实现完美的水特效。

8.9.2　案例

前面笔者已经向读者介绍了 Unity 5.0 中内置的水资源。内置的水资源由于非常便于开发人员使用，所以大大降低了游戏开发的技术门槛。下面将通过一个小例子来向读者展示水特效的效果以及如何使用 Unity 的内置资源。具体步骤如下。

（1）打开 Unity 集成开发环境，将开发需要的标准资源文件导入到 Unity 中。具体步骤为：依次单击“Assets→Import Package”命令，在弹出的对话框中将下载好的标准资源包选中并导入。标准资源包的下载前文已经介绍完毕，这里就不再赘述。

（2）绘制地形，形成山地效果。依次单击“Component→3D Object→Terrian”来创建地形，如图 8-88 所示。然后使用地形中的 Terrian 组件来对地形进行调整，如图 8-89 所示。选中后读者只需要在地形上按住鼠标左键进行拖动即可改变地形。

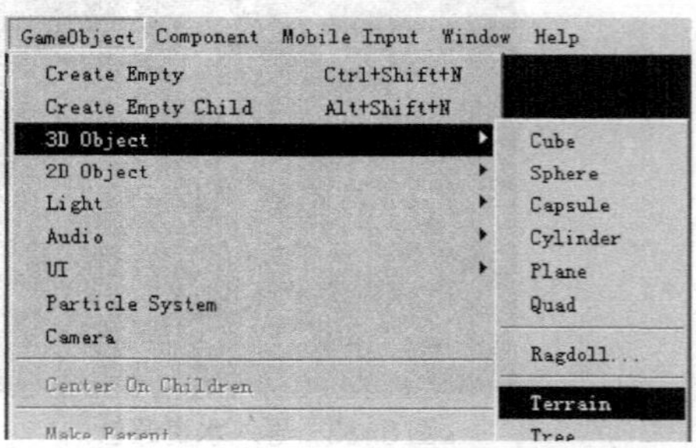

▲图 8-88　添加地形

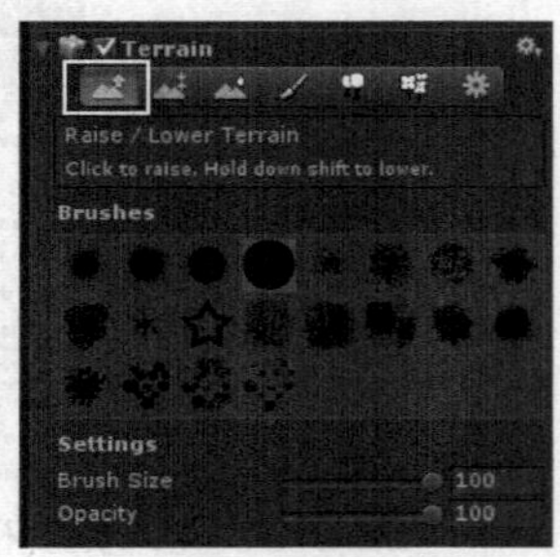

▲图 8-89　绘制山地

（3）山地绘制完成后地形还是白色的，所以接下来要为山地添加地形纹理，来模拟真实世界中的山地效果。选择 Terrain 组件中的 Paint Texture（绘制贴图）功能，导入需要的地形纹理贴图，如图 8-90 所示。导入完成后，地形就会将纹理贴图应用到地形上，完成效果如图 8-91 所示。

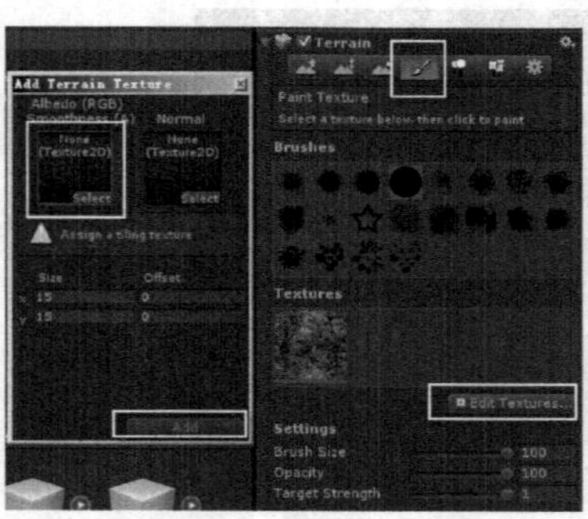

▲图 8-90　添加地形纹理贴图

▲图 8-91　完成效果

（4）接下来在场景中添加水草，使得效果更加真实。草的添加同样需要使用 Terrain 组件来完成。选中 Paint Details（绘制细节）功能，导入需要的水草贴图即可，如图 8-92 所示。然后将鼠标移动到场景中需要添加水草的位置，单击鼠标右键即可完成添加。完成效果如图 8-93 所示。

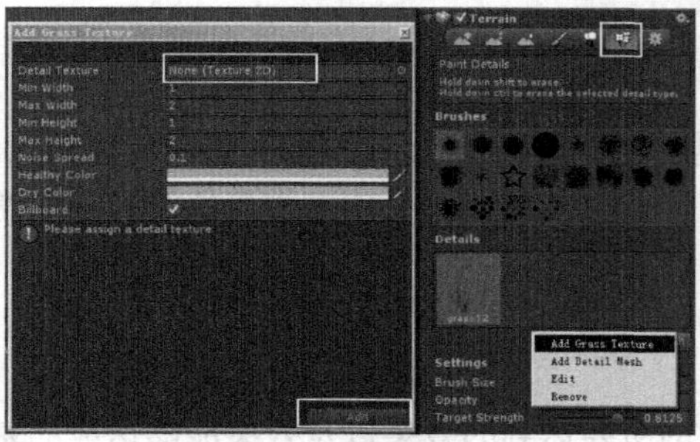

▲图 8-92　添加水草纹理

▲图 8-93　完成效果

（5）接下来将在场景中添加水效果。在 Project 面板处选择文件夹 Standard Assets→Environment→Water→Water4→Prefabs。将文件夹中的 Water4Advanced 预制件拖曳到场景中，并摆放到适当位置即可。可通过 Matrial 文件夹中的 Water4Advanced 材质球进行参数调节。如图 8-94 和图 8-95 所示。

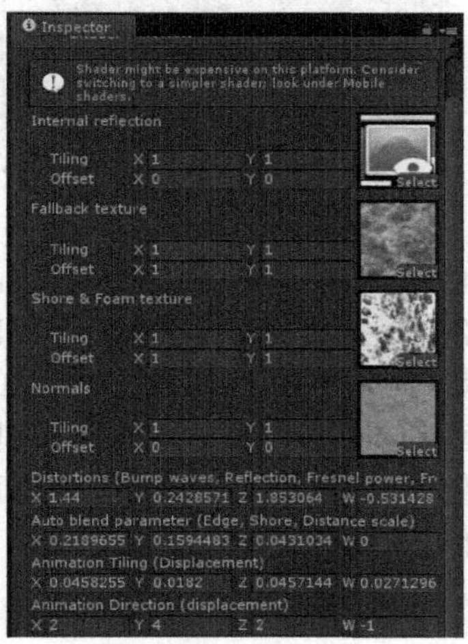

▲图 8-94　调节参数（一）

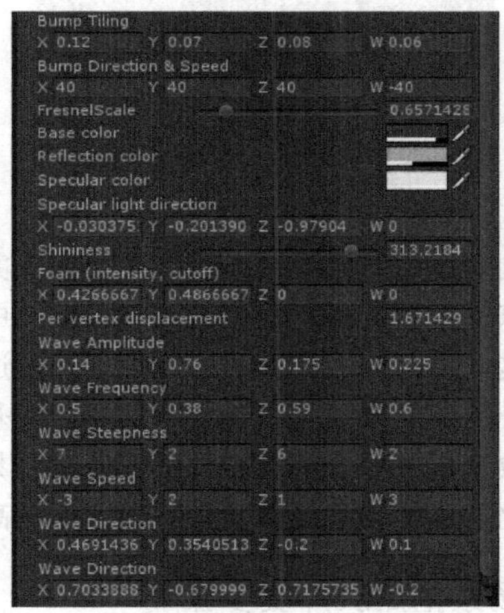

▲图 8-95　调节参数（二）

（6）全部完成后运行效果如图 8-96 所示。本案例中只使用了其中一种水效果，有兴趣的读者可查看标准资源包中的其他水效果资源，并根据实际开发情况选择相应的效果。由于目前移动端的硬件设备性能和其他平台相比稍有逊色，在开发过程中还请慎用 Unity 内置水资源（会消耗大量资源）。

▲图 8-96　运行效果图

案例位置：见随书光盘第 8 章目录下的 Unity_Demo/Assets/Water/Water.unity。

8.10 雾特效

现实生活中会有这样的情况，在某些时刻周围的环境会充满雾气，弥漫的雾气会遮挡住视线，使视线模糊不清。比如，一个人物角色在山林之间行走，山林中的雾气会使人物角色的视线变得模糊不清。本节将会通过案例向读者介绍这一雾效果的开发过程。

8.10.1　案例效果与基本原理

介绍案例的具体开发过程之前，首先需要了解本案例所要达到的效果以及效果能够达成的基本原理。本节中的案例效果是使案例中的山和地形充满雾，并且能够实现系统提供的 3 种雾之间的切换和消失功能。运行效果如图 8-97 和图 8-98 所示。

▲图 8-97　雾运行效果图

▲图 8-98　案例效果图

从案例的运行效果图中可以看出，在本案例中地面上有一个人在场景中奔跑，场景中的雾可以根据玩家的需要选择出现或者消失。案例中的自然场景是天空盒技术和地形的创建技术搭建完成的，在这里不再赘述，而雾的效果则是通过系统提供的 3 种雾之间的切换实现的。

雾化是通过混合已生成的像素的颜色和基于到镜头的距离来确定一个常量色以完成制作的。雾化不会改变已经混合的像素的透明度值，只是改变了 RGB 值。实现了雾化就可以模拟现实中的一些雾化天气等特殊效果，能够极大地提高游戏的可观赏性。

8.10.2　场景搭建及开发步骤

了解到案例所要达到的运行效果和基本原理后，下面将对案例的场景搭建和开发步骤进行详细介绍。具体内容如下。

（1）创建项目。新建一个文件夹，将其命名为“FogExample”。打开 Unity，生成项目。在项目中新建场景，将其命名为“Fog”，在项目中新建 3 个文件夹，将创建好的 3 个文件夹分别命名为“Fbx”　“Texture”和“Script”以备后用。

（2）导入所需的模型及与模型对应贴图文件。将准备好的山体模型“shan.fbx”和人物模型“SR.fbx”以及人物对应的动画导入前面创建的文件夹 Fbx 中，导入模型后将对应的山体的各个贴图文件和角色的各个贴图文件导入到文件夹 Texture 中。

（3）搭建场景。完成场景搭建的相关工作，包括模型位置的摆放、灯光的创建以及地形的设定等，这些步骤前面已有详细介绍，这里不再赘述。至此基本场景开发完成，下面开始雾特效切换的开发和相关脚本开发的介绍。

（4）单击菜单栏的选项“Windows”，在弹出的界面中单击“Lighting”，弹出属性的组件界面，如图 8-99 所示，勾选“Fog”选项，在“Fog Mode”选项处可以选择默认雾的类型，如“Linear”等，设置参数，如图 8-100 所示。

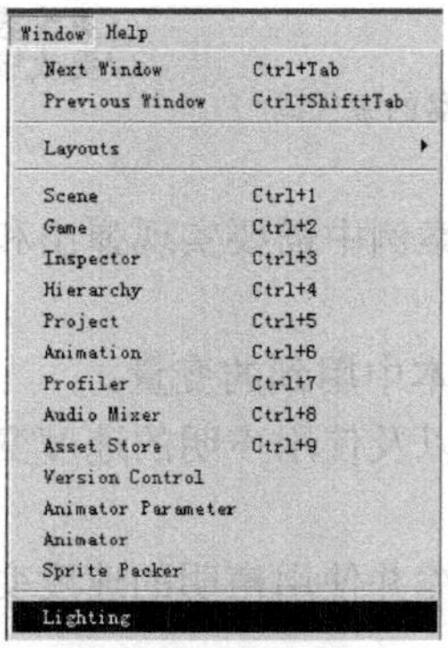

▲图 8-99 雾效组件界面

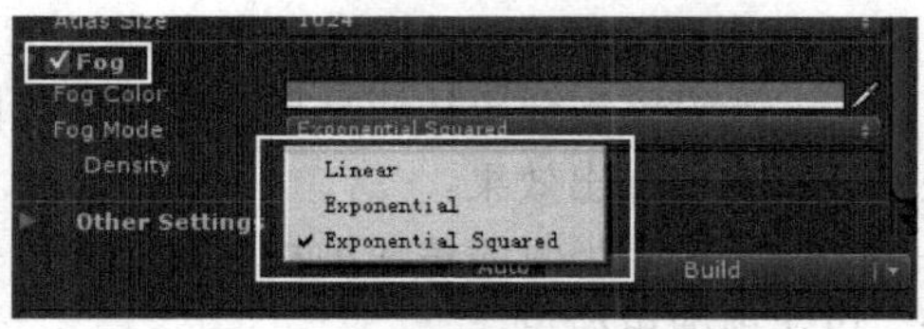

▲图 8-100 “Fog Mode”选项

（5）上面完成了雾效组件界面的设置。然后新建一个脚本，将其命名为“Pop.cs”。这里使用脚本开发了一个下拉列表，通过下拉列表的选择的方式来绘制雾效的切换菜单，以实现雾效的切换功能。双击打开脚本后开始编写，脚本代码如下。

代码位置：见随书光盘中源代码/第 8 章目录下的 FogExample /Assets/Script / Pop.cs。

```
using UnityEngine;
using System.Collections;                                              //导入系统包
public class Pop : MonoBehaviour {                                     //声明类名
  private float Ypos1=0.0f;                                            //声明框一位置
  private float Ypos2=0.0f;                                            //声明框二位置
  private float Ypos3=0.0f;                                            //声明框三位置
  private float Ypos4=0.0f;                                            //声明框四位置
  private bool showDropdownButtons1 ;                                  //声明下拉按钮
  private bool showDropButtonsUP1;                                     //声明收缩按钮
  float dropSpeed = 500.0f;                                            //声明弹出速度
  private string St="FogMode";                                         //声明初始字符串
  void Update(){                                                       //Update 方法
    if(showDropdownButtons1 == true){                                  //下拉按钮被按下
      Ypos1 += Time.deltaTime * dropSpeed;                             //弹出按钮一
      Ypos2 += Time.deltaTime * dropSpeed;                             //弹出按钮二
      Ypos3 += Time.deltaTime * dropSpeed;                             //弹出按钮三
      Ypos4 += Time.deltaTime * dropSpeed;                             //弹出按钮四
      if(Ypos1 >= 60){Ypos1 = 60;}                                     //按钮一位置
      if(Ypos2 >= 120){Ypos2 = 120;}                                   //按钮二位置
      if(Ypos3 >= 180){ Ypos3 = 180;}                                  //按钮三位置
      if(Ypos4 >= 240){Ypos4 = 240;}                                   //按钮四位置
      if(showDropButtonsUP1 == true){                                  //收缩按钮被按下
        Ypos1 -= Time.deltaTime * dropSpeed;                           //按钮一收缩
        Ypos2 -= Time.deltaTime * dropSpeed;                           //按钮二收缩
        Ypos3 -= Time.deltaTime * dropSpeed;                           //按钮三收缩
        Ypos4 -= Time.deltaTime * dropSpeed;                           //按钮四收缩
        if(Ypos1 >= 0 || Ypos2 >= 0 || Ypos3 >= 0 || Ypos4 >= 0){      //弹出任意按钮被按下
          Ypos1 = 0; Ypos2 = 0;Ypos3 = 0;Ypos4 = 0;                    //按钮收缩
          showDropButtonsUP1 = false;                                  //停止收缩
          showDropdownButtons1 = false;                                //停止弹出
  }}}}
  void OnGUI (){                                                       //OnGUI 方法
    if(showDropdownButtons1 == false){                                 //停止弹出状态
      if (GUI.RepeatButton (new Rect (50, 0, 200, 60), St)){           //弹出按钮被按下
        showDropdownButtons1 = true;                                   //开始弹出
      }}
      if(showDropdownButtons1 == true){                                //弹出状态
        if (GUI.Button(new Rect(50, 0, 200, 60), St)) {                //按钮框被按下
          showDropButtonsUP1 = true;                                   //开始收缩
          showDropdownButtons1 = false;                                //停止弹出
        }
        if (GUI.Button(new Rect(50, Ypos4, 200, 60), "None")){         //None 按钮被按下
          showDropButtonsUP1 = true;                                   //开始收缩
          showDropdownButtons1 = false;                                //停止弹出
```

```
45          RenderSettings.fogMode = 0;                         //更改雾模式
46          St = "None";                                        //更改按钮字符串
47          /*......此处省略部分代码，读者可自行查阅随书光盘的源代码*/
48     }}}}
```

- 第 1-7 行的功能主要是导入系统包、声明类名。在该案例中需要实现弹出和缩放共能，声明四个 y 轴位置变量。
- 第 8-11 行声明了两个标志位和下拉收缩速度，以及脚本中用到的变量。
- 第 12-21 行设置当弹出按钮被按下时，弹出四个按钮以及使用声明的速度变量，分别更改其 Y 轴坐标，以实现弹出效果。
- 第 22-31 行说明当收缩按钮被按下时，将四个按钮收缩并使用声明的速度变量分别更改其 Y 轴坐标，以实现弹出效果。
- 第 32-41 行说明当标志位为真、弹出按钮被按下时，开始弹出四个按钮；当收缩按钮被按下时，停止弹出，开始收缩。
- 第 42-48 行是在 OnGUI 方法中绘制 None 按钮，并且是按钮停止弹出并进行收缩，更改雾的模式以及按钮字符串。

（6）前面介绍了脚本 Pop.cs 的开发，下面介绍场景中的人物控制的开发步骤。首先将人物模型摆放好，选中人物模型 SR，单击菜单栏中的“Component→Physics→Character Controler”为人物角色添加角色控制器，调整角色控制器参数。如图 8-101 所示。

（7）为人物角色添加动画系统。依次单击“Component→Miscellaneous→Animation”，在人物角色的组件界面中可以看到 Animation 属性，展开 Animations 选项，将 Size 选项更改为“2”，在 Element0 和 Element1 中分别拖入动画“Laugh”和“Run”。如图 8-102 所示。

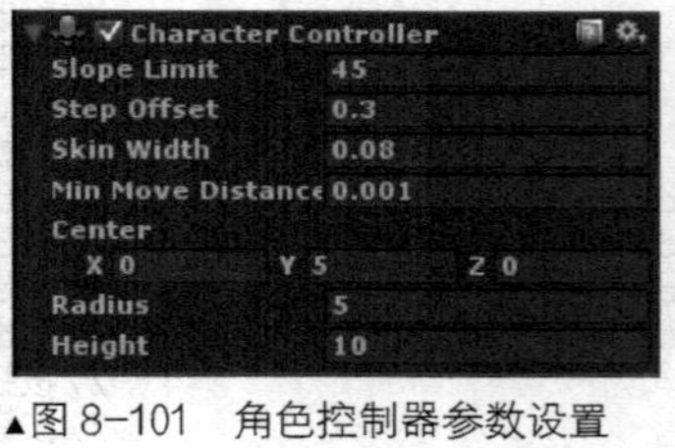

▲图 8-101　角色控制器参数设置

▲图 8-102　人物角色动画设置

（8）前面介绍了场景中人物角色的控制方法的准备工作。接着新建脚本并将其命名为“Controler.cs”，用于实现人物角色不同动画的播放和检测摇杆移动的位置，根据摇杆不同位置的移动来判断人物的移动和主摄像机的旋转。双击打开脚本后开始编写，脚本代码如下。

代码位置：见随书光盘中源代码/第 8 章目录下的 FogExample /Assets/Script / Controler.cs。

```
using UnityEngine;
using System.Collections;                                   //导入系统包
public class Controler : MonoBehaviour {                    //声明类名
  public EasyJoystick MyJoystick;                           //声明摇杆
  CharacterController controller;                           //声明角色控制器
  float RunSpeed;                                           //声明移动速度
  Vector3 MoveDrection ;                                    //声明移动方向
  public GameObject CameraA;                                //声明摄像机
  void Start () {                                           //Start 方法
    controller = (CharacterController)this.GetComponent("CharacterController");
    controller.slopeLimit = 30.0f;                          //声明最大限制坡度
    RunSpeed = 1000;                                        //初始化移动速度
  }
  void Update () {                                          //Update 方法
    MoveDrection = new Vector3(Input.GetAxis("Fire1"), 0, 0);
    MoveDrection = transform.TransformDirection(MoveDrection); //获取虚拟轴方向
    if (MyJoystick.JoystickTouch.y == 0 && MyJoystick.JoystickTouch.x == 0) {
                                                            //摇杆未动
```

```
18        GetComponent<Animation>().Play("Laugh");            //播放静止状态动画
19      }
20      if (MyJoystick.JoystickTouch.y > 0.5f) {              //摇杆到前半部分
21      GetComponent<Animation>().Play("Run");                //播放奔跑动作
22      }
23     /*......此处省略其他摇杆方向的判定，读者可以自行查阅随书光盘中的源代码*/
24      if(GetComponent<Animation>().IsPlaying("Run")){       //奔跑动作播放中
25        controller.SimpleMove(MoveDrection * (Time.deltaTime * RunSpeed));
                                                              //向前移动
26   }}}
```

- 第 4-8 行定义了摇杆插件、角色控制器、移动速度、移动方向以及摄像机变量。
- 第 9-13 行重写了系统的 Start 函数在程序运行时被调用，在其中完成角色控制器的获取和移动速度的赋值。
- 第 15-16 行获取程序中任务将要移动的方向。
- 第 17-19 行根据摇杆插件返回的当前的 x 轴以及 y 轴的偏移量，来判断当前角色是否静止并播放相应的静止动画。
- 第 20-23 行根据当前摇杆的方向来播放相应的动画。
- 第 24-26 行通过对当前播放的动画判断角色是否正在移动，如果移动就使用 SimpleMove 函数来控制橘色的移动。

（9）脚本创建完毕后将 Controler.cs 脚本挂载到案例中的对象 SR 上，将主摄像机拖曳到脚本的组件界面中的 CameraA 选项中，同时导入插件 Easytouch，将插件中的 NewJoystick 对象挂载到脚本组件界面中的 MyJoystick 选项中。

（10）至此，案例中的脚本开发完毕，下面将导入摄像机跟随脚本，同时导入 Unity 5.0 的标准资源包（前文已经介绍完毕，这里不再赘述）。单击摄像机，在 Inspector 面板下方单击“Component”，在弹出的列表中输入“SmoothFollow”即可搜索到该脚本，单击该脚本完成添加。如图 8-103 所示。

▲图 8-103　添加脚本

▲图 8-104　摄像机跟随脚本组件界面

（11）单击主摄像机打开主摄像机的组件界面，然后将对象列表中的 SR 对象的子对象 Target 拖曳到组件 SmoothFollow 中的 Target 选项中。调整参数如图 8-104 所示。到此本案例介绍完毕，读者查看随书光盘中的相关内容。

案例位置：见随书光盘第 8 章目录下的 FogExample/Assets/Fog.unity。

8.11 本章小结

本章介绍了 3D 开发过程常用的开发技术，其中包括天空盒的应用、3D 拾取、视频贴图、动态字体、加速度传感器、PlayerPrefs 类、虚拟按钮与遥感的使用、声音、水特效、雾特效的开发与应用。通过对本章内容的学习，相信读者在以后的开发过程中会更加得心应手，达到所需要的效果。

第 9 章　光影效果的使用

如今市面上的 3D 游戏 ，画面是否精美已经成为评判其优劣的一个重要标准，然而在画面的优化中，光影效果占据了很重要的地位。一个良好的光影系统可以很好地加强场景的立体感、美观程度等，以至于专业的游戏开发团队都会配备专业的调光师来对场景中的光影效果进行优化。

在本章中将详细介绍 Unity 3D 开发引擎中的光影效果的使用，包括 Unity 3D 中自带的四种光源、实时阴影、光照贴图的使用与设置、法线贴图的使用和制作等知识。需要注意的是，Unity 3D 在 5.0 版本对其光照系统进行了大量的升级，通过学习本章读者应该可以很好地掌握这些知识。

9.1 光源

光源是每一个游戏场景的重要组成部分，网格和纹理决定了场景的形状和外观，光源则决定了 3D 环境的色调和氛围。同一个场景中可以同时开启多个不同类型的光源，如果这些光源配合使用得当，就能搭建出层次分明、光彩炫丽的场景。

Unity 3D 中支持的光源有四种，分别为点光源、平行光源、聚光灯光源以及区域光光源。可以通过执行“GameObject→Light”命令来找到这些光源并创建。每种光源都各具特色，下面将对各个类型的光源进行详细的介绍。

9.1.1　点光源（Point Light）

点光源是从一个点的位置向四面八方发射光线，类似于蜡烛、灯泡，是场景搭建的常用光源之一。在合适的位置添加点光源会大大增强游戏对象的层次感。按步骤 GameObject→Light→Point Light 即可在场景中创建一个点光源。点光源的组件参数如图 9-1 所示。

为了让读者更加明了点光源的效果，可以搭建一个简单的 3D 场景，其中包含若干 3D 游戏对象（需要注意的是新建的场景中包含一个默认的平行光光源，需要将其关闭）。在 3D 场景中添加一个点光源，适当调整其 Range（范围），就可以得到图 9-2 所示的效果。

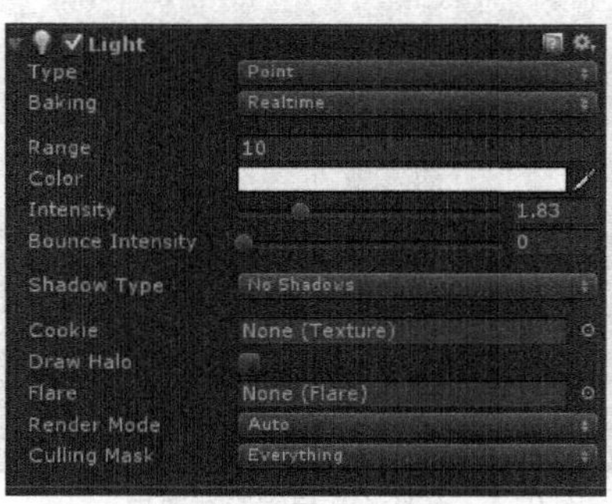

▲图 9-1　Point Light 组件

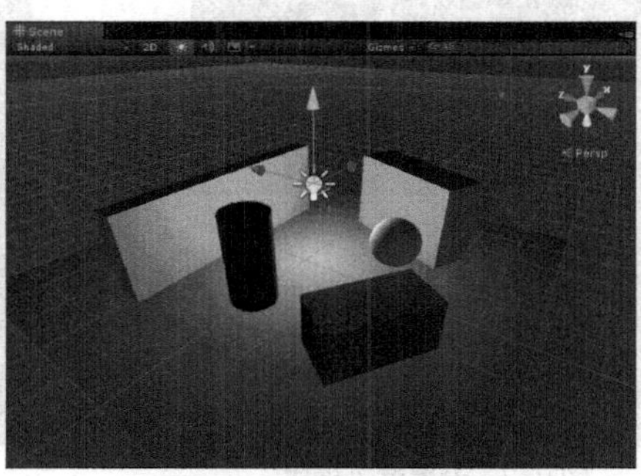

▲图 9-2　点光源运行效果

接下来介绍点光源 Light 组件中的参数。Unity 中的四种光源都挂载有 Light 组件，其组件的内部参数也大致相同。下面将详细介绍该组件中的各个参数，以便读者在不同的需求情况下设置想要的光照效果。Light 组件参数如表 9-1 所示。

表 9-1　　Light 组件参数

参 数 名	含　义
Type	灯光对象当前类型
Directional	将光源改为平行光光源，将其放在无穷远处也可以影响着场景中所有物体
Point	将光源改为点光源，灯光从其位置向各个方向发射光线，影响范围内的所有对象
Spot	将光源改为聚光灯光源，光线按照聚光灯定义的角度和范围在一个圆锥区域内发射光线，影响所有在该圆锥区域内的物体
Baking	全局光照模式
Range	灯光所能够影响到的最大范围（定向光源不需要该属性）
Color	灯光发出光线的颜色
Intensity	灯光发射光线的明亮程度，0 即为关闭灯光，1 为最亮
Bounce Intensity	控制全局光照模拟中光线反弹的强度，若想得到一个较柔和的光照需要对其设置
Shadow Type	灯光投射的阴影类型，分为软硬两种类型
Cookie	使用一个带有 Alpha 通道的纹理来制作一个遮罩，使光线在不同的地方有不同的亮度，当光源是点光源时，必须为一个立方图纹理
Draw Halo	绘制光晕，若是勾选此项，光线带有一定范围的球形光晕会被绘制
Flare	可选的灯光耀斑，在光源的位置绘制
Render Mode	灯光的渲染模式
Auto	自动渲染模式，根据附近的灯光亮度和当前设置质量在运行时确定
Important	灯光按照逐个像素渲染，只用在一些非常重要的灯光特效的渲染上
Not Important	灯光总是以最快的速度渲染
Culling Mask	有选择的使某些层不受该光源影响

在介绍灯光阴影的时候，或许有的读者会发现，点光源即使勾选了 Shadow Type 中的阴影模式，场景中也没有出现阴影，这是因为在默认情况下点光源是不支持阴影的。想要让其变得有阴影，应该依次单击“Edit→Project Settings→Player”将渲染路径勾选为“Legacy Deferred”，如图 9-3 所示，就可以在灯光设置中开启阴影了。开启阴影后效果如图 9-4 所示。

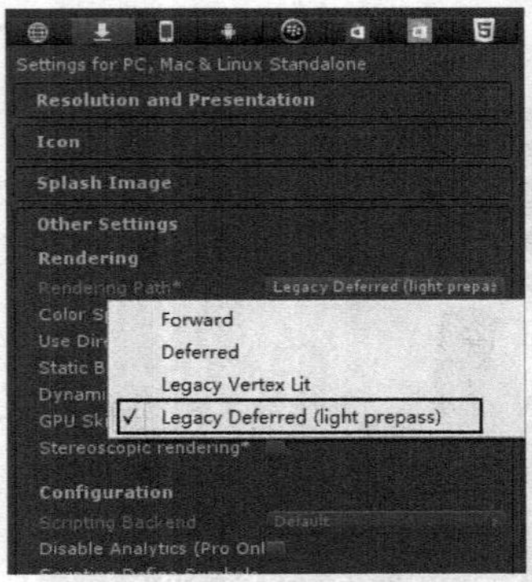

▲图 9-3　设置渲染模式

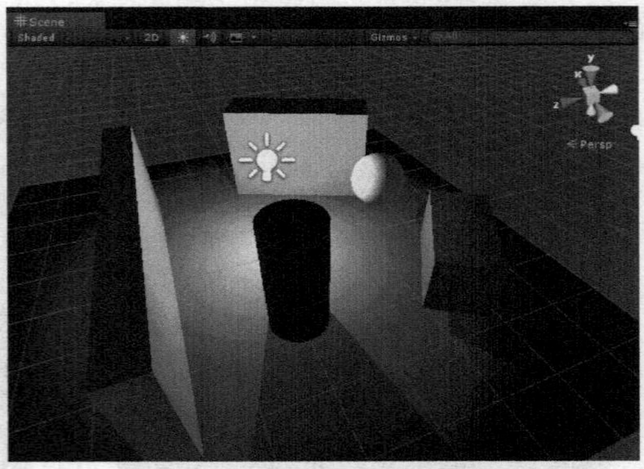

▲图 9-4　点光源开启阴影后效果

说明	点光源开启阴影运算是非常消耗系统性能的，因此请谨慎选择是否开启。而且由于其目前不支持阴影的间接反射，这代表由点光源产生的光线只要在一定距离内有可能会穿过对象反射到另一面，导致类似墙壁或地板漏光的现象，这一点也需要注意。当然如果采用 Baked GI 的话就没有这些问题了。

9.1.2 定向光源（Directional Light）

平行光就像一个太阳，当场景中开启一个定向光时，无论光源摆放在什么位置，都可以影响到场景中的所有物体。这个光源也是搭建场景时最常用的光源，特别是在搭建白昼的场景时，定向光的使用是必不可少的。新建的场景中会自动包含一个定向光源。

按步骤 GameObject→Light→Directional Light 就可以在场景中创建一个定向光光源，其上挂载的 Light 组件如图 9-5 所示。其内部参数和 Point Light 上的 Light 组件基本相同，注意定向光光源在 forward 渲染路径下就可以支持实时动态阴影的。平行光场景开启阴影后效果如图 9-6 所示。

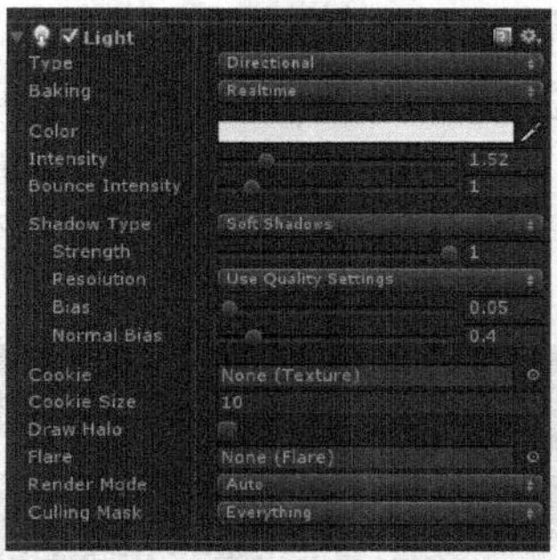

▲图 9-5　平行光光源组件

▲图 9-6　开启阴影后的平行光场景示例

说明	默认情况下新的场景中都会附带一个定向光光源。在 Unity 5.0 中还会与天空盒系统相关（Lighting→Scene→Skybox）。当然用户可以删除预设的定向光并创建一个新的光源，然后从 Sun 这个属性重新指定（Lighting→Scene→Sun）。

9.1.3 聚光灯光源（Spot Light）

聚光灯光源比较特殊，其灯光是从一个点发出，只在一个方向按照一个圆锥形物体的范围照射，类似于舞台上的聚光灯。在其参数中可以调整灯光的范围和角度。注意在灯光可以照射到的范围内，距离光源越近的点，其亮度也越高。

按步骤 GameObject→Light→Spot Light 就可以创建出一个聚光灯光源，其上挂载的 Light 组件中的参数如图 9-7 所示。其大部分参数和 Point Light 上的 Light 参数相同，仅仅多了 Spot Angle 参数（用于调节灯光的角度范围）。灯光的效果如图 9-8 所示。

说明	和 Point Light 相似的是，Spot Light 在 forward 渲染模式下是无法产生阴影的，需要在执行“Edit→Project Settings→Player”命令后打开的界面中将 Rendering Path 勾选为“Legacy Deferred”。由于其在使用预计算 GI 时不支持间接阴影，这表示灯光可能会穿过几何到另外一面，在放置时要尤为注意。

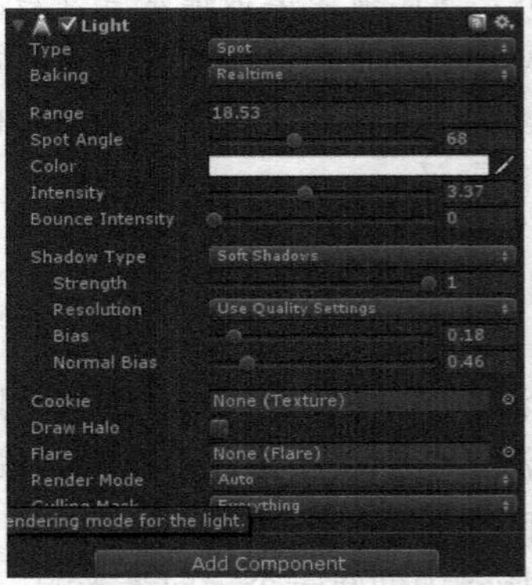

▲图 9-7　聚光灯光源组件

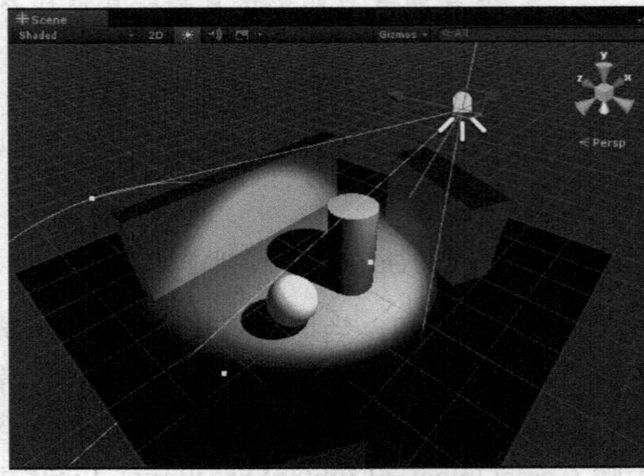

▲图 9-8　聚光灯效果

9.1.4　区域光光源（Area Light）

区域光光源是四种光源中最特殊的一种，只有在烘焙后才会看到光影效果。该光源参数中可以定义 Wight 和 Height 参数，只有在该范围内的物体才有光照效果。

按步骤 GameObject→Light→Area Light 就会创建一个区域光，其 Light 组件如图 9-9 所示。将其放在场景中，调整其 Wight 和 Height 参数可以设置灯光的范围（不可以通过调整 Transform 中的 Scale 代替），将场景中的 3D 物体设置为静态的，然后烘焙，就可以得到图 9-10 所示的效果。

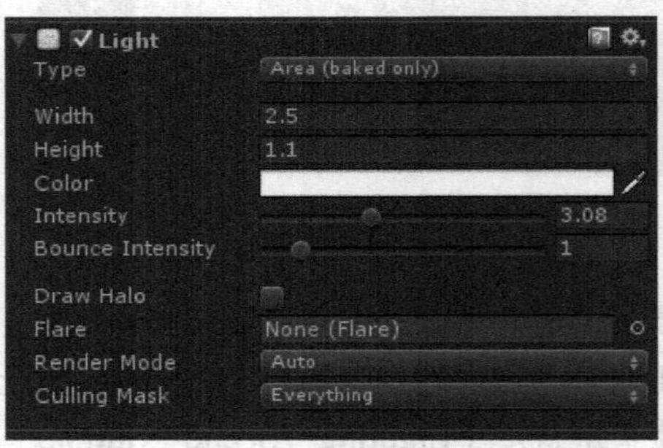

▲图 9-9　区域光光源组件

▲图 9-10　烘焙后效果

> **说明**　区域光的范围会在 Scene 窗口中以黄线表示，其 *Z* 轴（蓝色轴）方向就是光照方向。虽然区域光没有范围属性可以调节，但是光照的强度会随着距离光源越远而递减。在烘焙该光照前要将场景中的 3D 物体设置为静态的。目前该光源只能配合烘焙 GI 使用。

9.1.5　发光材质

自发光材质在某种意义上应该也算是一种光源。通过给一些物体添加特殊的着色器，调节其自发光参数就可以得到一个柔和的灯光效果。发光材质可以让物体表面发光，还可以反射场景内像是颜色或是光强度等，在游戏中改变的光源。图 9-11 中所示黑白相间的立方体上就挂载有自发光着色器，图 9-12 所示为其自发光着色器的参数设置。

▲图 9-11　发光材质的光影效果

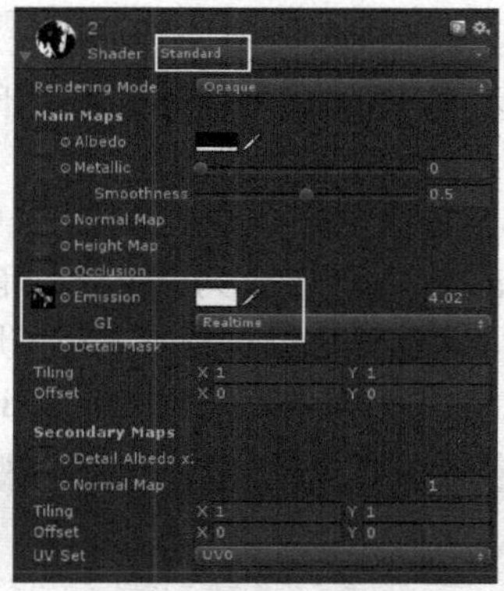

▲图 9-12　着色器参数设置

> **说明**　自发光材质只会作用在被标记为“Static”或“LightMapStatic”的物体上，若该材质附加在非静态物体上则不会有任何效果。并且光的强弱距离光源越远以二的次方速度衰减。像这样的自发光材质非常适合制作类似于霓虹灯的游戏对象。

9.2 光照贴图的烘焙与使用

光影效果在游戏中是十分重要的。在游戏的开发过程中需要加入很多种光源来提高游戏画面质感，但是若是每次都实时地计算物体根据灯光产生的阴影明显是不明智的。由于大多数阴影都是不变的，或许可以通过某种手段使这些不变的阴影固化在场景中，这样就省去了很多不必要的计算。

光照贴图就是用来解决这类问题的。它的基本原理就是使用一张包含有场景中不会变化的物体的阴影的贴图，附加在整个场景中，这样就制作出了相似度非常高的“假阴影”。注意，这样产生的假阴影是不根据光源和物体的位置变化而变化的，所以只适用于场景中不会运动形变的物体，如建筑、雕塑等。下面将通过一个案例对光照贴图的制作进行详细的介绍。

9.2.1　对场景进行光照烘焙

本节将向读者讲解如何进行光照烘焙。通过对本节内容的学习，读者应该会对光照烘焙的具体流程有一个了解。对于光照烘焙的参数介绍将在下一节中详细介绍。

（1）首先搭建一个简单的场景，该场景包含若干 3D 游戏对象，以及一个 Plane 作为地板。将每个 3D 物体勾选为“Lightmap Static”，如图 9-13 所示。

（2）创建一个平行光光源（用于产生阴影），在光源上的 Light 组件中将 Baking 选为 Baked，并开启阴影。具体参数设置如图 9-14 所示。

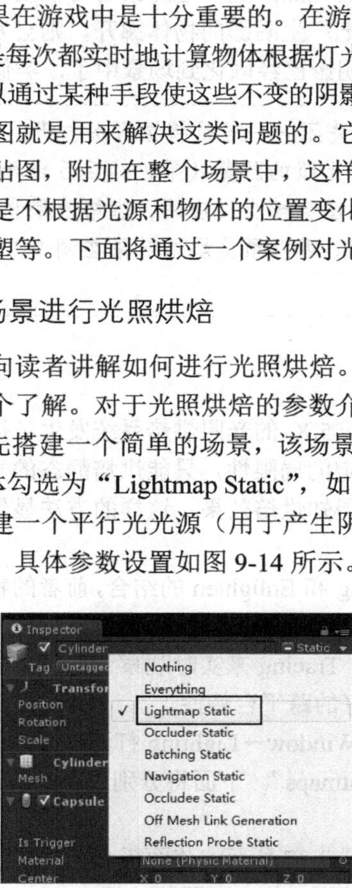

▲图 9-13　将物体勾选为静态

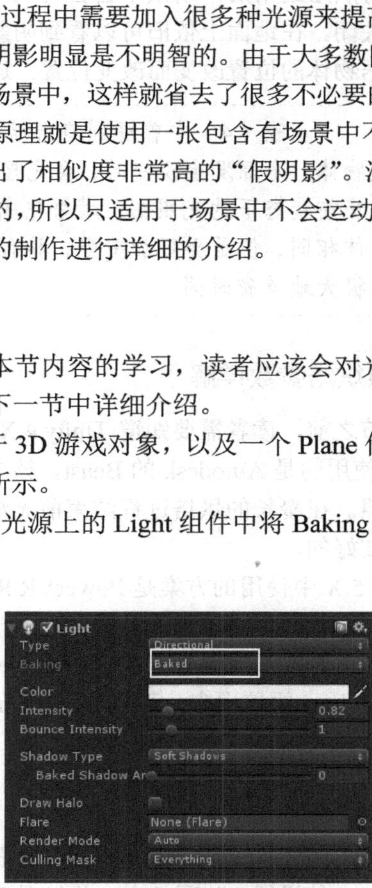

▲图 9-14　光源参数设置

（3）到此为止一个简单的场景就搭建完毕了，其效果如图 9-15 所示。接下来可以打开烘焙窗口，按步骤 Window→Lighting 打开光照烘焙窗口，有关于光照烘焙的所有参数的设置都可以在该窗口中完成。下面将详细介绍。

（4）开始烘焙前，请检查场景中的 3D 物体是否都是 Lightmap Static 模式，光源的 Light 组件中的 Baking 是否设置为 Baked。确认无误后在新打开的 Lighting 窗口中的 Scene 面板中单击下方的 Build 按钮就可以对场景进行烘焙了，注意这时使用的都是默认的光照烘焙参数。如图 9-16 所示。注意将 build 按钮旁边的 Continuous Baking（自动烘焙）开关关闭。

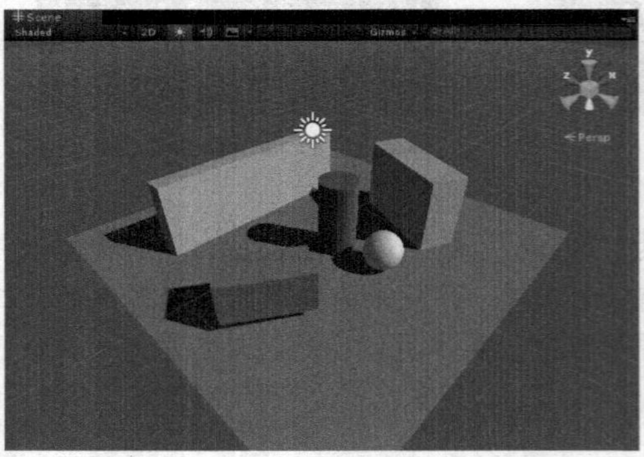

▲图 9–15　预先搭建好的简单场景

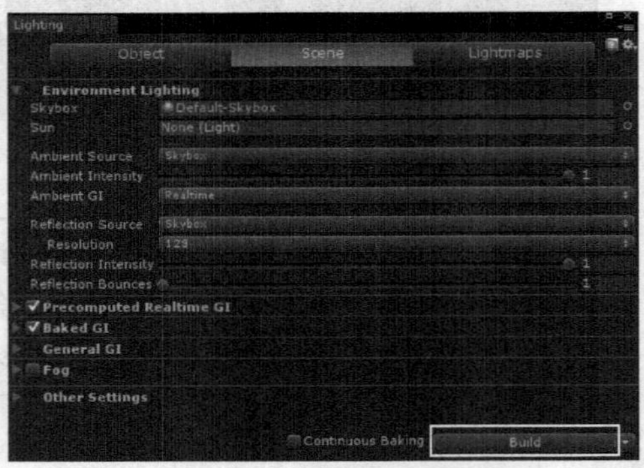

▲图 9–16　光照烘焙面板

（5）等待烘焙结束后，场景中会自动应用烘焙好的光照贴图。这时读者可以发现，即使将场景中的灯光关闭，在地面上依旧可以看到阴影。若是把产生阴影的物体挪开，则会发现地上的阴影并没有根据物体的位置改变而改变位置。这是因为阴影已经固化到场景中了，类似于纹理图。

说明　步骤（4）中曾提到将自动烘焙开关关闭——若是将该开关打开，当场景中的物体、光源发生改变时，会先显示出一个光照的预览效果，然后后台开始自动烘焙当前状态下的光照图；烘焙完成后，光照图会被自动应用，烘焙效果和预览效果大体相同，但是会更加美观，具有更多细节。可以预览烘焙效果在调节光照效果时能极大地节省时间。

9.2.2　光照烘焙参数详解

学习本节之前，读者需要知道 Unity 4.X 和 Unity 5.X 的光照烘焙系统发生了很大的改变。Unity 4.X 中使用的是 Autodesk 的 Beast，该方法有一定的局限性，只能烘焙静态的光照贴图而不支持动态光照。在漫长的烘焙过程结束前无法直观地得知烘焙效果，这样的方法显然对大部分开发者是不太友好的。

而 Unity 5.X 中使用的方案是 PowerVR Ray Tracing 和 Enlighten 的结合，前者的特点是不需要烘焙过程，速度极快但是效果不是非常理想，后者依旧需要烘焙过程但是效果很好。二者结合起来使用的流程就是在编辑器预览中使用 PowerVR Ray Tracing 来实时观察调整效果，达到理想效果后通过 Enlighten 烘焙出来，而且 Enlighten 具有很好的跨平台特性。

接下来介绍 Lighting 界面中的光影参数，按步骤 Window→Lighting 打开光照烘焙窗口。该窗口分为 3 个面板，分别为“Object”“Scene”和“Lightmaps”。下面将分别进行介绍。

1. Object 面板

Lighting 窗口的第一个面板就是 Object 面板，如图 9-17 所示。该面板允许用户选择对象或对象组并进行统一的设置。其顶部有一些场景元素过滤按钮，单击不同的按钮，在 Hierarchy 窗口中就会显示对应类型的游戏对象。

❑ Lights 过滤按钮

单击 Lights 过滤按钮，在 Hierarchy 视图中就会只显示出挂载有 Light 组件的物体，也就是光源。选中任意光源就可以对其进行设置，如图 9-18 所示。选中相应的光源后在 Lighting 面板中显示的设置参数和该光源上的 Light 组件中的参数是一样的。其中的重要参数如表 9-2 所示。

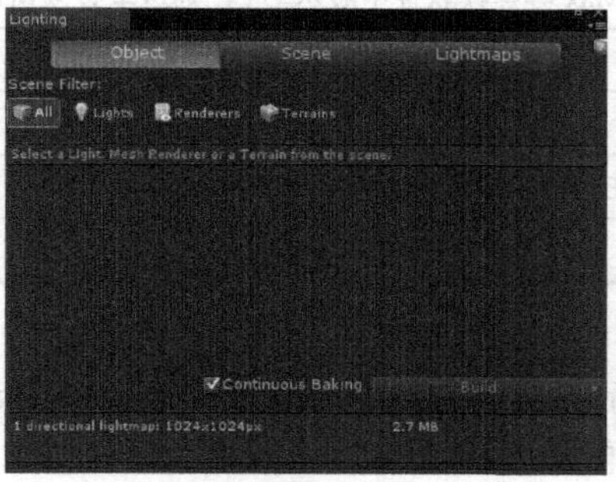

▲图 9-17　Object 面板

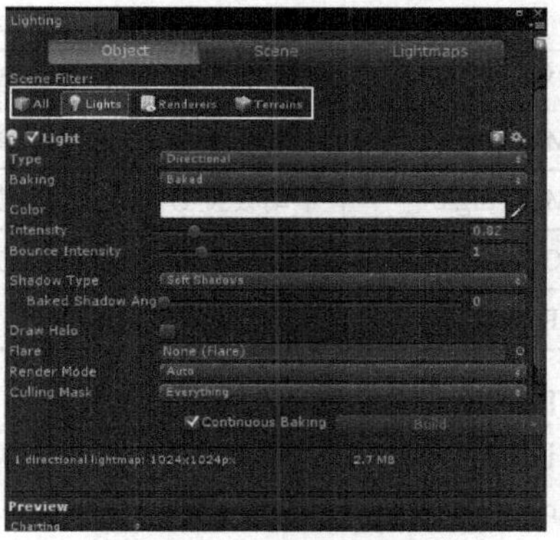

▲图 9-18　Lights 过滤按钮

表 9-2　　　　　　　　　　　　灯光设置中的重要参数

参 数 名	功　能
Type	设定灯光的类型，在这里可以将灯光设置为平行光、点光源、区域光以及聚光灯
Baking	光源的烘焙模式
Realtime	对场景中所有物体都使用实时光照
Baked	只对静态的物体使用烘焙光照，对非静态的物体不起作用
Mixed	对静态物体使用烘焙光照，对非静态物体使用实时光照
Bounce Intensity	调节间接光（从一个物体反射到另一个物体上的光）强度

说明　Bounce Intensity 参数可以调节反射强度。反射光是根据光源和场景中的所有静态物体的位置关系与材质通过 GI 系统计算出来的，非常实用。比如，一个昏暗阴影中有一个物体，要使其细节可以被看到就需要一些反射光来对其进行照明。当然，若需要使用全局预计算光照（Precomputed realtime GI Lighting）的同时还需要一个平行光源来照明，就可以将其 Bounce Intensity 设置为 0。

❑ Renderers 过滤按钮

单击 Renderers 过滤按钮，在 Hierarchy 视图中就会显示出场景中所有的网格（Mesh），选中任意对象就会呈现出图 9-19 所示的面板。其中 Mesh Renderer 下的参数介绍如表 9-3 所示。

▲图 9-19　Renderers 过滤按钮

表 9-3　　　　Mesh Renderer 下的参数介绍

参 数 名	介　　绍
Lightmap static	该选项表示选中的游戏对象是否为 Static 或 Lightmap Static 的，如果是，则该游戏对象应该参与到 GI 系统中计算光照
Scale In Lightmap	该值影响了用于选中对象的 lightmap 的像素数目。默认值为 1.0，表示每个对象所占光照图像素的比率。可以通过此值来优化光照图，减少不重要的对象的比例，从而让重要的物体占更多的光照图像素来优化场景
Preserve UVs	保护光照图 UV，若模型没有在 3D Max 等建模软件中展示 UV，则这里必须勾选
Auto UV Max Distance	手动设置 UV 的最大距离
Auto UV Max Angle	手动设置 UV 的最大角度
Important GI	让自发光的物体照射范围更加大（在较大的场景中可能会用到）
Advanced Parameters	设置光照图的质量

❑ Terrains 过滤按钮

单击该过滤按钮后，在 Hierarchy 面板中就会显示出场景中的所有地形元素。该面板如图 9-20 所示，其中参数在 Renderers 中已有介绍，在这里不再赘述。

2. Scene 面板

单击中间的 Scene 按钮就会进入到 Scene 面板，如图 9-21 所示。该面板中的设置适用于整个场景而不是单独的某个对象，在该面板中可以设置有关于 GI 的所有参数。需要注意的是，预先计算实时光照（Precomputed Realtime GI）和光照烘焙（Baked GI）可以通过单击其前方的选项卡来启用或禁用。

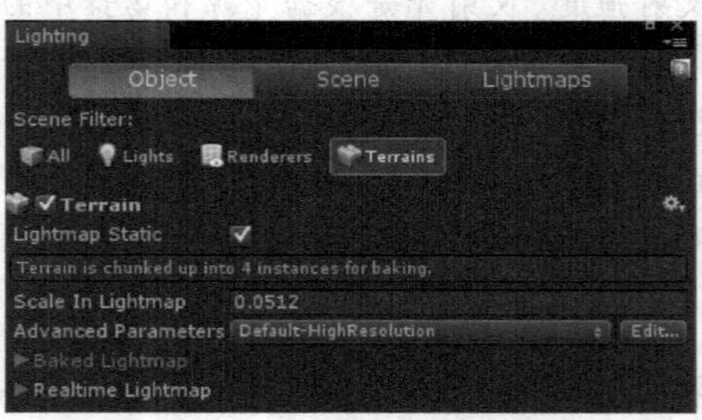

▲图 9-20　Terrains 过滤按钮

▲图 9-21　Scene 面板

首先介绍 Environment Lighting（环境光照）选项卡中的参数。具体如表 9-4 所示。

表 9-4　　　　Environment Lighting 参数介绍

参 数 名	功　　能
Skybox	场景中使用的天空盒
Sun	太阳光，可以为其指定一个定向光光源（Directional Light）
Ambient Source	环境光来源，在这里可以指定环境光是来源于天空盒、梯度还是指定颜色
Ambient Intensity	环境光的强度

续表

参　数　名	功　　能
Ambient GI	指定环境光的光照模式是实时光照还是烘焙，若下面的两种 GI 模式没有都开启，该选项的调节是没有效果的
Reflection Source	反射源，可以指定反射源是天空盒或者一个自定的立方体纹理图
Reflection Intensity	反射强度，设定来自天空盒或者立方图纹理的反射强度
Reflection Bounce	反射计算次数

Lighting 窗口中的 Precomputed Realtime GI（预计算实时光照）和本节中所讲的光照烘焙没有关系，所以将其放在在后面进行详细的介绍，在本部分中主要介绍的是 Baked GI（烘焙光照）。Baked GI 的具体参数如表 9-5 所示。

表 9-5　　Baked GI 参数介绍

参　数　名	功　　能
Baked Resolution	烘焙分辨率，若该值为 10 就代表每个单位中分布着 10 个纹理元素
Baked Padding	在 LightMap 中不同物体的烘焙图的间距
Compressed	是否压缩光照图，在移动设备上最好勾选上
Ambient Occlusion	烘培光照图时产生一定数量的环境阻光。环境阻光计算物体每一点被一定距离内的其他物体或者一定距离内自身物体的遮挡程度（用来模拟物体表面环境光及阴影覆盖的比例，达到全局光照的效果）
Final Gather	控制从最终聚集点发射出的光线数量，较高的数值可以得到更好的效果

至此，Baked GI 的参数介绍基本结束。Lighting 面板中还有雾和耀斑的设置，读者可以根据需要自行调控，在本部分中不再赘述。需要注意的是，烘焙的速度和 Scale In Lightmap、Realtime Resolution、Baked Resolution 和 Atlas Size 有关，当场景过大时需要适当调整，防止烘焙时间过于漫长。

说明　Lighting 面板中虽然可以同时开启实时 GI 和烘焙 GI，但是同时启用两个模式系统的负担也会增加，最终具体要选择哪个方法还要取决于项目的性能和预期硬件的考虑。比如，手机等移动设备上可能使用烘焙 GI 比较合适，而计算机、游戏机等硬件则使用实时 GI 或两者搭配使用效果会更好。

9.3　法线贴图

法线贴图（Normal mapping）在三维计算机图形学中，是凹凸贴图（Bump mapping）技术的一种应用，有时也称为“Dot3(仿立体) 凹凸纹理贴图”。与纹理贴图通常是在现有的模型法线上添加扰动不同，法线贴图要完全更新法线。

与凹凸贴图类似的是，法线贴图也是用来在不增加多边形的情况下于浓淡效果中添加细节。但是凹凸贴图通常根据一个单独的灰度图像通道进行计算，而法线贴图的数据源图像通常是从更加细致版本的物体（精模）得到的多通道图像，即红、绿、蓝通道都是被作为一个单独的数据通道对待。

9.3.1　在 Unity 中使用法线贴图

法线贴图的使用在如今的游戏开发中越来越频繁，这种又能节省资源又能得到良好的视觉效果的方法得到了越来越多开发人员的认可，而 Unity 也对法线贴图做出了支持。下面将通过一个例子演示如何在 Unity 中使用法线贴图。

（1）首先导入案例所需要的模型与贴图。在本案例中使用到的模型和图片如表 9-6 所示，读者可以按照表格内容找到这些资源并进行导入。

表 9-6　　　　　　　　　　　　案例所需要资源

资　源　名	用　　途	位　　置
Dinosaur.fbx	恐龙模型	Assets/model/ Dinosaur.fbx
GRANDEB2.jpg	恐龙的法线贴图	Assets/model/GRANDEB2.jpg
GRABDECO.jpg	恐龙的漫反射贴图	Assets/model/ GRABDECO.jpg

（2）导入上述的资源后，开始搭建场景。按步骤 File→new Scene 新建一个场景，然后将 Dinosaur.fbx 拖到场景中，将其位置摆放到摄像机前方，在 Game 视口中就可以看到恐龙的模型。

（3）下面对导入的法线图片进行设置。在 Project 面板中选中 GRANDEB2.jpg，在 Inspector 面板中将其 Texture Type 勾选为“Normal map”。下面的 Bumpiness 滑块控制凹凸的程度，可以根据需要进行设置，设置完毕后单击 Apply 按钮应用设置。如图 9-22 所示。

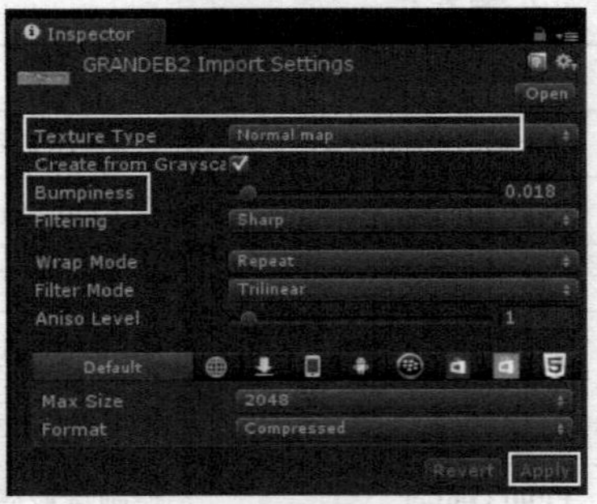

▲图 9-22　法线贴图的设置

（4）接下来创建材质，在 Project 面板中单击鼠标右键选择“Creat→Material”创建两个材质，分别命名为“DDiffuse”和“DNormal”。如图 9-23 和图 9-24 所示。

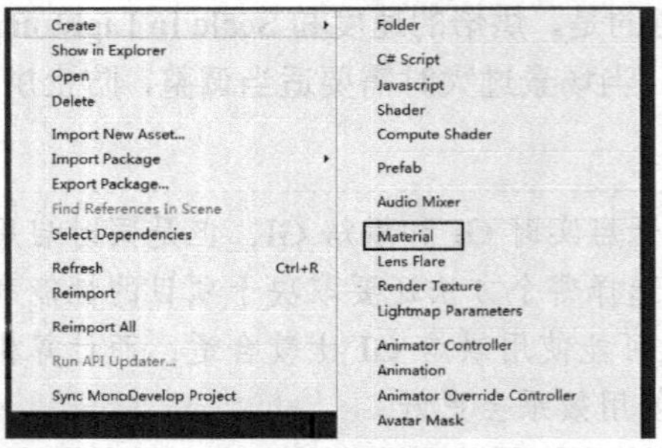

▲图 9-23　创建材质

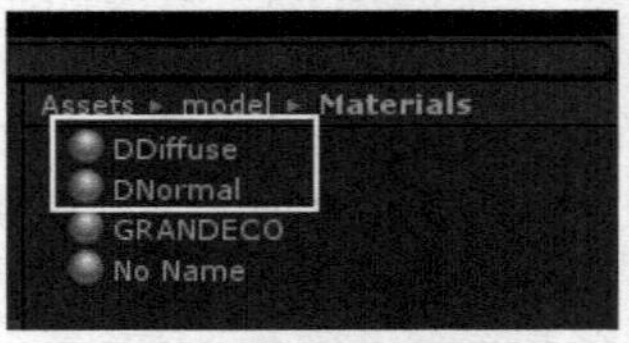

▲图 9-24　创建好的两个材质

（5）下面为其指定对应的着色器。DDiffuse 材质的着色器为“Legacy Shaders/Diffuse”，对应的贴图为“GRABDECO.jpg”。DNormal 材质的着色器为“Legacy Shaders/Bumped Diffuse”，Base 对应贴图“GRABDECO.jpg”，Normalmap 对应贴图“GRANDEB2.jpg”。如图 9-25 和图 9-26 所示。

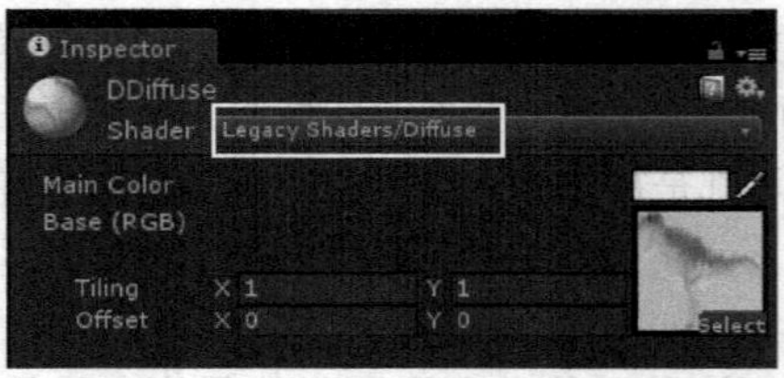

▲图 9-25　DDiffuse 材质的着色器设置

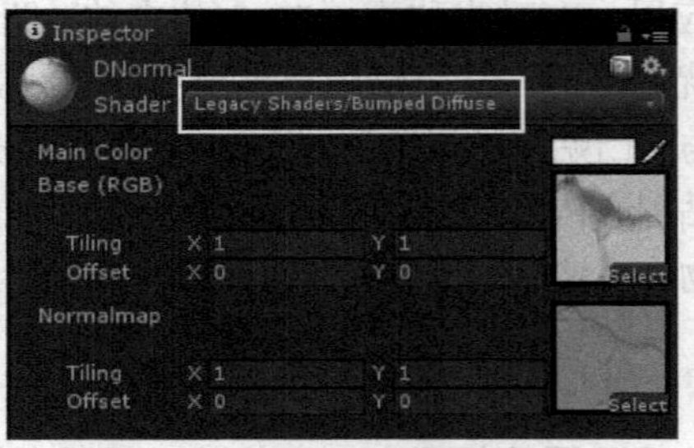

▲图 9-26　DNormal 材质的着色器设置

（6）准备工作做好后，接下来进行脚本的开发。脚本的主要功能是生成两个单选按钮，然后根据用户的选择切换恐龙的材质，显示使用普通漫反射贴图的恐龙或者使用法线贴图的恐龙。在Project 面板中单击鼠标右键选择“Create→C# Script”创建一个脚本，命名为“UseNormalMap.cs”。脚本代码如下。

代码位置：光盘中第 9 章目录下的 LightTest\Assets\Script\ UseNormalMap.cs。

```
1    using UnityEngine;
2    using System.Collections;
3    public class UseNormalMap : MonoBehaviour {
4      int selectindex = -1;                                          //选中按钮的索引
5      string[] selectstring = new string[] { "法线", "默认" }; //按钮显示的字样
6      public Material normalmap;                                     //使用法线贴图的材质
7      public Material diffusemap;                                    //使用漫反射贴图的材质
8      public GameObject model;                                       //恐龙游戏对象
9      void OnGUI(){
10       int lastchange = selectindex;                                //记录上次选择的结果
11       selectindex = GUI.SelectionGrid(new Rect(Screen.width * 1 / 2 - Screen.width * 1 / 6, 0,
12         Screen.width * 1 / 3, Screen.height * 1 / 15), selectindex, selectstring, 2);
     //创建单选按钮组
13       if (lastchange != selectindex){                              //选择结果发生变化
14         if (selectindex == 0)                                      //玩家选择显示法线图
15           ChangeMaterial(normalmap);                               //调用方法使用法线材质
16         if (selectindex == 1)                                      //玩家选择显示漫反射图
17           ChangeMaterial(diffusemap);                              //调用方法使用漫反射材质
18       }}
19       void ChangeMaterial(Material m){                             //切换模型的材质
20           model.GetComponent<MeshRenderer>().materials = new Material[2] { m, m };
21   }}
```

❑ 第 1-8 行为名空间的引用以及变量的声明。在变量声明的地方需要声明一个 int 类型的数字以记录用户选择的单选按钮的索引，selectstring 数组用于控制单选按钮上显示的字样，然后声明 3 个 public 的变量，分别是之前创建的两个材质以及恐龙游戏对象。

❑ 第 9-18 行是对 OnGUI 方法的重写。首先记录下上次选择按钮的索引，然后绘制两个单选按钮，并记录下当前选中的按钮索引。若是和上次选择的索引不一样，就调用 ChangeMaterial 方法按照用户的选择为模型赋上对应的材质。

❑ 第 19-21 行是一个自定义方法，需要传入一个 Material 类型的参数代表需要切换的材质。首先获取模型的 MeshRenderer 组件，然后更换其 materials 参数的材质列表即可。

（7）至此，案例的开发结束。运行效果分别如图 9-27 和图 9-28 所示。

▲图 9-27　使用法线贴图的恐龙

▲图 9-28　仅使用漫反射贴图的恐龙

> **说明**　通过图 9-27 和图 9-28 明显可以看出，法线贴图在模型精度很低的情况下依旧可以呈现出很多凹凸的细节，这在当前游戏的开发中非常重要，使用较少面数的低模配合法线图可以搭建出非常真实的场景。需要注意的是，由于法线图改变了顶点的法线，所以产生的凹凸感还可以响应光影效果。

9.3.2　如何在 3D Max 中制作法线贴图

上一节中介绍了在 Unity 中如何去使用一张法线贴图，在本节中将介绍如何使用 3D Max 来烘焙一张法线贴图。当然制作法线贴图的方式有很多，在这里笔者仅仅介绍了一种，读者可以根据需要去选择使用其他方法进行法线图的制作。具体步骤如下。

（1）首先需要准备一个表面具有凹凸细节的高精度模型。在本案例中使用的是一个高精度的足球模型，如图 9-29 和图 9-30 所示。该模型具有 50400 个面，所以具有非常精细的外观。

▲图 9-29　高精度模型外观

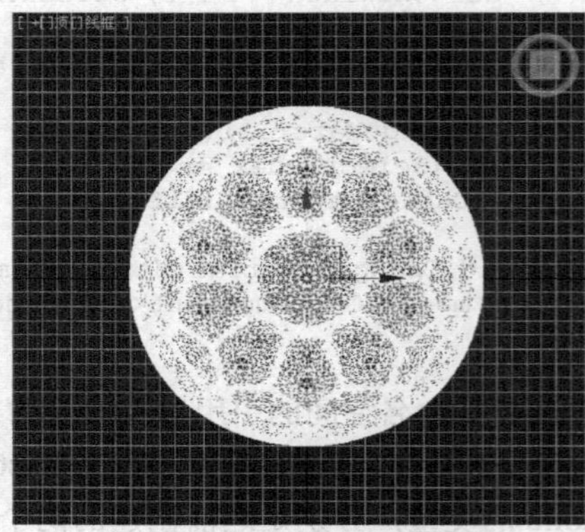

▲图 9-30　高精度模型线框图

（2）然后创建一个简单的球体，如图 9-31 和图 9-32 所示。该球体只有 960 个面，将其大小调整到比之前准备的高精度模型略大一点后，调整其位置和高精度模型重叠。

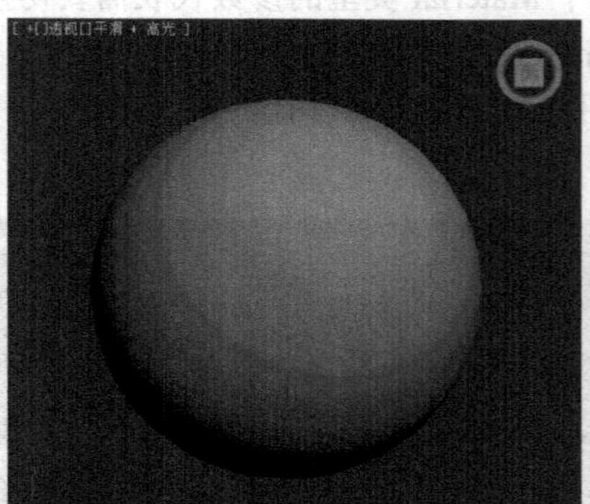

▲图 9-31　低精度模型

▲图 9-32　低精度模型线框图

（3）选中低精度模型，依次单击菜单栏中的“渲染→渲染到纹理”打开设置面板，在常规设置中的“输出”后面配置好输出路径。在烘焙对象卷展栏中启用投影贴图，单击后面的选取按钮在列表中选择之前准备的高精度模型。如图 9-33 和图 9-34 所示。

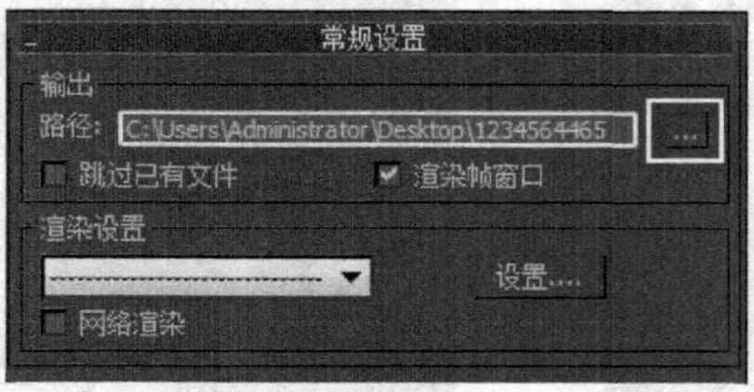

▲图 9-33　配置输出路径

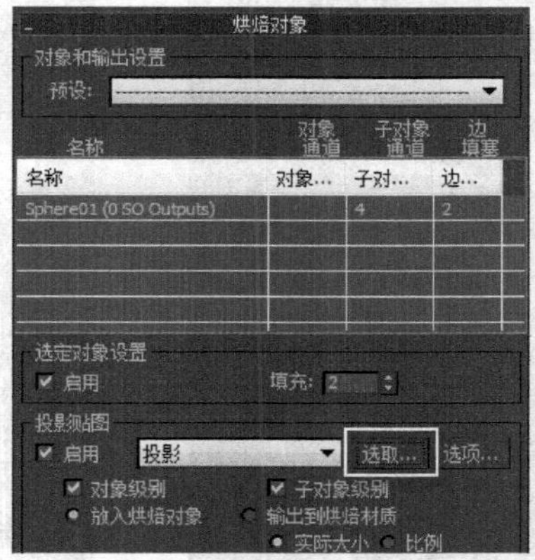

▲图 9-34　选取高模

（4）在下面的“输出”卷展栏中单击“添加”按钮，在弹出的添加纹理元素窗口中选择NormalsMap（法线贴图）；下面设置输出文件的名称、格式，目标贴图位置选择“凹凸”；之后设置输出图像的分辨率，并勾选下面的“输出到法线凹凸”。如图 9-35 所示。

（5）设置好后单击下面的“渲染”按钮，会自动渲染出一张法线贴图，如图 9-36 所示。将其附加到粗模上后可以看到效果如图 9-37 所示（左边是高模，右边是粗模）。

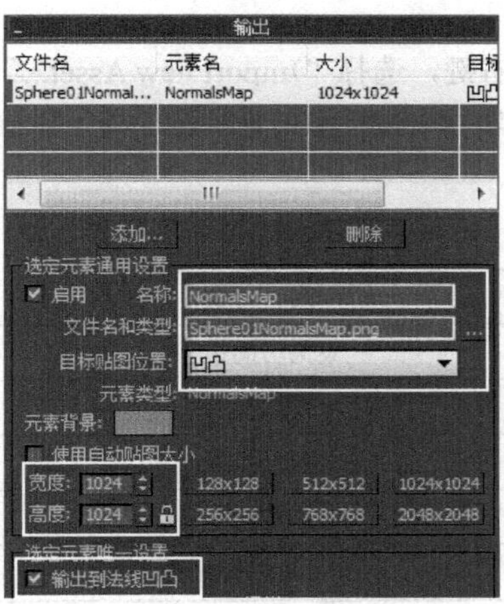

▲图 9-35　输出配置

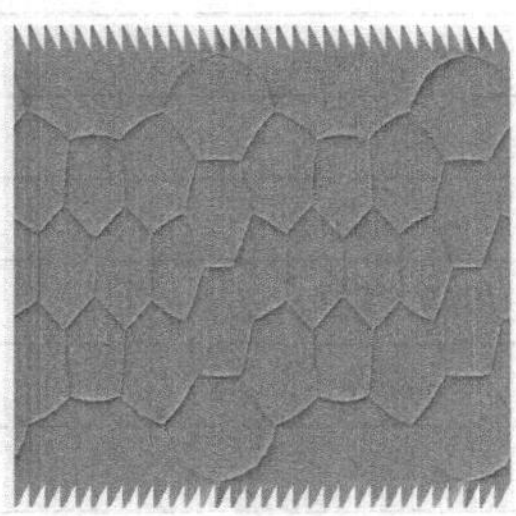

▲图 9-36　法线贴图文件

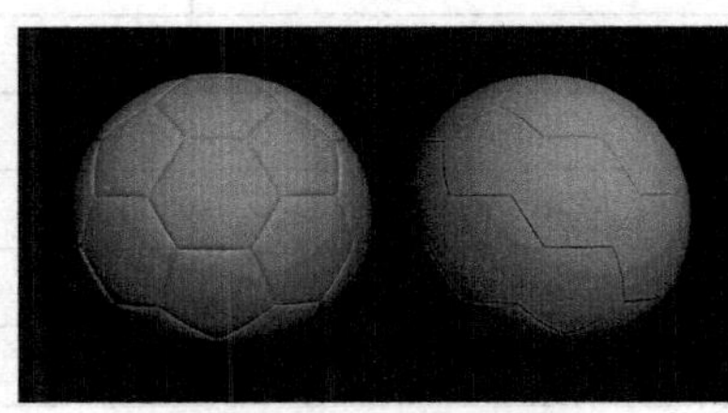

▲图 9-37　渲染效果

（6）后期处理。从 3D Max 中渲染出贴图后，可以直接使用，也可以根据需要在 Photoshop 软件中对贴图进行优化。有兴趣的读者可以自行尝试。

9.4 镜子的开发

镜面反射是日常生活中常见的一种光影效果，虽然在 Unity 5.0 中可以使用 Reflection Probe 来制作类似的反射效果（后面将详细讲解），但是实时反射使用 Reflection Probe 是很消耗资源的，所以可以自己实现类似的效果。本节将介绍如何自己开发一个镜面反射的案例。案例的效果如图 9-38～图 9-40 所示。

▲图 9-38　案例效果图 1

▲图 9-39　案例效果图 2

▲图 9-40　案例效果图 3

9.4.1　场景的搭建

制作镜面材质之前首先要进行的是场景的搭建。在本节中将主要讲解关于场景搭建的一些细节与要点，只有精美的场景才能将镜子反射的效果衬托出来。本节中涉及的知识主要有模型的导入、光照烘焙、模型动画的设置与播放、创建声音源、资源的加载、天空盒的使用等。具体步骤如下。

（1）模型的导入。在 Unity 3D 中的 Assets 面板中单击鼠标右键，选择“Import new Asset...”打开加载界面。在这里选择加载在本案例中所有需要用到的模型、贴图和音乐文件等。具体需要加载的文件如表 9-7、表 9-8 和表 9-9 所示。

表 9-7　模型资源列表

文 件 名	大小/MB	用　途
Room.fbx	6.23	案例房间模型
Mirror.fbx	24.2（KB）	镜面模型
Miirrorframe.fbx	20.9（KB）	镜框模型
woman.fbx	1.54	人物模型
woman@dance.fbx	11.8	包含骨骼动画的模型

表 9-8　图片资源列表

文 件 名	大小/KB	格　式	用　途
Body.png	3670	PNG	人物身体贴图
Body_normal.png	2670	PNG	人物身体法线贴图
Hair.png	193	PNG	人物头发贴图
Hair_normal.png	222	PNG	人物头发法线贴图
MirrorframePIC.jpg	21.5	JPG	镜框纹理图
Book1.jpg	117	JPG	书本纹理图 1
Book2.jpg	72	JPG	书本纹理图 2
Book3.jpg	15.6	JPG	书本纹理图 3
Book4.jpg	142	JPG	书本纹理图 4

续表

文 件 名	大小/KB	格 式	用 途
Book5.jpg	9.47	JPG	书本纹理图 5
Rug.jpg	329	JPG	地毯纹理
Rug_normal.jpg	313	JPG	地毯法线贴图
Wood.jpg	41.7	JPG	木纹纹理贴图

表 9-9　音乐资源列表

文 件 名	大小/KB	格 式	用 途
Music1.mp3	658	MP3	案例背景音乐

（2）将导入的 Room.fbx 模型拖到游戏场景中，并赋予模型贴图。其中房间地板的贴图有两个，一个是漫反射贴图“Rug.jpg”，另一个是法线贴图“Rug_normal.jpg”。选中场景中的地板，在材质面板中的 Shader 卷展栏中选择“Bumped Diffuse”。在下面的贴图中，Base 选择正常的贴图，NormalMap 选择法线贴图。具体如图 9-41 所示。

（3）灯光的创建。按步骤单击菜单栏中的“GameObject→Light'→Directional Ligjt”创建一个平行光，命名为“Dlight in”，该灯光作为太阳光，设置如图 9-42 所示。再创建一个 Point Light 作为照亮室内的灯光，设置如图 9-43 所示。

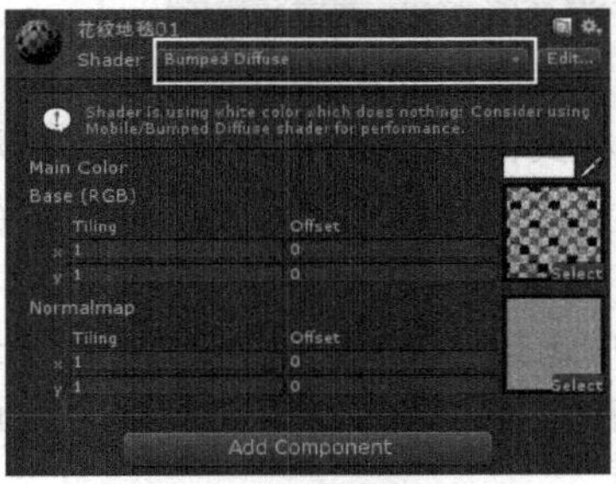
▲图 9-41　地面材质设置

▲图 9-42　平行光参数设置

▲图 9-43　点光源参数设置

（4）光照烘焙。创建好场景需要的灯光后，为了优化性能，就要进行光照烘焙，具体的烘焙教程可以参考本章的光照烘焙中的相关内容。按步骤 Window→Light Mapping 打开烘焙面板。本案例中使用的烘焙参数如图 9-44 所示，效果如图 9-45 所示。烘焙完毕后将场景中的 Point Light 关闭。

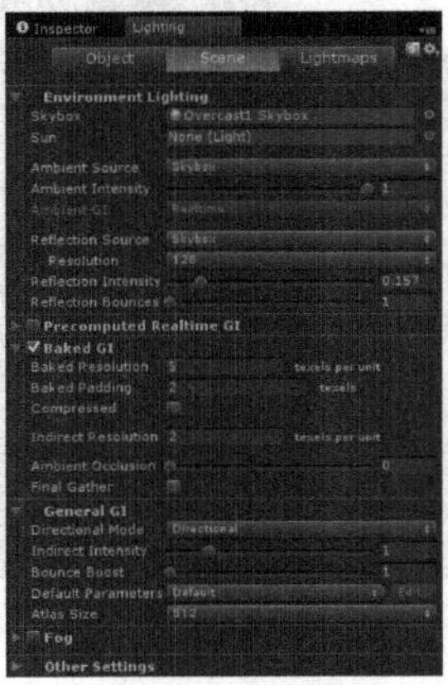
▲图 9-44　烘焙参数

▲图 9-45　烘焙效果

（5）之后将 woman.fbx 模型拖入场景，并赋予贴图。在资源窗口中选中 woman@dance.fbx 模型，该模型中包含了骨骼动画，采用“模型名+@+动画名”的命名规则会让 Unity 3D 引擎自动识别为动画文件，在 Inspector 面板下的 Animation 选项卡中选择 Wrap Mode 为“Loop”，设置为循环播放。如图 9-46 所示。

（6）接下来是动画的播放。选择游戏场景中的 woman 游戏对象，在其 Animation 组件中的 Animation 属性中选择动画“dance”，如图 9-47 所示。设置好后单击运行按钮，就可以看到场景中的人物开始跳舞了。

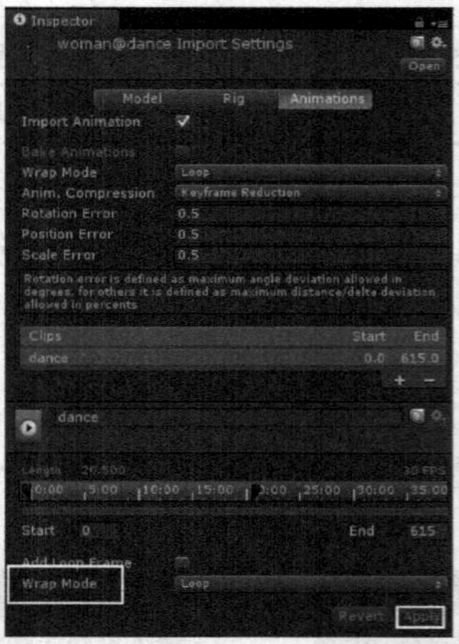

▲图 9-46　动画文件设置

▲图 9-47　Animation 组件设置

（7）由于人物不是静态的，并且之前烘焙的两盏灯选的模式都是 Baked，所以灯光是无法照射到人物的，这样人物就会非常暗，所以需要再创建一个聚光灯来专门照亮人物。这里应当使用光照剔除技术，使创建的灯光只会照到人物。

（8）选择场景中的人物，在属性面板中的 Layer 卷展栏中选择“ADD Layer...”，在弹出的面板中添加新的层“woman”，如图 9-48 所示。新建一个聚光灯，在 Culling Mask 选项中选择“woman”，如图 9-49 所示，之后场景中的聚光灯就只会影响人物了。

（9）音乐源的创建。在资源列表中单击鼠标右键，选择“Audio→Audio Source”添加一个声音源。在属性面板中选择 Audio Clip 为导入的音乐资源“Music1.mp3”，并勾选上“Play On Awak”和“Loop”。如图 9-50 所示。创建完毕后点击播放按钮就可以听见有音乐在播放了。

▲图 9-48　层的创建

▲图 9-49　光照剔除设置

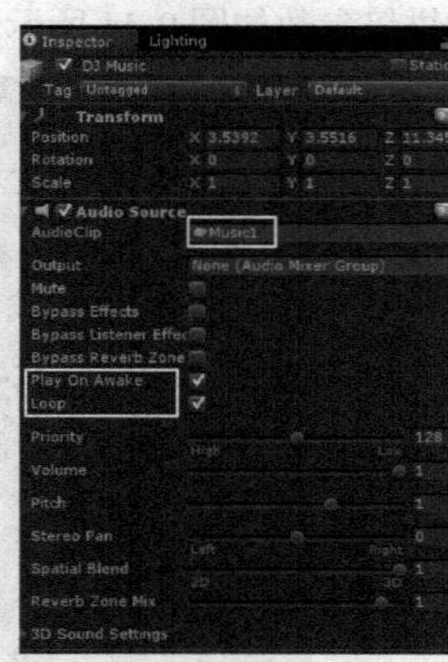

▲图 9-50　音乐源的设置

（10）镜子的创建。导入镜框模型 Miirrorframe.fbx 与镜面模型 Mirror.fbx，其中镜框的纹理贴图为 MirrorframePIC.jpg。在资源面板中单击鼠标右键，选择“Create→Material”创建一个新的材质并将其将其赋予镜面模型，最后将其位置摆放合适。场景的搭建就到此结束了。

9.4.2 镜面着色器的开发

在上一节中介绍了场景的搭建，在本节中将介绍镜面的着色器的开发。着色器是一种基于硬件开发的语言，由 GPU 处理，所以对画面效果的提升非常明显。该着色器的主要功能为将摄像机渲染出来的图片渲染到镜面上。具体创建步骤如下。

在资源列表中单击鼠标右键，选择“Create→Shader”创建一个着色器文件并重命名为“Mirror_1”，然后将创建好的着色器拖到镜面游戏对象上。着色器代码如下。

着色器代码位置：见随书光盘中源代码/第 9 章目录下的 Mirror_Text/Assets/text/ Mirror_1.shader。

```
Shader "Custom/Mirror_1" {
  Properties {
    _RefTex ("Reflection Tex", 2D) = "white" {}        //声明一个反射纹理
  }
  SubShader {                                          //子着色器
    pass{                                              //通道
      Tags{"LightMode"="Always"}                       //标签设置光照为永久光照
      CGPROGRAM
      #pragma vertex vert                              //定义顶点着色器
      #pragma fragment frag                            //定义片元着色器
      #include "UnityCG.cginc"                         //引用 Unity 自带的函数库
      sampler2D _RefTex;                               //渲染出的目标纹理
      float4x4 _ProjMat;                               //摄像机的内投影
      struct v2f{                                      //定义一个结构体
        float4 pos:SV_POSITION;                        //声明顶点位置
        float4 texc:TEXCOORD0;                         //声明纹理
      };
      v2f vert(appdata_base v){                        //顶点着色器
        float4x4 proj;                                 //声明一个矩阵
        proj=mul(_ProjMat,_Object2World);              //将顶点转换到世界坐标的矩阵
        v2f o;                                         //声明一个结构体对象
        o.pos=mul(UNITY_MATRIX_MVP,v.vertex);          //转换为镜面坐标
        o.texc=mul(proj,v.vertex);
        return o;                                      //返回结构体
      }
      float4 frag(v2f i):COLOR{                        //片元着色器
        float4 c = tex2Dproj(_RefTex,i.texc);          //获取顶点染色
        return c;                                      //返回颜色
      }
    ENDCG                                              //着色器结束
  }}}
```

> **说明** 这个 Shader 的主要功能是将一张图片渲染到镜面上，需要外部传入一个镜像相机空间内部投影矩阵，以及一张纹理图。具体操作是首先将物体的顶点坐标转换到世界坐标，然后使用投影矩阵，最后顶点在镜面上的位置投影会用来作为 UV 坐标来采样传入的相机渲染图。

9.4.3 C#脚本的开发

在本案例中包含了两个 C#脚本，分别是控制摄像机根据手机滑动而移动的 CameraRot.cs，和生成镜像摄像机并将其拍摄到的画面储存下来并进行加工后传到着色器中的 MirrorText.cs。下面将对其进行一一介绍。

（1）在资源面板中单击鼠标右键，选择→“Create→C# Script”创建一个 C#脚本并重命名为“CameraRot.cs”，然后将其挂载到摄像机 Main Camera 上。该脚本的主要功能是控制摄像机根据

玩家手指的滑动而进行位移。脚本的具体代码如下。

代码位置：见随书光盘中源代码/第 9 章目录下的 Mirror_Text/Assets/text/ CameraRot.cs。

```
1  using UnityEngine;
2  using System.Collections;
3  public class CameraRot : MonoBehaviour {
4    private Vector3 aimpos;                        //摄像机围绕选择的点坐标
5    private bool hdflag = true;                    //滑动标志位 true 横向 false 纵向
6    void Start () {
7      aimpos = new Vector3(-1.3f,7.4f,9.5f);       //初始化坐标
8      hdflag = true;                               //初始化滑动标志位
9    }
10   void Update () {
11    if(Input.touchCount>0&&Input.GetTouch(0).phase==TouchPhase.Moved){
                                                    //如果发生触摸并且在移动
12     Vector2 touchDeltaPos = Input.GetTouch(0).deltaPosition;//储存下手指的帧位移
13     if (Mathf.Abs(touchDeltaPos.x) > 10){        //横向滑动
14       hdflag = true;                             //更改滑动标致位
15     }else
16     if (Mathf.Abs(touchDeltaPos.y) > 10){        //纵向滑动
17       hdflag = false;                            //更改滑动标志位
18     }
19     if (hdflag){                                 //根据标志位进行摄像机旋转
20       transform.RotateAround(aimpos, Vector3.up, -1 * touchDeltaPos.x * 0.1f);
                                                    //使摄像机围绕 aimpos 旋转
21     }
22     else{                                        //若是手指上下滑动
23       if (transform.forward.x > -0.4f || transform.forward.x < -0.9f){
                                                    //若是摄像机视口范围大于界限
24         return;                                  //不进行缩放
25       }
26       if (transform.position.x > -4.5f && touchDeltaPos.y>0){
                                                    //摄像机在缩放范围内且手指向上滑动
27         transform.Translate(new Vector3(0, 0, touchDeltaPos.y * 0.05f), Space.Self);
          //摄像机平移
28       }
29       if (transform.position.x < 3.6f && touchDeltaPos.y < 0){
                                                    //摄像机在缩放范围且手指向下滑动
30         transform.Translate(new Vector3(0, 0, touchDeltaPos.y * 0.05f), Space.Self);
          //摄像机平移
31     }}}
32     if(Input.GetKeyUp(KeyCode.Escape)){          //对手机返回按键进行监听
33       Application.Quit();                        //退出游戏
34 }}}
```

- 第 1-9 行的主要功能为变量的声明与初始化。在这里声明了一个三维坐标“aimpos”代表摄像机围绕旋转的点，以及一个记录手指滑动方式的标志位“hdflag”，该标志位 true 代表横向滑动，false 代表纵向滑动。
- 第 10-18 行的主要功能为先识别出手指，并且判断手指的触摸相位，若是相位为滑动中就记录下手指的帧位移，再根据帧位移来判断出手指滑动的方向是上下滑动还是左右滑动，然后更改“hdflag”。
- 第 19-31 行的主要功能为根据手指滑动标志位以及手指滑动幅度（touchDeltaPos）对摄像机进行旋转、平移。在这里还对摄像机的平移范围进行了限制，若是摄像机朝向偏离镜子太远，就不会进行平移。
- 第 32-34 行的主要功能是对安卓手机上的硬件“返回按键”进行监听，若是玩家点击了返回键就会推出游戏。

（2）上面介绍了案例中的 CameraRot.cs 脚本的开发，下面将要介绍的案例中的另一个脚本 MirrorText.cs 也是本案例的核心脚本。该脚本挂载在镜面上，主要功能是在镜子后面生成一个镜像摄像机，并储存和修改摄像机拍下的画面，将其传给着色器。脚本代码如下。

代码位置：见随书光盘中源代码/第 9 章目录下的 Mirror_Text/Assets/text/MirrorText.cs。

```
1 using UnityEngine;
2 using System.Collections;
3 public class MirrorText : MonoBehaviour {
4   public RenderTexture refTex;                         //声明一张图片
5   public Matrix4x4 world2MirCam;                       //镜像相机自身矩阵
6   public Matrix4x4 projM;                              //摄像机的投影矩阵
7   public Matrix4x4 cm;                                 //镜像相机内的投影矩阵
8   public Matrix4x4 correction;                         //修正矩阵
9   private Camera mirrorCam;                            //镜像摄像机
10  private bool busy = false;                           //忙碌标志位，防止串线
11  void Start () {
12    if (mirrorCam){                                    //若是已经存在镜像摄像机
13      return;                                          //跳过
14    }
15    GameObject g = new GameObject("Mirror Camera");//创建一个名为"Mirror Camera"的物体
16    mirrorCam=g.AddComponent<Camera>();                //将创建的物体设置为摄像机
17    mirrorCam.enabled = false;                         //关闭 Mirror Camera
18    refTex = new RenderTexture(800,600,16);            //渲染纹理 16 为深度位数
19    refTex.hideFlags = HideFlags.DontSave;             //设置图片的隐藏标示
20    mirrorCam.targetTexture = refTex;                  //设置摄像机渲染纹理
21    renderer.material.SetTexture("_RefTex", refTex);   //给着色器附加贴图
22    correction = Matrix4x4.identity;                   //标准化矩阵
23    correction.SetColumn(3, new Vector4(0.5f, 0.5f, 0.5f, 1f)); //设置矩阵第 4 列
24    correction.m00 = 0.5f;                             //重设矩阵中的第 1 个元素
25    correction.m11 = 0.5f;                             //重设矩阵中的第 12 个元素
26    correction.m22 = 0.5f;}                            //重设矩阵中的第 23 个元素
27   void OnWillRenderObject(){
28    if (busy){                                         //若是正在执行
29     return;                                           //跳过
30    }
31    else{
32     busy = true;                                      //将正在执行标志位设置为 true
33    }                                                  //防止串线
34    Camera cam = Camera.main;                          //获取主摄像机
35    mirrorCam.CopyFrom(cam);                           //将设置复制到 mirrorCam
36    mirrorCam.transform.parent = transform;  //将 mirrorCamera 设置为镜子的子物体
37    Camera.main.transform.parent = transform;          //设置主摄像机的父对象
38    Vector3 mirrpos = mirrorCam.transform.localPosition;//记录镜像摄像机的位置
39    mirrpos.y *= -1;                                   //对位置做镜像
40    mirrorCam.transform.localPosition = mirrpos;       //重新设置镜像摄像机的位置
41    Vector3 rt = Camera.main.transform.localEulerAngles;//记录主摄像机的角度
42    Camera.main.transform.parent = null;               //设置主摄像机的父对象为空
43    mirrorCam.transform.localEulerAngles = new Vector3(-rt.x,rt.y,-rt.z);//镜像主摄像机的角度
44    float d = Vector3.Dot(transform.up, Camera.main.transform.position - transform.
position) + 0.05f;
45    mirrorCam.nearClipPlane = d;                       //摄像机的剪裁平面
46    mirrorCam.targetTexture = refTex;                  //设目标纹理
47    mirrorCam.Render();                                //渲染
48    Proj();                                            //矩阵转换
49    renderer.material.SetMatrix("_ProjMat", cm);       //设置着色器中的摄像机投影矩阵
50    busy = false;                                      //关闭忙碌标志位
51  }
52  void Proj(){
53    world2MirCam = mirrorCam.transform.worldToLocalMatrix;  //将世界矩阵转为自身矩阵
54    projM = mirrorCam.projectionMatrix;                //得到摄像机的投影矩阵
55    projM.m32 = 1;                                     //第 33 个数字
56    cm = correction * projM * world2MirCam;            //设置摄像机内投影矩阵
57  }
58  void Update () {
59    renderer.material.SetTexture("_RefTex", refTex);   //设置渲染纹理
60 }}
```

- 第 1-10 行的主要功能为变量的声明。在这里声明了摄像机游戏对象、渲染图片，以及和

摄像机有关的一系列矩阵。这些矩阵将在后台参与一系列的数学运算去计算出着色器中需要的镜像相机内投影的矩阵。

- 第 11-26 行是对 Start 方法的重写。这里的主要功能为创建出一个类型为“Camera”的游戏对象并设置其渲染出的纹理图的格式与参数，然后将渲染出的图片传给着色器。在这里还初始化了一个修改矩阵，将其设置为标准状态后修改其内部参数，使其更加符合需求。
- 第 27-43 行是对 OnWillRenderObject 方法的重写。这部分代码的主要功能是以镜面为中心镜像出了一个镜像相机，该相机的位置、角度都与主摄像机相反。在镜像的过程中用到了父子对象的转换，简化了计算的难度。
- 第 44-51 行的主要功能为先计算出主摄像机距离镜面的距离，然后将这个距离设置为镜像相机的近剪裁平面。之后指定了摄像机的渲染目标纹理，调用 Proj 方法计算镜像相机内投影矩阵，并将其传到着色器中。
- 第 52-60 行的主要功能是先计算出摄像机的自身矩阵，再计算出摄像机的投影矩阵。其中 projM.m32 原本的值是-1，所以出来的像是反的，需要将其设置为 1 才可以得到正常的像。最后相乘得到摄像机的内投影矩阵。在 UpDate 方法中将渲染出的纹理送入着色器。

> **说明**　OnWillRenderObject 函数在消隐过程中调用，在渲染所有被消隐的物体之前被调用。可以用这个来创建具有依赖性的渲染纹理，只有在被渲染的物体可见时才更新这个渲染纹理。Proj 方法是笔者自己开发的一套方法，主要功能是将物体坐标转换到摄像机内部坐标。

9.5 真实的水面效果开发

水面的光影特效一直是游戏开发中的重点也是难点。由于真实的水面光影效果并非一成不变，而是根据水面的波动而实时地在适当位置产生高光以及反射、折射等光学变化的。所以，一个真实而灵动的水面会对游戏的画面提升做出非常大的贡献。在本节中，将通过一个案例向读者介绍如何从零开始制作一个真实的水面。案例截图如图 9-51 和图 9-52 所示。

▲图 9-51　案例截图 1

▲图 9-52　案例截图 2

9.5.1　基本原理

在本节中将向读者简要介绍制作一个真实的水面特效所应用的技术的基本原理，以便于读者理解后面的代码逻辑。制作一个真实的水面大致需要 4 个步骤：凹凸贴图模拟细小波纹、改变网格顶点位置模拟水面波动、高光以及反射效果加强水面光影效果、扰动反射贴图。具体情况如图 9-53 所示。

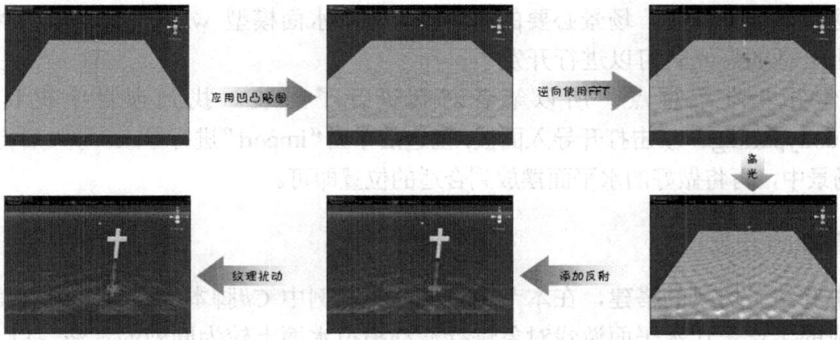

▲图 9-53　制作水面光影的基本步骤

图 9-53 所示的是制作一个水面的基本步骤。下面将对制作每个步骤所使用的关键技术的实现原理进行一一介绍，以便读者对本案例的开发有一个更深的理解。这些原理大部分都是在本案例中的着色器 Water_Shader.shader 中实现的，有兴趣的读者可以对照代码进行学习。

- 凹凸贴图的使用

制作水面上的细小的波纹时应当使用凹凸贴图。凹凸贴图可以让一个平面模型从视觉上有凹凸起伏感，靠这种技术再加上在代码中对凹凸贴图进行实时的纹理偏移，就可以得到一个较为真实的细小水面波纹的效果。

- 逆向使用 FFT 制作水面波动

FFT 定理的基本理论是任意形状的波形都可以使用若干个波长、波频不同的正弦波叠加得到，理论上正弦波的数量越多得到的最终波形越真实。在本案例中笔者将使用快速傅里叶变换的逆向运用，也就是将多个不同的正弦波进行叠加得到了类似水面波动的效果。

- 添加高光

现实中的水面会对阳光、灯光等光源进行反射，达到局部高光的效果。在本案例中也可以使用着色器对其进行实现。在这个着色器中自定义了一个高光反射的模型，计算入射光线和视线的中间平均值，即半角向量，然后使用它和法线计算出一个和视角相关的高光。

- 添加反射

水面的反射是本案例开发的重点，具体实现的原理是首先将视口的主摄像机根据水平面做一个镜像相机，然后将镜像相机拍下的反射图片处理后贴在水平面上。具体步骤可以参考本案例下 Mirror_3.cs 脚本中的相关代码。

- 纹理扰动

将反射纹理应用到水面上后，细心的读者可能会发现这样的反射效果其实并不真实。这是由于水面是凹凸不平的，所以反射出来的图案并非像镜面反射一样，而是经过扭曲的图案。在这里就要使用纹理扰动，根据法线方向进行扰动后得到的效果就和真实的水面非常相似了。扰动的公式为

$$T_{x1} = T_{x0} + C_0 \cdot T_{x0} \cdot N_x$$
$$T_{y1} = T_{y0} + C_0 \cdot T_{y0} \cdot N_y$$

其中，T_{x1}、T_{y1} 是扰动后反射纹理坐标分量；T_{x0}、T_{y0} 是未扰动时的反射纹理坐标分量；C_0 是扰动系数控制扭曲程度，对应着色器代码中的_PerturbationAmt 参数；N_x、N_y 是对当前法线贴图的查询得到的当前顶点的法向量。

9.5.2 场景的搭建

在制作水面光影效果前可以先搭建场景，若是读者觉得案例场景太烦琐可以简要搭建必要场

景对象后就进行水面的开发。场景必要的游戏模型只有水面模型 water_plane.fbx，将其拖到游戏场景中再加上合适的灯光就可以进行开发了。

场景搭建并非本章重点，所以笔者对其进行了封装。找到项目中根目录下的文件 Water_Model.unitypackage，双击打开导入面板，全选后单击“import”进行导入。导入后将 Water_Model 预制件拖入场景中，再将做好的水平面摆放到合适的位置即可。

9.5.3　C#脚本的开发

上一节中介绍了场景的搭建，在本节中将要介绍案例中 C#脚本的开发。在本案例的 C#脚本中主要要完成的工作是让水平面游戏对象进行波动模拟水面上较为剧烈的水波，以及提供水面反射纹理图，这两项功能分别由 Water_wave.cs 和 Mirror_3.cs 脚本实现。下面将对其一一介绍。

（1）首先介绍 Water_wave.cs 脚本。该脚本挂载在水平面游戏对象 water_plane 上。该脚本的主要原理是先获取网格上的每个顶点的引用，再根据逆向 FFT 算法更改每个顶点的位置实现波动的效果。脚本代码如下。

代码位置：见随书光盘中源代码/第 9 章目录下的 WaterMirror_Text\Assets\Water\waterScript\Water_wave.cs。

```
using UnityEngine;
using System.Collections;
public class Water_wave : MonoBehaviour {
 private Vector3[] vertices;                                   //顶点数组
 private float mytime;                                         //计时器
 public float waveFrequency1 = 0.3f;                           //1 号波波频
 public float waveFrequency2 = 0.5f;                           //2 号波波频
 public float waveFrequency3 = 0.9f;                           //3 号波波频
 public float waveFrequency4 = 1.5f;                           //4 号波波频
 private Vector3 v_zero = Vector3.zero;                        //零点位置
 public float Speed = 1;                                       //波速
 private  int index1= 760;                                     //1 号波起始顶点索引
 private int index2 = 900;                                     //2 号波起始顶点索引
 private int index3 = 12000;                                   //3 号波起始顶点索引
 private Vector2 uv_offset = Vector2.zero;                     //纹理偏移量
 private Vector2 uv_direction = new Vector2(0.5f,0.5f);        //纹理偏移方向
 void Start () {
  vertices = GetComponent<MeshFilter>().mesh.vertices;         //获取网格顶点坐标数组值
 }
 void Update () {
  mytime += Time.deltaTime*Speed;                              //开启计时器
  for (int i = 0; i < vertices.Length;i++ ){                   //遍历每个顶点
   vertices[i] = new Vector3(vertices[i].x, FindHight(i), vertices[i].z);
                                                               //调用方法计算顶点位置
  }
  GetComponent<MeshFilter>().mesh.vertices=vertices;           //使用更改后的顶点位置
  uv_offset += (uv_direction * Time.deltaTime*0.1f);           //计算纹理偏移坐标
  this.renderer.material.SetTextureOffset("_NormalTex", uv_offset);
                                                               //设置纹理偏移
  GetComponent<MeshFilter>().mesh.RecalculateNormals();        //重新计算法线
 }
 float FindHight(int i){
  float H = 0;                                                 //声明高度
  float distance1= Vector2.Distance(new Vector2(vertices[i].x,vertices[i].z),v_zero);
                                                               //获取点到中心的距离
  float distance2 = Vector2.Distance(new Vector2(vertices[i].x, vertices[i].z),
   new Vector2(vertices[index1].x,vertices[index1].z));//顶点距离 2 号波起始位置的距离
  float distance3 = Vector2.Distance(new Vector2(vertices[i].x, vertices[i].z),
   new Vector2(vertices[index2].x, vertices[index2].z));//顶点距离 3 号波起始位置的距离
  float distance4 = Vector2.Distance(new Vector2(vertices[i].x, vertices[i].z),
   new Vector2(vertices[index3].x, vertices[index3].z)); //顶点距离 4 号波起始位置的距离
```

```
39        H  = Mathf.Sin((distance1) * waveFrequency1 * Mathf.PI + mytime) / 30;
          //设置顶点高度
40        H += Mathf.Sin((distance2) * waveFrequency2 * Mathf.PI + mytime) / 25;
          //设置顶点高度
41        H += Mathf.Sin((distance3) * waveFrequency3 * Mathf.PI + mytime) / 35;
          //设置顶点高度
42        H += Mathf.Sin((distance4) * waveFrequency4 * Mathf.PI + mytime) / 40;
          //设置顶点高度
43        return H;
44      }}
```

- 第 1-16 行的主要功能为变量声明。在这里声明了每个顶点的引用以及逆向 FFT 算法所需要的 4 个正弦波的波频、波速以及起始位置。最后声明了纹理偏移量和偏移方向，用于后面制作水平面上法线贴图的纹理偏移。
- 第 17-19 行的主要功能是对 Start 方法的重写。该方法在场景加载时调用一次，在这里的主要功能为获取水平面的网格编辑器中的所有顶点的引用并将其储存在自己声明的数组“vertices”中。
- 第 20-29 行主要是对 Update 方法的重写。该方法每帧调用一次。在这里的主要功能为遍历每个顶点，然后调用 FindHight 方法进行顶点高度的计算。然后根据计时器以及纹理偏移方向计算出纹理偏移坐标并将传入着色器。
- 第 30-44 行是自己开发的方法 FindHight。该方法接收顶点索引，然后计算出该顶点距离波动起始点的距离，再根据 Sin 函数计算出正弦波的高度储存为 H，最后将 4 个波分别计算出来的 H 叠加后即为计算出的该点位置。

（2）上面介绍了 Water_wave.cs 脚本的开发。下面将介绍制作用于提供反射贴图的脚本 Mirror_3.cs。该脚本的主要功能是以水平面为中心镜像出一个摄像机，再将摄像机拍摄下的画面渲染到一张图片上传给着色器。脚本代码如下。

代码位置：见随书光盘中源代码/第 9 章目录下的 WaterMirror_Text\Assets\Water\waterScript\Mirror_3.cs。

```
using UnityEngine;
using System.Collections;
public class Mirror_3 : MonoBehaviour{
  public RenderTexture refTex;                              //声明一张图片
  public Matrix4x4 correction;                              //修正矩阵
  public Matrix4x4 projM;                                   //摄像机的投影矩阵
  Matrix4x4 world2ProjView;                                 //镜像相机自身矩阵
  public Matrix4x4 cm;                                      //镜像相机内的投影矩阵
  private Camera mirCam;                                    //镜像摄像机
  private bool busy = false;                                //忙碌标志位
  void Start(){
    if (mirCam) return;                                     //若是场景中已经有镜像相机就跳过
    GameObject g = new GameObject("Mirror Camera");         //创建一个镜像相机游戏对象
    mirCam=g.AddComponent<Camera>();                        //设置对象为相机属性
    mirCam.enabled = false;                                 //关闭相机
    refTex = new RenderTexture(800, 600,16);                //设置反射图大小
    refTex.hideFlags = HideFlags.DontSave;                  //设置反射图属性
    mirCam.targetTexture = refTex;                          //指定反射图
    renderer.material.SetTexture("_MainTex", refTex); //将反射图传给着色器
    correction = Matrix4x4.identity;                        //初始化修正矩阵
    correction.SetColumn(3, new Vector4(0.5f, 0.5f, 0.5f, 1f));//设置矩阵第 4 列
    correction.m00 = 0.5f;                                  //设置矩阵第 1 个参数
    correction.m11 = 0.5f;                                  //设置矩阵第 12 个参数
    correction.m22 = 0.5f;                                  //设置矩阵第 23 个参数
  }
  void Update(){
    renderer.material.SetTexture("_MainTex", refTex); //将反射图传给着色器
  }
  void OnWillRenderObject(){
    if (busy) return;                                       //若是正在执行就跳过
    busy = true;                                            //否则设置正在执行状态
```

```
32      Camera cam = Camera.main;                       //获取场景中的主摄像机
33      mirCam.CopyFrom(cam);                           //将主摄像机的设置拷贝给镜像相机
34      mirCam.transform.parent = transform;            //设置镜像相机的父对象为水平面
35      Camera.main.transform.parent = transform;       //设置主相机的父对象为水平面
36      Vector3 mPos = mirCam.transform.localPosition;  //记录镜像相机的位置
37      mPos.y *= -1f;                                  //对位置做镜像
38      mirCam.transform.localPosition = mPos;          //设置镜像位置
39      Vector3 rt = Camera.main.transform.localEulerAngles;  //记录下主摄像机的朝向参数
40      Camera.main.transform.parent = null;            //将主摄像及的父对象设置为空
41      mirCam.transform.localEulerAngles = new Vector3(-rt.x, rt.y, -rt.z);
        //对主摄像机的角度做镜像
42      float d = Vector3.Dot(transform.up, Camera.main.transform.position
43        -transform.position)+0.05f;                   //计算镜像相机到水平面的距离
44      mirCam.nearClipPlane=d;                         //设置镜像相机的近剪裁平面
45      Vector3 pos = transform.position;               //记录水平面的位置
46      Vector3 normal = transform.up;                  //记录水平面的法线方向
47      Vector4 clipPlane = CameraSpacePlane(mirCam, pos, normal, 1.0f);//计算剪裁平面
48      Matrix4x4 proj = cam.projectionMatrix;          //获取摄像机投影矩阵
49      proj=cam.CalculateObliqueMatrix(clipPlane);     //计算倾斜矩阵
50      mirCam.projectionMatrix = proj;                 //指定摄像机的投影矩阵
51      mirCam.targetTexture = refTex;                  //指定渲染图片
52      mirCam.Render();                                //渲染
53      Proj();                                         //计算摄像机内投影矩阵
54      renderer.material.SetMatrix("_ProjMat", cm);    //传递摄像机内部投影矩阵到着色器
55      busy = false;                                   //关闭忙碌标志位
56    }
57    //..以下省略一些代码，下面将详细介绍
58    }
```

- 第 1-10 行的主要功能为变量的声明。在这部分中声明了反射图、矩阵、标志位以及相机游戏对象等以便于下面代码使用。
- 第 11-25 行是对 Start 方法的重写。在这里的主要功能为创建出一个类型为 Camera 的游戏对象并设置其渲染出的纹理图的格式与参数，然后将渲染出的图片传给着色器。在这里还初始化了一个修改矩阵，将其设置为标准状态后修改其内部参数，使其更加符合需求。
- 第 26-28 行的主要功能是对 Update 方法的重写。在这里的主要功能为将反射相机拍下的反射图片 refTex 传递给水平面的着色器中的“_MainTex”参数供着色器使用。
- 第 29-58 行是对 OnWillRenderObject 方法的重写。这部分代码的主要功能是以镜面为中心镜像出了一个镜像相机，该相机的位置、角度都与主摄像机相反，在镜像的过程中用到了父子对象的转换，简化了计算的难度。同时还计算出了摄像机的剪裁平面。

（3）上面介绍了 Mirror_3.cs 脚本中的部分代码，下面将继续介绍该脚本中的剩余代码。本部分中的代码基本都是一些矩阵的变换方法，以及数据的处理方法。脚本代码如下。

代码位置：见随书光盘中源代码/第 9 章目录下的 WaterMirror_Text\Assets\Water\waterScript\Mirror_3.cs。

```
using UnityEngine;
using System.Collections;
public class Mirror_3 : MonoBehaviour{
  //...继续介绍 Mirror_3 的剩余代码
  void Proj(){
    world2ProjView = mirCam.transform.worldToLocalMatrix; //将世界矩阵转为自身矩阵
    projM = mirCam.projectionMatrix;                       //得到摄像机的投影矩阵
    projM.m32 = 1f;                                        //修改第 32 个数字翻转矩阵
    cm = correction * projM * world2ProjView;              //设置摄像机内投影矩阵
  }
  private Vector4 CameraSpacePlane(Camera cam, Vector3 pos, Vector3 normal, float sideSign){
    Vector3 offsetPos =pos + normal * -0.1f;               //偏移后的位置
    Matrix4x4 m = cam.worldToCameraMatrix;             //从世界到相机空间的变换矩阵
    Vector3 cpos = m.MultiplyPoint(offsetPos);             //经过矩阵变换后的位置
    Vector3 cnormal = m.MultiplyVector(normal).normalized * sideSign;//经过矩阵变换后的方向
```

```
16        return new Vector4(cnormal.x, cnormal.y, cnormal.z, -Vector3.Dot(cpos, cnormal));
     //返回剪裁平面信
17  }}
```

- 第 5-10 行的主要功能是先计算出摄像机的自身矩阵，再计算出摄像机的投影矩阵。其中 projM.m32 原本的值是-1，所以出来的像是反的，需要将其设置为 1 才可以得到正常的像。最后相乘得到摄像机的内投影矩阵。在 UpDate 方法中将渲染出的纹理送入着色器。
- 第 11-17 行的主要功能是计算水平面的位置，用于之后调用方法计算摄像机的剪裁平面使其只会拍摄到水面以上的部分。具体实现是先添加一个扰动量，附加在水平面的位置上使计算后的剪裁平面略低于水面，然后得到摄像机的变换矩阵计算变换后的水面位置与法线方向，并返回。

说明：该脚本与前面“镜子的开发”一节中的反射脚本代码大体相似，增加部分只有计算镜像相机的剪裁平面。该计算使用到了 Camera.CameraSpacePlane(Vector4 clipPlan)方法，该方法会根据平面参数自动计算出一个投影矩阵。

9.5.4 镜面着色器的开发

上面一节中介绍了 C#脚本的开发，在本节中将要介绍本案例中的水面着色器的开发。着色器中包含的内容有：使用法线贴图、使用漫反射贴图、添加高光、添加半透明以及添加法线扰动纹理图。着色器代码如下。

代码位置：见随书光盘中源代码/第 9 章目录下的 WaterMirror_Text\Assets\Water\waterScript\Water_Shader.shader。

```
Shader "Custom/Water_Shader" {
  Properties {
    _MainTint("Diffuse Tint",Color) = (1,1,1,0)                  //反射纹理色调
    _MainTex ("Base (RGB)", 2D) = "white" {}                     //反射纹理
    _BackTint("Back Tint",Color) = (1,1,1,0)                     //背景纹理色调
    _BackTex("Background",2D)="white" {}                         //背景纹理
    _SpecColor("Specular Color",Color)=(1,1,1,1)                 //高光颜色
    _SpecPower("Specular Power",Range(0.5,100))=3                //高光强度
    _NormalTex("Normal Map",2D)="bump"{}                         //法线贴图
    _TransVal("Transparecy Value",Range(0,1))=0.5                //透明度
    _PerturbationAmt  ("Perturbation Amt", range (0,1)) = 1//扰动参数
  }
  SubShader {
    Tags {"Queue"="Transparent-20" "RenderType"="Opaque" }//要确保渲染顺序在透明之前
    CGPROGRAM
    #pragma surface surf CustomBlinnPhong vertex:vert alpha
    #pragma target 3.0
    #include "UnityCG.cginc"
    sampler2D _MainTex;                                          //主纹理
    sampler2D _NormalTex;                                        //法线图
    sampler2D _BackTex;                                          //背景色
    float _SpecPower;                                            //高光强度
    float4 _MainTint;                                            //主颜色
    float4 _BackTint;                                            //背景色
    float _TransVal;                                             //透明度
    float4x4 _ProjMat;                                           //摄像机投影矩阵
    float _PerturbationAmt;                                      //扰动参数
    struct Input {
      float2 uv_MainTex;                                         //反射纹理 UV
      float2 uv_NormalTex;                                       //法线纹理 UV
      float4 pos;                                                //顶点位置
      float4 texc;                                               //扰动后的纹理坐标
      INTERNAL_DATA
    };
    inline fixed4 LightingCustomBlinnPhong(SurfaceOutput s,fixed3 lightDir,half3
    viewDir,fixed atten){
```

```
36      float3 halfVector = normalize(lightDir+viewDir);       //半角向量
37      float diff = max(0,dot(s.Normal,lightDir));            //对漫反射的计算
38      float nh = max(0,dot(s.Normal,halfVector));            //高光部分
39      float spec= pow(nh,_SpecPower)*_SpecColor;             //计算高光强度
40      float4 c;                                              //声明一个颜色
41      c.rgb=(s.Albedo*_LightColor0.rgb*diff)+(_LightColor0.rgb
42        *_SpecColor.rgb*spec)*(atten*2);                     //高光颜色
43      c.a=s.Alpha;                                           //设置透明度
44      return c;                                              //返回颜色
45    }
46    void vert (inout appdata_full v,out Input o) {
47      UNITY_INITIALIZE_OUTPUT(Input,o);                      //声明结构体。
48      o.pos=v.vertex;                                        //设置 pos 参数为该顶点位置
49    }
50    void surf (Input IN, inout SurfaceOutput o) {
51      float4x4 proj=mul(_ProjMat,_Object2World);  //摄像机投影矩阵转到世界矩阵
52      IN.texc=mul(proj,IN.pos);                              //使用 proj 矩阵转换顶点坐标
53      float4 c_Back = tex2D(_BackTex,IN.uv_MainTex);         //背景贴图采样
54      float3 normalMap=UnpackNormal(tex2D(_NormalTex,IN.uv_NormalTex));
                                                               // 采样法线图
55      half2 offset=IN.texc.rg/IN.texc.w;                     //原纹理坐标
56      offset.x=offset.x+_PerturbationAmt*offset.x*normalMap.x; //根据法线扰动后的纹理坐标 X
57      offset.y=offset.y+_PerturbationAmt*offset.y*normalMap.y; //根据法线扰动后的纹理坐标 Y
58      float4 c_Main = tex2D(_MainTex,offset)*_MainTint;      //反射纹理采样
59      float3 finalcolor=lerp(c_Back,c_Main,0.7).rgb*_BackTint; //最终颜色
60      o.Normal=normalize(normalMap.rgb+o.Normal.rgb);        //设置片元法线
61      o.Specular= _SpecPower;                                //设置高光强度
62      o.Gloss=1.0;                                           //设置自发光强度
63      o.Albedo=finalcolor;                                   //设置反射颜色
64      o.Alpha=(c_Main.a*0.5+0.5)*_TransVal;                  //设置透明度
65    }
66    ENDCG
67   }
68  FallBack "Diffuse"
69 }
```

- 第 1-12 行的主要功能为着色器参数声明。在这部分中声明的参数会在着色器面板中看到相应的 UI。在这里声明了 3 种纹理图以及对应的色调，还有透明度、高光强度、扰动强度等一系列强度因数以便下面代码使用。
- 第 13-27 行添加了一个 SubShader，并将渲染顺序改为在透明物体渲染前渲染。之后将 Properties 块中声明过的变量再声明一次作为着色器内部参数，相当于参数的传递，将在 Unity 中传递进的参数赋值给着色器中的参数以供使用。
- 第 28-45 行的主要功能为首先声明了一个结构体 Input（里面带有贴图的 UV 以及顶点位置），还有一个自定义光照模型 LightingCustomBlinnPhong。使用入射光线和视线的中间平均值，即半角向量，然后使用它和法线计算出一个和视角相关的高光。
- 第 46-69 行为顶点着色器和表面着色器。在顶点着色器中的工作是将顶点位置信息储存在结构体中的 pos 变量中，在表面着色器中的工作是为水面添加反射贴图、背景贴图以及法线贴图，同时制定了水面的高光强度以及透明度。在反射贴图中使用了法线扰动贴图坐标达到了模拟水面波纹干扰的效果。

说明　在本着色器中的第 16 行定义了顶点着色器方法“vert”（对应代码中的 46-49 行），自定义光照模式“LightingCustomBlinnPhong”（对应代码中的 35-45 行），以及使用 Alpha 通道制作半透明效果。法线扰动的公式读者可以参考前面的相关内容。

9.6 Unity 3D 光照系统中的高级功能

Unity 光照系统中不仅仅是几个光源投射阴影这么简单，还包括有很多有趣的功能比如镜头光晕、光环、光晕、剔除等，这些小功能在某些时候可以极大地美化场景，使场景更加真实。此外，还有 Light Probes 来优化场景的阴影效果，在本节中将详细介绍这些 Unity 中的高级光照功能。

9.6.1 渲染路径与颜色空间

了解 Unity 的具体光照功能前，首先需要了解 Unity 中的光影效果的场景设置即渲染路径和颜色空间。这些功能与光照或阴影的渲染有关，通过对其设置可以配合对应的设备产生更加真实的光影效果和配色方案，下面将对其进行详细的介绍。

1. 渲染路径

Unity 支持许多渲染路径（Rendering Path），而用户在使用的时候需要根据自己场景的实际情况以及目标平台和硬件的支持情况来进行选择。不同的渲染路径有不同的性能和效果，大多数都是影响光照和阴影的，比如需要点光源和区域光源显示阴影时就需要将渲染路径设置为“Legacy Deferred”或“Deferred”。

Unity 5.0 中设置渲染路径的步骤为“Edit→Project Settings→Player”，在 Inspector 面板中的 Other Settings 卷展栏下的 Rendering Path 选框，如图 9-54 和图 9-55 所示。主要有 4 种渲染路径，下面将对其进行一一介绍。

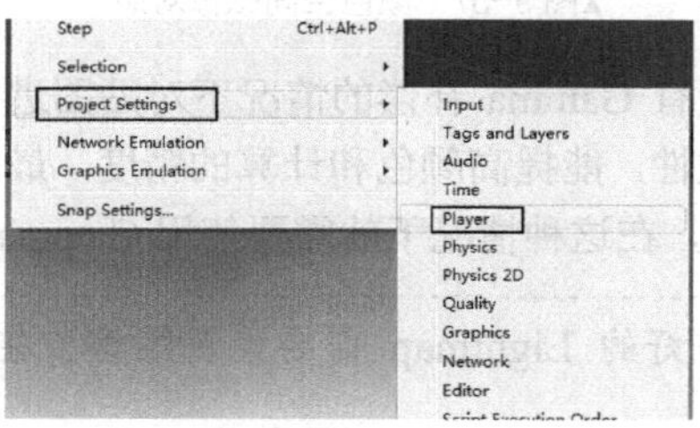

▲图 9-54 渲染路径的设置 1

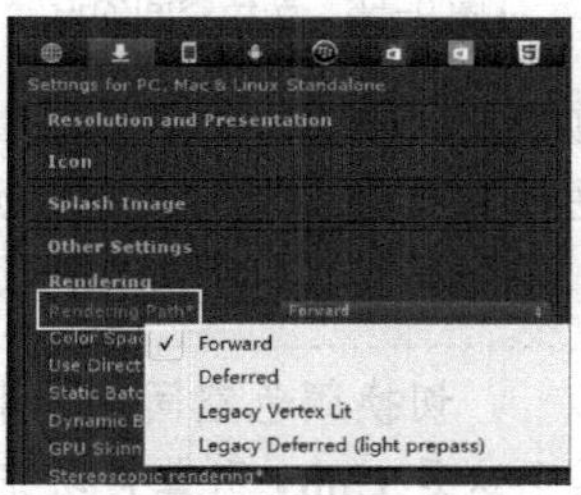

▲图 9-55 渲染路径的设置 2

- ❑ Forward

该渲染路径也是 Unity 的预设渲染路径。在该渲染路径下，每个对象的着色是根据影响对象的灯光，通过“Pass”来着色。所以当一个物体同时在多个光源的作用范围内时，该对象会被重复着色多次。这个渲染路径的优点是快速，硬件要求低，可以快速处理透明度。然而其缺点是要为每盏灯付出相应的成本，在有大量光源的复杂场景中效率反而会降低。

- ❑ Deferred

该路径为延迟渲染路径，延迟了光的遮蔽与混合信息直到第一次接收到表面的位置发现材质数据着色到一个“几何缓冲器（G-buffer）”作为一个屏幕空间的贴图。该方法的优点是照明的着色成本和像素数量成正比，而非灯光数量，所以非常适合在有大量 realtime 模式的光源存在时显示真实的光照和阴影，但是需要较高的硬件水平支持。

- ❑ Legacy Vertex Lit

顶点照明渲染路径通常在一个 pass 中渲染物体，所有的光源照明都是在物体的顶点上计算的。该渲染路径是最快速的，并且具有最广泛的硬件支持（不能工作在游戏机上）。由于所有的光照都是在顶点层级上计算的，所以此渲染路径不支持大部分逐像素渲染效果，如阴影、法线贴图、灯光遮罩、高精度的高光等。

❑ Legacy Defferred（Light prepass）

该渲染和 Defferred 渲染路径非常相似，只是采用了不同的手段去实现。需要注意的是，该渲染路径不支持 Unity 5.0 中的 physically based standard 着色器。

2. **颜色空间**

设置好渲染路径后，选择一个颜色空间（Color Space）也是非常重要的。色彩空间决定采用哪种算法来计算照明或者材质加载时的颜色混合，这会对游戏画面的真实感有非常大的影响。一般情况下，超过色彩空间设定可能会被目标平台强制限制。

颜色空间的设定步骤为"Edit→Project Settings→Player"，在 Inspector 面板中的 Other Settings 卷展栏下的 Rendering Path 选框，如图 9-56 所示。通常推荐的比较接近真实的是 Linear 颜色空间，其优点是场景内提供给着色器的颜色会因为光强增加边亮，如果换成 Gamma 色彩空间，亮度马上会转为以白色作为参考，可能会导致照明在有些部位太亮。如图 9-57 所示。

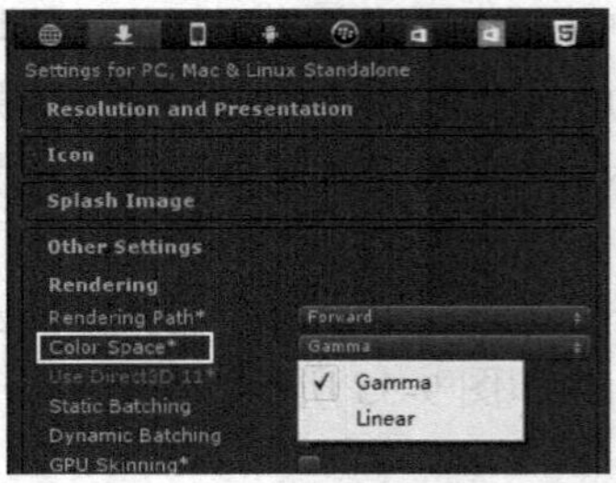

▲图 9-56 颜色空间的设置

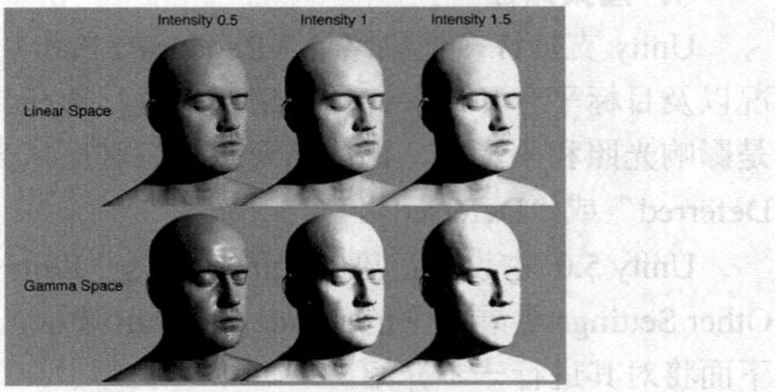

▲图 9-57 颜色空间图像对照

Linear 颜色空间的另一个好处是着色器能在没有 Gamma 补偿的情况下对贴图进行采样，这有助于确保颜色质量在经过着色通道后还能保持一致性，能提高颜色和计算的精度，最后屏幕的输出会更加真实。但是目前有些手机平台不支持 Linear，在这种情况下就需要使用 Gamma 替代了。

说明 切换颜色空间后场景中已经烘焙好的 Lightmap 需要重新烘焙（在默认的情况下这是 Unity 引擎自动完成的）。

9.6.2 Cookies

灯光中的 Cookies 是一个很有趣的功能。在很早的电影或戏曲中灯光特效就被用来产生一个没有真实存在的物体的印模或轮廓，比如丛林中产生的假象的树冠阴影、监狱中栏杆的阴影等，这些效果可以极大地提升场景的真实感。Unity 也支持这种效果，就是灯光中的 Cookies 参数，如图 9-58 所示。

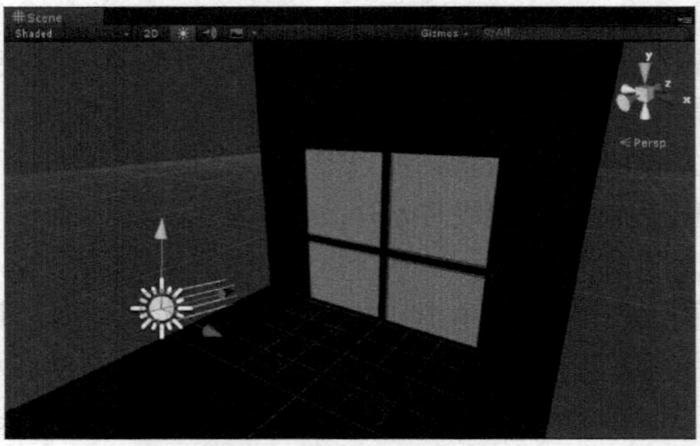

▲图 9-58 Cookies 的效果

Cookies 的使用相当简单，在平行光光源中只要把一张带有透明通道的纹理图或者灰度图拖到光源上的 Cookies 上即可在画面中看到效果。新导入的纹理图资源要进行设置，点击图片后在 Inspector 面板中勾选上 Alpha from Grayscale 选项即可，如图 9-59 所示。根据需要也可以设置其卷绕模式。本案例使用的 Cookies 灰度图如图 9-60 所示。

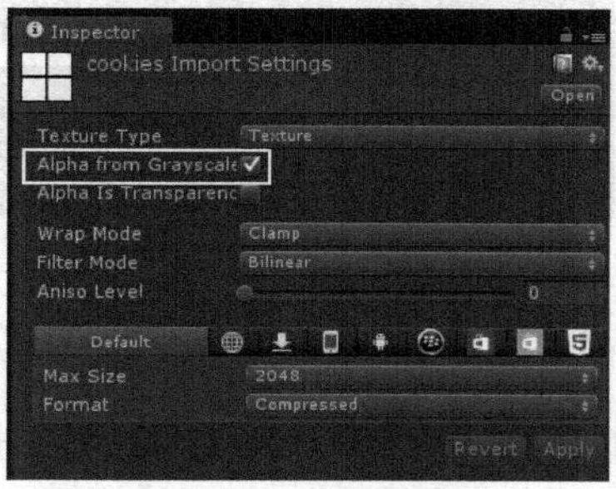

▲图 9-59 平行光源的 Cookies 设置

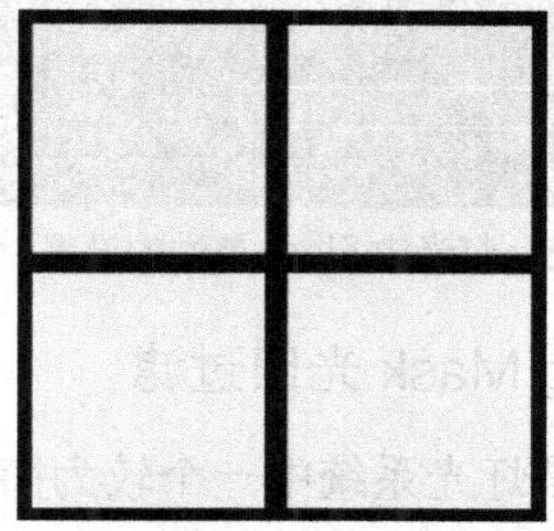

▲图 9-60 案例使用的 Cookies 图片

说明 Cookies 的投射方式也会根据光的类型发生改变，比如点光源（Point light）会从中心向四面八方发射光线，所以其 Cookies 的纹理图需要是一个 Cubemap 格式的纹理。

9.6.3 Flare 镜头光晕

镜头光晕也叫耀斑，是模拟相机镜头内的一种光线折射的效果，常用来表示非常明亮的灯光。由于这种效果是动态的，耀斑会随着摄像机的移动而改变位置，从而产生非常漂亮的效果，所以非常适合用来美化游戏场景。耀斑的效果如图 9-61 和图 9-62 所示。

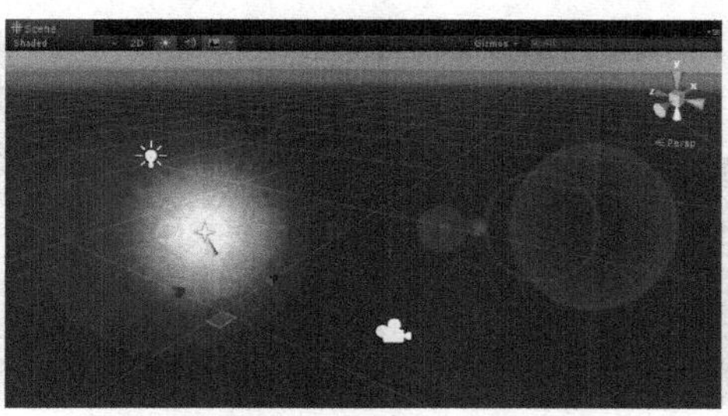

▲图 9-61 耀斑示例 1

▲图 9-62 耀斑示例 2

耀斑的图片资源需要自行制作或者从网上下载。Unity 4.X 中有自带的几种耀斑资源，而这些资源在 Unity 5.0 中已经被移除。在本节中使用的是从 Unity 4.X 中提取出来的几个耀斑资源，读者若是需要可以在光盘中项目“LightTest\Assets\PIC\Light Flares”中找到。下面将介绍如何添加耀斑。

添加耀斑最简单的方法就是找到场景中想要产生耀斑的光源，向其 Light 组件下的 Flare 选项中拖曳想要的耀斑效果即可，如图 9-63 所示。还有一种方法是新建一个 GameObject，为其添加 Lens Flare 组件，并在其 Flare 属性中指定想要的 Flare 资源即可，如图 9-64 所示。

说明 如果需要使用多个光晕的话不要都叠放在一起。光晕会被碰撞器遮挡，一个介于产生光晕的游戏对象和摄像机之间的碰撞器会将光晕隐盖住（即使关闭 Mesh Renderer 组件或者是透明材质的游戏对象也会遮挡住镜头光晕）。

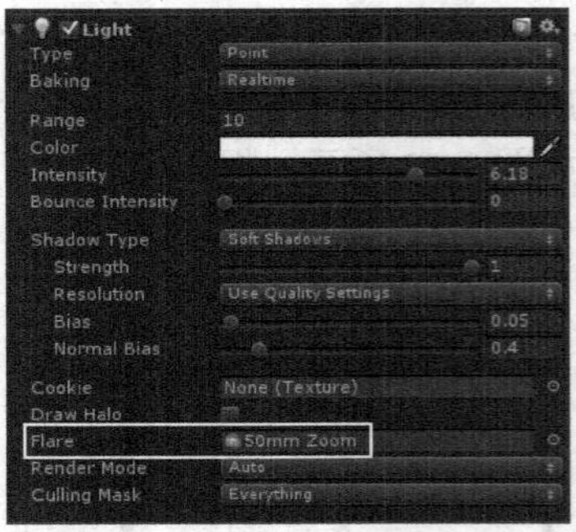

▲图 9-63　灯光中 Flare 属性的设置

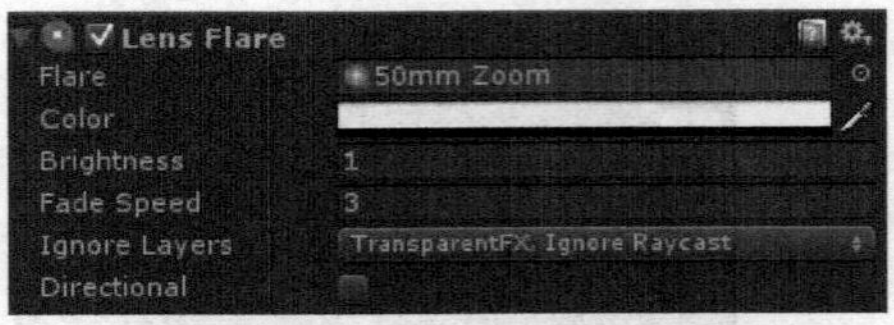

▲图 9-64　Lens Flare 组件

9.6.4　Culling Mask 光照过滤

光照过滤是灯光系统中一个较为简单的小功能，但是经常会被用到。比如场景中不想让某些物体受到某个光源的影响、需要某盏灯专门为某个对象提供光照等情况就需要使用光照过滤（Culling Mask）了。如图 9-65 所示，场景中的球就被光照剔除掉，不管场景中的灯光如何调整也不会对其产生光照和阴影；而同样处于场景中的立方体则正常接受光照。

光照过滤的设置也比较简单，将不需要光照的物体放在某个层中，然后在灯光中对该层过滤光照即可。具体步骤如下。

（1）首先搭建所需要的场景。依次创建一个球（Sphere）、立方体（Cube）和一个平面（Plane），将其摆放到合适的位置后创建一个平行光光源（Directional Light）。

（2）层的创建。选中球（Sphere）游戏对象，单击其 Inspect 面板中的右上角的 Layer 卷展栏会显示出当前场景中的所有层，单击最下方的 Add Layer 按钮，如图 9-66 所示，在新出现的面板中新输入一个层，如图 9-67 所示。创建完后将球游戏对象勾选为该层。

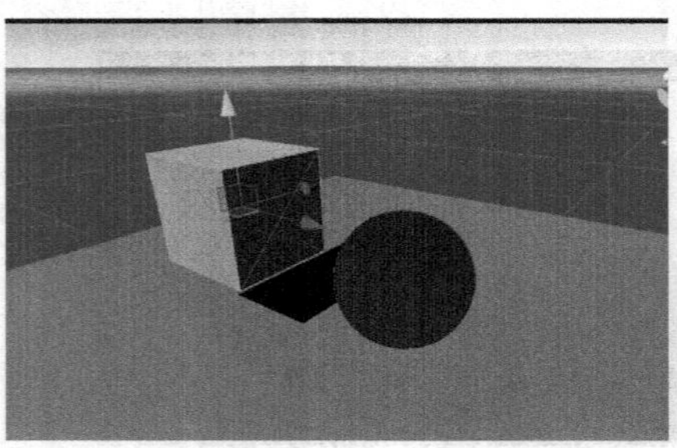

▲图 9-65　光照过滤示意图

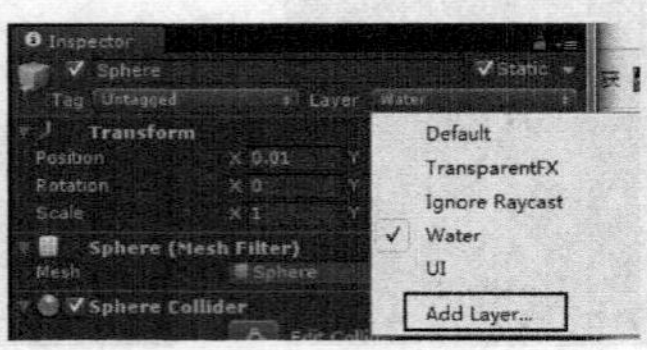

▲图 9-66　添加层

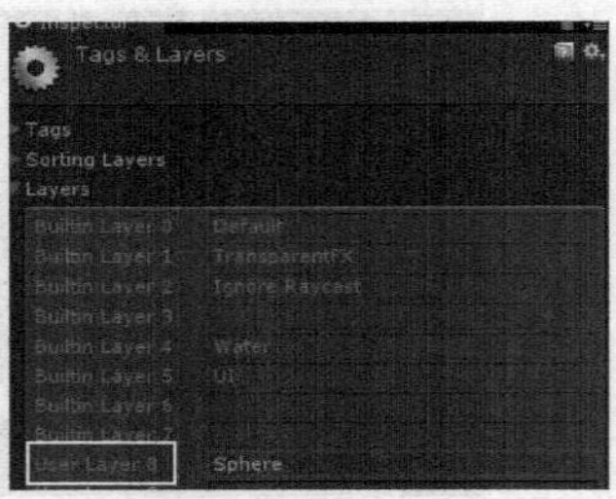

▲图 9-67　输入层的名称

（3）最后选中场景中的光源，在其 Light 组件中的 Culling Mask 选项中取消对球所在的层 Sphere 层的勾选，这样场景中的球以及所有处于 Sphere 层的游戏对象都不会受到这个光源的影响了。

9.6.5　阴影的设置

光照系统中，阴影是非常重要的一部分，好的阴影效果可以从整体上提升场景的真实性和美观性。Unity 中的阴影也可以通过参数的设置来达到不同的效果，在本节中将详细介绍 Unity 光照系统中的阴影参数。在本节中所使用的光源为平行光（Directional Light）。

1. 阴影质量

Unity 中使用阴影贴图（Shadow maps）来显示阴影，阴影贴图可以看作是将从灯光投射到场景的阴影通过纹理贴图的形式表现出来，所以其质量主要取决于两个因素，即贴图分辨率

（Resolution）和阴影类型（Hard/Soft Shadow）。

阴影的 Resolution 可以在光源的 Light 组件下进行设置，其中包含的选项有：使用质量设定的参数、低质量、中等质量、高质量和极高质量，如图 9-68 所示。当然，质量越高的阴影越清晰也越能反映出更多细节，而其所消耗的性能也相应的越高。

当阴影模式（Shadow Type）设置为“Hard Shadow”时，在相同光照条件下的不同质量的阴影如图 9-69 所示。

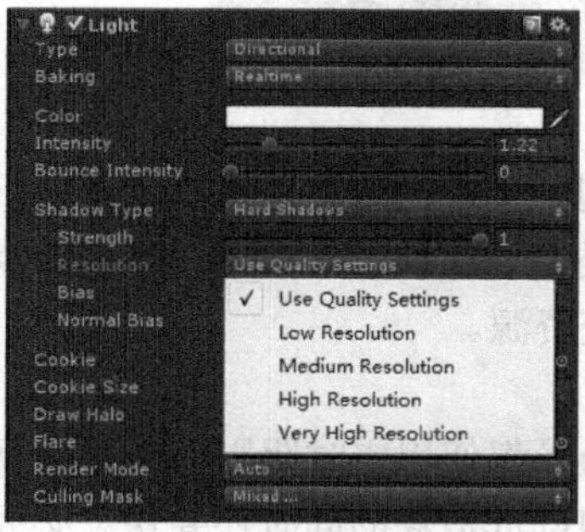

▲图 9-68 阴影分辨率的设置

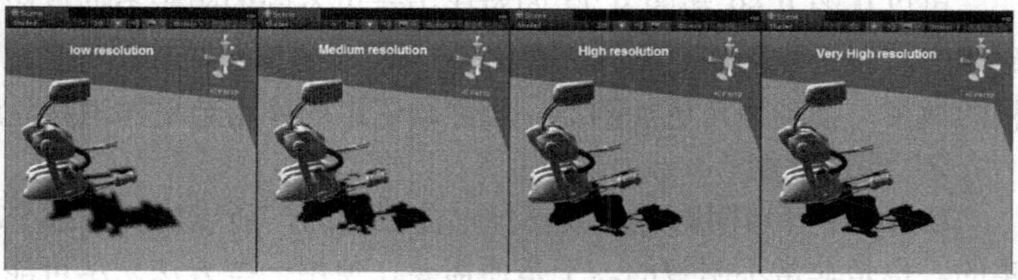

▲图 9-69 不同分辨率阴影的效果

当用户将阴影质量设置为“Use Quality Settings”时，阴影的效果就可以在执行“Edit→Project Settings→Quality”命令后打开的面板中设置，如图 9-70 和图 9-71 所示。在该面板中可以设置游戏质量的大部分参数，和阴影有关的参数及其介绍如表 9-10 所示。

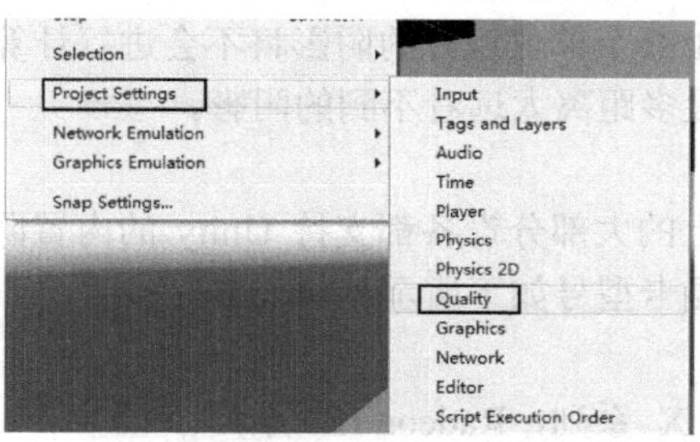

▲图 9-70 打开质量设置面板

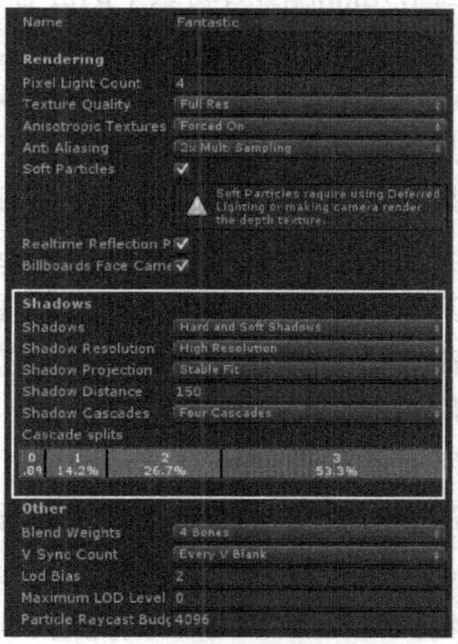

▲图 9-71 阴影质量设置参数

表 9-10 阴影质量参数设置

参数名	含义
Shadows	设置阴影的类型
Shadow Resolution	阴影的分辨率。可以将分辨率设置为低、中、高和极高。分辨率越高，处理开销越大
Shadow Projection	阴影投射。平行光的投射阴影有两种方式：Close Fit 渲染高分辨率阴影，但是相机移动时，阴影会稍微摆动；Stable Fit 渲染的阴影分辨率低，但是不会在相机移动时摆动
Shadow Distance	相机的最大阴影可见距离。超过这个距离的阴影不会被计算
Shadow Cascades	阴影层叠。层叠数目越高，阴影质量越好，计算开销越大

阴影还可以设置其类型（Type）。Unity 中的阴影分为 Soft Shadow 和 Hard Shadow 两种。图 9-69 中所示的就是 Hard Shadow，可以看出该模式下的阴影非常“生硬”，可以看到明显的锯齿。在相同的场景灯光环境下，Soft Shadow 的各个分辨率如图 9-72 所示。

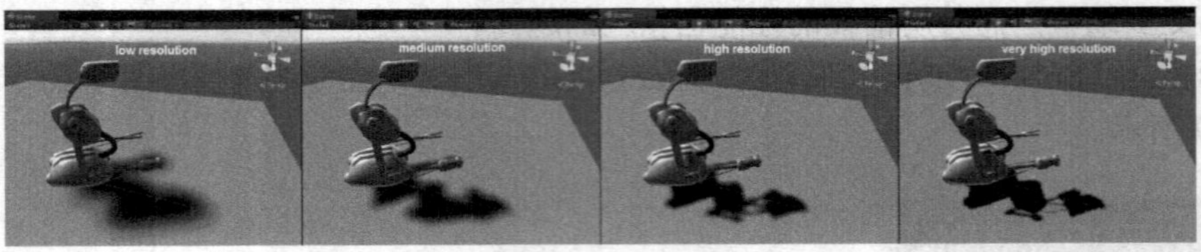

▲图 9-72　Soft Shadow 演示

可以从图 9-69 和图 9-72 的对比中看出不同的阴影类型反应到场景中的效果是截然不同的。硬阴影相较于软阴影更加“像素化”，有明显的锯齿；而软阴影则类似于在硬阴影上添加了边缘模糊的效果，使其边角更加圆滑。当然软阴影的使用会更加消耗系统资源。

2. 阴影性能

Unity 中开启阴影是需要消耗性能资源的，所以想要在整个场景都使用实时阴影是非常不现实的，也是非常不明智的，于是便需要在使用一些方法来尽可能地降低消耗的同时还要保证必要的效果。降低阴影消耗的常用方法如下所示。

（1）使用光照贴图。一个游戏场景中一定会包含一些“静态”的物体，这些物体不会移动和形变，所以其阴影也不会发生改变，这时再使用实时阴影是非常浪费的。光照贴图（LightMap）就非常适合处理这种情况，光照贴图会将场景中静态物体的阴影经过一段时间的烘焙和计算渲染到一张贴图上，应用光照贴图后场景中的静态物体就会有自己的“假阴影”而不必再去计算光照了。

（2）分辨率和阴影模式的设置。上一节中介绍了阴影的设置，其中就包括了阴影的分辨率（Resolution）和阴影模式（Hard/Soft Shadow），对游戏中的实时阴影使用合适的阴影设置可以适量地降低其性能消耗。需要注意的是，软阴影（Soft Shadow）比硬阴影（Hard Shadow）更消耗资源，但是其只消耗 GPU（显卡）资源，所以使用软硬阴影不会影响 CPU 性能和内存。

（3）设置阴影距离。Quality Settings 面板中有一个参数 Shadow Distance 可以用来设置阴影距离，比如其默认值 150 就代表着距离观察摄像机 150 个单位以外的阴影将不会进行计算和渲染。这个功能在大型场景中比较实用，可以避免计算很多距离太远看不到的阴影。

3. 阴影的硬件支持

并非所有的硬件都可以显示阴影，虽然市面上的大部分设备都支持 Unity 的内置阴影，但是读者还是需要对其支持的型号有所了解。支持的显卡型号如下所示。

Windows:

- ATI Radeon 9500 和其更高版本，Radeon X 系列，Radeon HD 系列。
- NVIDIA GeForce 6xxx，7xxx，8xxx，9xxx，GeForce GT，GTX 系列。
- Intel GMA X3000 (965) 和其更高。

Mac OS X：

- Mac OS X 10.4.11 和更新版本。
- ATI Radeon 9500 和更高版本，Radeon X，Radeon HD 系列。
- NVIDIA GeForce FX，6xxx，7xxx，8xxx，9xxx，GT，GTX 系列。
- Intel GMA 950 and later（软阴影由于驱动被禁用，使用硬阴影替代）。

9.6.6 Light Probes 光探头

经过前面对光照贴图的学习，读者应该可以烘焙出自己想要的光照效果了，但是 Lighting map

无法作用于非静态的物体上，所以非静态的物体的光照效果在烘焙好 Lighting map 的场景中会显得非常突兀。为了让动态对象能很好地融入场景中，理想的方式是为其实时生成 Lighting map，但是目前来说硬件水平达不到这样的要求，不过可以采用一种效果上近似的方法——Light Probes。

Light Probes 的原理是在场景中放上若干个采样点，收集采样点周围的光暗信息，然后在附近几个点围成的区域内进行插值，当动态的游戏对象位于这些区域内时就会根据位置返回插值结果也就是其所受的光照结果。这种做法并不消耗太多的性能，也能实现动态物体和静态场景的光照效果的相互融合。

1. Light Probes 使用示例

接下来通过一个案例来向读者演示如何使用 Light Probes，以及其功能。具体步骤如下。

（1）首先利用 Unity 的基本几何体搭建一个简单的游戏场景，然后为其添加一个平行光光源。注意，在本场景的搭建中为了使场景中光照环境变得复杂，还使用了若干个可以自发光的材质，如图中亮绿色的小立方体。发光材质的制作方法可以参看前面的对应内容。

（2）将之前创建的所有几何体设置为静态的，然后按步骤进行光照烘焙。烘焙好的场景如图 9-73 所示。接下来在场景中创建一个新的 GameObject，为其添加 Light Probe Group 组件。组件的参数如图 9-74 所示。

▲图 9-73　光照烘焙好的游戏场景

▲图 9-74　Light Probe Group 组件参数

（3）下面就要为游戏场景布置采样点了。单击 Light Probe Group 组件中的 Add Probe 按钮，Scene 窗口中就会出现一个新的“小球”。接下来将该小球移动到场景中的某个位置即可完成其摆放，单击 Duplicate Selected 按钮可以复制一个当前选中的采样点。

（4）重复步骤（3）的操作，直到场景中大部分阴影比较凸显的地方都放置有采样点，如图 9-75 所示。其中，和图 9-73 所示相比多出的很多用紫色的线连起来的黄色的“小球”就是设置的采样点。注意，采样点的多少并不会影响性能。

（5）采样点放置完毕后，需要再次烘焙游戏场景。等烘焙结束后，所有的采样点都被赋予了其所在位置的光影信息。到这一步，为场景添加 Light Probe 的工作就完成了。

▲图 9-75　设置完采样点的场景

（6）接下来可以测试一下 Light Probe 的功能。创建一个动态的物体并将其摆放到场景中的各个位置，观察其光影效果是否和平时有区别。首先将创建的物体摆放到场景中具有发光材质的地方，开关其 Mesh Renderer 组件中的 Use Light Probes 属性，并观察其区别，效果分别如图 9-76 和图 9-77 所示。

（7）可以观察到当球（动态物体）在自发光材质附近时，开启 Use Light Probes 开关后，该球就会受到自发光材质的影响，被照上绿光。而关闭开关后就没有来自自发光材质的光照效果。而自发光材质的 GI 设置为 Baked，也就是说只有烘焙时可用，可见动态物体上的光照是其所在区域的 Light Probes 中采样点中记录的光照信息通过插值计算得来。

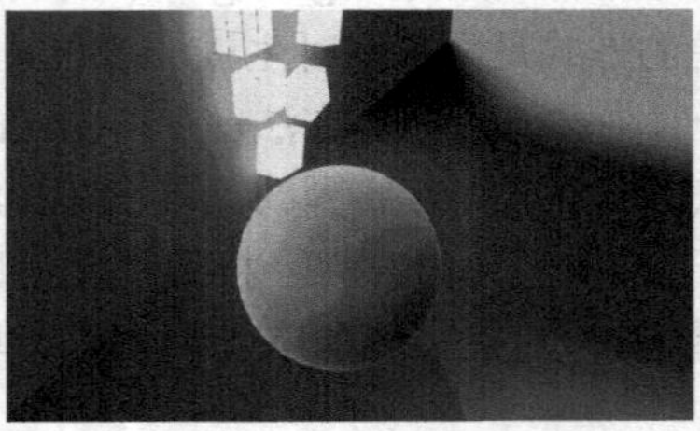

▲图 9-76　打开 Use Light Probes 开关的效果

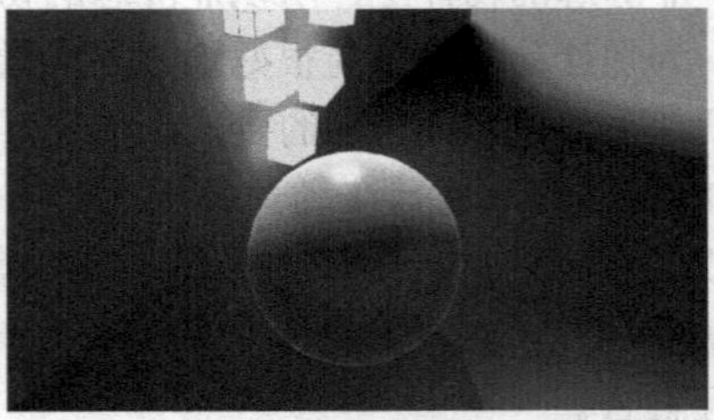

▲图 9-77　关闭 Use Light Probes 开关的效果

2. Light Probes 应用细节

通常情况下，布置 Light Probes 最简单有效的方式是将采样点均匀地分布在场景中，这样场景中就会有很多个采样点。虽然这样不会消耗内存，但是布置起来却很麻烦。读者完全没有必要在光影毫无变化的区域内布置多个采样点，而应当在光影差异较大的位置（如阴影的边缘）布置多个采样点。对于采样点有如下几点需要注意。

（1）采样点的工作原理是将场景空间划分为多个相邻的四面体空间。为了能够合理地划分出空间以便进行正确的插值，所以需要注意不要将所有采样点放置在同一个平面上，这样会导致无法划分空间。

（2）当动态物体只能在一定的高度下活动时，在其高度的上方就没有必要布置多个采样点了。当然也不能将所有的采样点布置得太低，这样就无法划分空间了。

9.7　Unity 3D 5.0 中新增的光照功能详解

Unity 5.0 之后的版本在其光照系统中添加了很多新功能，这些功能在 Unity 4.X 中没有出现。对这些新功能的应用能极大地提升游戏的质感。在本节中将详细介绍这些新功能，希望通过对本节内容的学习，读者可以学会如何去使用这些新颖的功能。

9.7.1　基于物理学的标准着色器

Unity 5.X 中新增了两种着色器，名为“Standard”和“Standard（Specular setup）”，这就是 Unity 5.0 在发布时着重宣传的基于物理的标准着色器了。在本节中将向读者详细介绍什么是基于物理的着色以及如何去使用它。

1. 什么是基于物理的着色

基于物理的着色（PBS）是用模拟现实的方法呈现出材质和灯光之间的相互作用，基于用户的逼真的视觉效果。基于物理学的着色思路是给用户营造出连续性，并且看上去是在不同灯光控制下的效果，模仿了灯光在真实情景中的行为，而不需要使用过多的专业工具。

为了表现出真实的灯光效果，它模仿了物理过程，包括能量贮存（意味着物体反射的光源不大于它接收的光源）、Fresnel 反射（视线不垂直于物体表面时，夹角越小，反射越明显），以及表面的遮蔽（来自物理学术语）等。.

Unity 5.X 中包含的 Standard 着色器和完整的 PBS 一起使用时，就可以实现很好的画面效果，真实地模拟出石头、陶瓷、黄铜及橡胶等材质，甚至还可以模拟皮肤、头发、布料等材质。

2. 材质编辑器

下面介绍 Standard 着色器的材质编辑器。Unity 5.X 中包含的两个标准着色器的材质编辑器窗口如图 9-78 和图 9-79 所示。用户可以在 Project 窗口中单击鼠标右键，从弹出的菜单中选择“Create→Material”创建一个材质，然后在 Inspector 面板中的“Shader”中选择想要的标准着色器。编辑器中的参数如表 9-11 所示。

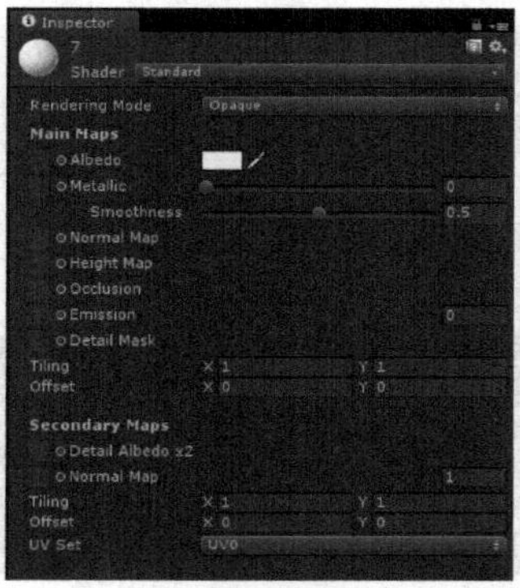

▲图 9-78 Standard 着色器的材质编辑器

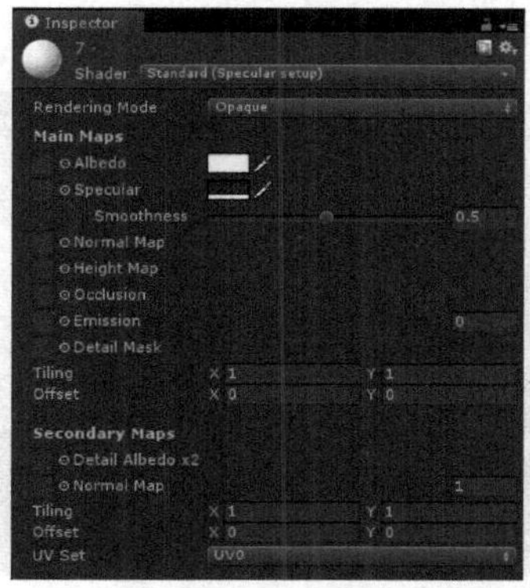

▲图 9-79 Standard（Specular setup）着色器的材质编辑器

表 9-11 Standard 着色器中的参数

参 数 名	用 途	参 数 名	用 途
Rendering Mode	渲染模式。有四种模式可选，下面将详细单独介绍	Albedo	漫反射纹理图。也可以设置其颜色和透明度（透明度需要正确的 Rendering Mode）
Metallic	金属性。值越高，反射效果越明显	Smoothness	此值影响计算反射时表面光滑程度。值越高，反射效果越清晰
Specular	高光。颜色可以自行设置	Normal Map	法线贴图
Height Map	高度图。通常是灰度图	Occlusion	环境遮盖贴图。将在后面的部分中详细介绍
Emission	自发光属性。开启后该材质在场景中类似一个光源，可以调节其 GI 模式	Detail Mask	细节遮罩贴图。当某些地方不需要细节图可以使用遮罩图来进行设置，如嘴唇部分不需要毛孔等
Tiling	贴图的重复贴图次数	Offset	贴图的偏移量
Secondary Maps	细节贴图。将在下面的部分中进行详细的介绍		

（1）Rendering Mode

表 9-11 中介绍了 Standard 着色器中的参数，接下来将介绍 Standard 着色器的 Rendering Mode 中的 4 种不同的着色模式。用户需要使用 Standard 着色器时，一定要设置正确的渲染模式，否则很可能无法得到正确的视觉效果。具体内容如下。

- Opaque 模式。这种模式代表该着色器不支持透明通道，也就是说此时该标准着色器只能是完全不透明的（当制作如石头、金属等材质时使用该模式）。
- Cutout 模式。这种模式下着色器支持透明通道，但是不支持半透明。也就是说，要显示的纹理图的内容要么完全透明，要么完全不透明。图片内容是否透明由 Albedo 中的 Alpha 值和 Alpha Cutoff 决定（这种模式下的着色器适合制作叶子、草等带有透明通道的图片却又不希望出现半透明效果的材质）。
- Fade 模式。褪色模式，该模式下可以通过操控 Albedo 的 Color 中的 Alpha 值来操作材质的透明度，根据 Alpha 的设定可以制作出半透明的效果。但是该模式并不适合制作类似玻璃等半透明材质，因为当 Alpha 值降低时，其表面的高光、反射等效果也会跟着变淡（比较适合制作物体渐渐淡出的动画效果）。该模式的效果如图 9-80 中被投射出的小人所示。
- Transparent 模式。这种模式下的材质同样可以通过 Albedo 中 Color 的 Alpha 值来调整其透明度，但不同的是，当物体变为半透明的时候，其表面的高光和反射是不会变淡的（非常适合制作玻璃等具有光滑表面的半透明材质）。Transparent 模式的效果如图 9-81 中宇航员头盔玻璃所示。

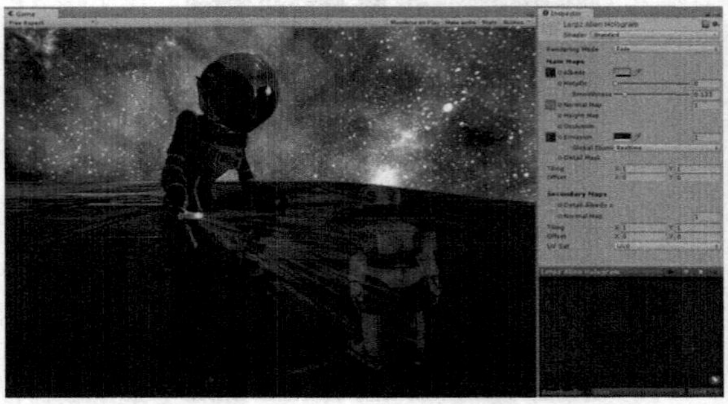

▲图 9-80　Fade 模式效果演示

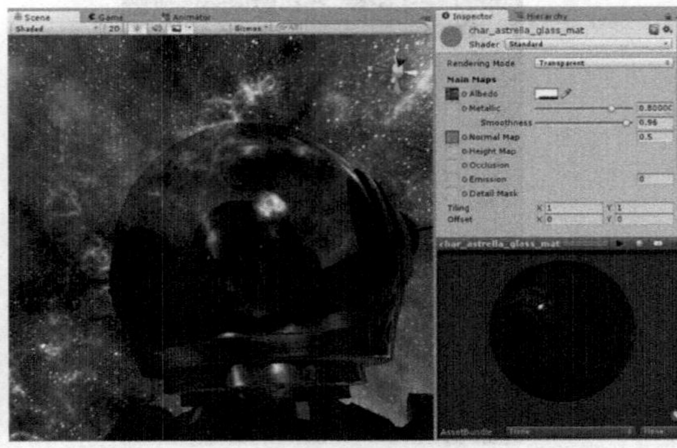

▲图 9-81　Transparent 模式效果演示

（2）Occlusion Map

遮挡图（Occlusion Map）是一种用于表示模型的表面应当接受多少的间接反射的图片。一个表面凹凸不平的物体，在其凹下的地方（如裂纹或折叠处）应当接受较少的间接光照，这样才显得真实。这种贴图通常是通过第三方建模软件渲染得到的。

遮挡图是一张灰度图。其中白色的部分表示接受完全的间接照明，黑色的地方表示不接受间接照明。图 9-82 所示的是机器人模型的遮挡图，图 9-83 所示的是模型的漫反射图，图 9-84 所示的是应用了遮挡图的效果，图 9-85 所示的是没有应用遮挡图的效果。

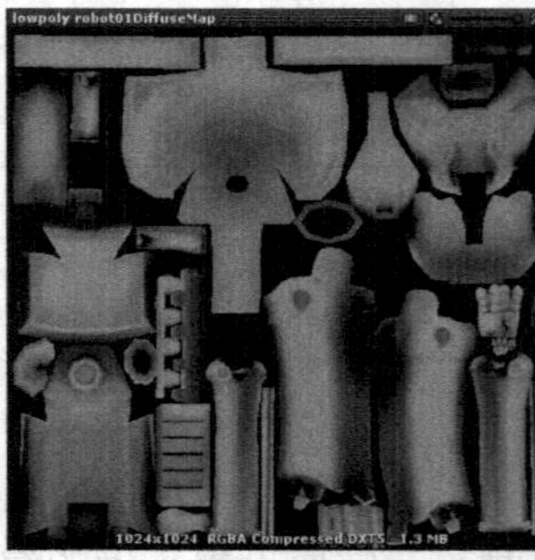

▲图 9-82　机器人的遮挡图

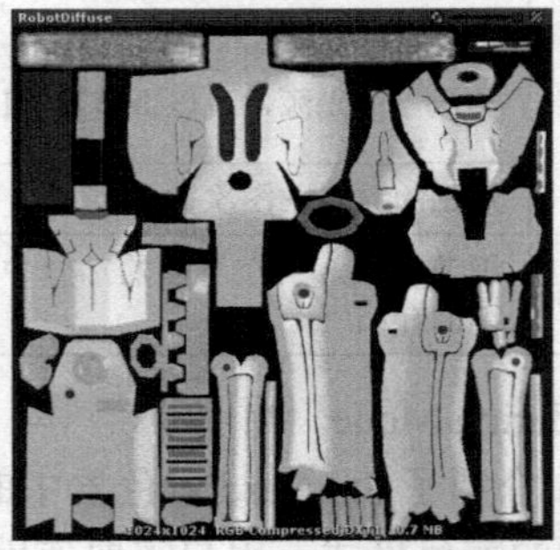

▲图 9-83　机器人的漫反射图

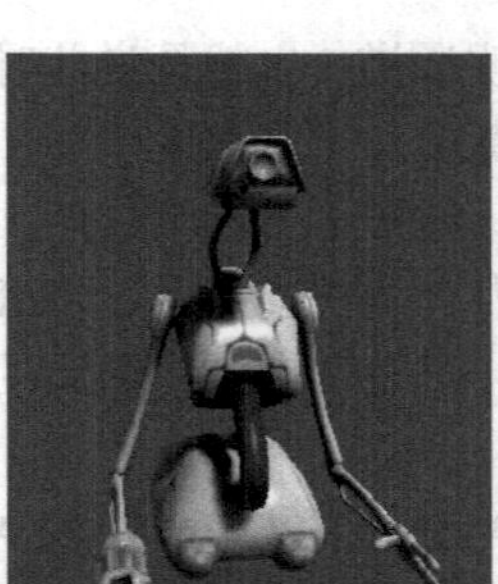

▲图 9-84　应用了遮挡图的机器人

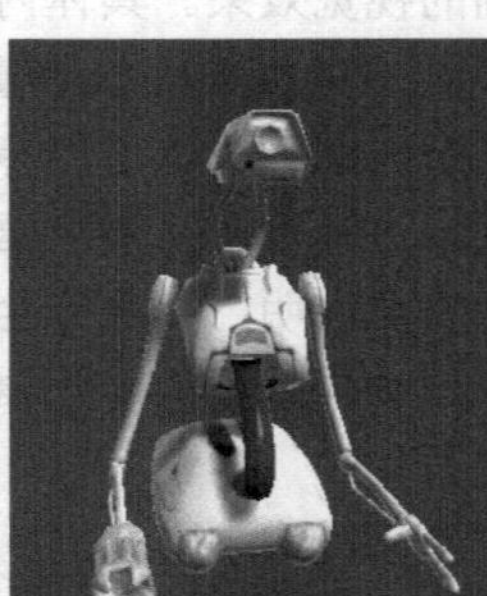

▲图 9-85　没有使用遮挡图的模型

（3）Secondary Maps

Standard 材质中的最后一项是“Secondary Maps”，也可以叫作“Detail Map”，简单来说就是材质的次级贴图（细节贴图）。其作用是展示第一组贴图中没有显示出的材质的细节效果。Unity 允许用户在一个材质上添加一个次级的漫反射图和法线图，这两张图会在物体的表面重复贴若干次。

为什么要使用 Secondary Maps 呢？这是为了让摄像机近距离观察材质时可以显示出更多的细节内容，同时在摄像机远离材质时又有一个普通的显示效果（即看不到细节的效果），若是不使用另外的一张贴图的话为了实现细节就会需要一张非常精细的贴图，这显然是非常不节省资源的。

可以用到 Secondary Maps 的地方有很多，如用于显示皮肤上的毛发和毛孔、石路上的地衣和细小的裂缝等。图 9-86 和图 9-87 所示的是皮肤上没有使用 Secondary Maps 和使用了 Secondary Maps 的效果对比。

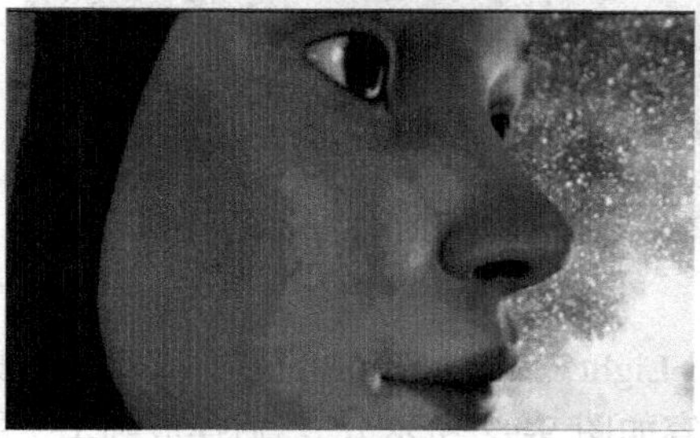

▲图 9-86　没有使用细节贴图的皮肤

▲图 9-87　使用了细节贴图的皮肤

9.7.2　反射探头（Reflection Probe）

反射是 CG 电影中常见的一种光学特效。现实生活中，类似于金属、镜子等具有光滑表面的物体都会发生反射，然而在游戏中制作实时反射效果是非常消耗资源的。传统上使用“Reflection mapping”来制作反射效果，但是这种方法具有局限性，比如其默认反射环境是相同的、无法自身反射等。

Unity 5.0 中新增了一种制作反射的功能“Reflection Probe”。该功能允许用户在场景中放置若干个反射采样点，当需要计算反射时，通过这些采样点来生成反射 Cubemap，然后通过特定的着色器从 Cubemap 中采样，就能显示出反射效果了。

1．反射探头的使用

在详细介绍反射探头的参数前，首先通过一个小例子来学习如何使用这个组件。这个案例创建了一个真实的汽车表面，当周围的环境发生改变（如汽车移动或摄像机移动）时，光滑的汽车表面会反射出周围的场景，效果非常真实。具体步骤如下。

（1）首先搭建一个简要的场景用于反射。本场景中包含一个平面（Plane）、两个用于反射的颜色不同的立方体（Cube）和一个用于产生阴影的平行光源（Directional Light）。场景搭建完成后，将汽车模型 31.fbx 导入，并拖到场景中。效果如图 9-88 所示。

（2）接下来为该场景换一个天空盒，因为天空盒也会出现在反射效果中。按步骤 Window→Lighting 打开 Lighting 窗口，在其中 Environment Light 卷展栏下将 Skybox 选为一个自建的天空盒，如图 9-89 所示。本场景中使用的天空盒在光盘中对应目录下的“LightTest\Assets\PIC\Skybox”。

（3）接下来创建材质。选中场景中的 31 游戏对象（汽车），其中包含若干个子对象，找到 DrawCall28 子对象（该对象是汽车的外壳），为这个对象添加一个着色器为 Standard 的材质，如图 9-90 所示。其中的 Metallic 和 Smoothness 两个参数的调节会影响之后的反射效果，现在调节还无法看到正确的效果。

（4）为 31 游戏对象以及其所有子对象创建一个专属的层“car”，这是防止汽车表面反射周围环境时将自身也进行了反射。创建层的方法在这里不再赘述，设置完后如图 9-91 所示。

▲图 9-88　场景的搭建

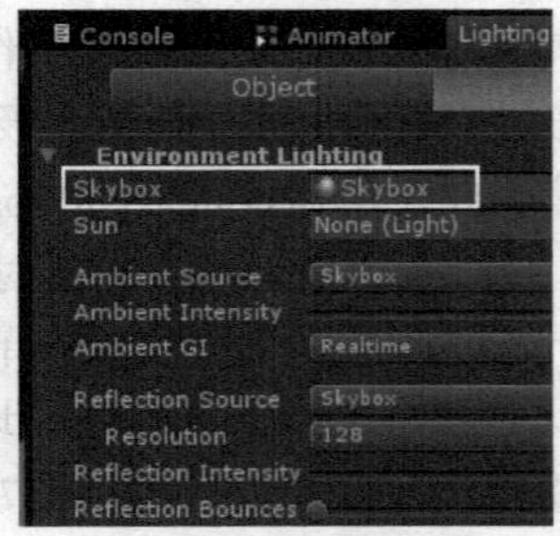

▲图 9-89　切换天空盒

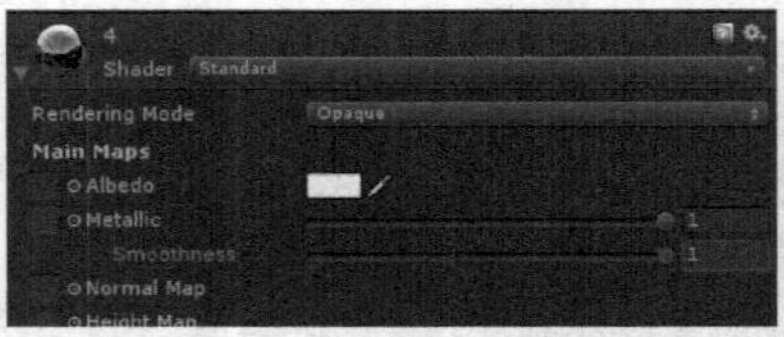

▲图 9-90　汽车表面的材质

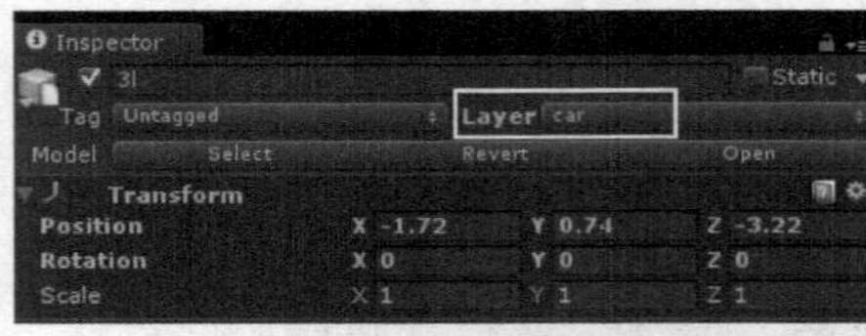

▲图 9-91　层的设置

（5）下面创建反射探头。依次单击“GameObject→Light→Reflection Probe”，就会在场景中创建出一个反射探头。将其进行一些设置（具体设置内容如图 9-92 所示），然后摆放到车子的几何中心并设置为 31 的子对象。选中 31 游戏对象的 DrawCall28 子对象，将其 Mesh Renderer 组件的 Reflection Probes 设置为“Blend Probes”，如图 9-93 所示。

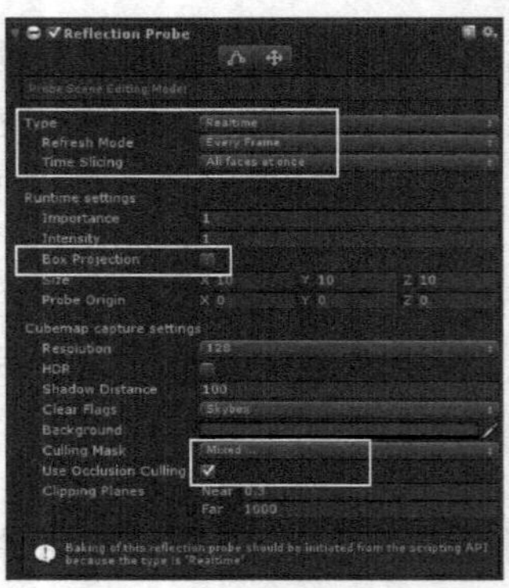

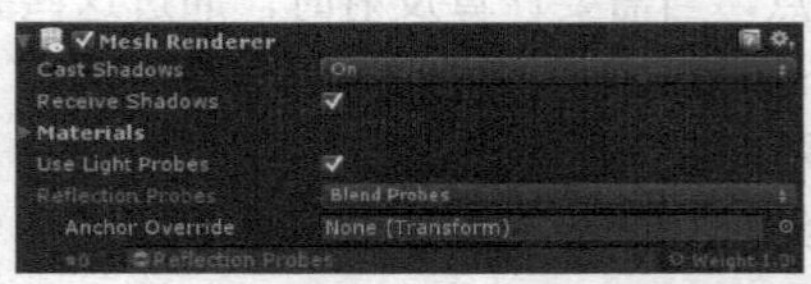

▲图 9-92　反射探头的参数设置　▲图 9-93　DrawCall28 的 MeshRenderer 组件设置

（6）这时，在 Scene 窗口中已经可以看到汽车表面的反射结果了。若是汽车在移动或者摄像头观察角度发生变化时，还可以看到反射效果在实时的变化。如图 9-94 所示。

▲图 9-94　反射结果

（7）反射探头还有一种用法。比如若是需要让图 9-94 中红色的墙壁反射出车的样子，可以再创建一个反射探头命名为“Reflection Probes2”并将其摆放在图中红色墙壁的几何中心，然后选中红色的方块，将 Reflection Probes2 拖拉给其 Mesh Renderer 中的 Anchor Override 属性，如图 9-95 所示。运行效果如图 9-96 所示，其中的箭头中心就是 Reflection Probes2 的位置。

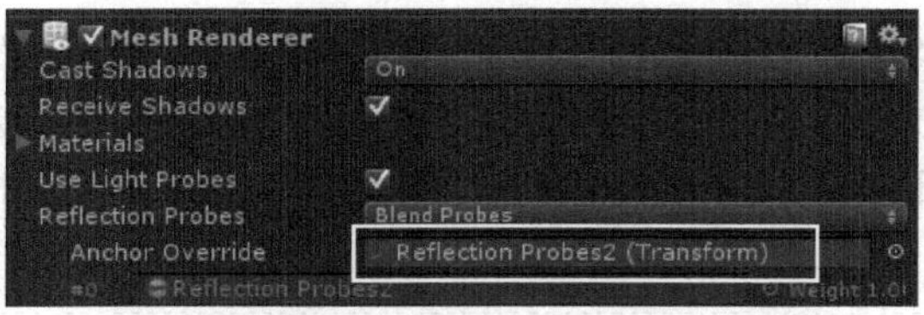

▲图 9-95 更改红色墙体的 Mesh Renderer 属性

▲图 9-96 运行效果

2. 反射探头参数详解

反射探头类似于一个摄像机，用来捕捉其所在位置各个方向的环境视图，由其所捕获的图像会被储存为一个在反射材质上可以使用的立方体纹理（Cubemap）。同一个场景中可以同时存在若干个反射探头，参与反射的物体会根据其所处的探头的位置产生真实的反射效果。该组件的参数介绍如表 9-12 所示。

表 9-12 Reflection Probe 组件参数介绍

参 数	含 义
Type	设置反射探头的类型（有 baked、custom 和 realtime 三种类型）
Dynamic Object	（custom 类型的参数）将场景中没有标示为 Static 的对象烘焙到反射纹理中
Cubemap	（custom 类型的参数）烘焙出来的立方体纹理图
Refresh Mode	（realtime 类型的参数）刷新模式，可以选为：On Awake 只在唤醒时刷新一次；Every Frame 每帧刷新；Via Scripting 由脚本控制刷新
Time Slicing	（realtime 类型的参数）反射画面刷新频率：All faces at once：9 帧完成一次刷新（性能消耗中等）；Individual Faces：14 帧完成一次刷新（性能消耗低）；no timeslicing：一帧完成一次刷新（性能消耗最高）
Importance	权重。影响一个物体同时处于多个 Probe 中时 Mesh Renderer 中多个 Probe 的 Weight。这时首先会计算每个 Probe 的 Importance，然后再计算每个 Probe 与物体间分别交叉的体积大小，用于混合不同 Probe 的反射情况
Intensity	反射纹理的颜色亮度
Box Projection	若是勾选此项，Probe 的 Size 和 Origin 会影响反射贴图的映射方式
Size	该反射探头的区域大小。在该区域中的所有物体会应用反射（需要 Standard 着色器）
Probe Origin	反射探头的原点。会影响到捕捉到的 Cubemap
Resolution	生成的反射纹理的分辨率。分辨率越高，反射图片越清晰，但是更消耗资源
HDR	在生成的 Cubemap 中是否使用高动态范围图像（High Dymainc Range）。这也会影响探头的数据储存位置
Shadow Distance	在反射图中的阴影距离。即超过该距离的阴影不会被反射
Clear Flags	设置反射图中的背景是天空盒（Skybox）或者是单一的颜色（Solid color）
Background	当 Clear Flags 设置为 Solid color 时反射的背景颜色设置
Culling Mask	反射剔除。可以根据是否勾选对应的层来决定某层中的物体是否进行反射
Use Occlusion Culling	烘焙时是否启用遮挡剔除
Clipping Planes	反射的剪裁平面（类似于摄像机的剪裁平面，有 near、far 两个参数分别设置近平面和远平面）

上面的表格中介绍了 Reflection Probes 组件的所有参数，接下来将详细介绍其中比较重要的几个参数的作用。具体内容如下。

（1）反射探头的 3 种模式。首先需要了解的是反射探头有 3 种模式，对应表 9-12 中的 Type 参数，根据需要选择合适的与正确的反射探头可以最大化的节省性能。下面将分别介绍其 3 种不同模式的作用与区别。

- Baked（烘焙模式）。这种模式比较类似于光照烘焙，当反射探头的位置和范围设置好后，将其反射信息烘焙到 Cubemap 中，这样在游戏运行时，在该探头范围内的可以反射的物体会直接使用这张烘焙好的 Cubemap。当然这样做的话反射就不是实时的而是烘焙时的状态，但也相应地会减少很多性能消耗。

说明

当 Lighting 窗口中勾选了“Continuous Baking”（如图 9-97 所示）时，场景中的静态物体一旦发生改变，其反射图就会被自动烘焙。若是没有勾选该选项，在 Reflection Probe 组件中就会出现一个 Bake 按钮，单击该按钮就可以对当前状态下的场景的反射图进行烘焙，如图 9-98 所示。

▲图 9-97　Lghting 面板中自动烘焙设置

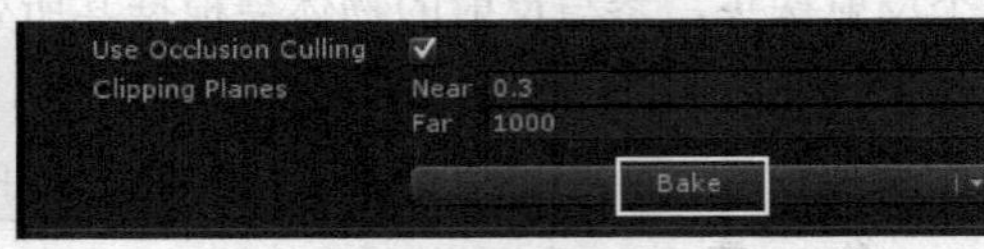

▲图 9-98　组件中的 Bake 按钮

- Custom（自定义模式）。默认状态下 Custom 模式的反射探头和 Baked 模式的探头的用法和效果是相同的，都需要用户来进行手动烘焙才能看到效果。但是 Custom 模式的探头提供了更多的参数设置，例如，勾选“Dynamic Object”就会将非静态的物体也烘焙到反射图中（反射效果只是烘焙时的效果并不会随着动态物体移动而改变）。Cubemap 选项可以指定烘焙出的 Cubemap。
- Realtime（实时模式）。Realtime 类型的反射探头可以实时地更新反射图，在这种类型的反射探头中不需要将想要被反射的物体勾选为静态的（Static 或者 Reflection Probe Static），用户可以通过其 Culling Mask 来排除某些不想让它出现在反射图中的物体。在游戏中使用 Realtime 类型的探头可以制作出实时反射，当然这个类型的探头消耗性能最高，在正式的项目中需要谨慎使用。

（2）反射探头的位置和大小。反射探头的位置由挂载“Reflection probe”组件的游戏对象的位置决定。位置设置完毕后就需要设置其大小（Size），这是一个轴对齐的立方体区域，读者可以直接设置其 Size 参数，如图 9-99 所示，也可以点击按钮，来手动拖拽其大小，如图 9-100 所示。对于探针的位置摆放有以下几点需要注意。

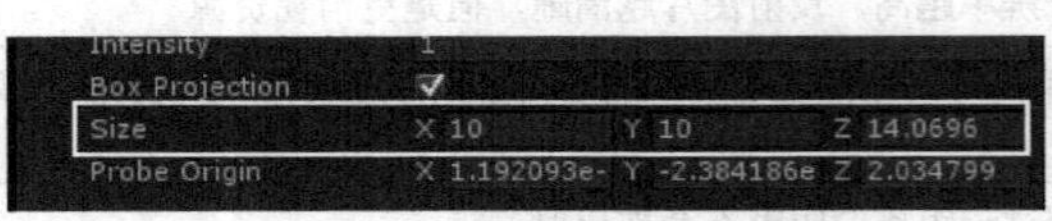

▲图 9-99　手动设置探头的大小

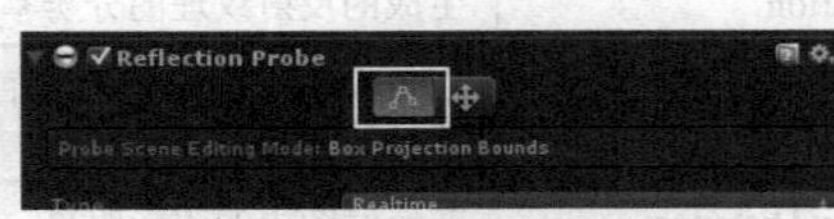

▲图 9-100　编辑探头区域按钮

- 首先根据需要反射物体的大小对探针的摆放进行调节。类似于场景的中心、墙壁的角落都比较适合放置反射探头。若是有一些物体比较小，但是有强烈的视觉效果（比如说篝火），就需要探头距离它很近才可以得到理想的反射效果。
- 在场景中适当的地方摆放好反射探头后，就需要调节其 Size 参数。探头的形状是一个轴对齐的立方体，在该立方体内的物体若是有对应的着色器，其反射效果就会根据其所在的反射探头区域进行显示。若是一个物体同时处于多个探头内的话就会根据交叉面积以及探头的 Importance 参数来进行融合。

- 默认情况下，探头的原点（Origin）在该探头区域的几何中心。但是这可能不适合于所有情况，比如一个体积非常大的物体需要反射一个从边缘接近它的点，这种情况下当然不能从大物体的中心点进行反射，这时需要对反射探头组件中的 Probe Origin 参数进行偏移。

（3）循环反射。想必读者见过这样的场景：两面镜子对面摆放，并且相互面对，这时两个镜子间就会不断地进行反射，这样的现象称为“InterReflection”。Unity 的反射探头也可以制作出这样的效果，由于在现实生活中这样的循环反射是无限次的，而在游戏中实现这样的反射必然需要消耗资源，所以不可能让其无限次反射下去。具体的实现方法如下。

- 创建两个面对面的 Cube 充当“镜子”并赋予其 Standard 材质，将其 Metallic 属性和 Smoothness 参数调为 1，这是为了让反射结果更加清晰。在两个“镜子”间创建一个反射探头，并选为“Baked”模式。这时单击 Reflection Probe 组件中的 Bake 按钮，场景中就会看到两面镜子互相发生反射。
- 可能在某些用户的机器中会看到仅仅反射了一次，并且反射出的另一面镜子是黑色的，这是由于在 Lighting 窗口中 Scene 面板中 Environment Lighting 卷展栏下的 Reflection Bounces 属性的值为 1。这个值是用来控制反射次数的，最大为相互反射 5 次。

9.7.3　全局光照技术详解

全局光照的英文缩写为 GI，是一个用来模拟光的互动和反弹等复杂行为的算法，也是 Unity 5.0 中经过极大改善的光照流程的产物，它的到来，使得 Unity 中的光影效果得到了全方面的提升。在本节中将详细介绍全局光照在 Unity 中的运用方式和技巧。具体内容如下。

1. 实时照明（Realtime Lighting）

默认情况下，Unity 3D 中的灯光（平行光、点光源、投射光）都是实时的，如图 9-101 所示。这样的模式下，灯光的光影效果会每帧进行更新，若是光源在场景中进行移动，场景中的光照效果也会实时更新。用户在 Game 窗口和 Scene 窗口可以看到光影效果的变化，如图 9-102 所示。

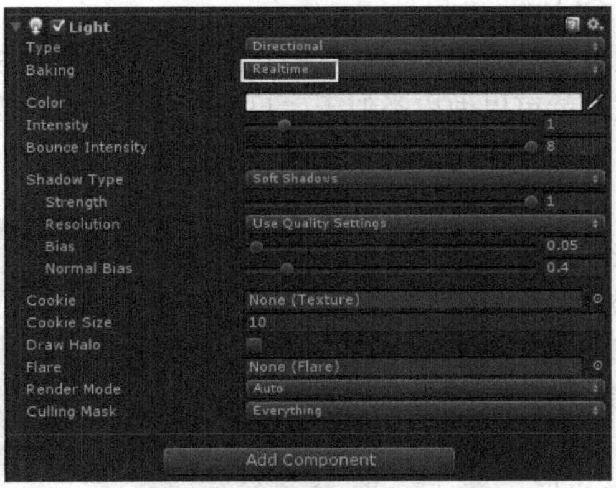

▲图 9-101　灯光默认是 Realtime 模式的

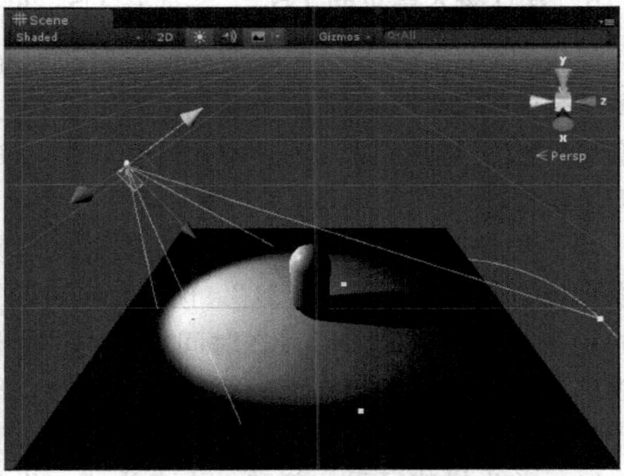

▲图 9-102　Realtime 模式的光影变化是实时的

这样的照明方案是 Unity 中照亮一个物体的最基本的方法。但是 Unity 中实时照明的光线是不会进行反射的，所以其光影效果也就显得略微单调。因此之后的改善方案（包括全局光照系统、实时预计算光照）都是为了得到更为逼真的效果。

说明　Unity 中的 Realtime 类型的光源是默认开启预计算实时光照的，所以预览窗口依旧可以看到一些间接光。将间接光的计算去掉的方法是取消 Lighting 面板下"Precomputed Realtime GI"前的勾选。对于预计算的知识将在后面进行详细的介绍。

2. 烘焙全局光照（Baked GI）

通过烘焙光照贴图的方法，也可以得到非常好的全局光照效果。在烘焙过程中可以对光线的反弹次数、环境光的强度、环境光反射源进行详细的设置（具体内容可以参考前面光照烘焙中的介绍）。图 9-103 所示的是一个烘焙好的场景，图 9-104 所示的是烘焙出的光照图。

▲图 9–103　烘焙好的场景

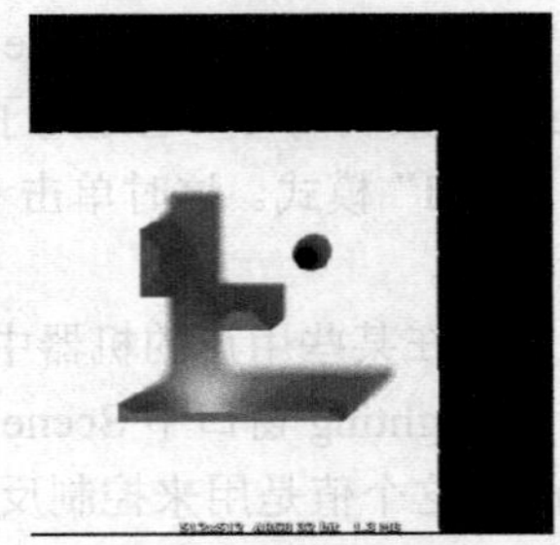

▲图 9–104　烘焙出的光照贴图

烘焙出的光照贴图是无法在游戏运行中变更运算的，因此需要将接受光照贴图的物体设置为静态（Static）的。虽然可以在这层贴图上继续增加光源进行叠加光照计算，但两者之间已经无法进行交互计算。通常采用这种照明方案来让低阶的手机硬件上顺利显示出良好的光照效果，用来解决性能问题。

说明　Unity 4.X 为了实现复杂的光照效果主要就使用了这种方法，在 Unity 5.X 中官方使用了全新的光照烘焙模块，可以实现更多新的功能。具体的烘焙教程在 9.2 节中已经进行了详细的讲解，读者可以翻看前面的内容进行学习和印证。

3. 预计算全局光照（Precumputed Realtime GI）

传统的光照贴图是无法在游戏运行时改变光照条件的，但是预计算的实时光照系统可以实时运算复杂的场景与光源之间的互动。通过这种方法，就可以做出类似于"日晷"效果，当光源的亮度和角度发生改变时，场景中的光影效果会实时地发生变化，这在旧的烘焙光照贴图的做法中是无法实现的。

为了实现这样的效果，就需要在实时的运算之前将一堆冗长的数据进行"预计算"。预计算负责计算游戏中光的复杂行为，这一步可以在时间空档中进行计算，也可以称之为一个"脱机"运算。下面将通过一个简单的预计算全局光照案例演示其效果。具体步骤如下。

▲图 9–105　简单场景的搭建

（1）首先搭建场景。新建一个名为"GI"的游戏场景，在其中新建一个 Plane 作为地板、两个 Cube 作为接受光照的物体。然后将新创建的 3 个物体进行合理的摆放，并赋予颜色不同的材质，如图 9-105 所示。将这 3 个物体都设置为静态的，如图 9-106 所示。

（2）然后对场景中的灯光进行设置。选中场景中的平行光源 Directional Light，在其 Light 组件中将其 Baking 设置为“Realtime”，并开启阴影。灯光的组件设置如图 9-107 所示，调整灯光的角度和亮度到合适范围即可。

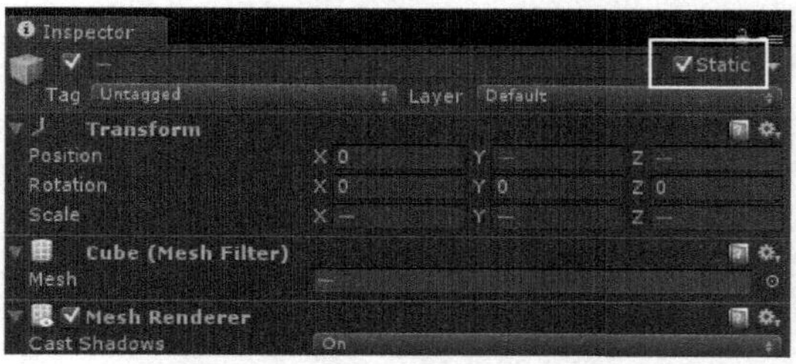

▲图 9-106　将场景中的 3 个物体设置为静态的

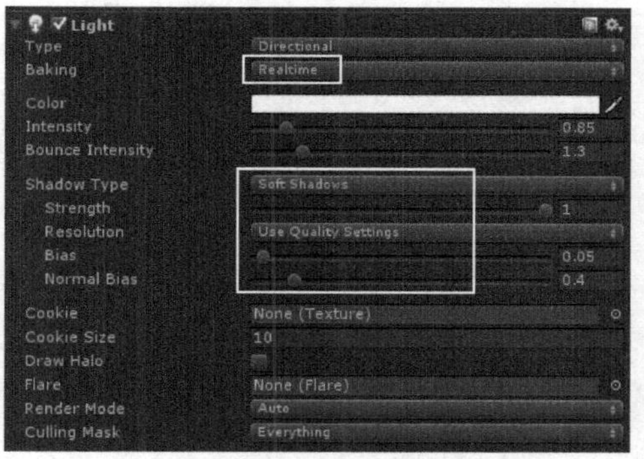

▲图 9-107　场景中的平行光源设置

（3）接下来编写一个简单的脚本。该脚本的主要功能是让平行光绕着方块进行旋转，实现“日晷”的效果。脚本的主要代码如下。

```
void Update () {
  this.transform.Rotate(Vector3.up,50*Time.deltaTime,Space.World);     //旋转
}
```

（4）将该脚本挂载到平行光源上，运行场景。这时在没有开启预计算光照的情况下，就可以看到灯光开始进行旋转了，当然没有开启预计算全局光照的话是没有反射光等间接光出现的。

（5）按步骤“Window→Lighting”打开 Lighting 窗口，找到其 Scene 面板下的 Precomputed Realtime GI 卷展栏并将其勾选上。其中的 Realtime Resolution 参数代表间接光照的分辨率，值越高间接光的效果越明显，如图 9-108 和图 9-109 所示。

▲图 9-108　Realtime Resolution 为 1 的效果

▲图 9-109　Realtime Resolution 值为 20 的效果

（6）这时运行场景，可以看到当光源的角度发生变化时，场景中的光影效果也是实时改变的。仔细观察两个方块的中间部分，可以看到之间的阴影颜色会根据旁边的方块颜色发生反射，这就是间接光的作用。也就是说使用了预计算全局光照后，经过烘焙过程，使得实时变化的灯光也会显示出真实的间接光效果。

说明　通过预计算来简化整个流程，有效地降低了原本要在游戏中实时计算的全局光照运算数量，若用户需要在游戏运行中频繁地对光源颜色、光源方向、光源强度甚至是场景表面进行变更，这样的做法是非常有必要的。

第 10 章　模型与动画

本章将对 Unity 中模型的网格概念以及新旧动画系统进行介绍。通过本章的学习，读者将会对网格的使用有所了解，并能够使用最新的 Mecanim 动画系统制作出更加自然连贯的角色动画，增强游戏的真实性和可玩性。

10.1　3D 模型导入

3D 模型是构成游戏场景的主要元素，这些模型通过三维软件来制作。Unity 几乎支持所有主流的 3D 模型文件格式，例如.FBX、.OBJ 等格式，将美工或者开发人员在 3D Max、Maya 等 3D 建模软件中制作并导出的模型文件添加到项目资源文件夹后，Unity 会刷新资源列表，显示在 Assets 面板中供使用。

10.1.1　主流 3D 建模软件的介绍

本节将介绍一些当前主流的 3D 建模软件，这些软件广泛应用于模型制作、工业设计、建筑设计、三维动画制作等各个领域，每款软件都拥有自己擅长的功能以及专有的文件格式。正是因为有这些专业的软件来完成建模工作，Unity 才得以展现出丰富的游戏场景以及真实的角色动画。目前主流的 3D 建模软件有如下几款。

1. Autodesk 3D Studio Max

Autodesk 3D Studio Max，常简称为 3D Max 或 Max，是 Discreet 公司开发的（后被 Autodesk 公司合并）基于 PC 系统的三维动画渲染和制作软件。其前身是基于 DOS 操作系统的 3D Studio 系列软件。在 Windows NT 出现以前，工业级的 CG 制作被 SGI 图形工作站所垄断。3D Studio Max + Windows NT 组合的出现一下子降低了 CG 制作的门槛，首先开始运用在计算机游戏中的动画制作，然后更进一步开始参与影视片的特效制作，例如 X 战警 II、最后的武士等。在 Discreet 3D Max 7 后，正式更名为 Autodesk 3D Max，最新版本是 3D Max 2016。

3ds Max 目前支持的操作系统为 Windows（64 位）。

2. Autodesk Maya

Autodesk Maya 是美国 Autodesk 公司出品的世界顶级的三维动画软件，应用对象是专业的影视广告、角色动画、电影特技等。Maya 功能完善，工作灵活，易学易用，制作效率极高，渲染真实感极强，是电影级别的高端制作软件。

Maya 集成了 Alias、Wavefront 最先进的动画及数字效果技术。它不仅包括一般三维和视觉效果制作的功能，而且还与最先进的建模、数字化布料模拟、毛发渲染、运动匹配技术相结合。Maya 可在 Windows NT 与 SGI IRIX 操作系统上运行。在目前市场上用来进行数字和三维制作的工具中，Maya 是首选解决方案。

3. Cinema 4D

Cinema 4D 由德国 Maxon Computer 公司开发的三维软件。其应用广泛，在广告、电影、工业设计等方面都有出色的表现，以极高的运算速度和强大的渲染插件著称，很多模块的功能在同类软件中代表了科技进步的成果，并且在用其描绘的各类电影中表现突出，而且随着其越来越成熟的技术受到越来越多的电影公司的重视（例如影片《阿凡达》中，由花鸦三维影动研究室中国工作人员使用 Cinema 4D 制作了部分场景，在这样的大片中看到 Cinema 4D 的表现是很优秀的）。它正成为许多一流艺术家和电影公司的首选，已经走向成熟。

Cinema 4D 目前支持的操作系统为 Windows、Mac OS X。

4. Blender

Blender 是一款开源的跨平台全能三维动画制作软件，提供从建模、动画、材质、渲染到音频处理、视频剪辑等一系列动画短片制作解决方案。Blender 拥有方便在不同工作下使用的多种用户界面，内置绿屏抠像、摄像机反向跟踪、遮罩处理、后期结点合成等高级影视解决方案。同时还内置有卡通描边（FreeStyle）和基于 GPU 技术的 Cycles 渲染器。

Blender 以 Python 为内建脚本，支持多种第三方渲染器。Blender 为全世界的媒体工作者和艺术家而设计，可以被用来进行 3D 可视化，同时也可以创作广播和电影级品质的视频。另外，其内置的实时 3D 游戏引擎，让制作独立回放的 3D 互动内容成为可能。

Blender 目前支持的操作系统为 Windows、Linux、Mac OS X 等所有主流操作系统。

5. Cheetah3D

Cheetah3D 是 Mac 操作系统下的一款非常专业的 3D 建模和渲染软件。Cheetah3D 提供了高效率的角色动画工具，并提供了功能强大的多边形建模、可编辑细分曲面和 HDRI 渲染。使用 Cheetah3D 可以轻松成模型创建、角色动画等工作。

Cheetah3D 目前支持的操作系统为 Mac OS X。

10.1.2　Unity 与建模软件单位的比例关系

Unity 默认的系统单位为 m，例如在 Unity 中新建一个 Cube 游戏对象，其长宽高都是一个单位，即 1m。但 3D 建模软件默认的系统单位并不都是 m，为了让模型可以按照理想的尺寸导入 Unity，就需要调整建模软件的系统单位或者尺寸。

在 3D 建模软件中，应尽量使用“米”制单位。表 10-1 所示的是建模软件的系统单位在设置成“米”制单位后，与 Unity 系统单位的对应比例。

表 10-1　常用建模软件与 Unity 的单位比例关系

建模软件	建模软件内部米制尺寸/m	导入 Unity 中的尺寸/m	与 Unity 单位的比例关系
3D Max	1	0.01	100:1
Maya	1	100	1:100
Cinema 4D	1	100	1:100
LightWave	1	0.01	100:1

以 3D Max 为例，如果想要模型能够直接按照理想的尺寸导入 Unity，需要进行相关参数的设置。具体步骤如下。

（1）打开 3D Max 软件，打开“自定义”菜单下的“单位设置”选项。如图 10-1 所示。

（2）在弹出的“单位设置”对话框中，将“显示单位比例”下的“公制”选项修改为“厘米”。如图 10-2 所示。

（3）单击对话框顶部的“系统单位设置”按钮，在弹出的“系统单位设置”对话框中将单位修改为“厘米”。如图 10-3 所示。

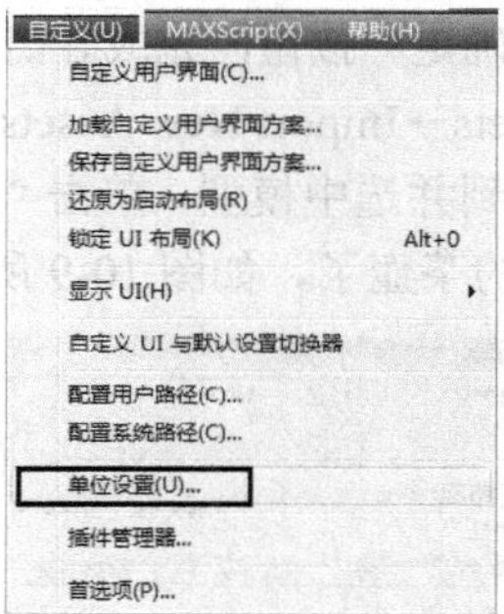

▲图 10-1 单位设置菜单

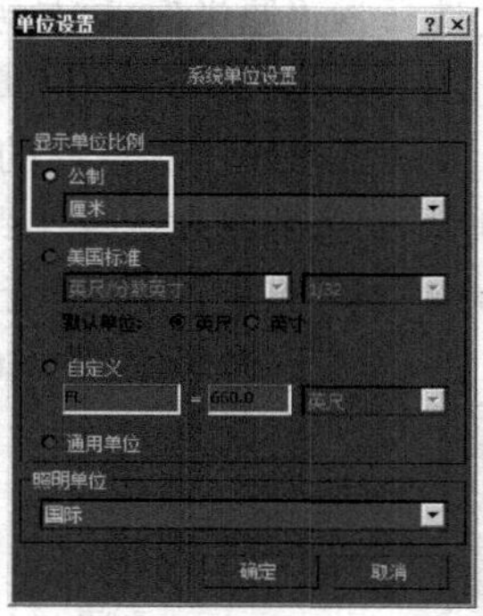

▲图 10-2 显示单位设置

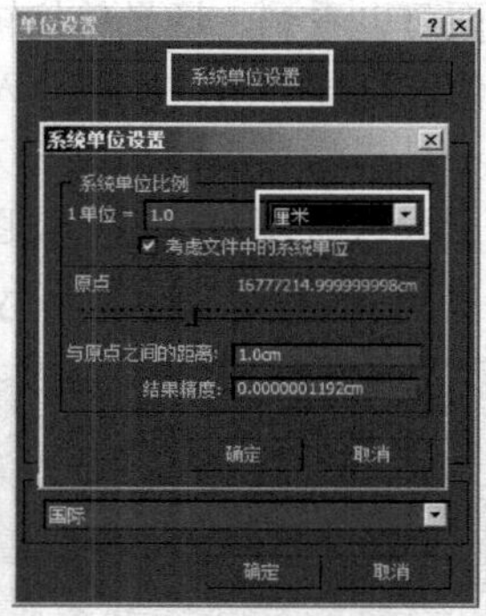

▲图 10-3 系统单位设置

10.1.3 将 3D 模型导入 Unity

通过前面对建模软件以及比例关系的介绍，读者应该对 Unity 相关建模工作有了清楚的认识。在开发过程中，将模型导入 Unity 是很重要的一步，下面将以 3D Max 为例，为读者演示一遍从建模到将模型导入 Unity 的过程。具体步骤如下。

（1）首先打开 3D Max，单击右侧“标准基本体”中“茶壶”按钮，在场景中创建一个茶壶模型，如图 10-4 所示。这时就完成了一个简单的建模工作。

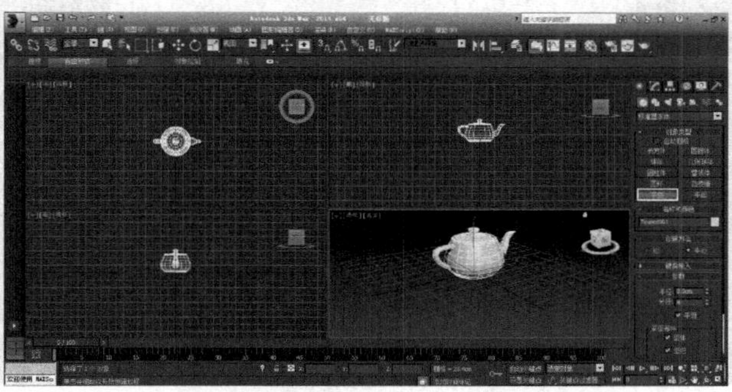

▲图 10-4 3D Max 操作界面

（2）单击窗口左上角的 3D Max 标志，打开下拉菜单后单击“导出”选项，如图 10-5 所示。此时会立刻弹出导出对话框，如图 10-6 所示。选择导出路径并为导出文件命名，这里保存类型选择.FBX，单击“保存”按钮。

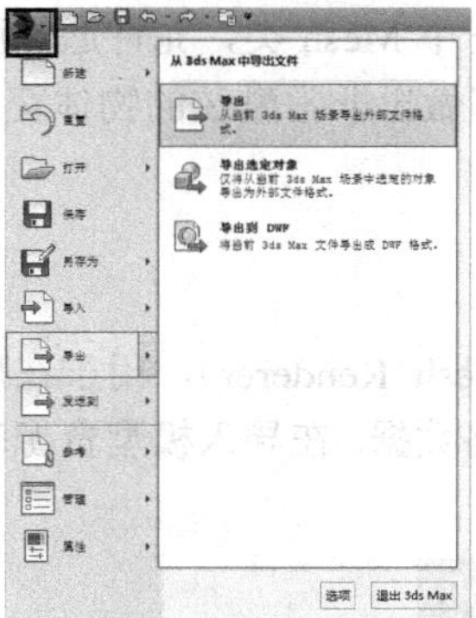

▲图 10-5 导出 FBX 文件操作

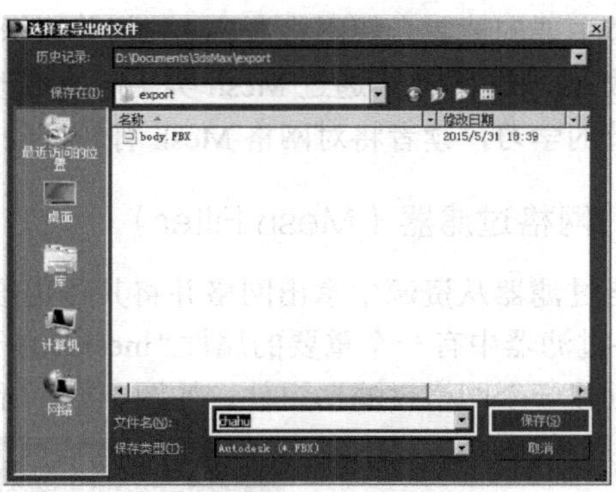

▲图 10-6 导出路径

（3）单击“保存”按钮后，会立刻弹出导出设置对话框，如图 10-7 所示。在“高级选项/单位”一栏下面可以看到，场景单位转化自动选择为“厘米”，这是因为在 10.1.2 节中修改了 3ds Max 的系统单位，这样导出的模型导入 Unity 后，尺寸才是不变的。单击“确定”按钮，完成导出工作。

（4）最后将导出的模型导入 Unity 中。依次单击菜单栏的“Assets→Import New Assets...”，会立刻弹出导入资源对话框，如图 10-8 所示。按照刚才的导出路径找到并选中模型，单击“Import”按钮就可完成导入。此时 Unity 的 Assets 面板里就会出现自己创建的茶壶了，如图 10-9 所示。

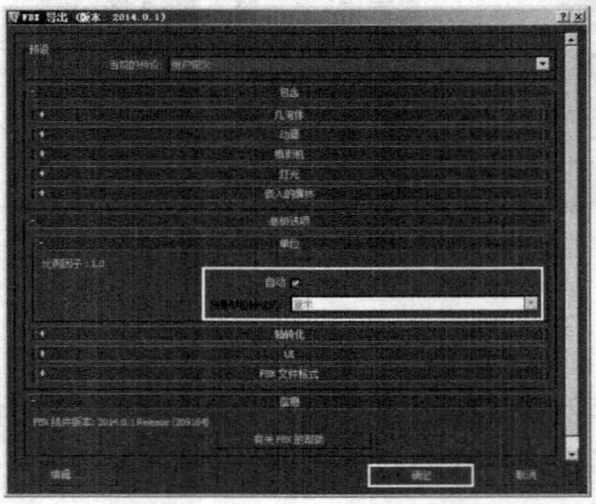

▲图 10-7　导出设置对话框

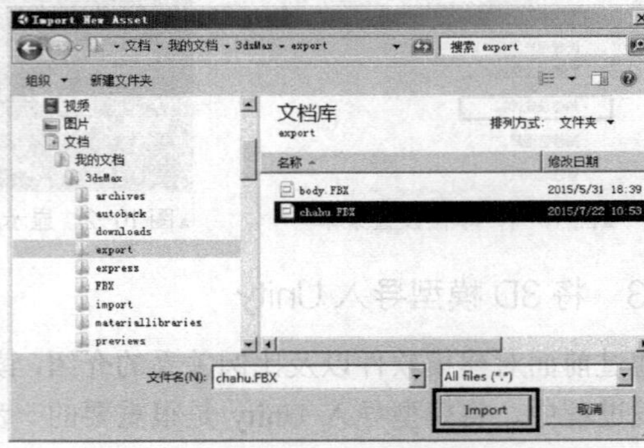

▲图 10-8　Unity 导入模型

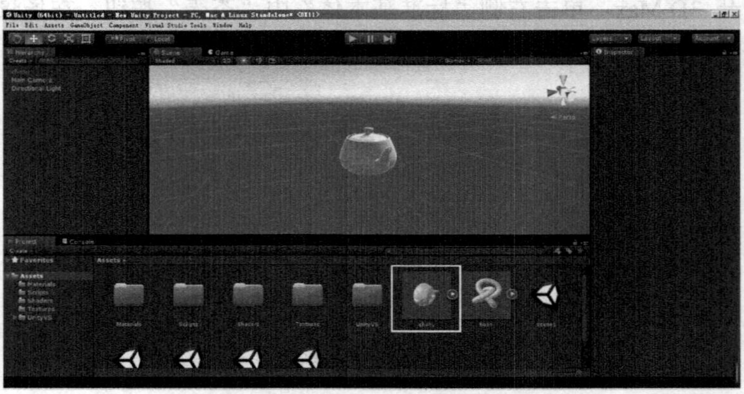

▲图 10-9　Unity 场景中的茶壶模型

10.2 网格 Mesh

本节主要向读者介绍网格 Mesh 的相关知识。Unity 提供了一个 Mesh 类，允许通过脚本来创建和修改 meshes 的类。通过 Mesh 类生成或修改物体的网格能够做出非常酷炫的物体变形特效。通过本节的学习，读者将对网格 Mesh 有较好的理解和掌握。

10.2.1　网格过滤器（Mesh Filter）

网格过滤器从资源中拿出网格并将其传递给网格渲染器（Mesh Renderer），用于在屏幕上渲染。网格过滤器中有一个重要的属性“mesh”用于储存物体的网格数据。在导入模型资源时，Unity 会自动创建一个网格过滤器组件，如图 10-10 所示。

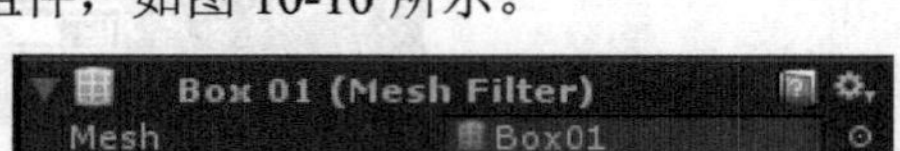

▲图 10-10　网格过滤器组件

10.2.2 Mesh 属性和方法介绍

上一节介绍了网格过滤器，该组件中有一个重要的属性“Mesh”。“Mesh”是网格过滤器实例化的 Mesh，Mesh 中有一些用于储存物体的网格数据的属性和生成或修改物体网格的方法。下面将对这些属性和方法进行详细介绍。

（1）Mesh 中有一些用于储存物体的网格数据的属性，这些属性主要用于储存网格各种数据的数组。属性的详细说明如表 10-2 所示。

表 10-2　　Mesh 的属性

属　性	说　明
vertices	网格的顶点数组
normals	网格的法线数组
tangents	网格的切线数组
uv	网格的基础纹理坐标
uv2	如果存在，这是为网格设定的第二个纹理坐标
bounds	网格的包围体
colors	网格的顶点颜色数组
triangles	包含所有三角形顶点索引的数组
vertexCount	网格中顶点的数量（只读的）
subMeshCount	子网格的数量。每种材质都有一个独立的网格列表
boneWeights	每个顶点的骨骼权重
bindposes	绑定的姿势。每个索引绑定的姿势使用具有相同索引的骨骼

（2）Mesh 中有生成或修改物体网格的方法，这些方法主要用于设置储存网格各种数据的数组。方法的详细说明如表 10-3 所示。

表 10-3　　Mesh 的方法

方　法	说　明
Clear	清空所有顶点数据和所有三角形索引
RecalculateBounds	重新计算从网格包围体的顶点
RecalculateNormals	重新计算网格的法线
Optimize	显示优化的网格
GetTriangles	返回网格的三角形列表
SetTriangles	为网格设定三角形列表
CombineMeshes	组合多个网格到同一个网格

10.2.3 Mesh 的使用

网格包括顶点和多个三角形数组。三角形数组仅仅是顶点的索引数组，每个三角形包含三个索引。每个顶点可以有一条法线、两个纹理坐标以及颜色和切线。虽然这些是可选的，但是也可以去掉。所有的顶点信息被储存在单独的同等规格的数组中。

通过为顶点数组赋值并为三角形数组赋值来新建立一个网格。通过获取顶点数组修改这些数据并把这些数据放回网格来改变物体形状。调用 Clean 函数在赋予新的顶点值和三角形索引值之前是非常重要的，因为 Unity 总是检查三角形的索引值，判断它们是否超出边界。

10.2.4 使用 Mesh 使物体变形的一个简单案例

前面简单介绍了网格 Mesh 的相关知识，相信读者已经对使用 Mesh 创建和修改网格有了一定的了解。本节将通过一个使用 Mesh 使物体变形的例子来使读者对于 Mesh 的使用有一个更加明确的认识。案例的设计目的是控制物体变形，具体操作步骤如下。

（1）新建一个场景。在菜单栏中选择“File”，打开文件操作菜单。选择“New Scene”，创建一个场景。按下快捷键 Ctrl+S 保存该场景，命名为“text”。

（2）创建地形。创建地形的方法读者可参考本书介绍地形创建的内容，这里不再重复介绍。然后添加光源。依次单击“GameObject→Create Other→Directional Light”后会自动创建一个定向光源。调整其位置和角度，使其能够照亮场景。光源的具体参数如图 10-11 所示。

（3）创建水。选中 Assets 文件夹，单击鼠标右键选择“Import Package→Water(Pro Only)”导入标准水资源包，然后拖曳 Daylight Water 到场景中。如图 10-12 所示。

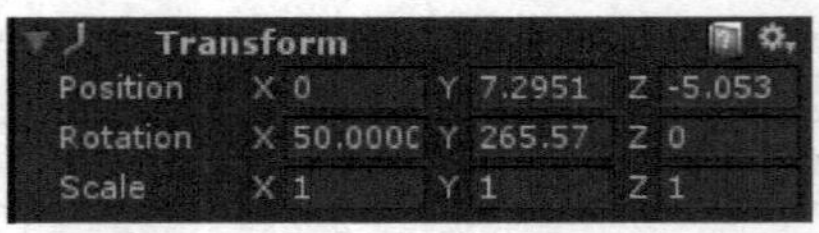

▲图 10-11　光源的位置和大小

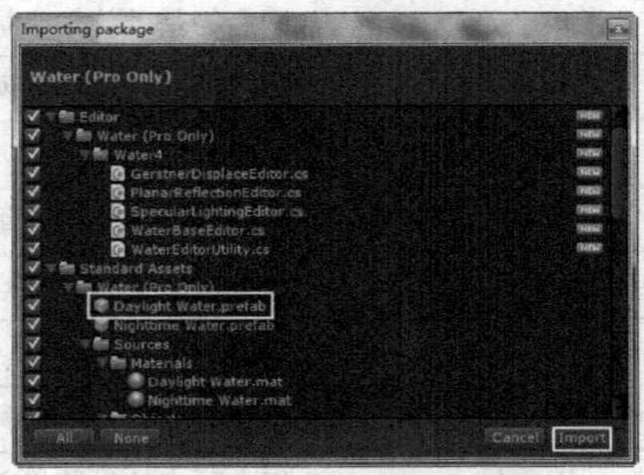

▲图 10-12　标准水资源包

（4）创建两个空对象，分别命名为“zhang”和“sanjiao”。具体步骤为 GameObject→Create Empty，如图 10-13 所示。为两个空对象添加网格过滤器，具体步骤为选中对象然后依次单击“Component→Mesh→Mesh Filter”，如图 10-14 所示。

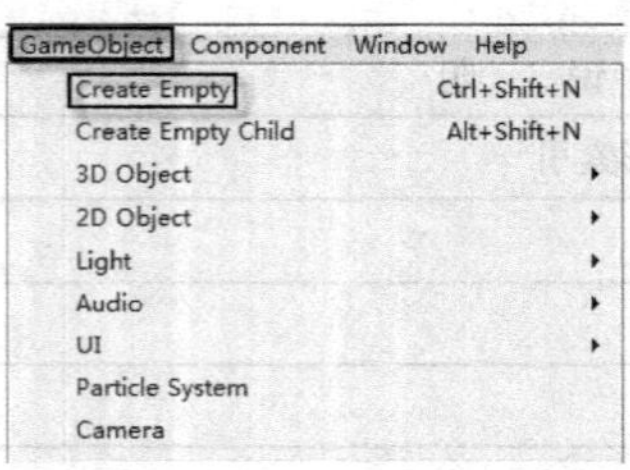

▲图 10-13　创建空对象

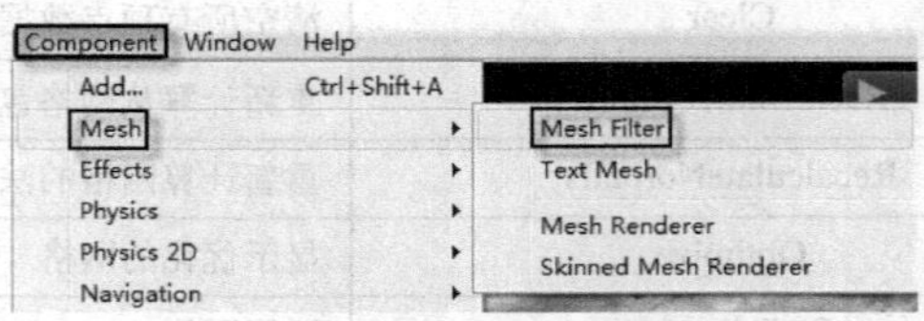

▲图 10-14　添加网格过滤器

（5）为两个空对象的网格过滤器组件设置网格属性。将 Assets\Meshes 文件夹下的 sanjiao.FBX 和 zhang.FBX 模型文件中的网格“Box01”分别拖曳到 sanjiao 和 zhang 对象的网格过滤器组件的“Mesh”属性中。如图 10-15 所示。

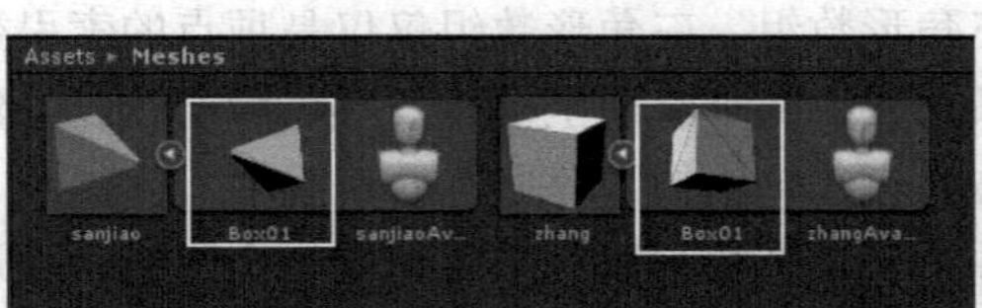

▲图 10-15　模型文件中的网格“Box01”

（6）创建一个空对象，并且命名为“g1”，调整该对象的位置和大小，具体参数如图 10-16 所示。为 g1 对象添加网格过滤器，然后为 g1 对象添加网格渲染器（具体步骤为选中对象然后依次单击菜单“Component→Mesh→Mesh Renderer”），如图 10-17 所示。

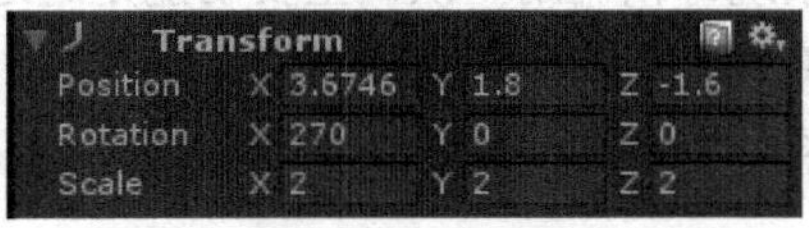

▲图 10-16　g1 对象的位置和大小

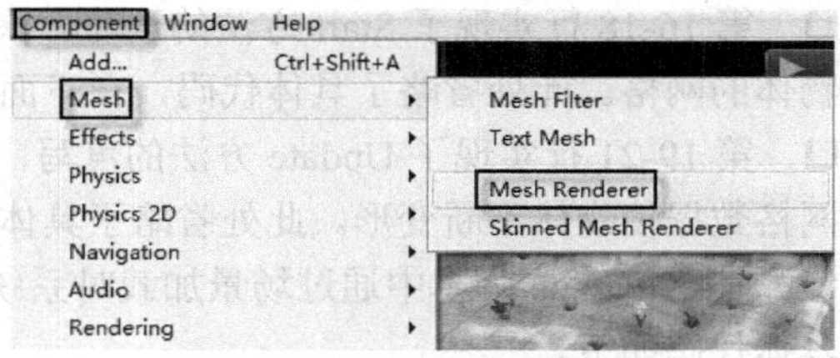

▲图 10-17　添加网格渲染器

（7）为 g1 对象添加纹理。将 Assets\Textures 文件夹下的纹理文件“wenli.tga”拖曳到 g1 对象上，这时 g1 对象的网格渲染器的“material”属性就设置为“wenli”材质，如图 10-18 所示。然后按照相同的方法再创建 5 个对象，场景中对象如图 10-19 所示。

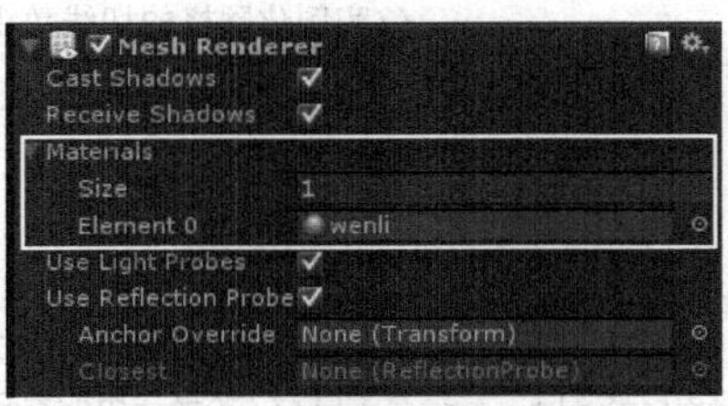

▲图 10-18　g1 对象的网格渲染器组件

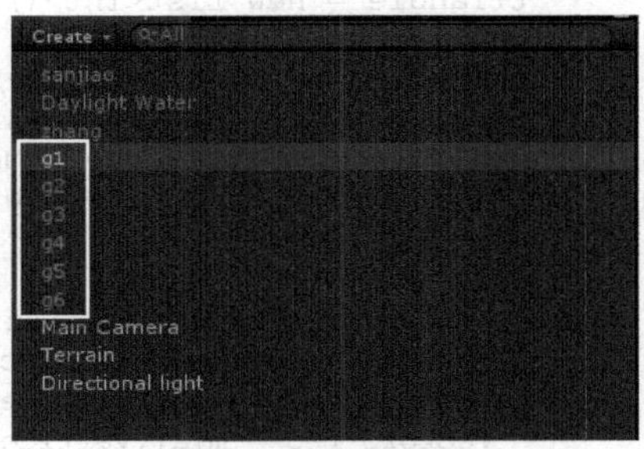

▲图 10-19　场景中的对象

（8）在 script 文件夹中，单击鼠标右键，在弹出的菜单中选择“Create→C# Script”创建脚本并命名为“XiFen.cs”，然后双击打开脚本，开始 XiFen.cs 脚本的编写。本脚本主要用于控制物体变形。脚本代码如下。

代码位置：见随书光盘中源代码/第 10 章目录下的 Mesh/Assets/Script/XiFen.cs。

```
using UnityEngine;
using System.Collections;
using System.Collections.Generic;
public class XiFen : MonoBehaviour {
  Mesh mesh;                                          //物体的网格对象
  int time;                                           //用于记录时间
  public GameObject[] g;                              //包含网格的对象数组
  Mesh[] m;                                           //网格对象数组
  public List<Vector3> vertice;                       //网格的顶点数组
  public List<int> triangle;              //包含所有三角形顶点索引的数组
  public List<Vector2> uv;                            //网格的基础纹理坐标
  public List<Vector3> normal;                        //网格的法线数组
  public List<Vector4> tangent;                       //网格的切线数组
  bool bian = true;                                   //物体一次变形是否完成
  int s=0;                                            //物体变形形状标志位
  void Start(){
    ......//此处省略了对 Start 方法的重写，在下面将详细介绍
  }
  void Update () {
    ......//此处省略了对 Update 方法的重写，在下面将详细介绍
}}
```

- 第 5-8 行的主要功能是声明变量。主要声明了物体的网格对象、包含网格的对象数组以及网格对象数组等变量。在下面控制物体变形的代码中会用到这些变量。
- 第 9-15 行的主要功能是声明变量。主要声明了用于储存网格数据的各个数组以及物体一次变形是否完成标志位和物体变形形状标志位。
- 第 16-18 行实现了 Start 方法的重写，该方法在游戏加载时执行。主要功能是游戏加载是细化物体的网格。此处省略了具体代码，在下面将详细介绍。
- 第 19-21 行实现了 Update 方法的重写，该方法系统每帧调用一次。主要功能是通过不断改变网格数据使物体不断变形。此处省略了具体代码，在下面将详细介绍。

（9）在 XiFen.cs 脚本中通过场景加载时系统调用 Start 方法来实现细化物体的网格。Start 方法的具体代码如下。

代码位置：见随书光盘中源代码/第 10 章目录下的 Mesh/Assets/Script/XiFen.cs。

```
void Start(){
 m = new Mesh[2];//实例化网格对象数组
  for (int a = 0; a < g.Length; a++){
    for (int j = 0; j < 2; j++){
      vertice = new List<Vector3>();                    //实例化网格的顶点数组
      triangle = new List<int>();                       //实例化三角形顶点索引的数组
      uv = new List<Vector2>();                         //实例化纹理坐标数组
      normal = new List<Vector3>();                     //实例化网格的法线数组
      tangent = new List<Vector4>();                    //实例化网格的切线数组
      m[a] = g[a].GetComponent<MeshFilter>().mesh;      //获取物体网格对象
      if (m[a].vertexCount > 100){                      //如果顶点数大于 100
        break;                                          //不再细化
      }
      for (int i = 0; i < m[a].triangles.Length / 3; i++){
        Vector3 te1 = m[a].vertices[m[a].triangles[i * 3]];//获取三角形第一个顶点坐标
        Vector3 te2 = m[a].vertices[m[a].triangles[i * 3 + 1]];//获取三角形第二个顶点坐标
        Vector3 te3 = m[a].vertices[m[a].triangles[i * 3 + 2]];//获取三角形第三个顶点坐标
        Vector3 te4 = Vector3.Lerp(te1, te2, 0.5f);     //插值出第四个顶点坐标
        Vector3 te5 = Vector3.Lerp(te2, te3, 0.5f);     //插值出第五个顶点坐标
        Vector3 te6 = Vector3.Lerp(te3, te1, 0.5f);     //插值出第六个顶点坐标
        ......//此处省略了将顶点添加到顶点数组和缠绕三角形的代码，读者可以自行翻看光盘中的源代码
        Vector2 u1 = m[a].uv[m[a].triangles[i * 3]];    //获取三角形第一个顶点纹理坐标
        Vector2 u2 = m[a].uv[m[a].triangles[i * 3 + 1]];  //获取三角形第二个顶点纹理坐标
        Vector2 u3 = m[a].uv[m[a].triangles[i * 3 + 2]]; //获取三角形第三个顶点纹理坐标
        Vector2 u4 = Vector2.Lerp(u1, u2, 0.5f);        //插值出第四个顶点纹理坐标
        Vector2 u5 = Vector2.Lerp(u2, u3, 0.5f);        //插值出第五个顶点纹理坐标
        Vector2 u6 = Vector2.Lerp(u3, u1, 0.5f);        //插值出第六个顶点纹理坐标
        ......//此处省略了将顶点纹理坐标添加到纹理坐标数组的代码，读者可以自行翻看光盘中的源代码
        Vector3 n1 = m[a].normals[m[a].triangles[i * 3]];//获取三角形第一个顶点的法线
        Vector3 n2 = m[a].normals[m[a].triangles[i * 3 + 1]];//获取三角形第二个顶点的法线
        Vector3 n3 = m[a].normals[m[a].triangles[i * 3 + 2]];//获取三角形第三个顶点的法线
        Vector3 n4 = Vector3.Lerp(n1, n2, 0.5f);        //插值出第四个顶点的法线
        Vector3 n5 = Vector3.Lerp(n2, n3, 0.5f);        //插值出第五个顶点的法线
        Vector3 n6 = Vector3.Lerp(n3, n1, 0.5f);        //插值出第六个顶点的法线
        ......//此处省略了将顶点法线添加到法线数组的代码，读者可以自行翻看光盘中的源代码
        Vector4 t1 = m[a].tangents[m[a].triangles[i * 3]];//获取三角形第一个顶点的法线
        Vector4 t2 = m[a].tangents[m[a].triangles[i * 3 + 1]];//获取三角形第二个顶点的法线
        Vector4 t3 = m[a].tangents[m[a].triangles[i * 3 + 2]];//获取三角形第三个顶点的法线
        Vector4 t4 = Vector4.Lerp(t1, t2, 0.5f);        //插值出第四个顶点的法线
        Vector4 t5 = Vector4.Lerp(t2, t3, 0.5f);        //插值出第五个顶点的法线
        Vector4 t6 = Vector4.Lerp(t3, t1, 0.5f);        //插值出第六个顶点的法线
        .....//此处省略了将顶点切线添加到切线数组的代码，读者可以自行翻看光盘中的源代码
      }
      m[a].vertices = vertice.ToArray();                //为网格的顶点数组赋值
      m[a].tangents = tangent.ToArray();                //为网格的切线数组赋值
      m[a].normals = normal.ToArray();                  //为网格的法线数组赋值
```

```
47          m[a].triangles = triangle.ToArray();                  //为网格的三角形索引数组赋值
48          m[a].uv = uv.ToArray();                                //为网格的纹理坐标数组赋值
49          m[a].RecalculateBounds();                              //重新计算网格的包围体
50          g[a].GetComponent<MeshFilter>().mesh = m[a];           //设置物体的网格
51      }}
52      mesh = GetComponent<MeshFilter>().mesh;                    //获取物体的网格
53      mesh.Clear();                                              //清除网格数据
54      mesh.vertices = m[0].vertices;                             //为网格的顶点数组赋值
55      mesh.triangles = m[0].triangles;                           //为网格的三角形索引数组赋值
56      mesh.uv = m[0].uv;                                         //为网格的纹理坐标数组赋值
57      mesh.normals = m[0].normals;                               //为网格的法线数组赋值
58  }
```

- 第 5-9 行的主要功能是实例化储存网格数据的数组。通过实例化储存网格数据的数组可以使网格数据添加到这些数组中。
- 第 10-13 行的主要功能是获取物体的网格对象，并且判断网格中的顶点数量。如果顶点数量大于 100，则跳出循环不再细化网格。
- 第 15-21 行的主要功能是获取细分后三角形的六个顶点坐标，并且将顶点坐标添加到顶点数组。用这些顶点缠绕三角形。此处省略了将顶点添加到顶点数组和缠绕三角形的代码，有兴趣的读者可以自行翻看光盘中的源代码。
- 第 22-28 行的主要功能是获取细分后三角形的六个顶点纹理坐标，并且将顶点纹理坐标添加到纹理坐标数组。此处省略了将顶点纹理坐标添加到纹理坐标数组的代码，读者可以自行翻看光盘中的源代码。
- 第 29-35 行的主要功能是获取细分后三角形的六个顶点法线，并且将法线添加到法线数组。此处省略了将顶点法线添加到法线数组的代码，读者可以自行翻看光盘中的源代码。
- 第 36-42 行的主要功能是获取细分后三角形的六个顶点切线，并且将切线添加到切线数组。此处省略了将顶点切线添加到切线数组的代码，读者可以自行翻看光盘中的源代码。
- 第 44-51 行的主要功能是为网格的顶点、切线、法线、三角形索引和纹理坐标赋值，并且重新计算网格的包围体。
- 第 52-58 行的主要功能是获取物体的网格，并且清除网格数据。重新为网格的顶点、法线、三角形索引和纹理坐标赋值。

（10）在 XiFen.cs 脚本中，系统调用 Update 方法通过不断改变网格数据使物体不断变形。Update 方法的具体代码如下。

代码位置：见随书光盘中源代码/第 10 章目录下的 Mesh/Assets/Script/XiFen.cs。

```
void Update() {
    time++;                                                  //用于记录的时间不断增加
    if (time < 80) {
        List<Vector3> l = new List<Vector3>();               //实例化用于储存顶点坐标的数组
    List<Vector3> n = new List<Vector3>();                   //实例化用于储存顶点法线的数组
        for (int i = 0; i < mesh.vertexCount; i++) {
            Vector3 tel = Vector3.Lerp(mesh.vertices[i], mesh.vertices[i].
        normalized / 5, 0.04f);                          //将顶点坐标不断渐变成圆的顶点坐标
        l.Add(tel);                                          //将顶点坐标添加到顶点坐标数组
        Vector3 ten = Vector3.Lerp(mesh.normals[i], mesh.vertices[i].
        normalized, 0.04f);                              //将顶点法线不断渐变成圆的顶点法线
            n.Add(ten);                                      //将法线添加到法线数组
    }
        mesh.normals = n.ToArray();                          //为网格的法线数组赋值
        mesh.vertices = l.ToArray();                         //为网格的顶点数组赋值
        bian = false;                                        //变形没有完成
    }else if (time < 160) {
        if (!bian) {                                         //如果变形没有完成
```

```
19              if (s == 0) {                                     //如果上一次变形标志位为 0
20              s = 1;                                            //将变形标志位设为 1
21              }else if (s == 1) {                               //如果上一次变形标志位为 1
22              s = 0;                                            //将变形标志位设为 0
23          }
24              bian = true;                                      //变形完成
25          }
26          mesh = GetComponent<MeshFilter>().mesh;               //获取物体的网格
27          List<Vector3> l = new List<Vector3>();                //实例化用于储存顶点坐标的数组
28          List<Vector3> n = new List<Vector3>();                //实例化用于储存顶点法线的数组
29          for (int i = 0; i < mesh.vertexCount; i++) {
30              //将顶点坐标不断渐变成原来物体的顶点坐标
31              Vector3 tel = Vector3.Lerp(mesh.vertices[i], m[s].vertices[i], 0.04f);
32          l.Add(tel);                                           //将顶点坐标添加到顶点坐标数组
33          //将顶点法线不断渐变成圆的顶点法线
34              Vector3 ten = Vector3.Lerp(mesh.normals[i], m[s].normals[i], 0.04f);
35              n.Add(ten);                                       //将法线添加到法线数组
36      }
37      mesh.normals = n.ToArray();                               //为网格的法线数组赋值
38      mesh.vertices = l.ToArray();                              //为网格的顶点数组赋值
39      }else {
40          time = 0;                                             //时间归零
41      }
42      mesh.RecalculateBounds();                                 //重新计算网格的包围体
43      GetComponent<MeshFilter>().mesh = mesh;                   //设置物体的网格
44  }
```

❑ 第 2-5 行的主要功能是用于记录的时间不断增加,并且实例化用于储存顶点坐标的数组和用于储存顶点法线的数组。

❑ 第 6-13 行的主要功能是将顶点坐标和法线不断渐变成圆的顶点坐标和法线，并且将顶点坐标和法线分别添加到顶点坐标数组和法线数组。

❑ 第 14-25 行的主要功能是为网格的法线数组和顶点数组分别赋值，并且如果变形没有完成，则改变物体变形形状标志位的值。

❑ 第 26-28 行的主要功能是获取物体的网格,并且实例化用于储存顶点坐标的数组和用于储存顶点法线的数组。

❑ 第 29-36 行的主要功能是将顶点坐标和法线不断渐变成原来物体的顶点坐标和法线，并且将顶点坐标和法线分别添加到顶点坐标数组和法线数组。

❑ 第 37-44 行的主要功能是为网格的法线数组和顶点数组分别赋值，并且重新计算网格的包围体，设置物体的网格。

（11）将脚本 XiFen.cs 分别拖曳到上面创建的六个游戏对象上。单击游戏对象，在属性查看器中会出现对应到此脚本的组件，单击组件前面的三角形展开按钮可看到脚本组件的内容，然后设置对应参数。如图 10-20 所示。

（12）单击游戏运行按钮，观察效果。在 Game 窗口中可以看到地形和不断变形的六个物体。当然，还可以导入到 Andriod 设备上，从 Andriod 设备上运行观察物体变形的效果，如图 10-21、图 10-22 所示。

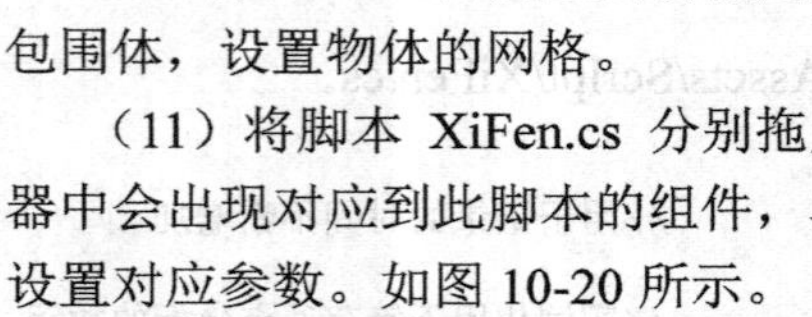

▲图 10-20 XiFen 脚本组件

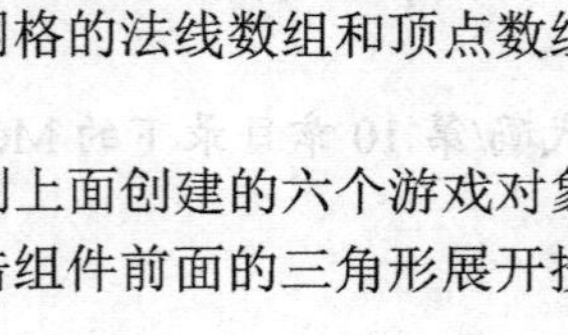

▲图 10-21 Andriod 设备运行效果图 1

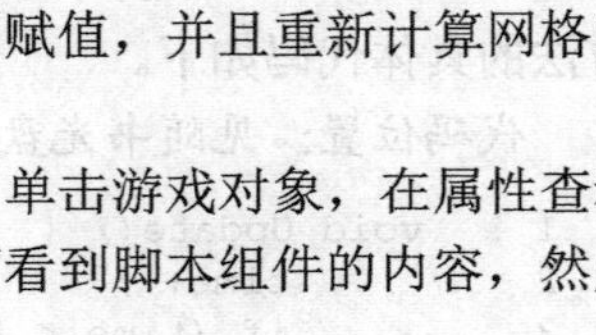

▲图 10-22 Andriod 设备运行效果图 2

> **说明** 本案例的源文件是位于随书光盘中源代码/第 10 章目录下的“Mesh”文件。如果读者想运行本案例，只需把“Mesh”文件复制到非中文路径下，然后双击“Mesh\Assets”目录下的“text.unity”文件就能够打开运行了。

10.3 第三方切割工具库 Shatter Toolkit 的使用

本节主要向读者介绍第三方切割工具库 Shatter Toolkit 的使用。Shatter Toolkit 是用来制作切割物体的一个第三方插件。使用 Shatter Toolkit 可以很简单地在游戏中制作切割物体特效来提升游戏质量。通过本节的学习，读者将可以较好地使用 Shatter Toolkit 工具库来切割物体。

10.3.1 Shatter Toolkit 简介

本节将介绍 Shatter Toolkit 工具库、Shatter Toolkit 工具库的下载以及导入。通过本节的学习，读者可以较好地认识 Shatter Toolkit 工具库。下面将从如下几个方面分别进行介绍。

1. Shatter Toolkit 的介绍

Shatter Toolkit 是由 Gustav Olsson 开发的一个第三方切割工具库，用于实现切割物体的效果。Shatter Toolkit 工具实现了切割物体基本的要求，但是如果实现个人具体的效果还是需要对切割前后的事件进行处理和扩展。Shatter Toolkit 中带有几个案例，如图 10-23 所示。

▲图 10-23 Shatter Toolkit 中案例的运行效果图

本工具使用平面对物体进行分割。这种方法需要耗费 CPU 的运算功能，切割时首先根据给的平面方程将物体分割成上下两部分，对处于边界线上的三角面片需要对顶点、法线、纹理、颜色、切线等进行插值计算，产生新的信息。

2. Shatter Toolkit 的下载

（1）打开游览器，登录到 Shatter Toolkit 的官方网站“http://gustavolsson.squarespace.com/shatter-toolkit/”下载 Shatter Toolkit 插件，如图 10-24 所示。单击“Unity Asset Store”跳转到 Unity 的官方商店 Asset Store 界面，如图 10-25 所示。

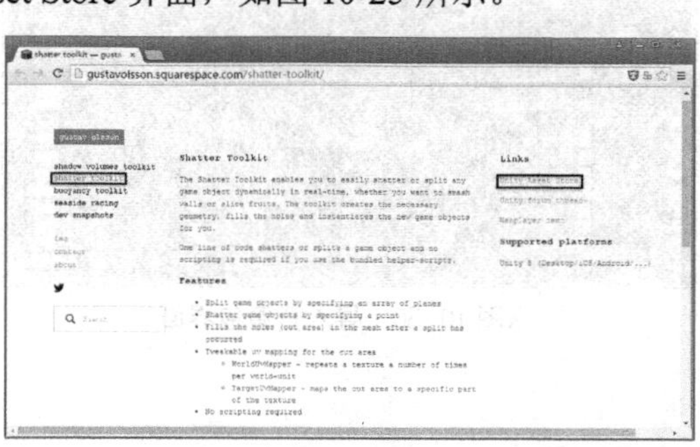

▲图 10-24 登录 Shatter Toolkit 的官方网站

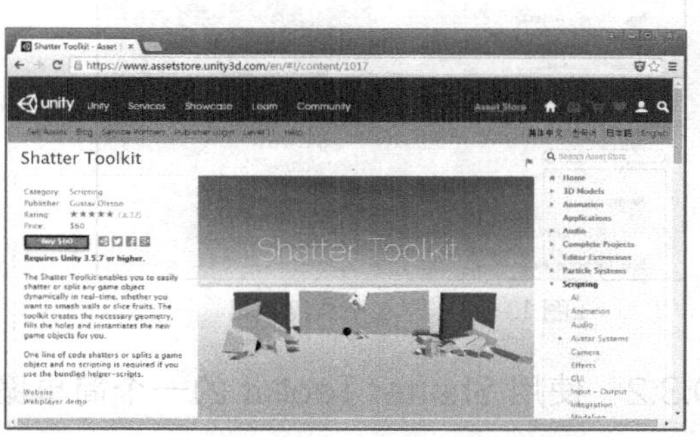

▲图 10-25 Shatter Toolkit 的下载界面

（2）单击购买按钮进入账号登录界面，输入账号密码后单击“Lon In”进入购买选择界面，如图 10-26 所示。单击“Checkout Now”按钮进行购买并下载。

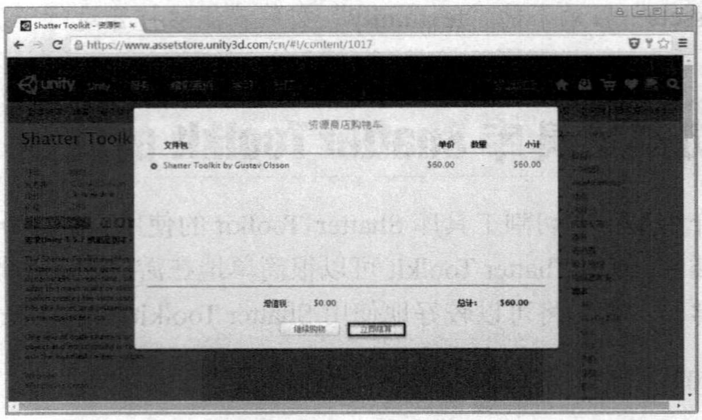

▲图 10-26　购买选择界面

3. Shatter Toolkit 的导入

（1）新建一个 Unity 项目并且打开这个项目。打开 Unity 出现新建或打开项目界面，如图 10-27 所示。单击“New project”新建一个项目，输入一个项目名称并且选择一个项目路径，如图 10-28 所示。选择“empty 3D”然后单击“Create”就会新建并打开这个项目。

▲图 10-27　打开 Unity 项目界面

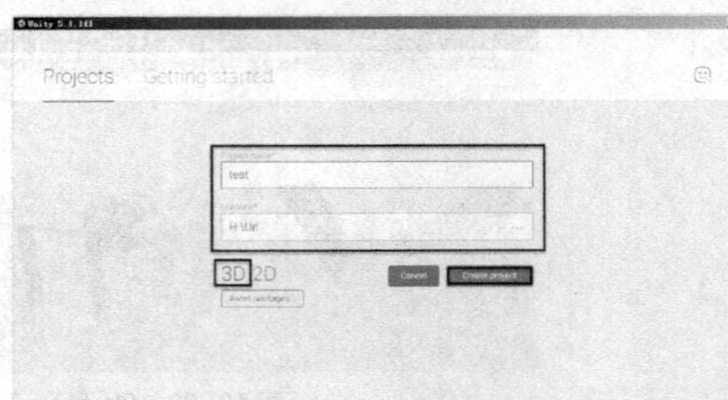

▲图 10-28　新建项目界面

（2）导入 Shatter Toolkit 插件资源包。具体步骤为在菜单栏中依次单击“Assets→Import Package→Custom Package…”，如图 10-29 所示。选择下载的资源包“Shatter Toolkit 1.41.unitypackage”，单击打开按钮打开导入资源包界面，单击 Import 按钮导入资源包，如图 10-30 所示。

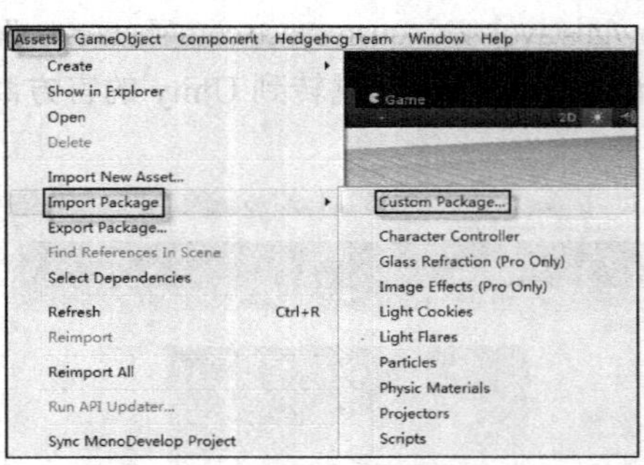

▲图 10-29　导入资源包步骤

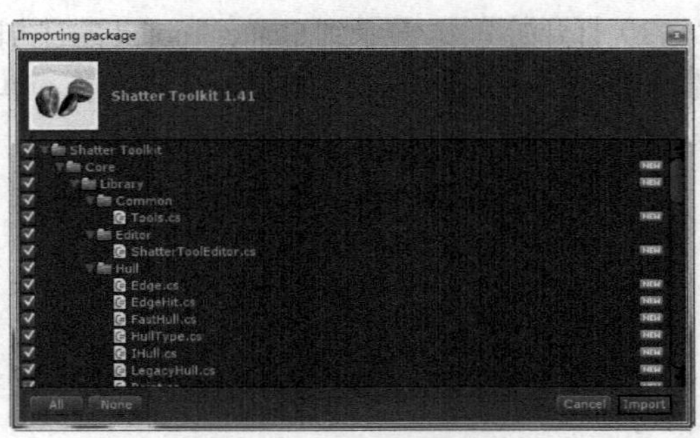

▲图 10-30　导入资源包界面

10.3.2　使用 Shatter Toolkit 的一个简单案例

前面简单介绍了 Shatter Toolkit，相信读者对 Shatter Toolkit 有了一定的了解。本节将通过一个使用 Shatter Toolkit 切割物体的例子来向读者具体介绍 Shatter Toolkit 工具库的使用。案例的设计目的是控制人物角色用刀砍石像。具体操作步骤如下。

（1）新建一个场景。在菜单栏中选择“File”，打开文件操作菜单。选择“New Scene”，创建一个场景。按下快捷键 Ctrl+S 保存该场景，命名为“text”。

（2）创建地形（创建地形的方法读者可参考本书介绍地形创建的内容，这里不再重复介绍）。并添加光源。依次单击“GameObject→Create Other→Directional Light”后会自动创建一个定向光源。调整其位置和角度，使其能够照亮场景，具体参数如图 10-31 所示。

（3）导入建筑模型。将 Assets\Model 文件夹下的 entrance.FBX 文件导入到场景（具体导入模型的步骤参考本书模型导入部分内容），然后将建筑对象命名为“entrance”。设置 entrance 对象的位置和大小，具体参数如图 10-32 所示。

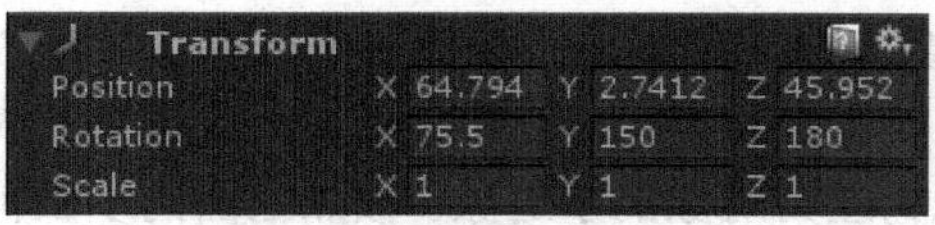

▲图 10-31　光源的位置和大小

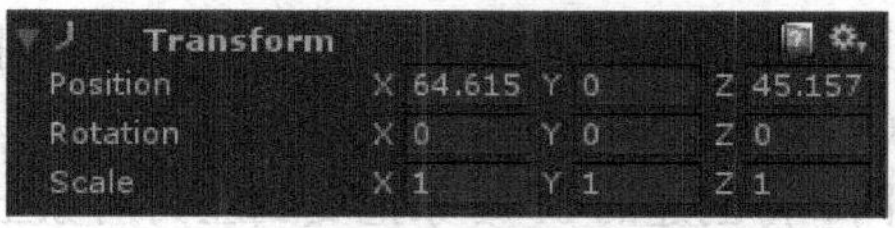

▲图 10-32　entrance 对象的位置和大小

（4）为建筑对象添加网格碰撞体。依次单击“Component→Physics→Mesh Collider”为对象添加网格碰撞体，如图 10-33 所示。设置网格碰撞体的参数，具体参数如图 10-34 所示。

（5）创建角色对象。将模型 bruce.fbx 拖动到场景中，这时场景中就会出现一个名为“bruce”的对象。设置 bruce 对象的位置和大小，具体参数如图 10-35 所示。

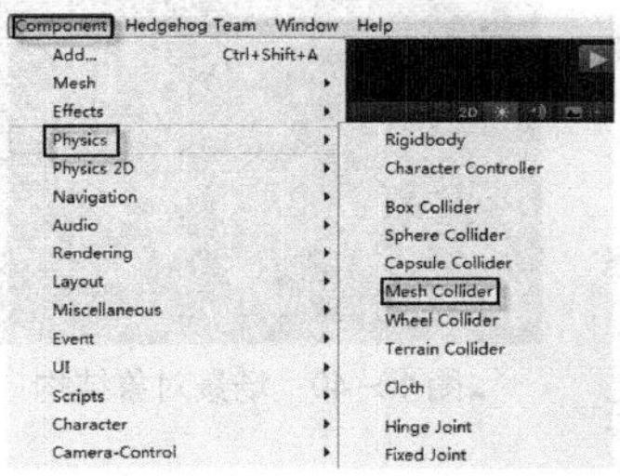

▲图 10-33　添加 Mesh Collider

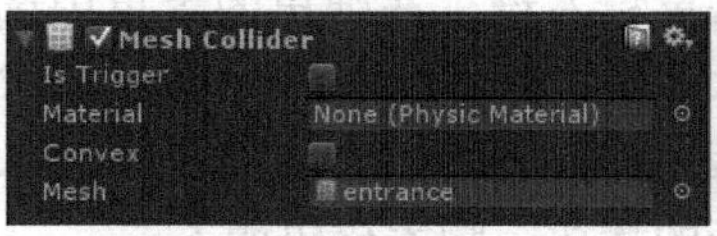

▲图 10-34　Mesh Collider 组件

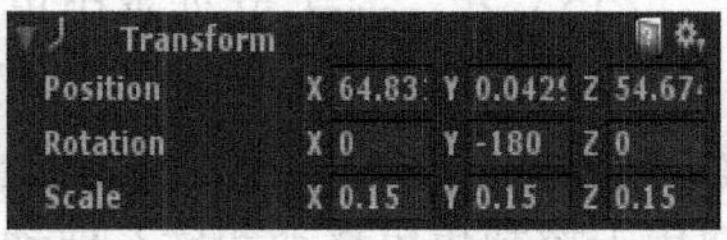

▲图 10-35　bruce 对象的位置和大小

（6）为 bruce 对象添加动画组件。具体步骤为依次单击“Component→Miscellaneous→Animation”，如图 10-36 所示。将 Animation 的 Size 参数改为 4，然后单击 Element 后面的小圆圈选择动画，具体参数如图 10-37 所示。

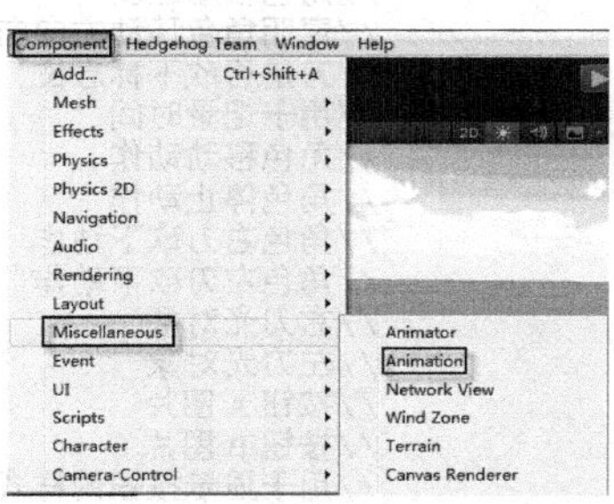

▲图 10-36　添加 Animation 组件

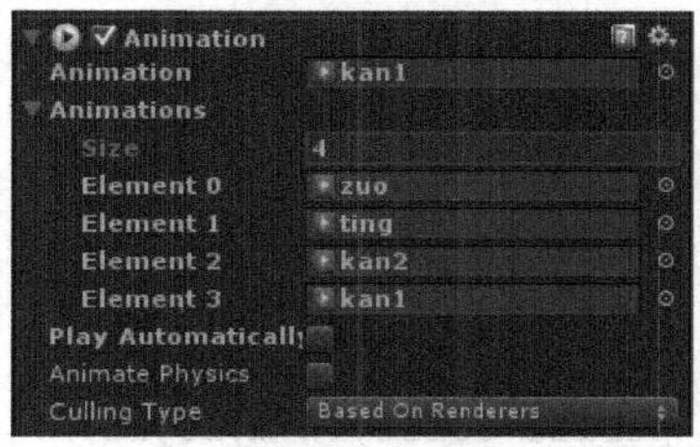

▲图 10-37　设置 Animation 组件

（7）为角色添加角色控制器。具体步骤为选中 bruce 对象然后依次单击菜单“Component→Physis→Character Controller”，如图 10-38 所示。然后设置角色控制器的各个参数，具体参数设置如图 10-39 所示。

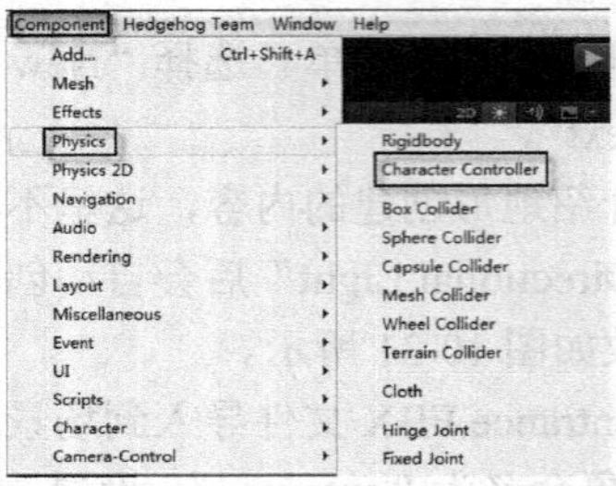

▲图 10-38 添加 Character Controller 组件

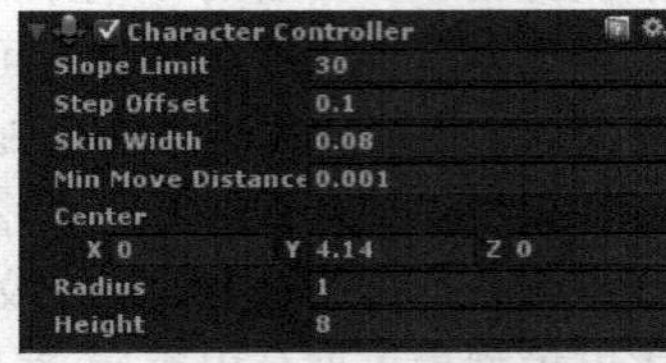

▲图 10-39 设置 Character Controller 组件

（8）创建两个空对象，分别命名为“g1”和“g2”。将 g1 放置在左刀刃头位置，将 g2 放置在左刀刃尾位置，将创建的两个空对象拖曳到左刀对象上使其成为左刀对象的子对象。

（9）创建一个 Cude 对象，命名为“s1”并调整其位置和大小，使其和左刀刃的位置和大小基本相同。将创建的 s1 对象拖曳到左刀对象上使其成为左刀对象的子对象。按照上面的步骤再创建两个空对象和一个 Cude 对象放在右刀的位置。

（10）添加刀光。创建两个空对象，将其分别放置在左右两个刀刃上，将创建的两个空对象分别拖曳到两个刀对象上使其成为刀对象的子对象，场景中对象的目录结构如图 10-40 所示。分别给两个空对象添加拖尾渲染器，具体步骤参考拖尾渲染器章（节），这里不再重复介绍。

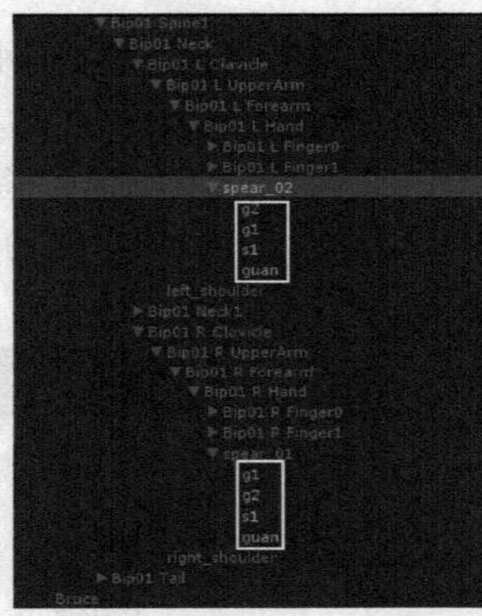

▲图 10-40 场景对象结构

（11）创建控制角色移动的虚拟摇杆和实现摄像机跟随角色移动。这些步骤在介绍虚拟摇杆和角色控制器的章节有详细的介绍，这里不再重复介绍。

（12）在 script 文件夹中单击鼠标右键，在弹出的菜单中选择“Create→C# Script”创建一个脚本并命名为“EasyTouchDemo.cs”。然后双击打开脚本，开始 EasyTouchDemo.cs 脚本的编写。本脚本主要用于控制角色移动和砍石像动画的播放。脚本代码如下。

代码位置：见随书光盘中源代码/第 10 章目录下的 Shattertext/Assets/Script/EasyTouchDemo.cs。

```
using UnityEngine;
using System.Collections;
public class EasyTouchDemo : MonoBehaviour{
  CharacterController controller;                  //声明角色控制器
  float RunSpeed = 30.0f;                          //角色移动速度
  Vector3 MoveDrection;                            //声明角色移动方向向量
  bool kanb = false;                               //刀是否砍下标志位
  float time = 0;                                  //用于记录时间
  public AnimationClip run;                        //角色移动动作
  public AnimationClip ting;                       //角色停止动作
  public AnimationClip kan1;                       //角色右刀砍下动作
  public AnimationClip kan2;                       //角色左刀砍下动作
  public GameObject guan1;                         //右刀光对象
  public GameObject guan2;                         //左刀光对象
  public Texture2D anNiuA;                         //按钮 A 图片
  public Texture2D anNiuB;                         //按钮 B 图片
  public GUIStyle myStyle;                         //用于显示按钮的样式
  int n = 0;                                       //判断是左手砍下还是右手砍下
  void Start(){
    controller = (CharacterController)this.GetComponent("CharacterController");
                                                   //获取角色控制器
    controller.slopeLimit = 30.0f;                 //设置角色最大爬坡度
  }
```

```
23      void Update(){
24       ......//此处省略了对 Update 方法的重写，在下面将详细介绍
25      }
26      void OnGUI(){
27        if (GUI.Button(new Rect(Screen.width / 100 * 80, Screen.width / 100 * 45, Screen.width / 7,
28        Screen.width  / 7), anNiuA, myStyle)){                //绘制按钮 A
29          GetComponent<QieGe>().qieOver = false;              //切割没有完成
30          kanb = true;                                         //刀砍下
31          n = 1;                                               //右手砍下
32        }
33        if (GUI.Button(new Rect(Screen.width/100 * 90, Screen.width/100 * 45, Screen.width / 7,
34        Screen.width  / 7), anNiuB, myStyle)){                //绘制按钮 B
35          GetComponent<QieGe>().qieOver = false;              //切割没有完成
36          kanb = true;                                         //刀砍下
37          n = 2;                                               //左手砍下
38      }}
39      ......//此处省略了用虚拟摇杆控制角色移动的代码，在下面将详细介绍
40      void houTui(){
41        if (GetComponent<Animation>()[run.name].time == 0){ //如果开始播放角色移动动画
42          GetComponent<Animation>()[run.name].time = GetComponent<Animation>()[run.name].
43          length;                                              //将动画开始帧设为最后一帧
44    }}}
```

- 第 4-8 行的主要功能是声明变量。主要声明了角色控制器、角色移动速度和方向以及刀是否砍下标志位等变量。在下面控制人物移动的代码中会用到这些变量。
- 第 9-17 行的主要功能是声明变量。主要声明了角色动作、刀光对象以及按钮图片等变量。在开发环境下的属性查看器中可以为各个参数指定资源或者取值。
- 第 19-22 行实现了 Start 方法的重写，该方法在脚本加载时执行。主要功能是获取角色控制器和设置角色最大爬坡度。
- 第 23-25 行实现了 Update 方法的重写，该方法系统每帧调用一次。主要用于用键盘控制角色的移动和砍石像动画的播放，此处省略了具体代码，在下面将详细介绍。
- 第 26-38 行实现了 OnGUI 方法的重写。主要功能是绘制按钮 A 和按钮 B 以及当按下这两个按钮时使角色对应方向的刀砍石像。
- 第 39-44 行的主要功能是用虚拟摇杆控制角色移动以及当播放角色后退动画时如果开始播放角色移动动画将动画开始帧设为最后一帧。此处省略了用虚拟摇杆控制角色移动的具体代码，具体代码在下面将详细介绍。

（13）在 EasyTouchDemo.cs 脚本中通过系统调用 Update 方法来实现用键盘控制角色的移动和砍石像动画的播放。Update 方法的具体代码如下。

代码位置：见随书光盘中源代码/第 10 章目录下的 Shattertext/Assets/Script/EasyTouchDemo.cs。

```
void Update(){
  MoveDrection = new Vector3(0, 0, 1);                       //设置角色移动方向
  MoveDrection = transform.TransformDirection(MoveDrection);
 //将角色移动方向变换到世界坐标
  if (!Input.anyKey && !GetComponent<Animation>().IsPlaying(kan1.name) && !
  GetComponent<Animation>().IsPlaying(kan2.name)){          //如果角色没有播放动画
    GetComponent<Animation>().Play(ting.name);              //播放角色停止动画
  }
  if ((Input.GetKey(KeyCode.UpArrow))){                      //如果按下向上键
    GetComponent<Animation>()[run.name].speed = 1.0f; //角色移动动画播放速度设为 1
    GetComponent<Animation>().Play(run.name);               //播放角色移动动画
    controller.SimpleMove(MoveDrection * (Time.deltaTime * RunSpeed));
                                                            //角色向前移动
  }
  if ((Input.GetKey(KeyCode.DownArrow))){                    //如果按下向下键
    GetComponent<Animation>()[run.name].speed = -1.0f;//角色移动动画播放速度设为-1
    houTui();                                   //调用将动画开始帧设为最后一帧的方法
```

```
16        GetComponent<Animation>().Play(run.name);           //播放角色移动动画
17        controller.SimpleMove(-MoveDrection * (Time.deltaTime * RunSpeed));
                                                              //角色向后移动
18      }
19      if (Input.GetKey(KeyCode.LeftArrow)){                 //如果按下向左键
20        if (GetComponent<Animation>()[run.name].speed < 0f){  //如果倒放角色移动动画
21          houTui();                            //调用将动画开始帧设为最后一帧的方法
22        }
23        GetComponent<Animation>().Play(run.name);           //播放角色移动动画
24        this.transform.Rotate(0, -1.0f, 0);                 //角色向左转向
25      }
26      ......//此处省略了按下向右键控制角色向右转弯的代码，有兴趣的读者可以自行翻看光盘中的源代码
27      if (Input.GetKey(KeyCode.A)){                         //如果按下 A 键
28        GetComponent<QieGe>().qieOver = false;              //切割没有完成
29        kanb = true;                                        //刀砍下
30        n = 1;                                              //左手砍下
31      }
32      ......//此处省略了按下 B 键控制左刀砍石像的代码，有兴趣的读者可以自行翻看光盘中的源代码
33      if (kanb){                                            //如果刀需要砍下
34        if (n == 1){                                        //如果是右刀
35          GetComponent<Animation>().Play(kan1.name);        //播放右刀砍下动画
36        }
37        else if(n==2){                                      //如果是左刀
38          GetComponent<Animation>().Play(kan2.name);        //播放左刀砍下动画
39      }}
40      if (kanb){                                            //如果刀需要砍下
41        time += Time.deltaTime;                             //用于记录的时间不断增加
42      }
43      if (time > 0.8f){                                     //如果时间超过 0.8s
44        time = 0;                                           //时间归零
45        kanb = false;                                       //砍下动作完成
46      }
47      if (GetComponent<Animation>().IsPlaying(kan1.name)){  //如果正在播放右刀砍下动画
48        guan1.GetComponent<TrailRenderer>().enabled = true; //渲染右刀光
49      }
50      else{                                                 //如果没有播放右刀砍下动画
51        guan1.GetComponent<TrailRenderer>().enabled = false; //不渲染右刀光
52      }
53      ......//此处省略了控制左刀光渲染的代码，有兴趣的读者可以自行翻看光盘中的源代码
54    }
```

- 第 2-7 行的主要功能是设置角色移动方向并将角色移动方向变换到世界坐标系下。如果角色没有播放动画，则播放角色停止动画。
- 第 8-12 行的主要功能是如果按下向上键，则将角色移动动画播放速度设为 1 并且播放角色移动动画，同时角色向前移动。
- 第 13-18 行的主要功能是如果按下向下键，则将角色移动动画播放速度设为–1 并且将动画开始帧设为最后一帧使角色移动动画倒放，同时角色向后移动。
- 第 19-26 行的主要功能是按下向左或右键控制角色向左或右转弯。此处省略了按下向右键控制角色向右转弯的代码，有兴趣的读者可以自行翻看光盘中的源代码。
- 第 27-32 行的主要功能是如果按下 A 键，则使右刀砍石像。此处省略了按下 B 键控制左刀砍石像的代码，有兴趣的读者可以自行翻看光盘中的源代码。
- 第 33-39 行的主要功能是如果刀需要砍下，则播放刀砍下动画。通过判断需要左刀还是右刀砍下来播放对应方向刀砍下动画。
- 第 40-46 行的主要功能是如果刀正在砍下，则用于记录的时间不断增加。如果时间超过 0.8s，则用于记录的时间归零并且砍下动作完成。
- 第 47-54 行的主要功能是当播放右刀砍下动画时，开启右刀光渲染器；当没有播放右刀

砍下动画时，关闭右刀光渲染器。此处省略了控制左刀光渲染的代码，有兴趣的读者可以自行翻看光盘中的源代码。

（14）在 EasyTouchDemo.cs 脚本中当滑动虚拟摇杆时通过调用 OnJoystickMove 方法来实现用虚拟摇杆控制角色的移动。OnJoystickMove 方法的具体代码如下。

代码位置：见随书光盘中源代码/第 10 章目录下的 Shattertext/Assets/Script/EasyTouchDemo.cs。

```
1     void OnJoystickMove(MovingJoystick move){
2       MoveDrection = new Vector3(0, 0, 1);              //设置角色移动方向
3       MoveDrection = transform.TransformDirection(MoveDrection);//将角色移动方向变换到世界坐标
4       float joyPositonX = move.joystickAxis.x;          //获得摇杆偏移量 x 的值
5       float joyPositonY = move.joystickAxis.y;          //获得摇杆偏移量 y 的值
6       if (joyPositonY > 0.5f){                          //如果摇杆偏移量 y 大于 0.5
7         GetComponent<Animation>()[run.name].speed = 1.0f; //角色移动动画播放速度设为 1
8         GetComponent<Animation>().Play(run.name);       //播放角色移动动画
9         controller.SimpleMove(MoveDrection * (Time.deltaTime * RunSpeed));//角色向前移动
10      }
11      if (joyPositonY < -0.5f){                         //如果摇杆偏移量 y 小于-0.5
12        GetComponent<Animation>()[run.name].speed = -1.0f; //角色移动动画播放速度设为-1
13        houTui();                                  //调用将动画开始帧设为最后一帧的方法
14        GetComponent<Animation>().Play(run.name);       //播放角色移动动画
15        controller.SimpleMove(-MoveDrection * (Time.deltaTime * RunSpeed));//角色向后移动
16      }
17      if (joyPositonX < -0.5f){                         //如果摇杆偏移量 x 小于-0.5
18        if (GetComponent<Animation>()[run.name].speed < 0f){  //如果倒放角色移动动画
19          houTui();                                //调用将动画开始帧设为最后一帧的方法
20        }
21        GetComponent<Animation>().Play(run.name);       //播放角色移动动画
22        this.transform.Rotate(0, -1.0f, 0);             //角色向左转向
23      }
24      if (joyPositonX > 0.5f){                          //如果摇杆偏移量 x 大于 0.5
25      ......//此处省略了控制角色向右转弯的代码，有兴趣的读者可以自行翻看光盘中的源代码
26    }}
```

- 第 2-5 行的主要功能是设置角色移动方向并将角色移动方向变换到世界坐标系下，以及获得摇杆偏移量 x 和 y 的值。
- 第 6-10 行的主要功能是如果摇杆偏移量 y 大于 0.5，则将角色移动动画播放速度设为 1 并且播放角色移动动画，同时角色向前移动。
- 第 11-16 行的主要功能是如果摇杆偏移量 y 小于−0.5，则将角色移动动画播放速度设为−1 并且将动画开始帧设为最后一帧使角色移动动画倒放，同时角色向后移动。
- 第 19-23 行的主要功能是如果摇杆偏移量 x 小于−0.5，则将角色移动动画播放速度设为−1 并且将动画开始帧设为最后一帧使角色移动动画倒放，同时角色向后移动。
- 第 17-26 行的主要功能是如果摇杆偏移量 x 小于−0.5 或者大于 0.5 时控制角色向左或右转弯。此处省略了如果摇杆偏移量 x 大于 0.5 控制角色向右转弯的代码，有兴趣的读者可以自行翻看光盘中的源代码。

（15）将脚本 EasyTouchDemo.cs 拖曳到游戏组成对象列表中的 bruce 对象上。单击 bruce 对象，在属性查看器中会出现对应到此脚本的组件，单击组件前面的三角形展开按钮可看到脚本组件的内容，可以在此设置对应参数。如图 10-41 所示。

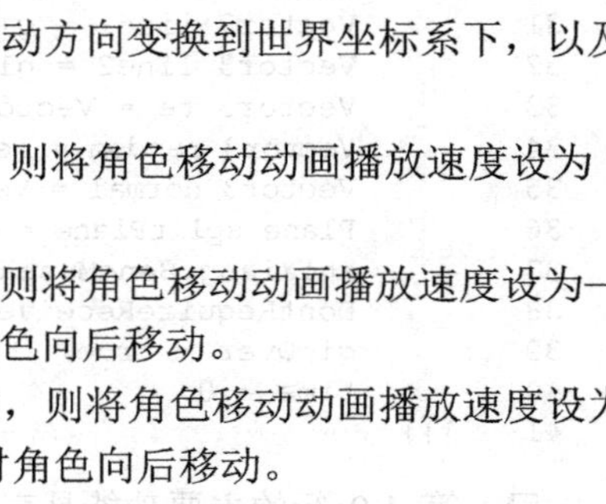

▲图 10-41 设置 EasyTouchDemo 脚本组件

（16）前面介绍了 EasyTouchDemo.cs 的开发，接下来新建一个脚本并将该脚本命名为

“QieGe.cs”。该脚本主要功能是当砍石像时产生切割石像平面。该脚本编写完毕以后，将此脚本拖曳到 bruce 对象上。具体代码如下。

代码位置：见随书光盘中源代码/第 10 章目录下的 Shattertext/Assets/Script/QieGe.cs。

```
1   using UnityEngine;
2   using System.Collections;
3   public class QieGe: MonoBehaviour {
4     float time = 0;                                          //用于记录时间
5     public AnimationClip kan1;                               //角色右刀砍下动作
6     public AnimationClip kan2;                               //角色左刀砍下动作
7     ......//此处省略一些声明用于计算切割平面变量的代码，有兴趣的读者可以自行翻看光盘中的源代码
8     public static GameObject shiXiang;                       //石像对象
9     public bool qieOver = false;                             //切割是否完成标志位
10    void Update () {
11      if (GetComponent<Animation>().IsPlaying(kan1.name)&&!
12      qieOver){                             //如果正在播放右刀砍下动画并且切割没有完成
13        time += Time.deltaTime;                              //用于记录的时间不断增加
14        te1 = gz1;                                           //获取右刀刃头的空对象
15        te2 = gz2;                                           //获取右刀刃尾的空对象
16      }
17      ......//此处省略了正在播放左刀砍下动画时的代码，有兴趣的读者可以自行翻看光盘中的源代码
18      if (!GetComponent<Animation>().IsPlaying(kan1.name) && !GetComponent<Animation>().
19      IsPlaying(kan2.name)){                                 //如果没有播放砍下动画
20        time = 0;                                            //用于记录的时间归零
21      }
22      if (time<0.2f&&time>0f){                     //如果时间大于 0.2 并且小于 0
23        g1Start = te1.transform.position;                    //设置刀刃头砍下开始位置
24        g2Start = te2.transform.position;                    //设置刀刃头砍尾开始位置
25      }
26      if (time < 0.6f && time > 0.2f){             //如果时间小于 0.6 并且大于 0.2
27        g1Ent = te1.transform.position;                      //设置刀刃头砍下结束位置
28      }
29      if (time > 0.6f && shiXiang != null && shiXiang.GetComponent<
30      PengZhuang>().dao){                          //如果砍下动画播放完成并且砍到石像
31        Vector3 line1 = g1Ent - g1Start;
32        Vector3 line2 = g1Start - g2Start;
33        Vector3 te = Vector3.Normalize(Vector3.Cross(line1, line2));    //产生法线
34        Vector3 random = new Vector3(0,Random.Range(-0.5f, 0.5f), 0);//产生一个随机向量
35        Vector3 normal = Vector3.Normalize(te + random);  //将法线与这个随机向量相加
36        Plane splitPlane = new Plane(normal, shiXiang.transform.position);//生成切割平面
37        shiXiang.SendMessage("Split", new Plane[] { splitPlane }, SendMessageOptions.
38        DontRequireReceiver);                      //调用石像物体上脚本的切割物体的方法
39        qieOver = true;                                      //切割完成
40        time = 0;                                            //用于记录的时间归零
41  }}}
```

❑ 第 4-9 行的主要功能是声明变量。主要声明了角色动画、石像对象以及用于计算切割平面的变量。在下面计算切割平面的代码中会用到这些变量。

❑ 第 11-17 行的主要功能是如果正在播放右刀砍下动画并且切割没有完成时，获取右刀刃的空对象，用于计算切割平面。此处省略了正在播放左刀砍下动画时的代码，有兴趣的读者可以自行翻看光盘中的源代码。

❑ 第 18-25 行的主要功能是如果没有播放砍下动画，则将用于记录的时间归零。如果时间大于 0.2 并且小于 0，则设置刀刃砍下的开始位置。

❑ 第 26-32 行的主要功能是如果时间小于 0.6 并且大于 0.2，则设置刀刃头砍下的结束位置。如果砍下动画播放完成并且砍到石像，则计算出用于切割平面的两条线。

❑ 第 33-41 行的主要功能是计算切割平面并且调用石像物体上脚本的切割物体的方法。通

过产生法线和一个随机向量并将法线与这个随机向量相加来作为切割平面的法线，石像物体的位置作为切割平面上的一个点。

（17）创建五个石像对象，将模型 shenxiang.fbx 拖动到场景中，这时场景中就会出现一个名为“shenxiang”的对象。设置 shenxiang 对象的位置和大小，具体参数如图 10-42 所示。按照相同的方法再创建四个石像对象。

（18）为石像对象添加刚体。具体步骤为依次单击“Component→Physics→Rigidbody”，如图 10-43 所示。设置刚体组件的参数，具体参数如图 10-44 所示。

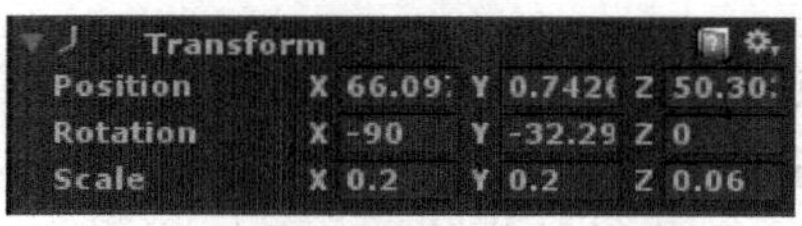

▲图 10-42　shenxiang 对象的位置和大小

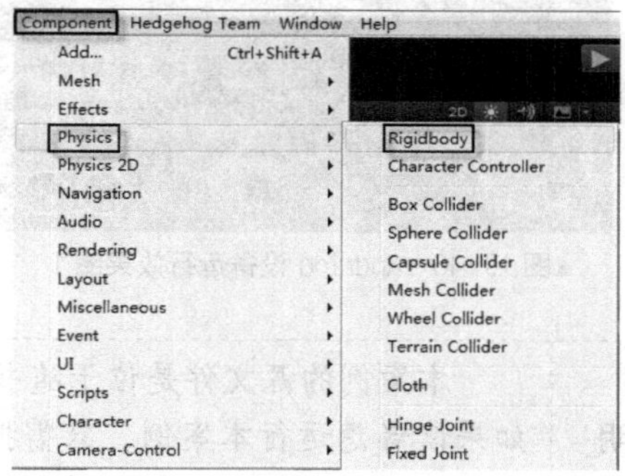

▲图 10-43　添加刚体

（19）为石像对象添加网格碰撞体，具体步骤为依次单击“Component→Physics→Mesh Coillder”。设置网格碰撞体的参数，具体参数如图 10-45 所示。

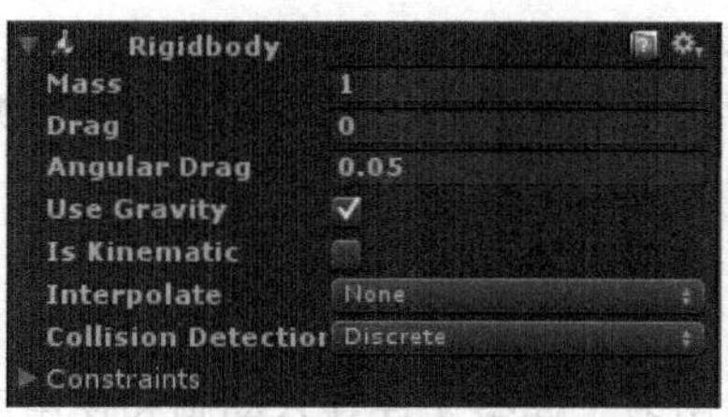

▲图 10-44 设置刚体组件

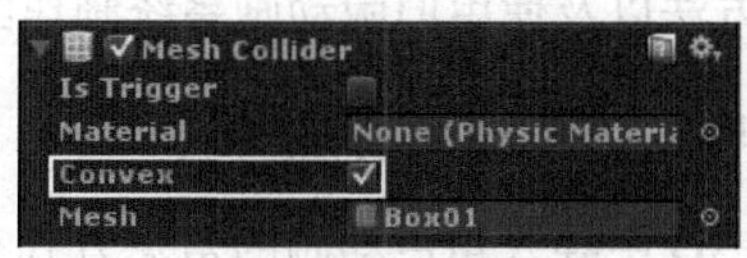

▲图 10-45 设置 Mesh Collider 组件

（20）为石像对象添加脚本。将 Shatter Toolkit 工具库中的 ShatterTool.cs 和 TargetUvMapper.cs 脚本分别拖曳到五个石像对象上。ShatterTool.cs 脚本的主要功能是将一个物体切割成两个物体，TargetUvMapper.cs 脚本的主要功能是为切割后的物体贴纹理图。

（21）前面介绍了 Shatter Toolkit 工具库中的两个脚本。接下来新建一个脚本，并且将该脚本命名为“PengZhuang.cs”。该脚本主要功能是判断刀是否砍到石像。该脚本编写完毕以后，将此脚本分别拖曳到 5 个石像对象上。具体代码如下。

代码位置：见随书光盘中源代码/第 10 章目录下的 Shattertext/Assets/Script/PengZhuang.cs。

```
using UnityEngine;
using System.Collections;
public class PengZhuang : MonoBehaviour {
  public bool dao = false;                       //判断刀是否砍到石像标志位
  void OnTriggerEnter() {                        //如果刀碰撞到石像
    QieGe.shiXiang = this.gameObject;            //设置碰撞到的石像对象是本对象
    dao = true;                                  //刀砍到石像
}}
```

说明　该脚本重写了 OnTriggerEnter 方法，该方法在刀碰撞到石像时被调用。其主要功能是刀碰撞到石像时判断刀砍到石像。

（22）单击游戏运行按钮，观察效果。在 Game 窗口中可以看到角色和石像，通过上下左右按钮可以控制角色移动，角色移动到石像前面按下 A 键或 B 键就能砍下石像。当然，还可以导入到 Andriod 设备上运行，通过虚拟摇杆控制角色移动，如图 10-46 和图 10-47 所示。

▲图 10-46　Andriod 设备运行效果图 1

▲图 10-47　Andriod 设备运行效果图 2

说明　本案例的源文件是位于随书光盘中源代码/第 10 章目录下的"Shattertext"文件。如果读者想运行本案例，只需把"Shattertext"文件复制到非中文路径下，然后双击"Shattertext\Assets"目录下的"text.unity"文件就能够打开运行了。

10.4 旧版动画系统

本节将对 Unity 的旧版动画系统进行介绍。旧版动画系统是 Unity 4.0 以前唯一可以使用的动画系统，该动画系统主要使用脚本控制动画的播放。本节将主要介绍导入角色动画资源、动画系统的使用方法以及使用旧版动画系统制作的一个案例。

10.4.1　导入角色动画资源

Unity 3D 中导入角色动画的常见方式有两种：使用多个模型文件导入动画和使用动画分割技术导入动画。使用多个模型文件导入会增加模型文件的数量，但这种方法便于进行管理，而使用动画分割导入只需导入少量的模型，但对动画制作和后期分割都有较高要求。读者可以根据自身需要进行选择。

1. 使用多个模型文件导入动画

Unity 3D 支持 FBX 格式的模型文件格式，读者可以通过 Maya、3D Studio Max、MotionBuilder 等建模软件进行角色模型的建模，并将其导出为 FBX 格式的 3D 文件，然后再导入到 Unity 3D 中去。读者在建模的过程中需要对角色模型进行骨骼绑定和蒙皮处理，以便在动画系统中进行处理。

- 读者可以导出带骨骼动画的人形角色模型文件，或只有骨骼动画的 FBX 文件。笔者建议读者使用第二种方法导出动画，并另外导出一个经过骨骼绑定和蒙皮处理且不带骨骼动画的角色模型，这样可以最大限度地减小项目文件的大小，同时不影响各个动画的使用。
- 导出带骨骼动画的模型文件时，需要遵循"角色模型名@动作名"的命名方案（这种命名方案在旧 Unity 3D 4.0 前被广泛使用）。该命名方案可以使动画文件迅速匹配到角色模型，为开发提供方便。遵循该命名方案有助于提高开发效率。

2. 使用动画分割导入动画

除了上一节中介绍的使用多个模型文件逐个导入动画的方式外，读者还可以直接导入一个包含多个动画的模型文件，然后在 Unity 3D 中将其分割成多个动画文件。这种方法可以极大地减小项目文件的大小。下面将向读者详细介绍这种技术的使用。

❑ 导出带动画的角色模型文件，将其拖曳到 Unity 3D 中去。选中角色模型文件，在 Inspector 窗口中单击 Animations 按钮，会得到图 10-48 所示的分割操作窗口，动画分割操作将在此窗口中进行。下面将对该窗口的各项参数进行详细的介绍，其相关参数如表 10-4 所示。

表 10-4　分割参数

参　数	说　明
Start	动画片段的第一帧
End	动画片段的最后一帧
Loop Time	是否设定该动画片段为循环动画
Loop Pose	是否设定该动画片段的姿势循环
Cycle Offset	为该动画片段指定一定的偏移量

❑ 动画分割操作并不复杂，读者可单击动画片段列表右下角的“+”或“-”符号来进行动画片段的增删操作。拖动动画滑杆或修改“Start”和“End”参数可以修改该动画片段的长度，而分割出的动画片段就会变成模型文件的子对象，如图 10-49 所示。

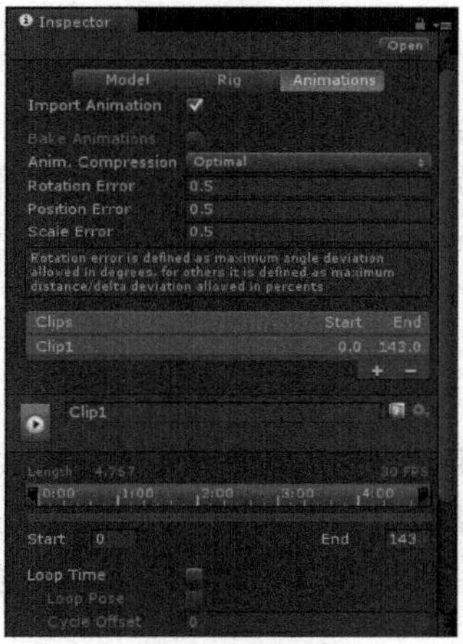

▲图 10-48　动画分割窗口

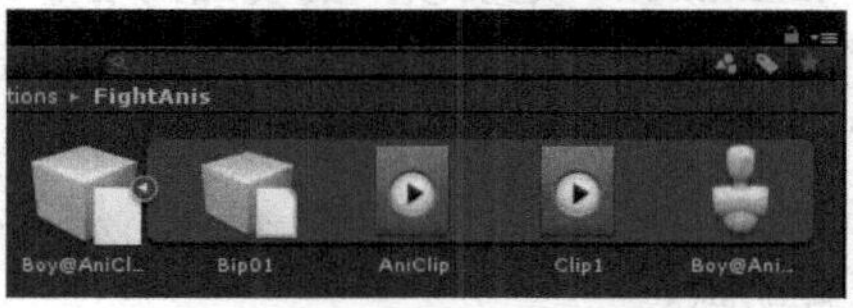

▲图 10-49　动画片段文件

10.4.2 动画控制器（Animation）

制作一个动画角色的第一件事情是给角色对象添加动画控制器组件。选中对象后依次单击“Component→Miscellaneous→Animation”，然后单击选中对象就可以在属性查看器中查看动画控制器的属性了，属性参数如表 10-5 所示，下面将对这些参数进行详细介绍。

表 10-5　拖尾渲染器属性

属　性	说　明
Animation	启用自动播放（Play Automatically）时，默认播放的动画
Animations	可以从脚本访问的动画列表
Play Automatically	启动游戏时自动播放的动画
Animate Physics	动画是否与物理交互
Culling Type	设置动画的剔除模型

属性 Culling Type 有两种类型，分别为 Always Animate 和 Based On Renderers。其中，Always Animate 为总是播放动画；Based On Renderers 为只有对象渲染在屏幕上时才播放动画。

10.4.3　动画脚本

旧版动画系统是通过脚本来控制动画的播放，本节将着重讲解使用脚本控制动画播放的相关内容。Unity 的旧版动画系统支持动画的融合、混合等效果，这些效果都是通过脚本完成的。

1. 播放动画

Unity 脚本使用 Animation 类的 Play 方法播放指定名称的动画，如果没有参数则播放默认动画；使用 Stop 方法停止播放指定名称的动画，如果没有参数则停止播放所有动画。具体可以使用如下的 C#代码片段来实现。

```
public Animation animation;                                //声明 Animation 组件
void Start () {
  animation = this.GetComponent<Animation>();              //获取 Animation 组件
  animation.Play("run");                                   //播放动画
  animation.Stop("run");                                   //停止播放动画
}
```

说明　该代码片段通过 GetComponent 方法获取了对象身上的动画组件，调用 Play 和 Stop 方法来播放和停止游戏对象身上的动画片段。

2. 动画融合

动画融合是确保角色动画平滑过渡的一项重要功能。在游戏的任何时间点都有可能从一个动画转换到另一个动画。开发人员不会希望两个不同的动作之间突然跳转，而是想要动画平滑过渡。

动画融合使用 CrossFade 方法，其方法签名为“void CrossFade (animation : string, fadeLength : float = 0.3F, mode : PlayMode = PlayMode.StopSameLayer)”。它能够使动画模型在一定时间内淡入名为“name”的动画并淡出其他动画。参数解释如下。

- “animation”是要淡入的动画的名字。
- “fadeLength”是淡入淡出过程的时间（单位是 s），不是必须参数，不填写时使用缺省值 0.3。
- “mode”是淡入淡出模式，不是必须参数，不填写时使用缺省值 PlayMode.StopSameLayer，即在淡入 name 时只淡出与 name 在同一层的动画。如果使用 PlayMode.StopAll，则在淡入 name 时淡出所有动画。

下面的代码片段在 0.2s 之内淡入名为“walk”的动画并且淡出同一层的所有其他动画。

```
public Animation animation;                                //声明 Animation 组件
void Start () {
 animation = this.GetComponent<Animation>();               //获取 Animation 组件
 animation.CrossFade("walk", 0.2f);                        //淡入名称为 walk 的动画
}
```

说明　该代码片段通过 GetComponent 方法获取了对象身上的动画组件，调用 CrossFade 实现了当前状态到“walk”动画片段的平滑过渡，过渡时间为 0.2s。

3. 动画混合

动画混合可以消减为游戏创建的动画数量，让一些动画只应用给身体的一部分。这意味着这样的动画可以和其他动画组合在一起使用。例如，有一个挥手动画，想要在空闲角色或正行走的角色播放挥手动画时，如果没有动画混合，就必须创建两个手挥舞着的动画：一个用于空闲，另一个用于行走。

不过，如果添加肩膀变换作为混合变换，来做挥手动画，那么挥手动画将从肩膀位置外受完

全控制，身体的其余部分将不会受到它的影响，将继续播放空闲或行走动画。因此，只需要一个挥手动画即可。在给定的动画状态下，通过调用 AddMixingTransform 方法，进行动画混合变换。动画混合代码片段如下所示。

```
public AnimationClip wave_hand;                                    //挥手动画片段
private Transform shoulder;                                        //定义混合 transform
void Start () {
    //将 wave_hand 动画应用在 shoulder 上
    GetComponent<Animation>()[wave_hand.name]. AddMixingTransform(shoulder);
    //用路径增加一个混合 transform
    Transform mixTransform = transform.Find("root/upper_body/left_shoulder");
    //将 wave_hand 动画应用在 mixTransform 上
    GetComponent<Animation>()[wave_hand.name]. AddMixingTransform(mixTransform);
}}
```

说明　该代码片段通过 GetComponent 方法获取了对象身上的动画组件，并调用 AddMixingTransform 方法来将“wave_hand”动画片段混合到人物模型的 shoulder（肩膀）部位。

10.4.4　使用旧版动画系统的简单案例

通过对前面知识的学习，相信读者已经掌握了角色动画及旧版动画系统的使用方法。在本节中，笔者将引导读者开发一个简单的动画播放案例，如图 10-50、图 10-51 所示。使用前面所介绍过的 GUI 来控制动画的播放，使读者在案例开发的过程中能够巩固之前学过的知识。具体操作步骤如下。

▲图 10-50　简单案例演示 1

▲图 10-51　简单案例演示 2

（1）首先创建一个 3D 项目，命名为“OldAnimation”，如图 10-52 所示。新建一个场景，在菜单栏中选择“File”，打开文件操作菜单。选择“New Scene”，创建一个场景。按下快捷键 Ctrl+S 保存该场景，命名为“Demo”。

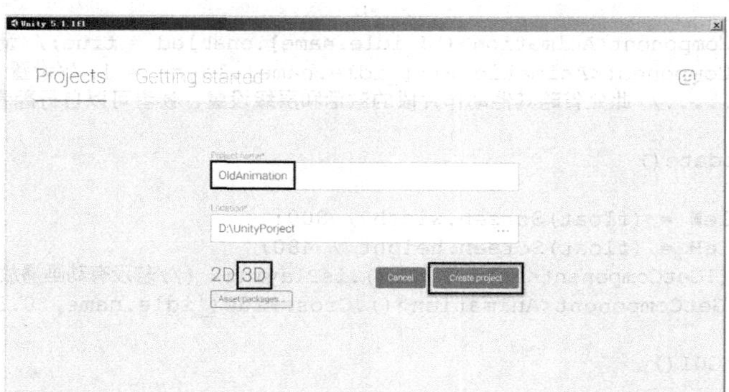

▲图 10-52　新建项目

（2）接下来导入准备好的模型资源包，该文件夹包含了带角色动画的人物模型以及模型贴图。笔者已经将其放入随书光盘第 10 章目录下的 OldAnimation/Assets/Model 文件夹里。依次单击 Unity 菜单栏的“Assets→Import New Assets...”，找到模型资源，将其导入 Unity，如图 10-53 所示。该模型自带了 6 个动画片段。

（3）将导入的模型 People.FBX 拖入场景中，调整其位置，这里使其位于坐标原点就可以。为了方便使用模型，需要为其创建预制件，依次单击“Assets→Create→Prefab”创建一个预制件并将其重命名为“People.prefab”，如图 10-54 所示。最后再将 Hierarchy 面板中的“People”拖曳到所创建的预制件上，此时如果 Hierarchy 面板中的“People”显示为蓝色字体，说明预制件创建成功。

▲图 10-53　导入模型资源

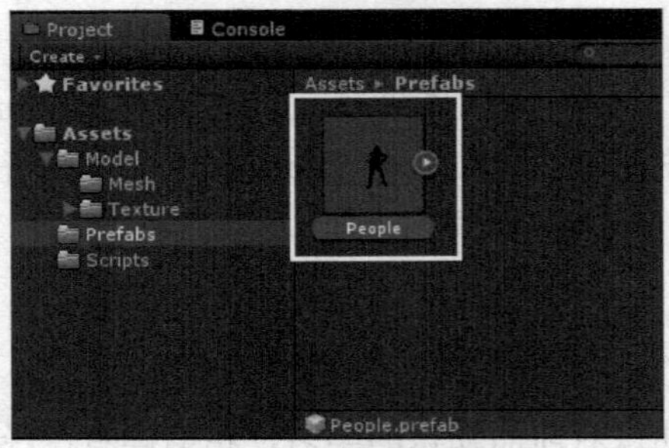

▲图 10-54　模型预制件

（4）下面创建控制脚本，步骤为“Assets→Create→C# Script”。将创建的脚本命名为“OldAnimation.cs”，将其挂在到场景中的预制件身上。然后双击打开脚本，开始 OldAnimation.cs 脚本的编写。本脚本主要用于控制人物模型播放角色动画。脚本代码如下。

代码位置：见随书光盘中源代码/第 10 章目录下的 OldAnimation/Assets/Scripts/ OldAnimation.cs。

```
using UnityEngine;
using System.Collections;
public class OldAnimation : MonoBehaviour
{
    private float scaleW = 1.0f;                                    //宽度缩放比
    private float scaleH = 1.0f;                                    //高度缩放比
    public AnimationClip _idle;                                     //站立动作片段
    public AnimationClip _attack;                                   //攻击动作片段
    public AnimationClip _defend;                                   //闪避动作片段
    public AnimationClip _jump;                                     //跳跃动作片段
    public AnimationClip _run;                                      //跑动片段
    public AnimationClip _die;                                      //倒下动作片段
    void Start()
    {
        GetComponent<Animation>()[_idle.name].enabled = true;//设置_idle动作片段为可用
        GetComponent<Animation>()[_idle.name].layer = 1;//设置_idle动作片段层级为1
          ......//此处省略其他动作片段的激活和层级设置，读者可以自行翻看随书光盘中的源代码
    }
    void Update()
    {
        scaleW = (float)Screen.width / 800;                         //计算宽度缩放比
        scaleH = (float)Screen.height / 480;                        //计算高度缩放比
        if (!GetComponent<Animation>().isPlaying) {//若没有动画播放，默认播放_idle动画
            GetComponent<Animation>().CrossFade(_idle.name, 0.5f);
      }}
    void OnGUI()
    {
         GUI.skin.button.fontSize = (int)(25 * scaleW);            //调整按钮字体大小
        //创建一个名为“站立”的按钮，按下后播放_idle动画
```

```
30              if (GUI.Button(new Rect(70 * scaleW, 50 * scaleH, 90 * scaleW, 40 * scaleH), "站立")) {
31                  GetComponent<Animation>().CrossFade(_idle.name, 0.5f); }
32              //创建一个名为“攻击”的按钮，按下后播放_attack 动画
33              if (GUI.Button(new Rect(70*scaleW, 110 * scaleH, 90 * scaleW,40* scaleH),"攻击")) {
34                  GetComponent<Animation>().CrossFade(_attack.name, 0.5f); }
35              //创建一个名为“躲避”的按钮，按下后播放_defend 动画
36              if (GUI.Button(new Rect(70 * scaleW, 170 * scaleH, 90 * scaleW, 40 * scaleH), "
                躲避")) {
37                  GetComponent<Animation>().CrossFade(_defend.name, 0.5f); }
38              //创建一个名为“跳”的按钮，按下后播放_jump 动画
39              if (GUI.Button(new Rect(70 * scaleW, 230 * scaleH, 90 * scaleW, 40 * scaleH), "跳")) {
40                  GetComponent<Animation>().CrossFade(_jump.name, 0.5f); }
41              //创建一个名为“跑”的按钮，按下后播放_run 动画
42              if (GUI.Button(new Rect(70 * scaleW, 290 * scaleH, 90 * scaleW, 40 * scaleH), "跑")) {
43                  GetComponent<Animation>().CrossFade(_run.name, 0.5f); }
44              //创建一个名为“倒下”的按钮，按下后播放_die 动画
45              if (GUI.Button(new Rect(70 * scaleW, 350 * scaleH, 90 * scaleW, 40 * scaleH), "倒下")) {
46                  GetComponent<Animation>().CrossFade(_die.name, 0.5f); }
47      }}
```

❑ 第 5-12 行为声明变量。声明了屏幕宽度和高度的缩放因子，用于实现 GUI 对屏幕的自适应；还声明了需要播放的动画片段，这些动画片段通过在 Unity 中添加，在脚本中被播放。

❑ 第 13-18 行为重写 Start 方法。在该方法中，将所有的动画片段设置为可用，并将其层级都设置为 1，代表所有动画片段的权重是一样的。

❑ 第 19-25 行为重写 Update 方法。在该方法中，计算了宽度和高度的缩放比，这里以 800×480 为标准屏，在标准屏上面，屏幕上的 UI 都合理分布，当屏幕尺寸发生变化时，缩放比就会改变，屏幕上的 UI 的坐标乘以缩放比，就会得到新屏幕下的坐标，整体的比例与在标准屏下是一样的。为了使场景中的角色能够一直播放动画，所在 Update 方法中一直进行检测，若没有动画播放，默认播放_idle 动画。

❑ 第 26-47 行为重写 OnGUI 方法。在该方法中，在屏幕上绘制了多个按钮，当按钮被按下时，就会播放对应的动画。使用 CrossFade 方法来完成动画融合，过渡时间为 0.5s，这样做的目的是使每个动画之间能够有一个简单的过渡，不至于动作变化得太过僵硬。所绘制的 UI 的尺寸及坐标都乘以了缩放因子，目的也是实现 UI 对屏幕的自适应 。

（5）最后需要在 Unity 中为模型身上的组件添加动画片段。首先是 Animation 组件，如图 10-55 所示，默认播放片段设置为“Idle”，动画片段总数修改为 6，并依次将模型自带的动画片段拖至其中，勾选“Play Automatically”选项，程序开始运行时就会自动播放默认动画。接下来是为脚本组件添加动画片段，方法同上，最终效果如图 10-56 所示。

▲图 10-55　设置动画组件

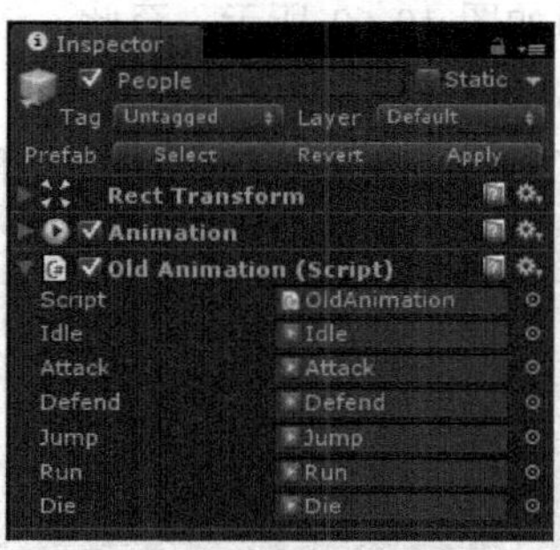

▲图 10-56　添加动画片段到脚本

10.5 Mecanim 动画系统

本节主要向读者介绍 Unity 3D 中一个精密而复杂的动画系统——Mecanim。上一节讲的旧版动画系统中，游戏开发人员只能通过代码操控角色动画的播放，随着动画个数的增多，其代码复杂度也随之增加。同时，动画的过渡需要烦琐的代码控制，这就使得缺乏编程经验的游戏动画师很难对动画效果进行处理。

Unity 4.0 版本后被引入的 Mecanim 动画系统就是为了解决这个问题。该动画系统使游戏动画师能够参与到游戏的开发中来，且其经过不断的优化和改善，在 Unity 5.X 版本中已经变得非常强大。通过本节的学习，读者会对 Mecanim 动画系统有一个大体的了解，同时应该能够掌握该动画系统的基本操作。

10.5.1　角色动画的配置

导入了角色动画资源之后，需要对角色动画进行适当的配置才能被 Mecanim 动画系统所识别和使用。Mecanim 动画系统非常适合用于对人形角色动画的控制，因此下面将着重地讲解对人形角色动画的配置。读者通过对本节内容的学习，应该能够熟悉掌握对人形动画的配置和使用。

1. 创建骨骼结构映射——Avatar

把带动画的模型文件拖曳进 Unity 3D 中时，系统会自动为模型文件生成一个 Avatar 文件作为其子对象，如图 10-57 所示。Avatar 是 Mecanim 动画系统自带的人形骨骼结构与模型文件中的骨骼结构间的映射，但此时选中 Avatar 文件时只会出现图 10-58 所示的空白视口，且无法对其进行配置。

▲图 10-57　Avatar 文件

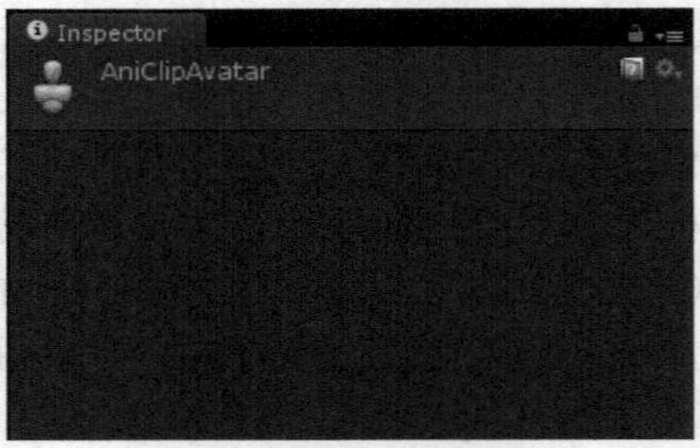

▲图 10-58　Avatar 视口

选中人形角色模型文件，在右边的 Inspector 视口中单击“Rig”按钮，出现图 10-59 所示的视图，点击 Animation Type 下拉按钮，选择 Humanoid 选项，并单击右下角的“Apply”按钮应用该选择，其视口如图 10-60 所示。至此，该模型文件已经被指定为人形角色模型，同时，系统重新为其创建了 Avatar 文件。

▲图 10-59　Generic 模式

▲图 10-60　Humanoid 模式

说明 这里涉及了 Animation Type 的知识点。Animtion Type 下拉列表有四个选项，分别为“None”“Legacy”“Generic”和“Humanoid”，分别对应无模式、旧版动画模式、其他动画模式和人形角色动画模式。运用于 Mecanim 动画系统中的人形角色动画都要选择“Humanoid”。

2. 配置 Avatar

通过前面的学习，读者应该对 Avatar 的创建有了一个简单的认识。下面进行 Avatar 的配置，读者可根据以下步骤进行配置。

（1）首先选择模型文件下的 Avatar 文件，在 Inspector 视口中就会出现一个“Configure Avatar”按钮，如图 10-61 所示。此时读者只需单击该按钮即可进入 Avatar 的配置窗口。

（2）同时，系统会弹出图 10-62 所示的提示窗口，用于提示读者是否保存场景中的所有信息。这是由于在配置 Avatar 的时候，系统会关闭原场景窗口，并开启一个临时 Scene 视口作为配置 Avatar 的实时显示窗口，并在配置结束后关闭该临时窗口。

▲图 10-61　Avatar 视口

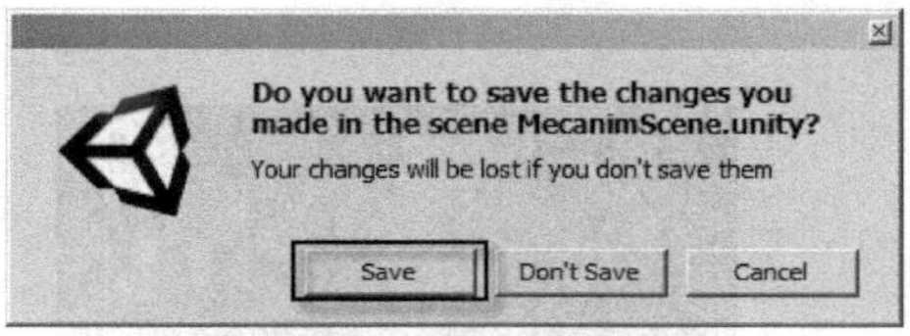

▲图 10-62　系统提示

（3）单击“Configure Avatar”按钮之后 Inspector 就会变成图 10-63 所示的视口。同时，Scene 视口会出现图 10-64 所示的骨骼。Inspector 中参数的改变会实时显示在 Scene 视口中，读者可以在 Scene 视口中实时地看到 Avatar 的效果，而不必再重建场景验证其准确性。

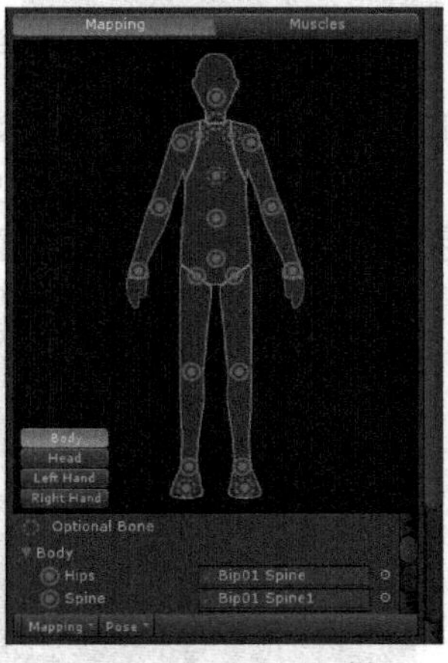
▲图 10-63　Inspector 视口

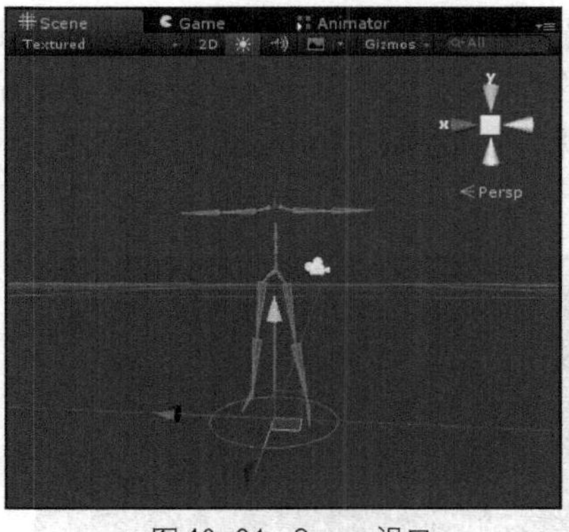
▲图 10-64　Scene 视口

（4）读者可分别单击 Avatar 配置视口中的“Body”“Head”“Left Hand”和“Right Hand”等按钮进行 Avatar 不同层次的配置，如图 10-65 和图 10-66 所示。读者可以在不同的窗口进行不同部位的骨骼配置，这样做的好处是各个骨骼层次配置互不影响，并能同时播放。

（5）一般情况下 Uniy 3D 都会正确地对 Avatar 初始化，但有时候会因为骨骼的名字不规范等原因，Unity 3D 不能准确地识别到相应的骨骼，就会出现图 10-67 和图 10-68 所示的情况，此时就需要使用系统自带的工具手动对其进行校正。

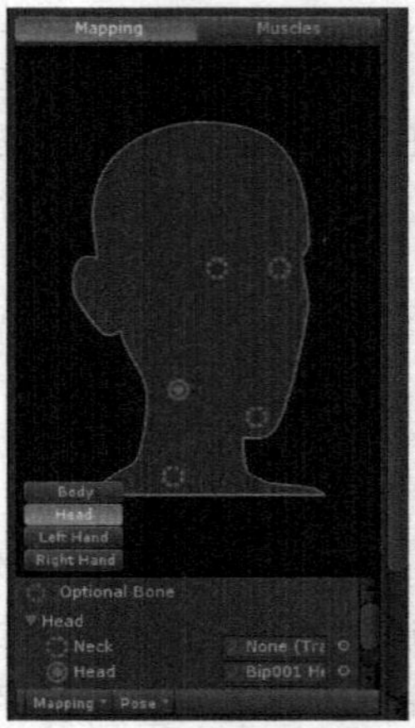

▲图 10-65　头部骨骼

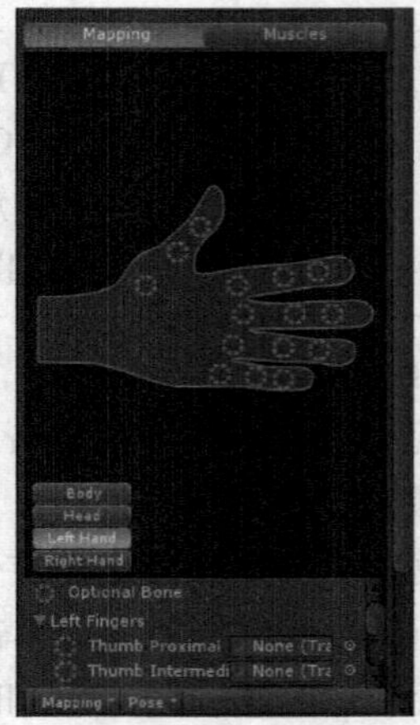

▲图 10-66　手部骨骼

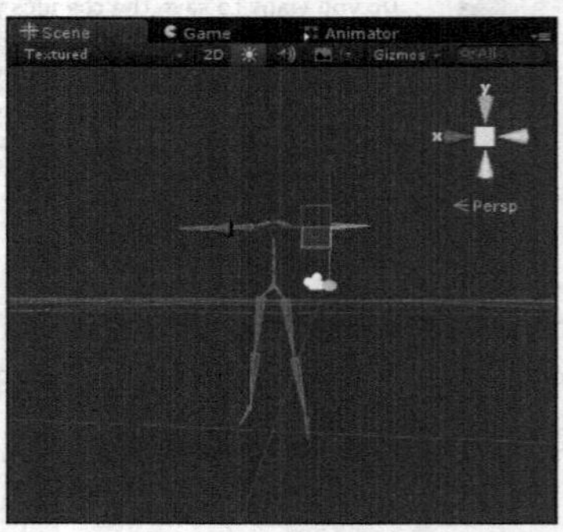

▲图 10-67　识别错误时的 Scene 视口

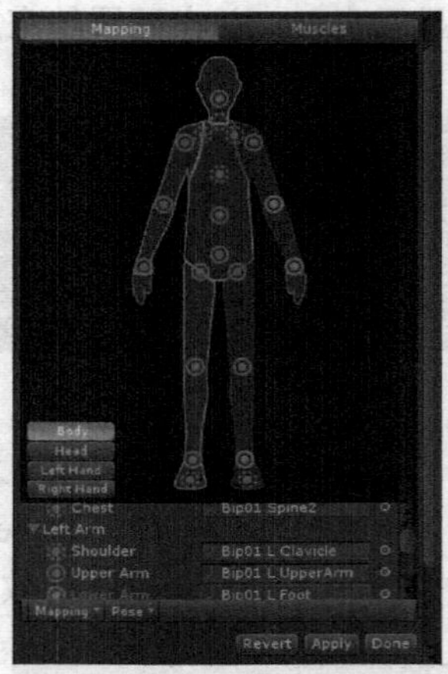

▲图 10-68　识别错误时的 Indpector 视口

（6）当遇到这种情况的时候，读者可以在 Hierarchy 视口中找到正确的骨骼，如图 10-69 所示，然后将正确的骨骼拖曳到 Inspector 视口中 Optional Bone 下的指定位置中。如果拖曳的骨骼正确无误，则其视口会如图 10-70 所示。若所有骨骼都变成绿色，则代表 Avatar 已经配置完成。

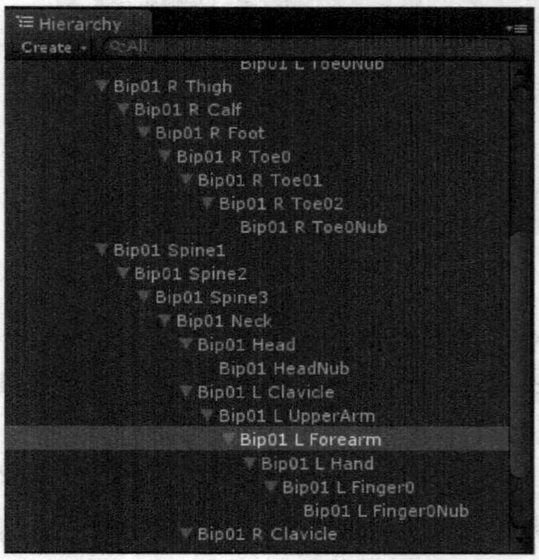

▲图 10-69　Hierarchy 中的骨骼

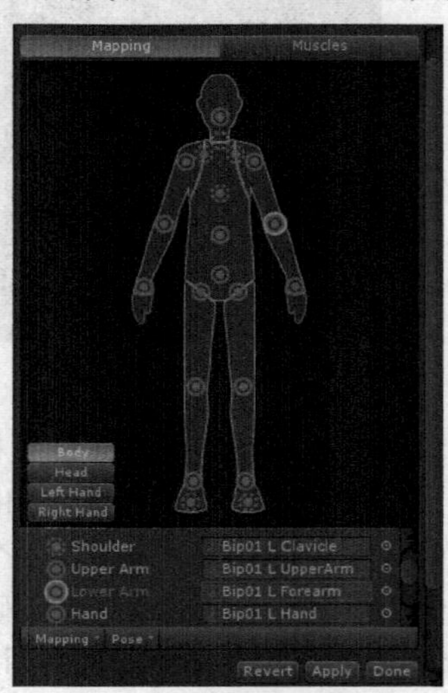

▲图 10-70　配置完成后的 Avatar

3. Muscle 的配置

实际的开发过程中，开发人员可能会遇到一些骨骼动画动作过于夸张的情况，如果使用的是旧版动画，就需要重新制作该动画。而 Mecanim 动画系统则为其提供了一套解决方案，读者可以通过设置 Avatar 中的 Muscle 参数，来限制角色模型各个部位的运动范围，防止某些骨骼运动范围超过合理值。

（1）单击 Avatar 视口中的“Muscles”按钮进入 Muscle 的配置窗口。该窗口由预览窗口、设置窗口及附加配置窗口组成。下面将向读者具体如何配置这些参数。

（2）下面以左脚骨骼为例对其进行调整。选中设置窗口中的 Left Leg 参数，其附带的所有子参数也会随之展开，如图 10-71 所示。读者可以通过拖动参数左边的拖拉条，观察指定的骨骼的运动范围，同时 Scene 视口会在对应的骨骼上生成若干个扇形，代表骨骼旋转的范围，如图 10-72 所示。

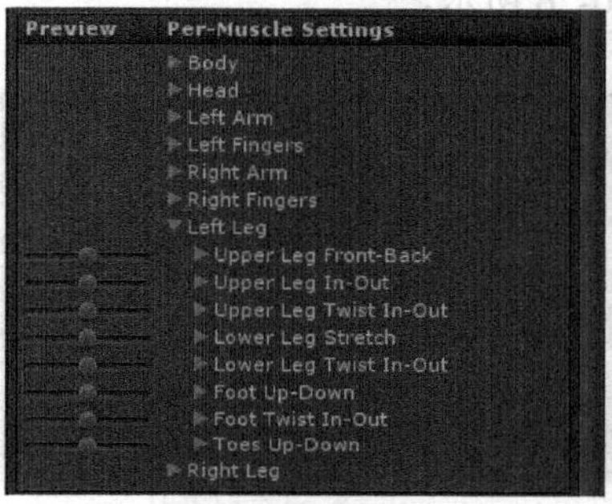

▲图 10-71 配置窗口

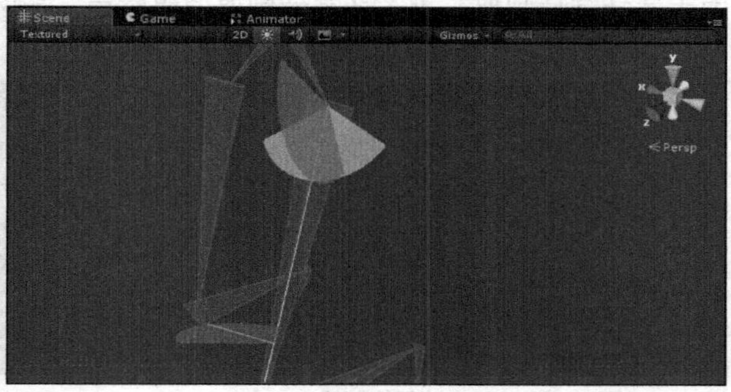

▲图 10-72 Scene 视口

（3）单击 Upper Leg Front-Back 参数可展开配置参数，如图 10-73 所示。读者可通过拖动其拖拉条或设置其左右参数对该骨骼的运动范围进行调整，Scene 窗口中骨骼对应扇形的大小也会随之改变。图 10-74 所示的就是 Upper Leg Front-Back 范围为 0～10 的预览窗口。

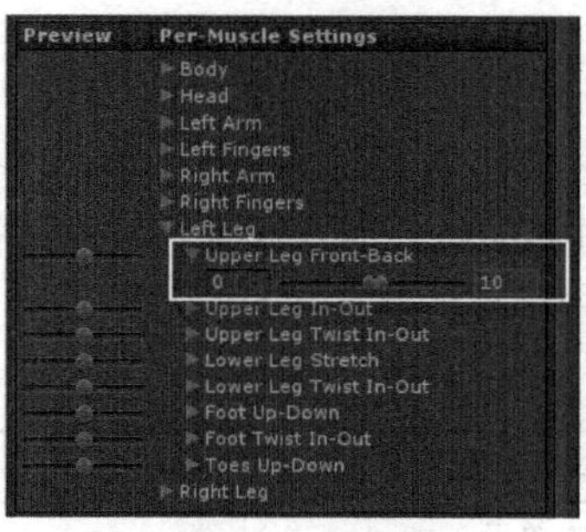

▲图 10-73 配置窗口

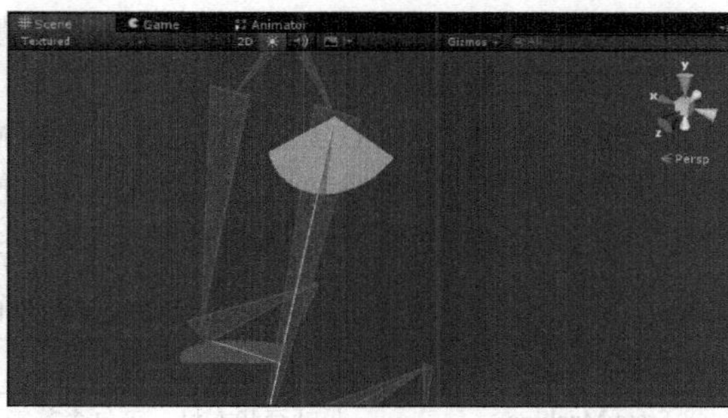

▲图 10-74 Scene 视口

（4）设置完毕之后单击配置窗口右下角的“Done”按钮结束 Muscle 的配置。重新播放该动画，如果骨骼的最大运动范围与动画中的运动范围有相交，则在更改后的动画中，其骨骼只会在设置的范围内运动。

除了防止过于夸张或错误的动作，设置 Muscle 参数还可以实现对原动画的修改。比如原动画是一个边奔跑边招手的动作，而开发所需的仅仅是一个单纯奔跑的动画，那通过限制手部的运动，便可以快速地完成动画的修改。

10.5.2 动画控制器的创建

Mecanim 动画系统引入了动画控制器的概念，通过动画控制器可以把大部分动画相关的工作从代码中分离出来。游戏动画师可以独立地完成动画控制器的创建，且不涉及任何代码。下面将介绍动画控制器的创建。

从本节开始，笔者将通过创建一个工程项目来向读者讲解 Mecanim 动画系统的其他知识点，读者可参考书中的操作步骤进行开发。该项目所需的所有资源文件均可在本书随书光盘中/第 10 章/MecanimStudy/Assets 目录下获得。其创建方式如下所示。

（1）首先创建一个名为“MecanimStudy”的工程项目，然后将随书光盘的资源目录下的 Animations、Models、Textures 等文件夹依次复制进本项目中的 Assets 资源文件夹下。然后创建一个名为“AniControllers”的空文件夹，用于存放项目所需的动画控制器文件。

（2）读者可在 AniControllers 文件夹中单击鼠标右键，在弹出菜单中依次单击“Create→Animator Controller”创建一个动画控制器，并命名为“StaticAnimatorController”，如图 10-75 所示。双击该动画控制器，进入动画控制器编辑窗口，如图 10-76 所示。

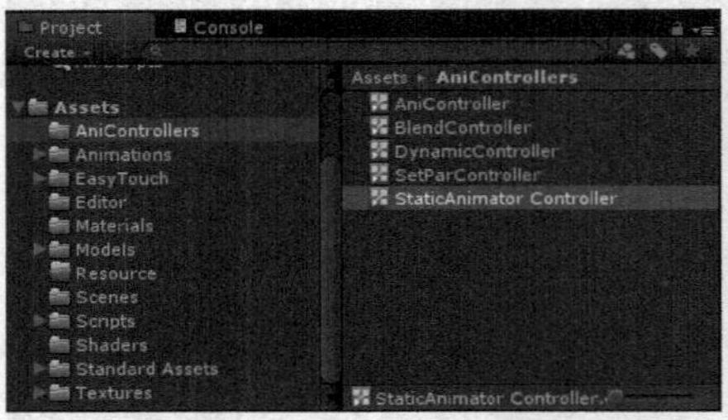

▲图 10-75　新建动画控制器

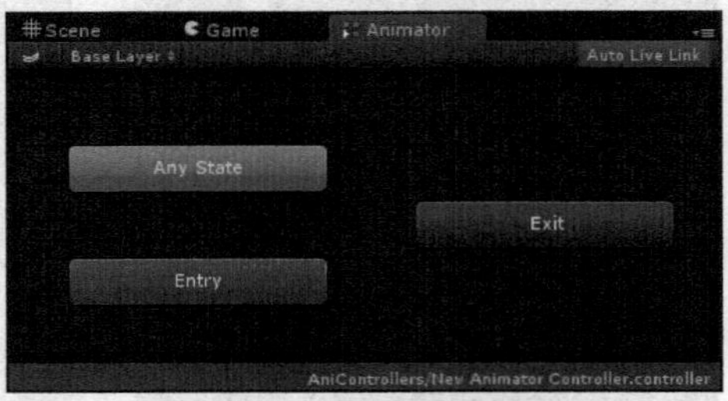

▲图 10-76　动画控制器编辑窗口

10.5.3　动画控制器的配置

前面一节已经向读者详细地介绍了动画控制器的创建方法，下面将逐步讲解动画控制器的配置。配置动画控制器是学习 Mecanim 动画系统的重点，通过对本节内容的学习，读者应该能够独立搭建一个完整的动画控制器，并为后续的学习打好基础。

1. 动画状态机和过渡条件

理解动画控制器中的方块的含义之前，需先理解 Mecanim 动画系统中动画状态机的概念。该动画系统基于状态机思想对游戏动画进行控制。通过使用动画状态机，游戏动画师可以进行无代码的可视化开发。下面通过表 10-6 向读者展示了动画控制器中必要的状态机意义。

表 10-6　　状态机参数说明

名　称	说　明
State Machine	动画状态机，可包含若干个动画状态单元
State	动画状态单元，动画状态机机制中的最小单元
Sub-State Machine	子动画状态机，可包含若干个动画状态单元或子动画状态机
Blend Tree	动画混合树，一种特殊的动画状态单元
Any State	特殊的状态单元，表示任意动画状态
Entry	本动画状态机的入口
Exit	本动画状态机的出口

每一个动画控制器都可以有若干个动画层，每个动画层都是一个动画状态机，动画状态机中可以同时包含若干个动画状态单元或子动画状态机。在 Unity 3D 5.X 版本中，每一个动画状态机都必然会含有“Any State”“Entry”“Exit”动画状态单元，用于实现该状态机不同的必须功能。

下面笔者将向读者简单介绍一下动画状态单元和动画过渡条件的搭建，其详细步骤如下所示。

（1）读者可以通过单击鼠标右键，在弹出菜单中选择“Create State→Empty”创建空动画状态单元，也可以将动画片段直接拖曳进动画状态机编辑窗口中进行创建。在此笔者通过向编辑窗口拖曳进“Boy@ForwardKick”和“Boy@KickBack”两个动画文件，创建两个动画状态单元，如图 10-77 所示。

（2）然后将鼠标箭头放在动画状态单元上，单击鼠标右键选择“Make Transition”创建动画过渡条件，并再次点击在另一个动画状态单元上，完成动画过渡条件的连接。Mecanim 动画系统通过动画过渡条件实现各个动画片段之间的逻辑，开发人员只需控制这些过渡条件即可实现对动画的控制。

（3）为了实现所需效果，笔者已将该动画状态机搭建成图 10-78 所示的状态，读者可按着笔者所搭建的状态进行连接。在这个动画状态机中，Idle 被设为默认动画且显示为黄色，其他动画状态单元则显示为灰色，读者可以在任意非默认动画单元上单击鼠标右键选择“Set As Default”将其设置为默认动画。

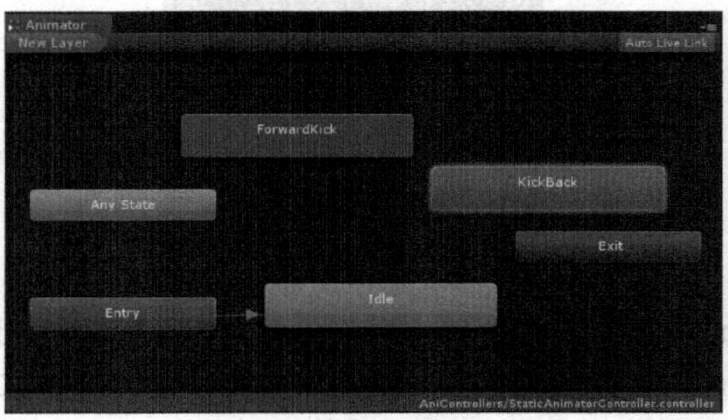

▲图 10-77　添加动画状态单元

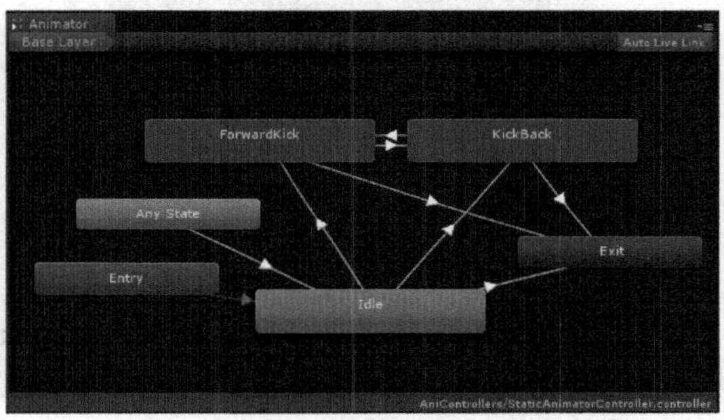

▲图 10-78　进行动画状态单元间的连接

2. 过渡条件的参数设置

动画状态机和过渡条件搭建完成之后，就需要对状态机间的过渡条件进行设置。为了实现对各个过渡条件的操控，需要创建一个或多个参数与之搭配。Mecanim 支持的过渡参数类型有 Float、Int、Bool 及 Trigger，其在动画控制器代表的意义需要游戏动画师提前设计好。

（1）下面向游戏控制器添加一个 Float 类型的参数实现对游戏过渡条件的控制。点击 Parameters 视口中的“+”添加一个 Float 类型的参数，并命名为“AniFlag”，设置其初始值为-1.0，如图 10-79 所示。

（2）然后选中任意一个过渡条件，在 Inspector 视口中的 Conditions 列表中点击“+”按钮添加参数控制，读者进行参数的设置，为参数添加对比条件。Mecanim 动画系统为 Float 类型的参数提供了“Greater”和“Less”对比条件，如图 10-80 所示。

▲图 10-79　新建参数

▲图 10-80　参数设置

（3）本项目中所用到的动画控制器请参考随书光盘/第 10 章/MecanimStudy/Assets/AniControllers 中

的 AniController 动画控制器，所用到的过渡条件参数配置也可在该动画控制器中找到。由于篇幅所限，在此不再赘述。

3. 代码对游戏控制器的控制

（1）动画控制器创建和配置完成之后，接下来创建一个名为“MecanimBehaviour”的场景来测试该游戏控制器是否可用。在该场景中创建一个地形，给地形添加绿色草地纹理，再将 Models 文件夹下的 Boy 模型文件拖曳到场景中，并调整光照方向至合适角度。如图 10-81 所示。

（2）接下来进行 UI 界面的开发。读者可依次单击“GameObject→UI→Button”创建一个按钮，并命名为“Button0”。按照此步骤再创建一个“Button1”按钮，如图 10-82 所示。这两个按钮分别用于对两个动画的控制，当按下任意一个按钮时，系统将启动对应的动画过渡。

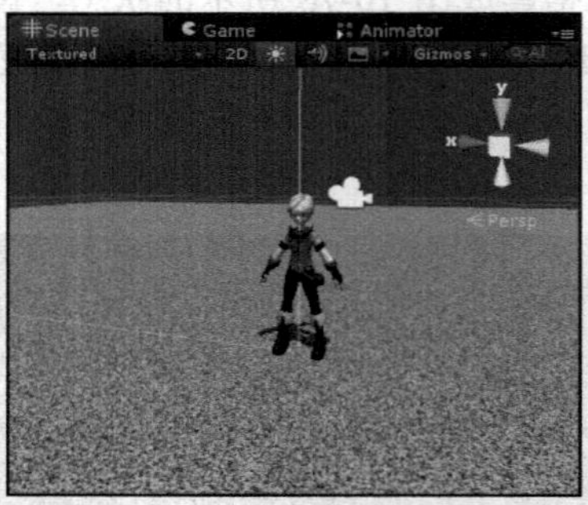

▲图 10-81　Hierarchy 列表

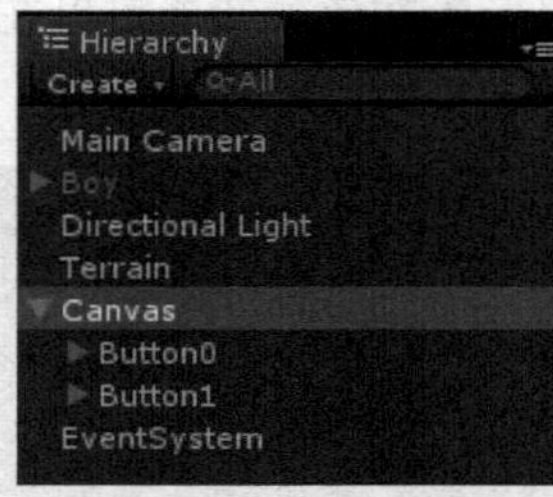

▲图 10-82　Scene 窗口

（3）选中 Boy 游戏对象，为其添加一个 Animator 组件，并将先前创建的 StaticAnimatorController 动画控制器拖曳到 Animator 组件下的“Controller”框中，如图 10-83 所示。然后再新建一个 C# 脚本，将其命名为“StaticAniCtrl.cs”，并把脚本拖曳给 Boy 对象，如图 10-84 所示。

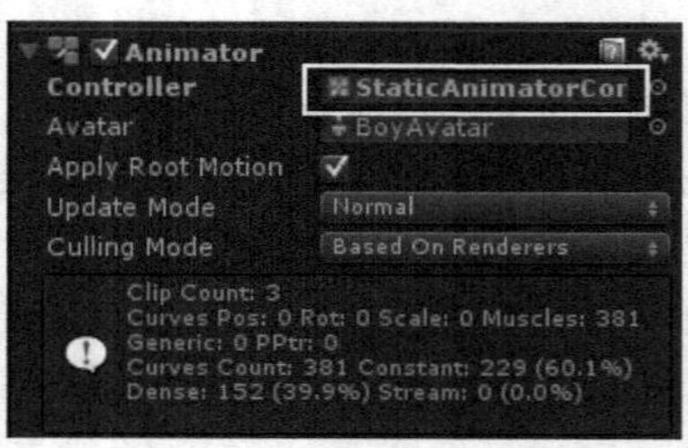

▲图 10-83　Animator 组件

▲图 10-84　StaticAniCtrl 脚本

StaticAniCtrl 脚本用于实现对动画控制器的控制、游戏按钮的响应以及摄像机的跟随。下面将重点讲解动画控制器部分的代码。其详细代码如下所示。

代码位置：见随书光盘中源代码/第 10 章目录下的 MecanimStudy/Assets/Scripts/StaticAniCtrl.cs。

```
using UnityEngine;
using System.Collections;
public class StaticAniCtrl : MonoBehaviour {
  Animator myAnimator;                                          //声明 Animator 组件
  Transform myCamera;                                           //声明摄像机对象
  void Start () {
    myAnimator = GetComponent<Animator>();                      //初始化 Animator 组件
    UIInit();                                                   //初始化 UI 界面
    myCamera = GameObject.Find("Main Camera").transform;        //初始化摄像机对象
  }
  void Update () {
    myCamera.position = transform.position + new Vector3(0, 1.5f, 5); //摄像机对象跟随
```

```
13        myCamera.LookAt(transform);                              //摄像机对象朝向
14      }
15      void UIInit() {
16          //按钮位置
17         GameObject.Find("Canvas/Button0").transform.GetComponent<RectTransform>().localPosition
18          = new Vector3(Screen.height / 6 - Screen.width / 2, Screen.height * 2 / 5 -
Screen.height / 2);
19          //按钮大小
20         GameObject.Find("Canvas/Button0").transform.GetComponent<RectTransform>().localScale
21          = Screen.width / 600.0f * new Vector3(1, 1, 1);
22          //按钮位置
23         GameObject.Find("Canvas/Button1").transform.GetComponent<RectTransform>().localPosition
24          = new Vector3(Screen.height / 6 - Screen.width / 2, Screen.height / 6 -
            Screen.height / 2);
25          //按钮大小
26         GameObject.Find("Canvas/Button1").transform.GetComponent<RectTransform>().localScale
27          = Screen.width / 600.0f * new Vector3(1, 1, 1);
28      }
29      public void ButtonOnClick(int index) {
30        myAnimator.SetFloat("AniFlag", index);                //向动画控制器传递参数
31    }}
```

- ❑ 第 1-14 行用于 Start 方法和 Update 方法的开发。在 Start 方法中，初始化了 Animator 组件和摄像机对象，Aniamtor 用于动画的播放控制，而摄像机对象则在 Update 方法中进行调用。Update 方法中进行了摄像机对象的跟随操作，使摄像机对象与游戏角色对象相互关联。
- ❑ 第 15-28 行用于 UIInit 方法的开发，用于初始化游戏按钮，使本案例在任意分辨率的屏幕中都能正常运行，不至于被拉伸。
- ❑ 第 29-27 行用于按钮回调方法的开发，当被指定的按钮被按下时，系统将会调用此方法。本函数将会根据按下按钮的不同，向 Animator 组件传递相对应的参数值，动画控制器获得该参数之后，将对指定的过渡条件进行调控，从而实现对动画播放的操控。

（4）单击运行按钮之后，案例的运行效果会显示在 Game 窗口中，如图 10-85 所示。点击屏幕上的两个按钮，可以使场景中的小男孩做出不同的动作，如图 10-86 所示。本案例还可以导出成 APK 格式并运行在 Android 系统的手机上。其导出方法在前面已有介绍，在此不再赘述。

▲图 10-85　运行效果 1

▲图 10-86　运行效果 2

10.5.4　角色动画的重定向

角色动画的重定向是 Mecanim 动画系统的一大特色功能。Unity 3D 提供了一套用于人形角色动画的重定向机制，游戏美工只需独立地制作好所有角色模型，而游戏动画师也可独立地进行动画的制作，且两者不互干涉，只需在 Mecanim 动画系统中稍做处理即可使用。

1. 角色动画重定向原理

在前面，笔者已经向读者介绍了 Avatar 的创建和配置，可能读者还不能完全理解 Avatar 的作用，在本节中，笔者将解开各位读者心中的疑惑。

- 人形角色模型绑定的骨骼架构所包含的骨骼数量和名称不尽相同，难以实现动画的通用。为了解决这一个问题，Mecanim 动画系统提供了一套简化过的人形角色骨骼架构，而 Avatar 文件就是模型骨骼架构与系统自带骨骼架构间的桥梁，重定向的模型骨骼架构都要通过 Avatar 与自带骨骼架构搭建映射。
- 映射后的模型骨骼可能通过 Avatar 驱动系统自带骨骼运动，这样就会产生一套通用的骨骼动画，其他角色模型只需借助这套通用的骨骼动画，就可以做出与原模型相同的动作，即实现角色动画的重定向。通过这项技术的运用，可以极大地减小开发者的工作量，以及项目文件和安装包的大小。

2. 角色动画重定向的应用

下面通过一个简单的场景向读者详细讲解角色动画的重定向功能。该场景的创建和配置详细步骤如下所示，读者可按照步骤进行操作。

（1）新建一个场景，在场景中创建两个游戏对象用于演示，将其分别命名为“Boy”和“Girl”，如图 10-87 所示。再创建一个动画控制器并命名为“SetParController”，然后再分别拖曳到两个游戏对象的 Animator 组件中的 Controller 选择框内，如图 10-88 所示。

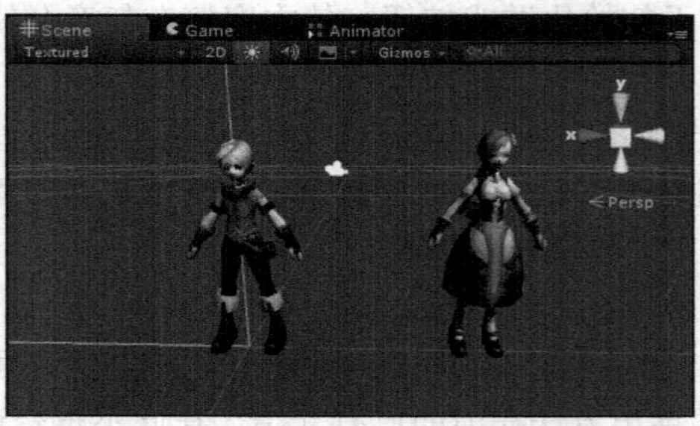

▲图 10-87 创建游戏对象

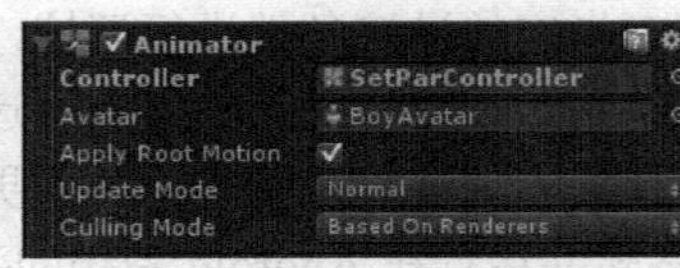

▲图 10-88 Animator 组件参数

（2）然后再创建一个 C#脚本，并将其命名为“AniController”，然后把脚本拖曳到 Boy 对象上。该脚本用于操控角色动画的播放、实现动画按钮的回调、实现摄像机对象的跟随。其详细代码如下所示。

代码位置：见随书光盘中源代码/第 10 章目录下的 MecanimStudy/Assets/Scripts/AniController.cs。

```
using UnityEngine;
using System.Collections;
public class AniController : MonoBehaviour {
  #region Variables
  Animator animator;                                          //声明 Boy 对象动画控制器
  Animator girlAnimator;                                      //声明 Girl 对象动画控制器
  Transform myCamera;                                         //声明摄像机对象
  #endregion
  #region Function which be called by system
  void Start () {
    animator = GetComponent<Animator>();                      //初始化 Boy 对象动画控制器
      //初始化 Girl 对象动画控制器
    girlAnimator = GameObject.Find("Girl").GetComponent<Animator>();
    UIInit();                                                 //初始化界面
    myCamera = GameObject.Find("Main Camera").transform; //初始化摄像机对象
  }
  void Update () {
    myCamera.position = transform.position + new Vector3(0, 1.5f, 5);//摄像机跟随
```

```
19        myCamera.LookAt(transform);                              //摄像机朝向
20      }
21      #endregion
22      #region UI recall function and setting
23      public void ButtonOnClick(int Index) {                      //按钮回调事件
24        bool[] pars = new bool[] { true, false };                 //声明启动数组
25        animator.SetBool("JtoR", pars[Index]);                    //传递控制参数
26        animator.SetBool("RtoJ", pars[(Index + 1) % 2]);          //传递控制参数
27        girlAnimator.SetBool("JtoR", pars[Index]);                //传递控制参数
28        girlAnimator.SetBool("RtoJ", pars[(Index + 1) % 2]);      //传递控制参数
29      }
30      void UIInit() {
31          //按钮位置
32        GameObject.Find("Canvas/Button0").transform.GetComponent<RectTransform>().
        localPosition
33          = new Vector3(Screen.height / 6 - Screen.width / 2, Screen.height * 2 / 5 -
          Screen.height / 2);
34        GameObject.Find("Canvas/Button0").transform.GetComponent<RectTransform>().
        localScale
35          = Screen.width / 600.0f * Vector3.one;                  //按钮大小
36          //按钮位置
37        GameObject.Find("Canvas/Button1").transform.GetComponent<RectTransform>().
        localPosition
38          = new Vector3(Screen.height / 6 - Screen.width / 2, Screen.height / 6 -
          Screen.height / 2);
39        GameObject.Find("Canvas/Button1").transform.GetComponent<RectTransform>().
        localScale
40          = Screen.width / 600.0f * Vector3.one;                  //按钮大小
41      }
42      #endregion
43    }
```

- 第 5-7 行是进行参数的声明。
- 第 8-20 行的主要功能是 Start 方法和 Update 方法的开发。在 Start 方法中，进行了两个 Animator 组件的初始化，以便后续代码中进行参数传递。同时进行了 UI 界面的初始化，使其在不同分辨率的屏幕中都可以正常运行。
- 第 21-43 行的主要功能是进行按钮回调事件的开发和 UI 界面的初始化。当有任意一个按钮被按下时，系统将会调用此方法，并根据按下按钮的不同，进行不同的操作，向动画控制器传递一个特定的参数，从而实现对动画的操控。

（3）接下来单击运行按钮，其运行效果就会呈现在 Game 窗口中，如图 10-89 所示。当读者点击任意一个按钮时，两个游戏角色对象就会做出相同的动作，如图 10-90 所示。两个角色对象通过 Mecanim 中的动画重定向功能，同时播放同一个动画。

▲图 10-89　运行效果

▲图 10-90　播放动画

10.5.5 角色动画的混合——创建动画混合树

实际的游戏开发过程中，有时候会有将两个动画混合成一个动画的需求，比如要做一个边跑

边招手的动作等。在 Unity 3D 4.0 版本以前，想要做这样的动作只能重新制作一个动画，而如今 Mecanim 动画系统为开发人员提供了另一种途径，那就是角色动画的混合。

本节将通过一个简单的案例来讲解角色动画混合的使用。该场景的创建和配置详细步骤如下所示，读者可按照步骤进行操作。

（1）首先新建一个动画控制器，并将其命名为“BlendController”，如图 10-91 所示。打开动画控制器编辑窗口，单击鼠标右键后依次单击“Create State→From New Blend Tree”创建一个角色动画混合树，并命名为“Blend Tree”，如图 10-92 所示。

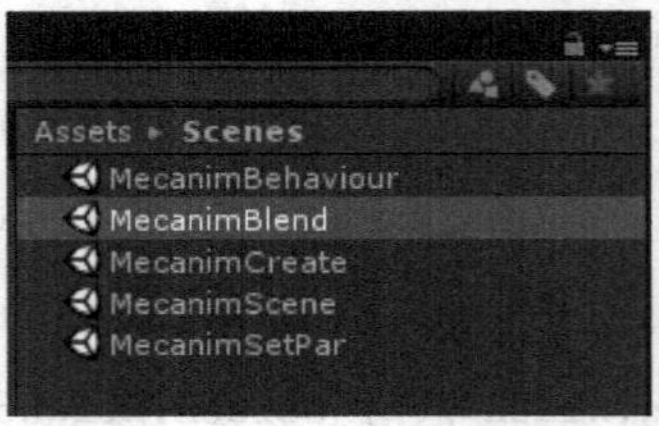

▲图 10-91 创建动画控制器

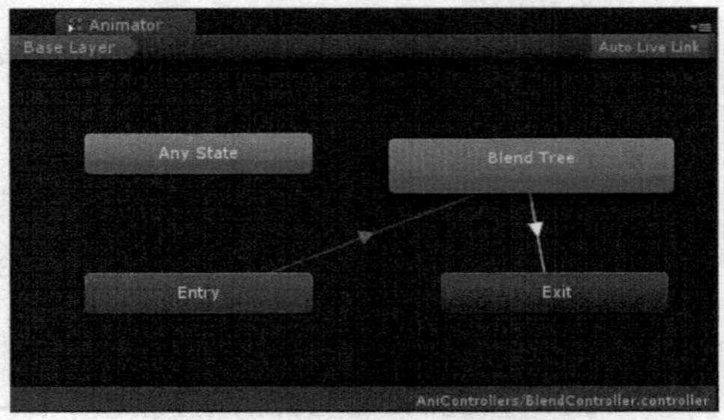

▲图 10-92 创建动画混合树

（2）细心的读者不难发现，动画混合树的创建按钮是“Create State”的子按钮，从中可以发现动画混合树实际上也是一个动画状态单元，在动画状态机看来，其体现出来的作用与普通动画状态单元并无区别，只是动画混合树能够将若干个动画混合成一个动画进行处理而已。

（3）双击前面创建的动画混合树，进入混合树编辑窗口，如图 10-93 所示。接下来新建一个 Float 类型的参数，并将其命名为“BlendPar”，如图 10-94 所示。该参数用于对动画混合的控制，Mecanim 动画系统会根据这个参数值的大小，对该动画混合树进行配置。

▲图 10-93 动画混合树编辑窗口

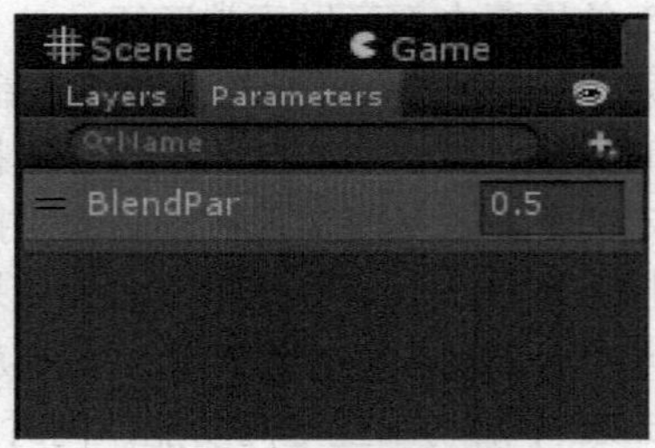

▲图 10-94 添加混合动画

（4）回到 Inspector 窗口，将 Parameter 参数设置为“BlendPar”，如图 10-95 所示。然后在 Motion 列表的右下角点击“+”符号添加两个动画条目，然后将 Assets\Animations\FightAnis 目录下的“Boy@JumpTurnKick”和“Boy@StepSideKick”动画分别拖曳到对应框内，如图 10-96 所示。

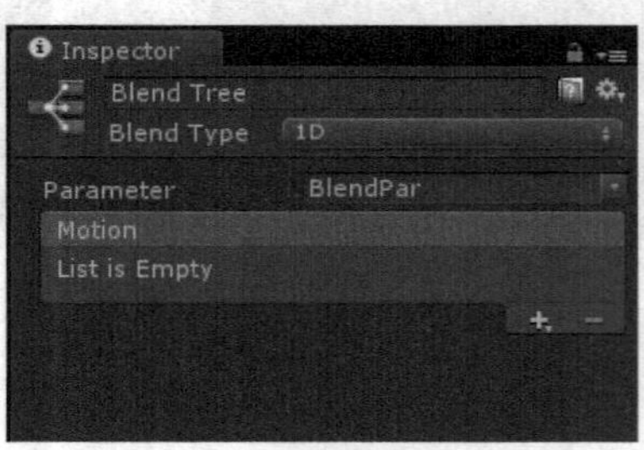

▲图 10-95 设置参数

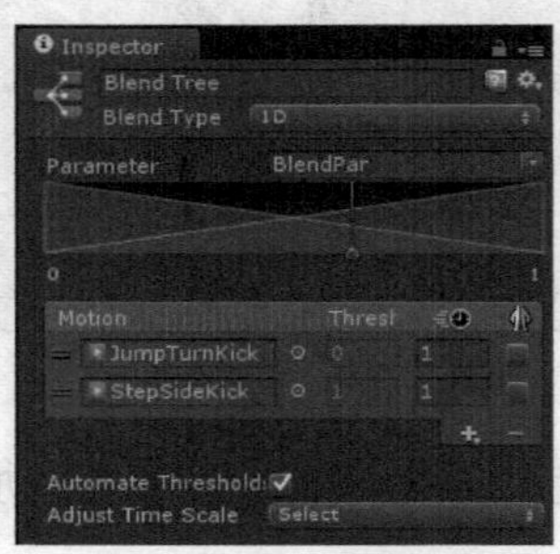

▲图 10-96 添加动画

（5）接下来搭建一个场景，并命名为“MecanimBlend”，接着将 Assets\Models 目录下的 Boy 角色模型拖曳到场景中去，如图 10-97 所示。将 BlendController 动画控制器拖曳给 Boy 对象的 Animator 组件，然后单击运行按钮，在 Game 窗口中就显示了其运行效果，如图 10-98 所示。

▲图 10-97 搭建场景

▲图 10-98 运行效果

说明 开发这个动画混合树时，笔者使用了简单的 1D 混合方式进行混合，BlendPar 参数在其中充当了混合因子的作用。除了 1D 混合方式，Mecanim 动画系统还同时支持其他动画混合方式，在下一节中笔者将向读者进行详细的介绍。

10.5.6 角色动画的混合——混合类型介绍

角色动画混合的强大之处在于动画混合树的混合方式，不同的混合方式和巧妙的参数设置，可以混合出丰富的动画效果。动画混合树编辑窗口中的“Blend Type”下拉列表中有多个选项，下面将详细讲解这几个参数的意义和用法。

1. 1D 混合方式

1D 混合方式是最简单的动画混合方式，也是最常用的一种。每个被混合的子动画都会被分配到一个可修改的 Float 类型的值，开发人员通过改变挂载的混合参数实现不同的混合效果，混合参数越接近某个动画值，则该动画在混合结果中占的比例就越大。如图 10-99 所示。

这种混合方式的缺点是每个混合动画只能由最多两个原动画混合而成，这在一些特殊情况下就很难满足要求。而 Mecanim 动画系统提供的 2D 混合方式则刚好解决了这个问题。

2. 2D Simple Directional 混合方式

2D Simple Directional 以两个混合参数作为被混合结果动画的横纵坐标值，混合动画和混合动画以正方形的形式分布在混合面板中，各自的混合比例用正方形外围的圆圈表现出来，如图 10-100 所示。每个动画的分布也以颜色深浅形象地表现出来。

▲图 10-99 1D 混合方式

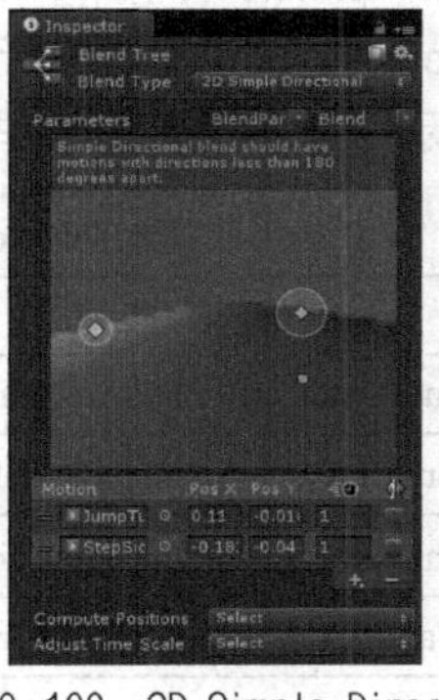

▲图 10-100 2D Simple Directional

3. 2D Freeform Directional 混合方式

使用了 2D Freeform Directional 混合方式的动画混合时，原动画的分布以另外一种方式存在，如图 10-101 所示。每个原动画都是一个放射性的显示面板，颜色越白动画权重越大；反之则越小。同时读者可以通过移动原动画点，对显示面板进行调整。

4. 2D Freeform Cartesian 混合方式

而 2D Freeform Cartesian 则是另一种混合方式，原动画用与其他动画相连的渐变表示，如图 10-102 所示。与其他混合方式相同，这种混合方式也通过两个混合参数控制混合动画效果，并以混合面板中的颜色深浅代表各个子动画在混合动画中的权重。

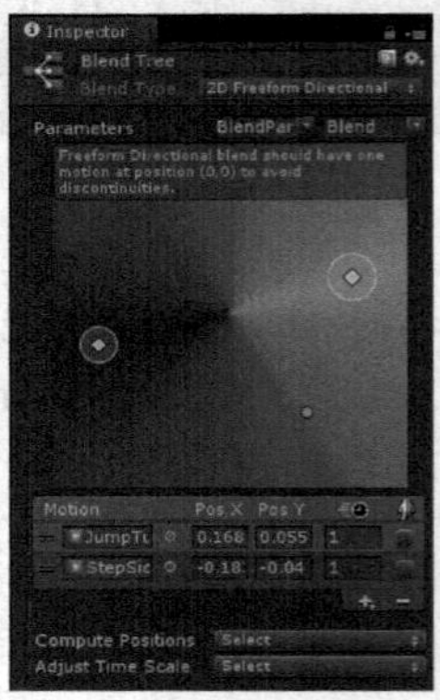

▲图 10-101 2D Freeform Directional

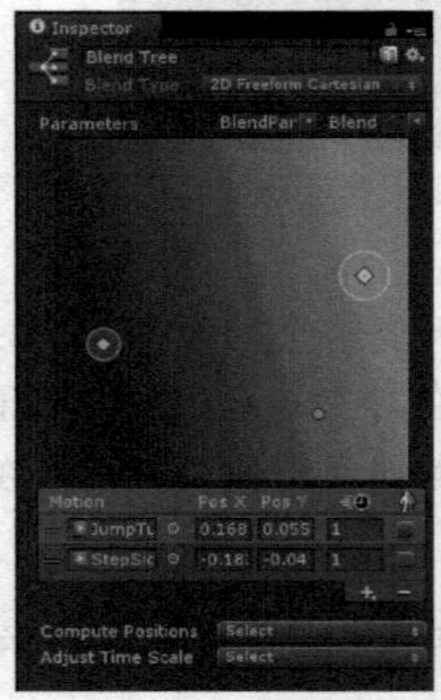

▲图 10-102 2D Freeform Cartesian

> **说明** 动画控制树中的混合参数在使用的过程中不可以设置为刚好等于某个原动画的值，否则将出现不可知错误。要知道，动画混合树充当的仅仅是混合的作用，不带任何的逻辑成分，不要试图通过混合树实现某段动画的关闭或开启，那样的功能只能通过搭建状态单元和过渡条件来完成。

10.5.7 Mecanim 中的代码控制

接下来向读者详细介绍 Mecanim 动画系统中独有的代码控制和开发方法。与 Unity 4.X 相比，Unity 5.X 版本中的 Mecanim 动画系统对采用的 API 做出了很大的改动，新增了许多特性。熟练运用这些 API 可以很好地提高项目的开发速度和节约开发成本。

1. StateMachineBehaviour 脚本

到了 Unity 5.0 之后的版本中，开发人员可以为动画状态机或动画状态单元添加继承于 StateMachineBehaviour 类的脚本，用于在指定动画的播放过程中进行自定义操作。读者可在该脚本中进行表 10-7 所示方法的重写，这些方法在 StateMachineBehaviour 类中已经被定义。

表 10-7 StateMachineBehaviour 中的方法说明

方法签名	说明
OnStateEnter(Animator animator, AnimatorStateInfo stateInfo, int layerIndex)	当动画开始播放的时候被调用一次
OnStateUpdate(Animator animator, AnimatorStateInfo stateInfo, int layerIndex)	当动画已经在播放时，每一帧调用一次
OnStateExit(Animator animator, AnimatorStateInfo stateInfo, int layerIndex)	当动画结束播放时播放一次
OnStateMove(Animator animator, AnimatorStateInfo stateInfo, int layerIndex)	当动画被移动时播放
OnStateIK(Animator animator, AnimatorStateInfo stateInfo, int layerIndex)	当动画触发逆向运动学时调用此方法

下面读者通过一个简单的案例来介绍 StateMachineBehaviour 的使用方法。该脚本的创建和配置的详细步骤如下所示，读者可按照步骤进行操作。

（1）首先创建一个 C#脚本，将其命名为“FKBehaviour”，并使其继承于 StateMachineBehaviour 类。该脚本的主要功能是实现对角色对象挂载的脚本的开启和关闭。与其他脚本不同的是，该脚本的挂载对象是动画状态单元，而不是游戏对象。其详细代码如下所示。

代码位置：见随书光盘中源代码/第 10 章目录下的 MecanimStudy/Assets/Scripts/StateBehavirou/FKBehaviour.cs。

```
using UnityEngine;
using System.Collections;
public class FKBehaviour : StateMachineBehaviour {
  //动画开始播放时进行的操作
  override public void OnStateEnter(Animator animator, AnimatorStateInfo stateInfo, int layerIndex) {
      //开启脚本
    GameObject.Find("Boy").GetComponentInChildren<MeleeWeaponTrail>().enabled=true;
  }
  //动画结束时进行的操作
  override public void OnStateExit(Animator animator, AnimatorStateInfo stateInfo, int layerIndex) {
      //关闭脚本
    GameObject.Find("Boy").GetComponentInChildren<MeleeWeaponTrail>().enabled=false;
}}
```

❑

> **说明** 该脚本主要用于 OnStateEnter 和 OnStateExit 方法的重写。这两个方法分别在被挂载动画开始播放和结束播放时运行，并开启和关闭挂在 Boy 对象上的 Melee Weapon Trail 脚本。

（2）接下来打开前面创建的 MecanimBehaviour 场景，把 Assets/Scripts 目录下的 Melee Weapon Trail 脚本拖曳给 Hierarchy 窗口中的 Boy/Boy/Boy Pelvis/Boy Spine/Boy R Thigh/Boy R Calf 下的 Boy R Foot 对象上。如图 10-103 所示。

（3）然后给 Boy R Foot 创建名为 Base 和“Tip”子对象，再将这两个子对象分别拖曳到 Melee Weapon Trail 脚本中的 Base 和 Tip 条目中，如图 10-104 所示。该脚本主要用于使 Boy 对象的右脚产生一个划痕，前面开发的 FKBehaviour 脚本通过开启和关闭本脚本来说明其作用。

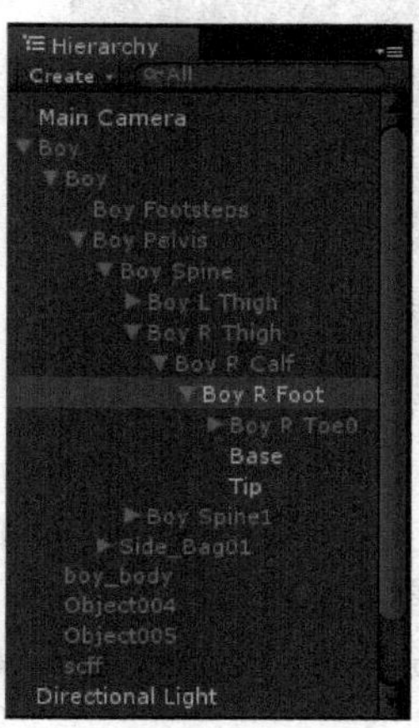

▲图 10-103　添加动画

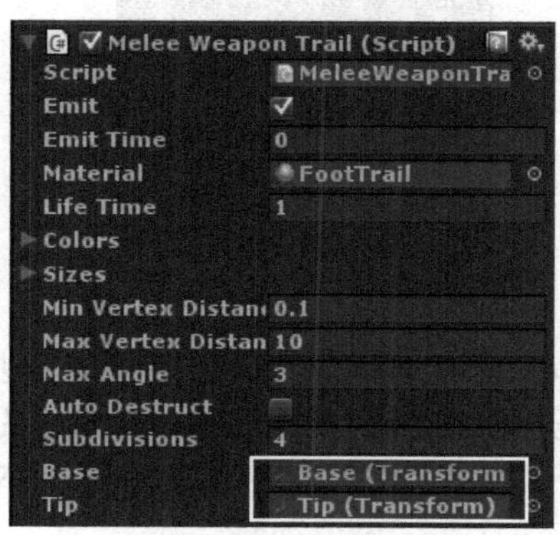

▲图 10-104　创建子对象

（4）双击前面创建的 StaticAnimatorController 动画控制器，选中 ForwardKick 状态单元，单

击 Inspector 窗口中的“Add Behaviour”，在弹出的下拉框中选择 FKBehaviour 脚本。如图 10-105 所示。

（5）然后单击运行按钮，观察 Game 窗口。当点击按钮 1 时，Boy 对象播放 KickBack 动画，此时运行效果与其他动画相比并无异样；而当点击按钮 0 时，Boy 对象播放 ForwardKick 动画，Boy 对象的右脚就会出现一道划痕。如图 10-106 所示。

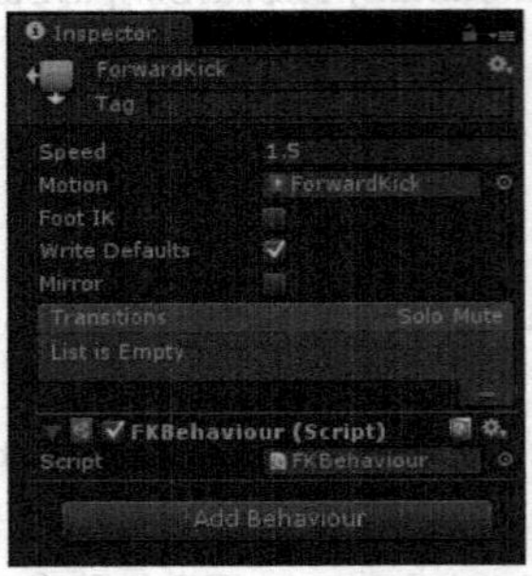

▲图 10-105　挂载脚本

▲图 10-106　运行效果

2. 通过代码生成动画控制器

读者可以想像一下，如果需要创建一个带有 10 个动画状态单元的动画控制器，任意一个动画都可以过渡到其他动画包括自身，那就需要为这个动画控制器搭建 100 个过渡条件，直接搭建不仅工作量大，也不便于以后的修改和维护，因此读者有必要掌握通过代码动态生成动画控制器的方法。

下面通过一个简单的案例讲解动态生成动画控制器的方法。该案例的创建和配置详细步骤如下所示，读者可按照步骤进行操作。

（1）打开 MecanimStudy 工程项目，在 Assets 目录下创建一个名为“Editor”的文件夹，如图 10-107 所示，该文件夹用于存放编辑器类脚本文件。在该文件夹中创建一个 C#脚本，并命名为“CreateController”，如图 10-108 所示。

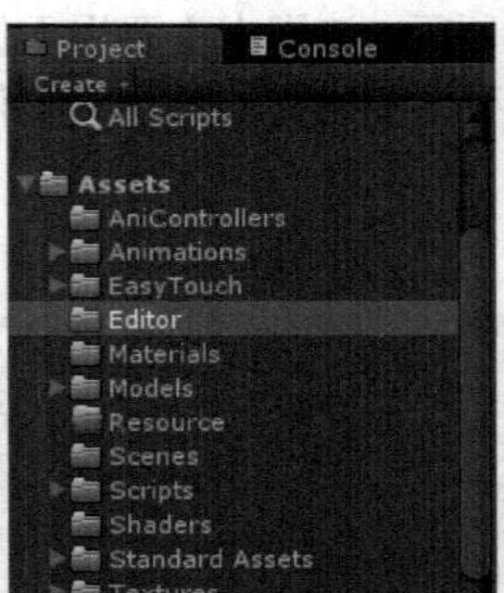

▲图 10-107　创建文件夹

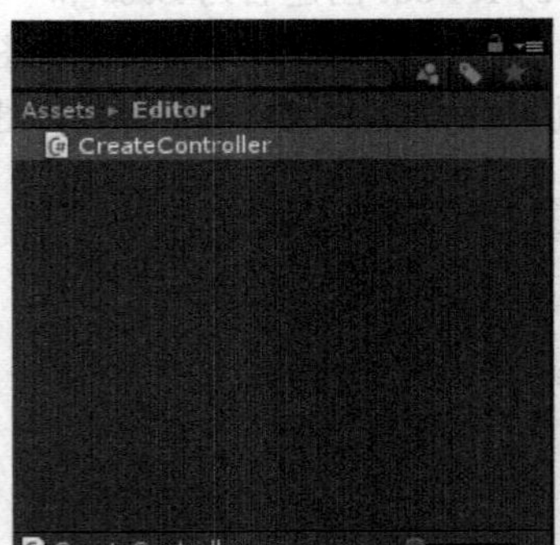

▲图 10-108　创建脚本

（2）双击 CreateController 脚本打开编辑器进行代码编写工作。关于辑器类的知识在前面已经进行了详细的介绍，在此就不再赘述。该脚本的详细代码内容如下所示。

代码位置：见随书光盘中源代码/第 10 章目录下的 MecanimStudy/Assets/Editor /CreateController.cs。

```
using UnityEngine;
using System.Collections;
using UnityEditor.Animations;
using UnityEditor;
```

```
5   public class CreateController : Editor {                           //该类继承于编辑器类
6     [MenuItem("CreatAnimator/CreateDynamicController")]              //指定按钮
7     static void Run() {
8       //生成控制器
9       AnimatorController dynamicController = UnityEditor.Animations.AnimatorController.
10      CreateAnimatorControllerAtPath("Assets/AniControllers/DynamicController. controller");
11      //根动画
12      AnimatorStateMachine rootStateMachine = dynamicController.layers[0].stateMachine;
13      AnimatorState[] states = new AnimatorState[10];                  //声明动画状态单元集合
14      for (int i = 0; i < states.Length; i++) {                        //遍历动画状态单元集合
15        states[i] = rootStateMachine.AddState("state" + i); //向状态机添加动画
16        states[i].speed = 1.5f;                                        //初始化动画播放速度
17      }
18      rootStateMachine.defaultState = states[0];                       //初始化根动画
19      AnimationClip[] anis = new AnimationClip[10];                    //声明动画片段集合
20      for (int i = 0; i < anis.Length; i++) {                          //获取动画片段
21        anis[i] = AssetDatabase.LoadAssetAtPath("Assets/Animations/AnisWithNum/Ani" + i + ".FBX",
22        typeof(AnimationClip)) as AnimationClip;                       //获取动画片段
23        states[i].motion = anis[i];                                    //设置动画状态中的动画片段
24        states[i].iKOnFeet = false;                                    //关闭逆向运动学
25      }
26      for (int i = 0; i < states.Length; i++) {                        //构建动画过渡条件
27        for (int j = 0; j < states.Length; j++) {
28          dynamicController.AddParameter("state" + i + "TOstate" + j, //添加过渡参数
29          AnimatorControllerParameterType.Trigger);  //在动画控制器中生成一个触发器参数
30          AnimatorStateTransition trans = states[i].AddTransition(states[j], false);
            //生成触发器
31          trans.AddCondition(AnimatorConditionMode.If, 0, "state" + i + "TOstate" + j);
            //指定触发器参数
32      }}
33      states[states.Length - 1].AddExitTransition();                   //指定输出动画
34  }}
```

❑ 第 1-25 行的主要功能是进行动画控制器的创建，同时在动画控制器中创建 10 个动画状态单元，然后把 Assets/Animations/AnisWithNum 目录下的 10 个动画分别配置到这 10 个动画状态单元中去，最后再进行动画速度和逆向运动学的设置，统一其运行效果。

❑ 第 26-32 行的主要功能是给前面创建的任意动画状态单元之间创建动画过渡条件，同时为每一个过渡条件创建并匹配一个过渡参数，这些参数根据前后动画名进行命名，以便在控制脚本中进行控制，最后给动画控制器指定结束动画，完成本脚本的开发。

（3）现在打开 Unity 3D，可以在菜单栏见到“CreatAnimator/CreateDynamicController”按钮，如图 10-109 所示，该按钮在 CreateController 脚本中声明。单击该按钮，在 Assets/AniControllers 目录下将会生成一个名为“DynamicController”的动画控制器，如图 10-110 所示。

▲图 10-109　自定义按钮

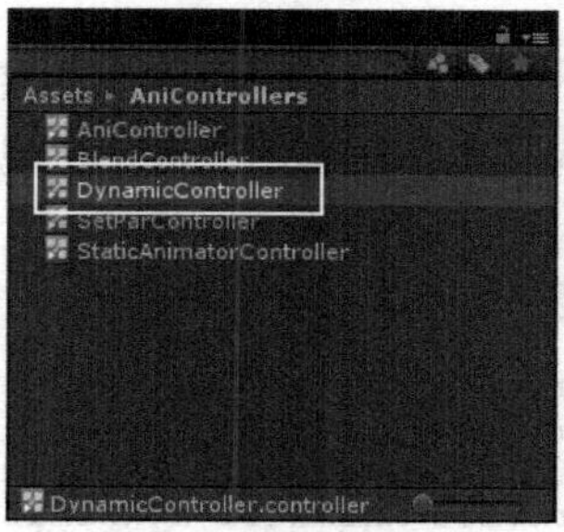

▲图 10-110　新建动画控制器

（4）双击刚生成的 DynamicController 动画控制器，可在动画控制器编辑窗口查看其详情。拖

动上面的动画状态单元，可发现其结构比想像中的复杂得多，如图 10-111 所示。同时，该动画控制器携带了大量的过渡参数，如图 10-112 所示。而这些复杂的结构均由 CreateController 脚本动态生成。

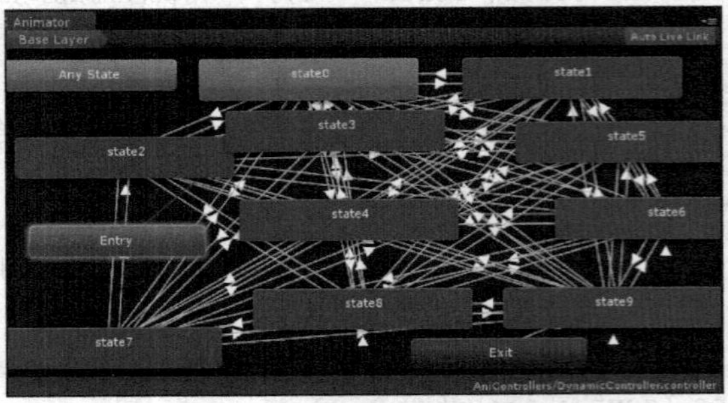

▲图 10-111　动画控制器结构

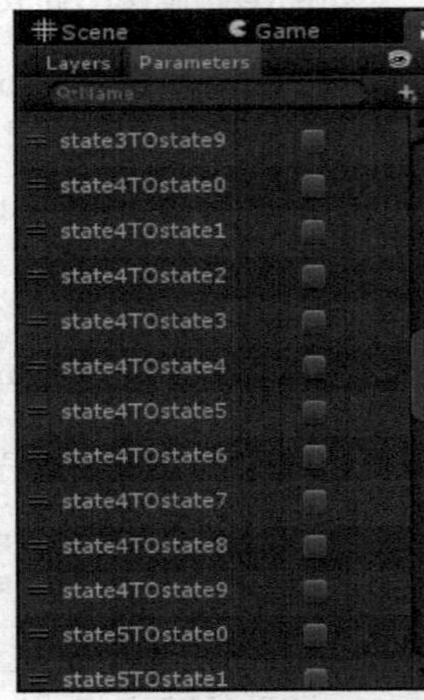

▲图 10-112　动画控制器中的参数

（5）接下来创建一个场景来检验一下动态动画控制器的可行性。新建一个名为“MecanimCreate”的场景，并将 Assets/Models 目录下的 Boy 模型文件拖曳到场景中，并创建 10 个按钮，如图 10-113 所示。然后把前面创建的 DynamicController 动画控制器拖曳到 Boy 对象的 Animator 组件中，如图 10-114 所示。

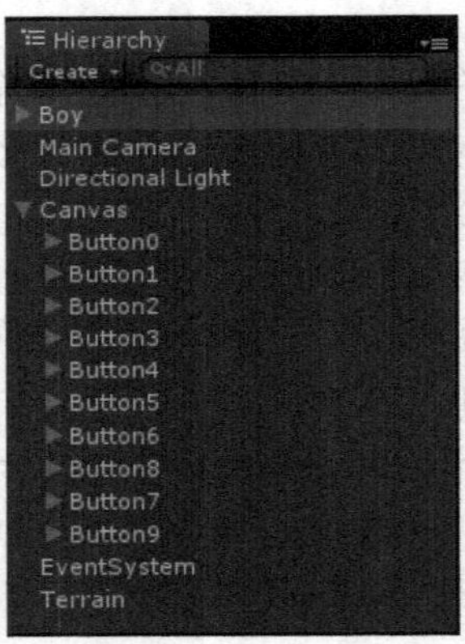

▲图 10-113　创建场景

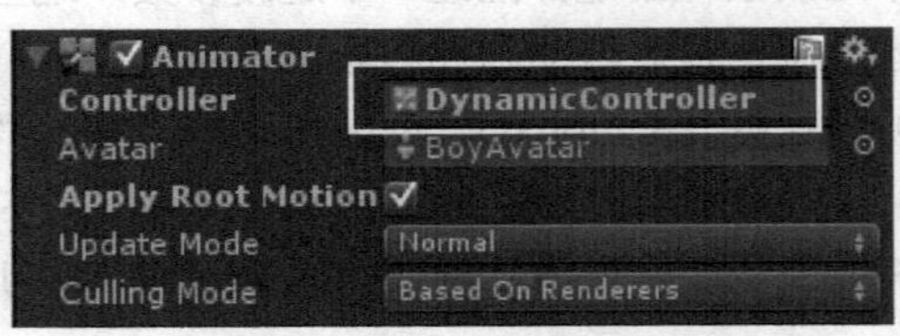

▲图 10-114　配置 Animator 组件

（6）接下来创建一个 C#脚本，并将其命名为“DynamicAniCtrl”，然后再拖曳到 Boy 对象上。该脚本用于操控角色动画的播放、实现动画按钮的回调、实现摄像机对象的跟随。其详细代码如下所示。

代码位置：见随书光盘中源代码/第 10 章目录下的 MecanimStudy/Assets/Scripts/AniController.cs。

```
using UnityEngine;
using System.Collections;
public class DynamicAniCtrl : MonoBehaviour {
  private Animator myAnimator;                                    //声明 Animator 组件
  private Transform cameraHandle;                                 //声明摄像机对象
  void Start () {
    cameraHandle = GameObject.Find("Main Camera").transform;    //初始化摄像机对象
    myAnimator = GetComponent<Animator>();                       //初始化动画组件
```

```
9        UIInit();                                            //进行 UI 界面的初始化
10     }
11     void Update () {
12       cameraHandle.position = transform.position + new Vector3(0, 1.2f, 4);
                                                               //摄像机跟随
13       cameraHandle.LookAt(transform);                      //摄像机朝向
14     }
15     void UIInit() {                                        //UI 界面的初始化
16       Transform uiCanvas = GameObject.Find("Canvas").transform; //获取 UI 引用
17       for (int i = 0; i < uiCanvas.childCount; i++) {      //遍历 UI 集合
18         uiCanvas.GetChild(i).GetComponent<RectTransform>().localPosition =
                                                               //设置按钮位置
19         new Vector3(-Screen.width*0.4f+i/5*Screen.height/6,Screen.height/3-i%5*Screen.
       height/6,0);
20         uiCanvas.GetChild(i).GetComponent<RectTransform>().localScale =
                                                               //设置按钮大小
21         Screen.width / 600.0f * new Vector3(1, 1, 1);
22     }}
23     public void ButtonOnClick(int index) {                 //按钮回调事件
24       for (int i = 0; i < 10; i++) {                       //遍历所有按钮
25         if (myAnimator.GetCurrentAnimatorStateInfo(0).IsName("state" + i)) {
                                                               //当按下指定按钮
26           myAnimator.SetTrigger("state" + i + "TOstate" + index);
                                                               //激活指定触发器
27           return;                                          //结束遍历
28   }}}}
```

- ❑ 第 1-14 行的主要功能是进行 Start 和 Update 方法的开发。在 Start 中进行了摄像机对象和 Animator 组件的声明和初始化，同时进行了 UI 界面的初始化，使该案例在任意分辨率屏幕中都可以正常运行。Update 方法实现了摄像机对象的实时跟随和朝向。
- ❑ 第 15-28 行的主要功能是进行了 UIInit 和 ButtonOnClick 方法的开发。UIInit 根据当前屏幕的尺寸和分辨率，进行了按钮的位置和大小的初始化。ButtonOnClick 方法实现了按钮的回调，当按下任意一个按钮时，系统将向动画控制器发送指令，使其播放相对应对动画。

（7）最后单击运行按钮，其运行效果会出现在 Game 窗口中，如图 10-115 所示。场景中的 Boy 对象挂载了前面通过代码生成的动画控制器，读者点击其中的任意一个按钮之后，场景中的 Boy 对象将会调用 Animator 组件中的动画控制器播放指定的动画片段，如图 10-116 所示。

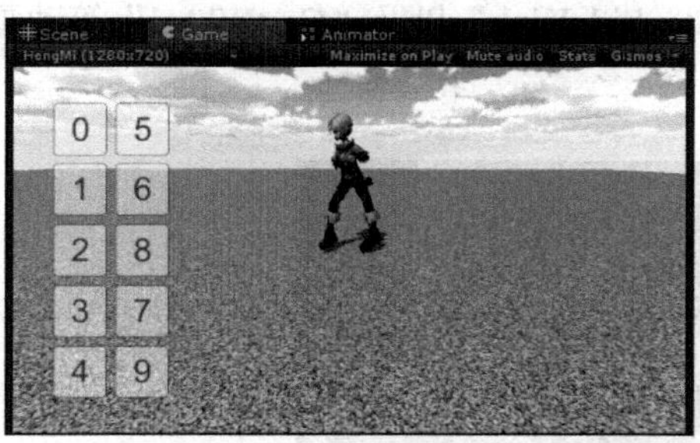

▲图 10-115 运行效果

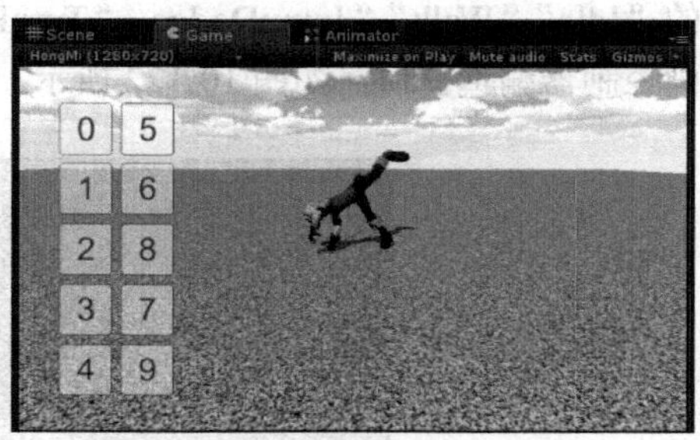

▲图 10-116 播放动画

10.5.8 案例分析

通过前面的学习，相信读者已经掌握了 Mecanim 动画系统的使用方法了。在本节中，笔者将引导读者开发一个综合性较高的案例，并在其中尽可能多地使用 Mecanim 动画系统知识点，使读者在案例开发的过程中巩固之前学过的知识。其具体操作步骤如下。

（1）首先创建一个场景，并命名为“MecanimScene”，如图 10-117 所示。然后把 Models 文件夹中的 Boy 模型文件拖曳到 Scene 窗口中，接着再创建一个地形，并命名为“Terrain”，如图 10-118 所示。调整灯光朝向，使场景足够明亮。

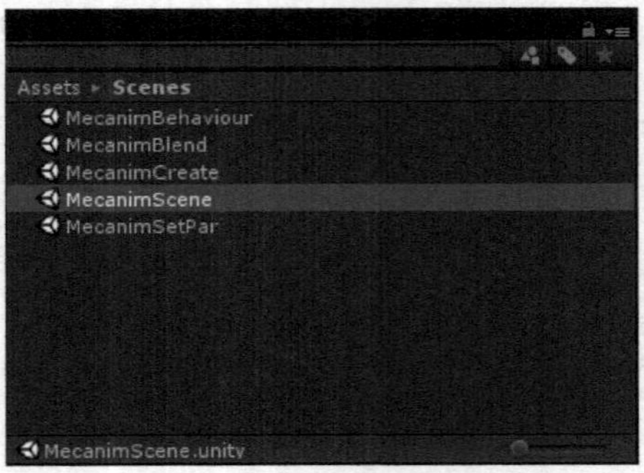

▲图 10-117　新建场景

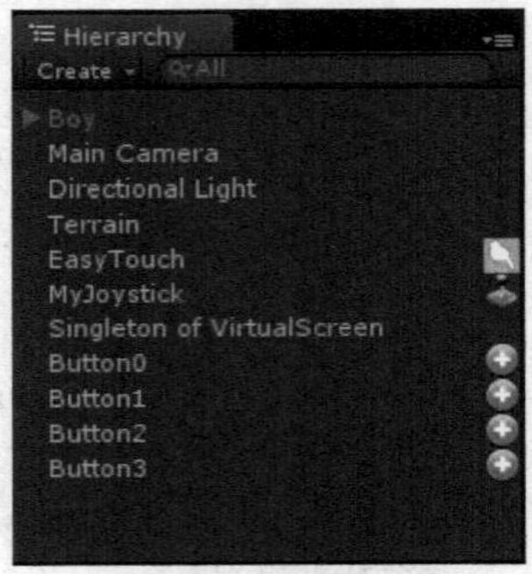

▲图 10-118　创建对象图

（2）接下来导入一个 EasyTouch 的插件。双击该插件，导入该插件，再打开 Unity，可发现菜单栏多了图 10-119 所示的按钮。然后依次单击“Hedgehog Team→EasyTouch→Extensions”下的“Adding a new joystick”和“Adding a new button”添加一个虚拟摇杆和四个按钮，如图 10-120 所示。

（3）在场景创建完成之后，开始进行动画控制器的创建和配置。首先新建一个动画控制器，并命名为“AniController”，如图 10-121 所示。该动画控制器将用于对本案例中所有动画的播放控制。

▲图 10-119　导入插件

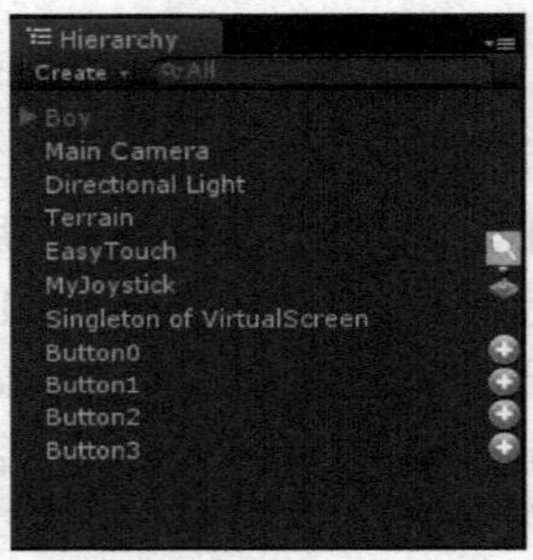

▲图 10-120　新建摇杆和按钮

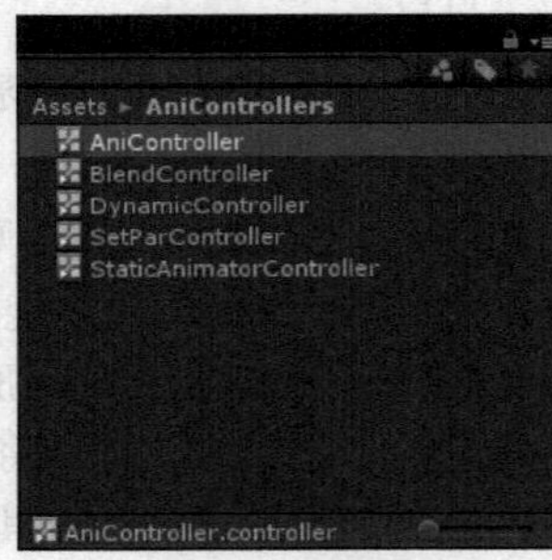

▲图 10-121　新建动画控制器

（4）双击该动画控制器，进入动画控制器的编辑窗口，然后将 Assets/Animations/FightAnis 目录下的“Idle”“Walk”“JumpDodge”“TurnKick”“StepSideKick”以及“CartWheel”等动画拖曳进动画控制器编辑窗口，如图 10-122 所示。

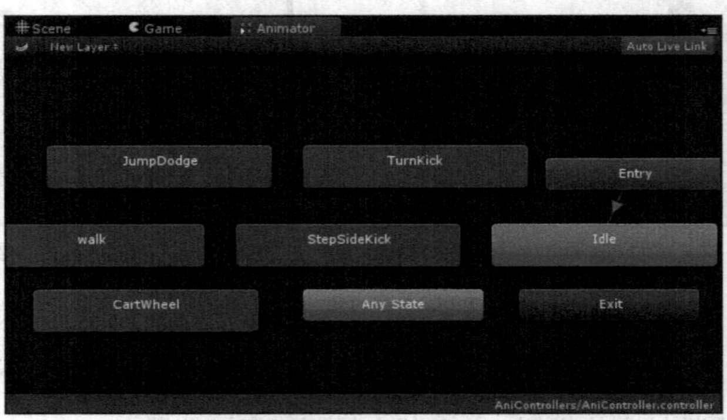

▲图 10-122　添加状态单元

（5）然后为动画控制器依次添加“Trigger2SSK”“Trigger2JD”“Trigger2CW”“Trigger2TK”“Trigger2Exit”“Trigger2Walk”和“Trigger2Idle”等触发器类型的动画过渡参数，如图 10-123 所示。这些参数将分别用于操控动画控制器中各个动画的播放。

（6）然后为动画控制器搭建过渡条件至图 10-124 所示效果，并为所有过渡条件添加过渡参数。由于篇幅所限，各个过渡条件与参数间的详细搭配关系在此就不再赘述，读者可参考随书光盘/第 10 章/MecanimStudy/Assets/AniControllers 目录下的“AniController”文件进行配置。

▲图 10-123 添加参数

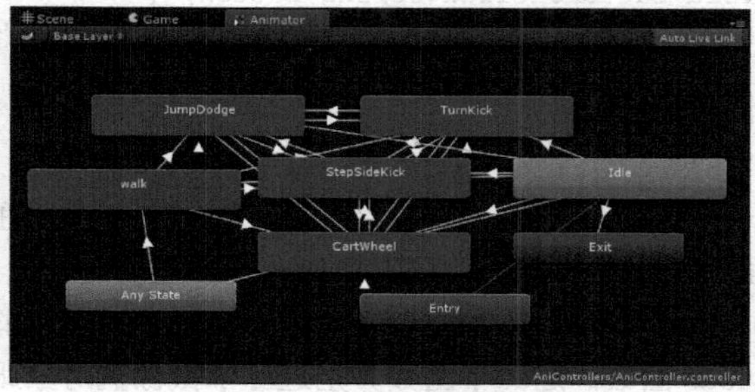

▲图 10-124 添加过渡条件

（7）把 AniController 动画控制器拖曳到 Boy 对象的 Animator 组件下面。接下来在 Scripts 文件夹中新建一个 C#脚本，并命名为“HeroController”，该脚本用于实现对动画播放的控制，然后将这个脚本拖曳到 Boy 对象上。该脚本的详细代码如下所示。

代码位置：见随书光盘中源代码/第 10 章目录下的 MecanimStudy/Assets/Scripts/HeroController.cs。

```
using UnityEngine;
using System.Collections;
public class HeroController : MonoBehaviour{
  #region Variables
  private Animator myAnimator;                                   //声明 Animator 组件
  private Transform myCamera;                                    //声明摄像机对象
  private EasyJoystick myJoystick;                               //声明摇杆
  private EasyButton[] myButtons = new EasyButton[4];            //声明游戏按钮
  private string[] triggerStrings = new string[] { "Trigger2SSK", "Trigger2JD",
  "Trigger2CW", "Trigger2TK" };                                  //声明游戏控制器参数名
  public static bool isWalk;                                     //是否正在播放行走动画
  #endregion
  #region StartFunction
  void Start () {
    myAnimator = GetComponent<Animator>();                       //初始化 Animator 组件
    myCamera = GameObject.Find("Main Camera").transform;         //初始化摄像机对象
    myJoystick = GameObject.Find("MyJoystick").GetComponent<EasyJoystick>();
                                                                 //初始化摇杆
    for (int i = 0; i < myButtons.Length; i++) {                 //遍历按钮集合
      myButtons[i] = GameObject.Find("Button" + i).GetComponent<EasyButton>();
      //初始化按钮
  }}
  #endregion
  #region UpdateFunction
  void Update () {
    CameraBehaviour();                                           //摄像机控制操作
    DirectBehaviour();                                           //摇杆响应操作
  }
  void CameraBehaviour() {
    myCamera.position = transform.localPosition + new Vector3(0, 2, -5);
                                                                 //摄像机对象跟随
    myCamera.LookAt(transform);                                  //摄像机对象朝向
  }
  void DirectBehaviour() {
    if (myJoystick.JoystickTouch != Vector2.zero) {              //当摇杆有所触碰时
      if(!isWalk) {
        myAnimator.SetTrigger("Trigger2Walk");                   //传递行走参数
      }
```

```
36        isWalk = true;                                              //修改标志位
37        transform.LookAt(new Vector3(myJoystick.JoystickTouch.x * 10000, transform.position.y,
38        myJoystick.JoystickTouch.y * 10000));                       //对象朝向设置
39      } else {
40        if (isWalk) {
41          myAnimator.SetTrigger("Trigger2Idle");                    //传递闲定参数
42        }
43        isWalk = false;                                             //修改标志位
44    }}
45    void ButtonOnClick(string button) {                             //游戏按钮监听事件
46      myAnimator.SetTrigger(triggerStrings[button.ToCharArray()[button.Length - 1] - 48]);
      //传递参数
47    }
48    #endregion
49  }
```

❑ 第 1-20 行的主要功能是进行 Start 方法的开发。在该方法中进行了动画组件、摄像机对象及 UI 界面的声明和初始化，同时声明一个参数集合，便于在开发过程中对动画播放进行控制。

❑ 第 21-44 行的主要功能是行 Update 方法的开发。该方法主要调用了 CameraBehaviour 和 DirectBehaviour 函数，这两个函数分别进行了摄像机对象跟随的开发和虚拟摇杆的监控，使场景中的 Boy 对象实时地朝向摇杆所指向的地方。

❑ 第 45-49 行的主要功能是实现四个 UI 按钮的监听。当读者按下任意一个按钮时，系统将调用该方法，向动画控制器传递相对应的参数，实现对动画播放的控制。

（8）最后读者可通过单击运行按钮来运行本案例，Game 窗口将显示本案例的运行效果，如图 10-125 所示。当读者操控虚拟摇杆时，场景中的 Boy 对象将按摇杆指向的方向行走；当读者点击四个按钮中的任意一个时，场景中的 Boy 对象将执行相对应的动作，如图 10-126 所示。

▲图 10-125 运行效果

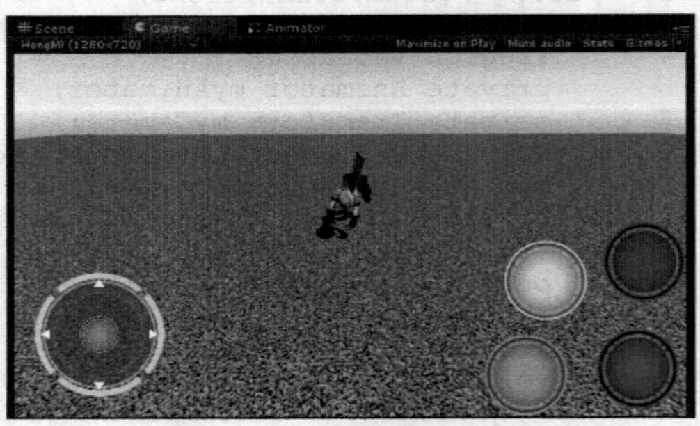

▲图 10-126 执行动作

10.6 本章小结

本章介绍了主流的 3D 建模软件、Unity 中 3D 模型的网格概念、一个第三方切割工具库以及新旧动画系统的使用。通过对本章内容的学习，相信读者能够对模型的网格概念产生更深的理解，并学会在游戏开发中使用新版 Mecanim 动画系统制作角色动画，在以后的开发中会更加得心应手，使项目达到所期望的效果。

第11章　地形与寻路技术

在现实的开发过程中，地形和寻路技术是不可或缺的重要元素，无论是虚拟现实还是游戏的开发，都会涉及到地形的设计制作和寻路技术的开发。在本章中，笔者将向读者详细讲解这方面的知识，以便读者在以后的开发过程中能够熟练运用这部分知识。

11.1 地形引擎

Unity 3D 内置了使用灵活、功能强大的地形引擎，通过合理使用该地形引擎，可以快速地设计出逼真自然的地形对象。在本节中，笔者将向读者系统地介绍与 Unity 3D 内置地形引擎相关的知识，使读者能够通过使用内置的地形引擎，快速地创建和调整出合适的游戏场景地形。

11.1.1 地形的创建

在本节中，将分别对地形引擎中的的所有参数及与之相关的组件进行详细的介绍，由于所涉及的知识点很多，所以读者在学习的过程中，应当跟随笔者的讲解进行实践，以达到加深理解的效果。在以后的开发过程中，也可以参考本节知识进行理解。

（1）依次单击“GameObject→3D Object→Terrain”创建一个地形，如图 11-1 所示。选中新生成的 Terrain 对象，在 Inspector 面板中出现了 Terrain 和 Terrain Collider 两个组件，如图 11-2 所示。前者负责地形的基础功能，后者充当了地形的物理碰撞器。

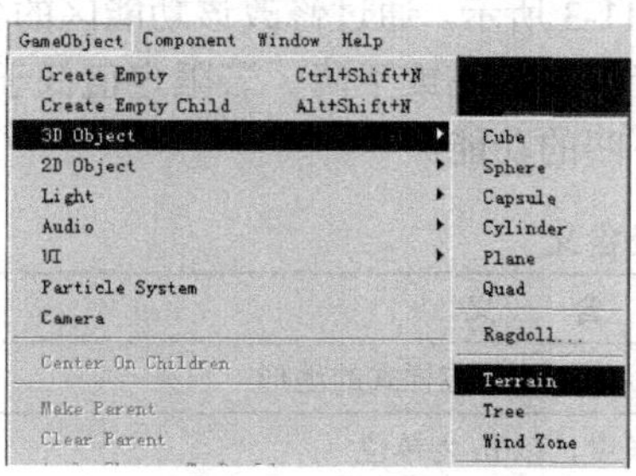

▲图 11-1　创建地形图

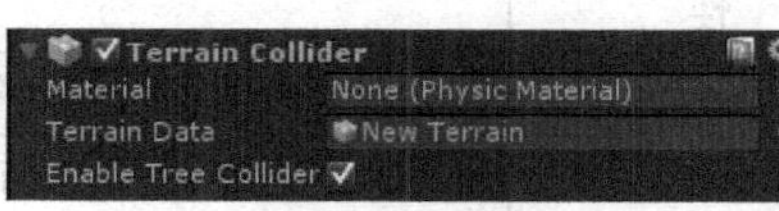

▲图 11-2　Terrain Collider 组件

（2）组件 Terrain Collider 的有关参数及其含义如表 11-1 所示。该组件属于物理引擎方面的组件，实现了地形的物理模拟计算，使其他挂载了碰撞器的游戏对象能够与地形进行物理交互。

表 11-1　Terrain Collider 参数及含义

属　性	含　义
Material	该地形的物理材质。通过改变该参数可以分别开发出软草地和戈壁滩的效果
Terrain Data	地形的数据。用于存储该地形的地势及其他重要信息
Enable Tree Colliders	是否允许树木参与碰撞检测。如果不是迫不得已，建议设置该值为否

（3）在 Terrain 组件中，有一排按钮分别对应了地形引擎的各项操作或设置，下面将详细介绍这些操作下手各项参数的含义。首先单击“Raise and Lower Terrain”按钮，如图 11-3 所示。该操作用于调整地形的凹凸程度，以笔刷的方式进行地形坡度的设置。其各项参数及含义如表 11-2 所示。

表 11-2　　Raise and Lower Terrain 参数及含义

属　性	含　义
Brushes	画笔样式。使用不同的画笔样式，可以绘制出相应样式的地形
Brush Size	画笔大小。其实际含义为画笔的直径长度，以 m 为单位
Opacity	画笔透明度。其值越大，调整的强度越大，反之则越平缓

说明　通过点击和拖动鼠标，可以使鼠标点过的地方凸起，同时按下 Shift 键可以实现下凹的功能。需要注意的是，进行下凹的操作时，并不能使地形水平面低于未进行任何操作时的水平面，即地形初始创建时的高度是地形的最低限制，之后的任何操作都不能使地形低于该高度。

（4）除了“Raise and Lower Terrain”按钮可以调整局部地形的高度外，另一个按钮“Paint Height”也可以实现类似的功能，如图 11-4 所示。与前一个按钮不同的是，此按钮对应的操作将会设置最高高度，使被调整的部分地形高度不会高于该值。

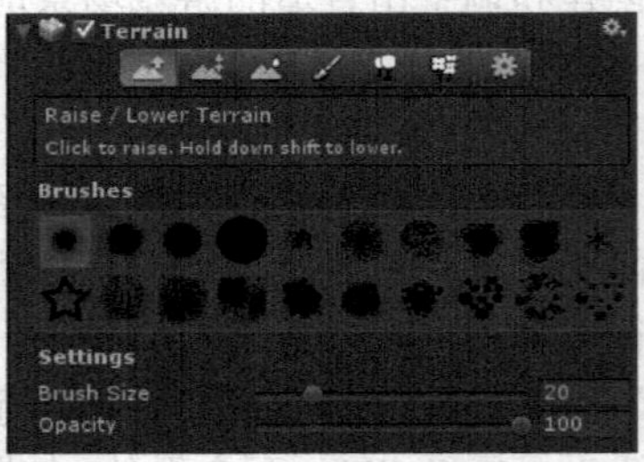

▲图 11-3　Raise/Lower Terrain 功能区

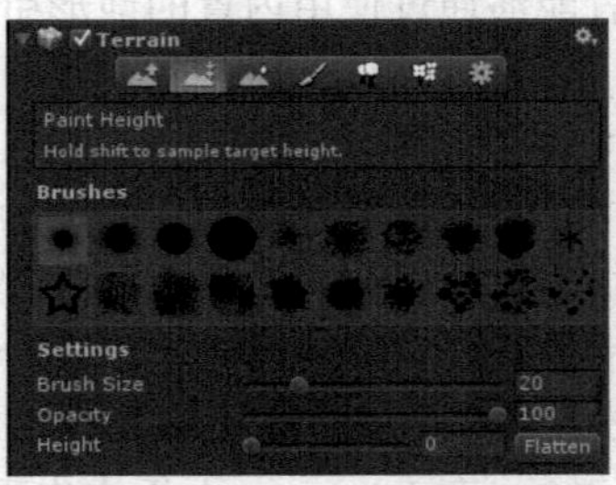

▲图 11-4　Paint Height 功能区

（5）功能区 Paint Height 中的各项参数及含义如表 11-3 所示。通过修改该功能区的各项参数，以及对地形进行调整，可以使地形在限定的范围内进行局部提高或下降。若限定值低于当前值，则鼠标点击的操作会使该部位的地形往下降，实现了下凹的功能。

表 11-3　　Paint Height 参数及含义

属　性	含　义
Brushes	画笔样式。使用不同的画笔样式，可以绘制出相应样式的地形
Brush Size	画笔大小。其实际含义为画笔的直径长度，以 m 为单位
Opacity	画笔透明度。其值越大，调整的强度越大，反之则越平缓
Height	指定高度值
Flatten	使整个地形的高度都设置为指定高度值，使整个上移或下沉

（6）在地形的开发过程中，难免会因为开发者的粗心而使某部分地形显得特别突兀，或使一些山峰过于尖锐，这时候就需要对地形进行平滑处理。地形引擎通过压低地形的方式，平滑山峰与山峰之间的连接，其功能对应按钮为“Smooth Height”，如图 11-5 所示。其各项参数如表 11-4 所示。

表 11-4　　Smooth Height 参数及含义

属　性	含　义
Brushes	画笔样式。使用不同的画笔样式，可以绘制出相应样式的地形
Brush Size	画笔大小。其实际含义为画笔的直径长度，以 m 为单位
Opacity	画笔透明度。其值越大，调整的强度越大，反之则越平缓

（7）在调整好地形的基本形状之后，还可以为地形进行贴图。单击“Paint Texture”可以进入绘制纹理的功能区，如图 11-6 所示。在 Unity 3D 的地形引擎中，纹理图片以涂画的方式进行设置，开发人员将单元纹理赋给画笔，画笔所经过的地方，将会把对应纹理贴到地形上。

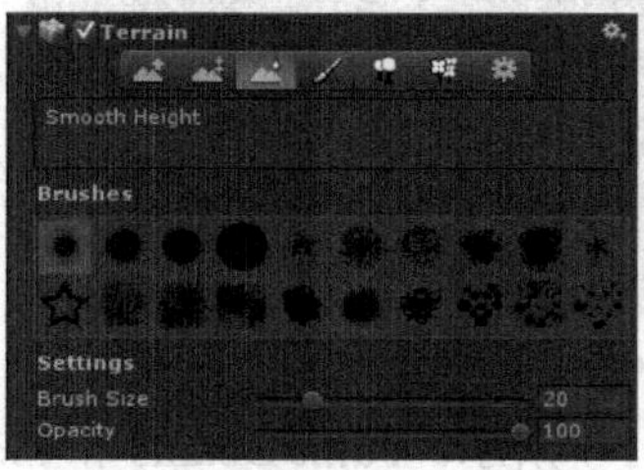

▲图 11-5　Smooth Height 功能区

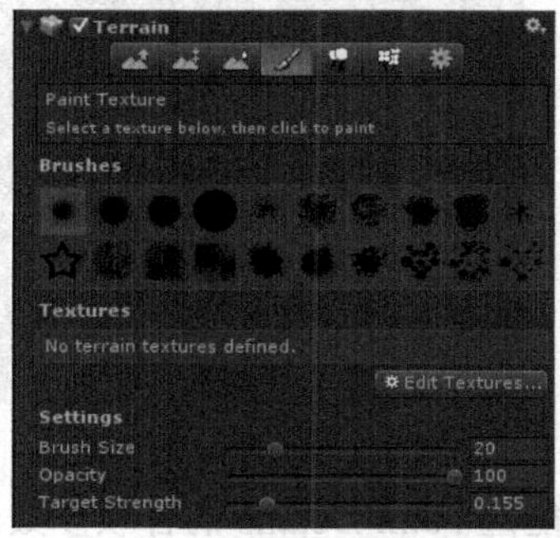

▲图 11-6　Paint Texture 功能区

（8）功能区 Paint Texture 的各项参数及含义如表 11-5 所示。这是地形引擎里面一个比较有趣的功能，它将纹理模拟为一支画笔，设计人员犹如在一个艺术品上进行涂画上色，且可以调整纹理比例因子，为开发人员提供了一种非常灵活的地形纹理设计方式。

表 11-5　　Paint Texture 参数及含义

属　性	含　义
Brushes	画笔样式。使用不同的画笔样式，可以绘制出相应样式的纹理
Textures	可进行绘制的纹理
Brush Size	画笔大小。其实际含义为画笔的直径长度，以 m 为单位
Opacity	画笔透明度。其值越大，调整的强度越大，反之则越平缓
Target Strength	画笔涂抹强度值。该值范围为 0～1，代表了与地形原来纹理的混合比例大小

（9）通过地形引擎还可以在地形上种植花草树木。单击“Place Trees”即可进入种植树木功能区，如图 11-7 所示。在该地形引擎中，可以以涂画的方式批量地进行树木的种植，开发人员只需提供单棵树木，就可以进行树木的铺设。其各项参数如表 11-6 所示。

表 11-6　　Place Trees 参数及含义

属　性	含　义
Trees	树木对象的预制件对象
Brush Size	画笔大小。其实际含义为画笔的直径长度，以 m 为单位
Tree Density	每次绘制时产生的树木的棵数
Tree Height	树木的高度。可指定唯一高度，也可使其随机分布
Lock Width to Height	是否锁定横纵比，使树木保持原始宽高比例
Tree Width	树木的宽度。可指定唯一宽带，也可使其随机分布

续表

属　　性	含　　义
Color Variation	画笔的色调变化
Random Tree Rotation	是否随机设置树木的朝向

（10）除了进行树木的种植，开发人员还可以在地形上铺设花草等修饰物。单击“Paint Details”按钮即可进入该功能区，如图 11-8 所示。

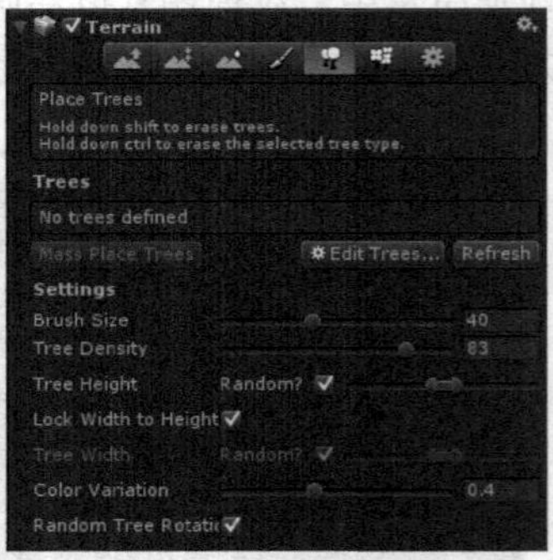

▲图 11-7　Place Trees 功能区

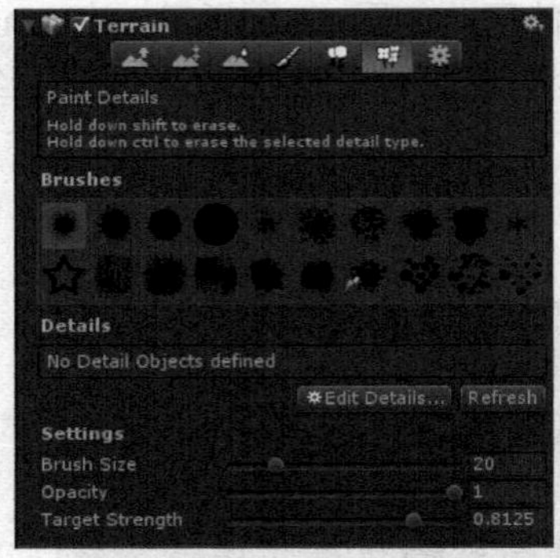

▲图 11-8　Paint Details 功能区

（11）功能区 Paint Details 的各项参数及含义如表 11-7 所示。Paint Details 和 Place Trees 功能相似，都是将修饰对象以画笔的方式批量地进行铺设。其主要区别是，前者可以使用标志板和网格对象作为修饰对象，后者只能使用网格类型的预制件对象。

表 11-7　Paint Details 参数及含义

属　　性	含　　义
Brushes	画笔样式。使用不同的画笔样式，可以绘制出相应样式的纹理
Details	花草纹理对象列表
Brush Size	画笔大小。其实际含义为画笔的直径长度，以 m 为单位
Opacity	画笔透明度。其值越大，调整的强度越大，反之则越平缓
Target Strength	画笔涂抹强度值。该值范围为 0～1，代表了与地形原来花草的混合比例大小

（12）最后可以对地形进行一些参数设置。在地形设置面板中，可以设置地形的大小及精度等参数，还可以给地形添加一个模拟风，使地形中的花草树木非常生动地随风摆动。单击“Terrain Settings”按钮即可进入地形设置功能区，如图 11-9 所示。

▲图 11-9　Terrain Settings 功能区

（13）功能区 Terrain Settings 的其各项参数及含义如表 11-8 所示。在该功能区中，开发人员可以对地形的整体参数、模拟风的各项参数、地形的精度进行详细的设置。通过适当设置这些参数，可以有效地减少地形对象对机器资源的占用，提高游戏的整体性能。

表 11-8 Terrain Settings 参数及含义

属　性	含　义
Draw	是否显示地形
Pixel Error	像素误差。表示地形的绘制精度，该值越大，地形的结构细节越少
Base Map Dist.	基础图距。当与地形的距离超过该值时，则以低分辨率的纹理进行显示
Cast Shadows	是否进行阴影的投射
Material	材质类型。选项分别为标准、漫反射、高光和自定义，使用自定义项则需要指定材质
Reflection Probes	反射探头类型。选项分别为关闭、混合探头、混合及天空盒探头、一般
Thickness	在物理引擎中该地形的可碰撞厚度
Draw	是否显示花草树木
Bake Light Probes For Trees	烘焙光照探头到树木上
Detail Distance	细节距离。与相机间的细节可显示的距离值
Collect Detail Patches	进行细节补丁的收集
Detail Density	细节的密集程度
Tree Distance	树木的可视距离值
Billboard Start	标志板起点。以标志板形式出现的树木与相机的距离
Fade Length	淡变长度。树从标志板转换成网格模式时，所使用的距离增量
Max Mesh Trees	允许出现的网格类型的树木的最大数量值
Speed	吹过草地风的风速
Size	模拟风能影响的范围大小
Bending	草被风吹弯的弯曲程度
Grass Tint	草地的总着色量值
Terrain Width	地形的总宽度值
Terrain Length	地形的总长度值
Terrain Height	地形的总高度值
Heightmap Resolution	地形灰度值的精度
Detail Resolution	细节精度值。该值越大，地形显示的细节越精细，但随之占用的资源也会越多
Detail Resolution Per Patch	每一小块地形所设置的细节精度值
Control Texture Resolution	将不同的纹理插值绘制在地形上时所设置的精度值
Base Texture Resolution	在地形上绘制基础纹理时所采用的精度值

11.1.2 灰度图的使用

Unity 3D 内置的地形引擎将地形的信息保存为一张高度图，这与其他游戏开发引擎或建模工具的做法是一致的。这么做的好处是可以将大量与地形有关的信息储存在一张空间占用非常小的灰度图上，同时可以在其他开发工具上设计好地形，而不必拘束于 Unity 3D 内置的地形引擎。

（1）下面将简单介绍一下使用灰度图创建地形对象的步骤。首先打开图形处理软件 Photoshop，新建一张长和宽都为 33 像素的图片，如图 11-10 所示。在 Unity 3D 中，地形使用的高度图的分辨率为 1+32*x*，其中 *x* 为任意正整数，若 *x* 取最小值 1，则高度图的长宽都为 33。

（2）将新建的图片涂成黑色，并在上面添加字母“U”的样式，如图 11-11 所示。然后将图片保存为后缀为“RAW”的格式，如图 11-12 所示。Unity 3D 的地形引擎所使用的高度图格式仅支持 RAW 格式，若读者使用了已经制作完成的高度图，需要先把图片转换成 RAW 格式才能被 Unity 3D 识别。

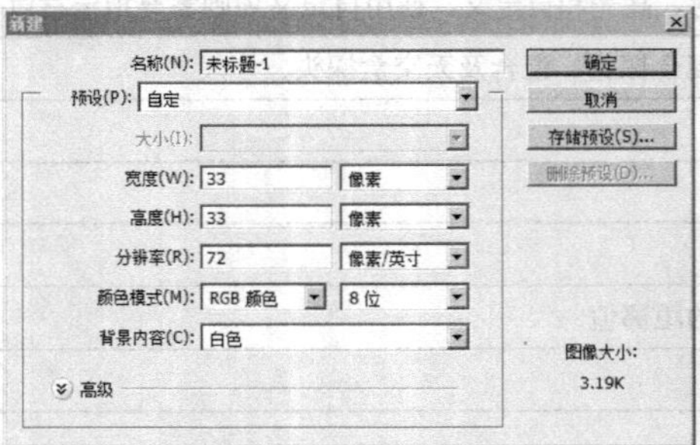

▲图 11-10 新建图片

▲图 11-11 图片样式

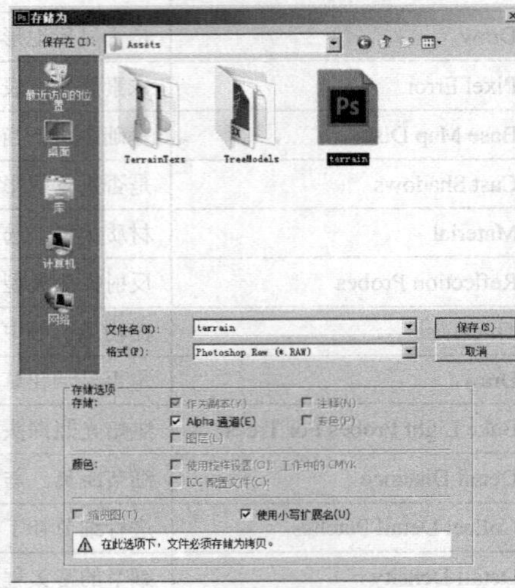

▲图 11-12 保存图片

（3）打开 Unity 3D 游戏开发引擎，新建一个地形。选中创建完成的地形对象，在 Terrain 组件中单击“Terrain Settings”按钮，如图 11-13 所示。单击最下方的“Import Raw...”按钮，进行高度图的导入，如图 11-14 所示。

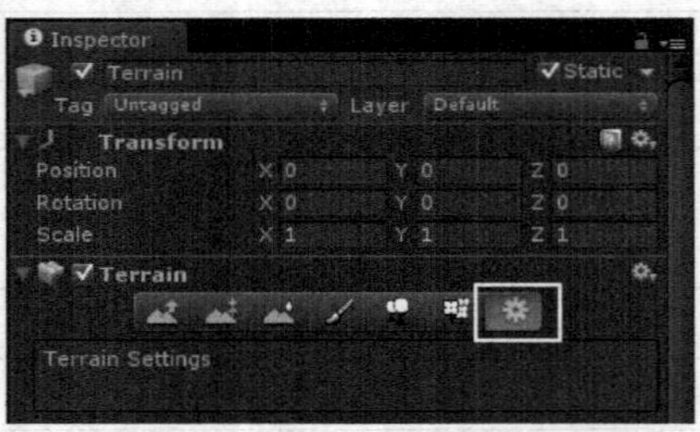

▲图 11-13 单击“Terrain Settings”按钮

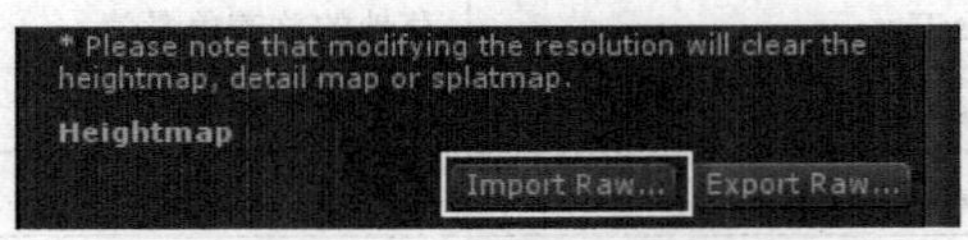

▲图 11-14 导入高度图

（4）在弹出的窗口中，选中前面保存的 RAW 格式的文件，如图 11-15 所示。则之前创建的地形就会变成图 11-16 所示的形状，该形状与前面创建的字母“U”样式相对应。

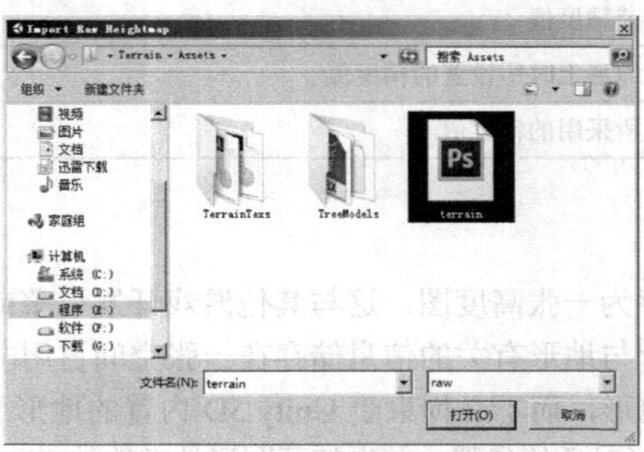

▲图 11-15 选择高度图

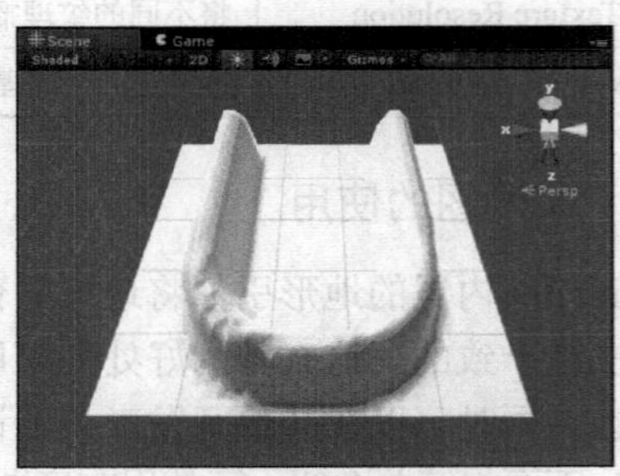

▲图 11-16 最终效果

11.2 拖尾渲染器——Trail Renderer

本节主要向读者介绍拖尾渲染器的相关知识。拖尾渲染器是 Unity 中内置的一个渲染器，通过该渲染器可以很简单地制作出非常绚丽的拖尾特效。拖尾特效的开发可以提升游戏质量。通过本节的学习，读者将对拖尾渲染器有较好地理解和掌握。

11.2.1 背景介绍

游戏中，经常会看到很多像炮弹后面的拖尾、飞机机翼尖端产生的凝结尾以及汽车轮胎拖痕等绚丽的特效，这些特效如果通过编程实现，将是一件很烦琐很复杂的工作。为了简化这一过程，Unity 为开发者提供了拖尾渲染器这一工具，使拖尾特效的开发变得更简单。

当下比较流行的一些国产 RPG 游戏（例如由上海烛龙信息科技有限公司研发的《古剑奇谭》中人物舞动手中的武器时产生的剑光，如图 11-17 所示），以及一些赛车类游戏（例如由美国艺电游戏公司出品的《极品飞车》中汽车刹车时产生的刹车痕，如图 11-18 所示），都是非常绚丽的拖尾特效。

▲图 11-17 《古剑奇谭》中的剑光特效

▲图 11-18 《极品飞车》中的刹车痕特效

11.2.2 拖尾渲染器属性介绍

选中对象后依次单击“Component→Effects→Trail Renderer”给游戏对象添加拖尾渲染器。然后单击选中对象，就会在属性查看器中查看到拖尾渲染器的属性，属性参数如表 11-9 所示。下面将对这些参数进行详细介绍。

表 11-9 拖尾渲染器属性

属　性	说　明
Materials	用于渲染拖尾的材质数组。对于拖尾效果粒子着色器工作的最好
Size	在材质数组中总共有多少元素
Element 0	用于渲染拖尾的材质的引用。总共的元素个数由 Size 参数指定
Time	拖尾的长度。以 s 为单位
Start Width	开始位置的拖尾宽度
End Width	结束位置的拖尾宽度
Colors	使用拖尾长度渐变的颜色数组。你也可以在这些颜色中使用 Alpha 透明
Color0～Color4	拖尾的颜色。从初始到结束
Min Vertex Distance	拖尾锚点之间的最小距离
AutoDestruct	将这一项设置为允许来使物体在静止 Time 后被销毁

1. Materials 材质

拖尾渲染器将使用一个包含粒子着色器的材质。材质使用的贴图必需是平方尺寸。在 size 属性中可以设置材质个数，在 Element 属性中添加材质。

2. Trail Width 拖尾宽度

通过设置拖尾的开始和结束宽度（Width），配合时间（Time）属性，可以调节它显示和表现的方式。例如，可以创建一个船后面的浪花，设置开始宽度为 1，结束宽度为 2。这些值大概需要为游戏进行适当的调节。

3. Trail Colors 拖尾颜色

可以通过 5 种不同的颜色和透明度组合循环变化拖尾。使用颜色能使一个亮绿色的等离子体拖尾渐渐变暗到一个灰色耗散结构，或是使彩虹循环变为其他颜色。如果不想改变颜色，它可以仅仅改变每一个颜色的透明度来使拖尾在头部和尾部之间进行渐变。

4. Min Vertex Distance 最小顶点距离

最小顶点距离决定了包含拖尾的物体在一个拖尾的段实体化之前必需经过的距离。较小的值将更频繁的创建拖尾段，生成更平滑的拖尾；较大的值将创建显示有更多锯齿的段。当使用较低的值的拖尾时有一点点性能损失，所以应该尝试使用尽可能大的值来达到你想要创建的效果。

11.2.3　拖尾渲染器的使用

使用拖尾渲染器时，不能在游戏对象上使用其他渲染器。最好是创建一个空白的游戏对象，并附加拖尾渲染器 (Trail Renderer) 作为唯一的渲染器。然后，可以将想要跟随的任何物体设置为拖尾渲染器的父物体。

拖尾渲染器中最好使用粒子材质，这样可以达到更好的效果。拖尾渲染器必须在一系列帧后显现，而不能突然出现，这样才能达到更加真实的效果。拖尾渲染器与其他粒子系统（Particle System）类似，会旋转为面向相机显示。

11.2.4　产生汽车轮胎拖痕案例

前面简单介绍了拖尾渲染器的内容，相信读者对拖尾渲染器有了一定的了解。本节将通过一个产生汽车轮胎拖痕的例子来使读者对于拖尾渲染器有一个更加明确的认识。案例的设计目的是控制汽车在移动的过程中产生轮胎拖痕，具体操作步骤如下。

（1）新建一个场景。在菜单栏中选择“File”，打开文件操作菜单。选择“New Scene”，创建一个场景。按下快捷键 Ctrl+S 保存该场景，命名为“text”。

（2）创建地形和汽车。创建地形的方法读者可参考本书介绍地形创建的章（节），这里不再重复介绍。创建汽车的方法读者可参考本书介绍交通工具的章（节），这里也不再重复介绍。

（3）创建两个空对象。具体步骤为在菜单栏中依次单击“GameObject→Create Empty”，如图 11-19 所示。然后将其分别重命名为“b1”和“b2”，并调整两个空对象的位置使其正好分别在汽车后面两个轮胎与地面接触的地方。

（4）分别给两个空对象添加拖尾渲染器。具体步骤为选中需要添加拖尾渲染器的对象在菜单栏中依次单击“Component→Effects→Trail Renderer”，如图 11-20 所示。然后将 Assets\Texture 文件夹下的纹理图“tuohen”分别拖曳到这两个空对象上。

（5）设置两个空对象上的拖尾渲染器组件的参数，具体参数如图 11-21 所示。设置两个空对象材质的着色器为“Particles Additive”，如图 11-22 所示。拖尾渲染器最好用使用粒子着色器的材质，这样可以达到更好的效果。

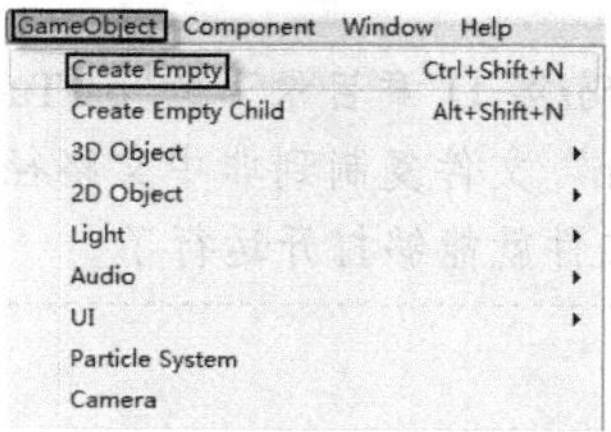

▲图 11-19　创建空对象

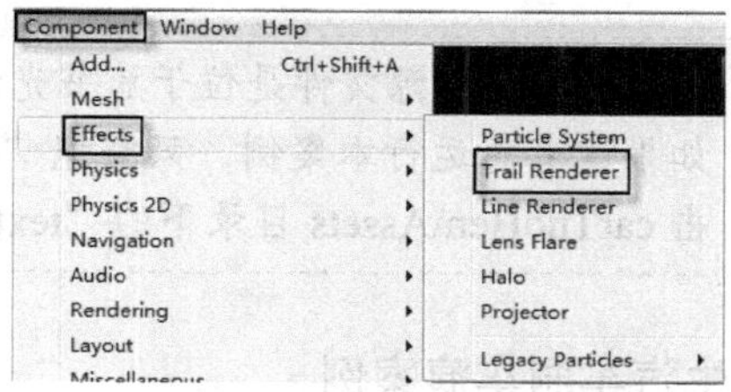

▲图 11-20　添加拖尾渲染器

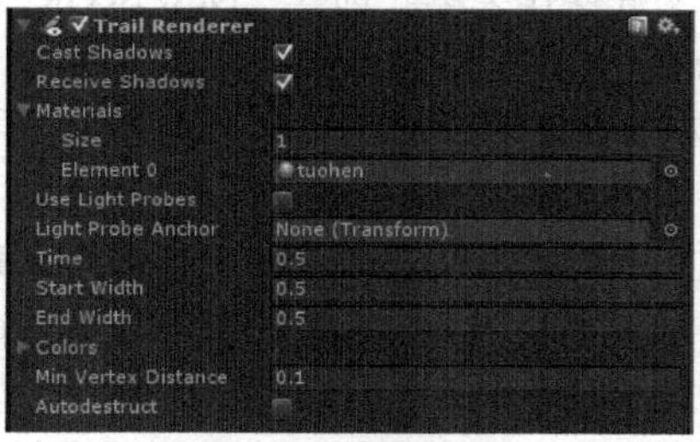

▲图 11-21　拖尾渲染器组件

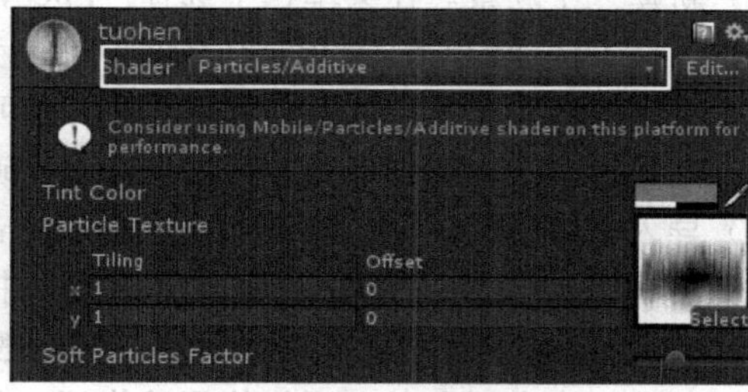

▲图 11-22　设置着色器

（6）将创建的两个空对象拖曳到 Car 对象上使其成为 Car 对象的子对象，这样可以使两个空对象跟随汽车移动，使这两个空对象永远出现在汽车后面两个轮胎与地面接触的地方。场景中对象的目录结构如图 11-23 所示。

（7）创建控制汽车移动的虚拟摇杆和实现摄像机跟随汽车移动。这些步骤在介绍交通工具的章（节）有详细的介绍，这里不再重复介绍，读者可以参考本书介绍交通工具的章（节）进行创建。

（8）添加光源。依次单击“GameObject→Create Other→Directional Light”后会自动创建一个定向光源。调整其位置和角度，使其能够照亮场景，具体参数如图 11-24 所示。设置光源的 Shadows Type 为“Hard shadows”，设置其参数如图 11-25 所示，使场景中的对象出现阴影。

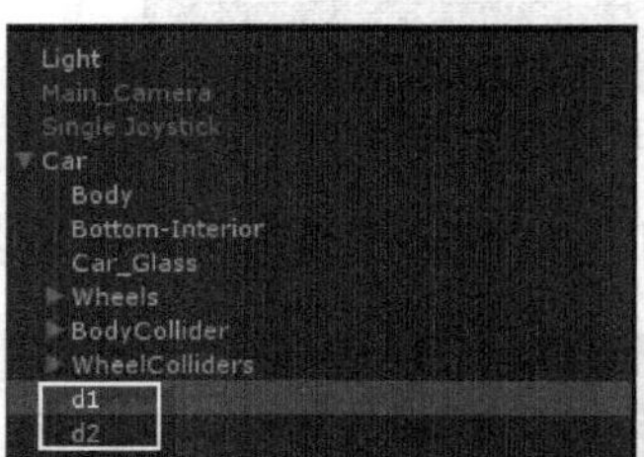

▲图 11-23　场景对象结构

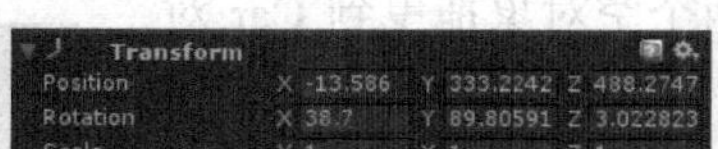

▲图 11-24　设置光源位置和角度

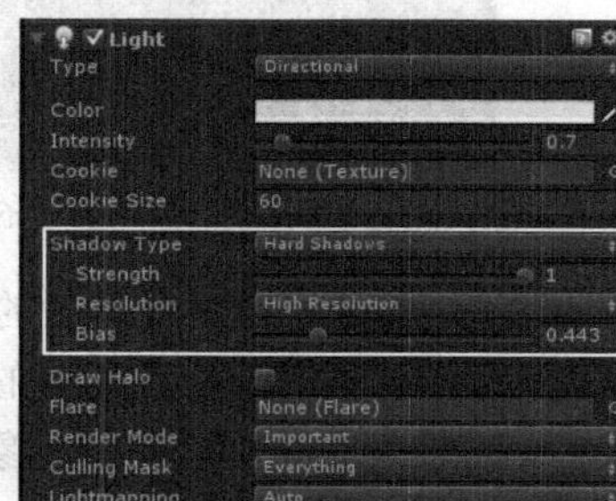

▲图 11-25　设置光源参数

（9）单击游戏运行按钮，观察效果。在 Game 窗口中可以看到地形和汽车，通过上下左右按钮可以控制汽车移动，汽车移动过程中在汽车尾部就能看到轮胎拖痕。当然，还可以导入到 Andriod 设备上运行，通过虚拟摇杆控制汽车移动来显示轮胎拖痕，如图 11-26 所示。

▲图 11-26　Andriod 设备运行效果图

说明	本案例的源文件是位于随书光盘中源代码/第 11 章目录下的“carTuoHen”文件。如果读者想运行本案例，只需把“carTuoHen”文件复制到非中文路径下，然后双击 carTuoHen\Assets 目录下的“text.unity”文件就能够打开运行了。

11.2.5　产生汽车刹车痕案例

（1）新建一个场景。在菜单栏中选择“File”，打开文件操作菜单。选择“New Scene”，创建一个场景。按下快捷键 Ctrl+S 保存该场景，命名为“text”。

（2）创建地形和汽车。创建地形的方法读者可参考本书介绍地形创建的章（节），这里不再重复介绍。创建汽车的方法读者可参考本书介绍交通工具的章（节），这里也不再重复介绍。

（3）导入公路模型。将 Assets\Model\Environment 文件夹下的“Road_Assembly_FBX.FBX”文件导入到场景，具体导入模型的步骤参考本书模型导入章（节）。然后将公路对象重命名为“Road”，设置 Road 对象的位置和大小，具体参数如图 11-27 所示。

（4）创建两个空对象并且添加拖尾渲染器。具体步骤参考上一个案例，这里不再重复介绍。然后将 Assets\Texture 文件夹下的纹理图“shachehen”分别拖曳到这两个空对象上。设置两个空对象上的拖尾渲染器组件的参数，具体参数如图 11-28 所示。

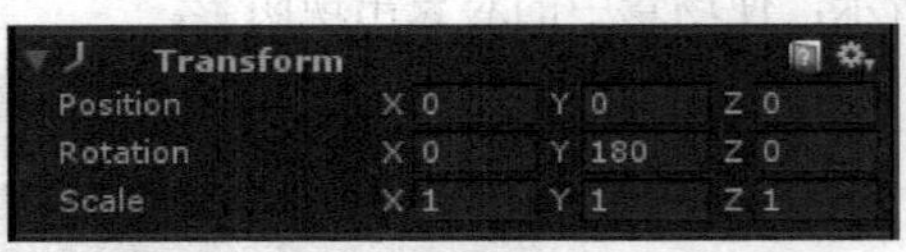

▲图 11-27　Road 对象的位置和大小

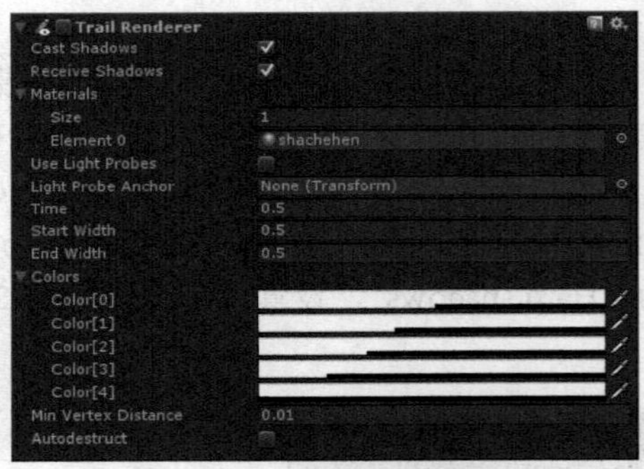

▲图 11-28　拖尾渲染器组件

（5）设置两个空对象材质的着色器为“Particles Multiply”，如图 11-29 所示，这种着色器可以达到更好的效果。然后将创建的两个空对象拖曳到 Car 对象上使其成为 Car 对象的子对象，具体步骤参考上一个案例，这里不再重复介绍。

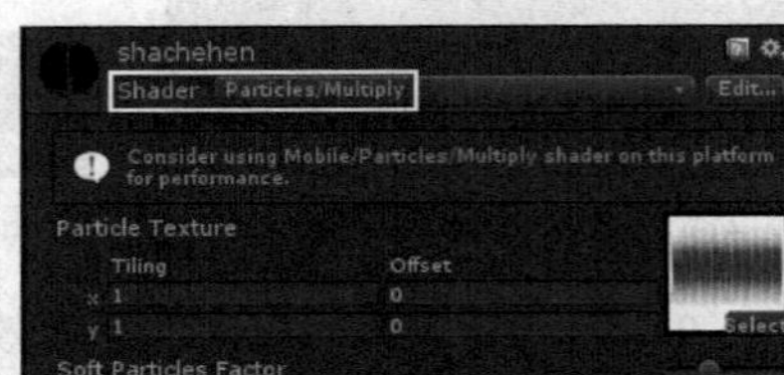

▲图 11-29　设置着色器

（6）创建控制汽车移动的虚拟摇杆和实现摄像机跟随汽车移动。这些步骤在介绍交通工具的章（节）有详细的介绍，这里不再重复介绍，读者可以参考本书介绍交通工具的章（节）进行创建。添加光源以及设置光源参数参考上一个案例，这里不再重复介绍。

（7）在 script 文件夹中单击鼠标右键，在弹出的菜单中选择“Create→C# Script”创建脚本并命名为“ChaChe.cs”，然后双击脚本，进入 MonoDevelop 编辑器中，开始 ChaChe.cs 脚本的编写。本脚本主要用于实现汽车的刹车和控制刹车痕的产生，脚本代码如下。

代码位置：见随书光盘中源代码/第 11 章目录下的 carShaCheHen/Assets/Script/ChaChe.cs。

```
using UnityEngine;
using System.Collections;
```

```
3    public class ChaChe : MonoBehaviour {
4      public GUIStyle myStyle;                                         //按钮显示样式
5      public Texture anNiu;                                            //刹车按钮图片
6      bool saChe = false;                                              //刹车标志位
7      public TrailRenderer b1;                                         //b1 对象拖尾渲染器引用
8      public TrailRenderer b2;                                         //b2 对象拖尾渲染器引用
9      public WheelCollider FrontLeftWheel;                             //左前轮胎碰撞体
10     public WheelCollider FrontRightWheel;                            //右前轮胎碰撞体
11     void Update () {
12       if (saChe){                                                    //如果汽车处于刹车状态
13         FrontLeftWheel.brakeTorque = 40000;                          //设置左前轮胎碰撞体刹车力矩
14         FrontRightWheel.brakeTorque = 40000;                         //设置右前轮胎碰撞体刹车力矩
15         b1.enabled = true;                                           //启用 b1 对象拖尾渲染器
16         b2.enabled = true;                                           //启用 b2 对象拖尾渲染器
17       }
18       else{
19         FrontLeftWheel.brakeTorque = 0;                              //左前轮胎碰撞体刹车力矩归零
20         FrontRightWheel.brakeTorque = 0;                             //右前轮胎碰撞体刹车力矩归零
21     }}
22     void OnGUI(){
23       if (GUI.RepeatButton(new Rect(Screen.width/100 * 85f,Screen.height/100 * 70f,Screen.
24       width/100 * 15f, Screen.width/100 * 15f), anNiu,myStyle)){//绘制刹车按钮
25         saChe = true;                                                //刹车标志位设为“true”
26       }
27       else{
28         saChe = false;                                               //刹车标志位设为“false”
29   }}}
```

- 第 4-10 行的主要功能是变量声明。主要声明了刹车按钮图片、拖尾渲染器引用以及轮胎碰撞体等。在开发环境下的属性查看器中可以为各个参数指定资源或者取值。
- 第 12-17 行的主要功能是如果汽车处于刹车状态，则通过设置轮胎碰撞体刹车力矩来实现汽车刹车，同时通过启用拖尾渲染器来产生刹车痕。
- 第 18-21 行的主要功能是如果汽车不处于刹车状态，则通过将轮胎碰撞体刹车力矩归零来解除汽车刹车状态。
- 第 22-29 行的主要功能是绘制刹车按钮以及当按下刹车按钮时，通过设置刹车标志位为“true”来实现刹车。当没有按下刹车按钮时，通过设置刹车标志位为“false”来实现解除刹车状态。

（8）将脚本 ChaChe.cs 拖曳到游戏组成对象列表中的 Main Camera 对象上。单击 Main Camera 对象，在属性查看器中会出现对应到此脚本的组件，单击组件前面的三角形展开按钮可看到脚本组件的内容，然后设置对应参数。如图 11-30 所示。

（9）单击游戏运行按钮，观察效果。在 Game 窗口中可以看到地形和汽车。也可以将项目导入到 Andriod 设备上运行，通过虚拟摇杆控制汽车移动。汽车移动过程中按下刹车按钮汽车就会刹车同时出现刹车痕，如图 11-31 所示。

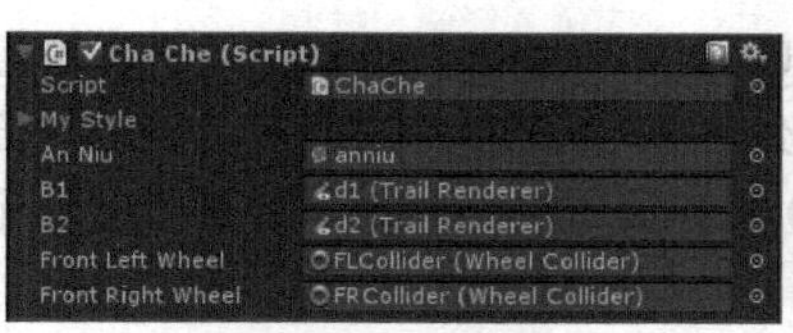

▲图 11-30　设置 ChaChe 脚本组件

▲图 11-31　Andriod 设备运行效果图

说明　本案例的源文件是位于随书光盘中源代码/第 11 章目录下的“carShaCheHen”文件。如果读者想运行本案例，只需把“carShaCheHen”文件复制到非中文路径下，然后双击 carShaCheHen\Assets 目录下的“text.unity”文件就能够打开运行了。

11.3 自动寻路技术

Unity 3D 提供了一套仅限在 Pro 版本中使用的 Navigation 自动寻路系统，开发人员可以通过调用这个自动寻路系统来快速实现开发所需的寻路需求。这个系统不但支持在不规则地形上的寻路，还能通过自定义路线和设置跳跃参数对寻路地形进行扩展。

11.3.1 基础知识

下面向读者详细介绍一下 Unity 3D 中自动寻路系统可以使用到的几个寻路组件的主要功能，读者通过对本节内容的学习应当能够熟练地掌握有关寻路组件的知识。

1. 代理器——Nav Mesh Agent

Nav Mesh Agent 组件可实现对指定对象自动寻路的代理，该组件又自带了许多参数，开发人员通过修改这些参数实现对代理器大小、速度、加速度等值的设置，其具体含义如表 11-10 所示。系统会使附着该组件的对象以指定的速度向开发人员指定的目标点移动，移动过程中忽略一切碰撞体。

表 11-10 Nav Mesh Agent 参数含义

参 数 名	含 义
Radius	代理器半径
Speed	代理器移动速度
Acceleration	代理器加速度
Angular Speed	代理器角速度
Stopping Distance	代理器到达时与目标点的距离
Auto Traverse OffMesh Link	是否自动穿过自定义路线
Auto Braking	是否自动停止无法到达目的地的路线
Auto Repath	原有路线发现变化时是否重新寻路
Height	代理器高度
Base offset	代理器相对导航网格的高度偏移
Obstacle Avoidance Type	代理器回避级别
Avoidance Priority	代理器回避优先级
NavMesh Walkable	代理器可使用的导航网格层

NavMesh Walkable 参数可对可使用导航网格层进行设置。Unity 3D 使用 2^n 对导航网格层进行编号，如第 0 层编号为 2^0=1、第 1 层编号为 2^1=2……而 NavMesh Walkable 值为可使用导航网格层编号之和，如 NavMesh Walkable 的值为 3 的代理器可在第 0 层和第 1 层上移动，而其他层均无法使用。

2. 自定义路线——Off Mesh Link

Off Mesh Link 是为了满足复杂地形对生成导航网格的特殊需求所提供的一个组件，开发人员可自行设计所需路线，该路线将会被并入指定的导航网格层中，与其他路线一并进行寻路计算。该组件提供一系列参数，实现对该路线的自定义，其详细含义如表 11-11 所示。

表 11-11　　　　Off Mesh Link 参数含义

参 数 名	含 义
Start	自定义路线起始位置信息
End	自定义路线目标位置信息
Cost Override	自定义路线成本覆盖
Bi Directional	自定义路线是否允许双向穿越
Activated	是否激活该路线

Off Mesh Link 组件挂载在一个对象上，同时需要指定另外两个对象来充当这个路线的起始点和目标点。其产生的自定义路线有一个 name 参数，该参数指向了被挂载对象的对象名，读者可通过获取这个参数来判断当前正在穿越的路线，以进行相对应的操作。

3. 动态障碍物——Nav Mesh Obstacle

由于导航代理在移动的过程中会忽略所有的碰撞体，所以在寻路的过程中可能会出现代理器穿过其他对象的现象。为防止这些情况的发生，Unity 3D 提供了 Nav Mesh Obstacle 组件来提供对动态障碍物的支持，通过这个组件可实现英雄横穿人群而不被穿透的效果。该组件的各项参数含义如表 11-12 所示。

表 11-12　　　　Nav Mesh Obstacle 参数含义

参 数 名	含 义
Radius	动态障碍物的半径大小
Height	动态障碍物的高度
Move Threshold	动态障碍物的移动阈值
Carve	是否允许被代理器穿入

11.3.2 一个简单的案例

前面对 Navigation 的各个组件进行了详细的介绍，相信读者已经对 Unity 3D 中的自动寻路技术有了一定的了解。本节将通过一个简单的案例来使读者对 Unity 3D 中的自动寻路技术有一个更加明确的认知，并熟练掌握这项技术。具体操作如下。

（1）新建一个场景。在菜单栏中选择“File”，打开文件操作按钮。选择“New Scene”，创建一个场景，按下快捷键 Ctrl+S 保存该场景，命名为“Pathing”。

（2）导入资源。依次单击“Assets→Import Assets”选中所需的模型、贴图和动画，单击“Import”导入。本案例中所有的资源文件都已经整理好了，放在随书光盘第 11 章/资源包文件夹下。

（3）新建一个地形，调整其形状及大小，并将模型包中的“map.fbx”拖曳进场景，调整其大小，使其位于刚刚创建的地形之上。然后再把模型包中的“hero.fbx”拖曳进场景，使其位于 map 对象上，最后将本游戏场景的天空盒设置为 Textures 文件夹下的“MySkyBox”。游戏场景如图 11-32 所示。

（4）依次单击“Assets→Import Assets→Projectors”导入阴影资源包，然后把 Projectors 文件夹下的“Blob Shadow Projector”拖曳给 hero 对象作为其子对象以产生阴影。

（5）选中 map 对象和 Terrain 对象，在 Inspector 面板中的 Static 下拉列表中选中“Navigation Static”，使系统能在该对象的基础上生成导航网格，如图 11-33 所示。依次单击“Window→Navigation”调出 Navigation 窗口，单击该窗口下的“Bake”按钮，进行导航网格的烘焙，如图 11-34 所示。

▲图 11-32　游戏场景

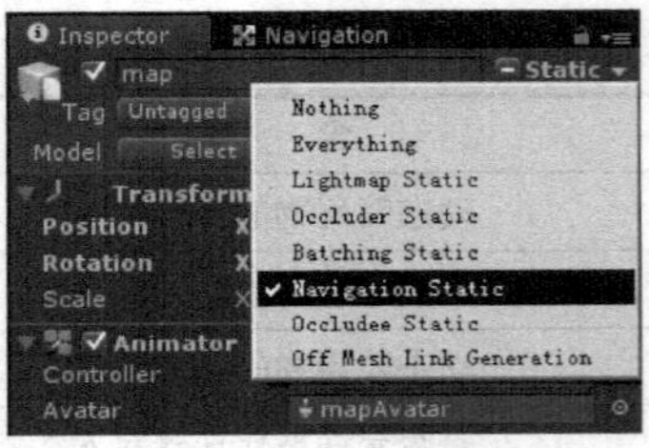

▲图 11-33　设置导航静态

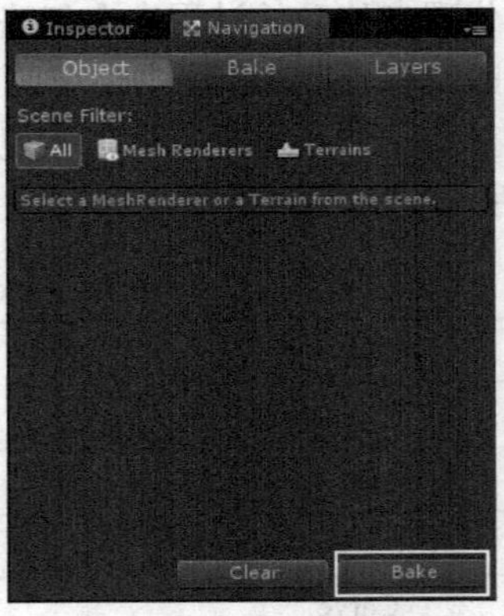

▲图 11-34　烘焙导航网格

（6）经过短暂的等待，游戏场景被设置为“Navigation Static”的对象上面都会出现青色的导航网格层，如图 11-35 所示。同时，Assets 目录下会出现一个名为“Pathing”的文件夹，生成的导航网格数据会被记录在该文件夹下的 NavMesh.asset 文件上，如图 11-36 所示。

▲图 11-35　导航网格

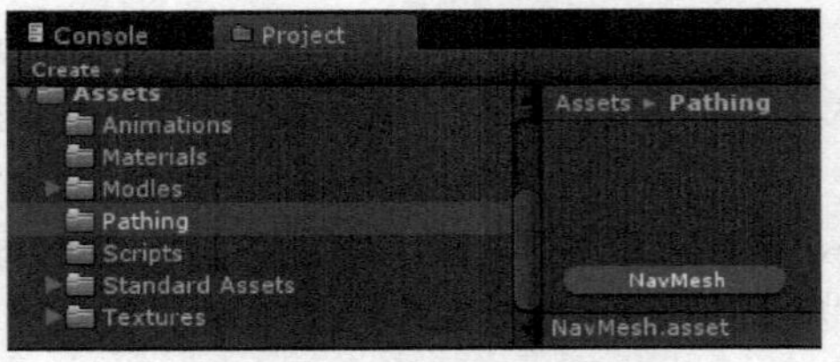

▲图 11-36　NavMesh 文件

（7）为人物添加代理器组件。选中 hero 对象，依次单击“Component→Navigation→Nav Mesh Agent”，并设置其各项参数。如图 11-37 所示。

（8）为梯子添加自定义路线。创建一个空对象，命名为“JumpLink”，并为该空对象创建两个子对象，分别命名为“Start”和“End”，按此步骤再创建一个“ClimLink”。然后分别为这两个对象添加 Off Mesh Link 组件，分别设置其参数，如图 11-38 所示。

▲图 11-37　代理器参数

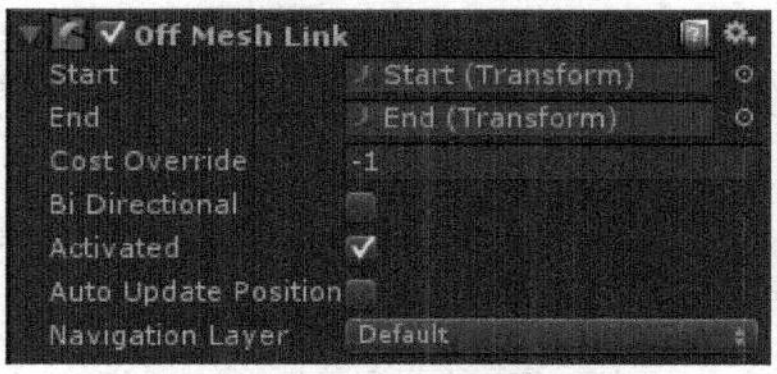

▲图 11-38　自定义路线参数

（9）分别调整 JumpLink 和 ClimLink 的子对象的位置，使其两个子对象分别位于两个导航网格上，且 JumpLink 的 Start 在上 End 在下，而 ClimLink 刚好相反。此时其两个子对象之间会产生一条弧线，如图 11-39 所示，这条弧线所代表的路线会归并入对应的导航网格中。

▲图 11-39　自定义路线

（10）为 hero 对象添加 Animation 组件，并向该组件挂载“run”“jump”“hit1”“casting”等动画。这些动画将会在接下来的脚本开发中进行调用，使 hero 在移动的过程中更为自然。

（11）下面进行脚本的开发。首先为摄像机添加监听脚本，通过触摸屏幕，可实现摄像机视角的转换、寻路目标点的设置等功能。该脚本的具体内容如下。

代码位置：见随书光盘中源代码/第 11 章目录下的 Pathing/Scrpits/ClickListener.cs。

```
using UnityEngine;
using System.Collections;
public class ClickListener : MonoBehaviour {
  public Transform hero;                                    //声明英雄对象
  private NavMeshAgent heroAgent;                           //声明导航代理器对象
  public Transform flag;                                    //声明旗子对象
  private Vector3 distance;                                 //声明移动步长
  private Rect buttonRect0;                                 //声明按钮 0 位置
  private Rect buttonRect1;                                 //声明按钮 1 位置
  private Vector2 beganPoint;                               //声明开始触摸位置
  public Texture2D buttonAddTex;                            //声明按钮 0 纹理
  public Texture2D buttonMoveTex;                           //声明按钮 1 纹理
  void Start () {
    heroAgent = hero.GetComponent<NavMeshAgent>();          //初始化导航代理器对象
    flag.transform.position = Vector3.zero;                 //初始化旗子对象的位置
    buttonRect0 = new Rect(30, Screen.height - 40 - Screen.height * 0.1f,
         Screen.height * 0.15f, Screen.height * 0.15f);//初始化按钮 0 位置
    buttonRect1 = new Rect(30, Screen.height - 80 - Screen.height * 0.2f,
         Screen.height * 0.15f, Screen.height * 0.15f);//初始化按钮 1 位置
 }
  void Update () {
    float horizontal = Input.GetAxis("Horizontal");         //声明横向轴操控值
```

```
      transform.LookAt(hero);                                           //使摄像机一直朝向人物对象
      if (Input.touchCount != 0) {                                      //如果进行了触摸操作
        if (touchIn(Input.touches[0].position)) {                       //若点击了按钮
          return;                                                       //中断脚本的运行
        }
        if (Input.touches[0].phase == TouchPhase.Moved) {               //若是在移动手指
          horizontal = Input.touches[0].deltaPosition.x * 0.2f;  //用于旋转摄像机
        }
        if (Input.touches[0].phase == TouchPhase.Began) {               //若是第一次点击屏幕
          beganPoint = Input.touches[0].position;                       //记录第一次点击的坐标
        }
        if (Input.touches[0].phase == TouchPhase.Ended) {               //若是最后一次点击屏幕
          if (Vector2.Distance(Input.touches[0].position, beganPoint) < Screen.height *
           0.1f) {  //点击操作
            Ray ray = Camera.main.ScreenPointToRay(Input.touches[0].position);
           //声明一个射线
            RaycastHit hit;                                    //声明光线投射碰撞，用于后面的拾取操作
              if (Physics.Raycast(ray, out hit)) {                      //若射线发生了碰撞
                heroAgent.SetDestination(hit.point);                    //设置导航目标点为碰撞点
                flag.transform.position = hit.point;                    //将旗子放置到目标点上
      }}}}
      transform.RotateAround(hero.position, Vector3.up, horizontal);
                                                                        //旋转摄像机
      distance = Vector3.Normalize(hero.position - transform.position);
                                                                        //设置移动步长
    }
    void OnGUI() {
      if (GUI.RepeatButton(buttonRect0, buttonAddTex, new GUIStyle())) {//当点击靠近按钮
        transform.position += distance;                                 //移动摄像机靠近人物
      }
      if (GUI.RepeatButton(buttonRect1, buttonMoveTex, new GUIStyle())) {//当点击远离按钮
        transform.position -= distance;                                 //移动摄像机远离人物
    }}
    bool touchIn(Vector2 touchPostion) {      //用于判断指定点是否位于两个按钮之内的方法
      touchPostion = new Vector2(touchPostion.x, Screen.height - touchPostion.y);
  //向屏幕坐标系转换
      if ((touchPostion.x > buttonRect0.xMin && touchPostion.x < buttonRect0.xMax &&
      touchPostion.y > buttonRect0.yMin && touchPostion.y < buttonRect0.yMax)||
      (touchPostion.x > buttonRect1.xMin && touchPostion.x < buttonRect1.xMax &&
      touchPostion.y > buttonRect1.yMin && touchPostion.y < buttonRect1.yMax)) {
  //若在按钮之上
        return true;                                                    //返回确定结果值
      }
      return false;                                                     //返回否定结果值
  }}
```

（12）将上述脚本拖曳到主摄像机对象上，并调整该脚本下的参数，使其与图 11-40 所示相符合。该脚本可实现动态更改导航目标点，当用户点击场景中的地图时，场景中的人物会自动寻找最佳路线，并缓慢移动到该点。至此，本案例的基本功能已经实现，其效果如图 11-41 所示。

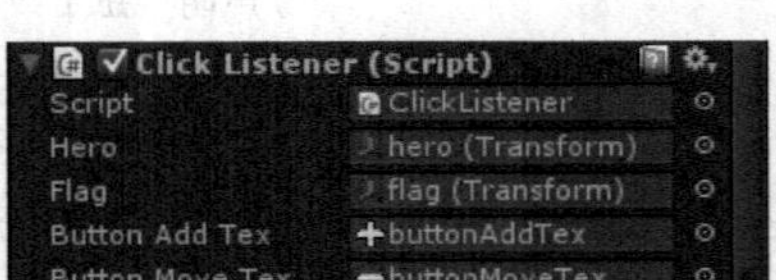

▲图 11-40　摄像机监听脚本参数

▲图 11-41　运行效果

（13）现在人物的移动还稍显不自然，且还不能爬梯子和下梯子。接下来进行人物动画脚本的开

发，来实现这些缺失的功能。创建一个脚本并将其命名为“HeroMovement.cs”，其具体代码内容如下。

代码位置：见随书光盘中源代码/第 11 章目录下的 Pathing/Scrpits/HeroMovement.cs。

```
using UnityEngine;
using System.Collections;
public class HeroMovement : MonoBehaviour {
  private NavMeshAgent heroNav;                          //声明导航代理器
  private string aniString;                              //声明动画名，用于动画的播放
  private bool lerpBool;                                 //声明插值标志位，用于进行插值移动
  private Vector3 lefpStart;                             //声明插值初始点
  private Vector3 lefpEnd;                               //声明插值目标点
  private float lerpRatio;                               //声明插值时间锚点
  void Start () {
    heroNav = GetComponent<NavMeshAgent>();              //进行导航代理器的初始化
    aniString = "hit1";                                  //初始化动画名
  }
  void Update () {
    if (heroNav.hasPath) {                               //若正在进行自动寻路
      aniString = "run";                                 //设置当前播放动画
      transform.LookAt(heroNav.nextPosition);            //使人物对象一直朝向下一个目标点
      animation.wrapMode = WrapMode.Loop;                //动画播放方式设置为循环
      if (heroNav.isOnOffMeshLink) {                     //若正在穿越自定义路线
        if(heroNav.currentOffMeshLinkData.offMeshLink.name == "JumpLink"){
                                                         //进入下梯子路线
          aniString = "jump";                            //设置跳跃动画
        }
        if (heroNav.currentOffMeshLinkData.offMeshLink.name == "ClimLink") {
                                                         //进入爬梯子路线
          aniString = "casting";                         //设置攀爬动画
        }
       lefpStart = heroNav.currentOffMeshLinkData.offMeshLink.startTransform. position;
       //插值起始点
        lefpEnd = heroNav.currentOffMeshLinkData.offMeshLink.endTransform.position;
                                                         //插值目标点
        lerpRatio = Time.time;          //将从锚点进行插值，直到结果值与目标点相重叠
        lerpBool = true;                                 //保存插值标志位，系统将进行插值处理
    }}else {
      aniString = "hit1";                                //未进行任何寻路操作，则播放默认动画
      animation.wrapMode = WrapMode.Once;                //设置播放模式
    }
    animation.Play(aniString);                           //进行动画的播放
    if (lerpBool) {                                      //若需要进行插值
      transform.position = Vector3.Lerp(lefpStart, lefpEnd, (Time.time - lerpRatio)
      * 2); //向目标点插值
      if (transform.position == lefpEnd) {               //若已经到达目标点
        lerpBool = false;                                //修改插值标志位
}}}}
```

（14）将上述脚本拖曳到人物对象 hero 上。该脚本实现了人物对象在自动寻路过程中动画的切换，使其寻路更为自然，而不是简单的平移。

至此，本案例的开发已经全部完成。读者可将本案例导出为 APK 文件，并在手机上安装运行，查看案例运行效果。通过点击手机屏幕，在指定位置放置一个旗子，人物对象就将走向旗子。如果在人物对象寻路的过程中重新点击屏幕，人物对象将会重新进行寻路，走向新的目标点。如图 11-42 所示。

▲图 11-42　案例在 Android 手机上的运行效果

11.4 本章小结

在本章中，笔者详细地讲解了地形与自动寻路技术，以及拖痕渲染器的使用。这些知识在大中型游戏及虚拟现实场景的开发中被广泛应用于开发仿真程度较高的场景和较为精细的 AI 寻路系统，从而实现大型游戏的基础开发。

第 12 章　游戏资源更新

随着互联网的普及，移动终端已经可以像计算机一样浏览网页、玩网络游戏。而且互动性更强的网络游戏尤为受大众的欢迎，那么游戏的更新技术便是开发人员所必备的工作技能。本章将结合 Unity 平台的 AssetBundle 资源包以及热更新框架来向读者展示如何做到游戏的更新。

12.1 AssetBundle 资源包

无论是传统单机游戏，还是新兴网络游戏，在开发的过程中都会面临如何在游戏上线过程中对资源进行动态的下载和加载的问题，即游戏的实时热更新。为此，Unity 引入了 AssetBundle 资源包这一技术来满足上述的开发需求。下面将详细的介绍一下这项技术。

12.1.1 AssetBundle 简介

AssetBundle 是将资源用 Unity 提供的一种用于存储资源的压缩格式打包后的集合，它可以存储任意一种 Unity 引擎可以识别的资源，如模型、纹理图、音频、动画甚至场景等。此外，AssetBundle 也可以打包开发者自定义的二进制文件。

Unity 的 AssetBundle 系统是对资源管理的一个扩展，可以动态地加载和卸载，并且大大节约了游戏所占的空间，即使是已经发布的游戏也可以用其来增加新的内容。因此，动态更新、网页游戏、资源下载都是基于 AssetBundle 系统的。

一般情况下，AssetBundle 的具体开发流程如下。

（1）创建 AssetBundle。开发者在 Unity 编辑器中通过脚本来将所需的资源打包成 AssetBundle 文件。详细的创建方法参见 12.1.2 节。

（2）上传至服务器。开发者创建好 AssetBundle 文件后，可通过上传工具将其上传到游戏的服务器中，使游戏客户端可以通过访问服务器来获取当前所需要的资源，进而实现游戏的更新。

（3）下载 AssetBundle。游戏在运行时，客户端会将服务器上传的游戏更新所需的 AssetBundle 下载到本地设备中，再通过加载模块将资源加载到游戏中。Unity 提供了相应的 API 可供使用来完成从服务器端下载 AssetBundle。详细的下载方法参见 12.1.3 节。

（4）加载 AssetBundle。AssetBundle 文件下载成功后，开发者通过 Unity 提供的 API 可以加载资源包里所包含的模型、纹理图、音频、动画、场景等来更新游戏客户端。详细的加载方法参见 12.1.4 节。

（5）卸载 AssetBundle。在 Unity 中提供了相应的方法来卸载 AssetBundle，卸载 AssetBundle 可以节约内存资源，并且保证资源的正常更新。详细的卸载方法参见 12.1.4 节。

12.1.2 创建 AssetBundle

开发者可以在 Unity 编辑器中编写脚本来创建 AssetBundle 文件。在 Unity 4.X 中创建

AssetBundle 需要编辑脚本。为了简化这个步骤，Unity 5.X 在编辑器中加入了 AssetBundle 创建工具。下面将对创建过程进行详细的讲解。

1. AssetBundle 系统

需要说明的是，只有在 Assets 窗口的资源才可以打包。依次单击“GameObject→3D Object→Cube”创建一个 Cube，然后在 Assets 窗口创建一个 Prefab，并命名为“cubeasset”，然后将刚刚创建好的 Cube 拖曳到 cubeasset 上。如图 12-1 所示。

然后单击刚刚创建好的预制件 cubeasset，在编辑器界面右下角资源属性窗口底部有一个名为“AssetBundle”的创建工具，如图 12-2 所示。接下来创建 AssetBundle，空的 AssetBundle 可以通过单击菜单选项“New...”来创建，将其命名为“cubebundle”，如图 12-3 所示。

▲图 12-1　创建 cubeasset 预制件

▲图 12-2　AssetBundle 创建工具

▲图 12-3　创建 cubebundle

> **说明**　AssetBundle 的名字固定为小写，如果在名字中使用了大写字母，系统会自动转换为小写格式。另外，每个 AssetBundle 都可以设置一个 Variant，其实就是一个后缀。如果有不同分辨率的同名资源，可以添加不同的 Variant 来加以区分。

2. BuildAssetBundles 方法

AssetBundle 创建好后需要导出，这一过程就要编写相应的代码来实现。从 Untiy 5.X 开始整合之前版本的 API，提供了一套全新的 API 来实现这一功能。这大大地简化了开发者手动遍历资源以自行打包的过程，更加方便快捷。

此方法会将开发者所规定的所有资源进行打包，即之前使用 AssetBundle 创建工具进行命名的资源，然后将其全部置于指定的文件夹中。其具体的声明方法如下。

```
public static AssetBundleMainfest BuildAssetBundles(string outputPath,
BuildAssetBundleOptions
assetBundleOptions=BuildAssetBundleOption.None,BuildTarget targetPlatfom=
BuildTarget.WebPlayer);
```

> **说明**　上述声明中，OutPath 参数为 AssetBundls 的输出路径，一般情况下为 Assets 下的某一个文件夹，例如"Assets/MyBundleFolder"；assetBundleOptions 参数为 AssetBundles 的创建选项；targetPlatform 为 AssetBundles 的目标创建平台。

用下面的代码来将上面创建的 cubebundle 打包成 AssetBundles 并将其导出。具体实现如下面的代码片段所示。

代码位置：见随书光盘中源代码/第 12 章目录下的 AssetBundle/Assets/Editor/ExportAsset.cs。

```
using UnityEngine;
using System.Collections;
using UnityEditor;                                        //导入系统相关类
public class ExporrtAsset : MonoBehaviour {
  [@MenuItem("Test/Build Asset Bundles")] //添加菜单栏“Test”以及子菜单“Build Asset Bundles”
  static void BuildAssetBundles() {                      //声明 BuildAssetBundles 方法
```

```
        BuildPipeline.BuildAssetBundles("Assets/AssetBundles");
                                        //打包资源到Assets下的AssetBundles文件夹
}}
```

说明 该方法将资源打包到指定的文件夹中，此案例中打包到了 AssetBundles 文件夹中。该文件夹并不会自动创建，需要玩家在运行前手动创建，否则会报错。

此脚本编写完后并不需要挂载到 GameObject 上。单击 Untiy 集成开发环境的运行按钮后会在菜单栏生成“Test”一项，单击其子菜单“Build Asset Bundles”，如图 12-4 所示。

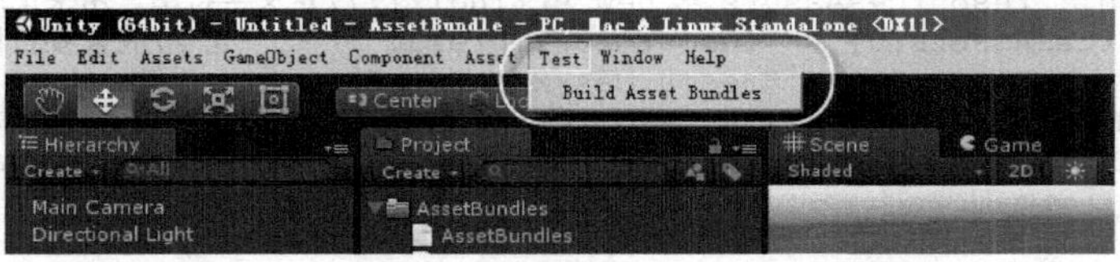

▲图 12-4 生成 Test 菜单

所有的 AssetBundle 已经被导出，此外每一个 AssetBundle 资源将会有一个和文件相关的“.mainfest”的文本类型的文件，该文件提供了所打包资源的 CRC 和资源依赖的信息，本案例中为“cubebundle.mainfest”文件。如图 12-5 所示。

除此之外还有一个“.mainfest”文件会在 AssetBundles 被创建的时候被创建，如图 12-6 所示。该文件也是文本类型的文件，记录着整个 AssetBundles 文件夹的信息，包括资源的列表以及各个列表之间的依赖关系。但案例中只有一个资源，所以并没有依赖关系。

▲图 12-5 单个 AssetBundle 资源信息文件

▲图 12-6 AssetBundles 文件夹总体信息

此方法还可以使用 building map 指定资源的名字和内容来进行打包。building map 简单来讲就是一个 AssetBundleBuild 对象的数组，这个数组定义了你要打包的文件的关系，也就是说将 Assets 文件夹下的哪些文件以什么样的关系进行打包。具体代码片段如下。

```
public static AssetBundleMainfest BuildAssetBundles(string outputPath,AssetBundleBuild[]
builds,
BuildAssetBundleOptions assetBundleOptions=BuildAssetBundleOption.None,
BuildTarget targetPlatfom=BuildTarget.WebPlayerr);
```

说明 上述声明中，OutPath 参数为 AssetBundls 的输出路径，一般情况下为 Assets 下的某一个文件夹，例如“Assets/MyBundleFolder”，但该文件夹并不会自动生成，需开发者手动创建；assetBundleOptions 参数为 AssetBundles 的创建选项；targetPlatform 为 AssetBundles 的目标创建平台；builds 为 AssetBundle 资源的 buildmap。

用下面的代码来将上面创建的 cubebundle 打包成 AssetBundles 并将其导出。具体实现如下面的代码片段所示。

代码位置：见随书光盘中源代码/第 12 章目录下的 AssetBundle/Assets/Editor/ExportAsset2.cs。

```
using UnityEngine;
using System.Collections;
using UnityEditor;
public class ExportAsset2 : MonoBehaviour {
  [@MenuItem("Asset/Build Asset Bundles")]//添加菜单项"Asset"及子菜单"Build Asset Bundles"
  static void BuildAssetBundles() {
    AssetBundleBuild[] buildMap = new AssetBundleBuild[2];  //定义 AssetBuild 数组
    buildMap[0].assetBundleName = "resources"; //打包的资源包名称，开发者可以随便命名
    string[] resourcesAssets = new string[2];//定义字符串，用来记录此资源包文件名称
    resourcesAssets[0] = "resources/1.prefab";        //将需要打包的资源名称赋给数组
    resourcesAssets[1] = "resources/MainO.cs";
    buildMap[0].assetNames = resourcesAssets;         //将资源名称数组赋给 AssetBuild
    BuildPipeline.BuildAssetBundles("Assets/AssetBundles", buildMap); //打包资源并导出
}}
```

说明 上述声明中，OutPath 参数为 AssetBundls 的输出路径，一般情况下为 Assets 下的某一个文件夹，例如"Assets/MyBundleFolder"，但该文件夹并不会自动生成，需开发者手动创建；assetBundleOptions 参数为 AssetBundles 的创建选项；targetPlatform 为 AssetBundles 的目标创建平台。

按照上述方法，Unity 中需要被打包的资源会全部导出到指定的文件夹，开发者根据需要选择打包好的 AssetBundle 然后上传到开发平台，供客户端下载，这样就可以达到游戏的更新目的。到这一步就完成了 AssetBundle 的打包部分。

12.1.3 AssetBundle 的下载

Unity 提供了两种下载 AssetBundle 的方式：缓存机制和非缓存机制。非缓存方式所下载的资源文件并不会被写入 Unity 引擎的缓存区，而缓存机制下下载的资源文件会被写入 Unity 引擎的缓存区中。下面将详细地介绍一下这两种方式。

1. 非缓存机制

非缓存机制通过创建一个 WWW 实例来下载 AssetBundle 文件。采用此种方式下载 AssetBundle 的文件并不会存入 Unity 引擎的缓存区。下面将通过一段使用非缓存机制来下载 AssetBundle 文件的代码进行演示。具体实现如下面的代码片段所示。

代码位置：见随书光盘中源代码/第 12 章目录下的 AssetBundle/Assets/Editor/DowloadAsset.cs。

```
using UnityEngine;
using System.Collections;
public class DowloadAsset : MonoBehaviour {
  public string BundleURL;                          //定义 URL 字符串
  public string AssetName;                          //定义资源名字字符串
  IEnumerator Start(){
    using (WWW www = new WWW(BundleURL)){            //创建一个网页链接请求，并赋给 www
      yield return www;                             //返回 www 的值
     if (www.error != null)                         //如果下载过程中出现错误
       Debug.Log("WWW download had an error:" + www.error);   //打印错误的提示信息
       AssetBundle bundle = www.assetBundle;        //下载 AssetBundle
       if (AssetName == "")                         //如果没有指定具体的资源名字
         Instantiate(bundle.mainAsset);             //实例化主资源
       else
         Instantiate(bundle.LoadAsset(AssetName)); //否则实例化指定名字的资源
       bundle.Unload(false);                        //释放 bundle 的序列化数据
}}}
```

❑ 第 1-5 行的主要功能是声明变量。主要声明了 URL 字符串、资源名字字符串。在开发环境下的属性查看器中可以为各个参数指定资源或者取值。

❑ 第 6-8 行对 Start 方法进行了重写。创建了一个网页链接请求并将其赋给了 www，然后返回 www 的值。

❑ 第 9-11 行的主要功能是对下载过程中是否出现错误进行了判断。如果错误抛出异常，否则下载所指定的 AssetBundle。

❑ 第 12-17 行的主要功能是对 AssetName 变量进行了判断。如果未指定打包的资源，那么就实例化主资源，否则示例化指定资源。最后释放 bundle 的序列化数据。

代码编写完成以后依次单击“GameObject→Create Empty”创建一个空对象，将编写好的代码拖到 Game Object 上，然后单击 Game Object 查看其属性，填写需要选择的 AssetBundle 的 URL 地址和名字，如图 12-7 所示。然后单击 Unity 编辑器的运行按钮，你就可以在 AssetBundles 文件夹看到你想要下载的资源。

2. 缓存机制

缓存机制通过 WWW 类下的 LoadFromCacheOrDownload 接口来实现 AssetBundle 的下载。通过缓存机制下载的 AssetBundle 会被存储在 Unity 的本地缓存区中。下载前系统会在缓存目录中查找该资源，当下载的数据在缓存目录中不存在或者版本较低时，系统才会下载新的数据资源替换缓存中的原数据。

需要说明的是，Unity 提供的默认缓存大小在不同平台上也有所不同，在 Web Player 平台上发布的网页游戏默认缓存大小为 50MB；在 PC 客户端发布的游戏和在 iOS/Android 平台上发布移动游戏默认缓存大小为 4GB。下面将使用缓存机制来下载 AssetBundle 文件，具体实现如下面的代码片段所示。

代码位置：见随书光盘中源代码/第 12 章目录下的 AssetBundle/Assets/Editor/DownloadAsset2.cs。

```
1    using System;
2    using UnityEngine;
3    using System.Collections;
4    public class DownloadAsset2: MonoBehaviour{
5     public string BundleURL;                         //定义 URL 字符串
6     public string AssetName;                         //定义资源名字字符串
7     public int version;                              //定义版本号
8     void Start(){
9      StartCoroutine(DownloadAndCache());             //开始缓存机制下载协同程序
10    }
11    IEnumerator DownloadAndCache(){
12     while (!Caching.ready)                          //如果缓存没准备好
13      yield return null;                             //返回空对象
14     using (WWW www = WWW.LoadFromCacheOrDownload(BundleURL, version)){
15                                                     //创建一个网页链接请求，并赋给 www
16      yield return www; //返回 www
17      if (www.error != null)                         //如果下载过程中出现错误
18       throw new Exception("WWW download had an error:" + www.error);  //抛出异常
19       AssetBundle bundle = www.assetBundle;         //下载 AssetBundle
20      if (AssetName == "")                           //如果未指定打包的资源
21       Instantiate(bundle.mainAsset);                //实例化主资源
22      else
23       Instantiate(bundle.LoadAsset(AssetName)); //否则实例化指定资源
24      bundle.Unload(false);                          //释放 bundle 的序列化数据
25   }}}
```

❑ 第 1-7 行的主要功能是声明变量，主要声明了 URL 字符串、资源名字字符串、版本号等。在开发环境下的属性查看器中可以为各个参数指定资源或者取值。

❑ 第 8-10 行的主要功能是实现了 Start 方法的重写。该方法的主要内容是实现了开始缓存机制下载协同程序。

- ❑ 第 11-16 行首先判断了缓存是否有准备完毕，如果否则返回空对象。然后创建了一个网页链接请求并将其赋给了 www，然后返回 www 的值。
- ❑ 第 17-19 行的主要功能是对下载过程中是否出现错误进行了判断。如果错误抛出异常，否则下载所指定的 AssetBundle。
- ❑ 第 20-25 行的主要功能是对 AssetName 变量进行了判定。如果未指定打包的资源，那么就实例化主资源，否则示例化指定资源。最后释放 bundle 的序列化数据。

代码编写完成以后依次单击“GameObject→Create Empty”创建一个空对象，将编写好的代码拖到 Game Object 上，然后单击 Game Object 查看其属性，填写需要选择的 AssetBundle 的 URL 地址、名字以及版本号，如图 12-8 所示。然后单击 Unity 编辑器的运行按钮，你就可以在 AssetBundles 文件夹看到你想要下载的资源。

▲图 12-7　Game Object 属性（非缓存机制）

▲图 12-8　Game Object 属性（缓存机制）

12.1.4　AssetBundle 的加载和卸载

将 AssetBundle 下载到本地后，需要将 AssetBundle 加载到内存中并且创建成具体的文件对象，这个过程就是 AssetBundle 的加载。并且无论是在下载还是加载的过程中，AssetBundle 都会占用内存。下面将介绍一下 AssetBundle 的加载和卸载。

1. 如何加载 AssetBundle

将 AssetBundle 下载到本地客户端后，就等于把硬盘或者网络的一个文件读到内存一个区域，这时只是 AssetBundle 内存镜像数据块。然后需要将 AssetBundle 中的内容加载到内存里并创建 AssetBundle 文件中的对象。Unity 5.X 提供了三种不同的方法来从已经下载的数据中加载 AssetBundle。

- ❑ AssetBundle.LoadAsset

> **说明**　此方法通过使用资源名字标识作为参数，通过给定过的包的名称来加载资源。这个名字在项目视图中可见，并且开发者可以选择一个对象类型作为参数传递给加载方法，以确保以一个特定类型的对象加载。

- ❑ AssetBundle.LoadAssetAsync

> **说明**　此方法和上一个方法相似，但是它并不会在加载资源的同时阻碍主线程，通过给定类型的包的名称异步加载资源。在加载大的资源或者短时间内加载许多资源的情况下能够很好地避免停止进程的运行。

- AssetBundle.LoadAllAssets

说明　此方法将会加载 AssetBundle 中包含的所有资源对象，并且和 AssetBundle.Load 一样，你可以通过对象类型来过滤资源。

2. 如何卸载 AssetBundle

在 Unity 中提供了相应的方法来卸载 AssetBundle，这个方法是使用一个布尔值参数来告诉 Unity 是否要卸载所有的数据（包含加载的资源对象）或者只是已经下载过的被压缩好的资源数据。下面介绍了 true 和 false 两个布尔值对应的不同的含义。

- AssetBundle.Unload(flase)

说明　false 是指释放 AssetBundle 文件的内存镜像，不包含 Load 创建的 Asset 内存对象。

- AssetBundle.Unload(true)

说明　true 是释放那个 AssetBundle 文件内存镜像和并销毁所有用 Load 创建的 Asset 内存对象。

下面通过一个使用 Application.LoadAssetAsync 接口异步加载场景的例子来实现上述的功能，使读者对其有更深刻的认识，以便在开发过程中更熟练地使用。具体实现如下面的代码片段所示。

代码位置：见随书光盘中源代码/第 12 章目录下的 AssetBundle/Assets/Script/LoadAssetAsync.cs。

```
using UnityEngine;
using System.Collections;
public class NewBehaviourScript : MonoBehaviour {
  public string url;                                            //定义 url 字符串
  IEnumerator Start(){
    WWW www = WWW.LoadFromCacheOrDownload(url, 1);              //通过所给的 url 开始一个下载
    yield return www;                                           //等待下载完成
    AssetBundle bundle = www.assetBundle;                       //加载并且取回 AssetBundle
    AssetBundleRequest request = bundle.LoadAssetAsync("myObject", typeof(GameObject));
                                                                //异步加载对象
    yield return request;                                       //等待加载结束
    GameObject obj = request.asset as GameObject;               //引用加载对象
    bundle.Unload(false);                                       //卸载 AssetBundle
    www.Dispose();                                              //释放内存
}}
```

说明　Unity 可以让你将一个特定的实例化的 AssetBundle 在应用程序中加载一次。这也就意味着你不能从 WWW 对象中检索一个已经被加载之前并没有被卸载 AssetBundle，那样的话 Unity 会报错。所以你需要做的就是卸载 AssetBundle（当你不再使用它）或者避免下载它（如果它已经在内存中）。这也就解释了为什么要卸载 AssetBundle。

12.1.5 关于 AssetBundle

虽然 AssetBundle 仅仅包含以上几个步骤，但是关于 AssetBundle 的内容并不仅限于这些，比如 AssetBundle 的资源依赖关系，虽然从 Unity 5.X 开始已经有系统自动处理，但是开发者还是需要进行了解掌握。下面将为各位读者简要介绍一些 AssetBundle 的相关知识。

1. 管理 AssetBundles 之间的依赖

AssetBundle 中不同 bundle 的许多资源可能会依赖于相同的资源，比如不同的模型可能会使

用相同的 Material 资源，这称为 AssetBundle 之间的依赖。如果不考虑依赖，将两个模型都打包到不同的 AssetBundle 文件中，则它们共用的 Material 资源就被打包了两次，这样会浪费很多资源。

为了避免这种浪费，需要将共享的 Material 打包到一个单独的 AssetBundle 中，然后让两个模型所隶属的 AssetBundle 分别依赖于该 AssetBundle，这样 Mateial 就仅被打包了一次，节省了游戏资源。从 Unity 5.X 开始，系统会自动判断所打包的资源之间的依赖，不再需要开发者手动处理。

2. 存储和加载二进制数据

如果想要保存以".bytes"为扩展名的二进制数据文件，需要在 Unity 中将该文件保存为 TextAsset 文件，然后才能对 AssetBundle 进行加载，然后通过检索二进制数据来实现。下面是一个在 AssetBundle 中存储和加载二进制数据的例子，具体实现如下面的代码片段所示。

代码位置：见随书光盘中源代码/第 12 章目录下的 AssetBundle/Assets/Script/Slbinarydata.cs。

```
using UnityEngine;
using System.Collections;
public class NewBehaviourScript : MonoBehaviour {
  public string url;                                                //定义 url 字符串
  IEnumerator Start(){
  WWW www = WWW.LoadFromCacheOrDownload(url, 1);                   //通过所给的 url 开始一个下载
  yield return www;                                                 //等待下载完成
  AssetBundle bundle = www.assetBundle;                             //加载并且取回 AssetBundle
  TextAsset txt = bundle.Load("myBinaryAsText") as TextAsset; //加载对象
  byte[] bytes = txt.bytes;                                         //检索二进制数据的字节数组
}}
```

说明：TextAsset 文件可以包含在您所构建的 AssetBundle 中。一旦你已经下载了应用程序中的 AssetBundle 和加载了 TextAsset 对象，你就可以使用".bytes"的 TextAsset 文件来检索你的二进制数据。

3. 将脚本打包入 AssetBundles

AssetBundles 中可以包含脚本，但需要注意的是它们实际不会执行代码。如果你想在 AssetBundles 中包含代码，就需要引用 Reflection 类来实现。下面是一个在 AssetBundle 中存储和加载二进制数据的例子，具体实现如下面的代码片段所示。

代码位置：见随书光盘中源代码/第 12 章目录下的 AssetBundle/Assets/Script/ Includescripts.cs。

```
using UnityEngine;
using System.Collections;
public class Includescripts : MonoBehaviour{
  public string url;                                      //定义 url 字符串
  IEnumerator Start(){
  WWW www = WWW.LoadFromCacheOrDownload(url, 1); //通过所给的 url 开始一个下载
  yield return www;                                       //等待下载完成
  AssetBundle bundle = www.assetBundle;                   //加载并且取回 AssetBundle
  TextAsset txt = bundle.LoadAsset("myBinaryAsText") as TextAsset;
                                                          //加载对象并转换为 TextAsset 格式
  var assembly = System.Reflection.Assembly.Load(txt.bytes);  //引用 Reflection 类
  var type = assembly.GetType("MyClassDerivedFromMonoBehaviour");
  GameObject go = new GameObject();                       //实例化一个 GameObject 并添加一个组件
  go.AddComponent(type);
}}
```

说明：在此案例中，如果想要在资源包中包含用来执行应用程序的代码需要预先编译，然后使用 Mono Reflection class 来加载（注意：Reflection 在 iOS 平台不可用）。可以使用任何版本的 C#IDE 编辑器（如：Monodevelop, Visual Studio）或者使用 mono/.net 文档编辑器。

12.1.6 本节小结

AssetBundle 是 Unity 推荐的资源管理方式，是对资源管理的一个扩展，动态更新、网页游戏、资源下载都是基于 AssetBundle 系统的。Unity 5.X 对其进行了重新的改动与更新，使得资源之间的依赖可以被自动处理，但是在一定的情况下还是需要手动处理资源之间的依赖关系。

在本节中，对 AssetBundle 进行了一定的介绍，如果还有其他的疑问和需求可以查阅 Unity 官方的 API。学习好 AssetBundle 可以使你对 Unity 的资源处理有一定的理解，可以更加熟练地使用 Unity 开发出更加完美的游戏。

12.2 Lua 热更新

本节主要向读者介绍 Unity 热更新的相关知识，主要包括热更新的基本情况介绍、Lua 的基本情况介绍以及 SimpleFramework 框架的基本介绍。通过对本节内容的学习，读者会对 Unity 的热更新有一个基本认识并能够通过框架实现简单的游戏界面更新。

12.2.1 热更新的基本介绍

在每一款手游上线之后，我们都需要进行游戏 Bug 的修复或者是在遇到节日时发布一些活动等，这些都需要进行游戏的更新，而且通常都会涉及代码的更新。在这里就会涉及游戏的热更新。那么什么是游戏的热更新？下面将为读者进行介绍。

热更新，是对“hot update”的中文翻译，直接翻译就是在不停机的情况下进行更新。而 Unity 3D 游戏的热更新是指用户重启客户端就能实现客户端资源代码更新的需求或者功能。游戏的热更新在开发中会减少手游打包次数，提升程序调试效率。游戏运营时减少大版本更新次数，可以减少用户流失等。

12.2.2 Lua 的基本情况介绍

Lua 是由标准 C 编写而成的小巧的脚本语言，几乎在所有操作系统和平台上都可以编译和运行。另外，Lua 语言还是一种很容易嵌入其他语言中使用的语言。它提供了非常易于使用的扩展接口和机制， Lua 可以使用这些功能，就像是本来就内置的功能一样，十分的方便。

Lua 语言是轻量级的脚本语言，体积小、速度快，能够在服务器运行期间更新程序逻辑代码以实现修正程序 Bug、修改游戏数据的目的。Lua 在用于 Unity 游戏更新中时会有 slua、ulua 等多种热更新方案，这里我们采用的是 ulua，它在游戏的热更新中被广泛应用。如图 12-9 和图 12-10 所示。

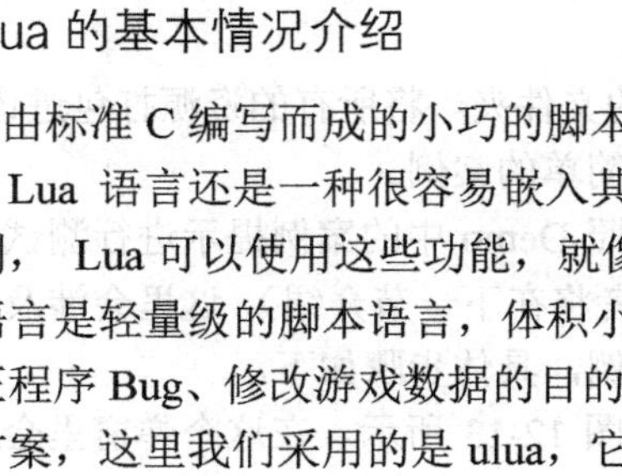

▲图 12-9 Q 灵三国

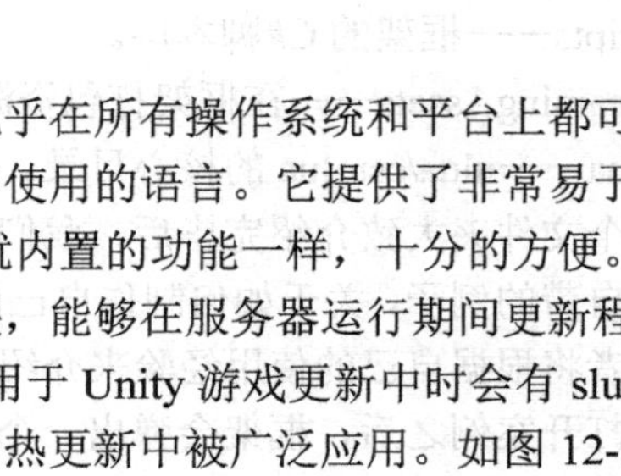

▲图 12-10 梦幻挂机

ulua 是由 ulua+lua+cstolua 组成的，开发者已经为我们包装成 SimpleFramework_UGUI 框架

（unity+ulua+SimpleFramework），让使用者在利用 ulua 进行热更新时更加方便和快捷。下面笔者将对这个框架的组成以及使用进行大致介绍，使读者对其有一个更好的理解。

12.2.3 SimpleFramework 框架介绍

读者可以从网上搜索 SimpleFramework 框架进行下载，下载最新版本即可（网上有 UGUI 版本和 NGUI 版本，本节所讲的是 UGUI 版本）。解压完成之后用 Unity 将其打开，会看到游戏资源列表中有几个文件夹，如图 12-11 所示。在 Unity 顶部的菜单栏中会有 Lua 和 Game 两个菜单，如图 12-12 所示。

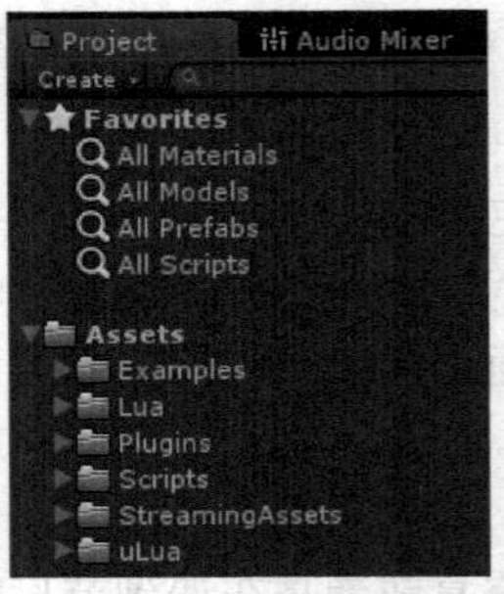

▲图 12-11 资源组成

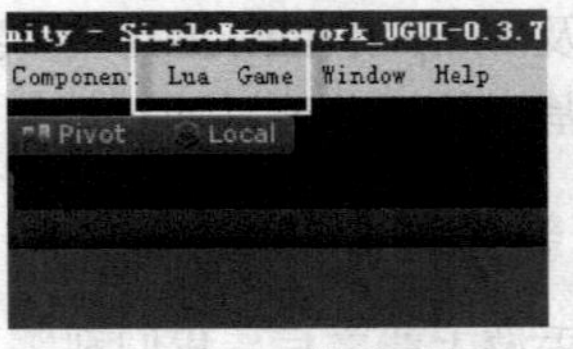

▲图 12-12 菜单列表

我们对游戏资源列表中每个文件夹进行大致的介绍，介绍如下。

- ❑ Examples——框架自带的 Demo 例子。读者可以运行里面的例子。
- ❑ Lua——框架自带的 Lua 源码目录。用户自定义的 Lua 脚本就是放在这里面，最后打包的时候，打包脚本会将其按目录结构生成到 StreaminAssets 目录里面去，然后放置到游戏的 Web 服务器上，用于被每个游戏客户端下载更新他们本地的 Lua 脚本，达到热更新的目的。
- ❑ Plugins——ulua 底层库所在的目录。里面存放的是不同平台的底层库。
- ❑ Scripts——框架的 C#脚本层。
- ❑ StreamingAssets——在框架打包资源时生成的文件夹。将所有的资源打包进该文件夹。
- ❑ uLua——ulua/cstolua 的核心目录。还有一些简单的案例。

在将每个文件夹大致介绍完毕后，我们就可以按照 Demo 中的案例提示进行测试了（这里只是讲解框架自带的例子，关于如何制作自己的案例笔者将在下一节介绍），这里会涉及一些使用技巧。下面笔者将根据自己的使用经验来介绍框架的案例，具体步骤如下。

（1）在打开案例之后，框架会弹出一个弹窗，如图 12-13 所示。在这个弹窗里会介绍框架的使用步骤，笔者将大致介绍其功能。单击 Game 菜单选择 Build xxx Resource，在这里我们选择 Build Android Resource，这一步的功能是选择不同的平台生成 AssetBundle 资源。

（2）单击 Lua 菜单中的 Gen Lua Wrap File 子菜单，框架就会生成 Wrap 文件。这个菜单的作用是将 Unity 3D 中的类生成 Wrap 文件供 Lua 调用。Lua 菜单中还有一个选项是 Clear LuaBinder File+Wrap Files，这个菜单的作用用来清除生成的 Wrap 文件，如图 12-14 所示。

（3）当读者在自己添加一些类之后，需要将其生成 Wrap 文件以供 Lua 调用时。可以单击 Clear LuaBinder File+Wrap Files 菜单清除所有缓存，然后单击 Gen Lua Wrap File 生成 Wrap 文件，在整个过程中我们可以在 ulua/Source/LuaWrap/Wrap 文件中看到自己添加类的 Wrap 文件。

（4）在这里要提一下比较重要的两个文件夹，即 Lua 文件夹下的 Controller 文件夹和 View 文件夹。这两个文件夹都是和自己在 Unity 3D 中制作的 Panel 有关的文件夹，这里面是几个 Lua 文件（读者可以用 VS 打开或者直接用 Lua 编译器打开）。

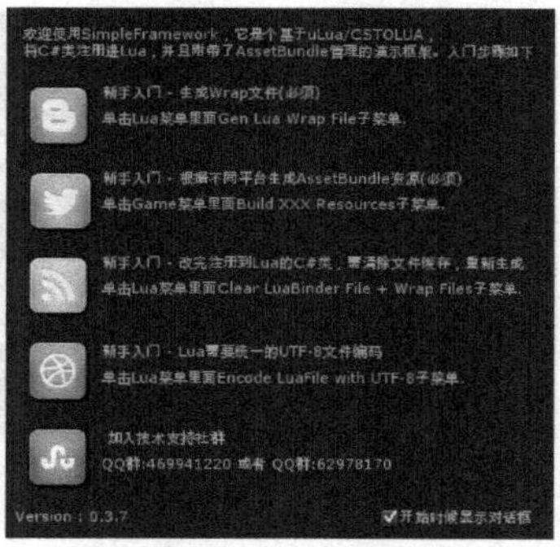

▲图 12-13 提示窗口

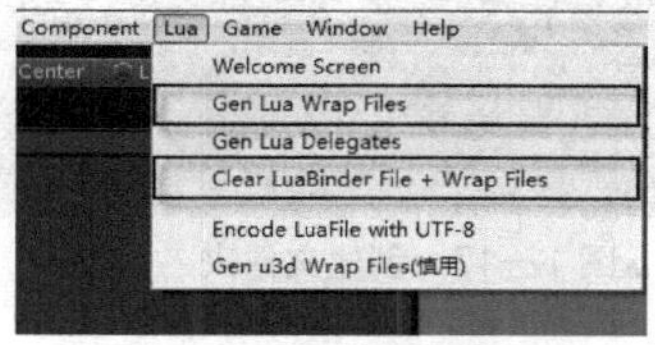

▲图 12-14 Lua 菜单

（5）笔者在这里以 Examples 例子中 Scene 下的 login 为例。打开该场景并且单击运行按钮运行游戏，会弹出一个界面，如图 12-15 所示。这个面板是由 lua 更新出来的，在 Game 面板也会有一些文件下载解压的显示信息，最后会弹出更新完成提示。

（6）在点击面板的 Button 时，我们需要在这个例子当中打开例子当中的服务器，点击 SimpleFramework_UGUI-0.3.7.4\Server\Server\bin\Debug\SuperSocket.SocketService.exe，运行该 Socket 服务器，输入“R”即可启动该 Socket 服务器。

（7）再次在 Unity 3D 中重新运行该游戏，单击 Button 按钮即可弹出收到服务器信息的弹窗，如图 12-16 所示。到此 SimpleFramework 框架中的案例的运行过程就介绍完毕了，下面我们将通过一个案例使读者对该框架的使用有着更进一步的理解。

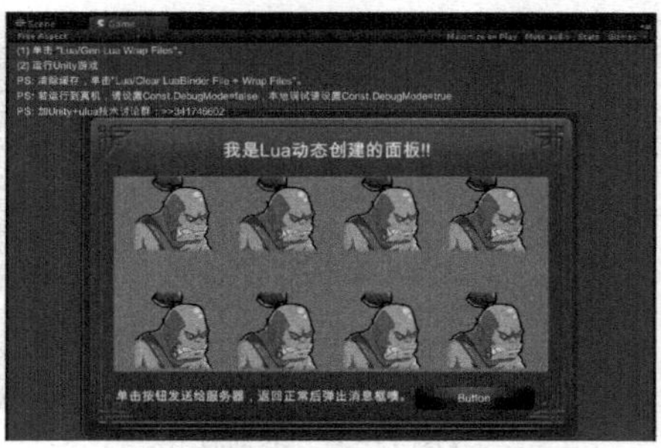

▲图 12-15 Demo 运行效果

▲图 12-16 Demo 弹出效果

12.2.4 热更新案例

通过前面的介绍，读者应该已经初步地了解了热更新的含义以及相关内容，接下来笔者将通过 SimpleFramework_UGUI 框架来制作并实现 UI 界面的热更新，让读者能够明白如何使用框架来生成自己的 UI 界面并能够使通过 Web 服务器来对界面进行实时更新。具体步骤如下。

（1）双击桌面上的 Unity 快捷方式进入到 Unity，选择 SimpleFramework_UGUI-0.3.7.4 工程文件打开并进入到 Unity 的集成开发环境中。

（2）在 Asset 目录下新建一个文件夹并重命名为“Demo”，如图 12-17 所示。这个文件夹将用来存放我们自己的资源文件，例如声音、图片等资源。

（3）先使用快捷键 Ctrl+N 新建一个场景，然后使用快捷键 Ctrl+S 保存场景文件并重命名为“MyDemo2”放到 Demo 文件夹中。然后在 Demo 文件夹下新建“Demo”“Demo2”“Texture”三个文件夹用来存放资源文件，在后文会进行介绍，如图 12-18 所示。

▲图 12-17　创建文件夹

▲图 12-18　保存场景

（4）在场景中将主摄像机重命名为“GuiCamera”并将其 tag 标签设置为“GuiCamera”。依次单击“GameObject→UI→Canvas”创建画布并将摄像机设置为其子物体，通过“GameObject→Create Empty”创建一个空对象，重命名为“GlobalGenerator”并为其挂载“GlobalGenerator”脚本，如图 12-19 所示。

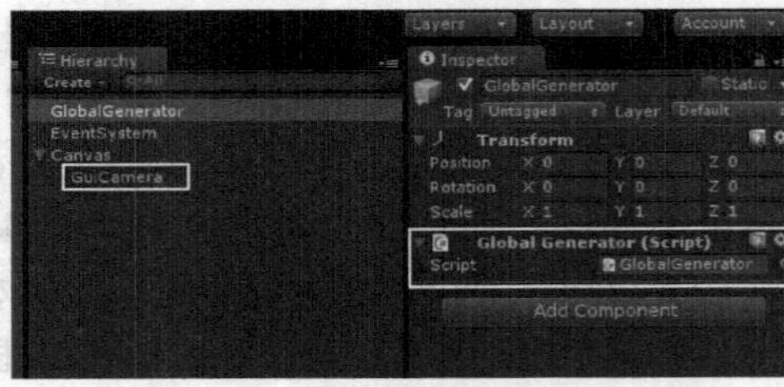

▲图 12-19　设置场景

（5）接下来就是搭建我们想要更新出来的 UI 界面。由于本框架为 UGUI 版本，所以这里使用 UGUI 来搭建 UI 界面，有兴趣的读者也可以去下载 NGUI 版本的框架来使用。将需要使用的图片导入到 Texture 文件夹中，如图 12-20 所示。读者可根据自己的需要搭建各种样式的界面，界面如图 12-21 所示。

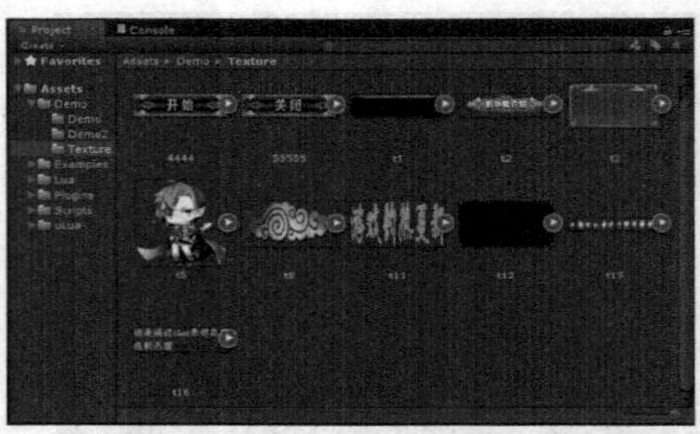

▲图 12-20　图片资源

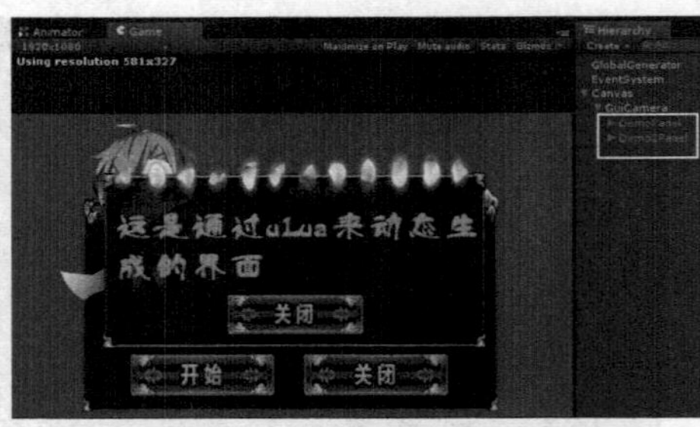

▲图 12-21　界面样式

（6）需要注意的是，创建的 Panel 必须以“***Panel”来命名。本案例有两个界面，通过第一个界面的开始按钮能够打开第二个界面，通过另一个界面的关闭按钮可以关闭第二个界面。搭建完成后将两个 Panel 分别制作成预制件放置在 Demo、Demo2 两个文件夹中，如图 12-22 所示。

（7）预制件完成后要为其设置 AssetBundle 名称，这样在后边生成资源文件时才能将其打包并生成。点击预制件文件，在右下角为其设置 AssetBundle 名称，其格式为“***.assetbundle”，如图 12-23 所示。完成后要将场景中的界面删除。

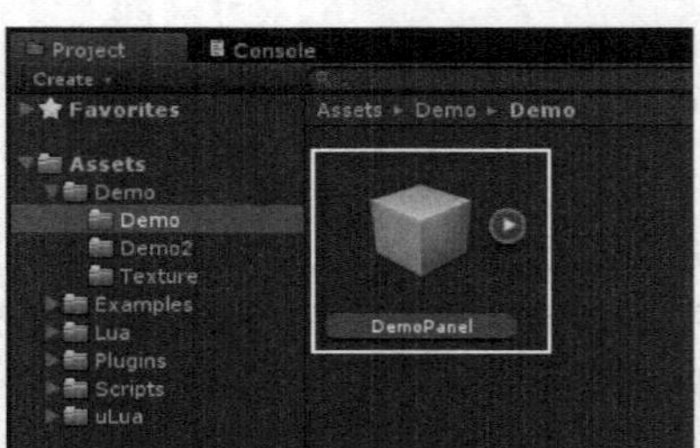

▲图 12-22　放置预制件

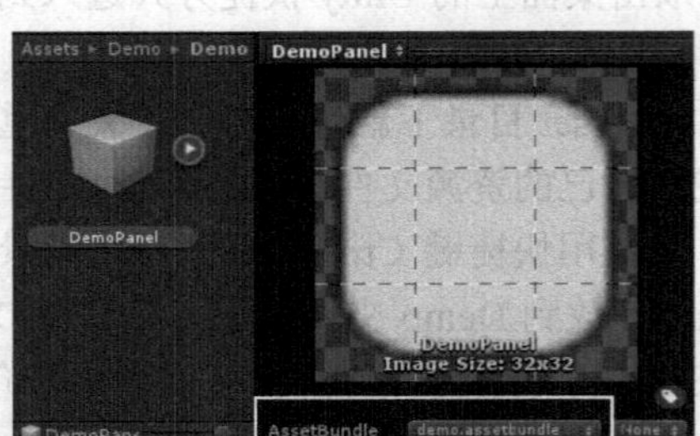

▲图 12-23　设置 AssetBundle 名称

（8）接下来将修改框架中的脚本代码以及编写自己的 Lua 脚本来实现 UI 界面的功能。首先要编写我们自己的 Lua 脚本分别放在 Lua 文件下的 Controller、View 文件夹中来添加控制器以及视图层。读者可参考官方的脚本内容以及命名格式来完成编写。

（9）首先编写 View 文件夹下的 DemoPanel.lua 脚本。该脚本用于将获取主界面中的打开按钮控件，添加其相关变量。打开 luastudio 编辑器新建 lua 脚本并命名为“DemoPanel”，具体代码如下。

代码位置：见随书光盘中源代码/第 12 章目录下的 SimpleFramework_UGUI-0.3.7.4/Assets/Lua/View/ DemoPanel.lua。

```
1   local transform;                                      //定义变量
2   local gameObject;
3   DemoPanel = {};
4   local this = DemoPanel;
5   function DemoPanel.Awake(obj)                         // Awake 方法，用于界面的初始化
6     gameObject = obj;
7     transform = obj.transform;
8     this.InitPanel();                                   //初始换界面
9     warn("Awake lua--->>"..gameObject.name);            //打印初始化信息
10  end
11  function DemoPanel.InitPanel()
12    this.demoOpen = transform:FindChild("Button").gameObject;//获取UI 界面中的“Button”控件
13  end
14  function DemoPanel.OnDestroy()                        //该方法当界面被销毁时调用
15    warn("OnDestroy---->>>");                           //打印销毁信息
16  end
```

- 第 1-4 行用于定义变量。
- 第 5-10 行通过获取界面对象，来调用 InitPanel 方法并打印被初始化的界面的名称。
- 第 11-13 行获取 Button 游戏对象并赋给 demoOpen 变量。
- 第 14-16 行用来打印销毁信息，提示开发人员何时被销毁。

（10）View 文件夹中关于另一个界面的 Lua 脚本其内容和该脚本大致相同，这里就不再赘述，读者可以自行查看工程中的脚本文件“Demo2Panel”。接下来编写在 Controller 文件夹下的 Lua 脚本，该脚本主要负责界面相关功能的实现，打开 luastudio 编辑器新建脚本并命名为“DemoCtrl”。具体代码如下。

代码位置：见随书光盘中源代码/第 12 章目录下的 SimpleFramework_UGUI-0.3.7.4/Assets/Lua/Controller/ DemoCtrl.lua。

```
require "Common/define"                                 //引用相关脚本
DemoCtrl = {};
local this = DemoCtrl;                                  //定义相关变量
local panel;
/*此处省略相关重复代码，读者可自行查看光盘*/
function DemoCtrl.New()
  warn("DemoCtrl.New--->>");                            //当该脚本被调用时打印信息
  return this;
end
function DemoCtrl.Awake()
  warn("DemoCtrl.Awake--->>");                          //打印构建信息
  PanelManager:CreatePanel('Demo', this.OnCreate);      //创建 UI 界面
end
function DemoCtrl.OnCreate(obj)
  gameObject = obj;
  transform = obj.transform;                            //获取游戏对象
  panel = transform:GetComponent('UIPanel');//获取相关脚本用于 Lua 与 C#之间的通信
  demo = transform:GetComponent('LuaBehaviour');
  warn("Start lua--->>"..gameObject.name);              //打印当前游戏对象名称
  demo:AddClick(DemoPanel.demoOpen, this.OnClick);//为获取的 Button 游戏对象添加监听
```

```
21  end
22  function DemoCtrl.OnClick(go)                                  //该方法当 Button 被点击时调用
23    PanelManager:CreatePanel('Demo2', Demo2Ctrl.OnCreate);
      //当 Button 被点击时创建另一个界面
24  end
25  function DemoCtrl.Close()
26    PanelManager:ClosePanel(CtrlName.Demo);                      //用于关闭当前界面
27  end
```

- ❑ 第 1 行应用相关脚本，一些信息会被定义在 define 脚本中，这里需要使用。
- ❑ 第 2-5 行定义相关变量。
- ❑ 第 6-9 行用于打印构建信息，使开发人员可以查看界面何时开始构建。
- ❑ 第 10-13 行通过 Awake 方法来创建当前 Demo 面板。
- ❑ 第 14-21 行获取界面的游戏对象以及相关脚本，并为其中的 Button 添加监听方法。
- ❑ 第 22-24 行当 Button 被点击时创建另一个界面。
- ❑ 第 25-27 行用来关闭当前 UI 界面。

（11）Controller 文件夹下关于另一个界面的控制器脚本和该脚本功能大致相同，有兴趣的读者可以自行查看脚本“Demo2Ctrl”，这里就不再赘述。全部完成后，在 View 和 Controller 文件夹下分别有两个 Lua 脚本分别作用于两个界面（如图 12-24 和图 12-25 所示），其他脚本为官方案例脚本。

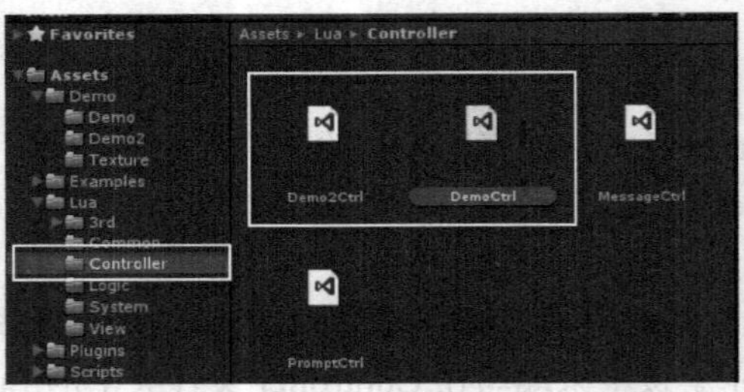

▲图 12-24　控制器脚本

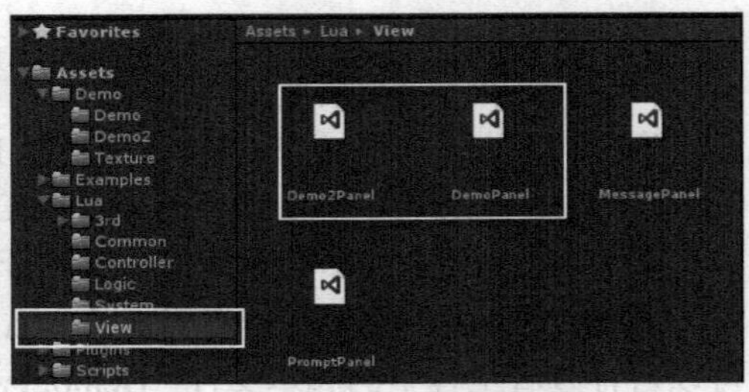

▲图 12-25　视图层脚本

（12）脚本编写完成后，接下来就需要对框架内的脚本进行修改使得框架能够加载编写的脚本。打开 Asset/Lua/Common/define.lua 脚本，在 CtrlName 表中添加编写的两个控制器脚本，如图 12-26 所示。打开 Lua/Logic/CtrlManager.lua 脚本并修改代码，如图 12-27 所示。

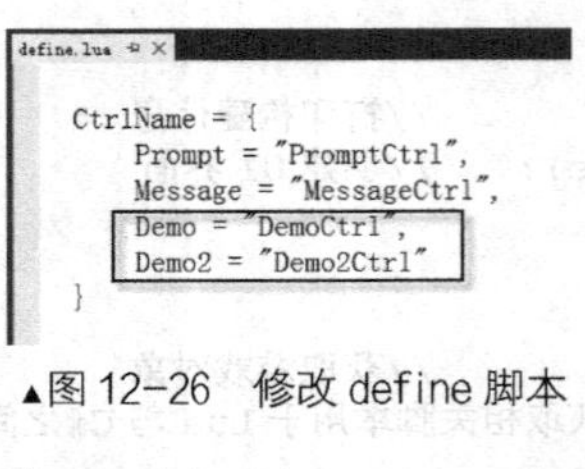

```
CtrlName = {
    Prompt = "PromptCtrl",
    Message = "MessageCtrl",
    Demo = "DemoCtrl",
    Demo2 = "Demo2Ctrl"
}
```

▲图 12-26　修改 define 脚本

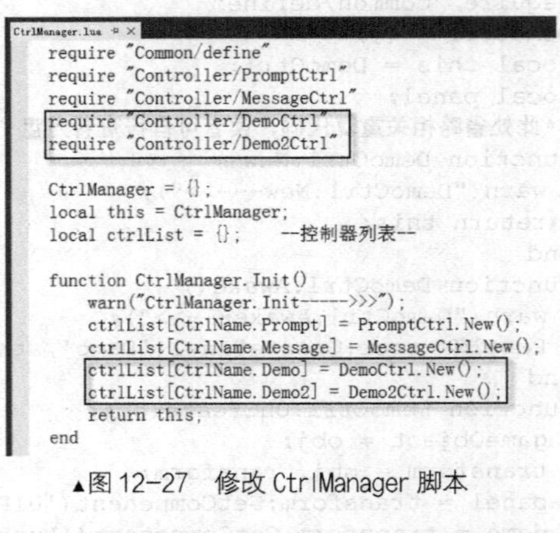

```
require "Common/define"
require "Controller/PromptCtrl"
require "Controller/MessageCtrl"
require "Controller/DemoCtrl"
require "Controller/Demo2Ctrl"

CtrlManager = {};
local this = CtrlManager;
local ctrlList = {};    --控制器列表--

function CtrlManager.Init()
    warn("CtrlManager.Init----->>>");
    ctrlList[CtrlName.Prompt] = PromptCtrl.New();
    ctrlList[CtrlName.Message] = MessageCtrl.New();
    ctrlList[CtrlName.Demo] = DemoCtrl.New();
    ctrlList[CtrlName.Demo2] = Demo2Ctrl.New();
    return this;
end
```

▲图 12-27　修改 CtrlManager 脚本

（13）接下来打开 Lua/Logic/GameManager.lua 脚本，并修改代码，如图 12-28 所示。在 GameManager 脚本中还要修改框架默认初始化显示的界面的控制器脚本，如图 12-29 所示。否则框架依旧会默认显示官方的 Demo。

```lua
require "Logic/LuaClass"
require "Logic/CtrlManager"
require "Common/functions"
require "Controller/PromptCtrl"
require "Controller/DemoCtrl"
require "Controller/Demo2Ctrl"

--管理器--
GameManager = {};
local this = GameManager;

local game;
local transform;
local gameObject;

function GameManager.LuaScriptPanel()
    return 'Prompt', 'Message', 'Demo', 'Demo2'
end
```

▲图 12-28　修改 GameManager 脚本

```lua
    --createPanel("Prompt");
    CtrlManager.Init();
    local ctrl = CtrlManager.GetCtrl(CtrlName.Demo);
    if ctrl ~= nil and AppConst.ExampleMode then
        ctrl:Awake();
    end
    warn('SimpleFramework InitOK--->>>');
end
```

▲图 12-29　修改默认初始化界面

（14）接下来要修改 Scripts/Utility/Util.cs 脚本，如图 12-30 所示。由于本案例并不需要对框架的性能进行测试，所以需要将图中的三句代码注释掉，转换为安卓平台后才能顺利导出 Apk 包。

```csharp
#if UNITY_EDITOR
            int resultId = Util.CheckRuntimeFile();
            if (resultId == -1) {
                Debug.LogError("没有找到框架所需要的资源，单击Game菜单下Build xxx Resource生成！！");
//                EditorApplication.isPlaying = false;
                return false;
            } else if (resultId == -2) {
                Debug.LogError("没有找到Wrap脚本缓存，单击Lua菜单下Gen Lua Wrap Files生成脚本！！");
//                EditorApplication.isPlaying = false;
                return false;
            }
#endif
            if (Application.loadedLevelName == "Test" && !AppConst.DebugMode) {
                Debug.LogError("测试场景，必须打开调试模式，AppConst.DebugMode = true！！");
//                EditorApplication.isPlaying = false;
                return false;
            }
            return true;
        }
```

▲图 12-30　修改 Util.cs 脚本

（15）完成后需要修改部分代码来实现程序在手机端进行游戏内容的更新。打开 Scripts/ConstDefine/AppConst.cs 脚本，开启更新模式，并在下面的 WebUrl 处填写自己 Web 服务器地址，该地址需要指向放在 Web 服务器上的游戏资源文件。如图 12-31 所示。

```csharp
        /// <summary>
        /// 如果开启更新模式，前提必须启动框架自带服务器端。
        /// 否则就需要自己将StreamingAssets里面的所有内容
        /// 复制到自己的Webserver上面，并修改下面的WebUrl。
        /// </summary>
        public const bool UpdateMode = true;                    //更新模式-默认关闭

        public const int TimerInterval = 1;
        public const int GameFrameRate = 30;                    //游戏帧频

        public const bool UsePbc = true;                        //PBC
        public const bool UseLpeg = true;                       //LPEG
        public const bool UsePbLua = true;                      //Protobuff-lua-gen
        public const bool UseCJson = true;                      //CJson
        public const bool UseSproto = true;                     //Sproto
        public const bool LuaEncode = false;                    //使用LUA编码

        public const string AppName = "SimpleFramework";        //应用程序名称
        public const string AppPrefix = AppName + "_";          //应用程序前缀
        public const string ExtName = ".assetbundle";           //素材扩展名
        public const string AssetDirname = "StreamingAssets";   //素材目录
        public const string WebUrl = "http://10.16.189.25:8080/StreamingAssets/";      //测试更新地址
```

▲图 12-31　开启更新并修改 WebUrl

（16）到此需要修改的脚本已全部介绍完毕，接下来需要将发布平台切换为安卓平台，切记在切换平台之前不要打包安卓资源。依次单击“File→Build Settings”，添加当前场景，选择安卓平台后单击 Switch Platform，如图 12-32 所示。

（17）完成后需要生成相关 Wrap 文件，依次单击菜单栏“Lua→Gen Lua Wrap Files”即可，工程就会自动完成相关工作，如图 12-33 所示。完成后需要生成安卓资源将我们的脚本、预制件以及框架内的 Lua 文件进行打包，生成的 StreamingAssets 文件夹就是要放在 Web 服务器上的资源文件，如图 12-34 所示。

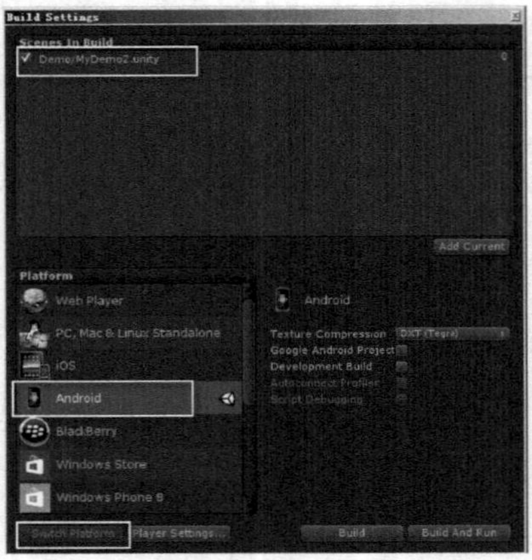

▲图 12-32 切换安卓平台

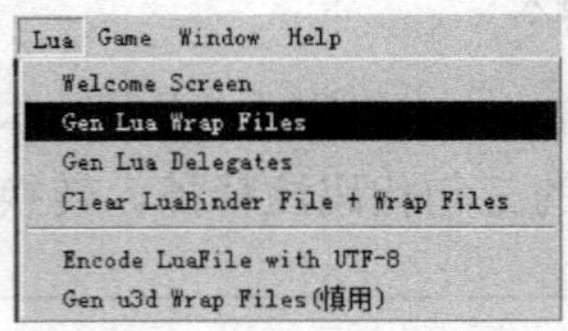

▲图 12-33 生成 Wrap 文件

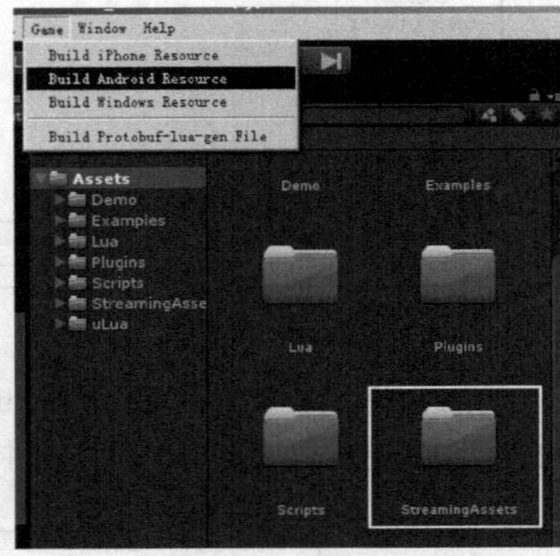

▲图 12-34 生成安卓资源

（18）接下来我们需要将生成的资源文件放置到 web 服务器端，笔者使用的是 Tomcat 服务器。读者也可以使用其他种类的 Web 服务器。放置完成后需要将工程内的 StreamingAssets 文件夹删除掉，然后生成的 Apk 文件安装到手机上。运行效果如图 12-35 和图 12-36 所示。

▲图 12-35 运行效果 1

▲图 12-36 运行效果 2

12.2.5 本节小结

对于该框架下的游戏热更新，需要读者具备较高的 Lua 语言的编程能力来实现 UI 界面丰富多样的游戏功能。而且本节仅仅介绍了如何简单使用这一热更新框架，如果读者需要明白其工作机制以及修改框架内容适应自己的项目，请读者参考官方的介绍文档。

如要运行本书的案例，读者需要打开光盘中的工程文件，打开 Demo 文件夹下的 MyDemo2 场景文件并导出 Apk，然后生成安卓资源放置到 web 服务器上，修改 AppConst.cs 脚本中的 WebUrl 并将手机、计算机连接到同一 Wi-Fi 环境下即可。

12.3 本章小结

本章介绍了通过 Unity 引擎制作的移动端设备游戏更新的开发技术，其中包括 AssetBundle 资源包的更新以及 Lua 的热更新。通过本章的学习，相信读者可以在以后的开发过程中更加得心应手，达到所需要的效果。

第 13 章　多线程技术与网络开发

本章将介绍 Unity 中的多线程技术与网络开发。希望通过对本章内容的学习，读者可以比较熟练地在 Unity 游戏开发中使用多线程技术，并能够熟练地使用网络类中的类变量和类方法，深入理解并提高开发效率，开发出优秀的网络游戏。

13.1 多线程技术

本节将介绍在 Unity 游戏开发中经常需要使用的多线程技术，主要包括多线程技术的基本知识、多线程技术用于大量计算和多线程技术在网络开发中的应用三个部分。通过本节的学习，读者可以比较熟练地在 Unity 游戏开发中使用多线程技术。

13.1.1 基本知识

本节将向读者介绍多线程技术的基础知识，Unity 中使用的多线程技术是 C#所使用的多线程技术。本节介绍的内容主要包括启动线程、数据加锁以及线程休眠等基础知识。通过对本节内容的学习，读者将对多线程技术的基础知识有一定的掌握。

1. 开启线程

Unity 中开启线程需要.net 类库中的 Thread 类，执行线程的方法以方法托管的形式作为 Thread 类的实例化对象的构造方法的参数，由 Thread 类的 Start 方法来启动线程执行托管的方法。具体可以使用如下的 C#代码片段来实现。

```
using UnityEngine;
using System.Collections;
using System.Threading;                                         //引用包含 Thread 类的命名空间
public class NewBehaviourScript : MonoBehaviour {
  void Start () {                                               //Start 方法
    Thread thread = new Thread(run);                            //实例化 Thread 类的对象
    thread.Start();                                             //启动线程
  }
  void run(){                                                   //执行线程的方法
    Debug.Log("开启线程");                                       //打印提示信息
}}
```

> **说明**　因为 Thread 类包含在 System.Threading 命名空间下，所有必须引用 System.Threading 命名空间。run 方法以方法托管的形式作为 Thread 类的 thread 实例化对象的构造方法的参数，然后再有 Thread 类的 Start 方法来启动线程执行 run 方法。

2. 加锁

当多个线程同时访问或修改同一数据时可能导致数据错误，为防止这种现象的发生，就必须强制同一时刻同一数据只能被一个线程访问或修改，这就需要为操作数据的部分加锁，同一时刻只有拿到锁的线程才能操作数据，没有拿到锁的线程需要等待。具体可以使用如下的 C#代码片段来实现。

```
1    using UnityEngine;
2    using System.Collections;
3    using System.Threading;                                  //引用包含 Thread 类的命名空间
4    public class NewBehaviourScript : MonoBehaviour {
5      public static Object o=new Object();                   //实例化锁对象
6      public int n = 0;                                      //数据
7      void Start () {
8        Thread thread1 = new Thread(run1);                   //实例化 Thread 类的对象 thread1
9        Thread thread2 = new Thread(run2);                   //实例化 Thread 类的对象 thread2
10       thread1.Start();                                     //启动 thread1 线程
11       thread2.Start();                                     //启动 thread2 线程
12     }
13     void run1(){                                           //thread1 线程执行的方法
14       for (int i = 0; i < 100; i++){
15         lock (o){                                          //获取锁
16           n++;                                             //操作数据
17     }}}
18     ......//此处省略了 run2 方法的代码，run2 方法与 run1 方法完全相同，读者可以参考 run1 方法的代码
19   }
```

- 第 5-11 行的主要功能为实例化锁对象和声明数据。在 Start 方法中实例化 Thread 类的对象 thread1 和 thread2，并启动这两个线程。
- 第 13-18 行为 thread1 线程执行的 run1 方法和 thread2 线程执行的 run2 方法，其中在操作数据之前都需要获取锁。只有获取锁的线程才能操作数据，操作数据完成后释放锁。

3. 线程休眠

Unity 游戏开发中有时需要另启线程定时做某些事情，这时就需要线程休眠固定的时间。Thread 类的“Sleep”静态方法用于使线程休眠固定的时间，该方法的参数为一个 float 类型的数据，表示线程休眠的以 ms 为单位的时间。具体可以使用如下的 C#代码片段来实现。

```
1    using UnityEngine;
2    using System.Collections;
3    using System.Threading;                                  //引用包含 Thread 类的命名空间
4    public class NewBehaviourScript : MonoBehaviour {
5      bool flag = true;                                      //线程是否停止标志位
6      void Start () {
7        Thread thread = new Thread(Run);                     //实例化 Thread 类的对象
8        thread.Start();                                      //启动线程
9      }
10     void Run(){
11       while (flag){                                        //线程继续执行
12         Debug.Log("run");                                  //打印信息
13         Thread.Sleep(1000);                                //线程休眠 1s
14     }}
15     void OnApplicationQuit(){                              //游戏退出之前系统回调方法
16       flag = false;                                        //线程是否停止标志位设为 false
17   }}
```

- 第 3-9 行的主要功能为引用包含 Thread 类的命名空间以及定义线程是否停止标志位。在 Start 方法中实例化 Thread 类的对象并开启线程。
- 第 10-14 行为线程执行的 Run 方法。该方法主要功能为每隔 1s 打印一行提示信息。在 Run 方法中主体为一个循环体，在循环体中首先打印提示信息，然后使线程休眠 1s。

❑ 第 15-17 行为 OnApplicationQuit 方法的重写，该方法在游戏退出之前系统自动回调。该方法的主要功能是将线程是否停止标志位设为 false，使线程停止。

13.1.2　多线程技术用于大量计算

Unity 游戏开发中有时会出现因为有些地方需要大量计算而引起的游戏卡顿的问题，多线程技术的使用就能很好地解决这个问题。大量计算如果在主线程内完成，则因为大量计算长时间占用主线程使游戏卡顿，如果另启线程用于大量计算，就不会占用主线程使游戏卡顿。下面通过一个案例来让读者更加直观地理解多线程技术用于大量计算。

（1）新建场景。在 Assets 文件夹下创建一个场景，命名为“test”。在场景中创建一个空对象并设置空对象的位置，具体位置如图 13-1 所示。创建一个 Sphere 对象，然后拖曳到空对象上，使其成为空对象的的子对象，设置 Sphere 对象的位置和大小，具体参数如图 13-2 所示。

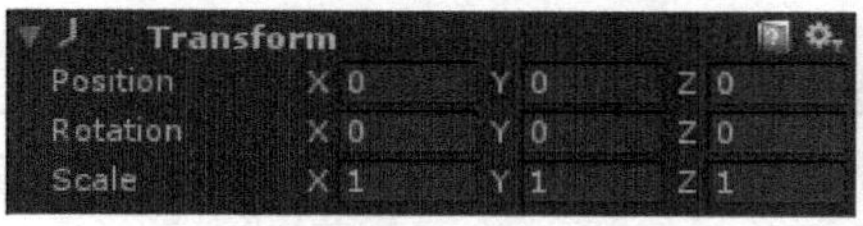

▲图 13-1　空对象位置

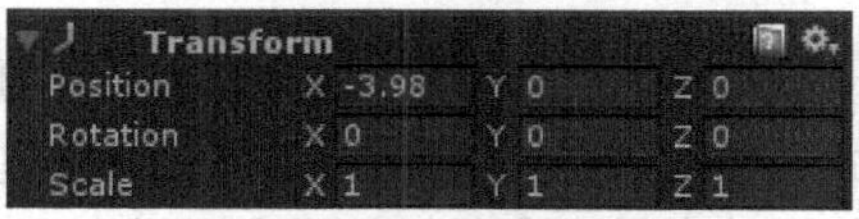

▲图 13-2　Sphere 对象的位置和大小

（2）然后在 Script 文件夹下创建一个脚本，命名为“XuanZhuan”。该脚本的主要功能为使小球围绕空对象不断旋转。将创建的 XuanZhuan 脚本拖曳到空对象上，然后双击打开该脚本，开始 XuanZhuan 脚本的编写。

代码位置：见随书光盘中源代码/第 13 章目录下的 DuoXianCheng/Assets/Script/XuanZhuan.cs。

```
using UnityEngine;
using System.Collections;
public class XuanZhuan : MonoBehaviour {
  void Update () {                                            // Update 方法
    this.transform.Rotate(0, 0, 5);                           //绕 z 轴不断旋转
  }}
```

说明　该脚本的主要功能为使小球围绕空对象不断旋转。

（3）创建用于进行大量计算的脚本。在 Script 文件夹下创建一个脚本，命名为“XianShi”。将创建的 XianShi 脚本拖曳到主摄像机对象上，然后双击打开该脚本，开始 XianShi 脚本的编写。

代码位置：见随书光盘中源代码/第 13 章目录下的 DuoXianCheng/Assets/Script/XianShi.cs。

```
using UnityEngine;
using System.Collections;
using System.Threading;                                  //引用包含 Thread 类的命名空间
public class XianShi : MonoBehaviour {
  public GUIStyle myStyle;                               //GUI 显示样式
  Object n=new Object();                                 //实例化锁对象
  long shu = 0;                                          //大量计算后的结果数据
  long xian = 0;                                         //用于显示大量计算后的结果数据
  ......//此处省略了用于显示位置的变量，有兴趣的读者可以查看光盘中的源代码。
  void Update () {
    lock (n){                                   //获取锁
      xian = shu;                               //将大量计算后的结果数据赋给用于显示的数据
  }}
  void OnGUI () {
    GUI.skin.button.fontSize = 50;                       //设置显示数字的字体大小
    GUI.Label(new Rect(xx, yy, xx1, yy1), xian.ToString(),myStyle);
   //显示大量计算后的结果数据
```

```
17      if(GUI.Button(new Rect(x, y, x1, y1), "另启线程")){//另启线程进行大量计算的按钮
18        Thread a = new Thread(run);                          //实例化线程对象
19        a.Start();                                           //开启线程
20      }
21      if (GUI.Button(new Rect(i, j, i1, j1), "主线程")){ //在主线程进行大量计算的按钮
22        run();                                               //执行大量计算的方法
23      }
24      if (GUI.Button(new Rect(ii, jj, ii1, jj1), "归零")){  //数据归零按钮
25        lock (n) {                                           //获取锁
26          shu = 0;                                           //数据归零
27    }}}
28    void run(){                                     //用于执行大量计算的方法
29      long te = 0;                                           //定义临时变量
30      for (long i = 0; i < 100000000; i++){                  //模拟大量计算
31        te += 1;                                             //临时变量不断加一
32      }
33      lock (n) {                                             //获取锁
34        shu = te;                  //将计算结果赋给用于记录大量计算后的结果数据
35  }}}
```

❑ 第 3-9 行的主要功能为引用包含 Thread 类的命名空间以及定义变量。主要定义了 GUI 显示样式、锁对象、大量计算后的结果数据以及用于显示大量计算后的结果数据。此处省略了用于显示位置的变量，有兴趣的读者可以查看光盘中的源代码

❑ 第 10-13 行重写了 Update 方法，该方法系统每帧调用一次。主要功能为获取锁后将大量计算后的结果数据赋给用于显示的数据。

❑ 第 15-20 行的主要功能为设置显示数字的字体大小，显示大量计算后的结果数据以及显示另启线程进行大量计算的按钮。当单击这个按钮后实例化线程对象并另启线程进行大量计算。

❑ 第 21-27 行的主要功能为显示在主线程进行大量计算的按钮和显示数据归零按钮。当单击在主线程进行大量计算的按钮后在主线程进行大量计算。

❑ 第 28-35 行为用于执行大量计算的方法。通过进行 100000000 的循环来模拟大量计算。最后将计算结果赋给用于记录大量计算后的结果数据。

（4）单击游戏运行按钮，观察效果。首先单击“主线程”按钮，发现整个游戏界面卡死，小球不再转动，这是因为大量计算长时间占用主线程使游戏卡顿。计算完成后小球恢复转动，屏幕上显示出计算结果。

（5）然后单击“归零”按钮使数据归零，再单击“另启线程”按钮，发现游戏正常运行，小球不断转动，这是因为大量计算另启线程进行不占用主线程。过会儿大量计算完成后屏幕上显示出计算结果。案例运行效果如图 13-3 所示。

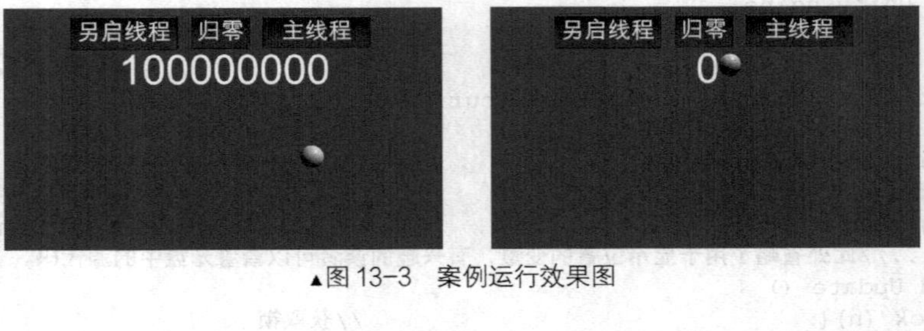

▲图 13-3　案例运行效果图

说明　本案例的源文件是位于随书光盘中源代码/第 13 章目录下的“DuoXianCheng”文件。如果读者想运行本案例，只需把“DuoXianCheng”文件复制到非中文路径下，然后双击 DuoXianCheng\Assets 目录下的“test.unity”文件就能够打开运行了。

13.1.3 多线程技术在网络开发中的应用

本节将向读者介绍多线程技术在网络开发中的应用。在网络开发中的从服务器接受信息必须另启线程来完成，否则会因为等待从服务器接受信息而使游戏主线程堵塞。下面通过一个网络开发案例来让读者更加地明白多线程技术在网络开发中的应用。

（1）新建场景。在 Assets 文件夹下创建一个场景，命名为“test”。在场景中创建一个 Sphere 对象，设置 Sphere 对象的位置和大小，具体位置如图 13-4 所示。然后再创建虚拟摇杆对象，具体步骤参考前面介绍虚拟摇杆的部分。

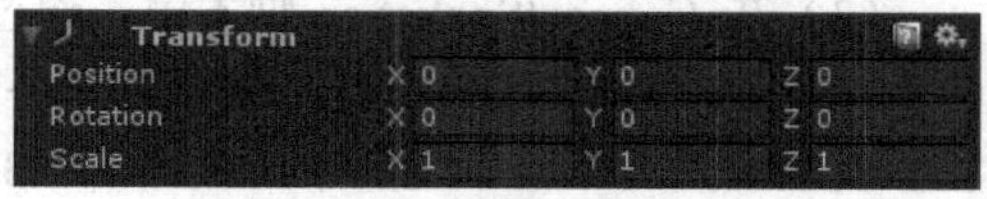

▲图 13-4 Sphere 对象的位置和大小

（2）然后在 Script 文件夹下创建一个脚本，命名为“ConnectSocket”，该脚本的主要功能为创建与服务器的连接以及另启线程从服务器接受信息。双击打开该脚本，开始 ConnectSocket 脚本的编写。

代码位置：见随书光盘中源代码/第 13 章目录下的 wangluo/Assets/Script/ConnectSocket.cs。

```
1   using UnityEngine;
2   using System.Collections;
3   ......//此处省略了命名空间的引入的代码，有兴趣的读者可以自行翻看光盘中的源代码
4   public class ConnectSocket{
5     public static Socket mySocket;                              //Socket 对象
6     private static ConnectSocket instance;                      //连接 Socket 对象
7     public static System.Object o = new System.Object();        //实例化锁对象
8     public static ConnectSocket getSocketInstance(){            //获取实例化对象
9       instance = new ConnectSocket();                           //创建 Socket 对象
10      return instance;                                          //返回连接 Socket 对象
11    }
12    ConnectSocket(){                                            //构造器
13      mySocket = new Socket(AddressFamily.InterNetwork, SocketType.
14      Stream, ProtocolType.Tcp);                                //获取 Socket 类型的数据
15      IPAddress ip = IPAddress.Parse("192.168.191.1");          //服务器 ip 地址
16      IPEndPoint ipe = new IPEndPoint(ip,2001);                 //服务器端口
17     IAsyncResult result=mySocket.BeginConnect(ipe,new AsyncCallback(connectCallBack),
     mySocket);
18      result.AsyncWaitHandle.WaitOne(5000, true);               //连接等待时间
19      if (mySocket.Connected){                                  //连接成功
20        Thread thread = new Thread(new ThreadStart(getMSG));//从服务器接受消息
21        thread.IsBackground = true;          //将从服务器接受消息线程设为后台线程
22        thread.Start();                                         //开始线程
23    }}
24    private void connectCallBack(IAsyncResult ast){             //成功建立连接回调方法
25      Debug.Log("Connect Success");
26    }
27    private void getMSG(){
28      ......//此处省略了从服务器接受数据的代码，下面将详细介绍
29    }
30    public void sendMSG(byte[] bytes){
31      ......//此处省略了向服务器发送信息的代码，下面将详细介绍
32  }}
```

❑ 第 1-3 行的主要功能是命名空间的引入。由于本类是自定义类而且用到了线程、网络、读取写入等知识的 API，所以需要将需要用到的名空间导入。

❑ 第 5-7 行的主要功能是变量声明。主要声明了 Socket 对象、连接 Socket 对象以及实例化锁对象。在开发环境下的属性查看器中可以为各个参数指定资源或者取值。

❑ 第 8-11 行的主要功能是创建获取实例化对象的方法。在方法中创建 Socket 对象，最后返回连接 Socket 对象。

❑ 第 13-17 行的主要功能是将 Socket 对象设为空，获取 Socket 类型的数据，设置服务器 ip

地址，设置服务器端口，返回异步连接服务器连接成功回调结果。

- 第 19-23 行的主要功能是如果连接服务器成功，则从服务器接受消息，将从服务器接受消息线程设为后台线程。
- 第 27-29 行的主要功能是从服务器接受游戏数据。此处省略了从服务器接受数据的代码，下面将详细介绍。
- 第 30-32 行的主要功能是向服务器发送信息。通过调用该方法来向服务器发送玩家操纵指令。此处省略了向服务器发送信息的代码，下面将详细介绍。

（3）在 ConnectSocket.cs 脚本中，通过 getMSG 方法来从服务器接受游戏数据来控制场景中的小球对象，通过 sendMSG 方法来向服务器发送玩家操纵指令。这些方法的具体代码如下。

代码位置：见随书光盘中源代码/第 13 章目录下的 wangluo/Assets/Script/ConnectSocket.cs。

```
1   private void getMSG(){                                       //从服务器接收游戏数据的方法
2     while (true){
3       try{
4         byte[] bytesLen=new byte[4];                           //创建数组
5         mySocket.Receive(bytesLen);                            //接受长度
6         int length = ByteUtil.byteArray2Int(bytesLen,0);//将 bytesLen 转成 int 类型
7         byte[] bytes = new byte[length];                       //声明接收数组
8         int count = 0;                                         //计数器
9         while (count < length){                                //当收到长度小于 length
10          int tempLength = mySocket.Receive(bytes);            //接收数据
11          count += tempLength;                                 //计数器记录接收到字节的数目
12        }
13        splitBytes(bytes);                                     //拆字符串
14      }catch (Exception e){
15        Debug.Log(e.ToString());                               //打印异常信息
16        break;                                                 //退出循环
17  }}}
18  public void sendMSG(byte[] bytes){                           //向服务器发送玩家操纵指令的方法
19    try{
20      int length = bytes.Length;                               //获取要发送数据包的长度
21      byte[] blength = ByteUtil.int2ByteArray(length);  //转换为 byte[]数组
22      mySocket.Send(blength,SocketFlags.None);                 //发数据包长度
23      mySocket.Send(bytes,SocketFlags.None);                   //发数据包
24    }catch (Exception e){
25      Debug.Log(e.ToString());                                 //打印异常信息
26  }}
```

- 第 4-8 行的主要功能是创建数组用于储存接收长度数字。将 bytesLen 转成 int 类型，声明接受数组和计数器。
- 第 9-17 行的主要功能是当收到长度小于 length，则接收数据，计数器记录接收到字节的数目。调用拆字符串的方法来拆字符串。如果程序发生异常，则断开与服务器的连接。
- 第 18-26 行的主要功能是发送信息。由脚本调用并将要发送的信息传入，依旧要按照协议先取出要发送数据包的长度转换成数据流进行发送，然后再发送实际数据包，这样做的好处是可以避免在网络传输过程中出现包的撕裂等现象导致收到的数据不全。

（4）创建用于储存从服务器接收的小球位置数据的脚本。创建脚本，并命名为“GameData”，该脚本里面的类为静态类，所以不需要挂载到任何游戏对象上。双击打开该脚本，开始 GameData 脚本的编写。

代码位置：见随书光盘中源代码/第 13 章目录下的 wangluo/Assets/Script/GameData.cs。

```
using UnityEngine;
using System.Collections;
public static class GameData {
  public static float x=0;                                       //小球位置 x 坐标
  public static float y=0;                                       //小球位置 y 坐标
}
```

说明 从服务器接收的小球位置首先储存在该静态类的静态变量中，然后每帧从该静态类的静态变量中读取数据来设置小球位置。

（5）创建脚本，并命名为“MoveSphere”，该脚本的主要作用为每帧从 GameData 静态类的静态变量中读取数据来设置小球位置。将该脚本拖曳到 Sphere 对象上，双击打开该脚本，开始 MoveSphere 脚本的编写。

代码位置：见随书光盘中源代码/第 13 章目录下的 wangluo/Assets/Script/MoveSphere.cs。

```
1    using UnityEngine;
2    using System.Collections;
3    public class MoveSphere : MonoBehaviour {
4      void Update(){
5        float tex=0, tey=0;                          //声明临时变量
6        lock (ConnectSocket.o){                      //获取锁
7          tex = GameData.x;                          //将读取的小球位置 x 坐标数据赋值给 tex 临时变量
8          tey = GameData.y;                          //将读取的小球位置 y 坐标数据赋值给 tey 临时变量
9        }
10       Vector3 te = this.transform.position;        //获取小球位置
11       te.x = tex;                                  //设置小球位置 x 坐标
12       te.y = tey;                                  //设置小球位置 y 坐标
13       this.transform.position = te;                //设置小球位置
14   }}
```

- 第 5-9 行的主要功能是获取锁后将读取的小球位置 x 坐标数据赋值给 tex 临时变量以及将读取的小球位置 y 坐标数据赋值给 tey 临时变量。
- 第 10-11 行的主要功能是设置小球位置。首先获取小球位置，设置小球位置 x 坐标和 y 坐标，然后设置小球位置。

（6）创建脚本，并命名为“JoystickButton”，该脚本的主要作用为监听虚拟摇杆移动并向服务器发送玩家操纵指令。将该脚本拖曳到主摄像机上，双击打开该脚本，开始 JoystickButton 脚本的编写。

代码位置：见随书光盘中源代码/第 13 章目录下的 wangluo/Assets/Script/JoystickButton.cs。

```
1    using UnityEngine;
2    using System.Collections;
3    ....../此处省略了命名空间的引入的代码，有兴趣的读者可以自行翻看光盘中的源代码
4    public class JoystickButton : MonoBehaviour {
5      private ConnectSocket mySocket;                          //连接 Socket
6      ......//此处省略了给虚拟摇杆加监听的代码，有兴趣的读者可以自行翻看光盘中的源代码
7      void OnJoystickMove(MovingJoystick move) {               //移动虚拟摇杆监听方法
8        float joyPositionX = move.joystickAxis.x/10;           //获取虚拟摇杆 x 轴坐标
9        float joyPositionY = move.joystickAxis.y/10;           //获取虚拟摇杆 y 轴坐标
10       byte[] x = ByteUtil.float2ByteArray(joyPositionX);//将虚拟摇杆 x 轴坐标转化为 byte 数组
11       byte[] y = ByteUtil.float2ByteArray(joyPositionY);//将虚拟摇杆 y 轴坐标转化为 byte 数组
12       byte[] sendMSG ={x[0],x[1],x[2],x[3],y[0],y[1],y[2],y[3]};//创建操纵指令 byte 数组
13       mySocket.sendMSG(sendMSG);                             //向服务器发送玩家操纵指令
14   }}
```

- 第 1-6 行的主要功能是命名空间的引入和给虚拟摇杆加监听。此处省略了具体的代码，有兴趣的读者可以自行翻看光盘中的源代码。
- 第 7-14 行为移动虚拟摇杆监听方法。主要功能为通过获取虚拟摇杆 x 轴坐标和 y 轴坐标来向服务器发送玩家操纵指令。

（7）开发服务器端。服务器端程序主要用于接收玩家操纵指令，并根据操纵指令修改小球位置，然后将小球位置发送到每个客户端。服务器端的代码相当复杂，因为本书主要是讲 Unity 的开发，所以服务器端开发没有详细介绍。

> **说明**　服务器端的代码可以由多种语言开发。在本案例中笔者使用了 Java 语言进行了服务器的开发，读者只要实现与客户端的数据交互协议可以用其他语言进行服务器端的开发，只不过 Java 语言的跨平台能力比较强，开发服务器端代码比较方便。

（8）运行游戏观察效果。首先启动服务器端程序，然后单击游戏运行按钮运行客户端，拖动虚拟摇杆，发现小球按照虚拟摇杆拖动的方向移动。也可以将客户端程序导入到多部手机上同时运行，发现每部手机都能控制小球的移动，而且所有手机上小球的位置实时同步。案例运行效果如图 13-5 所示。

▲图 13-5　案例运行效果图

> **说明**　本案例客服端的源文件是位于随书光盘中源代码/第 13 章目录下的“wangluo”文件。如果读者想运行本案例，只需把“wangluo”文件复制到非中文路径下，然后双击 wangluo\Assets 目录下的“test.unity”文件就能够打开运行客服端了。

13.2 WWW 类

网络虽然是一个很复杂的话题，但是在 Untiy 中却可以很简单地声明和使用网络。本节将要介绍使用一个简单的访问网络资源的类——WWW 类来实现访问网络资源的功能。希望读者阅读完本节内容后，对 Unity 使用网络有一个初步的认识。

13.2.1 用 WWW 类访问网络资源

WWW 类是一个简单的访问网页的类。这是一个检索统一资源定位符（URL）内容的小工具模块。通过连接 WWW(url)在后台开始下载，并且返回一个新的 WWW 对象。如可以使用从网络上下载的图片来创建一个纹理，或者下载或加载新的网络播放器数据文件。

下面将通过一个简单案例来介绍如何下载图片资源作为纹理贴图。案例效果如图 13-6 所示。

▲图 13-6　案例效果

13.2.2 场景搭建

（1）本案例的场景搭建极为简单，首先新建一个场景，步骤为单击“File”菜单中的“New Scene”命令，如图 13-7 所示。然后单击“File”菜单中的“Save Scene”命令，在保存对话框中添加场景名为“NetWorkDemo”。本场景用于显示案例效果。

（2）按照步骤“GameObject→Create Other→Plane”创建 1 个平面，并重命名为“ShowView”。调整大小和位置使其倾斜放置正对着摄像机。具体属性设置如图 13-8 所示。

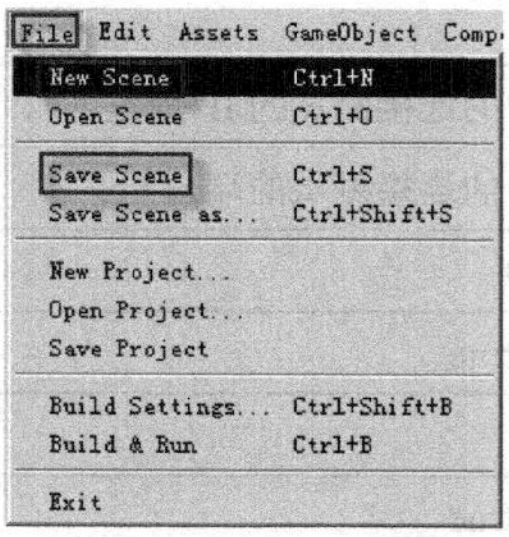

▲图 13-7 新建场景

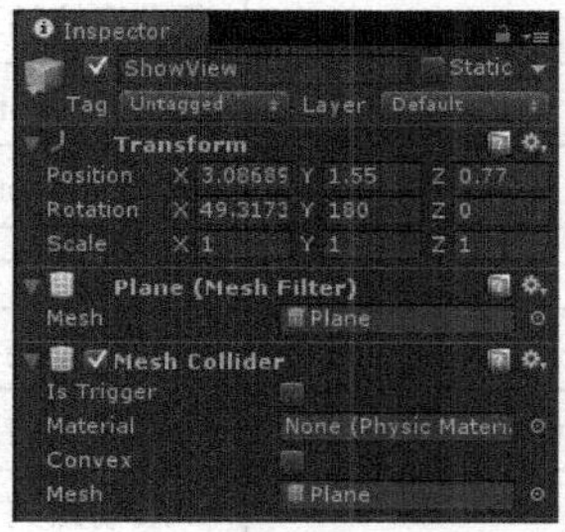

▲图 13-8 ShowView 属性设置

13.2.3 C#脚本的编写

新建一个 C#脚本，并重命名为“NetWork”。然后双击脚本，进入“Microsoft Visual Studio”编辑器中，开始 NetWork.cs 脚本的编写。本脚本主要是完成通过 WWW 类访问网页并下载图片资源作为纹理贴图，在挂载脚本的物体的材质上进行渲染。具体脚本代码如下。

代码位置：见随书光盘中源代码/第 13 章目录下的 New Unity Project 2\Assets/NetWork.cs。

```
1    using UnityEngine;
2    using System.Collections;
3    public class NetWork : MonoBehaviour {
4         public string url = "http://www.baidu.com/img/bd_logo1.png";//声明一个网络地址 url
5         IEnumerator Start(){                          //建立 IEnumerator 类方法使用 yield
6              WWW www = new WWW (url);                 //定义 WWW 类型并从 url 下载内容
7              yield return www;                        //返回下载的 www 的值
8              GetComponent<Renderer>().material.mainTexture = www.texture;
     //材质渲染
9    }}
```

- 第 4 行的主要功能是声明了一个 String 变量。该 String 变量用作存放目标网页的 url。
- 第 5-9 行重写了 IEnumerator 类型的 Start 方法。主要因为使用 yield 必须建立在 IEnumerator 类中执行。
- 第 6 行定义了一个 WWW 类型的变量 www，并且将通过 url 下载的 WWW 中的内容赋值给 www 变量。第 7 行为等待后台下载完成后返回 www 的值。
- 第 8 行将下载的 WWW 中的图片在脚本挂载的物体上渲染出来。

13.3 网络类——Network

网络类（Network）的基本理解是多台设备之间的通信，为了完成通信，必须安排服务器端和客户端。服务器端为客户端提供服务，而客户端则是用户体验的终端。客户端在运行项目的同时发送和接收数据，而这些数据经过服务器的处理后分发给各个客户端，客户端才能正常地运行项目。

13.3.1 静态变量

首先将讲解网络类所提供的静态变量（Static Variables），下面将对各个方变量名及其含义进行详细的介绍。具体的变量信息如表 13-1 所示。

表 13-1　　　　　　　　　　　静态变量

变量名	说明
connections	所有连接的玩家
connectionTesterIP	用在 Network.TestConnection 中的连接测试的 IP 地址
connectionTesterPort	用在 Network.TestConnection 中的连接测试的端口
incomingPassword	为服务器设置密码（入站连接）
isClient	如果端点类型是客户端，返回 true
isMessageQueueRunning	启用或禁用网络消息处理
isServer	如果端点类型是服务器，返回 true
logLevel	设置用于网络消息的日志级别（默认是关闭的）
maxConnections	设置允许连接（玩家）的最大数量
minimumAllocatableViewIDs	在 ViewID 池中获取或设置由服务器分配给客户端 ViewID 的最小数
natFacilitatorIP	NAT 穿透服务商的 IP 地址
natFacilitatorPort	NAT 穿透服务商的端口
peerType	端类型的状态，即 disconnected, connecting, server 或 client 四种
player	获取本地 NetworkPlayer 实例
proxyIP	代理服务器的 IP 地址
proxyPassword	设置代理服务器的密码
proxyPort	代理服务器的端口
sendRate	用于所有网络视图，网络更新的默认发送速率
time	获取带当前网络时间（s）
useProxy	表示是否需要代理支持，在这种情况下，流量通过代理服务器传递

通过表 13-1 读者应该可以初步了解各个变量的含义，但是对具体的用法还不能理解。下面就对各个变量的声明以及用法进行详细的介绍。

1. Network.connectionTesterIP

Network.connectionTesterIP 变量是用来声明用在 Network.TestConnection 中的连接测试的 IP 地址。此变量的具体用法如下所示。

```
Network.connectionTesterIP = "127.0.0.1";                    //设置连接测试的 IP 地址
```

2. Network.connectionTesterPort

Network.connectionTesterPort 变量是用来声明用在 Network.TestConnection 中的连接测试的端口。此变量的具体用法如下所示。

```
Network.connectionTesterPort=1000;                           //设置连接测试的端口
```

3. Network.incomingPassword

Network.incomingPassword 变量是用来为服务器设置密码（入站连接）。此变量的具体用法如下所示。

```
Network.incomingPassword = "HolyMoly";                       //设置密码
```

4. Network.isClient

Network.isClient 变量用于表示该端点是否是客户端，如果端点类型是客户端，则返回 true。

此变量的具体用法如下所示。

```
if (Network.isClient){                                 //如果该端点类型是客户端
  Debug.Log("Running as a Client");                    //打印提示信息
}
```

5. Network.isServer

Network.isServer 变量用于表示该端点是否是服务器端，如果端点类型是服务器端，则返回 true。此变量的具体用法如下所示。

```
if (Network.isServer){                                 //如果该端点是服务器端
  Debug.Log("Running as a Server");                    //打印提示信息
}
```

6. Network.logLevel

Network.logLevel 用于设置网络信息的日志级别（默认是关闭的），即用于调整记录日志中信息的详细程度。此变量的具体用法如下所示。

```
Network.logLevel = NetworkLogLevel.Full;               //设置日志级别
```

7. Network.maxConnections

Network.maxConnections 变量用于设置允许连接玩家的最大数量。设置为 0 时，意味着没有新的连接可以被建立，但保持现有连接。设置为-1 时，意味着当前连接数为设置的最大连接数量。此变量的具体用法如下所示。

```
Network.maxConnections = -1;                           //设置当前连接数为最大连接数
```

8. Network.peerType

Network.peerType 变量用于表示端类型。具体的端类型有 4 种，即 disconnected、connecting、server 和 client。此变量的具体用法如下所示。

```
if (Network.peerType == NetworkPeerType.Connecting){   //如果端类型为 Connecting
  Debug.Log("Connecting");                             //提示连接
}
```

9. Network.proxyIP

Network.peerType 变量用于设置代理服务器的 IP 地址。此变量的具体用法如下所示。

```
Network.proxyIP = "127.0.0.1";                         //设置代理服务器的 IP 地址
```

10. Network.proxyPassword

Network.proxyPassword 变量用于设置代理服务器的密码。此变量的具体用法如下所示。

```
Network.proxyPassword = "secret";                      //设置代理服务器的密码
```

11. Network.proxyPort

Network.proxyPort 变量用于设置代理服务器的端口号。此变量的具体用法如下所示。

```
Network.proxyPort = 1000;                              //设置代理服务器的端口号
```

12. Network.sendRate

Network.sendRate 变量用于设置网络更新的默认发送速率，以 ms 为单位。此变量的具体用法如下所示。

```
Network.sendRate = 30;                                 //设置网络更新的默认发送
速率为 30ms
```

13. Network.time

Network.time 变量用于获取当前网络时间，以秒为单位。此变量的具体用法如下所示。

```
Debug.Log(Network.time)    ;                           //打印当前网络时间
```

14. Network.useProxy

Network.useProxy 变量用来表示是否需要代理支持。在开启状态下，网络数据通过代理服务器传递。此变量的具体用法如下所示。

```
Network.useProxy = true;                               //启用代理服务器
```

13.3.2 静态方法

上节介绍了网络类提供的静态变量，接下来将讲解网络类所提供的静态方法（Static Functions），下面将对各个方法及其方法签名进行详细的介绍。具体的方法信息如表 13-2 所示。

表 13-2　静态方法

方 法 名	说 明
AllocateViewID	查询下一个可用的网络视图 ID 号并分配它（保留）
Connect	连接到特定的主机（IP 或域名）和服务器端口
CloseConnection	关闭与其他系统的连接
Destroy	跨网络销毁与该 viewID 相关的物体
DestroyPlayerObjects	基于 viewID 销毁所有属于这个玩家的所有物体
Disconnect	关闭所有开放的连接并关闭网络接口
GetAveragePing	到给定 player 的最后平均 ping 时间，以 ms 计
GetLastPing	到给定 player 的最后 ping 时间，以 ms 计
HavePublicAddress	检测这台机器是否有一个公网 IP 地址
InitializeSecurity	初始化安全层
InitializeServer	初始化服务器
Instantiate	网络实例化预设
RemoveRPCs	移除所有与这个 viewID 数相关的 RPC 函数调用
RemoveRPCsInGroup	移除属于给定组的所有 RPC 函数
SetLevelPrefix	设置关卡前缀，然后所有网络 ViewID 数都会使用该前缀
SetReceivingEnabled	启用或禁用一个特定组中来自特定玩家的信息接收
SetSendingEnabled	启用或禁用在特定网络组的信息传输和 RPC 调用
TestConnection	测试这台机器的网络连接
TestConnectionNAT	用于测试特定连接的 NAT 穿透连接性

通过表 13-2 读者应该能够初步了解了各个方法的含义，但是对具体的用法还不能理解。下面笔者就对各个方法的具体使用方法进行详细的介绍。

1. AllocateViewID

Network.AllocateViewID 方法是用于查询下一个可用的网络视图 ID 号并分配它（保留），这个数字可以被分配到一个实例化物体的网络视图。下面的例子演示了一个简单的实现方法，具体代码片段如下所示。

```
using UnityEngine;
using System.Collections;
public class example : MonoBehaviour {
      public Transform cubePrefab;                     //声明预制件 cubePrefab
      void OnGUI() {                                   //重写 OnGUI 方法
            if (GUILayout.Button("SpawnBox")) {        //绘制按钮
```

```
        NetworkViewID viewID = Network.AllocateViewID();//声明一个 viewID
        //初始化 networkView.RPC
        networkView.RPC("SpawnBox", RPCMode.AllBuffered, viewID, transform.
        position); }}
    void SpawnBox(NetworkViewID viewID, Vector3 location) { //重写 SpawnBox 方法
        Transform clone;                                    //声明 clone
        clone = Instantiate(cubePrefab, location, Quaternion.identity) as
        Transform; //实例化预制件
        NetworkView nView;                                  //声明 nView
        nView = clone.GetComponent<NetworkView>();          //获取 NetworkView 组件
        nView.viewID = viewID;                              //为 nView .viewID 赋值
    }}
```

> **说明** 上面的例子演示分配网络视图 ID，为了使其可正常工作，必须有一个 NetworkView 附加到有这个脚本的物体，并这个脚本作为它的观察属性。必须有一个 Cube 预设，带有一个 NetworkView 监视某些东西（如 Cube 的 Transform）。脚本中的 cubePrefab 变量必须设置为 cube 预设。使用智能的 AllocateViewID 是最简单的方法。如果有超过一个 NetworkView 附加在初始化的 Cube 上着将变得更加复杂。

2. Connect

Network.Connect 方法用于连接到特定的主机（IP 或域名）和服务器端口。其方法签名有 4 种，下面将逐一进行介绍。

（1）Network.Connect 的第一种方法签名如下所示。

```
public static NetworkConnectionError Connect (string IP, int remotePort, string password
= "");      //连接
```

该方法的各个参数分别是：主机的 IP 地址，无论是带点的 IP 地址或域名；remotePort，指定连接到远端机器的端口；password 是一个可选的用于服务器的密码，这个密码必须匹配 Network.incomingPassword 在服务器的设置。

（2）Network.Connect 的第二种方法签名如下所示。

```
public static NetworkConnectionError Connect (string[] IPs, int remotePort, string
password = "");//连接
```

该方法与第一种方法类似，但是可以接收一个 IP 地址数组。它可以用于，当从一个主服务器的主机信息返回多个内部 IP 地址时，IP 数据结构可以被直接传入这个函数。它实际连接到相应 ping 的第一个 IP（可连接）。

（3）Network.Connect 的第三种方法签名如下所示。

```
public static NetworkConnectionError Connect (string GUID, string password = "");
        //连接
```

该方法连接到一个服务器 GUID，NAT 穿透只能在这种方式执行。主机的 GUID 值，通过 NetworkPlayer 结构暴露在本地。

（4）Network.Connect 的第四种方法签名如下所示。

```
public static NetworkConnectionError Connect (HostData hostData, string password = "");
        //连接
```

该方法通过主服务器返回的一个 HostData 结构连接到主机。

3. CloseConnection

Network.CloseConnection 方法用于关闭与其他系统的连接。其具体的方法签名如下所示。

```
public static void CloseConnection (NetworkPlayer target, bool sendDisconnectionNotification);
    //关闭连接
```

“target”定义连接到的目标系统将被关闭，如果我们是客户端，连接到服务器的连接将会关闭；如果我们是服务器，目标玩家将被踢掉。“sendDisconnectionNotification”启用或禁用通知将被发送到另一端。如果禁用，连接被丢弃；如果没有一个可靠断开通知发送给远端并且之后的连接将被丢弃。

4. Destroy

Network.Destory 方法用于跨网络销毁相关的游戏对象，这样一来，本地的和远端的都会被销毁。其方法签名有 2 种，下面将逐一进行介绍。

（1）Network.Destory 方法的第一种方法通过 viewID 进而跨网络销毁与该 viewID 相关的游戏对象。其方法签名如下所示。

```
public static void Destroy (NetworkViewID viewID);                    //销毁
```

（2）Network.Destory 方法的第二种方法通过游戏对象进而跨网络销毁该游戏对象。其具体的方法签名如下所示。

```
public static void Destroy (GameObject gameObject);                   //销毁
```

5. DestroyPlayerObjects

Network.DestroyPlayerObjects 方法基于 viewID 销毁所有属于这个玩家的所有游戏对象。其具体的方法签名如下所示。

```
public static void DestroyPlayerObjects (NetworkPlayer playerID);
       //销毁玩家对象
```

说明　这个方法只能在服务器上调用。例如,清理一个已断开的玩家留下的网络游戏对象。

6. Disconnect

Network. Disconnect 方法用于关闭所有开放的连接并关闭网络接口。其具体的方法签名如下所示。

```
public static void Disconnect (int timeout = 200);                    //断开
```

“timeout”参数表示网络接口在未收到信号的情况下，多长时间会断开。网络状态，如安全和密码，也会被重置。

7. GetAveragePing

Network.GetAveragePing 方法用于设置到给定 player 的最后平均 Ping 时间，以 ms 计。其具体的方法签名如下所示。

```
public static int GetAveragePing (NetworkPlayer player);         //获取平均 Ping 时间
```

说明　如果没有发现玩家，返回-1，并且 Ping 会每隔几秒自动发出。

8. GetLastPing

Network.GetLastPing 方法用于设置到给定 player 的最后 Ping 时间，以 ms 计。其具体的方法签名如下所示。

```
public static int GetLastPing(NetworkPlayer player);             //获取最后 Ping 时间
```

说明　如果没有发现玩家，返回-1，并且 Ping 会每隔几秒自动发出。

9. HavePublicAddress

Network.HavePublicAddress 方法用于检测当前网络是否存在一个公网 IP 地址。其具体的方法签名如下所示。

```
public static bool HavePublicAddress();                    //判断存在共有地址
```

> 说明　该方法通过检查所有网络接口来获取 IPv4 公网地址，若发现返回 true。

10. InitializeSecurity

Network.InitializeSecurity 方法用于初始化安全层。其具体的方法签名如下所示。

```
public static void InitializeSecurity();                   //初始化安全层
```

> 说明　读者需要在 Network.InitializeServer 调用之后在服务器上调用这个函数。不要在客户端调用该函数。

11. InitializeServer

Network.InitializeServer 方法用于初始化服务器。其方法签名有 2 种，下面将逐一进行介绍。

（1）Network.InitializeServer 方法的第一种方法签名如下所示。

```
public static NetworkConnectionError InitializeServer(int connections, int listenPort);
    //初始化服务器
```

“connections”是允许的入站连接或玩家的数量；“listenPort”是要监听的端口。

（2）Network.InitializeServer 方法的第二种方法签名如下所示。

```
public static NetworkConnectionError InitializeServer(int connections, int listenPort,
bool useNat);
```

“connections”是允许的入站连接或玩家的数量；“listenPort”是要监听的端口；“useNat”设置 NAT 穿透功能。如果你想要这个服务器能够接受连接使用 NAT 穿透，使用 facilitator，设置这个为 true。

12. Instantiate

Network.Instantiate 方法用于通过网络预制件来实例化一个网络。其具体的方法签名如下所示。

```
public static Object Instantiate (Object prefab, Vector3 position, Quaternion rotation,
int group);            //实例化
```

> 说明　给定的预设将在所有的客户端上实例化。同步被自动设置，因此没有额外的工作要做。位置、旋转和网络组数值作为给定的参数。这是一个 RPC 调用，因此，当该组数 Network.RemoveRPCs 被调用时，这个物体将被移除。注意在编辑器中必须设置 playerPrefab，在 Object.Instantiate 物体参考中获取更多实例化信息。

13. RemoveRPCs

Network.RemoveRPCs 方法用于移除所有属于这个玩家的 ID 的 RPC 参数。其方法签名有 3 种，下面将逐一进行介绍。

（1）Network.RemoveRPCs 方法的第一种方法签名如下所示。

```
public static void RemoveRPCs(NetworkPlayer playerID);             //移除 RPC
```

该方法用于移除所有属于这个玩家的 ID 的 RPC 函数。

（2）Network.RemoveRPCs 方法的第二种方法签名如下所示。

```
public static void RemoveRPCs(NetworkPlayer playerID, int group);   //移除 RPC
```

该方法用于移除属于这个玩家 ID 和发送基于给定组的所有 RPC 函数。

（3）Network.RemoveRPCs 方法的第三种方法签名如下所示。

```
public static void RemoveRPCs(NetworkViewID viewID);                    //移除 RPC
```

该方法用于移除所有与这个 viewID 数相关的 RPC 函数调用。

14. RemoveRPCsInGroup

Network.RemoveRPCsInGroup 方法用于移除属于给定组的所有 RPC 参数。其具体的方法签名如下所示。

```
public static void RemoveRPCsInGroup(int group);                        //移除所在组 RPC
```

15. SetLevelPrefix

Network.SetLevelPrefix 方法用于设置关卡前缀，然后所有网络 ViewID 数都会使用该前缀。其具体的方法签名如下所示。

```
public static void SetLevelPrefix(int prefix);                          //设置前缀关卡
```

> **说明**　此处提供了一些保护，可以防止来自前一个关卡的旧网络更新影响新的关卡。此处可以设置为任何数字并随着新关卡的加载而增加。这不会带来额外的网络负担，只会稍微减小网络 ViewID 池。看手册 Network level loading 的例子，怎样使用该函数。

16. SetReceivingEnabled

Network.SetReceivingEnabled 方法用于启用或禁用一个特性组中来自特定玩家的信息接收。其具体的方法签名如下所示。

```
public static void SetReceivingEnabled (NetworkPlayer player, int group, bool enabled);
      //启用接收
```

17. SetSendingEnabled

Network.SetSendingEnabled 方法用于启用或禁用在特定网络组的信息传输和 RPC 调用。其具体的方法签名如下所示。

```
public static void SetSendingEnabled(int group, bool enabled);          //启用发送
```

18. TestConnection

Network.TestConnection 方法用于测试这台机器的网络连接。其具体的方法签名如下所示。

```
public static ConnectionTesterStatus TestConnection(bool forceTest = false);//测试连接
```

测试连接具有两种测试方法，这取决于当前主机是公网 IP 还是私有 IP。

（1）公网 IP 测试。公网 IP 测试主要用于服务器，不需要测试具有公网 IP 的客户端。为了公网 IP 测试成功，必须开启一个服务器实例。一个测试服务器将尝试连接到本地服务器的 IP 地址和端口，因此它被显示在服务器中是可连接状态。如果不是，那么防火墙是最有可能阻断服务端口的。服务器实例需要运行以便测试服务器已经连接。

（2）测试检测 NAT 穿透能力。服务器和客户端都可以进行，无需任何事先设定。如果用于服务器 NAT 测试失败，那么不设置端口转发是一个坏主意。本地 LAN 网络之外的客户端将不能连接。如果测试失败，客户端就不能使用 NAT 穿透连接到服务器，这些服务器将不会提供给用户作为主机。

这个函数是异步的，并可能不会返回有效的结果。因为这个测试需要一些时间来完成（1～2s）。测试完成之后，测试结果只在函数被再次调用时返回。这样，频繁访问该函数是安全的。如果需要其他的测试，如网络连接已更改，那么 forcTest 参数应该为 true。

19. TestConnectionNAT

Network.TestConnectionNAT 方法用于测试特定连接的 NAT 穿透连接性。其具体的方法签名如下所示。

```
public static ConnectionTesterStatus TestConnectionNAT(bool forceTest = false);
    //测试 NAT 穿透
```

说明 这个就像 Network.TestConnection，只不过 NAT 穿透测试是强制的，即使该机器没有一个 NAT 地址（私有 IP 地址），只有一个公有地址。

13.3.3 消息发送

上节介绍了网络类提供的静态方法，下面将介绍相关的消息发送方法。网络的本质就是实现多台计算机之间的通信，若要实现通信就必须发送消息，因此网络类不仅配置了网络接口和所有网络参数，还提供了大量的消息发送方法。具体方法及其含义如表 13-3 所示。

表 13-3　消息发送方法

方 法 名	说 明
OnConnectedToServer	当成功连接到服务器时，在客户端调用这个函数
OnDisconnectedFromServer	在服务器上当连接已经断开，在客户端调用这个函数
OnFailedToConnect	当一个连接因为某些原因失败时，从客户端调用这个函数
OnNetworkInstantiate	当一个物体使用 Network.Instantiate 已经网络实例化，在该物体上调用这个函数
OnPlayerConnected	每当一个新玩家成功连接时，在服务器上调用这个函数
OnPlayerDisconnected	每当一个玩家从服务器断开时，在服务器调用这个函数
OnSerializeNetworkView	用来在一个由网络视图监控的脚本中自定义变量同步
OnServerInitialized	每当一个 Network.InitializeServer 被调用并完成时，在服务器上调用这个函数

通过表 13-3 读者应该可以初步了解各个方法的含义，但是对具体的用法还不能理解，下面就对各个方法的声明以及用法进行详细的介绍。

1. Network.OnConnectedToServer

当成功连接到服务器时，在客服端将调用 Network.OnConnectedToServer 方法。具体的方法用法如下所示。

```
void OnConnectedToServer(){                         //重写 OnConnectedToServer 方法
  Debug.Log("Connected to Server");                 //打印提示信息
}
```

2. Network. OnDisconnectedFromServer

当从服务器断开连接时，在客户端调用 Network.OnDisconnectedFromServer 方法。具体的方法用法如下所示。

```
void OnDisconnectedFromServer(){                    //重写 OnDisconnectedFromServer 方法
  Debug.Log("diconnected from the server");  //打印提示信息
}
```

3. Network.OnFailedToConnect

当一个连接因为某些原因失败时，从客户端调用 Network.OnFailedToConnect 方法。具体的方法用法如下所示。

```
void OnFailedToConnect(){                             //重写 OnFailedToConnect 方法
  Debug.Log("Could not connect to server");                      //打印连接失败信息
}
```

4. Network.OnNetworkInstantiate

当一个物体使用 Network.Instantiate 进行网络实例化时，在该物体上调用这个方法。具体的方法用法如下所示。

```
void OnNetworkInstantiate(NetworkMessageInfo info){//重写 OnNetworkInstantiate 方法
  Debug.Log(info.sender);                          //打印新对象的创建者名称
}
```

5. Network.OnPlayerConnected

每当一个新玩家成功连接时，在服务器上就会调用 Network.OnPlayerConnected 函数。具体的方法用法如下所示。

```
void OnPlayerConnected(NetworkPlayer player){            //重写 OnPlayerConnected 方法
  Debug.Log(player.ipAddress);                           //打印玩家的 IP 地址
}
```

6. Network.OnPlayerDisconnected

每当一个玩家从服务器断开时，在服务器调用 Network.OnPlayerDisconnected 函数。具体的方法用法如下所示。

```
void OnPlayerDisconnected(NetworkPlayer player){ //重写 OnPlayerDisconnected 方法
  Network.RemoveRPCs(player);                    //移除玩家
  Network.DestroyPlayerObjects(player);          //销毁玩家对象
}
```

7. Network.OnSerializeNetworkView

在一个由网络视图监控的脚本中自定义同步变量，通过调用 Network.OnSerializeNetworkView 方法，其自动决定被序列化的变量是否应该发送或接收。

```
void OnSerializeNetworkView(BitStream stream,NetworkMessageInfo info){
  int health=10;                                         //设置生命值
  stream.Serialize(ref health);                          //序列化当前生命值
}
```

8. Network.OnServerInitialized

每当一个 Network.InitializeServer 被调用并完成时，在服务器上调用 OnServerInitialized 方法。具体的方法用法如下所示。

```
void OnServerInitialized(){
  Debug.Log("server initialized and ready");             //打印提示信息
}
```

13.4 基于 Unity Network 开发网络游戏

网络游戏因其冲破地域限制的特点和高互动性，颇受游戏玩家的青睐。网络游戏的开发也成了当前多数游戏开发的趋势。使用 Unity 自带的服务器开发网络游戏时，有两种现成的网络构建方案，分别是授权服务器和非授权服务器。这两种方案皆是基于 Unity Network 来开发的服务器和客户端。

13.4.1　非授权服务器和授权服务器

非授权服务器和授权服务器，这两种网络构建方案都依赖于与服务器连接着的客户端的数据传递，并且还保证了客户端终端用户的隐私，因为客户端之间并不会进行实际意义上的连接，也不会将某一个客户端的 IP 地址通过服务器通知给其他客户端。

1. 非授权服务器

其服务器并不控制客户端各个用户的输入与输出。客户端本身来处理玩家的输入和本地客户端的游戏逻辑，然后发送确定的行为结果给服务器端，服务器同步这些操作的状态到游戏世界中。服务器端只是给客户端转发了状态消息，并不对客户端做更多的处理。

2. 授权服务器

服务器方面，其可以侦听到每个客户端，然后根据情况执行游戏的逻辑，之后告诉每个客户端当前发生的事件。客户端方面，其输入信息发送到服务器端，并持续从服务器接收游戏的当前状态，客户端不参与游戏逻辑状态的修改，而是通过向服务器端发送申请信息，由服务器根据内部的逻辑修改状态，最后反馈到各个客户端。

13.4.2 Network View 网络视图组件

Network View 是多人游戏中的黏合剂，用于通过网络共享数据的组件。使用这个组件能够准确定义哪个游戏对象是在网络上同步以及如何同步。游戏对象可以有 Network View 组件，该组件可以被定义为观察物体的其他组件。

为了使用包括远程过程调用或状态同步等网络功能，在开发游戏时必须创建一个添加了 Network View 组件的游戏对象。在 Hierarchy 视图中选中一个需要网络操作的游戏对象，然后在 Inspector 视图按照步骤“Add Component→Miscellaneous→Network View”为其添加 Network View 组件，如图 13-9 所示。

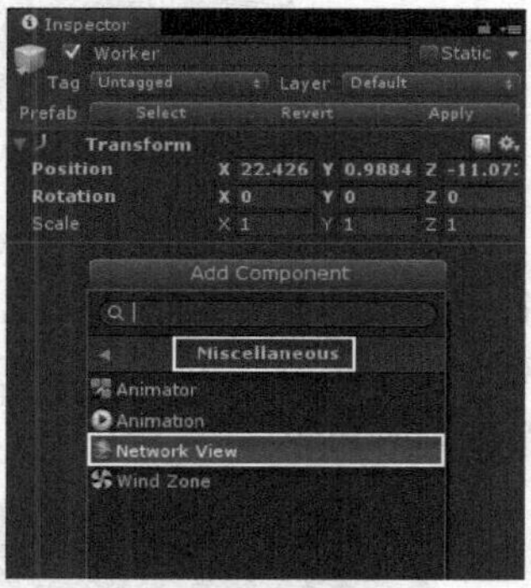

▲图 13-9 Network View 组件添加

13.4.3 案例的效果预览

介绍完了两种服务器的特点和 Network View 组件，接下来先预览需要开发案例的效果图。本案例中，在 PC 端打开服务器，打开 exe 文件，创建服务器，打开手机端的程序，连接服务器。在案例场景中实现任意一端能够操作各自角色工人进行奔跑的同步效果，如图 13-10 和图 13-11 所示。

▲图 13-10 案例服务器端截图 1

▲图 13-11 案例客户端截图 2

13.4.4 案例场景的搭建

授权服务器中游戏世界的整体计算功能是由服务器承担的，所有客户端的全部操作都交由服务器完成，服务器处理每个玩家的输入信息。非授权服务器则相反，服务器不能控制各个客户端的输入输出，皆由客户端本身来处理这些信息。在两个构建方案的优劣相比之下，本案例选择授权服务器进行开发。

（1）从 Asset 资源文件夹下 Prefabs 的文件夹中把场景预制件 Environment 拖曳到 Scene 中并调整位置和大小，如图 13-12 所示。依次单击“GameObject→Light→Directional Light”在场景中添加一个平行光源，并设置位置、大小和朝向，如图 13-13 所示。

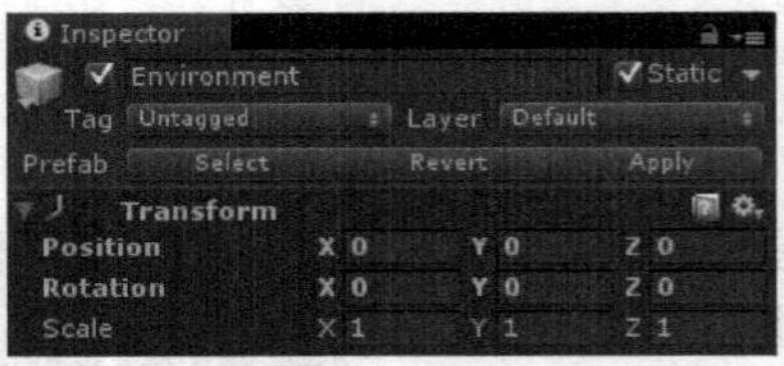

▲图 13-12　Environment 参数设置

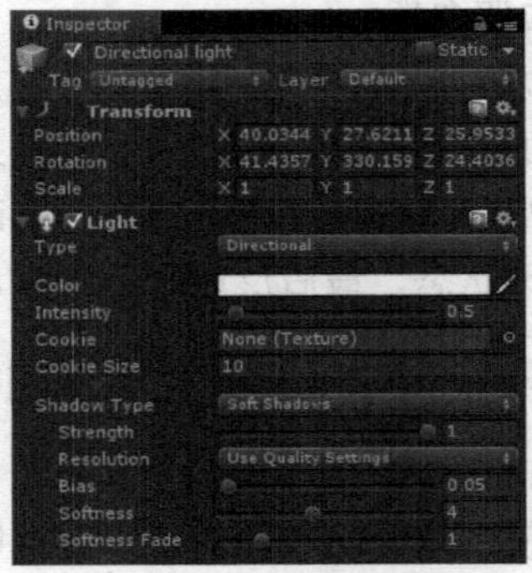

▲图 13-13　平行光参数设置

（2）接下来按照步骤“GameObject→Create Empty”创建一个空的 GameObject 对象，并重命名为“Spawn”，设置其位置和朝向，如图 13-14 所示。按照相同步骤再创建一个空的 GameObject 对象，并重命名为“ServerConnect”，设置其位置和朝向，如图 13-15 所示。保存场景并命名为“NetworkPlay”。

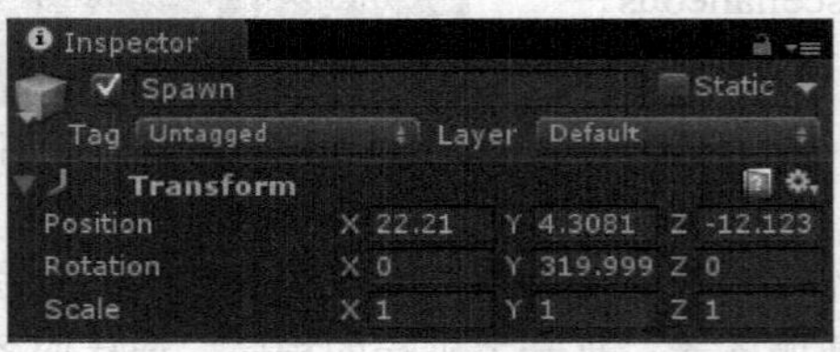

▲图 13-14　Spawn 参数设置

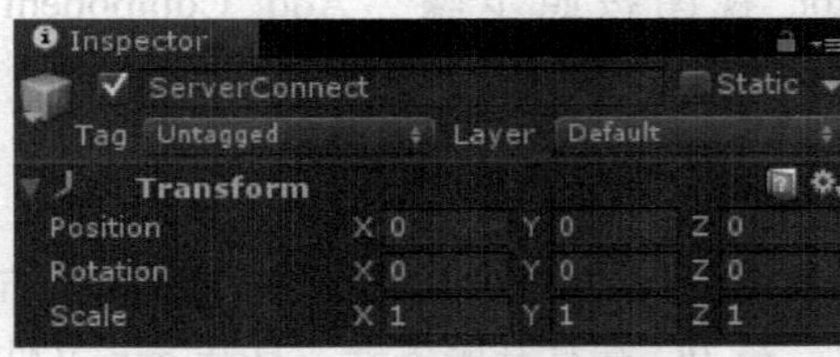

▲图 13-15　ServerConnect 参数设置

（3）然后按照步骤“Assets→Import Package→Character Controller”从 Unity 资源中导入部分资源到项目中，如图 13-16 所示。在 Import package 对话框里只勾选所需要的 Unity 工人模型资源，如图 13-17 所示。按下“Import”导入项目中。

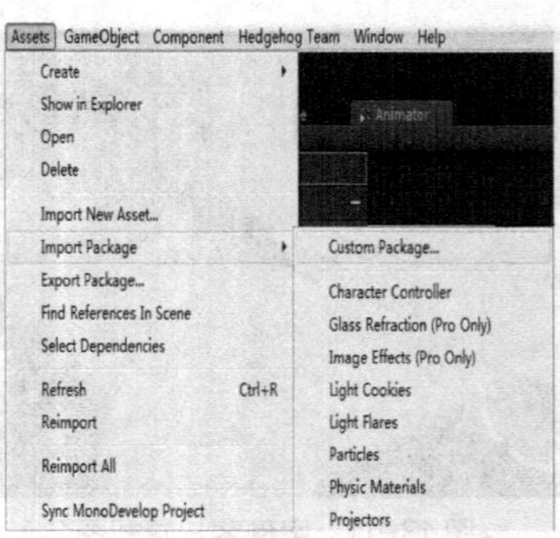

▲图 13-16　导入 Character Controller 1

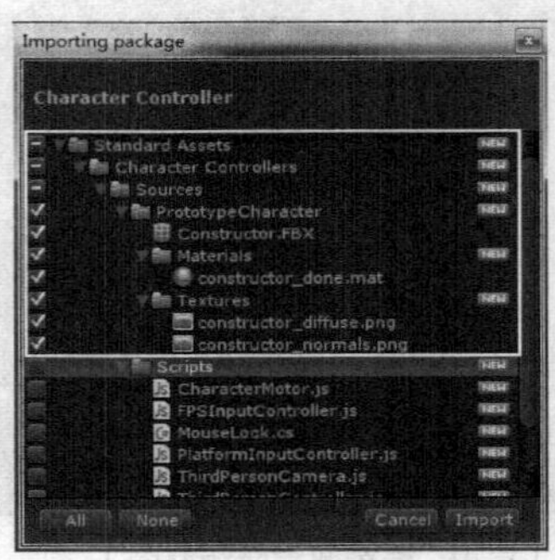

▲图 13-17　导入 Character Controller 2

（4）从资源文件夹中找到 Constructor.FBX 模型文件并选中，在 Inspector 视图中选中 Rig，并把 Animation Type 修改为“Humanoid”，如图 13-18 所示。然后把 Constructor 模型拖曳到场景中。

在 Prefabs 文件中新建一个预制件并重命名为“Worker”，把 Constructor 对象拖曳到该预制件上，如图 13-19 所示。

▲图 13-18　转换 Animation Type

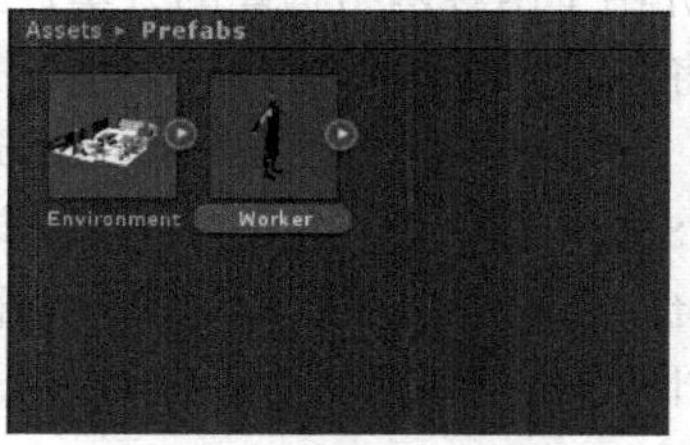

▲图 13-19　制作 Worker 预制件

（5）按照步骤“Window→Animator”添加 Animator 视窗，如图 13-20 所示。创建一个 Avatar 控制器，并命名为“AniControll”。从资源文件夹中的 Animation 文件夹中把“idle”和“run”两个动作动画片段拖曳到 Animator 视图里，并设置其中的 Parameters 参数，如图 13-21 所示。

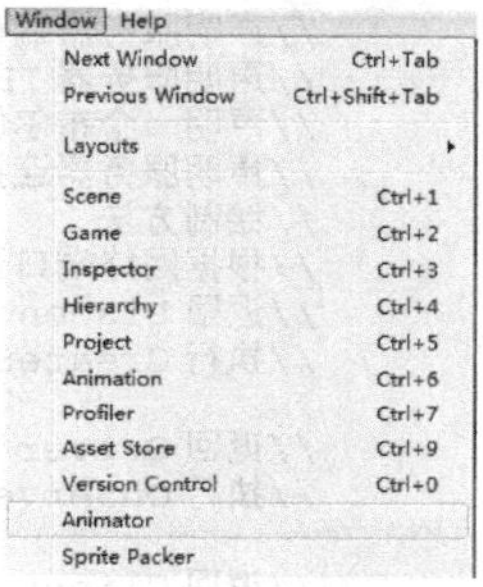

▲图 13-20　添加 Animator 视窗

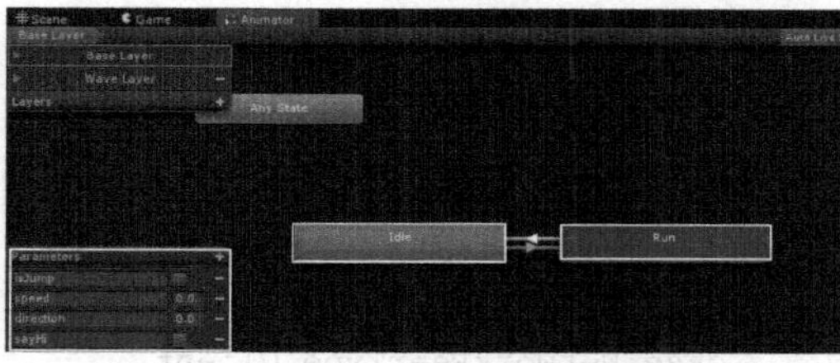

▲图 13-21　Parameters 参数设置

（6）选中 Worker 预制件对象，按照步骤“Component→Miscellaneous→Animator”为其添加 Animator 组件，参数设置如图 13-22 所示。按照步骤“Component→Miscellaneous→NetWork View”，为其添加 Network View 组件。

（7）按照步骤“Component→Physics→Character Controller”为 Worker 预制件添加角色控制器组件。选中 Worker 预制件，在 Inspector 视图里设置 Character Controller 角色控制器的各个参数值，如图 13-23 所示。

（8）从资源文件夹把 EasyTouch 插件导入到项目中，导入完成后用鼠标左键在 Untiy 菜单栏的空白处单击一下，便会多出一项“Hedgehog Team”。按步骤“Hedgehog Team→EasyTouch→Extensions→Adding a new joystick”添加摇杆，并重命名为“myJoystick”，然后设置参数，如图 13-24 所示。

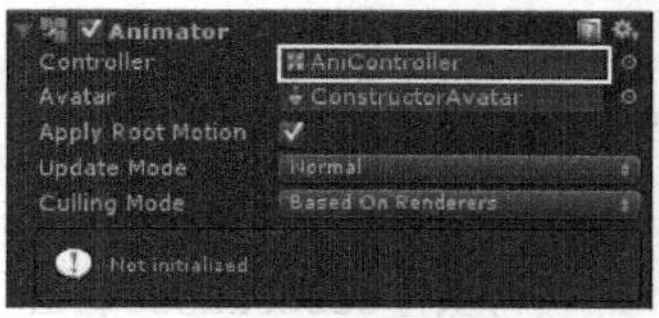

▲图 13-22　Animator 参数设置

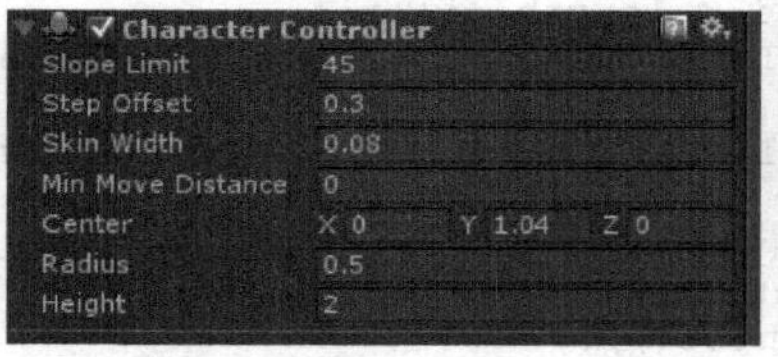

▲图 13-23　Character Controller 参数设置

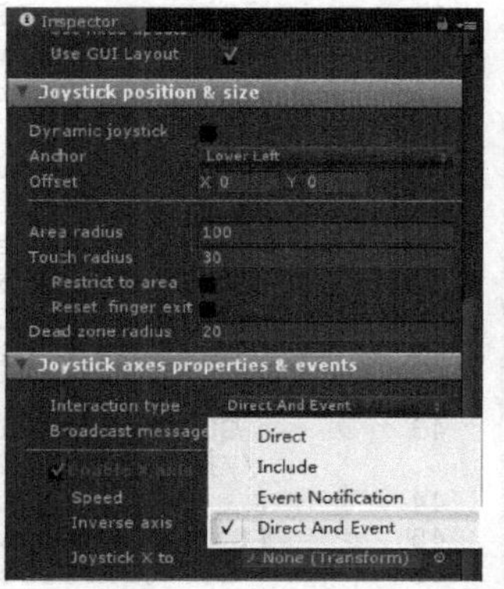

▲图 13-24　摇杆 myJoystick 参数设置

13.4.5　项目主体脚本的开发

前面已经介绍了两种网络构建的方案、Network View 组件和案例场景的搭建以及项目的其他准备。接下来将介绍本项目案例的主体部分，也是实现 Untiy Network 网络连接的重要部分——项目脚本的编写，其中包括控制服务器客户端连接、玩家创建、角色控制和摇杆操纵等脚本。

（1）打开 Script 文件夹，新建一个 C#脚本，并重命名为“ServerConnect”。然后双击脚本，进入“Microsoft Visual Studio”编辑器中，开始 ServerConnect.cs 脚本的编写。本脚本主要是通过判断项目运行平台来控制服务器或者客户端是否启用，可以说是整体连接的重要部分。具体脚本代码如下。

代码位置：见随书光盘中源代码/第 13 章目录下的 Buildin-Network/Assets/ Script/ServerConnect.cs。

```
using UnityEngine;
using System.Collections;
using System.Collections.Generic;
public class ServerConnect : MonoBehaviour {
  private int serverPort = 10000;                          //声明服务器端口号
  private string serverIP = "192.168.155.1";               //声明服务器 IP 地址
  private bool useNAT = false;                             //声明一个布尔值变量
  private int limitUserCount = 10;                         //声明服务器连接数量限制
    void OnGUI() {                                         //绘制方法
      switch (Network.peerType) {                          //根据网络端口返回信息
        case NetworkPeerType.Disconnected:                 //返回 Disconnected
          CreateServer();                                  //执行 CreateServer 方法
          break;
        case NetworkPeerType.Server:                       //返回 Server
          OnServer();                                      //执行 OnServer 方法
            break;
          case NetworkPeerType.Client                      //返回 Client:
            OnClient();                                    //执行 OnClient 方法
            break;
          case NetworkPeerType.Connecting:                 //返回 Connecting
            GUILayout.Label("连接中。。");             //绘制一个 label 提示连接中
          break;
      }}
      void CreateServer() {                                //创建服务器方法
        GUILayout.BeginVertical();                         //垂直绘制格式
          if(Application.platform == RuntimePlatform.WindowsPlayer ){
          //程序执行平台为 PC 时
            if (GUILayout.Button("开启服务器")){           //绘制一个开启按钮
              NetworkConnectionError error =
                  Network.InitializeServer(limitUserCount, serverPort, useNAT);
                                                           //开启服务器
              Debug.Log(error);                            //打印错误报告
               }}if (Application.platform == RuntimePlatform.Android) {
               //程序执行平台为 Android 时
               if (GUI.Button(new Rect(0,0,Screen.width * 0.1f,Screen.height * 0.2f),
                     "连接服务器"){                        //绘制一个连接按钮
               NetworkConnectionError error =
                  Network.Connect(serverIP, serverPort);   //根据 IP 进行连接
               Debug.Log(error);}}                         //打印错误报告
        GUILayout.EndVertical();}                          //结束垂直绘制格式
      void OnServer() {                                    //服务器运行方法
        GUILayout.Label("服务器已创建，等待客户端连接....");  //绘制信息
        int length = Network.connections.Length;           //获取客户端的连接数量
        for (int i = 0; i < length; i++) {
          GUILayout.Label("客户端 ip : " + Network.connections[i].ipAddress);
                                                           //打印客户端 IP
          GUILayout.Label("客户端端口号 : " + Network.connections[i].port);
        //打印客户端端口号
        }
        if (GUILayout.Button("断开连接")) {                //绘制断开连接按钮
          Network.Disconnect();}}                          //执行 Disconnect 方法
      void OnClient() {                                    //客户端运行方法
```

```
48      GUILayout.Label("连接成功!");                              //绘制连接成功信息
49      if (GUILayout.Button("断开连接   ")) {                     //绘制断开连接按钮
50        Network.Disconnect();                                   //执行 Disconnect 方法
51}}}
```

- 第 5-8 行的主要功能是声明了需要的变量，主要是服务器的端口号、IP 地址和限制连接数量等。要注意的是，服务器的 IP 地址 serverIP 变量赋值为当前用户计算机的 IP 地址。
- 第 9-23 行主要功能是重写了 OnGUI 方法，根据返回的端类型的状态进行绘制界面和各种操作。返回状态为 Disconnected 则执行开启服务器方法，返回状态为 Server 则执行服务器运行方法，返回状态为 Client 则执行客户端运行方法，返回状态为 Connecting 则显示提示。
- 第 24-37 行主要功能是编写了 CreateServer 方法。在该方法里，根据运行平台分辨是创建服务器还是连接服务器，第 26-30 行是当运行平台为 PC 端，绘制开启服务器按钮；第 31-36 行是当运行平台为 Android 端，则绘制连接服务器按钮。
- 第 38-46 行主要功能是编写了 OnServer 方法。该方法是当服务器在运行时，遍历所有的客户端，并打印它们的客户端 IP 和端口号。
- 第 47-51 行主要功能是编写了 OnClient 方法。该方法是当客户端运行时，绘制一个断开连接按钮，可以断开 Network 的网络连接。

（2）打开 Script 文件夹，新建一个 C#脚本，并重命名为“CreatePlayer”。然后双击脚本，进行 CreatePlayer.cs 脚本的编写。本脚本主要通过重写 OnServerInitialized 等数个网络自行调用方法，实现通过服务器的信息传递在各个客户端创建唯一的角色。具体脚本代码如下。

代码位置：见随书光盘中源代码/第 13 章目录下的 Buildin-Network/Assets/ Script/CreatePlayer.cs。

```
using UnityEngine;
using System.Collections;
public class CreatePlayer : MonoBehaviour {
 public Transform playerPrefab;                              //声明 Transform 对象
 private IList list;                                         //声明 IList 对象
 void Start () {
  list = new ArrayList();                                    //创建动态数组
 }
 void OnServerInitialized () {                               //服务器初始化方法
  MovePlayer(Network.player);                                //执行 MovePlayer 方法
 }
 void OnPlayerConnected(NetworkPlayer player) {              //客户端连接方法
  MovePlayer(player);                                        //执行 MovePlayer 方法
 }
 void MovePlayer(NetworkPlayer player) {                     //角色移动方法
  int playerID = int.Parse(player.ToString());               //获取玩家 ID
  Transform playerTransform = (Transform)Network.Instantiate
    (playerPrefab, transform.position, transform.rotation, playerID);
    //实例化网络游戏对象
  NetworkView playerObjNetWorkView = playerTransform.networkView;
                                                             //Network View 引用
  list.Add(playerTransform.GetComponent("PlayerControl"));   //添加进入数组
  playerObjNetWorkView.RPC("SetPlayer", RPCMode.AllBuffered, player);
                                                             //调用 RPC 方法
 }
 void OnPlayerDisconnected(NetworkPlayer player) {           //玩家断开连接方法
  foreach (PlayerControl script in list) {                   //遍历 list
   Network.RemoveRPCs(script.gameObject.networkView.viewID);  //执行移除方法
   Network.Destroy(script.gameObject);                       //销毁网络游戏对象
   list.Remove(script);                                      //移除 list 的对象
   break;
  }
  int playerNumber = int.Parse(player + "");                 //获取当前玩家数量
  Network.RemoveRPCs(Network.player, playerNumber);          //网络移除方法
  Network.RemoveRPCs(player);                                //本地移除方法
  Network.DestroyPlayerObjects(player);                      //销毁玩家
 }
```

```
35  void OnDisconnectedFromServer(NetworkDisconnection info) {  //服务器断开连接方法
36    Application.LoadLevel(Application.loadedLevel);           //重新加载
37  }}
```

- ❑ 第 6-8 行主要功能是重写了 Start 方法，在方法里创建了一个 ArrayList 动态数组，用于存储进入服务器的玩家客户端。
- ❑ 第 9-14 行主要功能是重写了 OnServerInitialized 和 OnPlayerConnected 两个方法，当服务器初始化和有玩家连接进入服务器时远程调用 RPC 类型的 MovePlayer 方法。
- ❑ 第 15-22 行主要功能是编写了 MovePlayer 方法。其中，第 17-20 行为实例化网络游戏对象，并获取当前对象的 Network View 引用，根据预制件 Worker 上的 PlayerControl 脚本添加进 List。第 21 行是远程调用 RPC 类型的 SetPlayer 方法，部署玩家角色。
- ❑ 第 23-34 行主要功能是重写了 OnPlayerDisconnected 方法，当有玩家或者服务器断开连接时执行该方法。服务器断开连接时，所有客户端的玩家角色全部销毁移除。客户端断开连接时，只会在服务器和其他客户端销毁该客户端操控的玩家角色。
- ❑ 第 35-37 行重写了 OnDisconnectedFromServer 方法。当有客户端或者是服务器断开连接时，重新加载该场景。

（3）将已经编写好的 ServerConnect.cs 脚本拖曳到 Hierarchy 视图里的 ServerConnect 游戏对象上，如图 13-25 所示。接着将编写好的 CreatePlayer.cs 脚本拖曳到 Hierarchy 视图里的 Spawn 游戏对象上，并把预制件 Worker 拖曳到 Player Prefab 栏上，如图 13-26 所示。

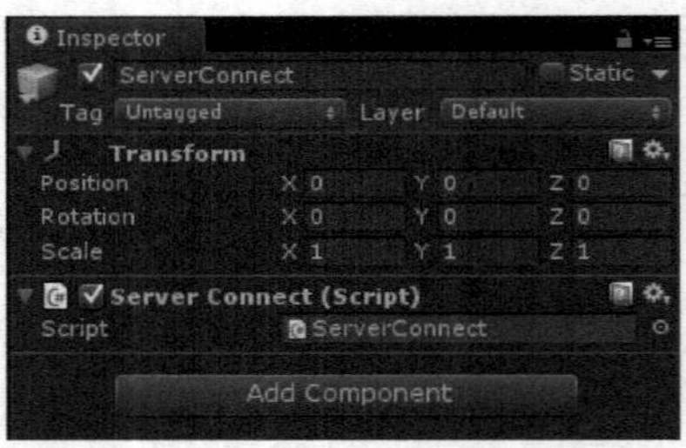

▲图 13-25 脚本 ServerConnect

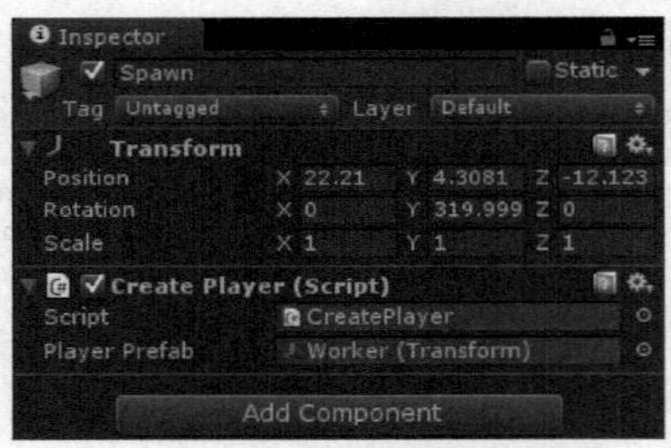

▲图 13-26 脚本 CreatePlayer 设置

（4）打开 Script 文件夹，新建一个 C#脚本，并重命名为“PlayerControl”。然后双击脚本，进行 PlayerControl.cs 脚本的编写。本脚本主要通过重写 Update 方法改变传递的参数调用 RPC 方法远程调用 Unity Networking，在各个客户端同步各个玩家角色的状态和动画同步。具体脚本代码如下。

代码位置：见随书光盘中源代码/第 13 章目录下的 Buildin-Network/Assets/ Script/PlayerControl.cs。

```
using UnityEngine;
using System.Collections;
public class PlayerControl : MonoBehaviour {
  ......//此处省略部分变量声明
  void Awake() {
    my_animator = gameObject.GetComponent<Animator>();         // animator 的引用
    if (Network.isClient) {                                    //如果是客户端
      enabled = false;                                         //失效
  }}
  void Update () {
    if (ownerPlayer != null && Network.player == ownerPlayer) {
     my_stateInfo = my_animator.GetCurrentAnimatorStateInfo(0);//传递 animator 参数
      float currentHInput = currentHInputs;                    //为横向移动变量赋值
      float currentVInput = currentVInputs;                    //为纵向移动变量赋值
      if (clientHInput != currentHInput || clientVInput != currentVInput) {//若不等
        clientHInput = currentHInput;                          //赋值
```

```
17          clientVInput = currentVInput;
18          if (Network.isServer) {                                   //若为服务器
19           SendMoveInput(currentHInput, currentVInput);            //调用 RPC 方法
20          }else if (Network.isClient) {                            //若为客户端，调用 RPC 方法
21           networkView.RPC("SendMoveInput", RPCMode.Server, currentHInput, currentVInput);
22          }}}
23        if (Network.isServer) {                                     //若为服务器
24          currentSpeed = serverHInput*serverHInput+serverVInput*serverVInput;
         //计算速度
25          currentDirection = serverHInput;                          //计算朝向
26        }
27        my_animator.SetFloat("speed", currentSpeed);                //传递 animator 参数
28        my_animator.SetFloat("direction", currentDirection);//传递 animator 参数
29      }
30      [RPC]
31      void SetPlayer(NetworkPlayer player) {                        //部署玩家角色方法
32        ownerPlayer = player;
33        if (player == Network.player) {                             //当前客户端
34          enabled = true;                                           //启用
35      }}
36      [RPC]
37      void SendMoveInput(float currentHInput, float currentVInput) {//传递移动输入方法
38          serverHInput = currentHInput;                             //赋值
39          serverVInput = currentVInput;
40      }
41      void OnSerializeNetworkView(BitStream stream, NetworkMessageInfo info) {
        //序列化网络视图
42        if (stream.isWriting) {                                     //若为写入流
43          float speed = currentSpeed;                               //为 speed 赋值
44          float direction = currentDirection;                       //为 direction 赋值
45          Vector3 pos = transform.position;                         //为 pos 赋值
46          Quaternion rot = transform.rotation;                      //为 rot 赋值
47          stream.Serialize(ref speed);                              //同步 speed
48          stream.Serialize(ref direction);                          //同步 direction
49          stream.Serialize(ref pos);                                //同步 pos
50          stream.Serialize(ref rot);                                //同步 rot
51        } else {                                                    //不是写入流
52          float speed = 0;                                          //speed 置零
53          float direction = 0;                                      //direction 置零
54          Vector3 pos = Vector3.zero;                               //pos 置零
55          Quaternion rot = Quaternion.identity;                     //rot 置零
56          stream.Serialize(ref speed);                              //同步 speed
57          stream.Serialize(ref direction);                          //同步 direction
58          stream.Serialize(ref pos);                                //同步 pos
59          stream.Serialize(ref rot);                                //同步 rot
60          currentSpeed = speed;                                     //currentSpeed 置零
61          currentDirection = direction;                             //currentDirection 置零
62          my_animator.SetFloat("speed", currentSpeed);              //传递 animator 参数
63          my_animator.SetFloat("direction", currentDirection);
64          transform.position = pos;                                 //当前 position 置零
65         transform.rotation = rot;                                  //当前 rotation 置零
66    }}}
```

- 第 5-9 行主要重写了 Awake 方法，获取了 animator 的引用，用 my_animator 变量保存起来，以便于下面动画同步的操作。
- 第 10-29 行主要重写了 Update 方法，在该方法里处理各个输入的变量值。其中，第 18-22 行为远程调用 RPC 类型的 SendMoveInput 方法，把移动信息传递到服务器的变量里处理。
- 第 30-35 行主要编写了 SetPlayer 方法。该方法主要根据传递的 player 变量，部署玩家角色。
- 第 36-40 行主要编写了 SendMoveInput 方法。该方法意义在于把移动的变量信息统一地输入到服务器上，然后在第 23-26 行 Update 方法的逻辑代码里进行统一处理。
- 第 41-66 行主要重写了 OnSerializeNetworkView 方法。该方法接收 Update 方法里处理过的信息，将信息同步到各个客户端中。当文件流为写入状态时，把服务器更新的速度变量 speed、转向变量 direction、位置变量 pos、朝向变量 rot 等信息同步到各个客户端中，同时根据 speed 和

direction 两个状态，设置到 animator 的参数中实现 animator 的动画同步效果。

（5）打开 Script 文件夹，新建一个 C#脚本，并重命名为“MoveController”。然后双击脚本，进行 MoveController.cs 脚本的编写。本脚本主要通过重写 EasyTouch 的 OnJoystickMove 等方法，调用 EasyTouch 摇杆实时改变 PlayerControl.cs 里的静态变量，实现角色的操控。具体脚本代码如下。

代码位置：见随书光盘中源代码/第 13 章目录下的 Buildin-Network/Assets/ Script/MoveController.cs。

```
1    using UnityEngine;
2    using System.Collections;
3    public class MoveController : MonoBehaviour {
4        void OnEnable() {                                   //EasyTouch 启用方法
5            EasyJoystick.On_JoystickMove += OnJoystickMove;
6            EasyJoystick.On_JoystickMoveEnd += OnJoystickMoveEnd;
7        }
8        void OnDisable() {                                  //EasyTouch 失效方法
9            EasyJoystick.On_JoystickMove -= OnJoystickMove;
10           EasyJoystick.On_JoystickMoveEnd -= OnJoystickMoveEnd;
11       }
12       void OnDestroy() {                                  //EasyTouch 销毁方法
13           EasyJoystick.On_JoystickMove -= OnJoystickMove;
14           EasyJoystick.On_JoystickMoveEnd -= OnJoystickMoveEnd;
15       }
16       void OnJoystickMoveEnd(MovingJoystick move) {       //EasyTouch 触碰结束方法
17           if (move.joystickName == "myJoystick") {        //判断摇杆名是否为"myJoystick"
18               PlayerControl.currentHInputs = 0;           //重置传递的变量
19               PlayerControl.currentVInputs = 0;
20       }}
21       void OnJoystickMove(MovingJoystick move){           //摇杆动移动调用方法
22           if (move.joystickName != "myJoystick"){         //判读摇杆名是否为"myJoystick"
23               return;                                     //否，则返回
24           }
25           PlayerControl.currentVInputs = move.joystickAxis.x;; //获得摇杆偏移量 x 的值
26           PlayerControl.currentHInputs = move.joystickAxis.y;//获得摇杆偏移量 y 的值
27     }}
```

❑　第 4-20 行为调用 EasyTouch 摇杆必须存在的方法，包括启用时调用的方法、失效时调用的方法、销毁时调用的方法和结束移动时调用的方法。其中第 17-19 行是当摇杆结束触碰时把传递的两个变量值置零。

❑　第 21-27 行为摇杆触碰移动调用的方法。其中第 22-24 行判断触碰的摇杆名称是否为“myJoystick”；第 25-26 行是更新 PlayerControl 脚本里两个静态变量的值，实现摇杆对角色的操控。

（6）将已经编写好的 PlayerControl.cs 脚本拖曳到预制件 Worker 上，如图 13-27 所示。选中预制件 Worker，在 Inspector 视图中，把 Worker 的 PlayerControl.cs 脚本组件拖曳到 Network View 组件的 Observed 一栏上，如图 13-28 所示。

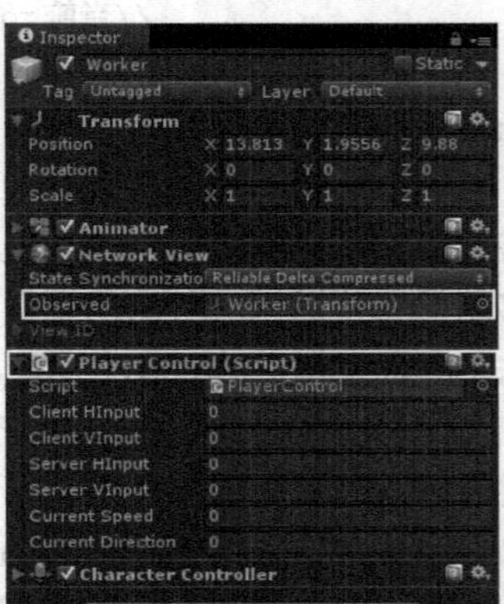

▲图 13-27　添加脚本组件

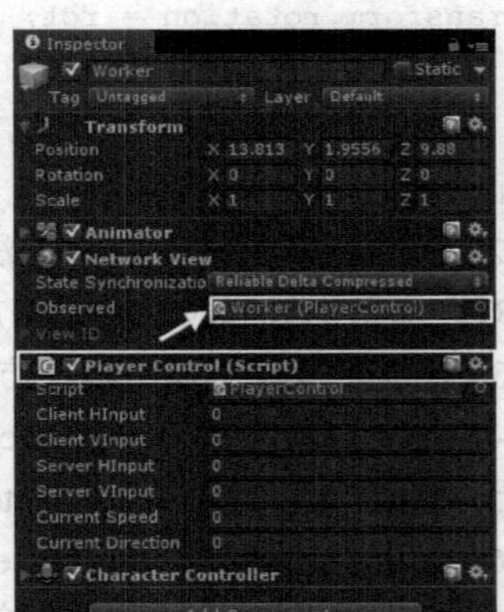

▲图 13-28　Network View 参数设置

13.4.6 服务器和客户端的发布

前面已经介绍完了主体脚本的编写和其他一系列组件参数的设置，到这一步本案例的开发部分已经结束，最后介绍把项目分成服务器和客户端两方面发布。服务器需以 PC 平台发布成为一个.exe 文件，客户端则以 Android 平台发布成为一个.apk 文件，并安装在手机上。

（1）按照步骤“File →Build Settings…”进入到 Build Settings 窗口，如图 13-29 所示。选择发布平台为 PC 平台，单击 Add Current 按钮添加场景，勾选上当前场景 NetworkPlay，单击 Build 按钮发布项目，如图 13-30 所示。并命名为“NetServer.exe”。

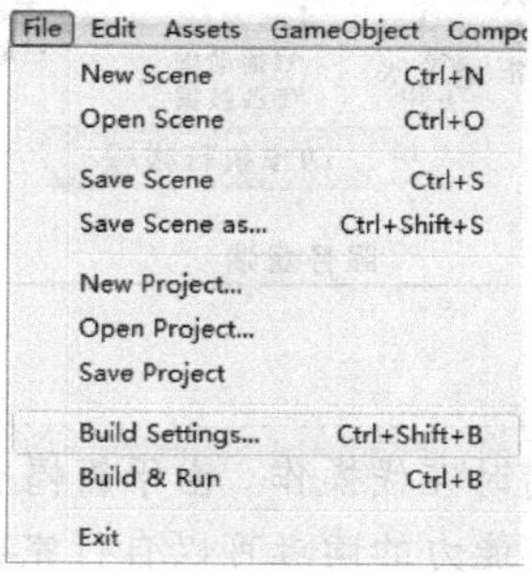

▲图 13-29 打开 Build Settings

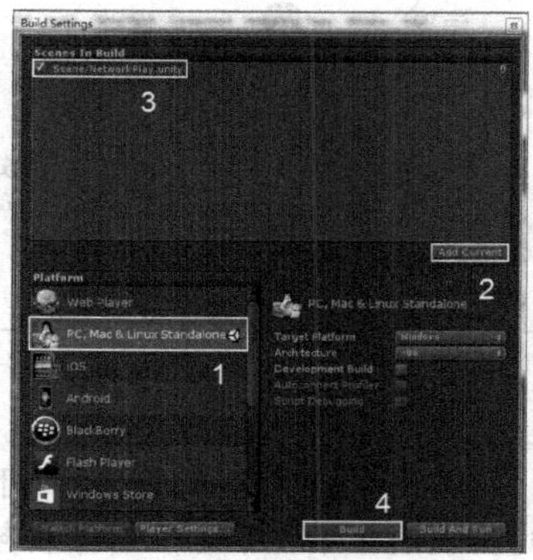

▲图 13-30 将项目发布平台设为 PC 端

（2）再次打开 Build Settings 窗口，选择发布平台为 Android 平台，然后单击“Player Settings”进行设置。选中“Settings for Android”，把 Default Orientation 置为“Landscape Left”设置横屏，如图 13-31 所示。最后选中“Other Settings”，修改文件夹名，如图 13-32 所示。并命名为“NetClient.apk”。

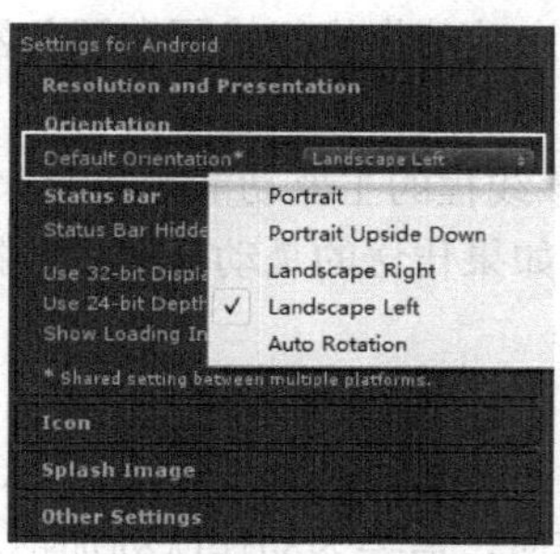

▲图 13-31 设置横屏

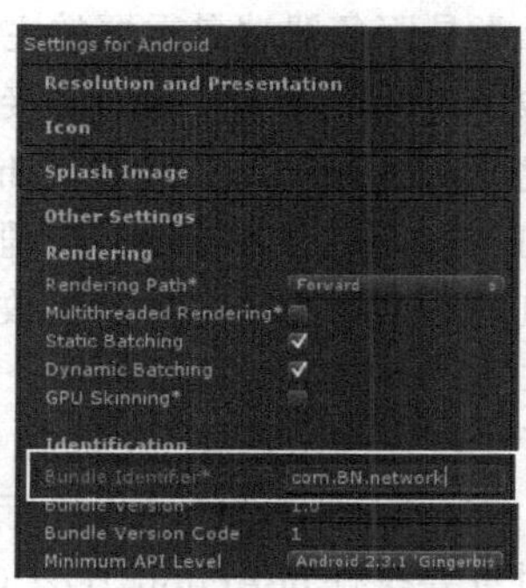

▲图 13-32 修改文件夹名称

13.5 基于 Socket 开发 Unity 网络游戏

随着移动互联网的发展和游戏技术的日益成熟，网络游戏逐渐成为游戏制造商争相竞争的噱头。然而如何开发一款新颖、并发性强、实时性强的网络游戏，成为网络游戏开发人员能否在游戏领域占有一席之地的重要因素。本节将为读者详细地介绍基于 Socket 套接字的网络游戏编程的相关知识。

13.5.1　网络游戏架构简介

本节介绍的是基于 Socket 套接字的网络游戏架构，核心思想是多个在线客户端同时向服务器端发送操控动作请求，由服务器端定时从动作队列读取一个动作并根据动作修改数据，向每一个在线客户端发送修改后的数据，保证了不同客户端之间数据的一致性。其架构如图 13-33 所示。

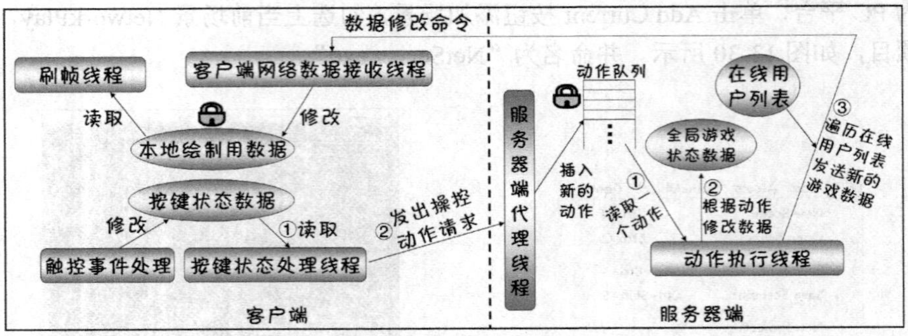

▲图 13-33　网络架构图

> **说明**　本网络游戏架构同样适用于多个客户端同时在线操作。由于篇幅有限，作者在这里仅展示了一个客户端与服务器的交互，有能力的读者可以自行完善。

1. 服务器端简介

服务器端的功能是根据客户端发送的操控动作请求执行相应动作，并更新全局游戏状态数据，将更新后的数据通过流对象传送到客户端。游戏中的全局状态数据存储在服务器端且只被服务器端修改，保证了不同客户端之间画面的完整性和一致性。服务器端主要是由以下几部分组成。

- 服务器主线程——ServerThread 类

ServerThread 类是服务器端最重要的主线程类，也是实现服务器功能的基础，其主要功能是创建服务器并开放指定端口、监听端口并接收数据、启动动作执行线程和服务器端代理线程等。

- 服务器代理线程——ServerAgentThread 类

ServerAgentThread 类是服务器端的代理线程类，该线程的主要功能是接收来自客户端的数据。接收数据时，先判断数据标识，然后进行数据处理。如果传送的是动作请求数据，则创建一个动作对象并将其添加进动作队列。

- 动作执行线程——ActionThread 类

ActionThread 类是服务器端的动作执行线程类，主要负责以下三项工作：①定时从动作队列中读取一个动作对象并执行 doAction 方法（获取动作时，需要为动作队列加锁，保证动作队列在同一时刻只被一端操作）；②根据动作修改服务器端的全局游戏状态数据；③遍历在线用户列表并向每一个在线用户发送新的游戏数据。

2. 客户端简介

客户端主要负责游戏的显示。它的工作流程是先获取服务器端传送回的数据包，根据协议将数据包拆包并解析得到有用的操作数据，然后根据得到的数据对游戏对象进行操控并呈现在屏幕上。若是客户端发出了操控指令便记录下本次操控信息并将其发送到服务器。客户端主要由如下几个部分构成。

- 从 Socket 服务器接收数据的线程方法——getMSG

getMSG 方法是 ConnectSocket 类中的一个线程方法，其功能为定时地与服务器建立连接，连接成功后获取从服务器发送回的数据包，并对数据包进行解析处理（数据处理包括记录下服务器传来的操控指令、两只小熊的位置坐标和方向以便其他脚本使用）。

- 向 Socket 服务器发送信息的方法——sendMSG

sendMSG 是封装在 ConnectSocket 类中的一个方法，该方法的主要功能是将数据包按照协议发送到服务器端，当客户端发出操控指令时，在其他脚本中会将操控指令制作成数据包，并调用该方法，在该方法中会自动把数据包按照预定的发送格式进行发送。

- 数据类——GameData

任何游戏都会包含很多数据，作为开发人员，游戏数据一定要放在统一的位置，这样可以有效地避免开发过程中数据的混乱。GameData 类便是本游戏中的数据类，该类中储存的信息包含有客户端对两只小熊的操控指令、小熊的位置坐标、方向等信息。

13.5.2 案例的效果预览与资源准备

介绍了网络连接的基本原理后，下面将给出一个基于 Socket 开发的 Unity 网络游戏案例。在两台由 Unity 开发的客户端上分别能控制一只小熊在场景中走动，通过服务器同步后在两台客户端上都可以实时地看到另一个客户端控制的小熊在跑动。本节案例效果如图 13-34 和图 13-35 所示。

▲图 13-34 客户端界面 1

▲图 13-35 客户端界面 2

接下来介绍开发本案例所需要的资源文件。读者可以按照介绍找到相应的模型、贴图资源。本案例的场景作者已经进行打包，名为“IceWorld.unitypackage”，读者只需双击该文件，全选后导入即可。本案例所使用的别的资源如表 13-4 所示。目录对应光盘中对应章（节）下的文件夹。

表 13-4 案例资源列表

资源名称	格式	用途	位置
TeddyBear_Red.fbx	FBX	红色小熊模型	WepSocket\Assets\MODO
TeddyBear_Blue.fbx	FBX	蓝色小熊模型	WepSocket\Assets\MODO
TeddyBear_Red.png	PNG	红色小熊贴图	WepSocket\Assets\MODO
TeddyBear_Blue.png	PNG	蓝色小熊贴图	WepSocket\Assets\MODO
Idles.fbx	FBX	静止站立动画	WepSocket\Assets\MODO\Anim
Jump.fbx	FBX	跳跃动画	WepSocket\Assets\MODO\Anim
Runs.fbx	FBX	跑步动画	WepSocket\Assets\MODO\Anim
waleback.fbx	FBX	倒走动画	WepSocket\Assets\MODO\Anim
window-close.png	PNG	关闭按钮图片	WepSocket\Assets\PIC
Bjump.png	PNG	跳跃按钮图片	WepSocket\Assets\PIC
Bjump1.png	PNG	跳跃按钮按下状态图片	WepSocket\Assets\PIC
EasyTouch3.1 .unitypackage	unitypackage	EasyTouch 插件包	WepSocket\Assets
IceWorld.unitypackage	unitypackage	场景模型插件包	WepSocket\Assets

13.5.3　案例场景的搭建

上一节中介绍了案例搭建所需要使用的资源文件，在本节中将介绍案例场景的搭建。在这里读者可以先搭建一个较为简单的场景，等到案例开发完毕后再将“IceWorld.unitypackage”场景模型包导入。下面介绍基本案例场景的搭建。

（1）模型、图片资源的导入。在 Projeckt 窗口中单击鼠标右键，选择“Import New Asset...”，在打开的窗口中选择要导入的文件后单击下方的 Import 按钮即可，如图 13-36 所示。当然读者也可以在外部选中要导入的资源文件直接拖拉到 Unity 的 Project 窗口中。需要导入的文件可以参考上一节中的介绍。

（2）将导入的模型 TeddyBear_Red.fbx 和 TeddyBear_Blue.fbx 拖入 Scene 窗口中，并赋予相应的贴图。按步骤“GameObject→3D Object→Plane”创建一个平面并将其放在两个模型下方充当地面，删除 Plane 对象中的 MeshCollider 组件，添加 BoxCollider 组件。效果如图 13-37 所示。

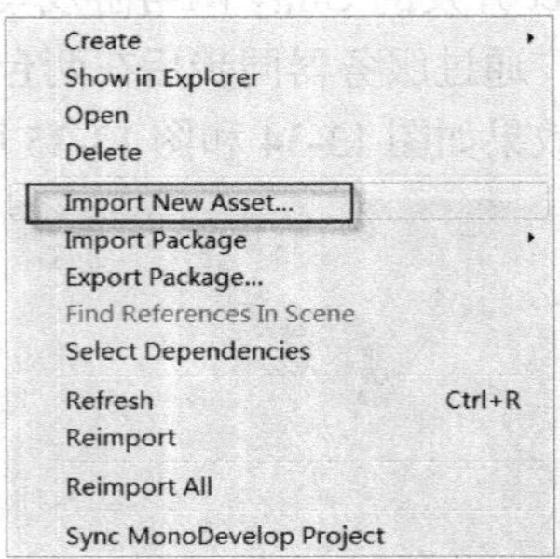

▲图 13-36　导入资源选项

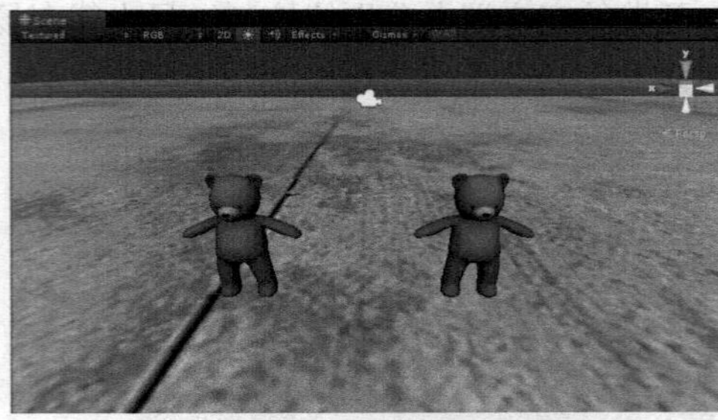

▲图 13-37　模型的摆放

（3）动画模型的设置。选择站立动画文件 Idles.fbx，在 Inspector 窗口中的 Rig 卷展栏下将 Animation Type 选择为“Humanoid”。在 Animation 卷展栏下的设置如图 13-38 和图 13-39 所示。设置完毕后可以对 Jump.fbx、Runs.fbx、walkback.fbx 做类似设置。有问题的读者可以翻看前面对动画设置的讲解，在这里不再赘述。

▲图 13-38　画模型资源设置 1

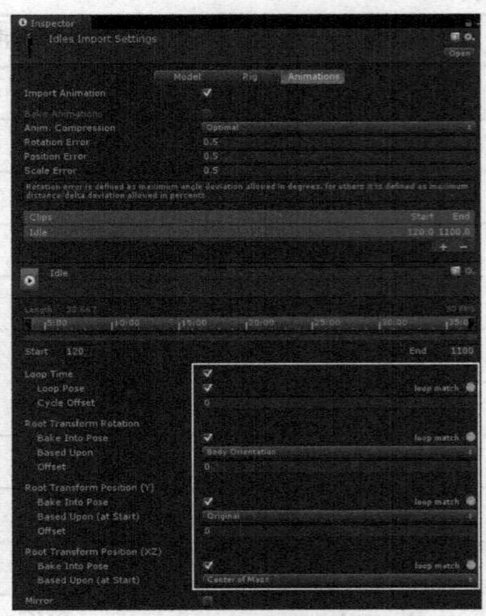

▲图 13-39　画模型资源设置 2

（4）下面创建动画控制器。在资源列表中按步骤单击鼠标右键，选择 Create→Animator Controller”创建一个动画控制器并重命名为“BearAnim”，如图 13-40 所示。双击动画控制器打开 Animator 窗口，将 Idles.fbx、Jump.fbx、walkback.fbx 文件中的动画文件拖到 Animator 窗口下，并将生成的动画块重命名，如图 13-41 所示。

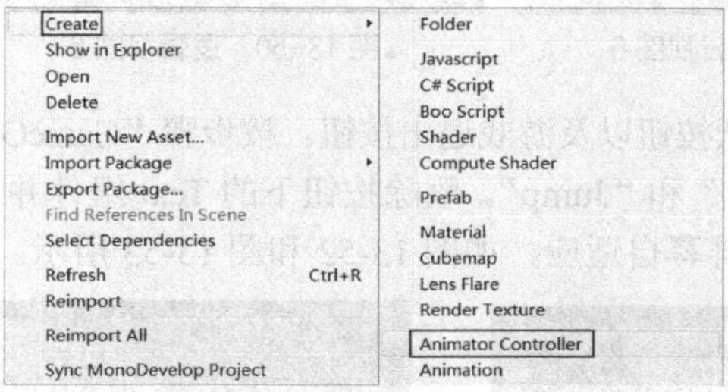

▲图 13-40　创建动画控制器

▲图 13-41　设置动画控制器

（5）创建混合树。在 Animator 窗口中单击鼠标右键，选择 “Create State→From New Blend Tree”，创建出一个混合树并在 Inspector 窗口中重命名为 Run，双击该混合树开始编辑。单击 Inspector 窗口中的 Motion 下方的“+”按钮，添加 3 个动画，并将 Runs.fbx 动画文件中的 3 个动画放入，如图 13-42 所示。设置完成后混合树如图 13-43 所示。

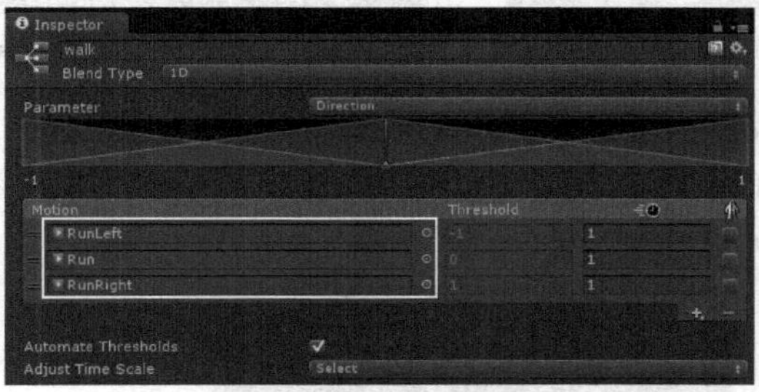

▲图 13-42　混合树的设定

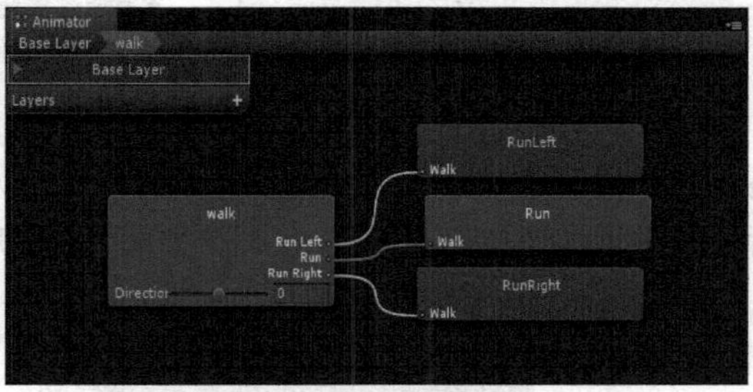

▲图 13-43　混合树总览

（6）创建动画跳转逻辑。在 Animator 窗口中的 Base Layer 中，右键单击动画按钮选择“Make Transition”可以创建逻辑箭头。在左下角的 Parameters 中点击“+”按钮，添加两个 float 类型的标志位并重命名为“Direction”和“Speed”。再创建一个 Trigger 类型的标志位并重命名为“Jump”。如图 13-44 所示。

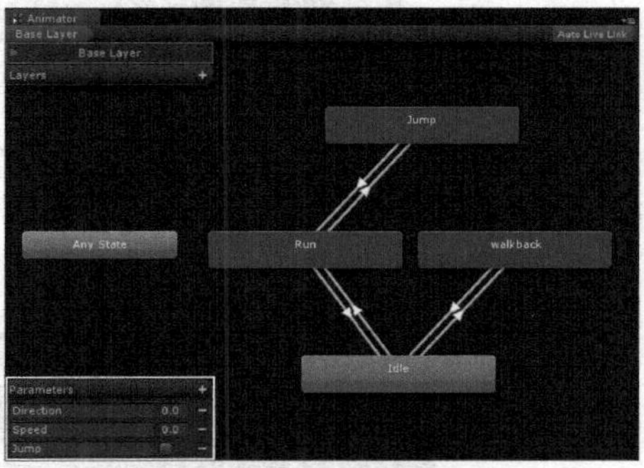

▲图 13-44　动画逻辑建立

（7）设定动画逻辑。上一步中建立的 Direction 和 Speed 两个 float 参数分别代表方向和速度，Jump 代表跳跃的标志位。点击前面建立的箭头，在 Inspector 面板中的 Conditions 选项下方的“+”按钮添加一个控制逻辑。下面将对每个箭头的控制逻辑详细介绍。

（8）Idle 到 Run 的箭头逻辑如图 13-45 所示。Run 到 Idle 的逻辑如图 13-46 所示。Idle 到 walkback 的逻辑如图 13-47 所示。从 walkback 到 Idle 的逻辑如图 13-48 所示。Run 到 Jump 的逻辑如图 13-49 所示。从 Jump 到 Run 的逻辑如图 13-50 所示。

▲图 13-45　逻辑视图 1

▲图 13-46　逻辑视图 2

▲图 13-47　逻辑视图 3

▲图 13-48　逻辑视图 4

▲图 13-49　逻辑视图 5

▲图 13-50　逻辑视图 6

（9）下面添加在游戏中的两个按钮，分别是跳跃按钮以及游戏退出按钮。按步骤“GameObject→UI→Button”添加两个按钮，分别重命名为“Quit”和“Jump”。删除按钮下的 Text 组件并调整大小，摆放到图 13-51 所示的位置，最后注意设置屏幕自适应，如图 13-52 和图 13-53 所示。

▲图 13-51　按钮摆放位置

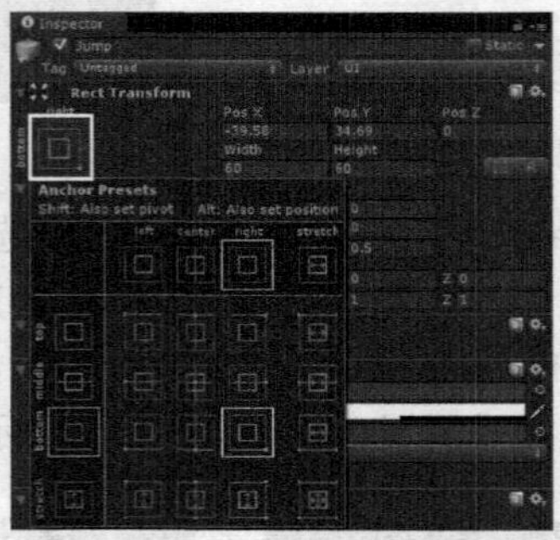
▲图 13-52　Jump 按钮屏幕自适应设置

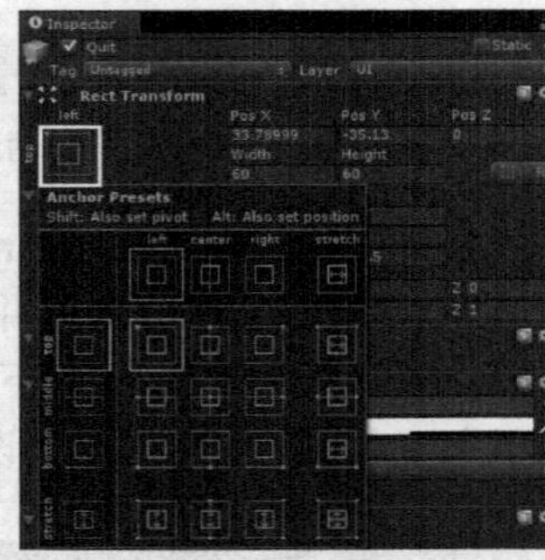
▲图 13-53　Quit 按钮屏幕自适应设置

（10）按钮换图。先将导入的按钮纹理 window-close.png、Bjump.png 以及 Bjump1.png 的 TextureType 设置为“Sprite(2D and UI)”格式，如图 13-54 所示。选中 Jump 按钮并进行图 13-55 所示的设置。选中 Quit 按钮并进行如图 13-56 所示的设置。最后效果如图 13-57 所示。

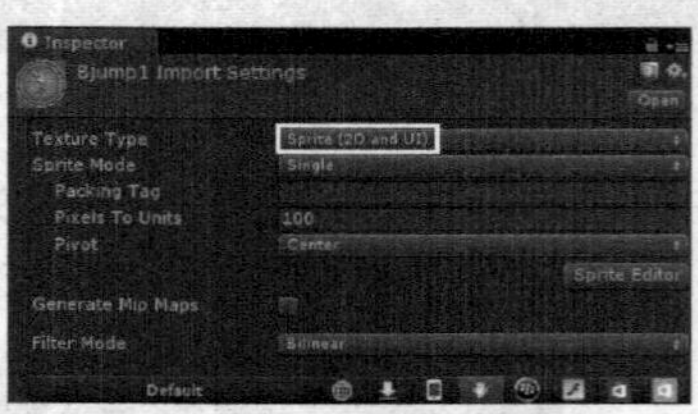
▲图 13-54　按钮图片格式设置

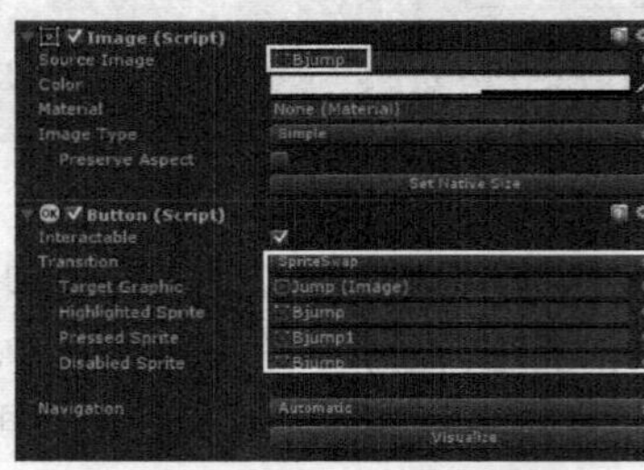
▲图 13-55　Jump 按钮换图操作

（11）按钮中的 Button 组件下有一个列表“OnClick( )”是按钮的监听方法的位置。点击“+”添加一个监听，读者可以自行创建脚本并将其挂载到任意游戏对象上，再将这个游戏对象拖到第一个对象框内，在第二个框内选择对应的脚本内的方法即可。

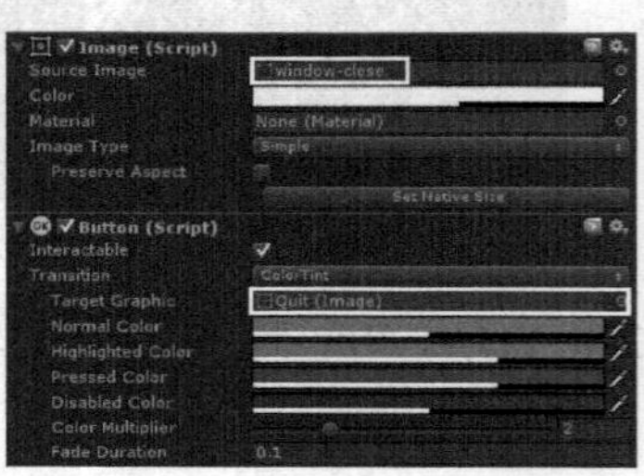
▲图 13-56　Quit 按钮换图操作

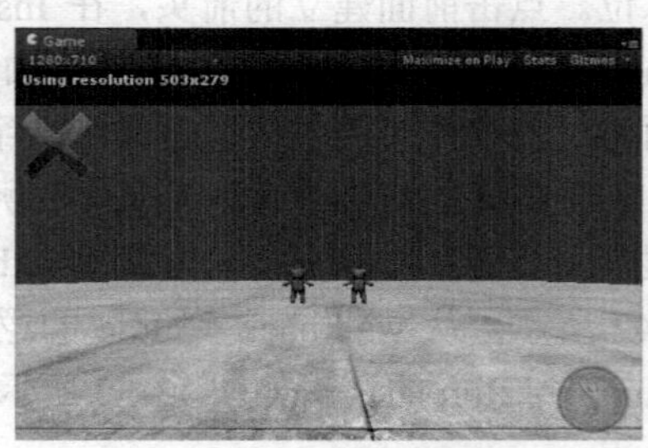
▲图 13-57　按钮创建完毕样式

（12）下面创建摇杆。双击 EasyTouch3.1.unitypackage 导入摇杆插件，依次单击菜单栏上新出现的“Hedgehog Team→EasyTouch→Extensions→Adding a new joystick”添加一个新摇杆。若是导入插件包后没有出现 Hedgehog Team 菜单的话，重启 Unity 3D 客户端可以解决这个问题。效果如图 13-58 所示。

（13）为摇杆加监听。选中 New joystick 游戏对象将其重命名为“myjoystick”，并将 Inspector 面板中的 Joystick axes properties & events 中的 Interaction type 更改为“Direct And Event”，如图 13-59 所示。之后再添加对应的脚本即可。监听脚本 JoystickButton.cs，将在后面详细介绍。

▲图 13-58　创建摇杆

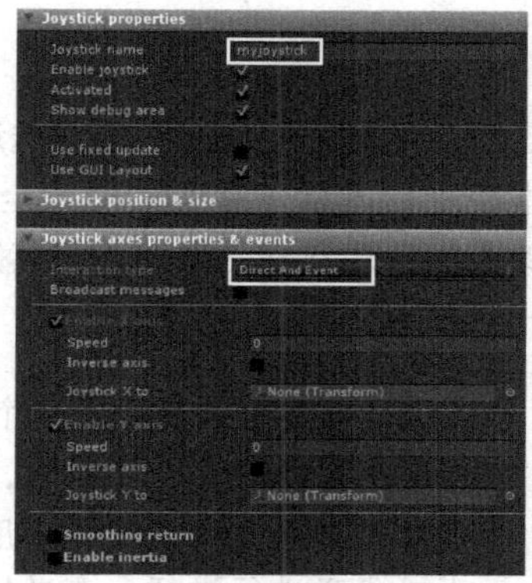

▲图 13-59　摇杆监听设置

（14）下面创建小熊的影子。由于实时阴影比较耗费资源，这里作者使用 Unity 提供的“假影子”代替。按步骤“Assets→Import Package→Projectors”打开导入窗口，全选后单击 Import 按钮。导入后找到导入文件夹目录下的 Blob Shadow Projector 预制件将其拖入场景中。

（15）将阴影的近剪裁平面调到合适位置，并将其设置为目标小熊的子对象即可，如图 13-60 所示。另一只小熊的阴影制作方法相同。设置完毕后效果如图 13-61 所示。

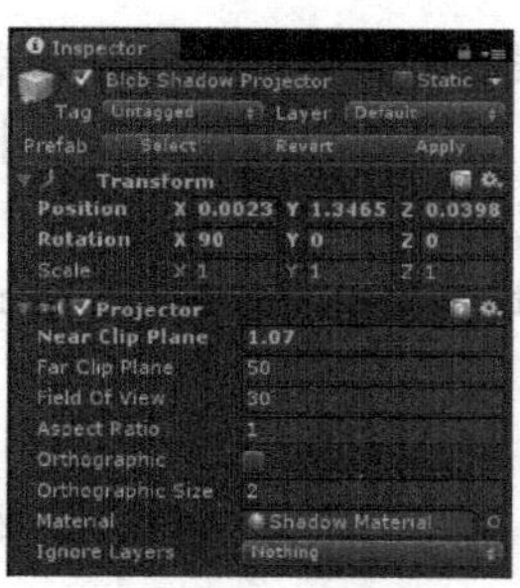

▲图 13-60　阴影设置

▲图 13-61　阴影效果图

（16）案例的基本场景搭建到此结束，下面将介绍案例的服务器端与客户端的开发。等到案例开发完毕后，可以将 IceWorld.unitypackage 资源包导入，其中包含有一个制作好的精美地形场景，读者可以将其拖入场景美化案例。

13.5.4　服务器端的开发

上一节中介绍了案例场景的搭建，在本节中将介绍案例中的服务器。服务器的作用是接收从若干个客户端传来的信息，经过处理后再将统一的数据发回给客户端。图 13-62 所示的是服务器端与客户端进行通信交互的示意图。

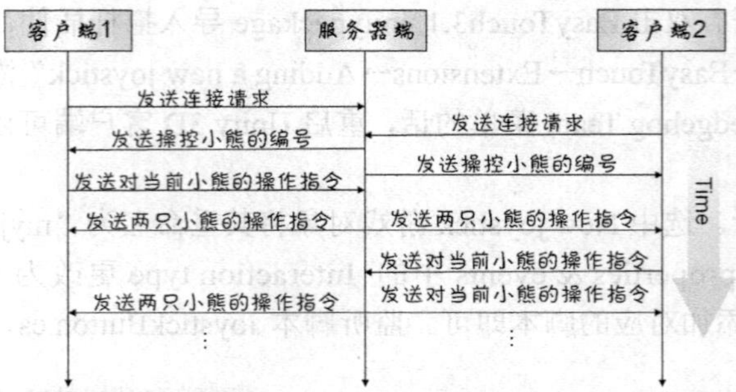

▲图 13-62　客户端与服务器交互示意图

客户端连接服务器时会向服务器发送连接请求，当服务器同意后会回传给客户端一个编号(代表了该客户端控制具体哪一只小熊)。当全部客户端到位后，每当服务器收到客户端的发送操控指令时就会修改全局游戏状态数据，并将其发送给每个在线的客户端，保证了每个客户端收到数据的完整性与一致性。

> **说明**　图 13-62 中只列出了两个客户端与服务器之间的交互，而多个客户端与服务器之间的交互示意图与之类似，有能力的读者可以自行完善。服务器端可以由多种语言开发，在本案例中作者使用了 Java 语言进行服务器的开发，由于篇幅问题在这里不对代码进行讲解，有兴趣的读者可以自行查看光盘中服务器的源代码。

13.5.5　客户端的开发

本节将介绍本案例中客户端的开发。客户端的工作就是先向服务器发送连接请求，等到服务器确认客户端连上后会回复一个编号，代表该客户端控制的是红蓝两只小熊的具体哪一只。之后等到所有客户端到位后，若是发生了操控就将操控信息发送给服务器，然后根据服务器发送回的数据操控小熊跑动。下面将具体介绍客户端的开发流程。

（1）首先介绍的是静态类的开发。在本案例中,所有要传给服务器的变量与从服务器接收到的变量都储存在静态类 GameData.cs 中。静态类仅包含静态成员，不能被实例化，调用十分方便，所以非常适合于储存游戏中经常需要跨脚本使用的变量。具体代码如下。

代码位置：见随书光盘中源代码/第 13 章目录下的 WepSocket/Assets/SocketScript/GameData.cs。

```
using UnityEngine;
using System.Collections;
public static class GameData  {
    public static int RedOrBlue = -1;              //当前客户端控制什么颜色的小熊 0红 1蓝
    public static float RedX=0;                    //红色小熊的 x 坐标
    public static float RedY=0;                    //红色小熊的 y 坐标
    public static float RedZ = 0;                  //红色小熊的 z 坐标
    public static float BlueX=0;                   //蓝色小熊的 x 坐标
    public static float BlueY=0;                   //蓝色小熊的 y 坐标
    public static float BlueZ = 0;                 //蓝色小熊的 z 坐标
    public static float RedRotX = 0;               //红色小熊的 x 轴朝向
    public static float RedRotY = 0;               //红色小熊的 y 轴朝向
    public static float RedRotZ = 0;               //红色小熊的 z 轴朝向
    public static float BlueRotX = 0;              //蓝色小熊的 x 轴朝向
    public static float BlueRotY = 0;              //蓝色小熊的 y 轴朝向
    public static float BlueRotZ = 0;              //蓝色小熊的 z 轴朝向
    //......以下省略一些类似的变量声明代码，读者可以自行查看光盘中的源代码
}
```

> **说明**　这里是本案例的静态类，并没有继承 MonoBehaviour 类，而且声明时要加上 Static 字段。在该类的变量中，一套是用于发送给服务器使用的，另一套则用于专门接收从服务器传回的数据，其中包含有每只小熊的方向、速度、位置、是否跳跃标志位等。

（2）上面介绍了案例中的静态类的开发，下面将介绍本案例中工具类的开发。由于本案例是网络连接案例，所以发送的数据都必须以字节流的格式进行发送，而本工具类的工作就是负责各种类型的数据与字节数组之间进行转换。具体代码如下。

代码位置：见随书光盘中源代码/第 13 章目录下的 WepSocket/Assets/SocketScript/ ByteUtil.cs。

```
using UnityEngine;
using System.Collections;
public static class ByteUtil{
    public static int byteArray2Int(byte[] bt,int starIndex){
//byte[]转 int 方法
        int i = System.BitConverter.ToInt32(bt, starIndex);  //byte[]转 int
        return i;                                             //返回 int 类型的数据
    }
    public static byte[] int2ByteArray(int num){             //int 转 byte[]方法
        byte[] bt = System.BitConverter.GetBytes(num);        // int 转 byte[]
        return bt;                                            //返回 byte 数组类型的数据
    }
    public static float byteArray2Float(byte[] bt, int starIndex){
//byte[]转 float 方法
        float f = System.BitConverter.ToSingle(bt, starIndex); // byte[]转 float
        return f;                                             //返回 float 类型的数据
    }
    public static byte[] float2ByteArray(float f){           //float 转 byte[]方法
        byte[] bt = System.BitConverter.GetBytes(f);          // float 转 byte[]
        return bt;                                            //返回 byte 数组的数据
}}
```

> **说明**　这里是本案例的工具类，包含了 int 与 byte[]类型的相互转换以及 float 与 byte[]类型的相互转换。使用这样的方法开发的工具方法在调用时使用“类名.方法名”就可以轻松调用，极大地方便了其他脚本中的有类似要求的代码。

（3）下面介绍本案例中连接服务器部分的自定义类 ConnectSocket.cs。该类负责连接 Socket 服务器并自动接收服务器发送的数据包并进行拆包储存在 GameData.cs 中，其中还封装有向服务器发送数据包的方法，可以在其他脚本中调用。具体代码如下。

代码位置：见随书光盘中源代码/第 13 章目录下的 WepSocket/Assets/SocketScript/ConnectSocket.cs。

```
using UnityEngine;
using System.Collections;
using System;
using System.Threading;
using System.Text;
using System.Net;
using System.Net.Sockets;
using System.Collections.Generic;
using System.IO;
using System.Runtime.InteropServices;
using System.Runtime.Serialization;
using System.Runtime.Serialization.Formatters.Binary;
public class ConnectSocket{
  private Socket mySocket;                                   //Socket 对象
  private static ConnectSocket instance;                     //连接 Socket 对象
  public static ConnectSocket getSocketInstance(){           //获取实例化对象方法
    if (instance == null){                                   //若是没有连接 Socket 对象
      instance = new ConnectSocket();                        //调用构造器
    }
```

```
20      return instance;                                       //返回连接 Socket 对象
21    }
22    ConnectSocket(){                                         //构造器
23      mySocket = new Socket(AddressFamily.InterNetwork,
24        SocketType.Stream, ProtocolType.Tcp);                //获取 Socket 类型的数据
25      IPAddress ip = IPAddress.Parse("10.16.189.42");        //服务器 IP 地址
26      IPEndPoint ipe = new IPEndPoint(ip,2001);              //服务器端口
27      IAsyncResult result = mySocket.BeginConnect//异步连接服务器连接成功回调 connectCallBack()
28        (ipe,new AsyncCallback(connectCallBack),mySocket);
29      bool connectsucces = result.AsyncWaitHandle.WaitOne(5000, true);   //超时检测
30      if (connectsucces){                                    //连接成功
31        Thread thread = new Thread(new ThreadStart(getMSG)); //从服务器接收消息
32        thread.IsBackground = true;                          //设置为后台运行
33        thread.Start();                                      //开启当前线程
34      }else{                                                 //没有连接成功
35        Debug.Log("Time Out");                               //打印错误信息
36    }}
37    private void connectCallBack(IAsyncResult ast){          //成功建立连接回调方法
38        Debug.Log("Connect Success");                        //打印连接成功
39    }
40    //......以下省略一些代码，下面将详细介绍
41      42 }
```

- 第 1-12 行为名空间的引入。由于本类是自定义类而且用到了线程、网络、读取写入等知识的 API，所以需要将需要用到的名空间导入。
- 第 13-21 行是类的声明。注意这里是自定义类，所以不像脚本继承自 MonoBehaviour 类。然后是 getSocketInstance 方法，该方法是一个静态方法，返回值是 ConnectSocket 对象，在别的脚本中使用“类名.方法名”即可调用该方法获取 ConnectSocket 类的对象。
- 第 22-28 行是该类的构造器，新建 ConnectSocket 对象的时候会执行构造器中的代码。在这里实例化了 Socket 对象，指定了服务器的 IP 地址与接收端口，并开始异步地连接服务器。在连接成功后会自动回调 connectCallBack 方法。
- 第 29-41 行的主要功能是对是否连接成功的确认。首先创建一个标志位做超时检测，若是超过 5s 连接仍没有响应就打印连接失败，若是连接成功就开启线程方法 getMSG 接收从服务器传来的信息，并且会调用 connectCallBack 方法打印连接成功。

> **说明**　在本部分代码中的第 26-27 行指定了服务器的 IP 地址与开放的端口号，读者若是想要运行本案例或者另行开发应该将 IP 地址改为当前服务器的 IP 地址（若是使用自己计算机做服务器，则 IP 地址就为当前计算机的 IP 地址），接收的端口号也要与服务器端开放的端口号相同。

（4）上面介绍了 ConnectSocket 类的构造器与部分方法，在本节中将介绍 ConnectSocket 类中最重要的两个方法：接收从服务器发来信息的方法 getMSG 与向服务器发送信息的方法 sendMSG。其中接收信息的方法是一个线程，在构造器中被启用。具体代码如下。

代码位置：见随书光盘中源代码/第 13 章目录下的 WepSocket/Assets/SocketScript/ ConnectSocket.cs。

```
private void getMSG(){
  while(true){
    if (!mySocket.Connected){                              //断开连接
      Debug.Log("bread connect");                          //打印断开连接
      mySocket.Close();                                    //关闭 Socket 对象
      break;                                               //跳出循环
    }
    try{
      byte[] bytesLen=new byte[4];                         //新建 4 位的 byte 数组
      mySocket.Receive(bytesLen);                          //接受长度
      int length = ByteUtil.byteArray2Int(bytesLen,0);     //将 bytesLen 转成 int 类型
```

```
12          byte[] bytes = new byte[length];                    //声明接收数组
13          int count = 0;                                      //计数器
14          while (count < length){                             //当接收长度小于 length
15            int tempLength = mySocket.Receive(bytes);         //接收数据
16            count += tempLength;                              //计数器记录接收到字节的数目
17          }
18          splitBytes(bytes);                                  //解析数据包
19        }
20        catch (Exception e){                                  //捕捉异常
21          Debug.Log(e.ToString());                            //打印异常栈信息
22          break;                                              //跳出循环
23      }}}
24      public void sendMSG(byte[] bytes){                      //接收信息的方法
25        if (!mySocket.Connected){                             //若是断开连接
26          Debug.Log("bread connect");                         //打印断开连接
27          mySocket.Close();                                   //关闭 Socket 对象
28        }
29        try{
30          int length = bytes.Length;                          //获取要发送数据包的长度
31          byte[] blength = ByteUtil.int2ByteArray(length); //转换为 byte[]数组
32          mySocket.Send(blength,SocketFlags.None);            //发数据包长度
33          mySocket.Send(bytes,SocketFlags.None);              //发数据包
34        }
35        catch (Exception e){
36          Debug.Log(e.ToString());                            //打印异常栈
37      }}
```

- 第 1-23 行是接收服务器数据的方法 getMSG。若是服务器没有发来数据，就会一直阻塞在第 10 行。一旦有数据发来，按照协议先接收 4 位 byte 数组代表下面数据包的长度，然后新建一个对应长度的 byte 数组开始进行接收。在一个 while 循环中，若是当前接收到的长度没有达到之前发来的数据包总长度就一直接收，直到收够了才将数据包传递给 splitBytes 方法进行拆包。
- 第 24-37 行为发送信息的方法，由脚本调用并将要发送的信息传入。与上步接收时类似，依旧要按照协议先取出要发送数据包的长度转换成数据流进行发送，然后再发送实际数据包。这样做的好处是可以避免在网络传输过程中出现包的撕裂等现象导致收到的数据不全。

（5）上面介绍了本类中的接收信息与发送信息的两个方法，下面介绍本类中解析数据包的方法。该方法的作用就是当接收到服务器端传来的数据包时调用本方法将数据包中的字节流转换成可以使用的 float 或 int 类型的数据并进行储存。具体代码如下。

代码位置：见随书光盘中源代码/第 13 章目录下的 WepSocket/Assets/SocketScript/ ConnectSocket.cs。

```
private void splitBytes(byte[] bytes){                          //接收数据后拆包
  int length = bytes.Length;                                    //获取包长
  if (length == 4){                                             //是 4 位格式代表 RedOrBlue
    GameData.RedOrBlue = ByteUtil.byteArray2Int(bytes,0);//设置 GameData 中的 RedOrBlue 变量
  }else
  if (length == 72){                                            //是操控指令格式
    byte[] brd = { bytes[0], bytes[1], bytes[2], bytes[3] };    //将 0~3 位提取出来
    byte[] brs = { bytes[4], bytes[5], bytes[6], bytes[7] };    //将 4~7 位提取出来
    byte[] bbd = { bytes[8], bytes[9], bytes[10], bytes[11] };//将 8~11 位提取出来
    byte[] bbs = { bytes[12], bytes[13], bytes[14], bytes[15] }; //将 12~15 位提取出来
    //.....以下省略一些类似代码，读者可以参考光盘中的源代码
    GameData.getRedDir = ByteUtil.byteArray2Float(brd, 0);//将 brd 从 byte[]转换成 float
    GameData.getRedSpeed = ByteUtil.byteArray2Float(brs, 0);//将 brs 从 byte[]转换成 float
    GameData.getBlueDir = ByteUtil.byteArray2Float(bbd,0); //将 bbd 从 byte[]转换成 float
    GameData.getBlueSpeed = ByteUtil.byteArray2Float(bbs,0);//将 bbs 从 byte[]转换成 float
    //.....以下省略一些类似代码，读者可以参考光盘中的源代码
}}
```

说明　本案例中，由于接收到的数据包长度即可表示其数据包的格式，所以根据长度判断若接收到的是连接格式就将数据包中的数据储存在 GameData 中的 RedOrBlue 变量中；若是操控指令格式就将其每 4 位提取出来成为一个新的 byte[4]数组，将其转换成 float 或 int 类型后按照预定的顺序储存到 GameData 中。

（6）上面介绍了 ConnectSocket 类的开发，下面介绍案例中 BearAnim.cs 脚本的开发。该脚本挂载到主摄像机 MainCamera 游戏对象上，作用是根据服务器发送回来的数据信息操控两个小熊的动画控制器进行动画播放与切换，对于不属于当前客户端控制的小熊还会做坐标位置确定。具体代码如下。

代码位置：见随书光盘中源代码/第 13 章目录下的 WepSocket/Assets/AnimScript/ BearAnim.cs。

```
using UnityEngine;
using System.Collections;
public class BearAnim : MonoBehaviour {
  protected Animator Red_animator;                    //获取红色小熊的动画控制器
  protected Animator Blue_animator;                   //获取蓝色小熊的动画控制器
  public GameObject RedBear;                          //红色小熊对象
  public GameObject BlueBear;                         //蓝色小熊对象
  private float dirDemp = 0.25f;                      //方向阻尼
  private float speedDemp = 0.5f;                     //速度阻尼
  void Start () {
    Vector3 redPOS = RedBear.transform.position;      //获取红色小熊的位置
    Vector3 bluePOS = BlueBear.transform.position;    //获取蓝色小熊的位置
    //......以下省略一些类似代码，读者可以参考光盘中的源代码
    Red_animator = RedBear.GetComponent<Animator>();  //获取动画控制器
    Blue_animator = BlueBear.GetComponent<Animator>(); //获取动画控制器
  }
  void FixedUpdate(){
    Animator r = RedBear.GetComponent<Animator>();    //获取红色小熊的动画控制器
    Animator b = BlueBear.GetComponent<Animator>();   //获取蓝色小熊的动画控制器
    if (GameData.RedOrBlue == 0){                     //当前控制的是红色小熊
      r.applyRootMotion = true;                       //开启红色小熊的 RootMotion
      b.applyRootMotion = false;                      //关闭蓝色小熊的 RootMotion
    }
    else if (GameData.RedOrBlue == 1){                //当前控制的是蓝色小熊
      r.applyRootMotion = false;                      //关闭红色小熊的 RootMotion
      b.applyRootMotion = true;                       //开启蓝色小熊的 RootMotion
    }
    AnimatorStateInfo Red_stateinfo =
      Red_animator.GetCurrentAnimatorStateInfo(0);    //获取当前动画信息
    AnimatorStateInfo Blue_stateinfo =
      Blue_animator.GetCurrentAnimatorStateInfo(0);   //获取当前动画信息
    Red_animator.SetFloat("Direction", GameData.getRedDir, dirDemp, Time.deltaTime);
    //红熊方向
    Red_animator.SetFloat("Speed", GameData.getRedSpeed); //红熊速度
    Blue_animator.SetFloat("Direction", GameData.getBlueDir, dirDemp, Time.deltaTime);
    //蓝熊方向
    Blue_animator.SetFloat("Speed", GameData.getBlueSpeed); //蓝熊速度
    if (Blue_stateinfo.IsName("Base Layer.Run") &&
      GameData.getisBlueJump == 1){                   //蓝熊当前是跑步状态
      Blue_animator.SetTrigger("Jump");               //蓝熊跳
      GameData.isBlueJump = 0;                        //重置跳跃标志位
    }
    if (Red_stateinfo.IsName("Base Layer.Run") &&
    GameData.getisRedJump == 1){                      //红熊当前是跑步状态
      Red_animator.SetTrigger("Jump");                //红熊跳
      GameData.isRedJump = 0;                         //重置红熊跳跃标志位
    }
    if (GameData.RedOrBlue == 1){                     //当前控制蓝熊
      RedBear.transform.localPosition = new Vector3(GameData.getRedX,
        GameData.getRedY, GameData.getRedZ);          //设置蓝熊的位置和角度
      RedBear.transform.eulerAngles = new Vector3(GameData.getRedRotX,
        GameData.getRedRotY, GameData.getRedRotZ);    //设置蓝熊的位置和角度
    }else
    if(GameData.RedOrBlue==0){                        //当前控制红熊
```

```
53          BlueBear.transform.localPosition = new Vector3(GameData.getBlueX,
54            GameData.getBlueY, GameData.getBlueZ);                  //设置红熊的位置和角度
55          BlueBear.transform.eulerAngles = new Vector3(GameData.getBlueRotX,
56            GameData.getBlueRotY, GameData.getBlueRotZ);            //设置红熊的位置和角度
57    }}}
```

- 第 1-9 行的主要功能为变量的声明。在这里声明了两个小熊游戏对象，用于获取其上挂载的组件与位置信息。同时还声明了两只小熊的动画控制器，使用动画控制器可以通过传递参数播放不同的动画。下面还声明了方向和速度阻尼两个常量，使数值变化更加平滑。
- 第 10-16 行是对 Start 方法的重写，该方法在场景加载时调用一次，在这里的主要功能是初始化游戏变量。这里先获取了游戏中两只小熊的位置，然后初始化 GameData 中代表位置的几个参数。最后实例化了两个小熊的动画控制器。
- 第 17-27 行是对 FixedUpdate 方法的重写，该方法每相隔固定时间调用一次。这里根据当前控制的是哪只小熊关闭另一只小熊动画控制器组件中的 RootMotion。对于 RootMotion 的介绍读者可以参看前面的章节。
- 第 28-45 行的主要功能是先获取两个动画控制器的动画信息，然后将服务器传来的对两只小熊的操控数据分别传递给两只小熊的动画控制器。小熊具体会播放什么骨骼动画取决于 13.5.3 节中第 8 行设置的动画逻辑。
- 第 46-57 行的主要功能是判断当前客户端的操控指令是针对具体哪一只小熊的，然后让受操控的小熊的位置与方向根据动画控制器的 RoorMotion 改变，而另一只小熊的位置和方向则以服务器传回的数据为准。

（7）上面介绍了案例中操控小熊播放动画的脚本，下面将介绍控制向服务器发送信息的脚本。该脚本的主要功能是若客户端发出了操控指令，就将操控指令打包为数据包然后调用 ConnectSocket 类中的 sendMSG 方法将数据包发送给服务器。具体代码如下。

代码位置：见随书光盘中源代码/第 13 章目录下的 WepSocket/Assets/AnimScript/ SendAnimMSG.cs。

```
using UnityEngine;
using System.Collections;
using System.Net;
using System.Net.Sockets;
using System.Text;
public class SendAnimMSG : MonoBehaviour {
  private float redDir     ;                                  //红色小熊的方向
  private float redSpeed;                                     //红色小熊的速度
  private float blueDir;                                      //蓝色小熊的方向
  private float blueSpeed;                                    //蓝色小熊的速度
  private Vector3 redPOS;                                     //红色小熊的位置
  private Vector3 bluePOS;                                    //蓝色小熊的位置
  private ConnectSocket mySocket;                             //Socket 对象
  public GameObject RedBear;                                  //红熊对象
  public GameObject BlueBear;                                 //蓝熊对象
  void Start () {
    if (mySocket == null){                          //若是 mysocket 对象为 null
      mySocket = ConnectSocket.getSocketInstance();           //获取 mysocket 对象
      byte[] bconnect = Encoding.ASCII.GetBytes("<#CONNECT#>");    //连接信息
      mySocket.sendMSG(bconnect);                             //发送连接请求
  }}
  void FixedUpdate(){
 //......以下省略 FixedUpdate 方法的重写，下面将详细介绍
}}
```

> **说明** 这部分代码包含了 SendAnimMSG 脚本中的变量声明与 Start 方法的重写。在开始的地方依旧要引入所需的名空间，然后声明了变量用于记录上次发送的信息，与本次的相比较可以避免发送重复消息。在 Start 方法中获取了 Socket 对象，并调用 ConnectSocket 类中的方法向服务器发送连接请求。

（8）上面介绍了 SendAnimMSG.cs 脚本中的部分代码，下面将介绍剩下的代码也就是对 FixedUpdate 方法的重写。该方法定时调用，在这里的主要功能是组装数据包并调用自定义类中的对应方法向服务器发送数据包。具体代码如下。

代码位置：见随书光盘中源代码/第 13 章目录下的 WepSocket/Assets/AnimScript/ SendAnimMSG.cs。

```
1   void FixedUpdate(){
2     if (redDir == GameData.RedDir &&redSpeed == GameData.RedSpeed &&
3       blueDir == GameData.BlueDir &&blueSpeed == GameData.BlueSpeed &&
4       redPOS == RedBear.transform.localPosition &&
5       bluePOS == BlueBear.transform.localPosition){ //当前信息与上次发送信息一样就跳过
6         Debug.Log("Same MSG");                      //打印信息相同
7         return;                                     //跳过本次发送
8     }
9     if (GameData.RedOrBlue == 0){                   //当前客户端控制红熊
10      Vector3 redPostion = RedBear.transform.localPosition;    //记录下红熊的位置
11      Vector3 redRotation = RedBear.transform.localRotation.eulerAngles;
        //记录下红熊的方向
12      GameData.RedX = redPostion.x;                 //设置 GameData 中红熊的 X 坐标
13      GameData.RedY = redPostion.y;                 //设置 GameData 中红熊的 Y 坐标
14      GameData.RedZ = redPostion.z;                 //设置 GameData 中红熊的 Z 坐标
15      GameData.RedRotX = redRotation.x;             //设置 GameData 中红熊的 X 轴朝向
16      GameData.RedRotY = redRotation.y;             //设置 GameData 中红熊的 Y 轴朝向
17      GameData.RedRotZ = redRotation.z;             //设置 GameData 中红熊的 Z 轴朝向
18    }
19    else if (GameData.RedOrBlue == 1){              //当前客户端控制蓝熊
20      Vector3 bluePostion = BlueBear.transform.localPosition; //记录下蓝熊的位置
21      Vector3 blueRotation = BlueBear.transform.localRotation.eulerAngles;
        //记录下蓝熊的方向
22      GameData.BlueX = bluePostion.x;               //设置 GameData 中蓝熊的 X 坐标
23      GameData.BlueY = bluePostion.y;               //设置 GameData 中蓝熊的 Y 坐标
24      GameData.BlueZ = bluePostion.z;               //设置 GameData 中蓝熊的 Z 坐标
25      GameData.BlueRotX = blueRotation.x;           //设置 GameData 中蓝熊的 X 轴朝向
26      GameData.BlueRotY = blueRotation.y;           //设置 GameData 中蓝熊的 Y 轴朝向
27      GameData.BlueRotZ = blueRotation.z;           //设置 GameData 中蓝熊的 Z 轴朝向
28    }
29    byte[] rd = ByteUtil.float2ByteArray(GameData.RedDir);
      //将 GameData 中的 RedDir 转换为 byte 数组
30    byte[] rs = ByteUtil.float2ByteArray(GameData.RedSpeed);
      //将 RedSpeed 转成 byte 数组
31    byte[] bd = ByteUtil.float2ByteArray(GameData.BlueDir);
      //将 BlueDir 转成 byte 数组
32    //......以下省略一些类似代码，读者可以参考光盘源代码
33    byte[] sendMSG ={                                          //创建新的数据包
34                    rd[0],rd[1],rd[2],rd[3],
35                    rs[0],rs[1],rs[2],rs[3],
36                    bd[0],bd[1],bd[2],bd[3],
37                    bs[0],bs[1],bs[2],bs[3],
38                    rx[0],rx[1],rx[2],rx[3],
39                    ry[0],ry[1],ry[2],ry[3],
40                    //......以下省略一些类似代码，读者可以参考光盘中源代码
41                     };
42    redDir = GameData.RedDir;                      //复制本次发送的 RedDir
43    redSpeed = GameData.RedSpeed;                  //复制本次发送的 RedSpeed
44    blueDir = GameData.BlueDir;                    //复制本次发送的 BlueDir
45    blueSpeed = GameData.BlueSpeed;                //复制本次发送的 BlueSpeed
46    redPOS = RedBear.transform.localPosition;      //复制本次发送的红熊位置
47    bluePOS = BlueBear.transform.localPosition;    //复制本次发送的蓝熊位置
48    mySocket.sendMSG(sendMSG);                     //调用方法发送组装好的数据包
49  }
```

- 第 1-8 行的主要功能是为信息发送进行优化，将本次发送的信息与上次发送的信息相比较，若是信息一样就不发送。这样做的好处就是可以降低服务器的负载，避免重复发送相同信息，使客户端在网络不佳的情况下也可以正常运行。
- 第 9-28 行的主要功能是先判断该客户端操控的是红色熊还是蓝色熊，然后将对 GameData

中储存的被控制的熊的操控信息、位置坐标以及方向进行更新，以便于下面组装数据包。

- 第 29-41 行的主要功能是将 GameData 中储存的所有操控信息、位置坐标、方向数据取出并通过工具类 ByteUtil 中的方法转换为 byte[4]类型的数组，然后将这些零散的数组进行组装，组装成一个 72 位的长 byte 数组作为将要发送的数据包。
- 第 42-49 行的主要功能为记录下本次发送的信息，以便配合第 1-8 行中对发送的优化，检查下次发送的信息是否和本次相同，最后调用 ConnectSocket 类中的 sendMSG 方法将上面组装好的数据包发送到服务器。

（9）上面介绍了向服务器端发送信息的类，下面将要介绍的是 EasyTouch 中获取摇杆操作信息的类 JoystickButton.cs。由于本类是插件中自带的类，所以在这里仅将修改的代码部分列出，完整的代码读者可以参考光盘中的源代码。

代码位置：见随书光盘中源代码/第 13 章目录下的 WepSocket/Assets/AnimScript/ JoystickButton.cs。

```
1    void OnJoystickMoveEnd(MovingJoystick move){                    //当手指抬起时回调
2      if (move.joystickName == "myjoystick")  {                     //确认当前摇杆名
3        if (GameData.RedOrBlue == 0){                               //客户端控制红色小熊
4          GameData.RedDir = 0;                                      //重置红色小熊的方向
5          GameData.RedSpeed = 0;                                    //重置红色小熊的速度
6        }
7        else if (GameData.RedOrBlue == 1){                          //控制的是蓝色小熊
8          GameData.BlueDir = 0;                                     //重置蓝色小熊的方向
9          GameData.BlueSpeed = 0;                                   //重置蓝色小熊的速度
10   }}}
11   void OnJoystickMove(MovingJoystick move){                       //手指移动时
12     if (move.joystickName != "myjoystick"){                       //确认摇杆名
13       return;                                                     //跳过
14     }
15     float joyPositionX = move.joystickAxis.x;                     //记录下摇杆 X 轴偏移量
16     float joyPositionY = move.joystickAxis.y;                     //记录下摇杆 Y 轴偏移量
17     if (GameData.RedOrBlue == 0){                                 //客户端控制红色小熊
18       GameData.RedDir = joyPositionX;                             //储存下红熊方向操控指令
19       GameData.RedSpeed = joyPositionY;                           //储存下红熊速度操控指令
20     }
21     else if (GameData.RedOrBlue == 1){                            //客户端控制蓝色小熊
22       GameData.BlueDir = joyPositionX;                            //储存下红熊方向操控指令
23       GameData.BlueSpeed = joyPositionY;                          //储存下红熊速度操控指令
24   }}
```

- 第 1-10 行是当玩家手指离开摇杆时回调的方法。在这里的主要功能是先判断摇杆的名称，若是游戏中的摇杆就再次判断该客户端操控的是哪只小熊，然后将操控的小熊的操控信息改为 0，意味着停止操控。
- 第 11-24 行是当玩家正在操控摇杆时回调的方法。在这里同样是先判断摇杆名，确定当前摇杆是 myjoystick，然后将摇杆的 *X* 和 *Y* 轴上的分量记录下来并将这个数据储存到 GameData 中的当前客户端操控的小熊的操控信息中。

（10）上面介绍了 EasyTouch 摇杆的监听方法，最后介绍的是屏幕上的两个按钮，即跳跃按钮和退出按钮的监听类 UIScript.cs 的开发。该类挂载在 MainCamera 上，在按钮的 Button 组件中可以对按钮添加对应的监听方法。具体代码如下。

代码位置：见随书光盘中源代码/第 13 章目录下的 WepSocket/Assets/AnimScript/ UIScript.cs。

```
using UnityEngine;
using System.Collections;
using UnityEngine.Events;
using UnityEngine.UI;
public class UIScript : MonoBehaviour {
  void Update () {
    if (Input.GetKeyUp(KeyCode.Home) ||
      Input.GetKeyUp(KeyCode.Escape)){          //对手机上的 Home 按键和返回按键加监听
```

```
            Application.Quit();                              //游戏退出
    }}
    public void JumpClick(){                                 //跳跃按钮监听
      if (GameData.RedOrBlue == 0){                          //客户端控制的红色小熊
        GameData.isRedJump = 1;                              //将跳跃标志位置为 1
      }
      else if (GameData.RedOrBlue == 1){                     //客户端控制的蓝色小熊
            GameData.isBlueJump = 1;                         //将跳跃标志位置为 1
      }}
    public void Quit(){                                      //若是按下的退出游戏按钮
          Application.Quit();                                //游戏退出
  }}
```

说明　本类是游戏中按钮的监听类，其中包含了案例中小熊的跳跃按钮监听还有退出游戏按钮的监听。同时在 Update 方法中还包含了对手机上硬件的 Home 键和返回键的监听，当玩家按下 Home 键、返回键或者退出键的时候就会退出游戏；若是玩家按下的是跳跃键，就会查看当前客户端控制的是哪一只小熊并将其跳跃标志位设置为 1。

13.6 本章小结

本章主要介绍了多线程技术以及网络开发技术。多线程技术部分主要介绍了多线程技术的基础知识、多线程技术用于大量计算和多线程技术在网络开发中的应用等三个部分。网络开发部分主要介绍了 WWW 类和网络类的使用、基于 Unity Network 开发网络游戏以及基于 Socket 开发 Unity 网络游戏。通过本章的学习，相信读者可以在以后的开发中熟练地使用多线程技术和网络开发技术了。

第 14 章　Unity 2D 游戏开发

2D 游戏在当今的游戏市场仍然占据着很大的市场份额，尤其是对于移动设备（比如手机、平板电脑等），2D 游戏仍然是一种主要的开发方式。针对这种情况，Unity 在 4.3 版本以后加入了 Unity 2D 游戏开发工具集。本章将对 Unity 2D 游戏开发进行详细的介绍。

14.1 Unity 2D 基础介绍

本节主要介绍 Unity 2D 的基础知识，主要包括 Unity 2D 项目的创建、Unity 2D 功能简要介绍和 Unity 2D 游戏开发工作流程的简要介绍。通过本节的学习，读者将对 Unity 2D 游戏开发有一个基本的认识。下面将对这几部分分别进行介绍。

14.1.1 Unity 2D 项目的创建

使用 Unity 开发 2D 游戏需要创建一个专门的 2D 项目。如果创建的是一个 2D 项目，系统就会默认将一些参数设置成开发 2D 游戏必须的参数，这样就会很方便地开始 2D 游戏的开发。下面将对 Unity 2D 项目的创建进行详细的介绍。

（1）双击 Unity 图标打开 Unity，出现新建或打开项目界面，如图 14-1 所示。单击“New project”新建一个项目，在 New Project 框中输入一个项目名称并且选择一个项目路径（项目名称和路径必须包含中文），如图 14-2 所示。

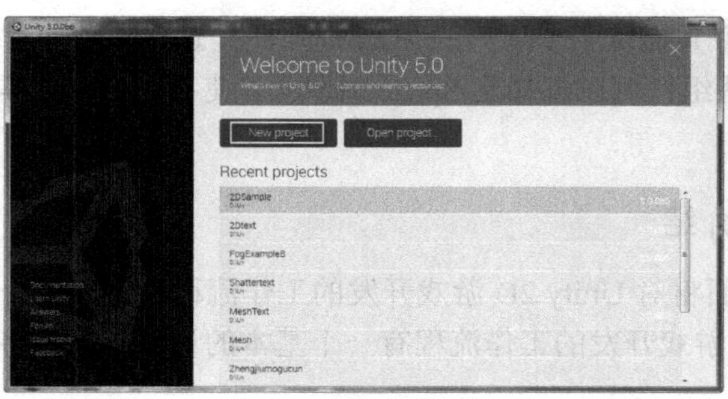

▲图 14-1　打开 Unity 项目界面

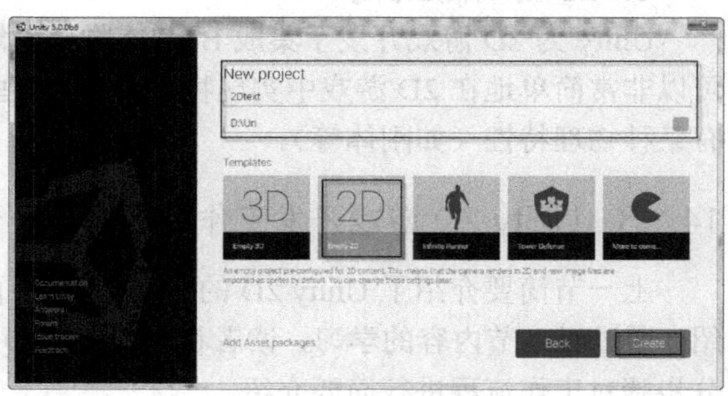

▲图 14-2　新建项目界面

（2）将创建的项目类型设置为 2D 项目。在 Templates 选项栏中选择“empty 2D”，然后单击“Create”就会新建并打开这个 2D 游戏项目。Unity 2D 项目界面如图 14-3 所示。

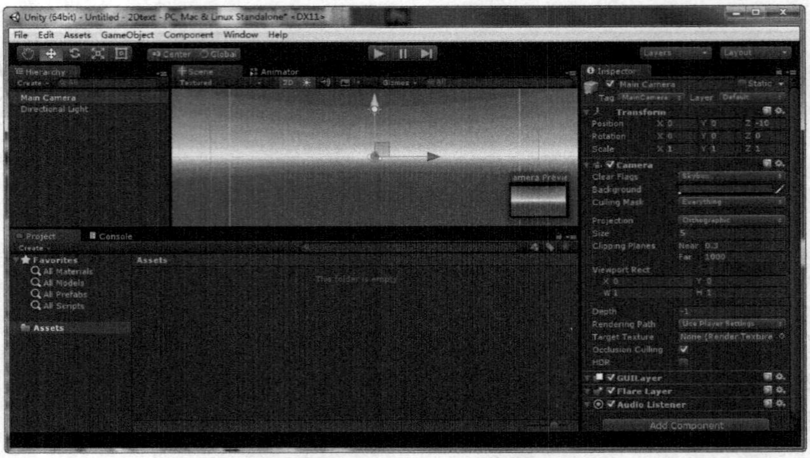

▲图 14-3　Unity 2D 项目界面

14.1.2　Unity 2D 功能简要介绍

上一节介绍了 Unity 2D 项目的创建，下面将对 Unity 2D 功能进行简要介绍，主要包括 2D 游戏对象 Sprite、2D 游戏换帧动画图片的制作工具以及 2D 游戏物理引擎。通过 Unity 中的这些功能就可以开发出简单的 2D 游戏了。下面将对这些功能分别进行简单的介绍。

1．2D 游戏对象 Sprite

Unity 为 2D 游戏开发提供了专门的 2D 游戏对象 Sprite。Sprite 对象上有一个 Sprite Renderer 组件用于 Sprite 对象的渲染，该组件用一张带有 Alpha 通道的图片渲染到平面上。此外，Sprite Renderer 组件上专门提供了一个设置 2D 游戏遮挡层的参数。

2．2D 游戏换帧动画图片的制作工具

Unity 专门提供了一个制作 2D 游戏换帧动画图片的工具——Sprite Editor，该工具可以将带有动画每帧图片的一张整图片分割成每帧一张图片。通过该工具就可以将包含 Sprite 动画每帧图片的整张图片制作成 2D 换帧动画。

3．2D 游戏物理引擎

Unity 为 2D 游戏开发了集成 Box2D 物理引擎并提供了一系列的 2D 物理组件，通过这些组件可以非常简单地在 2D 游戏中实现物理特性。这些组件可以添加到 Sprite 对象上，使 Sprite 对象具有某种物理特性（如刚体等）。

14.1.3　Unity 2D 游戏开发工作流程的简要介绍

上一节简要介绍了 Unity 2D 的基本功能，下面将对 Unity 2D 游戏开发的工作流程进行简要介绍。通过对本节内容的学习，读者将对 Unity 2D 游戏开发的工作流程有一个基本的认识。下面将分步骤对工作流程进行简要介绍。

（1）首先需要创建一个 2D 项目，具体步骤在 14.1.1 节有详细的介绍。打开 2D 项目场景中的摄像机（默认使用平行投影）。Scene 界面默认选中 2D 选项，该界面显示了一张平面网格作为显示在屏幕上的显示范围，如图 14-4 所示。

（2）创建 Unity 2D 游戏开发的核心对象 Sprite。创建一个 Sprite 对象的具体步骤为“GameObject→2D Object→Sprite”，如图 14-5 所示。这时场景的平面中就会出现一个 Sprite 对象，它可以和 3D 物体一样可以进行平移、旋转和缩放，只是对 z 轴的操作无效。

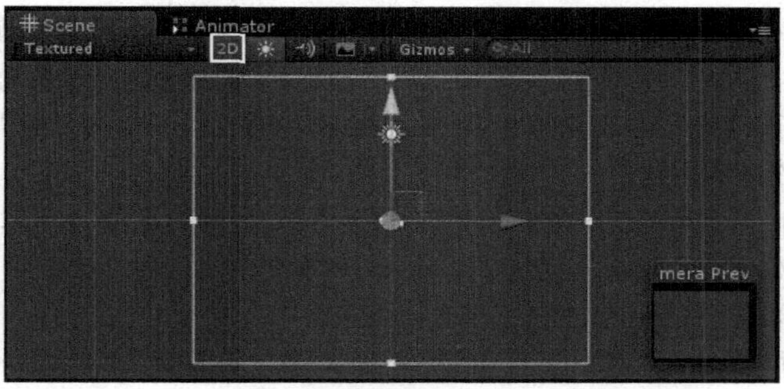

▲图 14-4 Scene 界面

（3）为 Sprite 对象指定贴图。首先需要在项目中导入一张带有 Alpha 通道的贴图，设置贴图的 Texture Type 为 Sprite，如图 14-6 所示。将 Sprite 对象的 Sprite Renderer 组件的 Sprite 参数设置为该贴图，这时场景中的 Sprite 对象就会出现这张贴图。

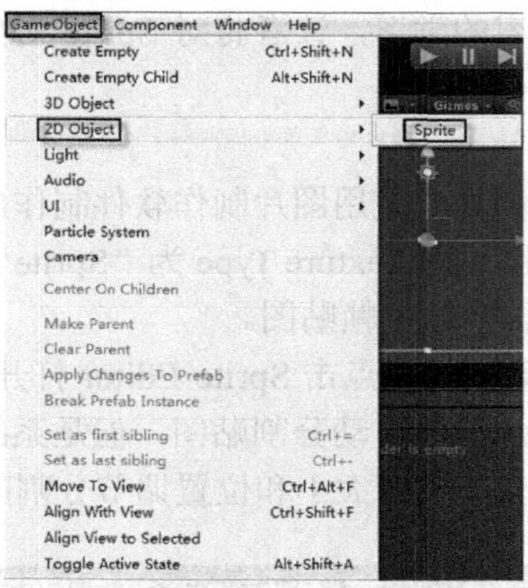

▲图 14-5 创建 Sprite 对象

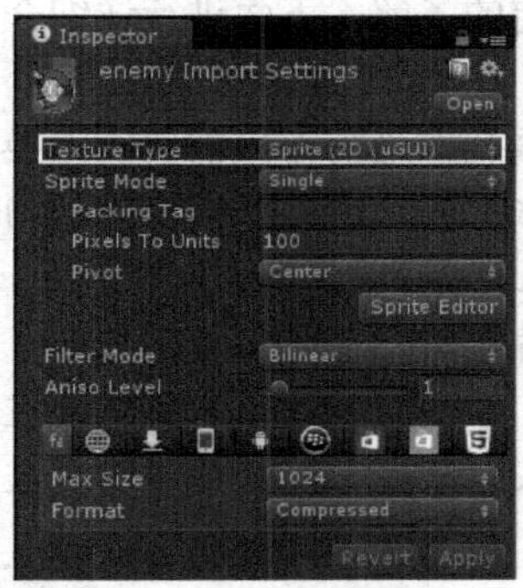

▲图 14-6 设置贴图类型

（4）通过不断改变 Sprite Renderer 组件的 Sprite 参数实现动画的换帧效果，通过脚本控制 Sprite 对象就可以开发出 2D 游戏。Unity 2D 游戏开发的简要工作流程介绍完毕。

14.2 Unity 2D 核心功能对象——Sprite

上一节中介绍了 Unity 2D 的基础知识，相信读者对 Unity 2D 游戏开发有了一个基本的认识。本节将围绕 Unity 2D 核心功能对象 Sprite 对使用 Unity 开发 2D 游戏进行详细的介绍。通过本节的学习，读者将对 Unity 2D 游戏开发有较深的认识。

14.2.1 Sprite 对象的创建和基本用法

本节将介绍 Sprite 对象的创建和基本用法，主要包括使用两种方法创建 Sprite 对象以及对 Sprite 对象所带的组件的详细介绍。通过对本节内容的学习，读者将对 Sprite 对象的基本用法有一个基本的认识。下面将对这几部分分别进行介绍。

1. Sprite 对象的创建

Sprite 对象的创建方法有两种。一种是 14.1.3 节中介绍的通过依次单击“GameObject →2D Object→Sprite”来创建一个空的 Sprite 对象，这种方法创建的 Sprite 对象包含一个 Sprite Renderer 组件（用于在场景中渲染这个 Sprite 对象），但是这个 Sprite Renderer 组件的 Sprite 参数是空的。

另一种创建 Sprite 对象的方法是在项目中导入一张带有 Alpha 通道的贴图，设置贴图的 Texture Type 为“Sprite”，然后将这种贴图拖曳到场景中，这时场景中就会出现带有这种贴图的 Sprite 对象。通过这种方法创建的 Sprite 对象的 Sprite Renderer 组件的 Sprite 参数就是这种贴图。

2. Sprite 对象的基本用法

创建出来的 Sprite 对象和 3D 对象一样可以进行平移、旋转和缩放等基本变换，只是因为 Sprite 对象是 2D 对象所以对 z 轴的基本变换无效。Sprite 对象通过 Sprite Renderer 组件绘制在屏幕上，而绘制的是 Sprite 参数设置的带有 Alpha 通道的贴图。

Unity 专门提供了 Sorting Layer 用于设置 Sprite 对象之间的遮挡关系。通过在 Tag&Layers 界面的 Sorting Layer 中添加层，并且通过拖曳调整层遮挡的前后关系，然后设置 Sprite Renderer 组件的 Sorting Layer 参数，将 Sprite 对象放在某个层中。

14.2.2　换帧动画的制作

上一节介绍了 Sprite 对象的创建和基本用法，相信读者对 Sprite 对象有了一定的了解。本节将对换帧动画的制作进行详细的介绍。通过对本节内容的学习，读者将对 Sprite 对象的换帧动画的制作有一定的了解。下面进行详细介绍。

1. 换帧图片的制作

换帧动画制作之前首先需要制作换帧动画所需的图片。使用图片制作软件制作出包含每帧换帧贴图的整张图片。然后将图片导入到项目中，设置图片的 Texture Type 为“Sprite”，设置 Sprite Mode 为“Multiple”，如图 14-7 所示，表明该图片包含多帧换帧贴图。

换帧图片中的每帧贴图通过 Sprite Editor 工具分离出来。点击 Sprite Editor 打开 Sprite Editor 工具，如图 14-8 所示。Unity 默认通过图片 Alpha 通道的值自动分割贴图，但是系统默认切割的可能不符合实际的要求，因此可以通过手动调整每个分离框的大小和位置调节分割的贴图。

▲图 14-7　设置图片类型

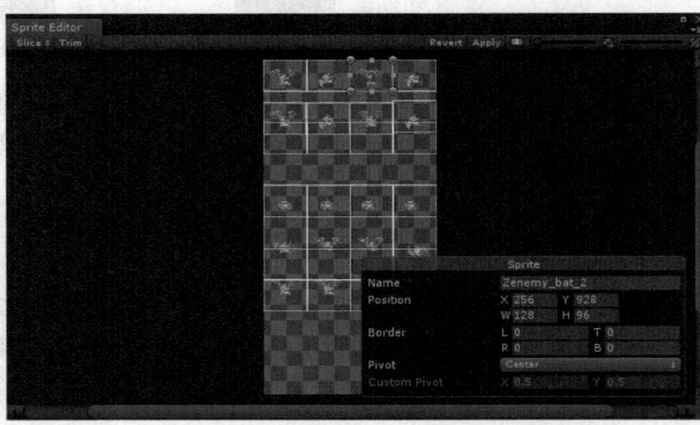

▲图 14-8　Sprite Editor 工具

2. 换帧动画的制作

Unity 2D 中制作换帧动画的方法有多种，但原理基本一样，都是通过定时改变 Sprite Renderer 组件的 Sprite 贴图来实现换帧动画的。常用的一种方法是通过脚本定时改变 Sprite Renderer 组件的 Sprite 参数来实现。

Unity 专门提供了一个制作动画的工具可以制作换帧动画。将制作换帧需要的贴图同时选中，一起拖曳到场景中就会弹出保存该换帧动画的对话框，保存完成后就会在场景中出现一个包含拖曳到场景中的贴图的换帧动画的精灵。

选中该精灵，依次单击“Window→Animation”就会弹出修改该动画的 Animation 工具，如图 14-9 所示。通过 Animation 工具可以修改换帧动画的每帧贴图和换帧动画的播放速度，如果有需要还可以添加帧和修改帧的顺序。

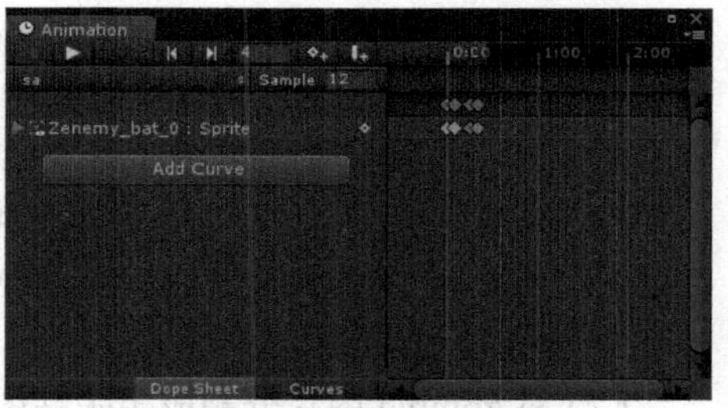

▲图 14-9　Animation 工具

14.2.3　制作换帧动画的具体步骤

上面介绍了 Sprite 对象的基本用法和换帧动画的制作。本节将通过一个制作换帧动画的小案例来使读者对于 Sprite 对象的基本用法和换帧动画的制作有一个更加明确的认识。案例的设计目的是使用两种方法制作换帧动画，具体操作步骤如下。

（1）新建一个 2D 项目，然后在菜单栏中选择“File”，打开文件操作菜单。选择“New Scene”，创建一个场景。按下快捷键 Ctrl+S 保存该场景，命名为“text”。

（2）创建背景图片精灵。具体步骤参考 14.1.3 节，这里不再重复介绍。将 Assets\sprite 文件夹中的 background 图片文件导入到项目中，设置 background 图片的 Texture Type 为“Sprite”，设置 Sprite Mode 为“Single”。其他设置如图 14-10 所示。

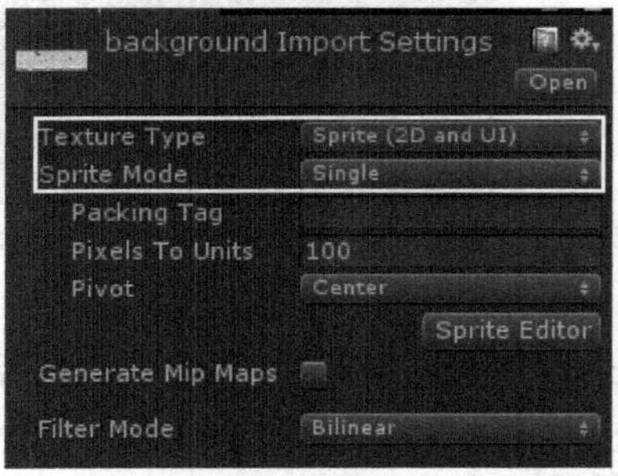

▲图 14-10　设置 background 图片类型

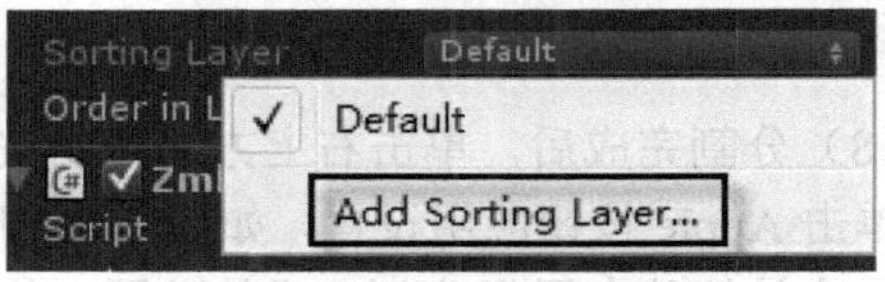

▲图 14-11　添加层

（3）将 background 图片拖曳到 background 精灵对象的 Sprite Renderer 组件的 Sprite 参数上。单击 Sprite Renderer 组件的 Sorting Layer 选项，单击 “Add Sorting Layer...”添加层，如图 14-11 所示。

（4）显示出 Tags&Layers 界面后，在 Sorting Layers 中点击“+”添加两个层，上面一个层命名为“beijing”作为背景层，下面一个层命名为“wuti”作为物体对象层，如图 14-12 所示。层位置越往上越深，下面的层遮挡住上面的层。

▲图 14-12　设置 Sorting Layers

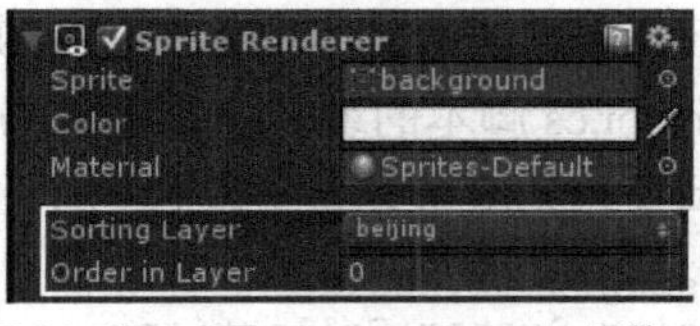

▲图 14-13　“Sprite Renderer”组件

（5）设置 background 精灵对象的 Sprite Renderer 组件的 Sorting Layer 选项为“beijing”，使 background 精灵对象作为背景对象。设置“Order in Layer”为 0， Order in Layer 参数用于设置同

层精灵之间的遮挡顺序。Sprite Renderer 组件的参数如图 14-13 所示。

（6）创建怪兽精灵。具体步骤参考 14.1.3 节，这里不再重复介绍，然后将精灵重命名为“zombie”。将 Assets\sprite 文件夹中的 zombie 图片文件导入到项目中，设置 zombie 图片的 Texture Type 为“Sprite”，设置 Sprite Mode 为“Multiple”。其他设置如图 14-14 所示。

▲图 14-14　设置 zombie 图片类型

（7）将 zombie 图片分割成多张贴图作为怪兽精灵动画的每帧图片。单击“Sprite Editor”打开分割图片工具，如图 14-15 所示。单击“Slice”设置 Type 为“Automatic”使工具自动分割图片。单击 Slice 按钮确认分割，如图 14-16 所示。

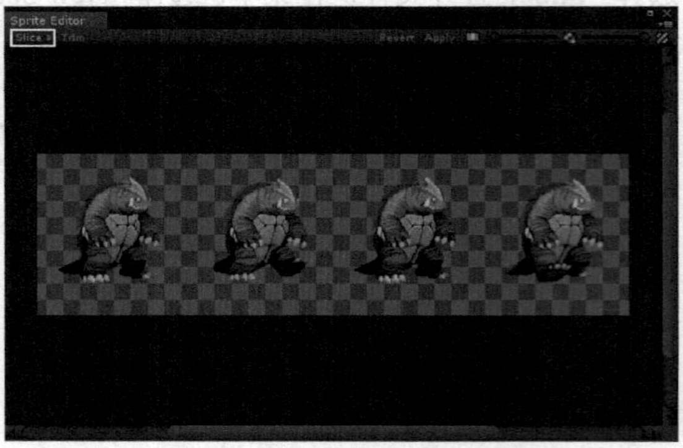

▲图 14-15　Sprite Editor 工具

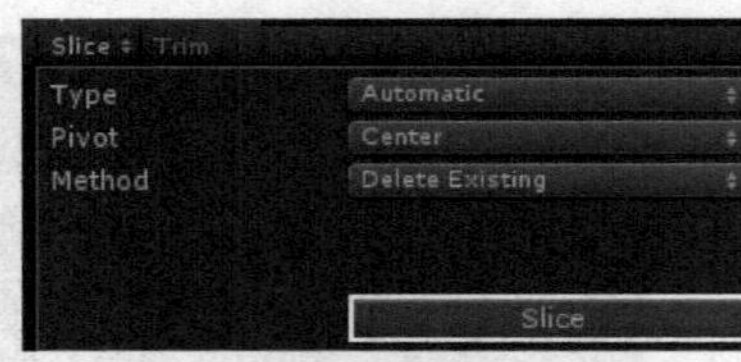

▲图 14-16　设置 Slice

（8）分割完成后，单击右上方的关闭按钮关闭 Sprite Editor 工具，此时会弹出是否应用对话框，单击 Apple 按钮应用设置，如图 14-17 所示。这时 zombie 图片右边就会出现一个小三角形按钮，单击按钮就会展开分割完成的贴图，如图 14-18 所示。

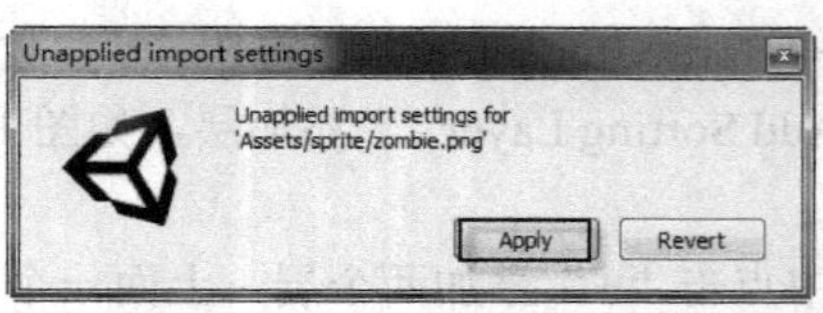

▲图 14-17　是否应用对话框

▲图 14-18　分割后的 zombie 图片

（9）将 zombie_0 图片拖曳到 zombie 精灵对象的 Sprite Renderer 组件的 Sprite 参数上。设置 zombie 精灵对象的 Sprite Renderer 组件的 Sorting Layer 选项为“wuti”。设置 Order in Layer 为“0”。Sprite Renderer 组件的参数如图 14-19 所示。

（10）创建用于实现精灵换帧动画的脚本。在 script 文件夹中单击鼠标右键，在弹出的菜单中选择“Create→C# Script”创建脚本并将其命名为“ZmbieAnimator.cs”。然后双击打开脚本，开始 ZmbieAnimator.cs 脚本的编写。脚本代码如下。

代码位置：见随书光盘中源代码/第 14 章目录下的 donghua/Assets/Script/ZmbieAnimator.cs。

```
using UnityEngine;
using System.Collections;
public class ZmbieAnimator : MonoBehaviour {
  public Sprite[] Sprites;                      //存放精灵动画每帧图片
  public float framespPerSec;                   //每秒帧速率
  private SpriteRenderer spriterender;          //“SpriteRenderer”组件
  void Start() {
```

```
8        spriterender = GetComponent<SpriteRenderer>();      //获取 SpriteRenderer 组件
9      }
10     void Update() {
11       int index = (int)(Time.time * framespPerSec) %
12       Sprites.Length;                                      //计算出需要播放动画的第几帧图片
13       spriterender.sprite = Sprites[index];                //设置 SpriteRenderer 组件的
Sprite 参数
14   }}
```

- 第 4-9 行的主要功能是声明变量和获取 SpriteRenderer 组件，主要声明了存放精灵动画每帧图片、每秒帧速率以及 SpriteRenderer 组件等变量。在下面实现精灵换帧动画的代码中会用到这些变量。
- 第 10-14 行实现了 Update 方法的重写，该方法系统每帧调用一次。主要功能是通过定时修改 SpriteRenderer 组件的 Sprite 参数来实现换帧动画的播放。

（11）将脚本 ZmbieAnimator.cs 拖曳到 zombie 精灵对象上。单击精灵对象，在属性查看器中会出现对应到此脚本的组件，单击组件前面的三角形展开按钮可看到脚本组件的内容，然后设置对应参数，如图 14-20 所示。

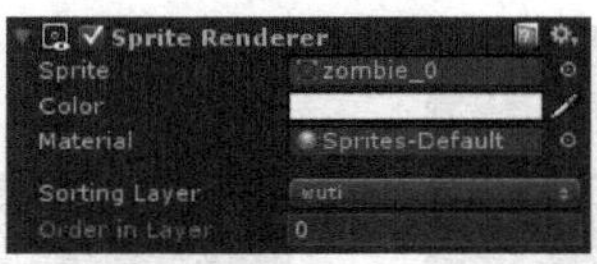

▲图 14-19　Sprite Renderer 组件

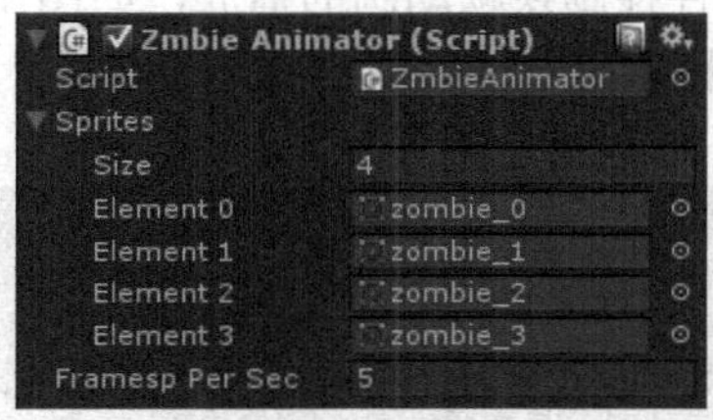

▲图 14-20　ZmbieAnimator 脚本组件

（12）前面介绍了 ZmbieAnimator.cs 的开发，接下来新建脚本，并且将脚本命名为"YiDong.cs"。该脚本主要功能是使精灵对象不断向前移动。该脚本编写完毕以后，将此脚本拖曳到 zombie 精灵对象上。具体代码如下。

代码位置：见随书光盘中源代码/第 14 章目录下的 donghua/Assets/Script/YiDong.cs。

```
using UnityEngine;
using System.Collections;
public class YiDong : MonoBehaviour {
  void Update () {
    Vector3 te = transform.position;  //获取精灵对象位置
    te.x += 0.5f*Time.deltaTime;      //精灵对象位置 x 坐标不断增加
    transform.position = te;          //设置精灵对象位置
}}
```

> **说明**　该脚本重写了 Update 方法。该方法系统每帧调用一次，主要功能是通过不断改变精灵对象位置 x 坐标使精灵对象不断向前移动。

（13）将 Assets\sprite 文件夹中的 Zenemy_horse 图片文件导入到项目中，设置 Zenemy_horse 图片的 Texture Type 为"Sprite"，设置 Sprite Mode 为"Multiple"。将 Zenemy_horse 图片分割成多张贴图作为牛头人战士精灵动画的每帧图片。

（14）创建带有换帧动画的牛头人战士精灵对象。将分割完成后的 4 张贴图同时选中，一起拖曳到场景中，这时会弹出保存该换帧动画的对话框，如图 14-21 所示。

（15）键入文件名后单击保存按钮保存换帧动画。这时在 Asseets\sprit 文件夹中就会出现两个文件，一个换帧动画文件和一个动画状态机文件，如图 14-22 所示。

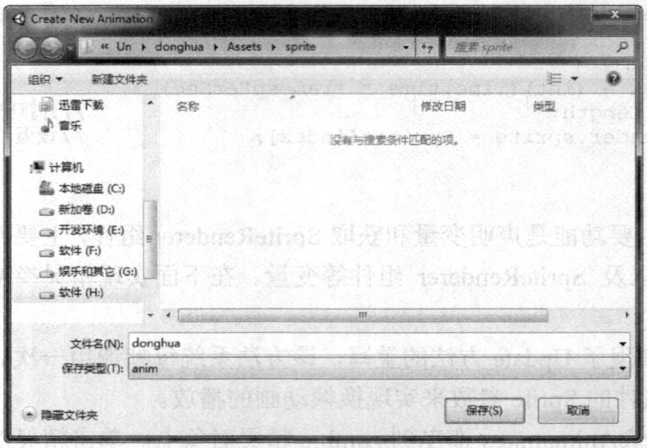

▲图 14-21　保存换帧动画的对话框

（16）场景中会出现一个牛头人战士精灵对象，重命名该对象为“niutouren”。该对象有一个 Animator 组件控制换帧动画的播放，如图 14-23 所示。该组件的 Controller 参数已经设置为上面创建的动画状态机。

▲图 14-22　Asseets\sprit 文件夹

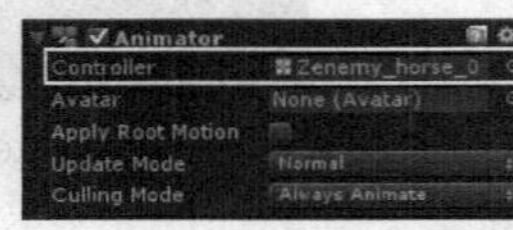

▲图 14-23　Animator 组件

（17）双击打开动画状态机文件 Zenemy_horse_0，就会出现 Animator 界面，如图 14-24 所示。在 Animator 界面中单击 donghua 动画，就可以在 Inspector 界面中设置动画播放速度 Speed 了，如图 14-25 所示。

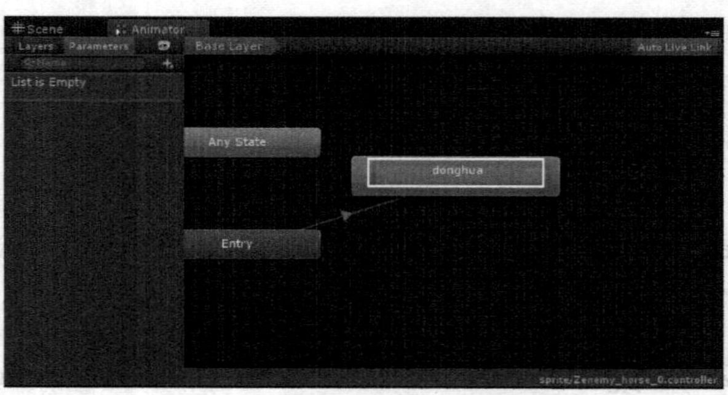

▲图 14-24　Animator 界面

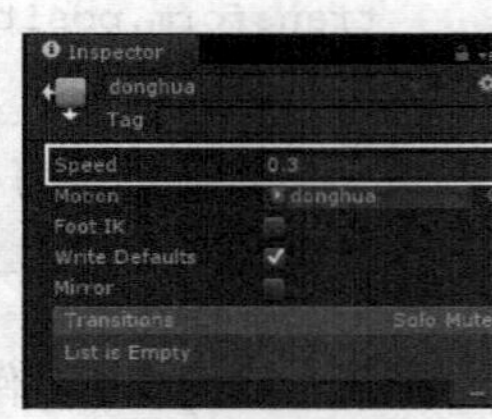

▲图 14-25　设置动画播放速度

（18）设置 niutouren 精灵对象的 Sprite Renderer 组件的参数。设置 niutouren 精灵对象的 Sprite Renderer 组件的 Sorting Layer 选项为“wuti”。设置 Order in Layer 为“1”。Sprite Renderer 组件的参数如图 14-26 所示。

（19）设置 niutouren 精灵对象的位置和大小，具体参数如图 14-27 所示。然后将上面创建的 YiDong 脚本拖曳到 niutouren 精灵对象上，使精灵对象不断向前移动。

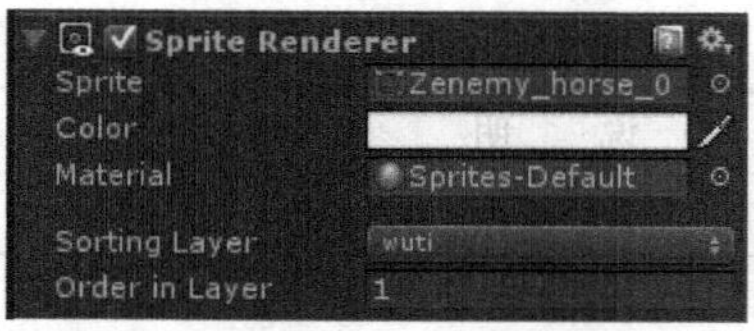

▲图 14-26 Sprite Renderer 组件参数

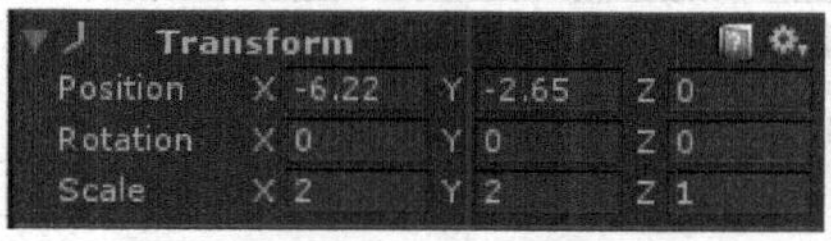

▲图 14-27 niutouren 精灵对象的位置和大小

（20）单击游戏运行按钮，观察效果。在 Game 窗口中可以看到使用两种不同的方法实现怪兽精灵和牛头人战士精灵的换帧动画。当然，还可以导入到 Andriod 设备上运行，在 Andriod 设备上运行以观察换帧动画的效果，如图 14-28 和图 14-29 所示。

▲图 14-28 Andriod 设备运行效果图 1

▲图 14-29 Andriod 设备运行效果图 2

说明

本案例的源文件是位于随书光盘中源代码/第 14 章目录下的 donghua 文件。如果读者想运行本案例，只需把 donghua 文件复制到非中文路径下，然后双击 donghua\Assets 目录下的 text.unity 文件就能够打开运行了。

14.3 Unity 2D 中的物理引擎

对于一个 2D 游戏的开发，必须要有一个完整的 2D 物理引擎体系作为支撑。Unity 为 2D 游戏开发集成了 Box2D 物理引擎并提供了一系列的 2D 物理组件，主要组件有 2D 刚体组件、碰撞器以及关节等。通过这些组件可以模拟出真实的 2D 物理世界。

14.3.1 2D 刚体

Unity 内建 2D 物理引擎中，首先要介绍的是 2D 刚体（Rigidbody2D）的概念。包含有该组件的游戏精灵对象，会遵循自然界的物理规律，在重力的作用下，使物体垂直下落。刚体组件还会影响精灵物体发生碰撞时的反应，例如给精灵物体施加力使物体产生速度。

2D 刚体作为 2D 物理引擎中的最基本组件，保证了精灵对象受到物理规律的约束。Unity 开发平台中，对 2D 刚体设置了很多的属性和方法，通过这些属性和方法可以开发出真实的 2D 物理世界。下面将对这些属性和方法分别进行介绍。

（1）Rigidbody2D 中有一些设置精灵对象物理特性的属性，这些属性主要用于设置精灵对象物理属性。属性的详细说明如表 14-1 所示。

表 14-1 Rigidbody2D 的属性说明

属 性	说 明
velocity	刚体的速度向量
angularVelocity	刚体的角速度向量
drag	刚体的阻力

续表

属　性	说　明
AngularDrag	刚体的角阻力
fixedAngle	刚体是否可以旋转
gravityScale	这个刚体受重力影响的程度
mass	刚体的质量
sleepMode	刚体休眠模式
isKinematic	控制刚体是否受物理规律的影响
collisionDetectionMode	刚体的碰撞检测模式
interpolation	插值允许以固定的帧率平滑物理运行效果

❑ 质量（Mass）

该属性表示刚体的质量，其数据类型是 float，默认值为 1。其在属性查看器中的位置如图 14-30 所示。该属性会影响到刚体受到力后所表现的惯性力的大小，质量越大所表现的惯性力越大，刚体受到相同的力后越难改变运动状态。

❑ 线性阻力（Linear Drag）

该属性表示刚体的线性阻力，其数据类型是 float，默认值为 0。其在属性查看器中的位置如图 14-31 所示。在现实生活中，运动物体会受到各方面的阻力，速度会逐渐减慢。为了模拟这一效果，Unity 设定了线性阻力属性。该属性值越高，物体的速度衰减越严重。

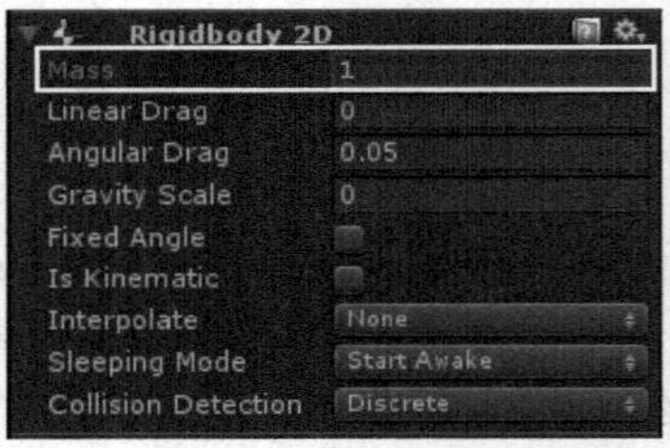

▲图 14-30　质量

▲图 14-31　线性阻力

❑ 旋转阻力（Angular Drag）

该属性表示刚体的旋转阻力，其数据类型是 float，默认值为 0.05。其在属性查看器中的位置如图 14-32 所示。当一个物体进行旋转的时候，其旋转的角速度也会受到各方面的阻力逐渐衰减。为了模拟这一效果，Unity 设定了旋转阻力属性。该属性值越高，物体的角速度衰减越严重。

❑ 重力影响程度（Gravity Scale）

该属性表示刚体受重力影响的程度，其数据类型是 float，默认值为 1。其在属性查看器中的位置如图 14-33 所示。如果该属性值为 0，则表示刚体不受重力影响。该属性值越大，刚体受重力影响的程度越大，刚体自由下落的速度越快。

❑ 冻结旋转（Fixed Angle）

该属性表示的是该刚体的旋转是否受物理规律的约束。其在属性查看器的位置如图 14-34 所示。默认状态下精灵对象绕自身中心点的旋转是受物理规律控制的，该属性被设为“false”时精灵对象的旋转将不受物理规律的控制。

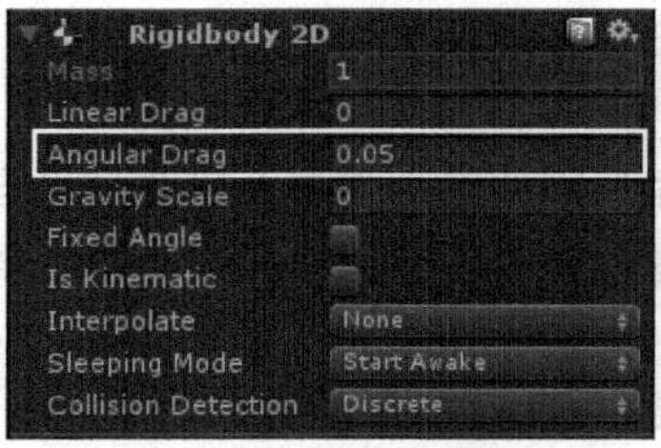

▲图 14-32　旋转阻力

▲图 14-33　重力影响程度

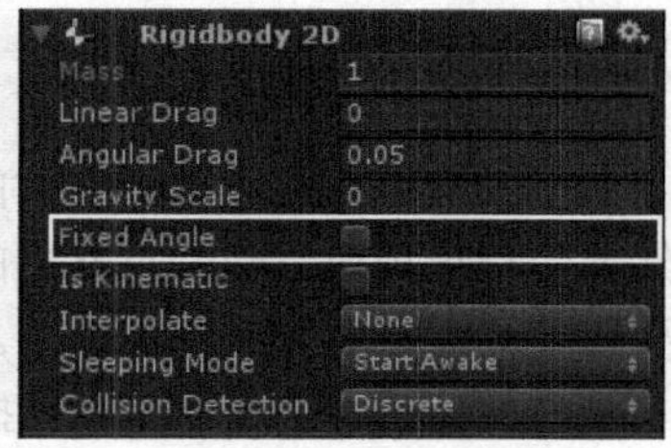

▲图 14-34　冻结旋转

（2）Rigidbody2D 中还有一些控制精灵对象物理特性的方法，这些方法主要用于控制精灵对象物理特性。方法的详细说明如表 14-2 所示。

表 14-2　Rigidbody2D 的方法

方　法	说　明
AddForce	施加一个力到刚体。作为结果刚体将开始移动
AddForceAtPosition	在世界坐标系下指定位置给刚体施加一个力
AddRelativeForce	在物体自身坐标系下指定位置给刚体施加一个力
AddTorque	在刚体重心点施加一个力矩
GetPointVelocity	刚体在世界坐标空间中指定位置的速度
IsAwake	刚体是否在唤醒状态
IsSleeping	刚体是否在休眠状态
MovePosition	移动刚体到指定位置
MoveRotation	旋转刚体到指定角度
Sleep	强制刚体休眠至少一帧
WakeUp	强制唤醒一个刚体

❑　给刚体施加力（AddForce）

该方法被调用时，将会施加给刚体一个瞬时力，然后在力的作用下，使刚体产生一个初速度，接着物体在初速度的作用下开始运动。下面的代码实现了对物体施加沿 *x* 轴向上的力，具体代码如下。

```
Rigidbody2D rigidbody2D;                                    //声明 Rigidbody2D 组件
void Start () {
  rigidbody2D = GetComponent<Rigidbody2D>();                //获取 Rigidbody2D 组件
}
void Update () {
  rigidbody2D.AddForce(new Vector2(10, 0));                 //施加一个沿 x 轴向上的力
}
```

❑　移动刚体位置（MovePosition）

该方法被调用时，会将刚体按照参数移动到某个位置。此方法可以用到 Update 方法中，通过不断改变刚体位置使刚体实现平移。具体用法如下代码所示。

```
Rigidbody2D rigidbody2D;                                    //声明 Rigidbody2D 组件
private Vector2 speed;                                      //声明速度向量
void Start () {
  rigidbody2D = GetComponent<Rigidbody2D>();                //获取 Rigidbody2D 组件
  speed = new Vector2(10, 0);                               //设置移动速度
}
void Update () {
  rigidbody2D.MovePosition(rigidbody2D.position + speed * Time.deltaTime);
 //以 speed 为速度平移刚体
}
```

14.3.2　2D 碰撞器

上一节中介绍了 2D 刚体的相关知识，读者可以通过给精灵添加刚体组件使单个精灵遵循自然界的物理规律。但是自然界的物体之间是有碰撞作用的，如果想使精灵对象间有碰撞作用，需要给精灵对象添加碰撞体组件。下面就将对 2D 物理引擎中的碰撞体进行介绍。

（1）Unity 中 2D 物理引擎提供了 4 种不同类型的碰撞器组件。这 4 种碰撞体的基本功能相同，但碰撞器形状不同。下面将对这 4 种碰撞器分别进行介绍，读者在游戏开发中可以根据具体需要选择使用合适的碰撞器组件。

- ❑ 圆圈碰撞器（Circle Collider 2D）

圆圈碰撞器是一个基本的圆形碰撞器，可以通过改变半径长度调整碰撞范围，适合用于圆形或者希望碰撞范围近似圆形的精灵对象。圆圈碰撞器组件如图 14-35 所示。通过调整 Offset 参数可以修改碰撞器的 x 和 y 轴偏移量，通过调整 Radius 参数可以改变半径长度。

- ❑ 盒子碰撞器（Box Collider 2D）

盒子碰撞器是一个基本的矩形碰撞器，可以通过改变长和宽调整碰撞范围，适合用于矩形或者希望碰撞范围近似矩形的精灵对象。盒子碰撞器组件如图 14-36 所示。通过调整 Size 参数可以改变碰撞器的长和宽，通过调整 Offset 参数可以修改碰撞器的 X 和 Y 轴偏移量。

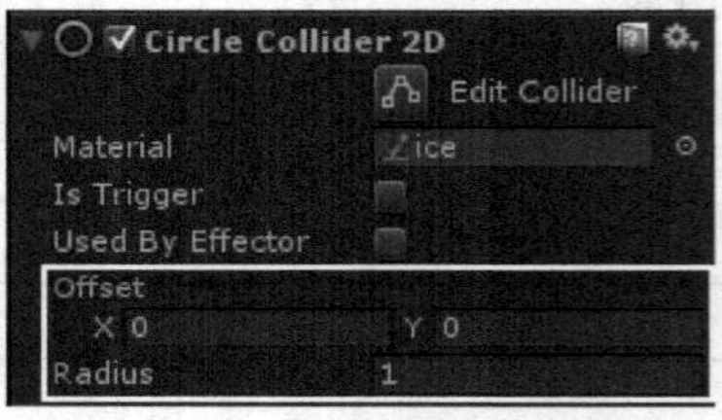

▲图 14-35　圆圈碰撞器组件

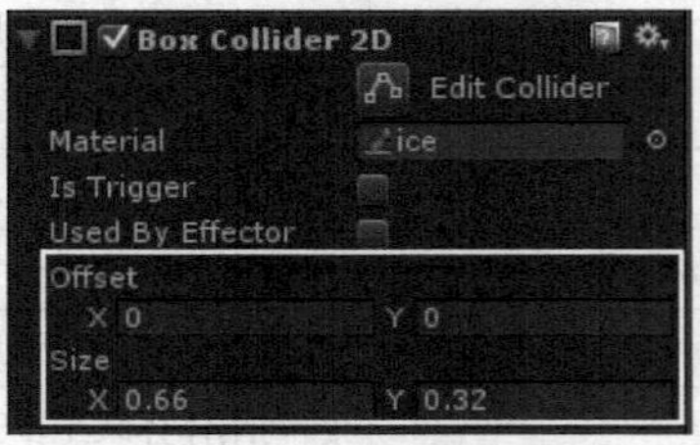

▲图 14-36　盒子碰撞器组件

- ❑ 边缘碰撞器（Edge Collider 2D）

边缘碰撞器是一个可以任意指定外形的碰撞器，可以通过编辑和修改对边缘形状非常复杂的精灵对象进行精细的包裹，适合用于边缘形状非常复杂并且需要突出边缘形状细节的精灵对象。边缘碰撞器组件如图 14-37 所示。

添加边缘碰撞器后，精灵对象上就会出现一条直线，这条直线就是边缘碰撞器的初始形状。单击边缘碰撞器组件的 Edit Collider 按钮激活碰撞器可编辑状态，如图 14-38 所示。这时鼠标放在这条直线的任意位置都会出现一个可编辑的点，可以点击拖曳这个点到任意位置。

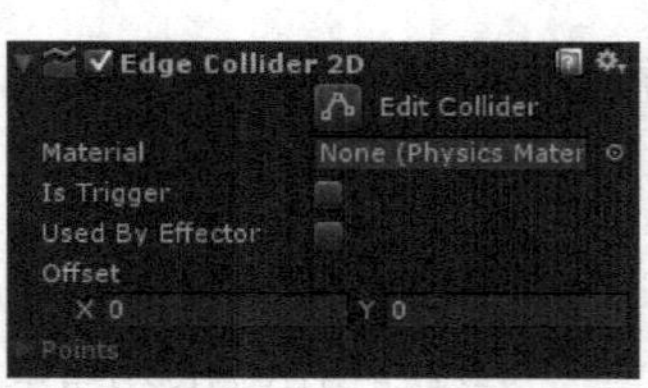

▲图 14-37　边缘碰撞器组件

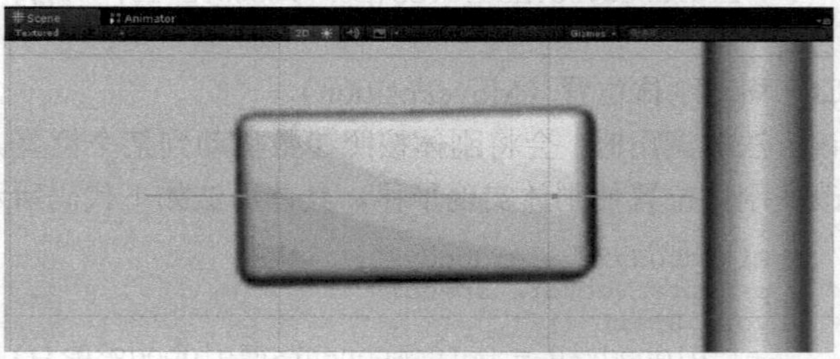

▲图 14-38　碰撞器可编辑状态

这时这个点和相邻的两个可编辑的点之间就会出现两条直线，通过不断地添加可编辑的点和移动它的位置就可使边缘碰撞器牢牢包裹精灵对象。边缘碰撞器的边和可编辑的点的个数是不固定的，可以有无数多的边，所以可以非常精细地包裹边缘形状非常复杂的精灵对象。

❑ 多边形碰撞器（Polygon Collider 2D）

多边形碰撞器是由一个或多个多边形组成的碰撞器。边缘碰撞器组件如图 14-39 所示。当给精灵对象添加多边形碰撞器组件后，系统就会根据精灵对象贴图的 Alpha 通道值自动添加一个或多个多边形碰撞包围体，如图 14-40 所示。

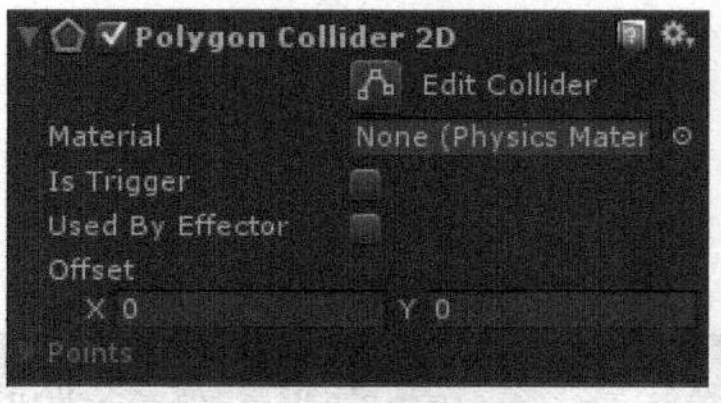

▲图 14-39 边缘碰撞器组件

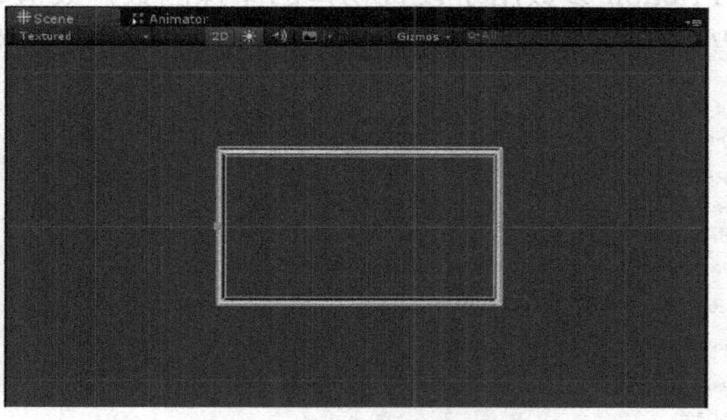

▲图 14-40 多边形碰撞包围体

多边形碰撞器与边缘碰撞器的不同之处是，边缘碰撞器只能在碰撞中表现出边缘形状，而多边形碰撞器可以通过多个多边形在精灵对象内部和外部同时在碰撞中表现。多边形碰撞器适合用于在碰撞中需要表现出内部结构的精灵对象。

（2）上面介绍了 4 种不同类型的碰撞器组件，并说明了这四种碰撞器组件的独特之处。下面将介绍碰撞器组件共同的使用方法。

❑ 碰撞器的属性

四种碰撞器组件的属性基本相同，不同的属性在上面已经介绍，下面将介绍四种碰撞器共有的属性。属性的详细说明如表 14-3 所示。

表 14-3 **碰撞器的属性说明**

属　性	说　明
attachedRigidbody	碰撞器附加的刚体
bounds	碰撞器在世界坐标空间的包围盒
isTrigger	碰撞器是否是一个触发器
shapeCount	碰撞器中多边形的数量
material	碰撞器使用的材质

❑ 碰撞器发送消息的方法

当刚体碰撞到碰撞器时系统就会自动调用发送消息的方法，这些方法的入口参数包含了碰撞信息。下面将介绍碰撞器发送消息的方法，方法的详细说明如表 14-4 所示。

表 14-4 **碰撞器发送消息的方法**

方　法	说　明
OnCollisionEnter2D	当碰撞器/刚体开始触动另一个刚体/碰撞器时该方法被调用一次
OnCollisionExit2D	当碰撞器/刚体停止触动另一个刚体/碰撞器时该方法被调用一次
OnCollisionStay2D	当碰撞器/刚体触动刚体/碰撞器时，将在每帧调用该方法
OnTriggerEnter2D	当碰撞器进入另一个触发器时该方法被调用一次
OnTriggerExit2D	当碰撞器离开另一个触发器时该方法被调用一次
OnTriggerStay2D	当碰撞器进入另一个触发器时，将在每帧调用该方法

（3）可以给碰撞器添加 2D 物理材质。物理材质指定了物体的物理特性，包括物体的弹性和摩擦因数。在资源文件夹中单击鼠标右键，在弹出的菜单中选择“Create→Physics2D Material”创建 2D 物理材质，如图 14-41 所示。

（4）单击创建的 2D 物理材质就会在 Inspector 界面中显示 2D 物理材质的属性，如图 14-42 所示。Friction 参数用于设置物体的摩擦因数，数值越大物体速度消减得越快。Bounciness 参数用于设置物体的弹性系数，数值越大对碰撞到的刚体的反弹力越大。

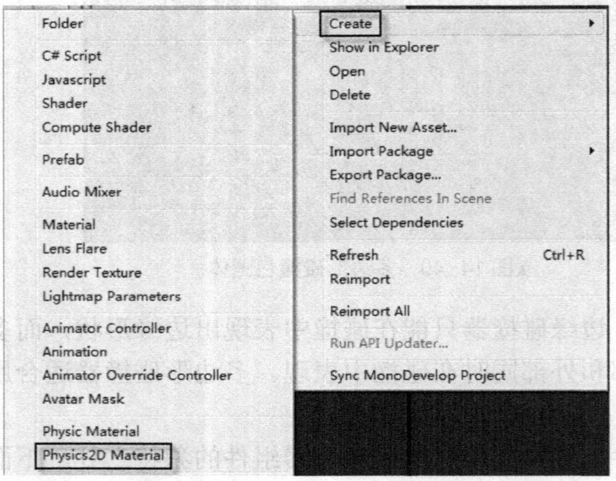

▲图 14-41　创建 2D 物理材质

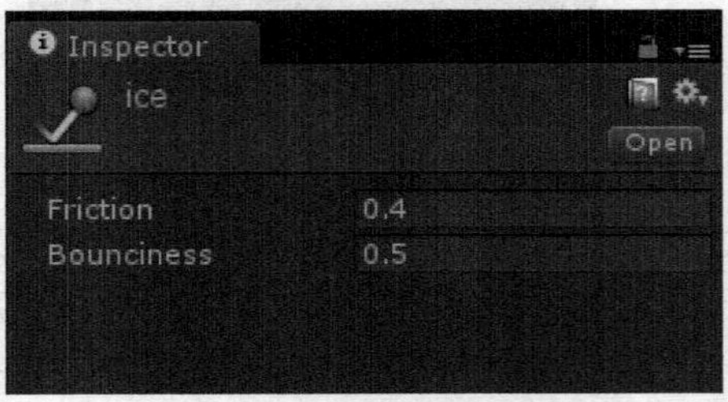

▲图 14-42　2D 物理材质的属性

14.3.3　2D 关节

上一节介绍了 2D 碰撞体的相关知识。现实生活中物体与物体之间不仅仅有碰撞作用，还有相对位置的内在联系，因此 Unity 内建 2D 物理引擎中专门提供了 2D 关节组件用于模拟现实生活中物体间相对位置的内在联系。下面将详细介绍 2D 关节组件。

（1）介绍 2D 关节组件之前首先需要介绍一下 2D 关节组件中锚点的概念。添加 2D 关节组件的物体和关节的连接体都各自有一个锚点，2D 关节模拟的物体间相对位置的内在联系事实上是两个锚点相对位置的内在联系。

（2）Unity 中 2D 物理引擎提供了 5 种不同类型的 2D 关节组件。这 5 种 2D 关节都是用于限制两个物体的相对位置，但功能各不相同。下面将对这 5 种关节分别进行介绍，读者在游戏开发中可以根据具体需要选择使用合适的关节组件。

❑　弹簧关节（Spring Joint 2D）

弹簧关节模拟了现实生活中弹簧的效果。弹簧关节将两个物体约束在一起，使两个物体之间像有一个弹簧的约束一样。依次单击 “Component →Physics 2D→Spring Joint 2D”即可添加弹簧关节组件，如图 14-43 所示。

弹簧关节组件的 Distance 参数为弹簧在没有压缩和拉伸时的长度。Damping Ratio 参数为弹簧的阻尼系数，数值越大弹簧在弹性运动中能量损耗越快。Frequency 参数为弹簧弹性运动的频率，数值越大，弹簧一个弹性周期越短。弹簧关节组件参数如图 14-44 所示。

❑　距离关节（Distance Joint 2D）

距离关节模拟了现实生活中两个物体之间的距离固定不变的效果。弹簧关节将两个物体约束在一起，使两个物体之间的距离固定不变。依次单击 “Component →Physics 2D→Distance Joint 2D”即可添加距离关节组件，如图 14-45 所示。

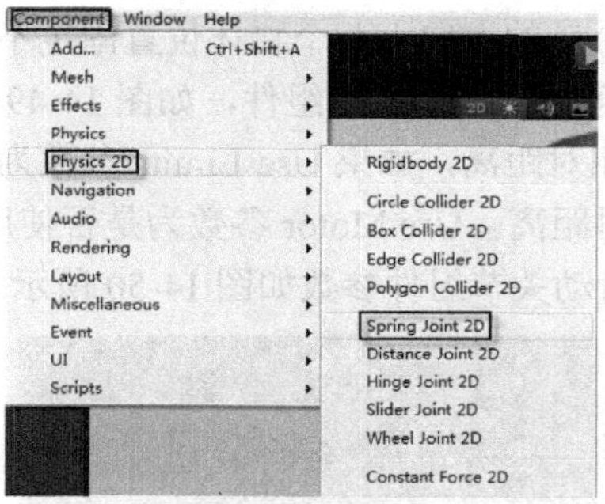

▲图 14-43　添加弹簧关节组件

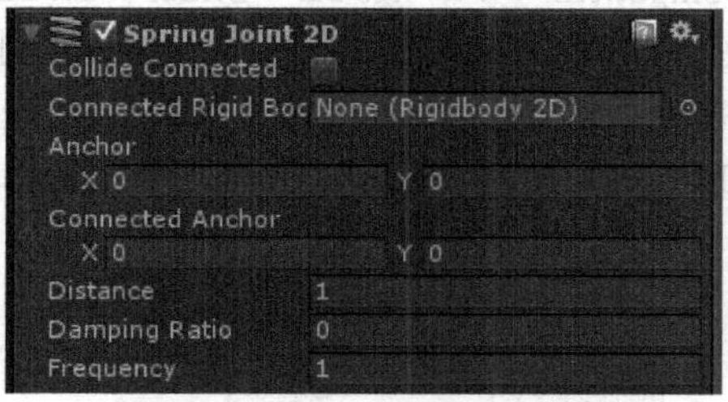

▲图 14-44　弹簧关节组件参数

距离关节组件的 Distance 参数为两个物体固定不变的距离。Max Distance Only 参数为是否保持最大距离。距离关节组件参数如图 14-46 所示。

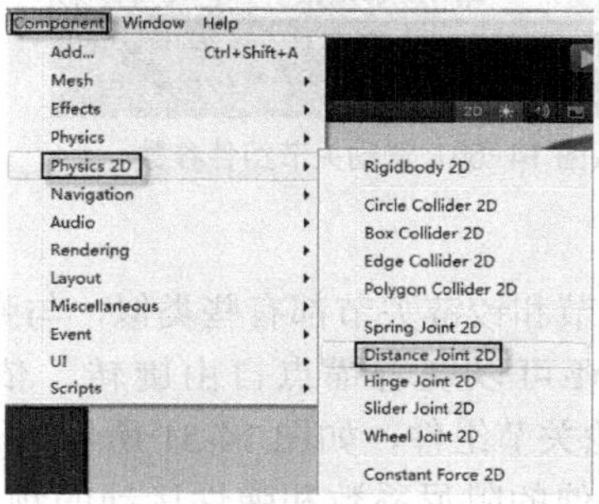

▲图 14-45　添加距离关节组件

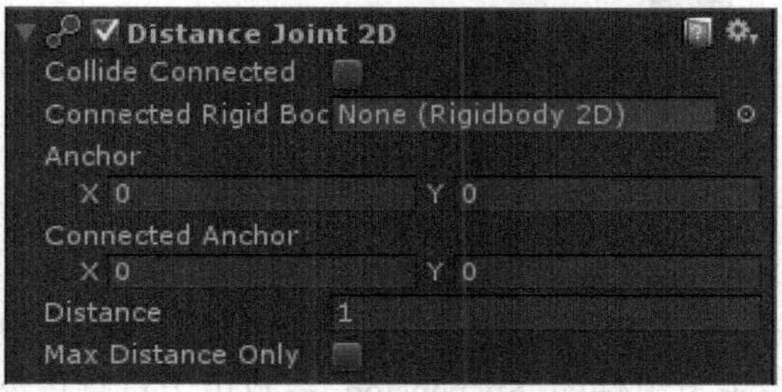

▲图 14-46　距离关节组件参数

❑　铰链关节（Hinge Joint 2D）

铰链关节模拟了现实生活中铰链的效果。铰链关节将两个物体束缚在一起，在两者之间产生一个铰链的效果。具体效果是 2D 关节组件的物体和关节的连接体的两个锚点重合，连接体可以绕着这个锚点自由旋转，类似于门绕着门框旋转的效果。依次单击 “Component →Physics 2D→ Hinge Joint 2D” 即可添加铰链关节组件，如图 14-47 所示。

铰链关节组件的 Use Motor 参数为是否使用电动机，如果 Use Motor 参数为“true”，关节的连接体就会根据 Motor 参数的值绕锚点自动旋转。Use Limits 参数为是否限制旋转角度，如果 Use Limits 参数为“true”，连接体就会限制旋转角度。铰链关节组件参数如图 14-48 所示。

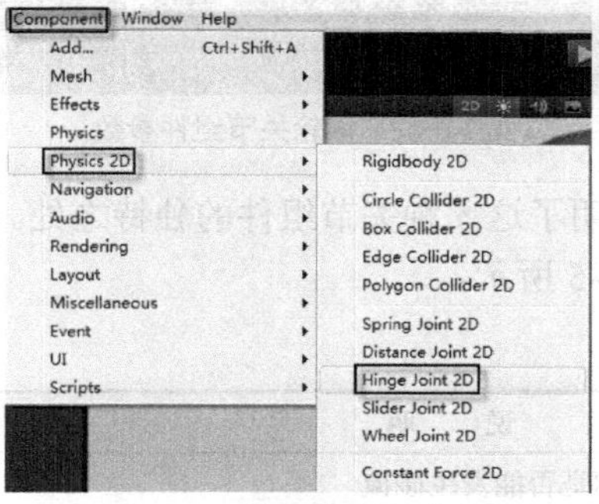

▲图 14-47　添加铰链关节组件

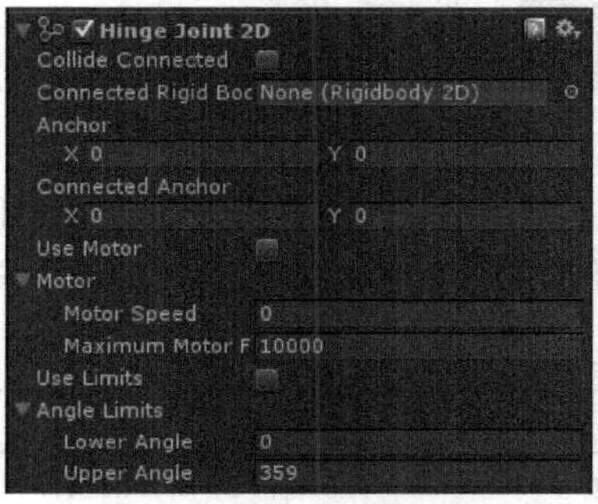

▲图 14-48　铰链关节组件参数

❑　滑动关节（Slider Joint 2D）

滑动关节模拟了现实生活中两个物体滑动的效果。滑动关节将两个物体束缚在一起，在两者之间只能按照一个轴的方向上产生相对运动，而另一个轴的方向上两个物体位置固定不变。依次单击 “Component →Physics 2D→Slider Joint 2D”即可添加滑动关节组件，如图 14-49 所示。

滑动关节组件的 Use Limits 参数为是否限制最大相对距离，如果 Use Limits 参数为“true”，两个物体就会根据 Translation Limits 参数限制最大相对距离。Use Motor 参数为是否使用电动机，如果 Use Motor 参数为“true”，物体就会自动滑动。滑动关节组件参数如图 14-50 所示。

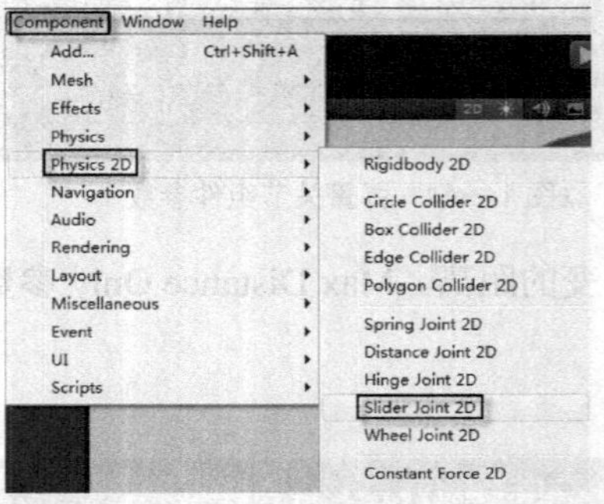

▲图 14-49　添加滑动关节组件

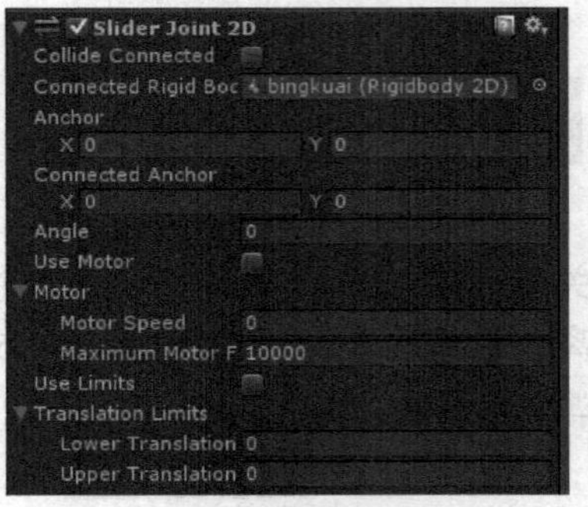

▲图 14-50　滑动关节组件参数

- 滚轮关节（Wheel Joint 2D）

滚轮关节模拟了现实生活中滚轮的效果。它与弹簧关节和铰链关节都有些类似，与弹簧关节的不同之处是没有压缩和拉伸时的长度为 0，连接体还可以绕着锚点自由旋转。依次单击 “Component →Physics 2D→Wheel Joint 2D”即可添加滚轮关节组件，如图 14-51 所示。

滚轮关节组件的 Suspension 参数用于设置压缩和拉伸的阻尼系数和弹性运动的频率。Use Motor 参数为是否使用电动机，如果 Use Motor 参数为“true”，关节的连接体就会根据 Motor 参数的值绕锚点自动旋转。滚轮关节组件的参数如图 14-52 所示。

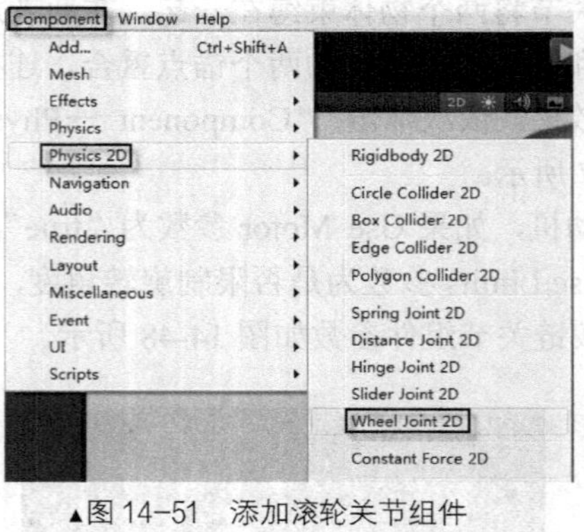

▲图 14-51　添加滚轮关节组件

▲图 14-52　滚轮关节组件参数

（3）上面介绍了 5 种不同类型的关节组件，并说明了这 5 种关节组件的独特之处。下面将介绍关节组件共同的属性。这些属性的详细说明如表 14-5 所示。

表 14-5　关节的属性

属　性	说　明
collideConnected	关节组件的物体和关节的连接体是否能发生碰撞
connectedBody	关节的连接体
anchor	2D 关节组件的物体的锚点
connectedAnchor	连接体的锚点

14.3.4 使用 2D 物理引擎制作撞冰块案例

上面介绍了 Unity 中 2D 物理引擎的相关知识，本节将通过制作撞冰块的小案例来使读者对于 2D 物理引擎的基本用法有一个更加明确的认识。案例的设计目的是使用小球来碰撞冰块使冰块，按照物理规律运动。具体操作步骤如下。

（1）新建一个 2D 项目，然后在菜单栏中选择“File”，打开文件操作菜单。选择“New Scene”，创建一个场景。按下快捷键 Ctrl+S 保存该场景，命名为“text”。

（2）创建背景图片精灵。具体步骤参考 14.1.3 节，这里不再重复介绍。将 Assets\sprite 文件夹中的 beijing 图片文件导入到项目中，设置 beijing 图片的 Texture Type 为“Sprite”，设置 Sprite Mode 为“Single”。其他设置如图 14-53 所示。

（3）将 beijing 图片拖曳到 beijing 精灵对象的 Sprite Renderer 组件的 Sprite 参数上。单击 Sprite Renderer 组件的 Sorting Layer 选项，单击选择“Add Sorting Layer...”添加层。

（4）显示出 Tags&Layers 界面后，在 Sorting Layers 中点击“+”添加两个层，上面一个层命名为“beijing”作为背景层，下面一个层命名为“bingkuai”作为物体对象层，如图 14-54 所示。层位置越往上越深，下面的层遮挡住上面的层。

▲图 14-53 beijing 图片设置

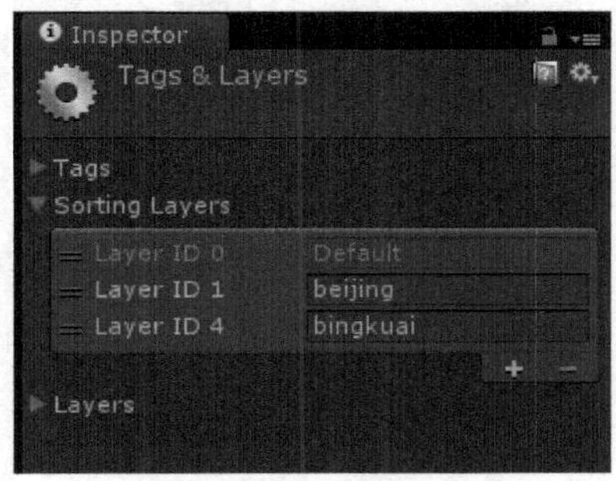

▲图 14-54 添加 Sorting Layers

（5）设置 beijing 精灵对象的 Sprite Renderer 组件的 Sorting Layer 选项为“beijing”，使 background 精灵对象作为背景对象。设置 Order in Layer 为“0”，该参数用于设置同层精灵之间的遮挡顺序。“Sprite Renderer”组件的参数如图 14-55 所示。

（6）创建小球精灵（具体步骤参考 14.1.3 节，这里不再重复介绍），然后重命名为“qiu”。将 Assets\sprite 文件夹中的 qiu 图片文件导入到项目中，设置 qiu 图片的 Texture Type 为“Sprite”，设置 Sprite Mode 为“Single”。其他设置如图 14-56 所示。

▲图 14-55 Sprite Renderer 组件

▲图 14-56 qiu 图片设置

（7）设置小球精灵的位置和大小，具体参数如图 14-57 所示。将 qiu 图片拖曳到 qiu 精灵对象的 Sprite Renderer 组件的 Sprite 参数上。

（8）设置 qiu 精灵对象的 Sprite Renderer 组件的 Sorting Layer 选项为“bingkuai”。设置 Order in Layer 为“0”。Sprite Renderer 组件的参数如图 14-58 所示。

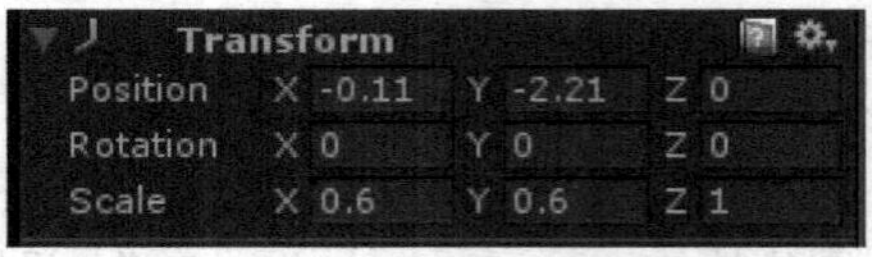

▲图 14-57　设置小球精灵的位置和大小

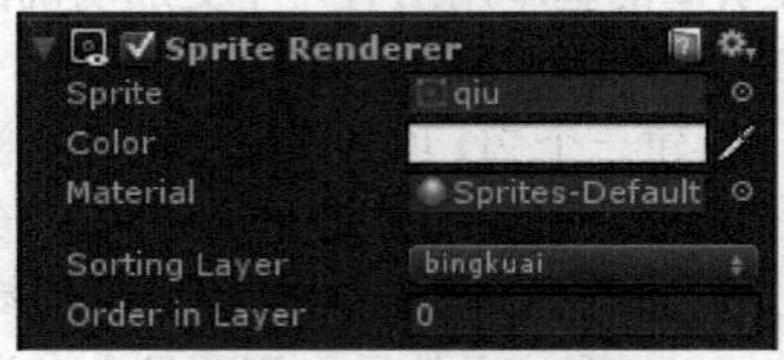

▲图 14-58　Sprite Renderer 组件

（9）给小球精灵添加 2D 刚体组件。依次单击“Component→Physics 2D→Rigidbody 2D”即可添加 2D 刚体组件，如图 14-59 所示。设置 2D 刚体组件的 Gravity Scale 参数为“0”，使小球精灵不受重力影响，2D 刚体组件的参数如图 14-60 所示。

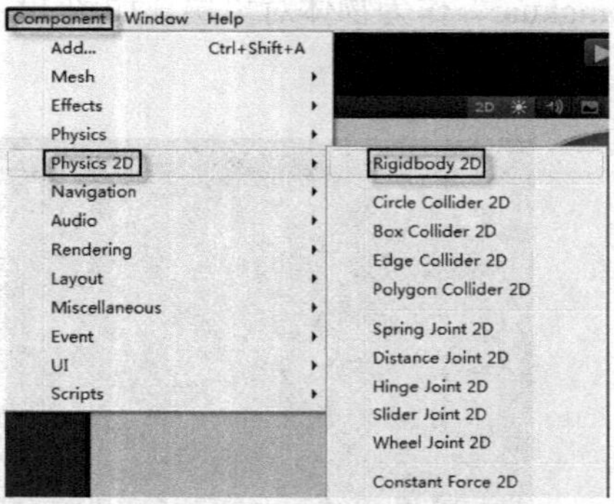

▲图 14-59　添加 2D 刚体组件

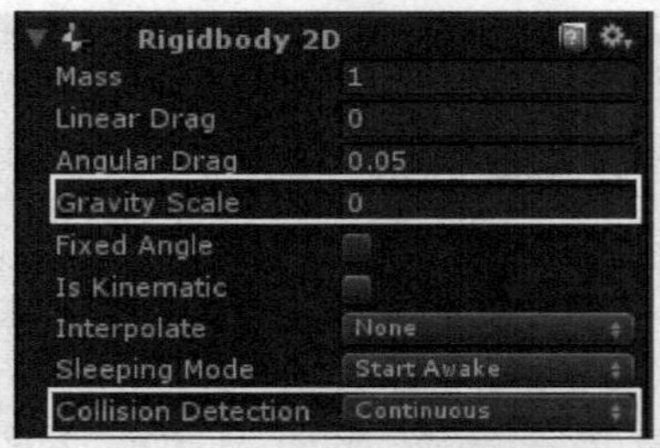

▲图 14-60　设置 2D 刚体组件参数

（10）给小球精灵添加圆圈碰撞器组件。依次单击“Component →Physics 2D→Circle Collider 2D”即可添加圆圈碰撞器组件，如图 14-61 所示。设置圆圈碰撞器组件的位置和大小，具体参数如图 14-62 所示。

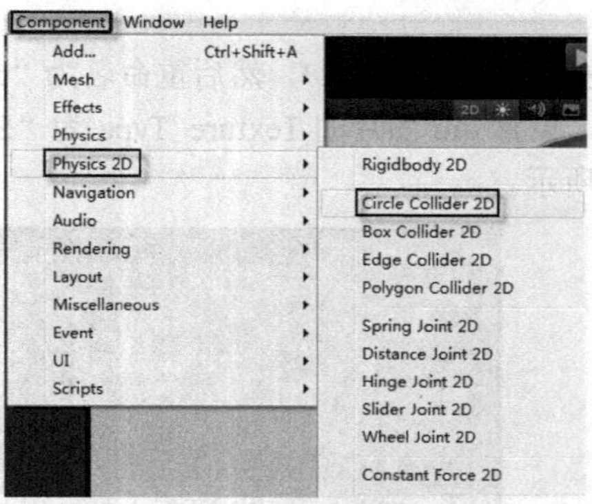

▲图 14-61　添加圆圈碰撞器组件

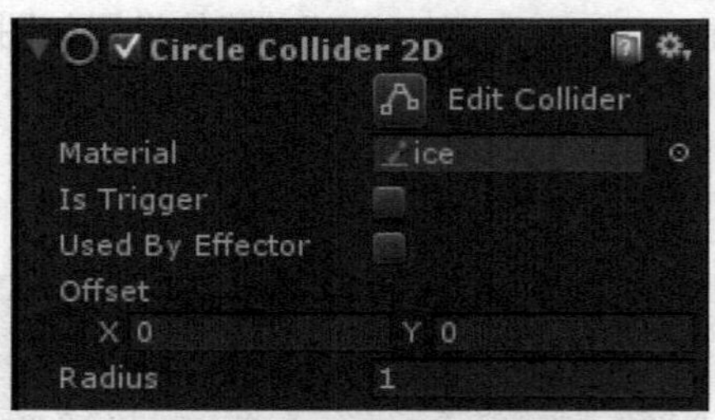

▲图 14-62　设置圆圈碰撞器组件参数

（11）创建冰块效果的 2D 物理材质。在 Physic2D Materials 文件夹中单击鼠标右键，在弹出的菜单中选择“Create→Physic2D Material”创建 2D 物理材质，如图 14-63 所示，并命名为“ice”。

（12）单击 ice2D 物理材质，在 Inspector 界面中设置物理材质参数，设置 Friction 参数为“0.4”，设置 Bounciness 参数为“0.5”，使物体摩擦力变小、反弹力增加来模拟冰块效果，如图 14-64 所示。然后将 ice2D 物理材质拖曳到碰撞器组件 Material 参数中。

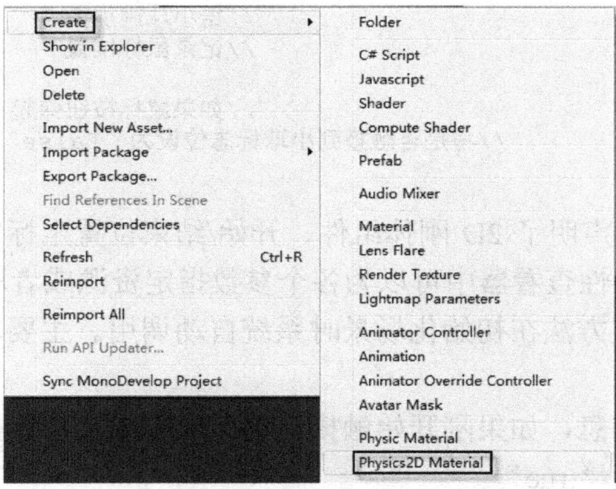

▲图 14-63　创建 2D 物理材质

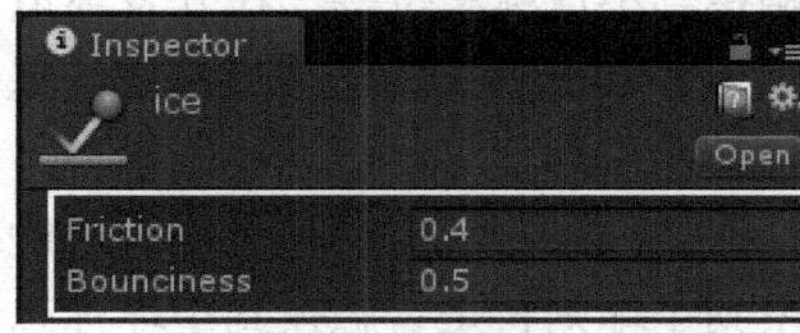

▲图 14-64　设置 2D 物理材质参数

（13）创建给小球施加力的脚本。在 Script 文件夹中单击鼠标右键，在弹出的菜单中选择 Create →C# Script 创建脚本，并命名为“AddFore”。然后双击打开该脚本，开始 AddFore.cs 脚本的编写。编写完成后拖曳到小球精灵对象上。

代码位置：见随书光盘中源代码/第 14 章目录下的 wuliyinqing/Assets/Script /AddFore.cs。

```
using UnityEngine;
using System.Collections;
public class AddFore : MonoBehaviour {
  Rigidbody2D r;                                          //声明 2D 刚体组件
  private Vector2 start;                                  //声明开始位置坐标向量
  private Vector2 end;                                    //声明结束位置坐标向量
  private bool isPing=false;                              //是否触摸到小球
  void Start () {
    r = GetComponent<Rigidbody2D>();                      //获取 2D 刚体组件
}
  void Update () {
    if (Input.touchCount != 0){                           //如果有触摸点
      for (int i = 0; i < Input.touchCount; i++){
        Touch touch = Input.touches[i];                   //获取触摸点信息
        if (touch.phase == TouchPhase.Began){             //如果刚开始触摸
          start = touch.position;                         //获取触摸点位置坐标
          if ((start - new Vector2(Camera.main.WorldToScreenPoint(this.transform.
          position).x, Camera
          .main.WorldToScreenPoint(this.transform.position).y)).sqrMagnitude < 5000f){
         //如果触摸到小球
            isPing = true;                      //将是否触摸到小球标志位设为“true”
        }}
        if (touch.phase == TouchPhase.Moved && isPing){
        //如果正在触摸滑动并且触摸到小球
          Vector2 position = touch.deltaPosition; //获取触摸点距离上次改变的距离增量
          r.AddForce(position*4);                         //给小球施加力
        }
        if (touch.phase == TouchPhase.Ended){             //如果触摸完成
          isPing =false;                        //将是否触摸到小球标志位设为“false”
    }}}
    if (Input.GetMouseButtonDown(0)){                     //如果按下鼠标左键
      start = Input.mousePosition;                        //获取鼠标位置
      if ((start - new Vector2(Camera.main.WorldToScreenPoint(this.transform.
      position).x, Camera
      .main.WorldToScreenPoint(this.transform.position).y)).sqrMagnitude < 5000f){
     //如果鼠标触碰到小球
        isPing = true;                          //将是否触摸到小球标志位设为“true”
    }}
```

```
34      if (Input.GetMouseButton(0) && isPing){  //如果按下鼠标左键并且触摸到小球
35        end = Input.mousePosition;                          //获取鼠标位置
36        Vector2 te = end - start;               //获取鼠标位置距离上次改变的距离增量
37        r.AddForce(te * 4);                                 //给小球施加力
38        start = end;                                        //记录鼠标位置
39      }
40      if (Input.GetMouseButtonUp(0)){                       //如果鼠标按钮弹起
41        isPing = false;                      //将是否触摸到小球标志位设为"false"
42    }}}
```

❑ 第 4-7 行的主要功能是变量声明，主要声明了 2D 刚体组件、开始/结束位置坐标向量以及是否触摸到小球标志位等。在开发环境下的属性查看器中可以为各个参数指定资源或者取值。

❑ 第 8-10 行实现了 Start 方法的重写，该方法在初始化场景时系统自动调用。主要功能是获取 2D 刚体组件以便下面代码使用。

❑ 第 12-20 行的主要功能是获取触摸点信息，如果刚开始触摸，则获取触摸点位置坐标。如果触摸到小球则将是否触摸到小球标志位设为“true”。

❑ 第 21-27 行的主要功能是如果正在触摸滑动并且触摸到小球，则获取触摸点距离上次改变的距离增量，然后根据距离增量的大小和方向给小球施加力。如果触摸完成，则将是否触摸到小球标志位设为“false”。

❑ 第 28-33 行的主要功能是如果按下鼠标左键，则获取鼠标位置。如果鼠标触碰到小球，则将是否触摸到小球标志位设为“true”。

❑ 第 34-42 行的主要功能是如果按下鼠标左键并且触摸到小球，则获取鼠标位置距离上次改变的距离增量，然后根据距离增量的大小和方向给小球施加力。如果鼠标按钮弹起，则将是否触摸到小球标志位设为“false”。

（14）创建冰块精灵对象（具体步骤参考 14.1.3 节，这里不再重复介绍），然后重命名为“bingkuai”。将 Assets\sprite 文件夹中的 bingkuai 图片文件导入到项目中，设置 bingkuai 图片的 Texture Type 为“Sprite”，设置 Sprite Mode 为“Single”。其他设置如图 14-65 所示。

（15）设置冰块精灵的位置和大小，具体参数如图 14-66 所示。将 bingkuai 图片拖曳到 bingkuai 精灵对象的 Sprite Renderer 组件的 Sprite 参数上。

▲图 14-65　bingkuai 图片设置

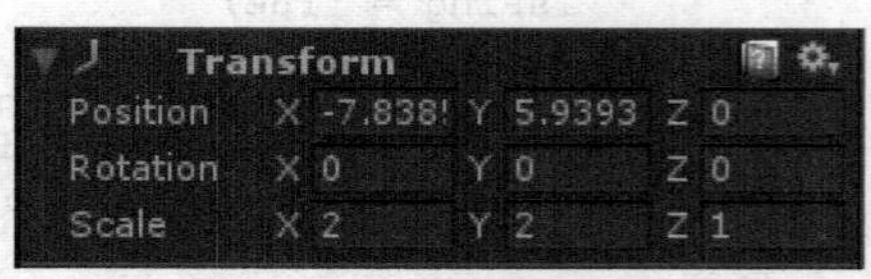

▲图 14-66　冰块精灵对象的位置和大小

（16）设置 bingkuai 精灵对象的 Sprite Renderer 组件的 Sorting Layer 选项为“bingkuai”。设置 Order in Layer 为“0”。Sprite Renderer 组件的参数如图 14-67 所示。

（17）给冰块精灵添加 2D 刚体组件（具体步骤参考给小球精灵添加 2D 刚体组件部分）。置 2D 刚体组件的 Gravity Scale 参数为“0”，使冰块精灵不受重力影响；设置 Collision Detection 参数为“Continuous”。2D 刚体组件的参数如图 14-68 所示。

▲图 14-67　Sprite Renderer 组件参数

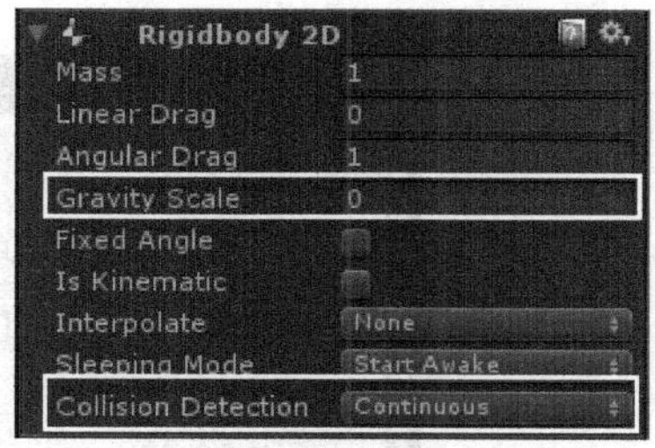

▲图 14-68　刚体组件

（18）给冰块精灵添加 2D 盒子碰撞器。依次单击“Component →Physics 2D→Box Collider 2D”即可添加盒子碰撞器组件，如图 14-69 所示。设置盒子碰撞器组件的位置和大小。将 ice2D 物理材质拖曳到碰撞器组件 Material 参数中。具体参数如图 14-70 所示。

（19）按照上面的步骤再创建 20 个冰块精灵，设置它们的位置使它们均匀排布，排布方式如图 14-71 所示。创建一个空对象，并命名为“bingkuais”。将上面创建的 21 个冰块精灵对象拖曳到空对象上面使其成为 bingkuais 对象的子对象。

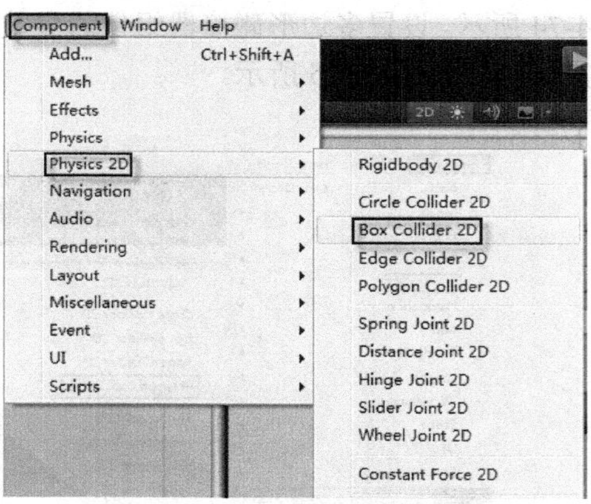

▲图 14-69　添加 2D 盒子碰撞器组件

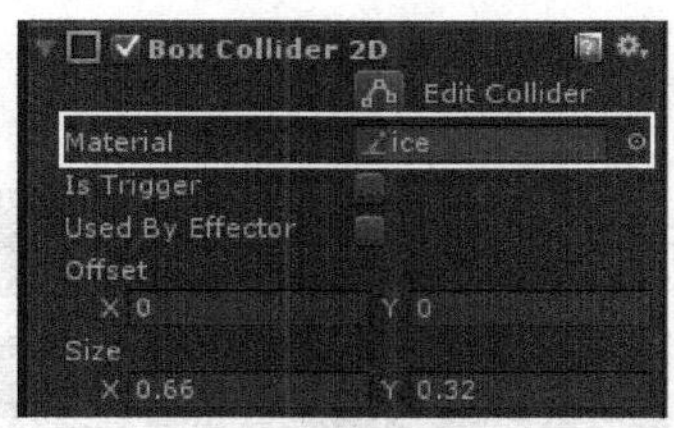

▲图 14-70　盒子碰撞器组件

▲图 14-71　冰块精灵对象排布

（20）创建包围框精灵对象（具体步骤参考 14.1.3 节，这里不再重复介绍）并命名为“kuang”。将 Assets\sprite 文件夹中的 kuang 图片文件导入到项目中，设置 kuang 图片的 Texture Type 为“Sprite”，设置 Sprite Mode 为“Single”。

（21）设置包围框精灵的位置和大小，使包围框完全包围屏幕，如图 14-72 所示。将 kuang 图片拖曳到 kuang 精灵对象的 Sprite Renderer 组件的 Sprite 参数上。

▲图 14-72　设置包围框精灵的位置和大小

（22）设置 kuang 精灵对象的 Sprite Renderer 组件的 Sorting Layer 选项为“bingkuai”。设置 Order in Layer 为“0”。Sprite Renderer 组件的参数如图 14-73 所示。

（23）给包围框精灵对象添加多边形碰撞器。依次单击“Component →Physics 2D→Polygon Collider 2D”即可添加盒子碰撞器组件，如图 14-74 所示。设置多边形碰撞器组件的参数，将 ice2D 物理材质拖曳到碰撞器组件 Material 参数中。具体参数如图 14-75 所示。

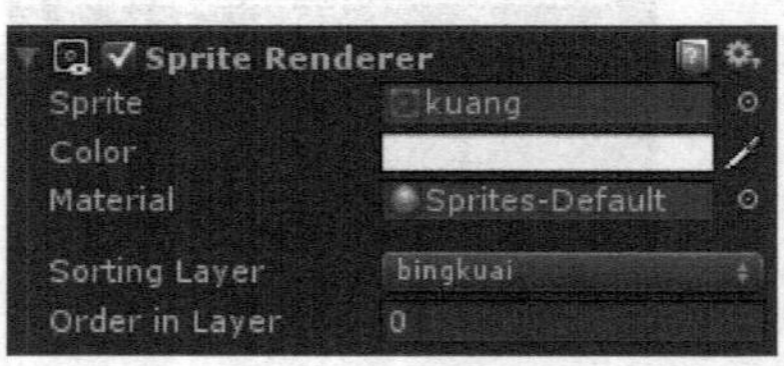

▲图 14-73　Sprite Renderer 组件

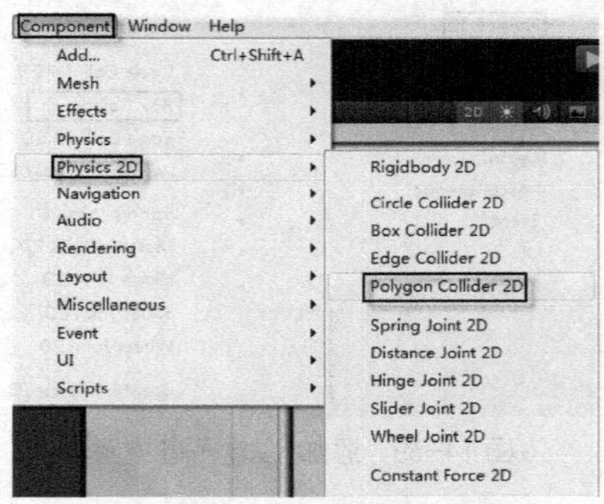

▲图 14-74　添加多边形碰撞器组件

（24）单击游戏运行按钮，观察效果。在 Game 窗口中可以看到冰块排布，使用鼠标单击拖动屏幕给小球施加力，可以看到小球碰撞冰块后冰块按照物理规律运动的效果。当然，还可以导入到 Andriod 设备上运行，从 Andriod 设备上观察冰块运动的效果，如图 14-76 和图 14-77 所示。

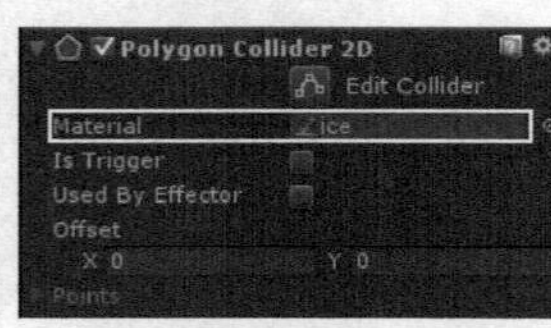

▲图 14-75　多边形碰撞器组件

▲图 14-76　案例运行效果图 1

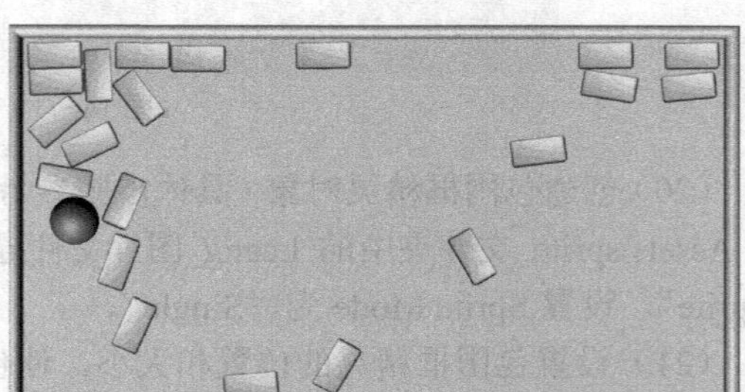

▲图 14-77　案例运行效果图 2

> **说明** 本案例的源文件是位于随书光盘中源代码\第 14 章目录下的 wuliyinqing 文件。如果读者想运行本案例，只需把 wuliyinqing 文件复制到非中文路径下，然后双击 wuliyinqing\Assets 目录下的 text.unity 文件就能打开运行了。

14.4 一个完整的 2D 游戏案例

通过对前面知识的学习，读者对如何在 Unity 3D 中进行 2D 游戏开发有了大概的了解。下面，我们将结合本章所介绍过的知识，利用 2D 物理引擎来制作一款运行在 Android 平台上的 2D 游戏——蝙蝠跳跃。接下来，将对该游戏的背景和功能，以及开发流程逐一进行介绍。

14.4.1 游戏玩法以及功能概述

这一节中，将主要介绍本游戏的背景和功能，让读者对本游戏有一个整体的了解。同时通过对本节内容的学习，读者将对本游戏所达到的效果和所实现的功能有一个直观的了解。

1. 游戏概述

游戏中玩家通过不断点击屏幕，控制一只蝙蝠在洞穴中跳跃前进，跨越各种障碍。只要稍一分神，小蝙蝠就会被闪电击中或者坠地阵亡。因为这类游戏能够充分发挥玩家的反应能力，非常适合青少年休闲娱乐，所以现在非常流行。当下非常流行的休闲类游戏有《Flappy Bird》《Flappy Bird2》等，如图 14-78 和图 14-79 所示。

▲图 14-78 Flappy Bird

▲图 14-79 Flappy Bird2

2. 游戏功能简介

运行游戏，首先进入的是主菜单界面，如图 14-80 所示。单击“开始游戏”按钮后，进入的是本游戏的游戏界面，如图 14-81 所示。

▲图 14-80 菜单界面

▲图 14-81 游戏界面

14.4.2 游戏的策划及准备工作

前一节简单介绍了游戏的背景和功能，本节将主要介绍本游戏的策划及正式开发前的一些准备工作。游戏的开发需要做的准备工作，大体上包括游戏策划、美工需求、音乐等。游戏开发前的充分准备，可以保证开发人员有一个顺畅的开发流程，保证开发顺利进行。

1. 游戏的策划

本游戏使用 Unity 3D 游戏引擎作为开发工具，以 C#作为开发语言。运行平台为 Android 2.0 或者更高的版本。游戏的操作方式为玩家不断控制点击屏幕的频率来调节蝙蝠的飞行高度和降落速度，让蝙蝠顺利通过画面右方出现的闪电间隙。如果蝙蝠不小心擦碰到了闪电的话，游戏结束。

2. 使用 Unity 开发游戏前的准备工作

（1）首先介绍的是本游戏中所用到的背景、按钮和数字图片资源，所有图片资源全部放在项目文件 Assets/textures 文件夹下。详细情况如表 14-6 所示。

表 14-6 游戏中的按钮和数字图片资源

图 片 名	大小/KB	像素/（W×H）	用 途
background.png	0.16	256×256	游戏背景
well.png	416	1024×510	地面
begin.png	61.3	442×172	开始按钮
title.png	282	960×540	游戏标题
restart.png	57	442×172	重新开始
newnumber.png	6.16	140×20	计分板
exit.png	24.7	128×128	退出按钮

（2）然后介绍的是本游戏中所用到的帧动画的图片资源，所有帧动画图片资源全部放在项目文件 Assets/textures 文件夹下。详细情况如表 14-7 所示。

表 14-7 游戏中的帧动画图片资源

图 片 名	大小/KB	像素/（W×H）	用 途
bat.png	5.67	512×126	蝙蝠主角帧动画
flash1.png	126	712×110	闪电帧动画 1
flash2.png	123	712×110	闪电帧动画 2
flash3.png	119	712×110	闪电帧动画 3
flash4.png	119	712×110	闪电帧动画 4
flash5.png	126	712×110	闪电帧动画 5
flash6.png	125	712×110	闪电帧动画 6
flash7.png	123	712×110	闪电帧动画 7
flash8.png	117	712×110	闪电帧动画 8
light(1).png	34	192×192	旋风帧动画 1
light(2).png	42	192×192	旋风帧动画 2
light(3).png	52	192×192	旋风帧动画 3
light(4).png	52	192×192	旋风帧动画 4
light(5).png	52	192×192	旋风帧动画 5
light(6).png	56	192×192	旋风帧动画 6

续表

图　片　名	大小/KB	像素/（W×H）	用　途
light(7).png	58	192×192	旋风帧动画 7
light(8).png	60	192×192	旋风帧动画 8
light(9).png	59	192×192	旋风帧动画 9
light(10).png	44	192×192	旋风帧动画 10
light(11).png	30	192×192	旋风帧动画 11
light(12).png	16	192×192	旋风帧动画 12

（3）最后介绍的是本游戏中所用到的音效资源，所有音效资源全部放在项目文件 Assets/textures 文件夹下。详细情况如表 14-8 所示。

表 14-8　游戏中的音效资源

文　件　名	大小/KB	格　式	用　途
bat_point.ogg	7.9	ogg	游戏背景
bat_hit.ogg	15	ogg	地面
bat_die.ogg	16.2	ogg	开始按钮
bat_wing.ogg	6.6	ogg	游戏标题

14.4.3　游戏的架构

上一节介绍了蝙蝠跳跃这款游戏开发前的策划及准备工作。在本节中，将简单介绍一下这款游戏的架构，读者通过对这一节内容的学习，可以进一步了解本游戏的开发思路，对程序的整个开发过程也会更加熟悉。

1. 各个场景的简要介绍

（1）主菜单场景 MainMenu 是转向游戏场景的中心场景。该场景包含了主摄像机及游戏的背景。通过单击使用 GUI 生成的开始游戏按钮方可进入游戏界面开始游戏。该场景中所包含的脚本如图 14-82 所示。

（2）游戏场景 BatGame 是本游戏中最重要的一个场景。在该场景中有多个游戏对象，主要包括主摄像机、计分板、蝙蝠游戏对象、地面、障碍、游戏背景等场景对象。该场景中所包含的脚本如图 14-83 所示。

▲图 14-82　主菜单场景框架图

▲图 14-83　游戏场景框架图

2. 游戏架构简介

在上一节中，已经简单介绍了游戏的主要场景和使用到的相关脚本。为加深读者理解，在这一节中将介绍一下游戏的整体架构。本游戏中使用了很多脚本，接下来将按照程序运行的顺序介绍脚本的作用以及游戏的整体框架。具体步骤如下。

（1）打开本游戏，首先进入的是主菜单场景 MainMenu，主摄像机 MainCamera 被激活，显示出主菜单界面。主摄像机上挂载的脚本 Welcome.cs 开始执行，用于在屏幕上绘制出游戏的标题以及开始按钮。

（2）在主菜单界面中单击开始游戏按钮，进入游戏的主界面，主摄像机上挂载的 BarrierMove.cs 脚本激活，场景中的障碍物开始向左移动。

（3）在脚本 BatContral.cs 的作用下，点击屏幕时蝙蝠游戏对象就会受到一个向上的力，从而使其向上跳跃。每当游戏对象通过一个障碍，计分板上挂载的脚本 ScoreBoard.cs 就绘制出相应的成绩。点击屏幕左上方的退出按钮时主摄像机上挂载的脚本 GameContral.cs 被启用，将游戏关闭。

14.4.4　菜单场景

前面介绍了游戏的整体架构，从本节开始将介绍本案例场景的开发。首先介绍本案例的主菜单场景，该场景在游戏开始时呈现，控制所有界面之间的跳转和绘制主菜单界面。在本节中，将对此场景的开发进行进一步的介绍。

1. 场景搭建

场景搭建主要是针对游戏中的摄像机、游戏对象、游戏背景等成员的设置。通过对本节内容的学习，读者将会了解到如何构建出一个基本的 2D 游戏世界。接下来将具体介绍场景的搭建步骤。

（1）新建一个场景，步骤为依次单击“File→New Scene”，如图 14-84 所示。单击 File 选项中的 Save Scene 命令，在保存对话框中添加场景名为“MainMenu”。该场景将作为主菜单场景，用于显示主菜单界面。

（2）导入资源。将本游戏所要用到的资源分类整理好，然后将分类好的资源都复制到项目文件夹下的 Assets 文件夹下，所放位置在前面的介绍中提过，读者可参看 14.4.2 节的相关内容。

（3）添加一个精灵组件。具体步骤为依次单击“GameObject→2D Object→Sprite”，将其重命名为“BackGround”，如图 14-85 所示。此外，也可从 Assest 中直接将图片对象拖曳到场景里。

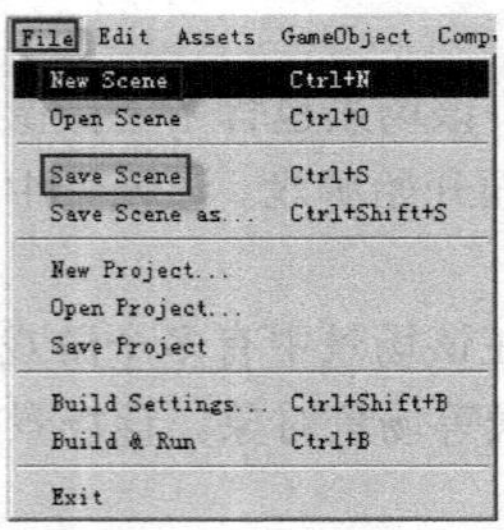

▲图 14-84　创建脚本

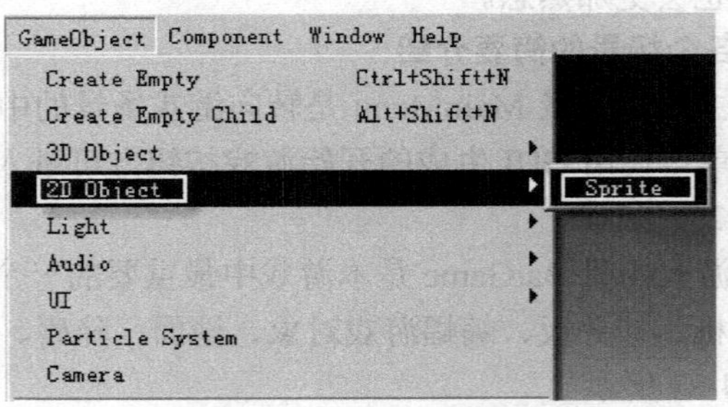

▲图 14-85　创建 2D 精灵组件

2. 主摄像机设置及脚本开发

前面完成了主菜单场景的搭建，下面将要介绍主摄像机的设置及相关脚本的开发，实现界面的呈现和界面之间的跳转。具体步骤如下。

（1）设置主摄像机的 Projection 为“Orthographic”，即设置主摄像机的投射方式为正交，摄像机将用无透视感的方式渲染游戏对象，无立体效果，如图 14-86 所示。调节主摄像机的位置，使其正对游戏背景对象，如图 14-87 所示。

（2）创建 C#脚本，并将其重命名为“Welcome.cs”，挂载到主摄像机上。然后双击脚本，进入脚本编辑器中，开始 Welcome.cs 脚本的编写。本脚本主要用于在屏幕上绘制游戏的标题以及开始游戏的按钮。脚本代码如下。

▲图 14-86 投射方式设为正交

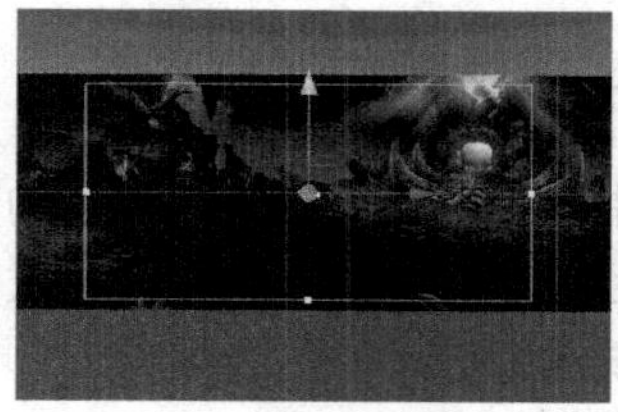

▲图 14-87 主摄像机位置

代码位置：见随书光盘中源代码/第 14 章目录下的 2DSample/Assets/Scripts/Welcome.cs。

```
1   using UnityEngine;
2   using System.Collections;
3   public class Welcome : MonoBehaviour {
4       public Texture2D title;                         //游戏标题贴图
5       public Texture2D begin;                         //开始按钮贴图
6       public GUIStyle myStyle;                        //自定义 GUIStyle
7       void Start() { }
8       void Update(){ }
9       void OnGUI() {
10          float t_width = Screen.width * 0.6f;        //标题的宽度为屏幕的 0.6 倍
11          float t_heigh = Screen.height * 0.7f;       //标题的高度为屏幕的 0.7 倍
12          GUI.DrawTexture(new Rect(                   //绘制纹理
13              Screen.width * 0.5f - t_width / 2,
14              Screen.height * 0.4f - t_heigh / 2,
15              t_width, t_heigh), title);
16          float b_width = Screen.width * 0.4f;        //标题的宽度为屏幕的 0.4 倍
17          float b_heigh = Screen.height * 0.2f;       //标题的高度为屏幕的 0.2 倍
18          if (GUI.Button(new Rect(                    //绘制按钮，判断点击事件
19              Screen.width * 0.5f - b_width / 2,
20              Screen.height * 0.7f - b_heigh / 2,
21              b_width, b_heigh), begin, myStyle)) {
22              Application.LoadLevel("BatGame");       //加载 BatGame 场景
23  }}}
```

- 第 4-6 行用于声明游戏的标题贴图对象、开始按钮贴图及自定义的 GUIStyle 对象。变量的修饰符为 public，即可在 Unity 里为变量赋值。
- 第 10-15 行用于绘制游戏的标题。为了在 2D 场景中实现画面的自适应，需要对对象的尺寸进行计算，以保证标题对象在屏幕上适当的位置进行绘制。首先定义标题的宽度为屏幕的 0.6 倍，标题的高度为屏幕的 0.7 倍，使用 GUI 自带的 DrawTexture 方法对纹理进行绘制。
- 第 16-22 行用于绘制开始游戏的按钮图标，方法与绘制标题类似。当玩家单击了按钮后，触发了加载事件，系统会加载名称为“BatGame”的游戏场景，从而进入游戏。

注意

因为绘制时的位置参数是绘制区域左上角的坐标值，这样不够直观。如要在屏幕的中心绘制纹理，以 Screen.width × 0.5*f* 作为 *X* 坐标的值，以 Screen.height × 0.5*f* 作为 *Y* 坐标的值，图 14-88 所示纹理并不是绘制在屏幕正中心。所以需要使绘制区域进行偏移，偏移的距离为绘制区域长度和宽度的 1/2，这样就能够在屏幕的正中心绘制，如图 14-89 所示。

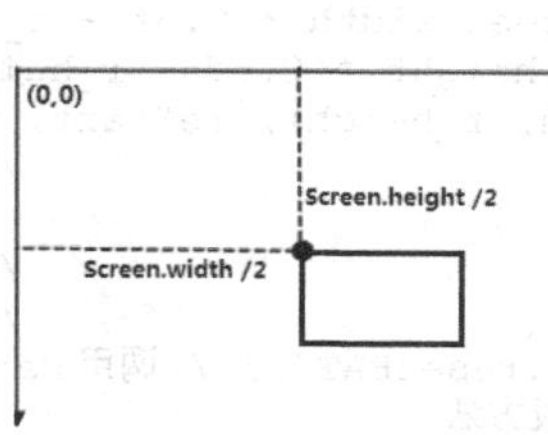

▲图 14-88 以屏幕中心为坐标的绘制区域

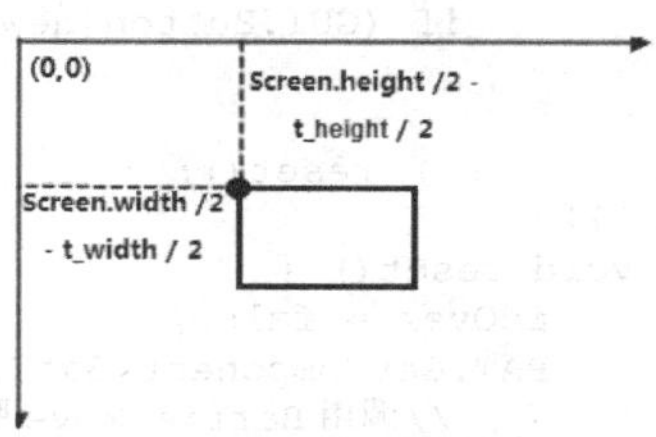

▲图 14-89 求偏移后的绘制区域

14.4.5　游戏场景

在上一节中已经介绍了主菜单场景的开发过程。游戏场景是本游戏的中心场景，其他场景都是为此场景服务的，因此游戏场景的开发对于此游戏的可玩性有至关重要的作用。在本节中，将对此场景的开发进行进一步的介绍。

1. 场景搭建

搭建游戏界面的场景，步骤比较烦琐。通过此游戏界面的开发，读者可以熟练地掌握基础知识，同时也会积累一些开发技巧和开发细节。接下来对游戏界面的开发进行详细的介绍。

（1）首先创建一个 BatGame 场景，具体步骤参考主菜单界面开发的相应步骤，此处不再赘述。需要使用的音效与图片资源已经放在 Assets 文件夹下。

（2）将 Assets/Textures 下的 background.png 拖曳到场景中作为游戏的背景。修改其 OrderInLayer 属性为“-1”，该属性用于设置在同一层中的显示顺序，数值小的排在后面，默认值为 0。当设置为-1 时，背景对象就会在其他对象的后面显示，就不会挡住其他对象。

2. 主摄像机的设置及脚本开发

前面介绍了场景的搭建过程，下面将介绍主摄像机相关脚本的开发，实现退出游戏、重新开始等功能。具体步骤如下。

（1）将主摄像机的 Projection 设置为“Orthographic”，即设置为主摄像机的投射方式为正交。具体方法请参考主菜单界面的摄像机设置。

（2）新建 C#脚本，并将其重命名为“GameContral.cs”，挂载到主摄像机上。然后双击脚本，进入脚本编辑器中，开始 GameContral.cs 脚本的编写。本脚本所用脚本代码如下。

代码位置：见随书光盘中源代码/第 14 章目录下的 2DSample/Assets/Scripts/GameContral.cs。

```
using UnityEngine;
using System.Collections;
public class GameContral : MonoBehaviour {
    public Texture2D reStart;                              //重新开始按钮贴图
    public Texture2D exit;                                 //退出按钮贴图
    public bool isOver = false;                            //游戏结束标志
    public GUIStyle myStyle;                               //自定义的 GUIStyle 对象
    public GameObject BAT;                                 //蝙蝠游戏对象
    void Start() { }
    void Update() {
        isOver = BAT.GetComponent<BatContral>().isOver;    //为结束标志赋值
    }
    void OnGUI() {
        float e_width = Screen.width * 0.1f;               //退出图标的边长
        if (GUI.Button(new Rect(10, 10, e_width, e_width), exit, myStyle)) {
            Debug.Log("退出游戏");
            Application.Quit();                            //退出程序方法
        }
        if (isOver) {                                      //绘制重新开始按钮
            float r_width = Screen.width * 0.5f;
            float r_heigh = Screen.height * 0.3f;
            if (GUI.Button(new Rect(Screen.width * 0.5f - r_width / 2,
                                  Screen.height * 0.6f - r_heigh / 2,
                                  r_width, r_heigh), reStart, myStyle)) {
                reset();                                   //执行重置方法
    }}}
    void reset() {                                         //重置方法
        isOver = false;                                    //将是否结束的标志置为否
        BAT.GetComponent<BatContral>().resetBAT(); //调用 BatContral 脚本中的重置方法
            //调用 BarrierMove 脚本中的重置方法
        this.gameObject.GetComponent<BarrierMove>().resetBarrier();
}}
```

- ❑ 第 4-8 行用于声明变量。主要包括重新开始按钮以及退出游戏按钮的贴图，判断游戏是否结束的标志，自定义的 GUIStyle 对象，蝙蝠游戏对象。
- ❑ 第 10-12 行实现了 Update 方法的重写，该方法在程序运行时系统自动调用。用于不断获取蝙蝠游戏对象身上的 BatContral 脚本中的 isOver 变量的值，以判断游戏是否结束。
- ❑ 第 12-18 行用于绘制退出按钮，实现方法及原理与之前类似，故不再赘述，读者可参考在主菜单场景中绘制游戏标题的介绍。
- ❑ 第 19-26 行用于执行游戏结束后的方法。首先是在屏幕上绘制重新开始按钮，绘制方法与之前类似。当点击按钮后，触发 reset 方法重置游戏，reset 方法的具体实现在后面详细介绍。
- ❑ 第 27-32 行用于实现重置游戏的 reset 方法。首先将游戏中的判断是否结束的标志 isOver 置为“false”，即为没有结束。之后调用 BatContral 脚本中的重置方法，重置蝙蝠游戏对象的状态。调用 BarrierMove 脚本中的重置方法，重置障碍的状态。

> **注意** 以上调用到的 resetBAT 方法以及 resetBarrier 方法的具体实现会在后面进行详细介绍。

3. 计分板的创建及脚本开发

前面已经介绍了主摄像机的开发过程，下面将对主菜单界面中计分板的创建以及其相关脚本的编写进行详述。计分板的功能是在屏幕上实时绘制玩家的成绩，其具体的讲解内容如下。

（1）首先需要在场景中制作计分板对象。具体步骤为依次单击“GameObject→2D Object→Sprite”，将创建的精灵重命名为“N1”，然后使用同样的方法制作 N2。位置如图 14-90 所示。

（2）再在 Hierarchy 视图中创建一个空对象，具体步骤为依次单击“Create→Creat Empty”，将其重命名为“ScoreBoard”，如图 14-91 所示。将 N1 与 N2 对象拖到其下层，如图 14-92 所示。

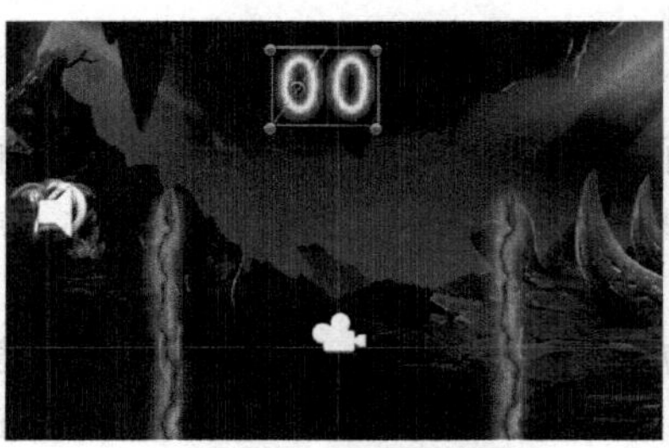

▲图 14-90 计分板示意图

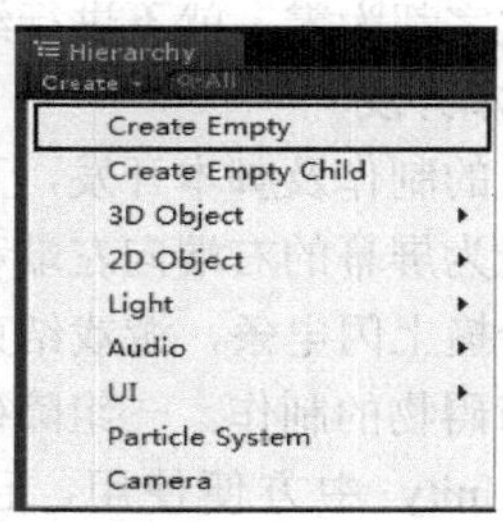

▲图 14-91 创建空对象

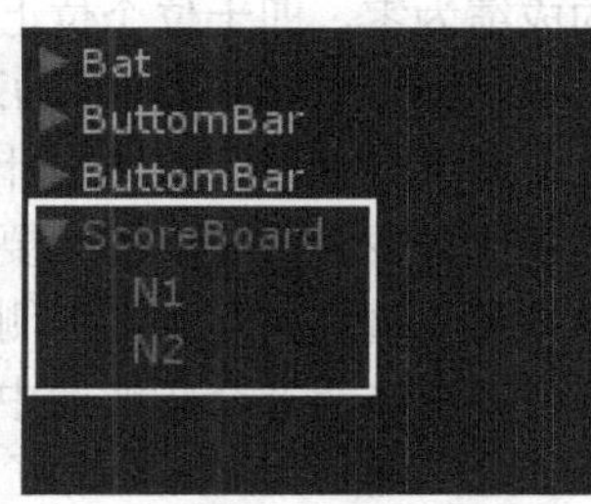

▲图 14-92 组装计分板

（3）前面介绍了计分板对象的制作。下面将详细介绍计分板相关脚本 ScoreBoard.cs 的编写，脚本的创建方法与之前相同，故不再赘述。该脚本的主要功能为获取玩家的成绩后，改变计分板对象的贴图为对应的数字贴图。

代码位置：见随书光盘中源代码/第 14 章目录下的 2DSample/Assets/Scripts/ScoreBoard.cs。

```
using UnityEngine;
using System.Collections;
public class ScoreBoard : MonoBehaviour {
    int sco = 0;                                          //储存成绩
    public GameObject BAT;                                //蝙蝠游戏对象
    public GameObject NumSprite1;                         //十位数字贴图对象
    public GameObject NumSprite2;                         //个位数字贴图对象
    public Sprite[] Num;                                  //数字图片数字
    void Start() { }
    void Update() {
        sco = BAT.GetComponent<BatContral>().score;       //获取玩家的成绩
        showScore(sco);                                   //绘制计分板
```

```
13      }
14      void showScore(int num) {                           //绘制成绩方法
15          int n1;                                         //十位数字
16          int n2;                                         //个位数字
17          if (num >= 100) {                               //大于 100，默认成绩为 99
18              n1 = 9; n2 = 9;
19          } else {
20              n1 = num / 10;                              //整除 10，获取十位数数字
21              n2 = num % 10;                              //对 10 取余，获取个位数字
22          }
23          if (n1 == 0) {                                  //如果十位是零，不对十位不绘制
24              NumSprite1.transform.gameObject.SetActive(false);
25          } else {                                        //如果非零，设为可用，进行绘制
26              NumSprite1.transform.gameObject.SetActive(true);
27              NumSprite1.GetComponent<SpriteRenderer>().sprite = Num[n1];
28          }
29          if (n1 == 0 && n2 == 0) {                       //十位和个位都是零，都不绘制
30              NumSprite2.transform.gameObject.SetActive(false);
31          } else {
32              NumSprite2.transform.gameObject.SetActive(true);
33              NumSprite2.GetComponent<SpriteRenderer>().sprite = Num[n2];
34      }}}
```

- 第 4-8 行用于声明变量。主要包括用于储存玩家成绩的变量、蝙蝠游戏对象、表示十位数和个位数的纹理贴图，以及存放图片的数字图片数组。
- 第 10-13 行实现了 Update 方法的重写，该方法在程序运行时系统自动调用。用于实时获取玩家的成绩，并执行绘制方法。绘制方法在将后面进行详细介绍。
- 第 14-22 行用与计算玩家成绩的个位值和十位值。首先通过使成绩整除 10，获取十位数数字，对 10 取余，获取个位数字。
- 第 23-34 行为绘制成绩的方法，根据绘制规则来进行绘制。首先判断玩家的成绩是否为个位数，如果是，则省去绘制十位上的零；如果不是，则按前面计算好的结果进行绘制。如果玩家的成绩为零，即十位个位上的数字都为零，就不进行绘制。

4. 障碍物的创建与移动及脚本开发

前面已经介绍了游戏中计分板的制作及脚本开发，下面将介绍游戏场景中的障碍物的制作及相关脚本开发。障碍物的主要功能为屏幕的右端向左端移动，上下两条闪电之间留有缝隙，游戏对象需要从缝隙中通过，否侧就会撞上闪电条，游戏结束。

（1）首先需要介绍游戏中的障碍物的制作。一组障碍物由地面、多个上下闪电以及它们身上所安装的碰撞体组成。为了在 Unity 中方便使用，已将一组障碍物做成了预制件，放在了 Assets/Prefabs/BottomBar.prefab 下。其结构如图 14-93 所示。

（2）每个障碍包括上下两条闪电 flash 以及中间的加分点 Point。可以触发功能的游戏对象都安装了碰撞体，如图 14-94 所示。一组障碍的整体效果如图 14-95 所示。

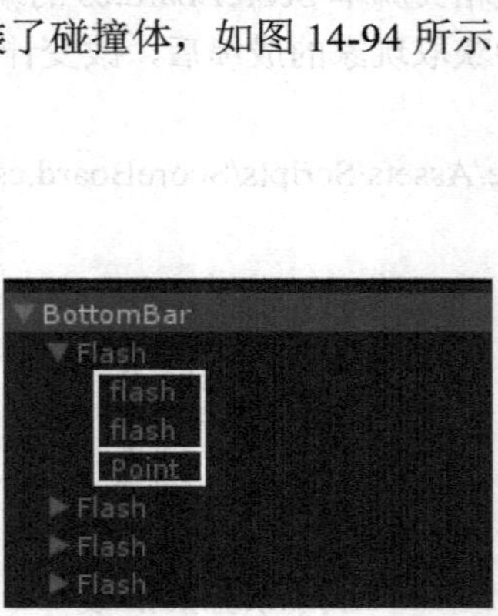

▲图 14-93　障碍结构

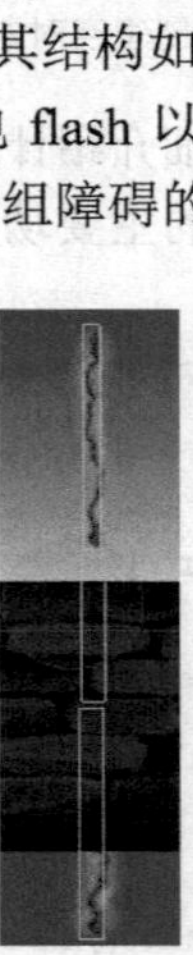

▲图 14-94　碰撞体

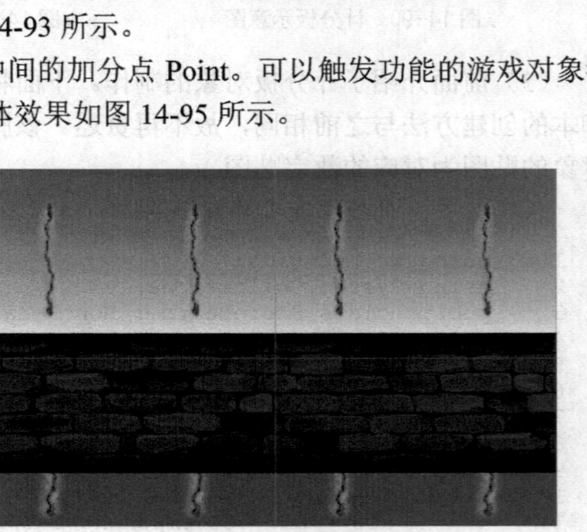

▲图 14-95　障碍组效果

（3）上面介绍了障碍物组合的制作。下面将介绍障碍物相关脚本 BarrierContral.cs 的开发。该脚本用于控制障碍物的显示与关闭，以及随机改变障碍物闪电条的高度。该脚本挂载到每组 BottomBar 对象上。

代码位置：见随书光盘中源代码/第 14 章目录下的 2DSample/Assets/Scripts/BarrierContral.cs。

```
1   using UnityEngine;
2   using System.Collections;
3   public class BarrierContral : MonoBehaviour {
4       public GameObject[] zhuzi;                                  //障碍数组
5       public Vector3 positionBuffer;                              //存放障碍新位置
6       public float down = 0.5f, upper = 3.5f;                     //障碍的上下限
7       void Start() {
8           Random.seed = System.Environment.TickCount;             //随机数的种子
9       }
10      public void changeBarrier() {                               //改变柱子高度
11          float RandomVal;                                        //随机数
12          for (int i = 0;i < zhuzi.Length;i++) {
13              zhuzi[i].SetActive(true);                           //激活障碍对象
14              positionBuffer = zhuzi[i].transform.position;       //获取障碍当前的位置
15              RandomVal = Random.value;                           //随机数赋值
16              positionBuffer.y = Mathf.Lerp(down, upper, RandomVal);
                //对障碍的高度进行插值计算
17              zhuzi[i].transform.position = positionBuffer;
                //将改变高度后的位置变量赋值
18      }}
19      public void hidden() {                                      //隐藏柱子
20          for (int i = 0;i < zhuzi.Length;i++) {
21              zhuzi[i].SetActive(false);                          //设为不可用
22  }}}
```

❑ 第 4-6 行用于声明变量。主要包括障碍物数组、临时存放位置的变量、障碍变换的上下限。所声明的变量的具体功能将在后面介绍。

❑ 第 7-9 行实现了 Start 方法的重写，该方法在初始化场景时系统自动调用。用于选择生成随机数的种子。以系统时间作为种子。

❑ 第 10-18 行用于改变每一个障碍的高度。由于之前将障碍设置为不可用，所以需要先将障碍对象激活。接下来是改变高度，每个障碍的高度是随机的，所以需要用到随机数。为了不使障碍高度改变得太多导致高出屏幕，所以需要设定障碍的上下限。最后对上下限进行插值计算，得到在合理范围内的高度。最后为障碍赋值。

❑ 第 19-22 行为障碍的隐藏方法。在这里设置为不可用即可达到看不见的效果，同样也不会被游戏对象撞到而触发事件。

（4）上面介绍了用于改变障碍高度及隐藏障碍的脚本的开发。下面将介绍用于控制障碍组移动的脚本 BarrierMove.cs 的开发。

代码位置：见随书光盘中源代码/第 14 章目录下的 2DSample/Assets/Scripts/BarrierMove.cs。

```
using UnityEngine;
using System.Collections;
public class BarrierMove : MonoBehaviour {
    public float moveSpeed;                                         //移动速度
    public Vector3 Init_pos;                                        //初始化位置
    public GameObject[] barreir;                                    //障碍
    private Vector3[] load_pos = new Vector3[2];                    //储存初始位置
    void Start() {
        barreir[0].GetComponent<BarrierContral>().hidden();         //隐藏闪电
        barreir[1].GetComponent<BarrierContral>().changeBarrier();  //刷新并显示闪电
        Init_pos = barreir[1].transform.position;     //保存第二个障碍组的位置
            //将位置保存在数组中，重置时用于恢复位置
        for (int i = 0;i < load_pos.Length;i++) {
            load_pos[i] = barreir[i].gameObject.transform.position;
```

```
15     }}
16   void Update() {
17     for (int i = 0;i < barreir.Length;i++) {
18         barreir[i].transform.Translate(
19                 new Vector3(-Time.deltaTime * moveSpeed, 0, 0));  //障碍向左移动
20         if (barreir[i].transform.position.x <= -20.2f) {        //障碍的左边界
21             barreir[i].GetComponent<BarrierContral>().changeBarrier();//刷新高度
22             barreir[i].transform.position = Init_pos; //将障碍的位置恢复到初始化的位置
23       }}}
24   public void resetBarrier() {                                    //重置障碍
25     for (int i = 0;i < load_pos.Length;i++) {                     //恢复位置
26         barreir[i].gameObject.transform.position = load_pos[i];
27     }
28     barreir[0].GetComponent<BarrierContral>().hidden();          //一组隐藏
29     barreir[1].GetComponent<BarrierContral>().changeBarrier();   //二组改变高度
30 }}
```

- 第 4-7 行用于声明变量。主要包括障碍移动的速度、障碍生成的位置、障碍游戏对象数组、保存每组障碍的原始位置的数组等。
- 第 8-15 行为使障碍移动前准备工作。主要包括 0 号障碍隐藏闪电，1 号障碍刷新闪电的高度，保存每一组障碍在游戏开始时的位置。
- 第 16-23 行为障碍移动的具体实现。障碍按照预设的速度向左移动，为了能够重复利用已创建的对象，所以需要在障碍组移动出屏幕后，使其恢复到最初的位置重新向左移动，同时刷新每个障碍的高度。
- 第 24-30 行用于重置所有的障碍物，即在玩家选择重新开始后，场景中的对象恢复到初始状态。首先是恢复位置，初始化时每个障碍的的位置都已经保存在了 load_pos 数组中，只需对 load_pos 数组遍历，对每个障碍赋值即可重置障碍。此外，游戏开始时 0 号障碍隐藏闪电，1 号障碍刷新闪电的高度，所以重新开始后也要执行相同的代码。

> **注意**　对障碍的左边界值的设置，需要在 Unity 中调节后选定。

5. 蝙蝠游戏对象的创建及脚本开发

前面已经介绍了游戏中障碍物的制作及脚本开发，下面将对游戏中玩家控制的游戏对象的相关功能进行详细介绍。主要介绍实现角色换帧动画的脚本开发，以及蝙蝠游戏对象跳跃的脚本开发。具体的讲解内容如下。

（1）首先介绍实现角色换帧动画的脚本开发。该脚本用于连续切换角色的纹理贴图以实现动画效果，并且可以实现对切换速率的调节。

代码位置：见随书光盘中源代码/第 14 章目录下的 2DSample/Assets/Scripts/BatAnimator.cs。

```
using UnityEngine;
using System.Collections;
public class BatAnimator : MonoBehaviour {
    public Sprite[] Sprites;                                  //存放精灵数组
    public float framespPerSec;                               //每秒帧速率
    private SpriteRenderer spriterender;                      //精灵渲染器组件对象
    void Start() {
        spriterender = GetComponent<SpriteRenderer>();        //获取组件
    }
    void Update() {
        int index = (int) (Time.time * framespPerSec);
        index = index % Sprites.Length;                        //对数组长度进行取余
        spriterender.sprite = Sprites[index];          //获取与该序号对应的图片赋值
}}
```

❑ 第 4-6 行用于声明变量。主要包括存放图片精灵的数组、切换图片的帧速率和精灵渲染器组件对象等变量。

❑ 第 7-9 行实现了 Start 方法的重写，该方法在初始化场景时系统自动调用。用于获取游戏对象身上的 SpriteRenderer 组件。

❑ 第 10-14 行用于实现换帧功能。首先以运行时间为变量对数组长度进行取余，目的为获取零到数组长度之间的数作为序号，从图片数组中获取与该序号对应的图片，为组件的 sprite 赋值。

（2）上面介绍了换帧动画脚本的开发，下面将介绍蝙蝠游戏对象上挂载的 BatContral.cs 脚本。该脚本用于玩家操作游戏对象，主要包括游戏对象跳跃动作的实现，以及游戏对象触碰到场景中的碰撞体后触发的相应行为。

代码位置：见随书光盘中源代码/第 14 章目录下的 2DSample/Assets/Scripts/BatContral.cs。

```
1   using UnityEngine;
2   using System.Collections;
3   public class BatContral : MonoBehaviour {
4     AudioSource source;                                          //音频源
5       public GUIStyle myStyle;                                   //自定义 GUIStyle
6       public AudioClip fly;                                      //跳跃音频
7       public AudioClip point;                                    //通过音频
8       public AudioClip die;                                      //死亡音频
9       public Vector2 force;                                      //对蝙蝠施加的力
10      public Vector3 initPos;                                    //初始化位置
11      public int score;                                          //玩家成绩
12      Rigidbody2D body;                                          //2D 刚体对象
13      public bool isOver = false;                                //判断游戏是否结束
14      public Texture2D reStart;                                  //重新开始游戏贴图
15      void Start() {
16          force = new Vector2(0, 450);                           //施加的力
17          body = gameObject.GetComponent<Rigidbody2D>();         //添加 2D 刚体
18          source = this.gameObject.GetComponent<AudioSource>();  //获取音频源
19          initPos = gameObject.transform.position;      //记录游戏对象初始化的位置
20          score = 0;                                             //玩家成绩置零
21      }
22      void Update() {
23          if (Input.GetButtonDown("Fire1") || Input.GetKeyDown(KeyCode.Space)) {
24              source.PlayOneShot(fly);                           //播放音效
25              body.AddForce(force);                     //对游戏对象施加一个向上的力
26      }}
27      void OnTriggerEnter2D(Collider2D other) {                  //碰撞检测
28          if (other.gameObject.tag.CompareTo("Point") == 0) {
29              source.PlayOneShot(point);                         //播放通过音效
30              score++;                                           //成绩加 1
31          }
32          if (other.gameObject.tag.CompareTo("Wall") == 0) {
33              source.PlayOneShot(die);                           //播放失败音效
34              Time.timeScale = 0;                                //游戏暂停
35              isOver = true;                                     //结束标志置为 true
36      }}
37      public void resetBAT() {                                   //重新开始方法
38          isOver = false;                                        //是否结束游戏置为否
39          this.transform.position = initPos;                     //恢复位置
40          score = 0;                                             //成绩置零
41          Time.timeScale = 1;                                    //结束暂停游戏
42  }}
```

❑ 第 4-14 行用于声明游戏中的变量。主要包括音频源对象、音频片段、施加的力的向量、玩家成绩、按钮贴图等。

❑ 第 15-21 行为对部分声明的变量进行赋值。主要包括对游戏对象所施加力的值的设置、为刚体赋值、获取音频源、记录初始化时游戏对象的位置等。

❑ 第 22-26 行为玩家在游戏中点击屏幕后产生的效果。判断游戏的输入如果是 Fire1 键或者空格键，就播放 fly 音效对象，并使用 AddForce 方法对刚体施加一个力。所施加的力其实是一个向量，该向量已在 Start 函数中进行赋值。

❑ 第 28-31 行用于实现碰撞检测。障碍物缝隙之间的加分碰撞体的标签名称为 Point。当游戏对象触碰到该类碰撞体后，代表安全通过了障碍物之间的缝隙，此时会发出得分声音，并且分数会增加。

❑ 第 32-36 行用于进行游戏对象与障碍物之间的碰撞检测。碰撞体为障碍物身上所携带的碰撞体，障碍物碰撞体的标签名称为“Wall”。当游戏对象触碰到该类碰撞体后，代表游戏对象撞上了障碍物，此时播放失败音效，游戏结束。

❑ 第 37-41 行为对游戏对象的重置方法。该方法用于在玩家点击重新开始按钮后，重置有关游戏对象相关的参数。主要包括游戏的结束标志置为 false、将游戏对象的位置恢复到游戏开始的位置、玩家的成绩归零、结束暂停游戏等。

（3）将需要的音效文件拖曳到 BatContral.cs 脚本组件对应的变量处，将需要的刚体对象拖曳到对应的变量处。BatContral.cs 脚本组件如图 14-96 所示。

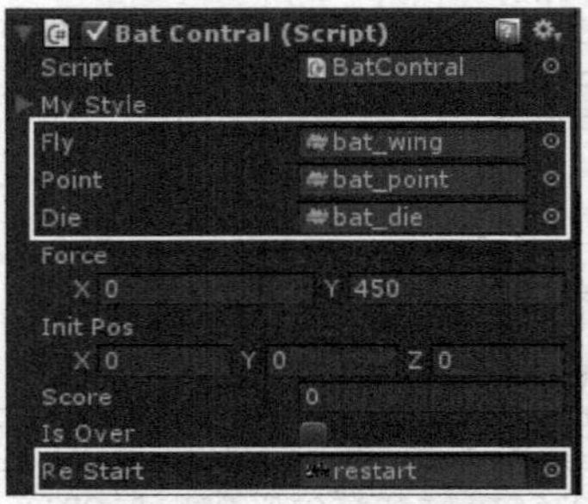

▲图 14-96　BatContral.cs 脚本组件

说明　本案例的源文件是位于随书光盘中源代码\第 14 章目录下的 2DSample 文件。如果读者想运行本案例，只需把 2DSample 文件复制到非中文路径下，然后双击 2DSample\Assets 目录下的 MainMenu.unity 文件就能打开运行了。

14.5 本章小结

本章主要介绍了 Unity 中使用 2D 工具集开发 2D 游戏的相关知识，主要包括 Unity 2D 基础介绍、Unity 2D 核心功能对象 Sprite 和 Unity 2D 中的物理引擎。通过对本章内容的学习，相信读者可以在 Unity 中使用 2D 工具集开发出简单的 2D 游戏。

最后，通过一个完整的案例，对上面讲解的一些基础知识进行了实践，通过案例的编写和开发，能够使读者顺利地使用 Unity 中的 2D 工具集开发简单的 2D 游戏。

第 15 章　常用性能优化技术

本章将向读者详细介绍 Unity 3D 提供的 Profiler 工具的使用方法，以及断点调试的两种方式，并讲解实际开发过程中非常实用的两种优化技术。在实际的项目开发过程中，常常需要对项目进行调试和优化，通过合理的场景处理和高效的编码，可以很好地提高程序的性能。

15.1 程序性能的分析

本节主要进行 Profiler 工具的讲解。Profiler 工具是 Unity 3D 提供的一套用于实时监控资源消耗的工具，通过使用该工具，读者可以直观地看到程序运行时各个方面资源的占用情况，并迅速找到影响程序性能的线程和函数，再进行针对性的优化。

15.1.1 Profiler 使用方法

Profiler 的强大之处在于它不仅可以在 Unity 3D 编译窗口中使用，还可以进行移动设备资源监控，这非常有助于进行移动开发。当程序出现卡顿或性能过低的情况时，开发人员可以通过该工具找到在真机中影响性能的地方。下面将讲解 Profiler 工具的详细使用方法。

1. 编译器的资源监控

读者可以通过按 Ctrl+7 快捷键或依次单击“Window→Profiler”命令来调出 Profiler 窗口，如图 15-1 所示。点击播放按钮，Profiler 窗口中将会显示当前的资源消耗情况，如图 15-2 所示。此时 Profiler 显示的是编译器的资源消耗情况。可以在实际开发过程中通过 Profiler 快速获知程序资源消耗情况。

▲图 15-1　Profiler 窗口

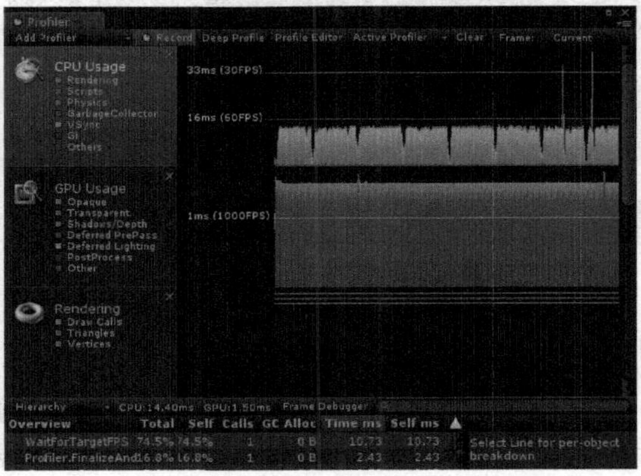

▲图 15-2　资源监控

2. 安卓设备上的资源监控

读者在导出 APK 包前需要先对程序进行设置，依次单击“File→Build Settings”，调出导出设置窗口，然后分别勾选“Development Buile”和“AutoConnect Profiler”项。这两个选项表示当前安装仅供测试使用，读者在项目发布时需要取消对该项的勾选。

读者可以通过 ADB 或 Wi-Fi 连接进行资源的监控，如非特殊情况，笔者建议使用 ADB 连接进行资源监控，这是因为在进行资源分析的过程中，移动端与 PC 端要进行很多的数据交换，用 Wi-Fi 连接容易出现掉帧的情况。接下来将详细讲解这两种方法的连接与使用。

- 通过 ADB 连接。依次单击“File→Build & Run”将程序导出到安卓设备上，程序将在安卓设备上自动运行，Unity 3D 开发环境将弹出 Profier 窗口，读者可单击 Active Profiler 菜单选择安卓设备，如图 15-3 所示。Profiler 工具将对该安卓设备进行资源监控，如图 15-4 所示。

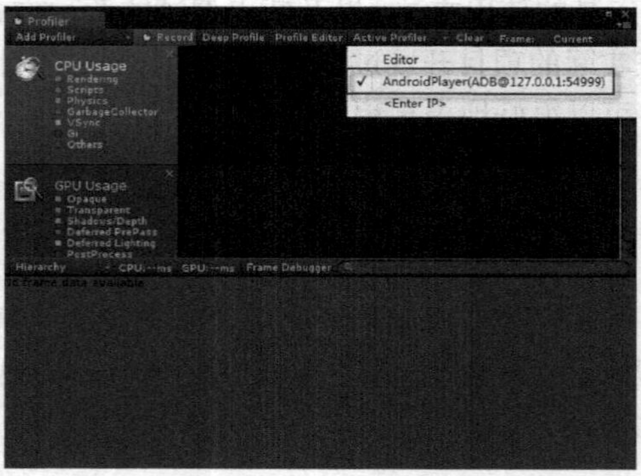

▲图 15-3 选择 ADB 连接

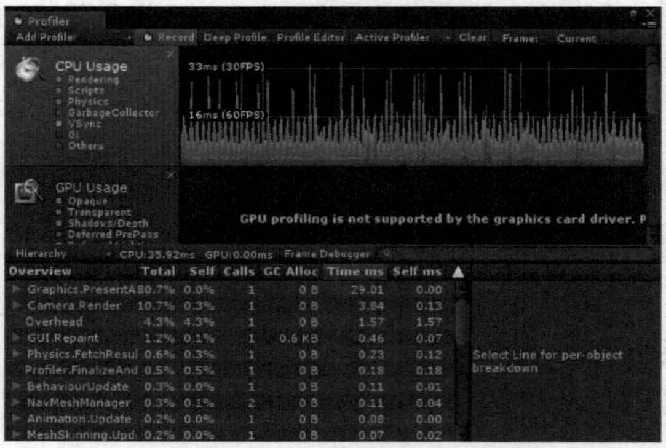

▲图 15-4 监控窗口

- 通过 Wi-Fi 连接。安卓设备只需与 PC 端连接在同一个无线网络，并已关闭数据连接，就可以通过 Wi-Fi 进行性能分析。读者可单击 Active Profiler 按钮选择安卓设备，如图 15-5 所示。此时该工具将对安卓设备进行资源监控，但会有少许掉帧的情况，如图 15-6 所示。

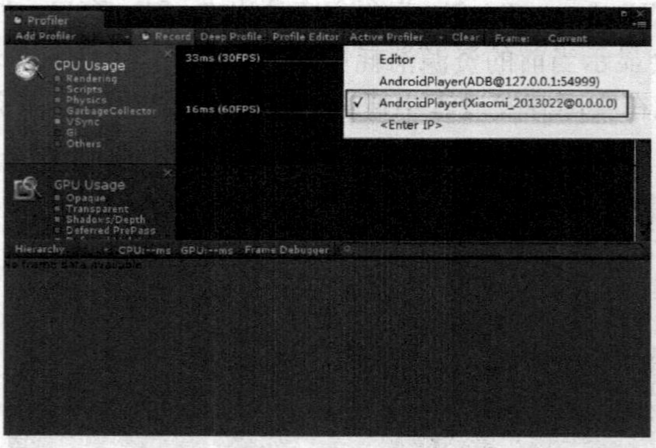

▲图 15-5 选择 Wi-Fi 连接

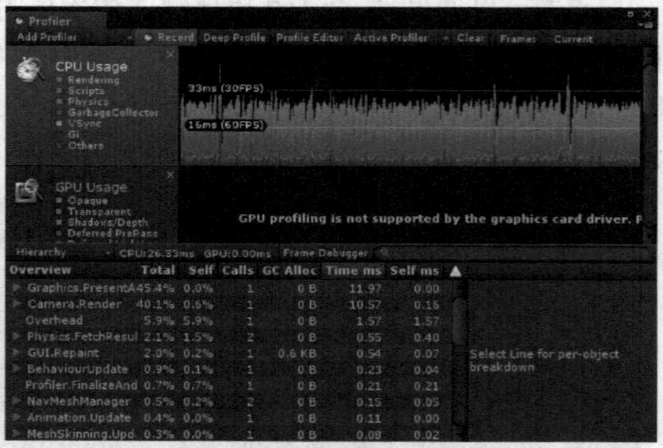

▲图 15-6 资源监控

15.1.2 Profiler 的参数说明

下面将向读者详细介绍 Profiler 工具中各项参数的意义。下面通过一个表格来向读者讲解这些参数，读者在资源分析的过程中可以通过查阅和对照下表，找到程序中影响性能的地方，并针对性地进行修改。该表的详细内容如表 15-1 所示。

表 15-1 Profiler 参数说明

参　数	说　明
Rendering	渲染所消耗的 CPU 资源
Scripts	运行脚本所消耗的 CPU 资源
Physics	使用物理引擎所消耗的 CPU 资源
GarbageCollector	垃圾收集所消耗的 CPU 资源
VSync	垂直同步所消耗的 CPU 资源
Gi	间接光照所消耗的 CPU 资源
Opaque	漫反射渲染所消耗的 GPU 资源
Transparent	透明渲染所消耗的 GPU 资源
Shadows/Depth	阴影/景深所消耗的 GPU 资源
Deferred PrePass	延迟通道中计算光子图所消耗的 GPU 资源
Deferred Lighting	延迟通道中计算光照所消耗的 GPU 资源
PostProcess	后期处理所消耗的 GPU 资源
Draw Calls	渲染单元数
Triangles	渲染三角形数
Vertices	渲染顶点数
Total Allocated	总内存消耗
Texture Memory	纹理所消耗的内存
Mesh Count	网络数量
Material Count	材质数量
Object Count	对象数量
Playing Sources	场景中的音频源总数
Audio Voices	真实使用的音频声音数量
Total Audio CPU	音频所消耗的 CPU 资源
Total Audio Memory	音频所消耗的内存资源
Active Rigibodies	3D 中当前活动的刚体数量
Number of Contacts	3D 中碰撞点总数
Active Bodyies	2D 中活动的对象数量
Sleeping Bodyies	2D 中正处于休眠状态的对象数量
Dynamic Bodyies	2D 中动态状态的对象数量
Kinematic Bodyies	2D 中正运用运动学的对象数量
Discreate Bodies	2D 中销毁的对象数量
Continuous Bodies	2D 中持续性的对象数量
Joints	2D 中关节数量
Contacts	2D 中碰撞点总数

Profiler 显示了当前场景中所有对象所消耗的资源情况，对实际开发起着非常重要的作用，通过该工具的使用，使得开发人员能够通过查看资源消耗分布，来推测程序中的不足之处。这同时也体现出了 Unity 3D 这个引擎的强大之处。

15.2 代码的断点调试

除了对设备资源消耗进行监控，Unity 3D 还提供了一套脚本调试的方案。读者可以通过 MonDevelop 编译器进行调试，也可以通过一款名为“Microsoft Visual Studio Tools for Unity”的插件进行调试，后者需要提前安装 Microsoft Visual Studio 开发环境。

15.2.1　通过 MonoDevelop 调试

接下来向读者详细介绍通过 MonoDevelop 调试的方法。MonoDevelop 是一个适用于 Linux、Mac OS X 和 Microsoft Windows 的开放源代码集成开发环境，Unity 3D 安装的时候可以勾选 MonoDevelop 编译器的安装。通过 MonoDevelop 调试代码的详细步骤如下所示。

（1）打开 MonoDevelop 编译器，依次单击“Tools→Opitions→Unity→Debugger”按钮，在 Editor Location 框中选中 Unity 3D 安装目录下的 Unity.exe 文件，并分别勾选 Launch Unity automatically 和 Build project in MonoDevelop 项，如图 15-7 所示。

（2）在 Unity 3D 中，依次单击“Edit→Preferences→External Tools”进行 Unity 3D 的外部工具配置。读者需点击 External Script Editor 下拉框选择 MonoDevelop (built-in)选项修改脚本默认编辑器，如图 15-8 所示。

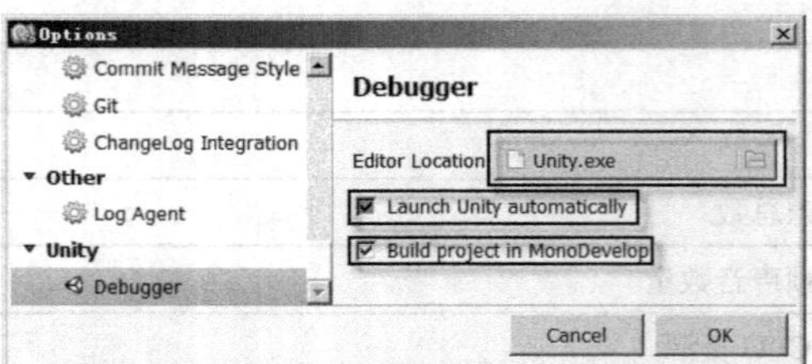

▲图 15-7　设置 MonoDevelop

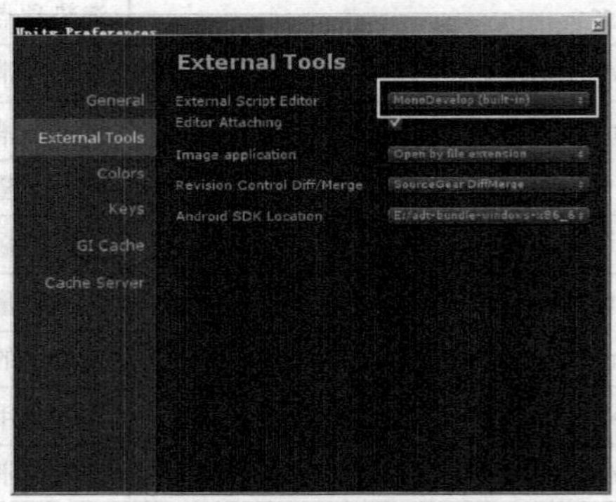

▲图 15-8　设置 Unity

（3）然后在 Unity 3D 资源管理窗口中选择需要调试的脚本，单击鼠标右键选择“Sync MonoDevelop Project”选项，使其与 MonoDevelop 相互连接，如图 15-9 所示。此时系统将自动打开 MonoDevelop 编译器。下面为脚本添加一个断点，如图 15-10 所示，读者只需在代码左侧单击即可添加断点。

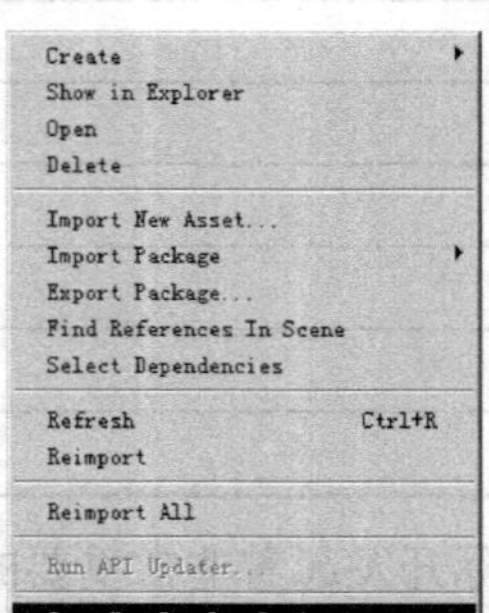

▲图 15-9　与 MonoDevelop 连接

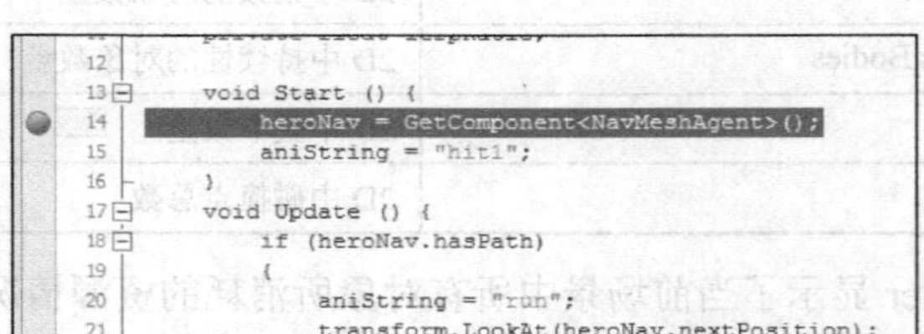

▲图 15-10　添加断点

（4）接下来读者需要单击 MonoDevelop 编译器界面中上方的编译按钮，如图 15-11 所示。此时系统将弹出图 15-12 所示窗口，读者需选择对应的进程，并点击“Attach”进行连接。回到 Unity 3D 后单击运行按钮，再切换到 MonoDevelop 会发现脚本运行到断点位置便暂停了。

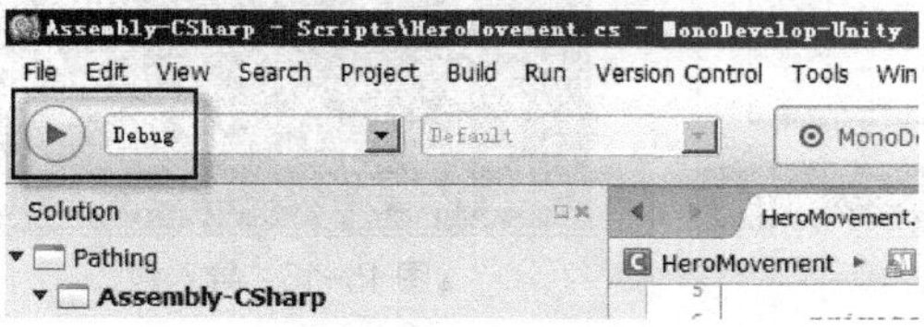

▲图 15-11　编译按钮

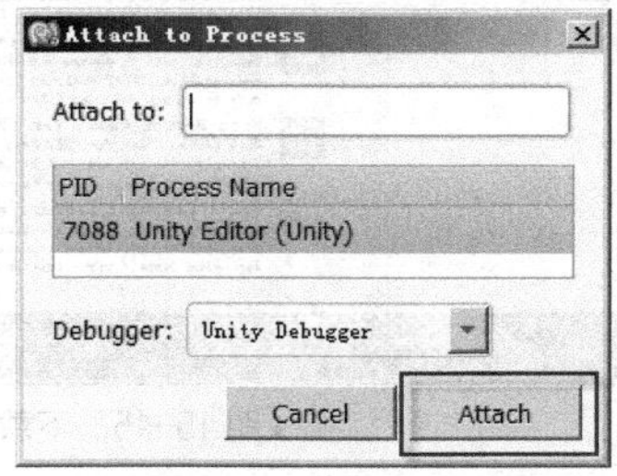

▲图 15-12　提示窗口

（5）观察 MonoDevelop 编译器，可发现在其下方出现图 15-13 所示的窗口，在 Locals 中显示了当前脚本中的各个参数的值，读者在实际开发过程中可根据这些值查找脚本中的错误。

（6）在 MonoDevelop 编译器的上方出现了图 15-14 所示的一排按钮，这几个按钮分别代表了“继续运行直到下一个断点”“逐行运行”“进入指向函数执行”“执行到函数返回处”和“结束调试”。读者可以进行适当的操作进一步找到代码中的错误。

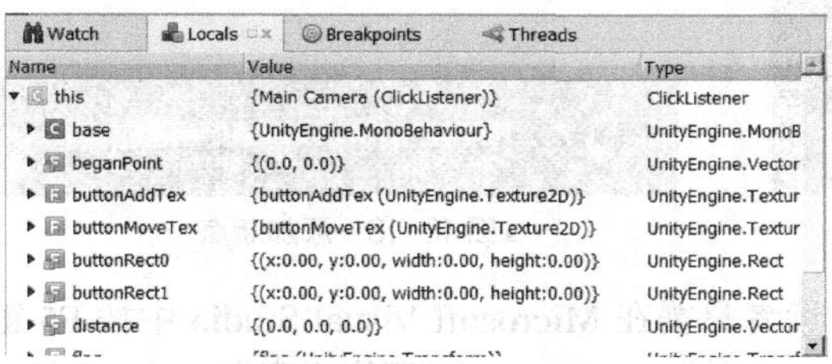

▲图 15-13　Locals 窗口

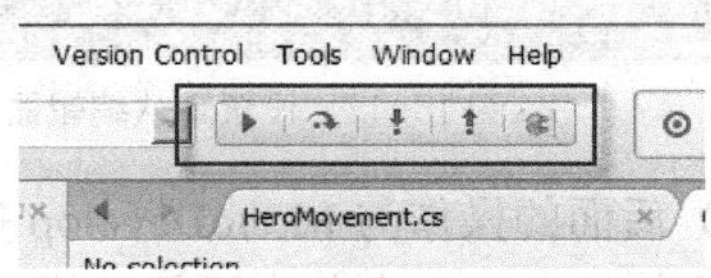

▲图 15-14　控制按钮

15.2.2　Microsoft Visual Studio Tools for Unity 的使用

前面介绍了通过 MonoDevelop 进行代码调试的方法，下面介绍如何通过一款强大的插件来实现。Miscrosoft Visual Studio Tools for Unity 是由微软旗下的 SyntaxTree 公司开发的一款用于在 Miscrosoft Visual Studio 环境下编译脚本的工具，其功能强大且使用简单，但目前只支持 Windows 平台。

（1）笔者使用的是 Visual Studio 2010 版本，其他版本的使用方法与此类似。打开 Microsoft Visual Studio 2010 开发环境，依次单击“工具→扩展管理器→联机库”打开联机库窗口，然后搜索“Unity”关键字找到 Visual Studio 2010 Tools for Unity 插件，下载并安装该插件。如图 15-15 所示。

（2）单击程序列表中的“Visual studio 2010 Tools for Unity package”，将弹出图 15-16 所示的窗口，单击 Import 按钮导入所需的包。

（3）接下来打开 Unity 3D，依次单击“Edit→Preferences→External Tools”进行 Unity 3D 的外部工具配置，读者需点击 External Script Editor 下拉框选择 UnityVS.OpenFile 选项修改脚本默认编辑器。如图 15-17 所示。

（4）此时读者只需在 Unity 3D 资源管理器双击所要调试的脚本，Microsoft Visual Studio 将自动打开，读者同样可为脚本添加断点。如图 15-18 所示。

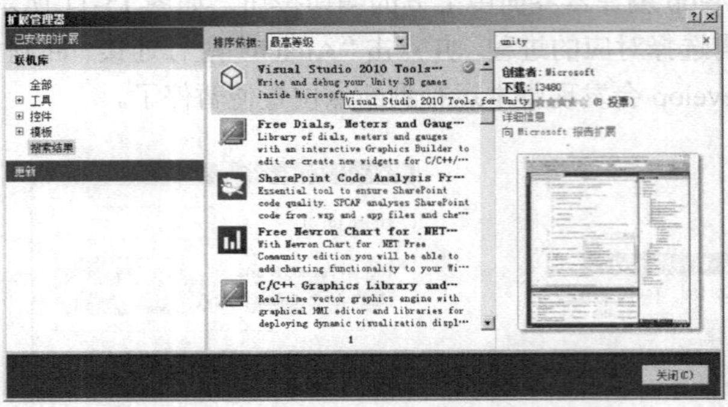

▲图 15-15　下载插件

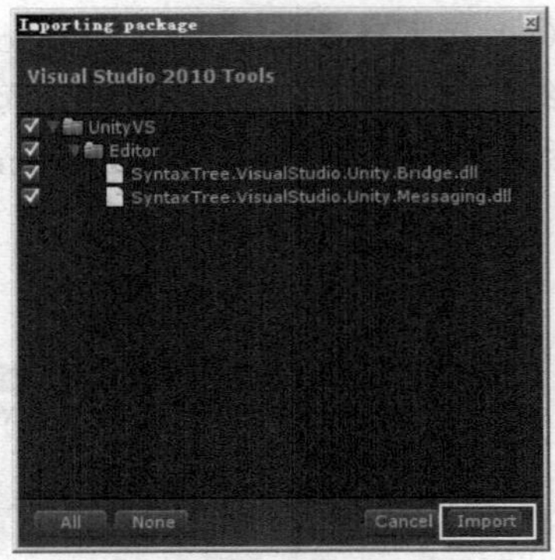

▲图 15-16　导入包

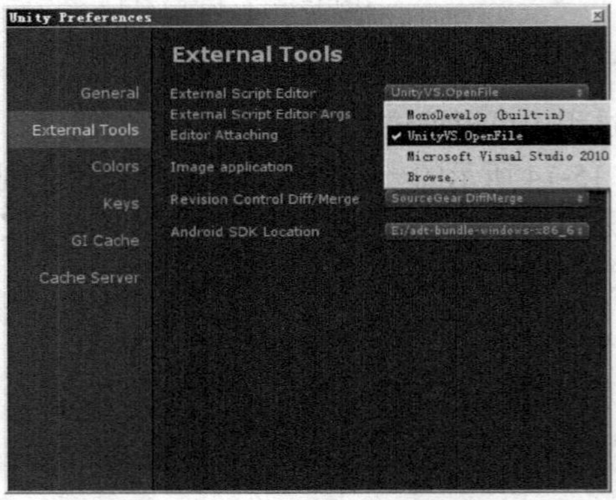

▲图 15-17　设置默认编辑器

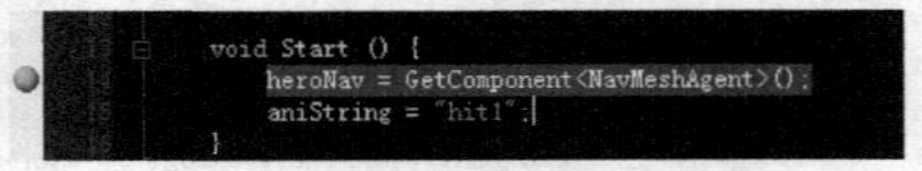

▲图 15-18　添加断点

（5）后面的操作与 MonoDevelop 类似，读者只需在 Microsoft Visual Studio 中按 F5 键进行调试，再回到 Unity 3D 中单击运行按钮，在 Microsoft Visual Studio 下面将出现图 15-19 所示的窗口。其中显示了当前脚本中的各个参数的值，读者在实际开发过程中可根据这些值查找脚本中的错误。

（6）而在 Microsoft Visual Studio 界面的上方也有与 MonoDevelop 类似的按钮，其功能也与 MonoDevelop 中的按钮功能类似，在此不再赘述，如图 15-20 所示。这些功能是由 Microsoft Visual Studio 开发环境直接支持的，对于熟练使用 Microsoft Visual Studio 开发环境的人是很容易上手的。

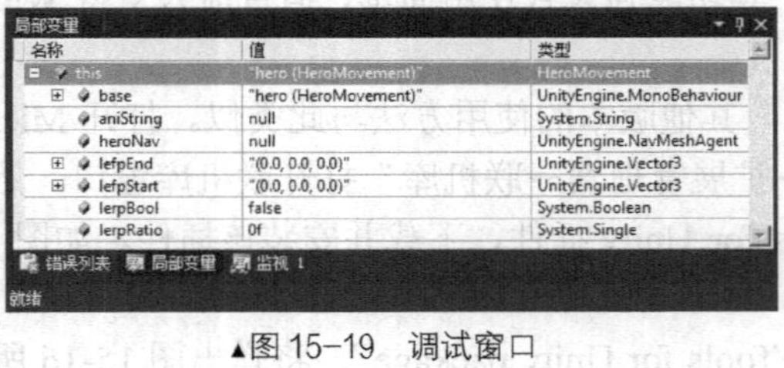

▲图 15-19　调试窗口

▲图 15-20　控制按钮

15.3 优化事项

本节将向读者介绍几个非常实用的优化技巧。通过对本章内容的学习，读者将能够借助 Unity 3D 提供的工具优化其性能，显著地提高游戏的运行速度。

15.3.1 遮挡剔除技术

实际的开发过程中，每个场景往往伴随着大量的对象，其中相当一部分对象是不在摄像机拍摄范围内的，进行这一部分对象的绘制是完全没有必要的。强大的 Unity 3D 引擎提供了非常实用的遮挡剔除技术，使不被拍摄到的点或面不送入渲染管线绘制。下面将详细介绍该技术的使用步骤。

（1）首先创建一个场景，接着依次单击“GameObject→3D Object→Plane”创建一个平面，然后再依次创建 Cube、Sphere、Capsule 等多个对象，并使 Main Camera 对象朝向该平面，然后将这些对象勾选 Static 参数，如图 15-21 所示。然后将平面上的各个对象随机摆放，如图 15-22 所示。

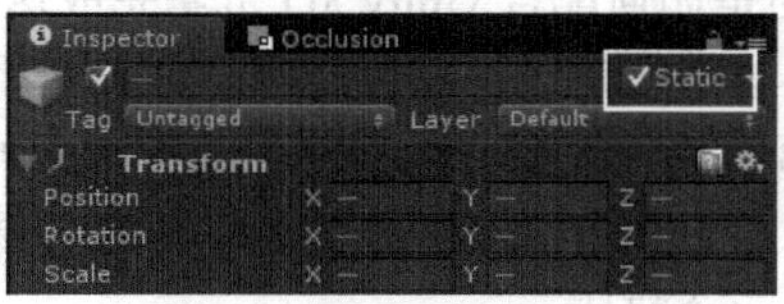

▲图 15-21　勾选 Static

▲图 15-22　摆放场景

（2）依次单击“Window→Occlusion Culling”打开遮挡剔除窗口。单击 Bake，适当地调整该窗口中的 Smallest Occluder 参数（此处笔者设置为 0.1），然后单击 Bake 按钮进行烘焙，如图 15-23 所示。稍等片刻后，场景中就会出现很多线条，如图 15-24 所示。

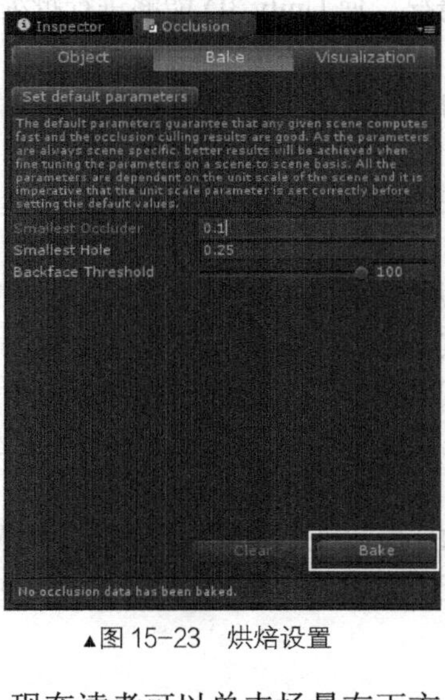

▲图 15-23　烘焙设置

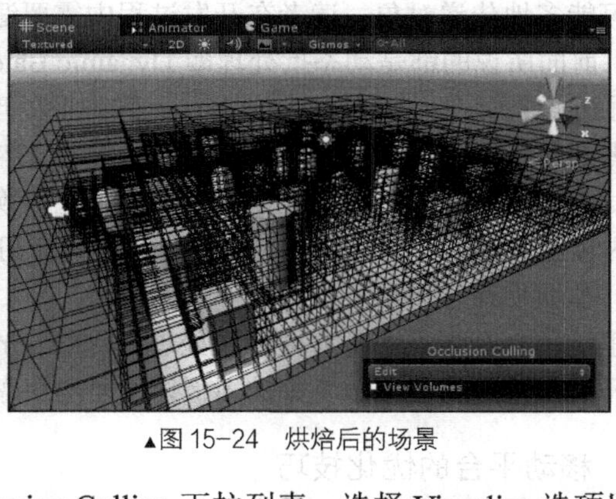

▲图 15-24　烘焙后的场景

（3）现在读者可以单击场景右下方 Occlusion Culling 下拉列表，选择 Visualize 选项以隐藏这些线条，如图 15-25 所示。然后拖动摄像机对象前后移动，便可观察到，当有对象在摄像机视野之外时，该对象则将不被绘制，而只绘制能被拍摄到的对象，如图 15-26 所示。

（4）通过上面简单的场景演示我们发现，通过遮挡剔除技术可以节约相当一部分的绘制资源，从而显著地提升程序的性能。需要注意的是，被剔除的对象虽然不进行绘制，但其他诸如物理引擎、位移旋转放大等计算都是不受影响的，其优化需要读者在开发过程中进行另外处理。

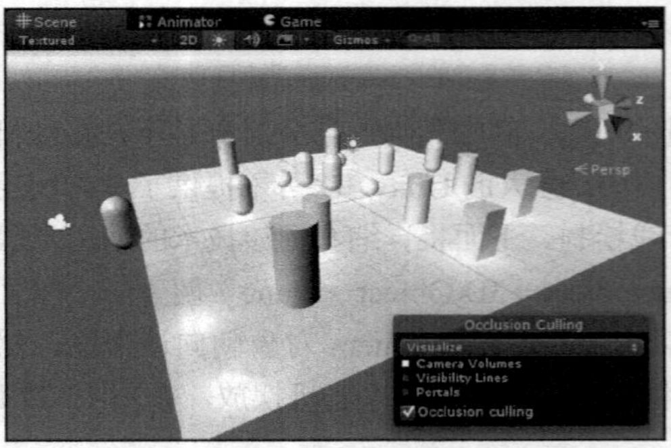

▲图 15-25　隐藏线条

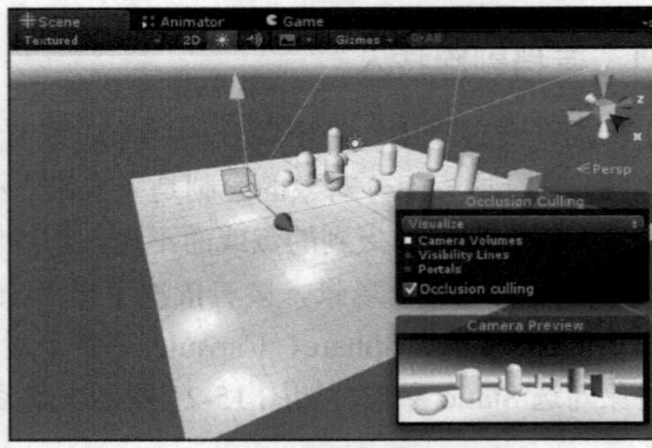

▲图 15-26　剔除效果

15.3.2　批处理技术

这里讲的批处理技术指的是 Unity 3D 内置的 Draw Call Batching 技术，该技术所需的操作由 Unity 3D 自动完成，无需开发人员参与，读者需要了解的是如何配合 Unity 3D 引擎完成这些工作。下面将向读者讲解在开发过程中需要注意的几个事项，这些知识对提高性能有很大的作用。

- 如果多个对象使用了同个一个材质，则 Unity 3D 会一次性地将使用了同一材质的对象的绘制信息传递给 GPU，即进行批处理，这就极大地减少了 CPU 与 CPU 交互所耗费的资源。所以，读者在实际的开发过程中，要尝试着使多个对象共用同一个材质。
- 如果多个对象使用了同一个材质但缩放不统一，同样不能进行批处理操作。因而，读者在场景搭建时，使用同一材质的对象要么完全不进行缩放而只进行模型的处理，要么都或多或少地进行缩放，如此方能使 Unity 3D 进行批处理操作。
- 另外，拥有 Lightmap 的对象由于多出了一个光照烘焙的材质，所以这些对象将不会被进行批处理，读者在实际的开发过程中应该尽量避免这种情况，使 Unity 3D 能够进行批处理操作，提高程序的性能。
- 接受了阴影的对象也是不会被进行批处理操作的。使用了含多个 Pass 着色器的对象与此相似，所以它们也都不会被进行批处理。同时，Unity 3D 向 GPU 传递的信息量是有限的，为了一次性尽可能多地传递对象，读者在开发过程中需要避免使用顶点过多的对象。
- 前面所说的都是动态批处理即 Dynamic Batching，而在进行 iOS 平台的开发时，Unity 3D 还提供了静态批处理，即 Static Batching，静态批处理比动态批处理更节约资源。为实现静态批处理，读者在开发的过程中需要对场景中静止的对象勾选其 Static 参数。
- 值得注意的是，批处理操作是一项用空间换时间的操作，其进行过程中会耗费大量的内存，在内存宝贵的情况下要谨慎使用批处理。读者可以根据以上几个要点阻止 Unity 3D 进行批处理操作，从而使程序不至于因内存不足而崩溃。

这里讲的几个要点都是有关于批处理操作的。Unity 3D 进行批处理时并不需要开发人员参与，读者在开发过程中只需养成良好的习惯，便可与引擎相配合，节约大量的资源。

15.3.3　移动平台的优化技巧

与 PC 平台相比，移动设备的硬件性能普遍比较差，这就迫使移动平台的开发者开发出资源消耗更低的程序。下面主要向读者介绍几个优化要点，读者在实际开发过程中要对这些事项多加注意。

- 实际建模的过程中，要注意控制模型顶点的数量，不要在场景中使用含有大量顶点的模型。在程序的运行过程中，模型的每个顶点都会进行一次计算，随着顶点数的增加，其计算量也随之增加，这对程序的性能有着非常大的影响。

- 代码开发过程中，要避免在 Update 这一类不断调用的方法中使用 GetComponent、Find、FindWithTag 等 API，这些 API 会在场景或资源中搜索对象，其操作会耗费大量的资源。笔者建议在 Start 或 Awake 方法中声明和初始化需要的对象。
- 在进行数学方面的计算时，不要进行过于复杂的数学函数。同时，读者应该多使用资源消耗更少的整数类型计算，而非浮点型的计算。在一些精度要求比较小的地方，可以使用整数类型进行代替，这对节约硬件资源有很大的作用。
- 避免使用 GUILayout。读者应该尝试着通过脚本代替 GUILayout，虽然 GUILayout 可以很方便地实现界面的切换，但其牺牲的是宝贵的内存资源，而巧妙的代码编写完全可以实现其功能。这同时也提醒读者在开发过程中，不要过于依赖 Unity 3D 提供的工具。
- 读者可以依次单击“Edit→Project Settings→Quality”打开画面质量调整窗口，通过调整各个值设置垂直同步等参数，进行资源的合理分配，防止太多的资源被绘制所占用。
- 在 NVIDIA PhysX 中，球形碰撞体、长方体碰撞体及胶囊碰撞体等规则形状的碰撞体利用了其形状的特殊方程公式进行碰撞检测，这就使得其效率比网格碰撞器要高很多，所以读者在开发的过程中，可以用几个规则形状的碰撞器组合代替整个网格碰撞器。
- 协同程序 Coroutines 是 Unity 3D 利用 C#中迭代器机制包装的一个特殊脚本工具，其模仿了线程进行工作。当需要写一些只工作一段时间的代码时，可以使用协同程序完成，协同程序在其任务完成之后便不再占用任何资源。

前面讲的这些都是移动平台开发的优化技巧，读者在进行 Android 或 IOS 平台的开发时，需要对资源消耗多加监控，使开发的程序能够在大部分设备上流畅运行。

15.4 本章小结

本章主要将向读者详细介绍了 Unity 3D 提供的 Profiler 工具，以便读者在以后的开发过程对程序的资源消耗进行监控，同时介绍了 MonoDevelop 调试方法以及 Microsoft Visual Tools for Unity 的使用方法，最后对其他优化技巧进行了简单的介绍。

如今无论是 PC 还是移动设备，其硬件配置都是参差不齐的，想要使程序在尽可能多的设备上流畅运行，保证其兼容性，就需要对程序进行优化，减少其对资源的消耗。希望在以后的开发过程中，读者能养成节约资源的良好习惯，取得事半功倍的效果。

第16章　综合案例——指间足球

随着手持式终端的快速发展和普及，人们逐渐开始在手持设备上寻求乐趣，同时伴随着物理引擎对手持设备的支持，移动终端的游戏场景变得非常生动而逼真，通过移动终端对现实的模拟得以实现。

本章的游戏“指间足球”模拟现实生活中足球比赛中的点球，是一款使用Unity 3D游戏开发引擎制作的、基于Android平台的、可在手机或平板电脑上运行的体育类休闲游戏。接下来，将对该游戏的背景和功能，以及开发流程逐一进行详细的介绍。

16.1 背景以及功能概述

在这一节中，将主要介绍本游戏的背景和功能，让读者对本游戏有一个整体的了解。同时希望通过对本节内容的学习，使读者对本游戏所达到的效果和所实现的功能有一个直观的了解。

16.1.1 游戏背景概述

近年来，体育类游戏开始慢慢流行起来，这类游戏场景大多非常华丽，炫丽的场景效果也吸引了大量的玩家沉浸于此，同时以其丰富的内容和较强的可玩性获得了快速的发展。这类游戏的代表作品主要有《3D迷你高尔夫》《狂热网球》等，如图16-1和图16-2所示。

▲图16-1　《3D迷你高尔夫》

▲图16-2　《狂热网球》

指间足球是使用当前最为流行的Unity 3D游戏开发引擎，结合智能手机的触摸技术打造的一款体育类手机游戏。玩家通过滑动触摸屏进行发球，在限定的时间内发尽量多的球并击中靶心。玩家需要根据靶心人位置、发球的位置对其力道做出适当的调整，十分考验玩家的反应力和判断能力。

16.1.2 游戏功能简介

前面简单地介绍了本游戏的开发背景，本节将对该游戏的主要功能进行简单的介绍。

（1）点击桌面上的游戏图标运行游戏，首先进入的是本游戏的欢迎界面，如图16-3所示。

（2）欢迎界面结束后来到了游戏的主菜单界面，该界面是本游戏的中转站，连通其他所有界面。在该界面中有一系列功能按钮如开始游戏、历史记录、游戏设置、关于、退出等，玩家可以通过点击这些功能按钮进行界面跳转。如图 16-4 所示。

（3）点击历史记录按钮会跳转到历史记录界面，在这里可以看到不同玩家的历史最高记录排名，如图 16-5 所示。点击右下角的返回按钮可以回到主菜单界面。点击游戏设置按钮会跳转到游戏的设置界面，玩家可以更改所使用的用户名，并且在该界面中可以对游戏中声音的音量进行控制，如图 16-6 所示。

（4）点击关于按钮会跳转到游戏的关于界面，在这里可以看到本游戏的游戏名“指间足球”与开发团队的信息，如图 16-7 所示。点击返回按钮回到游戏的主菜单。点击下方的退出按钮会弹出确认退出界面，在这里点击“确定”退出游戏，点击“取消”则继续游戏，如图 16-8 所示。

▲图 16-3　游戏欢迎界面

▲图 16-4　游戏主菜单

▲图 16-5　游戏排行榜

▲图 16-6　游戏设置界面

▲图 16-7　关于游戏

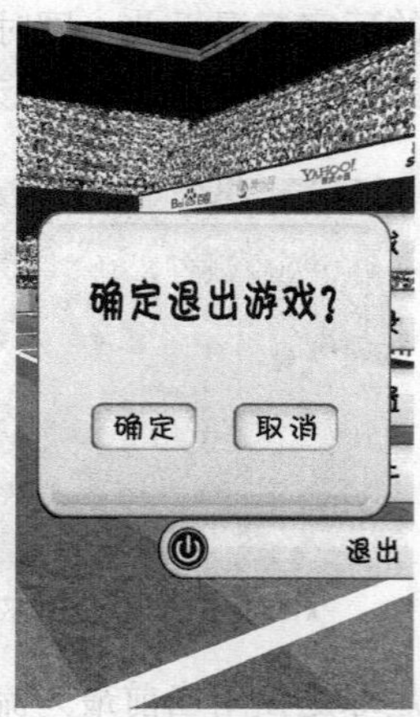

▲图 16-8　游戏退出

（5）点击开始游戏按钮进入游戏界面，首先看到的是场景巡游动画，如图 16-9 所示。点击屏幕上任意一点就会正式进入游戏。在游戏界面中，左上角显示游戏的最高分和当前分数，右上角是游戏的倒计时和暂停按钮，点击暂停按钮就会进入到游戏的暂停界面，如图 16-10 所示。

（6）本游戏是体育类的射门游戏，玩家可以滑动屏幕进行发球射门，守门员会自动守门，当进球的时候会进行加分，而球射中球门并且射中了靶子会有额外加分，玩家也可以弧线滑动屏幕打出弧线球，这样会增加射进门的概率。游戏界面如图 16-11 所示。

▲图 16-9 游戏开场动画

▲图 16-10 游戏暂停界面

▲图 16-11 游戏界面

16.2 游戏的策划及准备工作

16.2.1 游戏的策划

本节将对本游戏的策划进行简单的介绍。通过本节的介绍，读者将对本游戏的基本开发流程和方法有一个基本的了解。在实际的游戏开发过程中，还需更细致、更具体、更全面的策划，该游戏的策划如下所列。

1. 游戏类型

本游戏是使用 Unity 3D 游戏开发引擎作为开发工具，并且以 C#作为开发语言，开发的一款体育类游戏。本游戏大量使用物理引擎，使游戏中的碰撞、射击等效果十分真实，配合绚丽的粒子系统与贴图使得游戏最终效果相当华丽。

2. 运行目标平台

本游戏的运行平台为 Android 2.0 或者更高版本。

3. 目标受众

本游戏规则简单，界面感染力强，采用了手持设备为载体，玩家可以随时随地体验本游戏带来的乐趣。此外，本游戏操作感强，想获得较高的分数有一定难度，适合全年龄段进行游戏，可以在娱乐中锻炼玩家的反应能力、逻辑思维能力等。

4. 操作方式

玩家可以通过点击球后滑动屏幕来发球，系统会自动根据手指滑动的快慢与方向来控制发球力度和发球方向。守门员会自动进行防守，玩家可以发出有难度的“弧线球”来提高进门的概率。玩家的目标是在限定的时间内射进最多的球，提高自己的分数。

5. 呈现技术

本游戏采用 Unity 3D 游戏开发引擎制作，游戏场景具有很强的立体感和逼真的光影效果，以及真实的物理碰撞，同时在绘制方面使用了着色器技术，配合粒子系统和精美的模型，玩家将在游戏中获得绚丽真实的视觉体验。

16.2.2 使用 Unity 开发游戏前的准备工作

前面简单介绍了一下游戏的策划。本节将介绍一些开发前的准备工作，包括图片、声音、模型等资源的选择与制作，其详细步骤如下。

（1）首先介绍的是本游戏中所用到的贴图资源，这些图片用于本游戏项目中用到的模型所需的贴图，这些文件都放在 Assets\PIC 文件夹下。详细情况如表 16-1 所示。

表 16-1 游戏中的贴图资源

图 片 名	大小/KB	像素/（W×H）	用 途
aboutTexture.png	85.3	256×128	关于面板纹理
BallTex.jpg	21.4	256×128	足球模型贴图
disscore.png	19.5	100×100	未得分提示板贴图
flashTexture.png	170.7	256×256	闪光灯纹理
goalBoard.png	600.0	1024×295	靶子纹理
guanggaoban 1.png	64.0	1024×32	广告板纹理贴图 1
guanggaoban 2.png	16.0	1024×32	广告板纹理贴图 2
guanzhong.png	170.7	512×512	观众纹理贴图
guanzhong1.png	256.0	1024×128	观众纹理贴图 1
guanzhong2.png	256.7	1024×128	观众纹理贴图 2
guanzhong3.png	256.7	1024×128	观众纹理贴图 3
guanzhong4.png	341.3	1024×128	观众纹理贴图 4
loadTexture.png	5300.0	1024×1024	游戏加载纹理
net_01.png	500.0	512×512	球网纹理贴图
score.png	19.5	100×100	得分提示板贴图
shen.jpg	341.4	1024×512	足球场地贴图
texture.jpg	700.0	1024×1024	草皮纹理高度图
wuding.jpg	170.7	512×512	屋顶纹理贴图
addOne.png	97.7	500×100	加一提示板纹理贴图
addTwo.png	97.7	500×100	加二提示板纹理贴图
addThree.png	97.7	500×100	加三提示板纹理贴图
goal.png	97.7	500×100	得分提示板纹理贴图
miss.png	97.7	500×100	丢分提示板纹理贴图
saved.png	97.7	500×100	扑中球提示板纹理贴图

（2）接下来介绍的是本游戏所用到的菜单图片资源，笔者将所有按钮图片资源全部放在项目文件 Assets\PIC\MenuTexture 文件夹下。详细情况如表 16-2 所示。

表 16-2 游戏中的菜单纹理资源

图 片 名	大小/KB	像素/（W×H）	用 途
AboutBg.png	1600.0	589×549	关于面板背景图片
BackBlack.png	62.8	110×110	返回按钮黑色纹理图片
BackRed.png	62.8	110×110	返回按钮红色纹理图片
BestScore.png	156.1	300×100	最高分纹理图片
ButtonCacel.png	58.2	150×75	取消按钮纹理图片
ButtonOK.png	58.2	150×75	确定按钮纹理图片
ExitTip.png	1300.0	589×421	提示面板背景图片
FaceScore.png	156.1	300×100	当前提示纹理图片

续表

图　片　名	大小/KB	像素/（W×H）	用　途
GameAboutBlack.png	223.2	435×99	关于按钮黑色纹理图片
GameAboutRed.png	237.0	435×105	关于按钮红色纹理图片
GameExitBlack.png	223.2	1024×128	退出按钮黑色纹理图片
GameExitRed.png	237.0	1024×128	退出按钮红色纹理图片
GameHistoryBlack.png	223.2	1024×128	历史按钮黑色纹理图片
GameHistoryRed.png	237.0	1024×128	历史按钮红色纹理图片
GameOpitionBlack.png	223.2	1024×128	设置按钮黑色纹理图片
GameOpitionRed.png	227.0	1024×128	设置按钮红色纹理图片
Gameover.png	1300.0	500×500	游戏结束纹理图片
GameStartBlack.png	223.2	512×512	开始按钮黑色纹理图片
GameStartRed.png	227.0	1024×128	开始按钮红色纹理图片
HistoryBg.png	1600.0	589×549	历史记录面板背景图片
HistoryTexBg.png	161.0	516×60	历史记录背景图片
LabelBg.png	175.1	359×94	标签背景图片
musicTexture.png	116.9	150×150	音乐拖拉条背景图片
Newscore.png	38.9	150×50	新记录纹理图片
QuitmenuBlack.png	226.8	532×82	返回主菜单按钮黑色纹理图片
QuitmenuRed.png	275.4	547×97	返回主菜单按钮红色纹理图片
ResetBlack.png	235.4	534×85	重设数据按钮黑色纹理图片
ResetRed.png	235.4	534×85	重设数据按钮红色纹理图片
RestartBlack	226.8	532×82	重新开始按钮黑色纹理图片
RestartRed.png	275.4	547×97	重新开始按钮红色纹理图片
NOBlack.png	96.6	207×90	否按钮黑色纹理图片
NORed.png	96.6	207×90	否按钮红色纹理图片
OpitionBg.png	1600.0	590×524	设置面板背景图片
OverLabelBg.png	273.1	525×100	标签底板图片
PauseButton.png	229.4	210×210	暂停按钮纹理图片
PlayerLabelTexture.png	26.0	100×50	玩家标签纹理图片
ResumeBlack.png	226.8	532×82	继续游戏按钮黑色纹理图片
ResumeRed.png	275.4	547×97	继续游戏按钮红色纹理图片
Score.png	38.9	150×50	分数标签纹理图片
ScoreLabelTexture.png	26.0	100×50	得分标签纹理图片
soundTexture.png	116.9	150×150	声音拖拉条背景图片
TipReset.png	1600.0	590×523	重设数据提示面板背景图片
TipTexture.png	122.1	287×61	提示纹理图片
Tittle.png	374.9	500×144	游戏名称纹理图片
YesBlack.png	96.6	207×90	是按钮黑色纹理图片
YesRed.png	96.6	207×90	否按钮红色纹理图片

（3）本游戏中添加了声音，这样使游戏更加真实。其中需要的声音资源全部放在项目目录中的 Assets/ Sound 文件夹下。其详细情况如表 16-3 所示。

表 16-3 声音资源列表

文件名	大小/KB	格式	用途
boomSound.wav	199.2	wav	撞击门框音效
GameBg.wav	9700.0	wav	游戏背景音乐
MenuBg.wav	479.6	wav	菜单背景音乐
Sound.mp3	79.3	mp3	观众喝彩音效

（4）本游戏用的的 3D 模型是通过 3ds Max 生成 FBX 文件，然后导入 Unity 的。而生成的 FBX 文件需要放在项目目录中的 Assets/FBX 文件夹下。其详细情况如表 16-4 所示。

表 16-4 模型文件清单

文件名	大小/KB	格式	用途
player.FBX	726	FBX	守门员站立模型
player@down.FBX	1121	FBX	守门员下蹲模型
player@leftDown.FBX	1197	FBX	守门员左下扑球模型
player@leftUp.FBX	1132	FBX	守门员左上扑球模型
player@leftUpCorner.FBX	994	FBX	守门员左上角扑球模型
player@ready.FBX	1120	FBX	守门员准备模型
player@rightDown.FBX	1133	FBX	守门员右下扑球模型
player@rightUp.FBX	1129	FBX	守门员左上扑球模型
player@rightUpCorner.FBX	997	FBX	守门员右上角扑球模型
ground.FBX	7103	FBX	足球场模型
cewang.FBX	20	FBX	球门侧网模型
CheckBoard.FBX	22	FBX	检测板模型模型
Doorframe.FBX	18	FBX	门框模型
flag.FBX	1548	FBX	旗子模型模型
guanzhongban.FBX	19	FBX	观众板模型
kantai.FBX	908	FBX	看台模型
otherBoard.FBX	18	FBX	检测板模型
qiumen12.FBX	23	FBX	足球场屋顶模型

16.3 游戏的架构

上一节介绍了游戏开发前的策划和准备工作。在本节中，将简单介绍一下游戏的架构，读者通过这一节可以进一步了解游戏的开发思路，对整个开发过程也会更加熟悉。

16.3.1 各个场景的简要介绍

在 Unity 中，场景开发是开发游戏的主要工作。每个场景包含了多个游戏对象，其中某些对象还被附加了特定功能的脚本。本游戏包含了 5 个场景，接下来对这几个场景中重要游戏对象上挂载的脚本进行简要的介绍。

1. 主菜单界面

主菜单界面控制着整个游戏的跳转，玩家可以通过点击主菜单界面上的各个按钮来查看本游戏储存的历史记录、开发团队等信息，同时可以通过点击游戏设置按钮来对游戏的音量和玩家名字进行设置，并在玩家点击开始游戏按钮后运行游戏。

本游戏中的主菜单界面的主要功能均通过著名的Unity 3D插件NGUI进行实现，利用该插件实现的菜单界面有流畅、炫丽、易于开发等特点。主摄像机上挂载了UIListener.cs脚本，该脚本主要用于对NGUI中的按钮点击进行监听，并实时地根据当前的触摸进行相对应的操作。

2. 游戏界面

点击开始游戏按钮后就正式进入了游戏界面。游戏界面中所使用的多数游戏对象都挂载有相应的脚本对应实现相应的功能。下面将对这些重要的游戏对象以及上面所挂载的脚本进行介绍，使读者对本游戏的架构更加清晰。

（1）主摄像机MainCamera用于在屏幕上呈现游戏画面，该游戏对象上挂载了脚本DongHua.cs、Shoot.cs、Logicer.cs、GameUI.cs、UIPauseListener、MoveLight.cs和CameraFollow.cs。

（2）巡游摄像机Camera01用于制作从主菜单界面跳转到游戏界面的巡游动画。该游戏对象上挂载了Animator组件用于制作巡游路线动画，还挂载有辅助脚本CameraAnim.cs，该脚本的功能是实时地修正摄像机的角度并且包含了点击后切换摄像机的代码。

（3）挡板CheckBoard放置于守门员前方，该游戏对象用于计算足球的落点。其上挂载了脚本CheckBoard.cs，该脚本的主要功能是当足球飞行途中穿过该游戏对象时可以取出足球的飞行速度和方向，以此计算落点，并根据落点判断播放什么骨骼动画。

（4）门内游戏对象GoalBoard用于显示球门内的靶子以及射门进球发生的事件。其上挂载了脚本CreatScoreGoal.cs，该脚本在发生碰撞后用于计分。该游戏对象上还挂载了脚本GoalBoard.cs，该脚本用数学计算实现了让靶子在球门内来回飞动并记录下位置。

（5）守门员游戏对象Player上挂载了脚本Player.cs，该脚本用于播放落点判断出的动画，并在动画播放中加事件让守门员移动接球。该游戏对象上还挂载有CreatScorePlayer.cs脚本，用于当球撞到守门员身上时生成未命中的图样。

（6）OtherBoard游戏对象是位于球门外的游戏对象，上面挂载有组件mashCollider，并且取消了MashRenderer组件的勾选使其不进行渲染。其上挂载有游戏脚本CreatScoreOther.cs，该脚本用于实现当足球射到球门外时触发的事件。

16.3.2 游戏架构简介

在上一节中，已经简单介绍了游戏的主要游戏对象和使用到的相关脚本。为加深读者理解，在这一节中将介绍一下游戏的整体架构。本游戏中使用了很多脚本，接下来将按照程序运行的顺序介绍脚本的作用以及游戏的整体框架，具体步骤如下。

（1）点击游戏图标进入游戏后，经过加载首先来到了游戏的主场景，游戏主场景的主摄像机和NGUI中的菜单摄像头同时被激活。主摄像机上的DongHua.cs、Logicer.cs、FlashManager.cs等脚本和NGUI摄像机上的UIListener.cs开始运行。

（2）NGUI上的菜单摄像机把拾取到的画面投射到屏幕上，与主摄像机拾取到的画面相互重叠。玩家通过点击屏幕向NGUI菜单对象发出射线并与之发生碰撞，触发相应的操作。通过这种方法实现对菜单界面的操控。玩家点击相对应按钮可查看并设置游戏的各项信息。

（3）点击开始游戏按钮，进入到游戏开场动画界面，在该界面中使用的摄像机是Camera01，其上挂载的组件 Animator 开始控制摄像机播放路径动画 CameraPath.anim，脚本 CameraAnim.cs 开始工作，监听玩家的触控事件，并让摄像机始终注视守门员游戏对象。

（4）按照屏幕下方提示点击屏幕上任意一点后正式进入游戏界面，摄像机 MainCamera 启动，其上挂载的 DongHua.cs 脚本控制广告板进行纹理偏移，制作滚动广告板的效果。由 NGUI 插件制作的暂停按钮监听在脚本 UIPauseListener.cs 中实现。

（5）在屏幕上点中足球，并向上滑动，系统会根据手指滑动情况通过 Shoot.cs 脚本计算出球的飞行速度和轨迹，并打出漂亮的抛物线。同时 Shoot.cs 脚本还负责当球发出后 3s 后会自动回到游戏的初始状态，等待玩家再次发球。

（6）当球发出后，摄像机 MainCamera 上挂载的脚本 CameraFollow.cs 会被 Shoot.cs 脚本激活，该脚本的作用是控制摄像机做一个跟随的动作，并且使摄像机始终注视着球门，实现镜头跟随动画，提高游戏的 3D 视觉效果。

（7）当球在飞行途中碰撞到位于足球和球门之间的触发器 CheckBoard 时会激活 CheckBoard.cs 脚本，取出足球的速度与方向并根据物理公式计算出球击中球门的落点，根据落点的位置给出守门员要播放骨骼动画的名称。

（8）计算出球的落点后，守门员游戏对象上挂载的脚本 Player.cs 会根据步骤 5 所得到的骨骼动画名称播放相应的动画，并且在动画播放的过程中添加事件，使守门员位移接球。当守门员成功接下球时 CreatScorePlayer.cs 被激活，在守门员身上实例化一个标志板提示未命中。

（9）当球射到球门外会激活 CreatScoreOther.cs 处理碰撞信息。若是球射入球门时会激活脚本 CreatScoreGoal.cs，判断是否撞到靶子，并实例化一个加分预制件，该预制件上挂载了脚本 ScorePlane.cs 控制该预制件随时间进行缩放并销毁。

（10）每次射门不论是否射中，在提示板 TipPlane 上都会有显示。该游戏对象上挂载了脚本 TipPlane.cs，该脚本的主要功能是射中则显示加分分数，射出球门显示“Miss”，被守门员扑中球则显示“SAVED”，并控制其慢慢消失。

（11）在本游戏中背景音乐由脚本 MusicManager.cs 控制。足球射出后带的粒子系统由脚本 BallParticle.cs 控制。手指滑动后在屏幕上留下的轨迹粒子系统由 MoveLight.cs 控制。具体代码较为简单，读者可以自行参考光盘中的脚本文件。

16.4 游戏主场景

前一节详细介绍了游戏的整体架构，在本节中将介绍游戏主场景的搭建和脚本的开发，游戏主场景是本案例最重要的场景，也是游戏的关键场景。本游戏的所有功能都在游戏主场景中实现，读者通过对本节内容的学习，应该能够基本完成游戏的开发和前期的雕琢。

16.4.1 场景搭建

首先进行游戏界面场景的搭建，这里步骤比较烦琐，包括模型的摆放、组件的添加、参数的设置等。通过对本案例场景的开发，读者可以熟练掌握这些知识，同时也会积累一些开发技巧和细节。接下来对游戏场景的搭建进行详细的介绍。

（1）新建项目文件夹。首先在计算机的某个磁盘下新建一个空的文件夹“sp”，笔者的项目文件夹新建在 E:\Unity_Workspace 文件夹下，如图 16-12 所示。需要的图片资源已经放在对应文件夹下，读者可参看 16.2.2 节的相关内容。

（2）新建工程。双击桌面的 Unity 快捷方式打开 Unity，选择“Create New Project”，然后单击“Browse...”按钮选择刚刚新建的 sp 空文件夹，最后单击 Create 按钮，如图 16-13 所示。本游戏开发的代码和所需的资源都将放在该文件夹里面。

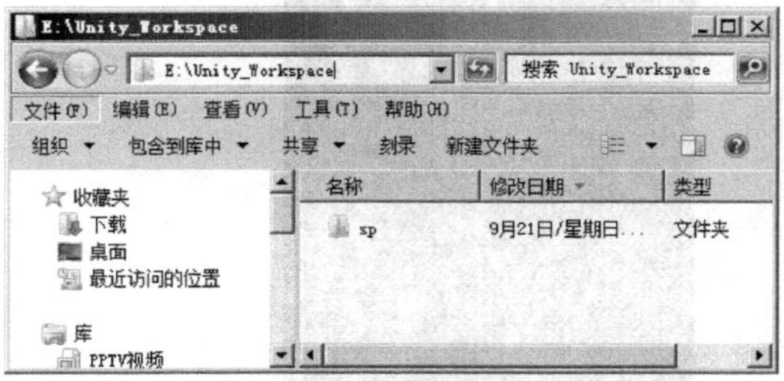

▲图 16-12 项目目录

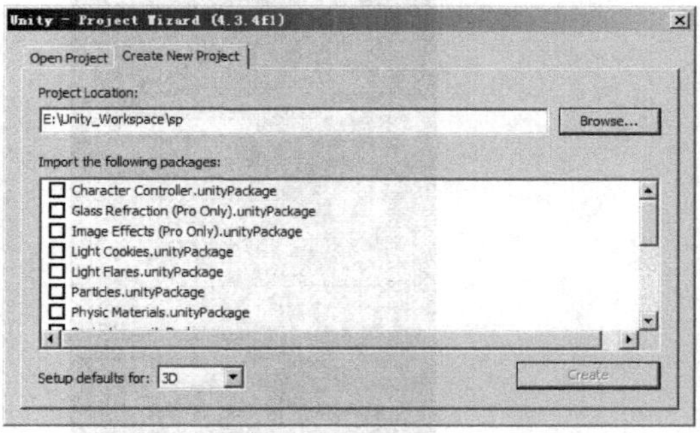

▲图 16-13 新建项目

（3）导入资源。将本游戏所要用到的资源分类整理好，然后将分类好的资源都复制到项目文件夹下的 Assets 文件夹下。然后转到 Unity 界面，依次单击“File→Save Scene”保存场景，取名为“text.unity”，如图 16-14 所示。后续的开发将基于该场景完成。

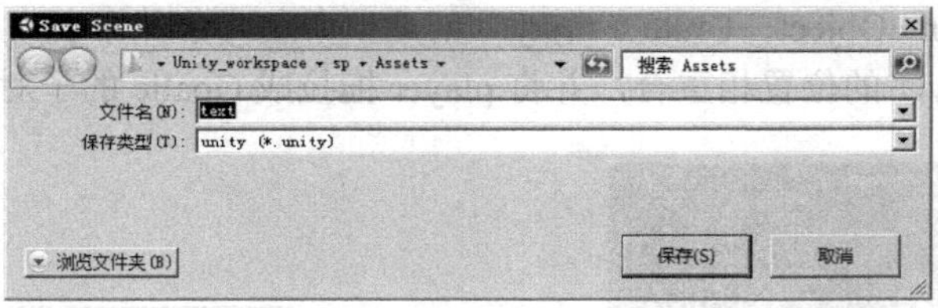

▲图 16-14 项目场景

说明 本游戏中所有的资源文件都已经整理好了，放在第 16 章/资源包文件夹下。读者可自行将该文件夹下的所有文件夹均复制到项目文件夹下的 Assets 文件夹下。

（4）下面创建足球场和看台。将模型 ground.fbx 拖拉到场景中，调整大小和位置后赋予其纹理图 shen.jpg 和 texture.jpg，将其勾选为静态（Static）的。将模型 kantai.fbx 拖拉到场景中，调整大小和位置，并将其勾选为静态（Static）的。

（5）然后创建足球场的屋顶。将模型 qiumen12.fbx 拖拉到场景中，调整其大小，并将其放在看台的正上方，使其刚好能够盖住看台。然后赋予该对象名为“wuding.jpg”的纹理贴图。

（6）创建看台上的观众。将模型 guanzhongban.fbx 拖拉到场景中，并调整大小后放在看台上的适当位置后赋予其纹理图 guanzhong.png。复制并粘贴刚刚创建的观众板，调整其位置使其能放满整个看台，并随机赋予其观众纹理贴图使其看起来更为自然。

（7）接下来创建广告板，按步骤“GameObject→Create Other→Plane”创建一个面板，并重命名为“guanggaoban0”，调整大小后赋予其纹理图 guanggaoban1.png。根据这种方式依次构造出 guanggaoban1、guanggaoban2 和 guanggaoban3 并调整至合适的位置。

（8）主摄像机的设置。调整主摄像机 Main Camera 的位置和角度，使其刚好面向球门且能看清球门。然后调整其 Camera 组件下的参数，如图 16-15 所示。

（9）摄像机中的音频设置。选中 Main Camera1 对象，按步骤“Component→Audio→Audio Listener”为其添加音频监听器。按步骤“Component→Audio→Audio Source”为其添加音频资源，以便背景音乐的播放。调整这两个组件的参数，如图 16-16 所示。

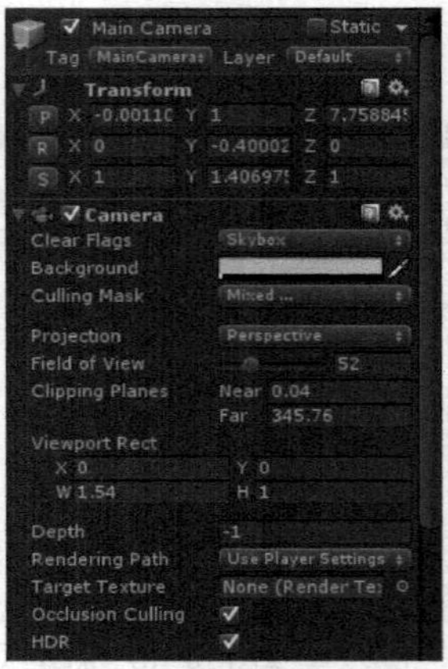

▲图 16-15　摄像机参数

▲图 16-16　音频组件参数

（10）接下来创建游戏中的守门员。将模型 player.fbx 拖拉到游戏场景中，调整其大小和位置，使其位于球门前方并面向场地中央。为其添加刚体组件和 Animation 组件，将守门员所需的骨骼动画拖拉到 Animation 的 Animations 框下，如图 16-17 所示。

（11）按步骤“GameObject→Crate Empty”创建一个空对象并命名为“Goalie”。调整 Goalie 对象的位置使其与 player 的位置相重合，并将 player 拖拉成 Goalie 的子对象，如图 16-18 所示。

▲图 16-17　动画参数设置

▲图 16-18　守门员对象目录

（12）为守门员添加标签。选中 Goalie 对象，单击右边面板的 Tag 按钮，单击弹出的下拉列表中的“Add Tag...”，如图 16-19 所示。添加一个 Player 的标签后，选中 Goalie 对象，单击 Tag 按钮，选中 Player 标签将其赋予给该对象，如图 16-20 所示。

▲图 16-19　新建标签

▲图 16-20　设置标签

（13）足球的创建。按步骤“GameObject→Create Other→Sphere”创建一个球体，并重命名为

“SoccerBall”。将纹理图片 BallTex.jpg 拖曳给 SoccerBall 对象。依次单击“Component→Physics→Sphere Collider”为其添加碰撞器，如图 16-21 所示。

（14）为足球添加标签。选中 SoccerBall 对象，单击右边面板的 Tag 按钮，单击弹出的下拉列表中的“Add Tag...”。添加一个 Ball 的标签后，选中 SoccerBall 对象，单击 Tag 按钮，选中 ball 标签将其赋予给该对象，如图 16-22 所示。

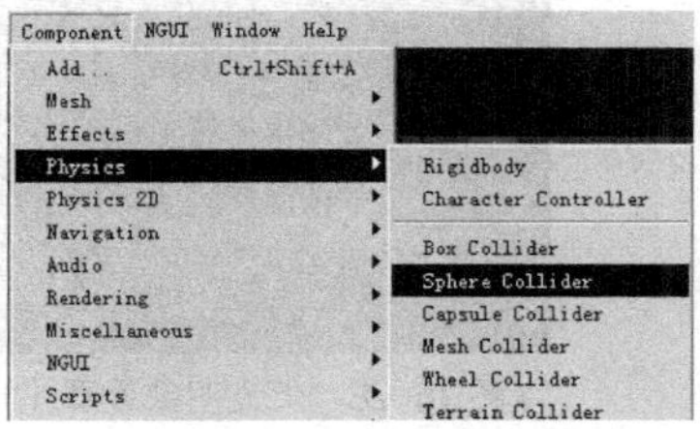

▲图 16-21 新建碰撞器

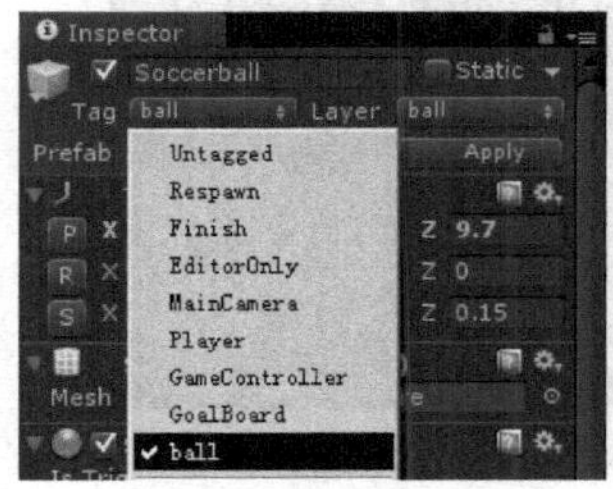

▲图 16-22 设置标签

（15）为足球对象添加阴影。按步骤“Assets→Import Package→Projectors”导入资源包，如图 16-23 所示。在 Assets\Standard Assets\Projectors 目录下选中 Blob Shadow Projector.prefab，将其拖到 Soccerball 对象下挂为其子对象。调整其位置和大小及各项参数，如图 16-24 所示。

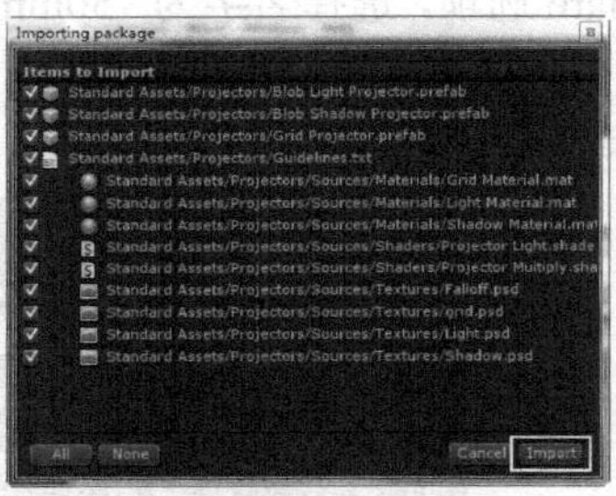

▲图 16-23 导入资源包

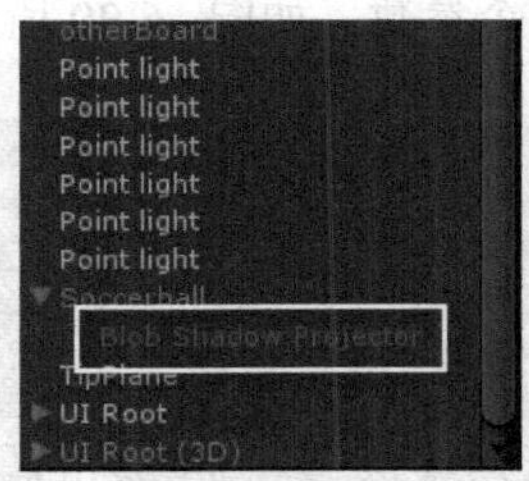

▲图 16-24 项目足球对象目录

（16）接下来为球门添加球门挡板。按步骤“GameObject→Create Other→Cube”新建一个长方体，并命名为“GoalBoard”。调整其大小和位置，使其刚好嵌入到球门里面。依次单击“Component→Physics→Box Collider”为其添加碰撞器，并勾选 Is Trigger 参数，如图 16-25 所示。

（17）球门挡板的设置。选中 GoalBoard 对象，将纹理图片 goalBoard 拖曳给该长方体，并将其着色器选项修改为“Transparent/Bumped Diffuse”，使其变成半透明状态。如图 16-26 所示。

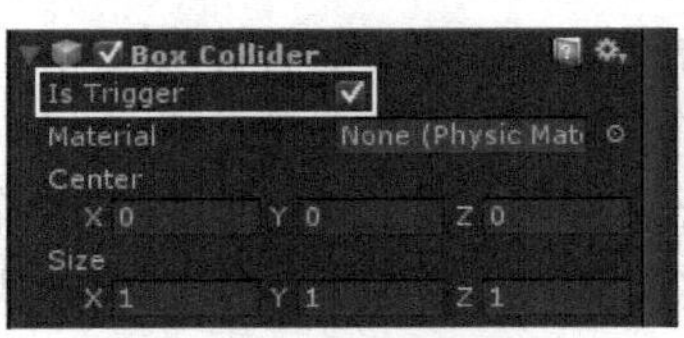

▲图 16-25 碰撞器设置

▲图 16-26 着色器设置

（18）接下来为球门添加球门挡板。按步骤“GameObject→Create Other→Plane”新建一个面板，并命名为“TipPlane”。调整其大小和位置，使其刚好位于球门上方。将其着色器选项修改为“Transparent/Bumped Diffuse”，使其变成半透明状态。

（19）将模型 CheckBoard.fbx 和 otherBoard.fbx 分别拖曳进场景里，并分别命名为“CheckBoard”和“OtherBoard”，调整合适的位置和大小。分别为这两个对象添加网格碰撞体 Mesh Collider，并勾选其 Is Trigger 参数。分别取消这两个对象上的 Mesh Renderer 组件的勾选，如图 16-27 所示。

（20）为场景添加方向光照。按步骤“GameObject→Create Other→Directional light”为场景添加一个方向光照。调整其位置和朝向，并设置其参数，如图 16-28 所示。

▲图 16-27　碰撞器设置

▲图 16-28　灯光对象设置（1）

（21）为场景添加点光源。按步骤“GameObject→Create Other→Point light”为场景添加一个点光源，调整其朝向和位置，将其放在屋顶上的照明灯模型上，并使位于球门前方的摄像机能基本看到该点光源。重复以上步骤再创建 3 个点光源，如图 16-29 所示。

（22）为点光源添加光晕。按步骤“Assets→Import Package→Light Flares”导入资源包。分别选中刚刚创建的 4 个点光源，单击 Light 组件下的 Flare 选项，选择名字为“50mm Zoom”的光晕，并详细设置其各个参数。如图 16-30 所示。

▲图 16-29　灯光对象设置（2）

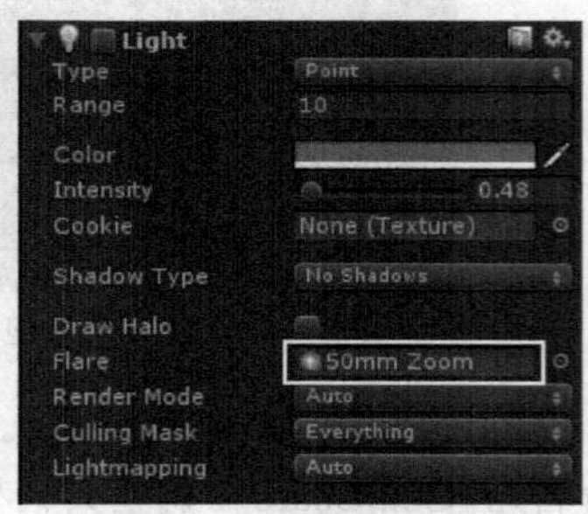

▲图 16-30　灯光对象设置（3）

16.4.2　主摄像机设置及脚本开发

前面介绍了游戏主场景的搭建过程，在本节中将要介绍游戏场景主要游戏对象上挂载的脚本开发过程。首先介绍游戏主场景中的主摄像机相关脚本的开发与设置。具体步骤如下。

（1）按步骤在资源列表中单击鼠标右键，从弹出菜单中选择“Create→C#Script”，创建一个 C#脚本并重命名为“DongHua.cs”，然后将其拖曳到 Main Camera 对象上。该脚本的作用是控制位于观众台下方的广告板随时间不断地进行纹理偏移，实现滚动广告板的效果。脚本代码如下。

代码位置：见随书光盘中源代码/第 16 章目录下的 SP/Assets/script/DongHua.cs。

```
using UnityEngine;
using System.Collections;
public class DongHua : MonoBehaviour {
  public GameObject guanggaoban1;                          //1 号广告板
  public GameObject guanggaoban2;                          //2 号广告板
  public int materialIndex = 0;                            //材质索引
  public Vector2 uvAnimationRate = new Vector2(1,0);       //纹理偏移方向
  public string textureName = "_MainTex";                  //贴图属性
  Vector2 uvOffset = Vector2.zero;                         //纹理偏移量
```

```
10   void Update(){
11    uvOffset += (uvAnimationRate * 0.01f * Time.deltaTime); //纹理偏移后的坐标
12     if (guanggaoban1.renderer.enabled){
13      guanggaoban1.renderer.materials[materialIndex].SetTextureOffset(textureName,
        uvOffset);
14         //设置广告板 1 偏移后的纹理坐标
15     }
16     if (guanggaoban2.renderer.enabled){
17      guanggaoban2.renderer.materials[materialIndex].SetTextureOffset(textureName,
        uvOffset);
18       //设置广告板 2 偏移后的坐标
19   }}}
```

- 第 1-9 行的主要功能为变量的声明。在这里声明了两个广告板的游戏对象方便对其纹理进行操作，同时还声明了材质的索引、贴图的属性这两个进行纹理偏移所必须的两个参数，uvAnimationRate 变量确定了纹理偏移的方向，uvOffset 为当前的偏移量。
- 第 10-19 行为 Update 方法，该方法每帧调用一次，在这里的主要功能是实时地改变纹理的偏移坐标，达到所希望的效果。其中，第 11 行根据确定的偏移方向修改偏移量，第 12-19 行分别将偏移后的纹理坐标设置给两个广告牌。

（2）下面介绍 MainCamera 上的脚本 Shoot.cs，创建方法请读者参考步骤 1，在这里不再赘述。该脚本的主要功能为根据玩家的触摸信息计算出给球的速度以及速度方向，同时还包括了射门后自动重置场景的代码。脚本代码如下。

代码位置：见随书光盘中源代码/第 16 章目录下的 SP/Assets/script/Shoot.cs。

```
using UnityEngine;
using System.Collections;
public class Shoot : MonoBehaviour {
  private float starX=0;                                        //触摸起始 X 坐标
  private float starY=0;                                        //触摸起始 Y 坐标
  private float moveX;                                          //移动距离
  public  int touchtimes = 0;                                   //触摸次数标志位
  public GameObject soccerball;                                 //足球游戏对象
  public GameObject MyCamera;                                   //摄像机游戏对象
  public GameObject ballParticle;                               //足球后粒子预制件
  private GameObject particle;                                  //足球后粒子系统游戏对象
  private float resettime = 0;                                  //重置时间
  private bool resetflag = false;                               //重置标志位
  public GameObject goalie;                                     //守门员游戏对象
  public GameObject goaliePrefab;                               //守门员游戏预制件
  public GameObject soccerPrefab;                               //足球游戏预制件
  private Vector2 ballpos;                                      //足球位置
  private Vector2 touchpos;                                     //触摸位置
  private Vector2 beginpos;                                     //手指落下的位置
  private Vector2 shootpos;                                     //开始射门的位置
  private bool shootflag = false;                //满足要求开始计算射门角度力度标志位
  private float touchtime;                                      //记录手指操控时间
  private float D = Mathf.Pow(Screen.height / 10, 2);           //滑动的距离阈值
  private bool jishi = false;                                   //记录手指操控时间的标志物
  public GameObject cube;                                       //用于判断落点位置
  private float touchDx;                                        //手指离球位置的最远位移
  private bool huahu;                                           //画弧标志位
  private float curveForce;                                     //当前力
  private bool posflag;                                         //记录手指位置,只记录一次标志物
  void Start () {
    starX = 0;                                                  //初始化开始 X 坐标
    starY = 0;                                                  //初始化开始 Y 坐标
    resetflag = false;                                          //初始化重新开始标志位
    touchtime = 0;                                              //初始化触摸时间
   ballpos=new Vector2(camera.WorldToViewportPoint(soccerball.transform.position). x*Screen.width,
       camera.WorldToViewportPoint(soccerball.transform.position).y*Screen.height);
       //球在屏幕的位置
    shootflag = false;                                          //初始化发射标志位
```

```
    Staticer.animationString = null;                               //初始化骨骼动画名
    BoxCollider b = goalie.GetComponentInChildren<BoxCollider>();//获取守门员的碰撞器
    b.size = new Vector3(0.2f, 0.1f, 0.1f);                        //初始化碰撞器大小
    touchtimes = 0;                                                //初始化触摸次数
    jishi = false;                                                 //计时标志位
    touchDx = 0;                                                   //手指的 X 位移
    huahu = false ;                                                //是否画的弧线标志位
    curveForce = 0;                                                //当前力
    posflag = false;                                               //位置标志位
    CameraFollow cf = (CameraFollow)GetComponent("CameraFollow");//摄像机跟随脚本
    cf.enabled = false;                                            //关闭 CameraFollow 脚本
  }
  void Update(){
  //...这里省略对 Update 方法的重写，下面将详细介绍
  }}
```

说明 这段代码是 Shoot.cs 脚本中的变量声明以及对 Start 方法的重写。在变量声明的地方声明的变量部分将用来记录下触摸信息，以及足球、守门员、粒子系统等游戏对象的预制件，在本脚本中的 Start 函数的功能是对声明的变量进行初始化。

（3）上面介绍了 Shoot.cs 脚本中的变量声明与 Start 函数，下面将介绍该脚本中 Update 方法中的关于触摸的的代码，这段代码包括了触摸过程中各个相位时执行的代码。具体代码如下。

代码位置：见随书光盘中源代码/第 16 章目录下的 SP/Assets/script/Shoot.cs。

```
foreach (Touch t in Input.touches){                                //遍历触控点
  touchpos = t.position;                                           //记录触控位置
  if (t.phase == TouchPhase.Began){                                //触摸相位为开始触摸
    touchtime = 0;                                                 //重置触摸时间
    if (Mathf.Pow(touchpos.x - ballpos.x, 2) + Mathf.Pow(touchpos.y - ballpos.y,
    2)>60000){//没有摸到球
      shootflag = false;                                           //初始化发球标志位
    }
    else{
      beginpos = touchpos;                                         //记录手指起始位置
      shootflag = true;                                            //将发球标志位设置为真
      jishi = true;                                                //开启计时标志位
  }}
  if (t.phase == TouchPhase.Moved){                                //触摸中
    if (shootflag){                                                //可以射门
      if (jishi){                                                  //如果可以开始计时
        touchtime += Time.deltaTime;                               //计时
      }
      float L = Mathf.Pow(t.position.x - beginpos.x, 2) + Mathf.Pow(t.position.y -
      beginpos.y, 2);//滑动距离
      if(L>D){                                      //滑动距离大于屏幕高度的四分之一
        jishi = false;                                             //停止计时
        float V = D / touchtime;                                   //在路程为 D 时的滑动速度
        if (V > 100000){                                           //滑动速度大于阈值
          shootflag = true;                                        //设置发球标志位为真
          float dX = t.position.x - beginpos.x;                    //得到 X 滑动分量
          float dY = t.position.y - beginpos.y;                    //得到 Y 滑动分量
          float T = 14 / Mathf.Clamp((V - 100000) / 100000 + 13, 15, 17);//球飞行时间
        Vector2 endpoint = endPoint(dX, dY);                       //获取落点
          float Vx = Mathf.Clamp((endpoint.x - Staticer.ballPos2.x) / T,-3,3);
          //计算 3 个方向的分速度
          float Vy = Mathf.Clamp((endpoint.y - Staticer.ballPos2.y + 1 / 2 * 9.8f * T
* T) / T+2.5f,4f,6f);
          float Vz = Mathf.Clamp((V - 100000) / 100000 + 13,15,17);
          if(Vx>2.5f||Vy<5f){                                      //修正射门高度
            if(Random.Range(0,10)<9){                              //取 90%的概率
              Vy = Random.Range(4.5f, 5.5f);                       //修正射门的 Y 方向速度
          }}
```

```
35     soccerball.rigidbody.velocity = MyCamera.transform
36       .TransformDirection(new Vector3(Vx, Vy, Vz));//发球
37     shootflag = false;                               //射完球后关闭射门标志位
38     resetflag = true;                                      //开启重置标志位
39     CameraFollow cf = (CameraFollow)GetComponent("CameraFollow");//获取摄像机跟随脚本
40     cf.enabled = true;                                     //开启摄像机跟随脚本
41     BallParticle.ball = soccerball;          //给粒子系统脚本中的球对象赋值
42     particle = Instantiate(ballParticle, soccerball.transform.position,
43       .position, soccerball.transform.rotation) as GameObject;  //让粒子系统跟着球
44     }
45     if (resetflag){                                        //球已经发射
46      if (!posflag){                          //限制记录手指射出时位置的标志位只记录一次
47       moveX = t.position.x;                                //只记录一次手指位置
48       posflag = true;
49      }
50      Vector2 movepos = t.position;                          //记录手指当前位置
51      touchDx = Mathf.Max(Mathf.Abs(movepos.x - beginpos.x), touchDx);
        //记录下最远位移的绝对值
52      if (Mathf.Abs(movepos.x - beginpos.x) < touchDx-10){       //开始画弧（10 是阈值）
53       huahu = true;                                      //将划弧标志位改为真
54       if (moveX!=0&&moveX> beginpos.x) {                   //向右划
55        curveForce = Mathf.Max(-5, (movepos.x - beginpos.x - touchDx)/60);//使球画弧的力
56       }
57      else{                                                  //向左滑
58        curveForce = Mathf.Min(5, (movepos.x - beginpos.x + touchDx)/60); //使球画弧的力
60  }}}}
```

❑ 第 1-12 行的主要功能为遍历所有触控点的信息并将触摸位置记录在变量 touchpos 中，若是触控相位是开始触摸阶段就将世界坐标转换为屏幕坐标，根据触摸位置判断手指是否点到球的周围，若点到球就记录下手指触摸的位置，将开始射门标志位改为真。

❑ 第 13-21 行的主要功能是在触摸相位为触摸中时若是可以射门就开始计时，当在限定的时间内滑动距离大于屏幕高度的四分之一时达到发球一级标准，这时关闭计时器，计算出滑动速度；若是滑动速度大于阈值则达到发球二级标准，可以正式计算发球速度。

❑ 第 22-27 行的主要功能为计算发球速度。首先开启发球标志位，之后记录下手指滑动距离的 X 和 Y 轴的分量，根据手指滑动的速度计算足球的 Z 轴速度并算出足球从开始到落入球门的时间，调用方法 endpoint()，就会算出球在球门内的的落点。

❑ 第 28-34 行的主要功能是根据计算出的落点通过牛顿运动学公式反推出球的起飞速度，若是足球的 X 方向速度大于 2.5 或者 Y 方向速度小于 5 就需要人工调整 Y 方向的速度防止每次都打出“滚地球”。在这里使用的方法是若满足上述条件 90%概率随机修改 Y 方向速度，10%概率不改变。

❑ 第 35-43 行的主要功能是将计算出的 V_x，V_y，V_z 速度赋给足球，使足球射出。球射出后关闭射门标志位，开启重置标志位，开启摄像机跟随脚本，并使粒子系统跟随球飞行。

❑ 第 44-58 行代码功能为当足球已经射出时记录下手指的位置，实时计算当前手指位置和触控起始位置 X 的偏移量，若是距离从变大到开始变小，则说明玩家在划弧线，根据画弧的弧度可以计算出给予足球 X 方向的力。这样就可以打出弧线球了。

（4）上面介绍了 Shoot.cs 脚本中关于处理触摸信息的代码，下面介绍该脚本中关于每次发球后重置场景以及根据滑动判断落点位置的方法 endpoint()。具体代码如下。

代码位置：见随书光盘中源代码/第 16 章目录下的 SP/Assets/script/Shoot.cs。

```
if(huahu) {                                                   //打弧线球
  soccerball.rigidbody.AddForce(new Vector3(curveForce,0,0),ForceMode.Force);
  //给飞行中的球加力
}
```

```
4  if(resetflag) {                                        //射门结束后
5   resettime += Time.deltaTime;                          //开始计时
6   if (resettime >= 2) {                                 //等待 2s 重置
7    Staticer.animationString = null;                     //将动画名重置
8    resettime = 0;                                       //重设标志位
9    resetflag = false;                                   //初始化重新开始标志位
10    Destroy(goalie);                                    //删除守门员游戏对象
11    Destroy(GameObject.FindWithTag("ball"));            //删除球
12    Destroy(particle);                                  //删除粒子系统
13    switch ((int)Random.Range(0,3)/ 1) {                //随机摆放摄像机
14     case 0:
15       MyCamera.transform.position = Staticer.cameraPos1;         //摄像机位置
16       MyCamera.transform.rotation = Quaternion.Euler(Staticer.cameraRot1);//摄像机朝向
17       soccerball= (GameObject)Instantiate(soccerPrefab, Staticer.ballPos1,
18        Quaternion.identity);//实例化球
19       break;
20     case 1:
21       MyCamera.transform.position = Staticer.cameraPos2;         //摄像机位置
22       MyCamera.transform.rotation = Quaternion.Euler(Staticer.cameraRot2);
                                                          //摄像机方向
23       soccerball= (GameObject)Instantiate(soccerPrefab, Staticer.ballPos2,
       Quaternion.identity);//实例化球
24       break;
25     case 2:
26       MyCamera.transform.position = Staticer.cameraPos3;         //摄像机位置
27       MyCamera.transform.rotation = Quaternion.Euler(Staticer.cameraRot3);
                                                          //摄像机方向
28       soccerball= (GameObject)Instantiate(soccerPrefab, Staticer.ballPos3,
29        Quaternion.identity);//实例化球
30       break;
31     default:
32       break;
33    }
34    goalie=(GameObject)Instantiate(goaliePrefab, Staticer.playerpos, Quaternion.identity);
      //实例化守门员
35    Staticer.STATUS = Staticer.NORMAL;                  //设置游戏状态
36    Staticer.endPoint = Staticer.playerpos;             //重置守门员坐标
37    Start();                                            //重新自动发球
38  }}}
```

- 第 1-3 行的主要功能是若判断出玩家的手指轨迹是弧线并且计算出添加在足球上 X 方向的力 curveForce，就为足球足球添加一个仅在 X 方向上有数值的力，并且力的模式 ForceMode 为持续力 Force，这种模式的力每帧都会加载指定刚体上。
- 第 4-12 行的主要功能是当玩家已经发球时 resetflag 标志位为真，就开始令计时器 resettime 计时，2s 后开始重置场景。首先删除掉当前游戏场景中的守门员游戏对象、粒子系统，并通过游戏对象查找方法找到足球游戏对象将其删除。
- 第 13-31 行的主要功能是随机产生摄像机位置标志位，使摄像机在预定的 3 个位置间随机出现，确定摄像机出现的位置后会使用静态类 Staticer 中记录下的摄像机位置和姿态设置摄像机，然后再实例化足球，将足球放置在摄像机前方。
- 第 32-38 行的主要功能是实例化守门员，并将实例化后的游戏对象指定给预先声明的变量 goalie 以便下面调用，重置游戏状态为 NORMAL，并设置守门员当前的坐标为初始坐标，最后再手动调用 Start()方法重置本脚本中使用到的标志位。

（5）上面介绍了控制射门的 Shoot.cs 脚本。下面将介绍 MoveLight.cs 脚本，该脚本的主要功能是当玩家手指在屏幕上进行触摸时，在手指触摸轨迹上生成粒子系统，使游戏时看起来更加华丽。脚本代码如下。

代码位置：见随书光盘中源代码/第 16 章目录下的 SP/Assets/script/MoveLight.cs。

```
using UnityEngine;
using System.Collections;
```

```
public class MoveLight : MonoBehaviour {
  public GameObject lightScreen;                                    //粒子系统游戏对象
  void Start (){
    lightScreen = Instantiate(lightScreen) as GameObject;           //实例化粒子系统
  }
  void Update () {
    if (Input.touchCount != 0) {                                    //若是发生触控
      lightScreen.transform.position = Camera.main.ScreenToWorldPoint
          (new Vector3(Input.touches[0].position.x, Input.touches[0].position.y,
1));//让粒子系统跟随手指
  }}}
```

> **说明** 本脚本的功能是发生触摸后生成粒子系统，并实时修改其位置使其跟随手指进行移动。首先实例化粒子系统的预制件并指定给游戏对象 LightScreen，再将屏幕坐标转化为世界坐标并修改生成粒子系统的位置。

（6）上面介绍的脚本实现了指划刀光的效果，下面将介绍脚本 CameraFollow.cs 脚本，该脚本的主要功能是实现当球发出时使摄像机进行移动跟随一段距离，这样可以提高游戏的动态性与视觉效果。具体代码如下。

代码位置：见随书光盘中源代码/第 16 章目录下的 SP/Assets/script/ CameraFollow.cs。

```
1  using UnityEngine;
2  using System.Collections;
3  public class CameraFollow : MonoBehaviour {
4    public GameObject mainCamera;                              //主摄像机游戏对象
5    public GameObject aim;                                     //注视目标
6    public float heightDamping=0;                              //高度阻尼
7    public float ZDamping =5;                                  //Z 轴阻尼
8    void LateUpdate(){
9     float currentHeight = mainCamera.transform.position.y;    //当前高度
10     float wantedHeight = 3;                                  //目标高度
11     float currentRotationAngles = mainCamera.transform.eulerAngles.y;//当前角度
12     currentHeight = Mathf.Lerp(currentHeight, wantedHeight, heightDamping
13      * Time.deltaTime);//调整高度
14     Quaternion currentRotation = Quaternion.Euler(0, currentRotationAngles, 0);
     //摄像机姿态四元数
15     mainCamera.transform.Translate(0,0,2*Time.deltaTime
16      *Mathf.Lerp(ZDamping,0.1f,Time.deltaTime),Space.Self);      //平移摄像机
17     mainCamera.transform.position = new Vector3(mainCamera.transform.position.x,
18       currentHeight, mainCamera.transform.position.z);       //
19     if (mainCamera.transform.position.z < 15.5){             //在一定范围内
20       mainCamera.transform.LookAt(aim.transform);            //摄像机始终朝向注视目标
21    }}}
```

- 第 1-7 行的主要功能为变量声明。在这里声明了主摄像机游戏对象，摄像机指向的目标，摄像机 *Y* 方向以及 *Z* 方向移动的阻尼，这些变量将参与下面的一系列数学计算，使摄像机做一个漂亮的轨迹动画，这样会提高游戏的视觉效果。
- 第 8-21 行为对 LateUpDate 方法的重写，该方法每帧在 UpDate 方法调用后回调。在这里的主要功能为首先进行差值计算产生摄像机高度 currentHeight，然后通过 Translate 方法以摄像机的自身坐标系进行平移，最后使摄像机朝向预定的注视目标。

（7）上面介绍了摄像机跟随动画脚本，接下来要实现的功能为在观众台上随机出现闪光灯，这样游戏场景会更加富有生气。这项功能由脚本 FlashManager.cs 实现，脚本代码如下。

代码位置：见随书光盘中源代码/第 16 章目录下的 SP/Assets/script/ FlashManager.cs。

```
using UnityEngine;
using System.Collections;
using System.Collections.Generic;
public class FlashManager : MonoBehaviour {
  public GameObject flashPlane;                           //声明闪光板对象
  List<Vector3> randomPoints;                             //随机位置列表
```

```
7   int timer = 0;                                                    //当前帧数计数器
8   void Start () {
9     randomPoints = new List<Vector3>();                             //实例化变量
10    for (int i = -22; i <= 23; i += 5) {                            //遍历第一行锚点
11      randomPoints.Add(new Vector3(i, 10, 35));                     //添加第一行锚点
12    }
13    for (int i = -20; i <= 20; i += 5) {                            //遍历第二行锚点
14      randomPoints.Add(new Vector3(i, 9, 33));                      //添加第二行锚点
15    }
16    for (int i = -18; i <= 17; i += 5) {                            //遍历第三行锚点
17      randomPoints.Add(new Vector3(i, 7, 32));                      //添加第三行锚点
18    }
19    for (int i = -19; i <= 16; i += 5) {                            //遍历第四行锚点
20      randomPoints.Add(new Vector3(i, 3.5f, 30));                   //添加第四行锚点
21    }
22    for (int i = -17; i <= 13; i += 5) {                            //遍历第五行锚点
23      randomPoints.Add(new Vector3(i, 3, 29));                      //添加第五行锚点
24    }
25    for (int i = -19; i <= 16; i += 5) {                            //遍历第六行锚点
26      randomPoints.Add(new Vector3(i, 2.5f, 28));                   //添加第六行锚点
27    }
28    for (int i = -17; i <= 13; i += 5) {                            //遍历第七行锚点
29      randomPoints.Add(new Vector3(i, 1.6f, 28));                   //添加第七行锚点
30  }}
31   void Update () {
32   if (timer > 3) {                                                 //每三帧调用一次
33     GameObject.Destroy(Instantiate(flashPlane, randomPoints[(int)Random.Range
34       (0, randomPoints.Count)], flashPlane.transform.rotation), 0.1f);
       //随机生成并销毁一个面板
35     timer = 0;                                                     //重置帧数计数器
36   }
37   timer++;                                                         //修改帧数计数器
38   }}
```

- 第 1-30 行的主要功能是在预制好的位置上每隔一定的距离生成一个位置，并将得到的数据保存到之前声明好的锚点列表中，以便后面的代码中获取闪光灯位置数据。生成预制的锚点可以使闪光灯效果更为合理，防止在不合适的地方产生闪光灯。
- 第 31-38 行的主要功能是实现 Update 方法的重写，该方法每帧被系统调用一次，每隔一定的时间后在随机的位置上生成一个闪光灯面板对象，并在 0.1s 之后自动销毁该对象。本脚本实现了在观众台上不断地生成闪光灯，实现了较为炫丽的效果。

16.4.3　守门员游戏对象相关脚本开发

前面一节中详细介绍了在游戏场景中的主摄像机的设置与相关脚本的开发，接下来介绍在本游戏中守门员游戏对象与守门员预制件上挂载的脚本。守门员的相关脚本实现了守门员自动接球的智能 AI 以及处理守到球触发的事件。具体步骤如下。

（1）首先介绍守门员上挂载的 Player.cs 脚本。该脚本的主要功能为根据 CheckBoard 游戏对象上挂载的脚本 CheckBoard.cs 计算出的足球落点以及应该播放的动画名称，播放指定的骨骼动画以及让守门员移动接球。脚本代码如下。

代码位置：见随书光盘中源代码/第 16 章目录下的 SP/Assets/script/ Player.cs。

```
using UnityEngine;
using System.Collections;
public class Player : MonoBehaviour {
  public GameObject player;                                           //守门员游戏对象
  void Update() {
    if (Staticer.animationString == "down"){                          //若是播放动画名称为"down"
      BoxCollider b = this.GetComponentInChildren<BoxCollider>(); //获取守门员上的碰撞器
      b.size = new Vector3(0.1f, 0.1f, 0.1f);                         //改变碰撞器的大小
    }
    else{
```

```
11       BoxCollider b = this.GetComponentInChildren<BoxCollider>();
                                                                  //获取守门员上的碰撞器
12       b.size = new Vector3(0.2f, 0.1f, 0.1f);                  //将碰撞器大小重置
13     }
14     if (Staticer.isPlay){                                      //若是可以播放动画
15       animation.CrossFade(Staticer.animationString);           //播播动画
16       Staticer.isPlay = false;                                 //设置为已经播放
17     }
18     if (Staticer.isSave && Staticer.animationString != null &&
19      Staticer.animationString!="down"){//其他动画
20       Vector3 po = player.transform.position;                  //守门员的位置
21       Vector3 aimpo = Staticer.endPoint;                       //球的落点位置
22       if (animation[Staticer.animationString].normalizedTime >= 0.2f &&
23         animation[Staticer.animationString].normalizedTime <= 0.7){
                                                                  //在动画过程中加事件
24         if (Time.deltaTime != 0){                              //防止有时deltaTime过小
25           player.transform.position = new Vector3(Mathf.Lerp(po.x, aimpo.x, 5 *
             Time.deltaTime)
26             , Mathf.Lerp(po.y, aimpo.y, 5 * Time.deltaTime)
27             , po.z);                                           //移动接球
28   }}}}}
```

❑ 第 1-13 行的主要功能是先声明了守门员游戏对象。若需要播放的骨骼动画名称为“down”，该动画较为特殊（为守门员下蹲接球），所以需要对守门员身上的盒子碰撞器做调整，修改其大小。若动画不是“down”则需要将其复原。

❑ 第 14-17 行代码的主要功能为若是记录动画的标志位为真时就使用 animation.CrossFade(String animation)方法进行播放。该方法相较于 Play(String animation)方法的优点是可以在两个动画间有个平滑的过渡，消除抖动。

❑ 第 18-28 行的主要功能为若是落点已经计算出，并且动画名不为“down”就可以移动守门员进行扑球，获取动画的 normalizedTime 参数可以知道当前动画播放的进度，在人物完成起跳动作后就通过差值计算的方法将守门员移动到球的落点位置。

（2）上面介绍了守门员身上挂载的脚本 Player.cs，下面介绍守门员上挂载的另一个脚本 CreatScorePlayer.cs。该脚本的功能是当足球被守门员扑中的时候在守门员身上的碰撞点生成一个“叉号”代表射门失败。脚本代码如下。

代码位置：见随书光盘中源代码/第 16 章目录下的 SP/Assets/script/ CreateScorePlayer.cs。

```
1    using UnityEngine;
2    using System.Collections;
3    public class CreateScorePlayer : MonoBehaviour {
4      public GameObject disscorePlane;                           //叉号平面预制件
5      void OnCollisionStay (Collision collision) {               //碰撞停留方法
6        if (Staticer.STATUS != Staticer.NORMAL) {                //若游戏状态不是默认状态
7          return;                                                //跳过
8        }
9        if (collision.gameObject.tag == "ball") {                //如果碰撞物标签为 "ball"
10       Instantiate(disscorePlane, collision.gameObject.transform //实例化叉号
11         .position, new Quaternion(-0.7f, 0.0f, 0.0f, 0.7f));
12       Staticer.STATUS = Staticer.SAVED;                        //修改游戏状态
13   }}}
```

说明 该脚本的主要功能为当守门员扑到球的时候在碰撞点处实例化一个贴图为叉号的平面，然后修改游戏状态为已经扑住球。第 6-8 行的功能为若游戏状态不是默认状态就跳过，在这里起到了防止足球 2 次碰撞的 BUG。

16.4.4 检测板游戏对象相关脚本开发

上一节中介绍了游戏中守门员游戏对象的脚本开发，在本节中将详细介绍游戏中的检测板的

设置与相关脚本。检测板是模型 CheckBoard 添加了 MeshCollider 组件构成的，为了包裹住球门，当球转过检测板时会获取其速度及方向用来计算落点。具体代码如下。

代码位置：见随书光盘中源代码/第 16 章目录下的 SP/Assets/script/CheckBoard.cs。

```
using UnityEngine;
using System.Collections;
public class CheckBoard : MonoBehaviour {
  public GameObject ball;                                    //足球游戏对象
  public GameObject player;                                  //守门员游戏对象
  void Update () {
     if (ball == null){                                      //如果球对象为空
       ball = GameObject.FindWithTag("ball");   //查找场景内标签为“ball”的游戏对象
    }
    if (Staticer.isCrash) {                                  //如果已经碰到检测板
      Staticer.isCrash = false;                              //将标志位置反防止二次计算
      float t = Staticer.distance / ball.rigidbody.velocity.z;
                                                             //公式计算球到网的时间 t=d/v
      float x = Staticer.crashPoint.x + ball.rigidbody.velocity.x * t;//碰撞点的 X 坐标
      float y = Staticer.crashPoint.y + ball.rigidbody.velocity.y * t - 0.5f * 9.8f
      * t * t; //到达球门时 Y 坐标
      y = (y < 0) ? 0 : y;                                   //若 Y 小于 0 就等于 0
      Staticer.endPoint = new Vector3(x, y, Staticer.endZ);  //将落点坐标储存
      Staticer.timeToGoal = t;                               //将球到球门的时间记录
      Staticer.isSave = true;                                //设置为已经储存状态
      float width = Staticer.goalEndX - Staticer.goalStartX;       //计算球门的宽
      float heigh = Staticer.goalEndY - Staticer.goalStartY;       //计算球门的高
      if (y >= Staticer.goalStartY + heigh / 2 && y < Staticer.goalEndY) {
      //若球射入球门范围内
        if (x >= Staticer.goalStartX && x <= Staticer.goalStartX + width / 3) {
        //判断落点区域
          Staticer.isPlay = true;                            //更改播放动画标志位
          Staticer.animationString = "leftUpCorner";         //播放“leftUpCorner”动画
        }
      else if (x > Staticer.goalStartX + width / 3 && x <= Staticer.goalStartX + width
      / 2) {//判断落点区域
        Staticer.isPlay = true;                              //更改播放动画标志位
        Staticer.animationString = "leftUp";                 //播放“leftUp”动画
       }
      else if (x > Staticer.goalStartX + width / 2 && x <= Staticer.goalStartX + width
      / 3 * 2) {//判断落点
        Staticer.isPlay = true;                              //更改播放动画标志位
        Staticer.animationString = "rightUp";                //播放“rightUp”动画
       }
      else if (x > Staticer.goalStartX + width / 3 * 2 && x <= Staticer.goalEndX) {
      //判断落点区域
       Staticer.isPlay = true;                               //更改播放动画标志位
       Staticer.animationString = "rightUpCorner";           //播放“rightUpCorner”动画
      }}
      else if (y < Staticer.goalStartY + heigh / 2) {        //判断落点区域
       if(x >= Staticer.goalStartX && x <= Staticer.goalStartX + width / 5 * 2){
       //判断落点区域
         Staticer.isPlay = true;                             //更改播放动画标志位
         Staticer.animationString = "leftDown";              //播放“leftDown”动画
       }
       else if (x>Staticer.goalStartX+width/5*2&&x<=Staticer.goalStartX+width/5*3)
       {//判断落点区域
         Staticer.isPlay = true;                             //更改播放动画标志位
         Staticer.animationString = "down";                  //播放“down”动画
       }
       else if (x > Staticer.goalStartX + width / 5 * 3 && x <= Staticer.goalEndX)
       {//判断落点区域
         Staticer.isPlay = true;                             //更改播放动画标志位
         Staticer.animationString = "rightDown";             //播放“rightDown”动画
  }}}}
  void OnTriggerEnter() {
    if (!Staticer.isCrash&&ball!=null) {            //足球碰撞到测试板时获取足球的坐标
```

```
53        Staticer.isCrash = true;                          //将接球标志位设置为真
54        Staticer.crashPoint = ball.transform.position;    //记录球的位置
55   }}}
```

❑ 第 1-14 行的主要功能为首先声明球和守门员游戏对象的引用。若是球的引用为空就查找游戏场景中标签为“ball”的游戏对象并赋值；若是足球已经碰到检测板，通过取出足球的各方向速度求出足球射到球门的时间，以及落入球门的位置坐标。

❑ 第 15-21 行的主要功能是处理计算出的落点。若其 Y 轴高度低于地面高度就将其强制设置为 0，然后记录下球的落点坐标以及射入的时间，并将游戏设置为已经储存分数状态。最后计算出球门的长和宽，方便下面判断球落入球门的那个位置。

❑ 第 22-50 行的主要功能为首先根据落点位置计算出在球门的那个位置，然后从预先做好的 8 个骨骼动画中选出一个最为适合的动画并将动画名称储存到静态类中的 animationString，之后 Player.cs 脚本会对其进行播放，同时把播放动画标志位改为“true”。

❑ 第 51-55 行的主要功能为若是足球碰到测试板的时候将 isCrash 标志位改为“true”，这样做的意义是确保一次射门只计算一次，防止重复计算落点，最后将碰撞点储存。

16.4.5 提示板游戏对象相关脚本的开发

上一节中介绍了检测板游戏对象的开发，在本节中将介绍提示板游戏对象上相关脚本的开发。提示板游戏对象主要用于当球发出后显示射门的结果，在结果中包含加分、被截住、未命中等信息，并会逐渐消失。脚本代码如下。

代码位置：见随书光盘中源代码/第 16 章目录下的 SP/Assets/script/ TipPlane.cs。

```
1  using UnityEngine;
2  using System.Collections;
3  public class TipPlane : MonoBehaviour{
4   public Texture[] tipTextures;                    //提示板纹理数组
5   private Color color;                             //纹理图的颜色
6   private bool breakFlag;                          //变化标志位
7   void Start(){
8    color = renderer.material.color;                //将材质的颜色赋予 color 参数
9    color.a = 0;                                    //设置颜色的透明度
10   breakFlag = true;                               //将碰撞标志位设置为真
11  }
12  void Update(){
13   if (Staticer.STATUS != Staticer.NORMAL && breakFlag){//当状态值发生变化时显示对应纹理图
14     renderer.material.mainTexture = tipTextures[Staticer.STATUS];//设置提示板的纹理图
15     color.a = 1;                                  //将纹理图的透明度设置为“1”
16     breakFlag = false;                            //设置反碰撞标志位
17   }
18   if (Staticer.STATUS == Staticer.NORMAL){        //如果游戏状态为默认状态
19     breakFlag = true;                             //将碰撞标志位置为真
20   }
21   color.a = Mathf.MoveTowards(color.a, 0, Time.deltaTime * 0.5f);//渐变消失
22   renderer.material.color = color;                //设置材质的颜色
23 }}
```

❑ 第 1-11 行的主要功能为变量声明与对 Start 方法的重写。在这里首先声明了纹理图数组 tipTextures 管理所有可能使用到的贴图，以及颜色 color 游戏变量，还有变化标志位 breakflag。在 Start 方法中对 color 赋值并取出其透明度将其改为透明的。

❑ 第 12-23 行主要是对 Update 方法的重写。在这里当状态值发生变化时显示对应纹理图，并将透明度设置为不透明，将变化标志位置为“false”防止代码重复执行。若是游戏状态为默认状态，说明游戏刚刚重新开始，将变化标志位改为“true”。最后逐渐将纹理图的透明度降低。

16.4.6 门框游戏对象相关脚本的开发

在上节中介绍了提示板的开发以及相关脚本，在本节中将介绍门框游戏对象以及其上挂载的脚本。门框游戏对象实际上是一个位于球门内和球门大小一致的 Cube 游戏对象，上面附有贴图 goalBoard。该对象主要用于制作移动的靶子和处理碰撞信息。下面将详细介绍。

（1）首先介绍 GoalBoard 游戏对象上挂载的 GoalBoard.cs 脚本。该脚本的主要功能为生成在区域内来回游动的靶子，脚本代码相对简单。脚本代码如下。

代码位置：见随书光盘中源代码/第 16 章目录下的 SP/Assets/script/ GoalBoard.cs。

```
using UnityEngine;
using System.Collections;
public class GoalBoard : MonoBehaviour {
  private Vector2 offset;                                          //声明偏移坐标
  void Start () {
   offset.x = Random.Range(0, 0.5f);                               //随机初始化偏移 X 坐标
   offset.y = Random.Range(0, 0.5f);                               // 随机初始化偏移 Y 坐标
  }
  void Update () {
   offset.x = Mathf.PingPong(Time.time * 0.05f, 0.5f); //使偏移 X 坐标往返变化
   offset.y = Mathf.PingPong(Time.time * 0.17f, 0.5f); //使偏移 Y 坐标往返变化
   renderer.material.SetTextureOffset("_MainTex", offset); //进行纹理偏移
   Staticer.goalX = Staticer.goalStartX + Staticer.goalWidth * offset.x / 0.5f;
   //储存靶子的 X 坐标
    Staticer.goalY = Staticer.goalStartY + Staticer.goalHeight * offset.y / 0.5f;
   //储存靶子的 Y 坐标
  }}
```

说明 在本脚本中首先声明变量 offset 用来储存靶子的位置坐标，在 Start 函数中随机生成靶子的坐标位置，使每次重新开始后靶子的位置不固定。之后在 Update 方法中使用 Mathf 函数库中的 PingPong 方法使靶子坐标在范围内往返变化制作出反弹的效果，并使用 TextureOffset 方法进行纹理偏移。

（2）前面介绍了靶子的制作脚本，下面将介绍 GoalBoard 游戏对象上挂载的另一个脚本 CreatScoreGoal.cs。该脚本用于处理球射入球门所触发的事件以及射中靶子每一环所对应的不同加分。脚本代码如下。

代码位置：见随书光盘中源代码/第 16 章目录下的 SP/Assets/script/ CreateScoreGoal.cs。

```
using UnityEngine;
using System.Collections;
public class CreateScoreGoal : MonoBehaviour {
  public GameObject scorePlane;                                    //分数平面
  public AudioClip sound;                                          //音乐播放器
  void OnTriggerEnter(Collider collider) {
   if (Staticer.STATUS != Staticer.NORMAL) {                       //若是游戏状态不是默认状态
   return;                                                         //跳过
   }
   Vector2 ballPosition = new Vector2(GameObject.FindWithTag("ball").transform
     .position.x, GameObject.FindWithTag("ball").transform.position.y);//获取球的位置
   if (collider.gameObject.tag == "ball") {                        //若是碰撞物体标签为"ball"
    float lengthToCenterPow = Mathf.Pow(ballPosition.x - Staticer.goalX, 2) + Mathf.
      Pow(ballPosition.y Staticer.goalY, 2);                       //计算球与靶心的距离的平方
    if (lengthToCenterPow <= 0.058) {                              //若是射中 3 环
     Staticer.STATUS = Staticer.THREEPOINT;                        //设置游戏状态
    }
    else if (lengthToCenterPow <= 0.23f) {                         //若是射入 2 环
     Staticer.STATUS = Staticer.TWOPOINT;                          //改变游戏状态
    }
    else if (lengthToCenterPow <= 0.51f){                          //若是射中 1 环
     Staticer.STATUS = Staticer.ONEPOINT;                          //改变游戏状态
```

```
23      }
24      else {
25        Staticer.STATUS = Staticer.GOAL;                   //设置为射入状态
26      }
27      Instantiate(scorePlane, collider.transform.position,
28       new Quaternion(-0.7f, 0.0f, 0.0f, 0.7f));       //实例化分数
29      audio.volume = Staticer.valueSound;                //设置音乐音量
30      audio.PlayOneShot(sound);                          //播放音乐
31      collider.gameObject.rigidbody.velocity = new Vector3(0, 0, 1);//添加力
32   }}}
```

- 第 1-9 行的主要功能为声明变量。在这里声明了分数平面预制件 scorePlane 和音乐播放器游戏对象 sound。之后是对 OnTriggerEnter 方法的重写，该方法为游戏对象碰触到触发器时回调，在方法内首先判断是否为游戏默认状态，如果不是，就跳过本次回调。
- 第 10-26 行的主要功能为首先获取当前足球的 *XY* 位置并将其储存在 ballPosition 中。然后计算当前球位置和靶心之间的距离，以此判断球射中了几环，并分别将游戏状态 Staticer.STATUS 设置为相应的静态常量。若是没有射中靶心则游戏状态仅为射入状态。
- 第 27-32 行的主要功能为先在碰撞位置实例化加分板游戏对象；然后设置播放器的音乐音量，之后使用 audio.PlayOneShot()方法对音乐进行播放；最后给球加一个向后方的速度，使足球射入后不会因为碰撞计算而乱飞。

16.4.7 其他脚本的开发

在之前的几节中介绍了各个重要游戏对象以及其上挂载的脚本，下面将介绍在本案例中剩余的其他对象上面挂载的脚本以及统管静态变量的静态类。

（1）首先介绍在本游戏中的静态类。该类不继承 MonoBehaviour 类，也不挂载到任何游戏对象上。该类被声明为 Static 型的，用来储存游戏中的一些变量或者常量所以内部变量都声明为 static 型或者 const 类型，这些变量通常用于跨脚本使用。脚本代码如下。

代码位置：见随书光盘中源代码/第 16 章目录下的 SP/Assets/script/ Staticer.cs。

```
using UnityEngine;
using System.Collections;
public static class Staticer {
  public static bool isPlay = false;                        //播放动画标志位
  public static string animationString;                     //当前播放的动画片段名
  public static bool isCrash = false;                       //是否与测试板相撞
  public static Vector3 crashPoint = new Vector3(); //与测试板撞击的坐标
  public static readonly Vector3 startPoint = new Vector3(-0.25f, 0.359084f, 14.46677f);
  //起始位置点
  public const float endZ = 24.0f;
  public static Vector3 endPoint = new Vector3();   //存储球穿过球门时的坐标
  public const float goalStartX = -2.526555f;       //球门左下角坐标
  public const float goalStartY = 0.2716196f;       //球门 Y 坐标
  public const float goalEndX = 1.986407f;          //球门右上角坐标
  public const float goalEndY = 1.54676f;           //球门 Y 下坐标
  public const float goalWidth = goalEndX - goalStartX;      //球门宽度
  public const float goalHeight = goalEndY - goalStartY;     //球门高度
  public const float distance = 7.4f;                        //测试板与球门的距离
  public static float goalX;                 //球穿过球门时的 X 坐标,该值储存了靶子的中心坐标
  public static float goalY;                                 //球穿过球门时的 Y 坐标
  public static float timeToGoal;                            //球从检测板到球门所需的时间
  public static bool isSave;                                 //保存标志位
  public static Vector3 ballpos = new Vector3(0,0.35f,14.4f);          //球的位置
  public static Vector3 playerpos = new Vector3(-0.25f,0.75f,23);      //守门员的位置
  public static bool resetflag = false;                      //重置标志位
  public const int NORMAL = -1;                              //默认状态值
  public const int MISS = 0;                                 //偏离球门的状态值
  public const int SAVED = 1;                                //撞击门将的状态值
  public const int GOAL = 2;                                 //穿过球门但没击中靶子的状态值
```

```
public const int ONEPOINT = 3;                              //击中靶子外环的状态值
public const int TWOPOINT = 4;                              //击中靶子中环的状态值
public const int THREEPOINT = 5;                            //击中靶子内环的状态值
public static int STATUS = NORMAL;                          //当前状态值
public static float times;                                  //当前剩余时间
public static int score;                                    //当前分数
public static float timeBegin;                              //计时起始点
public static bool isPause = false;                         //是否处于暂停状态
public static string stringPlayer = "";                     //设置界面中的三个参数
public static float valueMusic;                             //音乐音量
public static float valueSound;                             //背景音量
public static string[] players = new string[8];             //历史记录前八名的玩家名字和成绩
public static int[] scores = new int[8];                    //分数
public static bool isGameOver;                              //游戏结束标志位
public static Vector3 cameraPos1 = new Vector3(-4.66f, 1.11f, 10f);
                                                            //球在左侧的位置
public static Vector3 cameraRot1 = new Vector3(0.3f, 18, 3);
                                                            //摄像机角度
public static Vector3 ballPos1 = new Vector3(-3.95f, 0.368f, 12.03f);
                                                            //球的坐标
public static Vector3 cameraPos2 = new Vector3(0, 1, 7.6f);
                                                            //球在中间的位置
public static Vector3 cameraRot2 = new Vector3(0, -0.4f, 0);
                                                            //摄像机角度
public static Vector3 ballPos2 = new Vector3(0, 0.4f, 9.7f);
                                                            //球的位置
public static Vector3 cameraPos3 = new Vector3(3f, 1.11f, 10);
                                                            //球在右边的位置
public static Vector3 cameraRot3 = new Vector3(0, -15, 0);
                                                            //摄像机角度
public static Vector3 ballPos3 = new Vector3(2.483883f, 0.4f, 11.89304f);
                                                            //球的位置
public static bool isIntoGame = false;                      //进入游戏标志位
}
```

说明　在本脚本中声明了一系列静态变量与常量以及表示游戏状态的标志位。其中较为重要的有一系列球门球员的位置参数，以及摄像机每次随机出现的位置和姿态以及球的位置，还有表示游戏状态的一系列常量。

（2）上面介绍了游戏中的静态类脚本，下面将介绍在球门周围挡板上挂载的脚本 CreateScoreOther.cs。若是球射到球门外撞到外部挡板触发器就会激活这个脚本，将游戏状态设置为 MISS。该脚本详细代码如下。

代码位置：见随书光盘中源代码/第 16 章目录下的 SP/Assets/script/ CreateScoreOther.cs。

```
1  using UnityEngine;
2  using System.Collections;
3    public class CreateScoreOther : MonoBehaviour {
4      void OnTriggerEnter(Collider collider) {
5        if (Staticer.STATUS != Staticer.NORMAL) {        //若是游戏状态不为默认
6          return;                                         //跳过
7        }
8        if (collider.gameObject.tag == "ball") {         //若是碰撞物体标签为"ball"
9          Staticer.STATUS = Staticer.MISS;                //设置游戏状态为MISS
10   }}}
```

说明　本脚本的主体是对 OnTriggerEnter 方法的重写，该方法在游戏对象碰到触发器时调用。第 5-7 行的主要功能为预防在游戏重开时错误调用该方法。第 8-10 行的主要功能为若是碰撞物体标签为“ball”就将游戏状态设置为足球射偏。

（3）上面介绍了球门周围挡板的脚本开发，下面将介绍粒子系统预制件上挂载的脚本 BallParticle.cs。该脚本的功能较为简单，即当足球被射出并生成粒子系统后，使生成的粒子系统始终跟随足球飞行。脚本代码如下。

代码位置：见随书光盘中源代码/第 16 章目录下的 SP/Assets/script/ BallParticle.cs。

```
using UnityEngine;
using System.Collections;
public class BallParticle : MonoBehaviour {
  public static GameObject ball;                       //声明足球游戏对象
  void Update () {
    if (ball == null){                                 //如果足球为空
      Destroy(gameObject);                             //删除自身
    }
    else {
      transform.position = ball.transform.position; //让粒子系统跟随足球
}}}
```

> **说明** 该脚本挂载到游戏对象预制件 Line 上。其主要功能为当足球在飞行途中使粒子系统始终跟随在足球后方；当足球射出后重置场景并将足球删除时，将粒子系统也一并删除。这样做的目的是防止足球销毁后粒子系统在场景中乱飞。

（4）下面向玩家介绍一下游戏逻辑模块的开发。此处的代码基于静态类脚本，对游戏的分数和时间进行计算加成，并实时地推算游戏时间。新建一个脚本并命名为“Logicer.cs”，将该代码挂载给主摄像机对象 Main Camera。其详细代码如下。

代码位置：见随书光盘中源代码/第 16 章目录下的 SP/Assets/Scripts/Logicer.cs。

```
1   using UnityEngine;
2   using System.Collections;
3   public class Logicer : MonoBehaviour {
4     private int[] scores = { 0, 1, 2, 3, 4, 5 };   //分数加成数组
5     private int[] times = { 1, 2, 3 };             //时间加成数组
6     private bool isSave;                           //声明保存标志位
7     private float beginTime;                       //声明时间初始点
8     void Start () {
9       beginTime = Time.time;                       //初始化时间初始点
10      Staticer.score = 0;                          //初始化分数
11    }
12    void Update () {
13      Staticer.times = 60 - Time.time + beginTime; //更新游戏时间值
14      if (Staticer.STATUS == Staticer.NORMAL) {    //若处于默认状态
15        isSave = false;                            //修改保存标志位
16      }
17      if (isSave) {                                //若数据已保存
18        return;                                    //则中断代码的运行
19      }
20      if (Staticer.STATUS != Staticer.NORMAL) {    //若处于已发球状态
21        Staticer.score += scores[Staticer.STATUS]; //增加当前分数值
22        if (Staticer.STATUS >= Staticer.ONEPOINT) { //若击中靶子
23          Staticer.times += times[Staticer.STATUS - Staticer.ONEPOINT];
                                                     //则进行时间的奖励
24        }
25      isSave = true;                               //修改保存标志位
26  }}}
```

- 第 1-11 行的主要功能是对脚本所需变量进行声明和对 Start 方法的重写。两个数组变量用于对游戏分数和游戏时间的便捷计算，缩小代码量并提高可读性。在 Start 方法中进行游戏时间和游戏分数的初始化，在其他代码块中将对两个变量进行处理，并储存游戏的数据。
- 第 12-26 行的主要功能是进行 Update 方法的重写，该方法每帧调用一次。当游戏中球已经发射完毕且游戏数据未处理，则对分数和时间进行计算。而当球击中了靶子时，不但给其进行分数奖励，还会减去其游戏已用时间，给其双重奖励。

（5）球门框架的音频处理脚本的开发。当玩家滑动屏幕使足球对象撞击到门框对象时，下面

的脚本将会被执行，实时地播放出撞击音效。其详细代码如下。

代码位置：见随书光盘中源代码/第 16 章目录下的 SP/Assets/Scripts/DoorframeSound.cs。

```
1    using UnityEngine;
2    using System.Collections;
3    public class DoorframeSound : MonoBehaviour {
4      public AudioClip boomSound;                              //声明碰撞声音片段
5      void OnTriggerEnter(Collider collider) {                 //当进入碰撞器时
6        if (collider.gameObject.tag == "ball") {               //若碰撞对象是足球对象
7          audio.PlayOneShot(boomSound);                        //播放碰撞声音片段
8    }}}
```

❑ 第 1-8 行的主要功能是声明碰撞声音片段，并进行 OnTriggerEnter 方法的重写。该方法在任意对象进入门框的触发器时被调用一次，若撞击的对象是足球对象，则进行背景音乐的播放。另外，门框对象需要添加音频资源组件才能进行声音的播放。

（6）接下来进行分数提示板的开发。新建一个脚本，并命名为“ScorePlane.cs”，然后将其分别拖曳到 ScorePlane.prefab 和 DisscorePlane.prefab 预制件上。该脚本用于实现这两个提示板的自动拉伸和销毁，其详细代码如下所示。

代码位置：见随书光盘中源代码/第 16 章目录下的 SP/Assets/Scripts/ScorePlane.cs。

```
1    using UnityEngine;
2    using System.Collections;
3    public class ScorePlane : MonoBehaviour {
4      void Update () {
5        if (Staticer.STATUS == Staticer.NORMAL) {              //若处于默认状态
6          Destroy(gameObject);                                 //进行自我销毁
7        }
8        transform.localScale = new Vector3(Mathf.MoveTowards(transform.localScale.x, 0.04f,
9        Time.deltaTime * 0.05f), transform.localScale.y,
10       Mathf.MoveTowards(transform.localScale.z, 0.04f,
11       Time.deltaTime * 0.05f));                              //逐渐拉伸该面板
12   }}
```

❑ 第 1-12 行的主要功能是进行 Update 方法的重写，该方法每帧被系统调用一次，实现对分数提示面板的控制。分数提示面板在生成之后逐渐变大，达到一定大小后停止。而当进行下一次发球时，则进行自我销毁，相应脚本也会停止运行。

（7）上面介绍了 Logicer 脚本，下面将介绍游戏中的 CreatScorePlane.cs 脚本。该脚本主要负责的功能是当球被守门员接住或者射入球门的时候就在碰撞位置实例化一个平面预制件分别显示叉号和加号。脚本代码如下。

代码位置：见随书光盘中源代码/第 16 章目录下的 SP/Assets/Scripts/ CreatScorePlane.cs。

```
using UnityEngine;
using System.Collections;
public class CreateScorePlane : MonoBehaviour {
  public GameObject scorePlane;                                 //加分平面预制件
  public GameObject disscorePlane;                              //射门失败平面预制件
  private bool breakFlag;                                       //碰撞标志位
  void OnCollisionStay(Collision collision) {
   if (breakFlag) {                                             //判断是否是第一次触发
     return;                                                    //如果不是就跳过
   }
   breakFlag = true;                                            //置反标志位
   if (collision.gameObject.tag == "Player") {                  //如果球碰到守门员
     Instantiate(disscorePlane, transform.position,
       new Quaternion(-0.7f, 0.0f, 0.0f, 0.7f));                //在撞击的位置克隆相应预制件
   }
   else if (collision.gameObject.tag == "GoalBoard")            //如果球射入球门
   {
     Instantiate(scorePlane, transform.position,
```

```
19          new Quaternion(-0.7f, 0.0f, 0.0f, 0.7f));       //在撞击的位置克隆相应预制件
20        }
21        else {
22          breakFlag = false;                             //重置碰撞标志位
23      }}}
```

- 第 1-11 行的主要功能为变量声明与防止重复调用。首先声明了在下面将要用到的加分板和射门失败板的预制件，以及防止 OnCollisionStay 方法被重复调用的标志位 breakFlag。若是第一次调用就改变 breakFlag 标志位，若是该标志位已经改变就跳过。
- 第 12-23 行的主要功能是判断球的碰撞对象。可以通过 collision.gameObject.tag 参数获取碰撞到的游戏对象的标签，根据标签的不同在碰撞点选择生成加分板还是射门失败板。

16.5 游戏界面的开发

前一节详细介绍了游戏主场景的搭建与开发，本节将在游戏主场景的基础上完成游戏主菜单界面和暂停界面的搭建和开发。本节讲解的内容基于 NGUI 插件，并涉及了 NGUI 的大部分知识。读者通过对本节内容的学习，应当能够熟悉 NGUI 插件的基本开发，并在以后的工作中熟练地使用 NGUI 进行开发。

16.5.1 主菜单界面的搭建

首先进行主菜单界面的搭建，这里步骤比较烦琐，包括图集的制作、控件的布局以及对控件事件的响应。主菜单界面的开发与游戏主场景的联系较少，大部分情况下不需要与游戏主场景中的对象进行信息交换，达到“高内聚，低耦合”的效果。接下来对游戏场景的搭建进行详细的介绍。

（1）从 Unity 的商店购买并下载 NGUI 插件，笔者使用的是 3.6.7 版本，读者可自行选择适合自己的版本。在打开项目的前提下，双击下载后的 NGUI 插件包，打开后的界面如图 16-31 所示，单击 Import 按钮将 NGUI 导入本项目。导入完成后 Unity 的菜单栏将会出现 NGUI 菜单，如图 16-32 所示。

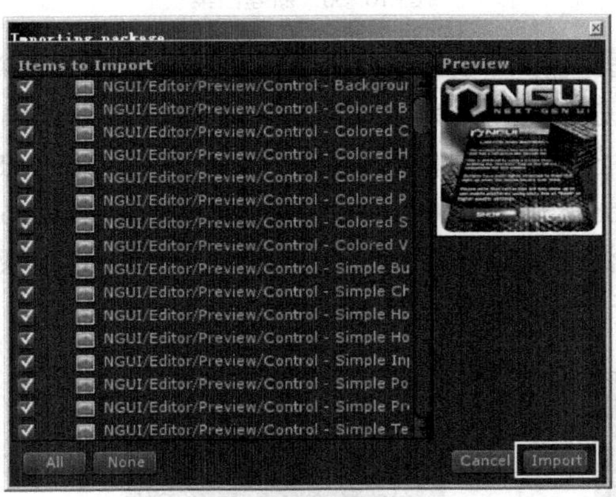

▲图 16-31　导入 NGUI 包

▲图 16-32　菜单栏

（2）打开本游戏项目，进行前面已开发完成的 text 游戏场景。依次单击“NGUI→Create→3D UI”新建一个 3D 类型的界面 UI。3D 类型的 UI 在资源允许的情况下，可以进行翻转操作或偏转一定的角度后再投射到屏幕上，而 2D 类型的 UI 想要实现这些功能就显得有些力不从心了。

（3）选中刚刚创建的 3D UI，依次单击“NGUI→Create→Anchor(Legacy)”创建一个锚点，用于实现屏幕自适应，游戏在不同的设备上运行所产生的效果基本一致。调整 UI 面板的位置，使

其在游戏运行的过程中不被主摄像机所拍摄到。

（4）选中 Anchor 对象，依次单击“GameObject→Create Empty”创建一个空对象作为其子对象，并命名为“MainPanelHandle”，如图 16-33 所示。调整 MainPanelHandle 的位置和大小，其位置的设置影响到后续面板的翻转，具体参数设置请参考光盘中的项目文件。

（5）选中 MainPanelHandle 对象，依次单击 NGUI→Create→Panel 创建一个 UI 面板作为其子对象，如图 16-34 所示。该面板将作为本游戏界面的主菜单使用。

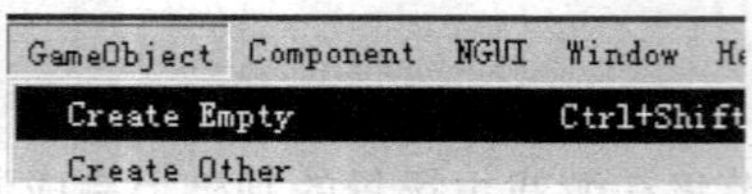

▲图 16-33　新建空对象

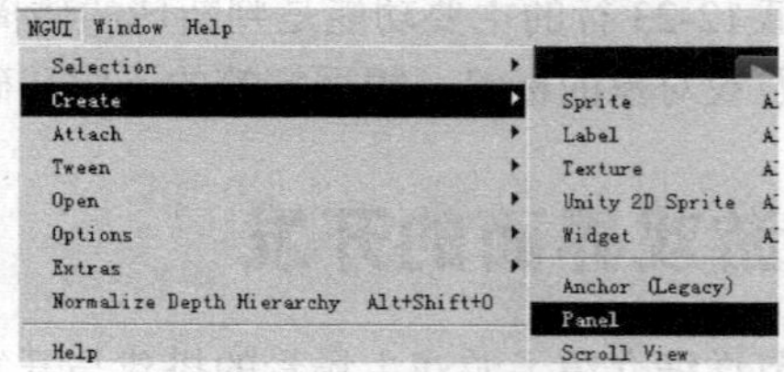

▲图 16-34　新建面板

（6）图集的制作。选中 Assets\PIC\MenuTextures 目录下的所有纹理图片，这些图片的功能请参考 16.2 节的内容，在此不再赘述。依次单击“NGUI→Open→Atlas Maker”打开图集制作器，如图 16-35 所示。单击 Add/Update 按钮制作图集并命名为“MenuAtlas”，如图 16-36 所示。

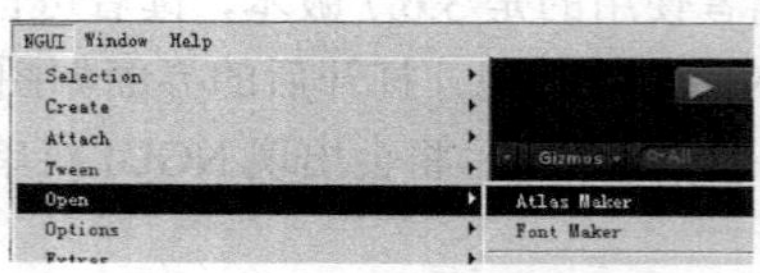

▲图 16-35　打开图集制作器

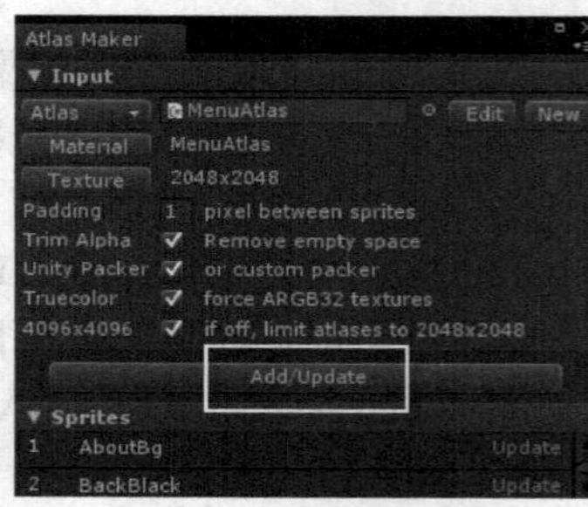

▲图 16-36　新建图集

（7）点击文件管理窗口右上方的搜索输入框，输入“control”并回车，将会出现 NGUI 的所有可用控件，如图 16-37 所示。选择按钮控件“Control - Colored Button”拖曳进游戏场景，通过改变 UISprite 组件下的 Size 选项调整其大小，并放到合适的位置。将该按钮命名为“ButtonStart”。

（8）根据步骤（7）再依次创建“ButtonHistory”“ButtonOpition”“ButtonAbout”“ButtonExit”等按钮，如图 16-38 所示。这 5 个按钮分别负责游戏中的开始、历史记录、游戏设置、游戏关于、退出游戏等功能。其功能实现将在后面脚本的开发中进行详细介绍。

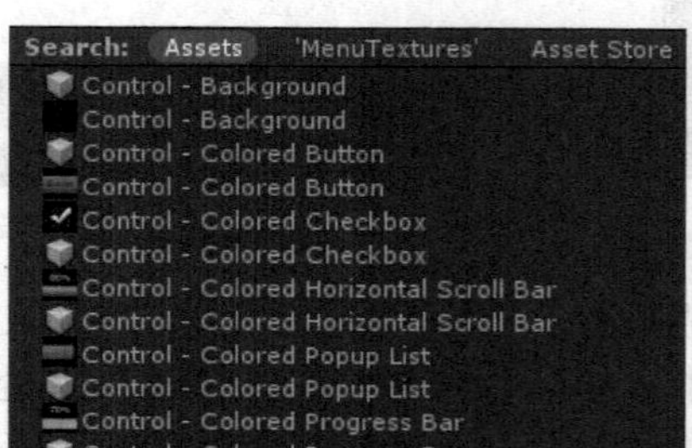

▲图 16-37　控件列表

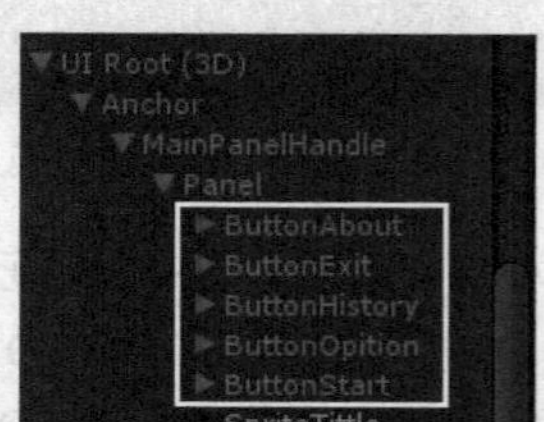

▲图 16-38　主菜单界面

（9）选中 ButtonStart 按钮，单击右边面板中 UISprite 脚本下的 Atlas 按钮，会弹出图 16-39

所示的窗口。单击 Show All 显示当前项目下的所有图集，选中 MenuAtlas 右边的 Select 按钮。再单击 UISprite 脚本下的 Sprite 按钮选中“GameStartBlack”，如图 16-40 所示。

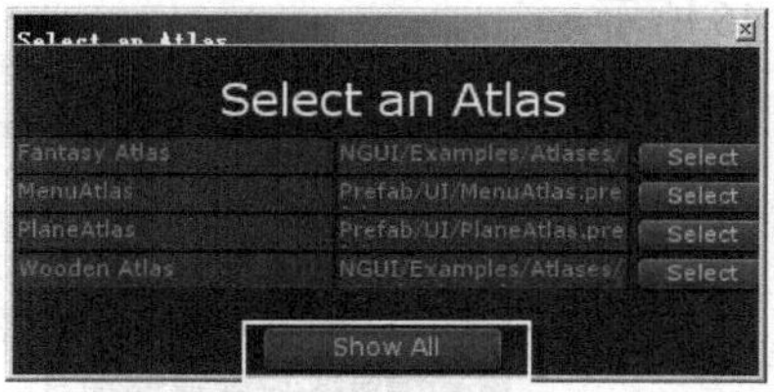

▲图 16-39　选择图集

▲图 16-40　选择图元

（10）修改 UIButton 脚本下的 Sprites 参数，使其除 Pressed 选项为“GameStartRed”外其他都是“GameStartBlack”，如图 16-41 所示。根据以上方法，再依次修改其他 4 个按钮的图元及不同状态下的图元显示，按钮将在不同状态下相对应地显示不同的图片。

（11）依次单击“NGUI→Create→Sprite”创建一个 UI 图元，调整其大小和位置，并命名为“SpriteTittle”。选中刚刚创建的图元，将右边面板下 UISprite 脚本中的图集修改为“MenuAtlas”，图元修改为“Tittle”，如图 16-42 所示。

▲图 16-41　设置图元

▲图 16-42　设置图元

（12）选中 Anchor 对象，依次单击“GameObject→Create Empty”创建一个空对象作为其子对象，调整其位置并命名为“PanelHandle”。该对象将用于对本游戏主菜单界面中的各个子菜单的管理，下面将创建 3 个子菜单对象作为其子对象。

（13）选中 PanelHandle，依次单击“NGUI→Create→Panel”创建一个 UI 面板，并将其命名为“PanelHistory”，该面板用于显示本游戏中的历史记录，如图 16-43 所示。然后创建 ButtonBack 按钮，并赋予其对应的图集和图元，如图 16-44 所示。

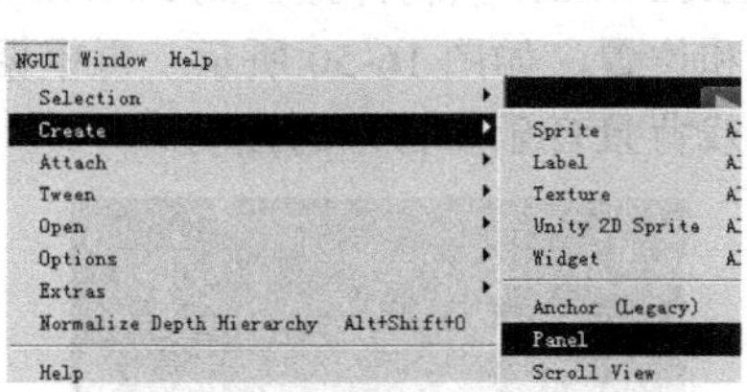

▲图 16-43　新建面板

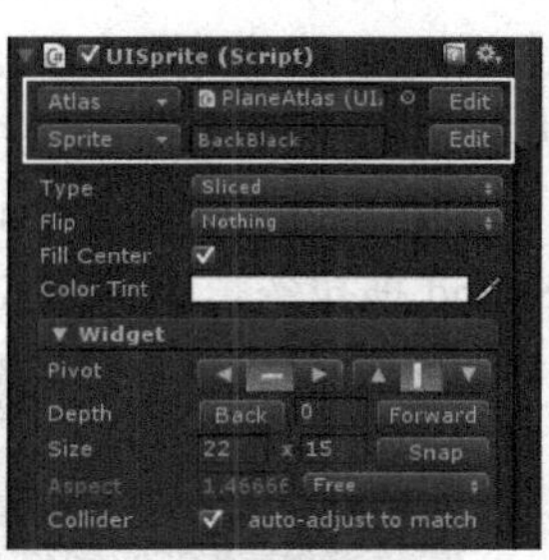

▲图 16-44　选择图元

（14）选中 PanelHistory，依次单击“NGUI→Create→Label”创建一个标签，并将其命名为

“LabelNO0”。选中 LabelNO0。再分别创建 LabelPlayer 和 LabelScore 标签作为其子对象。再依次单击“NGUI→Create→Sprite”创建一个图元，如图 16-45 所示。

（15）调整 LabelNO0 对象的子对象 LabelPlayer 和 LabelScore 的位置，使其分别位于两边，再调整 Sprite 的位置，并赋予其相应的图元，使其作为该标签的背景图元。根据以上操作，再依次创建 LabelNO1 到 LabelNO7 等 7 个标签，如图 16-46 所示。

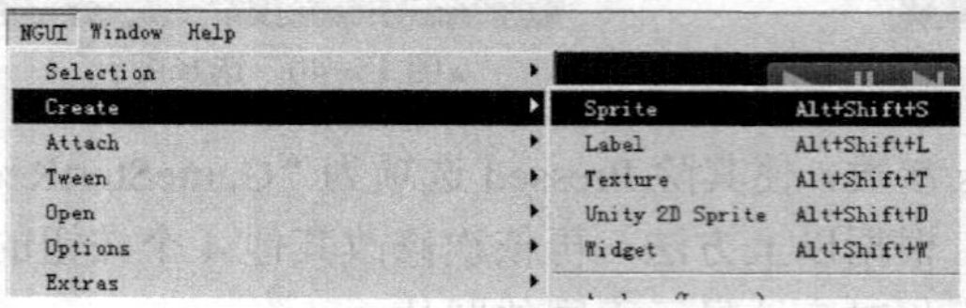

▲图 16-45　新建图元

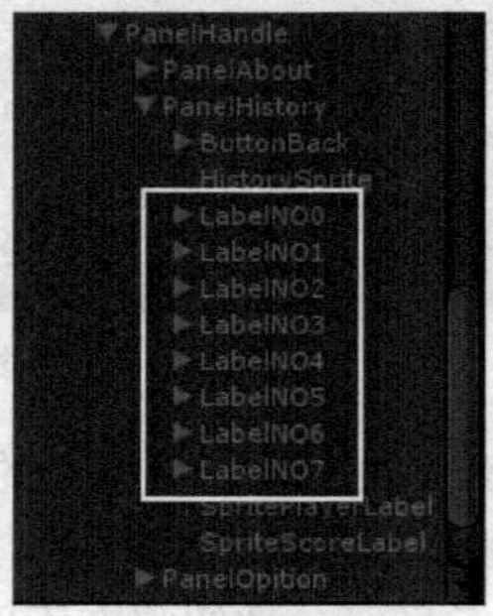

▲图 16-46　历史面板目录

（16）选中 PanelHistory，分别创建分为“HistorySprite”“SpritePlayerLabel”以及“SpriteScoreLabel”的图元，调整这 3 个图元的位置和深度，前者作为历史记录面板的背景图片，后两者分别作为历史记录的列名，如图 16-47 所示。至此，历史记录面板已开发完成。

（17）选中 PanelOpition，分别创建 ButtonBack 和 ButtonReset 按钮，赋予相对应的图元并调整其位置，这两个按钮分别负责面板返回和数据重设等功能。再创建 OpitionSprite 图元作为本面板的背景图片，如图 16-48 所示。

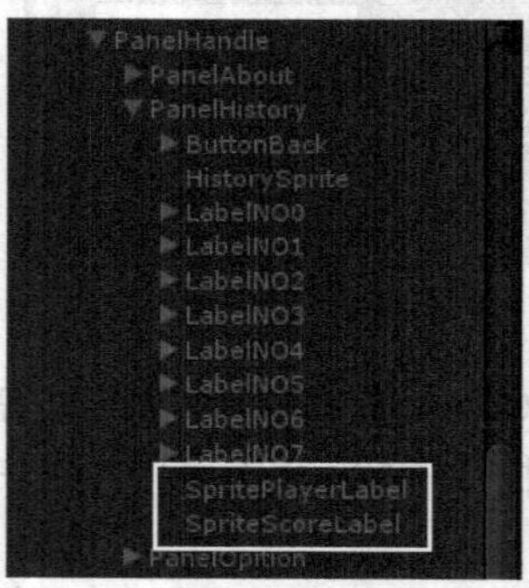

▲图 16-47　图元目录

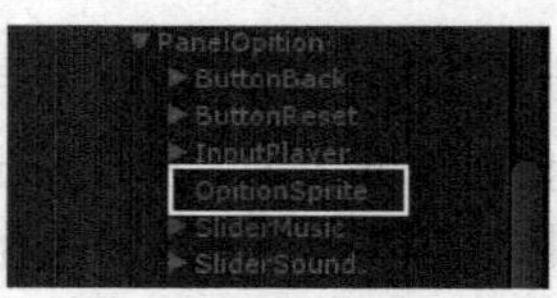

▲图 16-48　背景图元

（18）搜索“control”，将结果中的 Control - Simple Input Field 预制件拖曳到 PanelOpition 下作为其子对象，并重命名为“InputPlayer”，调整其大小和位置，使其位于面板上方，如图 16-49 所示。该输入框用于玩家名字的输入，以便游戏结束之后对游戏数据的存储。

（19）搜索“control”，将结果中的 Control - Colored Slider 预制件拖曳到 PanelOpition 下作为其子对象，并重命名为“SliderMusic”，调整其大小和位置，如图 16-50 所示。再根据以上步骤，创建 SliderSound 拖拉条，这两个控件分别用于对游戏背景音乐和音效的控制。

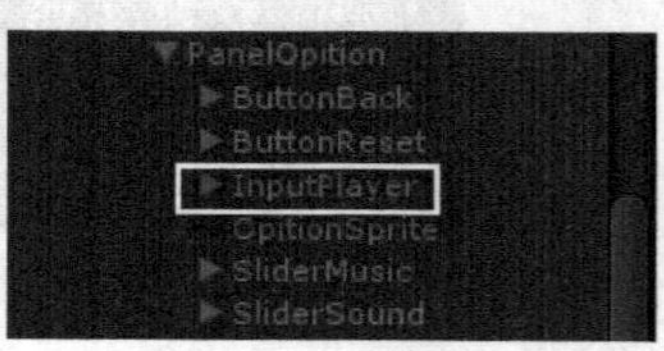

▲图 16-49　信息输入框

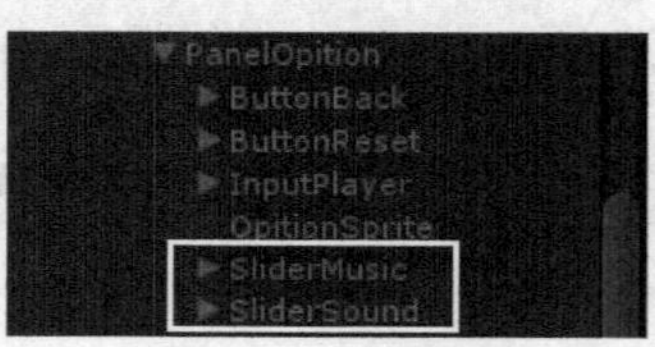

▲图 16-50　声音滑杆

（20）选中 PanelAbout，创建“ButtonBack”，调整其位置和大小，用于实现面板的返回操作。再把 Assets\Fbx 目录下的 flag 拖曳到 PanelAbout 下作为其子对象，然后调整其大小和位置，使其刚好能填充屏幕，如图 16-51 所示。

（21）依次单击“GameObject→Create Other→Cylinder”分别创建两个圆柱体用于作为连接 flag 的斜杠，调整其位置和大小，效果如图 16-52 所示。至此，游戏关于面板已开发完成。

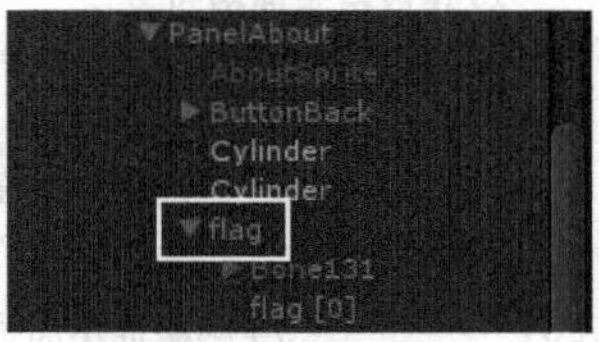

▲图 16-51　旗子对象

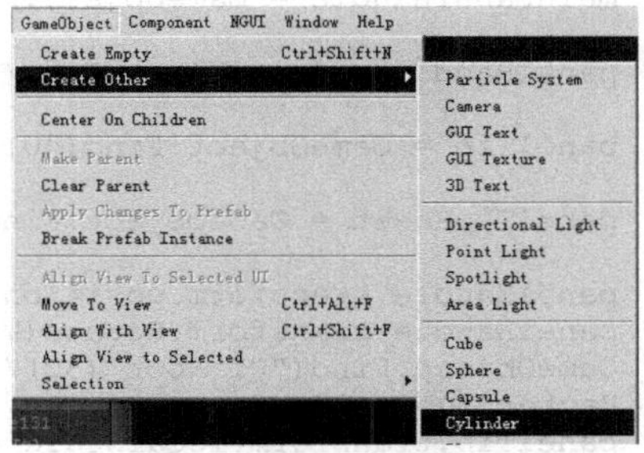

▲图 16-52　新建圆柱体

（22）选中 Anchor，依次单击“NGUI→Create→Panel”创建一个面板，并命名为“PanelTip”，选中刚刚创建完成的 PanelTip，分别创建两个按钮，并命名为“ButtonCacel”和“ButtonOK”，再创建一个图元作为该面板的背景图片，并命名为“TipSprite”。如图 16-53 所示。

（23）选中 Anchor，依次单击“NGUI→Create→Panel”创建一个面板，并命名为“PanelTipReset”。选中刚刚创建完成的 PanelTipReset，创建两个按钮并分别命名为“ButtonNO”和“ButtonYes”，再创建一个图元作为该面板的背景图片并命名为“TipSprite”。如图 16-54 所示。

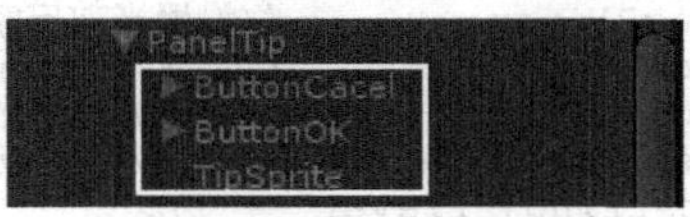

▲图 16-53　提示板目录

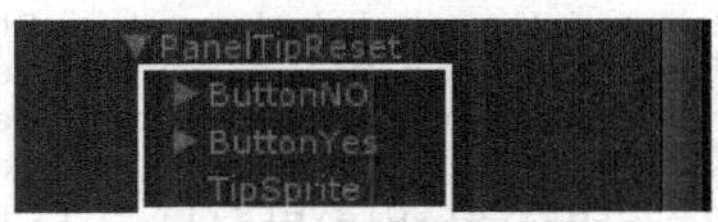

▲图 16-54　重设数据提示板目录

（24）选中 Anchor，依次单击“NGUI→Create→Panel”创建一个面板，并命名为“PanelTouchTip”。选中刚刚创建完成的 PanelTouchTip，创建一个图元，调整其位置和大小，并命名为“SpriteTip”。该面板用于显示触摸提示，后续的开发中将进行详细介绍。

16.5.2　主菜单界面监听脚本的开发

上一节中介绍了主菜单界面的搭建，读者应该对通过 NGUI 进行界面开发的方法有了一定的了解。但是只搭建出一个界面是远远不够的，还要对界面中各个控件进行监听，并进行相对应的操作。本节将详细介绍对 NGUI 控件的监听方法。

（1）新建脚本“UIListener.cs”并挂载在 NGUI 根目录 UI Root(3D)下的 Camera 对象上。该脚本用于对主菜单界面中所有的面板和控件进行监听，并在玩家点击任意的按钮或拖动拖拉条时做出相对应的操作。首先介绍的是本脚本中的 Start 方法，其详细代码如下。

代码位置：见随书光盘中源代码/第 16 章目录下的 SP/Assets/Scripts/UIListener.cs。

```
using UnityEngine;
using System.Collections;
public class UIListener : MonoBehaviour {
  GameObject mainPanelHandle;                    //声明控制主菜单旋转的对象
  GameObject panelHandle;                        //控制其他菜单旋转的对象
  GameObject panelTip;                           //声明提示框对象
  GameObject panelTipReset;                      //声明重设提示框对象
```

```
8     GameObject facePanel;                         //用于存储当前其他界面对象
9     UIPanel panelMain;                            //声明主菜单界面对象
10    public UIInput inputPlayer;                   //声明玩家信息输入框
11    public UISlider sliderMusic;                  //声明背景音乐滑杆
12    public UISlider sliderSound;                  //声明声音滑杆
13    public AudioClip musicBg;                     //声明背景音乐声音片段
14    public static bool restart = false;           //声明是否重新开始的标志位
15    bool tipShow;                                 //声明展示板是否显示的标志位
16    void Start () {
17     mainPanelHandle = GameObject.Find("UI Root (3D)/Anchor/MainPanelHandle");
                                                    //获取菜单对象
18     panelHandle = GameObject.Find("UI Root (3D)/Anchor/PanelHandle");
                                                    //获取子菜单控制对象
19     panelTip = GameObject.Find("UI Root (3D)/Anchor/PanelTip");
                                                    //获取提示面板对象
20     panelTipReset = GameObject.Find("UI Root (3D)/Anchor/PanelTipReset");
                                                    //获取重设面板对象
21     panelHandle.transform.position += Vector3.down * 10;  //通过旋转隐藏主菜单
22     panelHandle.transform.Rotate(Vector3.down * 90);       //通过旋转隐藏子菜单
23     GameObject.Find("UI Root (3D)/Anchor/PanelTouchTip").transform.position +=
       Vector3.up * 10;
24     panelTip.transform.localScale = Vector3.zero;          //隐藏提示面板
25     panelTipReset.transform.localScale = Vector3.zero;     //隐藏重设面板
26     if (Staticer.stringPlayer.Length == 0 && PlayerPrefs.GetString("Player").Length ==
       0) {//首次运行
27       Staticer.stringPlayer = "Player";                    //重设当前玩家名字
28       Staticer.valueMusic = 0.5f;                          //重设游戏音乐音量
29       Staticer.valueSound = 0.5f;                          //重设游戏音效音量
30       PlayerPrefs.SetString("Player", Staticer.stringPlayer); //存储当前玩家名字
31       PlayerPrefs.SetFloat("Music", Staticer.valueMusic); //存储游戏音乐音量
32       PlayerPrefs.SetFloat("Sound", Staticer.valueSound); //存储游戏音效音量
33     }
34     Staticer.stringPlayer = PlayerPrefs.GetString("Player"); //获取当前玩家名字
35     Staticer.valueMusic = PlayerPrefs.GetFloat("Music");   //获取游戏音乐音量
36     Staticer.valueSound = PlayerPrefs.GetFloat("Sound");   //获取游戏音效音量
37     inputPlayer.label.text = Staticer.stringPlayer;        //设置当前玩家名字
38     sliderMusic.value = Staticer.valueMusic;               //设置游戏音乐音量
39     sliderSound.value = Staticer.valueSound;               //设置游戏音效音量
40     for (int i = 0; i < Staticer.players.Length; i++) {    //遍历游戏的历史记录数据
41      Staticer.players[i] = PlayerPrefs.GetString("Player" + i);
                                                    //获取历史记录中的玩家名字
42      Staticer.scores[i] = PlayerPrefs.GetInt("Score" + i); //获取历史记录中的分数
43      if (Staticer.players[i].Length != 0) {               //如果该项数据有效
44        GameObject.Find("UI Root (3D)/Anchor/PanelHandle/PanelHistory/LabelNO" + i
+
45       "/LabelPlayer").GetComponent<UILabel>().text = Staticer.players[i];
                                                    //将玩家名字赋予姓名框
46        GameObject.Find("UI Root (3D)/Anchor/PanelHandle/PanelHistory/LabelNO" + i
+
47       "/LabelScore").GetComponent<UILabel>().text = Staticer.scores[i] + "";
                                                    //将分数赋予分数框
48      } else {
49        GameObject.Find("UI Root (3D)/Anchor/PanelHandle/PanelHistory/LabelNO" + i
+
50        "/LabelPlayer").GetComponent<UILabel>().text = "";//清空玩家姓名框
51        GameObject.Find("UI Root (3D)/Anchor/Panel120Handle/PanelHistory/LabelNO"
52       + i + "/LabelScore").GetComponent<UILabel>().text = ""; //清空分数框
53     }}
54     GetComponent<AudioSource>().clip = musicBg;            //设置背景音乐资源
55     audio.volume = Staticer.valueMusic;                    //设置音乐音量
56     audio.Play();                                          //播放背景音乐
57     if (restart) {                                         //若正在重新开始
58      ButtonStartClick(null);                               //清除开始按钮的监听
59      restart = false;}                                     //修改标志位
60     inputPlayer.GetComponent<UISprite>().enabled = false; //暂时禁止输入框的使用
61    }
```

- 第 4-15 行的主要功能是声明各个游戏对象、UI 面板对象、UI 控件对象、音频变量及标志位等参数，用于接下来面板的翻转、控件的控制和声音的播放。在后面的代码中，通过对这一

部分参数的设置与调用，来实现对 UI 界面的整体调控。

- 第 17-20 行的主要功能是通过 GameObject.Find()方法来获取所需的游戏对象，通过路径搜索场景中的对象比直接拖曳游戏对象到脚本参数框内的方法效率低，但其好处是代码简洁、可加工性高且更为灵活。该方法切不可在每帧都调用的代码块中使用。
- 第 21-25 行的主要功能是通过对菜单面板或菜单面板控制对象进行旋转，来达到隐藏面板的目的，而在之后的点击中，将面板按反方向旋转，使其重新呈现在玩家面前。
- 第 26-39 行的主要功能是先对游戏存储的数据进行判断，若是第一次运行，则重置静态类中的游戏数据，并把重置后的游戏数据存储在 Unity 预制的数据库中。在游戏运行的过程中，如果玩家不对玩家名字和音乐音量进行修改，则直接通过默认设置存储。
- 第 40-53 行的主要功能是遍历游戏存储的历史记录，将其数据显示在游戏记录面板上。若在指定键下的数据未存储，则会返回一个空字符串，所以要对该数据的长度进行判断，并根据其是否为空数据，选择性地把结果呈现在面板上或清空其显示。
- 第 54-56 行的主要功能是设置背景音乐资源，修改背景音乐的音量使其与玩家设置的值相等，并播放该背景音乐。另外，摄像机上需要挂载 Audio Listener 组件和 Audio Source 组件才能进行背景音乐和音效的播放，否则将会出现静音的后果。

（2）实现脚本 UIListener.cs 中 Awake 方法的重写。Awake 方法在脚本开始运行时运行一次，以后不再运行。在本脚本中，将调用 NGUI 提供的静态方法 UIEventListener 对各个控件的回调事件进行设置，该方法通过委托，把后面开发的方法与按钮回调挂钩。其详细代码如下。

代码位置：见随书光盘中源代码/第 16 章目录下的 SP/Assets/Scripts/UIListener.cs。

```
1    void Awake() {
2      UIEventListener.Get(GameObject.Find("UI Root (3D)/Anchor/MainPanelHandle
3      /Panel/ButtonStart")).onClick = ButtonStartClick;    //设置游戏开始按钮的回调方法
4      UIEventListener.Get(GameObject.Find("UI Root (3D)/Anchor/MainPanelHandle
5      /Panel/ButtonHistory")).onClick = ButtonHistoryClick; //设置历史记录按钮的回调方法
6      UIEventListener.Get(GameObject.Find("UI Root (3D)/Anchor/MainPanelHandle/Panel
7      /ButtonOpition")).onClick = ButtonOpitionClick;      //设置游戏设置按钮的回调方法
8      UIEventListener.Get(GameObject.Find("UI Root (3D)/Anchor/MainPanelHandle/Panel
9      /ButtonAbout")).onClick = ButtonAboutClick;          //设置游戏关于按钮的回调方法
10     UIEventListener.Get(GameObject.Find("UI Root (3D)/Anchor/MainPanelHandle/Panel
11     /ButtonExit")).onClick = ButtonExitClick;            //设置游戏退出按钮的回调方法
12     UIEventListener.Get(GameObject.Find("UI Root (3D)/Anchor/PanelHandle/PanelHistory
13     /ButtonBack")).onClick = ButtonBackClick;            //设置返回按钮的回调方法
14     UIEventListener.Get(GameObject.Find("UI Root (3D)/Anchor/PanelHandle/PanelOpition
15     /ButtonBack")).onClick = OpitionBackClick;//设置游戏设置面板中返回按钮的回调方法
16     UIEventListener.Get(GameObject.Find("UI Root (3D)/Anchor/PanelHandle/PanelOpition
17     /ButtonReset")).onClick = ButtonResetClick;          //设置重置数据按钮的回调方法
18     UIEventListener.Get(GameObject.Find("UI Root (3D)/Anchor/PanelHandle/PanelOpition
19     /SliderMusic")).onDrag = SliderMusicClick;//设置背景音乐音量拖拉条拖曳的回调方法
20     UIEventListener.Get(GameObject.Find("UI Root (3D)/Anchor/PanelHandle/PanelAbout
21     /ButtonBack")).onClick = ButtonBackClick;            //设置返回按钮的回调方法
22     UIEventListener.Get(GameObject.Find("UI Root (3D)/Anchor/PanelTip/ButtonOK"))
23     .onClick = ButtonOKClick;                            //设置确定按钮的回调方法
24     UIEventListener.Get(GameObject.Find("UI Root (3D)/Anchor/PanelTip/ButtonCacel"))
25     .onClick = ButtonCacelClick;                         //设置取消按钮的回调方法
26     UIEventListener.Get(GameObject.Find("UI Root (3D)/Anchor/PanelTipReset/ButtonYes"))
27     .onClick = ButtonYesClick;                           //设置是按钮的回调方法
28     UIEventListener.Get(GameObject.Find("UI Root (3D)/Anchor/PanelTipReset/ButtonNO"))
29     .onClick = ButtonNOClick;                            //设置否按钮的回调方法
30   }
```

说明　第 1-30 行的主要功能是先使用路径搜寻的方法获得各个按钮对象的引用，再通过 NGUI 提供的事件挂载器把脚本中的方法挂载给各个按钮的回调事件。Awake 方法中的参数依赖于后面的开发，读者可先行阅读后面的开发，再回头查看本小段的讲解。

（3）接下来将向读者介绍一些零碎方法的开发，这些工具方法就像本脚本的工具，用于在回调方法中使用。把冗余的代码进行封装，有利于提高代码的可读性，同时使脚本更为简洁明了。下面将详细讲解展开面板和关闭面板的开发，其详细代码如下。

代码位置：见随书光盘中源代码/第 16 章目录下的 SP/Assets/Scripts/UIListener.cs。

```
1   IEnumerator panelUnfold(GameObject clickPanel) {                    //展开菜单
2     switchPanel(mainPanelHandle.transform.GetChild(0), false);       //关闭主菜单功能
3     clickPanel.transform.position += Vector3.up * 10;                //将指定菜单面板移开
4     while (mainPanelHandle.transform.rotation.eulerAngles.y < 90) {//在限定的范围内
5       mainPanelHandle.transform.Rotate(Vector3.up * Time.deltaTime * 500);
                                                                       //旋转主菜单面板
6       panelHandle.transform.Rotate(Vector3.up * Time.deltaTime * 500);
                                                                       //旋转子菜单面板
7       yield return new WaitForSeconds(Time.deltaTime);              //休眠一定的时间
8     }
9     mainPanelHandle.transform.rotation = new Quaternion(0, 0.7f, 0, 0.7f);
                                                                       //重设主菜单面板位置
10    panelHandle.transform.rotation = new Quaternion(0, 0, 0, 1);//重设子菜单面板位置
11
12  IEnumerator panelFold(GameObject clickPanel) {                      //回缩菜单
13    if (tipShow) {                                                   //若正在显示提示板
14      yield break;                                                   //中断程序的运行
15    }
16    while (mainPanelHandle.transform.rotation.eulerAngles.y > 0 && //在限定的范围内
17    mainPanelHandle.transform.rotation.eulerAngles.y < 180) {
18      mainPanelHandle.transform.Rotate(Vector3.down * Time.deltaTime * 500);
                                                                       //旋转主菜单面板
19      panelHandle.transform.Rotate(Vector3.down * Time.deltaTime * 500);
                                                                       //旋转子菜单面板
20      yield return new WaitForSeconds(Time.deltaTime);              //休眠一定的时间
21    }
22    clickPanel.transform.position += Vector3.down * 10;              //移动当前面板
23    switchPanel(mainPanelHandle.transform.GetChild(0), true);        //打开主菜单功能
24    mainPanelHandle.transform.rotation = new Quaternion(0, 0, 0, 1);
                                                                       //重设主菜单面板位置
25    panelHandle.transform.rotation = new Quaternion(0, -0.7f, 0, 0.7f);
                                                                       //重设子菜单面板位置
26  }
```

- 第 1-11 行的主要功能是通过同时旋转主菜单面板和指定子菜单面板，来隐藏主菜单面板并呈现指定菜单面板。在脚本开始运行的时候将各个面板平移到偏离屏幕的地方，并在本方法运行时挪到摄像机前方，同时旋转面板产生特效。
- 第 12-15 行的主要功能是当提示面板正在运行时，中断后续代码的执行。该代码块主要用于防止提示面板在运行的时候产生误操作，出现难以预料的错误。
- 第 16-26 行的主要功能是通过同时旋转主菜单面板和指定子菜单面板，来隐藏指定子菜单面板并呈现主菜单面板。当旋转结束后，将指定的子菜单面板平移出屏幕，放到默认位置，并重新开始主菜单面板的监听，使该面板上的控件能够重新使用。

（4）接下来向读者介绍一下 UIListener.cs 脚本中的另外几个工具方法的开发，这些工具方法包括提示框的展开和合并、触摸等待以及脚本功能的开关器。这些方法有的在前面已经被调用，对后面的开发也起到了一定的作用。其详细代码如下所示。

代码位置：见随书光盘中源代码/第 16 章目录下的 SP/Assets/Scripts/UIListener.cs。

```
IEnumerator tipUnfold(GameObject panelTip, Transform closePanel) { //展开提示框
  int i = 0;                                                       //帧计数器
  while (i < 5) {                                                  //每 5 帧调用一次
    panelTip.transform.localScale += new Vector3(0.002f, 0.002f, 0.002f);
                                                                   //放大提示面板
    i++;                                                           //帧计数器自加
    yield return new WaitForSeconds(0.02f);                        //休眠一定时间
}}
```

```
8    IEnumerator tipFold(GameObject panelTip, Transform openPanel) {
                                                          //回缩提示框
9      int i = 0;                                         //帧计数器
10     while (i < 5) {                                    //每 5 帧调用一次
11       panelTip.transform.localScale -= new Vector3(0.002f, 0.002f, 0.002f);
                                                          //缩小提示面板
12       i++;                                             //帧计数器自加
13       yield return new WaitForSeconds(0.02f);          //休眠一定时间
14   }}
15   IEnumerator touchWaiter() {                          //触摸等待
16     yield return new WaitForSeconds(0.5f);             //休眠 0.5s
17     Staticer.isIntoGame = true;                        //修改进入游戏标志位
18     StartCoroutine(twinklePanel());                    //开启提示面板的闪烁功能
19   }
20   IEnumerator twinklePanel() {                         //提示面板的闪烁
21     UIPanel panel = GameObject.Find("UI Root (3D)/Anchor/PanelTouchTip")
                                                          //获取提示面板对象
22     .GetComponent<UIPanel>();
23     bool add = false;                                  //初始化闪烁标志位
24     while (Staticer.isIntoGame) {                      //进入循环
25       if (add) {                                       //判断闪烁标志位
26         panel.alpha += 0.1f;                           //修改透明度
27         if (panel.alpha >= 1.0f) {                     //透明度到达上限值
28           add = false;                                 //修改闪烁标志位
29       }} else {
30         panel.alpha -= 0.1f;                           //修改透明度
31         if (panel.alpha <= 0.0f) {                     //透明度到达下限值
32           add = true;                                  //修改闪烁标志位
33       }}
34       yield return new WaitForSeconds(0.05f);          //休眠一定的时间
35   }}
```

- 第 1-14 行的主要功能是通过修改提示面板的缩放比例，产生一个呈现或消失的特效，达到展开或回缩显示面板的目的。本脚本开始运行时通过重置该面板的缩放比例使其最小化，并在玩家完成一定的操作之后重置其缩放比例。该方法每隔一定的时间调用一次。
- 第 15-19 行的主要功能是用于显示提示面板，并调用提示面板的闪烁方法实现该面板的闪烁。该方法在脚本运行 0.5s 后运行，防止玩家的误操作。
- 第 20-35 行的主要功能是通过修改提示面板的 Alpha 值来实现其闪烁。当其 Alpha 值处于最大值时，使该值缓慢变小，实现面板向透明转变。当面板的 Alpha 值为最小值即其为透明状态时，则使其向反方向变化，如此循环变化。

（5）接下来向读者讲解主菜单面板上各个按钮的回调事件的开发，包括游戏开始、历史记录、游戏设置、游戏关于、游戏退出等按钮的开发。这几个按钮的回调事件可能会调用到其他尚未完成的方法，玩家可先行查阅后面的内容，与本方法代码进行对照。其详细代码如下。

代码位置：见随书光盘中源代码/第 16 章目录下的 SP/Assets/Scripts/UIListener.cs。

```
void ButtonStartClick(GameObject button) {                 //开始游戏按钮回调事件
  GameObject.Find("UI Root (3D)/Anchor/PanelTouchTip").transform.position
                                                           //隐藏提示面板
  += Vector3.down * 10;
  switchPanel(mainPanelHandle.transform.GetChild(0), false);  //关闭主菜单面板功能
  mainPanelHandle.transform.position += Vector3.down * 10;    //隐藏主菜单面板
  StartCoroutine(touchWaiter());                           //开启等待提示面板
}
void ButtonHistoryClick(GameObject button) {               //历史记录按钮回调事件
  facePanel = GameObject.Find("UI Root (3D)/Anchor/PanelHandle/PanelHistory");
                                                           //设置当前面板
  StartCoroutine(panelUnfold(facePanel));                  //显示历史记录面板
}
void ButtonOpitionClick(GameObject button) {               //设置按钮回调事件
  facePanel = GameObject.Find("UI Root (3D)/Anchor/PanelHandle/PanelOpition");
                                                           //设置当前面板
  StartCoroutine(panelUnfold(facePanel));                  //显示游戏设置面板
```

```
15    inputPlayer.GetComponent<UISprite>().enabled = true;      //关闭输入框功能
16  }
17  void ButtonAboutClick(GameObject button) {                    //关于按钮回调事件
18    facePanel = GameObject.Find("UI Root (3D)/Anchor/PanelHandle/PanelAbout");
                                                                  //设置当前面板
19    StartCoroutine(panelUnfold(facePanel));                     //显示关于面板
20  }
21  void ButtonExitClick(GameObject button) {                     //退出按钮回调事件
22    switchPanel(mainPanelHandle.transform.GetChild(0), false);  //关闭主菜单功能
23    StartCoroutine(tipUnfold(panelTip, mainPanelHandle.transform.GetChild(0).transform));
                                                                  //提示板
24  }
```

❑ 第 1-7 行的主要功能是对游戏开始按钮进行监听。当玩家点击游戏开始按钮时，程序关闭主菜单面板的功能和隐藏主菜单面板和提示面板的显示，并开启触摸等待方法。玩家可在触摸等待方法的提示下进入游戏。

❑ 第 8-20 行的主要功能是实现对历史记录按钮、游戏设置按钮、游戏关于按钮的监听。当玩家点击这几个按钮中的任意一个时，系统将把玩家点击的按钮指定的面板赋予当前面板对象，并开启特效方法以显示指定面板并关闭主菜单面板。当点击设置按钮时则同时开始输入框功能。

❑ 第 21-24 行的主要功能是实现对游戏退出按钮的监听。当玩家点击游戏退出按钮时，系统弹出退出提示，当玩家再次确定退出之后才真正退出游戏。同时关闭主菜单功能防止玩家的误操作。

（6）下面将向读者讲解子菜单面板中返回按钮的回调事件的开发。设置面板中的返回按钮需要同时保存游戏设置的数据，所以需要独立进行开发。其详细代码如下。

代码位置：见随书光盘中源代码/第 16 章目录下的 SP/Assets/Scripts/UIListener.cs。

```
1   void ButtonBackClick(GameObject button) {                  //返回按钮回调事件
2     StartCoroutine(panelFold(facePanel));                    //进行回缩菜单操作
3   }
4   void OpitionBackClick(GameObject button) {                 //设置界面返回按钮回调事件
5     StartCoroutine(panelFold(facePanel));                    //进行回缩菜单操作
6     Staticer.stringPlayer = inputPlayer.label.text;          //储存玩家信息
7     Staticer.valueMusic = sliderMusic.value;                 //储存游戏背景音乐音量
8     Staticer.valueSound = sliderSound.value;                 //储存游戏音效音量
9     PlayerPrefs.SetString("Player", Staticer.stringPlayer); //向数据库储存玩家信息
10    PlayerPrefs.SetFloat("Music", Staticer.valueMusic);      //向数据库储存游戏背景音
乐音量
11    PlayerPrefs.SetFloat("Sound", Staticer.valueSound);//向数据库储存游戏音效音量
12    inputPlayer.GetComponent<UISprite>().enabled = false; //关闭设置面板输入框功能
13  }
```

❑ 第 1-3 行的主要功能是实现历史记录面板、游戏关于面板中返回按钮的回调事件。当玩家点击返回按钮时，系统调用菜单回缩方法，将指定子菜单面板隐藏，并呈现主菜单面板。

❑ 第 4-13 行的主要功能是实现游戏设置面板中返回按钮的回调事件。当玩家点击该返回按钮时，系统在隐藏子菜单面板并呈现主菜单面板后，往静态类和数据库存入当前的游戏设置信息，以便在其他代码块中进行设置，并在下次运行时读取上次存储的设置信息。

（7）下面向读者介绍其他按钮的回调事件的开发。其中包括数据重设按钮、确定按钮、取消按钮、是按钮、否按钮、背景音乐拖拉条及音效拖拉条的回调事件。其详细代码如下。

代码位置：见随书光盘中源代码/第 16 章目录下的 SP/Assets/Scripts/UIListener.cs。

```
1   void ButtonResetClick(GameObject button) {                 //重设数据按钮回调事件
2     tipShow = true;                                          //修改提示板显示标志位
3     StartCoroutine(tipUnfold(panelTipReset, GameObject.Find
4     ("UI Root (3D)/Anchor/PanelHandle/PanelOpition").transform));//展开提示板
5   }
6   void ButtonOKClick(GameObject button) {                    //确定按钮回调事件
7     Application.Quit();                                      //完全退出游戏
8   }
9   void ButtonCacelClick(GameObject button) {                 //取消按钮回调事件
```

```
10    switchPanel(mainPanelHandle.transform.GetChild(0), true); //开启主菜单功能
11    StartCoroutine(tipFold(panelTip, mainPanelHandle.transform.GetChild(0).transform));
                                                                //展开提示板
12  }
13  void ButtonYesClick(GameObject button) {                   //是按钮回调事件
14    Staticer.stringPlayer = "Player";                        //重置玩家信息
15    Staticer.valueMusic = 0.5f;                              //重置游戏背景音乐音量值
16    Staticer.valueSound = 0.5f;                              //征调游戏音效音量值
17    PlayerPrefs.SetString("Player", Staticer.stringPlayer); //存储玩家信息
18    PlayerPrefs.SetFloat("Music", Staticer.valueMusic);      //存储游戏背景音乐音量值
19    PlayerPrefs.SetFloat("Sound", Staticer.valueSound);      //存储游戏音效音量值
20    Staticer.players = new string[8];                        //重置玩家信息数组
21    Staticer.scores = new int[8];                            //重置游戏分数数组
22    for (int i = 0; i < Staticer.players.Length; i++) {     //遍历玩家信息数组
23      PlayerPrefs.SetString("Player" + i, "");               //重新存储玩家信息
24      PlayerPrefs.SetInt("Score" + i, 0);                    //重新存储游戏分数
25      GameObject.Find("UI Root (3D)/Anchor/PanelHandle/PanelHistory/LabelNO" + i +
26      "/LabelPlayer").GetComponent<UILabel>().text = "";     //清空玩家信息标签
27      GameObject.Find("UI Root (3D)/Anchor/PanelHandle/PanelHistory/LabelNO" + i +
28      "/LabelScore").GetComponent<UILabel>().text = "";      //清空游戏分数标签
29    }
30    inputPlayer.label.text = Staticer.stringPlayer;          //设置玩家信息输入框
31    sliderMusic.value = Staticer.valueMusic;                 //设置游戏背景音乐音量
32    sliderSound.value = Staticer.valueSound;                 //设置游戏音效音量
33    StartCoroutine(tipFold(panelTipReset, GameObject.Find("UI Root (3D)/Anchor/PanelHandle
34    /PanelOpition").transform));                             //展开提示框
35    SliderMusicClick(null, Vector2.zero);                    //设置当前音乐播放音量
36    tipShow = false;                                         //重置提示板标志位
37  }
38  void ButtonNOClick(GameObject button) {                    //否按钮回调事件
39    tipShow = false;                                         //重置提示板标志位
40    StartCoroutine(tipFold(panelTipReset, GameObject.Find("UI Root (3D)/Anchor/PanelHandle
41    /PanelOpition").transform));                             //关闭提示板显示
42  }
43  void SliderMusicClick(GameObject slider, Vector2 v) {//背景音乐音量滑杆回调事件
44    audio.volume = GameObject.Find("UI Root (3D)/Anchor/PanelHandle/PanelOpition/SliderMusic")
45    .GetComponent<UISlider>().value;                         //设置当前音乐播放音量
46  }
47  void switchPanel(Transform panel, bool flag) {             //面板开关控制器
48    foreach (Transform mainButton in panel) {                //遍历面板子对象
49      if (mainButton.collider != null) {                     //判断其碰撞器
50        mainButton.collider.enabled = flag;                  //修改其碰撞器为指定状态
51  }}}
```

- 第 1-5 行的主要功能是修改展开提示面板标志位，并展开提示面板。玩家需要点击提示面板上的确认按钮才能实现数据的清除。
- 第 6-12 行的主要功能是实现确认按钮和取消按钮的监听。当玩家点击确认按钮时，游戏完全退出；而当玩家点击取消按钮时，则关闭提示板，返回到游戏。
- 第 13-37 行的主要功能是实现是按钮的监听。当玩家点击是按钮时，系统重置游戏设置信息，并将其重新存储到数据库和静态类中。同时，清空数据库中存储的历史记录，并把历史记录面板上的标签内容全部清空，实现清空数据的功能。
- 第 43-46 行的主要功能是实现音乐音量拖拉条的回调事件。当玩家拖动音乐音量拖拉条时，该方法被调用，并实时地将正在播放的音乐的音量设置为所设置的值。
- 第 47-51 行的主要功能是实现对指定面板内按钮功能的开启与关闭。该方法在其他代码块中被调用，用来打开或禁用对应面板上的所有控件。该方法通过遍历指定面板的子对象，控制其所有子对象的碰撞器，来达到开关各个按钮的目的。

16.5.3 游戏界面的搭建

接下来进行游戏界面的搭建，这里步骤比较烦琐，包括控件的布局以及对控件事件的响应，

并与主菜单界面共用一个图集。游戏界面与游戏场景相互配合，并实时地显示当前游戏状态信息，需要在其他功能均已开发完毕的前提下完成。接下来对游戏场景的搭建进行详细的介绍。

（1）进入主游戏场景，依次单击“NGUI→Create→2D UI”创建一个 2D 类型的界面 UI Root，调整其位置使其不与主菜单界面重合。由于游戏界面的功能较为单调，所以使用过多的资源去实现一个 3D 类型的界面 UI 已经很没有必要了，2D 类型的界面 UI 足以实现我们所需要的功能。

（2）选中刚刚创建的 UI Root，依次单击“NGUI→Create→Anchor(Legacy)”创建一个锚点，用于实现屏幕自适应，游戏在不同的设备上运行所产生的效果基本一致。如图 16-55 所示。

（3）选中之前创建好的 UI Root，依次单击“NGUI→Create→Panel”创建一个面板，并命名为“PanelGame”。选中 PanelGame，分别创建“ButtonPause”“LabelBest”“LabelFace”和“LabelTime”，分别用于显示暂停按钮、分数和时间，如图 16-56 所示。

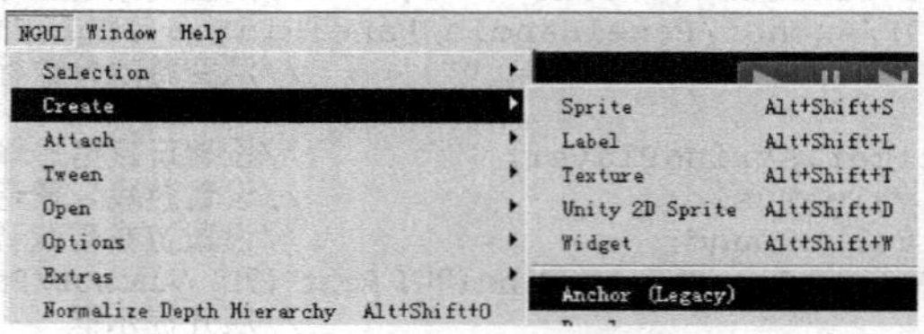

▲图 16-55　新建锚点

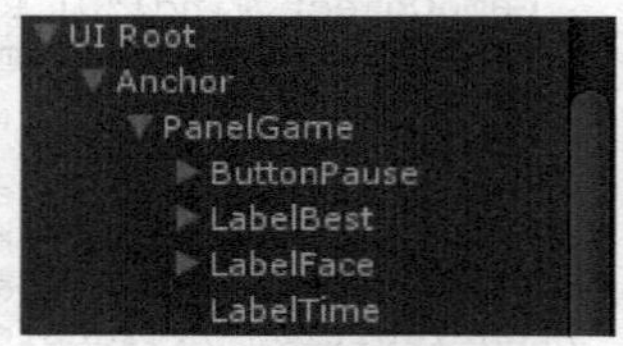

▲图 16-56　游戏界面目录

（4）选中 UI Root，创建 PanelOver 面板，基于该面板依次创建名为“ButtonQuitmenu”“ButtonRetry”等的按钮，再创建 LabelScore 标签，最后依次创建名为“SpriteNewscore”“SpriteScore”“SpriteTittle”等的图元，用于实现游戏结束界面的提示及向其他菜单的跳转。如图 16-57 所示。

（5）选中 UI Root，依次单击“NGUI→Create→Panel”先后创建名为“PanelPause0”和“PanelPause1”的面板，分别选中这两个面板依次创建名为“ButtonQuitmenu”“ButtonResume”“ButtonRestart”等的按钮。把按钮放置在两个不同的面板上，用于实现暂停面板特效。如图 16-58 所示。

▲图 16-57　游戏结束面板目录

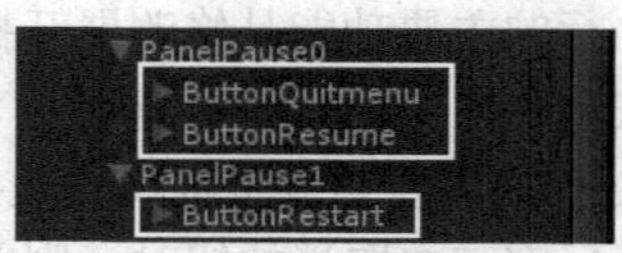

▲图 16-58　暂停界面目录

16.5.4　游戏界面监听脚本的开发

上一节中介绍了游戏界面的搭建，本节将向读者介绍对游戏界面监听脚本的开发。本节开发的内容使系统能够在玩家点击游戏按钮时做出相对应的操作，并实时地显示当前游戏的信息。

（1）新建脚本 GameUI.cs 并挂载在 Main Camera 对象上。该脚本用于对游戏界面中所有的面板和控件进行监听，并在玩家点击任意的按钮或拖动拖拉条时做出相对应的操作。首先介绍的是本脚本中的 Start 方法和 Awake 方法，这两个方法在脚本运行开始时运行一次。其详细代码如下。

代码位置：见随书光盘中源代码/第 16 章目录下的 SP/Assets/Scripts/GameUI.cs。

```
using UnityEngine;
using System.Collections;
public class GameUI : MonoBehaviour {
  public UILabel labelBest;                        //声明最佳分数标签
  public UILabel labelFace;                        //声明当前分数标签
```

```
6     public UILabel labelTime;                          //声明时间标签
7     public UIPanel uiPause;                            //声明暂停面板
8     public UILabel labelScore;                         //声明分数控件
9     bool disabled;                                     //是否可用标志位
10    void Start () {
11      labelBest.text = Staticer.scores[0] + "";        //初始化最佳分数标签
12      labelTime.text = 60 + "";                        //声明时间标签
13      GameObject.Find("UI Root/Anchor/PanelOver").transform.position += Vector3.left * 3;
                                                         //隐藏面板
14      Staticer.timeBegin = Time.time;                  //设置时间起始点
15      disabled = false;                                //初始化可用标志位
16    }
17    void Awake() {                      //设置重新开始按钮和回到主菜单按钮的回调事件
18      UIEventListener.Get(GameObject.Find("UI Root/Anchor/PanelOver/ButtonRetry"))
19      .onClick = RetryClick;                           //设置重新开始按钮回调事件
20      UIEventListener.Get(GameObject.Find("UI
        Root/Anchor/PanelOver/ButtonQuitmenu"))
21      .onClick = QuitmenuClick;                        //设置返回主菜单按钮回调事件
22  }}
```

- 第 4-9 行的主要功能是对脚本所需变量的声明，包括所需的 UI 控件和标志位。通过对这些变量的声明，并在后续的代码中进行调控，达到通过控件显示游戏信息的目的。
- 第 10-16 行的主要功能是实现 Start 方法的重写。该方法在游戏开始时运行一次。程序在该方法中初始化各个标签的值和标志位，并隐藏游戏结束面板，并在游戏结束时展开游戏结束面板。时间起始点用于计算游戏运行时间，可用标志位便于对本脚本的控制。
- 第 17-22 行的主要功能是分别对重新开始按钮和返回主菜单按钮的回调事件进行设置。这两个按钮分别设置的两个回调事件在后面的代码块中进行开发。

（2）接下来进行 GameUI.cs 中 Update 方法的重写。该方法每帧调用一次，实时地计算游戏倒计时和当前分数，并在游戏结束时，把当前分数与最高分数进行判断，并做出相对应的操作，同时更新数据库和面板标签。其详细代码如下。

代码位置：见随书光盘中源代码/第 16 章目录下的 SP/Assets/Scripts/GameUI.cs。

```
void Update () {
  if (disabled) {                                        //若脚本不可用
    return;                                              //中断脚本的运行
  }
  labelFace.text = (int)Staticer.score + "";             //更新当前分数标签值
  Staticer.times = (int)(60 - Time.time + Staticer.timeBegin);
                                                         //存储游戏运行倒计时
  if (Staticer.times < 0 && !Staticer.isPause) {         //游戏结束时的操作
    GameObject.Find("Main Camera").GetComponent<Shoot>().enabled = false;
                                                         //关闭发射脚本
    GameObject.Find("UI Root/Anchor/PanelOver").transform.position+=Vector3.right* 3;
    //隐藏面板
    labelScore.text = labelFace.text;                    //更新分数标签值
    if (PlayerPrefs.GetInt("Score0") < Staticer.score) { //若获得了更高记录
      GameObject.Find("UI Root/Anchor/PanelOver/SpriteScore").transform.position
      += Vector3.left * 3;
    } else {                          //显示分数图元
      GameObject.Find("UI Root/Anchor/PanelOver/SpriteNewscore").transform.position
      += Vector3.left * 3;
    }                                 //显示最佳分数图元
    saveScore(Staticer.score);                           //保存游戏数据
    uiPause.enabled = false;                             //关闭暂停面板功能
    disabled = true;                                     //关闭脚本运行
    Camera camera01 = GameObject.Find("Camera01").camera; //获取子摄像机
    camera01.enabled = true;                             //打开子摄像机
    ((CameraAnim)camera01.GetComponent("CameraAnim")).enabled = true;
                                                         //开启动画脚本
    GameObject.Find("UI Root/Camera").camera.depth = 1;  //修改摄像机深度值
    Staticer.isGameOver = true;                          //修改游戏结束标志位
```

```
26        GameObject.Find("UI Root/Anchor/PanelGame/ButtonPause").collider.enabled=false;
          //关闭按钮
27      } else {
28        labelTime.text = Staticer.times + "";                     //更新时间板
29      }}
```

❑ 第 2-6 行的主要功能是对脚本可用标志位进行判断，若脚本不可用，则断开脚本的运行。同时把当前游戏的分数实时地传递给面板上的分数标签值。并计算出游戏的倒计时值，把该值传递给游戏中的静态类进行存储，以便后续的代码块进行读取和计算。

❑ 第 7-29 行的主要功能是对游戏的状态进行判断。当游戏倒计时到达最低值时，结束游戏的运行，并保存游戏的分数。若当前分数比已保存的最高分数高，则替换原来的数据。同时，显示游戏结束面板，切换摄像机，播放游戏中的巡场动画作为游戏结束面板的背景。

（3）下面将向读者介绍方法 RetryClick 和方法 QuitmenuClick 的开发。这两个方法分别实现了重新开始按钮和返回主菜单按钮的监听，当玩家点击这两个按钮中的一个时，对应的监听方法将会被执行一次。其详细代码如下所示。

代码位置：见随书光盘中源代码/第 16 章目录下的 SP/Assets/Scripts/GameUI.cs

```
1    void RetryClick(GameObject button) {                          //重新开始按钮回调事件
2      Staticer.isGameOver = false;                                //初始化游戏结束标志位
3      GameObject.Find("UI Root/Anchor/PanelGame/ButtonPause").collider.enabled=true;
                                                                   //开启暂停按钮
4      Application.LoadLevel(Application.loadedLevelName);         //重新加载本场景
5      UIListener.restart = true;                                  //设置重新开始标志位
6    }
7    void QuitmenuClick(GameObject button) {                       //返回主菜单按钮回调事件
8      Staticer.isGameOver = false;                                //初始化游戏结束标志位
9      GameObject.Find("UI Root/Anchor/PanelGame/ButtonPause").collider.enabled=true;
                                                                   //开启暂停按钮
10     Application.LoadLevel(Application.loadedLevelName);         //重新加载本场景
11   }
```

❑ 第 1-11 行的主要功能是实现重新开始按钮和返回主菜单按钮回调事件的开发。这两个方法的代码基本一致，唯一的区别是在重新开始按钮的回调事件中修改了一个重新开始标志位，该标志位在其他代码块中进行调用，并进行不同的操作。

（4）接下来向读者讲解保存方法的实现。本方法在游戏结束的时候被调用，对当前游戏中的所有数据进行保存，并对所储存的 9 个数据进行排序储存到数据库中，以便以后的代码块中进行调用，并显示在历史记录面板中。其详细代码如下所示。

代码位置：见随书光盘中源代码/第 16 章目录下的 SP/Assets/Scripts/GameUI.cs。

```
void saveScore(int faceScore) {                                 //进行数据的保存
  Record[] historyRecord = new Record[9];                       //声明储存数组
  historyRecord[0] = new Record();                              //初始化首储存单元
  historyRecord[0].player = Staticer.stringPlayer;              //储存当前玩家信息
  historyRecord[0].score = Staticer.score;                      //储存当前游戏分数
  for (int i = 1; i < historyRecord.Length; i++) {              //遍历储存数组
    historyRecord[i] = new Record();                            //初始化储存单元
    historyRecord[i].player = Staticer.players[i - 1];//储存指定储存单元中的玩家信息
    historyRecord[i].score = Staticer.scores[i - 1];  //储存指定储存单元中的游戏分数
  }
  for (int i = 0; i < historyRecord.Length; i++) {              //对这 9 个成绩进行排序
    for (int j = 1; j < historyRecord.Length - i; j++) {  //根据分数进行冒泡排序
      if (historyRecord[j].score > historyRecord[j - 1].score) {   //若有更小的值
        Record temp = historyRecord[j];                         //声明缓存单元
        historyRecord[j] = historyRecord[j - 1];                //传递缓存单元
        historyRecord[j - 1] = temp;                            //重置目标单元
  }}}
  for (int i = 0; i < historyRecord.Length - 1; i++) {   //遍历这 9 个成绩中的前 8 个
    PlayerPrefs.SetString("Player" + i, historyRecord[i].player);//向数据库存储玩家信息
    PlayerPrefs.SetInt("Score" + i, historyRecord[i].score);   //向数据库存储分数
    Staticer.players[i] = historyRecord[i].player;       //存储玩家信息
    Staticer.scores[i] = historyRecord[i].score;         //存储游戏分数
```

```
23 }}
24 class Record {                              //带玩家名和分数值的储存单位
25  public int score;                          //游戏分数
26  public string player;                      //玩家姓名
27  public Record() {                          //构造器
28  score = 0;                                 //初始化游戏分数
29  player = "Player";                         //初始化玩家姓名
30  }}
```

- ❑ 第 1-10 行的主要功能是声明一个 Record 类型的长度为 9 的数组，将本次游戏记录储存在首元素上，并把历史记录的数据储存在后 8 个元素上。这个数组储存了本游戏所有的游戏记录信息，后续的代码将对其进行排序，并把前 8 位传递给历史记录面板的标签中。
- ❑ 第 11-23 行的主要功能是对之前获取完成的储存数组进行冒泡排序。这个数组按分数大小进行排序，并把排完序的数组重新赋给该数组。然后舍弃这个数组中分数最低的元素，将其他 8 个元素储存到数据库，并全部传递给游戏中的静态类，以便后续代码块进行调用。
- ❑ 第 24-30 行的主要功能是声明 Record 类。该类用于对玩家信息进行封装处理，代码将以这个类为单元，将储存于数据库中的数据与当前游戏信息进行对比并进行重新的储存。

16.5.5 游戏暂停界面监听脚本的开发

上一节已经向读者介绍了游戏界面的开发，下面将详细讲解暂停界面中的监听脚本的开发。该脚本在游戏开始时运行，并在玩家点击暂停按钮时被触发。玩家可通过点击弹出的对话框上的按钮，来实现返回游戏、重新开始以及跳转到主菜单界面等功能。其开发过程如下。

新建脚本 UIPauseListener.cs，并将其挂载到主摄像机对象 Main Camera 上。该脚本用于对游戏暂停面板的监听，当玩家点击各个按钮时，该脚本将会做出相对应的响应。只有暂停面板显示在屏幕上时，该脚本才有可能被触发。其详细代码如下。

代码位置：见随书光盘中源代码/第 16 章目录下的 SP/Assets/Scripts/GameUI.cs。

```
using UnityEngine;
using System.Collections;
public class UIPauseListener : MonoBehaviour {
 public UIPanel uiPause;                   //声明游戏暂停面板
 GameObject buttonPause;                   //声明暂停按钮对象
 GameObject panelPause0;                   //声明游戏暂停面板 0 对象
 GameObject panelPause1;                   //声明游戏暂停面板 1 对象
 float timeLerp = 0;                       //声明并初始化时间缓存值
 void Start () {
  panelPause0 = GameObject.Find("UI Root/Anchor/PanelPause0");//获取游戏暂停面板 0 对象
  panelPause1 = GameObject.Find("UI Root/Anchor/PanelPause1");//获取游戏暂停面板 1 对象
  panelPause0.transform.position += Vector3.left * 3;   //隐藏游戏暂停面板 0
  panelPause1.transform.position += Vector3.right * 3;  //隐藏游戏暂停面板 1
 }
 void Awake () {
  UIEventListener.Get(GameObject.Find("UI Root/Anchor/PanelGame/ButtonPause"))
  .onClick = ButtonPauseClick;                          //设置暂停按钮的回调事件
  UIEventListener.Get(GameObject.Find("UI
  Root/Anchor/PanelPause0/ButtonResume"))
  .onClick = ButtonResumeClick;                         //设置返回游戏按钮的回调事件
  UIEventListener.Get(GameObject.Find("UI
  Root/Anchor/PanelPause1/ButtonRestart"))
  .onClick = ButtonRestartClick;                        //设置重新开始按钮的回调事件
  UIEventListener.Get(GameObject.Find("UI
  Root/Anchor/PanelPause0/ButtonQuitmenu"))
  .onClick = ButtonQuitmenuClick;                //设置返回到主菜单按钮的回调事件
 }
 void Update () {
  if (Staticer.isPause) {              //当处于暂停状态时，显示暂停界面并隐藏游戏界面
   panelPause0.transform.position = Vector3.Lerp(panelPause0.transform.position,
   Vector3.zero, Time.time - timeLerp);    //平移暂停面板 0
```

```
29        panelPause1.transform.position = Vector3.Lerp(panelPause1.transform.position,
30        Vector3.zero, Time.time - timeLerp);    //平移暂停面板 1
31        uiPause.alpha = Mathf.Lerp(uiPause.alpha, 0f, Time.time - Staticer.timeBegin);
          //渐变其不透明度
32      } else {
33      panelPause0.transform.position = Vector3.Lerp(panelPause0.transform.position,
34      Vector3.left * 3, Time.time - timeLerp);         //平移暂停面板 0
35      panelPause1.transform.position = Vector3.Lerp(panelPause1.transform.position,
36      Vector3.right * 3, Time.time - timeLerp);        //平移暂停面板 1
37      uiPause.alpha = Mathf.Lerp(uiPause.alpha, 1.0f, Time.time - Staticer.timeBegin);
        //渐变其不透明度
38    }}
39    void ButtonPauseClick(GameObject button){                  //暂停按钮的回调事件
40      timeLerp = Time.time;                                    //重置时间缓存值
41      Staticer.isPause = true;                                 //设置暂停标志位
42      GameObject.Find("Main Camera").GetComponent<Shoot>().enabled = false;
        //关闭发射脚本的运行
43    }
44    void ButtonResumeClick(GameObject button) {               //继续游戏按钮的回调事件
45      Staticer.isPause = false;                                //设置暂停标志位
46      Staticer.timeBegin += Time.time - timeLerp;              //重置时间起始值
47      timeLerp = Time.time;                                    //恢复时间缓存值
48      GameObject.Find("Main Camera").GetComponent<Shoot>().enabled = true;
        //开启发射脚本
49    }
50    void ButtonRestartClick(GameObject button) {              //重新开始按钮的回调事件
51      ButtonQuitmenuClick(button);                             //先返回到主菜单
52      UIListener.restart = true;                               //设置重新开始标志位
53    }
54    void ButtonQuitmenuClick(GameObject button) {             //返回主菜单按钮的回调事件
55      Staticer.isIntoGame = false;                             //设置进入游戏标志位
56      Application.LoadLevel(Application.loadedLevelName);      //重新加载本游戏场景
57  }}
```

- 第 1-14 行的主要功能是声明所需的 UI 面板和 UI 面板对象以及时间缓存变量，后续的代码块将调用这些变量，实现暂停面板弹出和隐藏等特效，并实时进行游戏时间的计算。Start 方法先获取两个暂停面板对象，然后隐藏这两个面板对象，以便后续代码进行处理。
- 第 15-24 行实现了 Awake 方法的重写。其主要功能是获取暂停按钮、返回游戏按钮、重新开始按钮以及返回主菜单按钮对象，并通过 NGUI 事件管理器设置这几个按钮的回调事件。这里所指定的回调事件的开发将在接下来的代码中进行详细的介绍。
- 第 25-38 行实现了 Update 方法的重写，该方法每帧被系统调用一次。系统不断地对当前状态进行判断，若当前处在暂停状态，则向中间平移两块暂停面板，组成一块完整的暂停面板；否则，将两块暂停面板挪向两边，隐藏该面板的显示。
- 第 39-49 行实现了暂停按钮和返回游戏按钮的回调事件的开发。当玩家点击暂停按钮时，修改暂停标志位，以向其他代码块传递当前状态，并关闭相关脚本的运行。若点击返回游戏，则修改标志位并开启相关脚本的运行，同时重置游戏初始时间。
- 第 50-57 行实现了重新开始按钮和返回主菜单按钮的回调事件的开发。当玩家点击重新开始按钮时，系统先返回到主菜单界面，并修改重新开始标志位以便重新进入游戏。若点击返回主菜单按钮时，则重新加载本游戏场景，来达到返回主菜单的效果。

16.6 游戏的优化与改进

至此，本案例的开发部分已经介绍完毕。本游戏基于 Unity 3D 平台开发，虽然笔者在开发过程中已经注意到游戏性能方面的表现，也很注意降低游戏的内存消耗量，但实际上还是有一定的优化空间。

1. 游戏界面的改进

本游戏的场景搭建使用的图片已经相当华丽，有兴趣的读者可以更换图片以达到更好的效果。另外，由于在 Unity 中有很多内建的着色器，本游戏使用的着色器有限，可能还有效果更佳的着色器，有兴趣的读者可以更改各个纹理材质的着色器以改变渲染风格，进而得到很好的效果。

2. 游戏性能的进一步优化

虽然在游戏的开发过程中已经对游戏的性能优化做了一部分工作，但是始终还是有一部分问题，在性能优异的移动终端上，可以比较完美地运行，但是在一些低端机器上的表现没有达到预期的效果，还需要进一步优化。

3. 优化游戏模型

本游戏所用的地图模型部分是从网上下载的，然后使用 3D Max 进行了简单的分组处理。由于是在网上免费下载的，模型存在几点缺陷：①模型贴图没有合成一张图；②模型没有进行合理的分组；③模型中面的共用顶点没有进行融合。